U0297701

准噶尔盆地油气实验技术与应用系列丛书

准噶尔盆地
中、新生代孢粉组合研究

蒋宜勤　詹家祯　罗正江 等　编著

科 学 出 版 社
北　京

内 容 简 介

本书是准噶尔盆地中、新生代孢粉化石的分析研究成果。作者根据30多年来准噶尔盆地油气勘探中所积累的大量孢粉化石资料，系统建立了准噶尔盆地中、新生代孢粉组合序列，书中详细描述了27个孢粉组合和13个亚孢粉组合的特征，提出了各组合地质时代的归属意见，探讨了孢粉学在准噶尔盆地油气勘探中的应用，如为油气勘探提供地层时代划分对比意见、干酪根类型及有机质成熟度、沉积时期的古植被、古气候等。本书共描述中生代孢粉141属541种，新生代孢粉94属247种，藻类、疑源类2属2种，其中新亚属1个，新种46个。书后附有79幅孢粉化石及干酪根显微组分图版。

本书可供石油地质研究人员、地层古生物研究人员及有关科研教学人员参考。

图书在版编目(CIP)数据

准噶尔盆地中、新生代孢粉组合研究 / 蒋宜勤等编著. —北京：科学出版社，2018.1

（准噶尔盆地油气实验技术与应用系列丛书）

ISBN 978-7-03-054017-1

Ⅰ. ①准… Ⅱ. ①蒋… Ⅲ. ①准噶尔盆地-中生代-孢粉组合-研究 ②准噶尔盆地-新生代-孢粉组合-研究 Ⅳ. ①Q913.84

中国版本图书馆CIP数据核字(2017)第181120号

责任编辑：万群霞 冯晓利 / 责任校对：郭瑞芝
责任印制：徐晓晨 / 封面设计：铭轩堂

科学出版社出版
北京东黄城根北街16号
邮政编码：100717
http://www.sciencep.com

北京虎彩文化传播有限公司印刷

科学出版社发行 各地新华书店经销

*

2018年1月第 一 版 开本：787×1092 1/16
2019年4月第三次印刷 印张：42 3/4
字数：995 000

定价：368.00元

（如有印装质量问题，我社负责调换）

本书编委会

主编

蒋宜勤　詹家祯　罗正江

编委

师天明　张宝真　周春梅　肖继南

郑秀亮　阿丽娅·阿木提　商　华

贾克瑞　廖元淇　翁月新

前　　言

准噶尔盆地位于我国西北部，为我国大型内陆盆地之一，盆地内陆相中、新生代地层发育齐全，地层中富含孢粉、植物、双壳类、叶肢介、介形类和轮藻等门类化石，其中孢粉化石在盆地南缘和覆盖区中、新生代地层中尤为丰富，在解决准噶尔盆地中、新生代地层划分和对比问题上具有非常重要的意义。位于准噶尔盆地南缘吉木萨尔县三台镇大龙口剖面的二叠系与三叠系、乌鲁木齐市郝家沟剖面的三叠系与侏罗系为连续沉积，是我国研究陆相二叠系与三叠系、三叠系与侏罗系界线问题最重要的剖面之一。在两条剖面界线上下地层中均含有丰富的孢粉化石，孢粉化石为两条剖面时代界线的确定提供了最为重要的化石依据。

准噶尔盆地孢粉化石的研究始于 20 世纪 50 年代，并随着新疆石油勘探工作的深入而发展。早期研究人员有刘增民、黄兴强，郭蔚虹，高瑞琪和陈永祥等，但在 20 世纪 80 年代之前，中国石油新疆油田分公司(简称新疆油田)介形类、孢粉等微体古生物项目的研究人员和工作重点在塔里木盆地，准噶尔盆地孢粉样品的采集、分析和研究工作做得很少。从 80 年代开始，随着新疆北部石油勘探工作向深层和盆地腹部展开，微体古生物研究工作得到了新疆油田各级领导的高度重视，并于 1983 年成立了新疆油田勘探开发研究院地层古生物研究室。随着研究队伍的壮大，为深入开展准噶尔盆地生物地层的研究工作提供了非常有利的条件。该研究室成立以后，组织研究人员系统采集和分析鉴定大龙口、红沟等露头剖面、盆参 2 井、莫深 1 井、艾参 1 井等钻孔剖面的微体古生物样品，先后完成了 20 多条剖面的生物地层研究报告(内部)。与此同时，研究室还和中国地质科学研究院、南京地质古生物研究所、北京大学等科研院校协作，联合开展准噶尔盆地各地质时代的生物地层研究工作，使准噶尔盆地的生物地层研究取得了重大的进展。在配合准噶尔盆地油气勘探工作，解决地层划分对比问题的同时，发表了一些较重要的研究论文和专著[如《新疆吉木萨尔大龙口二叠三叠纪地层及古生物群》(1986)、《新疆北部二叠纪—第三纪地层及孢粉组合》(1990)、《新疆北部石炭纪—二叠纪孢子花粉研究》(2003)等]，三十多年来所积累的准噶尔盆地孢粉化石资料和已经出版或发表的研究成果，以及大量内部生物地层研究报告都为本书的撰写工作提供了丰富的资料。

全书共五章，第一章主要参考了《西北地区区域地层表》(新疆维吾尔自治区分册)(1981)及新疆油田有关地层方面的研究成果编写而成；第二、三章详细叙述并讨论了准噶尔盆地中、新生代 27 个孢粉组合和 13 个亚孢粉组合的组合特征和地质时代的归属，以及部分地质界线问题；第四章对孢粉学在准噶尔盆地油气勘探中的应用作了比较全面的阐述，除孢粉学在地层研究方面的应用外，还探讨了孢粉学在烃源岩研究中的应用，孢粉学在研究古植被、古气候和古环境方面的应用；第五章为属种描述，共描述中生代孢粉化石 141 属 541 种，新生代孢粉 294 属 247 种，藻类、疑源类化石 2 属 2 种，其中新亚属 1 个，新种 46 个。

本书为中国石油新疆油田分公司实验检测研究院地质实验中心地层古生物室的研究成果。自20世纪80年代新疆石油管理局勘探开发研究院地层古生物室成立以来，先后分析鉴定了大龙口、郝家沟、盆参2井、彩参2井等200多条露头和钻孔剖面1万余块孢粉样品，在完成孢粉化石鉴定任务的同时，积累了丰富的孢粉化石资料。本书孢粉化石照相、化石照片的处理、孢粉图版的编制由詹家祯完成；前言、孢粉组合序列、地质时代讨论章节由詹家祯执笔；地层概况由詹家祯、师天明和郑秀亮编写，孢粉学在油气勘探中的应用一章和属种描述由詹家祯、师天明和周春梅完成；图表绘制由肖继南、阿丽亚和詹家祯完成。最后，蒋宜勤和罗正江负责全书的审订工作。

本书是对准噶尔盆地中、新生界孢粉学研究较全面的总结，在研究过程中得到了新疆油田分公司勘探开发研究院、实验检测研究院、原实验中心及地质实验中心各届领导的大力支持，也得到了地层古生物室各届领导和全体职工的关心和帮助。在本书编写过程中得到了实验检测研究院总地质师靳军和祁利祺博士的帮助和指导。承担本书样品分析工作的有刘建雄、边利军、姜秀莲、张志凤、蔡双扣、张云珍、马芦芳、梁淑荣、张新香、韦玉勤、翁月新、倪锦萍、徐晓伟、蔡玉玲、庞方、肖正宏、贾克瑞等，对上述单位及人员的支持和帮助，在此表示最真诚的谢意。

由于本书作者水平的限制，书中难免存在不妥之处，敬请批评指正。

作　者

2017年3月

目　　录

第一章 地 层 概 述

准噶尔盆地位于天山与阿尔泰山之间，呈不规则三角形，面积为$38\times10^4km^2$，系我国第二大内陆盆地(图 1-1)，盆地内中、新生代地层发育齐全，化石丰富，其中盆地南缘吉木萨尔地区的大龙口剖面二叠系与三叠系、乌鲁木齐地区的郝家沟剖面三叠系与侏罗系沉积连续，为我国研究陆相二叠系与三叠系、三叠系与侏罗系界线的最重要的剖面之一。准噶尔盆地中、新生代生物地层研究对深入开展该盆地油气勘探工作具有重要意义。

本章将对准噶尔盆地中、新生代地层自下而上进行叙述。

第一节 三 叠 系

准噶尔盆地三叠系分布非常广泛，全盆地均有发育，系内陆盆地碎屑沉积(图 1-2)。该区三叠系分为两个群和五个岩性组，自下而上为上仓房沟群韭菜园组和烧房沟组、小泉沟群克拉玛依组、黄山街组和郝家沟组。

一、上仓房沟群

准噶尔盆地上仓房沟群在盆地南缘和东部为干旱气候条件下形成的河湖相沉积，在盆地南缘自下而上分为韭菜园组和烧房沟组两个岩组。在盆地西北缘和腹部与上仓房沟群相对应的地层称之为百口泉组，为山麓冲-洪积相、扇三角洲相粗碎屑沉积，至今只发现少量的孢粉化石。

(一)韭菜园组(T_1j)

该组为一套浅水湖泊相的细碎屑岩沉积，分布于乌鲁木齐以东的博格达山北麓及盆地东部井下。岩性以紫红色泥岩、粉砂质泥岩为主，夹黄绿色、灰绿色细砂岩、粉砂岩及岩屑砂岩，底部常为灰绿色中厚层状细-中粒岩屑砂岩，泥岩中含大量钙质结核。厚为170～376m。与下伏锅底坑组整合接触。含介形类、叶肢介、腹足类、植物、脊椎动物、大孢子和孢粉化石，孢粉为 *Limatulasporites limatulus*(背光孢)-*Lundbladispora watangensis*(瓦塘隆德布拉孢)-*Alisporites australis*(澳大利亚阿里粉)(LWA)组合。

(二)烧房沟组(T_1s)

该组为一套以棕红色为主色调的干旱气候条件下形成的河流相粗碎屑岩，分布范围同下伏韭菜园组。岩性中下部为紫灰色、灰紫色块状中-细粒砂岩、砾状砂岩夹细砾岩、红色和少许灰绿色泥岩、砂质泥岩透镜体；上部为棕红色粉砂岩，含放射状构造的砂球；底部常见灰紫色细砾岩。厚为83～252m。与下伏韭菜园组整合接触。化石稀少，可见

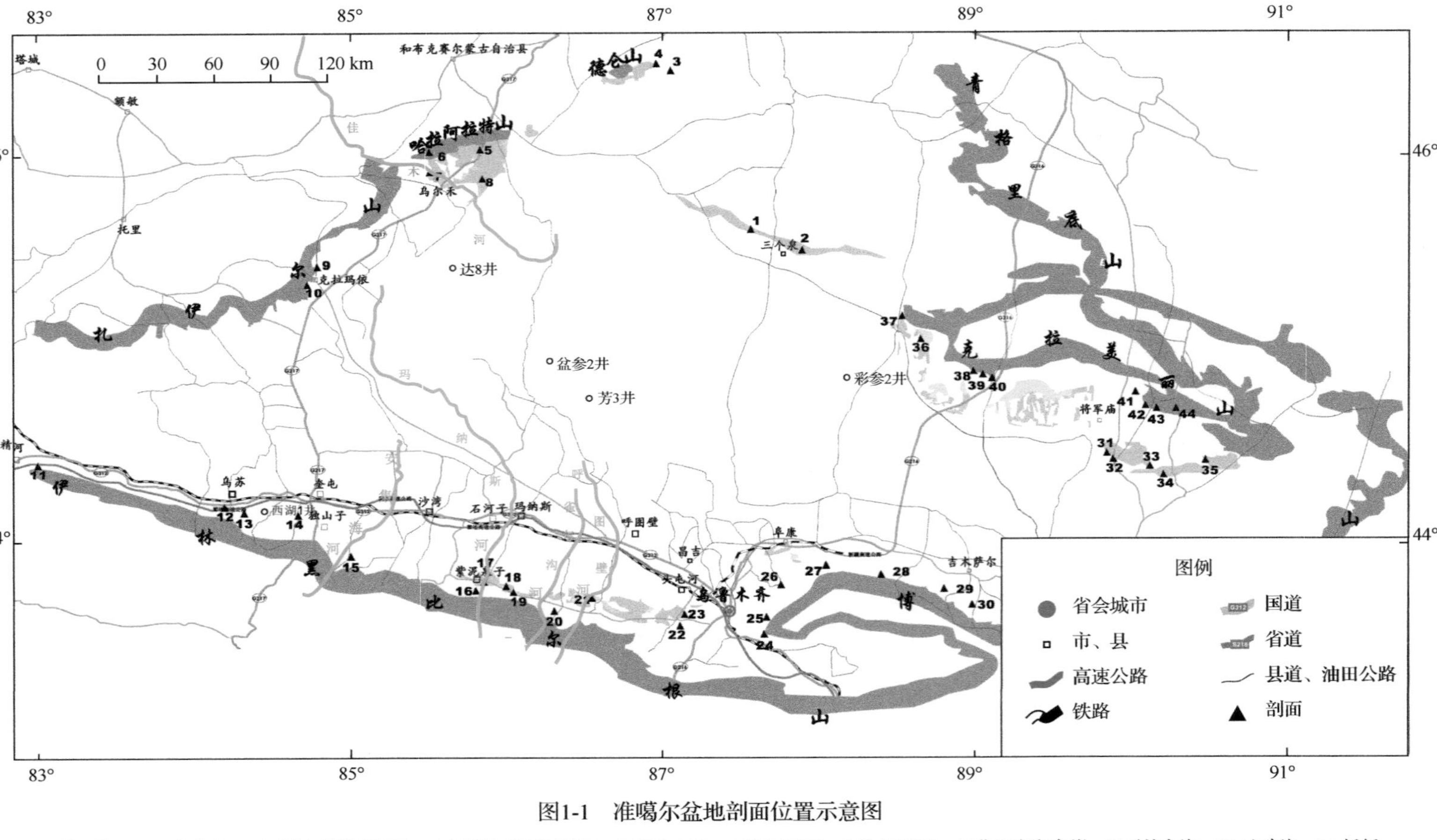

图1-1　准噶尔盆地剖面位置示意图

1.化石沟；2.三个泉东；3.红砾山背斜东高点；4.红砾山背斜西高点；5.乌和公路；6.佳木河(P)；7.佳木河(K)；8.艾里克湖东岸；9.不整合沟；10.吐孜沟；11.托托；12.四棵树；13.阿尔钦沟；14.独山子；15.南安集海河；16.红沟；17.紫泥泉子；18.玛纳斯河；19.清水河；20.东沟；21.呼图壁河；22.郝家沟；23.头屯河；24.祁家沟；25.井井子沟；26.大红沟；27.三工河；28.小泉沟；29.大龙口；30.水西沟；31.将军庙2号剖面；32.将军庙1号剖面；33.红沙泉北；34.红沙泉；35.孔雀坪老君庙煤矿；36.沙丘河；37.滴水泉；38.西大沟；39.老山沟；40.帐篷沟；41.六棵树；42.双井子；43.石钱滩；44.孔雀坪

图 1-2 吉木萨尔县大龙口剖面上二叠统与三叠系露头

(a)大龙口背斜南翼梧桐沟组—锅底坑组—韭菜园组露头；(b)大龙口背斜北翼锅底坑组与韭菜园组的界线；(c)大龙口向斜南翼黄山街组下部灰色泥岩夹泥灰岩；(d)大龙口背斜北翼锅底坑组—克拉玛依组露头；(e)大龙口向斜核部黄山街组和郝家沟组露头

少量介形类、叶肢介、轮藻、大孢子和孢粉化石，孢粉为 *Dictyotriletes mediocris*（一般平网孢）-*Polycingulatisporites junggarensis*（准噶尔多环孢）-*Taeniaesporites noviaulensis*（诺维奥宽肋粉）(MJN) 组合。

在乌鲁木齐附近该组岩性变粗，以紫红色砾岩、岩屑砂岩为主；盆地东部井下岩性多为棕红、褐红、灰褐色砂砾岩夹褐色泥岩。

二、小泉沟群（$T_{2\text{-}3}xq$）

在准噶尔盆地该群分布非常广泛，盆地周边均有出露，为河流-湖泊相至湖泊-沼泽相沉积。盆地南缘和东部自下而上分为克拉玛依组、黄山街组和郝家沟组，盆地西北缘和腹部井下与黄山街组和郝家沟组层位相当的地层称之为白碱滩组。

（一）克拉玛依组（$T_{2\text{-}3}k$）

该组为一套河湖相沉积，在全盆地均有分布。主要岩性为灰绿色厚层-块状、中-细粒杂砂岩、含砾粗砂岩、砾岩和灰色泥岩、灰黑色炭质泥岩的韵律状交互层，夹煤线、薄层叠锥状泥灰岩、铁质砂岩和砂质菱铁矿薄透镜体（彭希龄，1990）。该组下部有灰绿色、褐红色泥岩组成的杂色条带层；底部常有厚层浅灰色砾岩或含砾粗砂岩。厚为 305～654m。与下伏烧房沟组为平行不整合接触。产植物、脊椎、双壳类、哈萨克虫、叶肢介、大孢子和孢粉化石，孢粉组合为：①*Apiculatisporis spiniger*（棘状圆形锥瘤孢）-*Minutosaccus parcus*（稀少小囊粉）-*Protohaploxypinus samoilovichii*（萨氏单束细肋粉）(SPS) 组合（下部）；② *Granulatisporites gigantus*（大型三角粒面孢）-*Aratrisporites fischeri*（弗歇尔离层单缝孢）-*Colpectopollis*（单肋联囊粉）(GFC) 组合（中部）；③双气囊花粉高含量组合（上部）。

该组在盆地南缘以乌鲁木齐至吉木萨尔一线发育最好，岩性为灰绿色、灰色、深灰色砂岩、泥岩夹炭质泥岩；盆地西北缘克拉玛依组可划分为下亚组、上亚组。上亚组以砾岩为主，夹砂质泥岩，或以砾岩为主的砾岩与泥岩的不等厚互层；下亚组以泥岩、砂质泥岩为主，夹粉砂岩、砂岩及砾状砂岩层。

（二）黄山街组（T_3hs）

该组为一套湖泊相沉积，分布范围同下伏克拉玛依组。主要岩性为灰色、灰黄色、灰绿色泥岩、粉砂岩，普遍夹有炭质泥岩、灰岩、菱铁矿透镜体，泥岩和灰岩中常见叠锥构造。厚为 225～442m。与下伏克拉玛依组呈整合接触。产植物、脊椎、双壳类、哈萨克虫、叶肢介、大孢子和孢粉化石，孢粉为 *Aratrisporites-Alisporites-Colpectopollis*（AAC）组合。

该组岩性稳定，各地均以湖相暗色泥岩、粉砂岩为主。

（三）郝家沟组（T_3hj）

本书采用张义杰等（2003）对郝家沟组重新厘定的含义，将郝家沟剖面郝家沟组的顶界上提至第 44 层顶，以第 45 层底部的一套灰白色砾岩或含砾粗砂岩作为八道湾组的底界。该组为一套湖沼相沉积，分布范围稍小于黄山街组。岩性为灰绿色厚层-块状砂岩、砂砾岩、砾岩与泥岩之韵律状交互层，夹炭质泥岩、薄煤层、煤线及少量的叠锥灰岩和菱铁矿结核。厚为 42～526.58m。与下伏黄山街组呈整合接触。产双壳类、叶肢介、植物、大孢子和孢粉化石，孢粉为 *Dictyophyllidites harrisii*（哈氏网叶蕨孢）-*Cycadopites subgranulosus*（亚颗粒苏铁粉）-*Alisporites australis*（澳大利亚阿里粉）(HSA）组合。

该组岩性在横向上变化较大，盆地南缘郝家沟剖面为砾岩、砂岩、泥岩不均匀互层；向东至小泉沟剖面岩性明显变细，为砂岩、粉砂岩夹泥岩。

第二节 侏 罗 系

准噶尔盆地侏罗系非常发育，分布颇为广泛，下侏罗统—中侏罗统下部水西沟群为一套煤系地层，可划分出三个岩组，自下而上为八道湾组、三工河组和西山窑组，其中八道湾组和西山窑组为新疆北部的主要产煤地层（图 1-3）；中侏罗统上部—上侏罗统主要为一套红色碎屑岩层，自下而上划分为头屯河组、齐古组和喀拉扎组，不能细分的盆地东部地区统称为石树沟群($J_{2\text{-}3}sh$)。

（一）八道湾组(J_1b)

该组为一套河流、湖泊、沼泽相含煤沉积，全盆地均有分布。岩性为灰绿色、灰白色砾岩、含砾砂岩、砂岩与灰色泥岩、砂质泥岩、粉砂岩、炭质泥岩韵律互层夹多层煤层。厚为 14～800m。自下而上分为下含煤段、中泥岩段和上含煤段。

下含煤段：以河流相沉积为主，由灰白色、灰绿色、灰黄色砾岩、含砾砂岩、中粗砂岩与灰绿色、黄绿色细、粉砂岩及顶部的炭质泥岩、煤层或煤线组成多个正旋回，夹菱铁矿、铁质砂岩等；底部一般为灰白色、灰绿色砾岩和砂岩。

中泥岩段：为一套深灰色泥岩、含砾泥岩夹灰绿色泥质粉砂岩、泥灰岩。

上含煤段：为黄绿色、灰绿色中-厚层状中粗粒砂岩与同色细、粉砂岩，深灰色、灰绿色泥岩、粉砂质泥岩不等厚互层，夹灰黑色炭质泥岩、煤层或煤线及菱铁矿、铁质砂岩等。

各地区三段岩性显示均比较清楚，仅地层厚度和砂、砾岩、煤层的发育程度在横向上有所变化。以灰白色底砾岩的出现与小泉沟群分界，两者多为不整合或平行不整合接触，郝家沟等地区为整合接触。地层中含比较丰富的植物、孢粉和大孢子化石，以及双壳类、腹足类、叶肢介和昆虫化石等。孢粉为 *Osmundacidites wellmanii*（威氏紫萁孢）-*Cycadopites subgranulosus*-*Piceites expositus*（开放拟云杉粉）(WSE）组合。

（二）三工河组(J_1s)

该组以湖泊相、三角洲相沉积为主，全盆地均有分布。岩性为灰黄、灰绿色泥岩、

图 1-3 乌鲁木齐县郝家沟剖面上三叠统—侏罗系露头和玛纳斯县红沟剖面侏罗系露头

(a)郝家沟西郝家沟组顶部灰色泥岩夹灰绿色砂岩与八道湾组底部灰白色砂岩露头；(b)郝家沟西八道湾组，下段灰白色砂泥岩、砾岩，中段黄绿色泥岩，上段灰白色砂泥岩露头；(c)郝家沟剖面三工河组砂泥岩互层露头；(d)玛纳斯河东岸西山窑组中部煤层；(e)红沟剖面头屯河组、齐古组和喀拉扎组露头

黑色炭质页岩与灰黄色砂岩互层，夹炭质泥岩、薄煤层及叠锥灰岩，底部为灰黄色砂岩。厚为 30～882m。与八道湾组整合接触。产丰富的植物、双壳类和孢粉化石，该组中、下部化石组合为 *Cyathidites minor*（小桫椤孢）-*Classopollis annulatus*（环圈克拉梭粉）-*Pseudopicea variabiliformis*（多变假云杉粉）（MAV）组合；该组上部化石组合为 *Osmundacidites wellmanii*-*Callialasporites trilobatus*（三瓣冠翼粉）-*Pinuspollenites divulgatus*（普通双束松粉）（WTD）组合。

该组岩性和厚度在横向上变化较大，盆地南缘以三工河至玛纳斯河之间岩性最细，厚度最大，由此向东、向西岩性变粗，厚度逐渐变薄。盆地东北缘该组底部为黄褐色玛瑙砾岩，并为该区区域性标志层。

（三）西山窑组（J_2x）

该组为河流、沼泽相的含煤碎屑沉积，全盆地均有分布。岩性为灰绿、暗灰绿色泥岩与灰白、灰黄色砂岩互层夹炭质泥岩及煤层。煤层多集中于中、下部，底部有灰白色砂岩或厚层砾岩。厚为 5～1110m。与下伏三工河组整合接触。产丰富的植物、双壳类和孢粉化石，孢粉为 *Cyathidites minor*-*Neoraistrickia gristhropensis*（格里斯索普新叉瘤孢）-*Piceaepollenites complanatiformis*（扁平云杉粉）（MGC）组合。

该组岩性比较稳定，但厚度在横向上变化大。盆地南缘以三工河至南安集海河一带厚度最大，煤层最发育，由此向东、向西迅速变薄，煤层减少；盆地东北缘卡拉麦里山南麓该组为主要含煤地层，厚度由北向东南方向增厚。

（四）头屯河组（J_2t）

该组为煤系地层与红层之间的一套河湖相沉积的杂色层，全盆地均有分布。主要岩性为黄绿色、灰绿色、紫色、杂色泥岩、砂质泥岩、灰绿色砂岩夹凝灰岩、炭质泥岩、煤线。岩性上、下粗中部细，中部夹泥灰岩及炭质泥岩或煤线。厚为 0～800m。与下伏西山窑组整合接触。含较丰富的动植物化石，最常见的化石门类有双壳类、叶肢介、介形类、植物和孢粉化石，孢粉为 *Cyathidites minor*-*Kraeuselisporites manasiensis*（玛纳斯稀饰环孢）-*Classopollis classoides*（克拉梭粉）（MMC）组合。该组可进一步划分为上、下两段。

下段岩性主要为河流相的黄绿、灰绿色砂砾岩与杂色泥岩、细砂岩、粉砂岩不等厚互层，化石稀少。

上段为灰绿、灰、深灰色泥岩、细砂岩、粉砂岩夹泥灰岩、钙质砂岩，底部夹炭质泥岩或煤线，上部夹紫红、褐红色泥岩、粉砂岩条带。

（五）齐古组（J_3q）

该组为一套河湖相沉积的红色地层，分布范围同下伏头屯河组。岩性主要为棕红色、红褐色泥岩、粉砂岩夹黄绿色、紫灰色砂、砾岩，富含钙质结核，中下部夹凝灰岩、凝灰质砂岩。厚为 144～724m。与下伏头屯河组整合接触。产少量介形类、鱼化石，在红沟剖面该组底部产少量的孢粉化石，为 *Deltoidospora*(三角孢)-*Classopollis*-*Pinuspollenites*(DCP)组合。

(六)喀拉扎组(J_3k)

该组为一套山麓冲积扇相沉积的粗碎屑岩，分布范围非常局限，仅见于盆地南缘阜康-玛纳斯以南及盆地西北缘克拉玛依地区。岩性为灰褐色砾岩夹褐色泥岩、砾状砂岩及中粗粒长石砂岩。厚为 0～800m。与下伏齐古组整合接触。未发现化石。

第三节　白　垩　系

准噶尔盆地白垩系非常发育，分布范围广。下白垩统称之为吐谷鲁群，主要为一套湖相和河湖相沉积(图 1-4)，湖盆面积较大，沉积环境稳定，气候比较湿润，地层中脊椎动物、双壳类、介形类、轮藻和孢粉等化石丰富。

上白垩统的沉积特征在盆地内差别较大，岩组名称因地而异。在盆地南缘自下而上分为东沟组和紫泥泉子组下段；在西北缘和北部称为艾里克湖组或红砾山组，盆地东北缘被赵喜进命名为红沙泉组。上白垩统含有恐龙蛋碎片、介形类、轮藻和孢粉等化石。

一、吐谷鲁群(K_1tg)

吐谷鲁群在全盆地广泛分布，盆地周边均有出露，覆盖区亦有揭示。主要岩性为湖相灰绿色、棕红色泥岩、砂质泥岩、粉砂岩、砂岩不等厚互层。在盆地南缘吐谷鲁群发育最好，并以头屯河至紫泥泉子之间地层出露最为完整，自下而上可分为清水河组、呼图壁河组、胜金口组和连木沁组。地层中含有大量脊椎动物、双壳类、腹足类、介形类、轮藻、植物和孢粉化石等。覆盖区大部分地区吐谷鲁群进一步分组尚有困难。

盆地西北缘吐谷鲁群的岩性主要为淡水湖泊相的灰绿色细砂岩与棕色、褐红色泥岩、砂质泥岩夹凝灰质砂岩，底部为灰绿色角砾岩；北部红砾山一带为灰色块状砂岩与灰绿、棕红色泥岩互层；盆地腹部为褐色、灰褐色泥岩、砂质泥岩与灰绿色砂岩互层，底部为一套粗碎屑岩；东北缘为河湖相棕红色砂质泥岩与灰绿色细砂岩互层，见明显底砾岩。

(一)清水河组(K_1q)

该组为一套湖相沉积的以灰绿色、黄绿色为主色调的地层，在盆地南缘、腹部和西北缘均有分布。盆地南缘主要岩性为灰绿色、黄绿色砂岩、砂质泥岩、泥岩互层，中上部夹褐红色砂质泥岩条带，下部砂岩增多，底部为砾岩。厚为 66～357m。与下伏喀拉扎组不整合或平行不整合接触。产叶肢介、腹足类、介形类、轮藻和孢粉化石，孢粉为 *Parajunggarsporites donggouensis*(东沟副准噶尔孢)-*Classopollis annulatus*-*Rugubivesiculites fluens*(围皱皱体双囊粉)(DAF)组合。

横向上岩性变化较大，紫泥泉子-昌吉河地区全为灰绿色，由此往东和往西，上部逐渐变黄色，并夹红色条带，至古牧地背斜和四棵树河一带全部为红层；盆地腹部石南地

图 1-4 玛纳斯县紫泥泉子剖面白垩系露头

(a)紫泥泉子剖面公路西吐谷鲁群露头；(b)喀拉扎组红色砾岩,清水河组灰绿色底砾岩；(c)连木沁组褐色与灰绿色砂泥岩条带层；(d)东沟组底部红色砾岩与连木沁组砂泥岩条带层；(e)东沟组的红色砾岩、砂岩露头；(f)路西紫泥泉子组露头

区该组上部为灰色、灰绿色细砂岩、粉砂岩、泥质粉砂岩与灰绿色砂质泥岩互层。下部为灰色、深灰色泥岩，其下为灰色中、细砂岩。产丰富的孢粉和疑源类化石。

(二)呼图壁河组(K_1h)

该组为一套湖相沉积的以紫红色、棕红色为主色调的地层，分布范围同下伏清水河组。盆地南缘岩性为紫红色、暗紫色、棕红色砂质泥岩、泥质粉砂岩为主夹灰绿色薄层砂岩、泥灰岩、灰岩。厚为28～636m。与下伏清水河组整合接触。产叶肢介、双壳类、介形类、轮藻和孢粉化石，孢粉为 *Baculatisporites rarebaculus*(稀棒棒瘤孢)-*Jiaohepollis verus*(真蛟河粉)-*Pristinuspollenites microsaccus*(小囊原始双囊粉)(RVM)组合。

横向上该组岩性变化较大，盆地南缘以安集海河-头屯河之间最为标准，往东变红，至古牧地背斜全为红色；往西红色变淡，至南托斯台、将军沟等地岩性颜色以灰绿色为主。

(三)胜金口组(K_1s)

该组为一套以灰绿色为主色调的湖相沉积，在盆地南缘俗称“绿色含鱼层”，为吐谷鲁群中的标志层，分布范围同下伏呼图壁河组。主要岩性为灰绿色、黄绿色泥岩、砂质泥岩及薄层粉砂岩，含菱铁矿晶体及石膏脉。厚为 27～139m。与下伏呼图壁河组整合接触。产鱼类、双壳类、叶肢介、介形类、轮藻和孢粉化石，孢粉为 *Lygodiumsporites microadriensis*(小艾德里海金沙孢)-*Classopollis annulatus*-*Pinuspollenites labdacus*(双束松粉)(MAL)组合。

在盆地南缘该组岩性稳定，横向变化很小。厚度由东向西逐渐变薄，头屯河地区厚度最大。

(四)连木沁组(K_1l)

该组为一套以棕红色、褐红色为主色调的湖相沉积，分布范围同下伏胜金口组。主要岩性为棕红色、紫褐色、褐红色为主夹灰绿色的砂质泥岩、泥岩与细砾岩、粉砂岩不均匀互层。厚为 22～509m。与下伏胜金口组整合接触。产叶肢介、双壳类、介形类、轮藻和孢粉化石，孢粉为 *Lygodiumsporites pseudomaximus*(假巨形海金沙孢)-*Classopollis annulatus*-*Jiaohepollis flexuosus*(多曲蛟河粉)(PAF)组合。

盆地南缘呼图壁河地区该组厚度最大，岩性较细，由此向东、向西岩性略变粗，厚度由东向西显著减薄。

二、上白垩统(K_2)

自 20 世纪 90 年代以来，先后在盆地南缘紫泥泉子、安集海河等露头剖面及呼 2 井、吐 001 井、玛纳 001 井、芳 3 井等覆盖区紫泥泉子组下段中获得了晚白垩世的介形类、孢粉和轮藻等化石，使准噶尔盆地上白垩统的研究工作取得了重大突破。依据最新的研究成果，准噶尔盆地上白垩统应包括东沟组和紫泥泉子组下段。

(一)东沟组(K_2d)

该组为一套山麓河流相的红色沉积，主要分布于盆地南缘的头屯河至南安集海河之间的山前地带，以及阜康县水磨河至古牧地背斜。岩性横向变化较大，一般岩性为暗红色、棕红色泥岩、砂质泥岩与厚层-块状砾岩、含砾砂岩、砂岩的不规则交互层，含钙质团块(彭希龄，1990)。厚为0～813m。与下伏吐谷鲁群整合接触。化石贫乏，只见少量恐龙蛋壳化石碎片和介形类化石。

盆地西北缘、北部与东沟组相对应的地层称之为艾里克湖组，岩性下部为灰色砾岩、含砾粗砂岩、灰白色石英砂岩夹棕红色泥岩透镜体；上部为浅棕色、棕红色砂质泥岩夹灰色石英砂岩。产晚白垩世介形类、恐龙化石。

(二)紫泥泉子组下段($K_2—E_2$)z^1

紫泥泉子组系新疆维吾尔自治区区域地层表编写组(1981)创名，创名地点位于盆地南缘玛纳斯县紫泥泉子附近，指整合于安集海河组之下、东沟组之上的一套河湖相紫红、褐红色为主的砂质泥岩、夹灰红色砂岩，底部为砾岩。建组时将其时代定为古新世—始新世。该组分布于盆地南缘阜康附近的古牧地背斜至精河以东的托托地区。岩性下段为褐红色、灰褐色砾岩、砂砾岩与褐红色砂质泥岩、泥质粉、细砂岩之不等厚互层，砂质泥岩含钙质结核，底部为灰白色、浅粉红色灰质砾岩夹同色泥灰岩，产介形类、恐龙蛋壳化石等；上段为褐灰色砾岩与棕红色砂质泥岩不均匀互层，泥岩中富含钙质结核，局部呈钙质结核条带，产介形类化石。该组岩性及厚度在横向上变化较大，昌吉河至玛纳斯河一带发育最好，厚度最大，岩性较粗，以砂砾岩为主，向西厚度变薄，岩性变细，吉尔加特河一带厚度仅十几米，岩性为砾岩，富含石膏。南安集海以东与下伏地层呈平行不整合接触关系，以西则超覆在不同时代的地层之上。厚为13～854m。

在紫泥泉子、玛纳斯河、呼图壁河、东沟、北阿尔钦沟等露头剖面及呼2井、玛纳1、玛纳001、四参1、卡6井、芳3井、芳4井等钻孔剖面紫泥泉子组下段获得了晚白垩世介形类、轮藻等化石，井下见孢粉化石，为 *Schizaeoisporites cretacius*(白垩希指蕨孢)-*Classopollis annulatus*-*Tricolpites*(扁三沟粉)(CAT)组合。在紫泥泉子剖面紫泥泉子组上段见古新世—始新世介形类等化石，呼2井紫泥泉子组上段见古新世轮藻化石，说明紫泥泉子组是一个跨系地层单元，时代为晚白垩世至中始新世。

盆地西北缘、北部与紫泥泉子组下段相对应的地层称之为红砾山组。西北缘该组主要岩性为灰白色砂岩夹褐黄色泥质砂岩，底部为红色砾岩夹砂岩透镜体；北部主要为冲积扇相和滨、浅湖相沉积，横向上岩性变化较大，产晚白垩世脊椎动物、双壳类、介形类、轮藻等化石。

第四节 古近系和新近系

准噶尔盆地古近系和新近系主要发育在盆地边缘，出露良好，地层中含丰富的双壳类、腹足类、介形类、轮藻、孢粉和藻类、疑源类等化石。在南缘古近系和新近系为一

图 1-5　沙湾县南安集海剖面古近系和玛纳斯县塔西河剖面新近系露头

(a) 安集海河边紫泥泉子组下部厚层砾岩露头；(b) 南安集海河剖面的安集海河组总体面貌；(c) 安集海河组泥岩夹灰岩露头；(d) 安集海河边沙湾组底部红色砂岩露头；(e) 塔西河组上部条带层露头；(f) 吐谷鲁背斜南翼塔西河组露头

套河湖相碎屑岩沉积(图 1-5)，沿白垩系露头外围作东西向带状分布，与下伏地层为平行不整合接触，主要岩性为红色及灰绿色泥岩、砂质泥岩、砂岩、砾岩夹薄层泥灰岩及介壳层。自下而上可分为紫泥泉子组上段、安集海河组、沙湾组、塔西河组和独山子组。

一、古近系(E)

(一)紫泥泉子组上段[(K_2—E_2)z^2]

紫泥泉子组上段岩性特征见前述。该组上段见介形类、轮藻等化石。

(二)安集海河组($E_{2\text{-}3}a$)

该组为一套以灰绿色为主色调的湖泊相沉积，分布较广，盆地南缘昌吉河至托斯台一线的山麓地带均有出露，盆地南缘和腹部井下普遍钻揭该套地层。主要岩性为灰绿色泥岩夹薄层状泥灰岩、介壳层和细、粉砂岩。厚为 44～782m。与下伏紫泥泉子组整合接触。自下而上可分为三个岩性段。下段为紫色、紫红色泥岩与灰绿色泥岩互层夹砂岩、含砾砂岩，底部为杂色砂、砾岩条带，该段含介形类、轮藻、腹足类和少量的双壳类化石；中段以巨厚的暗色泥岩为主夹薄层泥灰岩、介壳层和少量钙质砂岩，该段自下而上又可进一步划分为下灰绿层、中条带层和上灰绿层，富含介形类、双壳类、腹足类、轮藻、孢粉和藻类、疑源类化石；上段为紫红色泥岩与灰、黄绿色泥岩互层夹钙质结核透镜体及薄层砂岩，产介形类、孢粉化石。该组自下而上共建立了四个孢粉组合：①*Pinuspollenites*-*Ephedripites*(麻黄粉)-*Tricolpopollenites*(三沟粉)(PET)组合，产于安集海河组下段；②*Taxodiaceaepollenites bockwitzensis*(保克兹杉粉)-*Ephedripites*(*D.*) *eocenipites*(始新麻黄粉)-*Quercoidites asper*(粗糙栎粉)(BEA)组合，产于安集海河组中段下灰绿层至中条带层；③*Cyathidites minor*-*Pinuspollenites labdacus*-*Pokrovskaja elliptica*(椭圆坡氏粉)(或 *Labitricolpites scabiosus*)(MLE 或 MLS)组合，产于安集海河组中段上灰绿层；④*Abiespollenites elongates*(伸长冷杉粉)-*Cedripites deodariformis*(雪松型雪松粉)-*Oleoidearumpollenites chinensis*(中华木犀粉)(EDC)组合，产于安集海河组上段。

盆地北部与紫泥泉子组上部和安集海河组相对应的地层称为乌伦古河组($E_{1\text{-}3}w$)，岩性下段以灰绿色砂岩与红褐色泥岩、泥质粉砂岩为主；中段主要为浅灰绿色砂岩与灰绿色砂质泥岩互层，夹少量砂砾岩；上段主要为灰白色砂岩、浅灰绿色泥岩。产哺乳类、鸟类、轮藻等化石。

二、古近系—新近系昌吉河群[(E_3—N_2)cj]

昌吉河群在盆地南缘分布比较广泛，乌鲁木齐以西地区均有出露，与下伏地层连续沉积，界线清楚，一般底部都能看到厚薄不等的砂砾岩透镜体。自下而上分为沙湾组、塔西河组、独山子组；乌鲁木齐以东只零星出露，进一步分组比较困难。

(一)沙湾组[(E_3—N_1)s]

该组为一套河湖相沉积的红色地层，在盆地南缘分布于天山山前第二、第三排新生界构造带上，主要见于昌吉河至托斯台之间，托托地区尚有少许露头，以南安集海河至乌兰布拉克地区最为发育。岩性为棕红色砂质泥岩、含砾泥岩、泥岩夹棕红色、黄绿色、灰绿色砾岩、含砾砂岩、砂岩透镜体及红灰色泥质团块状钙质结核层、泥灰岩层；上部成层性较好，砂岩为主。昌吉河地区岩性较粗，以砾岩夹砂岩为主，向西变细。厚为110～550m。与下伏安集海河组整合接触。产哺乳类、介形类、轮藻及孢粉化石，孢粉为*Abiespollenites elongates*-*Chenopodipollis microporatus*（小孔藜粉）-*Oleoidearumpollenites chinensis*（EMC）组合。

盆地北部乌伦古河地区与沙湾组时代相当的地层称之为索索泉组[（E_3—N_1）s]，岩性下段为灰绿色砂砾岩、砂岩、含砂质泥岩互层，产较丰富的脊椎动物化石；上段为棕红色砂岩、泥岩、砂质泥岩互层，产哺乳动物和介形类化石。

（二）塔西河组（N_1t）

该组为一套以灰绿色为主色调的河湖相沉积的地层，分布范围与沙湾组相同。岩性为灰绿色泥岩、砂质泥岩、砂岩夹薄层泥灰岩、介壳灰岩。厚为100～320m。与下伏沙湾组整合接触。产双壳类、腹足类、介形类、轮藻和孢粉化石，孢粉组合为：①*Polydiaceaesporites*（水龙骨单缝孢）-*Taxodiaceaepollenites*（杉粉）-*Ulmipollenites*（榆粉）（PTU）组合，产于塔西河组下部；②*Tsugaepollenites*（铁杉粉）-*Ulmipollenites*-*Chenopodipollis*（藜粉）（TUC）组合，产于塔西河组上部。

在盆地南缘西部第一排构造带上该组岩性变化较大，除玛纳斯-南安集海之间有灰绿色泥岩分布外，其他地区主要为褐色砂质泥岩、砂岩夹砾岩。

盆地北部乌伦古河地区与塔西河组时代相当的地层称为可可买登组（N_1k）。

（三）独山子组（$N_{1\text{-}2}$d）

该组是一套以苍棕色外貌为特征的河流相为主的沉积，分布比较广泛，盆地周边均有出露，盆地南缘发育较好，主要见于乌鲁木齐以西头屯河至托托之间的山前构造带上，并以玛纳斯河至独山子一带沉积最厚，在盆地北部和西部零星分布。主要岩性为苍棕色、褐黄色泥岩、砂质泥岩、砂岩夹砾岩，下部以砂泥岩为主，上部砾岩增多，为砂砾岩与泥岩互层。厚为1458～1996m。与下伏塔西河组整合接触，或超覆于中生界及古生界不同时代的地层之上。产哺乳类、双壳类、腹足类、介形类、轮藻化石，孢粉化石很少，产于该组下部，为*Pinuspollenites*-*Chenopodipollis*-*Artemisiaepollenites*（蒿粉）（PCA）组合。

独山子组岩性稳定，沉积中心位于玛纳斯一带，向东、向西厚度变薄，自南而北变厚。

第二章　中、新生代孢粉组合序列

准噶尔盆地中、新生代地层中含有丰富的孢粉化石，根据孢粉化石在纵向和横向上的分布特点，可划分出27个孢粉组合和13个亚孢粉组合(图2-1~图2-5)。孢粉组合的建立主要依据准噶尔盆地南缘露头剖面的孢粉样品，其中包括由中国地质科学院和中国石油天然气集团公司(以下简称中石油)新疆石油管理局勘探开发研究院于1980年联合采集的大龙口剖面三叠系韭菜园组—克拉玛依组的样品；新疆油田分公司实验检测研究院向宝力、罗正江等于2009年采集的大黄山、白杨河、小泉沟等剖面黄山街组孢粉样品；勘探开发研究院地层古生物室齐雪峰、程显胜等于1993～1997年采集的郝家沟和红沟剖面上三叠统郝家沟组至上侏罗统齐古组孢粉样品；2001年，程显胜、商华、师天明等采集的紫泥泉子和东沟剖面下白垩统吐谷鲁群孢粉样品；覆盖区芳3井和吐001井紫泥泉子组下段孢粉样品；2015年，中国石油大学(华东)杨景林教授等采集的昌吉河西剖面古近系安集海河组孢粉样品；覆盖区四棵树凹陷井区固1井、固2井和西湖1井新近系孢粉样品。本章自下而上分述各孢粉组合特征。

第一节　三叠纪孢粉组合序列

三叠系孢粉化石在准噶尔盆地分布比较广泛，以准噶尔盆地南缘孢粉化石资料较好，研究也比较深入。下三叠统上仓房沟群孢粉化石见于盆地南缘东部及盆地东部地区，盆地西北缘和腹部下三叠统百口泉组，盆地东北缘、南缘西部上仓房沟群至今只见有少量的孢粉化石；中、上三叠统孢粉化石全盆地均有发现。本节研究主要依据大龙口、小泉沟和郝家沟剖面的孢粉化石资料，并综合盆地其他地区的资料共建立8个孢粉组合和3个亚孢粉组合。孢粉组合特征自下而上叙述如下。

一、*Limatulasporites-Lundbladispora-Klausipollenites*(LLK)组合

该组合仅见于盆地南缘大龙口剖面锅底坑组上部，盆地覆盖区尚未发现类似的孢粉组合。

(一)孢粉组合主要特征

蕨类植物孢子的平均含量略高于裸子植物花粉，孢子中以具环和腔状三缝孢子居多，其中又以*Limatulasporites*(背光孢)最为发育，*Kraeuselisporites*(稀饰环孢)次之，早三叠世重要分子*Lundbladispora*(隆德布拉孢)也占有一定比例。裸子植物花粉中以*Alisporites*等无肋双气囊花粉为主，*Taeniaesporites*、*Protohaploxypinus*等具肋双气囊花粉也占有较大比例，常见*Cordaitina*(科达粉)等单气囊花粉和*Cycadopites*(苏铁粉)、*Ephedripites*、

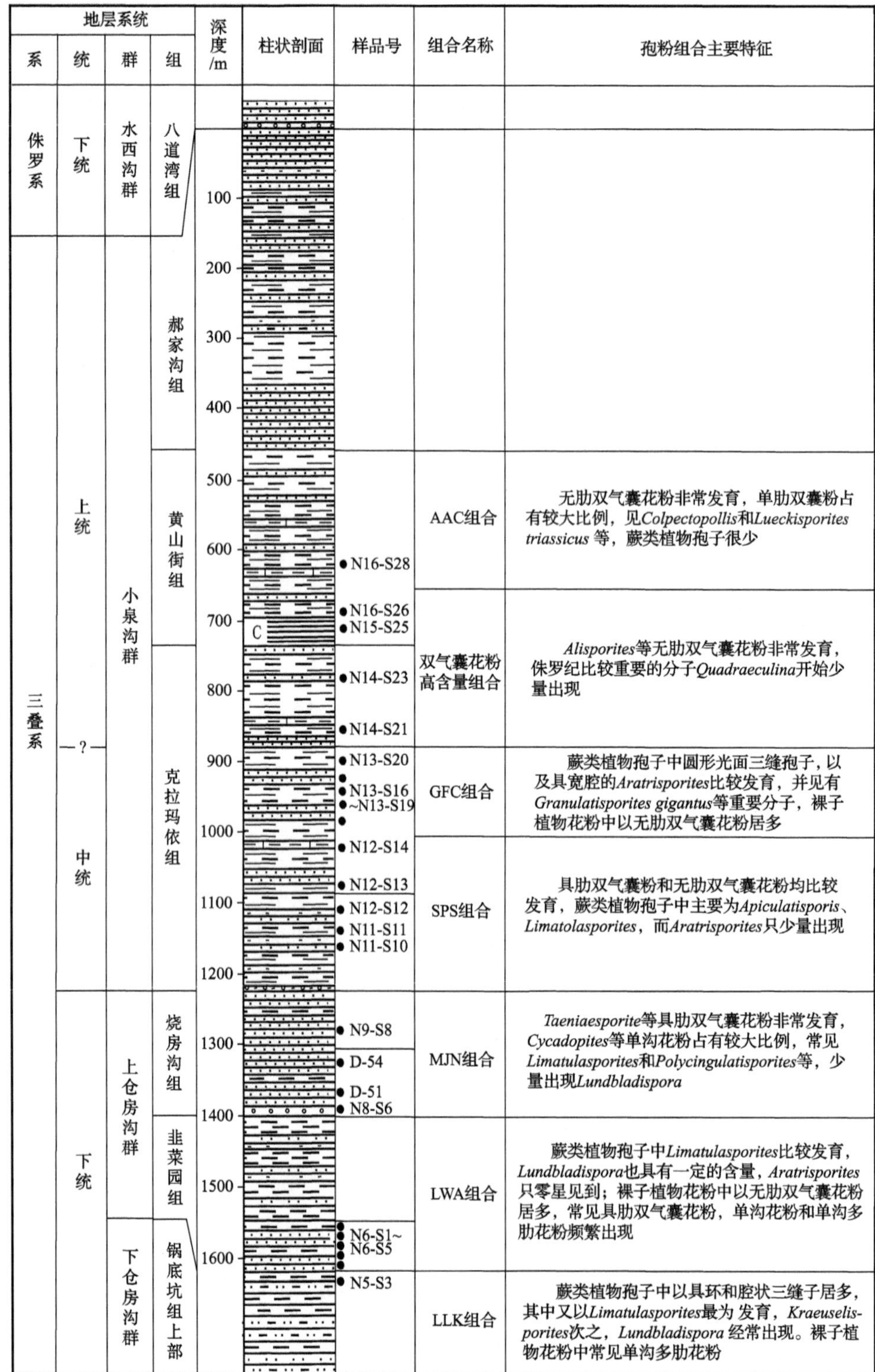

图 2-1　吉木萨尔三台大龙口剖面三叠纪孢粉组合主要特征图

底图据曲立范等(1986)；图例说明见图 2-5，本章同

地层系统				厚度/m	岩性剖面	样品号	孢粉组合		孢粉组合主要特征
系	统	组	段						
		西山窑组							
侏罗系	中统	三工河组	上段	224.65		HJ-165~HJ-170	WTD组合		蕨类植物孢子中*Osmundacidites*、*Baculatisporites*等具粒、棒状纹饰的三缝孢子和桫椤科孢子大量出现，常见*Lycopodiumsporites*和*Neoraistrickia*；裸子植物花粉中具囊松柏类花粉比较繁盛
侏罗系	下统	三工河组	下段	262.22		HJ-156~HJ-164	MAV组合	DPL亚组合	蕨类植物孢子中的桫椤科孢子，裸子植物花粉中的*Concentrisporites pseudosulcatus*和具囊松柏类花粉比较繁盛
侏罗系	下统	三工河组	下段	262.22		HJ-148~HJ-155	MAV组合	DCQ亚组合	蕨类植物孢子中以桫椤科孢子和射线间具弓形加厚的光面三缝孢子为主，裸子植物花粉中*Classopollis*较多出现
侏罗系	下统	三工河组	下段	262.22		HJ-132~HJ-147	MAV组合	DDP亚组合	蕨类植物孢子中以桫椤科孢子和射线间具弓形加厚的光面三缝孢子居多，具囊松柏类花粉中气囊与本体分化较完善的花粉、原始松柏类花粉和*Quadraeculinaf*均比较 发育
侏罗系	下统	八道湾组	上段	381.45		HJ-98~HJ-131	WSE组合	WSF亚组合	裸子植物花粉占优势，无肋双气囊花粉仍较发育，单沟花粉、无口器类花粉及具粒、棒状纹饰的三缝孢子也占有较大比例
侏罗系	下统	八道湾组	中段	122.36		HJ-98~HJ-131	WSE组合	WSF亚组合	
侏罗系	下统	八道湾组	下段	294.27		HJ-89~HJ-96	WSE组合	DPP亚组合	蕨类植物孢子占优势，主要为*Cyathidites*等桫椤科孢子和*Deltoidospora*，常见*Biretisporites*，裸子植物花粉中以无肋双气囊花粉居多，无口器类花粉、单沟花粉和具单脊或肋纹的双气囊花粉均很少
侏罗系	下统	八道湾组	下段	294.27		HJ-66~HJ-87	WSE组合	CCQ亚组合	裸子植物花粉中以无肋双气囊花粉居多，单沟花粉少见，*Cerebropollenites*、*Quadraeculina*及原始松柏类花粉等频繁出现。蕨类植物孢子中以具纹饰无环三缝孢子为主
三叠系	上统	郝家沟组		526.58		HJ-28~HJ-57	HSA组合	HSP亚组合	裸子植物花粉中以无肋双气囊花粉居多，单沟花粉也占有较大比例，*Cerebropollenites*、*Perinopollenites*、*Quadraeculina*及原始松柏类花粉等侏罗纪比较重要的分子或常见分子开始较多出现。蕨类植物孢子中*Dictyophyllidites*和*Concavisporites*比较发育
三叠系	上统	郝家沟组		526.58		HJ-24~HJ-27	HSA组合	HGG亚组合	蕨类植物孢子中以*Dictyophyllidites*、*Limatulasporites*、*Asseretospora*和*Aratrisporites*等为主，并见有该段地层中的特征分子*Limatulasporites haojiagouensis*、*L. lineatus*和*L. punctatus*等，裸子植物花粉中以无肋双气囊花粉居多，并少量出现*Cerebropollenites*等侏罗纪重要分子
三叠系	上统	郝家沟组		526.58		HJ-1~HJ-23	HSA组合	DCC亚组合	裸子植物花粉占优势，以无肋双气囊花粉和单沟花粉最为发育，蕨类植物孢子中*Dictyophyllidites*等射线间具拱缘加厚的光面三缝孢子占有较大比例，常见*Aratrisporites*等三叠纪重要分子，*Quadraeculina*等侏罗纪比较重要的分子开始个别或少量出现
		黄山街组							

图 2-2　准噶尔盆地晚三叠世—早侏罗世孢粉组合主要特征图(底图据邓胜徽等，2010)

系	统	组	段	厚度/m	岩性剖面	样品号	组合名称	孢粉组合主要特征
下白垩统					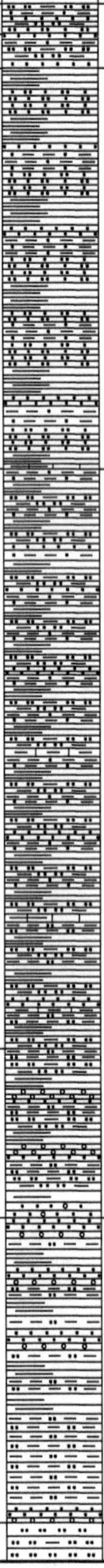			
侏罗系	上统	喀拉扎组						
侏罗系	上统	齐古组		322.44			DCP组合	孢粉化石很少，蕨类植物孢子中仍以桫椤科孢子为主，少量出现*Osmundacidites*、*Neoraistrickia*、*Lygodiumsporites*等；裸子植物花粉中仍以具囊松柏类花粉居多，其次为*Classopollis*，个别出现*Cerebropollenites*等
侏罗系	中统	头屯河组	上段	395.2			MMC组合	蕨类植物孢子中以*Cyathidites*等桫椤科孢子为主，并见有*Concavissimisporites*、*Impardicispora minor*、*Kraeuselisporites manasiensis*等时代较新的分子；裸子植物花粉中具囊松柏类花粉较为发育，*Classopollis*含量较高，常见*Concentrisporites*和*Perinopollenites*等
侏罗系	中统	头屯河组	下段	133.4			MMC组合	
侏罗系	中统	西山窑组		244.91		HG-42~HG-75	MGC组合	蕨类植物孢子中*Cyathidites*等桫椤科孢子和*Deltoidospora*占优势，常见*Neoraistrickia*，裸子植物花粉中以松柏类具囊花粉居多，*Concentrisporites*频繁出现
侏罗系	上段	三工河组						

图 2-3　准噶尔盆地中、晚侏罗世孢粉组合主要特征图(底图据邓胜徽等，2010)

地层 系	统	群	组	厚度/m	岩性剖面	岩性描述	组合名称	孢粉组合主要特征
古近系	古新统-始新统		紫泥泉子组	411.1；上段 153.37		上段为褐灰色砾岩与棕红色砂质泥岩不均匀互层		
白垩系	上统		紫泥泉子组	下段 257.82		下段为褐红色、灰褐色砾岩、砂砾岩与褐红色砂质泥岩、泥质粉、细砂岩的不等厚互层；底部为灰白色、浅粉红色灰质砾岩	CAT组合：①RRA亚组合；②GPC亚组合	RRA亚组合：裸子植物花粉居优，并以*Classopollis*为主，其含量均高于10%，最高达43.9%；松柏类具囊花粉占有一定的比例，常见*Spheripollenites*等；蕨类植物孢子中*Schizaeoisporites*比较发育，常见海金沙科孢子；被子植物花粉少量出现，但类型较多，比较重要的分子有*Liliacidites*、*Magnolipollis*、*Retitricolpites*、*Salixipollenites*、*Callistopollenites*、*Jianghanpollis*和*Morinoipollenites*等。 GPC亚组合：裸子植物花粉占优势,以松科花粉居多，*Classopollis*少量出现；蕨类植物孢子中*Schizaeoisporites*较少，但分异度仍比较高；被子植物花粉中常见三孔和多孔类型的花粉
白垩系	下统	吐谷鲁群	连木沁组	359.5		主要岩性为湖相棕红色、紫红色、灰绿色条带状泥岩，砂质泥岩与灰绿色细砂岩、粉砂岩互层	PAF组合	蕨类植物孢子中光面三缝孢子比较发育，*Toroisporis*和*Lygodiumsporites*等海金沙科孢子占有较大比例，裸子植物花粉中仍以松科花粉居多，*Classopollis*含量较高
白垩系	下统	吐谷鲁群	胜金口组	62.0		湖相灰绿色泥岩、页岩、砂质泥岩夹同色砂岩、粉砂岩	MAL组合	裸子植物花粉占优势，主要为松科花粉，常见*Classopollis*、*Podocarpidites*、*Rugubivesiculites*、*Pristinuspollenites*和*Quadraeculina*等。蕨类植物孢子中海金沙科孢子和*Todisporites*具有一定的含量
白垩系	下统	吐谷鲁群	呼图壁河组	321.0		湖相褐色、紫红色，少量灰绿色泥岩夹灰绿色粉砂岩组成的条带层	RVM组合	裸子植物花粉占优势，以松科花粉居多，常见*Podocarpidites*、*Rugubivesiculites*、*Quadraeculina*、*Pristinuspollenites*及原始松柏类花粉，个别或少量出现单沟花粉，*Classopollis*、*Cerebropollenites*等，蕨类植物孢子中主要为*Osmundacidites*和*Baculatisporites*等具粒、棒状纹饰的三缝孢子或*Lygodiumsporites*和*Toroisporis*等海金沙科孢子
白垩系	下统	吐谷鲁群	清水河组	144.0		上部灰绿色、黄绿色泥岩、砂质泥岩与砂岩的互层，夹褐色、紫红色砂质泥岩条带；下部为灰绿色砂岩、泥岩、砂质泥岩，砂岩增多，具明显底砾岩	DAF组合：①DEF亚组合；②PAR亚组合	DEF亚组合：松柏类具囊花粉比较发育，*Perinopollenites*也占有较大比例，经常出现*Classopollis*，蕨类植物孢子很少，见*Parajunggarsporites donggouensis*等早白垩世重要分子，样品中还出现大量的藻类、疑源类化石*Granodiscus*和*Leiosphaeridia*等。 PAR亚组合：蕨类植物孢子含量和分异度较高，其中海金沙科孢子和*Parajunggarsporites*占有较大比例，裸子植物花粉中主要为*Classopollis*和松柏类具囊花粉

图 2-4　准噶尔盆地白垩纪孢粉组合主要特征图

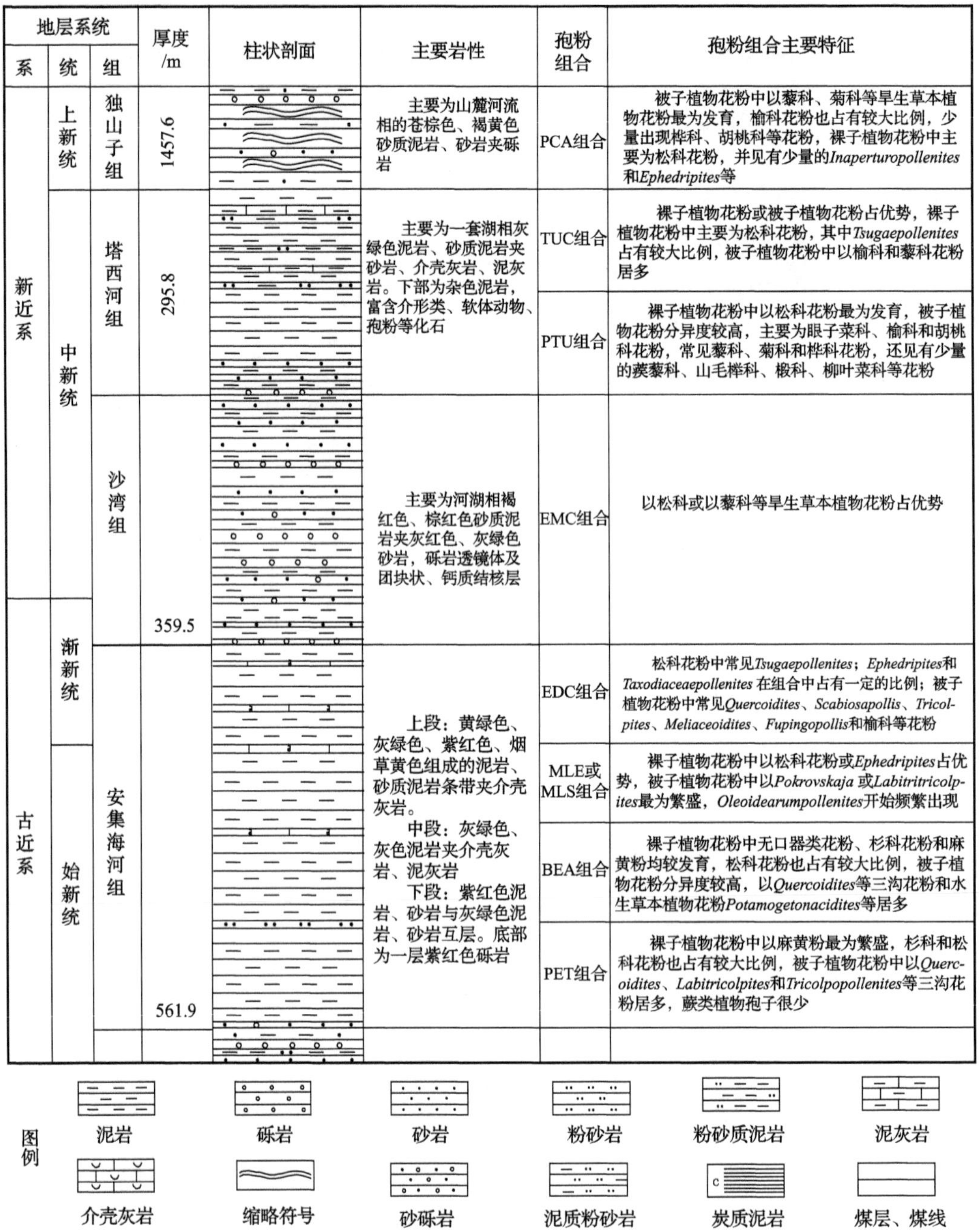

地层系统			厚度/m	柱状剖面	主要岩性	孢粉组合	孢粉组合主要特征
系	统	组					
新近系	上新统	独山子组	1457.6		主要为山麓河流相的苍棕色、褐黄色砂质泥岩、砂岩夹砾岩	PCA组合	被子植物花粉中以藜科、菊科等旱生草本植物花粉最为发育，榆科花粉也占有较大比例，少量出现桦科、胡桃科等花粉，裸子植物花粉中主要为松科花粉，并见有少量的*Inaperturopollenites*和*Ephedripites*等
	中新统	塔西河组	295.8		主要为一套湖相灰绿色泥岩、砂质泥岩夹砂岩、介壳灰岩、泥灰岩。下部为杂色泥岩，富含介形类、软体动物、孢粉等化石	TUC组合	裸子植物花粉或被子植物花粉占优势，裸子植物花粉中主要为松科花粉，其中*Tsugaepollenites*占有较大比例，被子植物花粉中以榆科和藜科花粉居多
						PTU组合	裸子植物花粉中以松科花粉最为发育，被子植物花粉分异度较高，主要为眼子菜科、榆科和胡桃科花粉，常见藜科、菊科和桦科花粉，还见有少量的蒺藜科、山毛榉科、椴科、柳叶菜科等花粉
		沙湾组	359.5		主要为河湖相褐红色、棕红色砂质泥岩夹灰红色、灰绿色砂岩，砾岩透镜体及团块状、钙质结核层	EMC组合	以松科或以藜科等旱生草本植物花粉占优势
古近系	渐新统	安集海河组	561.9		上段：黄绿色、灰绿色、紫红色、烟草黄色组成的泥岩、砂质泥岩条带夹介壳灰岩。 中段：灰绿色、灰色泥岩夹介壳灰岩、泥灰岩。 下段：紫红色泥岩、砂岩与灰绿色泥岩、砂岩互层。底部为一层紫红色砾岩	EDC组合	松科花粉中常见*Tsugaepollenites*；*Ephedripites*和*Taxodiaceaepollenites*在组合中占有一定的比例；被子植物花粉中常见*Quercoidites*、*Scabiosapollis*、*Tricolpites*、*Meliaceoidites*、*Fupingopollis*和榆科等花粉
	始新统					MLE或MLS组合	裸子植物花粉中以松科花粉或*Ephedripites*占优势，被子植物花粉中以*Pokrovskaja*或*Labitritricolpites*最为繁盛，*Oleoidearumpollenites*开始频繁出现
						BEA组合	裸子植物花粉中无口器类花粉、杉科花粉和麻黄粉均较发育，松科花粉也占有较大比例，被子植物花粉分异度较高，以*Quercoidites*等三沟花粉和水生草本植物花粉*Potamogetonacidites*等居多
						PET组合	裸子植物花粉中以麻黄粉最为繁盛，杉科和松科花粉也占有较大比例，被子植物花粉中以*Quercoidites*、*Labitricolpites*和*Tricolpopollenites*等三沟花粉居多，蕨类植物孢子很少

图例：泥岩　砾岩　砂岩　粉砂岩　粉砂质泥岩　泥灰岩　介壳灰岩　缩略符号　砂砾岩　泥质粉砂岩　炭质泥岩　煤层、煤线

图 2-5　准噶尔盆地古近纪—新近纪孢粉组合主要特征图

Welwitschipollenites clavus（光亮拟百岁兰粉）等单沟或多肋花粉。样品中还出现少量的具刺疑源类化石 *Veryhachium*。

(二)典型剖面孢粉组合特征

依据大龙口南翼剖面锅底坑组上部孢粉化石材料建立（侯静鹏，2004），孢粉等化石

的百分含量及类型见表 2-1 和图版 1、图版 2，孢粉组合特征如下。

(1) 蕨类植物孢子的含量(33.2%～89.0%，平均 55.3%)稍高于裸子植物花粉(8.6%～65.8%,平均38.3%)，还见有少量的 *Tympanicysta*(链胞囊)和具刺疑源类化石 *Veryhachium* 稀刺藻)。

(2) 蕨类植物孢子中以具环和腔状三缝孢子占优势，含量高达 5.1%～78.9%，平均 40.2%；无环三缝孢子中以具纹饰三缝孢子(5.2%～26.9%，平均 16.0%)居多，光面三缝孢子(1.1%～30.4%)也经常出现；单缝孢子稀少，仅见个别的 *Laevigatosporites*(光面单缝孢)、*Tuberculatosporites*(刺面单缝孢)和 *Aratrisporites*(离层单缝孢)。

(3) 具环和腔状三缝孢子中以 *Limatulasporites*(1.1%～55.0%，平均 27.2%)最为发育；其次为 *Kraeuselisporites*(0～23.7%，平均 6.19%)和 *Lundbladispora*(2.2%～22.1%，平均 3.81%)，后一属中所见种明显多于锅底坑组中、下部，见有 *L. foveotus*(穴状隆德布拉孢)，*L. watangensis*，*L. nejburgii*(聂布尔其隆德布拉孢)和 *L. iphilegna*(伊菲来格纳隆德布拉孢)等；常见 *Discisporites*(圆盘粉)(0～11.8%，平均 1.59%)和 *Polycingulatisporites*(0～3.8%，平均 0.75%)；还见有少量的 *Nevesisporites*(尼夫斯孢)、*Annulispora*(环圈孢)、*Densosporites*(套环孢)、*Lycospora*(鳞木孢)和个别的 *Triquitrites*(厚角孢)。

(4) 无环三缝孢子中优势属为 *Apiculatisporis*(圆形锥瘤孢)(0～17.5%，平均 8.26%)和 *Anapiculatisporites*(背锥瘤孢)(0～5.4%，平均 1.5%)；还见有少量的 *Cyclogranisporites*(圆形粒面孢)(0～4.0%，平均 0.9%)、*Verrucosisporites*(圆形块瘤孢)(0～2.8%，平均 1.0%)、*Granulatisporites*(三角粒面孢)(0～3.8%，平均 0.87%)、*Convolutispora*(蠕瘤孢)(0～6.9%，平均 0.72%)、*Lophotriletes*(三角锥刺孢)(0～2.5%，平均 0.32%)、*Acanthotriletes*(三角刺面孢)(0～2.1%，平均 0.38%)、*Baculatisporites*(棒瘤孢)、*Raistrickia*(叉瘤孢)、*Dictyotriletes*(平网孢)、*Lycopodiumsporites*(石松孢)和 *Lapposisporites*(拉普孢)等。

(5) 裸子植物花粉中以无肋双气囊花粉(4.0%～44.4%)居优势；其次为具肋双气囊花粉(0.5%～34.9%，平均 8.4%)；常见单气囊花粉(0.7%～7.0%，平均 1.6%)、单沟花粉 *Cycadopites*(0～13.5%，平均 2.11%)及多肋花粉 *Ephedripites*(0～13.5%，平均 2.11%)和 *Welwitschipollenites* 等。

(6) 无肋双气囊花粉中以 *Alisporites*(0.6%～19.7%，平均 8.35%)和 *Caytonipollenites*(开通粉)(0～21.5%，平均 4.31%)居多；经常出现 *Vesicaspora*(聚囊粉)，*Klausipollenites*(克劳斯双囊粉)(0～14.5%，平均 3.05%)，*Platysaccus*(蝶囊粉)(0～5.1%，平均 1.08%)和 *Falcisporites*(镰褶粉)(0～5.6%，平均 0.73%)等；还见有少量的 *Pinuspollenites*，*Piceaepollenites*(云杉粉)和 *Limitisporites*(直缝二囊粉)等。

(7) 具肋双气囊花粉中 *Taeniaesporites*(宽肋粉)(0～12.0%，平均 2.2%)普遍出现，而且分异度较高，所见种有 *T. noviaulensis*(诺维奥宽肋粉)、*T. novimundi*(诺维蒙宽肋粉)、*T. nubilus*(多云宽肋粉)、*T. leptocorpus*(薄体宽肋粉)和 *T. hexagonalis*(六角宽肋粉)等，还见有 *Protohaploxypinus*(0～9.0%，平均 1.89%)、*Striatoabieites*(双束细肋粉)(0～3.3%，平均 0.71%)、*Striatopodocarpites*(罗汉松多肋粉)(0～3.6%，平均 0.84%)、*Gardenasporites*(假二肋粉)、*Lueckisporites*(二肋粉)(0～11.4%，平均 0.55%)、*Hamiapollenites*(哈

姆粉)、*Vittatina* 及零星的 *Chordasporites*(单脊双囊粉)。

(8)单气囊花粉中以 *Cordaitina*(0～13.3%，平均 1.95%)为主，此外，尚有 *Crucisaccites ornatus*(装饰井字粉)、*Noeggerathiopsidozonotriletes*(匙叶粉)、*Florinites*(弗氏粉)、*Potonieisporites*(波脱尼粉)、*Striatomonosaccites*(多肋单囊粉)等。

该组合蕨类植物孢子中 *Limatulasporites* 大量出现，优势种为 *L. fossulatus*(掘起背光孢)，并见有早三叠世重要分子 *Lundbladispora*，裸子植物花粉中无肋双气囊花粉的含量明显高于具肋双气囊花粉等特征与下伏锅底坑组中、下部孢粉组合比较相似，两组合的主要区别是：①该组合中 *Lundbladispora* 比较常见，所见种明显多于后一组合，并开始零星出现三叠纪重要分子 *Aratrisporites*；②具肋双气囊花粉中 *Taeniaesporites* 普遍出现，而且分异度较高，所见种与上仓房沟群孢粉组合相近。

(三)横向变化

该组合仅见于大龙口剖面锅底坑组上部。

二、*Limatulasporites limatulus-Lundbladispora watangensis-Alisporites australis*(LWA)组合

该组合见于盆地南缘大龙口剖面韭菜园组。盆地南缘东部吉南 1 井也见有类似的孢粉组合。

(一)孢粉组合主要特征

蕨类植物孢子占优势，仍以具环和腔状三缝孢子为主，其次为具粒、刺、棒和瘤状纹饰的三缝孢子，光面三缝孢子很少，单缝孢子 *Aratrisporites* 只零星见到。具环三缝孢子中以 *Limatulasporites* 居多，具腔三缝孢子中主要为早三叠世的特征分子 *Lundbladispora*。裸子植物花粉中以无肋双气囊花粉占优势，主要为 *Alisporites*，其次为 *Klausipollenites*、*Caytonipollenites* 和 *Podocarpidites*(罗汉松粉)。具肋双气囊花粉居第二位，以 *Taeniaesporites* 居多。单沟花粉 *Cycadopites*、单气囊花粉 *Cordaitina* 和 *Florinites*、多肋花粉 *Ephedripites* 和 *Welwitschipollenites* 等只在组合中个别或少量见到。

(二)典型剖面孢粉组合特征

以大龙口剖面韭菜园组孢粉资料为例，组合中孢粉等化石的百分含量及类型见表 2-1 和图版 3~图版 6，孢粉组合特征如下。

(1)蕨类植物孢子(30.4%～84.8%，平均 61.26%)占优势，裸子植物花粉含量为 15.2%～45.6%，平均 38.74%。个别样品中裸子植物花粉的含量较高，达 69.6%。

(2)蕨类植物孢子中以具环和腔状三缝孢为主，其次为具粒、刺、棒和瘤状纹饰的三缝孢子，光面三缝孢子很少，单缝孢子 *Aratrisporites* 只零星见到。

(3)具环三缝孢子中仍以 *Limatulasporites*(2.4%～32.8%，平均 17.60%)居多，常见种有 *L. limatulus*(4.0%)，*L. fossulatus*(2.86%)和 *L. parvus*；个别样品中 *Camarozonosporites*(楔环孢)比较发育，含量高达 26.4%；个别或少量出现 *Annulispora*(0～2.4%)、

Polycingulatisporites(0～4.0%)、*Kraeuselisporites*、*Densoisporites*(拟套环孢)(0～3.2%)和 *Asseretospora*(阿赛勒特孢)等。具腔三缝孢子中主要为早三叠世的特征分子 *Lundbladispora*(0.8%～9.6%，平均 3.89%)，常见种有 *L. watangensis*、*L. foveotus*、*L. nejburgii* 和 *L. iphilegna* 等。

(4)具纹饰无环三缝孢子中以 *Verrucosisporites*(0.8%～12.0%，平均 5.48%)和 *Apiculatisporis*(0.8%～8.0%，平均 4.44%)为主；经常出现 *Cyclogranisporites*(0.8%～4.8%，平均 2.40%)；还见有个别或少量的 *Granulatisporites*、*Lophotriletes*(0～4.8%)，*Baculatisporites*、*Anapiculatisporites*、*Camptotriletes* 和 *Neoraistrickia*(新叉瘤孢)等。

(5)光面无环三缝孢子中常见分子有 *Punctatisporites*(0.8%～4.8%)和 *Retusotriletes*(0～10.4%，平均 2.97%)；少量出现 *Calamospora*、*Cyathidites*、*Leiotriletes*(光面三缝孢)和 *Dictyophyllidites*(网叶蕨孢)等。

(6)裸子植物花粉中以无肋双气囊花粉占优势，主要为 *Alisporites*(1.6%～16.8%，平均 8.12%)，其次为 *Klausipollenites*(0～4.0%)，*Pinuspollenites*(1.6%～4.0%)和 *Podocarpidites*(0.8%～4.8%)；零星见到 *Caytonipollenites*。具肋双气囊花粉居第二位，见有 *Taeniaesporites*(0～4.8%)，*Protohaploxypinus*(0.8%～5.6%)，*Striatoabieites*(0.8%～2.4%)和 *Striatopodocarpites*(0～1.6%)等。单沟花粉 *Cycadopites*(0～11.2%，平均 2.39%)和多肋花粉 *Ephedripites*、*Welwitschipollenites clavus*(4.34%)频繁出现。单气囊花粉 *Cordaitina* 和 *Florinites* 等只在组合中个别或少量见到。

该组合与下伏锅底坑组上部孢粉组合面貌较相似，在两组合中：①蕨类植物孢子占优势，主要为具环和腔状三缝孢子；②具环三缝孢子中以 *Limatulasporites* 为主，腔状三缝孢子中以 *Lundbladispora* 居多；③少量出现 *Annulispora*、*Nevesisporites*、*Polycingulatisporites* 和 *Aratrisporites* 等中生分子；④裸子植物花粉中以无肋双气囊花粉居多，*Taeniaesporites*、*Protohaploxypinus* 等具肋双气囊花粉也占有较大比例；⑤多肋纹花粉 *Ephedripites*、*Welwitschipollenites clavus* 频繁出现。

与锅底坑组上部孢粉组合的主要区别是：①无环具纹饰三缝孢子中 *Verrucosisporites* 的含量增加；②个别样品中具环三缝孢子 *Camarozonosporites* 占有较大比例；③单气囊花粉减少，只个别或少量出现。

(三)横向变化

韭菜园组孢粉化石主要见于准噶尔盆地南缘吉木萨尔大龙口和石长沟剖面，两剖面孢粉组合面貌非常相似，蕨类植物孢子中均以具环和腔状三缝孢子居多，并以 *Limatulasporites* 和 *Lundbladispora* 为主，在石长沟剖面两属含量分别为 20.67%和 10%。两组合所不同的只是裸子植物花粉中石长沟剖面 *Taeniaesporites* 的含量要高一些，达 11.02%，而多肋花粉 *Welwitschipollenites clavus* 则以大龙口剖面较为多见。

盆地东部井下韭菜园组的孢粉化石主要在岩屑样品中获得，因岩屑混样因素的影响，大部分钻孔韭菜园组的孢粉组合与盆地南缘露头剖面的孢粉组合面貌差别较大，组合中 *Lundbladispora* 的含量较低。只有 B703 井和吉南 1 井韭菜园组中 *Lundbladispora* 的含量相对较高，吉南 1 井该属含量为 9.4%～11.4%，与盆地南缘韭菜园组孢粉组合特征比较相似。

三、*Dictyotriletes mediocris-Polycingulatisporites junggarensis-Taeniaesporites noviaulensis*(MJN)组合

该组合主要见于盆地南缘吉木萨尔大龙口和石长沟剖面、阜康县小泉沟剖面，覆盖区烧房沟组孢粉化石很少。

(一)孢粉组合主要特征

裸子植物花粉中 *Taeniaesporites* 等具肋双气囊花粉非常发育，*Alisporites* 等无肋双气囊花粉减少，*Cycadopites* 等单沟花粉占有较大比例，蕨类植物孢子中常见 *Punctatisporites*(圆形光面孢)、*Retusotriletes*(弓脊孢)、*Verrucosisporites*、*Limatulasporites* 和 *Polycingulatisporites* 等，少量出现早三叠世重要分子 *Lundbladispora*。

(二)典型剖面孢粉组合特征

大龙口剖面烧房沟组孢粉资料较好，组合中孢粉等化石的百分含量及类型见表 2-1 和图版 7~图版 10，孢粉组合特征如下。

(1)蕨类植物孢子(26.4%～54.4%，平均 42.4%)或裸子植物花粉(45.6%～73.6%，平均为 57.6%)占优势。

(2)蕨类植物孢子中无环三缝孢子的含量稍高于具环三缝孢子。无环三缝孢子中的常见分子有 *Punctatisporites*(0.8%～8.0%，平均 4.8%)、*Retusotriletes*(3.2%～8.0%，平均 5.86%)、*Verrucosisporites*(0～10.4%，平均 4.54%)和 *Dictyotriletes*(1.6%～4.8%，平均 3.74%)；个别或少量出现 *Calamospora*、*Deltoidospora*、*Leiotriletes*、*Cyclogranisporites*、*Triassisporis*(三叠孢)、*Apiculatisporis* 和 *Raistrickia* 等。具环和腔状三缝孢子中的常见分子为 *Limatulasporites*(0.8%～11.2%，平均 5.61%)、*Polycingulatisporites* (3.2%～7.2%，平均 4.80%)、*Kraeuselisporites*(0.8%～3.2%)和 *Annulispora*(0.8%～2.4%)；而 *Lundbladispora* 只在个别样品中少量出现。单缝孢子 *Aratrisporites* 很少。

(3)裸子植物花粉中以具肋双气囊花粉为主，主要为 *Taeniaesporites*，含量高达 12.0%～45.6%，所见种有 *T. pellucidus*(透明宽肋粉)、*T. combinatus*(联结宽肋粉)、*T.divisus*(再分宽肋粉)、*T. noviaulensis*、*T. nubilus*(多云宽肋粉)、*T. quadratus*(正方宽肋粉)、*T. rhaeticus*(瑞替宽肋粉)和 *T. leptocorpus*(薄体宽肋粉)等，常见 *Protohaploxypinus* (2.4%～4.0%)、*Striatoabieites*(0～4.8%)和 *Striatopodocarpites* 等。

(4)单沟花粉 *Cycadopites*(0.8%～19.2%)和 *Chasmatosporites* 在组合中占有较大比例。单气囊花粉 *Cordaitina*、多肋花粉 *Ephedripites* 和 *Equisetosporites* 含量较低。

(5)*Alisporites*、*Klausipollenites* 和 *Caytonipollenites* 等无肋双气囊花粉含量明显减少。

该组合与下伏韭菜园组孢粉组合面貌存在比较明显的区别：①裸子植物花粉增多，其含量一般高于蕨类植物孢子；②蕨类植物孢子中 *Punctatisporites* 和 *Retusotriletes* 等圆形光面三缝孢子的含量增加，而 *Limatulasporites* 和 *Lundbladispora* 等具环和腔状三缝孢

子明显减少；③裸子植物花粉中 *Taeniaesporites* 的数量和类型急增，并居于优势地位；④多肋花粉减少，只个别或少量出现。

(三)横向变化

烧房沟组孢粉化石主要见于准噶尔盆地南缘东部大龙口、石长沟和小泉沟剖面，它们的共同特点是裸子植物花粉中 *Taeniaesporites* 比较发育，类型也非常丰富。小泉沟剖面烧房沟组孢粉组合中 *Dictyotriletes*(14.23%)、*Limatulasporites*(15.17%)、*Lundbladispora*(5.81%)、*Kraeuselisporites*(5.72%)和 *Aratrisporites*(6.35%)的含量较大龙口和石长沟剖面高，而裸子植物花粉中的 *Taeniaesporites*(10.55%)的含量则较其他剖面低。

准噶尔盆地东部沙丘 12 井、台 62 井烧房沟组孢粉组合中 *Taeniaesporites* 非常发育，含量分别为 15%和 31.3%，*Lundbladispora* 只个别或少量见到，其特征与盆地南缘烧房沟组孢粉组合相似，但 *Cycadopites* 等单沟花粉很少而有所不同。

盆地东北缘彩参 2 井烧房沟组孢粉组合中蕨类植物孢子(92.6%)占绝对优势，其中 *Limatulasporites* 含量较高，达 25.9%；*Lundbladispora*(5.6%)和 *Aratrisporites*(7.4%)也占有一定的比例，与其他地区孢粉组合不同。这一差别可能与沉积环境有关。

盆地西北缘下三叠统百口泉组孢粉化石贫乏，长期以来一直为孢粉化石的空白区。2014～2015 年中国科学院南京地质古生物研究所唐鹏等在开展准噶尔盆地三叠纪地层研究时，在玛湖凹陷百口泉组中获得了少量的孢粉化石，并见到了早三叠世重要分子 *Lundbladispora*。

四、*Apiculatisporis spiniger-Minutosaccus parcus-Protohaploxypinus samoilovichii*(SPS)组合

该组合只见于大龙口剖面克拉玛依组下部。

(一)孢粉组合主要特征

具肋双气囊花粉中 *Protohaploxypinus*、*Striatoabieites* 和无肋双气囊花粉中 *Alisporites*、*Pinuspollenites* 均非常发育，常见 *Podocarpidites*、*Minutosaccus*、*Taeniaesporites* 和 *Striatopodocarpites* 等，蕨类植物孢子中以具刺状纹饰的三缝孢子 *Apiculatisporis* 为主，*Limatolasporites* 和 *Aratrisporites* 只个别或少量见到。

(二)典型剖面孢粉组合特征

准噶尔盆地南缘吉木萨尔大龙口剖面克拉玛依组下部孢粉资料较好，组合中孢粉等化石的百分含量及类型见表 2-1 和图版 11~图版 16，孢粉组合特征如下。

(1)裸子植物花粉(71.2%～92.8%，平均 84.16%)占优势，蕨类植物孢子含量为 7.2%～28.8%，平均 15.84%。

(2)蕨类植物孢子中以无环三缝孢子为主；具环和腔状三缝孢子含量低，类型单调，仅见 *Limatulasporites*、*Kraeuselisporites* 和 *Polycingulatisporites* 等；单缝孢子 *Aratrisporites* 只零星见到。

(3) 无环三缝孢子中以具锥刺状纹饰的三缝孢子 *Apiculatisporis*(1.6%～8.0%，平均 4.16%) 居多，分异度较高，所见种有 *A. bulliensis*(泡状圆形锥瘤孢)、*A. globosus*(球形圆形锥瘤孢)、*A. parvispinosus*(小刺圆形锥瘤孢) 和 *A. spiniger*(棘状圆形锥瘤孢) 等；还见有个别或少量的 *Calamospora*、*Leiotriletes*、*Todisporites*(托第蕨孢)、*Punctatisporites*、*Acanthotriletes castanea*(栗色三角刺面孢)、*Cyclogranisporites*、*Verrucosisporites*、*Dictyotriletes mediocris*(一般平网孢) 和 *Tigrisporites jonkeri*(琼珂虎纹孢) 等。

(4) 裸子植物花粉中主要为双气囊花粉，常见单脊联囊粉 *Colpectopollis*(0.8%～3.2%，平均 1.76%)；少量出现 *Psophosphaera* 等无口器类花粉，*Cycadopites* 等单沟花粉，*Cordaitina* 和 *Accinctisporites*(阿辛克粉) 等单气囊花粉，以及多气囊花粉 *Dacrycarpites*(三囊罗汉松粉)、*Microcachryidites*(多囊粉) 等。

(5) 双气囊花粉中具单脊和肋纹的双气囊花粉的含量稍高于无肋双气囊花粉。具肋双气囊花粉中以 *Protohaploxypinus*(0.8%～20.0%，平均 10.72%) 和 *Striatoabieites*(4.0%～18.4%，平均 8.96%) 居多；*Taeniaesporites*(4.0%～10.4%，平均 7.68%) 和 *Striatopodocarpites*(1.6%～7.2%，平均 3.52%) 也在组合中占有较大的比例；零星出现 *Hamiapollenites*。

(6) 无肋双气囊花粉中以 *Alisporites*(11.2%～21.6%，平均 16.60%) 和 *Pinuspollenites*(2.4%～21.6%，平均 13.44%) 最为发育，主要种为 *Alisporites parvus*、*A. australis* 和 *A. minutisaccus*(小囊阿里粉) 等；常见 *Podocarpidites*(0～8.0%) 和 *Minutosaccus*(0～8.0%，平均 3.52%)；零星出现 *Pristinuspollenites*，*Klausipollenites* 和 *Caytonipollenites* 等。

该组合面貌与下伏烧房沟组孢粉组合相比发生了很大的变化：①两组合中具肋双气囊花粉占有很大的比例，但上一组合中非常发育的 *Taeniaesporites* 在该组合中含量明显减少；②单脊联囊粉 *Colpectopollis* 开始频繁出现；③上一组合中占有较大比例的 *Cycadopites* 等单沟花粉在本组合中只零星见到；④具环三缝孢子很少，且未见早三叠世孢粉组合中的重要分子 *Lundbladispora*；⑤无环三缝孢子以 *Apiculatisporis* 为主。

(三) 横向变化

准噶尔盆地西北缘深底沟剖面克拉玛依组底部见一裸子植物花粉占绝对优势的孢粉组合(唐鹏等，内部资料)，组合中具肋双气囊花粉含量较高，未见早三叠世比较重要的分子 *Limatulasporites*、*Lundbladispora* 等，也未出现 *Aratrisporites*，其特征与大龙口剖面克拉玛依组下部孢粉组合相似。吐鲁番盆地桃树园剖面克拉玛依组底部所见 *Punctatisporites-Taeniaesporites-Colpectopollis* 组合(曲立范等，1990) 与该组合非常相似，两组合的共同特点是：①*Taeniaesporites* 等具肋双气囊花粉在组合中均占有较大比例；②*Alisporites* 等无肋双气囊花粉非常发育；③频繁出现 *Colpectopollis*；④未见早三叠世重要分子 *Lundbladispora*。

五、*Granulatisporites gigantus-Aratrisporites fischeri-Colpectopollis*(GFC) 组合

该组合在准噶尔盆地露头剖面和覆盖区克拉玛依组中一般均可见到。

(一)孢粉组合主要特征

蕨类植物孢子中 *Punctatisporites* 和 *Todisporites* 等圆形光面三缝孢子，以及 *Aratrisporites* 属中具宽腔的种 *A. fischeri* 等比较发育，并见有 *Punctatisporites incognatus*(稀奇圆形光面孢)，*Granulatisporites gigantus*(大型三角粒面孢)，*Converrucosisporites xinjiangensis*(新疆三角块瘤孢)等重要分子，裸子植物花粉中以 *Pinuspollenites* 和 *Alisporites* 等无肋双气囊花粉居优，常见 *Colpectopollis*。

(二)典型剖面孢粉组合特征

准噶尔盆地南缘吉木萨尔大龙口剖面克拉玛依组中部孢粉资料较好，组合中孢粉等化石的百分含量及类型见表 2-1 和图版 11~图版 16，孢粉组合特征如下。

(1)蕨类植物孢子(4.0%～80.8%，平均 37.12%)与裸子植物花粉(19.2%～96.0%，平均 62.88%)交替占优势。

(2)蕨类植物孢子中优势分子为 *Punctatisporites*(0～16.8%，平均 6.08%)，*Todisporites*(0～38.4%，平均 11.16%)和 *Calamospora*(0～14.4%，平均 2.88%)等圆形光面三缝孢子及单缝孢子 *Aratrisporites*(0～56.8%，平均11.68%)，后一属中的优势种为具宽腔的 *Aratrisporites fischeri*(0～48.0%，平均 9.60%)；个别或少量出现 *Retusotriletes*、*Granulatisporites*、*Osmundacidites*、*Converrucosisporites*、*Verrucosisporites*、*Triassisporis*、*Lophotriletes*、*Apiculatisporis*、*Limatulasporites*、*Muerrigerisporis*(穆瑞孢)、*Annulispora* 和 *Polycingulatisporites* 等。

(3)蕨类植物孢子中出现的重要种有：*Punctatisporites incognatus*、*Granulatisporites gigantus*、*Converrucosisporites xinjiangensis* 等。

(4)裸子植物花粉中以无肋双气囊花粉最为发育；常见具单脊和肋纹的双气囊花粉及单脊联囊粉 *Colpectopollis*(0～4.8%)；还见有个别或少量的 *Cycadopites* 等单沟花粉，*Cordaitina*、*Accinctisporites* 等单气囊花粉，*Psophosphaera* 等无口器类花粉，以及多气囊花粉 *Dacrycarpites* 等。

(5)无肋双气囊花粉中以 *Alisporites*(1.6%～24.0%，平均12.96%)和 *Pinuspollenites*(3.2%～26.4%，平均14.08%)最为繁盛；频繁出现 *Abietineaepollenites*(0～4.0%)，*Cedripites*(0.8%～3.2%)和 *Podocarpidites*(0～8.8%，平均 3.52%)等；此外，还见有个别的 *Pristinuspollenites*、*Minutosaccus*、*Caytonipollenites* 和 *Klausipollenites* 等。

(6)具单脊和肋纹的双气囊花粉仍在组合中占有一定的比例，个别样品中含量还较高，主要是 *Protohaploxypinus* 和 *Striatoabieites*。

该组合与下伏克拉玛依组下部孢粉组合的面貌发生了很大的变化：①*Aratrisporites* 非常发育，其中 *A. fischeri* 和 *A. scabratus* 等具宽腔的种具有较高的含量；②*Punctatisporites* 和 *Todisporites* 等圆形光面三缝孢子占有较大的比例；③见 *Granulatisporites gigantus*、*Converrucosisporites xinjiangensis* 等克拉玛依组孢粉组合中比较重要的分子。

（三）横向变化

该组合为准噶尔盆地自石炭纪以来分布最为广泛的一个孢粉组合，在盆地南缘、东部、腹部和西北缘克拉玛依组中一般都可见到，组合中 *Calamospora*、*Punctatisporites* 等圆形光面三缝孢子及 *Aratrisporites* 属中具宽腔的种具有较高含量，不同的只是不同剖面上所见属种的含量有所差别，如准噶尔盆地东部北三台凸起井区沙丘 12 井克拉玛依组组合中蕨类植物孢子占优势，其中 *Aratrisporites*（28.8%～60.8%，平均 39.1%）、*Punctatisporites*（6.9%～17.9%，平均 11.5%）、*Todisporites*（0～10.8%）、*Calamospora*（6.7%～24.8%，平均 15.3%）占有较大的比例；准噶尔盆地腹部莫索湾凸起井区莫深 1 井克拉玛依组孢粉组合中 *Aratrisporites* 的含量高达 26.0%～45.4%，常见 *Centrifugisporites*（0～8.4%）和 *Semiretisporis*（0～6.6%）等；滴南凸起井区石莫 1 井克拉玛依组孢粉组合中 *Punctatisporites*（3.3%～12.7%）、*Todisporites*（5.5%～10.3%）、*Calamospora*（4.6%～19.7%）和 *Aratrisporites*（12.1%～14.9%）也比较发育；盆地西北缘玛湖凹陷井区玛 2 井克拉玛依组孢粉组合也具相似的特征，组合中 *Aratrisporites* 非常繁盛，最高含量达 43%，其中 *A. fischeri* 最高含量达 35%。

六、双气囊花粉高含量组合

该组合见于大龙口剖面克拉玛依组上部至黄山街组底部。

（一）孢粉组合主要特征

双气囊花粉非常发育，且主要为无肋双气囊花粉，其中侏罗纪孢粉组合中的重要分子 *Quadraeculina* 开始少量出现。

（二）典型剖面孢粉组合特征

准噶尔盆地南缘吉木萨尔大龙口剖面克拉玛依组上部至黄山街组底部（N14-S21～N16-S26）孢粉资料较好，组合中孢粉等化石的百分含量及类型见表 2-1 和图版 11~图版 16，孢粉组合特征如下。

（1）裸子植物花粉（84.8%～97.6%，平均 93.33%）占绝对优势，蕨类植物孢子含量为 2.4%～15.2%，平均 6.67%。

（2）蕨类植物孢子中只见有个别或少量的 *Calamospora*、*Deltoidospora*、*Concavisporites*（凹边孢）、*Dictyophyllidites*、*Punctatisporites*、*Osmundacidites*、*Lophotriletes*、*Apiculatisporis*、*Lycopodiacidites*、*Limatulasporites*、*Densoisporites* 和 *Aratrisporites* 等。

（3）裸子植物花粉中主要为双气囊花粉；频繁出现 *Psophosphaera* 和 *Granasporites*（0.8%～5.6%）等无口器类花粉，单脊联囊花粉 *Colpectopollis*，以及 *Cycadopites*（0～7.2%）和 *Chasmatosporites* 等单沟花粉；个别或少量见到 *Cordaitina*、*Accinctisporites* 和 *Plicatipollenites* 等单气囊花粉，以及多气囊花粉 *Dacrycarpites*。

（4）双气囊花粉中主要为无肋双气囊花粉，其中优势分子为 *Pinuspollenites*（11.2%～

31.2%，平均 21.60%）和 *Alisporites*（8.8%～24.0%，平均 16.81%）；其次为 *Podocarpidites*（5.6%～13.6%，平均 9.60%）；经常出现 *Piceaepollenites*（0～11.2%，平均 5.06%），*Abietineaepollenites*（0.8%～5.6%，平均 3.73%）和 *Cedrpites*（0.8%～2.4%）；还见有个别或少量的 *Caytonipollenites*、*Abiespollenites* 和 *Quadraeculina* 等。具单脊和肋纹的双气囊花粉仍在组合中经常出现，个别样品中含量较高（可能为再沉积的化石），常见分子仍为 *Chordasporites*、*Protohaploxypinus* 和 *Striatoabieites*，少量见到 *Taeniaesporites*。

该组合与下伏克拉玛依组中部孢粉组合的面貌发生了较大的变化：①组合中裸子植物花粉占绝对优势，蕨类植物孢子很少，*Aratrisporites* 只零星出现；②裸子植物花粉中 *Alisporites*、*Pinuspollenites* 和 *Podocarpidites* 等无肋双气囊花粉非常发育；③见个别或少量的 *Quadraeculina*。

（三）横向变化

盆地西北缘部分钻孔，如百 38 井克拉玛依组上段孢粉组合（黄嫔，1993）中 *Concavisporites* 含量很高，平均为 40.7%，并见有晚三叠世重要分子 *Zebrasporites*，具比较典型晚三叠世孢粉组合的特点。

七、*Aratrisporites-Alisporites-Colpectopollis*（AAC）组合

该组合主要见于准噶尔盆地南缘黄山街组。

（一）孢粉组合主要特征

裸子植物花粉占绝对优势，以无肋双气囊花粉居多，单肋双囊粉 *Chordasporites* 占有较大比例，见 *Colpectopollis* 和 *Lueckisporites triassicus*（三叠二肋粉）等中、晚三叠世重要分子，单沟花粉较少；蕨类植物孢子含量较低，少量出现 *Dictyophyllidites* 等双扇蕨科孢子和 *Punctatisporites* 等圆形光面三缝孢子，三叠纪重要分子 *Aratrisporites* 在个别样品中非常发育。

（二）典型剖面孢粉组合特征

准噶尔盆地南缘白杨河等剖面黄山街组孢粉资料较好，组合中孢粉等化石的百分含量及类型见表 2-1 和图版 17~图版 20，孢粉组合特征如下。

（1）裸子植物花粉（50.8%～96.4%，平均 87.62%）占绝对优势，蕨类植物孢子含量为 3.6%～49.2%，平均 12.38%。

（2）蕨类植物孢子分异度较高，见 30 属 45 种，以 *Dictyophyllidites*（0～5.2%，平均 0.89%），*Aratrisporites*（0～39.3%，平均 4.55%），以及 *Osmundacidites*（0～4.4%，平均 1.51%）和 *Baculatisporites*（0～1.8%，平均 0.91%）等具粒、棒状纹饰的三缝孢子居多；常见 *Punctatisporites*；个别或少量出现 *Calamospora*、*Deltoidospora*、*Cyathidites*、*Todisporites* 等光面三缝孢子，*Apiculatisporis*、*Verrucosisporites* 等刺、瘤面三缝孢子，*Limatulasporites*、*Asseretospora*、*Densoisporites*、*Kraeuselisporites* 和 *Annulispora* 等具环三缝孢子，以及

Cadargasporites（光明孢）。

(3) 裸子植物花粉中以无肋双气囊花粉最为繁盛，其次为 *Colpectopollis*（0～3.5%，平均 1.08%）、*Chordasporites*（3.0%~10.8%，平均 5.75%）、*Protohaploxypinus*（0.7%～2.8%，平均 1.98%）和 *Taeniaesporites*（0～5.4%，平均 2.6%）等具单脊或肋纹的双气囊花粉；*Psophosphaera*、*Granasporites*（粒纹无口器粉）（0.8%～7.5%，平均 3.77%），*Junggaresporites*（准噶尔粉）和 *Araucariacites*（南美杉粉）（0～5%，平均 1.08%）等无口器类花粉也在组合中占有较大比例；常见 *Cycadopites*（0～3.9%，平均 1.14%），*Chasmatosporites*（0～3.2%）和 *Granamegamonocolpites* 等单沟花粉；个别或少量见到 *Dacrycarpites*、*Tetrasaccus*（四囊粉）和 *Microcachryidites* 等多气囊花粉，以及侏罗纪重要分子，如 *Quadraeculina* 等。

(4) 无肋双气囊花粉中含量较高的是 *Alisporites*（13.0%～35.5%，平均 24.13%）、*Pinuspollenites*（7.4%～18.5%，平均 12.82%）、*Piceaepollenites*（4.8%～25.2%，平均 11.9%）和 *Podocarpidites*（1.6%~10.7%，平均 6.14%）；常见 *Piceites*（拟云杉粉）、*Protoconiferus*（原始松柏粉）和 *Pseudopicea*（假云杉粉）等原始松柏类花粉、*Abietineaepollenites*（0.8%～7.6%，平均 3.83%）、*Minutosaccus*（0～5.2%，平均 1.31%）和 *Caytonipollenites* 等。

该组合中无肋双气囊花粉非常发育与下伏克拉玛依组上部至黄山街组底部孢粉组合相似，两组合的主要区别是：①蕨类植物孢子增加，分异度较高，其中 *Aratrisporites* 在个别样品中占有较大比例，*Osmundacidites* 和 *Baculatisporites* 等具粒、棒状纹饰的三缝孢子频繁出现，并具一定的含量；②裸子植物花粉中常见 *Paleoconiferus*、*Protoconiferus* 和 *Piceites* 等原始松柏类花粉。

（三）横向变化

黄山街组孢粉组合的共同特点是组合中松柏类具囊花粉占有较大比例，不同剖面面貌有所变化：①蕨类植物孢子中 *Dictyophyllidites* 和 *Concavisporites* 等双扇蕨科孢子在盆地南缘大龙口剖面以及盆地西北缘部分钻孔中含量较高；②*Aratrisporites* 一般含量较低，但在白杨河剖面个别样品中含量可高达 39.3%；③郝家沟剖面单沟花粉的含量相对较高，最高达 22.4%。

八、*Dictyophyllidites harrisii-Cycadopites subgranulosus-Alisporites australis*（HSA）组合

HSA 组合产于盆地南缘郝家沟、大龙口和小泉沟剖面的郝家沟组。

（一）孢粉组合主要特征

裸子植物花粉占优势，以无肋双气囊花粉居多，*Cycadopites* 和 *Chasmatosporites* 等单沟花粉占有较大比例，脑形粉和四字粉等侏罗纪分子开始个别或少量出现；蕨类植物孢子中以 *Dictyophyllidites* 和 *Concavisporites* 等双扇蕨科孢子为主，常见 *Osmundacidites* 和 *Cyclogranisporites* 等具纹饰三缝孢子，在该组中下部样品中三叠纪重要分子 *Aratrisporites* 占有一定的比例。

（二）典型剖面孢粉组合特征

准噶尔盆地南缘郝家沟剖面郝家沟组孢粉化石资料较好，组合中孢粉等化石的百分含量及类型见表 2-2 和图版 21~图版 30，孢粉组合特征如下。

(1) 裸子植物花粉(25.6%～97.6%)占优势，蕨类植物孢子含量为 2.4%～74.4%，该组下部较少，由下而上明显增加。

(2) 蕨类植物孢子中一般以光面三缝孢子居多，少量出现具粒、瘤面三缝孢子、具环三缝孢子和具腔单缝孢子 *Aratrisporites*，后一属在第 24 层样品中含量较高，最高达 10.4%。光面三缝孢子中主要为 *Dicyophyllidites* 和 *Concavisporites* 等双扇蕨科孢子，常见 *Calamospora*、*Deltoidospora* 和 *Puntatisporites* 等；粒、瘤面三缝孢子主要为 *Cyclogranisporites* 和 *Osmundacidites*；具环三缝孢中只个别或少量见到 *Limatulasporites*、*Asseretospora*、*Densoisporites*、*Kraeuselisporites* 和 *Annulispora* 等。

(3) 裸子植物花粉中以无肋双气囊花粉和单沟花粉大量出现为主要特征；常见 *Psophosphaera*、*Araucariacites* 等无口器类花粉，以及 *Chordasporites*、*Protohaploxypinus* 和 *Taeniaesporites* 等具单脊或肋纹的双气囊花粉；三叠纪重要分子 *Colpectopollis* 经常出现；组合中还见有少量的侏罗纪孢粉组合中的重要分子，如 *Perinopollenites*(周壁粉)、*Cerebropollenites*(脑形粉)、*Quadraecullina* 等。

(4) 无肋双气囊花粉中含量较高的是 *Alisporites*、*Pinuspollenites*、*Piceaepollenites* 和 *Podocarpidites*，其次为 *Piceites*、*Protoconiferus*、*Pseudopinus*(假松粉)等原始松柏类花粉，常见 *Abietineaepollenites* 等。多囊花粉 *Dacrycarpites* 和 *Tetrasaccus* 只个别见到。

(5) 单沟花粉在组合中占有较大比例，主要为 *Cycadopites* 和 *Chasmatosporites*，少量见到 *Monosulcites* 等，常见种有 *Cycadopites subgranulosus*、*C. carpentieri*(卡城苏铁粉)、*C. reticulata*(网纹苏铁粉)、*Chasmatosporites hians*(敞开广口粉)、*C. elegans*(华美广口粉)和 *C. apertus*(无盖广口粉)等，以 *C. subgranulosus* 居多。

该组合以裸子植物花粉居优势，并以无肋双气囊花粉最为发育，蕨类植物孢子中 *Dictyophyllidites* 等双扇蕨科孢子频繁出现，常见 *Aratrisporites* 等三叠纪重要分子与下伏黄山街组孢粉组合面貌相似。两组合的主要区别是该组合中：①双扇蕨科孢子的含量相对较高；②*Cycadopites* 等单沟花粉占有较大比例；③*Quadraeculina* 等侏罗纪重要分子开始少量出现；④*Protoconiferus* 等原始松柏类花粉增多。

（三）横向变化

准噶尔盆地南缘郝家沟组孢粉组合面貌在横向上变化较小，如吉木萨尔三台大龙口剖面郝家沟组孢粉组合中 *Dictyophyllidites* 等双扇蕨科孢子的含量也较高，最高可达 16%，裸子植物花粉中以无肋双气囊花粉为主，*Cycadopites* 等单沟花粉占有较大比例，最高达 13.6%，个别样品中三叠纪重要分子 *Aratrispories*(29.6%)比较发育。与郝家沟剖面不同的是在该组上部藻类化石 *Shizosporis* 大量出现。盆地西北缘白碱滩组组合中蕨类植物孢子含量较高，常在组合中居优势地位，其中双扇蕨科孢子非常发育，如百 68 井白碱滩组组合中 *Dityophyllidites* 占 0～31.8%，*Concavisporites* 占 0.9%～11.2%。盆地腹部滴南凸起井区和莫索湾凸起井区、盆地东部井下白碱滩组孢粉组合中蕨类植物孢子中的双扇蕨科孢子，裸子植物花粉中的单沟花粉相对较少，而紫萁科等具纹饰三缝孢子和 *Calamospora* 常在蕨类植物孢子中居优势地位。

根据该组合在纵向上的变化规律，自下而上可进一步划分为三个亚孢粉组合。

（一）*Dictyophyllidites-Cycadopites-Chordasporites*（DCC）亚孢粉组合

该亚孢粉组合产于郝家沟组下部。

1. 亚孢粉组合的主要特征

裸子植物花粉占优势，以无肋双气囊花粉和单沟花粉最为发育，蕨类植物孢子中 *Dictyophyllidites* 等双扇蕨科孢子占有较大比例，常见 *Aratrisporites* 等三叠纪重要分子，*Quadraeculina* 等侏罗纪比较重要的分子开始个别或少量出现。

2. 典型剖面亚孢粉组合特征

郝家沟剖面郝家沟组下部 96-HJ-1～96-HJ-23 号样品中孢粉资料较好，组合中孢粉等化石的百分含量及类型见表 2-2 和图版 21~图版 25，亚孢粉组合特征如下。

(1) 裸子植物花粉（57.6%～97.6%）占优势，蕨类植物孢子含量为 2.4%～42.4%，藻类、疑源类化石经常出现，见有 *Leiosphaeridia*、*Schizosporis* 和 *Botryococcus*。

(2) 蕨类植物孢子中一般以光面三缝孢子居多，少量出现粒、瘤面三缝孢子、具环三缝孢子和单缝孢子。

(3) 光面三缝孢子中主要为 *Dictyophyllidites*（0～16.8%，平均 3.01%）和 *Concavisporites* 等双扇蕨科孢子；常见 *Calamospora*（0～4.8%，平均 1.17%）、*Deltoidospora*（0～4.0%，平均 1.04%）和 *Punctatisporites*（0～5.6%）等；粒、瘤面三缝孢子中见有 *Cyclogranisporites*（0～3.2%）和 *Osmundacidites*（0～1.6%），含量较低；具环三缝孢子中只见有个别或少量的 *Limatulasporites*、*Asseretospora*、*Densoisporites*、*Kraeuselisporites* 和 *Annulispora* 等；单缝孢子中只零星出现 *Aratrisporites*。

(4) 裸子植物花粉中以无肋双气囊花粉（19.2%～68.0%，平均 49.37%）和单沟花粉（5.6%～50.4%，平均 27.48%）大量出现为主要特征；常见 *Psophosphaera*（0～2.4%），*Araucariacites*（0～8.0%，平均 2.65%）等无口器类花粉，以及 *Chordasporites*（0.8%～10.4%，平均 4.11%）、*Protohaploxypinus*（0～11.2%，平均 1.49%）和 *Taeniaesporites*（0～2.4%）等具单脊、肋纹的双气囊花粉；见到少量侏罗纪孢粉组合中的重要分子，如 *Perinopollenites*、*Cerebropollenites*、*Quadraeculina*（0～1.6%）等。

(5) 无肋双气囊花粉中含量较高的是 *Alisporites*（8.8%～23.2%，平均 14.61%），*Pinuspollenites*（4.0%～22.4%，平均 11.08%），*Piceaepollenites*（0.8%～15.7%，平均 5.78%）和 *Podocarpidites*（3.6%～10.4%，平均 6.47%）；其次为 *Piceites*（2.4%～11.2%，平均为 5.51%），*Protoconiferus*，*Pseudopinus* 等原始松柏类花粉；常见 *Abietineaepollenites*、*Pristinuspollenites* 等。多囊花粉 *Dacrycarpites* 和 *Tetrasaccus* 只在个别样品中个别出现。

(6) 单沟花粉在组合中占有较大比例，主要为 *Cycadopites*（4.8%～35.2%，平均 16.36%）和 *Chasmatosporites*（0～16.0%，平均 9.32%）；少量见到 *Monosulcites* 等，常见种有 *C. carpentieri*（0～9.6%，平均 2.62%）、*C. nitidus*（0～4.8%）、*C. reticulata*（0～4.8%）、*C.*

subgranulatus(1.6%～14.4%，平均 6.51%)、*Chasmatosporites hians*(0～9.6%，平均 2.71%)、*C. elegans*(0～6.4%，平均 1.33%)和 *C. apertus* 等，以 *C. subgranulatus* 居多。

(二) *Limatulasporites haojiagouensis-Asseretospora gyrata-Aratrisporites granulatus* (HGG) 亚孢粉组合

该亚孢粉组合产于盆地南缘郝家沟剖面郝家沟组中下部。

1. 亚孢粉组合主要特征

蕨类植物孢子中以 *Dictyophyllidites*、*Limatulasporites*、*Asseretospora* 和 *Aratrisporites* 等为主，并见有该段地层中的特征分子 *Limatulasporites haojiagouensis*(郝家沟背光孢)、*L. lineatus*(细线条背光孢)和 *L. punctatus*(斑点背光孢)等，裸子植物花粉中以 *Alisporites* 和 *Pinuspollenites* 等无肋双气囊花粉居多，并少量出现 *Cerebropollenites* 等侏罗纪重要分子。

2. 典型剖面亚孢粉组合特征

准噶尔盆地南缘郝家沟剖面郝家沟组中下部(第 24 层 96-HJ-24～96-HJ-27 号)孢粉资料较好，组合中孢粉等化石的百分含量及类型见表 2-2 和图版 26~图版 30，亚孢粉组合特征如下：

(1) 蕨类植物孢子(16.0%～74.4%，平均 42.4%)或裸子植物花粉(25.6%～84.0%，平均 57.44%)占优势，少量出现藻类、疑源类化石 *Schizosporis*(对裂藻)和 *Botryococcus*(葡萄藻)等。

(2) 蕨类植物孢子中以 *Asseretospora*(1.6%～43.2%，平均 13.6%)居多；其次为 *Aratrisporites*(0～11.2%，平均 5.92%)；频繁出现的属还有 *Dictyophyllidites*(0～11.2%，平均 2.72%)、*Cyclogranisporites*(1.6%～4.8%，平均 2.88%)、*Osmundacidites*(1.6%～4.8%，平均 3.36%)、*Limatulasporites*(0～8.0%，平均 3.68%)等；还伴有个别或少量的 *Calamospora*、*Deltoidospora*、*Concavisporites*、*Todisporites*、*Baculatisporites*、*Kraeuselisporites*、*Densoisporites* 和 *Camarozonosporites* 等。蕨类植物孢子中常见种有 *Dictyophyllidites harrisii*、*Osmundacidites wellmanii*、*Limatulasporites haojiagouensis*、*L. lineatus*、*L. punctatus*、*Asseretospora gyrata*、*Aratrisporites granulatus*(粒面离层单缝孢)、*A. fischiri*、*A. parvispinosus*(细刺离层单缝孢)和 *A.* spp.等。

(3) 裸子植物花粉中以单沟花粉和无肋双气囊花粉最为发育；常见 *Psophosphaera*、*Araucariacites*(0～8.0%，平均 3.36%)等无口器类花粉，以及 *Chordasporites*、*Protohaploxypinus* 和 *Taeniaesporites* 等具单脊或肋纹的双气囊花粉；少量出现侏罗纪孢粉组合中的重要分子 *Cerebropollenites*、*Quadraeculina* 和 *Perinopollenites* 等。

(4) 单沟花粉中 *Cycadopites* 占孢粉总数的 4.0%～17.6%，平均 12.8%，优势种为 *C. subgranulatus*(2.4%～10.4%，平均 6.56%)；*Chasmatosporites* 占 0.8%～12.8%，平均 7.2%，优势种为 *C. hians*(0.96%)和 *C. apertus*。

(5) 无肋双气囊花粉中常见属为 *Podocarpidites*(0～8.8%，平均 4.0%)、*Alisporites*(0～11.2%，平均 7.68%)、*Pinuspollenites*(0.8%～11.2%，平均 4.64%)、*Piceaepollenites*(0～7.2%，平均 1.92%)及原始松柏类花粉 *Piceites*(0.8%～6.4%，平均 3.04%)等；个别和少

量出现 *Minutosaccus*、*Abietineaepollenites* 和 *Cedripites* 等。

该亚组合蕨类植物孢子中 *Dictyophyllidites* 等双扇蕨科孢子占有较大比例，裸子植物花粉中以无肋双气囊花粉居优，单沟花粉频繁出现与上一亚孢粉组合面貌比较相似，两亚组合主要区别是：①见该组合中比较特征的分子，如 *Limatulasporites haojiagouensis*、*L. lineatus* 和 *L. punctatus* 等；②该亚组合中 *Aratrisporites* 频繁出现，并占有较大的比例；③单沟花粉明显增加；④侏罗纪比较重要的分子增多。

（三）*Dictyophyllidites harrisii-Cycadopites subgranulosus-Minutusaccus parcus*（HSP）亚孢粉组合

该亚孢粉组合主要见于盆地南缘郝家沟剖面郝家沟组上部至八道湾组底部。

1. 亚孢粉组合主要特征

裸子植物花粉中以无肋双气囊花粉居多，单沟花粉也占有较大比例，*Cerebropollenites*、*Perinopollenites*、*Quadraeculina* 及原始松柏类花粉等侏罗纪比较重要的分子或常见分子开始较多出现。蕨类植物孢子中 *Dictyophyllidites* 和 *Concavisporites* 比较发育。

2. 典型剖面亚孢粉组合特征

准噶尔盆地南缘郝家沟剖面郝家沟组上部至八道湾组底部 96-HJ-28～96-HJ-57 号样品中的孢粉资料较好，组合中孢粉等化石的百分含量及类型见表 2-2 和图版 26~图版 30，亚孢粉组合特征如下。

(1) 一般以裸子植物花粉（6.4%～87.2%，平均 69.22%）占优势，蕨类植物孢子含量为 12.0%～93.6%，平均 30.07%，少数样品中蕨类植物孢子含量高于裸子植物花粉。常见 *Schizosporis*、*Tetraporina*（四角藻）和 *Botryococcus* 等藻类、疑源类化石。

(2) 蕨类植物孢子中以 *Dictyophyllidites*（0～38.4%，平均 9.44%）和 *Concavisporites*（0～4.0%，平均 0.75%）等双扇蕨科孢子为主；其次为 *Osmundacidita*（0～5.6%，平均 1.81%）和 *Cyclogranisporites*（0～4.8%，平均 2.05%）等具颗粒状纹饰的三缝孢子及 *Asseretospora*（0～80%，平均 5.07%）。常见种有 *Dictyophyllidites harrisii*（0～20%，平均 3.2%）、*Asseretospora amplectiformis*（环绕阿赛勒特孢）和 *A. gyrata*（绕转阿赛勒特孢）等；零星出现 *Sphagnumsporites*（水藓孢）、*Calamospora*、*Deltoidospora*、*Punctatisporites*、*Lycopodiacidites*、*Cadargasporites*、*Densoisporites* 和 *Kraeuselisporites* 等，但在八道湾组底部的个别样品中 *Asseretospora*（80%），以及三叠纪重要分子 *Aratrisporites*（9.8%）和 *Lycopodiacidites minus*（6.5%）的含量相对较高。

(3) 裸子植物中仍以无肋双气囊花粉的含量为最高；其次为 *Cycadopites*（0～30.4%，平均 7.05%）和 *Chasmatosporites*（0～17.6%，平均 5.5%）等单沟花粉；常见 *Psophosphaera* 和 *Araucariacites* 等无口器类花粉及 *Chordasporites*、*Protohaploxypinus* 等具单脊或肋纹的双气囊花粉；少量出现 *Perinopollenites* 和 *Cerebropollenites* 等侏罗纪重要分子。

(4) 无肋双气囊花粉中以 *Pinuspollenites*（0～26.4%，平均 14.21%）为主；常见 *Podocarpidites*（0～12.0%，平均 5.32%）、*Piceaepollenites*（0～6.4%，平均 2.67%）、*Minutosaccus*（0～8.8%，平均 3.15%）、*Alisporites*（0～7.2%，平均 3.95%），以及原始松柏类花粉 *Piceites*（0～8.0%，平均 3.46%）等；*Quadraeculina*（0～14.4%，平均 3.04%）也

在组合中经常出现，且由下而上明显增多，至该组顶部的样品中最高含量可达 14.4%。

该亚组合中 *Dictyophyllidites* 等双扇蕨科孢子和 *Cycadopites*、*Chasmatosporites* 等单沟类花粉比较发育与郝家沟组下部 DCC 亚孢粉组合非常相似，而与郝家沟组中下部 HGG 亚孢粉组合面貌差别较大，两者的主要区别是：①该亚组合中未见 *Limatulasporites haojiagouensis* 和 *L. punctatus* 等上一亚组合比较特征的分子；②*Aratrisporites* 一般只零星见到，在八道湾组底部的个别样品中含量可达 9.8%，而 *Minutosaccus* 较多出现；③松柏类具囊花粉成分及含量发生了比较明显的变化，*Alisporites* 明显减少，而原始松柏类花粉则显著增加。

3. 横向变化

在准噶尔盆地覆盖区莫深 1 井、石莫 1 井和大 9 井等八道湾组底部见有一套具晚三叠世面貌的孢粉组合，其中莫深 1 井孢粉组合中也见有 *Limatulasporites haojiagouensis* 和 *L. punctatus* 等比较特征的分子，*Dictyophyllidites*、*Concavisporites*、*Aratrisporites*、*Cycadopites* 等占有较大的比例，与郝家沟剖面发现的孢粉组合非常相似，石莫 1 井和大 9 井孢粉组合中未见 *Limatulasporites haojiagouensis* 和 *L. punctatus* 等，但三叠纪比较重要的分子占有较大的比例，如石莫 1 井孢粉组合中 *Aratrisporites* 占 18.4%，大 9 井该属含量为 7.7%～21.6%。

九、准噶尔盆地二叠纪孢粉组合识别标志

通过对准噶尔盆地三叠纪孢粉组合的研究，可以总结出如下识别特点。

(1) 具肋双气囊花粉中 *Taeniaesporites* 大量见于下三叠统上仓房沟群的孢粉组合中，其他岩组虽有出现，但含量一般较低。

(2) *Punctatisporites*，*Todisporites* 等圆形光面三缝孢子及 *Aratrisporites* 中具宽腔的种连续高含量见于克拉玛依组中、下部(下段)，为准噶尔盆地中三叠世孢粉组合的重要特征，克拉玛依组上部和其他岩组除少数样品外，上述孢子的含量较低。

(3) *Dictyophyllidites*，*Concavisporites* 等双扇蕨科孢子大量见于晚三叠世黄山街组至郝家沟组孢粉组合中，在盆地西北缘井下克拉玛依组上段的孢粉组合中该类孢子也具较高的含量(黄嫔，1993)；双扇蕨科孢子大量出现，*Cycadopites* 等单沟花粉占有较大比例，常见 *Aratrisporites* 等三叠纪重要分子为准噶尔盆地晚三叠世孢粉组合的重要特征。

(4) *Aratrisporites fischeri*、*A. granulatus* 和 *A. scabratus* 等具宽腔的种大量出现于克拉玛依组孢粉组合中，其他层位较为少见。

(5) 早三叠世典型分子 *Lundbladispora* 只见于上仓房沟群孢粉组合中，以韭菜园组组合中含量较高，类型较丰富。

(6) *Punctatisporites incognatus*、*Granulatisporites gigantus*、*Converrucosisporites ximjiangensis*、*Cordaitina major* 和 *Plicatipollenites indicus* 产于克拉玛依组。

(7) *Lueckisporites triassicus*、*Colpectopollis pseudostriatus*、*Minutosaccus fusiformis*、和 *M. potoniei* 产于克拉依组至郝家沟组。

(8) *Limatulasporites lineatus*、*L. punctatus* 和 *L. haojiagouensis* 见于郝家沟组中下部。

(9) 郝家沟组顶部孢粉组合中侏罗纪比较重要的分子 *Quadraeculina* 明显增多。

准噶尔盆地三叠纪各孢粉组合所见孢粉化石类型及含量及类型见表 2-1 和表 2-2，部分属含量变化情况见图 2-6 和图 2-7。

表 2-1 准噶尔盆地三叠纪孢粉化石(平均)含量统计表 （单位：%）

孢粉组合名称	LLK 组合	LWA 组合	MJN 组合	SPS 组合	GFC 组合	双囊粉 高含量组合	AAC 组合
层位 / 化石含量/% / 化石名称	锅底坑 组上部	韭菜园组	烧房 沟组	克拉玛 依组下部	克拉玛 依组中部	克拉玛 依组上部至黄 山街组底部	黄山 街组
蕨类植物孢子	55.3	61.26	42.40	15.84	37.12	6.67	12.38
Sphagnumsporites perforatus							*
S. psilatus			*				
S. spp.					*		*
Gleicheniidites conflexus			*				
G. sp.							*
Calamospora gansuensis					*		
C. impexa						0.13	0.13
C. mesozoicus					0.16		
C. nathorstii	*				1.44		0.07
C. tangpuensis	*	*			*		
C. spp.	0.7	0.91	0.27	0.96	1.28	0.40	0.20
Deltoidospora spp.		0.46	0.53	0.32	0.16	0.93	0.34
Cyathidites australis		0.11					
C. breviradiatus		0.11					
C. medicus			*				
C. minor		0.11					0.07
C. spp.		0.23					
Cibotiumspora jurienensis							*
Concavisporites intrastritus							*
C. toralis							*
C. spp.		0.23					0.13
Dictyophyllidites harrisii		*				0.13	0.18
D. junggarensis							*
D. spp.	0.4	0.80				0.67	0.71
Leiotriletes adnatus	*	*					
L. spp.	0.5	1.14	0.80	0.32		0.13	0.08

续表

孢粉组合名称	LLK组合	LWA组合	MJN组合	SPS组合	GFC组合	双囊粉高含量组合	AAC组合
层位 / 化石含量/% / 化石名称	锅底坑组上部	韭菜园组	烧房沟组	克拉玛依组下部	克拉玛依组中部	克拉玛依组上部至黄山街组底部	黄山街组
Walzispora strictura		*					
Undulatisporites spp.		0.11				0.13	
Biretisporites spp.		0.11					
Alsophilidites cf. *arcuatus*		*					
A. spp.		0.11					
Todisporites major			*	0.16	1.28		
T. minor				0.32	2.08		0.07
T. spp.				0.32	8.00	0.27	0.13
Punctatisporites cf. *crassirimosus*			*				
P. huolingheensis					*		
P. cf. *hymenophylloides*		*					
P. leighensis					*		
P. cf. *leighensis*		*					
P. minutus	*	0.23			1.28		
P. qingyangensis					*		
P. shensiensis		*			1.12		*
P. triassicus	*		*	0.16	2.24		
P. spp.	1.9	2.40	4.80	0.96	1.44	0.27	0.40
Retusotriletes arcatus			0.27				*
R. arcticus	*	1.26	1.33	0.16			*
R. hercynicus			0.53	0.16			*
R. mesozoicus	*		*		0.16		
R. simplex	*						
R. spinosus							*
R. stereoides					*		
R. verrucosus		*					
R. spp.	1.1	1.71	3.73	0.64	0.16		0.07
Hymenophyllumsporites simplex							*
H. spp.							0.13
Granulatisporites gigantus					0.48		

续表

孢粉组合名称	LLK 组合	LWA 组合	MJN 组合	SPS 组合	GFC 组合	双囊粉高含量组合	AAC 组合
层位 / 化石含量/% / 化石名称	锅底坑组上部	韭菜园组	烧房沟组	克拉玛依组下部	克拉玛依组中部	克拉玛依组上部至黄山街组底部	黄山街组
G. piloformis	*						
G. spp.	0.8	0.34					0.21
Cyclogranisporites aureus	*						*
C. congestus			*				
C. micaceus		*					
C. minutus	*						
C. spp.	0.9	2.40	0.53	0.96	0.48	0.27	0.14
Osmundacidites alpinus							0.26
O. elegans						0.13	0.08
O. nicanicus							*
O. orbiculatus		*					
O. speciosus		*					
O. wellmanii						0.13	0.28
O. spp.		0.46		0.16	0.16	0.27	0.89
Converrucosisporites xinjiangensis					0.16		
C. cf. *xinjiangensis*		*					
C. spp.		0.46	0.27		0.16	0.13	
Verrucosisporites contactus		0.11	0.27		*		
V. granatus		0.91	*		*		
V. jonkeri		0.46					
V. microtuberosus			*				
V. mimicus	*	0.69			0.32		
V. morulae		0.11	*		0.16		
V. obscurus					*		
V. platyverrucosus		*	*				
V. presselensis					*		
V. reinhardtii		0.46					
V. scitulus		*					
V. thuringiacus		*					
V. spp.	0.8	2.74	4.27	0.64	0.96		0.36

续表

孢粉组合名称	LLK 组合	LWA 组合	MJN 组合	SPS 组合	GFC 组合	双囊粉高含量组合	AAC 组合
化石名称 \ 化石含量/% \ 层位	锅底坑组上部	韭菜园组	烧房沟组	克拉玛依组下部	克拉玛依组中部	克拉玛依组上部至黄山街组底部	黄山街组
Triassisporis roeticus		*			*		
T. spp.			0.53		0.16		
Uvaesporites undulates			*				
Multinodisporites phymatus				*			
Lophotriletes bauhinaiae							*
L. incondites		*					
L. spp.	0.3	0.91	0.27	0.16	0.16	0.40	0.08
Lapposisporites spp.	0.45						
Apiculatisporis bulliensis		*		0.16			
A. globosus				0.16			
A. parvispinosus	*	0.46		0.48			*
A. cf. *pilosus*				*			
A. spiniger	*	0.34	0.27	1.60	0.16	0.13	0.07
A. cf. *variocorneus*							*
A. xiaolongkouensis	*						
A. spp.	8.2	3.54	0.53	1.76	0.16	0.40	0.21
Acanthotriletes castanea				*			
A. varispinosus				*			*
A. xinjiangensis		*					
A. spp.	0.3	0.11		0.16			
Sphaerina wulinensis							*
Lunzisporites pallidus		*					
L. spp.							0.07
Conbaculatisporites spp.		0.11		0.16			*
Baculatisporites jiangxiensis			*				
B. spp.	0.3	1.03		0.48			0.91
Anapiculatisporites cooksonae							*
A. dawsonensis		0.91					*
A. spp.	1.5	0.11		*			
Cadargasporites baculatus							0.14

续表

孢粉组合名称	LLK组合	LWA组合	MJN组合	SPS组合	GFC组合	双囊粉高含量组合	AAC组合
化石名称 \ 化石含量/% \ 层位	锅底坑组上部	韭菜园组	烧房沟组	克拉玛依组下部	克拉玛依组中部	克拉玛依组上部至黄山街组底部	黄山街组
C. granulatus							0.13
C. verrucosus							0.13
Neoraistrickia callista							*
N. dalongkouensis		*					
N. cf. *irregularis*			*			*	
N. laiyangensis							*
N. cf. *multidentata*				*			
N. rotundiformis							*
N. xinjiangensis				*			
N. spp.	*	0.34	*	0.16		0.13	*
Raistrickia spp.	0.2	0.23	0.53		0.16		
Lycopodiacidites cerebriformis							*
L. ejuncidus				*			
L. minus				*			
L. rugulatus		0.11					
L. spp.		0.23		0.80			0.13
Rugulatisporites ramosus		*		*			*
R. spp.				0.48		0.27	*
Camptotriletes spp.		0.57					
Tigrisporites jonkeri				0.16			
Convolutispora parvula			*				
C. spp.	0.5	0.80	0.80	0.16			0.13
Klukisporites pseudoreticulatus		*					
K. variegatus		*					
Dictyotriletes mediocris	*	0.57	3.47		0.16		*
D. spp.	1.0	0.11	0.27				
Microreticulatisporites spp.		0.11					
Reticulatisporites amdoensis			*				
R. spp.		*		*			
Lycopodiumsporites paniculatoides		*	*				

续表

孢粉组合名称	LLK组合	LWA组合	MJN组合	SPS组合	GFC组合	双囊粉高含量组合	AAC组合
化石名称 \ 化石含量/% \ 层位	锅底坑组上部	韭菜园组	烧房沟组	克拉玛依组下部	克拉玛依组中部	克拉玛依组上部至黄山街组底部	黄山街组
L. semimuris		*					
L. spp.	0.3	0.11		0.16			
Foveosporites cf. *visscheri*							*
F. sp.	*	0.11	0.27				
Hsuisporites sp.		*					
Limatulasporites bellus				*			
L. concinnus		0.11					*
L. dalongkouensis		*					*
L. elegans		*					
L. fossulatus	1.5	2.86	0.27	*			
L. haojiagouensis				*			
L. inaequalalis		*					
L. limatulus	*	4.00	2.40	0.16			0.07
L. pallidus	1.0	*					*
L. parvus	*	1.37	0.27				
L. punctatus					*		0.06
L. xibeiensis		*	*				
L. xinjiangensis		*					
L. spp.	24.9	25.6	2.67	1.12	0.32	0.40	*
Nevesisporites vallatus			*				
N. spp.	0.3	0.23	*				
Verrucingulatisporites spp.		*	*				0.07
Cingulizonates cf. *indirus*							*
Vallatisporites junggarensis	*	0.23	1.33				
Kraeuselisporites cuspidus		*	*				
K. spinosus	*						*
K. varius	*						
K. spp.	6.4	7.6	0.53	0.48		0.13	0.07
Asseretospora amplectiformis				*			
A. gyrata			*			*	

续表

孢粉组合名称	LLK组合	LWA组合	MJN组合	SPS组合	GFC组合	双囊粉高含量组合	AAC组合
层位 / 化石含量/% / 化石名称	锅底坑组上部	韭菜园组	烧房沟组	克拉玛依组下部	克拉玛依组中部	克拉玛依组上部至黄山街组底部	黄山街组
A. spp.		0.23	0.27				0.27
Crassitudisporites anagrammensis							*
Camarozonosporites rudis		0.11					
C. cf. *rudis*		0.46	*				
C. cf. *rugulatus*		0.8					
C. laevigatus		0.46					
C. spp.		2.63			*		
Densoisporites spp.		1.03	0.80			0.27	0.14
Densosporites dalongkouensis			*				
D. spp.		0.34	0.53	*			
Stenozonotriletes spp.			0.53	0.32			*
Annulispora folliculosa	*		*		*		
A. granulata			*				
A. jiangxiensis			0.53				
A. puncta							*
A. xinjiangensis			*				
A. spp.	0.2	0.91	1.33		0.16		0.07
Muerrigerisporis cf. *bellus*							*
M. charieis					*		*
M. spp.		*	*		0.16		0.06
Lycospora sp.		*	*				
Crassispora spp.		*	0.27	*			
Murospora cf. *microverrucosus*		*					
Triquitrites proratus		*					
Lophozonotriletes sp.			*				
Polycingulatisporites jimusarensis			*				
P. junggarensis			2.13				
P. minutus			*				
P. rhytismoides		*		*			
P. triangularis							*

续表

孢粉组合名称	LLK 组合	LWA 组合	MJN 组合	SPS 组合	GFC 组合	双囊粉高含量组合	AAC 组合
化石名称 ＼ 化石含量/% ＼ 层位	锅底坑组上部	韭菜园组	烧房沟组	克拉玛依组下部	克拉玛依组中部	克拉玛依组上部至黄山街组底部	黄山街组
P. cf. *verrucosus*		*					
P. spp.	0.7	1.94	2.67	0.16	0.16		*
Taurocusporites granulatus			*				
T. jiuchiensis			*				
T. sinensis	*						
Lundbladispora iphilegna	*	0.80					
L. foveotus	*	0.46	0.53				
L. granularis		*					
L. nejburgii	*	0.34	*				
L. playfordi		*	*				
L. rugosa		*					
L. cf. *verrucosa*		*					
L. watangensis	*	1.60	*				
L. spp.	3.9	12.2	0.27				
Discisporites psilatus	*	0.69		0.16			
D. spp.	1.6						
Semiretisporis flaccida					*		
S. cf. *reticulatus*							0.20
S. sp.		*					
Aratrisporites fischeri					9.28		1.71
A. flexibilis					0.32		
A. granulatus					0.32		0.41
A. minimus					*		
A. minicus					*		
A. paenulatus					*		0.07
A. scabratus		*			0.64		0.07
A. wollariensis			*		*		
A. spp.	*	0.34	1.07	0.80	1.12	0.53	2.29
Laevigatosporites maximus				*			
L. spp.	*						

续表

孢粉组合名称	LLK组合	LWA组合	MJN组合	SPS组合	GFC组合	双囊粉高含量组合	AAC组合
层位 / 化石含量/% / 化石名称	锅底坑组上部	韭菜园组	烧房沟组	克拉玛依组下部	克拉玛依组中部	克拉玛依组上部至黄山街组底部	黄山街组
Polypodiisporites sp.		*					
Maculatasporites shaofanggouensis			*				
裸子植物花粉	38.3	38.74	57.6	84.16	62.88	93.33	87.62
Ephedripites spp.	1.4	0.91	0.27	0.80		0.13	*
Welwitschipollenites clarus	*	4.34	0.53	*			
W. spp.	0.2	0.11	0.27				
Psophosphaera minor			*				*
P. ovalis		*					
P. spp.		3.43		0.32	0.32	0.53	0.57
Inaperturopollenites psilosus			*				*
I. spp.		0.34	0.27		1.44	0.27	
Araucariacites australis							0.07
A. spp.							1.01
Granasporites confertus						0.27	
G. minus			0.27		0.16	1.20	2.45
G. spp.			0.27	0.16		1.47	1.32
Junggaresporites spp.							0.13
Cerebropollenites spp.						0.13	
Cycadopites acutus		*					
C. adjectus	*					*	
C. carpentieri		0.23	0.80		0.32	0.13	0.13
C. deterius			*		*		*
C. dilucidus	*		*				*
C. follicularis							*
C. formosus	*						*
C. cf. *elongatus*							*
C. glaber	*						0.19
C. nitidus		0.34	*	0.16	0.32	0.53	
C. pyriformis			*				
C. rarus							*

续表

孢粉组合名称	LLK组合	LWA组合	MJN组合	SPS组合	GFC组合	双囊粉高含量组合	AAC组合
层位 / 化石含量/% / 化石名称	锅底坑组上部	韭菜园组	烧房沟组	克拉玛依组下部	克拉玛依组中部	克拉玛依组上部至黄山街组底部	黄山街组
C. *subgranulosus*						0.13	0.21
C. typicus		0.11	*			0.53	*
C. validus			*				
C. spp.	2.2	1.71	10.13	0.64	1.28	3.47	0.59
Chasmatosporites apertus						0.27	*
C. elegans			*				0.07
C. hians			*				0.38
C. triangularis			0.27				*
C. spp.		0.34	0.53	0.16		0.80	0.65
Granamegamonocolpites fusiformis							0.08
G. spp.							0.26
Verrumonocolpites shanbeiensis							*
V. spp.							0.13
Monosulcites minimus			*				
M. spp.							0.19
Shanbeipollenites quadrangulatus							*
Marsupipollenites spp.		0.11	0.27		0.16		0.21
Hunanpollenites classoiformis			*				
Eucommiidites spp.		0.23	0.27				
Pretricolpipollenites spp.	1.8						
Paleoconiferus spp.						0.27	0.28
Protoconiferus spp.					0.16	0.40	0.41
Protopinus spp.					0.16	0.80	0.14
Protopodocarpus spp.							0.13
Pseudowalchia spp.						0.13	0.08
Pseudopicea rotundiformis						0.27	
P. spp.						0.27	0.46
Pseudopinus spp.							0.21
Piceites enodis				*		0.27	0.06
P. expositus					0.16		

续表

孢粉组合名称	LLK 组合	LWA 组合	MJN 组合	SPS 组合	GFC 组合	双囊粉高含量组合	AAC 组合
化石名称 \ 化石含量/% \ 层位	锅底坑组上部	韭菜园组	烧房沟组	克拉玛依组下部	克拉玛依组中部	克拉玛依组上部至黄山街组底部	黄山街组
P. spp.					0.32	0.40	1.18
Pristinuspollenites spp.		0.11		0.48	0.48		
Minutosaccus fusiformis				0.16			
M. ovalis				*			
M. parcus				3.20	0.48		0.51
M. potoniei				0.16	0.16		0.07
M. spp.				0.16		0.13	0.73
Podocarpidites biformis	*						
P. canadensis							*
P. miniscullus		0.11		0.32	0.32	1.20	0.38
P. multicinus		0.11		0.32	0.16	0.67	0.13
P. multisimus		0.23		0.16		0.53	0.21
P. paulus						0.13	0.20
P. salebrosus							*
P. unicus						0.40	
P. verrucorpus						*	*
P. zhongzhouensis							*
P. spp.		1.60		2.24	3.04	6.67	5.03
Platysaccus luteus							*
P. proximus				0.16		0.13	0.19
P. spp.	1.4			0.16	0.16	0.53	
Piceaepollenites complanatiformis						0.40	0.22
P. exilioides						0.80	1.58
P. mesophyticus						0.93	0.07
P. multigrumus						0.13	
P. omoriciformis							*
P. prolongatus							*
P. spp.				0.32	1.12	2.80	10.03
Pinuspollenites alatiopllenites				1.44	0.16		
P. divulgatus	*			0.96	0.48	0.80	0.13
P. elongatus					0.32	0.67	

续表

孢粉组合名称	LLK 组合	LWA 组合	MJN 组合	SPS 组合	GFC 组合	双囊粉 高含量组合	AAC 组合
层位 / 化石含量/% / 化石名称	锅底坑 组上部	韭菜园组	烧房 沟组	克拉玛 依组下部	克拉玛 依组中部	克拉玛 依组上部至黄 山街组底部	黄山 街组
P. enodatus					0.48		*
P. globosaccus					0.16	0.13	
P. incrustatus					*		
P. latilus				*			
P. minutus					0.32	0.27	*
P. parvisaccatus				0.80			*
P. pernobilis				0.80	0.96	0.27	0.62
P. solitus							*
P. stinctus						0.13	0.19
P. taedaeformis		*					
P. tricompositus					0.32	0.40	*
P. verrucosus				1.12	0.64	0.93	0.33
P. spp.	0.48	2.17	1.07	8.32	8.80	15.60	11.55
Abietineaepollenites spp.		0.46		0.80	1.92	3.73	3.83
Abiespollenites spp.					0.32	0.27	
Pityosporites scaurus				*			
P. sp.							
Cedripites canadensis							*
C. parvisaccatus				*			
C. spp.				0.48	1.44	1.60	1.21
Caytonipollenites cregii				*			
C. longialatus				*			
C. pallidus	*	0.11	1.33		0.64	0.53	
C. papilionaceus		0.11		0.16		0.40	
C. spp.	1.1				0.16	0.40	0.33
Rugubivesiculites fluens							*
R. spp.					0.16	0.40	0.13
Alisporites aequalis							1.40
A. auritus				*			
A. australis	*	1.26		1.12	2.56	0.80	2.07
A. bilateralis				0.16	0.16		

续表

孢粉组合名称	LLK 组合	LWA 组合	MJN 组合	SPS 组合	GFC 组合	双囊粉高含量组合	AAC 组合
层位 / 化石含量/% / 化石名称	锅底坑组上部	韭菜园组	烧房沟组	克拉玛依组下部	克拉玛依组中部	克拉玛依组上部至黄山街组底部	黄山街组
A. grauvogeli			*				
A. indarraensis		0.23		0.48	0.16		0.26
A. minutisaccus		0.46	0.27	2.08	0.64	0.40	0.67
A. parvus	*	0.46	0.80	2.08	1.44	3.07	1.95
A. rotundus		0.11		1.28	1.28	0.27	
A. stenoholcus	*	*	*				
A. toralis		0.46		0.48	0.16	1.60	1.40
A. spp.	8.6	5.14	2.40	9.12	6.56	10.67	16.38
Falcisporites sublevis		*					
F. spp.	0.9						
Klausipollenites schaubergeri	*	0.69	0.53	*			
K. xinjiangensis		*	*				
K. spp.	2.2	0.80	0.27	0.32	0.32		
Verrusaccus cf. *sichuanensis*				*			
V. sp.			*				
Quadraeculina spp.						0.40	0.41
Dacrycarpites australiensis				*			*
D. spp.				0.32	0.16	0.80	0.42
Tetrasaccus? *petaloides*							*
T. quadratus				*			*
T. spp.		0.11					0.13
Microcachryidites spp.				0.16			0.07
Noeggerathiopsidozonotriletes spp.	0.13	0.11	0.27	0.16			*
Florinites spp.	0.15	0.11					*
Cordaitina angustelimbata			*				
C. convallata		*					
C. major							*
C. shensiensis							*
C. tenurugosa		*					
C. uralensis							*
C. spp.	1.6	0.46	0.80	0.80	0.32	0.27	0.07

续表

孢粉组合名称	LLK组合	LWA组合	MJN组合	SPS组合	GFC组合	双囊粉高含量组合	AAC组合
化石名称 / 化石含量/% / 层位	锅底坑组上部	韭菜园组	烧房沟组	克拉玛依组下部	克拉玛依组中部	克拉玛依组上部至黄山街组底部	黄山街组
Parasaccites sp.			*				
Walchiites spp.						0.13	0.22
Crucisaccites spp.	0.23			*			
Accinctisporites toralis				*			
A. spp.			0.27	0.64	0.16	0.40	0.27
Plicatipollenites cf. *indicus*						*	
P. spp.		0.23		0.16	0.16	0.13	
Samoilovitchisaccites spp.	*		*	0.16			*
Vesicaspora spp.	1.9	0.23				0.13	
Colpectopollis crassus							*
C. dilucidus							*
C. karamaiensis							*
C. rotundus							*
C. spp.		0.11		0.96	1.76	1.87	0.95
Parataeniaesporites pseudostriatus				0.80	0.64	0.67	0.13
P. sp.				*			
Limitisporites cf. *monstruosus*		*					
L. spp.	0.44	0.11	0.27	0.32			0.13
Jugasporites spp.		*	0.27				
Gardenasporites spp.	0.7						
Lueckisporites regularis				*			
L. singhii		*					
L. triassicus					0.16	0.13	0.19
L. tattooensis	*	*					
L. virkkiae	*	*		*			
L. spp.	0.6	0.46	*		0.16		
Chordasporites cf. *australiensis*				*			
C. brachytus	*			*			
C. hunjiangensis	*						*
C. impensus		*					
C. magnus		*	*				

续表

孢粉组合名称	LLK 组合	LWA 组合	MJN 组合	SPS 组合	GFC 组合	双囊粉高含量组合	AAC 组合
层位 / 化石含量/% / 化石名称	锅底坑组上部	韭菜园组	烧房沟组	克拉玛依组下部	克拉玛依组中部	克拉玛依组上部至黄山街组底部	黄山街组
C. spp.		1.60	1.33	6.56	4.96	4.93	5.75
Striatomonosaccites sp.		*					
Striatolebachiites sp.							*
Bharadwajispora orientalis			*				
Striatopodocarpites communis				*			*
S. conflutus				*			
S. crassus		*		*			
S. dalongkouensis	*						
S. fukangensis				*			
S. fusisormis			*				
S. lucaogouensis			*				
S. pantii	*						
S. rarus	*						
S. renisaccatus			*				
S. tojmensis	*						
S. spp.	1.0	0.91	1.33	3.52	0.64	0.80	0.07
Protohaploxypinus arcuatus				*			
P. clarus				*			
P. cf. *definitus*		*					
P. dvinensis				*			
P. horizontatus			*				
P. microcorpus			*				
P. minor							*
P. perfectus	*			*			
P. samoilovichii	*	*	*	0.16	0.48		0.13
P. verus							*
P. spp.	2.0	2.17	3.20	10.56	5.44	3.60	1.85
Striatoabieites brickii	*						
S. elongatus				*			
S. multistriatus		*		*			*
S. richteri	*		*				

续表

孢粉组合名称	LLK组合	LWA组合	MJN组合	SPS组合	GFC组合	双囊粉高含量组合	AAC组合
层位 / 化石含量/% / 化石名称	锅底坑组上部	韭菜园组	烧房沟组	克拉玛依组下部	克拉玛依组中部	克拉玛依组上部至黄山街组底部	黄山街组
S. rugosus				*			
S. striatus				*			
S. spp.	0.7	1.49	2.67	8.96	3.68	2.80	0.58
Hamiapollenites extumidus		*					
H. ruiditaeniatus		*					
H. spp.	0.6	0.34	0.80	0.32	0.32	0.53	0.43
Taeniaesporites albertae			0.80	0.96			
T. combinatus			0.80				
T. dalongkouensis			*				
T. dissidensus			*				
T. divisus	*	0.11	0.80	0.16			
T. junior			*				
T. labdacus			*				*
T. leptocorpus	*		1.07	0.16			
T. noviaulensis	*	0.46	1.87	0.16			0.28
T. novimundi	*	*	0.53	*			
T. nubilus	*		1.07	0.16		0.27	
T. obex			*				
T. pellucidus	*		1.60	0.32			0.34
T. quadratus			1.33	0.32	0.16		0.26
T. rhaeticus			3.20	0.16			0.19
T. rhombicus				0.48			
T. transversundatus			*				
T. xingxianensis			*				
T. spp.	2.5	1.60	12.00	4.80	1.60	1.33	1.53
Crustaesporites sp.	*	*					
Vittatina sp.		*	*				

注：*表示在孢粉组合中零星见到，下同。

表 2-2　准噶尔盆地晚三叠世-早侏罗世孢粉化石(平均)含量统计表　（单位：%）

孢粉组合名称	HSA 组合			WSE 组合			MAV 组合			WTD 组合
	DCC 亚组合	HGG 亚组合	HSP 亚组合	CCQ 亚组合	DPP 亚组合	WSF 亚组合	DDP 亚组合	DCQ 亚组合	DPL 亚组合	
层位 / 化石含量/% / 化石名称	郝家沟组			八道湾组			三工河组			
藻类及疑源类化石	0.58	0.16	0.59	0.53	1.2	1.18	1.89	3.60	3.77	0.13
Leiosphaeridia spp.	*								1.37	
Schizosporis parvus	0.11		0.05			0.38	0.40	2.20	0.11	*
S. bilobatus	0.22		0.11	0.13		0.05	0.06			
S. concentricus	0.04									
S. junggarensis								*		
S. spp.	0.22	0.16	0.27	0.53	0.8	0.70	1.03	1.20	0.11	0.13
Tetraporina spp.			0.16		0.4					
Granodiscus spp.									2.17	
Concentricystes spp.								0.10		
Kuqaia quadrata						0.05	0.40	0.10		
蕨类植物孢子	10.59	42.40	30.07	10.13	65.2	6.98	14.80	48.00	24.57	44.88
Sphagnumsporites antiquasporites				*						
S. perforatus										0.13
S. cf. *regium*							*			
S. tenuis	0.07									
S. spp.	0.04		0.27	0.27		0.05				0.08
Gleicheniidites senonicus	*							*		
G. spp.	0.04							3.30	0.23	
Calamospora cf. *impexa*									*	
C. mesozoicus	0.04									
C. nathorstii	0.15		0.15							*
C. ovalis						*				
C. spp.	0.98	0.32	0.64			0.13	0.34	0.30	0.34	1.18
Leiotriletes mirabilis								*		
Deltoidospora balowensis								*		
D. convexa					*					
D. gradata					*					
D. magna					10.0	0.05	0.06	0.30	0.46	0.57
D. perpusilla					2.0			0.30	0.11	0.22
D. plicata									*	0.08

续表

孢粉组合名称	HSA 组合			WSE 组合			MAV 组合			WTD 组合
	DCC 亚组合	HGG 亚组合	HSP 亚组合	CCQ 亚组合	DPP 亚组合	WSF 亚组合	DDP 亚组合	DCQ 亚组合	DPL 亚组合	
层位 / 化石含量/% / 化石名称	郝家沟组			八道湾组			三工河组			
D. regularis					*				*	
D. spp.	1.04	0.96	1.35	0.80	18.8	1.58	4.06	11.90	11.89	8.75
Cyathidites australis	0.04				5.6	0.18	0.17	1.80	1.03	0.97
C. concavus					0.4	0.05	0.06	0.10	0.23	0.13
C. infrapunctatus						0.03			0.11	*
C. mesozoicus						*				
C. minor	0.07		0.16		4.8	0.45	1.09	3.50	3.89	0.87
C. punctatus									*	
C. spp.	0.04			0.27	7.6	0.25	0.97	1.50	1.03	0.97
Cibotiumspora cf. *corniger*					*				*	
C. cf. *falcata*					*					
C. juncta							0.06			
C. jurienensis									*	
C. cf. *menicoides*									*	
C. reticulata										*
C. tuberculata										*
C. spp.			0.05		0.4		0.17	0.50	0.23	0.22
Concavisporites bohemiensis			0.05							
C. kermanense	*									
C. lunzensis	*									
C. toralis	0.11	*	0.11					0.10		*
C. spp.	0.40	0.64	0.59	0.53		0.08	0.86	2.60	0.23	0.17
Dictyophyllidites harrisii	0.36	0.16	3.20				0.63	2.00		0.13
D. cf. *intercrassus*								*		
D. junggarensis			0.16				*			
D. mortoni	0.07	*	0.16				0.06			
D. spp.	2.58	2.56	5.92	0.53	0.4	0.33	2.51	8.20	1.71	0.40
Matonisporites badaowanensis					*	*				
M. concavus					*					
M. spp.						0.03				
Undulatisporites concavus						*				
U. cf. *labiosus*					*					
U. cf. *pannuceus*						*				

续表

孢粉组合名称	HSA 组合			WSE 组合			MAV 组合			WTD 组合
	DCC 亚组合	HGG 亚组合	HSP 亚组合	CCQ 亚组合	DPP 亚组合	WSF 亚组合	DDP 亚组合	DCQ 亚组合	DPL 亚组合	
化石名称 \ 化石含量/% \ 层位	郝家沟组			八道湾组			三工河组			
U. taenus							0.06			0.08
U. undulapolus							0.06			*
U. spp.			0.05		0.8	0.15	0.40	0.20	0.34	0.22
Biretisporites potoniaei					0.8			0.20		
B. spp.	0.11		0.21		4.4	0.23	0.57	1.20	1.03	0.62
Auritulinasporites spp.					1.2	0.03				
Alsophilidites arcuatus					*			0.40	0.11	*
A. spp.					1.6		0.06	1.90	0.69	0.62
Todisporites concentricus	0.22	0.32		*						*
T. major								*		
T. minor	0.07			*				*		
T. spp.	0.11		0.05	0.27			0.06	0.10		0.27
Punctatisporites hiatus	*									
P. minutus	*							*		
P. shensiensis	*	*								
P. spp.	0.55	0.16	0.32	0.27		0.13		0.30	0.11	0.22
Hymenophyllumsporites simplex									*	
H. spp.	0.04					0.08		0.10		1.68
Retusotriletes cf. *arcatus*		*								
R. arcticus	*									
R. curvatus	*									
R. mesozoicus	*									
R. weiningensis								*		
R. spp.	0.11	0.48	0.05			0.03		0.40		
Granulatisporites spp.	0.07	0.32	0.53	0.27	0.8	0.10		0.20	0.23	0.48
Cyclogranisporites callosus	*									
C. multigranus	*									
C. spp.	2.33	2.88	2.05	1.87	2.4	0.68	0.64	0.90		0.88
Osmundacidites alpinus						0.08				0.62
O. elegans			0.16	0.27		0.08				1.47
O. granulata						*				
O. nicanicus	*					*				
O. cf. *oppressus*						*				

续表

孢粉组合名称	HSA 组合			WSE 组合			MAV 组合			WTD 组合
	DCC 亚组合	HGG 亚组合	HSP 亚组合	CCQ 亚组合	DPP 亚组合	WSF 亚组合	DDP 亚组合	DCQ 亚组合	DPL 亚组合	
层位 / 化石含量/% / 化石名称	郝家沟组			八道湾组			三工河组			
O. orbiculatus						*				
O. parvus			0.15			*				
O. senectus	*	*				*				
O. speciosus	*					*	*			
O. wellmanii		0.96	0.27			0.15	0.06			3.93
O. spp.	0.25	2.40	1.23	0.53	0.8	0.58	0.69	0.90	0.23	6.07
Angiopteridaspora denticulata										*
A. spp.						0.03				0.27
Converrucosisporites dilutus	*									
C. elegans										*
C. sparsus										*
C. venitus										0.13
C. spp.	0.04		0.11	0.27	0.4	0.10	0.06	0.80		0.70
Trilites sp.										*
Verrucosisporites mimicus	*									
V. spp.	0.18	0.48	0.11	0.53		0.13	0.06	0.10		0.43
Triassisporis roeticus	*									
Uvaesporites tuberosus						*				
U. sp.										*
Multinodisporites junctus						*				
Lophotriletes bauhinaiae	*									
L. mosaicus	*									
L. spp.	0.11	0.32	0.11			0.03		0.20		0.27
Acanthotriletes cf. *tereteangulatus*	*									
A. cf. *triassicus*	*									
A. sp.										*
Lunzisporites lunzensis								*		
L. sp.		*								
Sphaerina wulinensis	*									
Apiculatisporis cf. *beipiaoensis*										*
A. bulliensis	*							*		
A. cf. *spiniger*	*									
A. spp.	0.13					0.10				0.35

续表

孢粉组合名称	HSA 组合			WSE 组合			MAV 组合			WTD 组合
	DCC 亚组合	HGG 亚组合	HSP 亚组合	CCQ 亚组合	DPP 亚组合	WSF 亚组合	DDP 亚组合	DCQ 亚组合	DPL 亚组合	
层位 / 化石含量/% / 化石名称	郝家沟组			八道湾组			三工河组			
Planisporites dilucidus	*									
Anapiculatisporites dawsonensis	*					*				*
Baculatisporites bjutaiensis		*								*
B. comaumensis	*	0.16				0.08				0.13
B. jiangxiensis										*
B. cf. *versiformis*		*								
B. spp.	*	0.48	0.05				0.17	0.40		6.90
Cadargasporites baculatus		*								
C. granulatus		*								
C. rugosus						0.08				
C. foveolatus		*								
C. spp.		0.16	0.11							
Neoraistrickia cf. *longibaculata*	*									
N. syndensis							*			
N. taylorii		*								
N. cf. *variabilis*	*									
N. spp.	0.04		0.16				0.06			0.97
Raistrickia sp.		*								
Lycopodiacidites brevilaesuratus		*								
L. cf. *cerebriformis*							*			
L. ejuncidus						*				
L. haojiagouensis		0.16								
L. infragranulatus			0.11							
L. kuepperi		*								
L. minus			0.43				*			
L. rugulatus			0.11				*			
L. spp.	0.04		0.21			0.03			0.11	0.08
Rugulatisporites ramosus		*				*				
Convolutispora spp.	*			0.27		0.03				
Impardecispora granulosus									*	
I. spp.						0.05				
Concavissimisporites cotidianus									*	
C. cf. *punctatus*						*				

续表

孢粉组合名称	HSA 组合			WSE 组合			MAV 组合			WTD 组合
	DCC 亚组合	HGG 亚组合	HSP 亚组合	CCQ 亚组合	DPP 亚组合	WSF 亚组合	DDP 亚组合	DCQ 亚组合	DPL 亚组合	
层位 / 化石含量/% / 化石名称	郝家沟组			八道湾组			三工河组			
Trilobosporites honggouensis									*	
Microreticulatisporites infirmus									*	
Lycopodiumsporites laevigatus							*			
L. austroclavatidites							*			
L. paniculatoides							*			0.08
L. semimuris						*				*
L. subrotundum						*				0.35
L. spp.						0.05	0.06			1.02
Klukisporites foveolatus								*		
K. pseudoreticulatus								0.20		*
K. spp.								0.50	0.11	0.08
Limatulasporites haojiagouensis	0.07	1.28								
L. limatulus		0.32								
L. lineatus		0.32								
L. parvus	*									
L. punctatus		1.60								
L. spp.	0.22	0.16	0.05							
Nevesisporites simiscalaris								*		
N. vallatus						*	*			
N. spp.						*		0.60		
Verrucingulatisporites granulosus							*			
V. spp.	0.04					0.38		0.20		0.13
Ptericisporites cf. *kamptoides*						*				
Kraeuselisporites honggouensis										0.08
K. cf. *papillatus*		*								
K. quangyuanensis		*								
K. spp.	0.18	0.16	0.59	0.53		0.13	0.06	0.10		0.75
Cingulizonates sp.	*									
Trilobosporites honggouensis							0.06			
Asseretospora amplectiformis	0.04	5.60	3.36	6.67			*	*		
A. gyrata	0.51	7.84	2.19		0.4			*		
A. liaoxiensis	*									
A. scanicus		0.16	0.32				*			

续表

孢粉组合名称	HSA 组合			WSE 组合			MAV 组合			WTD 组合
	DCC 亚组合	HGG 亚组合	HSP 亚组合	CCQ 亚组合	DPP 亚组合	WSF 亚组合	DDP 亚组合	DCQ 亚组合	DPL 亚组合	
层位 / 化石含量/% / 化石名称	郝家沟组			八道湾组			三工河组			
A. yangshugouensis				*						
A. spp.			1.39	0.80	1.2	0.08	0.12	0.60	0.11	0.08
Contignisporites cooksonii	0.04		0.11					0.10		
C. spp.		0.32						0.70		
Crassitudisporites anagrammensis		*		*				*		
C. problematicus			0.53	*						*
C. spp.	*		0.11							*
Camarozonosporites rudis	*	0.16								
Densoisporites annulatus						*	*			
D. corrugatus	*									
D. microrugulatus	0.04	0.16								
D. spumidus		*								
D. perinatus	0.04		0.21							
D. scanicus				0.53						*
D. spp.	0.36	0.48	0.52			0.18		0.10		0.62
Densosporites cf. *xujiaheensis*							*			
Hsuisporites honggouensis							*			
H. multiradiatus							*			
H. rugatus							*			
H. cf. *stabilis*									*	
H. spp.							*			
Annulispora folliculosa		*								
A. haojiagouensis		0.16								
A. jiangxiensis	*									
A. junggarensis		*	0.11							
A. microannulata	*	*								
A. spp.	0.11	*		0.27						
Crassispora spp.	*									
Muerrigerisporis charieis	*									
M. sp.	*									
Vallatisporites junggarensis	*									
Polycingulatisporites cf. *reduncus*		*								
P. spp.			0.05							

续表

孢粉组合名称	HSA 组合			WSE 组合			MAV 组合			WTD 组合
	DCC 亚组合	HGG 亚组合	HSP 亚组合	CCQ 亚组合	DPP 亚组合	WSF 亚组合	DDP 亚组合	DCQ 亚组合	DPL 亚组合	
层位 / 化石含量/% / 化石名称	郝家沟组			八道湾组			三工河组			
Taurocusporites sp.	*									
Lophozonotriletes sp.	0.04									
Marattisporites scabratus			0.07							
Aratrisporites fischeri	0.04	0.96								
A. flexibilis		0.16								
A. granulatus		2.56	0.27							
A. haojiagouensis		0.16								
A. indistictus		0.16								
A. paradoxus		0.16								
A. palettae		*								
A. parvispinosus		0.48								
A. tenuispinosus		*								
A. xiangxiensis		*								
A. spp.	0.04	1.76	0.49			0.03				
Laevigatosporites gracilis										*
L. sp.						*				
Punctatosporites minutus	*									
P. ovatus	*						*			
Reticulatasporites clathratus.	0.04	4.16			0.4	0.15	*			
R. spp.			0.07	1.33			0.63			
裸子植物花粉	88.82	57.44	69.22	89.33	33.6	91.85	83.31	48.4	71.66	54.98
Psophosphaera bullulinaeformis			0.49			*			*	
P. flavus			0.07							
P. minor						*				
P. ovalis						*				
P. spp.	0.56	0.48	0.95	1.60	1.2	2.68	2.11	3.30	3.09	2.03
Inaperturopollenites psilosus						*				
I. spp.			0.41	0.80		0.20	0.23			0.13
Granasporites confertus	*									
G. minus	*									
G. spp.			0.27							
Araucariacites australis	0.98	1.12	1.07	0.53		0.35	0.46		0.23	0.40

续表

孢粉组合名称	HSA 组合			WSE 组合			MAV 组合			WTD 组合
	DCC 亚组合	HGG 亚组合	HSP 亚组合	CCQ 亚组合	DPP 亚组合	WSF 亚组合	DDP 亚组合	DCQ 亚组合	DPL 亚组合	
层位 / 化石含量/% / 化石名称	郝家沟组			八道湾组			三工河组			
A. spp.	1.67	2.24	1.55	1.60		0.73	1.37	0.30	0.23	0.75
Junggaresporites congeneris	0.11	0.16	0.05							
J. lepidus	0.04									
J. rarus				0.27						
J. sp.	*									
Perinopollenites elatoides		0.16				*			0.11	
P. microreticulatus			0.11			0.05				0.35
P. turbatus						*				
P. spp.	0.18	0.64	0.32	1.07		0.53	0.51	0.40	1.60	0.70
Concentrisporites hallei						*			*	
C. pseudosulcatus						0.30	0.51	2.90	7.09	1.07
C. spp.				0.27			0.23	0.20	3.31	
Callialasporites hechuanensis									*	
C. spp.	0.11		0.21	0.53		0.23	0.46	0.20	0.11	0.70
Cerebropollenites carlylensis			0.11	0.27		0.48	0.06	0.40	0.57	0.13
C. findlaterensis						0.05				
C. macroverrucosus							*			
C. mesozoicus			0.05	0.27		0.65	0.34	0.40	0.91	0.35
C. papilloporus			0.05	0.27		0.30	0.12	0.50	0.11	
C. spp.	0.15	0.16	0.37	1.33		1.00	1.31	1.70	1.26	1.02
Cycadopites adjectus	*									
C. balmei	*					*			*	
C. carpentieri	2.62	0.64	0.69			0.28		0.20		0.13
C. dilucidus						*	*			
C. elongatus		*								
C. excrescens	*									
C. follicularis		*								
C. formosus	0.33	0.16	0.16			0.20	0.12	0.20	0.11	0.13
C. glaber									*	
C. granulatus							*			
C. labrosus		*	0.15							
C. latisulcatus						*				
C. medius	0.07	0.16								

续表

孢粉组合名称	HSA 组合			WSE 组合			MAV 组合			WTD 组合
	DCC 亚组合	HGG 亚组合	HSP 亚组合	CCQ 亚组合	DPP 亚组合	WSF 亚组合	DDP 亚组合	DCQ 亚组合	DPL 亚组合	
层位 / 化石含量/% / 化石名称	郝家沟组			八道湾组			三工河组			
C. microfoveotus		*								
C. minimus	0.15					0.10		0.10		*
C. nitidus	0.58	0.16	0.11		0.4	0.03				*
C. pyriformis	*									
C. reticulata	1.05	1.76	0.59			0.20	0.06			
C. rugugranulatus	*					*				
C. subgranulosus	6.51	6.56		0.27		2.48	0.63	0.40	0.11	0.57
C. sufflavus	0.22									0.08
C. tivoliensis							*			
C. typicus	0.07		0.29			0.03				*
C. validus	*									
C. westfieldicus							*			
C. spp.	4.76	3.36	5.01	0.53		2.35		0.50	0.57	0.75
Chasmatosporites apertus	0.95	1.28	0.64			0.70	0.23	0.10		*
C. elegans	1.33	0.16	0.53			0.15	0.12	0.10	0.11	0.13
C. foveolatus						*				
C. hians	2.71	0.96	1.28			3.00	0.17	0.30	0.23	0.62
C. hongmenensis	*									
C. magnolioides	*									
C. cf. *microverruculosus*									*	
C. minor	0.18	0.16				0.08	*			
C. mirabilis		*				*				
C. obliquus		*								
C. rugatus	*									
C. triangularis		*				*	*			
C. verruculosus								*		
C. xiwanensis		*		*						
C. yaoertouensis	*					*				
C. spp.	4.15	4.64	3.05	0.53	0.8	3.58	1.83	0.90	0.46	0.75
Granamegamonocolpites fusiformis	*						*			
G. monoformis	*						*			
Verrumonocolpites fusiformis	*	*	*							
V. shanbeiensis	*								*	

续表

孢粉组合名称	HSA 组合			WSE 组合			MAV 组合			WTD 组合
	DCC 亚组合	HGG 亚组合	HSP 亚组合	CCQ 亚组合	DPP 亚组合	WSF 亚组合	DDP 亚组合	DCQ 亚组合	DPL 亚组合	
层位 / 化石含量/% / 化石名称	郝家沟组			八道湾组			三工河组			
V. spp.		0.32	0.05							
Hunanpollenites classoiformis		*								
H. cf. *callosus*	*									
H. cf. *major*	*						*			
H. spp.	0.64	0.48	0.11					0.10		
Monosulcites enormis							*			
M. glabrescens	*					*				
M. salebrosus	0.40		0.05			0.10			0.34	*
M. spp.	0.76		0.11			0.23		0.10		0.13
Marsupipollenites wuchangensis								*		
Eucommiidites spp.						0.03				*
Classopollis annulatus							0.06	5.70	0.46	
C. classoides								0.80		0.75
C. granulatus								*		
C. qiyangensis								0.60		
C. spp.								5.90	0.11	0.70
Discisporites psilatus						0.08		0.10		
Paleoconiferus asaccatus			0.05			*	*			
P. spp.	0.11		0.05	0.27		0.23	0.23	0.10	0.46	0.08
Paleopicea spp.										0.17
Protoconiferus flavus						0.10				0.13
P. funarius						0.05	0.23			0.13
P. oviformis						*				
P. spp.	0.33	0.32	0.21	0.27	0.8	1.18	0.74	0.20	1.37	1.15
Protopicea spp.	0.07	0.16	0.39	1.33		1.53	1.03	0.30	0.91	0.62
Protopinus brevisulcus							*			
P. hunanensis									*	
P. latebrosa	*									
P. subluteus						*			*	
P. spp.	0.11		0.05		0.4	0.20	0.23	0.10		0.40
Protopodocarpus monstrificabilis			*			*			*	

续表

孢粉组合名称	HSA 组合			WSE 组合			MAV 组合			WTD 组合
	DCC 亚组合	HGG 亚组合	HSP 亚组合	CCQ 亚组合	DPP 亚组合	WSF 亚组合	DDP 亚组合	DCQ 亚组合	DPL 亚组合	
化石名称 \ 化石含量/% \ 层位	郝家沟组			八道湾组			三工河组			
P. spp.	0.07		0.05			0.15			0.11	0.08
Pseudowalchia biangulina	0.04		0.11			0.03	0.06		0.11	0.13
P. landesii							*		*	
P. ovalis								*		
P. spp.	0.11		0.21			0.08	0.12		0.11	0.22
Pseudopicea magnifica						0.30	0.63		0.46	0.43
P. rotundiformis						0.33	0.40		0.23	
P. variabiliformis			*			1.28	1.03	0.10	0.69	0.62
P. spp.	0.04		0.27		0.8	1.28	1.26	0.10	1.14	0.83
Pseudopinus pectinella			0.29			*				
P. textilis								*	*	
P. spp.	0.25	0.16	0.37		0.4	0.70	0.51	0.10	0.57	0.22
Piceites asiaticus	0.04		0.05	0.27		0.40	0.57		0.46	0.13
P. enodis	0.58		0.11	0.53		1.05	1.14	0.10	0.91	0.13
P. expositus	0.67	0.64	1.02	0.53	0.4	1.65	1.43	0.50	2.29	1.42
P. flavidus						*			*	
P. podocarpoides	1.38	0.96	0.80	1.07	2.0	2.30	2.57	1.20	2.40	1.37
P. scaber						*				
P. spp.	2.84	1.44	2.13	5.60	3.2	5.35	6.11	1.70	2.86	4.27
Pristinuspollenites bibulbus			*							
P. microsaccus			*							
P. rousei							*			
P. sulcatus									*	
P. spp.	1.05	0.32	0.75	1.60	0.8	1.75	0.74	0.20	0.46	
Minutosaccus fusiformis	0.15	0.16	0.69							
M. parcus	0.33	0.32	0.91			0.08				
M. cf. *potoniei*	*									
M. spp.	0.34	1.12	1.55			0.28	012			
Parvisaccites otagoensis						*				
P. spp.	0.04		0.05			0.25	0.06	0.10		
Podocarpidites arquatus	0.04		0.32			0.30			0.11	*

续表

孢粉组合名称	HSA 组合			WSE 组合			MAV 组合			WTD 组合
	DCC 亚组合	HGG 亚组合	HSP 亚组合	CCQ 亚组合	DPP 亚组合	WSF 亚组合	DDP 亚组合	DCQ 亚组合	DPL 亚组合	
层位 / 化石含量/% / 化石名称	郝家沟组			八道湾组			三工河组			
P. cacheutensis	*								*	
P. cf. *canadensis*						*				
P. fusiformis	*									
P. lunatus						0.05				
P. cf. *major*									*	
P. miniscolus	0.15	0.32	0.21			0.28	0.12		0.11	0.27
P. multicinus	2.31	0.96	0.85	2.40	0.8	1.38	1.43	0.70	1.14	1.23
P. multigrumus			*							
P. multisimus	0.33	0.32	0.16	0.53		0.63	0.86	0.20	0.57	0.22
P. paulus			*			0.15				*
P. salebrosus							*		*	
P. tricoccus	*		*							
P. unicus	*		*							
P. verrucorpus						*				
P. spp.	3.64	2.40	3.73	4.27	2.4	5.20	4.57	1.80	4.23	2.77
Platysaccus luteus									*	
P. priscus	*									
P. proximus	0.25		0.05			0.25	0.17		0.23	0.08
P. queenslandi								*		
Piceaepollenites complanatiformis	0.95	0.16	0.53	4.00	1.2	2.68	2.11	0.70	2.40	1.18
P. exilioides	0.15		0.05	0.27		0.63	0.63	0.10	0.11	0.08
P. mesophyticus	0.07		0.05	0.53		0.10	0.06			0.08
P. multigrumus						*				
P. omoriciformis	0.04		0.07			0.13		0.10		0.22
P. prolongatus							*			
P. spp.	4.57	1.76	1.97	8.80	1.2	5.05	4.63	1.00	5.71	4.77
Pinuspollenites alatiopllenites	0.44		*			*				0.13
P. distortus	*						*			
P. divulgatus	1.55	0.48	1.64	7.47	0.4	2.35	3.20	0.90	1.94	1.55
P. elongatus						*	*			
P. enodatus						*			*	

续表

孢粉组合名称	HSA 组合			WSE 组合			MAV 组合			WTD 组合
	DCC 亚组合	HGG 亚组合	HSP 亚组合	CCQ 亚组合	DPP 亚组合	WSF 亚组合	DDP 亚组合	DCQ 亚组合	DPL 亚组合	
层位 / 化石含量/% / 化石名称	郝家沟组			八道湾组			三工河组			
P. globosaccus			*						*	
P. latilus							*			
P. minutus						*				
P. pacltovae	*						*			
P. pernobilis	0.82	0.32	1.28	1.60	0.4	1.75	1.14	0.50	1.83	0.88
P. stinctus	0.47	0.16	0.96	2.40		2.95	1.83	0.40	0.91	1.02
P. taedaeformis								*		
P. tricompositus	0.18		0.32	1.07		0.58	1.20	0.30	0.69	0.13
P. verrucosus	*			*		*	0.12			
P. spp.	7.62	3.68	10.01	8.00	5.2	8.65	10.80	3.50	6.51	8.33
Abietineaepollenites dividuus						*	*			
A. minimus			*			*	*			
A. spp.	1.80	0.80	1.65	4.27	1.6	4.05	3.89	1.80	1.26	1.63
Pityosporites scaurus						*			*	
Cedripites densireticulatus									*	
C. incurvatus						*				
C. levigatus			*							
C. ovatus						*				
C. priscus	*									
C. spp.	0.29	0.32	0.21	0.53	0.4	1.03	0.91	0.20	0.11	0.35
Caytonipollenites jurassicus	*									
C. spp.	0.04		0.18			0.03	0.12			*
未归类松柏类两气囊花粉			0.58							
Rugubivesiculites fluens						*				
R. podocarpites			*							
R. rugosus			0.21							
R. spherisaccatus						*				
R. spp.			0.15	0.27	0.4	0.28		0.10	0.34	0.13
Alisporites auritus	0.76	0.16	0.37							
A. australis	2.40	1.44	0.48		0.4					
A. grauvogeli	*		*					*		

续表

孢粉组合名称	HSA 组合			WSE 组合			MAV 组合			WTD 组合
	DCC 亚组合	HGG 亚组合	HSP 亚组合	CCQ 亚组合	DPP 亚组合	WSF 亚组合	DDP 亚组合	DCQ 亚组合	DPL 亚组合	
层位 / 化石含量/% / 化石名称	郝家沟组			八道湾组			三工河组			
A. indarraensis		0.16	0.05					*		
A. minutisaccus	*									
A. nuthallensis	*		*							
A. opii	*									
A. parvus	1.16	0.48	0.29							
A. thomasii	4.87	1.60	0.21							
A. toralis	*		*							
A. spp.	5.42	3.84	2.55	2.40	0.4	1.15	0.63	0.60	0.34	0.43
Quadraeculina anellaeformis			0.05	0.53		0.23	0.29	0.10	0.11	0.22
Q. canadensis			*						*	
Q. enigmata			0.05	0.80		0.40	0.86	0.30	0.57	0.22
Q. limbata	0.04	0.16	0.91	5.87	1.2	1.75	2.06	0.90	2.40	1.32
Q. macra			*			*				
Q. minor	0.04		0.27	1.60		0.18	0.57		0.11	0.08
Q. ordinata			0.16	0.53		0.25	0.46		0.11	
Q. spp.	0.53	0.96	1.60	2.93	1.6	2.38	3.54	1.70	1.89	1.28
Dacrycarpites australiensis	*									
D. xinjiangensis	*									
D. spp.	0.04	0.48	0.11	0.27						
Tetrasaccus quadratus	*		*							
T.? petaloides	*									
T. spp.	0.04	0.16	0.18			0.03				
Walchiites cf. *crassimarginans*							*			
W. spp.	*		*							
Cordaitina gunnyalensis	*									
C. major		*								
C. spp.	0.11		0.05							
Samoilovitchisaccites spp.	*									
Plicatipollenites spp.	0.04	0.16								
Colpectopollis dilucidus	*									
C. rotundus	*									

续表

孢粉组合名称	HSA 组合			WSE 组合			MAV 组合			WTD 组合
	DCC 亚组合	HGG 亚组合	HSP 亚组合	CCQ 亚组合	DPP 亚组合	WSF 亚组合	DDP 亚组合	DCQ 亚组合	DPL 亚组合	
层位 / 化石含量/% / 化石名称	郝家沟组			八道湾组			三工河组			
C. scitulus	*									
C. cf. *similis*	*									
C. sp.	0.07					*				
Limitisporites spp.	0.07		0.05							
Lueckisporites sp.	*									
Chordasporites australiensis	*								*	
C. brachytus						*				
C. cf. *impensus*			*							
C. cf. *orientalis*							*			
C. rhombiformis			*							
C. singulichorda							*	*		
C. spp.	4.11	2.08	2.72	4.53	2.4	4.90	4.63	0.80	1.26	1.18
Striatomonosaccites cf. *circularis*		*								
S. tenuissimus	*									
S. spp.		0.16								
Striatopodocarpites spp.	0.05						0.12			
Protohaploxypinus pennatulus	*									
P. samoilovichii	*		0.05							
P. spp.	1.49	0.64	0.89	0.27	0.8	0.28	0.40	0.20		0.13
Striatoabieites striatus	*									
S. spp.	0.82	0.96	0.66	0.27		0.20	0.29			
Hamiapollenites spp.	0.29		0.32				0.06	0.30		
Taeniaesporites kraeuseli		*								
T. labdacus	*									
T. noviaulensis		*								
T. novimundi	*									
T. pellucidus		0.16								
T. transversundatus		*								
T. spp.	0.71	0.64	0.64	0.27		0.03	0.23			0.13
Crustaesporites sp.	*									
Vittatina spp.	0.22	0.16	0.05			0.03				

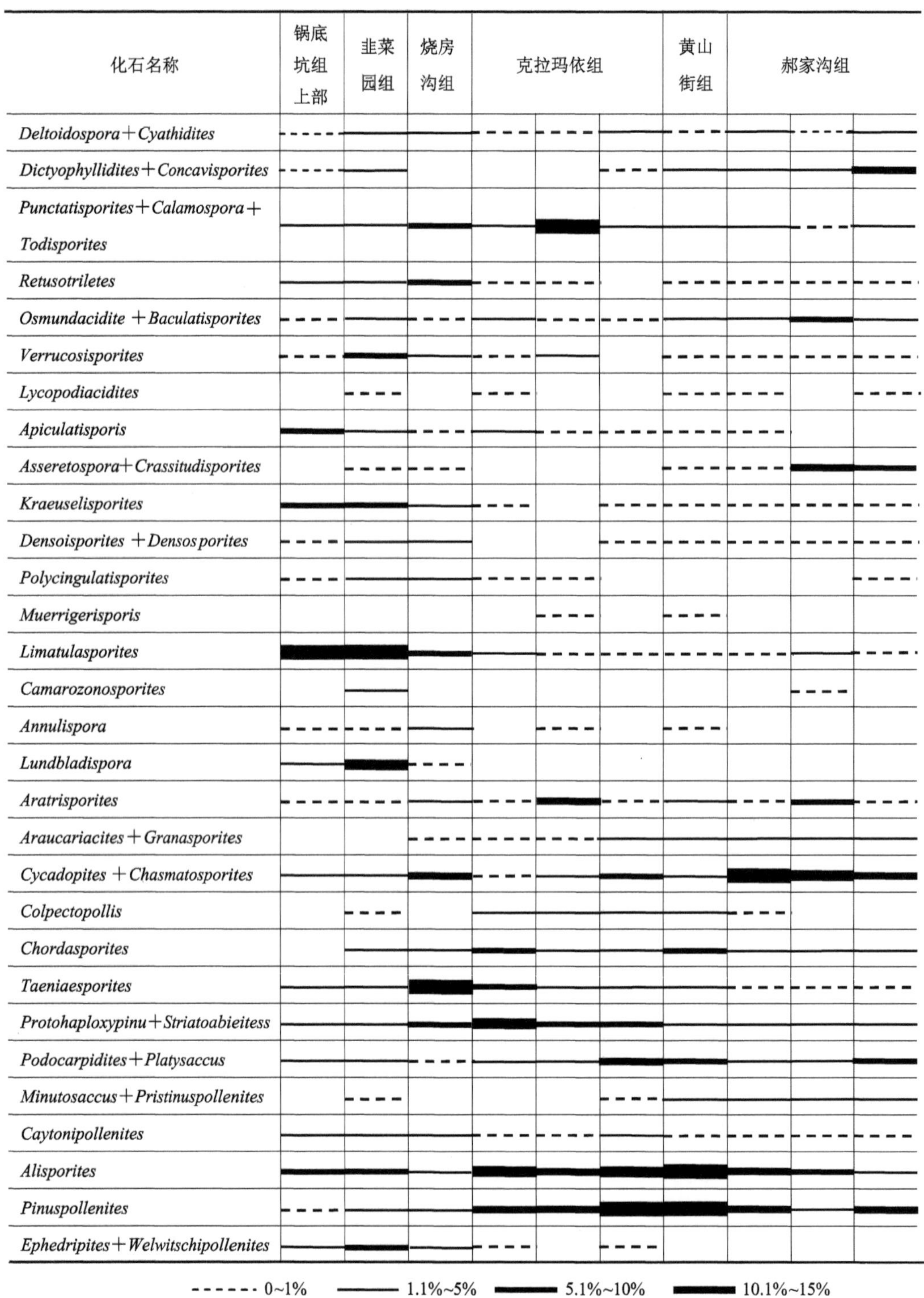

图 2-6　准噶尔盆地三叠系主要孢粉化石分布示意图

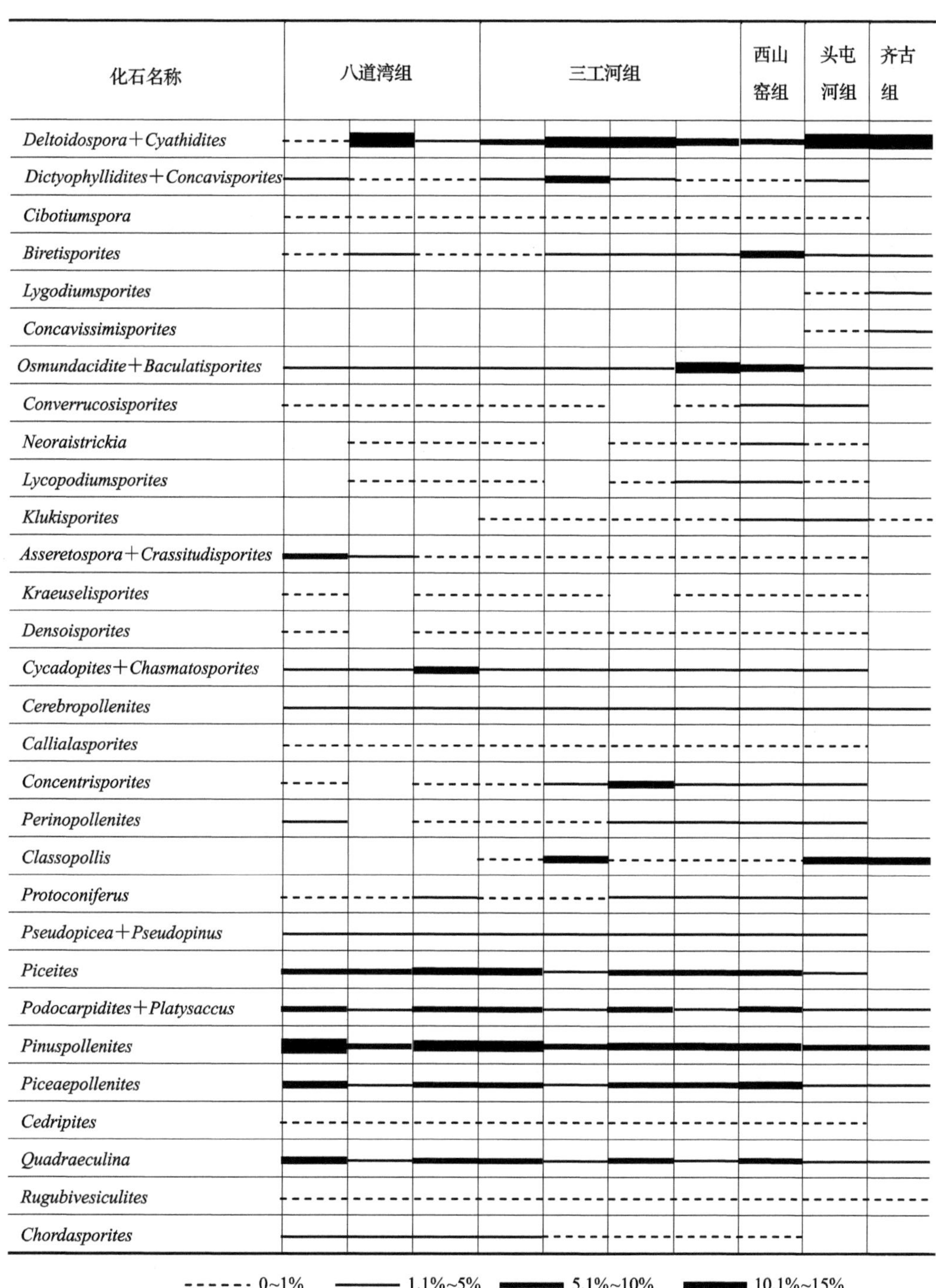

图 2-7 准噶尔盆地侏罗系主要孢粉化石分布示意图

第二节 侏罗纪孢粉组合序列

侏罗系孢粉化石在准噶尔盆地分布非常广泛，准噶尔盆地南缘西部孢粉化石资料比较系统，研究也比较深入，其中尤以郝家沟和红沟剖面为最好。本节主要依据郝家沟和红沟剖面的孢粉资料，并综合其他地区的资料共建立五个孢粉组合和六个亚孢粉组合。自下而上叙述孢粉组合特征。

一、*Osmundacidites wellmanii*-*Cycadopites subgranulosus*-*Piceites expositus*（WSE）组合

该组合在准噶尔盆地分布广泛，组合特征比较相似。

1. 孢粉组合主要特征

裸子植物花粉占优势，主要为无肋双气囊花粉，单沟花粉也占有较大比例，常见 *Cerebropollenites*、*Perinopollenites* 等侏罗纪比较重要的分子或常见分子，蕨类植物孢子中以 *Osmundacidites* 等具纹饰三缝孢子居多，*Dictyophyllidites* 和 *Concavisporites* 等双扇蕨科孢子及 *Cyathidites* 等桫椤科孢子频繁出现。

2. 典型剖面孢粉组合特征

准噶尔盆地南缘郝家沟剖面和红沟剖面八道湾组孢粉化石发育较好。组合中孢粉等化石的百分含量及类型见表 2-2 和图版 31~图版 35，孢粉组合特征如下。

(1) 裸子植物花粉占优势，蕨类植物孢子在郝家沟剖面含量相对较高，常见 *Shizosporis* 等藻类、疑源类化石。

(2) 蕨类植物孢子中一般以 *Osmundacidites* 等具纹饰三缝孢子居多；*Dictyophyllidites* 和 *Concavisporites* 等双扇蕨科孢子、*Cyathidites* 等桫椤科孢子在组合中经常出现，在郝家沟剖面部分层段的样品中后者占有较大比例，最高含量达 35.2%。

(3) 蕨类植物孢子中个别或少量出现的孢子有 *Sphagnumsporites*、*Cibotiumspora*、*Apiculatisporis*、*Lycopodiacidites*、*Asseretospora* 等。

(4) 裸子植物中以无肋双气囊花粉的含量为最高；其次为 *Cycadopites* 和 *Chasmatosporites* 等单沟花粉；常见 *Psophosphaera* 和 *Araucariacites* 等无口器类花粉及 *Chordasporites*、*Protohaploxypinus* 等具单脊或肋纹的双气囊花粉；频繁出现 *Perinopollenites* 和 *Cerebropollenites* 等侏罗纪孢粉组合中的重要分子。

(5) 无肋双气囊花粉中以 *Pinuspollenites*、*Piceaepollenites* 和 *Abietineaepollenites* 等气囊与本体分化较好的花粉为主；*Protoconiferus*、*Pseudopicea*、*Pseudopinus* 和 *Piceites* 等原始松柏类花粉也在组合中占有较大比例。

该组合与上一组合的主要区别是：①*Dictyophyllidites* 和 *Concavisporites* 等双扇蕨科孢子及 *Cycadopites* 和 *Chasmatosporites* 等单沟花粉明显减少；②三叠纪重要分子 *Aratrisporites* 等只零星见到；③侏罗纪孢粉组合中的重要分子和常见分子 *Cerebropollenites*、*Perinopollenites* 及原始松柏类花粉增加。

根据该组合在纵向上的变化规律，自下而上可进一步划分出三个亚孢粉组合。

（一）*Cyclogranisporites-Cerebropollenites-Quadraeculina*（CCQ）亚组合

本亚组合主要见于盆地南缘郝家沟剖面八道湾组下段下部。

1. 亚孢粉组合主要特征

裸子植物花粉中以无肋双气囊花粉居多，单沟花粉少见，*Cerebropollenites*、*Perinopollenites*、*Quadraeculina* 及原始松柏类花粉等频繁出现。蕨类植物孢子中以 *Osmundacidites* 等具颗粒状纹饰的三缝孢子为主。

2. 典型剖面亚孢粉组合特征

准噶尔盆地南缘郝家沟剖面八道湾组下段中、下部（96-HJ-66～97-HJ-87 号）亚孢粉组合比较典型，亚组合中孢粉等化石的百分含量及类型见表 2-2 和图版 31~图版 35，特征如下。

（1）裸子植物花粉（84.0%～97.6%，平均 89.33%）占据绝对优势地位，蕨类植物孢子含量为 2.4%～16.0%，平均 10.13%。常见 *Schizosporis*、*Tetraporina* 和 *Botryococcus* 等藻类、疑源类化石。

（2）蕨类植物孢子中无明显优势分子，其中 *Cyclogranisporites*（0.8%～4.0%，平均 1.87%）和 *Osmundacidites* 等具颗粒状纹饰的三缝孢子的含量稍高于其他孢子；还见有个别或少量的 *Sphagnumsporites*、*Deltoidospora*、*Cyathidites*、*Concavisporites*、*Dictyophyllidites*、*Todisporites*、*Punctatisporites*、*Converrucosisporites*、*Verrucosisporites*、*Kraeuselisporites*、*Densoisporites*、*Asseretospora*、*Annulispora* 和 *Reticulatasporites* 等。

（3）裸子植物中以无肋双气囊花粉最为繁盛；常见 *Psophosphaera*（0～2.4%，平均 1.6%）和 *Araucariacites*（0.8%～3.2%，平均 2.13%）等无口器类花粉，*Chordasporites*（3.2%～7.2%，平均 4.53%），*Protohaploxypinus* 等具单脊或肋纹的双气囊花粉，以及 *Cerebropollenites*（0.8%～3.2%，平均 2.14%），*Perinopollenites*（0.8%～1.6%，平均 1.07%），*Callialasporites* 和 *Concentrisporites* 等侏罗纪比较重要的分子；*Cycadopites* 和 *Chasmatosporites* 等单沟花粉只少量出现。

（4）双气囊花粉中以 *Pinuspollenites*（16%～28%，平均 20.54%），*Piceaepollenites*（5.6%～26.4%，平均 13.6%）和 *Quadraeculina*（4%～24%，平均 12.26%）居多；其次为 *Podocarpidites*（1.6%～10.4%，平均 7.2%）和原始松柏类花粉 *Piceites*（4.8%～12.0%，平均 8%）等；频繁出现 *Abietineaepollenites*（3.2%～4.8%，平均 4.27%）和 *Alisporites*（2.4%）；个别或少量见到 *Minutosaccus* 和 *Cedripites*。

该组合中无肋双气囊花粉非常发育与下伏郝家沟组孢粉组合有一定的相似性，但该组合中 *Dictyophyllidites* 等双扇蕨科孢子、*Cycadopites*，*Chasmatosporites* 等单沟花粉含量很低，侏罗纪重要分子 *Quadraeculina* 占有较大比例，*Cerebropollenites*、*Perinopollenites*、*Callialasporites* 和 *Concentrisporites* 等频繁出现已呈现出比较典型侏罗纪孢粉组合的特点，与郝家沟组孢粉组合面貌差别较大。

（二）*Deltoidospora-Piceites-Pinuspollenites*（DPP）亚孢粉组合

该亚孢粉组合见于郝家沟剖面八道湾组下段上部，在准噶尔盆地覆盖区盆参 2 井、百 65 井、陆 3 井、泉 3 井等井下八道湾组中也可见到。

1. 亚孢粉组合主要特征

蕨类植物孢子占优势，主要为 *Cyathidites* 等桫椤科孢子和 *Deltoidospora*，常见 *Biretisporites*（伯莱梯孢），裸子植物花粉中以无肋双气囊花粉居多，无口器类花粉、单沟花粉和具单脊或肋纹的双气囊花粉均很少。

2. 典型剖面亚孢粉组合的特征

准噶尔盆地南缘郝家沟剖面八道湾组下段上部（97-HJ-89～97-HJ-96 号）亚孢粉组合比较典型，亚组合中孢粉等化石的百分含量及类型见表 2-2 和图版 31~图版 35，其特征如下。

（1）蕨类植物孢子（50.4%～80.0%，平均 65.2%）占优势，裸子植物花粉含量为 20.0%～47.2%，平均为 33.6%，少量见到藻类、疑源类化石 *Schizosporis* 和 *Tetraporina*。

（2）蕨类植物孢子中以 *Cyathidites*（10.4%～26.4%，平均 18.4%%）等桫椤科孢子和 *Deltoidospora*（26.4%～35.2%，平均 30.8%）居多；常见 *Biretisporites*（2.4%～8.0%，平均 5.2%）和 *Matonisporites*；个别或少量出现 *Cibotiumspora*（金毛狗孢）、*Dictyophyllidites*、*Undulatisporites*（波缝孢）、*Auritulinasporites*（厚唇孢）、*Alsophilidites*（阿尔索菲孢）、*Granulatisporites*、*Cyclogranisporites*、*Osmundacidites*、*Converrucosisporites* 和 *Reticulatasporites*（网面无缝孢）等。

（3）裸子植物花粉中以松柏类具囊花粉为主；*Psophosphaera* 等无口器类花粉、*Cycadopites* 和 *Chasmatosporites* 等单沟花粉、*Chordasporites* 和 *Protohaploxypinus* 等具单脊或肋纹的双气囊花粉只个别或少量出现。

（4）松柏类具囊花粉中以 *Pinuspollenites*（3.2%～12.0%，平均 6.0%）和 *Piceites*（4.0%～7.2%，平均 5.6%）为主；常见 *Podocarpidites*（1.6%～4.8%，平均 3.2%）、*Piceaepollenites*（0.8%～4.0%，平均 2.4%）和 *Abietineaepollenites*（0.8%～2.4%）；个别或少量出现 *Protopinus*（原始松粉）、*Pseudopinus*（假松粉）、*Pseudopicea*、*Cedripites*、*Alisporites* 和 *Quadraeculina* 等。

该亚组合与上一亚组合相比面貌发生了较大的变化：①蕨类植物孢子居优势，其中 *Cyathidites* 等桫椤科孢子和 *Deltoidospora* 占有很大比例；②*Quadraeculina* 只少量见到。

（三）*Osmundacidites wellmanii*-*Cycadopites subgranulosus*-*Protoconiferus flavus*（WSF）亚孢粉组合

该亚孢粉组合在准噶尔盆地分布非常广泛。

1. 亚孢粉组合主要特征

裸子植物花粉占优势，其中双气囊花粉非常发育，单沟花粉、无口器类花粉及具粒、棒状纹饰的三缝孢子也占有较大比例，常见 *Cerebropollenites* 等侏罗纪典型分子，个别或少量出现 *Aratrisporites* 和具肋双气囊花粉等三叠纪孑遗分子。

2. 典型剖面亚孢粉组合特征

准噶尔盆地南缘郝家沟剖面八道湾组中-上段（97-HJ-98～97-HJ-135 号）亚孢粉组合中孢粉等化石的百分含量及类型见表 2-2 和图版 31~图版 35，其特征如下。

(1) 裸子植物花粉 (68.0%～99.2%，平均 91.85%) 占绝对优势，蕨类植物孢子含量为 0～28.0%，平均为 6.98%，常见 *Schizosporis* 和 *Botryococcus* 等藻类、疑源类化石。

(2) 蕨类植物孢子中以 *Cyathidites* (0～10.4%，平均 0.96%) 等桫椤科孢子，*Deltoidospora* (0～8.0%，平均 1.63%) 或 *Osmundacidites* (0～7.2%，平均 0.89%) 等紫萁科孢子居多，零星出现 *Calamospora*、*Dictyophyllidites*、*Undulatisporites*、*Baculatisporites*、*Impardicispora*、*Lycopodiacidites*、*Densoisporites*、*Verrucingulatisporites*、*Kraeuselisporites* 和 *Reticulatasporites* 等。

(3) 裸子植物花粉中以松柏类具囊花粉最为发育；*Cycadopites* (0.8%～13.6%，平均 5.67%) 和 *Chasmatosporites* (0.8%～29.6%，平均 7.51%) 等单沟花粉在组合中也占有较大比例，常见 *Psophosphaera* (0～8.0%，平均 2.68%) 和 *Araucariacites* 等无口器类花粉、*Cerebropollenites* (0.8%～12.8%，平均 2.51%) 及 *Perinopollenites* 等。

(4) 松柏类具囊花粉中 *Podocarpidites* (1.6%～13.6%，平均 6.97%)、*Piceaepollenites* (0.8%～27.2%，平均 8.59%)、*Pinuspollenites* (6.4%～32.0%，平均 16.28%)、*Abietineaepollenites* (1.6%～8.8%，平均 4.05%) 和 *Cedripites* 等气囊与本体分化较完善的双气囊花粉，以及 *Protoconiferus* (0～10.4%，平均 1.33%)、*Protopicea*、*Pseudopicea* (0～8.0%，平均 3.19%) 和 *Piceites* (3.2%～24.0%，平均 10.75%) 等原始松柏类花粉均非常发育；*Quadraeculina* (0.8%～19.2%，平均 5.19%) 也在组合中占有较大比例，常见种有 *Q. limbata*、*Q. enigmata* 和 *Q. minor* 等；具单脊双气囊花粉 *Chordasporites* 仍在组合中经常出现，*Protohaploxypinus* 等具肋双气囊花粉只零星见到。

该亚组合与上一亚组合相比面貌发生了较大的变化：①*Cyathidites* 等桫椤科孢子减少；②*Cycadopites* 等单沟花粉在组合中占有较大的比例。

3. 横向变化

以无肋双气囊花粉十分发育，单沟花粉、无口器类花粉和具粒、棒状纹饰的三缝孢子占有较大比例，*Aratrisporites* 及具肋双气囊花粉等古老分子少量出现为主要特征的孢粉组合在准噶尔盆地分布非常广泛，在横向上面貌变化不大，如盆地腹部滴南凸起井区和莫索湾凸起井区八道湾组孢粉组合中裸子植物花粉均占绝对优势，单沟花粉含量较高，多数钻孔 *Cycadopites* 的最高含量均高于 20%。略有不同的是：①盆地南缘东部八道湾组中具肋双气囊花粉等古老分子较其他地区多，而单沟花粉相对要少一些；②*Schizosporis* 等藻类、疑源类化石在西北缘吐孜阿内沟剖面八道湾组部分样品中含量丰富。

二、*Cyathidites minor*-*Classopollis annulatus*-*Pseudopicea variabiliformis* (MAV) 组合

该组合在准噶尔盆地分布广泛，以盆地南缘西部三工河组资料较好。

1. 孢粉组合主要特征

蕨类植物孢子中 *Cyathidites* 等桫椤科孢子和 *Deltoidospora* 最为发育，*Osmundacidites* 等也占有较大比例，裸子植物花粉中仍以松柏类具囊花粉居多，单沟花粉和 *Classopollis* 在该组合中频繁出现，见少量的 *Aratrisporites* 等三叠纪孑遗分子。

2. 孢粉组合特征

以准噶尔盆地南缘郝家沟和红沟剖面三工河组孢粉化石资料较好，亚组合中孢粉等化石的百分含量及类型见表 2-2 和图版 36~图版 42，孢粉组合特征如下。

(1) 裸子植物花粉占优势，少数样品中蕨类植物孢子的含量略高于裸子植物花粉，少量出现 *Schizosporis* 等藻类、疑源类化石。

(2) 蕨类植物孢子中以 *Cyathidites* 等桫椤科孢子和 *Deltoidospora* 最为发育，两属最高含量可达 40%以上，*Osmundacidites* 在组合中也占有较大比例，类型较多，主要种有：*O. alpinus*(高山紫萁孢)、*O. elegans*(华丽紫萁孢)和 *O. wellmanii*(威氏紫萁孢)等。常见分子还有：*Lycopodiumsporites*、*Biretisporites*、*Undulatisporites*、*Granulatisporites*、*Cyclogranisporites*、*Baculatisporites*、*Apiculatisporis* 和 *Dictytophyllidites* 等，零星出现 *Neoraistrickia*、*Lycopodiacidites*、*Densoisporites scanicus*(斯堪尼亚拟套环孢)、*Asseretospora*、*Impardecispora*(非均饰孢)、*Klukisporites*(克鲁克孢)和 *Verrucingulatisporites* 等，*Kraeuselisporites* 在一般样品中只个别出现，但在盆参 2 井和红沟剖面(93-HG-23 号)的个别样品中含量丰富，最高达 64.0%。零星出现 *Lunzisporites*(隆兹孢)和 *Aratrisporites* 等三叠纪孑遗分子。

(3) 裸子植物花粉中以松柏类具囊花粉为主，单沟花粉和无口器类花粉也比较发育。单沟花粉见有 *Cycadopites*、*Chasmatosporites* 和 *Monosulcites*(单远极沟粉)等，以 *Cycadopites* 为主。

(4) 松柏类具囊花粉中 *Piceaepollenites*、*Pinuspollenites*、*Alietineaepollenites*、*Podocarpidites* 和 *Cedripites* 等气囊与本体分化较好的两气囊花粉比较发育，*Piceites*、*Protoconiferus*、*Protopicea*、*Pseudopicea* 和 *Paleoconiferus* 等原始松柏类花粉也占有较大比例，最高含量为 25.6%。*Alisporites* 和 *Quadraeculina* 常见。个别或少量出现 *Chordasporites*、*Protohaplaxypinus* 和 *Taeniaesporites* 等具单脊或肋纹的双气囊花粉。*Cerebropollenites* 经常出现，*Callialasporites* 只零星见到，*Concentrisporites*(同心粉)在本组上部常见。

(5) 无口器类花粉含量也比较丰富，见有 *Inaperturopollenites*、*Psophosphaera* 和 *Araucariacites* 等，以 *Psophosphaera* 居多。具孔类花粉中 *Perinopollenites* 常见，自下而上含量增加。*Classopollis* 普遍出现，最高含量可达 60.16%，主要见于三工河组下段上部。

根据该组合在纵向上的变化规律，自下而上可进一步划分出三个亚孢粉组合。

(一) *Deltoidospora-Dictyophyllidites-Pinuspollenites*(DDP) 亚孢粉组合

依据郝家沟剖面八道湾组顶部至三工河组下段下部(97-HJ-136～97-HJ-147 号)孢粉资料建立，亚组合中孢粉等化石的百分含量及类型见表 2-2 和图版 36~图版 42，亚孢粉组合特征如下。

(1) 一般以裸子植物花粉(45.6%～99.2%，平均 83.31%)占优势，个别样品中蕨类植物孢子的含量略超过裸子植物花粉，达 51.2%，藻类、疑源类化石常见，见有 *Schizosporis* 和 *Botryococcus*，并零星出现库车孢型体(*Kuqaia*)。

(2) 蕨类植物孢子中以 *Cyathidites*(0～8.0%，平均 2.29%)等桫椤科孢子，*Deltoidospora*(0～10.4%，平均 4.12%)，以及 *Dictyophyllidites*(0～29.6%，平均 3.20%)和

Concavisporites(0～7.2%)等双扇蕨科孢子为主；常见 *Undulatisporites*、*Biretisporites* 和 *Osmundacidites* 等；个别出现 *Cibotiumspora*、*Baculatisporites*、*Neoraistrickia*、*Verrucosisporites*、*Asseretospora*、*Kraeuselisporites* 和 *Densoisporites* 等。

(3) 裸子植物花粉中仍以松柏类具囊花粉最为发育；*Cycadopites*(0.8%～5.6%，平均 2.12%)，*Chasmatosporites*(0.8%～5.6%，平均 2.35%)等单沟花粉、*Psophosphaera* 和 *Araucariacites* 等无口器类花粉，以及 *Cerebropollenites* 在组合中经常出现；零星个别见到 *Classopollis*。

(4) 松柏类具囊花粉中 *Podocarpidites*(1.6%～12.0%，平均 6.98%)、*Pinuspollenites*(7.2%～28.0%，平均 18.29%)、*Piceaepollenites*(0.8%～16.0%，平均 7.43%)和 *Abietineaepollenites*(2.4%～7.2%，平均 3.89%)等气囊与本体分化比较完善的双气囊花粉，以及 *Piceites*(2.4%～24.8%，平均 11.82%)、*Pseudopicea*(0～8.0%，平均 3.32%)、*Protoconiferus*、*Protopicea* 等原始松柏类花粉比较发育；*Quadraeculina*(2.4%～15.2%，平均 7.78%)也在组合中占有较大比例；常见具单脊双气囊花粉 *Chordasporites*。

综上所述，该亚组合以蕨类植物孢子中桫椤科孢子，*Deltoidospora* 和双扇蕨科孢子居多，松柏类具囊花粉中气囊与本体分化比较完善的花粉、原始松柏类花粉和 *Quadraeculina* 均比较发育为主要特征，与八道湾组上部孢粉组合相似，绝大部分属种为八道湾组延续上来的分子，主要区别是：①蕨类植物孢子中桫椤科孢子和双扇蕨科孢子含量明显增加；②单沟类花粉的含量较上一组合略有减少。

(二) *Deltoidospora-Classopollis-Quadraeculina*(DCQ)亚孢粉组合

依据郝家沟剖面三工河组下段上部(97-HJ-148～97-HJ-155 号)孢粉资料建立，亚组合中孢粉等化石的百分含量及类型见表 2-2 和图版 36~图版 42，亚孢粉组合特征如下。

(1) 蕨类植物孢子(11.2%～86.4%，平均 48.0%)或裸子植物花粉(13.6%～88.8%，平均 48.4%)占优势，常见藻类、疑源类化石 *Schizosporis*、*Concentricystes* 和 *Botryococcus* 等，零星个别出现 *Kuqaia*(库车孢型体)。

(2) 蕨类植物孢子中仍以 *Cyathidites*(0.8%～19.2%，平均 6.90%)等桫椤科孢子，*Deltoidospora*(1.6%～21.6%，平均 12.50%)，以及 *Dictyophyllidites*(2.4%～19.2%，平均 10.20%)，*Concavisporites* 和 *Gleicheniidites*(里白孢)(0～12.8%，平均 3.30%)等射线间具拱缘加厚的光面三缝孢子最为发育；常见 *Cibotiumspora*、*Osmundacidites*、*Cyclogranisporites*、*Biretisporites* 等；在部分样品中还经常出现 *Klukisporites*、*Nevesisporites*(尼夫斯孢)、*Interulobites*(内裂片孢)、*Contignisporites*(具环肋纹孢)和 *Aequitriradites*(膜环弱缝孢)等。

(3) 裸子植物花粉中以 *Classopollis*(克拉梭粉)(0.8%～32.8%，平均 13.0%)较多出现为主要特征，主要种为 *C. annulatus*(环圈克拉梭粉)(0～21.6%，平均 5.7%)和 *C. qiyangensis*(祁阳克拉梭粉)；零星出现环上具细条纹的 *C. classoides*(克拉梭克拉梭粉)和 *C. itunensis*(伊滕克拉梭粉)。

(4) 松柏类具囊花粉仍在裸子植物花粉中居优势地位，常见属仍为 *Piceites*(0～5.6%，平均 3.5%))、*Podocarpidites*(0.8%～6.4%，平均 2.7%)、*Piceaepollenites*(0～7.2%，平

均 1.9%)、*Pinuspollenites*(0～13.6%，平均 5.6%)、*Abietineaepollenites*(0.8%～4.0%，平均 1.8%)和 *Quadraeculina*(0～7.2%，平均 3.0%)等；具单脊双气囊花粉常见。

综上所述，该亚组合以蕨类植物孢子中 *Cyathidites* 等桫椤科孢子，*Deltoidospora*，以及 *Dictyophyllidites* 和 *Gleicheniidites* 等射线间具拱缘加厚的光面三缝孢子比较发育，裸子植物花粉中 *Classopollis* 大量出现为主要特征，与上一亚组合的主要区别是：①蕨类植物孢子中见有 *Klukisporites*、*Nevesisporites*、*Interulobites*、*Contignisporites* 和 *Aequitriradites* 等时代相对较新的分子；②裸子植物花粉中大量出现 *Classopollis*；③松柏类具囊花粉明显减少。

三工河组 *Classopollis* 具有一定含量的孢粉组合在准噶尔盆地分布较广，露头区只在盆地南缘发现有该属花粉，并以乌鲁木齐至玛纳斯地区多见，其中郝家沟和红沟剖面三工河组下段上部 *Classopollis* 的含量为最高，前者含量为 0.8%～32.8%、后者为 0～27.2%。向东向西虽有发现但含量较低，如三工河剖面为 2.3%～7.0%，水西沟剖面为 3.0%～6.0%，白水河剖面为 0～13.0%。覆盖区出现较为广泛，如盆地东部的彩参 2 井(16%～38%)、北 86 井等；盆地腹部的盆参 2 井(32.0%～56.0%)、盆 8 井(1.9%～26.8%)、石西 1 井(0～28%)和陆南 1 井(0～22%)等；盆地南缘的齐 8 井、齐 009 井和清 1 井等，以及盆地西北缘的车 002 井和克 78 井等。

三工河组 *Clossopollis* 高含量带的发现对研究该段地层的古气候，以及地层时代的划分、对比上都具有比较重要的意义。

(三) *Deltoidospora-Concentrisporites pseudosulcatus-Quadraeculina limbata*(DPL)亚孢粉组合

1. 亚孢粉组合特征

依据郝家沟剖面三工河组上段下部(97-HJ-157～97-HJ-164 号)孢粉资料建立，亚组合中孢粉等化石的百分含量及类型见表 2-2 和图版 36~图版 42，亚孢粉组合特征如下。

(1) 一般以裸子植物花粉(23.2%～95.2%)占优势，个别样品中蕨类植物孢子含量超过裸子植物花粉，达 76.8%，常见藻类、疑源类化石 *Leiosphaeridia*、*Granodiscus*、*Schizosporis* 和 *Botryococcus* 等。

(2) 蕨类植物孢子类型比较单调，主要为 *Cyathidites*(0～27.2%，平均为 6.29%)等桫椤科孢子和 *Deltoidospora*(0.8%～39.2%，平均 12.46%)；常见 *Dictyophyllidites*(0～4.8%，平均 1.71%)、*Biretisporites*(0～4.8%，平均 1.03%)和 *Gleicheniidites* 等；零星个别出现 *Osmundacidites*、*Lycopodiacidites*、*Klukisporites* 和 *Densoisporites* 等。

(3) 裸子植物花粉中以松柏类具囊花粉含量为最高；其次为 *Concentrisporites pseudosulcatus*(0～24.8%，平均 7.09%)；常见 *Psophosphaera* 和 *Araucariacites* 等无口器类花粉，以及 *Cerebropollenites* 和 *Perinopolllenites*(0～4.0%)；单沟花粉的含量明显下降，只占孢粉总数的 0～3.2%；上一组合中比较发育的 *Classopollis* 只零星见到。

(4) 松柏类具囊花粉中主要为 *Podocarpidites*(3.2%～20.0%，平均 6.16%)、*Piceaepollenites*(3.2%～18.4%，平均 8.22%)、*Pinuspollenites*(2.4%～22.4%，平均 11.88%)和 *Abietineaepollenites* 等本体与气囊分化较好的双气囊花粉，以及 *Protoconiferus*、

Protopicea、*Pseudopicea*、*Pseudopinus* 和 *Piceites*(1.6%～14.4%，平均 8.92%)等原始松柏类花粉；*Quadraeculina*(0～15.2%，平均 5.19%)也在组合中占有较大的比例；具单脊双气囊花粉少量出现。

综上所述，该亚组合以 *Cyathidites* 等桫椤科孢子，*Deltoidosporaa*、*Concentrisporites pseudosulcatus*，以及 *Pinuspollenites* 等松柏类具囊花粉比较发育为主要特征。与上一亚组合的主要区别是：①*Concavisporites* 和 *Dictyophyllidites* 等射线间具拱缘加厚的光面三缝孢子含量明显减少，而 *Cyathidites* 等桫椤科孢子和 *Deltoidospora* 非常繁盛；②*Clssopollis* 只零星出现；③*Concentrisporites pseudosulcatus* 在组合中占有较大比例，*Perinopollenites* 频繁出现。

三工河组孢粉组合与下伏八道湾组组合的主要区别是：①蕨类植物孢子增加，在部分样品中居优势地位，其中桫椤科孢子的含量丰富；②在本组下段上部普遍出现 *Classopollis* 高含量的孢粉组合；③常见 *Perinopollenites* 和 *Concentrisporites*，并在组合中占有一定的比例；④*Quidraeculina* 含量增加。

2. 横向变化

该组合特征在横向上主要变化为：①桫椤科孢子以盆地腹部莫索湾地区井下含量最为丰富，最高含量达 68.0%，其次为南缘西部和西北缘车排子地区，而南缘东部含量较低，但 *Concavisporites* 等具拱缘加厚的光面三缝孢子较多；②*Perinopollenites* 和 *Concentrisporites* 在南缘东部和西北缘三工河组中比较发育，其他地区较少；③*Classopollis* 在盆地南缘西部乌鲁木齐至玛纳斯地区露头剖面、腹部和东部井下三工河组下段上部孢粉组合中含量相对较高，最高达 56%，盆地西北缘和北部覆盖区钻孔中相对较少，含量一般低于 10%。

三、*Osmundacidites wellmanii-Callialasporites trilobatus-Pinuspollenites divulgatus* (WTD) 组合

该组合主要见于准噶尔盆地南缘西部三工河组上段上部。

1. 孢粉组合主要特征

蕨类植物孢子中 *Osmundacidites*、*Baculatisporites* 等具粒、棒状纹饰的三缝孢子，以及 *Cyathidites* 等桫椤科孢子均比较发育，常见 *Lycopodiumsporites* 和 *Neoraistrickia*，裸子植物花粉中以松柏类具囊花粉最为繁盛。

2. 孢粉组合特征

依据郝家沟剖面三工河组上段上部 97-HJ-165～97-HJ-170 号样品的孢粉资料建立，组合中孢粉等化石的百分含量及类型见表 2-2 和图版 36~图版 42，孢粉组合特征如下。

(1) 蕨类植物孢子(32.8%～56.8%，平均 44.88%)与裸子植物花粉(43.2%～67.2%，平均 54.98%)含量接近，藻类、疑源类化石 *Schizosporis* 只零星个别见到。

(2) 蕨类植物孢子中以 *Osmundacidites*(8.5%～15.2%，平均 12.09%)，*Baculatisporites*(4.8%～15.0%，平均 7.03%)等具粒、棒状纹饰的三缝孢子居多；其次为 *Cyathidites*(0～4.8%，平均 2.94%)等桫椤科孢子和 *Deltoidospora*(6.4%～13.6%，平均 9.54%)；常见

Hymenophyllumsporites(膜叶蕨孢)(0.8%～3.2%，平均 1.68%)，*Lycopodiumsporites*(石松孢)(0.8%～2.4%，平均 1.45%)，*Neoraistrickia*(0～1.6%，平均 0.97%)，*Kraeuselisporites* 和 *Densoisporites* 等，但含量较低(低于 5%)；零星个别出现 *Klukisporites*、*Asseretospora*、*Verrucingulatisporites* 和 *Lycopodiacidites* 等。

(3)裸子植物花粉与上一组合相似，仍以松柏类具囊花粉最为发育；常见 *Psophosphaera*、*Araucariacites* 等无口器类花粉，*Cerebropollenites* 及单沟花粉 *Cycadopites*、*Chasmatosporites* 等；但该组合中 *Concentrisporites*(0～4.0%，平均 1.07%)只少量见到。

(4)松柏类具囊花粉中原始松柏类花粉及气囊与本体分化比较完善的双气囊花粉均比较发育，前者以 *Piceites*(5.6%～9.6%，平均 7.32%)居多，常见 *Protoconiferus*、*Protopicea*、*Pseudopicea*(0.8%～4.0%，平均 1.88%)和 *Pseudopinus* 等；后者以 *Pinuspollenites*(8.0%～20.0%，平均 12.04%)为主，*Piceaepollenites*(2.4%～10.4%，平均 6.33%)次之，*Quadraeculina*(1.6%～4.8%，平均 3.12%)也在组合中占有一定的比例。

该组合与上一组合的面貌差别较大，主要区别是：①*Osmundacidites* 和 *Baculatisporites* 大量出现，常见 *Lycopodiumsporites* 和 *Neoraistrickia*；②裸子植物花粉中 *Concentrisporites* 只少量见到。

3. 横向变化

以 *Osmundacidites* 比较发育的孢粉组合在盆地南缘西部郝家沟、白水河、电厂西沟、红沟和夹皮沟等剖面三工河组上段上部均可见到。

四、*Cyathidites minor*-*Neoraistrickia gristhropensis*-*Piceaepollenites complanatiformis*(MGC)组合

该组合在准噶尔盆地分布广泛，以盆地南缘西部西山窑组资料最为丰富。

1. 孢粉组合主要特征

蕨类植物孢子中 *Cyathidites* 等桫椤科孢子和 *Deltoidospora* 占优势，常见 *Neoraistrickia* 且类型比较丰富，裸子植物花粉中松柏类具囊花粉比较发育，*Concentrisporites* 频繁出现。

2. 典型剖面孢粉组合特征

依据红沟剖面西山窑组 93-HG-42～93-HG-75 号样品孢粉资料建立，组合中孢粉等化石的百分含量及类型见表 2-3 和图版 43~图版 47，组合特征如下。

(1)蕨类植物孢子(7.2%～91.2%，平均 55.0%)占优势，裸子植物花粉占孢粉总数的 8.8%～90.4%，平均为 43.83%，藻类、疑源类化石经常出现，见有 *Schizosporis*、*Botryococcus*、*Granodiscus*(粒面球藻)和 *Filisphaeridium*(棒球藻)等。

(2)蕨类植物孢子中以 *Cyathidites*(2.4%～43.2%，平均 18.78%)等桫椤科孢子和 *Deltoidospora*(1.6%～26.4%，平均 12.67%)最为发育；其次为紫萁科孢子 *Osmundacidites*(0～53.6%，平均 5.74%)和 *Baculatisporites*(0～24.8%，平均 4.74%)；经常出现的孢子还有 *Biretisporites*(0～12.0%，平均 2.71%)，*Calamospora*(0～9.6%，平均 1.45%)，*Neoraistrickia*(0～4.0%，平均 0.38%)和 *Lycopodiumsporites*(0～11.2%，平均 0.64%)，后

两属孢子在该组下部样品中较为常见，上部很少；个别或少量见到的孢子有 *Dictyophyllidites*、*Undulatisporites*、*Cibotiumspora*、*Alsophilidites*、*Hymenophyllumsporites*、*Apiculatisporis*、*Asseretospora* 和 *Densoisporites* 等。*Neoraistrickia* 和 *Lycopodiumsporites* 属分异度较高，所见种有：*N. aculeata*（棘刺新叉瘤孢）、*N. clavula*（棒柱新叉瘤孢）、*N. infragranulata*（内颗粒新叉瘤孢）、*N. gristhorpensis*（格里斯索普新叉瘤孢）、*N. laiyangensis*（莱阳新叉瘤孢）、*N. rotundiformis*（圆形新叉瘤孢）、*N. truncatus*（截形新叉瘤孢）、*N. verrucata*（瘤状新叉瘤孢）、*L. austroclavatidites*（南方拟棒石松孢）、*L. semimuris*（半网石松孢）、*L. subrotundum*（近圆石松孢）、*L. paniculatoides*（圆锥石松孢）和 *L. reticulumsporites*（网纹石松孢）等。

(3) 裸子植物花粉中仍以松柏类具囊花粉居多；其次为 *Concentrisporites*（0～28.8%，平均 5.58%）；频繁出现 *Cerebropollenites*（0～6.4%，平均 2.21%），*Perinopollenites*（0～8.0%，平均 2.02%），以及 *Psophosphaera*（0～5.6%，平均 1.45%）和 *Inaperturopollenites*（无口器粉）（0～8.0%，平均 0.88%）等无口器类花粉；*Cycadopites*，*Chasmatosporites* 等单沟花粉含量较低，一般低于 5%。

(4) 松柏类具囊花粉中气囊与本体分化比较完善的双气囊花粉的含量高于原始松柏类花粉，前者仍以 *Pinuspollenites*（0.8%～14.4%，平均 6.68%）为主；常见 *Piceaepollenites*（0～5.1%，平均 2.01%），*Podocarpidites*（0～6.4%，平均 2.18%）和 *Abietineaepollenites* 等；原始松柏类花粉中比较常见的属为 *Piceites*（0～8.0%，平均 2.74%）和 *Pseudopicea*（0.8%～8.8%，平均 3.01%），少量出现 *Protoconiferus*、*Protopicea* 和 *Pseudopinus* 等。*Quadraeculina*（0～7.2%，平均 2.82%）也在组合中占有一定的比例，其含量由下而上升高。

该组合以蕨类植物孢子中 *Cyathidites* 等桫椤科孢子和 *Deltoidospora* 占优势，裸子植物花粉中 *Concentrisporites* 及松柏类具囊花粉比较发育为主要特征，与下伏三工河组孢粉组合比较相似，但总体面貌仍存在一定的区别：①桫椤科孢子的含量更为丰富；②*Neoraistrickia* 和 *Lycopodiumsporites* 属频繁出现，且分异度较高；③*Lunzisporites*、*Aratrisporites* 和 *Taeniaesporites* 等古老分子基本消失；④原始松柏类花粉和单沟花粉减少；⑤三工河组中比较常见的疑源类化石 *Kuqaia* 在该组合中基本消失。

3. 横向变化

西山窑组孢粉化石在准噶尔盆地分布非常广泛，无论是盆地南缘、东部露头区，还是盆地东部、南缘、腹部和西北缘覆盖区，该段地层中均有孢粉化石，孢粉组合面貌在全盆地均比较相似，组合中蕨类植物孢子常居优势地位，并以桫椤科孢子最为发育，紫萁科孢子也占有一定的比例，常见 *Neoraistrickia*。如在南缘西部电厂西沟剖面 *Cyathidites* 的最高含量达 61.6%，玛纳斯河剖面 *C. minor* 的含量为最高，达 78.3%，平均含量高达 48.6%（刘兆生，1990），奇台北山 *C. minor* 的平均含量为 41.6%，覆盖区白家海凸起井区彩参 2 井 *Cyathidites* 含量为 13%～32%，石钱滩凹陷井区大 9 井为 6.6%～39.2%，达巴松凸起井区达 8 井为 4.2%～31.3%，莫索湾凸起井区芳 3 井为 4.3%～44.6%等。只有少数剖面桫椤科孢子的含量相对较低，如郝家沟剖面桫椤科孢子的平均含量仅为 8.86%，盆地西北缘吐孜阿内沟剖面桫椤科孢子含量也较低，而 *Schizosporis* 等藻类、疑源类化石则大量出现，最高含量可高达 60%。

五、*Cyathidites minor-Kraeuselisporites manasiensis-Classopollis classoides*（MMC）组合

该组合在全盆地均有分布，以盆地南缘红沟剖面头屯河组孢粉资料较好。

1. 孢粉组合主要特征

蕨类植物孢子中以 *Cyathidites* 等桫椤科孢子和 *Deltoidospora* 为主，还见有 *Concavissimisporites*（凹边瘤面孢）、*Impardicispora minor*（小非均饰孢）、*Kraeuselisporites manasiensis*（玛纳斯稀饰环孢）和 *Nevesisporites clavus*（瘤纹尼夫斯孢）等时代较新的分子；裸子植物花粉中 *Classopollis* 花粉的含量较高，*Concentrisporites* 和 *Perinopollenites* 经常出现；松柏类具囊花粉在一般样品中居优势地位，主要为 *Pinuspolllenites*、*Piceaepollenites* 和 *Abietineaepollenites* 等，原始松柏类花粉和 *Quadraeculina* 占有一定的比例。

2. 典型剖面孢粉组合特征

准噶尔盆地南缘红沟剖面头屯河组（86～101 号）孢粉资料较好，组合中孢粉等化石的百分含量及类型见表 2-3 和图版 48~图版 52，孢粉组合特征如下。

（1）蕨类植物孢子（15.2%～76.8%，平均 42.46%）和裸子植物花粉（23.2%～71.2%，平均 56.57%）交替占优势，*Schizosporis* 等藻类、疑源类化石经常出现。

（2）蕨类植物孢子中以 *Cyathidites*（2.4%～40.8%，平均 14.69%）等桫椤科孢子和 *Deltoidospora*（1.6%～26.4%，平均 11.2%）的含量最为丰富；*Osmundacidites* 明显减少，仅占 0～3.2%；常见 *Calamospora*、*Concavisporites*、*Biretisporites*（0～4.0%，平均 1.83%），组合中还见有个别或少量的 *Cibotiumspora*、*Dictyophyllidites*、*Leiotriletes*、*Undulatisporites*、*Alsophilidites*、*Todisporites*、*Punctatisporites*、*Hymenophyllumsporites*、*Retusotriletes*、*Granulatisporites*、*Cyclogranisporites*、*Apiculatisporis*、*Anapiculatisporites dawsonensis*（多桑背锥瘤孢）、*Baculatisporites*、*Neoraistrickia*、*Microreticulatisporites*（细网孢）、*Lycopodiumsporites*、*Klukisporites pseudoreticulatus*（假网克鲁克孢）、*K. variegatus*（变异克鲁克孢）、*Impardicispora minor*、*Lygodiumsporites*（海金沙孢）、*Concavissimisporites*、*Kraeuselisporites manasiensis*、*Asseretospora* 和 *Crassitudisporites*（克耐赛特孢）等。

（3）裸子植物花粉中 *Classopollis*（0.8%～56.8%，平均 10.63%）在该组下部较为少见，但在该组上部明显增多，尤其是顶部样品中最高含量达 56.8%，种的分异度也较高，所见种有 *C. annulatus*（0～8.0%，平均 3.09%）、*C. classoides*（0～29.6%，平均 3.85%）、*C. granulatus*、*C. minor*，*C. parvus*（小克拉梭粉）和 *C. qiyangensis* 等；松柏类具囊花粉仍居优势地位；*Concentrisporites* 在一般样品中含量较低，但在该组顶部的样品中较为发育，最高含量达 16%，优势种为 *C. pseudosulcatus*（假沟同心粉）；*Psophosphaera*（0～2.4%），*Inaperturopollenites*（0～2.4%），*Araucariacites*（0～2.4%）和 *Granasporites* 等无口器类花粉、*Cycadopites*（0～3.2%），*Chasmatosporites*（0～3.2%），*Granamegamonocolpites*（粒面大单沟粉），*Shanbeipollenites quadrangulatus*（四角陕北粉）等单沟花粉，以及 *Cerebropollenites*（0～3.2%），*Perinopollenites*（0～5.6%），*Callialasporites* 等也在组合中经常出现，但含量一般较低。

（4）松柏类具囊花粉中气囊与本分化较完善的双气囊花粉和原始松柏类花粉均比较发育，其次为 *Quadraeculina*（0～9.6%，平均 3.83%）；少量出现 *Pristinuspollenites*、

Rugubivesiculites 等。气囊与本体分化较完善的花粉中以 *Pinuspollenites*（0.8%～16.0%，平均7.37%）居多；常见*Piceaepollenites*（0～7.2%，平均3.89%）、*Abietineaepollenites*（0～4.8%，平均 2.17%）和 *Podocarpidites*（0～6.4%，平均 2.34%）等；*Caytonipollenites* 只零星见到。原始松柏类花粉中 *Piceites*（0～8.8%，平均 4.4%）和 *Pseudopicea*（0.8%～9.6%，平均 3.66%）含量相对较高；常见属还有 *Paleoconiferus*、*Protoconiferus*、*Protopinus*、*Pseudowalchia*（假瓦契杉粉）等。

该组合中 *Cyathidites* 等桫椤科孢子仍比较发育，与下伏西山窑组孢粉组合面貌相似，两组合的主要区别是：①该组合中 *Classopollis* 常见，该组上部频繁出现，顶部含量最高，而西山窑组组合中只零星见到；②头屯河组组合中 *Osmundacidites* 和 *Lycopodiumsporities* 含量较低，而西山窑组组合中出现较多；③该组合蕨类植物孢子中新出现了 *Impardicispora minor*、*Lygodiumsporites*、*Concavissimisporites*、*Pterisisporites*（凤尾蕨孢）、*Kraeuselisporites manasiensis* 等。当头屯河组组合中 *Classopollis* 含量较低时，两组合的区别比较困难。

3. 横向变化

在横向上 *Classopollis* 的含量变化较大，如在红沟剖面头屯河组顶部该属花粉含量很高，但在郝家沟、四棵树、白水河和三工河等剖面头屯河组孢粉组合中 *Classopollis* 则很少见到，覆盖区（如石南地区）井下头屯河组孢粉组合中 *Classopollis* 的含量也较低。可能其他地区缺失相当于红沟剖面头屯河组顶部的地层，或相当地层中孢粉化石很少。

六、*Deltoidospora-Classopollis-Pinuspollenites*（DCP）组合

该组合分布非常局限，只在红沟剖面齐古组底部见有少量的孢粉化石。

1. 孢粉组合主要特征

蕨类植物孢子中以 *Cyathidites* 等桫椤科孢子和 *Deltoidospora* 为主，少量出现 *Osmundacidites*、*Verrucosisporites* 等；裸子植物花粉中以松柏类具囊花粉的含量居多，其次为 *Classopollis*，个别出现 *Cerebropollenites*、*Psophosphaera* 等。

2. 典型剖面孢粉组合特征

红沟剖面齐古组底部孢粉组合中孢粉等化石的百分含量见表 2-3，孢粉组合特征如下。

(1) 蕨类植物孢子（56.9%）占优势，裸子植物花粉含量为 42.8%。

(2) 蕨类植物孢子中仍以 *Cyathidites*（3.6%）等桫椤科孢子和 *Deltoidospora*（28.3%）为主；常见 *Biretisporites*（5.9%）和 *Osmundacidites*（4.7%）；个别或少量出现 *Alsophilidites*、*Granulatisporites*、*Cyclogranisporites*、*Verrucosisporites*、*Concavissimisporites*、*Acanthotriletes*、*Lygodiumsporites* 和 *Klukisporites pseudoreticulatus* 等。

(3) 裸子植物花粉中以松柏类具囊花粉为主；其次为 *Classopollis*（11.7%）；还见有个别或少量的 *Psophosphaera*、*Perinopollenites* 和 *Cerebropollenites*。

(4) 松柏类具囊花粉中以 *Piceaepollenites*（3.6%）、*Pinuspollenites*（9.5%）、*Abietineaepollenites* 和 *Podocarpidites*（1.2%）等气囊与本体分化较好的双气囊花粉居多；*Paleoconiferus* 等原始松柏类花粉及 *Rugubivesiculites*、*Quadraeculina* 只零星见到。

该组合与下伏头屯河组孢粉组合面貌非常相似，两者之间难以区别。

七、准噶尔盆地侏罗纪孢粉组合的识别标志

通过对准噶尔盆地侏罗纪孢粉组合的研究，可以总结出如下几条识别特征。

(1) *Cyathidites* 等桫椤科孢子和 *Deltoidospora* 一般从三工河组开始繁盛，并一直延续到中侏罗世晚期。在郝家沟等剖面八道湾组部分层段的孢粉组合中桫椤科孢子也具有较高的含量。

(2) *Classopollis* 在侏罗纪有两个发育高峰期，第一个高峰期为三工河组下段上部沉积时期；第二个高峰期为头屯河组上部和齐古组沉积时期。

(3) *Cycadopites* 和 *Chasmatosporites* 等单沟花粉的含量和类型在纵向上的变化均有一定的规律，单沟花粉集中分布在八道湾组和三工河组中，化石以个体较大、具粒状纹饰或细网状纹饰的类型为主，其他地层中含量较低。

(4) *Aratrisporites*、*Colpectopollis* 等三叠纪重要分子，以及 *Protohaploxypinus* 等具肋双气囊花粉在侏罗纪地层中仅在八道湾组和三工河组中见到，在三工河组以上地层中基本消失。

(5) *Neoraistrickia*、*Lycopodiumsporites* 在西山窑组孢粉组合中频繁出现，类型也比较丰富。

(6) *Asseretospora* 在八道湾组和三工河组中较多，西山窑组开始减少，头屯河组中只零星见到。

(7) *Impardicispora minor*、*Lygodiumsporites*、*Concavissimisporites* 等海金沙科孢子，以及 *Pterisisporites*、*Kraeuselisporites manasiensis* 等主要见于头屯河组及其以上地层中。

准噶尔盆地侏罗纪各孢粉组合孢粉等化石百分含量见表 2-2 和表 2-3，部分属含量变化见图 2-7。

表 2-3　准噶尔盆地侏罗纪—白垩纪孢粉化石(平均)含量统计表　　(单位：%)

孢粉组合名称	MGC组合	MMC组合	LCP组合	DAF组合	RVM组合	MAL组合	PAF组合
层位 / 化石含量/% / 化石名称	西山窑组	头屯河组	齐古组	清水河组	呼图壁河组	胜金口组	连木沁组
藻类及疑源类化石	常见	常见		多	少	较多	较多
Leiosphaeridia spp.				常见		较多	
Schizosporis parvus	少	少		少	少	个别	较多
S. spp.	常见	常见		个别			
Concentricyestes xinjiangensis	个别						
C. sp.	少	少					
Botryococcus spp.	常见			多	少	较多	较多

续表

孢粉组合名称	MGC组合	MMC组合	LCP组合	DAF组合	RVM组合	MAL组合	PAF组合
化石名称 \ 化石含量/% \ 层位	西山窑组	头屯河组	齐古组	清水河组	呼图壁河组	胜金口组	连木沁组
Micrhystridium spp.				少			
Dorsennidium spp.				少			
Tectitheca sp.				个别			
Cleistosphaeridium spp.				少			
Granodiscus spp.	常见			常见		较多	
Campenia irregularis				多			
蕨类植物孢子	55.00	42.46	56.9	17.55	8.40	18.56	48.0
Sphagnumsporites antiquasporites				*			
S. incertus		*					
S. minor		*					
S. perforatus	0.03	*					
S. spp.	0.13						
Gleicheniidites spp.	0.10	0.46	1.2	0.36		*	
Calamospora cf. *arguta*	*						
C. impexa	0.10	0.11					
C. mesozoicus	0.05					0.16	
C. nathorstii	0.30	0.34					
C. spp.	1.00	0.97				0.48	9.2
Deltoidospora balowensis				*			
D. convexa	*						
D. gradata	0.03	0.46					
D. irregularis	*						
D. languida		0.11					
D. magna	0.98	0.86					
D. perpusilla	0.48	0.63	2.4	0.08		0.64	
D. plicata	0.15	0.46					
D. regularis	*						
D. torosus		*		*			
D. spp.	11.03	8.69	25.9	2.49	0.40	1.28	4.4
Cyathidites australis	2.80	1.31		*		*	
C. breviradiatus		0.06					
C. concavus	0.45	0.34		0.08			

续表

孢粉组合名称	MGC组合	MMC组合	LCP组合	DAF组合	RVM组合	MAL组合	PAF组合
化石名称 \ 化石含量/% \ 层位	西山窑组	头屯河组	齐古组	清水河组	呼图壁河组	胜金口组	连木沁组
C. infrapunctatus	0.90	0.69					
C. medicus		0.11	2.4				
C. mesozoicus	*						
C. minor	11.43	10.4	1.2	1.12	*	*	1.2
C. punctatus		*					
C. triangularis		*					
C. xinjiangensis		*					
C. spp.	3.20	1.77		0.32		0.32	1.2
Cibotiumspora cf. *corniger*	*						
C. granulata	*						
C. juncta	0.05	0.06		*			0.4
C. cf. *robusta*	*						
C. cf. *paradoxa*		*					
C. tuberculata		*					
C. spp.	0.43	0.29		0.08		*	0.4
Divisisporites spp.							0.4
Concavisporites cf. *shuanensis*		*					
C. toralis		0.51		0.36			
C. spp.	0.35	0.86		0.36		0.16	
Dictyophyllidites harrisii	0.03	0.06					
D. mortoni	*	0.11					
D. spp.	0.58	0.57		0.16		0.16	0.8
Leiotriletes adnatus		*					
L. romboideus	*						
L. subtilis	*						
L. spp.		0.23		*	*		
Undulatisporites cf. *granulatus*	*						
U. liguidus	*	*					
U. pflugii		*					
U. sinuosus	0.03			*		*	0.4
U. taenus		*			*		
U. undulapolus		*		*		*	
U. cf. *verrucosus*	*						
U. spp.	0.95	0.46		0.24		0.16	0.8

续表

孢粉组合名称	MGC组合	MMC组合	LCP组合	DAF组合	RVM组合	MAL组合	PAF组合
层位 / 化石含量/% / 化石名称	西山窑组	头屯河组	齐古组	清水河组	呼图壁河组	胜金口组	连木沁组
Biretisporites potoniaei	0.73	0.74	2.4	0.08		0.16	
B. lavigatus	0.25			*		0.16	0.4
B. spp.	1.73	1.09	3.5	0.48	0.40	0.80	1.6
Auritulinasporites spp.	0.28						
Alsophilidites cf. *arcuatus*	0.18	0.17					
A. spp.	0.58	0.51	2.4				
Todisporites concentricus	*	*					
T. major	0.05	*					
T. minor		0.06		0.08	*	0.32	
T. rotundiformis	0.03	*					
T. scissus					*	*	
T. spp.	0.10	0.23		0.36		2.88	4.8
Punctatisporites contactus				*			
P. cf. *minutus*		*					
P. spp.	0.40	0.40		0.24	0.40	0.48	1.6
Hymenophyllumsporites simplex	*			*			
H. spp.	0.35	0.23		0.16		0.32	*
Retusotriletes hercynicus		*					
R. spp.		0.11					0.4
Divisisporites enormis					*	*	
Granulatisporites cf. *asper*		0.11					
G. granulatus	*	*					
G. parvus		0.11					
G. spp.	0.73	0.74	2.4		*	*	*
Cyclogranisporites spp.	0.20	0.34	2.4	0.48	0.40	0.16	
Osmundacidites alpinus	0.78	0.06					
O. elegans	1.68	0.29	1.2				
O. granulata		*					
O. nicanicus		*					
O. orbiculatus		*					
O. parvus	*	*					
O. speciosus	0.03			*			
O. senectus	0.60						
O. wellmanii	1.05	0.11		0.20	0.40	*	

续表

孢粉组合名称 / 层位 / 化石含量/% / 化石名称	MGC组合 西山窑组	MMC组合 头屯河组	LCP组合 齐古组	DAF组合 清水河组	RVM组合 呼图壁河组	MAL组合 胜金口组	PAF组合 连木沁组
O. spp.	1.60	0.63	3.5	0.08	1.20	0.32	0.4
Converrucosisporites complanatus		*					
C. parviverrucosus		0.11					
C. saskatchewanensis				*			
C. sparsus	0.18	0.17					
C. venitus	0.08	0.06					
C. spp.	0.50	0.97		0.65		0.16	0.4
Trilites sp.		*					
Verrucosisporites morulae	0.03					0.16	0.4
V. obscurus				*			
V. undulatus		*					
V. spp.	0.13	0.17	1.2	0.24		0.32	
Leptolepidites cf. *verrucatus*				*			
L. spp.		*					
Multinodisporites spp.						0.32	
Uvaesporites sp.		*					
Lophotriletes bauhinaiae	*						
L. spp.	0.10	0.06				0.16	*
Apiculatisporis cf. *pilosus*		*					
A. subspinosus	*						
A. spp.	0.35	0.29				*	*
Angiopteridaspora denticulata		*					
A. spp.	0.03	*					
Anapiculatisporites dawsonensis	*	0.34		0.08			
A. spp.	0.08	0.23				0.16	
Luanpingspora totunheensis		0.11					
Pilosisporites spp.				0.24			
Acanthotriletes cf. *varispinosus*		*					
A. spp.		0.06	1.2				
Sphaerina wulinensis		0.06					
Conbaculatisporites honggouensis		0.06					
C. spp.	0.33	0.17			0.80	0.16	
Baculatisporites comaumensis	2.08	0.06			0.40		
B. rarebaculus	0.03				2.00		

续表

孢粉组合名称	MGC组合	MMC组合	LCP组合	DAF组合	RVM组合	MAL组合	PAF组合
化石名称 \ 化石含量/% \ 层位	西山窑组	头屯河组	齐古组	清水河组	呼图壁河组	胜金口组	连木沁组
B. versiformis	*			*			
B. spp.	2.63	0.57			1.20	0.16	
Neoraistrickia aculeata	*						
N. clavula	0.03	0.06					
N. gracilis		*					
N. gristhorpensis	0.10	0.11					
N. infragranulata	0.05	*					
N. krikoma	*	*					
N. laiyangensis	*	*					
N. cf. *longibaculata*		*					
N. minor		*					
N. rotundiformis	0.05						
N. testata		*					
N. truncatus	0.05	*					
N. verrucata	0.05	0.06		*			
N. spp.	0.20			*	*	0.16	*
Tripartina variabilis		*					
T. spp.		*					
Lycopodiacidites rugulatus		*					
L. spp.	0.03			0.08			0.4
Camptotriletes sp.	0.03						
Cardioangulina cf. *crassiparietalis*		*					
Impardecispora cf. *yiminensis*		*					
I. spp.		0.06					
Maculatisporites granulatus				*			
Radialisporis radiatus					*		*
Toroisporis (*D.*) *crassirimosa*				0.08		0.16	
T. (*D.*) cf. *granularis*				0.16			
T. (*D.*) *longilaesuratus*				0.16	*		*
T. (*D.*) *pseudodorogensis*				0.08	*	0.32	
T. (*D.*) spp.				*		0.48	1.2
Toroisporis (*T.*) *crassiexinus*				0.16			0.8
T. (*T.*) *limpidus*				*			

续表

孢粉组合名称	MGC组合	MMC组合	LCP组合	DAF组合	RVM组合	MAL组合	PAF组合
化石名称 \ 化石含量/% \ 层位	西山窑组	头屯河组	齐古组	清水河组	呼图壁河组	胜金口组	连木沁组
T. (*T.*) *yixianensis*				*			
T. (*T.*) spp.				2.69	0.40	1.76	2.0
Lygodiumsporites crassus				*			
L. microadriensis				0.80		0.80	1.2
L. maximus				0.16			
L. pseudomaximus				0.72	*	0.32	2.0
L. subsimplex				0.24	*	0.16	1.6
L. torisimilis		*					
L. spp.		0.06	1.20	1.28		0.80	6.0
Lygodioisporites wulongensis				*			
L. spp.					*	*	
Concavissimisporites minor		*					
C. punctatus		*		*	*	0.16	
C. southeyensis		*					
C. varius		*					
C. variverrucatus		*		*		0.32	
C. spp.	0.08	0.17	1.2	0.24		0.32	*
Cicatricosisporites bellus				*			
C. dorogensis				0.16			
C. exilioides				0.08			
C. ludbrookiae				*			
C. mediostriatus				0.08			
C. minutaestriatus				*			0.4
C. nankingensis				0.08			
C. spp.				0.08	*		*
Trilobosporites sp.		*					
Pilosisporites spp.				*	*		
Foraminisporis spp.						*	*
Microreticulatisporites cf. *pingyangensis*		*					
M. spp.	0.05	0.23		0.08		*	
Lycopodiumsporites austroclavatidites	0.10	0.06			*		
L. paniculatoides	0.08	*					
L. pseudoannotinus	0.08	*					

续表

孢粉组合名称	MGC组合	MMC组合	LCP组合	DAF组合	RVM组合	MAL组合	PAF组合
层位 / 化石含量/% / 化石名称	西山窑组	头屯河组	齐古组	清水河组	呼图壁河组	胜金口组	连木沁组
L. reticulumsporites	*						
L. semimuris	0.10	0.06					
L. subrotundum	0.13				0.40		
L. spp.	0.20	0.17		*			
Dictyotriletes spp.		*					
Klukisporites pseudoreticulatus	*	0.34	1.2	0.20			*
K. variegatus		0.17					
K. spp.	0.03	*		0.08			
Ischyosporites spp.	0.03	*					
Foraminisporis biformis				*			
F. asymmetricus				*			
Foveosporites multicavus	*						
F. spp.		0.06					
Foveotriletes parviretus		*					
F. scrobiculatus	*	*					
F. sp.	*						
Kuylisporites cf. *lunaris*				*			
Couperisporites tuguluensis				*			
Nevesisporites radiatus				*			
N. cf. *vallatus*		*					
N. spp.						0.16	0.4
Antulsporites clavus	*	*					
A. varigranulatus		*					
Interulobites camptoverrucosus				*			
I. triangularis							0.4
Verrucingulatisporites spp.		*				0.16	
Pterisisporites cf. *naizishanensis*				*			
P. spp.		0.06		*	*	0.16	
Kraeuselisporites manasiensis	0.05	0.23					
K. spp.	0.03					*	0.4
Parajunggarsporites donggouensis				*	*	0.32	0.4
P. membranceus				*		0.16	0.4
P. spp.				0.08		0.16	*
Crybelosporites striatus				0.08			

续表

孢粉组合名称	MGC组合	MMC组合	LCP组合	DAF组合	RVM组合	MAL组合	PAF组合
化石名称 \ 化石含量/% \ 层位	西山窑组	头屯河组	齐古组	清水河组	呼图壁河组	胜金口组	连木沁组
C. spp.				0.32		0.16	
Asseretospora amplectiformis	*						
A. gyrata	0.03	0.06					
A. liaoxiensis		*					
A. spp.	0.18	0.06					
Crassitudisporites problematicus		0.06					
C. spp.		*					
Taurocusporites spp.		*					
Densoisporites microrugulatus		*		0.08	*	*	*
D. scanicus	0.05	*					
D. spumidus				*			
D. velatus	*			*	*		
D. spp.	0.05	0.06		*		*	0.4
Hsuisporites multiradiatus				*		*	
Polycingulatisporites mooniensis				*			
P. reduncus				*			
P. spp.				*		0.16	
Brevilaesuraspora orbiculata				*	*		
B. perinatus						0.32	
B. spp.				0.08		0.48	0.4
Schizaeoisporites certus				0.08	*	*	0.4
S. costalis							*
S. cretacius					*		*
S. kulandyensis					*		*
S. laevigataeformis				*			
S. subrotundus							*
S. spp.						*	*
Laevigatosporites gracilis		*					
L. ovatus	*	*					
L. sp.	*						
Polypodiisporites sp.	*						
Punctatosporites ovatus	*						
Granulatasporites retinus		0.11					
Reticulatasporites spp.	0.05						

续表

孢粉组合名称	MGC组合	MMC组合	LCP组合	DAF组合	RVM组合	MAL组合	PAF组合
层位 化石含量/% 化石名称	西山窑组	头屯河组	齐古组	清水河组	呼图壁河组	胜金口组	连木沁组
裸子植物花粉	43.83	56.57	42.8	82.41	91.50	81.44	52.0
Ephedripites (*E.*) *opimus*				*			
E. tarimensis				*			
E. spp.							*
Steevesipollenites sp.				*			
Jugella fusiformis				*			
J. gracilis				*			
Taxodiaceaepollenites hiatus				*	*		
Psophosphaera bullulinaeformis		*		*			
P. flavus	*			*			
P. henanensis				*			
P. minor				*			
P. spp.	1.45	0.86	2.4	3.32	0.80	1.12	0.8
Inaperturopollenites dubius	*	*		*			
I. psilosus	*	*					
I. spp.	0.88	0.69		4.24	0.80	1.12	0.4
Araucariacites australis	0.05	0.80		0.40	0.80	0.48	*
A. spp.	0.25	0.11		1.60	0.40	0.48	
Granasporites minus	0.43	*			0.40		
G. spp.	0.85	0.11			2.00	0.64	
Spheripollenites circoplicatus	*						
S. spp.		*				*	*
Perinopollenites elatoides	0.38	0.23		0.08	*	1.12	*
P. granulatus	*			*			
P. limbatus	0.03					0.16	
P. microreticulatus	0.18	0.11		0.16		0.32	
P. turbatus	*			*			
P. undulatus				*			
P. spp.	1.43	0.69	2.4	0.76		1.12	1.6
Concentrisporites fragilis		*					
C. hallei				*	*		
C. pseudosulcatus	2.28	1.60		*			
C. spp.	3.30	0.63			*		

续表

孢粉组合名称	MGC组合	MMC组合	LCP组合	DAF组合	RVM组合	MAL组合	PAF组合
层位 / 化石含量/% / 化石名称	西山窑组	头屯河组	齐古组	清水河组	呼图壁河组	胜金口组	连木沁组
Callialasporites dampieri	*	0.06					
C. dettmannae		0.06					
C. infrapunctatus				*	*		
C. segmentatus		0.06		*	*	*	*
C. trilobatus		0.06		*	*	*	*
C. spp.	0.45	0.23		0.40		0.32	0.4
Cerebropollenites carlylensis	0.25	0.34					
C. findlaterensis	0.08	*					
C. macroverrucosus	0.03	*				*	
C. mesozoicus	0.25	0.23	1.2	*	*	0.16	
C. papilloporus	0.25	*					
C. spp.	1.35	0.74	2.4	0.08	1.20	0.80	0.4
Pilasporites spp.		0.17					
Shanbeipollenites quadrangulatus	*	0.11					
Cycadopites carpentieri	0.25	*		0.64			0.8
C. dilucidus	*	*		*			
C. minimus		*		*	*		
C. nitidus	0.28	0.23		*		0.32	0.4
C. reticulata	0.10	0.06					
C. rugugranulatus		*					
C. subgranulosus	0.20	0.23			*		
C. typicus	0.10	0.06		0.20		0.16	0.4
C. spp.	0.85	0.86		1.96	*	0.32	1.2
Chasmatosporites apertus	0.10	0.17					
C. cf. *clavatus*	*						
C. elegans	0.35	0.17		*		0.16	
C. hians	0.15	0.29		*			
C. cf. *microverruculosus*	*						
C. minor	0.05						
C. verruculosus	*						
C. spp.	0.75	0.46		0.96		0.16	0.4
Granamegamonocolpites cacheutensis	*						
G. monoformis	*						
G. spp.	0.31	0.11					

续表

孢粉组合名称	MGC组合	MMC组合	LCP组合	DAF组合	RVM组合	MAL组合	PAF组合
层位 / 化石含量/% / 化石名称	西山窑组	头屯河组	齐古组	清水河组	呼图壁河组	胜金口组	连木沁组
Verrumonocolpites spp.	0.10						
Monosulcites cf. *enormis*	*						
M. spp.	0.05	0.06		0.20		0.16	
Eucommiidites troedsonii	0.05	*					
E. spp.		0.06		0.08			
Classopollis annulatus		3.09	3.5	4.12	0.80	1.76	4.8
C. classoides		3.85	3.5	0.56		0.32	0.8
C. granulatus		0.11				*	
C. major						0.16	
C. meyeriana		*		0.08			
C. minor		0.06		0.08			
C. qiyangensis		0.11		0.52	0.40	0.32	0.8
C. parvus		*		*	*	*	*
C. spp.		3.43	4.7	7.88	1.20	3.36	4.0
Paleoconiferus asaccatus				*			
P. spp.	0.63	0.97	1.2	1.28	1.20	1.44	0.4
Paleopicea spp.						0.48	
Protoconiferus flavus	0.45	0.29		0.32	0.40	0.96	1.2
P. funarius	0.13	0.34		0.24		*	
P. oviformis				*			
P. phyllodes	*						
P. spp.	0.43	0.40		0.56	0.80	0.64	0.8
Protopicea vilujensis		*					
P. spp.	0.10	0.06		0.08			
Protopinus brevisulcus	*						
P. latebrosa				*			
P. subluteus	0.10	0.17				0.16	0.4
P. vastus	0.08	0.17				0.32	
P. spp.	0.50	0.34		0.16	0.80	0.64	
Protopodocarpus mollis				*			
P. monstrificabilis				*			
P. neimonggolensis				*			

续表

孢粉组合名称	MGC组合	MMC组合	LCP组合	DAF组合	RVM组合	MAL组合	PAF组合
层位 化石含量/% 化石名称	西山窑组	头屯河组	齐古组	清水河组	呼图壁河组	胜金口组	连木沁组
P. spp.	0.48	0.69		0.24	0.40	0.64	
Pseudowalchia biangulina	0.38	0.29		0.08		0.80	
P. crocea	*			*			
P. landesii				*			
P. ovalis		*					
P. spp.	0.73	0.46	1.2	0.24		0.80	1.2
Pseudopicea magnifica	0.70	0.69		0.24	0.80	1.28	
P. rotundiformis	0.53	0.23		0.44		0.80	0.4
P. variabiliformis	1.23	2.06		0.48		1.76	0.4
P. spp.	0.55	0.69		0.16	1.20	1.44	0.4
Pseudopinus cavernosa		0.06		*			
P. oblatinoides	*	0.17			1.20	0.16	
P. pectinella	0.20	0.17			1.20	0.16	
P. textilis	*	*					
P. spp.	0.35	0.74		0.08	0.40	0.48	
Piceites asiaticus	0.15	0.51		0.40	0.80	0.48	
P. enodis	0.85	1.43		1.16	0.40	1.44	0.8
P. expositus	0.53	0.63		0.24	0.40	0.64	0.4
P. jacutiensis		0.40		*	0.80	0.32	
P. podocarpoides	0.03	0.11		0.16		*	
P. spp.	1.18	1.30		1.60	2.00	2.88	2.0
Pristinuspollenites microsaccus		0.11		*	0.80	0.80	0.4
P. rousei	*					0.16	*
P. sulcatus		0.34		0.28		0.32	
P. spp.	0.08	0.11		0.84	2.00	1.12	1.6
Minutosaccus sp.		0.06					
Parvisaccites otagoensis	*						
P. spp.				*			
Parcisporites cf. *annulatus*						*	
P. cf. *auriculatus*				*			
P. spp.						0.16	
Jiaohepollis flexuosus						0.16	0.8

续表

孢粉组合名称	MGC组合	MMC组合	LCP组合	DAF组合	RVM组合	MAL组合	PAF组合
层位 / 化石含量/% / 化石名称	西山窑组	头屯河组	齐古组	清水河组	呼图壁河组	胜金口组	连木沁组
J. involutus				*			
J. pileiformis				*			
J. scutellatus				*			
J. verus				*	0.40	*	
J. spp.				*	0.80	0.64	0.4
Indusiisporites convolutus				*			
Podocarpidites arquatus		0.06		*	0.40	0.16	0.4
P. biformis		0.06		0.16		0.16	
P. cacheutensis		*					
P. canadensis	0.13	*		*	*	0.16	
P. fusiformis				*			
P. gigantea				*			
P. lunatus	0.05					*	
P. major		*					
P. miniscului	0.18	0.17		0.56	0.40	0.16	
P. multicinus	0.18	0.40		0.92	2.80	1.12	0.4
P. multisimus	0.15	0.34		0.72	0.80	0.32	
P. ornatus		0.06					
P. paulus	0.13	0.11		*	0.40	0.16	0.4
P. patulus				*			
P. radialis				*	*		0.4
P. tricoccus	*						
P. unicus	0.03	*		*			
P. spp.	1.33	1.14	1.2	3.12	5.60	2.56	0.8
Platysaccus luteus		*		*			
P. cf. *oculus*	*						
P. proximus	0.05			0.08	*	0.16	
P. spp.		0.06		0.16	0.40		0.4
Erlianpollis spp.				0.08	1.60	1.12	0.4
Abiespollenites diversus	*			*			
A. globosaccatus	*						
Piceaepollenites complanatiformis	0.55	1.14	1.2	1.48	1.20	0.96	0.4

续表

孢粉组合名称	MGC 组合	MMC 组合	LCP 组合	DAF 组合	RVM 组合	MAL 组合	PAF 组合
层位 / 化石含量/% / 化石名称	西山窑组	头屯河组	齐古组	清水河组	呼图壁河组	胜金口组	连木沁组
P. exilioides	0.43	0.46	1.2	0.92	0.40	0.96	
P. mesophyticus	0.15	0.17		0.56	0.40	0.32	*
P. multigrumus	0.03	0.11		0.24	0.40	*	
P. omoriciformis	0.15	0.46		0.96	0.40	0.64	*
P. singularae		*					
P. spp.	0.70	1.54	1.2	5.16	4.80	4.64	0.8
Pinuspollenites alatiopllenites	0.33	0.34		0.16	0.40	0.32	0.4
P. divulgatus	0.80	0.86		0.80	1.60	0.32	
P. elongatus	0.15	0.06		0.32	0.80	0.32	
P. enodatus	0.20	0.29				0.32	
P. globosaccus	0.13	0.23		0.48	0.80		
P. labdacus				1.80	5.20	2.40	2.0
P. latilus		0.17					
P. liaoxiensis	*	*					
P. microinsignis	0.38			0.80	0.80	0.32	0.4
P. minutus	0.08	0.34		1.12	0.40	*	1.2
P. oblatus				*		*	0.4
P. pacltovae						0.32	
P. pachydermus					0.40	0.32	
P. parvisaccatus	0.30	0.23		0.84	1.60	0.48	0.4
P. pernobilis	0.53	1.03	2.4	1.48	3.20	0.48	0.8
P. solitus		*		*			
P. stinctus	0.30	0.23		0.48		0.64	
P. taedaeformis	0.13			*	2.40	0.16	0.4
P. tricompositus	0.25	0.34		0.48	0.80	0.64	
P. verrucosus	0.10					0.16	
P. spp.	2.98	3.26	7.1	7.37	12.0	8.00	5.2
Abietineaepollenites dividuus	0.20	0.74		0.84		0.64	*
A. microalatus				0.40	0.80		*
A. minimus		0.11					
A. spp.	1.15	1.31	1.2	3.80	3.60	2.88	*
Pityosporites similis	*						

续表

孢粉组合名称	MGC组合	MMC组合	LCP组合	DAF组合	RVM组合	MAL组合	PAF组合
层位 / 化石含量/% / 化石名称	西山窑组	头屯河组	齐古组	清水河组	呼图壁河组	胜金口组	连木沁组
Cedripites admirabilis				*			
C. densireticulatus				0.24			
C. deodariformis				*			
C. globulisaccatus				*	2.00	0.48	
C. leptodermus				0.48	1.20	0.48	
C. cf. *microsaccoides*				*			
C. minutulus				*	*	*	0.4
C. nolus	*						
C. parvisaccatus				0.08	0.40	*	
C. permirus				*			
C. pusillus				0.16	0.40	0.64	0.8
C. spp.	0.20	0.51		1.72	2.40	2.88	0.4
Caytonipollenites pallidus	0.03	0.06		0.16	*		
C. papilionaceus	0.03	0.06					
C. spp.	0.05	0.11					*
Rugubivesiculites fluens		*		0.24	*	1.12	0.8
R. podocarpites				*		0.16	0.4
R. rugosus		0.06		0.24	*	0.64	0.4
R. spp.	0.13	0.51	1.2	1.96	1.60	2.56	1.2
Alisporites spp.	0.05	0.46					
Quadraeculina anellaeformis	0.45	0.74		0.32	0.80	0.32	0.4
Q. canadensis	0.05	0.11		0.08			
Q. enigmata	0.15	0.57		0.24	0.40		
Q. limbata	0.85	0.80	1.2	0.48	0.40	0.48	0.8
Q. macra	0.08						
Q. minor	0.18	0.29		0.40		0.64	0.4
Q. ordinata	0.03	0.23					
Q. spp.	1.03	1.09	2.4	1.72	2.00	1.44	1.2
Microcachryidites spp.		0.06		*			
Walchiites spp.	0.20	0.23		0.08	0.80	0.32	
Chordasporites spp.	0.08						

第三节 白垩纪孢粉组合序列

早白垩世孢粉化石主要见于准噶尔盆地南缘西部玛纳斯县紫泥泉子、呼图壁县东沟和石梯子剖面吐谷鲁群，盆地腹部、西北缘和陆梁隆起井下早白垩世地层中也见有一定数量的孢粉化石，但覆盖区孢粉化石主要见于吐谷鲁群清水河组，其他岩组中含化石很少，因全为岩屑样品，组合的划分比较困难。准噶尔盆地晚白垩世孢粉化石目前仅见于玛纳斯-呼图壁地区井下。依据盆地南缘露头剖面白垩系孢粉组合的变化特点，可建立五个孢粉组合，孢粉组合特征自下而上叙述如下。

一、*Parajunggarsporites donggouensis-Classopollis annulatus-Rugubivesiculites fluens* (DAF)组合

该组合产于准噶尔盆地吐谷鲁群清水河组。清水河组的孢粉化石分布非常广泛，除孢粉化石外样品中还见有藻类、疑源类化石。横向上孢粉化石组合面貌有所变化，大致可分为两种类型：一类是组合中蕨类植物孢子含量相对较高，*Classopollis* 占有较大比例，蕨类孢子中海金沙科孢子比较常见，该类型的孢粉组合主要见于盆地南缘西部和西北缘；第二种类型的孢粉组合中蕨类植物孢子很少，裸子植物花粉中主要为松柏类具囊花粉和 *Perinopollenites*，而 *Classopollis* 很少。除盆地南缘和西北缘外，在盆地覆盖区可普遍见到。根据清水河组孢粉组合的这一变化特点，本书建立了两个相应的亚孢粉组合。

（一）*Parajunggarsporites donggouensis-Perinopollenites elatoides-Rugubivesiculites fluens* (DEF)亚组合

主要见于盆地腹部达巴松凸起、石南和莫索湾等地区清水河组。

1. 亚孢粉组合主要特征

松柏类具囊花粉比较发育，*Perinopollenites* 也占有较大比例，经常出现 *Classopollis*，蕨类植物孢子很少，见 *Parajunggarsporites donggouensis* 等早白垩世重要分子，样品中还出现大量的藻类、疑源类化石 *Granodiscus* 和 *Leiosphaeridia* 等。

2. 典型剖面亚孢粉组合特征

准噶尔盆地达巴松凸起井区的达8井清水河组孢粉资料较好，组合中孢粉等化石的百分含量及类型见表2-3和图版53~图版59，亚孢粉组合特征如下。

（1）裸子植物花粉（93.7%～98.3%，平均94.86%）占绝对优势，蕨类植物孢子（0～4.6%）很少，类型单调，仅见 *Sphagnumsporites*、*Deltoidospora*、*Biretisporites*、*Osmundacidites*、*Klukisporites* 和 *Parajunggarsporites donggouensis*（东沟副准噶尔孢）等。除孢粉化石外，样品中还见有大量的藻类、疑源类化石，优势属为 *Granodiscus* 和 *Leiosphaeridia*（光面球藻）（未统计数量）；少量出现 *Campenia*（褶皱藻）（0.8%～3.2%，平均1.62%）、*Dorsennidium*（弓背藻）（0～2.1%）和 *Micrhystridium*（小刺藻），在部分井段的样品中后两属疑源类化石比较常见。

(2) 裸子植物花粉中以松柏类具囊花粉居多；其次为 *Perinopollenites*(13.8%～24.0%，平均 18.64%)，该属分异度较高，所见种有：*P. microreticulatus*(小网周壁粉)、*P. elatoides*(褶皱周壁粉)(8.6%～15.7%，平均 12.66%)、*P. limbatus*(有边周壁粉)等；常见 *Psophosphaera*(0.8%～3.1%)、*Inaperturopollenites*(0～3.7%)和 *Araucariacites* 等无口器类花粉，以及 *Classopollis*(0.9%～9.2%，平均 4.02%)；还见有个别或少量的 *Callialasporites*、*Cerebropollenites*、*Cycadopites* 和 *Chasmatosporites*。

(3) 松柏类具囊花粉中以 *Piceaepollenites*(12.9%～24.0%，平均 18.1%)、*Pinuspollenites* (5.6%～14.6%，平均 10.28%)、*Abietineaepollenites*(2.5%～3.1%)、*Podocarpidites* (1.6%～6.1%，平均 3.64%)和 *Rugubivesiculites*(0.9%～4.3%)等气囊与本体分化比较完善的双气囊花粉居多；常见 *Paleoconiferus*(古松柏粉)(0.7%～3.1%)、*Pseudopicea*(1.8%～4.9%，平均 3.62%)、*Pseudopinus*、*Protopicea*、*Piceites*(4.2%～9.3%，平均 6.5%)和 *Protoconiferus*(0.9%～3.5%)等原始松柏类花粉及 *Quadraeculina*(3.7%～7.7%，5.5%)。

(4) 裸子植物花粉中出现的主要种为 *Perinopollenites elatoides*、*Rugubivesiculites fluens* 和 *R. rugosus*(多皱皱体双囊粉)等。

3. 横向变化

盆地腹部达巴松凸起、石南和莫索湾凸起井区清水河组孢粉组合与达 8 井清水河组面貌相似，具突起疑源类化石 *Dorsennidium*、*Micrhystridium* 只见于达 8 井。

(二) *Lygodiumsporites pseudomaximus*-*Classopollis annulatus*-*Rugubivesiculites rugosus* (**PAR**) 亚组合

该组合主要见于盆地南缘西部和西北缘吐谷鲁群清水河组。

1. 亚孢粉组合主要特征

蕨类植物孢子含量和分异度较高，其中海金沙科孢子和 *Parajunggarsporites* 占有较大比例，裸子植物花粉中主要为 *Classopollis* 和松柏类具囊花粉。

2. 典型剖面亚孢粉组合特征

依据玛纳斯县紫泥泉子剖面清水河组孢粉资料建立，组合中孢粉等化石的百分含量及类型见表 2-3 和图版 53~图版 59，亚组合特征如下。

(1) 裸子植物花粉(56.1%～96.0%，平均 82.41%)占优势，蕨类植物孢子含量为 4.0%～43.5%，平均为 17.55%。

(2) 蕨类植物孢子中以 *Cyathidites* 等桫椤科孢子，*Deltoidospora*(0～8.1%，平均 2.57%)，以及海金沙科孢子为主；*Schizaeoisporites certus* 等莎草蕨科孢子很少，只在组合中零星出现；*Brevilaesuraspora*、*Crybelosporites striatus*、*C.* sp. 、*Pilosisporites* 和 *Parajunggarsporites* 等白垩纪重要分子可少量见到；除上述化石外，蕨类植物孢子中还见有 *Gleicheniidites*、*Concavisporites toralis*(膨胀凹边孢)、*C.* sp.、*Dictyophyllidites*、*Cibotiumspora*、*Undulatisporites*、*Biretisporites*、*Todisporites*、*Punctatisporites*、*Cyclogranisporites*、*Osmundacidites*、*Converrucosisporites*、*Verrucosisporites*、*Multinodisporites*(繁瘤孢)、*Anapiculatisporites*、*Lycopodiacidites*、*Klukisporites*、*Densoisporites microrugulatus* (小皱

瘤拟套环孢)和 *D.* sp.等。

(3)海金沙科孢子中以 *Toroisporis*(0～12.0%,平均 3.33%)和 *Lygodiumsporites*(0～13.6%，平均 3.20%)为主，少量出现 *Concavissimisporites*。所见种有 *Lygodiumsporites subsimplex*(微简海金沙孢)、*L. pseudomaximus*(假巨型海金沙孢)、*L. maximus*(巨型海金沙孢)、*L. microadriensis*(小艾德里海金沙孢)、*Toroisporis*(*Divitoroisporis*) *longilaesuratus*(长缝具唇孢)、*T.*(*D.*) cf. *granularis*[粒纹具唇孢(比较种)]、*T.*(*D.*) *pseudodorogensis*(假多罗格具唇孢)、*T.*(*D.*) sp.、*T.*(*Toroisporis*) cf. *crassiexinus*[厚壁具唇孢(比较种)]等。

(4)裸子植物花粉中以松柏类具囊花粉最为发育；其次为 *Classopollis*(3.2%～22.0%，平均 13.16%)；*Psophosphaera*(0～12.0%，平均 3.32%)、*Inaperturopollenites*(0～26.0%，平均 4.24%)和 *Araucariacites* 等无口器类花粉，以及 *Cycadopites*(0～14.0%)和 *Chasmatosporites* 等单沟花粉也占有较大的比例；个别或少量出现 *Callialasporites*、*Perinopollenites* 和 *Cerebropollenites* 等。常见种有：*Cycadopites carpentieri*、*C. nitidus*、*C. typicus*(典型苏铁粉)、*Classopollis annulatus*、*C. classoides*、*C. qiyangensis*、*C. parvus* 等。

(5)松柏类具囊花粉中以 *Piceaepollenites*(2.0%～25.6%，平均 9.32%)、*Pinuspollenites*(4.0%～28.0%，平均 16.13%)、*Abietineaepollenites*(2.0%～8.8%，平均 5.04%)和 *Cedripites*(雪松粉)(0～7.2%，平均 2.68%)等松科花粉为主；*Podocarpidites*(2.0%～12.0%，平均 5.48%)、*Rugubivesiculites*(2.0%～4.0%，平均 2.44%)、*Pristinuspollenites*(0～3.2%)、*Quadraeculina*(0～8.8%，平均 3.24%)，以及 *Paleoconiferus*、*Protoconiferus*、*Pseudopicea*(0～3.2%)、*Piceites*(0.8%～5.6%)等原始松柏类花粉也在组合中占有一定的比例。常见种有 *Podocarpidites multicinus*(多分罗汉松粉)、*P. multisimus*(多凹罗汉松粉)、*Piceaepollenites complanatiformis*(扁平云杉粉)、*P. exilioides*(微细云杉粉)、*Pinuspollenites labdacus*(双束松粉)、*P. pernobilis*(珀诺双束松粉)、*Rugubivesiculites rugosus*、*R. fluens* 和 *Quadraeculina limbata*(真边四字粉)等。

清水河组孢粉组合与下伏齐古组或头屯河组孢粉组合相比面貌发生很大的变化：①蕨类植物孢子中见有早白垩世特征分子 *Parajunggarsporites* 和白垩纪重要分子 *Cicatricosisporites*(无突肋纹孢)、*Schizaeoisporites*(希指蕨孢)等；②*Lygodiumsporites*、*Concavissimisporites*、*Lygodioisporites*(瘤面海金沙孢)和 *Impardecispora* 等海金沙科孢子在组合中经常出现；③双气囊花粉中 *Rugubivesiculites* 频繁出现；④侏罗纪重要分子 *Cerebropollenites* 只零星见到。

3. 横向变化

Parajunggarsporites 和 *Brevilaesuraspora*(短缝孢)在不同剖面上含量变化较大，前者以东沟剖面居多，最高含量达 17.6%，后一属在石梯子剖面含量高达 15.0%，而在其他剖面它们的含量均较低。

二、*Baculatisporites rarebaculus-Jiaohepollis verus-Pristinuspollenites microsaccus*(RVM)组合

呼图壁河组中孢粉化石很少，化石主要发现于紫泥泉子、东沟和石梯子剖面。

1. 孢粉组合主要特征

裸子植物花粉占优势，以松科花粉居多，常见 *Podocarpidites*、*Rugubivesiculites*、*Quadraeculina*、*Pristinuspollenites* 及原始松柏类花粉，个别或少量出现单沟花粉、*Classopollis*、*Cerebropollenites* 等，蕨类植物孢子中主要为 *Osmundacidites* 和 *Baculatisporites* 等具粒、棒状纹饰的三缝孢子。*Lygodiumsporites* 和 *Toroisporis* 等海金沙科孢子在 1980 年所采集的紫泥泉子和石梯子剖面呼图壁河组样品中占有很大比例(余静贤，1990)，成为蕨类植物孢子中的优势分子。

2. 典型剖面孢粉组合特征

依据玛纳斯县紫泥泉子剖面呼图壁河组孢粉资料建立，组合中孢粉等化石的百分含量及类型见表 2-3 和图版 53~图版 59，孢粉组合特征如下。

(1) 裸子植物花粉(88.0%～95.2%，平均 91.6%)占绝对优势，蕨类植物孢子含量为 4.8%～12.0%，平均为 8.4%，藻类、疑源类化石中葡萄藻和 *Leiovalia* 个别或少量出现。

(2) 蕨类植物孢子中 *Osmundacidites*(0～3.2%)和 *Baculatisporites*(2.4%～4.8%，平均 3.6%)的含量稍高于其他分子；个别或少量出现 *Deltoidospora*、*Punctatisporites*、*Conbaculatisporites*、*Toroisporis*(*Toroisporis*) sp.和 *Lycopodiumsporites subrotundum*(近圆石松孢)。

1980 年采集的样品中海金沙科孢子 *Lygodiumsporites pseudomaximus* 占有很大比例，含量高达 22.0%，并发现有少量的莎草蕨科孢子 *Schizaeoisporites kulandyensis*(库兰德希指蕨孢)(0.8%)、*S. certus*(瓜形希指蕨孢)(0.8%)、*S. cretacius*(白垩希指蕨孢)(0.4%)(余静贤，1990)。

(3) 裸子植物花粉中松科花粉的含量增加，达 43.2%～54.4%，平均为 48.8%；其次为 *Podocarpidites*(9.6%～11.2%)；常见 *Psophosphaera*、*Inaperturopollenites*、*Araucariacites*、*Granasporites*(1.6%～3.2%)等无口器类花粉，*Classopollis*(1.6%～3.2%)、*Pristinuspollenites*(2.4%～3.2%)、*Rugubivesiculites*(0.8%～2.4%)、*Quadraeculina*(1.6%～5.6%)，以及原始松柏类花粉等；个别或少量出现 *Cerebropollenites*、*Jiaohepollis verus*(真蛟河粉)、*J.* sp.和 *Walchiites* 等。

(4) 松科花粉中以 *Pinuspollenites*(26.4%～34.4%，平均 30.4%)最为繁盛；*Piceaepollenites*(7.2%～8.0%，平均 7.6%)、*Cedripites*(5.6%～7.2%，平均 6.4%)、*Abietineaepollenites*(4.0%～4.8%，平均 4.4%)也在组合中经常出现。常见种有 *Pinuspollenites labdacus*、*P. divulgatus*、*P. parvisaccatus*(小囊双束松粉)、*P. pernobilis*、*P. taedaeformis*(扁体双束松粉)、*Piceaepollenites complanatiformis*、*Cedripites globulisaccatus*(球囊雪松粉)和 *C. leptodermus*(薄壁雪松粉)等。

该组合与下伏清水河组孢粉组合的主要区别是：①蕨类植物孢子含量较低，*Parajunggarsporites* 只零星见到；②裸子植物花粉中 *Classopollis* 只少量出现，未见 *Perinopollenites*；③松科花粉非常发育，尤以 *Pinuspollenites* 最为繁盛。

3. 横向变化

准噶尔盆地呼图壁河组的孢粉化石见于盆地南缘紫泥泉子、石梯子、东沟剖面，含化石样品较少，不同剖面孢粉组合面貌存在一定的差别，以石梯子剖面化石资料较好，所见孢粉化石类型较东沟和紫泥泉子剖面多。石梯子剖面呼图壁河组蕨类植物孢子中以 *Lygodiumsporites subsimplex*（微简海金沙孢）（1.0%～4.0%）、*Toroisporis*（*Divitoroisporis*）*longilaesuratus*（长缝具唇孢）、*T.*（*D.*）*pseudodorogensis*（假多罗格具唇孢）（9.0%）、*Pilosisporites*（刺毛孢）、*Cicatricosisporites brevilaesuratus*（短缝无突肋纹孢）、*Impardecispora minor* 等海金沙科孢子为主，*Brevilaesuraspora orbiculata*（圆形短缝孢）（4.5%～5.0%）频繁出现；裸子植物花粉中以松科花粉最为发育，*Classopollis*（1.5%～21.0%）也占有较大比例，常见单沟花粉 *Cycadopites*（余静贤，1990）。东沟剖面 *Classopollis* 含量也高达23.0%。松科花粉中紫泥泉子剖面以 *Pinuspollenites* 居多，而石梯子剖面则以 *Piceaepollenites* 的含量（18.5%～45.0%）为最高（余静贤，1990）。

三、*Lygodiumsporites microadriensis*-*Classopollis annulatus*-*Pinuspollenites labdacus*（MAL）组合

孢粉化石产于盆地南缘紫泥泉子剖面胜金口组。

1. 孢粉组合主要特征

裸子植物花粉占优势，主要为松科花粉，常见 *Classopollis*、*Podocarpidites*、*Rugubivesiculites*、*Pristinuspollenites* 和 *Quadraeculina* 等。蕨类植物孢子中海金沙科孢子和 *Todisporites* 具有一定的含量。

2. 典型剖面孢粉组合特征

依据紫泥泉子剖面胜金口组孢粉资料建立，组合中孢粉等化石的百分含量及类型见表 2-3 和图版 53~图版 59，孢粉组合特征如下：

（1）裸子植物花粉（57.6%～97.6%，平均 81.44%）占优势，蕨类植物孢子含量为 2.4%～42.4%，平均为 18.56%。除孢粉化石外，样品中还见有较多的葡萄藻等藻类化石。

（2）蕨类植物孢子中经常出现的类型有：*Deltoidospora*（0～4.0%，平均 1.92%）、*Todisporites*（0～13.6%，平均 3.2%），以及 *Toroisporis*（0～8.0%，平均 2.72%）、*Lygodiumsporites*（0～4.0%，平均 2.08%）和 *Concavissimisporites* 等海金沙科孢子；个别或少量出现 *Calamospora*、*Cyathidites*、*Concavisporites*、*Undulatisporites*、*Biretisporites*、*Punctatisporites*、*Osmundacidites*、*Verrucosisporites*、*Multinodisporites*、*Anapiculatisporites*、*Baculatisporites*、*Crybelosporites*（隐藏孢）、*Pterisisporites*、*Nevesisporites* 和 *Verrucingulatisporites* 等。所见种有：*Toroisporis*（*Divitoroisporis*）*crassirimosa*（厚唇具唇孢）、*T.*（*D.*）*pseudodorogensis*、*T.*（*D.*）sp.、*T.*（*Toroisporis*）sp.、*Lygodiumsporites microadriensis*、*L. pseudomaximus*、*L.* sp.、*Concavissimisporites punctatus*（斑点凹边瘤面孢）、*C. variverrucatus*（变瘤凹边瘤面孢）、*C.* sp.、*Parajunggarsporites donggouensis*、*P. membranceus*（膜状副准噶尔孢）、*P.* sp.、*Brevilaesuraspora perinatus*（薄壁短缝孢）等。

（3）裸子植物花粉的属种分异度明显高于下伏呼图壁河组，仍以松科花粉（37.0%）和 *Classopollis*（16.8%～40.8%，平均 30.72%）居多；其次为 *Paleoconiferus*（0.8%～2.4%）、*Protoconiferus*、*Protopinus*（0～3.2%）、*Protopodocarpus*、*Pseudowalchia*（0～4.0%）、*Pseudopicea variabiliformis*（0.8%～4.0%）、*P. magnifica*（0～2.4%）、*P. rotundiformis*、

Pseudopinus 和 *Piceites*(1.6%～8.0%，平均 5.76%)等原始松柏类花粉；常见 *Inaperturopollenites*(0.8%～1.6%)、*Psophosphaera*(0.8%～1.6%)和 *Araucariacites*(0～4.0%)等无口器类花粉，以及 *Pristinuspollenites*(0.8%～4.8%)、*Podocarpidites*(1.6%～6.4%，平均 4.8%)、*Perinopollenites*(0～5.6%，平均 2.72%)、*Rugubivesiculites*(0～12.0%，平均 4.48%)和 *Quadraeculina* (0.8%～4.8%)；个别或少量出现 *Callialasporites*、*Cycadopites*、*Chasmatosporites*、*Jiaohepollis flexuosus*(多曲蛟河粉)和 *Alisporites* 等。

(4)松科花粉中以 *Pinuspollenites*(11.2%～20.0%，平均 15.2%)和 *Piceaepollenites*(2.4%～16.0%，平均 7.52%)居多；频繁出现 *Abietineaepollenites*(1.6%～5.6%，平均 3.52%)和 *Cedripites*(1.6%～10.4%，平均 4.48%)。

胜金口组的孢粉化石明显多于呼图壁河组，样品中还见有较多的葡萄藻等藻类、疑源类化石。与呼图壁河组孢粉组合的主要区别是：①蕨类植物孢子增多，其中 *Lygodiumsporites*、*Toroisporis* 等海金沙科孢子的含量高于后一组合；②*Todisporites* 和 *Punctatisporites* 等光面三缝孢子占有较大比例，而 *Baculatisporites* 等具粒、棒状纹饰的三缝孢子则明显减少；③可见 *Crybelosporites*、*Brevilaesuraspora perinatus*、*B.* sp.等白垩纪重要分子；④裸子植物花粉中 *Classopollis* 占有较大比例。

3. 横向变化

准噶尔盆地胜金口组孢粉化石主要见于盆地南缘，不同剖面组合面貌变化较大。东沟剖面胜金口组孢粉组合中白垩纪重要分子 *Parajunggarsporites*(2.4%～13.6%，平均 6.67%)和 *Lygodiumsporites*(4.0%～11.2%，平均 8.0%)占有较大比例，前一属在紫泥泉子剖面只零星出现。

四、*Lygodiumsporites pseudomaximus*-*Classopollis annulatus*-*Jiaohepollis flexuosus* (PAF)组合

连木沁组中含孢粉化石很少，目前孢粉化石只见于盆地南缘紫泥泉子和东沟剖面。

1. 孢粉组合主要特征

蕨类植物孢子中光面三缝孢子比较发育，*Toroisporis* 和 *Lygodiumsporites* 等海金沙科孢子占有较大比例，裸子植物花粉中仍以松科花粉居多，*Classopollis* 含量较高。

2. 典型剖面孢粉组合特征

依据紫泥泉子剖面连木沁组孢粉资料建立，组合中孢粉等化石的百分含量及类型见表 2-3 和图版 53~图版 59，孢粉组合特征如下。

(1)蕨类植物孢子(38.4%～57.6%，平均 48.0%)与裸子植物花粉(42.4%～61.6%，平均 52.0%)交替占优势，还见有较多的 *Schizosporis* 和 *Botryococcus* 等藻类、疑源类化石。

(2)蕨类植物孢子中以 *Calamospora*(0～18.4%)、*Deltoidospora*(0.8%～8.0%)、*Cyathidites*(0.8%～4.0%)、*Biretisporites*(1.6%～2.4%)、*Todisporites*(1.6%～8.0%)和 *Punctatisporites*(0.8%～2.4%)等光面三缝孢子为主；其次为 *Toroisporis*(4.0%)，*Lygodiumsporites*(8.0%～13.6%，平均 10.8%)等海金沙科孢子；个别或少量出现 *Cibotiumspora juncta*、*C.* sp.、*Undulatisporites sinuosus*、*Retusotriletes*、*Osmundacidites*、*Verrucosi-*

sporites、*Cicatricosisporites minutaestriatus*、*Nevesisporites*、*Interulobites triangularis*、*Kraeuselisporites*、*Parajunggarsporites donggouensis*、*P. membranceus*、*Densoisporites microrugulatus*、*Brevilaesuraspora* 和 *Schizaeoisporites certus* 等。

(3) 裸子植物花粉中仍以松科花粉居多；*Classopollis*(6.4%～14.4%)也占有较大的比例；经常出现 *Cycadopites*(1.6%～4.0%)、*Pristinuspollenites*(1.6%～2.4%)、*Rugubivesiculites*(0～5.6%)和 *Quadraeculina*(2.4%～3.2%)等；还见有个别或少量的 *Psophosphaera*、*Perinopollenites*、*Jiaohepollis flexuosus*、*Parvisaccites* 和 *Erlianpollis* 等。

(4) 松科花粉中以 *Pinuspollenites*(4.8%～17.6%)最为发育；少量出现 *Piceaepollenites*(0.8%～1.6%)和 *Cedripites*(0～3.2%)等。

该组合与下伏胜金口组孢粉组合相比面貌发生了一定的变化：①蕨类植物孢子中 *Calamospora*、*Deltoidospora* 和 *Todisporites* 等光面三缝孢子增多；②*Toroisporis* 和 *Lygodiumsporites* 等海金沙科孢子略有增加，其中 *Lygodiumsporites* 占有较大比例；③松科花粉中的 *Piceaepollenites*、*Abieitineaepollenites* 和 *Cedripites* 明显减少。

3. 横向变化

准噶尔盆地南缘东沟剖面连木沁组只见有少量的孢粉化石，组合特征与紫泥泉子剖面相似，但 *Classopollis* 的含量在裸子植物花粉中居首位，1980 年采集的孢粉样品中 *Classopollis* 的含量高达 47.5%。

五、***Schizaeoisporites cretacius*-*Classopollis annulatus*-*Tricolpites*(CAT)组合**

该组合主要见于盆地南缘西部呼图壁县至玛纳斯县覆盖区紫泥泉子组下段。露头剖面紫泥泉子组至今未发现孢粉化石，其孢粉组合特征如下。

裸子植物花粉占优势，蕨类植物孢子次之，被子植物花粉很少。蕨类植物孢子中以 *Lygodiumsporites*、*Cicatricosisporites* 和 *Schizaeoisporites* 等白垩纪孢粉组合中的重要分子居多，后一属分异度较高，所见种达 16 个之多；裸子植物花粉中以松科花粉和 *Classopollis* 为主，常见 *Taxodiaceaepollenites*、*Ephedripites*、*Parcisporites*(雏囊粉)、*Rugubivesiculites* 等；被子植物花粉含量较低，但具有一定的分异度，并见有 *Aquilapollenites attenuatus*(渐狭鹰粉)、*A. junggarensis*(准噶尔鹰粉)、*Beaupreaidites*(美丽粉)、*Jianghanpollis*(江汉粉)、*Cranwellia*(克氏粉)等晚白垩世重要分子。

通过对盆地南缘紫泥泉子组下段孢粉组合的研究，大致可划分为两种类型的孢粉组合，本书建立两个亚孢粉组合，分别为：①*Schizaeoisporites retiformis*(网形希指蕨孢)-*Rugubivesiculites rugosus*-*Classopollis annulatus*(RRA)亚组合，以常见 *Schizaeoisporites* 和 *Classopollis* 比较发育为特征；②*Schizaeoisporites grandus*(巨形希指蕨孢)-*Parcisporites parvisaccus*(原始雏囊粉)-*Liliacidites creticus*(白垩拟百合粉)(GPC)亚组合，以松柏类具囊花粉非常发育，*Classopollis* 只少量出现为特征。

(一) *Schizaeoisporites retiformis-Rugubivesiculites rugosus-Classopollis annulatus* (RRA) 亚组合

1. 亚组合主要特征

裸子植物花粉居优，并以 *Classopollis* 为主，其含量均高于 10%，最高达 43.9%；松柏类具囊花粉占有一定的比例，常见 *Spheripollenites* 等；蕨类植物孢子中 *Schizaeoisporites* 比较发育，常见海金沙科孢子；被子植物花粉少量出现，但类型较多，比较重要的分子有 *Liliacidites*（拟百合粉）、*Magnolipollis*（木兰粉）、*Retitricolpites*（网面三沟粉）、*Salixipollenites*（柳粉）、*Callistopollenites*（华丽粉）、*Jianghanpollis* 和 *Morinoipollenites*（刺参粉）等。

2. 亚组合特征

该组合以玛纳 001 井孢粉资料较好，组合中孢粉等化石的百分含量及类型见表 2-4 和图版 60~图版 64，亚组合特征如下。

(1) 裸子植物花粉 (55.2%～79.2%) 居优势地位，其次为蕨类植物孢子 (16.8%～36.0%)，被子植物花粉 (4.0%～8.8%) 只少量见到。

(2) 蕨类植物孢子中以 *Schizaeoisporites* (12.0%～16.8%) 居多，分异度较高，所见种有 *S. certus*、*S. costalis*（隆脊希指蕨孢）、*S. cretacius*、*S. evidens*（锦致希指蕨孢）、*S. grandus*、*S. laevigataeformis*（光型希指蕨孢）、*S. perlatus*（宽极希指蕨孢）、*S. praeclarus*（显著希指蕨孢）、*S. regularis*（规则希指蕨孢）和 *S. retiformis* 等。经常出现 *Lygodiumsporites* (0～2.4%)、*Concavissimisporites* 和 *Cicatricosisporites* 等海金沙科孢子及 *Deltoidospora*、*Cyathidites* 等，还见有个别或少量的 *Biretisporites*、*Interulobites*、*Verrucosisporites*、*Neoraistrickia*、*Brochotriletes bellus*（美丽大穴孢）、*Gabonisporis*（加蓬孢）、*Zlivisporis*（大网孢）和 *Balmeisporites*（巴尔姆孢）等。

(3) 裸子植物花粉中以 *Classopollis* (11.2%～27.4%) 最为发育，常见 *Cedripites*、*Abietineaepollenites* (0.8%～5.0%) 和 *Pinuspolllenites* (5.4%～9.9%) 等松科花粉、*Parcisporites* (1.6%～7.0%)、*Parvisaccites*（微囊粉）(1.5%～5.0%)、*Rugubivesiculites* (2.0%～8.0%)、*Taxodiaceaepollenites* (2.0%～10.0%)、*Psophosphaera* (0.8%～4.0%) 和 *Spheripollenites* (3.0%～4.8%) 等，个别或少量出现 *Podocarpidites*、*Perinopollenites*、*Jiaohepollis*、*Quadraeculina*、*Exesipollenites*、*Cycadopites* 和 *Jugella*（纵肋单沟粉）等。

(4) 被子植物花粉含量较低，见有 *Liliacidites*、*Magnolipollis*、*Retitricolpites*、*Salixipollenites*、*Tricolpopollenites*、*Tricolpites*（扁三沟粉）(0.8%～3.0%)、*Tetracolpites*（四沟粉）、*Sapindaceidites*（无患子粉）、*Callistopollenites* 和 *Morinoipollenites* 等。

(二) *Schizaeoisporites grandus-Parcisporites parvisaccus-Liliacidites creticus* (GPC) 亚组合

1. 亚组合主要特征

裸子植物花粉占优势，以松科花粉居多，*Classopollis* 少量出现；蕨类植物孢子中

Schizaeoisporites 明显减少，但分异度仍较高；被子植物花粉中常见三孔和多孔类型的花粉。

2. 典型剖面亚组合特征

以盆地腹部莫索湾凸起井区芳 3 井紫泥泉子组下段孢粉资料较好，组合中孢粉等化石的百分含量及类型见表 2-4 和图版 60~图版 64，亚孢粉组合特征如下。

(1) 裸子植物花粉占绝对优势，含量为 72.5%～83.5%，蕨类植物孢子(10.5%～13.5%)和被子植物花粉(6.0%～14.0%)含量较低。除孢粉化石外，样品中还见有大量的藻类、疑源类化石(未作数量统计)，主要属为 *Pediastrum*(盘星藻)，经常出现 *Botryococcus*，零星见到 *Schizosporis*、*Leiosphaeridia* 和 *Filisphaeridium*。

(2) 蕨类植物孢子中无明显优势分子，其中比较常见的属有 *Deltoidospora*(1.5%～2.0%)、*Cyathidites*(2.0%～2.5%)、*Gabonisporis* 和 *Schizaeoisporites*(2.0%～2.5%)。后一属含量虽低，但类型相对较多，所见种有 *S. certus*、*S. kulandyensis*、*S. laevigataeformis*、*S. perlatus* 和 *S. retiformis* 等，在南缘其他钻孔该段地层中还见有 *S. applanatus*(平肋希指蕨孢)、*S. concatenatus*(链状希指蕨孢)、*S. costalis*、*S. cretacius*、*S. disertus*(多环希指蕨孢)、*S. evidens*(锦致希指蕨孢)、*S. grandus*、*S. praeclarus*、*S. rotundus* 和 *S. regularis* 等。

(3) 蕨类孢子中其他分子只零星见到，见有 *Punctatisporites*、*Biretisporites*、*Osmundacidites*、*Converrucosisporites*、*Verrucosisporites*、*Concavissimisporites gibberulum*(弯瘤面凹边孢)、*Lygodioisporites*、*Zlivisporis*、*Seductisporites*(无缝具网孢)、*Crassoretitriletes*(粗网孢)、*Brochotriletes bellus*、*Interulobites*、*Nevesisporites* cf. *stellatus*、*Aequitriradites ornatus*(装饰膜环弱缝孢)、*Laevigatosporites ovatus*(卵形光面单缝孢)及“大孢子”化石 *Balmeisporites saertuensis*、*Balmeisporites* cf. *kondinskayae* 等。

(4) 裸子植物花粉中以松科花粉最为繁盛，含量高达 42.0%～58.5%，其中以 *Abietineaepollenites*(10.5%～20.5%)、*Pinuspollenites*(21.5%～28.5%)为主，其次为 *Cedripites*(6.5%～9.5%)，还见有个别或少量的 *Abiespollenites*、*Keteleeriaepollenites*(油杉粉)和 *Piceapollis*(云杉粉)等，松科花粉中所见种主要有：*Keteleeriaepollenites dubius*(变异油杉粉)、*Abietineaepollenites microalatus*(小囊单束松粉)、*A. microsibiricus*(小西单束松粉)、*A. cembraeformis*(五针松单束松粉)、*Pinuspollenites labdacus*、*P. microinsignis*(小标准双束松粉)、*P. taedaeformis*、*Cedripites medius*(中型雪松粉)和 *C. leptodermus* 等。

(5) 裸子植物花粉中比较常见的属还有 *Podocarpidites*(5.0%～7.0%)、*Parvisaccites*(2.5%～5.5%)、*Parcisporites*(3.0%～4.0%)、*Rugubivesiculites*(4.5%～6.0%)、*Inaperturopollenites*(1.5%～3.0%)、*Taxodiaceaepollenites*(1.5%～3.0%)和 *Ephedripites*(1.0%～2.5%)等，零星见到 *Laricoidites*(落叶松粉)、*Araucariacites*、*Exesipollenites*、*Cycadopites*、*Brevimonosulcites*(短单沟粉)和 *Classopollis* 等。

(6) 被子植物花粉含量较低，但出现的类型较多，单沟、三沟、三孔沟、单孔、三孔和多孔花粉均可见到，其中单沟花粉见有 *Liliacidites creticus*、*L. rugosus*(皱状拟百合粉)、*Magnolipollis grandus*(大型木兰粉)；三沟花粉见有 *Aceripollenites*(槭粉)、*Quercoidites*(栎粉)、*Cupuliferoidaepollenites psilatus*(光滑壳斗粉)、*Tricolpopollenites*、*Psilatricolpites*

parvulus(小光三沟粉)、*Tricolpites micromunus*(小扁三沟粉)、*T. vulgaris*(普通扁三沟粉)和 *Salixipollenites major*(大型柳粉)；三孔沟花粉见有 *Aquilapollenites attenuatus*、*A. junggarensis*、*Beaupreaidites*、*Tricolporopollenites*(三孔沟粉)、*Jianghanpollis scabiosus*(粗糙江汉粉)、*J. ringens*(开口江汉粉)、*Santalumidites conspicus*(显著檀香粉)和 *Cranwellia conspicuous*(显著克氏粉)；单孔花粉见有 *Sparganiaceaepollenites*(黑三棱粉)；三孔花粉见有 *Engelhardtioidites levis*(小黄杞粉)、*E. microcoryphaeus*、*Momipites*(莫米粉)和 *Ostryoipollenites rhenanus*(莱因苗榆粉)；多孔花粉见有 *Ulmipollenites minor*(小榆粉)、*Ulmoideipites*(脊榆粉)和 *Celtispollenites*(朴粉)。

紫泥泉子组下段孢粉组合中常见海金沙科和莎草蕨科孢子，裸子植物花粉中 *Classpollis* 比较发育与下伏下白垩统吐谷鲁群孢粉组合有一定的相似性，但与后者相比，面貌发生了较大的变化，主要区别是：①*Schizaeoisporites* 的分异度较高；②出现了较多晚白垩世重要分子，如 *Zlivisporis*、*Seductisporites*、*Nevesisporites* cf. *stellatus*、*Gabonisporis labyrinthus*(盘旋加蓬孢)、*Balmeisporites*、*Parvisaccites otagoensis*(奥塔沟微囊粉)、*Aquilapollenites attenuatus*、*Jianghanpollis* 和 *Cranwellia* 等；③裸子植物花粉中常见 *Parcisporites* 等；④被子植物花粉类型比较丰富。

3. 横向变化

紫泥泉子组下段所发现的孢粉组合大致可分为两种类型：一种是以 *Schizaeoisporites* 和 *Classopollis* 比较发育为特征，见于呼西 1 井、吐 001 井、吐谷 1 井、玛纳 001 井、玛纳 002 井和川玛 1 井紫泥泉子组下段；另一种类型是以松柏类具囊花粉非常发育，*Classopollis* 只少量出现为特征，产于芳 3 井、芳 4 井、吐 001 井和吐谷 2 井紫泥泉子组下段。两种类型的孢粉组合很少出现在同一口钻孔中，如果出现，两者之间则存在上下关系，一般第一种类型的组合靠下，第二种类型的组合靠上。

六、准噶尔盆地白垩纪孢粉组合的识别标志

通过对准噶尔盆地白垩纪孢粉组合的研究，可以总结出如下几条识别特点。

(1) *Parajunggarsporites* 只见于下白垩统吐谷鲁群孢粉组合中，以清水河组组合中含量最高，呼图壁河组—胜金口组组合中个别或少量出现。

(2) *Schizaeoisporites* 在连木沁组以下的地层中类型比较单一，从连木沁组开始类型增多，在上白垩统紫泥泉子组下段的组合中分异度最高，所见种达 16 种以上。

(3) *Lygodiumsporites* 和 *Toroisporis* 等海金沙科孢子在呼图壁河组孢粉组合中最为发育，连木沁组以上地层中只少量见到。

(4) 在紫泥泉子组下段的组合中出现一些晚白垩世比较重要的蕨类植物孢子，如 *Zlivisporis*、*Interulobites*、*Nevesisporites stellatus*、*N. radiatis*、*Gabonisporis labyrinthus*。

(5) 被子植物花粉在紫泥泉子组下段组合中类型比较丰富，还见有晚白垩世比较重要的分子，如 *Aquilapollenites attennatus*、*Beaupreaidites*、*Jianghanpollis*、*Cranwellia conspicuous*、*Callistopollenites* 和 *Morinoipollenites* 等。

(6) 在紫泥泉子组下段组合中见大孢子化石 *Balmeisporites*。

准噶尔盆地白垩纪各孢粉组合所见属种类型见表2-3和表2-4，部分属含量变化见图2-8。

表 2-4　晚白垩世至新生代孢粉属种(平均)含量统计表　　(单位：%)

孢粉组合名称	CAT组合	PET组合	BEA组合	MLE组合	EDC组合	EMC组合	PTU组合	TUC组合	PCA组合
层位 / 化石含量/% / 化石名称	紫泥泉子组下段	安集海河组				沙湾组	塔西河组		独山子组
		下段	中段中、下部	中段上部	上段		下部	上部	
菌类孢子									
Microthyriacites irregularis	个别								
藻类及疑源类化石									
Muiradinium spp.		较多							
Phthanoperidinium comatum				*					
Cymatiosphaera sp.		*							
Crassosphaera concinna				少	少				
Leiosphaeridia hyalina			少	少	少				
蕨类植物孢子	12.00	5.00	8.07	10.75	7.00	6.57	9.17	4.70	6.80
Sphagnumsporites psilatus	*								
S. spp.			0.11			0.65		0.20	
Deltoidospora brevisa	0.17								
D. irregularis						*			
D. perpusilla	0.33								
D. regularis						0.67			
D. spp.	1.33	1.00	2.82	4.75	3.28	1.45	0.97	1.03	2.10
Cyathidites australis			*	*					
C. bellus				*					
C. minor	1.83	0.50	1.89	3.50	2.60		0.43	0.88	
C. spp.	0.34					0.73			
Plicifera delicata			*						
Gleicheniidites sp.			0.04						
Biretisporites sp.	0.17								
Divisisporites sp.			0.04						
Undulatisporites spp.							0.30	0.20	
Punctatisporites sp.	0.17		0.07		0.10				
Hymenophyllumsporites divisus	*								
H. spp.		0.50	0.21		0.20		0.12		
Lygodiumsporites microadriensis			0.25	0.25					
L. pseudomaximus			0.29						
L. spp.	*	1.00	0.75	0.75			0.15		
Toroisporis (*T.*) spp.			0.21						

续表

孢粉组合名称	CAT组合	PET组合	BEA组合	MLE组合	EDC组合	EMC组合	PTU组合	TUC组合	PCA组合
层位	紫泥泉子组下段	安集海河组				沙湾组	塔西河组		独山子组
化石含量/% 化石名称		下段	中段中、下部	中段上部	上段		下部	上部	
Toroisporis (*D.*) *zeitzensis*			*	*					
T. spp.				0.25					
Concavissimisporites gibberulum	0.33								
C. varius	*								
Monoleiotriletes spp.			0.07		0.10		0.15		
Osmundacidites orbiculatus	0.17								
O. spp.	0.33		0.07	0.25		0.80		0.60	
Granulatisporites spp.			0.11						
Lygodioisporites cf. *bellulus*			*						
L. vittiverrucosus	*								
L. cf. *yangxiensis*			*						
L. spp.	0.17	0.50	0.04						
Multinodisporites whorlizonatus							*		
Converrucosisporites sp.	0.17								
Verrucosisporites granatus							*		
V. spp.	0.33		0.04					0.20	
Leptolepidites spp.	0.17	0.50	0.14		0.24		0.15		
Echinatisporis spp.	*					0.13	0.15		
Ceratosporites cf. *egualis*			*						
Zlivisporis novamexicanum	*								
Z. blanensis	*								
Z. sp.	0.33								
Seductisporites minor	*								
S. sp.	0.17								
Dictyotriletes sp.	*								
Microreticulatisporites sp.	0.17								
Retitriletes saxatilis	*								
R. sp.	*								
Crassoretitriletes leizhouensis			*						
C. nanhaiensis			*						
C. spp.	0.17								
Lycopodiumsporites neogenicus			*				*		0.60
L. spp.			0.07		0.10	0.29			1.20
Foveotriletes cf. *subtriangularis*	*		*						

续表

孢粉组合名称	CAT组合	PET组合	BEA组合	MLE组合	EDC组合	EMC组合	PTU组合	TUC组合	PCA组合
层位 / 化石含量/% / 化石名称	紫泥泉子组下段	安集海河组				沙湾组	塔西河组		独山子组
		下段	中段中、下部	中段上部	上段		下部	上部	
F. sp.			*						
Brochotriletes bellus	0.17	1.00	0.04						
Crybelosporites sp.	*								
Pterisisporites spp.						0.08			0.60
Interulobites sp.	0.17								
Nevesisporites cf. *stellatus*	0.17								
Polypodiaceoisporites minor			*						
Gabonisporites bacaricumulus	*								
G. dongyingensis				*	*				
G. labyrinthus	0.33								
G. vigourouxii	*			*	*				
G. spp.	0.67		0.11	0.25	0.38		0.30	0.20	
Densoisporites sp.	0.17								
Polypodiaceaesporites haardti	*		0.25			0.25			
P. ovatus	*		0.04				*		
P. spp.			0.46			1.30	5.78	1.00	1.10
Extrapunctatosporites spp.			0.04						
Polypodiisporites afavus	*								
P. elegans							*		
P. spp.						0.20	0.42	0.50	1.20
Aequitriradites ornatus	0.33								
Schizaeoisporites applanatus	*								
S. certus	*								
S. concatenatus	*								
S. costalis	*								
S. cretacius	*								
S. disertus	*								
S. evidens	*								
S. grandus	0.5								
S. kulandyensis	0.33								
S. laevigataeformis	0.33						*		
S. microsphaericus	*								
S. palaeocenicus	*								
S. perlatus	0.5								

续表

孢粉组合名称	CAT组合	PET组合	BEA组合	MLE组合	EDC组合	EMC组合	PTU组合	TUC组合	PCA组合
层位	紫泥泉子组下段	安集海河组				沙湾组	塔西河组		独山子组
化石含量/% 化石名称		下段	中段中、下部	中段上部	上段		下部	上部	
S. praeclarus	*								
S. rarus	*								
S. regularis	*								
S. retiformis	0.5								
S. rotundus	*								
S. tarimensis	*								
S. spp.	0.17		0.07	0.25			0.15		
Laevigatosporites sp.	0.17								
Echinosporis cf. *jiandingshanensis*							*		
E. laxaspinosus							*		
E. qaidamensis							*		
Microfoveolatosporis foveolatus							*		
Balmeisporites saertuensis	0.17								
B. cf. *kondinskayae*	0.17								
B. sp.	0.17								
裸子植物花粉	78.5	87.50	72.54	52.50	78.06	55.55	65.15	75.73	37.25
Pseudopicea variabiliformis	0.5		0.07		0.40				
Tsugaepollenites azonalis					0.30	2.08	1.30	8.63	0.60
T. igniculus			0.04	0.25	1.60	2.58	0.73	8.48	
T. mesozoicus					*			*	
T. minimus					*			0.70	
T. multispinus					0.20	0.70	0.73	3.30	
T. spinulosus			0.04		0.20	0.68	0.15	3.25	
T. viridifluminipites					*		0.57	6.15	
T. spp.			0.25	0.25	0.80	11.71	0.72	13.2	2.20
Abietineaepollenites cf. *auriformis*						*			
A. cembraeformis	1.17		0.11		0.48		0.60	0.23	0.60
A. microalatus	7.17		0.46	0.75	1.54		0.73		
A. microsibiricus	1.5		0.11	0.25	0.38		0.30	0.20	
A. cf. *renisaccus*	*								
A. spp.	4.67	1.50	0.93	0.75	3.00	1.60	2.60	2.10	3.90
Pinuspollenites banksianaeformis	2.0	0.50	0.39	1.25	1.08		0.90	0.43	0.60
P. capitatus			0.21		0.78		*	*	
P. diplopondroides			0.04	0.50	0.58	*	0.30	0.20	

续表

孢粉组合名称	CAT组合	PET组合	BEA组合	MLE组合	EDC组合	EMC组合	PTU组合	TUC组合	PCA组合
层位	紫泥泉子组下段	安集海河组				沙湾组	塔西河组		独山子组
化石含量/% 化石名称		下段	中段中、下部	中段上部	上段		下部	上部	
P. insignis	*		0.11		0.88		*	*	
P. cf. giganteus						*			
P. labdacus	6.67	4.50	2.04	5.50	4.56	2.66	2.28	1.30	0.50
P. longifoliaformis		0.50		0.75	0.10		0.30	0.23	
P. mangnaiensis					0.26				
P. microinsignis	2.5	1.50	0.43	1.00	1.16		1.17	0.93	
P. minutus	0.83	0.50	0.25	0.25	1.46			0.20	
P. pachydermus	0.83			0.50	0.18				
P. parvisaccatus	0.83				*				
P. pseudopeuceformis	0.17				0.38			*	
P. taedaeformis	3.0	1.50	0.46	2.50	3.50	*	2.17	0.63	
P. undulatus				1.00	0.94		0.15		
P. spp.	7.17	3.00	2.11	5.75	7.90	9.43	5.52	3.30	4.90
Abiespollenites jiandingshanensis				1.00	0.20	*	0.30		
A. elongatus					0.48	*	0.57	0.20	
A. sibiriciformis	*		0.11	1.00	0.10			0.20	
A. spp.	0.33		0.18	1.25	0.56	0.19	0.30	0.63	1.70
Keteleeriaepollenites davidianaeformis	*			0.50	0.08	*	0.27	0.43	
K. dubius	0.5					*	*		
K. minor	0.17								
K. spp.	*		0.04	0.25	0.40		0.15	0.20	
Piceapollis gigantea			0.07		0.30	0.30	0.70	0.23	
P. praemarianus			0.07		0.60		0.58	0.43	
P. quadracorpus			0.07	0.25	0.60		0.42		
P. tobolicus	0.17		0.04		1.28		3.68	2.50	
P. spp.	0.67		0.82	0.50	2.78	8.60	8.00	4.88	3.50
Cedripites deodariformis	0.67		0.14	1.50	1.46		1.78	0.60	0.60
C. diversus	0.33					0.30	*	*	
C. gibbosus	0.17								
C. leptodermus	1.33			0.25	0.50		1.15		
C. levigatus							*		
C. medius	1.0								
C. minutulus	*								
C. microsaccoides	0.67		0.04	0.25	0.28		1.28	0.65	0.60

续表

孢粉组合名称	CAT组合	PET组合	BEA组合	MLE组合	EDC组合	EMC组合	PTU组合	TUC组合	PCA组合
层位	紫泥泉子组下段	安集海河组				沙湾组	塔西河组		独山子组
化石含量/% 化石名称		下段	中段中、下部	中段上部	上段		下部	上部	
C. ovatus	0.33		0.18		0.58		0.57	0.20	
C. pachydermus					*	*			
C. parvisaccatus	0.67		0.11		0.28		0.88		
C. rotundocorpus							*		
C. spp.	2.33		0.93	1.75	1.92	0.97	5.33	2.90	2.90
Podocarpidites andiniformis	2.33	0.50	0.11	0.25	0.58		0.15	0.20	
P. fushunensis	0.17								
P. jiandingshanensis					*			*	
P. minisculus	1.33								
P. minutus	0.17								
P. nageiaformis			0.14	0.25	0.20				
P. paranageiaformis								*	
P. parandiniformis								*	
P. piniverrucatus			*	*	*			*	
P. podocarpoides	0.17								
P. spp.	1.83		0.68	1.50	0.88	0.84	1.17	0.43	0.60
Parvisaccites nolus	1.17								
P. otagoensis	0.33								
P. sp.1	2.33								
P. spp.	0.33								
Parcisporites cf. *annulatus*	0.5								
P. apertus	0.33		*		*				
P. auriculatus	0.17								
P. cf. *bellus*	*								
P. bibulbus	0.5								
P. parvisaccus	1.17				*				
P. scabiosus	0.17								
P. spp.	0.83		0.36		0.08				
Rugubivesiculites fluens	2.0								
R. reductus	*								
R. rugosus	0.83								
R. podocarpites	0.17								
R. spp.	2.0								

续表

孢粉组合名称	CAT组合	PET组合	BEA组合	MLE组合	EDC组合	EMC组合	PTU组合	TUC组合	PCA组合
层位 / 化石含量/% / 化石名称	紫泥泉子组下段	安集海河组				沙湾组	塔西河组		独山子组
		下段	中段中、下部	中段上部	上段		下部	上部	
Psophosphaera minor	*		*						
P. pseudotriletes	*								
Inaperturopollenites dubius	*	*	*				*	*	
I. spp.	2.50	13.00	18.18	2.25	8.18	2.99	3.60	1.38	7.60
Spheripollenites granulatus	*								
S. hiluatus	*								
S. tuberculatus	*								
Laricoidites magnus	0.5	4.50	6.32	1.25	3.38	*	3.13	1.73	
L. spp.		0.50	0.93	0.25	0.90	0.32	1.13	1.45	
Araucariacites spp.	0.17	0.50	1.00		0.50				0.60
Perinopollenites limbatus	0.33								
Exesipollenites sp.	0.17								
Taxodiaceaepollenites bockwitzensis	0.83	5.50	8.61	2.00	2.30	1.25	2.03	1.08	
T. hiatus	0.67	3.50	4.18	2.50	4.10	2.40	1.68	0.78	2.10
T. spp.	0.67		0.29		0.10	1.62	0.30	0.20	
Ephedripites (Distachyapites) obesus		1.50	0.88	0.50	0.10				
E. (D.) claricristatus	0.50	0.21							
E. (D.) eocenipites		3.00	1.57	1.75	0.80		0.15	0.20	
E. (D.) fushunensis		1.50	0.39	0.25			0.27	0.20	
E. (D.) fusiformis		7.00	3.11	1.00	2.08	*	*	*	
E. (D.) megafusiformis		3.50	1.36	1.25	0.80				
E. (D.) longiformis		1.50	1.75	0.75	1.20	*			
E. (D.) megatrinatus		1.00	0.11						
E. (D.) multipartitus		2.00	0.93		0.18				
E. (D.) nanlingensis	*	2.50	1.68	0.50	0.58				
E. (D.) cheganicus		2.50	1.07	0.50	0.38		0.15		
E. (D.) oblongatus		0.50	0.93	0.50					
E. (D.) parafusiformis		*	*	*	*				
E. (D.) pseudotrinatus		1.50	0.43	0.75	0.20				
E. (D.) cf. *subrotundus*		*	*	*	*				

续表

孢粉组合名称	CAT组合	PET组合	BEA组合	MLE组合	EDC组合	EMC组合	PTU组合	TUC组合	PCA组合
层位	紫泥泉子组下段	安集海河组				沙湾组	塔西河组		独山子组
化石含量/% 化石名称		下段	中段中、下部	中段上部	上段		下部	上部	
E. (*D.*) *tertiarius*		3.00	1.25	1.50	1.08		*		
E. (*D.*) *trinata*		1.50	1.75	0.75	1.38				
E. (*D.*) *undulosus*		0.50	0.21		0.10				
E. (*D.*) *xinchengensis*		*	*	*	*				
E. (*D.*) spp.		8.00	1.54	1.00	1.08		*	*	
Ephedripites (*Ephedripites*) *notensis*		*	*						
E. (*E.*) *lanceolatus*		*	*						
E. (*E.*) *landenensis*							*		
E. (*E.*) *regularis*		*	*						
E. (*E.*) *strigatus*							*		
E. (*E.*) spp.		1.50	1.18	0.75	0.58				
Ephedripites (*Bellus*) *junggarensis*					0.10				
E. (*B.*) *manasiensis*					0.10				
Steevesipollenites communis		*	*						
S. cupuliformis			0.04						
S. cf. *elongatus*		*	*						
S. fusiformis		*							
S. globosus		*	*						
S. jiangxiensis		0.50							
S. kuqaensis		*		*					
S. spp.			0.21	0.25	0.08		0.15		
Cycadopites acuminatus	0.17								
C. cycadoides	*								
C. elongatus	0.17								
C. labrosus	0.17								
C. nitidus	0.17								
C. spp.	0.17	2.00	0.36	0.50	0.70				
Megamonoporites taizhouensis	*								
Brevimonosulcites spp.	0.5								
Classopollis annulatus	0.17								

续表

孢粉组合名称	CAT组合	PET组合	BEA组合	MLE组合	EDC组合	EMC组合	PTU组合	TUC组合	PCA组合
层位	紫泥泉子组下段	安集海河组				沙湾组	塔西河组		独山子组
化石含量/% 化石名称		下段	中段中、下部	中段上部	上段		下部	上部	
C. classoides	0.17								
C. meyeriana	*								
C. parvus	0.17								
C. philosophus	*								
C. qiyangensis	*								
C. sp.	0.17								
被子植物花粉	9.59	7.50	19.30	36.75	14.94	37.88	25.68	19.58	55.95
Magnolipollis fusiformis		*							
M. grandus	0.17								
M. maximus	*								
M. spp.	0.5	2.00	0.68	0.50	0.70	0.16	1.12	0.50	
Liliacidites creticus	0.5		*						
L. microreticulatus	*		*						
L. rugosus	0.17		*						
L. spp.	0.17		0.32		0.10			0.20	
Nymphaeacidites spp.								1.15	
Labitricolpites longus			*	*					
L. microgranulatus			0.14	0.25					
L. minor			0.11				*		
L. oviformis			0.18	0.25					
L. pachydermus			*	*			*		
L. scabiosus			0.75	1.25	0.10		0.15		
L. stenosus			0.04						
L. spp.		0.50	0.57	0.75	0.34	0.99	0.88		
Gemmatricolpites spp.				0.50	0.10				
Quercoidites asper	0.17		0.61	0.25	0.08		0.38		
Q. henrici	0.17		0.54	0.25	0.10		0.12	0.20	
Q. microhenrici			0.25		0.10				
Q. orbicularis			*		*				
Q. spp.	0.17		0.50		0.36	2.75	0.30		
Cupuliferoidaepollenites psilatus	0.33								

续表

孢粉组合名称	CAT组合	PET组合	BEA组合	MLE组合	EDC组合	EMC组合	PTU组合	TUC组合	PCA组合
层位	紫泥泉子组下段	安集海河组				沙湾组	塔西河组		独山子组
化石含量/% 化石名称		下段	中段中、下部	中段上部	上段		下部	上部	
Aceripollenites microstriatus	*								
A. striatus				*					
A. tener	*								
A. spp.	0.17			0.25	0.10				
Ranunculacidites spp.			0.14	0.25		0.37			
Retitricolpites crassireticulatus			*	*					
R. ellipticus					*				
R. geogensis							*		
R. matauraensis					0.20				
R. oblongus			0.11	0.25					
R. ovatus	*								
R. spp.	*		0.61	1.50	0.20	0.25	0.27	0.20	
Salixipollenites hians	*								
S. major	0.17		0.11				0.12		
S. spp.			0.29			0.03			
Scabiosapollis densispinosus							*		
S. fushunensis			*						
S. intrabaculus			0.04						
S. spp.			0.11	0.75	0.36		0.15		
Tricolpopollenites brevicolpatus	*								
T. flabellilobatus	*								
T. liblarensis			0.29						
T. trilobatus	0.17								
T. spp.	0.5	1.50	0.96	0.25	0.60	0.57	0.57	0.20	
Psilatricolpites parvulus	0.33								
Operculumpollis triangulus							0.27		
O. spp.							0.30		
Geraniapollis compactilis					*				
G. minor							*		
G. spp.					0.18	0.17			

续表

孢粉组合名称	CAT组合	PET组合	BEA组合	MLE组合	EDC组合	EMC组合	PTU组合	TUC组合	PCA组合
层位	紫泥泉子组下段	安集海河组				沙湾组	塔西河组		独山子组
化石含量/% 化石名称		下段	中段中、下部	中段上部	上段		下部	上部	
Tricolpites micromunus	0.33								
T. microreticulatus			*	*			*		
T. vulgaris	0.17								
T. spp.	0.67		0.32	0.75	0.50	0.47	0.12		0.50
Clavatricolpites cf. *nelumboides*							*		
Tetracolpites reticulatus					*				
Polycolpites salviaeformis							*		
P. sp.	*								
Aquilapollenites attenuatus	0.17								
A. junggarensis	0.17								
A. sp.	0.17								
Beaupreaidites sp.	0.17								
Morinoipollenites cinctus	*								
Jianghanpollis bulleyanaformis	*								
J. humilis	0.17								
J. mikros	*								
J. sayangensis	*								
J. scabiosus	0.17								
J. ringens	0.33								
J. spp.	0.17								
Santalumidites conspicus	0.17								
Cupuliferoipollenites spp.	0.17		0.21		0.38				
Talisiipites spp.			0.04						
Euphorbiacites microreticulatus		0.50	0.11	0.50	0.10				
E. reticulatus			*	*			*		
E. spp.			0.04	0.25	0.08				
Meliaceoidites magnus			*						
M. mangnaiensis			0.04						
M. microreticulatus			0.04						
M. rhomboiporus		0.50	0.07	0.75	0.28		0.12		0.50

续表

孢粉组合名称	CAT组合	PET组合	BEA组合	MLE组合	EDC组合	EMC组合	PTU组合	TUC组合	PCA组合
层位	紫泥泉子组下段	安集海河组				沙湾组	塔西河组		独山子组
化石含量/% 化石名称		下段	中段中、下部	中段上部	上段		下部	上部	
M. rotundus			0.11				0.12		
M. spp.		0.50	0.36	1.75	0.38	0.83			0.50
Pokrovskaja altunshanensis			0.29	3.25	0.38		*		
P. elliptica			0.04	3.50			*		0.50
P. minor			0.07	0.50	0.10				
P. originalis			0.04	1.25		*	0.12		
P. rotundiporus			0.07	0.25	0.10		*		
P. sanduoensis			*	*					
P. subrotunda				1.50	0.10				
P. spp.			0.18	4.25	0.76	0.61	*		
Qinghaipollis ellipticus							*		
Q. subrotundus			0.07	0.75					
Q. cf. *elegans*			*	*					
Q. spp.			0.04	0.75	0.18		0.27		
Rhoipites spp.						0.67	0.12		
Ilexpollenites spp.						0.11			
Tricolporopollenites spp.	0.17		0.21	0.25	0.20	0.77		0.20	
Retitricolporites spp.			0.04			0.04			
Rutaceoipollis sp.				0.25	0.28		0.15		
Rutaceoipollenites gasikulehuensis				*	*				
Striacolporites nanhaiensis				*					
Faguspollenites subrotundus							*		
F. sp.				*					
Nyssapollenites sp.							*		
Oleoidearumpollenites chinensis			0.21	2.00	1.84		0.12		
O. ligustiformis					*				
O. spp.			0.07	0.25	0.20	0.15	0.15		
Artemisiaepollenites communis							*		
A. minor							*		
A. sp.						0.15	0.15		1.00

续表

孢粉组合名称	CAT组合	PET组合	BEA组合	MLE组合	EDC组合	EMC组合	PTU组合	TUC组合	PCA组合
层位 / 化石含量/% / 化石名称	紫泥泉子组下段	安集海河组				沙湾组	塔西河组		独山子组
		下段	中段中、下部	中段上部	上段		下部	上部	
Echitricolporites minor						0.63			0.50
E. major							*		
E. verrucosus					*		*		
E. spp.						0.31	0.57	0.50	3.80
Cichorieacidites gracilis						*			
C. spp.						0.16			0.60
Tubulifloridites baculatus								*	
T. macroechinatus							*		
T. pertyaformis								*	
T. spp.						0.63	0.42	0.40	1.10
Symplocospollenites sp	*								
Callistopollenites baichengensis	*								
C. tumiduporus	*								
C. sp.	*								
Lonicerapollis granulatus			*	*	*				
L. cf. *interospinosus*			*						
L. intrabaculus				*					
L. tenuipolaris				*	*				
L. triletus				*					
L. spp.			0.11	0.50	0.08		*		
Tiliaepollenites cf. *cordataeformis*							*		
T. indubitabilis					*				
T. insculptus							*		
T. paradoxus							*		
T. spp.				*		0.40	0.12		0.60
Fupingopollenites wackersdorfensis				*			*		
F. spp.			0.04	0.75	0.50	0.22	1.27	0.20	0.50
Elaeangnacites rotundus						*			
E. spp.	*				0.08				
Sapindaceidites asper	*		0.04						

续表

孢粉组合名称	CAT组合	PET组合	BEA组合	MLE组合	EDC组合	EMC组合	PTU组合	TUC组合	PCA组合
层位	紫泥泉子组下段	安集海河组				沙湾组	塔西河组		独山子组
化石含量/% 化石名称		下段	中段中、下部	中段上部	上段		下部	上部	
S. concavus							*		
S. liaoningensis			*						
S. tetrorisus			*						
S. triangulus			0.14		0.08				
S. spp.			0.07			0.08			
Talisiipites longicolpus			*						
Graminidites crassiglobosus								*	
G. soellichanensis						*			
G. subtiliglobosus								*	
G. spp.			0.21		0.10	1.15	0.27	0.38	
Sparganiaceaepollenites neogenicus								*	
S. sparganioides	*								
S. spp.	0.67		2.50	1.25	0.30	0.55	0.47	0.75	
Tetradomonoporites sp.								0.20	
Betulaceoipollenites bituitus							0.12		
B. prominens	*						0.12		
B. spp.						0.58	0.12		0.50
Betulaepollenites plicoides								*	
B. spp.			0.04		0.10	0.45		0.20	2.20
Corsinipollenites ludwigioides			0.04						
C. triangulus			*						
C. xinjiangensis							0.12		
Momipites angustitorquatus			*				*		
M. coryloides			0.11				0.12	0.20	
M. spp.	0.17		0.11	0.25		0.72			
Engelhardtioidites levis	0.17								
E. microcoryphaeus	0.17								
Carpinipites orbicularis					*				
C. tetraporus					0.10				
C. spp.			0.04		0.10	0.61			

续表

孢粉组合名称	CAT组合	PET组合	BEA组合	MLE组合	EDC组合	EMC组合	PTU组合	TUC组合	PCA组合
层位 / 化石含量/% / 化石名称	紫泥泉子组下段	安集海河组				沙湾组	塔西河组		独山子组
		下段	中段中、下部	中段上部	上段		下部	上部	
Sporotrapoidites erdtmanii							*		
S. weiheensis							*		
Caryapollenites polarannulus			*				*		
C. simplex			0.07	0.25	0.20		0.12	0.20	
C. triangulus			0.04						
C. granulatus					0.40				
C. spp.			0.14	0.25	0.40	0.30	0.73	0.20	0.50
Pterocaryapollenites annulatus			*	*					
P. stellatus			0.04	0.25					
Ostryoipollenites rhenanus	0.17						*		
O. spp.			0.04			0.37			
Alnipollenites extraporus							*		
A. verus					*	0.26	0.40	0.20	
A. spp.			0.07		0.10			0.40	
Echitriporites spp.			0.04		0.08				
Diervillapollenites major					0.08				
Ulmipollenites minor	0.17								
U. undulosus						0.21	0.92	0.40	1.10
U. spp.	0.17	0.50	0.64	0.25	0.50	6.15	3.08	1.18	6.40
Ulmoideipites krempii			0.11	0.25			0.12	0.40	
U. neogenicus				*				0.20	
U. tricostatus			0.04	0.25					
U. spp.	0.17	0.50	0.25			0.83	0.27		1.60
Zelkovaepollenites potonie							*		
Z. spp.			*				0.15	0.20	
Caryophyllidites minutus						0.21	0.12		
Celtispollenites dongyingensis			*						
C. minor			*						
C. spp.	0.17		0.07	0.50	0.10	2.17	0.12	0.20	
Chenopodipollis kochioides							*		

续表

孢粉组合名称	CAT组合	PET组合	BEA组合	MLE组合	EDC组合	EMC组合	PTU组合	TUC组合	PCA组合
层位 / 化石含量/% / 化石名称	紫泥泉子组下段	安集海河组				沙湾组	塔西河组		独山子组
		下段	中段中、下部	中段上部	上段		下部	上部	
C. microporatus						*	0.15		
C. multiporatus						*		0.20	
C. multiplex								*	
C. oligoporus			*						
C. spp.			0.07			6.97	1.52	2.63	32.45
Juglanspollenites rotundus							0.27	0.20	
J. tetraporus			0.04		0.20				
J. verus			0.11				0.78	0.40	
J. spp.			0.07			2.28	0.72	0.60	0.50
Liquidambarpollenites mangelsdorformis				*					
L. minutus							0.15		
L. pachydermus				*					
L. stigmosus				0.50			*		
L. spp.		0.50	0.07	0.50	0.20	0.28			0.50
Malvacipollis minor			*						
M. spp.			0.04						
Malvacearumpollis sp.							*		
Multiporopollenites junggarensis							0.15		
M. maculosus				*					
M. punctatus				0.25			0.30		
M. spp.		0.50	0.11	0.25	0.60	0.78	1.68	1.00	
Miocaenipollis spp.						0.18			
Potamogetonacidites minor			*		*				
P. neogenicus			*		*				
P. spp.	0.5		3.61	0.50	0.90	1.68	4.57	5.30	
Persicarioipollis lusaticus							*		
P. spp.			0.07				0.15		
Randiapollis spp.			0.11		0.08				

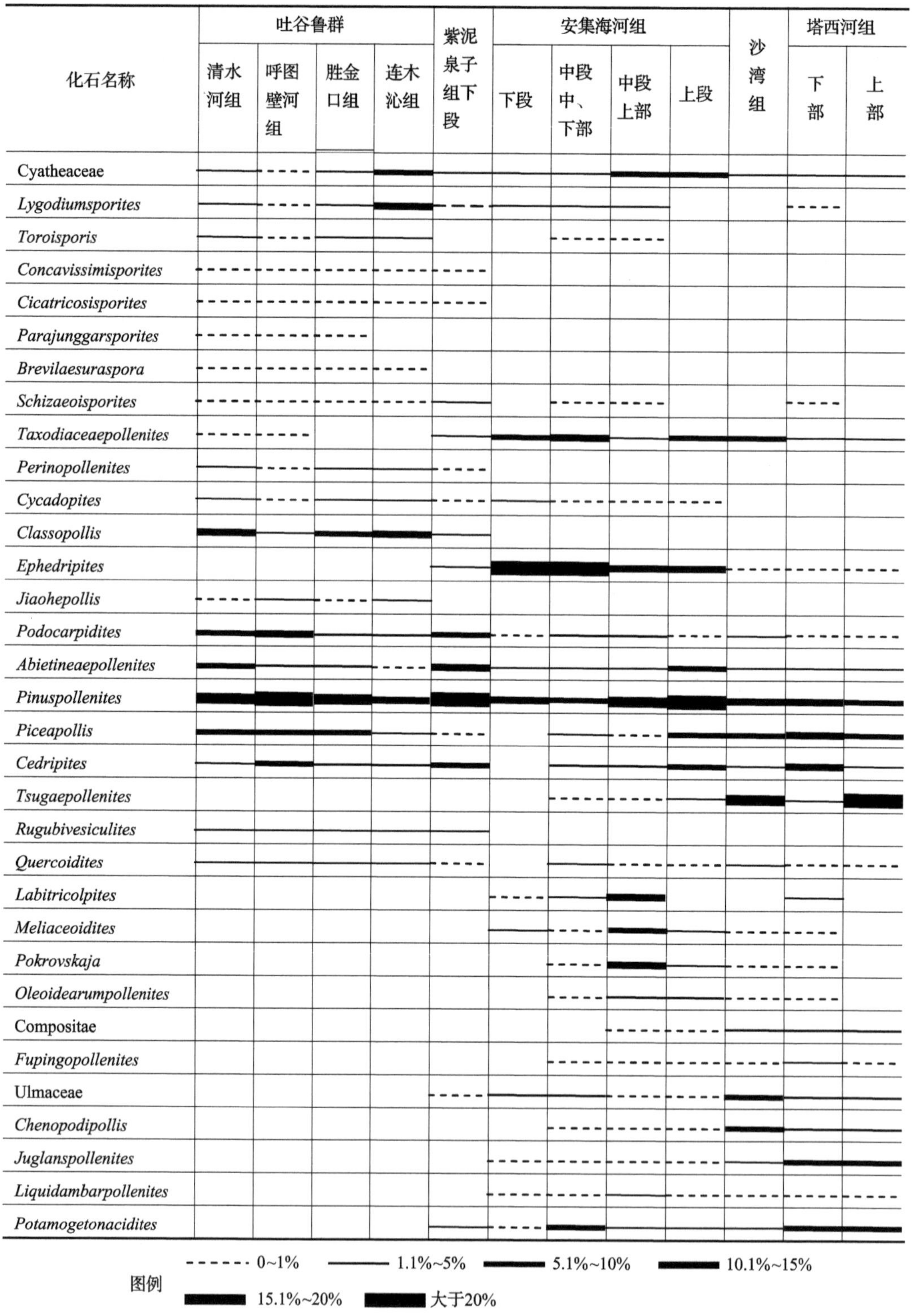

化石名称	吐谷鲁群				紫泥泉子组下段	安集海河组				沙湾组	塔西河组	
	清水河组	呼图壁河组	胜金口组	连木沁组		下段	中段中、下部	中段上部	上段		下部	上部
Cyatheaceae												
Lygodiumsporites												
Toroisporis												
Concavissimisporites												
Cicatricosisporites												
Parajunggarsporites												
Brevilaesuraspora												
Schizaeoisporites												
Taxodiaceaepollenites												
Perinopollenites												
Cycadopites												
Classopollis												
Ephedripites												
Jiaohepollis												
Podocarpidites												
Abietineaepollenites												
Pinuspollenites												
Piceapollis												
Cedripites												
Tsugaepollenites												
Rugubivesiculites												
Quercoidites												
Labitricolpites												
Meliaceoidites												
Pokrovskaja												
Oleoidearumpollenites												
Compositae												
Fupingopollenites												
Ulmaceae												
Chenopodipollis												
Juglanspollenites												
Liquidambarpollenites												
Potamogetonacidites												

图例　0~1%　1.1%~5%　5.1%~10%　10.1%~15%　15.1%~20%　大于20%

图 2-8　准噶尔盆地白垩系—新近系主要孢粉化石分布示意图

第四节　古近纪孢粉组合序列

古近系孢粉化石主要见于准噶尔盆地南缘西部呼图壁至精河地区露头剖面和北天山山前冲断带至四棵树凹陷钻孔剖面的安集海河组，盆地腹部、西北缘相当于安集海河组的地层中也见有一定数量的孢粉化石，盆地北部乌伦古地区古近系孢粉化石很少。依据孢粉化石在纵向上的分布特点可建立四个孢粉组合。孢粉组合特征自下而上叙述如下：

一、*Pinuspollenites-Ephedripites-Tricolpopollenites*(PET)组合

该组合见于准噶尔盆地南缘安集海河组下段(下条带层)。该段地层中含孢粉化石很少，孢粉组合面貌比较相似。除孢粉化石外，样品中还见有大量藻类、疑源类化石。

1. 孢粉组合主要特征

裸子植物花粉占优势，以 *Ephedripites* 最为繁盛，*Taxodiaceaepollenites* 和松科花粉也占有较大比例；被子植物花粉中以 *Quercoidites*、*Labitricolpites* 和 *Tricolpopollenites* 等三沟花粉居多；蕨类植物孢子较少。

2. 典型剖面孢粉组合特征

昌吉河西剖面是盆地南缘在安集海河组下段中产有一定数量孢粉化石的主要露头剖面，在该段地层中还首次发现了淡水沟鞭藻类化石 *Muiradinium*。因此，研究该段地层的孢粉化石资料，对了解盆地南缘安集海河组下段孢粉组合的面貌具有比较重要的意义。组合中孢粉等化石的百分含量及类型见表 2-4 和图版 65~图版 70，孢粉组合特征如下：

(1)组合中裸子植物花粉(82%～92%)占绝对优势，蕨类植物孢子(2%～8%)和被子植物花粉(6%～9%)均很少。

(2)蕨类植物孢子中仅见个别或少量的 *Deltoidospora*、*Cyathidites minor*、*Hymenophyllusporites*、*Lygodiumsporites*、*Lygodioisporites* 和 *Brochotriletes bellus*。被子植物花粉中零星出现木兰科花粉 *Magnolipollis*，唇形科花粉 *Labitricolpites*(唇形三沟粉)，大戟科花粉 *Euphorbiacites*(大戟粉)，楝科花粉 *Meliceoidites*(楝粉)，无患子科花粉 *Sapindaceidites*(无患子粉)，榆科花粉 *Ulmipollenites*、*Ulmoideipites*，阿丁枫科花粉 *Liquidambarpollenites*，以及形态属花粉 *Tricolpopollenites*、*Multiporopollenites* 等。

(3)裸子植物花粉中以 *Ephedripites*(40%～46%，平均 43.5%)最为发育；其次为松科花粉(16%～21%，平均 13.5%)和无口器类花粉 *Inaperturopollenites*(9%～17%)；经常出现杉科花粉 *Taxodiaceaepollenites*(6%～12%，平均 9%)，其中又以 *T. bockwitzensis*(3%～8%，平均 5.5%)居多；零星出现罗汉松科花粉 *Podocarpidites*。

(4)麻黄粉属花粉(*Ephedripites*)中以双穗麻黄粉亚属 *Ephedripites* subgenus、*Distachyapites* Krutzsch 为主，含量高达 39%～44%，所见种有 *E.*(*D.*) *eocenipites*、*E.*(*D.*) *cheganicus*(契干麻黄粉)、*E.*(*D.*)*fushunensis*(抚顺麻黄粉)、*E.*(*D.*)*fusiformis*(梭形麻黄粉)、*E.*(*D.*)*megafusiformis*(大梭形麻黄粉)、*E.*(*D.*)*longiformis*(长型麻黄粉)、*E.*(*D.*) *multipartitus*(多裂麻黄粉)、*E.*(*D.*)*nanlingensis*(南岭麻黄粉)、*E.*(*D.*)*obesus*(肥胖麻黄粉)、*E.*(*D.*)*oblongatus*(椭圆麻黄粉)、*E.*(*D.*)*tertiarius*(第三纪麻黄粉)、*E.*(*D.*)*trinata*(三

肋麻黄粉)、*E.*(*D.*) *pseudotrinatus*(假三肋麻黄粉)和 *E.*(*D.*) *megatrinatus*(大型三肋麻黄粉)等，以 *E.*(*D.*) *fusiformis*(6%～8%)和 *E.*(*D.*) *tertiarius*(2%～4%)居多。

(5)松科花粉类型较为单调，且主要为 *Pinuspollenites*(7%～17%，平均 12%)和 *Laricoidites*(3%～7%)，所见种有 *P. banksianaeformis*(弓背双束松粉)、*P. taedaeformis*、*P. labdacus*、*P. longifoliaformis*(大囊型双束松粉)、*P. microinsignis* 和 *P. minutus*(小双束松粉)等；还见有少量的 *Abietineaepollenites*。

盆地南缘紫泥泉子组上段未发现孢粉化石，该组合与紫泥泉子组下段孢粉组合的面貌差别较大，主要区别为：①蕨类植物孢子很少，未见白垩纪重要分子 *Schizaeoisporites* 等；②*Ephedripites* 占有较大比例，而 *Classopollis* 已基本消失；③被子植物花粉中新出现 *Euphorbiacites*、*Meliaceoidites*、*Labitricolpites* 和 *Liquidambarpollenites* 等；④样品中见有大量藻类、疑源类化石，其中 *Pediastrum boryanum*(短棘盘星藻)比较发育，还见有淡水沟鞭藻类化石 *Muiradinium*。

3. 横向变化

准噶尔盆地南缘露头剖面安集海河组下段孢粉化石很少，至今只在昌吉河西剖面发现一定数量的孢粉化石，盆地南缘西部井下，如玛纳 001 井等安集海河组下段岩屑样品中也获得少量的孢粉化石，不同钻孔剖面孢粉组合面貌比较相似，均以裸子植物花粉占优势，并以 *Ephedripites*、*Taxodiaceaepollenites* 和松科花粉居多，被子植物花粉中以 *Quercoidites*(11.6%～16.8%，平均 14.2%)含量较高为主要特征。

二、*Taxodiaceaepollenites bockwitzensis*-*Ephedripites*(*D.*) *eocenipites*-*Quercoidites asper* (BEA)组合

该组合产于盆地南缘安集海河组中段下灰绿层至中条带层，孢粉组合面貌与上覆上灰绿层差别较大。除孢粉化石外，该段地层中还见大量藻类、疑源类化石，最繁盛的藻类化石为 *Pediastrum*，常见 *Botryococcus braunii* 和 *Leiosphaeridia*。沟鞭藻类化石只在昌吉河西剖面中条带层中零星出现，仅见 *Phthanoperidinium ovoideum*(卵形先多甲藻)。

1. 孢粉组合主要特征

裸子植物花粉占优势，其中无口器类花粉、杉科花粉和麻黄粉比较发育，松科花粉也占有一定的比例，被子植物花粉分异度较高，以 *Quercoidites* 等三沟花粉和水生草本植物花粉 *Potamogetonacidites*(眼子菜粉)等居多。

2. 典型剖面孢粉组合特征

昌吉河西剖面安集海河组中段(包括下灰绿层、中条带层和上灰绿层)孢粉资料较好，并可进一步划分为两个孢粉组合，其中下灰绿层和中条带层孢粉组合面貌相似，可建立一个孢粉组合，上灰绿层孢粉组合与下伏地层明显不同，可单独建立一个孢粉组合。下灰绿层与中条带层所产 BEA 组合，组合中孢粉等化石的百分含量及类型见表 2-4 和图版 65~图版 70，孢粉组合的特征为：

(1)一般以裸子植物花粉(28%～100%，平均 72.61%)占优势，被子植物花粉(0～55%，平均 19.28%)和蕨类植物孢子(0～48%，平均 8.23%)较上一组合明显增加。

(2) 蕨类植物孢子中以 *Deltoidospora*（0～22%，平均 2.82%）和 *Cyathidites minor*（0～16%，平均 1.89%）居多；个别或少量出现的属种有 *Gleicheniidites*、*Divisisporites*（叉缝孢）、*Hymenophyllumsporites*、*Lygodiumsporites microadriensis*、*L. pseudomaximus*、*L.* spp.、*Brochotriletes bellus*、*Punctatisporites*、*Sphagnumsporites*、*Lycopodiumsporites*、*Gabonisporis*、*Polypodiaceaesporites haardti*（哈氏水龙骨单缝孢）、*P. ovatus*（卵形水龙骨单缝孢）、*P.* spp.和 *Schizaeoisporites* 等。

(3) 裸子植物花粉中无口器类花粉 *Inaperturopollenites*（0～93%，平均 18.18%）、杉科花粉 *Taxodiaceaepollenites*（0～44%，平均 13.08%）和麻黄科花粉 *Ephedripites*（0～74%，20.35%）均比较发育，其次为松科具囊花粉（0～61%，平均 10.85%），少量出现罗汉松科花粉 *Podocarpidites*。

(4) 杉科花粉 *Taxodiaceaepollenites* 属中 *T. bockwitzensis* 的含量（0～30%，平均 8.61%）稍高于 *T. hiatus*（0～14%，平均 4.18%）；松科花粉中具双气囊的花粉 *Abietineaepollenites*（0～8%，平均 1.61%），*Pinuspollenites*（0～17%，平均 6.04%），*Abiespollenites*（0～4%，平均 0.29%），*Keteleeriaepollenites*、*Piceapollis* 和 *Cedripites*（0～9%，平均 1.4%）等在组合中经常出现，除 15CJHS-113GB 号样品外，其含量均低于 20%。15CJHS-113GB 号样品中双气囊花粉的含量高达 61%，其中生长于高海拔山地环境的云杉属植物的花粉 *Piceapollis* 含量达 24%。松科花粉中无囊花粉 *Laricoidites* 在组合中占有较大比例，最高含量达 40%；麻黄科花粉 *Ephedripites* 属最为繁盛，*Steevesipollenites*（斯梯夫粉）只个别或少量出现。*Ephedripites* 属中仍以双穗麻黄粉亚属为主，所见种与上一组合基本相同，见有 *Ephedripites* (*D.*) *eocenipites*、*E.* (*D.*) *cheganicus*、*E.* (*D.*) *fushunensis*、*E.* (*D.*) *fusiformis*、*E.* (*D.*) *megafusiformis*、*E.* (*D.*) *longiformis*、*E.* (*D.*) *multipartitus*、*E.* (*D.*) *nanlingensis*、*E.* (*D.*) *obesus*、*E.* (*D.*) *oblongatus*、*E.* (*D.*) *tertiarius*、*E.* (*D.*) *trinata* 和 *E.* (*D.*) *megatrinatus* 等，其中 *Ephedripites* (*D.*) *eocenipites*（0～6%，平均 1.57%）、*E.* (*D.*) *fusiformis*（0～27%，平均 3.11%）、*E.* (*D.*) *longiformis*（0～17%，平均 1.75%）和 *E.* (*D.*) *trinata*（0～10%，平均 1.75%）含量相对较高。

(5) 被子植物花粉分异度较高，见 44 属 71 种（包括未定种），以 *Labitricolpites*（0～11%，平均 1.79%）、*Quercoidites*（0～8%，平均 1.90%）、*Tricolpopollenites*（0～9%，平均 1.25%）、*Sparganiaceaepollenites*（0～18%，平均 2.5%）和 *Potamogetonacidites*（0～19%，平均 3.61%）为主；个别或少量出现 *Magnolipollis*、*Liliacidites*、*Retitricolpites*、*Salixipollenites*、*Scabiosapollis*（山萝卜粉）、*Tricolpites*、*Euphorbiacites*、*Meliaceoidites*、*Pokrovskaja*（坡氏粉）、*Qinghaipollis*（青海粉）、*Rhoipites*（漆树粉）、*Oleoidearumpollenites*（木犀粉）、*Sapindaceidites triangulus*（三角无患子粉）、*Corsinipollenites ludwigioides*（拟丁香柳叶菜粉）、*Ulmipollenites*、*Ulmoideipites*、*Juglanspollenites*（胡桃粉）、*Multiporopollenites*、*Persicarioipollis*（蓼粉）和 *Liquidambarpollenites* 等。

该组合与下伏安集海河组下段（下条带层）孢粉组合相比，主要区别是：①蕨类植物孢子和被子植物花粉明显增加；②被子植物花粉的分异度较高；③藻类、疑源类化石中 *Botryococcus braunii* 开始大量出现，在该段地层中新出现少量的沟鞭藻类化石 *Phthanoperidinium ovoideum*，但未见淡水沟鞭藻化石 *Muiradinium*。

3. 横向变化

该组合在横向上面貌变化较小，仅松科花粉在昌吉河西剖面含量相对高一些，而南安集海河剖面和阿尔钦沟剖面含量较低。

三、*Cyathidites minor-Pinuspollenites labdacus-Pokrovskaja elliptica*（或 *Labitricolpites scabiosus*）（MLE 或 MLS）组合

该组合产于盆地南缘安集海河组中段上灰绿层。与上覆和下伏地层中的孢粉组合相比，*Labitricolpites* 或 *Pokrovskaja* 的含量变化非常明显。

除孢粉化石外，该段地层中还见有大量藻类、疑源类化石，最常见的藻类化石为 *Pediastrum*、*Botryococcus braunii*、*Leiosphaeridia* 和 *Granodiscus*；沟鞭藻类化石主要产于该段地层，见有 *Spiniferites*（刺甲藻）、*Palaeoperidinium*（古多甲藻）、*Phthanoperidinium*（先多甲藻）、*Tianshandinium biconicum*（双锥天山藻）等。

1. 孢粉组合主要特征

裸子植物花粉中松科花粉占优势，无口器类花粉、杉科花粉和麻黄粉减少；被子植物花粉中以 *Pokrovskaja* 或 *Labitricolpites* 最为繁盛，*Oleoidearumpollenites* 开始频繁出现。

2. 典型剖面孢粉组合特征

昌吉河西剖面安集海河组中段上灰绿层孢粉化石发育较好，组合中孢粉等化石的百分含量及类型见表 2-4 和图版 65~图版 70，孢粉组合特征为：

（1）裸子植物花粉（43%～60%，平均 52.5%）占优势，其次为被子植物花粉（12%～54%，平均 36.75%），蕨类植物孢子也占有较大比例，含量为 3%～28%，平均为 10.75%。

（2）蕨类植物孢子中以 *Deltoidospora*（1%～14%，平均 4.75%）和 *Cyathidites minor*（1%～9%，平均 3.5%）居多；零星出现 *Gleicheniidites*、*Divisisporites*、*Lygodiumsporites*、*Osmundacidites*、*Gabonisporis* 和 *Schizaeoisporites* 等。

（3）裸子植物花粉中以松科具囊花粉（18%～41%，平均 29.75%）为主，无口器类花粉（2%～3%）、杉科花粉（3%～9%，平均 4.5%）和麻黄粉属花粉（8%～15%，平均 11.75%）减少，罗汉松科花粉 *Podocarpidites*（1%～3%）略有增加。麻黄粉属花粉所见种与上一组合相同，比较常见的种有 *Ephedripites*（*D.*）*eocenipites*（1%～2%，平均 1.75%）、*E.*（*D.*）*fusiformis*（0～2%，平均 1%）、*E.*（*D.*）*megafusiformis*（0～3%，平均 1.25%）和 *E.*（*D.*）*tertiarius*（1%～3%，平均 1.5%）。

（4）松科花粉中以 *Pinuspollenites*（19%～41%，平均 29.75%）为主，分异度较高，共有 10 个种之多，以 *P. labdacus*（4%～7%，平均 5.5%）和 *P. taedaeformis*（1%～5%，平均 2.5%）居多；常见 *Abiespollenites*（2%～7%，平均 3.25%）和 *Cedripites*（2%～6%，平均 3.75%）；个别或少量出现 *Abietineaepollenites*、*Piceapollis*、*Keteeleriaepollenites* 和 *Laricoidites*。

（5）被子植物花粉中以 *Pokrovskaja*（0～32%，平均 14.5%）为主；*Oleoidearumpollenites* 开始频繁出现；*Labitricolpites*（1%～5%，平均 2.5%）、*Quercoidites*（0～1%）、*Tricolpopollenites*（0～1%）、*Sparganiaceaepollenites*（1～2%）和 *Potamogetonacidites*（0～

2%)较上一组合明显减少；其他分子，如 *Magnolipollis*、*Retitricolpites*、*Aceripollenites*、*Scabiosapollis*、*Tricolpites*、*Euphorbiacites*、*Meliaceoidites*、*Qinghaipollis*、*Lonicerapollis*(忍冬粉)、*Fupingopollis*(伏平粉)、*Pterocaryapollenites stellatus*(星形枫杨粉)、*Caryapollenites*(山核桃粉)、*Ulmipollenites*、*Ulmoideipites*、*Multiporopollenites* 和 *Liquidambarpollenites* 等只在组合中个别或少量出现。

该组合特征与上一组合的主要区别是：①裸子植物花粉中松科具囊花粉明显增加，而无口器类花粉、杉科花粉和麻黄粉属花粉则显著减少；②被子植物花粉中 *Pokrovskaja* 开始居优势地位；③*Oleoidearumpollenites* 在组合中频繁出现；④*Labitricolpites*、*Quercoidites*、*Tricolpopollenites*、*Sparganiaceaepollenites* 和 *Potamogetonacidites* 明显减少；⑤藻类、疑源类化石中 *Botryococcus braunii* 增加。

3. 横向变化

在横向上孢粉组合中松科花粉、麻黄粉、唇形三沟粉、坡氏粉的含量变化较大：①昌吉河西剖面松科花粉和坡氏粉含量较高，麻黄粉和唇形三沟粉经常出现，但含量较低；②阿尔钦沟和南安集海河剖面麻黄粉(26.88%、27.93%)和唇形三沟粉(21.65%、23.08%)非常发育，而松科花粉(14.3%、5.05%)和坡氏粉(1.83%、4.1%)含量相对较低。

四、*Abiespollenites elongatus-Cedripitus deodariformis-Oleoidearumpollenites chinensis*(EDC)组合

该组合产于盆地南缘安集海河组上段(上条带层)，与下伏地层的孢粉组合相比，裸子植物花粉中麻黄粉，被子植物花粉中唇形三沟粉和坡氏粉明显减少，而松科花粉则明显增加。

除孢粉化石外，该段地层中还见大量藻类、疑源类化石，最常见的藻类化石为 *Pediastrum*、*Botryococcus braunii*、*Leiosphaeridia* 和 *Granodiscus*，*Botryococcus braunii* 较下伏地层明显增加；沟鞭藻类化石主要见于阿尔钦沟剖面，为贴近式囊胞的 *Phthanoperidinium*、*Tianshandinium biconicum*(双锥天山藻)和 *Lejeunecysta*(莱氏藻)等。

1. 孢粉组合主要特征

裸子植物花粉中松科花粉占绝对优势，其中 *Pinuspollenites* 更为繁盛，*Tsugaepollenites*(铁杉粉)和 *Piceapollis* 由下向上增多；被子植物花粉中常见分子有 *Quercoidites*，*Tricolpopollenites*，*Scabiosapollis*，*Tricolpites*，*Meliaceoidites*，*Pokrovskaja*，*Fupingopollis*，*Oleoidearumpollenites* 和榆科花粉等。

2. 典型剖面孢粉组合特征

盆地南缘露头剖面中安集海河组上段孢粉化石较少，资料相对较好的有昌吉河西剖面和阿尔钦沟剖面，组合中孢粉等化石的百分含量及类型见表 2-4 和图版 65~图版 70，现以昌吉河西剖面为例，详细叙述安集海河组上段的孢粉组合特征如下：

(1)裸子植物花粉(62%～97%，平均 78.06%)占优势，其次为被子植物花粉(1%～30%，平均 14.94%)，蕨类植物孢子含量为 0～17%，平均为 7%。

(2)蕨类植物孢子中仍以 *Deltoidospora*(0～9%，平均 3.28%)和 *Cyathidites minor*(0～7%，平均 2.6%)居多；零星出现 *Hymenophyllusporites*、*Punctatisporites*、*Brochotriletes bellus* 和 *Gabonisporis* 等。

(3) 裸子植物花粉中以松科具囊花粉(3%～70%，平均 45.74%)最为繁盛；松科无囊花粉 *Laricoidites*(0～20%，平均 4.28%)，杉科花粉 *Taxodiaceaepollenites*(0～23%，平均 6.5%)和无口器类花粉 *Inaperturopollenites*(0～29%，平均 8.18%)也占有较大比例；麻黄属花粉(2%～17%，平均 10.34%)较上一组合减少，但仍在组合中频繁出现，且分异度仍较高，所见种达 15 个之多；罗汉松科花粉 *Podocarpites*(0～4%)少见。

(4) 松科具囊花粉中 *Pinuspollenites*(2%～46%，平均 23.76%)更为繁盛，所见种有 14 个，仍以 *P. labdacus*(1%～9.6%)和 *P. taedaeformis*(0～8%)居多，常见种还有 *P. banksianaeformis*、*P. insignis*(标准双束松粉)、*P. microinsignis*、*P. minutus* 等；其次为 *Abietineaepollenites*(0～14%，平均 5.4%)；*Tsugaepollenites*(0～23%，平均 3.5%)和 *Piceapollis*(1%～20%，平均 5.86%)由下向上增加，在 15CJHS-217GB 号样品中含量分别高达 23%和 20%；常见 *Cedripites*(0～9%，平均 5.4%)；个别或少量出现 *Abiespollenites* 和 *Keteeleriaepollenites*。

(5) 被子植物花粉中 *Pokrovskaja*(0～4%，平均 1.44%)和 *Meliaceoidites* 较上一组合明显减少；*Oleoidearumpollenites*(0～7%)稍有增加；其他分子如 *Potamogetonacidites*、*Labitricolpites*、*Quercoidites*、*Tricolpopollenites*、*Magnolipollis*、*Retitricolpites*、*Aceripollenites*、*Scabiosapollis*、*Tricolpites*、*Euphorbiacites*、*Qinghaipollis*、*Lonicerapollis*、*Fupingopollis*、*Tiliaepollenites*、*Sparganiaceaepollenites*、*Betulaceoipollenites*(拟桦粉)、*Carpinipites*、*Ulmipollenites*、*Ulmoideipites*、*Multiporopollenites* 和 *Liquidambarpollenites* 等只个别或少量出现；*Caryapollenites* 在一般样品中很少见到，但在 15CJHS-217GB 号样品中频繁出现，含量可达 10%。

该组合与上一组合的主要区别是：①裸子植物花粉中松科具囊花粉更为发育，其中 *Tsugaepollenites* 和 *Piceapollis* 增加；②被子植物花粉中 *Labitricolpites* 和 *Pokrovskaja* 明显减少；③藻类、疑源类化石中 *Botryococcus braunii* 较为发育。

3. 横向变化

孢粉组合中松科花粉非常发育，杉科花粉也占有较大比例，被子植物花粉中胡桃科花粉由下而上增多为盆地南缘安集海河组上段孢粉组合的共同特点。在横向上的变化是：①昌吉河西剖面 *Podocarpidites* 的含量较低(1.66%)，而阿尔钦沟剖面含量较高，达 5.45%；②阿尔钦沟剖面唇形三沟粉的含量(13.3%)仍比较高，而昌吉河西剖面只少量见到。

准噶尔盆地古近纪各孢粉组合所见属种类型如表 2-4 所示，部分属含量变化如图 2-9 所示。

第五节　新近纪孢粉组合序列

新近纪孢粉化石主要见于准噶尔盆地南缘西部的玛纳斯河、霍尔果斯、北阿尔钦沟、奎屯河和托托剖面及四棵树凹陷钻孔剖面。依据孢粉组合的变化特点可建立四个孢粉组合。孢粉组合特征及时代意见自下而上叙述如下：

一、*Abiespollenites elongatus-Chenopodipollis microporatus-Oleoidearumpollenites chinensis*（EMC）组合

1. 孢粉组合特征

该组合产于盆地南缘沙湾组。准噶尔盆地南缘沙湾组中发现孢粉化石较少，地面至今只在玛河西、东沟和霍尔果斯剖面个别样品中获得了孢粉化石；井下沙湾组孢粉化石仅见于四棵树凹陷的西参 2 井和固 1 井。各剖面孢粉组合的面貌存在一定的差别，可大致分为两种类型：一种是以松科花粉比较发育为主要特征，见于固 1 井、玛河西和东沟剖面沙湾组；第二种类型是以被子植物花粉居优势，其中旱生草本植物藜科花粉比较发育为主要特征，见于西参 2 井和霍尔果斯剖面沙湾组。组合中孢粉等化石的百分含量及类型见表 2-4 和图版 71，以固 1 井沙湾组为例，叙述沙湾组的孢粉组合特征。

(1)一般以裸子植物花粉(27.7%～78.7%，平均 55.55%)占优势，被子植物花粉的含量为 18.8%～67.7%，平均为 37.88%，个别样品其含量高于裸子植物花粉，蕨类植物孢子占孢粉总数的 0～26.9%，平均为 6.57%，常见属种有：*Cyathidites*(0～4.6%)、*Deltoidospora*(0～5.6%)、*Sphagnumsporites*(0～2.8%)、*Polypodiaceaesporites*(0～4.5%)和 *Osmundacidites*(0～7.4%)等；零星出现 *Lycopodiumsporites*、*Echinatisporis*(棘刺孢)和 *Polypodiisporites*(平瘤水龙骨孢)。除孢粉化石外，样品中还见有丰富的藻类、疑源类化石，该类化石占全部化石数量的 80%以上，其中尤以 *Pediastrum* 最为繁盛，常见 *Botryococcus* 和 *Leiosphaeridia*。

(2)裸子植物花粉中以松科花粉最为发育；常见 *Taxodiaceaepollenites*(1.1%～12.0%，平均 5.27%)、*Inaperturopollenites*(0～7.2%，平均 2.99%)、*Podocarpidites*(0～2.3%)和 *Ephedripites*(1.0%～17.0%，平均 4.39%)；并见有个别的 *Cycadopites* 等。

(3)松科花粉中 *Tsugaepollenites*(3.7%～34.2%，17.74%)占有较大比例，分异度较高，所见种有：*T. azonalis*(无环铁杉粉)(0～8.2%，平均 2.08%)、*T. igniculus*(具缘铁杉粉)(0～14.8%，平均 2.58%)、*T. multispinus*(密刺铁杉粉)(0～3.4%)、*T. spinulosus*(稀刺铁杉粉)和 *T.* spp.(3.7%～25.5%，平均 11.71%)；其次为 *Pinuspollenites*(5.1%～20.3%，平均 12.08%)和 *Piceapollis*(2.0%～22.1%，平均 8.9%)；少量出现 *Abietineaepollenites*(0～5.6%)、*Abiespollenites* 和 *Cedripites* 等。

(4)被子植物花粉中以 *Ulmipollenites*(0.5%～21.2%，平均 6.35%)，*Ulmoideipites*(0～1.9%)和 *Celtispollenites*(0～15.5%，平均 2.17%)等榆科花粉及旱生草本植物藜科花粉 *Chenopodipollis*(藜粉)(1.9%～16.3%，平均 6.97%)为主；常见 *Quercoidites*(0～9.9%，平均 2.75%)、*Juglanspollenites*(0～5.1%，平均 2.29%)和 *Potamogetonacidites*(0～4.5%，平均 1.68%)等；个别或少量出现 *Betulaceoipollenites*、*Betulaepollenites*(肋桦粉)、*Momipites*，*Alnipollenites*(桤木粉)、*Ostryoipollenites*(苗榆粉)、*Artemisiaepollenites*(蒿粉)、*Cichorieacidites*(拟菊苣粉)、*Echitricolporites*(刺三孔沟粉)、*Tubulifloridites*(管花菊粉)、*Tiliaepollenites*(椴粉)、*Meliaceoidites*、*Pokrovskaja*、*Magnolipollis*、*Ilexpollenites*(冬青粉)、*Rhoipites*、*Oleoidearumpollenites chinensis*、*Graminidites*、*Geraniapollis*、*Ranunculacidites*、*Fupingopollenites*、*Liquidambarpollenites* 和 *Sparganiaceaepollenites* 等。

该组合与下伏安集海河组上段孢粉组合的面貌发生了比较明显的变化，主要区别有：①松科花粉中 *Tsugaepollenites* 占有更大比例；②被子植物花粉中以 *Ulmipollenites* 等榆科花粉居多；③*Meliaceoidites* 和 *Pokrovskaja* 明显减少；④*Chenopodipollis* 较多出现。

2. 横向变化

与固 1 井孢粉组合相似的有东沟和玛河西剖面沙湾组孢粉组合。东沟剖面沙湾组孢粉组合中以裸子植物花粉占优势，其次为被子植物花粉，未见蕨类植物孢子。裸子植物花粉中主要为松科花粉，常见 *Podocarpidites*（1.9%～11.5%），零星出现 *Ephedripites*。松科花粉中以 *Pinuspollenites*（7.5%～32.8%）和 *Piceapollis*（13.2%～49.2%）最为发育，*Tsugaepollenites*（3.8%～6.6%）也具一定的含量。被子植物花粉中以 *Ulmipollenites*（0～3.8%）、*Celtispollenites*（0～9.4%）等榆科花粉居多，经常出现 *Labitricolpites*（0～3.8%）、*Meliaceoidites*（0～9.4%）和 *Chenopodipollis*（0～5.7%），还见有零星的 *Juglanspollenites*。这一组合特征与固 1 井沙湾组孢粉组合比较相似，两组合均以松柏类具囊花粉最为发育，松科花粉中都见有一定数量的 *Tsugaepollenites*，被子植物花粉中主要为榆科花粉，常见旱生草本植物花粉 *Chenopodipollis*。与固 1 井沙湾组孢粉组合的区别是该组合中水生草本植物花粉含量较低或完全缺失。

玛河西剖面沙湾组（14MHX-15GB）孢粉组合中裸子植物花粉（87.5%）占绝对优势，且以 *Pinuspollenites*（34.7%）、*Abietineaepollenites*（5.8）、*Piceapollis*（4.9%）、*Cedripites*（11.5%）、*Abiespollenites*（15.5%）、*Laricoidites*（8.7%）和 *Tsugaepollenites*（2%）等松科花粉最为繁盛，罗汉松科花粉 *Podocarpites* 和麻黄科花粉 *Ephedripites* 只个别出现；蕨类植物孢子（10.6%）占有一定的比例，主要为 *Deltoidospora*（7.7%）；被子植物花粉（1.9%）很少，只见到个别的 *Quercoidites* 和 *Chenopodipollis*。该组合与固 1 井孢粉组合不同是被子植物花粉很少。

沙湾组第二种类型的孢粉组合见于西参 2 井和霍尔果斯剖面。西参 2 井沙湾组含孢粉化石较多，经孙孟蓉和王宪曾（1990）研究共建立一个孢粉组合，即 *Taxodiaceaepollenites-Ulmipollenites-Chenopodipollis* 组合，及两个亚孢粉组合：① *Ulmipollenites undulosus-Chenopodipollis* 亚组合，产于沙湾组下段；② *Ulmipollenites undulosus- Chenopodipollis* 亚组合，产于沙湾组上段。第一个亚组合以旱生草本植物花粉 *Chenopodipollis* 和水生草本植物花粉 *Potamogetonacidites*、*Sparganiaceaepollenites* 非常发育，*Ephedripites*、*Ulmipollenites undulosus*（波形榆粉）、*Quercoidites* 也占有较大比例，未见具气囊的松柏类花粉为主要特征；第二个亚组合仍以 *Chenopodipollis*、*Potamogetonacidites*、*Sparganiaceaepollenites* 非常发育，其次为 *Ulmipollenites undulosus* 和 *Graminidites*，松柏类具囊花粉开始少量出现为主要特征。

霍尔果斯剖面沙湾组（14H-16GB）孢粉组合也以被子植物花粉（74%）占优势，其中旱生草本植物藜科花粉 *Chenopodipollis*（46%）和石竹科花粉 *Caryophyllidites*（石竹粉）（17%）非常发育，个别或少量出现 *Meliaceoidites microreticulatus*（细网楝粉）、*Oleoidearumpollenites*、*Artemisiaepollenites*、*Cichorieacidites*、*Echitricolporites*、*Tubulifloridites*、*Elaeangnacites rotundus*（圆形胡颓子粉）、*Graminidites* 和 *Juglanspollenites* 等；裸子植物花粉中以 *Ephedripites*（19%）居多，分异度较高，*Pinuspollenites*、*Abietineaepollenites*、*Piceapollis*

等松科花粉只少量出现。与西参 2 井沙湾组孢粉组合的主要区别是组合中未见水生草本植物花粉 *Potamogetonacidites*、*Sparganiaceaepollenites* 和榆科花粉 *Ulmipollenites* 等。

二、*Polypodiaceaesporites-Taxodiaceaepollenites-Ulmipollenites*(PTU)组合

该组合广泛见于盆地南缘西部露头和钻孔剖面塔西河组下部，盆地腹部莫索湾凸起、莫南凸起井区及盆地西北缘车排子地区部分钻孔塔西河组也可见到类似组合。

1. 孢粉组合主要特征

裸子植物花粉中以松科花粉最为繁盛，被子植物花粉类型丰富，主要为眼子菜科、榆科和胡桃科花粉，常见藜科和 *Fupingopollenites*，还见有菊科、桦科、蒺藜科、山毛榉科、椴科、柳叶菜科等花粉，以及 *Operculumpollis triangulus* 等。

2. 典型剖面孢粉组合特征

四棵树凹陷井区西湖 1 井塔西河组下部孢粉组合较为典型，组合中孢粉等化石的百分含量及类型见表 2-4 和图版 72~图版 77，孢粉组合特征如下：

(1) 一般以裸子植物花粉(39.8%～92.8%，平均 65.15%)占优势；其次为被子植物花粉(6.3%～52.5%，平均 25.68%)，在少数样品中其含量高于裸子植物花粉；蕨类植物孢子(0.9%～17.1%，平均 9.17%)比较常见。除孢粉化石外，还见有 *Psiloschizosporis*(光对裂藻)、*Ovoidites*(卵形孢)、*Leiosphaeridia*、*Granodiscus*、*Filisphaeridium*、*Dictyotidium*(网面球藻)、*Botryococcus braunii* 和 *Pediastrum* 等大量的藻类、疑源类化石，以 *Botryococcus braunii* 和 *Pediastrum boryanum* 居多。

(2) 蕨类植物孢子中以水龙骨科孢子 *Polypodiaceaesporites*(0～13.7%，平均 5.78%)和 *Polypodiisporites* 居多；还见有个别或少量的 *Deltoidospora*、*Cyathidites minor*、*Undulatisporites*、*Hymenophyllumsporites*、*Leptolepidites*、*Echinatisporis*、*Gabonisporis* 和 *Lygodioisporites* 等。

(3) 裸子植物花粉中以松科花粉最为发育；经常出现 *Podocarpidites*、*Inaperturopollenites*(0.9%～5.9%)、*Ephedripites*(0～9.9%，平均 4.5%)和 *Taxodiaceaepollenites*(0～8.2%，平均 4.02%)等，其中 *Ephedripites* 属中以双穗麻黄粉亚属为主；单沟花粉 *Cycadopites* 只零星见到。

(4) 松科花粉含量丰富，属种分异度高，其中 *Piceapollis*(5.9%～22.6%，平均 13.38%)、*Pinuspollenites*(3.6%～27.9%，平均 12.78%)和 *Cedripites*(4.3%～19.8%，平均 11.0%)最为繁盛；其次为 *Abietineaepollenites*(0～11.7%，平均 4.23%)；常见 *Tsugaepollenites*(2.1%～7.0%，平均 4.2%)；此外还有少量的 *Abiespollenites* 和 *Keteleeriaepollenites* 出现。

(5) 被子植物花粉中以眼子菜科花粉 *Potamogetonacidites*(0～17.0%，平均 4.57%)、榆科花粉 *Ulmipollenites*(0～11.0%，平均 4.0%)和 *Ulmoideipites*，以及胡桃科花粉 *Caryapollenites*、*Juglanspollenites*(0～5.1%，平均 1.77%)和 *Multiporopollenites*(0～9.4%，1.98%)为主；常见藜科花粉 *Chenopodipollis*(0～4.2%，平均 1.67%)和唇形科花粉 *Labitricolpites*(0～5.5%，平均 1.03%)，以及 *Fupingopollenites*(0～4.2%，平均 1.27%)；还见有个别或少量的木兰科花粉 *Magnolipollis*，百合科花粉 *Liliacidites*，山毛榉科花粉 *Quercoidites*，杨柳科花粉 *Salixipollenites*，川续断科花粉 *Scabiosapollis*，楝科花粉

Meliaceoidites，菊科花粉 *Echitricolporites* 和 *Tubulifloridites*，蒺藜科花粉 *Pokrovskaja*，木犀科花粉 *Oleoidearumpollenites*，禾本科花粉 *Graminidites*，桦科花粉 *Betulaceoipollenites*、*Betulaepollenites* 和 *Momipites*，柳叶菜科花粉 *Corsinipollenites*，椴科花粉 *Tiliaepollenites*，黑三棱科花粉 *Sparganiaceaepollenites*，以及 *Operculumpollis triangulus*（三角具盖粉），*Tricolpopollenites*，*Retitricolpites*，*Tricolpites* 等。菊科花粉分异度较高，所见属种有：*Echitricolporites bellus*（美丽刺三孔沟粉）、*E. verrucosus*（瘤状刺三孔沟粉）、*E.* spp.、*Tubulifloridites macroechinatus*（粗刺管花菊粉）、*T. baculatus*（棒纹管花菊粉）、*T. pertyaformis*（帚菊型管花菊粉）、*T.* spp. *Artemisaepollenites minor*（小蒿粉）、*A. communis*（普通蒿粉）和 *Cichorieacidites* 等。

该组合中松科花粉非常繁盛，榆科也占有一定比例与下伏沙湾组孢粉组合的面貌比较相似，但两者之间也存在比较明显的区别：①蕨类植物孢子增多，其中水龙骨科孢子 *Polypodiaceaesporites* 占有较大比例；②松科花粉中 *Cedripites* 大量出现，但 *Tsugaepollenites* 含量较低；③被子植物花粉中眼子菜科花粉增加，而藜科花粉则较上一组合减少；④见塔西河组比较重要的分子 *Operculumpollis triangulus*、*O. taxiheensis* 等。

3. 横向变化

准噶尔盆地南缘西部塔西河组下部孢粉组合面貌均比较相似，共同特点是松科花粉非常发育，优势属为 *Pinuspollenites*、*Piceapollis*、*Abietineaepollenites* 和 *Cedripites*；被子植物花粉分异度较高，并以榆科、胡桃科、藜科花粉为主；蕨类植物孢子含量较低，以水龙骨科孢子居多。不同剖面所见属种的含量有所变化，如水龙骨科孢子 *Polypodiaceaesporites* 在安 4 井个别样品中含量可高达 92%，而多数剖面均低于 10%；*Taxodiaceaepollenites* 等杉科花粉在托托剖面含量较高，最高达 21.4%，其他剖面均低于 5%。盆地腹部莫索湾凸起井区芳 3 井与南缘塔西河组孢粉组合相似，裸子植物花粉中也以松科花粉为主，*Ephedripites* 含量较低，被子植物花粉中以榆科花粉居多，常见胡桃科、菊科和藜科等花粉。

三、*Tsugaepollenites-Ulmipollenites-Chenopodipollis*（TUC）组合

该组合只见于准噶尔盆地南缘西部四棵树凹陷井区部分钻孔的塔西河组上部。

1. 孢粉组合主要特征

裸子植物花粉或被子植物花粉占优势，蕨类植物孢子很少，类型单调。裸子植物花粉中主要为松科花粉，其中 *Tsugaepollenites* 占有较大比例。被子植物花粉中以榆科和藜科花粉居多。

2. 典型剖面孢粉组合特征

西湖 1 井塔西河组上部的孢粉资料较好，组合中孢粉等化石的百分含量及类型见表 2-4 和图版 72~图版 77，孢粉组合特征如下。

(1) 裸子植物花粉（59.7%～98.2%，平均 75.73%）占优势；其次为被子植物花粉（0.9%～35.8%，平均 19.58%）；蕨类植物孢子（0.9%～11.8%，平均 4.7%）较少，类型单调，且无明显优势分子，所见属种有 *Deltoidospora*（0～2.4%）、*Cyathidites minor*、

Undulatisporites、*Osmundacidites*、*Gabonisporites*、*Polypodiaceaesporites*(0～2.4%)和 *Polypodiisporites* 等。

(2)裸子植物花粉中以松科花粉最为发育；其他类型只个别或少量出现，见有 *Podocarpidites*(0～3.6%)、*Inaperturopollenites*(0～3.0%)、*Ephedripites*(0～3.1%)、*Cycadopites* 和 *Taxodiaceaepollenites*(0～6.2%，平均 1.85%)等。

(3)松科花粉属种分异度较高，其中 *Tsugaepollenites* 非常繁盛，含量高达 27.0%～70.5%，平均 43.7%，常见种有 *T. viridifluminipites*(无缘铁杉粉)(3.9%～8.2%，平均 6.15%)、*T. azonalis*(4.5%～12.5%，平均 8.63%)、*T. igniculus*(2.3%～16.1%，平均 8.48%)、*T. multispinus*(0.8%～8.9%，平均 3.3%)、*T. spinulosus*(1.2%～8.0%，平均 3.25%)和 *T. minimus*(微小铁杉粉)等；其次为 *Piceapollis*(5.3%～10.6%，平均 8.03%)；常见属还有 *Pinuspollenites*(5.4%～9.2%，平均 7.2%)、*Abietineaepollenites*(1.6%～3.5%，平均 2.53)和 *Cedripites*(3.1%～6.3%，平均 4.35%)；个别或少量出现 *Abiespollenites* 和 *Keteleeriaepollenites*。

(4)被子植物花粉中以眼子菜科花粉 *Potamogetonacidites*(0～14.2%，平均 5.3%)居多；其次为榆科花粉 *Ulmipollenites*(0～5.5%，平均 1.58%)、*Zelkovaepollenites*(榉粉)、*Celtispollenites* 和 *Ulmoideipites*，以及藜科花粉 *Chenopodipollis*(0～5.9%，平均 2.83%)；常见胡桃科花粉 *Caryapollenites*、*Juglanspollenites*(0～3.2%)和 *Multiporopollenites*(0～2.3%)；还见有个别或少量的 *Magnolipollis*、*Liliacidites*、*Nymphaeacidites*、*Meliaceoidites*、*Echitricolporites*、*Tubulifloridites*、*Pokrovskaja*、*Quercoidites*、*Graminidites*、*Sparganiaceaepollenites*、*Betulaceoipollenites*、*Betulaepollenites*、*Momipites*、*Fupingopollenites*、*Tricolpopollenites* 和 *Retitricolpites* 等。

本组合中松科花粉非常发育与下伏塔西河组下部孢粉组合相似，被子植物花粉中所见属种类型基本相同。两组合的主要区别是：①松科花粉中 *Tsugaepollenites* 非常发育；②蕨类植物孢子中水龙骨科孢子只少量出现；③被子植物花粉中榆科、胡桃科花粉减少，未见 *Operculumpollis triangulus*。

3. 横向变化

类似组合见于盆地南缘西部四棵树凹陷井下塔西河组上部，不同钻孔 *Tsugaepollenites* 的含量稍有区别。盆地西部红车断裂带排 6 井塔西河组孢粉组合中 *Tsugaepollenites* 的含量也较高，达 10.0%～18.5%，但被子植物花粉较少，只占孢粉总数的 3.1%～8.8%。

四、*Pinuspollenites-Chenopodipollis-Artemisiaepollenites*(PCA)组合

该组合仅见于四棵树凹陷井区固 2 井独山子组下部，露头剖面该组未发现孢粉化石。

1. 孢粉组合主要特征

被子植物花粉占优势，以藜科、菊科等旱生草本植物花粉最为发育，榆科花粉也占有较大比例，少量出现桦科，胡桃科和椴科等花粉；裸子植物花粉在组合中占有一定的比例，主要为松科花粉 *Pinuspollenites*、*Piceapollis* 和 *Abietineaepollenites* 等，并见有少量的 *Inaperturopollenites* 和 *Ephedripites* 等。

2. 孢粉组合特征

该组合见于固 2 井独山子组下部，组合中孢粉等化石的百分含量见表 2-4，孢粉组合特征如下。

(1) 被子植物花粉 (48.7%～66.0%，平均 55.95%) 占优势，裸子植物花粉 (30.0%～44.5%，平均 37.25%) 次之，蕨类植物孢子 (4.0%～9.6%，平均 6.8%) 少量出现，类型单调，仅见 *Deltoidospora*、*Lycopodiumsporites*、*Pterisisporites*、*Polypodiaceaesporites* 和 *Polypodiisporites*。除孢粉化石外，在部分样品中还见有 *Pediastrum*、*Botryococcus*、*Leiosphaeridia* 和 *Granodiscus* 等少量的藻类，疑源类化石。

(2) 裸子植物花粉中以 *Pinuspollenites* (4.8%～6.0%，平均 5.4%)、*Abietineaepollenites* (3.0%～6.0%，平均 4.5%)、*Tsugaepollenites* (2.0%～3.6%，平均 2.8%)、*Abiespollenites* (1.0%～2.4%，平均 1.7%)、*Piceapollis* 和 *Cedripites* 等松科花粉居多；常见 *Inaperturopollenites* (7.2%～8.0%，平均 7.6%)；并见有个别或少量的 *Taxodiaceaepollenites* 和 *Ephedripites* 等。松科花粉中 *Tsugaepollenites* 含量较低。

(3) 被子植物花粉中主要为藜科和菊科等旱生草本植物花粉，见有 *Chenopodipollis* (28.9%～36.0%，平均 32.45%)、*Artemisiaepollenites*、*Cichorieacidites*、*Echitricolporites* 和 *Tubulifloridites* 等；其次为榆科花粉 *Ulmipollenites* (6.0%～9.0%，平均 7.5%) 和 *Ulmoideipites* (1.2%～2.0%)；桦科、胡桃科、楝科和椴科等花粉只个别或少量出现，见有 *Meliaceoidites*、*Pokrovskaja*、*Tiliaepollenites*、*Betulaepollenites*、*Juglanspollenites* 和 *Tricolpites* 等。

五、准噶尔盆地古近纪和新近纪孢粉组合的识别标志

通过对准噶尔盆地古近纪和新近纪孢粉组合的研究，可以总结出如下识别特点。

(1) 淡水沟鞭藻类化石仅见于昌吉河西剖面安集海河组下段，咸水、半咸水沟鞭藻类化石主要产于安集海河组中段上灰绿层，个别剖面上段也可见到，其他地层中主要为盘星藻和葡萄球藻，沟鞭藻类化石只零星出现。

(2) 水龙骨科孢子 *Polypodiaceaesporites* 和 *Polypodiisporites* 大量出现于塔西河组的孢粉组合中。

(3) 安集海河组孢粉组合中 *Ephedripites* 非常发育，所见属种类型繁多，且以双穗麻黄粉亚属居多，而沙湾组至独山子组孢粉组合中 *Ephedripites* 虽频繁出现，但含量较低。

(4) *Tsugaepollenites* 在安集海河组上段至沙湾组，塔西河组上部孢粉组合中含量较高，而在其他地层中则很少见到。

(5) *Labitricolpites* 在安集海河组孢粉组合中占有较大的比例，塔西河组和独山子组孢粉组合中少见。

(6) *Meliaceoidites* 和 *Pokrovskaja* 在安集海河组中段上灰绿层的孢粉组合中最为繁盛。

(7) *Echitricolporites* 和 *Tubulifloridites* 等菊科花粉主要见于塔西河组至独山子组孢粉组合中；*Operculumpollenites triangulus*、*O. taxiheensis* 产于塔西河组下部。

(8) 藜科花粉 *Chenopodipollis* 在沙湾组至独山子组孢粉组合中比较发育。

准噶尔盆地新近纪各孢粉组合所见属种类型如表 2-4 所示，部分属含量变化如图 2-8 所示。

第三章　孢粉组合的地质时代及界线等问题的讨论

准噶尔盆地中、新生代自下而上划分为27个孢粉组合和13个亚孢粉组合。各组合在纵向上相互之间有比较明显的区别，在横向上比较稳定或具有一定的变化规律。各组合的特征是划分对比准噶尔盆地中、新生代地层的重要依据之一。

下面根据孢粉组合的特征，讨论各岩组的地质时代。

第一节　锅底坑组孢粉组合的地质时代及二叠系与三叠系界线等问题的讨论

一、锅底坑组孢粉组合的时代及二叠系—三叠系的界线

盆地南缘锅底坑组中含丰富的孢粉化石，根据孢粉化石的分布特点及含量的变化规律建立了两个孢粉组合：①*Limatulasporites fossulatus-Lueckisporites virkkiae-Klausipollenites schaubergeri*（FVS）组合，见于锅底坑组中、下部；②*Limatulasporites-Lundbladispora-Klausisporites*（LLK）组合，产于锅底坑组上部。

（一）*Limatulasporites fossulatus-Lueckisporites virkkiae-Klausipollenites schaubergeri*（FVS）组合

该组合中裸子植物花粉占优势，且以无肋双气囊花粉含量最高，其次为具肋双气囊花粉，常见单沟与多肋花粉，个别或少量出现单气囊花粉和具肋纹花粉 *Vittatina*。无肋双气囊花粉中，*Falcisporites* 与 *Klausipollenites* 含量颇高，重要种为 *K. schaubegeri*。具肋双气囊花粉中 *Protohaploxypinus* 含量较高，常见 *Lueckisporites*，重要种为 *L. virkkiae*。蕨类植物孢子中无环和具环三缝孢子均具一定的含量，具环三缝孢子中以 *Limatulasporites* 居多，主要种为 *L. fossulatus*，并开始零星出现早三叠世比较重要的分子 *Lundbladispora*。

Limatulasporites 为 Foster (1979) 修订和建立的属，发现于澳大利亚下三叠统列温组和中三叠世地层，在巴基斯坦盐岭地区产于上二叠统奇德鲁组及三叠系，该属亦见于俄罗斯上二叠统鞑靼阶和下三叠统，为晚二叠世至三叠纪孢粉组合中的共有分子。其中 *L. fossulatus* 在新南威尔斯的二叠系中部至上三叠统、巴基斯坦盐岭地区上二叠统奇德鲁组中都有出现。该属在内蒙古二连盆地早三叠世孢粉组合中含量较高，达10.4%～40.0%（胡桂琴等，1999），在准噶尔盆地南缘见于上二叠统梧桐沟组至三叠系的孢粉组合中，以锅底坑组含量最高；*Klausipollenites schaubergeri* 见于奥地利（Klaus，1954），爱尔兰（Visscher，1971），东格陵兰（Balme，1979）的晚二叠世 Zechstein 组中。在巴基斯坦盐岭

地区上二叠统奇德鲁组也有发现。在准噶尔盆地南缘出现于下仓房沟群至下三叠统韭菜园组，以锅底坑组较为常见；*Lueckisporites virkkiae* 为晚二叠世的重要分子，在国内外分布较为广泛，见于西欧上二叠统图林根阶(Visscher，1974)，俄罗斯北部地区卡赞阶至鞑靼阶上部 Cebepogbunckou 层(Valuhina et al.，1981；Molin et al.，1986)，巴基斯坦盐岭地区 Chkiadru 组。在我国见于新疆准噶尔盆地南缘上二叠统梧桐沟组和锅底坑组(侯静鹏和王智，1986，1990)，吐哈盆地锅底坑组中部(刘兆生，2000)，塔里木盆地普司格组顶部至杜瓦组(朱怀诚，1997)，华北石千峰组和浙江龙潭组等。在准噶尔盆地南缘韭菜园组(曲立范和王智，1986，1990)，浙江长兴青龙组(Ouyang and Utting，1990)也有发现；*Welwitschipollenites clarus* 主要见于准噶尔盆地南缘的锅底坑组(欧阳舒等，2003)和盆地东部大井地区井下下仓房沟群。

该组合所见孢粉属种中主要为中、晚二叠世的常见分子或重要分子，如 *Crucisaccites ornatus*、*Lueckisporites virkkiae*、*Klausipollenites schauberger*、*Farcisporites zapfei*、*Illinites* cf. *unicus*、*Protohaploxypinus perfectus*、*Hamiapollenites ruditaeniatus*、*H. tractiferinus*、*Vittatina* 和 *Rhizomaspora* 等，同时，组合中也开始出现少量的中生代先驱分子，如 *Dictyophyllidites*、*Lycopodiumsporites*、*Discisporites*、*Annulispora*、*Nevesisporites*、*Lapposisporites*、*Lundbladispora* 和 *Taeniaesporites* 等。显然，该组合显示了晚二叠世晚期孢粉组合的特点。

从孢粉组合特征看锅底坑组中、下部孢粉组合与苏联乌拉尔伯绍拉盆地鞑靼阶孢粉组合比较相似，两组合中均以裸子植物花粉占优势，蕨类植物孢子次之，裸子植物花粉中 *Alisporites* 含量比较高，*Cordaitina* 所占比例相近。俄罗斯北部地区鞑靼阶孢粉组合与锅底坑组中、下部组合有不少共同分子，如 *Lophotriletes novicus*、*Limatulasporites*、*Kraeuselisporites*、*Florinites luberae*、*Cordaitina uralensis*、*C. rugulifer*、*Crucisaccites ornatus*、*Limitisporites monstruosus*、*Vesicaspora schemeli*、*Falcisporites zapfei*、*Vitrisporites pallidus*、*Protohaploxypinus*、*Striatopodocarpites tojmensis*、*Lueckisporites virkkiae*、*Vittatina*、*Cycadopites*、*Ephedripites* 和 *Taeniaesporites* 等。该组合中所产 *Lueckisporites virkkiae* 和 *Klausipollenites schaubergeri* 为西欧上二叠统孢粉组合中的重要分子。

根据以上分析和对比，锅底坑组中、下部的时代应属晚二叠世晚期。

(二) *Limatulasporites-Lundbladispora-Klausisporites* (LLK) 组合

该组合中蕨类植物孢子的平均含量略高于裸子植物花粉，孢子中以具环和腔状三缝孢子居多，其中又以 *Limatulasporites* 最为发育，*Kraeuselisporites* 次之，早三叠世重要分子 *Lundbladispora* 也占有较大的比例，类型较多。裸子植物花粉中以 *Alisporites*、*Caytonipollenites* 等无肋双气囊花粉为主，其次为 *Taeniaesporites*、*Protohaploxypinus* 等具肋双气囊花粉，常见 *Cordaitina* 等单气囊花粉和 *Cycadopites*、*Ephedripites*、*Welwitzschipollenites* 等单沟和多肋类花粉。样品中还出现少量的具刺疑源类化石 *Veryhachium*。

该组合与锅底坑组中、下部孢粉组合比较相似，绝大部分属种为下部组合上延至本组合的分子，主要区别是：①早三叠世重要分子 *Lundbladispora* 和 *Taeniaesporites* 开始在组合中大量出现，且分异度较高，所见种有 *Lundbladispora watangensis*、*L. foveota*、*L. iphilegna*、*L. nejburgii*、*Taeniaesporites noviaulensis*、*T. novimundi*、*T. nubilus*、*T. hexagonalis*、*T. leptocorpus* 和 *T. pellucidus* 等；②*Cycadopites*、*Ephedripites*、*Welwitschipollenites clarus* 和 *Protricolpipollenites* 等单沟和多肋花粉也占有较大比例；③开始零星出现三叠纪重要分子 *Aratrisporites*；④部分时代较新的分子，如 *Lycopodiumsporites*、*Lapposisporites*、*Annulispora* 和 *Dictyophyllidites* 等在上一组合只零星见到，而在该组合中频繁出现。这一组合特点已显示了早三叠世孢粉组合的面貌。

根据以上分析，锅底坑组上部的时代应属于早三叠世早期。大龙口剖面二叠系与三叠系的界线应划在锅底坑组上部之底部。

有关大龙口背斜北翼和南翼剖面陆相二叠系—三叠系界线问题已引起国内外地质专家的高度关注，最早提出将界线置于锅底坑组上部的是侯静鹏和王智(1986)，他们指出在大龙口背斜北翼剖面“锅底坑组的上部距早三叠世韭菜园组底部砂岩约 30m 处所出现的孢粉组合与锅底坑组中下部有截然的区别”“该孢粉组合与早三叠世韭菜园组的孢粉特征基本近似”“故锅底坑组上部，其时代应属于早三叠世”。之后，Ouyang 和 Norris(1999)、欧阳舒等(2003)也做了深入的研究，并认为“二叠系—三叠系界线，在大龙口背斜北翼剖面应划在第 3 单元之底，这一界线比李佩贤等 (1986)所提及的第 43 层还要低约 20m”。迄今为止，对这一界线最为详细深入的工作是侯静鹏(2004) 对大龙口背斜南翼剖面锅底坑组孢粉组合与二叠系—三叠系界线的研究，野外样品采集间距很小，仅为 0.5～1.0m，分析锅底坑组孢粉样品数高达 124 个，并在 48 个样品中获得了极为丰富的孢粉化石，8 个样品中含少量孢粉化石，鉴定孢粉 80 属 139 种。通过研究她提出“二叠系—三叠系界线的划分，依据第 51 层(样品 84B 号) 出现 *Lundbladispora* 含量增加，以及种型的变化，作为划分三叠系的开始，这比侯静鹏和王智(1986)、吴绍祖等(1989)及 Ouyang 和 Norris(1999)所划分的界线略更低”，距韭菜园组底界约 106 m。根据孢粉化石含量统计表(侯静鹏，2004)，本书认为从 99 号样品开始，*Lundbladispora* 的含量变化更为明显一些，之下的样品中该属的含量均低于 5%，而其上有超过 1/3 的样品该属的含量高于 5%，99 号样品中含量高达 22.1%(图 3-1)。早三叠世孢粉组合中的重要分子 *Taeniaesporites* 也有类似的变化，该属从 96 号样品开始频繁出现，最高含量可达 12%，而之下的样品中较少。本书认为将二叠系—三叠系界线划在 99 号样品处(距韭菜园组底界约 86.3m)更为合适一些。这一意见与介形类等门类化石的意见非常接近。

大龙口背斜南翼剖面锅底坑组介形虫化石非常丰富，计有 3 属 51 种，可明显地划分为两个组合带：①*Panxiania reticulata -Darwinuloides circulosa-Darwinula parallela* 组合带；②*Darwinula rotundata-Darwinula gloria-Darwinula pseudooblonga* 组合带。第一组合带的化石由 3 属 27 种组成，分布在锅底坑组下段和上段底部(大龙口剖面的 2～54 层)，该组合带显示了我国贵州和华北上二叠统宣威组、孙家沟组(狭义的石千峰组)及俄罗斯上二叠统鞑靼阶的特征，其时代无疑应归为晚二叠世。第二组合带的化石包含 2 属 24 种，发现在锅底坑组上段(大龙口剖面的 55～85 层)，该组合带显示了我国华北和新疆准噶尔盆地下三叠统和尚沟组、韭菜园组和俄罗斯下三叠统马尔采夫组、维特卢日组及哈

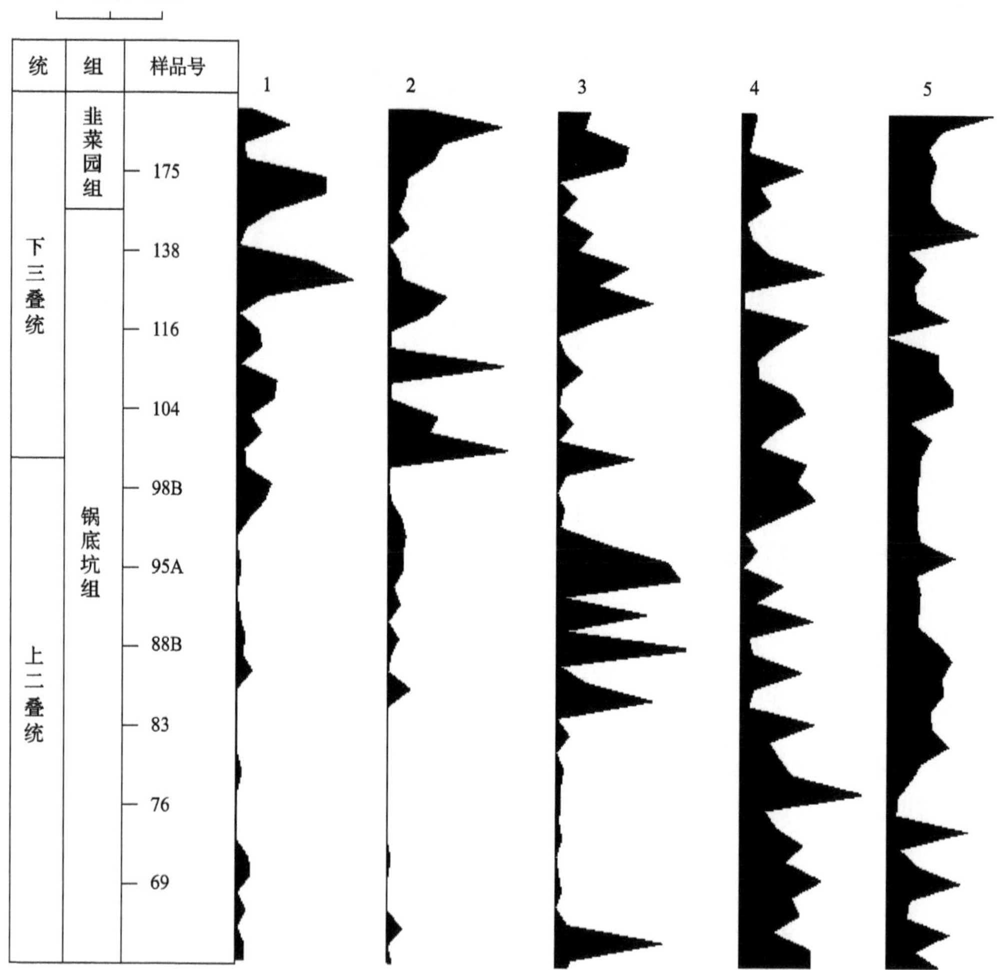

图 3-1　吉木萨尔县大龙口剖面锅底坑组孢粉含量变化示意图

1-*Taeniaesporites*；2-*Lundbladispora*；3-*Kraeuselisporites*；4-*Apiculatisporis*；5-*Alisporites*；

萨克斯坦下三叠统阿克柯尔卡恩组的特征，其时代应归属为早三叠世的早期。因此，该剖面以出现早三叠世的第二介形虫组合带，即以早三叠世 *Darwinula rotundata*、*D. gloria* 等的出现，作为早三叠世的开始。根据介形虫化石的研究，二叠系—三叠系的界线应置于第一组合带与第二组合带之间，即在锅底坑组上段下部，即 54 层和 55 层之间，距韭菜园组底界之下约 90.27m。

二、对“二叠纪—三叠纪之交的地质事件”的看法

我国浙江长兴煤山和四川广元寺等地二叠系—三叠系界线剖面上铱等元素异常和碳同位素的突变现象引起了国内不少学者的高度关注，并认为这些现象可能是由地外灾变事件引起的(徐道一等，1983，1987；陈锦石等，1984；李子舜等，1986)。在长江三峡东部地区二叠系—三叠系界线处或界线附近地层中也出现了 $\delta^{13}C$ 值异常的现象(孟繁松

等，1994）。

在二叠系—三叠系界线处除铱等元素异常和碳同位素的突变现象外，还出现了生物大量绝灭的现象，其中海相无脊椎动物的科数减少约52%，种数减少约90%，其中䗴、四射珊瑚、床板珊瑚、始铰纲腕足类、软舌螺、三叶虫、头足类的杆石亚纲等全部灭绝（Sepkoski，1981）。陆相生物也一样，如脊椎动物的爬行类在二叠纪末科的绝灭率高达73%。陆生植物类型减少了20%，其中乔木石松类、苛达和真蕨纲或已消失或大幅度减少（Niklas et al.，1985）。

在我国长江三峡地区二叠纪末生物的绝灭事件也表现得十分明显，据孟繁松等（1994）对该地区几条主干剖面海相无脊椎动物化石的统计，晚二叠世长兴期已知的58属109种中，只有9属5种延伸至三叠纪，其属级绝灭率达84.4%，种级达95.4%。

我国北方地区二叠纪植物的绝灭事件也同样存在，据王自强（1989）研究，华北上二叠统孙家沟组45种植物中，仅有*Sphenophyuum* cf. *thonnii*一种"向上可能越过二叠系—三叠系界线出现在和尚沟组，多少显示连续性外，其他植物无一能越过二叠系—三叠系界线的，可见华北二叠系—三叠系界线上植物灭绝的规模达到98%，并不低于这一时期海相无脊椎动物群（灭绝）的规模"。当然，对此结论中国科学院南京地质古生物研究所朱怀诚和欧阳舒（2005）曾表示过怀疑，认为植物的绝灭率不可能如此之高。

以上二叠系—三叠系界线附近的古生物化石资料说明，在地球上二叠纪末曾发生过一次比较大的生物绝灭事件。然而，与这一意见相左的是新疆地区二叠系—三叠系界线处的孢粉化石资料，如二叠系与三叠系沉积连续的吉木萨尔大龙口剖面的孢粉化石资料，反映出该地区二叠系与三叠系之间存在一个具有明显过渡性质的孢粉植物群。根据中国地质科学院地质研究所侯静鹏（2004）对大龙口剖面锅底坑组和韭菜园组孢粉化石的详细研究，在他所统计的51个孢粉和疑源类属中有50个属从锅底坑组中部延伸至锅底坑组上部，也就是说该地区在二叠纪末孢粉植物群的属级绝灭率仅为2%。而且，有48个属一直延伸至韭菜园组，说明至韭菜园组沉积时期孢粉植物群的属级绝灭率也只有6%。吐哈盆地二叠系—三叠系界线上、下的孢粉组合面貌与准噶尔盆地相似。造成植物化石与孢粉化石在二叠系—三叠系界线处绝灭率如此大差别的原因是大植物，尤其生长在高地的植物保存为化石的几率太小，而孢粉则不同，孢粉数量巨大，其外壁化学成分稳定，不易受酸、碱和氧化等因素的影响，非常容易保存为化石，所以，与大植物化石相比孢粉能更好地反映沉积时期植物群的面貌。

在锅底坑组上部发育晚二叠世与早三叠世生物混生现象的还包括脊椎动物，该段地层中二齿兽科（*Dicynodontidae*）的*Jimusaria sinkianensis*与水龙兽*Lystrosaurus*化石共存。

新疆北部二叠纪—三叠纪过渡孢粉植物群的存在，说明该地区二叠纪末并未明显显示出植物界的大灭绝事件，植物群面貌的变化应是渐变式而非突变式的。

第二节　韭菜园组孢粉组合的地质时代

韭菜园组孢粉组合与下伏锅底坑组上部组合面貌相似，两组合的共同特点是：①蕨类植物孢子占优势，主要为具环和腔状三缝孢子，并见有少量的疑源类化石*Thmpanicysta* *stoschiana*；②具环三缝孢子中以 *Limatulasporites* 为主，腔状三缝孢子中以 *Lundbladispora* 居多；③少量出现 *Annulispora*、*Nevesisporites*、*Polycingulatisporites* 和 *Aratrisporites* 等中生代分子；④裸子植物花粉中以无肋双气囊花粉最为发育，*Taeniaesporites*、*Protohaploxypinus* 等具肋双气囊花粉也占有较大比例；⑤单沟多肋或多肋花粉 *Ephedripites*、*Equisetosporites*、*Welwitschipollenites clavus* 频繁出现。

该组合与锅底坑组上部孢粉组合的主要区别是：①无环具纹饰三缝孢子中 *Verrucosisporites* 的含量增加；②个别样品中具环三缝孢子 *Camarozonosporites* 占有较大比例；③单气囊花粉减少，只个别或少量出现。

组合中所产 *Lundbladispora* 为早三叠世孢粉组合中的典型分子，该属首先发现于澳大利亚佩思盆地的早三叠世地层中，在晚二叠世地层中可少量出现，但主要产于早三叠世地层。该属在巴基斯坦、前苏联、东格陵兰、北爱尔兰、澳大利亚及我国山西、陕西、云南、新疆等地早三叠世地层中广泛发育，且含量一般较高，如巴基斯坦盐岭地区下三叠统 Mianwali 组底部的含量最高达 50%以上；我国山西省交城县刘家沟组该属含量高达 16%～90%，平均为 65%(曲立范，1982)。该属的含量在纵向上也有一定的变化规律，即早三叠世早期含量较高，晚期则明显减少；*Limatulasporites* 在澳大利亚鲍温盆地晚二叠世至早三叠世地层、苏联早三叠世地层中频繁出现，在新疆晚二叠世至早三叠世地层中亦相当发育，但优势种不同，晚二叠世地层中以 *L. fossulatus* 为主，早三叠世地层中优势种为 *L. limatulus*。

该组合与青海中部海相下三叠统巴颜喀拉山群下亚群下亚组 *Lundbladispora-Cycadopites-Veryhachium* 组合(冀六祥和欧阳舒，2006)相似，后一组合的主要特征为：蕨类植物孢子中腔状三缝孢子和具环三缝孢子的含量相近，前者主要为 *Lundbladispora* (0.59%～36.71%，平均为 16.04%)，后者主要为 *Limatulasporites* (12.96%～32.5%)；无环三缝孢子居第二位，主要为 *Punctatisporites* (4.39%)，其他一般数量不多。裸子植物花粉中以单沟花粉居多，且主要为 *Cycadopites*；具肋和无肋双气囊花粉少量出现，前者主要为 *Taeniaesporites*，后者为 *Alisporites*；多沟褶花粉 *Gnetaceaepollenites* 有一定含量。样品中还常见 *Veryhachium*、*Micrhystridium* 等藻类、疑源类化石。两组合的共同特点是：①蕨类植物孢子占优势；②蕨类植物孢子中以具环和具腔三缝孢子居多，具环三缝孢子中主要为 *Limatulasporites*，常见 *Polycingulatisporites* 和 *Taurocusporites* 等，具腔三缝孢子中优势属为 *Lundbladispora*；③裸子植物花粉中单沟花粉 *Cycadopites* 占有较大比例，但青海标本含量更高；④常见无肋双气囊花粉 *Alisporites* 和具肋双气囊花粉 *Taeniaesporites*；⑤见多沟肋花粉。说明它们在地质时代上应大体相当。青海巴颜喀拉山群下亚群下亚组中产 *Vishnuites* cf. *decipiens*、*Gyroophiceras vermiformis*、*Acanthophiceras* cf. *gibbosum* 等下三叠统印度阶下部层位菊石化石，其时代为早三叠世印度期。

青海中部阿尼玛卿山以北池塘群下部的 *Lundbladispora-Cycadopites-Veryhachium* 组合(曲立范和冀六祥，1994)、青海北部下环仓组的 *Punctatisporites-Lundbladispora-Cycadopites-Micrhystridium* 组合与青海中部巴颜喀拉山群下亚群下亚组 *Lundbladispora-Cycadopites-Veryhachium* 组合面貌相似，与准噶尔盆地韭菜园组孢粉组合也大致可以对比。

该组合与陕甘宁盆地刘家沟组孢粉组合(曲立范，1982)比较相似，两组合中蕨类植物孢子均居优势地位，其中 *Lundbladispora* 比较发育，裸子植物花粉中单沟花粉具有一定的含量。所不同的是刘家沟组孢粉组合中 *Lundbladispora* 更为发育，平均含量达 65%，但 *Limatulasporites* 很少。

东格陵兰时代为早三叠世早期的 *Protohaploxypius* 组合与该组合也大致可以对比，两组合中均含有 *Lundbladispora*、*Densoisporites*、*Kraeuselisporites*、*Cycadopites*、*Ephedripites*、*Protohaploxypinus samoilovichii*、*Striatoabieites* 和 *Taeniaesporites noviaulensis* 等，其时代应大致相当。

除孢粉化石外，韭菜园组还产有脊椎动物(水龙兽 *Lystrosaaurus* 组合)、叶肢介(*Falsisca-Cyclotunguzites* 组合)、介形虫(*Darwinula triassiana-D. rotundata* 组合)和大孢子(杨基端和孙素英，1986，1990)等化石，所揭示的地质时代均为早三叠世，其中大孢子组合可与波兰早三叠世早期的大孢子组合对比。

根据以上分析和对比，韭菜园组孢粉组合的地质时代应归属于早三叠世早期。

第三节　烧房沟组孢粉组合的地质时代

烧房沟组孢粉组合面貌与下伏韭菜园组孢粉组合相比发生了比较明显的变化：①本组合蕨类植物孢子中 *Punctatisporites* 和 *Retusotriletes* 等圆形光面三缝孢子的含量增加，而 *Limatulasporites* 和 *Lundbladispora* 等具环和腔状三缝孢子明显减少；②单沟花粉 *Cycadopites* 在该组合中占有较大的比例；③*Taeniaesporites* 等具肋双气囊花粉在该组合中非常发育，而 *Alisporites* 等无肋双气囊花粉只少量出现。*Taeniaesporites* 从晚二叠世开始出现，繁盛于早三叠世，中三叠世明显减少，因此，*Taeniaesporites* 大量出现为早三叠世孢粉组合的重要特征之一。

该组合与青海中部海相下三叠统巴颜喀拉山群下亚群上亚组 *Limatulasporites-Cycadopites-Tubermonocolpites-Micrhystridium* 组合(冀六祥和欧阳舒，2006)相似，后一组合的主要特征为：蕨类植物孢子中无环三缝孢子增加，主要有 *Leiotriletes*、*Punctatisporites*、*Retusotriletes*、*Verrucosisporites* 和 *Dictyotriletes* 等；具环三缝孢子中 *Limatulasporites* 仍具较高的含量，比较常见的属还有 *Annulispora*、*Taurocusporites*、*Nevesisporites* 和 *Kraeuselisporites* 等；腔状三缝孢子明显减少，但仍经常出现。裸子植物花粉中仍以单沟花粉居多，且主要为 *Cycadopites*；具肋双气囊花粉的含量高于无肋双气囊花粉，前者主要为 *Taeniaesporites*；多沟肋花粉 *Ephedripites* 等有一定含量。样品中还常见 *Veryhachium*，*Micrhystridium* 等藻类、疑源类化石。两组合的共同特点是：①蕨类植物孢子中以无环三缝孢子居多，常见分子均为 *Punctatisporites*、*Retusotriletes*、*Verrucosisporites* 和 *Dictyotriletes* 等；②具环三缝孢子中经常出现 *Limatulasporites*、*Annulispora*、*Polycingulatisporites* 和 *Kraeuselisporites* 等，具腔三缝孢子中 *Lundbladispora* 少量出现；③裸子植物花粉中单沟花粉 *Cycadopites* 均占有较大比例；④常见具肋双气囊花粉 *Taeniaesporites*；⑤见多沟肋花粉。两组合有所不同的是烧房沟组组合中具肋双气囊花粉 *Taeniaesporites* 具有较高的含量，*Cycadopites* 相对较少，且未见 *Tubermonocolpites*。

两组合相似的面貌说明它们在地质时代上应大体相当。青海巴颜喀拉山群下亚群上亚组中产时代为早三叠世晚期的菊石化石 *Meekoceras*、*Prohungarites*、*Procarnites kokeni*、*Subvishnuites yushuensis*、*Isculitoides* cf. *origins*、*Eophyllites crassus*、?*Dunedinites maduoensis*、"*Eogymnites*" *maduoensis*、*Xenodiscoides* 和 *Subcolumbites*。

青海中部阿尼玛卿山以北池塘群上部的 *Limatulasporites-Cycadopites-Tubermonocolpites* 组合(曲立范和冀六祥,1994)、青海北祁连区五佛寺组的 *Aratrisporites-Klausipollenites-Micrhystridium* 组合与青海中部巴颜喀拉山群下亚群上亚组 *Limatulasporites-Cycadopites-Tubermonocolpites-Micrhystridium* 组合面貌相似,与准噶尔盆地烧房沟组孢粉组合也大致可以对比。

塔里木盆地下三叠统俄霍布拉克组(乌尊萨依组)分布比较广泛，地层中含丰富的孢粉化石,孢粉组合主要特征为双气囊花粉中以具肋双气囊花粉明显多于无肋双气囊花粉,其中尤以 *Taeniaesporites* 最为发育，蕨类植物孢子中常见 *Lundbladispora* 和 *Limatulasporites*，前者含量较低。除孢粉化石外，还见 *Veryhachium* 和 *Micrhystridium* 等海相藻类、疑源类化石。孢粉组合面貌与准噶尔盆地烧房沟组更为接近，而与韭菜园组孢粉组合差别较大。据刘兆生(1996)研究，俄霍布拉克组(乌尊萨依组)的时代为早三叠世中晚期，与塔里木盆地(除杜瓦地区外)二叠系、三叠系间为不整合或平行不整合接触，缺失早三叠世早期沉积的结论相符。

陕甘宁盆地和尚沟组孢粉组合(曲立范，1980)与该组合也大致可以对比，前者具肋双气囊花粉在组合中也具有一定的含量，但较该组合少；单沟花粉占有较大比例，含量为 13%，最高达 17.7%，与该组合相近；常见 *Lundbladispora*。它们在地质时代上也应大致相当。

烧房沟组所产大孢子化石(杨基端和孙素英，1990)以 *Aneuletes* 发育为特征，大多见于波兰、澳大利亚下三叠统及中国华北地区和尚沟组中，时代为早三叠世晚期。

根据以上分析和对比，烧房沟组孢粉组合的地质时代为早三叠世晚期。

第四节　克拉玛依组孢粉组合的地质时代

准噶尔盆地克拉玛依组孢粉化石非常丰富，分布范围也相当广泛。大龙口剖面克拉玛依组见有三种类型的孢粉组合：①以具肋双气囊花粉中 *Protohaploxypinus*、*Striatoabieites* 和无肋双气囊花粉中 *Alisporites*、*Pinuspollenites* 非常发育，蕨类植物孢子中主要为具刺状纹饰的三缝孢子 *Apiculatisporis*，只个别或少量见到具环三缝孢子 *Limatolasporites* 和单缝孢子 *Aratrisporites* 为主要特征，产于克拉玛依组下部。组合特征与下伏烧房沟组孢粉组合不同；吐鲁番盆地桃树园剖面克拉玛依组底部所产 *Punctatisporites-Taeniaesporites-Colpectopollis* 组合与该组合相似。②以蕨类植物孢子中 *Punctatisporites* 和 *Todisporites* 等圆形光面三缝孢子，以及 *Aratrisporites* 属中具宽腔的种比较发育，并见有 *Granulatisporites gigantus* 等重要分子，裸子植物花粉中以 *Pinuspollenites* 和 *Alisporites* 等无肋双气囊花粉大量出现为主要特征，产于克拉玛依组中部。组合特征与该组下部组合存在较大差别。类似孢粉组合在准噶尔盆地、吐哈盆地和塔里木盆地克拉玛依组中均可见到。③以双气囊花粉非常发育，且主要为无肋双气囊花粉，其中侏罗纪孢粉组合中的重要分子 *Quadraeculina* 开始少量出现为主要特征，产于克拉玛依组上部至黄山街组底部。

克拉玛依组与下伏烧房沟组相比孢粉组合面貌发生了很大的变化，主要区别有：①蕨类植物孢子中 *Punctatisporites* 等圆形光面三缝孢子和 *Apiculatisporis* 等含量较高，而具环三缝孢子 *Limatulasporites* 和腔状三缝孢子 *Lundbladispora* 明显减少或完全消失；②*Apiculatisporis* 和 *Aratrisporites* 较烧房沟组增多；③见克拉玛依组孢粉组合中的重要分子 *Granulatisporites gigantus* 和 *Converrucosisporites xinjiangensis*；④裸子植物花粉中单沟花粉 *Cycadopites* 明显减少，单沟多肋花粉 *Welwitschipollenites clarus* 基本消失，而无肋双气囊花粉中的 *Minutosaccus* 则开始较多出现；⑤具肋双气囊花粉中 *Taeniaesporites* 只少量见到，代之而起的是 *Chordasporites*；⑥见中—上三叠统比较重要的分子 *Lueckisporites triassicus*、*Colpectopollis pseudostriatus* 等。

克拉玛依组孢粉组合中出现一些具有重要的层位和时代意义的分子，如 *Punctatisporites incognatus*，该种在准噶尔盆地和塔里木盆地只见于克拉玛依组；*Granulatisporites gigantus* Qu，1980 见于陕甘宁盆地铜川组，准噶尔盆地和塔里木盆地克拉玛依组；*Converrucosisporites xinjiangensis* (Qu et Wang，1986) 在塔里木盆地和准噶尔盆地仅产于克拉玛依组；*Zebrasporites* 是 Klaus 在 1960 年创建的属，首见于瑞士考依波期(Leschik，1955)，原定名为 *Triangulatisporites*，该属亦见于奥地利晚三叠世卡尼期，德国晚三叠世瑞替期，在我国主要见于南方区晚三叠世地层中，北方区目前只见于陕甘宁盆地延长组和准噶尔盆地西北缘克拉玛依组上段底部(黄嫔，1993)，是晚三叠世的典型分子，对确定晚三叠世地层具有重要意义；*Aratrisporites* 属首见于瑞士晚三叠世考依波阶(Keuper) (Leschik，1955)，该属分布的最底层位为塔里木盆地西南缘下二叠统棋盘组，它广泛分布于世界各地三叠纪地层中，为三叠纪孢粉组合中的重要分子。该属多见于中、上三叠统，下三叠统组合中含量一般较低，下侏罗统仍可零星出现。在准噶尔盆地和塔里木盆地种的分布也具有一定的规律，在克拉玛依组中、下部以 *A. fischeri*、*A. scabratus*、*A. granulatus* 等具宽腔的种居多，而 *A. flexibilis*、*A. parvispinosus*、*A. paenulatus* 等具窄腔的种以晚三叠世地层中多见；*Colpectopollis* 和 *Parataeniaesporites* 普遍出现于我国华北、新疆，以及哈萨克斯坦、俄罗斯西部、欧洲的中、晚三叠世地层中，如新疆北部克拉玛依组至郝家沟组，陕甘宁盆地二马营组、铜川组(曲立范，1980)，甘肃靖远王家山组；在准噶尔盆地南缘产于克拉玛依组中部至郝家沟组的 *Lueckisporites triassicus* 在陕甘宁盆地仅见于上三叠统延长组，塔里木盆地北部产于克拉玛依组至黄山街组。

准噶尔盆地克拉玛依组与塔里木盆地库车地区库车河等剖面克拉玛依组的孢粉组合比较相似，后者自下而上也可划分出三个孢粉组合：①*Punctatisporites-Asseretospora-Alisporites* 组合，产于克拉玛依组下段下部，孢粉组合以 *Punctatisporites* 等光面三缝孢子在蕨类植物孢子中大量出现，*Cyclogranisporites*、*Verrucosisporites* 和 *Asseretuspora* 也占有较大比例，少量出现 *Aratrisporites*，无肋双气囊花粉在裸子植物花粉中居优势地位为主要特征；②*Punctatisporites-Aratrisporites-Alisporites* 组合，产于克拉玛依组下段上部，孢粉组合以蕨类植物孢子中 *Punctatisporites* 等圆形光面三缝孢子居优势地位，并含有大

量的 *Aratrisporites* 及零星出现但具地层意义的 *Granulatisporites gigantus* 等，裸子植物花粉中以 *Alisporites* 居多，见少量的 *Plicatipollenites indicus* 为主要特征；③*Cyclogranisporites-Verrucosisporites-Colpectopollis* 组合，产于克拉玛依组上段，孢粉组合以蕨类植物孢子中 *Cyclogranisporites* 等具纹饰三缝孢子开始大量出现，但 *Punctatisporites* 等光面三缝孢子仍占有较大比例，裸子植物花粉中 *Alisporites* 等无肋双气囊花粉居优势地位，具单脊双气囊花粉 *Chordasporites* 含量较高为主要特征。准噶尔盆地与塔里木盆地克拉玛依组下段下部孢粉组合的共同特点是：①蕨类植物孢子中均以无环三缝孢子居多，具环三缝孢子 *Limatulasporites* 和腔状单缝孢子 *Aratrisporites* 只少量见到；②无肋双气囊花粉占有较大比例；③见 *Colpectopollis pseudostriatus*。两组合特征的相似，可将它们视为同一时期的沉积产物。准噶尔盆地克拉玛依组中部孢粉组合与塔里木盆地克拉玛依组下段上部孢粉组合非常相似，两组合中：①*Calamospora*、*Todisporites* 和 *Punctatisporites* 等圆形光面三缝孢子均非常发育；②三叠纪典型分子 *Aratrisporites* 占有较大的比例，且以 *A. fischeri*、*A. scabratus* 等具宽腔的种居多；③见 *Granulatisporites gigantus* 和 *Converrucosisporites xinjiangensis* 等具重要地层意义的分子；④裸子植物花粉中均以无肋双气囊花粉为主。两组合层位应大致相当。准噶尔盆地克拉玛依组上部至黄山街组底部孢粉组合与塔里木盆地克拉玛依组上段孢粉组合面貌差别较大，但两组合与下伏克拉玛依组中部或下段孢粉组合均发生了明显的变化，两组合中 *Aratrisporites* 含量较低，双气囊花粉中均以无肋双气囊花粉为主，*Colpectopollis* 仍占有一定的比例，说明两组合之间仍有一定的相似性。王招明等(2004)综合植物、孢粉和大孢子等门类化石的时代划分意见，将塔里木盆地库车地区克拉玛依组下亚组(下段)的地质时代确定为中三叠世，上亚组(上段)的时代定为晚三叠世。

陕甘宁盆地中三叠统二马营组、铜川组孢粉组合(曲立范，1980)中 *Punctatisporites*、*Todisporites* 等圆形光面三缝孢子含量较高，见 *Granulatisporites gigantus*、*Plicatipollenites indicus* 和 *Colpectopollis* 等与克拉玛依组中部组合相似，所不同的是前者 *Aratrisporites* 的含量相对较低，但两组合的主要特征是一致的。

湖南桑植中三叠统巴东组孢粉组合(曲立范和王智，1990)中 *Aratrisporites* 的含量(18.3%～49.6%)也较高，常见 *Punctatisporites* 和 *Verrucosisporites* 等，裸子植物花粉中也以无肋双气囊花粉为主，具肋双气囊花粉中主要为 *Taeniaesporites*，与克拉玛依组中部组合面貌也比较相似，但前者见具重要时代意义的 *Triadispora*，未发现 *Colpectopollis* 等与后者有所区别。

国外与克拉玛依组中部孢粉组合比较相似的是利比亚中三叠统孢粉组合，其组合中 *Aratrisporites* 占优势地位，光面三缝孢子也具较高含量，达 22%，并见有少量的具肋双气囊花粉。所不同的是利比亚组合中仍可见到早三叠世重要分子 *Lundbladispora*。

根据以上分析和对比，克拉玛依组中、下部的时代为中三叠世，上部的时代为晚三叠世。从孢粉资料比较系统的大龙口剖面看，克拉玛依组的地质时代应归属于中一晚三叠世。准噶尔盆地西北缘克拉玛依组一般划分为上、下两段。中国科学院南京地质古生物研究所黄嫔(1993)通过对该区拐 114 井和百 38 井克拉玛依组孢粉化石的研究，将克拉玛依组下段的地质时代定为中三叠世，上段的地质时代定为晚三叠世。

有关准噶尔盆地克拉玛依组岩组符号的应用至今还比较混乱，《西北地区区域地层表，新疆维吾尔自治区分册》(新疆维吾尔自治区区域地层表编写组，1981)确定的岩组符号为 $T_{2\text{-}3}k$，其含义该组的时代为中至晚三叠世，但在新疆油田公司内部资料中大部分标为 T_2k，在正式出版的专著中也有将克拉玛依组的时代定为中三叠世的，如新疆地层及介形类化石(蒋显庭等，1995)、新疆准噶尔盆地三叠纪和侏罗纪的大孢子组合(杨基端等，1990)等。

克拉玛依组一名由范成龙(1956)①创名的克拉玛依系演变而来，新疆维吾尔自治区区域地层表编写组(1981)将其改为克拉玛依组并厘定其含义，它代表小泉沟群最下部以砂岩为主，时代为中—晚三叠世的一个岩组，主要岩性为灰色、灰绿色、黄色砂岩，夹泥岩、砾岩。该组生物化石非常丰富，发现有脊椎动物、哈萨克虫、昆虫、双壳类、叶肢介、介形类、植物、孢粉、大孢子和藻类、疑源类等化石。

在黄山街及吐鲁番盆地桃树园剖面克拉玛依组底部发现有时代为中三叠世的 *Parakannemeyeria brevirostris* Sun、*Turfanosuchus dabanensis* Young、*Vjushkovia sinensis* Young、*Parotosaurus turfanensis* Young、*Sinosemionotus urumuchii* Yuan et Koh 等肯氏兽动物群化石(彭希龄和吴绍祖，1983)；在阜康一带克拉玛依组中上部产有 *Bobdania fragmenta* Young、*Fukangolepis barboros* Young、*Fukangichthys longidorsalis* Su 等阜康鱼动物群之化石，时代为晚三叠世早—中期。

克拉玛依组产有大量大孢子化石(杨基端和孙素英，1990)，其中最为丰富的是 *Tuberculatisporites humilispinosus*、*Dijkstraisporites beutleri*，较多出现的有 *Hughesisporites*? *gibbosus*、*Calamospora rhaeticus*、*Tuberculatisporites densus*、*Hughesissporites bertheloti-anus*、*Verrutriletes simuelleri*，*Triletes sinuosus* 和 *T. teuellus*，还见有个别或少量的 *Maexisporites magnuszewensis*、*M. meditectatus* 和 *Pyramidalisporites foveatus* 等。上述化石中 *Dijkstraisporites beutleri* 和 *Maexisporites meditectatus* 在德国、苏联和波兰见于中三叠统拉丁阶；克拉玛依组上部所产 *Hughesisporites*? *gibbosus* 在国外只见于上三叠统，国内早侏罗世地层中也有发现。依据大孢子化石资料，克拉玛依组的时代为中—晚三叠世。

准噶尔盆地克拉玛依组中普遍见到甲壳动物哈萨克虫目 *Almatium elongatum*、*A. gusevi*、*Paracanthocaris* 和 *Jearogerium* 等化石，所产化石类型与上覆黄山街组基本相同，仅后者化石更为丰富而已，时代为晚三叠世。

叶肢介化石产于准噶尔盆地南缘大龙口等剖面克拉玛依组下部，以准噶尔似渔乡叶肢介(*Jungarolimnadiopsis*)为代表，见有 *Jugarolimnadiopsis karamaica*、*Euestheria* spp. 等。该动物群向上可分布到黄山街组，时代为晚三叠世。

克拉玛依组和黄山街组所产双壳类化石相近，均属于 UFTS 动物群，见有 *Utchamiella elliptica*、*Sibiriconcha shensiensis*、*Ferganoconcha sibirica*、*Tutuella chachalovi* 等，所呈现的是晚三叠世动物群面貌。

克拉玛依组是延长植物群在新疆北部最繁盛的层位，所产植物化石中主要分子有 *Danaeopsis fecunda*、*Bernouillia zeilleri*、*Neocalamites carrerei*、*N. carcinoides*、*N.* sp.、

① 范成龙，袁秉衡，唐祖奎，等. 1956. 准噶尔盆地综合研究大队 1956 年总结报告. 乌鲁木齐：新疆石油管理局地质调查处.

Equisetites sthenoden、*E. brevidentatus* 和 *Taeniopteris* sp.等。植物群面貌与陕甘宁盆地延长组相似，其时代为晚三叠世。

综上所述，克拉玛依组所含化石中哈萨克虫、叶肢介、双壳类都与上覆黄山街组相同，时代为晚三叠世，植物化石所反映的时代也为晚三叠世。脊椎动物、大孢子和孢粉化石确定的时代为中—晚三叠世。介形类、藻类、疑源类化石在确定时代上意义不大，未予叙述。该组植物化石与孢粉化石资料存在一定的矛盾，可能与保存化石的难易程度有关。

综合各门类化石的意见将克拉玛依组的时代确定为中—晚三叠世较为合适。根据准噶尔盆地克拉玛依组孢粉组合的变化规律，以及与塔里木盆地克拉玛依组(王招明等，2004)、陕甘宁盆地二马营组—延长组孢粉组合(曲立范，1980)的对比，可以将克拉玛依组下段所产孢粉组合的时代定为中三叠世，该组合以 *Punctatisporites* 和 *Todisporites* 等圆形光面三缝孢子比较发育，*Aratrisporites* 属中 *A. fischeri*、*A. scabratus* 等具宽腔的种也占有较大比例，双扇蕨科孢子很少为主要特征；将克拉玛依组上段所产孢粉组合的时代定为晚三叠世，孢粉组合以 *Dictyophyllidites* 和 *Concavisporites* 等双扇蕨科孢子比较繁盛，圆形光面三缝孢子较少，裸子植物花粉中 *Cycadopites*、*Chasmatosporites* 等单沟花粉占有较大比例，偶见斑马纹孢等晚三叠世重要分子为主要特征。

为规范地层符号的使用，克拉玛依组的岩组符号应标为 $T_{2\text{-}3}k$。

第五节　黄山街组与郝家沟组孢粉组合的地质时代

盆地南缘东部大黄山、白杨河和小泉沟剖面黄山街组与克拉玛依组上部的孢粉组合相似，孢粉组合中裸子植物花粉占绝对优势，且以无肋双气囊花粉居多，单肋双囊粉 *Chordasporites* 占有较大比例，见 *Colpectopollis* 和 *Lueckisporites triassicus* 等中、晚三叠世重要分子，单沟花粉较少；蕨类植物孢子含量较低，出现少量 *Dictyophyllidites* 等双扇蕨科孢子和 *Punctatisporites* 等圆形光面三缝孢子，三叠纪重要分子 *Aratrisporites* 在个别样品中非常发育。但在大龙口剖面黄山街组孢粉组合中，*Dictyophyllidites*、*Concavisporites* 等双扇蕨科孢子含量较高，达 16%，常见 *Cycadopites* 等单沟花粉，与上覆郝家沟组孢粉组合相似。郝家沟和大龙口剖面郝家沟组孢粉组合中裸子植物花粉占优势，并以无肋双气囊花粉居多，*Cycadopites* 和 *Chasmatosporites* 等单沟花粉占有较大比例，脑形粉和四字粉等侏罗纪分子开始个别或少量出现；蕨类植物孢子中以 *Dictyophyllidites* 和 *Concavisporites* 等双扇蕨科孢子为主，常见 *Osmundacidites* 和 *Cyclogranisporites* 等具纹饰三缝孢子，在部分样品中三叠纪重要分子 *Aratrisporites* 占有一定的比例。为此，将黄山街组与郝家沟组一起讨论其孢粉组合的地质时代。

孢粉组合中经常出现的 *Dictyophyllidites*、*Concavisporites* 等具弓形加厚的光面三缝孢子一般认为其母体植物为双扇蕨科植物，为我国南方，特别是华南地区晚三叠世至早侏罗世植物群中的重要分子，在江西萍乡地区上三叠统安源组、云南禄劝一平浪煤系舍资组(雷作淇，1978)、鄂西沙镇溪组(黎文本和尚玉珂，1980)、湖北三峡地区下侏罗统香溪组和湘赣地区下侏罗统造山组孢粉组合中该类孢子占有较大比例。在我国北方该类孢子以上三叠统居多，如陕甘宁盆地上三叠统延长组上段、塔里木盆地北缘上三叠统黄山街组至塔里奇克组该类孢子平均含量达 7.34%(刘兆生，1999a)等。在我国，无论北方植物地理区，还是南方植物地理区，*Dictyophyllidites* 和 *Concavisporites* 发育的高峰期都是在晚三叠世，略有不同的只是南方区的含量要高于北方区；*Cycadopites*、*Chasmatosporites* 等单沟花粉在我国北方植物地理区，如陕甘宁盆地以早、中侏罗世最为发育，在三叠纪孢粉组合中含量一般较低，但在南方植物地理区，如江西萍乡晚三叠世孢粉组合中单沟花粉已开始占有很大比例，其中 *Cycadopites* 最高含量达 29.5%，*Chasmatosporites* 达 31.5%。

该组合与陕甘宁盆地上三叠统延长组孢粉组合面貌比较相似，两组合中蕨类植物孢子类型均比较丰富，其中 *Dictyophyllidites* 等双扇蕨科孢子具有一定的含量；裸子植物花粉中主要为无肋双气囊花粉。

塔里木盆地北缘黄山街组至塔里奇克组孢粉组合(刘兆生，1999a)中以裸子植物花粉占优势，主要为无肋双气囊花粉，具单脊或肋纹的双气囊花粉，如 *Colpectopollis*(=*Parataeniaesporites*) *pseudostriatus*、*Chordasporites australiensis*、*Taeniaesporites* 等也占有较大比例，平均含量达 3.1%，蕨类植物孢子中 *Dictyophyllidites* 和 *Concavisporites* 等双扇蕨科孢子(平均 7.34%)较为发育等特征与该组合相似，且两组合中均开始出现少量侏罗纪分子，如 *Cerebropollenites*、*Quadraculina* 等，稍有不同的是塔里木盆地北缘孢粉组合中 *Aratrisporite* 和 *Asseretospora* 的含量相对要高一些。塔里木盆地北缘黄山街组孢粉组合中 *Aratrisporites* 和 *Colpectopollis* 等的含量较上覆塔里奇克组要高，而 *Cycadopites* 和 *Chasmatosporites* 等单沟花粉及 *Quadraeculina* 等侏罗纪分子要较塔里奇克组少，这一变化规律与准噶尔盆地南缘黄山街组和郝家沟组孢粉组合相一致，而且在郝家沟组顶部和塔里奇克组顶部孢粉组合中侏罗纪比较重要的分子 *Quadraeculina* 均占有较大比例。准噶尔盆地和塔里木盆地北缘孢粉组合的共同分子也很多，后者所见孢粉属在准噶尔盆地黄山街组至郝家沟组组合中几乎都能见到，说明两组合的时代应相一致，据刘兆生(1999a)研究，塔里木盆地北缘黄山街组至塔里奇克组的地质时代为晚三叠世，黄山街组的时代为晚三叠世早中期，塔里奇克组的时代为晚三叠世晚期。

与该组合大致可以对比的还有辽宁北票羊草沟组(曲立范，1982)、吉林浑江北山组(吴洪章和蒲荣干，1982)。羊草沟组组合中所含 *Deltoidospora*、*Dictyophyllidites*、*Granulatisporites*、*Osmundacidites*、*Apiculatisporis*、*Annulispora*、*Duplexisporites*(=*Asseretospora*)、*Densoisporites*、*Perotriletes* 等蕨类植物孢子，除后一属外，其他均见于该组合中。裸子植物花粉中也主要为无肋双气囊花粉和单沟花粉，具单脊或肋纹的双气囊花粉(包括 *Colpectopollis*)也比较常见。所不同的是羊草沟组组合中未见 *Aratrisporites*、*Discisporites* 和 *Muerrigerisporis* 等。因此，两组合应属同一沉积时期的产物；北山组蕨类植物孢子中所出现的属，如 *Calamospora*、*Deltoidospora*、*Granulatisporites*、*Osmundacidites*、*Apiculatisporis*、*Annulispora*、*Duplexisporites*(=*Asseretospora*) 等在该组合中也可见到，只是在含量上有所不同，北山组组合中也未出现 *Limatulasporites*、*Discisporites* 和 *Muerrigerisporis* 等。

我国南方植物地理区和欧洲晚三叠世孢粉组合中含有晚三叠世重要分子，如 Kyrtomisporis、Canalizonospora、Ricciisporites、Ovalipollis 和 Zebrasporites 等，欧洲还有我国南方区未发现的 *Rhaetipollis*，除 *Zebrasporites* 外，均未见于准噶尔盆地黄山街组至郝家沟组孢粉组合中。说明准噶尔盆地黄山街组至郝家沟组孢粉组合与我国南方植物地理区和欧洲晚三叠世孢粉组合难以直接对比。

根据以上分析和对比，黄山街组和郝家沟组的地质时代为晚三叠世。

第六节　八道湾组孢粉组合的地质时代及郝家沟组与八道湾组、三叠系与侏罗系界线

一、郝家沟剖面郝家沟组与八道湾组的界线划分

准噶尔盆地南缘郝家沟剖面三叠系与侏罗系为连续沉积，界线上、下的地层中含比较丰富的植物、孢粉、大孢子等门类的化石，为我国研究陆相三叠系与侏罗系界线最为理想的剖面之一。郝家沟剖面也是郝家沟组的建组剖面，但对郝家沟组与八道湾组的界线的划定至今在地质人员中尚存在分歧，主要意见有两种：①《西北地区区域地层表新疆维吾尔自治区分册》(新疆维吾尔自治区区域地层表编写组，1981)将郝家沟组与八道湾组的界线划在张义杰等(2003)分层意见的第 22 层与第 23 层之间；②张义杰等(2003)考虑到八道湾组的底部所产孢粉化石带有明显的晚三叠世特色，植物化石也有类似的显示，认为《西北地区区域地层表新疆维吾尔自治区分册》(新疆维吾尔自治区区域地层表编写组，1981)所划三叠系与侏罗系的界线偏低，而将该界线向上移至八道湾组上含煤段的底部，即第 44 层与第 45 层之间，将第 45 层底部一套灰白色砾岩或含砾粗砂岩作为八道湾组的底界，并将三叠系与侏罗系的界线划在厘定后的郝家沟组与八道湾组之间。本书基本上支持张义杰等(2003)的划分方案，只是三叠系与侏罗系的界线划分略有区别，理由如下。

(1) 修订后的郝家沟组与八道湾组的界线在宏观上更易于识别。修订后八道湾组的岩性总体上以灰白、浅灰绿色色调为主，底部为一套灰白色砾岩或含砾粗砂岩，而郝家沟组上部则以灰黄、黄绿色色调为主，两者差别比较明显。

(2) 邓胜徽等(2010)对郝家沟剖面全岩及丝炭块样品有机碳同位素的测定，所获得的有机碳同位素曲线均显示了两个较明显的负偏异常，第一个负偏异常出现于第 24、25 层，第二个负偏异常出现于第 40～59 层，负偏更为明显，岩石有机碳同位素值从第 41 层的–23.6‰下降到 45 层的–25.3‰，负偏值约–2‰。有机碳同位素曲线与英格兰西南部、东格陵兰和奥地利三叠系—侏罗系界线附近的有机碳同位素曲线可以对比。说明郝家沟剖面三叠系与侏罗系的界线应置于 44 层与 45 层之间，与郝家沟组与八道湾组的岩性界线相一致。

(3) 修订后的郝家沟组与八道湾组的界线与依据孢粉、植物、大孢子等门类化石所确定的三叠系与侏罗系的界线较为接近。

基于以上几点，本书认为将郝家沟组与八道湾组的界线置于第 44 层与第 45 层之间

较新疆区域地层表的划分方案更为合理一些。

二、郝家沟剖面三叠系与侏罗系的界线划分

本书依据孢粉化石资料对郝家沟剖面三叠系与侏罗系的界线划分问题进行探讨。在原划为八道湾组底部(24 层)的样品中产有 *Limatulasporites haojiagouensis-Asseretospora gyrata-Aratrisporites granulatus*(HGG) 亚孢粉组合，亚组合中常见 *Aratrisporites*、*Colpectopollis pseudostriatus* 和 *Muerrigerisporis* 等三叠纪重要分子，其中 *Aratrisporites* 的最高含量可达 11.2%；该段地层中的特征分子 *Limatulasporites haojiagouensis*、*L. lineatus* 和 *L. punctatus* 等的含量也较高，最高达 8%；*Dictyophyllidites* 和 *Concavisporites* 等双扇蕨科孢子的最高含量达 13.6%，说明郝家沟剖面原划为八道湾组底部的地质时代应属于晚三叠世。

在原划为八道湾组下部(25～42 层)的样品中产有 *Dictyophyllidites harrisiiCycadopites subgranulosus-Minutusaccus parcus*(HSP) 亚孢粉组合，与原划为郝家沟组的 *Dictyophyllidites-Cycadopites-Chordasporites*(DCC) 亚孢粉组合面貌非常相似，它们的共同特点是蕨类植物孢子中均以 *Dictyophyllidites* 和 *Concavisporites* 等双扇蕨科孢子居多，裸子植物花粉中以无肋双气囊花粉为主，*Cycadopites* 和 *Chasmatosporites* 等单沟花粉占有较大比例，常见 *Minutosaccus* 及具单脊和肋纹的双气囊花粉。所不同的只是 HSP 亚孢粉组合中蕨类植物孢子增多，其中 *Dictyophyllidites* 的含量更高。其地质时代也应归属于晚三叠世。

2014 年，中国科学院南京地质古生物研究所唐鹏等重新测制了郝家沟剖面，郝家沟组孢粉组合面貌与 1995 年张义杰等测制的郝家沟剖面孢粉组合面貌相似，唯在八道湾组(张义杰、邓胜徽等方案)底界之上 10m 处的样品中发现有较高含量的三叠纪重要分子 *Aratrisporites* 和主要见于我国南方区晚三叠世的 *Lycopodiacidites minus*，含量分别为 9.8% 和 6.5%，孢粉组合具明显晚三叠世孢粉组合的特征(内部资料)。比较有趣的是这一现象在 1995 年张义杰等所测制郝家沟剖面的孢粉资料中也有所显示，如在八道湾组底界之上约 6.5m 处的 96-HJ-57 号样品(46 层)中蕨类植物孢子(93.6%)占绝对优势，主要分子为 *Asseretospora*，含量高达 80%。该属孢子虽在三叠纪至白垩纪地层中均可见到，但大量出现则为三叠纪孢粉组合的特点。说明两次测制剖面的孢粉资料比较一致，均显示八道湾组底部的地质时代应属于晚三叠世。

八道湾组底部产有晚三叠世孢粉组合的现象在准噶尔盆地覆盖区莫深 1 井、石莫 1 井、大 9 井等钻孔中也可见到。类似的现象还见于吐鲁番盆地桃树园剖面，该剖面八道湾组下部(距底界 24.75～30.95m)的孢粉组合中 *Aratrisporites scanica*(10.0%)、*A. fischeri*(12.1%)、*Jugasporites*(1.3%)、*Taeniaesporites albertae*、*Parataeniaes/porites pseudostriatus* 和 *Alisporites* 等三叠纪重要分子或常见分子占有较大比例，显示了典型晚三叠世孢粉组合的面貌(刘兆生，1999b)。

根据以上分析，郝家沟剖面三叠系与侏罗系的界线应置于八道湾组底部。

八道湾组底部晚三叠世孢粉组合的发现，说明准噶尔盆地郝家沟组与八道湾组之间普遍存在的沉积间断，部分地区并非出现在三叠系与侏罗系之间，而是出现在上三叠统

上部，即晚三叠世末期，准噶尔盆地经历一次上升运动，使西北缘、东北缘和南缘西部地区晚三叠世地层黄山街组、郝家沟组部分或全部被剥蚀(卢辉楠，1995)，而早侏罗世地层则发育较全。

三、八道湾组孢粉组合的地质时代

八道湾组孢粉组合中一般以裸子植物花粉占优势，主要为无肋双气囊花粉，*Cycadopites* 和 *Chasmatosporites* 等单沟花粉也占有较大比例，常见 *Cerebropollenites*、*Perinopollenites* 等侏罗纪比较重要的分子或常见分子，蕨类植物孢子中以 *Osmundacidites* 等具纹饰三缝孢子居多，*Dictyophyllidites* 和 *Concavisporites* 等双扇蕨科孢子及 *Cyathidites* 等桫椤科孢子和 *Deltoidospora* 频繁出现，后者在局部层段的样品中含量较高。

该组合与塔里木盆地北部库车河剖面下侏罗统阿合组孢粉组合面貌比较相似。它们的共同特点是：①绝大部分样品的孢粉组合中裸子植物花粉均占优势地位；②裸子植物花粉中均以松柏类具囊花粉和 *Cycadopites* 等单沟花粉为主要成分，无口器类花粉也占有较大比例；③组合中常见侏罗纪重要分子，如 *Cerebropollenites*、*Callialasporites*、*Quadraeculina*、*Perinopollenites* 和 *Cibotiumspora* 等，同时还含有少量的 *Aratrisporites*、*Taeniaesporites* 等三叠纪分子。两组合的主要区别是：①*Concavisporites* 等双扇蕨科孢子在阿合组中比较发育；②*Conceritrisporites* 在该组合中较为常见。

该组合与吐哈盆地八道湾组孢粉组合特征非常相似，其共同特点是：①蕨类植物孢子中均以 *Deltoidospora* 等桫椤科孢子和 *Osmundacilites* 等具粒，棒状纹饰三缝孢子为主；②松柏类具囊花粉和单沟花粉为裸子植物花粉中的主要成分，其中原始松柏类花粉占有较大比例；③含三叠纪分子。

伊犁地区水西沟群下部孢粉组合中，蕨类植物孢子也以桫椤科孢子和 *Osmundacidites* 为主，常见 *Calamospora*，个别或少量出现 *Aratrisporites* 等三叠纪分子。裸子植物花粉中以 *Pinuspollenites* 等气囊与本体分化较较好的两气囊花粉最为发育，原始松柏类花粉和 *Cycadopites* 等单沟花粉亦占有较大比例，少量出现 *Taeniaesporites* 等具肋双气囊花粉。这一组合特征与准噶尔盆地八道湾组孢粉相同，应属于同一沉积时期的产物。

我国北方地区侏罗纪孢粉组合特征比较一致，与准噶尔盆地侏罗纪孢粉组合可进行较好的对比。而我国南方地区侏罗纪孢粉组合面貌与北方地区差别较大，难以进行直接对比。陕甘宁盆地侏罗纪孢粉组合的研究程度较高，该盆地北部地区富县组孢粉组合的特征与该组合比较相似，两组合的共同特点是：①裸子植物花粉中以松柏类具囊花粉占优势，其中原始松柏类花粉占较大比例；②单沟花粉比较发育；③*Deltoidaspora* 等桫椤科孢子为蕨类植物孢子中的主要成分。两组合的主要区别是富县组孢粉组合中 *Osmundacidites* 等具粒、棒状纹饰的三缝孢子较少，特别是南部地区富县组孢粉组合中桫椤科孢子占绝对优势，含量高达 40%～60%，并见有一定数量的 *Classopollis*。

俄罗斯西伯利亚地区早侏罗世孢粉组合中以松柏类具囊花粉占优势，其中原始松柏类花粉大量发育，银杏、苏铁、本内苏铁类的单沟花粉经常出现。蕨类植物孢子中以 *Cyathidites* 为主，伴随少量的 *Osmundacidites*、*Lycopodiumsporites*、*Dictyophyllidites* 和 *Asseretospora* 等，与该组合可进行对比，主要区别是 *Osmundacidites* 的含量较低。

根据以上分析和对比，八道湾组孢粉组合的时代除该组底部外，应隶属于早侏罗世早、中期。

第七节 三工河组孢粉组合的地质时代及侏罗系中统和下统的界线讨论

准噶尔盆地南缘郝家沟剖面三工河组共发现有四种类型的孢粉组合，其中下段下部孢粉组合中以松柏类花粉居多，蕨类植物孢子中双扇蕨科孢子仍占有较大的比例，与下伏八道湾组的孢粉组合有一定的相似性；而下段上部的孢粉组合与下部组合不同，组合中 *Classopollis* 比较发育，类似的组合在盆地南缘、东部、腹部和西北缘均有发现；从上段下部开始孢粉组合中蕨类植物孢子的含量明显增多，且以桫椤科孢子大量出现为特征；三工河组上段上部的孢粉组合比较特殊，组合中 *Osmundacidites* 等紫萁科孢子非常繁盛。

该组下段上部大量出现的 *Classopollis* 在准噶尔盆地侏罗系中的分布具有一定的规律性，该属主要见于三工河组下段上部和头屯河组及其以上地层中。在塔里木盆地北部和吐哈盆地分布规律与准噶尔盆地相同。我国北方地区下侏罗统，如鄂尔多斯盆地南部富县组(张祖辉等，1982)、塔里木盆地库车地区阳霞组、陕西榆林-横山地区富县组(阎存凤，1992)、山西永定庄组、甘肃炭洞沟组(张望平和赵清川，1985)和青海大煤沟组二段等的孢粉组合中均见于一定数量的 *Classopollis*。中侏罗世早期明显减少，晚期又开始大量出现。我国北方地区侏罗纪孢粉组合中 *Classopollis* 含量的这一变化规律与欧亚大陆该属花粉的含量变化规律完全一致(图 3-2)。苏联北高加索、顿巴斯西北部、第聂伯-顿涅茨克盆地的托阿尔阶，*Classopollis* 的平均含量高达 25%～30%，个别样品中其含量高达 50%以上。在外里海地区，*Classopollis* 的含量在托阿尔阶明显增加(曼格什拉克为 15%～50%，乌斯丘尔特为 18%～86%)，而至中侏罗世阿连阶，*Classopollis* 急剧减少。Вахрамеев(1988)根据苏联欧亚大陆的孢粉资料，绘制了欧亚大陆 *Classopollis* 花粉含量在侏罗纪—白垩纪地层的变化曲线，该曲线 *Classopollis* 第一高峰期正是在早侏罗世晚期(托阿尔期)，中侏罗世早期(阿连期—巴柔期)该属花粉含量明显降低，至中侏罗世晚期(巴通期)开始出现第二个高峰期。西伯利亚地区有菊石化石佐证的早侏罗世晚期的孢粉组合中也出现有 *Classopollis* 含量变化的小高峰，说明将第一次出现 *Classopollis* 含量小高峰的时代确定为早侏罗世晚期，即托阿尔期是正确的。准噶尔盆地 *Classopollis* 的含量变化规律与 Вахрамеев 所绘制的变化曲线相一致，三工河组下段上部相当于 *Classopollis* 花粉的第一高峰期，时代为早侏罗世托阿尔期；上段 *Classopollis* 只零星出现，而桫椤科孢子非常发育，与阿连期孢粉组合特征相似，其时代应为中侏罗世早期阿连期。准噶尔盆地中、下侏罗统的界线应位于三工河组上、下段之间。

准噶尔盆地三工河组孢粉组合与塔里木盆地北部地区库车河剖面阳霞组孢粉组合面貌相似，它们的共同特点是：①桫椤科孢子较下部地层有较大幅度的增长，成为蕨类植物孢子中的优势分子；②阳霞组下段部分样品中 *Classopollis* 占有较大比例；③*Cycadopites*

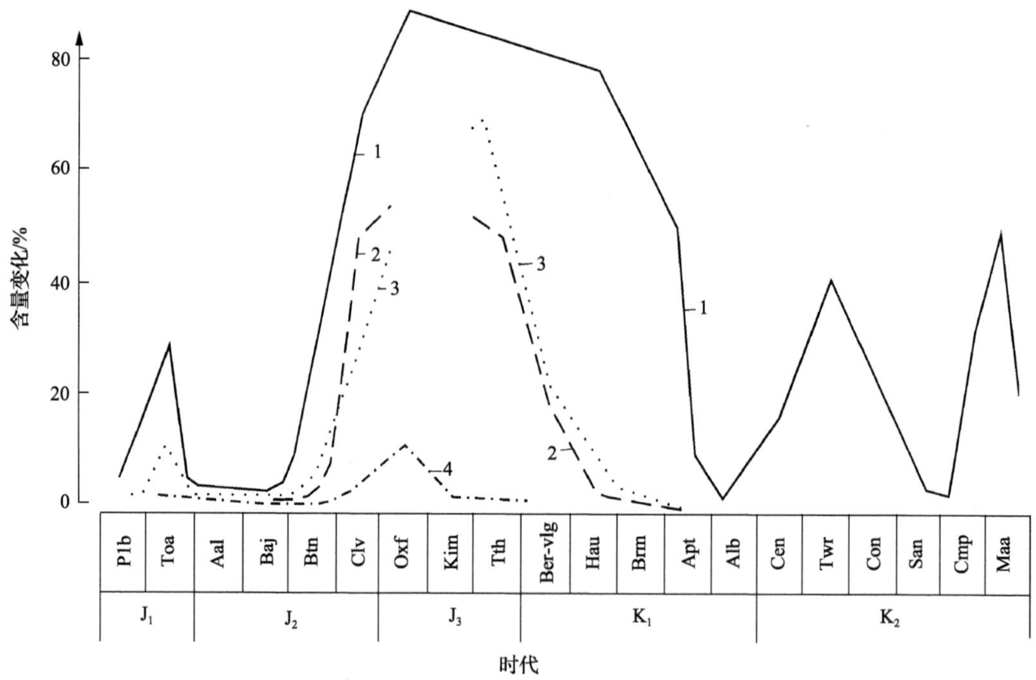

图 3-2 欧亚大陆 *Classopollis* 花粉含量在侏罗纪—白垩纪地层的变化曲线(据 Вахрамеев，1988)

1. 摩尔达维亚、高加索、哈萨克斯坦南部和中亚其他地区；2. 俄罗斯地台中部；3. 西西伯利亚和中西伯利亚；4. 叶尼塞河口和哈坦加盆地

等单沟花粉比较发育，主要种均为 *C. sulgrsnulatus*；④零星出现三叠纪孑遗分子；⑤经常出现一类比较特征的疑源类化石 *Kuqaia*。根据植物化石阳霞组的时代可能为早侏罗世晚期至中侏罗世最早期，该组底部植物化石以出现大量大型枝脉蕨为特点，应属早侏罗世；中上部出现较多的 *Coniopteris*，并见有本内苏铁 *Nilssonipteris vittata*、*N. major*，反映出强烈的中侏罗世的特点(邓胜徽等，2003)。

该组合与陕甘宁盆地富县组至延安组下部、内蒙古五当沟组、辽宁北票组、山东坊子组等孢粉组合面貌比较接近，共同特点是：①蕨类植物孢子中均以桫椤科孢子占优势；②裸子植物花粉中松柏类具囊花粉最为发育，*Cycadopites* 等单沟花粉也占有较大比例；③含少量三叠纪孑遗分子。内蒙古包头石拐煤田召沟组组合蕨类植物孢子中桫椤科孢子占优势，含量为 23.5%。裸子植物花粉中 *Classopollis*(24.4%)和 *Cycadopites* (大于 21.0%)最为发育，松柏类具囊花粉亦占有一定比例，与该组合可进行对比。但召沟组组合中松柏类具囊花粉含量较低，与该组合尚存在一定的区别。

俄罗斯西伯利亚地区里阿斯晚期与早期孢粉组合类型相近，但含量上发生了比较明显的变化，晚期孢粉组合中松柏类具囊花粉和本内苏铁型单沟花粉减少，桫椤科孢子增加，并经常出现 *Classopollis* 花粉，*Klukisporites* 少量见到。这一变化规律与准噶尔盆地相同。土兰盆地下侏罗统上部也发现 *Classopollis*(最高含量达 80%)比较发育的孢粉组合，组合中还含有大量的 *Piceaepollenites*。该盆地桫椤科孢子在中侏罗统下部的组合中开始发育。该组合与土兰盆地下侏罗统上部至中侏罗统下部的孢粉组合大致可进行对比。

根据以上分析和对比，三工河组的时代应隶属于早侏罗世晚期至中侏罗世早期。

第八节　西山窑组孢粉组合的地质时代

西山窑组孢粉组合中 *Deltoidospora* 和 *Cyathidites* 等桫椤科孢子占优势，常见 *Neoraistrickia*，裸子植物花粉中松柏类具囊花粉比较发育，*Concentrisporites* 频繁出现。与下伏三工河组孢粉组合虽比较相似，但组合面貌发生了比较明显的变化：①多数剖面西山窑组组合中蕨类植物孢子含量高于裸子植物花粉，少数样品中见大量藻类化石 *Schizosporis*；②多数样品中桫椤科孢子的含量丰富；③*Lycopodiumsporites* 和 *Neoraistrickia* 较为常见，类型较多；④*Lunzisporites*、*Aratrisporites* 和 *Taeniaesporites* 等古老分子基本消失；⑤原始松柏类花粉和单沟花粉减少；⑥出现一些新的化石类型，如 *Converrucosisporites complanatus* 等；⑦三工河组中比较发育的疑源类化石 *Kuqaia* 在该组合中基本消失。上述孢粉组合面貌的变化，反映了西山窑组的时代应新于三工河组。

该组合中出现的 *Neoraistrickia gristhorpensis* 在英国见于中侏罗世早期地层（Couper，1958），瑞典中侏罗统，在我国见于陕甘宁盆地延安组（徐钰林和张望平，1980）、山西大同组、辽宁郭家店组、内蒙古五当沟组和新疆塔里木盆地北部克孜勒努尔组等，是中侏罗世孢粉组合中的重要分子；*Lycopodiumsporites* 在俄罗斯北高加索地区和西伯利亚地区以中侏罗世地层中比较发育，在我国新疆塔里木盆地北部克孜勒努尔组、吐哈盆地西山窑组和伊犁地区中侏罗统孢粉组合中均频繁出现，类型颇为丰富；*Densoisporites scanicus* 广泛分布于瑞典及我国塔里木盆地北部、伊犁地区、吐哈盆地、内蒙古和陕西等地中侏罗世地层中；*Reticulatasporites clathrotus* 常见于陕西延安组、吐哈盆地西山窑组、塔里木盆地克孜勒努尔组和四川下沙溪庙组；*Klukisporites pseudoreticulatus* 在我国塔里木盆地、吐哈盆地、陕甘宁盆地及欧美地区产于早侏罗世至晚白垩世地层中。

在西山窑组孢粉组合未见 *Aratrisporites* 和具肋双气囊花粉等古老分子，而不同于早侏罗孢粉组合。

该组合与塔里木盆地北部库车河剖面中侏罗统克孜勒努尔组中、下部孢粉组合特征相似，两组合的共同特点是：①桫椤科孢子十分繁盛，类型丰富；②*Neoraistrickia* 常见，分异度较高，均出现中侏罗统比较重要的种 *N. gristhorpensis*；③*Aratrisporites* 等古老分子基本消失；④松柏类具囊花粉相当发育，但原始松柏类花粉较下伏地层明显减少；⑤无口器类花粉占有较大比例。与后者稍有不同的是 *Cycadopites* 等单沟花粉的含量较低。说明它们的层位应基本相当。

吐哈盆地西山窑组孢粉组合中，蕨类植物孢子以桫椤科孢子 *Cyathidites* 和 *Deltoidospora* 为主，裸子植物花粉中以松柏类双囊花粉含量较高，*Classopollis* 含量很低为主要特征，与该组合面貌非常相似。

该组合与陕甘宁盆地中侏罗统延安组孢粉组合（徐钰林和张望平，1980）相似，两组合中桫椤科孢子均比较发育，松柏类具囊花粉占有一定比例。两组合的主要区别是后者 *Cycadopites* 等单沟花粉和 *Quadraeculina* 含量较高。

西山窑组孢粉组合与内蒙古东胜延安组、河北平原松树台九龙山组、华北召沟组（刘兆生，1982)、东北北票组(蒲荣干和吴洪章，1982)孢粉组合均可对比，孢粉组合的共同特征是桫椤科孢子比较发育，*Neoraistrickia* 频繁出现，裸子植物花粉中以松柏类具囊花粉含量较高。说明它们为同一时代的产物。

根据以上分析和对比，西山窑组的时代应隶属于中侏罗世，可能为中侏罗世早期。

第九节　头屯河组孢粉组合的地质时代

头屯河组孢粉组合主要特征为蕨类植物孢子仍以桫椤科孢子居多，并见有 *Concavissimisporites*、*Impardicispora minor*、*Kraeuselisporites manasiensis* 和 *Antulsporites clavus* 等时代较新的分子；裸子植物花粉中仍以松柏类具囊花粉含量最高，其次为 *Classopollis*，经常出现 *Concentrisporites* 和 *Perinopollenites*。该组合基本上为西山窑组延续上来的分子，与下伏西山窑组孢粉组合的主要区别是：①*Classopollis* 在组合中占有一定比例，而西山窑组组合中则很少；②*Lycopodiumsporities* 含量较低，而西山窑组组合中比较常见；③组合中见 *Concavissimisporites*、*Impardicispora minor* 等时代较新的分子。

中侏罗世晚期 *Classopollis* 的含量较早期明显升高，这是我国北方地区孢粉组合的普遍规律，如塔里木盆地库车拗陷克孜勒努尔组顶部至恰克马克组孢粉组合中 *Classopollis* 非常发育，最高含量达 79.0%，而该属花粉在克孜勒努尔组(除顶部外)只零星见到。吐哈盆地西山窑组组合中含量均在 5%以下，而上覆三间房组平均含量达 19.4%，七克台组则高达 5.7%～59.5%，平均 36.9%。甘肃龙凤山组中含量很低(0.5%)，而上覆王家山组含量最高达 79.2%。陕西延安组只少量出现，而直罗组含量(6.5%)稍高。河北下花园组含量(小于 10%)较低，上覆九龙山组含量高达 14%～45%。*Classopollis* 含量的这一变化趋势，也是俄罗斯西伯利亚中侏罗世晚期的孢粉组合特征之一。因此，*Classopollis* 含量的明显变化对确定中侏罗世早、晚期具有比较重要的意义。

Concavissimisporites variverrucatus、*C. minor*，*Impardicispora minor*、*Lygodiumsporites* 等海金沙科孢子为世界各地白垩纪孢粉组合中的重要分子，但部分属种在中侏罗世，特别是中侏罗世晚期的孢粉组合中就有少量出现，如 *Concavissimisporites variverrucatus* 在英国出现的最低层位为中侏罗世巴柔阶，加拿大见于晚侏罗世至早白垩世地层中，我国从中侏罗世晚期至早白垩世地层中均有发现；*C. minor* 从晚侏罗世开始出现，但在该组合中已可零星见到。在该组合中海金沙科孢子的出现，展示了时代相对较新的孢粉组合面貌。

上述分子的出现或含量的变化，说明其地质时代较下伏西山窑组要新。

该组合与塔里木盆地北部库车河剖面中侏罗统克孜勒努尔组顶部至恰克马克组孢粉组合面貌相似，它们的共同特点是 *Classopollis* 比较发育，桫椤科孢子的含量仍在组合中占有较大比例，组合中均见有 *Concavissimisporites*、*Impardicispora*、*Lygodiumsporites* 等海金沙科孢子。

该组合与吐哈盆地中侏罗世三间房组至七克台组孢粉组合的特征也非常相似，所不同只是后一组合中 *Classopollis* 的含量更为丰富。七克台组组合中 *Classopollis* 的含量较三间房组更高。

伊犁地区艾维尔沟群上部孢粉组合中桫椤科孢子和 *Clssopollis* 亦比较发育，与该组合可进行较好的对比。

该组合与甘肃靖远时代为中侏罗世晚期的王家山组孢粉组合(王永栋等，1998)的面貌相似，两者均以裸子植物花粉占优势，组合中 *Classopollis*、*Quadraeculina* 和桫椤科孢子均比较发育，并含有 *Concavissimisporites* 等海金沙科孢子。*Classopollis* 等分子含量的变化规律与准噶尔盆地完全相同，故两组合的时代应相当。

鄂尔多斯盆地延安西杏子河剖面直罗组孢粉组合(王永栋等，1998)中以裸子植物花粉(46%～94.5%)占优势，其中 *Classopollis*(28%～60.5%)居首位，松柏类具囊花粉也占有较大比例；蕨类植物孢子中 *Cyathidites*(3.5%～11.0%)和 *Deltoidospora*(2.5%～22%)等桫椤科孢子最为发育，常见 *Osmundacidites*、*Biretisporites* 和 *Lycopodiumsporites* 等。组合特征与该组合相似，所不同的只是该组合中 *Classopollis* 的含量要低一些，两组合的时代应基本一致。

苏联图拉盆地中侏罗统上部孢粉组合中 *Classopollis* 的含量也明显增加。

根据以上分析，以及与国内外相关地层中孢粉组合的对比，并考虑到我国晚侏罗世孢粉组合中，常出现较多的白垩纪特征分子，如 *Cicatricosisporites*、*Schizaeoisporites* 等，该组合特征与晚侏罗世孢粉组合存在一定的区别，而将头屯河组的时代确定为中侏罗世晚期。

第十节　齐古组孢粉组合的地质时代

齐古组孢粉组合以松柏类具囊花粉、*Classopollis* 和桫椤科孢子比较发育，个别出现海金沙科孢子 *Lygodiumsporites* 为主要特征，组合特征与该区中侏罗统头屯河组孢粉组合相似。从国内外已知孢粉资料看，晚侏罗世孢粉组合与中侏罗世组合的主要区别是组合中 *Classopollis* 更为发育，并出现一些白垩纪的先驱分子，如 *Cicatricosisporites*、*Schizaeoisporites* 和 *Trilobosporites* 等。如吐哈盆地台北凹陷的齐古组孢粉组合中，*Classopollis* 在裸子植物花粉中占绝对优势，平均含量达 64%，个别样品可高达 92%；三塘湖盆地塘参 1 井齐古组孢粉组合中 *Classopollis* 含量为 7%～68%。

该组合中 *Classopollis* 的含量为 11.7%，*Lygodiumsporites* 等海金沙科孢子只个别见到，与晚侏罗世孢粉组合存在一定的差别，因只在齐古组底部个别样品见孢粉化石，且化石很少，故暂将其时代定为中侏罗世晚期至晚侏罗世早期。

第十一节　吐谷鲁群清水河组孢粉组合的地质时代

清水河组孢粉组合中的蕨类植物孢子是以 *Lygodiumsporites* 和 *Toroisporis* 等海金沙科孢子为主，常见 *Cyathidites* 等桫椤科孢子和 *Parajunggarsporites*，少量出现 *Cicatricosisporites*、*Crybelosporites*、*Brevilaesuraspora*、*Densoisporites* 和 *Hsuisporites* 等为特征。海金砂科孢子大量出现是早白垩世孢粉组合最重要的特征之一，其中 *Cicatricosisporites* 属在国内外分布非常广泛，且为划分侏罗系—白垩系界线的最重要的标志化石之一。该属由 Potonié和 Gelletich 于 1933 年创立，最早见于英国南部 Purbeck 岩层，在晚侏罗世晚期提塘期的孢粉组合中，出现了少量的 *C. dorogensis*，至早白垩世早期(早贝里阿斯期)该属也只有两个种，且含量很低，其后含量和类型才逐渐增多。欧洲其他地区，如荷兰东部、德国北部、波兰、莫斯科盆地，以及西部加拿大晚侏罗世晚期至早白垩世早期的孢粉组合中，无突肋纹孢的出现和发展与英国基本相同。但大量资料证明，多数地区无突肋纹孢还是在侏罗系与白垩系界线之上出现的，而且在早白垩世最早期数量很少，至凡兰吟期才开始增多，欧特里沃期—巴列姆期大量繁盛。在我国尚未见在晚侏罗世地层中出现无突肋纹孢的报道，而在早白垩世地层中无突肋纹孢的分布则非常普遍，至今在西北、东北、华南、华中、华东等地区均见有报道，与国外该属在纵向上的分布特点相一致。准噶尔盆地清水河组孢粉组合中出现少量的无突肋纹孢对确定该组合的时代十分重要；*Lygodiumsporites pseudomaximus* 产于我国江苏的葛村组，安徽朱巷组一段，江西弋阳县冷水坞组；*L. subsimplex* 在苏联克里米亚、高加索东北、哈萨克斯坦西部、摩尔达维亚等地晚侏罗世提通期的地层开始少量出现，但主要分布于世界各地白垩纪地层中，是我国白垩纪地层中分布最为广泛的种之一；*L. maximus* 和 *L. microadriensis* 也为白垩纪孢粉组合中的常见分子；*Concavissimisporites punctatus* 是世界各地早白垩世地层中分布颇广泛的种，它在英国、德国、荷兰、美国、加拿大、苏联、罗马尼亚及我国南、北方早白垩世地层中均有发现。

Brevilaesuraspora orbiculata 在我国北方内蒙古、辽西、黑龙江等地早白垩世地层中出现频率较高；*Densoisporites microrugulatus* 是欧洲、北美、苏联、澳大利亚及中国早白垩世地层中最为常见的分子；*Crybelosporites* 为白垩纪标志分子，该属分布时限较短，从早白垩世早期至晚白垩世早中期，尤以早白垩世最为繁盛；*Parajunggarsporites* 属由 *Junggarsporites* 属演变而来，*Junggarsporites* 为余静贤(1990)创建的属，首见于准噶尔盆地南缘早白垩世吐谷鲁群，在塔里木盆地北部早白垩世卡普沙良群舒善河组也有少量发现。宋之琛等(2000)考虑到该属名与 *Junggaresporites* 几乎相同，容易混淆，而将其改为现属名。该属在准噶尔盆地和塔里木盆地北部仅见于早白垩世地层中，为早白垩世标志分子之一。

裸子植物花粉中 *Rugubivesiculites reductus*、*R. rugosus*、*R. fluens* 广泛见于世界各地白垩纪地层中，其他属种分布时限相对较长，在侏罗纪和白垩纪地层中均可出现。

清水河组孢粉组合中出现较多主要分布于早白垩世地层中的重要分子，说明其地质时代可归于早白垩世。

该组合与甘肃、青海民和盆地下白垩统河口组下亚组孢粉组合相似，两组合中 *Classopollis* 和松科花粉含量均较高，并见有一定数量的 *Podocarpidites*，蕨类植物孢子中海金沙科孢子的含量较高，类型也比较丰富，并见有 *Densoisporites*、*Hsuisporites* 等。所不同的只是后者 *Cicatricosisporites* 的含量相对较高，类型也较多。苏联外高加索早白垩世凡兰吟期的孢粉组合中 *Classopollis*、松科花粉及 *Podocarpidites* 大量出现，并常见海金沙科孢子，与该组合特征接近。两组合地质时代应大体相当。

根据以上分析和对比，该组合的时代应为早白垩世早期。孢粉组合中见有大量常见于早白垩世的属种，又见有一定数量的从侏罗纪延续下来的属种，正符合早白垩世早期孢粉植物群的特征。

中国科学院南京地质古生物研究所黎文本和何承全（1996）在“塔里木盆地早三叠世疑源类化石及其环境意义”一文中对疑源类化石 *Dorsennidium* 和 *Micrhystridium* 的生存环境进行了比较详细的叙述。该类化石在国内外均产于海相地层中，*Dorsennidium* 迄今尚未见淡水产的报道。*Dorsennidium* 和 *Micrhystridium* 在清水河组中的发现无疑对研究该岩组的沉积环境具有比较重要的意义，说明准噶尔盆地达巴松凸起井区在清水河组沉积时期水体盐度较高。

第十二节　呼图壁河组至连木沁组孢粉组合的地质时代

准噶尔盆地吐谷鲁群中的孢粉化石以清水河组最为丰富，呼图壁河组至连木沁组化石较少，且主要见于盆地南缘西部和盆地西北缘井下，其中胜金口组获得孢粉化石的几率相对较高，而呼壁图河组和连木沁组获得化石的几率很低。呼壁图河组、胜金口组和连木沁组孢粉组合中 *Cicatricosisporites* 很少，*Schizaeoisporites* 只少量见到，且未见被子植物花粉，组合面貌比较相似。

孢粉组合中比较发育的 *Concavissimisporites*、*Lygodiumsporites*、*Toroisporis* 和 *Cicatricosisporites* 等海金沙科孢子、频繁出现的莎草蕨科孢子 *Schizaeoisporites*，以及 *Crybelospporites* 均为准噶尔盆地白垩纪孢粉组合中的重要分子；*Classopollis*、*Rugubivesiculites* 和 *Jiaohepollis* 等为白垩纪孢粉组合中的常见分子。上述分子在组合中的频繁出现，说明其地质时代应为白垩纪。该组合中尚未出现被子植物花粉，*Schizaeoisporites* 虽比较常见，但分异度较低，并见有准噶尔盆地早白垩世组合中的特征分子 *Parajunggarsporites* 等，孢粉组合仍显示早白垩世组合的面貌。

呼图壁河组至连木沁组孢粉组合与青海民和盆地河口组、甘肃花海盆地和酒泉盆地新民堡群孢粉组合相似，两组合地质时代应大致相当。考虑到与准噶尔盆地南缘连木沁组层位相当的吐鲁番盆地连木沁剖面连木沁组孢粉组合中，见有 *Clavatipollenites*、*Tricolpites* 和 *Asteropollis* 等被子植物花粉，且与青海民和盆地时代为早白垩世晚期的河口组上亚组孢粉组合可进行较好对比。根据孢粉化石资料，连木沁组的时代为巴雷姆期至阿尔必期，呼图壁河组至连木沁组的时代可定为威尔登期至阿尔必期。余静贤(1990)将新疆北部呼图壁河组的时代定为早白垩世威尔登期早、中期，胜金口组时代为早白垩世中期，连木沁组时代为早白垩世晚期，大体相当于阿尔必期。

除孢粉化石外，准噶尔盆地吐谷鲁群还产有比较丰富的介形类和轮藻化石。介形类化石建立 *Cypridea-Rhinocypris-Latonia -Djungarica* 介形类组合，时代为早白垩世贝利阿斯期至巴雷姆期(蒋显庭等，1995)。轮藻化石只产于呼图壁河组和连木沁组，呼图壁河组中的轮藻化石建立 *Clyeator zongjiangensis* 带，时代为早白垩世早期(相当于贝利阿斯期—凡兰吟期；连木沁组轮藻化石建立 *Flabellochara hebeiensis* 带，时代为早白垩世中期(巴雷姆期)。

孢粉化石所提供的连木沁组的时代意见(余静贤，1990)与介形类、轮藻化石所提供的时代意见存在一定的矛盾。

第十三节　紫泥泉子组下段孢粉组合的地质时代

该段地层的孢粉组合以出现比较多的 *Concavissimisporites gibberulum*、*Lygodioisporites*、*Zlivisporis*、*Seductisporites*、*Nevesisporites* cf. *stellatus*、*Gabonisporis labyrinthus*、*Schizaeoisporites*、*Balmeisporites*、*Parvisaccites otagoensis*、*Rugubivesiculites*、*Exesipollenites*、*Liliacidites*、*Aquilapollenites attenuatus*、*Jianghanpollis* 和 *Cranwellia* 等白垩纪重要分子为主要特征。这些化石中部分为晚白垩世特殊分子，如 *Gabonisporis labyrinthus* 常发现于加拿大晚白垩世中、晚期地层中，在我国见于松辽盆地姚家组(高瑞琪等，1999)，塔里木盆地西部依格孜牙组(王大宁等，1990)；“大孢子”化石 *Balmeisporites* 地理分布很广，南、北半球都有发现，其地质分布主要在晚白垩世地层中，其中无赤道突起的种仅限于晚白垩世地层。在我国 *Balmeisporites* 主要产于松辽盆地上白垩统姚家组和嫩江组、广东三水盆地大塱山组，其中 *B. triangulatus* 和 *B. saertuensis* 见于松辽盆地姚家组(高瑞琪等，1999)；*Aquilapollenites* 具有广泛的世界性分布，分布时限短(早白垩世阿尔必期至古近纪，繁盛期为晚白垩世，尤其是坎潘期至马斯特里赫特期)，层位稳定，许多种可以进行大区域对比，其中 *A. attenuatus* 分布时代为晚白垩世坎潘尼期至马斯特里赫特期，曾见于美国怀俄明州的兰斯组，加拿大阿尔伯达的下爱特蒙顿层，在我国松辽盆地产于嫩江组至明水组(高瑞琪等，1999)，三江盆地雁窝组；*Jianghanpollis* 为我国晚白垩世地方性重要分子，主要产于湖北江汉平原、江苏苏北盆地、广东三水盆地、青海民和地区晚白垩世地层中，少数种上延至古近纪地层。*J. ringens* 见于江汉平原渔洋组、苏北盆地泰洲组和山东惠民王氏组；*J. scabiosus* 发现于江汉平原跑马岗组；*Cranwellia* 也为世界性分布的晚白垩世重要分子，*C. conspicuus* 产于塔里木盆地西部库克拜组和乌依塔克组(张一勇和詹家祯，1991)、江西会昌周家店组；*Liliacidites creticus* 在中国产于湖北枣阳县上白垩统、塔里木盆地西部依格孜牙组(王大宁等，1990)。上述属种的出现使该组合显示了晚白垩世孢粉组合的特点。

除晚白垩世特殊分子外，组合中见到的 *Nanlingpollis*、*Santalumidites* 为我国古近纪孢粉组合中的重要分子；该组合中具一定含量的古新世繁盛的属 *Parcisporites*，但在苏北盆地泰州组上部、松辽盆地嫩江组—明水组的孢粉组合中也经常出现，其中 *Parcisporites parvisaccus* 在我国各地产于上白垩统至古近系(宋之琛等，1999)；*P. auriculatus* 产于辽宁抚顺盆地抚顺群、松辽盆地泉头组至嫩江组(高瑞琪等，1999)、塔里木盆地温宿地区塔拉克组(张一勇和詹家祯，1991)；该组合中出现的 *Sparganiaceaepollenites*、*Potamogetonacidites*、*Keteleeriaepollenites dubius* 和 *K. minor* 广泛见于世界各地新生代地层中。组合中古近纪重要分子和繁盛于古新世的 *Parcisporites* 的出现，表明当前组合为晚白垩世晚期的产物。

该组合中被子植物花粉含量较低，但出现的类型较多，其中 *Salixipollenites*、*Sparganiaceaepollenites*、*Potamogetonacidites*、*Engelhardtioidites*、*Momipites*、*Ostryoipollenites*、*Ulmipollenites*、*Ulmoideipites*、*Celtispollenites* 等与现代植物科属关系清楚的花粉已经出现。依据张一勇(1999)对晚白垩世被子植物花粉发展阶段的研究，该组合被子植物花粉

在演化阶段中已相当于晚白垩世晚期(马斯特里赫特期)阶段。

准噶尔盆地南缘吐谷2井等紫泥泉子组孢粉组合中*Pinuspollenites*、*Piceapollis*等松科花粉的含量较高,被子植物花粉中常见*Jianghanpollis*,样品中也产有大量的*Pediastrum*等藻类、疑源类化石，与芳3井孢粉组合相似。部分钻孔相当层位的孢粉组合中松科花粉含量较低，*Classopollis*比较发育，可能与沉积环境有关。相似的孢粉组合及岩性、电性特征，表明盆地南缘与芳3井产晚白垩世孢粉化石的层位应属同一沉积时期的产物。盆地南缘井下紫泥泉子组下段含孢粉化石的层位被介形类化石确定为晚白垩世坎潘期至马斯特里赫特期。

根据以上分析和对比,该段地层的时代应隶属于晚白垩世坎潘期至马斯特里赫特期,考虑到被子植物花粉的演化阶段，其时代为马斯特里赫期的可能性较大。

第十四节　安集海河组孢粉组合的地质时代

准噶尔盆地南缘西部安集海河组中藻类、疑源类化石非常丰富，相对于藻类、疑源类化石孢粉化石则很少。根据对昌吉河西、南安集海河和阿尔钦沟等露头剖面孢粉化石的研究，共建立了四个孢粉组合。孢粉组合中*Ephedripites*繁盛，种类繁多，在裸子植物花粉中常居优势地位；松柏类具囊花粉除安集海河组中段下灰绿层至中条带层相对较少外，在其他层位的样品中也占有很大的比例；杉科花粉*Taxodiaceapollenites*和无口器类花粉在组合中频繁出现；被子植物花粉中以*Tricolpopollenites*、*Quercoidites*和*Labitricolpites*等三沟花粉，以及*Pokrovskaja*、*Meliaceoidites*、*Qinghaipollis*和*Euphorbiacites*等三孔沟类花粉为主。孢粉组合中未见宋之琛等所划我国西北植物地理区古新世孢粉组合中的重要分子正型粉类花粉和山龙眼粉，裸子植物花粉中雏囊粉只零星出现；新近纪孢粉组合中大量出现的藜科、石竹科、菊科等旱生草本植物花粉在安集海河组组合中含量很低。孢粉组合特征与塔里木盆地西部齐姆根组上段至巴什布拉克组二、三段(王大宁等，1990；张一勇和詹家祯，1991)大致可以对比。

塔里木盆地西部齐姆根组上段至巴什布拉克组二—四段为一套海相地层，地层中产孢粉及海相沟鞭藻、颗石藻、有孔虫、介形类、双壳类、腹足类等化石，其中沟鞭藻和颗石藻化石可与国际层型阶的化石带对比，这就为塔里木盆地西部齐姆组上段至巴什布拉克组的时代确定提供了比较可靠的化石依据，该段地层中的孢粉化石资料也为准噶尔盆地安集海河组的时代划分和对比提供了比较理想的对比资料。根据沟鞭藻和颗石藻化石的意见，将齐姆根组上段的时代确定为早始新世，卡拉塔尔组和乌拉根组的时代为中始新世，巴什布拉克组二—四段的时代为晚始新世。

塔里木盆地西部齐姆根组上段孢粉组合中蕨类植物孢子很少；裸子植物花粉以*Ephedripites*居多，常见*Steevesipollenites*，松柏类具囊花粉只个别出现；被子植物花粉中则以*Quercoidites*、*Tricolpopollenites*等三沟花粉为主，并见有少量*Meliaceoidites*、*Pokrovskaja*和*Qinghaipollis*等从始新世以后才开始出现的时代相对较新的分子。除松柏类具囊花粉含量较低外，该组合特征与准噶尔盆地南缘安集海河组下段孢粉组合非常相似，其层位应大致相当，故安集海河组下段的时代属于早始新世的可能性较大。

卡拉塔尔组和乌拉根组孢粉组合与下伏齐姆根组上段孢粉组合相似，组合中裸子植物花粉均以 *Ephedripites* 占优势，*Steevesipollenites* 频繁出现；被子植物花粉中 *Quercoidites* 仍占有较大比例。与后者不同的是被子植物花粉中 *Sapindaceidites*、*Meliaceoidites*、*Euphorbiacites* 和 *Rutaceoipollis* 等热带、亚热带植物的花粉，以及 *Pokrovskaja*、*Qinghaipollis* 和 *Labitricolpites* 等含量明显增加。准噶尔盆地南缘安集海河组中段孢粉组合与下段相比，*Meliaceoidites*、*Euphorbiacites* 等热带、亚热带植物的花粉，以及 *Pokrovskaja* 和 *Labitricolpites* 等的含量也明显增加，其变化规律与塔里木盆地西部卡拉塔尔组和乌拉根组与下伏齐姆根组上段被子植物花粉的变化规律是相同的；两地裸子植物花粉中 *Ephedripites* 仍居优势地位。由此可见，安集海河组中段与塔里木盆地西部卡拉塔尔组和乌拉根组可能为同一时期的产物，时代为中始新世。

巴什布拉克组二、三段孢粉组合与卡拉塔尔组和乌拉根组孢粉组合面貌相似，仍以三沟、三孔沟类花粉及 *Ephedripites* 占有很大比例为特征，但裸子植物花粉中松柏类具囊花粉增加，被子植物花粉中藜科、菊科等旱生草本植物花粉开始少量出现。安集海河组上段孢粉组合中松柏类具囊花粉含量较高，被子植物花粉中也见有少量的藜科、菊科等旱生草本植物花粉，与塔里木盆地西部巴什布拉克组二、三段的孢粉组合也大致可以对比。

安集海河组中段和上段除孢粉化石外，还产有大量的沟鞭藻类化石，据中国科学院南京地质古生物研究所程金晖、何承全和新疆油田公司实验检测研究院周春梅等研究（周春梅等，2012），共建立一个组合带（*Glaphyrocysta-Spiniferites* 组合带），二个亚组合带（下部的 *Phthanoperidinium-Palaeoperidinium* 亚组合带和上部的 *Glaphyrocysta* 亚组合带）。沟鞭藻组合面貌与塔里木盆地中、晚始新统乌拉根组至巴什布拉克组二—四段不大相同，共同分子相对较少，但与英格兰南部巴尔顿层（Barton Beds）沟鞭藻组合有很多共同分子，组合面貌比较相似。沟鞭藻类化石所反映的时代为始新世中—晚期。

在藻类化石中，属于绿藻门指示海湾特性的整洁厚壁球藻在南、北疆始新统部分样品中均非常发育。该类化石在两地区间的地层对比或许具有一定的意义。该属化石在塔里木盆地西部乌拉根组和巴什布拉克组二—四段，尤其是后者部分样品中非常发育；在准噶尔盆地南缘西部南安集海河剖面安集海河组中段上灰绿层（14NA-24GB 号样品）含量达 69.6%，阿尔钦沟剖面安集海河组中段上灰绿层（14AR-52GB 号样品）含量更高达 93%，昌吉河西剖面安集海河组上段含量为 17%。因此，从厚壁球藻的分布特点，也说明将准噶尔盆地南缘安集海河组中、上段与塔里木盆地西部乌拉根组至巴什布拉克组四段进行对比可能是正确的。

准噶尔盆地南缘西部安集海河组中除藻类、疑源类和孢粉化石外，还产有大量介形类、双壳类、腹足类和轮藻等化石。不同门类的化石对安集海河组的时代归属看法不一，其中介形类和轮藻化石的意见是将安集海河组的时代划归为渐新世；而根据双壳类化石该组的时代为始新世，或始新世至渐新世早期；双壳类化石的意见与沟鞭藻类化石的意见比较一致。

在讨论安集海河组的时代时，作者认为可以把它与发生在亚洲大陆新生代的喜马拉雅运动结合起来进行研究。众所周知，喜马拉雅运动三个主要造山幕的第一幕就发生在始新世末期到渐新世初期，这一造山运动对我国西部的影响最大。在剧烈的挤压作用下，喜马拉雅山脉和青藏高原迅速抬升。在青藏高原以北，同样出现了祁连山山地、昆仑山山地和天山山地的上升，以及山地之间的柴达木盆地、塔里木盆地和准噶尔盆地的下降。山地的升高，山地面积的扩大，使得适宜于山地环境的松柏类植物大量发育。所以，在我国西部地区始新世末期至渐新世早期孢粉组合中松柏类具囊花粉大量增加应是一个普遍的现象，如柴达木盆地下干柴沟组中部松柏类具囊花粉仅占 9.6%，而该组上部含量增至 26.14%；塔里木盆地西部乌拉根组孢粉组合中松柏类具囊花粉只零星出现，而上覆巴什布拉克组二至四段孢粉组合中 *Pinuspollenites*(0~9%) 等松科花粉明显增加；塔里木盆地北部库车地区苏维依组中、下部松柏类具囊花粉也很少，含量均低于 5%，而该组上部和吉迪克组下部孢粉组合中松柏类具囊花粉的含量则高达 30%以上。

准噶尔盆地南缘安集海河组中段(除昌吉河西剖面外)裸子植物花粉中都以麻黄粉非常发育，松柏类具囊花粉含量较低为主要特征，而该组上段松柏类具囊花粉明显增多，如昌吉河西剖面平均含量达 47.4%，阿尔钦沟剖面平均含量达 51.6%。安集海河组上段孢粉组合中松柏类具囊花粉的明显增多，正是这一时期造山运动的反映，也说明安集海河组上段的时代可能属于始新世末期至渐新世早期。

第十五节　沙湾组孢粉组合的地质时代

沙湾组孢粉化石很少，只在四棵树凹陷部分钻孔中见有一定数量的孢粉化石，孢粉组合一般以松科花粉非常发育，常见 *Taxodiaceaepollenites*、*Podocarpidites* 和 *Ephedripites* 等，被子植物花粉中以榆科花粉及旱生草本植物藜科花粉 *Chenopodipollis* 为主，常见 *Quercoidites*、*Juglanspollenites* 和 *Potamogetonacidites* 等，组合特征与下伏安集海河组上段孢粉组合发生了明显变化：①蕨类植物孢子较上一组合明显增加，所见类型较多；②松科花粉中 *Tsugaepollenites* 更为发育，最高含量达 34.2%；③上一组合较繁盛的 *Meliaceoidites* 和 *Pokrovskaja* 在该组合中只个别或少量见到；④*Ulmipollenites*、*Ulmoideipites* 和 *Celtispollenites* 等榆科花粉占有较大比例；⑤旱生草本植物藜科花粉 *Chenopodipollis* 开始大量出现，常见菊科、水生植物眼子菜科花粉 *Potamogetonacidites*。

菊科等草本植物一般从古近纪晚期开始出现，但数量很少，其繁盛期是在新近纪。菊科中拟菊苣粉属和蒿粉属仅见于新近纪孢粉组合中。

有关古近纪和新近纪孢粉组合的区别，国外 Leopold(1969) 和我国宋之琛等(1985)、朱宗浩等(1985)都做过专门的论述。综合前人的意见，古近纪与新近纪孢粉组合的主要区别为：①古老类型的孢粉，如希指蕨孢属、克拉梭粉属、山龙眼粉属、亚三孔粉属、江苏粉属和江汉粉属等在古近纪常出现，新近纪缺乏；②草本植物的藜科、菊科、蓼科、锦葵科及禾本科、莎草科等花粉的繁盛时期均在新近纪，菊科花粉中的蒿粉属和拟菊苣粉属只出现于新近纪；③松柏类，主要是松科花粉从始新世末期开始增多，在渐新世和新近纪均比较发育，在我国西北地区尤以中新世最为繁盛，类型丰富；④麻黄粉属花粉在柴达木盆地整个古近纪、新近纪地层中的含量都很高，但在新疆地区该属的繁盛期为古近纪，并以双穗麻黄粉亚属为主，新近纪含量较低；⑤和水龙骨科等有关的凸瘤水龙骨孢属、平瘤水龙骨孢属和水龙骨单缝孢属等在新近纪显著增多；⑥古近纪、新近纪过渡时期，由于气候变冷，反映寒冷气候的桦科花粉，如桤木粉属、桦粉属、拟桦粉属和苗榆粉属的数量有一定的增长。

以上论述为准噶尔盆地南缘沙湾组孢粉组合时代的确定提供了重要的参考。沙湾组孢粉组合中松科花粉非常发育，其中铁杉粉属花粉占有很大比例，被子植物花粉中以榆科花粉和旱生草本植物藜科花粉居多，常见菊科、水生植物眼子菜科花粉，这些特点也为柴达木盆地、新疆塔里木盆地中新世孢粉组合的重要特征之一。由此可见，根据孢粉化石资料，沙湾组主体的时代应为中新世早期。

第十六节　塔西河组孢粉组合的地质时代

塔西河组发现有两个孢粉组合，下部为 *Polypodiaceaesporites*-*Taxodiaceaepollenites*-*Ulmipollenites*（PTU）组合，以松科花粉非常繁盛，被子植物花粉分异度较高，主要为眼子菜科、榆科和胡桃科花粉，常见藜科和 *Fupingopollenites*，还见有菊科、桦科、蒺藜科、山毛榉科、椴科、柳叶菜科等花粉，以及 *Operculumpollis triangulus* 等；上部为 *Tsugaepollenites*-*Ulmipollenites*-*Chenopodipollis*（TUC）组合，以松科花粉中 *Tsugaepollenites* 占有较大比例，被子植物花粉中以榆科和藜科花粉居多。

塔西河组孢粉组合与沙湾组组合比较相似，它们的共同特点是：①裸子植物花粉中松科花粉非常发育；②被子植物花粉中榆科花粉均占有较大比例；③常见旱生草本植物藜科花粉，还见菊科等花粉。

与沙湾组孢粉组合的区别是：①蕨类植物孢子增多，其中水龙骨科孢子 *Polypodiaceaesporites* 占有较大比例；②松科花粉中 *Cedripites* 大量出现；③被子植物花粉中眼子菜科花粉增加；④见塔西河组比较重要的分子 *Operculumpollis triangulus* 等；⑤可见 *Sporotrapoidites* cf. *erdtmanii*、*S. weiheensis*、*Polycolpites* cf. *salviaeformis* 等。

该组合中所产 *Sporotrapoidites* 广泛分布于我国新近纪地层中；*Operculumpollis triangulus*、*O. taxiheensis* 和 *O. minor* 至今只见于准噶尔盆地南缘塔西河组；*Polycolpites salviaeformis* 在我国渤海海域见于明化镇组至平原组。

该组合与塔里木盆地北部库车地区吉迪克组上部至康村组孢粉组合面貌比较相似，它们的共同特点是：①松科花粉非常发育，均以 *Pinuspollenites*、*Piceapollis* 和 *Tsugaepollenites* 居多；②被子植物花粉中优势分子为 *Ulmipollenites*、*Ulmoideipites* 等榆科花粉、*Juglanspollenites* 等胡桃科花粉及 *Potamogetonacidites*、*Sparganiaceaepollenites*、*Tetradomonoporites*；③常见 *Echitricolporites*、*Tubulifloridites* 等菊科花粉，以及旱生草本植物藜科花粉 *Chenopodipollis*；④均个别或少量见到 *Labitricolpites*、*Fupingopollenites*、*Meliaceoidites*、*Pokrovskaja*、*Oleoidearumpollenites*、*Graminidites*、*Tiliaepollenites*、*Tricolpopollenites*、*Retitricolpites*、*Tricolpites* 等。说明准噶尔盆地塔西河组与库车地区吉迪克组上部至康村组应属同一沉积时期的产物。与后者稍有不同的是该组合中蕨类植物孢子较多，其中 *Polypodiaceaesporites* 具有一定的含量，被子植物花粉中见菱粉属花粉，旱生草本植物藜科花粉较后者要少，反映沉积时期准噶尔盆地南缘较天山以南的库车地

区相对要湿润一些。塔西河组中产有丰富的盘星藻类化石，而该类化石在吉迪克组和康村组则很少见到也说明这一点。

塔里木盆地西部安居安组至帕卡布拉克组孢粉组合面貌与塔西河组孢粉组合也比较相似，所不同的只是前者松科花粉中 *Tsugaepollenites* 的含量很低，被子植物花粉中胡桃科花粉只少量出现。

根据以上分析和对比，塔西河组的地质时代为中新世中、晚期。

第十七节 独山子组孢粉组合的地质时代

该组合以藜科和菊科等旱生草本植物及松科花粉比较发育，常见榆科花粉为主要特征。组合特征与塔西河组孢粉组合差别较大，旱生草本植物花粉居优势反映植被类型已由塔西河组沉积时期的森林草原型转变为独山子组沉积时期的草原型或荒漠-草原型。该组合特征与我国西部地区中新世晚期或中新世晚期至上新世的孢粉组合，如青海柴达木盆地大风山地区狮子沟组的蒿粉属-麻黄粉属-藜粉属组合(朱宗浩等，1985)、青海西宁-民和盆地咸水河组的藜粉属-栎粉属-榆粉属组合(孙秀玉等，1984；王大宁等，1990)、甘肃敦煌盆地南部的藜粉属-蒿粉属-栎粉属-麻黄粉属组合及藜粉属-蒿粉属-麻黄粉属组合(马玉贞，1991)面貌非常相似。故依据孢粉化石资料该段地层的地质时代为中新世晚期至上新世。

第四章　孢粉学在油气勘探中的应用

在准噶尔盆地油气勘探中，孢粉化石的研究主要侧重于三个方面的内容：一是观察孢粉化石的形态，鉴定化石类型，统计化石含量，研究组合特征，根据主要孢粉属种的地层分布特点，并通过与国内外相关孢粉组合特征的对比确定地质时代，划分对比地层，为孢粉地层学研究的主要内容；二是研究孢粉薄片中干酪根显微组分的类型，研究孢粉外壁的颜色变化与温度的关系，用以探讨干酪根显微组分的类型、有机质成熟度与油气形成的关系；三是根据孢粉化石的亲缘关系，恢复沉积时期的古植被、古气候和古沉积环境，用以解决油气生成时的地质条件。

该文以准噶尔盆地孢粉资料为例，阐述孢粉学在准噶尔盆地油气勘探中的应用价值。

第一节　孢粉学在地层划分对比中的应用

孢粉学在准噶尔盆地油气勘探中最主要的任务是解决露头和钻孔剖面的地层问题。孢粉因其数量巨大，加之孢粉外壁具有极强的抗氧化性，不易受到保存环境中各种不利因素的影响，而极易保存为化石。孢粉化石在准噶尔盆地的分布非常广泛，在全盆地覆盖区从下石炭统至新近系各层系地层中均可见到，这是其他门类化石无可比拟的。

孢粉化石在准噶尔盆地地层划分对比中的应用主要包括三个方面的内容：一是解决各钻孔所遇到的地层问题，及时提供井下地层的划分意见，我们将其称之为跟踪研究任务。这是孢粉地层学在油气勘探中最为重要的工作，为了做好该项工作，需要研究人员经常到现场采集样品，并以最快速度完成样品的分析鉴定工作，及时向相关部门提供井下地层的划分意见；二是做好生物地层基础性工作，如20世纪80、90年代所开展的准噶尔盆地白垩纪生物地层研究（“中国北方含油气区白垩系”研究课题）、准噶尔盆地第三纪生物地层研究（“中国含油气区第三系”研究课题）和准噶尔盆地侏罗纪生物地层研究（“中国含油气区侏罗系”研究课题），以及目前正在开展的准噶尔盆地三叠纪生物地层研究，在上述课题的研究中孢粉化石资料均发挥了很重要的作用；三是针对准噶尔盆地地层方面存在的问题开展研究工作，如我们针对准噶尔盆地西北缘井下石炭纪—二叠纪地层的划分对比问题、准噶尔盆地西北缘与其他地区二叠系的对比问题、准噶尔盆地东北缘石炭纪—二叠纪地层的划分对比问题、准噶尔盆地东北缘金沟组的时代问题、准噶尔盆地石南地区侏罗系—白垩系的界线等问题曾设立专题开展研究工作，其中孢粉化石在这些专题研究中均起到了关键作用。

第二节　孢粉学在烃源岩研究中的应用

孢粉分析方法与干酪根分析方法基本相同，孢粉薄片在显微镜下也可展示出各种类型的干酪根显微组分。为充分发挥孢粉薄片的作用，详细观察孢粉薄片中的各种干酪根显微组分的形态特征、光学特征及各自的相对含量，根据这些参数鉴别所分析岩石样品中的有机组分的类型和成熟度等，无疑在烃源岩研究中具有比较重要的意义。现以准噶尔盆地中、新生界各地层单元为例，说明孢粉薄片中干酪根显微组分的研究在烃源岩研究中所能发挥的作用。

一、利用孢粉薄片观察干酪根显微组分，划分干酪根类型

孢粉薄片是一个丰富多彩的微观世界，在生物显微镜下可观察到各种类型的干酪根显微组分。

本书研究的干酪根显微组分的分类及显微组分的加权系数采用中华人民共和国石油天然气行业标准“透射光-荧光干酪根显微组分鉴定及类型划分方法”(标准号为 SY/T 5125－1996)的方案(表 4-1)。

表 4-1　干酪根显微组分分类命名表

组	组分	成因	加权系数
腐泥组	腐泥无定型体、藻类体、腐泥碎屑体	低等水生物及其降解产物	+100
壳质组	树脂体	高等植物类脂	+80
	孢粉体、木栓质体、角质体、菌孢体、壳质碎屑体、腐殖无定型体	植物角质层、孢子花粉	+50
镜质组	结构镜质体、无结构镜质体	高等植物木质纤维组织凝胶化作用的产物	-75
惰性组	丝质体	高等植物、低等生物炭化作用的产物	-100

干酪根类型指数 T 值按下列公式求出：

$$T=100a+80b_1+50b_2+(-75)c+(-100)d$$

式中，a 为腐泥组百分含量；b_1 为树脂体百分含量；b_2 为孢粉体、木栓质体、角质体、壳质碎屑体、腐殖无定型体和菌孢体的百分含量；c 为镜质组的百分含量；d 为惰性组的百分含量。

根据干酪根类型指数(T值)划分干酪根类型的标准为：T值＋60～＋100 为腐泥型(Ⅰ型)；＋25～＋60 为腐殖腐泥型(II_1型)；－10～＋25 为腐泥腐殖型(II_2型)；－100～－10 为腐殖型(Ⅲ型)。准噶尔盆地中、新生代地层中干酪根类型见表 4-2。

表 4-2 准噶尔盆地各地层单元干酪根显微组分的特点

地层	标本号	各组分相对比例/%				干酪根		色级指数	有机质成熟度	剖面或井号
		腐泥组	壳质组	镜质组	惰质组	类型指数	类型			
韭菜园组	N5-S1		48	30	22	–20.50	Ⅲ型	2.61	低成熟	大龙口剖面
	N6-S1		20	23	57	–54.25	Ⅲ型	3.15	低成熟	
	N6-S5①		30	45	25	–43.75	Ⅲ型	2.75	低成熟	
烧房沟组	N8-S6		40	42	18	–29.50	Ⅲ型	2.74	低成熟	
	D51		70	25	5	11.25	$Ⅱ_2$型	2.85	低成熟	
	D54		30	30	40	–47.50	Ⅲ型	3.06	低成熟	
克拉玛依组	N11-S10		90	5	5	36.25	$Ⅱ_1$型	2.78	低成熟	
	N12-S12		85	8	7	29.50	$Ⅱ_1$型	2.94	低成熟	
	N13-S14		80	5	15	21.25	$Ⅱ_2$型	2.82	低成熟	
	N13-S16		95	4	1	43.50	$Ⅱ_1$型	2.67	低成熟	
	N13-S18		97	2	1	46.00	$Ⅱ_1$型	2.82	低成熟	
	N14-S21	3	87	5	5	37.75	$Ⅱ_2$型	2.64	低成熟	
	N14-S22		45	25	30	–26.25	Ⅲ型	2.78	低成熟	
	N14-S23	2	92	4	2	43.00	$Ⅱ_1$型	2.52	低成熟	
黄山街组	N15-S25	3	70	24	3	17.00	$Ⅱ_2$型	2.50	低成熟	
	N16-S26		65	27	8	4.25	$Ⅱ_2$型	2.60	低成熟	
	N16-S28		81	14	5	25.00	$Ⅱ_1$型	2.70	低成熟	
郝家沟组	N18-S28		30	25	45	–48.75	Ⅲ型	2.53	低成熟	
	N18-S31		45	25	30	–26.25	Ⅲ型	2.52	低成熟	
	N19-S33	2	65	20	13	4.50	$Ⅱ_2$型	2.66	低成熟	
	N19-S35		55	25	20	–11.25	Ⅲ型	2.70	低成熟	
	N20-S40		87	8	5	32.50	$Ⅱ_1$型	2.63	低成熟	
	N20-S43	1	85	12	2	32.50	$Ⅱ_1$型	2.60	低成熟	
	N22-S47		96	3	1	44.75	$Ⅱ_1$型	2.67	低成熟	
	N23-S52		90	5	5	36.25	$Ⅱ_1$型	2.77	低成熟	
	HJ-5		30	60	10	–40.00	Ⅲ型	2.58	低成熟	郝家沟剖面
	HJ-7		65	20	15	–32.5	Ⅲ型	2.62	低成熟	
	HJ-11	1	10	79	10	–63.25	Ⅲ型	2.63	低成熟	
	HJ-12	1	15	70	14	–30.00	Ⅲ型	2.50	低成熟	
	HJ-18	1	55	34	10	–7.00	$Ⅱ_2$型	2.20	未成熟	

续表

地层	标本号	各组分相对比例/%				干酪根		色级指数	有机质成熟度	剖面或井号
		腐泥组	壳质组	镜质组	惰质组	类型指数	类型			
郝家沟组	HJ-25	1	50	44	5	–12	Ⅲ型	2.65	低成熟	郝家沟剖面
	HJ-33		12	73	15	–63.75	Ⅲ型	2.62	低成熟	
	HJ-40		55	35	10	8.75	Ⅱ$_{2}$型	2.67	低成熟	
	HJ-48	6	4	80	10	–62.0	Ⅲ型	2.52	低成熟	
八道湾组	HJ-62		2	8	90	–95.0	Ⅲ型	2.70	低成熟	
	HJ-73		2	68	30	–79.25	Ⅲ型	2.79	低成熟	
	HJ-87		73	25	2	15.75	Ⅱ$_{2}$型	2.64	低成熟	
	HJ-99A		88	10	2	34.5	Ⅱ$_{1}$型	2.65	低成熟	
	HJ-111		93	5	2	40.75	Ⅱ$_{1}$型	2.59	低成熟	
	HJ-120	5	45	35	15	–13.75	Ⅲ型	2.71	低成熟	
	HJ-135		97	2	1	45.0	Ⅱ$_{1}$型	2.54	低成熟	
三工河组	HJ-139		99	1		48.75	Ⅱ$_{1}$型	2.53	低成熟	
	HJ-152		98	2		47.5	Ⅱ$_{1}$型	2.53	低成熟	
	HJ-161		85	10	5	30.0	Ⅱ$_{1}$型	2.36	低成熟	
	HJ-162	25	65	5	5	48.75	Ⅱ$_{1}$型	2.28	未成熟	
	HJ-169		95	5		43.75	Ⅱ$_{1}$型	2.37	未成熟	
西山窑组	HJ-171		80	15	5	23.75	Ⅱ$_{2}$型	2.51	低成熟	
	HJ-173	2	10	85	3	–57.25	Ⅲ型	2.53	低成熟	
	HJ-175	1	3	47	49	–81.75	Ⅲ型	2.25	未成熟	
	HJ-179	36	62	2		65.5	Ⅰ型	2.50	低成熟	
	HJ-181	95	3	2		95.0	Ⅰ型	2.37	未成熟	
头屯河组	HJ-184	2	32	35	31	–39.25	Ⅲ型	2.54	低成熟	
	HJ-188	20	40	15	25	3.75	Ⅱ$_{2}$型	2.62	低成熟	
	HJ-195	3	9	15	73	–78.75	Ⅲ型	2.48	未成熟	
	HJ-199	1	2	3	94	–94.25	Ⅲ型	2.31	未成熟	
齐古组	HJ-203		2	2	96	–96.50	Ⅲ型	2.40	未成熟	
	HJ-205		1	5	94	–97.25	Ⅲ型			
喀拉扎组	HJ-206		1	3	96	–97.75	Ⅲ型			
清水河组	2	80	3	2	15	65.0	Ⅰ型	2.44	未成熟	紫泥泉子剖面
	7	35	1	44	20	17.5	Ⅱ$_{2}$型	2.19	未成熟	
	9	30	1		69	–38.5	Ⅲ型			

续表

地层	标本号	各组分相对比例/%				干酪根		色级指数	有机质成熟度	剖面或井号
		腐泥组	壳质组	镜质组	惰质组	类型指数	类型			
清水河组	10	92	5	1	2	91.75	Ⅰ型	2.06	未成熟	紫泥泉子剖面
	13	35	25	22	18	13.0	$Ⅱ_2$型	2.46	未成熟	
呼图壁河组	14	1	1	5	93	−95.25	Ⅲ型			
	20		1	1	98	−98.25	Ⅲ型			
	28	5	33	22	40	−35.0	Ⅲ型	2.32	未成熟	
	30		6	2	92	−90.5	Ⅲ型	2.36	未成熟	
	14	1	1	5	93	−95.25	Ⅲ型			
	20		1	1	98	−98.25	Ⅲ型			
胜金口组	34	35	15	25	25	−1.25	$Ⅱ_2$型	2.20	未成熟	
	35	15	30	20	35	−20.0	Ⅲ型	2.32	未成熟	
	36	15	5	50	30	−50.0	Ⅲ型	2.26	未成熟	
	38	1	6	5	88	−87.75	Ⅲ型	2.59	低成熟	
连木沁组	39	5	55	5	35	−6.25	$Ⅱ_2$型	2.54	低成熟	
	44			1	99	−99.75	Ⅲ型			
	48	20	28	20	32	−13.0	Ⅲ型	2.13	未成熟	
	53			2	98	−99.5	Ⅲ型			
东沟组	55				100	−100.0	Ⅲ型			
	57			1	99	−99.75	Ⅲ型			
	59			5	95	−98.75	Ⅲ型			
紫泥泉子组	05830	65	25	8	2	69.50	Ⅰ型	2.65	低成熟	玛纳001井
	05831	55	30	10	5	57.50	$Ⅱ_1$型	2.70	低成熟	
	05832	60	12	3	25	38.75	$Ⅱ_1$型	2.72	低成熟	
安集海河组	AR-28	92	8			96.00	Ⅰ型	1.59	未成熟	阿尔钦沟剖面
	AR-45	75	25			87.50	Ⅰ型	1.60	未成熟	
	AR-72	98	2			99.00	Ⅰ型	2.02	未成熟	
沙湾组	MHX-15	90	10			95.00	Ⅰ型	1.79	未成熟	玛河西剖面
塔西河组	MHX-31	75	25			87.50	Ⅰ型	1.84	未成熟	
	MHX-32	69	31			85.50	Ⅰ型	1.70	未成熟	
	MHX-35	72	28			86.00	Ⅰ型	1.86	未成熟	

二、孢粉化石颜色与有机质成熟度

沉积盆地中油气生成的主要控制因素之一是有机质的成熟度。按照干酪根热降解成油机理，温度与有机质的演化速度呈指数关系。Tissot(1984)指出，温度每升高 10℃，在主要生油阶段初期，化学反应速度会加快一倍，而到生油高峰期，反应速度可加快 4～10 倍。可见，温度是有机质演化的主要因素。

目前，研究有机质成熟度的方法较多，其中镜质体反射率是最常用的方法之一，而根据孢粉颜色指数确定有机质的成熟度在国内不少油田也比较通用。后一种方法是通过观察孢粉薄片中的孢粉化石颜色来确定有机质的成熟度，是一种最经济实用的方法。

孢粉化石随沉积物沉积以后，随着埋藏深度的增加，温度、压力的增大，其化学组成及结构发生了一系列的变化，这种变化称之为孢粉化石的热变质作用，其最直观的反映是化石的颜色由浅到深的变化。研究孢粉化石的热变质作用，可以推测古地温和有机质的成熟度，了解石油形成与演化的机理过程，为评价某一地区油气勘探远景提供重要依据，因此具有比较重要的理论与实践意义。

本书依据中华人民共和国石油天然气行业标准“孢粉颜色指数确定方法”(标准代号：SY5126－1986)将孢粉化石颜色划分为 6 级，即浅黄色、黄色、橘黄色、棕色、棕黑色和黑色。由于影响孢粉化石颜色的因素较多：①不同的孢粉属种类型，外壁的厚薄，纹饰的种类及发育程度不同，孢粉的颜色也有所不同；②不同岩性的地层，岩石的热导率不同，对保存在其中的孢粉化石的颜色也有较大的影响。如郝家沟剖面郝家沟组上部部分样品(96-HJ-18 等)的颜色很浅(以黄色为主)，与上下地层的样品有较大的差别；③埋藏在不同沉积环境中的孢粉经受不同的化学作用，高瑞祺等(1999)将化学作用分为氧化作用和碳化作用，保存在氧化环境中的孢粉主要经受氧化作用，孢粉不易保存为化石，少数保存为化石的孢粉，颜色呈青灰色；孢粉埋藏在还原环境中，易被保存为化石，随着埋藏深度的增加，古地温的升高，孢粉颜色也由浅变深，直至变为黑色；④再沉积的孢粉化石、断层面附近的孢粉化石、(煤层)燃烧层下部地层中的孢粉化石颜色较深；⑤孢粉从母体植物降落至地面，后由流水、风等搬运至沉积区，沉积至水底，并被沉积物所掩埋，期间孢粉均处于氧化环境中接受氧化作用，同一地层中的孢粉接受氧化作用时间的长短是不同的，时间长的孢粉颜色较深，反之颜色较浅，这可能是造成同一样品中孢粉颜色存在差异，或较大差异的主要原因。

为确保所检测孢粉颜色指数的代表性，在开展该项工作时应做到：①采用颜色指数的统计方法对孢粉化石颜色进行研究，即样品中孢粉化石，按颜色级别统计其数量，然后求出每个化石颜色级别数的加权平均值，该平均值就是某一样品孢粉化石的颜色指数；②选择具代表性的标本检测孢粉颜色指数；③统计孢粉颜色时应剔除再沉积的孢粉化石；④本体和气囊颜色不同的双气囊花粉，可将两者分别计数；⑤统计孢粉颜色时裸子植物花粉和蕨类植物孢子最好各统计 50%，如果松柏类具囊花粉统计数量超过 50%，颜色指数应适当提高一点，如果蕨类植物孢子统计数量超过 50%，颜色指数应降低一点。

根据孢粉化石的色级，或色变指数(thermal alteration index,TAI)，结合其他指标,如镜质体反射率(R_o)等，可以大致判定地层的古地温，进而推测地层中有机质的成熟度。

孢粉及其相应指标参照《中国油气区第三系（Ⅰ）总论》的划分(表 4-3)。

表 4-3　孢粉颜色及其相应指标和油气形成阶段

<table>
<tr><th colspan="2">成岩阶段</th><th>有机质成熟度</th><th>油气形成阶段</th><th>孢粉主要颜色</th><th>孢粉色变指数(SCI)</th><th>孢粉荧光颜色</th><th>R_o/%</th></tr>
<tr><td colspan="2">早成岩阶段</td><td>未成熟</td><td>生成甲烷阶段</td><td>黄色</td><td>< 2.5</td><td>黄色</td><td>< 0.5</td></tr>
<tr><td rowspan="4">晚成岩阶段</td><td rowspan="2">A</td><td>低成熟</td><td>重质油阶段</td><td>棕黄色</td><td>2.5~3.5</td><td>棕黄色</td><td>0.5~1.0</td></tr>
<tr><td>成熟</td><td>轻质油阶段</td><td>棕色</td><td>3.5~4.5</td><td>棕色</td><td>1.0~1.3</td></tr>
<tr><td>B</td><td>高成熟</td><td>凝析油湿气阶段</td><td>棕黑色</td><td>4.5~5.0</td><td>棕褐色</td><td>1.3~2.0</td></tr>
<tr><td>C</td><td>过成熟</td><td>干气阶段</td><td>黑色</td><td>> 5.0</td><td>无色</td><td>> 2.0</td></tr>
</table>

准噶尔盆地中、新生代地层中孢粉化石色级指数及有机质成熟度见表 4-2。

从表 4-2 可以看出准噶尔盆地南缘中、新生代地层中干酪根类型的分布特点是:①大龙口剖面上仓房沟群韭菜园组和烧房沟组主要为Ⅲ型干酪根，个别样品为Ⅱ型；②大龙口剖面克拉玛依组至郝家沟组则以Ⅱ型干酪根为主(图版 78，图 8)，少数样品为Ⅲ型；③郝家沟剖面郝家沟组至八道湾组的干酪根以Ⅲ型为主，局部层段为Ⅱ型(图版 79，图 2，3)，三工河组的干酪根为Ⅱ型(图版 79，图 1)；④郝家沟剖面西山窑组至喀拉扎组的干酪根以Ⅲ型为主(图版 79，图 5，8)，少数为Ⅱ型(图版 79，图 4，6)，个别样品为Ⅰ型；⑤紫泥泉子剖面吐谷鲁群清水河组的干酪根为Ⅰ型或Ⅱ型(图版 78，图 2，6，7)，呼图壁河组至东沟组的干酪根类型为Ⅲ型，个别样品为Ⅱ型；⑥玛纳斯地区井下紫泥泉子组下段干酪根类型为Ⅱ型或Ⅰ型；⑦盆地南缘安集海河组和塔西河组干酪根类型主要为Ⅰ型(图版 78，图 1，3~5)。

准噶尔盆地南缘三叠系和侏罗系八道组至西山窑组孢粉色级指数为 2.5～3.5，显示有机质以低成熟为主，可生成重质油；侏罗系头屯河组至新近系塔西河组除少数样品外，孢粉色级指数均小于 2.5，有机质未成熟，对生油不利。

第三节　孢粉学在古环境研究中的应用

孢粉是植物的繁殖器官，不同的植物产生不同形态特征的孢粉，通过孢粉化石与已知植物原位孢子的对比，可以确定其母体植物的类型，根据孢粉组合的组成及现代植物的生态习性，将今论古，恢复沉积时期的古植被面貌，推测沉积时期的古气候、古地理及古沉积环境。

准噶尔盆地中、新生代地层中孢粉化石丰富，据初步统计出现的孢粉属约 240 个，其中蕨类植物孢子约 90 个属，裸子植物花粉约 77 个属，被子植物花粉约 73 个属。在所出现的属一级孢粉化石中，能找到有亲缘关系植物的属约 135 个，约占总数的 56%。但孢粉谱中的常见属，如蕨类植物孢子中的三角孢、桫椤孢、金毛狗孢、紫萁孢、海金沙孢、希指蕨孢等属，裸子植物花粉中苏铁粉、双束松粉、单束松粉、云杉粉、雪松粉等属，被子植物花粉中藜粉、木兰粉、百合粉、柳粉、栎粉、楝粉、坡氏粉、眼子菜粉等属，都与现代植物有亲缘关系。准噶尔盆地中、新生界中部分孢粉属的母体植物及生态习性见图 4-1。图中内容主要参考了“中国蕨类植物孢子形态”（中国科学院北京植物研究所古生物研究室孢粉组，1976）、“云南富源卡以头层微体植物群及其地层和古植物学意义”（欧阳舒和李再平，1980）、“松辽盆地白垩纪石油地层孢粉学”（高瑞琪等，1999）、“柴达木盆地第三纪孢粉学研究”（朱宗浩等，1985）、“中国北方侏罗系（II）古环境与油气”（钟筱春等，2003），以及网上查阅的有关植物的生态习性。

在利用孢粉资料恢复准噶尔盆地中、新生界古环境时所存在的难点是：①部分植物花粉形态相似，但生态习性有很大的不同，如银杏属和苏铁属植物均产生形态非常相似的单沟花粉；再如生长在热带、亚热带地区的湿生落叶阔叶乔本植物-楝科植物产生的 *Meliaceoidites* 与旱生灌木植物-蒺藜科植物产生的 *Pokrovskaja* 的孔沟特征非常相似，两属的区别仅仅是外壁的厚度等，显然对古植被的恢复会产生一定的影响；②许多形态属孢粉的亲缘关系是交叉的，如原蕨植物门、蕨类植物门的石松纲、真蕨纲的群囊蕨目、莲座蕨目的植物均可产生形态类似于 *Verrucosisporites* 的孢子（欧阳舒等，2003）。因此，根据地层中保存下来的孢粉化石，只能近似地恢复沉积时期的古环境及其演变，根据孢粉化石恢复的古植被只是粗略地反映当时的古植被面貌。准噶尔盆地中、新生代部分孢粉化石母体植物的生态习性见图 4-1。

孢粉化石名称	母体植物		植物类型				生态特征				气候类型		
			乔木		灌木	草本	旱生	中生	湿生	水生	热带	亚热带	温带
			针叶	阔叶									
Sphagnumsporites	藓纲	水藓科				■				■	■	■	■
Lycopodiumsporites	石松纲	石松科				■		■			■	■	■
Lycopodiacidites	石松纲	石松科				■		■			■	■	■
Neoraistrickia		卷柏科				■		■			■	■	■
Densoisporites		卷柏科				■		■			■	■	■
Camarozonosporites						■		■				■	■
Lundbladispora						■		■				■	■
Aratrisporites						■		■				■	■
Hymenophyllumsporites	膜蕨科					■			■			■	
Calamospora	楔叶纲				■				■		■	■	
Marattisporites	真蕨纲	合囊蕨科				■		■			■	■	
Osmundacidites	真蕨纲	紫萁科			■				■		■	■	■
Cyclogranisporites（部分）	真蕨纲	紫萁科			■				■		■	■	■
Baculatisporites	真蕨纲	紫萁科			■				■		■	■	■
Todisporites	真蕨纲	紫萁科				■			■		■	■	
Cyathidites	真蕨纲	桫椤科		■					■		■	■	
Deltoidospora（部分）	真蕨纲	桫椤科		■					■		■	■	
Cibotiumspora	真蕨纲	蚌壳蕨科		■					■		■		

Dictyophyllidites	真蕨纲	双扇蕨科			■				■		■	■	
Concavisporites					■				■		■	■	
Gleicheniidites		里白科			■				■		■	■	
Toroisporis		海金沙科			■				■		■		
Lygodioisporites					■				■		■		
Lygodiumsporites					■				■		■		
Cicatricosisporites					■				■		■	■	
Concavissimisporites					■				■		■		
Klukisporites					■				■		■		
Schizaeoisporites		莎草蕨科				■	■				■	■	
Undulatisporites		瓶尔小草科				■			■		■		
Pterisisporites		凤尾蕨科				■		■			■	■	
Polypodiaceaesporites		水龙骨科			■				■		■	■	■
Polypodiisporites					■				■		■	■	■
Laevigatosporites					■				■		■	■	■
Disaccites (Striatiti)	种子蕨纲		■				■				■	■	■
Caytonipollenites	开通目		■					■			■	■	■
Ephedripites	麻黄科				■		■						■
Cycadopites	苏铁-银杏科			■				■			■	■	■
Araucariacites	松柏类	南洋杉科	■					■			■		
Callialasporites			■				■				■		
Dacrycarpites		罗汉松科	■					■			■		
Podocarpidites			■						■		■		
Taxodiaceaepollenites		杉科	■						■		■	■	
Inaperturopollenites		柏科	■					■					■
Perinopollenites			■					■					■
Classopollis		掌鳞杉科	■				■				■	■	
Abietineaepollenites		松科	■					■			■	■	■
Pinuspollenites			■					■			■	■	■
Keteleeriaepollenites			■					■				■	■
Abiespollenites			■					■					■
Cedripites			■					■			■	■	
Piceaepollenites			■						■				■
Tsugaepollenites	松柏类	松科	■						■		■	■	
Laricoidites			■						■				■
Protoconiferus pollen		原始松科	■					■					■
Quadraeculina		分类不明	■					■					■
Rugubivesiculites			■					■			■		
Cerebropollenites			■					■				■	
Magnolipollis	木兰科			■	■			■			■	■	
Liliacidites	百合科					■			■				■

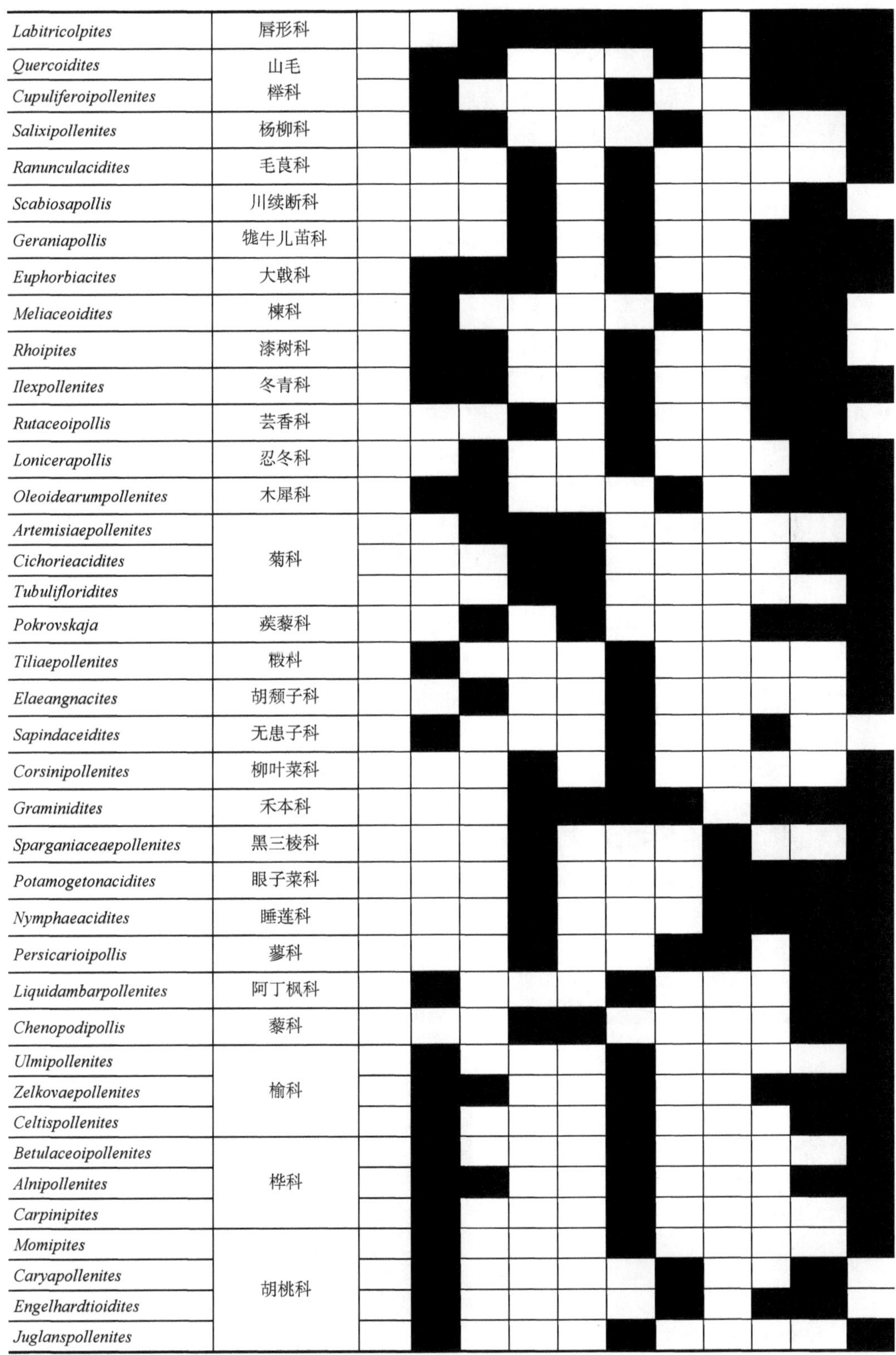

图 4-1　准噶尔盆地中、新生界部分孢粉化石的母体植物及生态习性图

一、利用孢粉谱，划分古植被类型

孢粉谱是某一地层单元(组或段或若干样品)中孢粉化石属种百分含量的统计结果(钟筱春等，2003)，能较全面地反映某一地层单元中各种孢粉化石属种的分布状况。一种类型的孢粉化石代表一种类型的植物，因此，孢粉谱可以显示沉积时期植物群的基本面貌。按照孢子花粉亲缘植物的生态习性，准噶尔盆地中、新生代古植被的成分可以分为四类(图 4-2~图 4-4)：①针叶植物，如杉粉、罗汉松粉、双束松粉、单束松粉、冷杉粉、油杉粉、铁杉粉、雪松粉、原始松柏类花粉等的母体植物；②阔叶植物包括常绿阔叶植物，如桫椤孢、金毛狗孢、苏铁粉、木兰粉、冬青粉等母体植物，以及落叶阔叶植物，如银杏粉、栎粉、栗粉、胡桃粉、山核桃粉、榛粉、柳粉、榆粉、脊榆粉、椴粉、桦粉等的母体植物；③灌木植物，如紫萁孢、海金沙孢、网叶蕨孢、凹边孢、水龙骨孢、麻黄粉、忍冬粉、坡氏粉、胡颓子粉等的母体植物；④草本植物，如水藓孢、石松孢、新叉瘤孢、百合粉、毛茛粉、管花菊粉、蒿粉、藜粉、眼子菜粉、黑山棱粉、禾本粉等的母体植物。根据孢粉谱中孢粉化石的含量分别统计出上述四类植物孢粉的含量。

现代落叶松属植物　　现代雪松属植物

图 4-2　现代针叶植物与化石花粉

1, 2. 杉科植物花粉：1. *Taxodiaceaepollenites bockwitzensis* (Krutzsch) Sung et Zheng, 1978；2. *T. hiatus* (Potonie) Kremp,1949；3, 4. 罗汉松属植物花粉：3. *Podocarpidites podocarpoides* (Thiergart) Krutzsch, 1971；4. *P. paulus* (Bolkh.) .Xu et Zhang, 1980；5, 6. 铁杉属植物花粉：5. *Tsugaepollenites igniculus* Potonie et Venitz，1934；6. *T. multispinus* (Krutzsch) Sun et Deng，1980；7. 冷杉属植物花粉：*Aiespollenites sibiriciformis* (Zakl.) Krutzsch，1971；8, 9. 松属植物花粉：8. *Pinuspollenites labdacus* (Potonie) Raatz，1937；9. *P.* sp.；10. 云杉属植物花粉 *Piceapollis tobolicus* (Panova).Krutzsch，1971；11. 落叶松属植物花粉 *Laricoites magnus* (Potonie) Potonie, Thomson et Thiergart, 1950 ex Potonie,1958；12, 13. 雪松属植物花粉：12. *Cedripites diversus* Ke et Shi，1978；13. *C.ovatus* Ke et Shi，1978

1　2　3　4

现代桫椤科植物　　现代苏铁科植物　　现代银杏科植物

5　6　7　8

现代榆科植物　　现代胡桃科植物

9　10　11　12

现代楝科植物　　现代无患子科植物

图 4-3 现代阔叶植物与化石孢粉

1, 2. 桫椤科植物孢子：1. *Cyathidites minor* Couper，1953；2. *Deltoidospora magna*（de Jersey）Norris，1965；3, 4. 苏铁科、银杏科植物花粉：3. *Cycadopites balmei*（Jain）Qian et Wu，1987；4. C. *typicus*（Mal.）Pocock，1970；5, 6. 榆科植物花粉：5. *Zelkovaepollenites potonie* Nagy1969；6. *Ulmipollenites undulosus* Wolff，1934；7, 8. 胡桃植物花粉：7. *Juglanspollenites verus* Raatz,1939；8. *J. tetraporus* Sung et Tsao，1980；9, 10. 楝科植物花粉：9. *Meliaceoidites rotundus* Ke et Shi,1978；10. *M. rhomboiporus* Wang,1980；11, 12. 无患子科植物花粉：11. *Sapindaceidites asper* Wang et Zhang，1979；12. *S.liaoningensis* Ke et Shi，1978；13, 14. 阿丁枫科植物花粉 *Liquidambarpollenites mangelsdorformis*（Traverse）Sun et Li，1981；15. 木兰科植物花粉 *Magnolipollis elongatus* Ke et Shi，1978

图 4-4 现代灌木植物与化石孢粉

1, 2. 海金沙科植物孢子：1. *Cicatricosisporites nankingensis*（Zhang）Zhang，1965；2. *Toroisporis*（*D.*）*zeitzensis* Krutzsch，1959；3, 4. 麻黄属植物花粉：3. *Ephedripites*（*D.*）*xinchengensis* Sun et He，1980；4. *E.*（*E.*）*regularis* HoekenKlinkenberg，1964；5, 6. 忍冬科植物花粉：5. *Lonicerapollis granulatus* Ke et Shi，1978；6. *L. interspinosus* Zhou，1981；7, 8. 蒺藜科植物花粉：7. *Pokrovskaja elliptica*（Zhu et Xi Ping）Zhu，1999；8. *P. originalis* Boitzova，1979

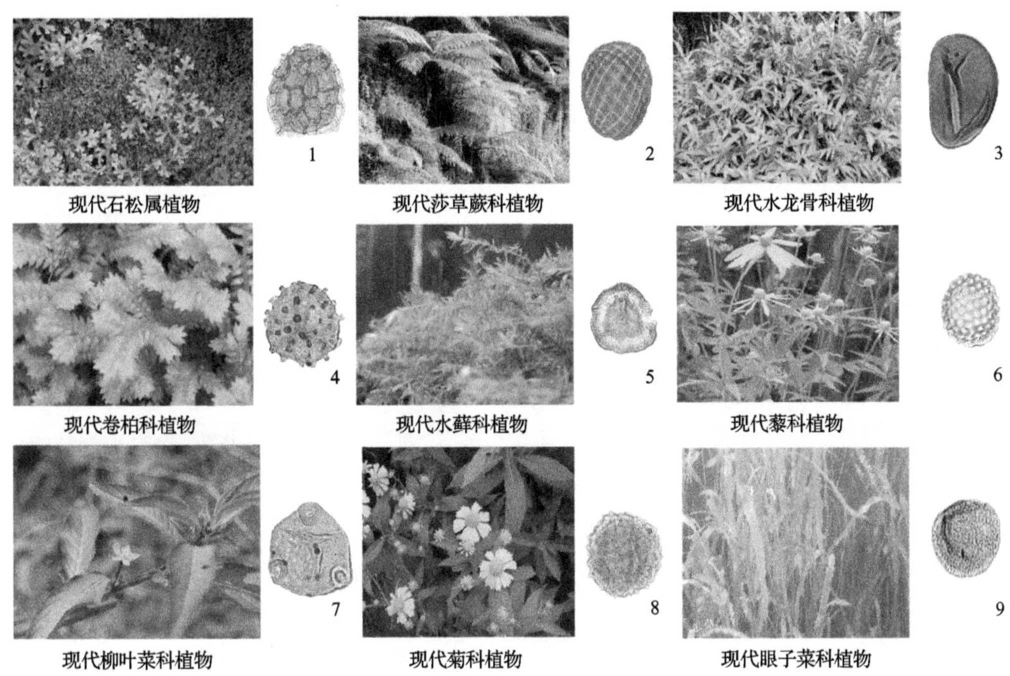

图 4-5　现代草本植物与化石孢粉

1. 石松属植物孢子 *Lycopodiumsporites* sp；2. 莎草蕨科植物孢子 *Schizaeoisporites cretacius*(Krutzsch) Potonie，1956；3. 水龙蕨科植物孢子 *Polypodiaceaesporites haardti* (Potonie et Ventz) Potonie，1956；4. 卷柏科植物孢子 *Neoraistrickia gristhorpensis*(Couper) Tralau，1968；5. 水藓科植物孢子 *Sphagnumsporites perforatus*(Leschik) Liu，1986；6. 藜科植物花粉 *Chenopodipollis multiplex* (Weyland et Pflug) Krutzsch，1966；7. 柳叶菜科植物花粉 *Corsinipollenites triangulus* (Zakl.) Ke et Shi，1978；8. 菊科植物花粉 *Tubulifloridites macroechina- tus*(Trevisan) Song et Zhu，1985；9. 眼子菜科植物花粉 *Potamogetonacidites natanoides* Zheng，1999

本书参照钟筱春等(2003)孢粉植被类型的命名原则：一是某种植被成分其含量大于60%者，单独命名；二是含量小于 20%者不参加植被命名；三是几种植物成分含量均大于 20%者，取含量高的 2 种或 3 种进行复合命名。准噶尔盆地部分地区孢粉植被类型划分见表 4-4。

表 4-4　准噶尔盆地中、新生代孢粉植被类型统计表

地层		反映各植被类型的孢粉含量/%					植被类型
组	段	针叶植物	阔叶植物	灌木植物	草本植物	其他	
独山子组		34.1	17.0	3.1	44.15	1.65	针叶林-草丛
塔西河组	上部	73.64	8.98	1.58	14.2	1.6	针叶林
	下部	60.38	14.35	5.18	16.77	3.32	针叶林
沙湾组		50.98	19.19	5.0	22.30	2.53	针叶林-草丛
安集海河组	上段	66.74	14.20	12.06	2.68	4.32	针叶林
	中段	40.20	18.80	27.75	5.75	7.50	针叶林-灌木丛
		51.51	11.6	23.66	9.43	3.80	针叶林-灌木丛
	下段	41.5	8.0	45.50	1.0	4.0	针叶林-灌木丛

续表

地层		反映各植被类型的孢粉含量/%					植被类型
组	段	针叶植物	阔叶植物	灌木植物	草本植物	其他	
紫泥泉子组	下段	①56.28	4.88	3.88	20.9	12.06	针叶林-草丛
		②73.53	8.16	3.98	5.50	8.83	针叶林
连木沁组		48.4	10.8	24.4	10.0	6.4	针叶林-灌木丛
胜金口组		80.16	3.36	6.72	6.40	3.36	针叶林
呼图壁河组		91.6	0.4	5.2	2.4	0.4	针叶林
清水河组		78.37	7.93	7.77	4.01	1.92	针叶林
头屯河组		51.26	28.86	3.37	9.03	7.48	针、阔叶混交林
西山窑组		37.37	39.57	17.43	3.28	2.35	针、阔叶混交林
三工河组	上段上部	51.68	15.85	9.53	18.62	4.32	针叶林-草丛
	上段下部	69.71	24.34	0.46	3.66	1.83	针、阔叶混交林
	下段上部	45.4	22.7	2.3	20.5	9.1	针、阔叶混交林
	下段下部	78.8	11.14	0.97	5.89	3.20	针叶林
八道湾组	中-上段	78.3	15.73	0.98	2.18	2.81	针叶林
	下段 上部	29.6	50.8	6.4	6.0	7.2	阔、针叶混交林
	下段 下部	84.8	4.20	3.73	1.07	6.20	针叶林
郝家沟组	上部	51.60	16.62	16.62	2.30	13.10	针、阔叶混交林-灌丛
	中部	36.14	21.76	10.56	7.04	24.5	针、阔叶混交林
	下部	61.20	28.67	5.61	1.22	3.30	针叶林
黄山街组		64.0	9.6	4.8	19.2	2.4	针叶林
克拉玛依组	上部	87.33	6.80	1.47	2.93	1.47	针叶林
	中部	60.96	2.08	3.68	14.08	19.2	针叶林
	下部	83.04	1.28	6.80	2.08	6.80	针叶林
烧房沟组		44.53		12.80	28.27	14.40	针叶林-草丛
韭菜园组		30.63	3.77	14.06	20.06	31.54	针叶林-草丛

二、利用孢粉谱，划分孢粉植物群落

孢粉个体小，数量大，易传播，特别是松柏类具囊花粉可通过风、流水等将其带入距离较远的沉积盆地之中。因此，往往出现不同植被区的孢粉共存于同一孢粉组合中的现象。王智等[①]在“塔里木盆地侏罗系划分对比”报告中采用的古植物群落的概念。本书借鉴这一概念，并结合孢粉资料的特点，将准噶尔盆地中、新生代划分为六种孢粉植

① 王智，李猛，张师本，等. 1999. 塔里木盆地侏罗系划分对比. 库尔勒：塔里木石油勘探开发指挥部.

物群落。

(1)沼生或水生孢粉植物群落：由生长于沼泽、湖泊等水体中的植物孢粉组成，如蕨类植物孢子 *Sphagnumsporites* 等，被子植物花粉 *Sparganiaceaepollenites*、*Potamogetonacidites*、*Nymphaeacidites* 和 *Persicarioipollis* 等。在准噶尔盆地新生代样品中常见盘星藻、葡萄藻等藻类、疑源类化石与其共生。

(2)岸边湿地孢粉植物群落：由分布于河流、湖泊等岸边潮湿地段的植物孢粉组成，如蕨类植物孢子 *Lycopodiumsporites*、*Osmundacidites*、*Cyathidites* 等，裸子植物花粉 *Cycadopites*，以及被子植物花粉 *Salixipollenites*、*Betulaceoipollenites*、*Quercoidites* 等。柳树等木本植物常沿河(湖)边缘形成河(湖)岸林，林下长有紫萁等草本植物或灌木。

(3)低地灌木或草原植被孢粉植物群落：分布于盆地内地形起伏较小，离水体较远的低缓地带，如古近纪—新近纪时组成灌木林的 *Ephedripites*，组成草原植被的菊科植物花粉等。

(4)山前阔叶林孢粉植物群落：分布于山地针叶、阔叶混交林之下的低坡地带，以桦科、胡桃科等中生或湿生乔木为主，林下长有真蕨纲等植物。

(5)中、低山坡针叶、阔叶混交林孢粉植物群落：分布于盆地周围的山地或盆地地势较高的地段，以中生乔木和灌木为主体，林下长有喜阴蕨类植物，如石松、卷柏及真蕨纲植物等。

(6)中、高山针叶林孢粉植物群落：分布于盆地周边中、高山地带，以针叶类乔木为主，几乎全为松科植物。

松柏类具囊花粉和水生或沼生植物花粉对恢复古地貌具有重要意义。如 *Piceaepollenites* 的母体植物 *Picea* 在新疆现主要分布于天山、昆仑山和阿尔金山海拔 1800m 以上的中高山区，但其花粉在盆地边缘乃至盆地腹地沙漠样品中均有见及。当所分析的岩样中见有该类花粉，即可说明与当时沉积区邻近的地区存在生长云杉林的中高山区。当样品中见有 *Potamogetonacidites* 等水生植物花粉时，反映沉积区当时为湖泊环境。

三、利用孢粉谱，划分古气温带

根据孢粉谱中孢粉母体植物在现代气温带中的分布情况，将其归纳为三类：一类是分布于热带、亚热带地区的植物，如桫椤孢、金毛狗孢、海金沙孢、希指蕨孢、水龙骨孢、苏铁粉、南美杉粉、杉粉、克拉梭粉、罗汉松粉、雪松粉、木兰粉、楝粉、芸香粉、无患子粉、山核桃粉等的母体植物；第二类是分布于温带地区的植物，如麻黄粉、无口器粉、云杉粉、毛莨粉、蒿粉、管花菊粉、椴粉、胡颓子粉、榆粉、桦粉、榛粉、胡桃粉等的母体植物；第三类是广温性植物，即在热带、亚热带、温带地区或亚热带、温带地区均有分布的植物，如水藓孢、石松孢、紫萁孢、银杏粉、双束松粉、单束松粉、油杉粉、唇形三沟粉、栎粉、栗粉、大戟粉、忍冬粉、木犀粉、坡氏粉、禾本粉、眼子菜粉、藜粉、枫香粉等的母体植物。根据孢粉谱先分类统计其百分含量，再进行古气温带的划分。在划分气温带时，本书参照钟筱春等(2003)的划分原则，但考虑到准噶尔盆地孢粉植物群中广温性孢粉植物占比例较大，而将热带、亚热带孢粉植物的比例大于 60%，修正为大于 50%为亚热带；温带孢粉植物的比例大于 30%为温带；其余情况则置于暖温带。

准噶尔盆地中、新生代各类孢粉植物所占比例及古气温带划分见表 4-5。

表 4-5　准噶尔盆地中、新生代孢粉气温带类型划分表　　（单位：%）

组	段	热带-亚热带	热带-温带	温带	其他	气温带划分
独山子组		19.40	45.25	34.35	1.0	温带
塔西河组	上部	35.38	35.58	23.80	5.24	暖温带
	下部	32.40	25.62	37.52	4.46	温带
沙湾组		32.49	36.03	28.94	2.54	暖温带
安集海河组	上段	27.02	37.48	32.14	3.36	温带
	中段	24.75	48.25	22.75	4.25	暖温带
		25.47	18.55	52.46	3.52	温带
	下段	16.50	17.00	63.00	3.50	温带
紫泥泉子组	下段	59.20	18.7	8.8	13.3	亚热带
		35.99	49.67	6.17	8.17	暖温带
连木沁组		50.80	24.8	16.0	8.4	亚热带
胜金口组		30.40	28.48	34.72	6.4	温带
呼图壁河组		23.20	45.2	26.4	5.2	暖温带
清水河组	①	39.14	31.01	26.04	3.81	暖温带
	②	14.96	18.85	65.28	0.91	温带
齐古组		50.8	28.5	9.9	10.8	亚热带
头屯河组		46.62	20.57	20.91	11.90	暖温带
西山窑组		42.60	20.44	21.68	15.28	暖温带
三工河组	上段	25.73	42.31	21.98	9.98	暖温带
		29.72	24.45	28.46	17.37	暖温带
	下段	54.30	21.90	9.4	14.4	亚热带
		23.25	37.03	33.49	6.23	温带
八道湾组	中-上段	15.57	44.25	31.9	8.28	温带
	下段 上部	54.80	15.20	13.20	16.8	亚热带
	下段 下部	17.30	34.95	37.60	10.15	温带
郝家沟组	上部	25.83	40.93	12.35	20.89	暖温带
	中部	13.44	48.32	7.52	30.72	暖温带
	下部	16.85	50.01	13.21	19.93	暖温带

续表

组	段	热带-亚热带	热带-温带	温带	其他	气温带划分
黄山街组		16.45	63.28	15.17	5.1	暖温带
克拉玛依组	上部	19.07	49.6	26.13	5.2	暖温带
	中上部	20.16	50.24	16.96	12.64	暖温带
	下部	7.84	59.04	17.6	15.52	暖温带
烧房沟组		5.27	64.6	4.8	25.33	暖温带
韭菜园组		9.20	52.8	16.4	21.6	暖温带
锅底坑组	上部	4.32	58.28	11.76	25.64	暖温带

四、利用孢粉谱，划分古干湿区

根据孢粉谱中孢粉母体植物在现代干湿区中的分布情况，将其归纳为三类(钟筱春等，2003)：第一类是只分布于干旱地区的植物，如希指蕨孢、冠翼粉、克拉梭粉、麻黄粉、单束多肋粉、宽肋粉、菊科花粉、坡氏粉、藜粉等的母体植物；第二类是湿生植物，包括水生和沼生植物，如水藓孢、新叉瘤孢、桫椤孢、紫萁孢、杉粉、铁杉粉、楝粉、木犀粉、眼子菜粉、黑山棱粉、菱粉等的母体植物；第三类是中生植物，如石松孢、拟石松孢、离层单缝孢、苏铁粉、单束松粉、双束松粉、雪松粉、椴粉、胡颓子粉、无患子粉、榆科、桦科、胡桃粉等的母体植物。根据孢粉谱先分类统计其百分含量，再进行古干湿区的划分。在划分干湿区时，本书参照钟筱春等(2003)的划分原则，将准噶尔盆地中、新生代古干湿区划分为湿润区、半湿润半干旱区、干旱区。古干湿区的划分主要根据旱生植物孢粉的含量，如含量高于50%，则为干旱区；如旱生植物孢粉含量低于50%，但高于30%为半干旱区，低于30%，但高于20%为半湿润区；如旱生植物孢粉含量低于20%则为湿润区。

利用孢粉谱划分古干湿区时，笔者认为可以将分析孢粉样品时孢粉化石的获得率作为一项重要的参考数据。其道理很简单，在气候干旱地区，植被稀少，因而落入沉积物中的孢粉很少，其形成的地层中孢粉化石必然很少，孢粉化石的获得率也会很低；反之，在气候潮湿地区，植被繁茂，落入沉积物中的孢粉必然很多，地层中的孢粉化石也会很丰富，孢粉化石的获得率会很高。现以郝家沟剖面为例，说明孢粉化石获得率与古干湿度之间的关系(表4-6)。

表4-6　郝家沟剖面各岩组孢粉化石获得率统计表

地　　层	郝家沟组	八道湾组	三工河组	西山窑组	头屯河组		齐古组	喀拉扎组
					下段	上段		
分析样品块数	66	83	32	11	6	13	6	1
含孢粉化石样品块数	65	76	30	11	6	10	0	0
孢粉化石获得率/%	98.5	91.6	93.8	100	100	76.9	0	0

准噶尔盆地中、新生代各类孢粉植物所占比例及古干湿区划分见表 4-7。

表 4-7　准噶尔盆地中、新生代孢粉植物干湿区统计表　　（单位：%）

组	段	旱生	中生	湿生	其他	干湿区划分
独山子组	底部	52.30	30.00	16.70	1.0	干旱区
塔西河组	上部	25.3	22.95	49.95	1.8	半湿润区
	下部	28.13	35.71	32.48	3.68	半湿润区
沙湾组						
安集海河组	上段	30.66	41.86	24.20	3.28	半干旱区
	中段	26.75	43.50	25.00	4.75	半湿润区
		27.52	35.83	33.37	3.28	半湿润区
	下段	44.50	38.50	14.00	3.00	半干旱区
紫泥泉子组	下段	37.8	21.68	28.28	12.24	半干旱区
连木沁组		45.2	16.2	30.00	8.60	半干旱区
胜金口组		22.5	44.94	27.12	5.44	半湿润区
呼图壁河组		30.2	44.4	22.0	3.40	半干旱区
清水河组		22.5	51.47	23.02	3.01	半湿润区
齐古组						
头屯河组		20.68	23.46	41.77	14.09	半湿润区
西山窑组		1.96	20.31	57.82	19.91	湿润区
三工河组	上段	1.58	15.78	72.75	9.89	湿润区
		0.57	18.63	60.34	20.46	湿润区
	下段	15.50	10.60	56.20	17.7	湿润区
		0.91	28.69	59.95	10.45	湿润区
八道湾组	中-上段	0.5	27.45	59.70	12.35	湿润区
	下段 上部	3.20	23.20	57.20	16.40	湿润区
	下段 下部	5.87	54.94	26.10	13.09	湿润区
郝家沟组	上部	5.54	43.96	23.26	26.65	湿润区
	中部	4.80	42.40	18.08	34.72	湿润区
	下部	7.80	51.48	20.06	20.08	湿润区
黄山街组		5.65	55.21	27.61	11.53	湿润区
克拉玛依组	上部	9.87	60.8	24.40	4.93	湿润区
	中上部	12.32	51.36	23.84	12.48	湿润区
	下部	31.84	40.16	11.68	16.32	半干旱区
烧房沟组		40.80	22.93	9.07	27.2	半干旱区
韭菜园组		41.60	25.74	10.53	22.13	半干旱区
锅底坑组	上部	40.84	29.42	6.17	23.57	半干旱区

五、准噶尔盆地各沉积时期的古植被、古气候

根据准噶尔盆地中、新生界的孢粉谱和孢粉母体植物的生态习性，结合各地层单元的岩性特征和地层中含孢粉化石的情况，恢复各沉积时期的古植被，推测古气候特点是孢粉学研究的一项重要内容。准噶尔盆地南缘中、新生代各岩组沉积时期的古植被和古气候特征如下。

(一)三叠纪古植被、古气候

三叠纪是准噶尔盆地古环境和古气候发生较大变化的时期。早三叠世的古地理环境与晚二叠世非常相似，盆地的分布范围、沉积中心和沉积类型都基本上继承了晚二叠世的面貌；中三叠世开始，受印支构造运动的影响，盆地大规模抬升，造成中三叠世早期地层缺失。克拉玛依组沉积之初以河流相沉积为主，形成厚度较大的砂砾岩，交错层理发育。之后干旱气候条件逐渐得到缓解，降水量增加，并逐渐转温湿，准噶尔盆地的湖盆面积得到扩展；晚三叠世早一中期黄山街组沉积时期是准噶尔盆地湖盆面积最大的时期之一，晚三叠世郝家沟组沉积时期沉积范围有所缩小，地势产生差异，气候变得更为潮湿温暖，且主要为湖泊、沼泽沉积。

1. 早三叠世的古植被和古气候

准噶尔盆地早三叠世沉积的地层中化石稀少，孢粉化石主要分布于盆地南缘乌鲁木齐一吉木萨尔一带浅水湖泊相沉积中，早期，相当于锅底坑组上部至韭菜园组沉积时期为半干旱的暖温带型气候，孢粉化石相对较多，根据孢粉谱推测这一时期的古植被景观是：在浅水湖泊中生活有藻类、疑源类 *Tympanicysta* 等，并有大量营两栖生活的水龙兽、加斯马吐龙及各种类型的假鳄类繁衍，而在小型水体-池塘、水坑中生活有渔乡叶肢介、北方叶肢介，以及小达尔文介等介形类，且分布广泛。在湖盆边缘地带长有楔叶纲、苔藓类等植物；在(河)湖岸边潮湿地带生长有科达类、苏铁科、银杏科、种子蕨纲等植物，林下有紫萁科、双扇蕨科等植物；在远离(河)湖岸边的比较干燥的低缓地带分布有麻黄科、买麻藤科等旱生植物；在沉积区附近的山坡上长有罗汉松等松柏类植物。

烧房沟组沉积时期为半干旱暖温带型气候，多为河流相红色碎屑沉积，水域面积进一步缩小，适宜水生生物栖息的场所已经很少，生物更为贫乏。该时期的植被景观与韭菜园组沉积时期相似，但植被比较荒凉。

2. 克拉玛依组沉积时期的古植被和古气候

准噶尔盆地克拉玛依组沉积时期是准噶尔盆地古气候发生重要变化的时期。在该组下部沉积时期大龙口地区的植被景观与早三叠世比较相似，稍有不同的是：①沼生或水生苔藓类植物明显减少；②分布于岸边湿地的苏铁科、银杏科植物很少，而林下紫萁科植物较多出现；③生长于离(河)湖岸边较远的低缓地带的麻黄科等旱生植物较为少见；④分布于沉积区周边中、高山地带的松柏类植物开始繁盛。该时期孢粉组合中仍以广温性中生和旱生植物孢粉为主，少量出现热带、亚热带和温带植物的孢粉，湿生植物孢粉较少，推测该时期仍应属于半干旱的暖温带型气候。

克拉玛依组中部沉积时期孢粉植物群的面貌发生了较大的变化，大龙口地区与克拉玛依组下部植物景观的区别是：①沼生或水生楔叶纲植物大量出现；②分布于岸边湿地林下石松纲、真蕨纲紫萁科植物比较繁盛；③旱生植物明显减少。但分布于沉积区周边中、高山地的松柏类植物仍比较发育。该时期孢粉组合中热带、亚热带植物孢粉略有增加，湿生植物孢粉明显增多，而旱生植物孢粉显著减少。推测该时期为湿润的暖温带型气候。

克拉玛依组上部至黄山街组底部孢粉植物群中：①分布于沉积区周边中、高山地带的松柏类植物非常繁盛；②生长于岸边湿地的林下真蕨纲双扇蕨科、紫萁科植物开始较多出现；③在远离(河)湖岸边远比较干燥的低缓地带的低地灌木植物不很发育，麻黄科等旱生植物零星分布；④沼生或水生楔叶纲植物很少。该时期孢粉组合中温带植物孢粉增多，而热带、亚热带植物孢粉减少，湿生植物孢粉增多，而旱生植物孢粉减少，推测该时期属于湿润的暖温带型气候。

3. 黄山街组沉积时期的古植被和古气候

准噶尔盆地黄山街组沉积时期的孢粉植物群面貌与克拉玛依组上部孢粉植物群比较相似，植物群中生长在中、高山地的松柏类植物占有较大比例。出现这一现象可能与沉积环境有关。黄山街组沉积时期是准噶尔盆地湖盆分布面积最大的时期之一，克拉玛依组沉积时期曾为河流相或河湖相沉积的西北缘、东北缘和南缘基本上为湖相沉积。因蕨类植物比较矮小，其所产生的孢子只能散布到离植物生长地较近处。在大型湖泊中蕨类植物孢子往往只见于湖泊边缘地带，离湖岸较远处的沉积物中大量出现的应是松柏类具囊花粉。所以，黄山街组与克拉玛依组上部沉积时期植被景观比较相似，所不同的是：①分布于岸边湿地的苏铁科、银杏科植物，以及林下真蕨纲双扇蕨科植物增多；②未出现麻黄科等旱生植物。

该时期孢粉组合中主要为广温性中生植物的孢粉，热带、亚热带植物孢粉与温带植物孢粉所占比例相近，湿生植物孢粉占有较大比例，旱生植物孢粉只零星出现，推测该时期应属于湿润的暖温带型气候。

4. 郝家沟组沉积时期的古植被和古气候

准噶尔盆地郝家沟组沉积时期的孢粉植物群面貌与黄山街组孢粉植物群发生了一定程度的变化，植物群中生长在中、高山地的松柏类植物仍占有较大比例。所不同的是：①岸边湿地孢粉植物群落中苏铁科、银杏科，以及林下真蕨纲双扇蕨科植物非常繁盛；②未出现麻黄科等旱生植物。

该时期孢粉组合中主要为广温性中生植物，热带、亚热带植物的孢粉稍高于温带植物的孢粉，湿生植物的孢粉占有较大比例，旱生植物孢粉很少，推测该时期应属于湿润的暖温带型气候。

(二)侏罗纪古植被、古气候

晚三叠世末期，准噶尔盆地经历一次上升运动，使盆地西北缘、东北缘和南缘西部晚三叠世地层黄山街组、郝家沟组部分或全部被剥蚀。侏罗纪各沉积时期的古植被和古气候特征如下。

1. 八道湾组至西山窑组沉积时期的古植被和古气候

该时期为准噶尔盆地最重要的成煤时期，地层中富含孢粉化石及大量的干酪根显微组分，为研究古植被、古气候和古环境提供了丰富的化石资料。八道湾组至西山窑组孢粉植物群的组分相似，有主要分布于热带、亚热带地区的卷柏科、里白科、桫椤科、蚌壳蕨科、膜蕨科、苏铁科和罗汉松科等植物分子，还有仅见于温带地区的云杉属植物的花粉。孢粉植物群中大部分成分为广温性植物或亲缘关系不明的孢粉。孢粉组合中出现较多的 *Paleoconiferus*、*Protoconiferus*、*Piceites* 等古松柏类花粉为一类现已灭绝植物的花粉，据高瑞祺等(1999)研究，该类植物应主要分布于温带地区。该时期出现的绝大部分孢粉植物都适应温暖、湿润的气候环境，唯三工河组下段上部出现的 *Classopollis* 其母体植物掌鳞杉科植物生长在炎热、干燥的气候环境中。反映准噶尔盆地八道湾组至西山窑组沉积时期基本上为温暖潮湿的暖温带型气候，只在早侏世晚期气候变干、变热，推测为亚热带型气候。

八道湾组和西山窑组沉积时期准噶尔盆地河流纵横交错，湖泊沼泽星罗棋布，气候温暖潮湿，对植物的生长极为适宜，植被非常茂盛，景观比较相似，在湖泊中见有葡萄藻、粒面球藻、棒球藻等藻类生物，在湖泊边缘和沼泽中生长有水藓科、楔叶纲等湿生植物；在河、湖岸边及比较平坦的地方生长着桫椤科、蚌壳蕨科、双扇蕨科等植物；在周围山麓的山坡或山脚地区分布有苏铁科、南美杉科、罗汉松科、松科中的松属、雪松属，以及原始松科等植物组成的针、阔叶混交林，林下生长有里白科、水龙骨科、紫萁科、石松科等各种耐阴的蕨类植物；在较高的山坡上分布有云杉属植物等组成的针叶林。

早侏罗世早期(相当于八道湾组沉积时期)，古植被中双扇蕨科、苏铁科、银杏科植物比较发育；早侏罗世晚期(相当于三工河组沉积时期)湖盆面积扩大，盆地内以浅湖环境为主，但盆地边缘仍为河流、沼泽或浅湖相沉积。这一时期的古植被中苏铁科和银杏科植物明显减少，而桫椤科植物开始繁盛，在三工河组下段上部沉积时期气候较干燥炎热，掌鳞杉科植物较多出现；中侏罗世早期(相当于西山窑组沉积时期)湖泊面积较三工河组沉积时期缩小，沉积环境以河流、沼泽为主，该时期植物极其繁茂，其中桫椤科植物尤为发育，石松科、紫萁科、卷柏科等植物也频繁出现。

2. 头屯河组沉积时期的古植被和古气候

西山窑组沉积末期，燕山运动使盆地基底升降加剧，造成盆地西北缘、东北缘和南缘西部的头屯河组与下伏地层不整合接触(卢辉楠，1995)。

头屯河组沉积时期是侏罗纪由温暖潮湿的气候转变为炎热干燥气候的重要转折时期，该时期地层中孢粉化石仍比较丰富，头屯河组下部沉积时期孢粉组合面貌与西山窑组孢粉组合比较相似，组合中生长在炎热、干燥的气候环境中的掌鳞杉科植物的孢粉 *Classopollis* 含量较低，与后者不同的是组合中开始出现少量海金沙科植物的孢子，如 *Concavissimisporites*、*Impardecispora* 等；而头屯河组上部含孢粉化石的样品明显减少，孢粉组合中则开始大量出现 *Classopollis*，其最高含量达 56.8%。

掌鳞杉科植物在古植被中的较多出现，说明气候开始向干热转化，但该时期的植被中桫椤科、蚌壳蕨科等温暖、潮湿气候的植物仍比较发育，说明头屯河组下部沉积时期气候不会太干旱，应属于亚热带半潮湿型气候；至头屯河组上部孢粉组合中桫椤科、蚌壳蕨科、紫萁科等蕨类植物显著减少，掌鳞杉科植物比较繁盛，推测该沉积时期的气候比较干燥，应属于亚热带半干旱型气候。

与吐哈盆地三间房组和七克台组、塔里木盆地北部恰克马克组的孢粉组合相比，准噶尔盆地头屯河组孢粉组合中的 *Classopollis* 的含量要低得多，且只在该组上部才开始较多出现，说明中侏罗世晚期准噶尔盆地的气候较吐哈盆地和塔里木盆地北部要潮湿一些。

3. 齐古组至喀拉扎组沉积时期

准噶尔盆地齐古组为一套氧化宽浅湖环境下沉积的红色地层，这一沉积时期陆上植被荒凉，少量沉积到湖中的孢粉化石在长期氧化环境中也遭受不同程度的破坏，所以在地层中能保存为化石的孢粉已很少。至今只在齐古组底部个别样品中发现有极少量的孢粉化石，孢粉组合面貌不清。

喀拉扎组沉积时期，盆地基底迅速上升，地形高差大，在盆地南缘主要为一套山麓冲一洪积相的粗碎屑岩沉积。地层中至今未发现孢粉化石。

由于化石贫乏，难以依据孢粉化石恢复齐古组至喀拉扎组沉积时期的古植被和古气候。

(三)白垩纪古植被、古气候

侏罗纪末期，准噶尔盆地发生了一次强烈的上升运动，形成了吐谷鲁群底部与上侏罗统或更老地层的不整合或假整合接触。早白垩世早、中期，即吐谷鲁群沉积时期准噶尔盆地又逐渐下沉，湖盆面积扩大，并形成统一的大型湖泊。该时期的植被主要分布于盆地的周边地区。吐谷鲁群沉积末期，盆地又经历了一次明显的上升运动，使整个盆地缺失了早白垩世晚期沉积的地层。晚白垩世沉积时期，盆地沉积范围明显缩小，形成以红层为主的粗碎屑沉积。此时盆地南缘抬升较剧，沉积物粗，岩性、厚度变化大，可能为山麓河流相堆积，生物化石很少，至今未在露头区发现孢粉化石。准噶尔盆地晚白垩世孢粉化石仅见于盆地南缘呼图壁至玛纳斯地区、盆地腹部莫索湾凸起井区钻孔样品中。准噶尔盆地白垩纪古植被、古气候特征如下。

1. 早白垩世吐谷鲁群沉积时期的古植被与古气候

早白垩世吐谷鲁群的孢粉组合面貌与侏罗纪孢粉组合相比发生了很大的变化，①侏罗纪孢粉组合中比较繁盛的桫椤科孢子 *Cyathidites* 等在早白垩世组合中只少量出现；②蕨类植物孢子中 *Lygodiumsporites*，*Concavissimisporites*，*Lygodioisporites* 和 *Impardecispora* 等海金沙科孢子比较发育，并见有准噶尔盆地早白垩世孢粉组合中的典型分子 *Parajunggarsporites*；③莎草蕨科孢子 *Schizaeoisporites* 等开始出现，并成为白垩纪孢粉组合中最重要的分子之一，至早白垩世晚期数量增多；④只零星见到侏罗纪重要分子 *Cerebropollenites*；⑤裸子植物花粉中 *Classopollis* 频繁出现，在盆地南缘吐谷鲁群组合中含量较高；⑥松柏类具囊花粉中出现较多的 *Rugubivesiculites* 等。

根据准噶尔盆地吐谷鲁群孢粉组合的特点和部分孢粉化石母体植物的生态习性，推测吐谷鲁群沉积时期准噶尔盆地古植被的组成：主要为分布于热带、亚热带地区的卷柏科、里白科、桫椤科、膜蕨科、海金沙科、莎草蕨科、水龙骨科、南洋杉科、杉科、掌鳞杉科、苏铁科和罗汉松科等植物；还有仅见于温带地区的云杉属植物的花粉；有水生的水藓科植物和盘星藻、葡萄藻，以及光面球藻、褶皱藻、对裂藻等藻类、疑源类；有喜欢生长在潮湿地带的桫椤科、里白科、海金沙科、杉科、罗汉松科和苏铁科植物；也有喜欢炎热干旱气候的莎草蕨科、掌鳞杉科、麻黄科等植物。从吐谷鲁群孢粉植物群中热带、亚热带成分占有较大比例，该沉积时期的气候应比侏罗纪时炎热，为亚热带型气候。植物群中掌鳞杉科等旱生植物比较发育，但湿生植物仍占有较大比例，其气候应属于半湿润的亚热带型气候。

准噶尔盆地吐谷鲁群的孢粉组合面貌在横向上变化较大，清水河组孢粉化石分布非常广泛，在盆地南缘、西北缘、东部和腹部均或见到，盆地南缘和盆地西北缘孢粉组合中蕨类植物孢子含量较高，最高含量可达 43.5%，*Classopollis* 也占有较大比例，最高达 22.0%；而盆地腹部清水河组组合中蕨类植物孢子和 *Classopollis* 均很少，前者含量一般小于 5%，后者只零星出现，组合中主要为松柏类具气囊花粉，其次为 *Perinopollenites*，样品中藻类、疑源类化石非常丰富，在达巴松凸起井下还常见 *Micrhystridium* 和 *Dorsennidium* 等具突起藻类化石，该类化石多见于海相地层，在塔里木盆地下三叠统俄霍布拉克组频繁出现。由于蕨类植物孢子一般沉积在离其生长地不远的湖泊、沼泽等环境中，离湖岸越远蕨类植物孢子越少。从清水河组孢粉组合在横向上的分布特点，推测清水河组沉积时期准噶尔盆地湖盆面积较大。该时期的古植被景观是：在盆地南缘、西北缘中、高山地分布有由云杉等组成的针叶林；在低坡地带见有桫椤科、松、南洋杉、罗汉松、苏铁、银杏等植物组成的针、阔叶混交林，林中海金沙科植物攀援其中，林下长有紫萁科、里白科等蕨类植物；在湖边潮湿地带见有杉等植物；而在离水体较远的地区见有旱生植物莎草蕨科、掌鳞杉科等植物；在广阔的湖泊中生长有大量的藻类。藻类化石中 *Micrhystridium* 和 *Doesennidium* 等海生或喜欢生活在含盐度较高水体中藻类的出现说明沉积时期水中含盐度较高。从泥岩内含盐、含硼量较高，通常超过 100ppm[①]，最高可达 418ppm，也说明沉积时期的气候比较干燥炎热，湖水较咸。推测当时准噶尔盆地是一个大而不太深的半咸水湖，水中鱼、双壳类、腹足类、叶肢介、介形类等水生生物比较繁盛，陆上植物比较繁茂，翼龙等经常出现。

2. 紫泥泉子组沉积时期的古植被和古气候

准噶尔盆地南缘呼图壁至玛纳斯地区及盆地腹部莫南和莫索湾凸起井区井下紫泥泉子组下段产有比较丰富的孢粉和藻类、疑源类化石。孢粉组合中 *Classopollis* 仍比较发育与下白垩统吐谷鲁群组合有一定的相似性，但与后者相比面貌发生了较大的变化，主要区别是：①莎草蕨科孢子 *Schizaeoisporites* 较多出现，分异度也较高；②出现了较多晚白垩世重要分子，如 *Zlivisporis*、*Seductisporites*、*Nevesisporites* cf. *stellatus*、*Gabonisporis labyrinthus*、 *Balmeisporites*、*Parvisaccites otagoensis*、*Exesipollenites*、*Aquilapollenites attenuatus*、*Jianghanpollis* 和 *Cranwellia* 等；③裸子植物花粉中常见 *Parcisporites* 等，而 *Perinopollenites*、*Quadraeculina*，以及原始松柏类花粉则明显减少，或完全缺失；④被子植物花粉类型比较丰富，还见有 *Aquilapollenites*、*Jianghanpollis* 等晚白垩世重要分子。

在紫泥泉子组下段孢粉组合中热带-亚热带植物的孢粉占 34.2%~62.26%，而温带植

① ppm 表示百万分之一。

物的孢粉仅占 6.17%~8.8%，广温性(热带-温带)植物占 18.7%~49.67%，古气候为亚热带型；孢粉植被中旱生植物占 4.83%~37.8%，湿生、沼生或水生植物占 28.18%~32.03%，中生植物占 21.68%~53.0%。考虑到盆地腹部井下样品中旱生植物花粉 *Classopollis* 含量较低可能与沉积时离湖岸较远有关，结合岩性资料，紫泥泉子组沉积时期气候应比较干燥，属于亚热带半干旱型气候。

根据孢粉组合的组成，这一沉积时期准噶尔盆地南缘西部至盆地腹部莫索湾地区的湖泊中生长有盘星藻、葡萄藻、对裂藻等藻类、疑源类及眼子菜科和苹科等植物，湖边缘地带长有杉科等植物；在湖岸潮湿地带生长有桫椤科、苏铁科、银杏科、杨柳科等植物，林下有紫萁科、百合科等植物；在远离(河)湖岸较远的比较干燥的低缓地带分布有莎草蕨科、麻黄科、掌鳞杉科等旱生植物；在盆地边缘中、高山地带，分布有由云杉属、冷杉属等植物组成的针叶林；在盆地边缘山地中、低坡地带分布着由松属、雪松属、油杉属、罗汉松属、落叶松属、南洋杉科、苏铁科、银杏科、山毛榉科、桦科、胡桃科、榆科等植物组成的针叶、阔叶混交林，林下长有喜阴的蕨类植物，如石松及真蕨纲植物等，海金沙科植物攀援于林中。

(四)古近纪—新近纪古植被和古气候

1. 紫泥泉子组上部沉积时期

气候非常干燥，生物化石贫乏，至今仍为孢粉化石的空白区。但在盆地北缘古新世时气候较为温暖潮湿，湖盆边缘植物较为繁盛，湖水平静，植物的叶子在还原或半还原的环境中被保存为非常精美的化石，但在产有古新世植物化石的地层中至今未发现孢粉化石。在盆地其他地区(除呼 2 井外)均未见古新世化石。

2. 安集海河组沉积时期的古植被和古气候

安集海河组含比较丰富的藻类、疑源类化石和少量的孢粉化石，孢粉组合中热带-亚热带植物的孢粉占 16.50%~27.02%，温带植物的孢粉占 22.75%~63.0%，广温性(热带-温带)植物孢粉占 17%~47%，古气候为温带-暖温带型；孢粉植被中旱生植物占 26.75%~44.50%，湿生、沼生或水生植物占 14.0%~33.37%，中生植物占 38.0%~46.74%。结合岩性资料，安集海河组沉积时期气候应比较干燥，属于温带-暖温带半干旱-半潮湿型气候，下段和上段沉积时期气候较干，为半干旱型气候，中段为半潮湿型气候。

根据准噶尔盆地南缘和盆地腹部莫索湾凸起等井下安集海河组中一般都含有非常丰富的盘星藻、葡萄藻等藻类化石，中段还频繁出现沟鞭藻类化石，但样品中含孢粉化石比较少的特点，推测沉积时期湖盆面积较大，但水体较浅，上段和下段为淡水，中段间断性出现了半咸水或咸水环境。在藻类化石中盘星藻生活在水深较浅(一般深度不超过 15m)、水体流动性较小(静止或半静止)的淡水环境中，该类化石基本上在原地埋藏，可作为指示淡水湖泊环境的指相化石；葡萄藻生态范围较广，它们既可生活在淡水中，也可生活在半咸水至咸水环境中；沟鞭藻类对环境的反应十分敏感，是一种良好的指相化石，如温暖海水中一般以收缩式沟鞭藻囊孢为主；形态复杂的沟鞭藻类或具复杂而密集突起的沟鞭藻囊孢，代表较深水的环境，外壁平滑或具细小突起的囊孢指示近岸浅海环境；膝沟藻科的囊孢比例越高越能指示广海环境，以多甲藻科的囊孢占优势的组合说明近岸浅海、半咸水或淡水环境；具厚壁的沟鞭藻囊孢集中分布于浅海地带，而发育漂浮构造，如具大突起的薄壁类型大多限于广海环境。沟鞭藻的分异度和丰度的变化与环境有密切关系，在淡水湖相沉积中一般缺乏沟鞭藻化石，如果有，其属种也十分单调，形态结构较简单。该段地层中沟鞭藻组合分异度(52 属 93 种)和丰度均较高，其中膝沟藻科的分子明显多于多甲藻科，具复杂突起的收缩式囊孢占优势，显示安集海河组中段地层沉积时期该区受到海水的影响(周春梅等，2012)。

根据安集海河组孢粉组合的组成，该沉积时期准噶尔盆地南缘西部至盆地腹部莫索湾地区古植被景观为：在湖泊中生长有盘星藻、葡萄藻等藻类、疑源类及眼子菜科、黑三棱科等植物，湖边缘地带长有杉科、禾本科等植物；在湖岸边潮湿地带生长有桫椤科、苏铁科、银杏科、杨柳科、桦科、胡桃科等植物；林下有紫萁科等真蕨植物和百合科、毛茛科、蓼科、川续断科等植物；在远离(河)湖较远的比较干燥的低缓地带分布有麻黄科、蒺藜科、藜科、禾本科、唇形科等旱生植物组成的草丛或灌丛；在盆地边缘中高山地带见有由云杉属、冷杉属等植物组成针叶林；在盆地边缘山地中、低坡地带分布着由松属、雪松属、油杉属、罗汉松属、落叶松属、南洋杉科、苏铁科、银杏科、山毛榉科、桦科、胡桃科、榆科等植物组成的针叶、阔叶混交林，林下长有喜阴蕨类植物，如石松及真蕨纲植物等。

3. 沙湾组沉积时期的古植被和古气候

沙湾组沉积时期盆地周围山地上升，在盆地南缘西部沉积了一套较粗的河流相红色碎屑岩层，孢粉化石极少，但四棵树凹陷当时仍为湖泊环境，在沙湾组中孢粉化石仍比较丰富。孢粉组合面貌与安集海河组孢粉组合的区别主要有以下几点：①旱生草本植物花粉 *Chenopodipollis* 开始较多出现，平均含量达 6.97%，并伴有少量的菊科和禾本科花粉；②榆科花粉占有较大比例，平均含量 6.36%，主要种为 *Ulmipollenites undulosus*；③安集海河组孢粉组合中比较发育的唇形科花粉 *Labitricolpites* 明显减少，平均含量只有 0.99%；④桦科、胡桃科等温带植物的花粉增多。沙湾组孢粉组合的上述变化，反映了气候变干和变凉的趋势，应属于暖温带半干旱型气候。

从沙湾组孢粉组合的特点可以看出，该组沉积时期与安集海河组沉积时期孢粉植物群的主要变化是草本和灌木植物中的麻黄科和唇形科植物已明显衰退，而藜科、菊科和禾本科等旱生植物成为该时期山前低缓地带草丛或灌丛植被中的主体。

4. 塔西河组沉积时期的古植被和古气候

塔西河组沉积时期准噶尔盆地平稳下降，湖水面积扩大。在盆地南缘西部、盆地腹部莫索湾等地区和盆地西北缘塔西河组中均发现有孢粉化石。孢粉组合面貌与沙湾组孢粉组合有一定的相似性，主要区别是：①蕨类植物孢子增多，其中水龙骨科孢子 *Polypodiaceaesporites* 占有较大比例；②松科花粉中 *Cedripites* 含量较高，*Abiespollenites* 和 *Ketaleeriaepollenites* 频繁出现，在塔西河组上部 *Tsugaepollenites* 非常发育；③被子植物花粉中眼子菜科花粉明显增加，而藜科和菊科花粉减少；④见塔西河组比较重要的分子 *Operculumpollis triangulus*、*O. taxiheensis* 等。

在塔西河组的孢粉组合中松科花粉占据优势地位，且以广布于丘陵和低海拔山地的松属植物为主体，还见有反映高海拔山地的标志植物——云杉和冷杉属植物；在被子植物花粉中反映典型温带落叶阔叶的乔木树种-榆科植物成为植物群中优势成分。植物群中以桦科、榆科、胡桃科和椴科等生长在温带的植物为主，并见有水龙骨科、桫椤科、杉科、雪松属、油杉属、铁杉属、罗汉松属、栎属和楝属等热带、亚热带植物，反映塔西河组沉积时期为暖温带型气候。麻黄科、蒺藜科、藜科和菊科等旱生植物中虽未在植物群占据优势地位，但亦比较常见，综合塔西河组的岩性特征，应属于半潮湿-半干旱型气候。

根据塔西河组孢粉植物群的组成，以及母体植物的生态习性，推测塔西河组沉积时期盆地南缘植被景观是：在高海拔山坡上分布有由云杉和冷杉等组成的针叶林；其下低海拔山坡上见有由榆科、桦科、胡桃科、松属、罗汉松属等植物组成的针叶-阔叶植物混交林，林下长有水龙骨科等植物；在四棵树凹陷地区分布有淡水湖泊，湖中盘星藻、葡萄藻等藻类比较繁盛，湖边见有眼子菜科和黑三棱科等水生植物，在湖岸和河岸见有由桦、栎、楝等植物组成的岸边林；在远离湖泊的低平地带分布有由麻黄科、蒺藜科、藜科和菊科等植物组成的草丛和灌丛。

5. 独山子组沉积时期

该组获得孢粉化石很少，至今只在四棵树凹陷井下独山子组下部见到少量的孢粉化石，孢粉组合中以被子植物藜科，菊科等旱生草本植物花粉居多，其次为榆科花粉，少量出现桦科，胡桃科和椴科等花粉；裸子植物花粉中主要为 *Pinuspollenites*、*Piceapollis* 和 *Abietineaepollenites* 等松科花粉。

从独山子组孢粉植物群中主要为藜科、菊科等旱生草本植物组成特点，综合地层中含化石的情况以及岩性特征，推测沉积时期准噶尔盆地比较荒凉，当时在四棵树凹陷地区可能还分布有小面积的湖泊，湖中仍生长有盘星藻等藻类，在湖盆边缘较为潮湿地带见有桦科、胡桃科等植物，林下长有凤尾蕨科、石松科和水龙骨科等植物；在离湖盆较远的山上仍分布有由云杉等组成的针叶林，低坡地带见有由榆科、胡桃科和椴科等形成的阔叶林，或由松、榆科等植物组成的针、阔叶混交林；在远离水体的广阔地域则为由麻黄科、藜科和菊科等植物组成的草丛或灌丛，属于草原或半荒漠植被类型。气候温暖而干旱，为暖温带干旱型气候。

六、干酪根显微组分类型及其组合与沉积环境

前人从沉积、生物、特征矿物及有机地球化学等方面对准噶尔盆地中、新生界沉积相进行了卓有成效的研究，本书侧重从研究干酪根显微组分的角度对该地区(主要是盆地南缘大龙口、郝家沟、红沟剖面、玛纳 001 井和西湖 1 井)中、新生界泥质岩和煤岩的沉积环境进行探讨。从干酪根显微组分角度研究沉积环境与沉积相研究存在较大的区别，因孢粉研究所采集和分析的仅仅是泥质岩和煤岩，而且主要是暗色泥岩，所以干酪根显微组分研究所侧重的也仅仅是泥质岩和煤岩的沉积环境。沉积相研究是对研究区各个沉积时期沉积环境的全面认识，而干酪根显微组分研究只是为沉积相研究提供有关泥质岩和煤岩沉积环境方面的有关资料。

根据沉积相研究资料，陆相泥质岩的沉积环境主要为河流的边滩、漫滩、河漫湖泊、滨浅湖、半深湖-深湖等；暗色泥岩(或煤岩)主要形成位置：一是形成于湖泊中，包括滨浅湖-半深湖-深湖环境；二是形成于由湖泊演化有关的湖沼环境中，包括湖泊淤浅沼泽(即湖成沼泽)、滨湖沼泽、三角洲分流间湾沼泽等；三是发育于与河流沉积作用及其演

化有关的河沼环境中，包括三角洲平原河漫沼泽、牛轭(湖)沼泽、辫状河心滩沼泽、洪-冲积扇扇间洼地沼泽。

有关干酪根显微组分与沉积环境的关系金奎励等(1997)、秦胜飞等①和高瑞琪等(1999)都做过比较深入的研究。

金奎励等(1997)根据沉积学、有机地化和沉积学的综合研究结果，将准噶尔盆地侏罗系划分出四种有机相类型：高位沼泽有机相、森林沼泽有机相、流水沼泽有机相和开阔水体有机相。

秦胜飞等(1999，内部资料)将塔里木盆地库车拗陷煤系地层有机相划分出六种类型：高位泥炭沼泽有机相、高位-森林过渡沼泽有机相、森林泥炭沼泽有机相、流水边缘沼泽有机相、流水泥炭沼泽有机相和开阔水体有机相。

准噶尔盆地中、新生界孢粉薄片中的干酪根显微组分丰富多彩，本书将其归纳为五种组合类型和九种亚组合类型(表 4-8)。

表 4-8 干酪根显微组分组合与沉积环境关系表

干酪根显微组分组合		干酪根显微组分	沉积环境	分布层位
组合	亚组合			
Ⅰ	Ⅰ	以藻类、疑源类为主，见少量的壳质组干酪根。藻类化石中主要为葡萄球藻、盘星藻，少量出现光面球藻、粒面球藻等	淡水滨、浅湖泊	安集海河组、塔西河组
	Ⅱ	以光面球藻、粒面球藻等疑源类为主，并见有一定数量壳质组、镜质组干酪根	滨、浅湖泊	清水河组
	Ⅲ	以藻类为主，并见有一定数量的壳质组干酪根，藻类化石中见有葡萄球藻、盘星藻和沟鞭藻化石	受海水影响的半咸水浅湖环境	安集海河组中段
Ⅱ	Ⅰ	主要为松柏类具囊花粉，零星出现葡萄球藻等化石	主要产于半深湖-深湖相沉积中，沉积时期湖盆周围地形起伏较大	黄山街组部分层段
	Ⅱ	孢粉化石中蕨类植物孢子占有较大比例，并见有一定数量的角质体、镜质体等干酪根	主要见于三角洲前缘，或湿地和低地植被比较发育、但水体分布面积又比较小的河漫湖泊、河漫沼泽、废弃河道、辫状河心滩或冲积扇扇间洼地沼泽环境	在三叠系韭菜园组至侏罗系头屯河组均可见到
Ⅲ		主要由角质体组成	主要见于水体平静，沉积物未受到来回搬运的湖泊和沼泽环境(包括河漫湖泊和河漫沼泽)	郝家沟组至西山窑组局部层段
Ⅳ	Ⅰ	由大量长条形裸子植物管胞和长条形木材组成	主要产于水体比较动荡的三角洲前缘环境	郝家沟组至西山窑组局部层段
	Ⅱ	主要由木材组成，少见裸子植物管胞	主要产于水体比较动荡的三角洲前缘环境	克拉玛依组至西山窑组中均可见到

① 秦胜飞，戴金星，李梅，等. 1999. 塔里木盆地库车坳陷煤系油气成藏地球化学研究及勘探方向. 中国石油塔里木油田分公司勘探开发研究院(库尔勒)、中国石油集团科学技术研究院(北京)、中国科学院兰州分院地质研究所(兰州).

续表

<table>
<tr><th colspan="2">干酪根显微组分组合</th><th rowspan="2">干酪根显微组分</th><th rowspan="2">沉积环境</th><th rowspan="2">分布层位</th></tr>
<tr><th>组合</th><th>亚组合</th></tr>
<tr><td rowspan="2">V</td><td>I</td><td>干酪根显微组分含量较高，但类型非常单调，主要为短轴型的丝质体和镜质体</td><td>主要见于浅湖、半深湖-深湖环境</td><td>黄山街组局部层段</td></tr>
<tr><td>II</td><td>干酪根显微组分含量很低，类型非常单调，主要为短轴型的丝质体和少量镜质体</td><td>见于氧化宽浅型湖泊、冲积扇片泛、河流边滩等环境</td><td>齐古组和吐谷鲁群(局部层段)</td></tr>
</table>

(一)类型Ⅰ：干酪根显微组分组合主要由藻类、疑源类化石组成

主要产于吐谷鲁群清水河组、安集海河组，偶然见于塔西河组。这一类型又可进一步分为三种亚类型。

1．亚类型Ⅰ

干酪根显微组分组合以藻类、疑源类为主，并见有一定数量的壳质组干酪根，藻类化石中主要为葡萄球藻、盘星藻，少量出现光面球藻、粒面球藻、对裂藻等，未见海相藻类化石。该亚类型主要见于安集海河组(部分层段)和塔西河组。

2．亚类型Ⅱ

干酪根显微组分以光面球藻、粒面球藻等疑源类为主，并见有一定数量壳质组、镜质组干酪根。该亚类型主要见于吐谷鲁群清水河组。

3．亚类型Ⅲ

干酪根显微组分以藻类为主，并见有一定数量的壳质组干酪根，藻类化石中见有葡萄球藻、盘星藻和沟鞭藻化石。该亚类型见于安集海河组中段。

(二)类型Ⅱ：干酪根显微组分由大量孢粉化石及少量角质体、镜质体组成

中、新生界大部分岩组中均见有类型Ⅱ。该类型亦可进一步划分为两种亚类型。

1．亚类型Ⅰ

孢粉化石中主要为松柏类具囊花粉，零星出现葡萄球藻等化石。见于盆地南缘红沟、郝家沟等剖面黄山街组部分层段。

2．亚类型Ⅱ

孢粉化石由蕨类植物孢子和裸子植物花粉组成，并见有一定数量的角质体、镜质体等干酪根。在三叠系韭菜园组至侏罗系头屯河组均可见到。

(三)类型Ⅲ：干酪根显微组分主要由角质体组成

见于郝家沟组至西山窑组局部层段。

(四)类型Ⅳ：干酪根显微组分主要由镜质体组成

可进一步划分两种亚类型。

1．亚类型Ⅰ

由大量长条形裸子植物管胞和长条形木材组成，常见于郝家沟组至西山窑组局部层段。

2．亚类型Ⅱ

主要由木材组成，少见裸子植物管胞。该亚类型在克拉玛依组至西山窑组中均可见到。

(五)类型Ⅴ：干酪根显微组分主要由丝质体组成，并见有一定数量的镜质体

可进一步划分为两种亚类型。

1．亚类型Ⅰ

干酪根显微组分含量较高，但类型非常单调，主要为短轴型的丝质体和镜质体。

2．亚类型Ⅱ

干酪根显微组分含量很低，类型非常单调，主要为短轴型的丝质体和少量镜质体，见于头屯河组上段至齐古组。

为了探讨各类干酪根显微组分组合与沉积环境之间的关系，我们充分吸收前人在准噶尔盆地南缘中、新生代沉积相研究方面的成果。以此为基础，探讨五种干酪根显微组分组合与沉积环境之间的关系(表4-8)。

干酪根显微组分类型Ⅰ亚类型Ⅰ和亚类型Ⅲ主要分布于浅湖相或半深湖-深湖沉积中，如盆地南缘紫泥泉子等剖面清水河组、盆地覆盖区清水河组；亚类型Ⅱ只产于受海水影响的湖相沉积中，如盆地南缘西部安集海河组中段上灰绿层。

干酪根显微组分类型Ⅱ中的亚类型Ⅰ主要产于半深湖-深湖相沉积中，孢粉组合中出现大量松柏类具囊花粉，蕨类植物孢子很少，可能存在两种可能性：一种是沉积区可能离湖岸较远，因蕨类植物植株低矮，它们所产生的孢子一般只能被搬运到离林区较近的地方，而松柏类花粉具有气囊结构，可以通过风等介质将其搬运到离林区较远的地方；另一种可能是湖岸较陡，湿地和低地植被不发育，而生长在高地上的松柏类植物离湖岸较近，它们大量被搬运到湖盆中，并成为沉积物孢粉组合中的优势分子；亚类型Ⅱ中蕨类植物孢子大量存在，主要见三角洲前缘沉积中，或湿地和低地植被比较发育、水体分布面积又比较小的河漫湖泊、河漫沼泽、废弃河道、辫状河心滩或冲积扇扇间洼地沼泽的沉积中。

干酪根显微组分类型Ⅲ形成的环境与类型Ⅱ中的亚类型Ⅲ相似，主要见于水体平静的湖泊和沼泽(包括河漫湖泊和河漫沼泽)的沉积中。干酪根显微组分类型Ⅳ的亚类型Ⅰ和亚类型Ⅱ主要产于水体比较动荡的三角洲前缘环境中。

干酪根显微组分类型Ⅴ的亚类型Ⅰ主要见于浅湖、半深湖-深湖沉积中，沉积时期湖盆周围地形较平坦，在离岸较远的半深湖和深湖区陆源植物残片很少，沉积物中以再沉积的丝质体干酪根显微组分为主；亚类型Ⅱ见于氧化宽浅型湖泊、冲积扇片泛、河流边滩等沉积中，因植物的木材、叶片及其孢子花粉等在氧化环境中常遭受破坏，而很难在沉积物中保存下来。

干酪根显微组分组合与沉积环境关系密切，孢粉组合面貌在纵向上的变化特点与沉积环境也存在一定的关系。一个大型的湖泊不仅在横向上分布范围较大，而且在纵向上延布的时限也相对较长，其孢粉组合的面貌在纵向上变化相对较小。如准噶尔盆地西北缘下二叠统风城组孢粉组合的面貌在纵向上变化很小，部分钻孔在几百米乃至上千米厚的风城组岩样中孢粉组合的面貌均很相似，盆地腹部石南地区吐谷鲁群清水河组的孢粉组合也具类似特点，在纵向上组合面貌变化很小；而沉积环境为河流、小型湖泊、沼泽相的乌尔禾组下亚组，孢粉组合的面貌在纵向上的变化则很大，盆地南缘沉积环境主要为河流、沼泽相的八道湾组孢粉组合的面貌在纵向上的变化也较大。

第五章 属 种 描 述

本书共描述新疆准噶尔盆地中生代孢粉化石 141 属 541 种，其中新种 40 个，新联合种 4 个；藻类、疑源类 2 属，2 种(新种)。新生代孢粉 94 属 247 种，其中新亚属 1 个，新种 4 个。

第一节 中生代孢子花粉及疑源类

一、疑源类 Acritarchs Evitt，1963

对裂藻属 ***Schizosporis*** **Cookson et Dettmann，1959**

模式种 *Schizosporis reticulatus* Cookson et Dettmann，1959

准噶尔对裂藻(新种) ***Schizosporis junggarensis*** **Zhan sp. nov.**

(图版 36，图 56，57；图 5-1)

轮廓宽椭圆形，大小为 74.4μm×61.6μm；外壁厚约为 1.0μm，表面具细网状纹饰，穴、脊不大于 1.0μm，壳体中部见一直或环形裂缝，黄色。

图 5-1 *Schizosporis junggarensis* Zhan sp. nov.

新种以宽椭圆形的轮廓、较薄的外壁和细网状的纹饰，以及环形的裂缝为特征易与属内其他种相区别。*Schizosporis spriggi* Cookson et Dettmann，1958(p.216，pl.1，figs.10—14)裂缝特征与本种相似，但轮廓为圆形，外壁两层，表面光滑。

模式标本 图版 36，图 56，大小为 74.4μm×61.6μm

产地层位 玛纳斯县红沟，三工河组。

环纹藻属 ***Concentricystes*** **Rossignal，1962 emend. Jiabo，1978**

模式种 *Concentricystes rubinus* Rossignal，1962

新疆环纹藻(新种) ***Concentricystes xinjiangensis*** **Zhan sp. nov.**

(图版 43，图 1；图 5-2)

赤道轮廓卵圆形，大小为 37.4μm×30.8μm；壳壁厚约为 1.0μm，表面密布同心状排

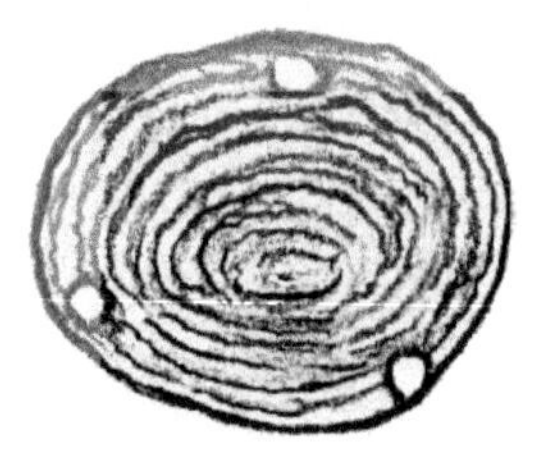

图 5-2 *Concentricystes xinjiangensis* Zhan sp. nov.

列的环纹，环纹宽度和间距均为 1μm 左右，在亚赤道部位见三个近等距离分布的小圆孔，孔径为 4.0~4.5μm。浅棕黄色。

当前标本环纹特征与 *Circulisporites fragilis*（Pocock）Zhang，*Concentricystis panshanensis* Jiabo 相同，但亚赤道部位见三个近等距离分布的小圆孔可与属内其他种相区别。

模式标本 图版 43，图 1，大小为 37.4μm×30.8μm。

产地层位 玛纳斯县红沟，西山窑组。

二、化石孢子大类 Sporites R. Potonié，1893

三缝孢类 Triletes Reinsch，1881

无环三缝孢亚类 Azonotriletes Luber，1935

光面或近光面系 Laevigati Bennie et Kidston，1886 emend. R. Potonié，1956

阿尔索菲孢属 *Alsophilidites* Cookson，1947 emend. Potonié，1956

模式种 *Alsophilidites kerguelensis*（Cookson）Potonié，1956

弓形阿尔索菲孢 *Alsophilidites arcuatus*(Bolkhovitina) Xu et Zhang，1980

（图版 36，图 28；图版 48，图 27，34）

1953 *Alsophila arcuatus* Bolkhovitina，Болховитина，стр. 24，табл. 2，фиг. 15，16.

1956 *Alsophila arcuatus* Bolkhovitina，Болховитина，стр. 35，табл. 2，фиг. 17a—b.

1984 *Alsophilidites arcuatus*，《华北地区古生物图册》(四)，463 页，图版 180，图 14，15。

2000 *Alsophilidites arcuatus*，宋之琛等，3 页，图版 1，图 18，19。

赤道轮廓三角形，边直或内凹，角部圆或宽圆，大小为 35.2~37.4μm；三射线细长，直，微裂开，伸达或近伸达赤道；外壁厚为 1.0~1.5μm，表面光滑，具平行赤道边的长条形褶皱，相邻褶皱或在角部相连。黄至棕黄色。

描述标本三射线细长，具平行赤道边分布的长条形褶皱与 Болховитина(1953) 描述的哈萨克斯坦西部下白垩统的该种标本相似，唯后者三边较强烈内凹而稍有区别。

产地层位 和布克赛尔县达巴松凸起井区，三工河组；玛纳斯县红沟，头屯河组。

伯莱梯孢属 *Biretisporites* Delcourt et Sprumont，1955 emend. Delcourt, Dettmann et Hughes，1963

模式种 *Biretisporites potoniaei* Delcourt et Sprumont，1955

波脱尼伯莱梯孢 ***Biretisporites potoniaei*** **Delcourt et Sprumont，1955**

（图版 31，图 11，21，28；图版 36，图 50；图版 43，图 17，43—45，51；图版 48，图 9，17，35；图版 53，图 15）

1963 *Biretisporites potoniaei* Delcourt et Sprumont，Delcourt，Dettmann and Hughes，p. 284，pl. 42，figs. 12—14；pl.44，fig.41.

1978 *Biretisporites potoniaei*，《中南地区古生物图册》（四），465 页，图版 127，图 26，27。

1983 *Biretisporites potoniaei*，《西南地区古生物图册》（微体古生物分册），572 页，图版 143，图 15。

1990 *Biretisporites potoniaei*，张望平，图版 19，图 8。

2000 *Biretisporites potoniaei*，宋之琛等，4 页，图版 4，图 47，48，51—53。

赤道轮廓三角形，边近直或稍凹凸，角部圆或宽圆，大小为 32.0~50.2μm；三射线直或稍弯曲，长为孢子半径的 3/4 或近伸达赤道，射线两侧具明显的唇状加厚，单侧宽为 1.0~2.5μm，向射线末端渐变窄；外壁厚为 1~2μm，表面近光滑，具少量长条形褶皱，轮廓线平滑。黄色至棕色。

描述标本的形态特征与该种基本相同，唯部分标本三射线唇状加厚较窄而稍有区别。

产地层位 乌鲁木齐县郝家沟，八道湾组；和布克赛尔县达巴松凸起井区，西山窑组；玛纳斯县红沟，三工河组至头屯河组；沙湾县红光镇井区，吐谷鲁群。

凹边孢属 ***Concavisporites*** **Pflug，1953 emend. Delcoult et Sprumount，1955**

模式种 *Concavisporites rugulatus* Pflug，1953

卡尔曼凹边孢 ***Concavisporites kermanense*** **Arjang，1975**

（图版 21，图 2）

1975 *Concavisporites kermanense* Arjang，p. 109，pl. 2，figs. 7—9.

1978 *Concavisporites kermanense*，雷作淇，231 页，图版 1，图 11。

2000 *Concavisporites kermanense*，宋之琛等，9 页，图版 5，图 23，29。

赤道轮廓三角形，边直或微凸，角部圆，大小为 37.4~39.0μm；三射线较直，伸达赤道；近极面具三条弓形加厚带，在射线末端相连，宽为 1.5~6.0μm；外壁厚约为 1.2μm，表面近光滑。黄色。

产地层位 乌鲁木齐县郝家沟和吉木萨尔县三台大龙口，郝家沟组。

内纹凹边孢 ***Concavisporites intrastriatus***（**Nilsson**）**Li et Shang，1980**

（图版 17，图 2）

1958 *Auritulinasporites intrastriatus* Nilsson，p. 36，pl. 1，fig. 17.

1978 *Dictyophyllidites intrastriatus*（Nilsson）Zhang，《中南地区古生物图册》（四），462 页，图版 127，图 22。

1980　*Concavisporites intrastriatus* (Nilsson) Li et Shang，黎文本等，206 页，图版 1，图 11；图版 3，图 11。

2000　*Concavisporites intrastriatus*，宋之琛等，8—9 页，图版 5，图 20，21，24。

赤道轮廓三角形，边直或微凸，角部圆，大小为 24.2μm；三射线较直，伸达赤道；近极面具三条弓形加厚带，在射线末端相连，并内折，宽为 2.0~2.5μm；外壁厚约为 1.5μm，表面近光滑。黄色。

产地层位 吉木萨尔县三台大龙口，黄山街组。

隆茨凹边孢 ***Concavisporites lunzensis*** **(Klaus) Qian et Wu，1982**

(图版 21，图 6)

1960　*Paraconcavisporites lunzensis* Klaus，S. 123，Taf. 28，Fig. 7.

1982　*Concavisporites lunzensis* (Klaus) Qian et Wu，钱丽君等，130 页，图版 1，图 3—5。

2000　*Concavisporites lunzensis*，宋之琛等，9 页，图版 5，图 30，31。

赤道轮廓三角形，边直或微凸，角部圆，大小为 35.2μm；三射线脊缝状，微弯曲，近伸达赤道；近极面射线间具三条弓形加厚带，在射线末端相连呈绳套状，一般未超出轮廓线之外，宽为 2.0~3.5μm；外壁厚约为 1.2μm，表面近光滑。黄色。

产地层位 乌鲁木齐县郝家沟，郝家沟组至八道湾组。

膨胀凹边孢 ***Concavisporites toralis*** **(Leschik，1955) Nilsson，1958**

(图版 17，图 4；图版 21，图 9；图版 26，图 1；图版 53，图 10)

1955　*Laevigatisporites toralis* Leschik，p. 12，pl. 1，fig. 9.

1958　*Concavisporites toralis* (Leschik) Nilsson，p. 34，pl. 1，figs. 12，13.

1978　*Dictyophyllidites toralis* (Leschik) Zhang，《中南地区古生物图册》(四)，461—462 页，图版 127，图 9，10。

1990　*Concavisporites toralis*，张望平，图版 17，图 8；图版 21，图 8。

2000　*Concavisporites toralis*，宋之琛等，9—10 页，图版 5，图 19，22，26，27。

赤道轮廓三角形，边直或微凹至微凸，角部圆，大小为 31.5~32.8μm；三射线较直，伸达或近伸达赤道，围绕射线具粗强的弓形加厚带，单侧宽为 2.0~2.5μm，相邻加厚带在射线末端相连成凹边三角形加厚区；外壁厚为 1.2~1.5μm，表面光滑。棕黄色。

产地层位 吉木萨尔县三台大龙口，黄山街组和郝家沟组；乌鲁木齐县郝家沟，郝家沟组至八道湾组；呼图壁县东沟，吐谷鲁群。

桫椤孢属 ***Cyathidites*** **Couper，1953**

模式种 *Cyathidites australis* Couper，1953

南方桫椤孢 *Cyathidites australis* Couper，1953

（图版 36，图 54；图版 43，图 49；图版 48，图 50）

1953 *Cyathidites australis* Couper，p. 27，pl. 2，figs. 11，12.

1965 *Cyathidites australis*，张春彬，167 页，图版 2，图 1a—c。

2000 *Cyathidites australis*，宋之琛等，11 页，图版 3，图 24—26，30。

大小：50.6~59.4μm。

产地层位 和布克赛尔县达巴松凸起井区，三工河组；玛纳斯县红沟，西山窑组和头屯河组。

短缝桫椤孢 *Cyathidites breviradiatus* Helby，1967

（图版 3，图 7，16）

1967 *Cyathidites breviradiatus* Helby，p.63，pl. 1，fig. 4.

1983 *Cyathidites breviradiatus*，《西南地区古生物图册》(微体古生物分册)，559 页，图版 124，图 2。

1986 *Cyathidites breviradiatus*，曲立范等，133 页，图版 33，图 7。

2000 *Cyathidites breviradiatus*，宋之琛等，11—12 页，图版 3，图 5，6。

赤道轮廓三角形，边稍内凹，角部圆或宽圆，大小为 31.9~37.5μm；三射线细直，长为孢子半径的 1/2；外壁厚为 1.0~1.5μm，表面近光滑，轮廓线近平滑。黄至棕黄色。

产地层位 吉木萨尔县三台大龙口，韭菜园组。

内点桫椤孢 *Cyathidites infrapunctatus* Zhang，1984

（图版 31，图 27；图版 36，图 7，14，21；图版 43，图 10，20；图版 48，图 44）

1984 *Cyathidites infrapunctatus* Zhang，《华北地区古生物图册》(四)，462 页，图版 180，图 13。

1990 *Cyathidites infrapunctatus*，张望平，图版 23，图 3。

2000 *Cyathidites infrapunctatus*，宋之琛等，12 页，图版 3，图 12，13。

大小为 35.2~46.2μm。

产地层位 准噶尔盆地侏罗系。

中等桫椤孢 *Cyathidites medicus* San. et Jain，1964

（图版 43，图 26，50；图版 48，图 14，48）

1987 *Cyathidites medicus* San. et Jain，钱丽君等，37—38 页，图版 1，图 7。

2000 *Cyathidites medicus*，宋之琛等，12 页，图版 3，图 14。

赤道轮廓三角形，边直或稍凹凸，角部圆或宽圆，大小为 30.8~51.0μm；三射线直，裂开较宽，裂口或呈三角形，长为孢子半径的 1/2~3/4；外壁厚为 1.0~1.5μm，具内孔纹状结构，轮廓线近平滑。黄至黄棕色。

产地层位 玛纳斯县红沟，西山窑组和头屯河组。

中生桫椤孢 ***Cyathidites mesozoicus*****(Thiergart) Potonié，1955**

(图版 8，图 30；图版 31，图 8，19；图版 43，图 18)

1949 *Sporites adriensis* forma *mesozoicus* Thiergart，S. 11，Taf. 2，Fig. 3，10，11，17，28；Taf. 3，Fig. 21，33，43；Taf. 4/5，Fig. 9，48，50.

1983 *Cyathidites mesozoicus* (Thiergart) Potonié，《西南地区古生物图册》(微体古生物分册)，559 页，图版 124，图 4；图版 140，图 1。

2000 *Cyathidites mesozoicus*，宋之琛等，12 页，图版 3，图 15。

赤道轮廓三角形，边直或稍凹凸，角部圆或宽圆，大小为 35.2~46.0μm；三射线直，裂开较宽，长为孢子半径的 3/4，沿射线两侧具唇状加厚；外壁厚约为 1.5μm，表面近光滑，轮廓线近平滑。黄至棕色。

产地层位 吉木萨尔县三台大龙口，烧房沟组；乌鲁木齐县郝家沟，八道湾组；和布克赛尔县达巴松凸起井区，西山窑组。

小桫椤孢 ***Cyathidites minor*** **Couper，1958**

(图版 3，图 8；图版 31，图 25，33；图版 36，图 19，20，47，48；图版 43，图 2，6—8，11；图版 48，图 40—43；图版 53，图 11，13，16)

1953 *Cyathidites minor* Couper，p. 28，pl. 2，fig. 13.

1965 *Cyathidites minor*，张春彬，167 页，图版 1，图 9a—k。

2000 *Cyathidites minor*，宋之琛等，13 页，图版 3，图 7—10。

大小为 32.2~45.8μm。

产地层位 准噶尔盆地三叠系至新近系。

斑点桫椤孢 ***Cyathidites punctatus*****(Delc. et Sprum.) Delcourt，Dettmann et Hughes，1963**

(图版 36，图 6；图版 37，图 50；图版 43，图 19；图版 48，图 13)

1963 *Cyathidites punctatus* (Delc. et Sprum.) Delcourt，Dettmann et Hughes，p. 283，pl. 42，fig. 4.

1983 *Cyathidites punctatus*，《西南地区古生物图册》(微体古生物分册)，559 页，图版 137，图 3。

2000 *Cyathidites punctatus*，宋之琛等，13—14 页，图版 3，图 17—19。

大小为 39.6~57.6μm。

产地层位 准噶尔盆地侏罗系。

新疆桫椤孢(新种) *Cyathidites xinjiangensis* Zhan sp. nov.

(图版 48，图 1；图 5-3)

1980 *Cyathidites* cf. *concavus* (Bolkhovitina) Dettmann，徐钰林等，153 页，图版 83，图 7。

赤道轮廓三角形，边较强烈内凹，角部圆，大小为 37.4μm；三射线直，长为孢子半径的 2/3~3/4；外壁厚为 1.5~2.0μm，角部稍变薄，表面光滑，轮廓线平滑。棕黄色。

新种以边较强烈内凹，角部外壁稍变薄为特征与属内其他种相区别。徐钰林和张望平(1980)将与该种特征相似的标本定为 *Cyathidites* cf. *concavus*，考虑到 1953 年 Болховитина 描述的该种模式标本(p. 46，pl. 6，Fig. 7)角部变尖，三射线伸达赤道，射线间区具拱缘加厚，两者差别较大，而另建新种。

图 5-3 *Cyathidites xinjiangensis* Zhan sp. nov.

模式标本 图版 48，图 1，直径为 37.4μm。

产地层位 玛纳斯县红沟，西山窑组。

三角孢属 *Deltoidospora* Miner，1935 emend. Potonié，1956

模式种 *Deltoidospora hallis* Miner，1935

巴洛三角孢 *Deltoidospora balowensis* (Doring) Zhang，1978

(图版 36，图 31；图版 53，图 12)

1965 *Leiotriletes balowensis* Doring，S. 22，Taf. 1，Fig. 10，11.

1978 *Deltoidospora balowensis* (Doring) Zhang，《中南地区古生物图册》(四)，459 页，图版 138，图 3。

1984 *Deltoidospora balowensis*，《华北地区古生物图册》(三)，460 页，图版 194，图 31。

2000 *Deltoidospora plicata*，宋之琛等，15 页，图版 2，图 37，41。

赤道轮廓三角形，边直或稍凸，角部宽圆，大小为 33.0~37.4μm；三射线直或微弯曲，稍裂开，长约为孢子半径的 3/4 或等于孢子半径；外壁厚约为 1μm，表面近光滑。棕黄色。

描述标本与 Döring(1965)描述的本种标本特征一致，唯三射线或微弯曲而稍有不同。

产地层位 和布克赛尔县达巴松凸起井区，三工河组。

弓形三角孢 *Deltoidospora convexa* (Bolkh.) Pu et Wu，1985

(图版 31，图 24；图版 43，图 25，32，33)

1953 *Leiotriletes convexus* Bolkhovitina，Болховитина，стр. 37，табл. 2，фиг. 17.

1985 *Deltoidospora convexa* (Bolkh.) Pu et Wu，蒲荣干等，73 页，图版 7，图 27，28。

2000 *Deltoidospora convexa*，宋之琛等，15 页，图版 2，图 13。

赤道轮廓三角形，边直或微凹凸，角部圆或宽圆，大小为 33.0~41.8μm；三射线直或微微弯曲，微裂开或裂开较宽，伸达或近伸达赤道；外壁厚为 1.5~2.0μm，表面近光滑，角部近赤道处具弓形加厚。棕黄至黄棕色。

当前标本以三角形的赤道轮廓，角部近赤道处具弓形加厚与 Болховитина (1953) 描述的本种标本特征一致，唯图版 31 的图 24 和图版 43 的图 32 三射线裂开较宽而稍有不同。

产地层位 乌鲁木齐县郝家沟，八道湾组；和布克赛尔县达巴松凸起井区，西山窑组。

渐变三角孢 ***Deltoidospora gradata*** **(Maljavkina) Pocock，1970**

（图版 31，图 9，12）

1953 *Leiotriletes gradates* (Mal.) Bolkh.，Болховитина，стр. 19，табл. 1，фиг. 10—12，50；табл. 7，фиг. 10.

1970 *Deltoidospora gradata* (Mal.) Pocock，p. 28，pl. 5，fig. 2.

1980 *Deltoidospora gradata*，徐钰林等，151 页，图版 83，图 2。

2000 *Deltoidospora gradata*，宋之琛等，15 页，图版 2，图 25，26。

赤道轮廓三角形，边近直或稍凹凸，角部圆或宽圆，大小为 37.4μm；三射线简单，细直或微弯曲，伸达或近伸达赤道，射线两侧或具欠明显的唇状加厚；外壁厚约为 1.5μm，表面近光滑，或具一条长条形褶皱，贴近边分布。黄棕色。

产地层位 乌鲁木齐县郝家沟和沙湾县红光镇井区，八道湾组。

不规则三角孢 ***Deltoidospora irregularis*** **(Pflug) Sung et Tsao，1976**

（图版 43，图 35）

1953 *Laevigatisporites neddeni* subsp. *irregularis* Pflug，Thomson et Pflug，S. 54，Taf. 2，Fig. 2—7.

1976 *Deltoidospora irregularis* (Pflug) Sung et Tsao，宋之琛等，151 页，图版 1，图 3。

2000 *Deltoidospora irregularis*，宋之琛等，16 页，图版 2，图 36。

大小为 37.4μm。

产地层位 玛纳斯县红沟，西山窑组。

大三角孢 ***Deltoidospora magna*** **(De Jersey) Norris，1965**

（图版 43，图 27，48；图版 48，图 21、36）

1959 *Leiotriletes magna* De Jersey，p. 354，pl. 1，fig. 4.

1980 *Deltoidospora magna* (De Jersey) Norris，徐钰林等，152 页，图版 92，图 2。

2000 *Deltoidospora magna*，宋之琛等，16—17 页，图版 2，图 42—44。

大小为 43.5~48.4μm。

产地层位 玛纳斯县红沟，三工河组至头屯河组；和布克赛尔县达巴松凸起井区，西山窑组。

矮小三角孢 ***Deltoidospora perpusilla*** **(Bolkhovitina) Pocock，1970**

(图版 48，图 6)

1953 *Leiotriletes perpusilla* Bolkhovitina，Болховитина，стр. 20，табл. 1，фиг. 14.

1970 *Deltoidospora perpusilla* (Bolkhovitina) Pocock，p. 28，pl. 5，fig. 1.

1980 *Deltoidospora perpusilla*，徐钰林等，152 页，图版 83，图 1。

2000 *Deltoidospora perpusilla*，宋之琛等，17 页，图版 2，图 15，16，21。

大小为 35.2μm。

产地层位 玛纳斯县红沟，头屯河组。

褶皱三角孢 ***Deltoidospora plicata*** **Pu et Wu，1982**

(图版 36，图 1，4；图版 43，图 23，24；图版 48，图 4，5，24)

1982 *Deltoidospora plicata* Pu et Wu，蒲荣干等，411 页，图版 6，图 34—36。

1990 *Deltoidospora plicata*，张望平，图版 19，图 2，3；图版 21，图 3。

2000 *Deltoidospora plicata*，宋之琛等，17—18 页，图版 2，图 27—29。

赤道轮廓三角形，边直或稍内凹，角圆，大小为 30.8~41.8μm；三射线明显，直或微弯曲，或微裂开，伸达赤道，射线两侧或具欠明显的唇状加厚，或近顶处外壁稍加厚，微呈弓形堤状；外壁厚约为 1.5μm，表面粗糙或近光滑；近孢子赤道具环形褶皱。棕黄色。

描述标本近赤道，具环形褶皱与蒲荣干等描述的同种标本特征一致。

产地层位 玛纳斯县红沟，三工河组至头屯河组。

规则三角孢 ***Deltoidospora regularis*** **(Pflug) Song et Zheng，1981**

(图版 31，图 23；图版 36，图 3；图版 43，图 46)

1953 *Laevigatisporites neddeni* subsp. *regularis* Pflug，Thomson and Pflug，S. 54，Taf. 1，Fig. 2—7.

1969 *Leiotriletes regularis*，Krutzsch，p. 57.

1981 *Deltoidospora regularis* (Krutzsch) Song et Zheng，宋之琛等，65 页，图版 2，图 1—3，7，8。

2000 *Deltoidospora regularis*，宋之琛等，18 页，图版 2，图 32—34。

直径为 35.2~41.8μm。

产地层位 乌鲁木齐县郝家沟，八道湾组；玛纳斯县红沟，三工河组和西山窑组。

唇状三角孢 ***Deltoidospora torosus*** **Zhang，1984**

(图版 48，图 25；图版 53，图 14)

1984 *Deltoidospora torosus* Zhang，《华北地区古生物图册》(三)，460—461 页，图版 194，图 32，33。

2000 *Deltoidospora torosus*，宋之琛等，18 页，图版 2，图 30，31。

赤道轮廓三角形，边近直或稍外凸，角圆或宽圆，直径为 41.0~41.8μm；三射线直，稍裂开，伸达或近伸达赤道，射线两侧具唇状加厚，单侧宽约为 2.0μm，或极区较明显；外壁厚约为 1.2μm，表面光滑，近赤道处见一连续性不好的环形褶皱。棕黄至黄棕色。

当前标本三射线具唇状加厚，近赤道处具环形褶皱与本种特征一致，唯唇状加厚仅极区较明显，而稍有不同。图版 53 中的图 14 只见到两条平行于边的褶皱，也归入同一种内。

产地层位 玛纳斯县红沟，头屯河组。

里白孢属 *Gleicheniidites* Ross，1949 emend. Bolkhovitina，1968

模式种 *Gleicheniidites senonicus* Ross，1949

强凹里白孢 *Gleicheniidites conflexus*（Chlonova）Xu et Zhang，1980

（图版 7，图 9）

1960 *Gleichenia conflexus* Chlonova，Хлонова，стр. 18，табл. 2，фиг. 1，2.

1980 *Gleicheniidites conflexus*（Chlonova）Xu et Zhang，徐钰林等，154 页，图版 83，图 10。

2000 *Gleicheniidites conflexus*，宋之琛等，19 页，图版 4，图 4。

赤道轮廓三角形，三边强烈内凹，角锐圆，直径为 31.2μm；三射线脊缝状，直，伸达或近伸达赤道，射线间具弓形加厚；外壁厚约为 1.2μm，表面光滑。棕黄色。

产地层位 吉木萨尔县三台大龙口，烧房沟组。

赛诺里白孢 *Gleicheniidites senonicus* Ross，1949

（图版 21，图 7；图版 36，图 15）

1949 *Gleicheniidites senonicus* Ross，p. 31，pl. 1，fig. 3.

1958 *Gleicheniidites senonicus*，Couper，p. 138，pl. 19，fig. 4.

1965 *Gleicheniidites senonicus*，张春彬，170—171 页，图版 3，图 2a—k。

2000 *Gleicheniidites senonicus*，宋之琛等，21 页，图版 4，图 21—24。

直径为 35.2~39.6μm。

产地层位 乌鲁木齐县郝家沟，郝家沟组；玛纳斯县红沟，三工河组。

光面三缝孢属 *Leiotriletes* Naumova，1937 emend. Potonié et Kremp，1954

模式种 *Leiotriletes sphaerototriangulus*（Loose，1932）Potonié et Kremp，1954

贴生光面三缝孢 *Leiotriletes adnatus*（Kosanke）Potonié et Kremp，1955

（图版 3，图 42；图版 48，图 38）

1950 *Granulati-sporites adnatus* Kosanke，p. 20，pl. 3，fig. 9.

1955 *Leiotriletes adnatus*（Kosanke）Potonie et Kremp，p. 39，pl. 2，fig. 3.

1980 *Leiotriletes adnatus*，欧阳舒等，158 页，图版 1，图 6，7。

2003 *Leiotriletes adnatus*，欧阳舒等，164 页，图版 1，图 10，11。

赤道轮廓三角形，边内凹，角部圆，直径为 44~45.8μm；三射线细直，微裂开，伸达或近达赤道，接触区外壁明显加厚，形似弓形堤状；外壁厚约为 1.2μm，表面近光滑。黄棕色。

产地层位 吉木萨尔县三台大龙口，韭菜园组；玛纳斯县红沟，头屯河组。

奇异光面三缝孢(新种) *Leiotriletes mirabilis* Zhan sp. nov.

（图版 36，图 29；图 5-4）

赤道轮廓三角形，边直或微凹，角锐圆或圆，直径为 39.6μm；三射线细长，直，微裂开，伸达赤道；外壁厚约为 1.5μm，表面光滑，远极面与近极三射线对应位置见一大型三角形裂口，裂口形状与孢子轮廓相似。棕色。

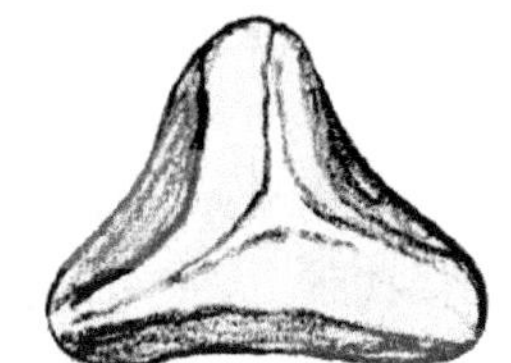

图 5-4 *Leiotriletes mirabilis* Zhan sp. nov.

新种以远极面具一大型三角形裂口与该属其他已知种相区别。*Leiotriletes delicates* Yu，1984 远极具三角形-近圆形的变薄区，与该种相似，但前者个体较大(51~60μm)，外壁较厚(3μm)，远极为外壁变薄区，而该种为裂口，两者易于区别。

模式标本 图版 36 中的图 29，直径为 39.6μm。

产地层位 玛纳斯县红沟，三工河组。

菱角光面三缝孢 *Leiotriletes romboideus* Bolkhovitina，1956

（图版 43，图 34）

1956 *Leiotriletes romboideus* Bolkhovitina，Болховитина，стр. 37，табл. 3，фиг. 23.

1984 *Leiotriletes romboideus*，黎文本，94 页，图版 1，图 8。

2000 *Leiotriletes romboideus*，宋之琛等，24 页，图版 1，图 12。

赤道轮廓三角形，边直或内凹，角部呈菱形，直径为 41.8μm；三射线直，裂开较宽，长约为孢子半径的 4/5；外壁厚约为 1.0μm，表面近光滑。棕色。

当前标本角部呈菱形与 Болховитина(1956)描述的该种特征相似，并以此与属内其他种相区别，唯三射线裂开较宽而稍有不同。

产地层位 玛纳斯县红沟，西山窑组。

细弱光面三缝孢 ***Leiotriletes subtilis* Bolkhovitina，1953**

（图版 44，图 1）

1953 *Leiotriletes subtilis* Bolkhovitina，Болховитина，стр. 20，табл. 1，фиг. 13.

1965 *Leiotriletes subtilis*，张春彬，171 页，图版 3，图 3a—e。

2000 *Leiotriletes subtilis*，宋之琛等，24 页，图版 4，图 18—20。

赤道轮廓凹边三角形，边强烈内凹，角部圆，直径为 24.2μm；三射线直，长约为孢子半径的 2/3 或更长；外壁厚约为 1.0μm，表面光滑，具平行三边的弓形褶皱，紧靠三射线，形似射线的唇。黄棕色。

当前标本个体很小，边强烈内凹，近极表面具平行三边的弓形褶皱与 Болховитина (1953) 描述的本种特征相似，并以此与属内其他种相区别，后者大小为 10~23μm。

产地层位 和布克赛尔县达巴松凸起井区，西山窑组。

海金沙孢属 ***Lygodiumsporites* Potonié, Thomson et Thiergart, 1950 emend. Potonié, 1956**

模式种 *Lygodiumsporites*（al. *Punctatisporites*）*adriensis*（Potonié et Gelletich，1933）Potonié，Thomson et Thiergart，1950

巨厚海金沙孢 ***Lygodiumsporites crassus* (Zhang) Yu et Han，1985**

（图版 53，图 32）

1978 *Lygodium crassus* Zhang，张璐瑾，182 页，图版 1，图 5a—c。

1985 *Lygodiumsporites crassus*（Zhang）Yu et Han，余静贤等，70 页，图版 5，图 11。

2000 *Lygodiumsporites crassus*，宋之琛等，25—26 页，图版 6，图 23—25；图版 12，图 8，12。

赤道轮廓三角形，边近直或微凸，角部宽圆，大小为 52.8μm；三射线细直，微裂开，长为孢子半径的 3/4~4/5；外壁厚约为 4μm，表面光滑。黄色。

当前标本外壁较厚与该种特征相一致，仅三射线未见唇状加厚而稍有不同。

产地层位 呼图壁县东沟，吐谷鲁群清水河组。

小艾德里海金沙孢 ***Lygodiumsporites microadriensis* (Krutzsch) Ke et Shi，1978**

（图版 53，图 24，31，47）

1959 *Leiotriletes microadriensis* Krutzsch，S. 61—62，Taf. 1，Fig. 3—7.

1978 *Lygodiumsporites microadriensis*（Krutzsch）Ke et Shi，《渤海沿岸地区早第三纪孢粉》，59 页，图版 7，图 14—18。

2000 *Lygodiumsporites microadriensis*，宋之琛等，26 页，图版 13，图 4—6。

赤道轮廓近圆形，大小为 48.4~56.0μm；三射线细直，微裂开，长为孢子半径的 3/4~4/5；外壁厚为 1.5~2.0μm，表面光滑。黄色。

产地层位 克拉玛依市车排子井区，吐谷鲁群；呼图壁县东沟，吐谷鲁群。

假巨形海金沙孢 *Lygodiumsporites pseudomaximus* (Thomson et Pflug) Song et Zheng，1981

（图版 53，图 33，46）

1953 *Laevigatisporites pseudomaximus* Thoson et Pflug，S. 54，Taf. 2，Fig. 18—23.

1959 *Leiotriletes adriensis* subsp. *pseudomaximus* Krutzsch，S. 59—60，Taf. 1，Fig. 1，2.

1978 *Lygodiumsporites pseudomaximus*，李曼英等，8 页，图版 2，图 2，3。

1981 *Lygodiumsporites pseudomaximus* (Thoson et Pflug) Song et Zheng，宋之琛等，40 页，图版 2，图 14，15。

2000 *Lygodiumsporites pseudomaximus*，宋之琛等，27—28 页，图版 13，图 2，8。

赤道轮廓三角形，边直或外凸，角部宽圆，大小为 52.8~59.4μm；三射线裂开较宽，长为孢子半径的 2/3~3/4；外壁厚为 1.5~2.5μm，分等厚的两层，表面近光滑。轮廓线平滑。黄色至棕色。

产地层位 和布克赛尔县达巴松凸起井区，吐谷鲁群；呼图壁县石梯子，吐谷鲁群。

微简海金沙孢 *Lygodiumsporites subsimplex* (Bolkhovitina) Gao et Zhao，1976

（图版 53，图 36，39）

1953 *Lygodium subsimplex* Bolkhovitina，Болховитина，стр. 45，табл. 6，фиг. 1—5.

1962 *Lygodium subsimplex*，张春彬，263 页，图版 3，图 10a—b.

1976 *Lygodiumsporites subsimplex* (Bolkhovitina) Gao et Zhao，大庆油田开发研究院，37 页，图版 10，图 3，4。

1990 *Lygodiumsporites subsimplex*，余静贤，图版 27，图 14。

2000 *Lygodiumsporites subsimplex*，宋之琛等，28 页，图版 12，图 1—3，10。

赤道轮廓圆三角形至近圆形，边外凸，角部宽圆，大小为 50.6~56.0μm；三射线细直，或微裂开，末端或具短分叉，长为孢子半径的 2/3~4/5；外壁厚为 3.0~4.5μm，表面粗糙。轮廓线近平滑。棕黄色。

当前标本个体较小，射线末端或分叉与 Болховитина(1953) 描述的该种标本稍有不同，后者大小为 82~105μm，平均 100μm。

产地层位 呼图壁县东沟，吐谷鲁群。

具唇海金沙孢 *Lygodiumsporites torisimilis* (Doring) Yu et Han，1985

（图版 48，图 49）

1965 *Leiotriletes torisimilis* Doring，S. 22，Taf. 2，Fig. 1—3.

1985 *Lygodiumsporites torisimilis* (Doring) Yu et Han，余静贤等，69 页，图版 5，图 4，7。

2000 *Lygodiumsporites torisimilis*，宋之琛等，28—29 页，图版 13，图 1，3。

赤道轮廓三角形，边直，角部宽圆，大小为 56.1μm；三射线长为孢子半径的 4/5，裂开较宽，裂口呈三角形，但未达射线末端，近末端射线显细缝状，射线具窄唇，单侧宽约为 2.5μm，射线末端部分未见唇状加厚；外壁较厚，约为 2.0μm，表面光滑。浅棕色。

产地层位 玛纳斯县红沟，头屯河组。

瓦尔茨孢属 ***Waltzispora*** **Staplin，1960**

模式种 *Waltzispora lobophora* (Waltz) Staplin，1960

收缩瓦尔茨孢 ***Waltzispora strictura*** **Ouyang et Li，1980**

（图版 3，图 6）

1980 *Waltzispora stricture* Ouyang et Li，欧阳舒等，126 页，图版 I，图 9，11。

赤道轮廓三角形，边凹，角部膨大，其中端锐圆，与凹入的边交接处略显棱角，大小为 30.5μm；三射线细直，长约为孢子半径的 1/2；外壁厚约为 1.5μm，表面光滑；轮廓线平滑。棕黄色。

产地层位 吉木萨尔县三台大龙口，韭菜园组。

芦木孢属 ***Calamospora*** **Schopf，Wilson et Bentall，1944**

模式种 *Calamospora hartungiana* Schopf 1944

甘肃芦木孢 ***Calamospora gansuensis*** **Li，1981**

（图版 11，图 22）

1981 *Calamospora gansuensis* Li，刘兆生等，135 页，图版 I，图 32；图版 II，图 8。

赤道轮廓近圆形，大小为 57.2μm；三射线脊缝状，具窄唇，长约 1/2 孢子半径；外壁薄，约为 1.0μm，表面粗糙，具五条长条形或披针形褶皱。棕黄色。

描述标本与本种特征相似，唯个体略小而稍有不同，后者直径为 70~90μm。

产地层位 吉木萨尔县三台大龙口，克拉玛依组。

粗糙芦木孢 ***Calamospora impexa*** **Playford，1965**

（图版 11，图 6；图版 48，图 47）

1965 *Calamospora impexa* Playford，p. 172，pl. 6，figs. 11—13.

1980 *Calamospora impexa*，曲立范，126 页，图版 73，图 18。

1983 *Calamospora impexa*，钱丽君等，31 页，图版 1，图 20。

2000 *Calamospora impexa*，宋之琛等，33 页，图版 15，图 14；图版 16，图 7，8。

赤道轮廓扁圆形，大小为 (42.2~55.5) μm×(32.5~44.0) μm；三射线细直或微弯曲，较短，长不及 1/2 孢子半径，接触区外壁稍加厚；外壁薄，约为 1μm，表面粗糙，具大量与赤道轮廓近平行的条形褶皱。棕黄色。

描述标本与该种特征相似，唯接触区未见颗粒状或小瘤状纹饰而稍有不同。

产地层位 吉木萨尔县沙帐断褶带井区，克拉玛依组；玛纳斯县红沟，头屯河组。

那氏芦木孢 *Calamospora nathorstii*(Halle)Klaus，1960

（图版 11，图 14；图版 17，图 19；图版 21，图 20）

1908 *Equisetites*(Equisetostachys) *nathorstii* Halle，S. 28，Taf. 9，Fig. 4—9.

1960 *Calamospora nathorstii* (Halle) Klaus，S. 116，Taf. 28，Fig. 1.

1980 *Calamospora nathorstii*，曲立范，125 页，图版 73，图 17。

2000 *Calamospora nathorstii*，宋之琛等，33—34 页，图版 16，图 2—4，12，13。

直径为 36.0~46.2μm。

产地层位 准噶尔盆地三叠系至侏罗系。

椭圆芦木孢 *Calamospora ovalis*(Imger)Imger，1954

（图版 31，图 6）

1983 *Calamospora ovalis*，钱丽君等，30 页，图版 1，图 18。

2000 *Calamospora ovalis*，宋之琛等，34 页，图版 16，图 14。

赤道轮廓近圆形，直径为 46.2μm；三射线细直，长约为孢子半径的 1/2，外壁厚约为 1.5μm，表面光滑，具一较大的纺锤形褶皱。黄色。

产地层位 乌鲁木齐县郝家沟，八道湾组。

棠浦芦木孢 *Calamospora tangpuensis* Qian，Zhao et Wu，1983

（图版 11，图 23）

1983 *Calamospora tangpuensis* Qian，Zhao et Wu，钱丽君等，31 页，图版 1，图 13—21。

2000 *Calamospora tangpuensis*，宋之琛等，35 页，图版 15，图 12，13，16。

赤道轮廓近圆形，大小为 62.7μm；三射线脊缝状，长约为孢子半径的 1/3，具宽约为 2μm 的唇状加厚；外壁厚约为 1μm，表面近光滑，具一较大的褶皱。棕黄色。

当前标本个体较小与本种稍有不同，后者大小为 71~86μm。

产地层位 吉木萨尔县三台大龙口，克拉玛依组。

金毛狗孢属 *Cibotiumspora* Chang，1965

模式种 *Cibotiumspora paradoxa* (Mal.) Chang，1965

粒纹金毛狗孢 *Cibotiumspora granulata* Pu et Wu，1985

（图版 43，图 22）

1985 *Cibotiumspora granulata* Pu et Wu，蒲荣干等，73 页，图版 7，图 35，36。

2000　*Cibotiumspora granulata*，宋之琛等，37 页，图版 7，图 43；图版 8，图 13，14。

赤道轮廓三角形，边微凹凸，角部宽圆或略显菱形，直径为 35.2μm；三射线细长，直或微弯曲，伸达赤道，具与射线直交的镰形褶皱；外壁厚约为 1μm，表面密布颗粒状纹饰，粒径不大于 1μm。棕黄色。

描述标本的轮廓、三射线特征及颗粒状纹饰与该种相同，唯外壁较薄而稍有不同。

产地层位　玛纳斯县红沟，西山窑组。

联合金毛狗孢 ***Cibotiumspora juncta* (K.—M.) Zhang，1978**

（图版 36，图 11；图版 43，图 14；图版 48，图 3）

1956　*Cibotium junctum* K.—M.，Болховитина，стр. 37，табл. 13，фиг. 25а—е.

1970　*Obtusisporis juncta*（K.—M.）Pocock，p. 35，pl. 5，figs. 26，29.

1978　*Cibotiumspora juncta*（K.—M.）Zhang，《中南地区古生物图册》（四），457 页，图版 127，图 23。

大小为 30.8~33.0μm。

产地层位　准噶尔盆地侏罗系。

朱里金毛狗孢 ***Cibotiumspora jurienensis* (Balme) Filatoff，1975**

（图版 17，图 18；图版 36，图 13）

1957　*Concavisporites jurienensis* Balme，p. 20，pl. 2，figs. 30，31.

1975　*Cibotiumspora jurienensis*（Balme）Filatoff，p. 61，pl. 10，figs. 8—13.

1978　*Concavisporites jurienensis*，《中南地区古生物图册》（四），460 页，图版 127，图 17，18。

2000　*Cibotiumspora jurienensis*，宋之琛等，38 页，图版 7，图 15，19，20，35。

直径为 35.2~37.4μm。

产地层位　吉木萨尔县三台大龙口，黄山街组；玛纳斯县红沟，三工河组。

奇异金毛狗孢 ***Cibotiumspora paradoxa* (Mal.) Chang，1965**

（图版 48，图 2）

1949　*Tripartina paradoxa* Maljavkina，Малявкина，стр. 50，табл. 7，фиг. 21.

1965　*Cibotium*（?）*paradoxa*，张春彬，168 页，图版 1，图 10a—c。

1965　*Cibotiumspora paradoxa*（Mal.）Chang，张璐瑾，165 页，图版 2，图 7a—c。

直径为 29.7μm。

产地层位　玛纳斯县红沟，头屯河组。

圆形光面孢属 ***Punctatisporites* Ibrahim，1933 emend. Potonié et Kremp，1954**
模式种 *Punctatisporites punctatus* (Ibrahim) Ibrahim，1933

接触面圆形光面孢 *Punctatisporites contactus* Bai，1983
（图版 53，图 28）

1983 *Punctatisporites contactus* Bai，《西南地区古生物图册》（微体古生物分册），584 页，图版 117，图 3，4。
2000 *Punctatisporites contactus*，宋之琛等，43 页，图版 18，图 4，5。

赤道轮廓圆形，直径为 45.2μm；三射线清晰，细直，微裂开，长约为孢子半径的 3/4 或近达赤道；外壁厚约为 2μm，分为近等厚的两层，表面纹饰欠明显，近极接触区色暗，其上具小瘤状纹饰，轮廓线平滑。棕色。

描述标本外壁较厚，接触区色暗，其上具小瘤状纹饰与该种特征基本一致，并以此与属内其他种相区别。

产地层位 和布克赛尔县达巴松凸起井区，吐谷鲁群。

哥扎利圆形光面孢 *Punctatisporites goczani* Kedves et Simoncsicus，1964
（图版 26，图 12）

1964 *Punctatisporites goczani* Kedves et Simoncsicus，p. 12，pl. 2，figs. 9—12.
1985 *Punctatisporites goczani*，余静贤等，98 页，图版 16，图 14。
2000 *Punctatisporites goczani*，宋之琛等，45 页，图版 19，图 22。

赤道轮廓近圆形，直径为 41.8μm；三射线细直，微裂开，伸达或近伸达赤道；外壁厚约为 2μm，接触区外壁稍加厚，外壁表面粗糙，轮廓线近平滑。黄色。

产地层位 乌鲁木齐县郝家沟，郝家沟组至八道湾组。

裂口圆形光面孢（新种） *Punctatisporites hiatus* Zhan sp. nov.
（图版 21，图 60，61；图 5-5）

赤道轮廓近圆形，大小为 40.7~43.5μm；三射线清晰，裂开较宽，裂口呈花瓣形，近末端处成裂缝状，长近伸达赤道；外壁厚约为 1.5μm，表面近光滑，轮廓线平滑；远极面具一三角形的外壁变薄区，其边缘外壁加厚，形成一环形加厚带。棕黄至棕色。

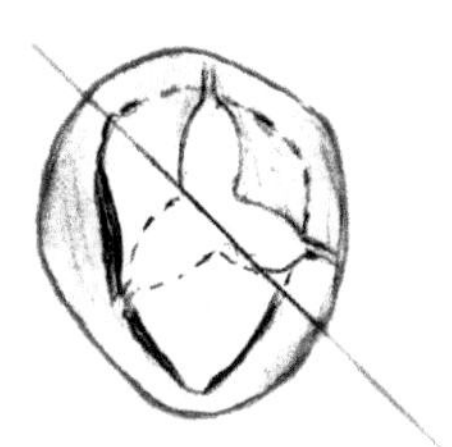
图 5-5 *Punctatisporites hiatus* Zhan sp. nov.

当前标本以三射线裂开较宽，呈花瓣形，远极面具一环形加厚带，环内外壁变薄为特征与属内其他种相区别。*Leiotriletes delicates* Yu 远极面也具三角形变薄区与本种相似，但外壁较厚（3μm），三射线只微微裂开而不同。

模式标本 图版 21 的图 60，直径 43.5μm。

产地层位 乌鲁木齐县郝家沟，郝家沟组。

霍林河圆形光面孢 *Punctatisporites huolingheensis* Pu et Wu，1985

（图版 11，图 7）

1985 *Punctatisporites huolingheensis* Pu et Wu，蒲荣干等，85 页，图版 15，图 17，18。

2000 *Punctatisporites huolingheensis*，宋之琛等，45 页，图版 19，图 3，4。

赤道轮廓近圆形，直径为 44μm；三射线细直，微裂开，伸达或近伸达赤道；外壁厚约为 2.5μm，表面内点状，远极面亚赤道位具一环形外壁加厚，轮廓线平滑。棕黄色。

当前标本远极亚赤道位具一环形外壁加厚与该种相似，唯外壁较厚而稍有不同，后者外壁厚为 1.0~1.5μm。

产地层位 吉木萨尔县三台大龙口，克拉玛依组。

莱亨圆形光面孢 *Punctatisporites leighensis* Playford et Dettmann，1965

（图版 11，图 32）

1965 *Punctatisporites leighensis* Playford et Dettmann，p. 133，pl. 12，figs. 8，9.

1981 *Punctatisporites leighensis*，刘兆生等，136 页，图版 2，图 4，5。

2000 *Punctatisporites leighensis*，宋之琛等，46 页，图版 17，图 7，13；图版 18，图 8。

赤道轮廓近圆形，直径 74.8μm；三射线直，长为孢子半径的 4/5 或更长，具唇状加厚，宽约为 4μm；外壁厚约 1.5μm，表面近光滑，具少量长条形褶皱，轮廓线近平滑。棕色。

产地层位 吉木萨尔县三台大龙口，克拉玛依组。

小型圆形光面孢 *Punctatisporites minutus* Kosanke，1950

（图版 3，图 9；图版 36，图 17；图版 48，图 11）

1950 *Punctatisporites minutus* Kosanke，p. 15，pl. 16，fig. 3.

1955 *Punctatisporites minutus*，Potonie und Kremp，S. 43，Taf. 11，Fig. 120.

1980 *Punctatisporites minutus*，曲立范，124 页，图版 68，图 9；图版 73，图 7，8。

2000 *Punctatisporites minutus*，宋之琛等，47 页，图版 19，图 1，2。

直径为 27.5~34.1μm。

产地层位 准噶尔盆地三叠系至侏罗系。

庆阳圆形光面孢 *Punctatisporites qingyangensis* Li，1981

（图版 11，图 2，11）

1981 *Punctatisporites qingyangensis* Li，刘兆生等，137 页，图版 1，图 10，11。

2000 *Punctatisporites qingyangensis*，宋之琛等，48 页，图版 19，图 7，8。

赤道轮廓近圆形，直径为 34.1~37.1μm；三射线清晰，细直，微裂开，具欠明显的唇状加厚，唇宽约为 3.5μm，于射线近末端处扩张呈蹼形加厚，射线穿过其中；外壁厚约为 1.5μm，表面光滑，轮廓线平滑。棕黄色。

描述标本唇于射线近末端处扩张呈蹼形加厚与该种特征基本一致，唯射线末端未分叉而稍有不同。

产地层位 吉木萨尔县三台大龙口，克拉玛依组。

陕西圆形光面孢 ***Punctatisporites shensiensis* Qu，1980**

（图版 4，图 39；图版 11，图 1；图版 17，图 33；图版 21，图 19，23，24；图版 22，图 34；图版 26，图 55）

1980 *Punctatisporites shensiensis* Qu，曲立范，123 页，图版 68，图 4，5；图版 70，图 3。

1985 *Punctatisporites shensiensis*，杜宝安，图版 1，图 5。

2000 *Punctatisporites shensiensis*，宋之琛等，49 页，图版 19，图 5，6，11。

直径为 34.2~60.2μm。

产地层位 准噶尔盆地南缘三叠系。

三叠圆形光面孢 ***Punctatisporites triassicus* Schulz，1964**

（图版 7，图 32）

1980 *Punctatisporites triassicus* Schulz，曲立范，124 页，图版 70，图 4；图版 73，图 9，10。

1986 *Punctatisporites triassicus*，曲立范等，135 页，图版 31，图 6；图版 37，图 2，3；图版 39，图 4。

2000 *Punctatisporites triassicus*，宋之琛等，50 页，图版 19，图 23—25。

赤道轮廓近圆形，直径为 35.2μm；三射线清晰，长短不一，约为孢子半径的 1/2~3/4；外壁厚约为 1.5μm，表面粗糙，轮廓线平滑。黄色。

产地层位 吉木萨尔县三台大龙口，烧房沟组。

水藓孢属 ***Sphagnumsporites* Raatz (1937)，1938 ex Potonié，1956**

模式种 *Sphagnumsporites stereoides*（Potonié et Ven）Raatz，1937

古老水藓孢 ***Sphagnumsporites antiquasporites*（Wilson et Webster）Pocock，1962**

（图版 31，图 1）

1946 *Sphagnum antiquasporites* Wilson et Webster，p. 273，fig. 2.

1962 *Sphagnumsporites antiquasporites*（Wilson et Webster）Pocock，Pocock，p. 32，pl. 1，figs. 1—3.

1965 *Sphagnumsporites antiquasporites*，张春彬，图版 1，图 1c。

1990 *Stereisporites antiquasporites*，张望平，图版 17，图 15。

2000 *Sphagnumsporites antiquasporites*，宋之琛等，51 页，图版 14，图 17，25—27。

赤道轮廓三角圆形，边外凸，角部宽圆，大小为 34.8μm；三射线清晰，微裂开，长约为孢子半径的 3/4；外壁厚约为 1.5μm，表面光滑，远极中部具一圆形加厚，色较暗；轮廓线近平滑。黄棕色。

描述标本与该种相似，唯三射线较长而稍有不同。

产地层位 沙湾县红光镇井区，八道湾组。

穿孔水藓孢 ***Sphagnumsporites perforatus*** **(Leschik) Liu，1986**

（图版 17，图 17；图版 43，图 4）

1955 *Stereisporites perforatus* Leschik，p. 10，pl. 1，figs. 3，4.

1980 *Stereisporites perforatus*，徐钰林等，155 页，图版 83，图 17。

1986 *Sphagnumsporites perforatus* (Leschik) Liu，刘兆生，93 页，图版 1，图 3，4。

1990 *Stereisporites perforatus*，张望平，图版 19，图 17，18；图版 23，图 13。

2000 *Sphagnumsporites perforatus*，宋之琛等，54—55 页，图版 14，图 30—32。

2002 *Sphagnumsporites perforatus*，黄嫔，图版 I，图 21。

赤道轮廓圆三角形，边外凸，角部宽圆，大小为 36.0~36.8μm；三射线清晰，裂开，长约为孢子半径的 2/3；外壁厚约为 1.5μm，表面近光滑或粗糙，远极和赤道间具一变薄区，宽为 4~5μm，变薄区内有 10~15 个圆至椭圆形的坑穴，穴径为 4.0~4.5μm，远极面其余部分相对较厚；轮廓线近平滑。黄至棕黄色。

描述标本与该种相似，唯变薄区内坑穴较少而稍有不同。

产地层位 吉木萨尔县三台大龙口，黄山街组；和布克赛尔县达巴松凸起井区，西山窑组。

平滑水藓孢 ***Sphagnumsporites psilatus*** **(Ross) Couper，1958**

（图版 7，图 10）

1949 *Trilites psilatus* Ross，p. 32，pl. 1，fig. 12.

1958 *Sphagnumsporites psilatus* (Ross) Couper，p. 131，pl. 15，figs. 1，2.

1982 *Stereisporites psilatus*，蒲荣干等，407 页，图版 1，图 2；图版 6，图 4。

1990 *Sphagnumsporites psilatus*，余静贤，图版 27，图 1。

2000 *Sphagnumsporites psilatus*，宋之琛等，55 页，图版 14，图 21，22，38—40。

赤道轮廓近圆形，大小为 19.8μm；三射线清晰，裂开较宽，伸达赤道；外壁厚约为 2.5μm，表面光滑；轮廓线平滑。黄色。

当前标本外壁很厚与该种相同。

产地层位 和布克赛尔县达巴松凸起井区，西山窑组。

托第蕨孢属 *Todisporites* Couper，1958

模式种 *Todisporites major* Couper，1958

同心托第蕨孢 *Todisporites concentricus* Li，1981

（图版 21，图 18，21；图版 26，图 9；图版 31，图 40；图版 44，图 7；图版 48，图 12）

1981 *Todisporites concentricus* Li，刘兆生等，136 页，图版 1，图 14，15。

2000 *Todisporites concentricus*，宋之琛等，58 页，图版 14，图 45—46。

大小为 31.9~52.8μm。

产地层位 准噶尔盆地南缘侏罗系。

大托第蕨孢 *Todisporites major* Couper，1958

（图版 7，图 56；图版 11，图 8；图版 36，图 45）

1958 *Todisporites major* Couper，p. 134，pl. 16，figs. 6—8.

1981 *Todisporites major*，刘兆生等，图版 1，图 16，17。

2000 *Todisporites major*，宋之琛等，58 页，图版 14，图 47—50。

大小为 50.6~61.6μm。

产地层位 吉木萨尔县三台大龙口，烧房沟组、克拉玛依组；玛纳斯县红沟，三工河组。

小托第蕨孢 *Todisporites minor* Couper，1958

（图版 11，图 5；图版 31，图 26）

1958 *Todisporites minor* Couper，p. 135，pl. 16，figs. 9，10.

1978 *Todisporites minor*，《中南地区古生物图册》（四），445 页，图版 138，图 4。

2000 *Todisporites minor*，宋之琛等，59 页，图版 15，图 2—5。

大小为 36.2~39.6μm。

产地层位 吉木萨尔县三台大龙口，克拉玛依组；乌鲁木齐县郝家沟，八道湾组。

圆形托第蕨孢 *Todisporites rotundiformis*（Maljavkina）Pocock，1970

（图版 43，图 5）

1949 *Cyclina pseudolimbata* var. *rotundiformis* Maljavkina，Малявкина，стр. 53，табл. 9，фиг. 13.

1970 *Todisporites rotundiformis*（Maljavkina）Pocock，p. 30，pl. 5，fig. 15.

1980 *Todisporites rotundiformis*，徐钰林等，157 页，图版 83，图 26。

1990 *Todisporites rotundiformis*，张望平，图版 21，图 11；图版 23，图 19。

2000 *Todisporites rotundiformis*，宋之琛等，59 页，图版 15，图 7—9。

赤道轮廓卵圆形，大小为 39.6μm×37.4μm；三射线清晰，直，长为孢子半径的 2/3；

外壁厚约为 1.0μm，接触区外壁微加厚，具少量条形褶皱，外壁表面近光滑，轮廓线平滑。棕黄色。

描述标本与该种特征一致，唯接触区外壁微加厚而稍有区别。

产地层位 玛纳斯县红沟，西山窑组。

具唇孢属 *Toroisporis* Krutzsch，1959

模式种 *Toroisporis torus* (Pflug) Krutzsch，1959

厚壁具唇孢 *Toroisporis*(*Toroisporis*)*crassiexinus*(Krutzsch) Song et Zheng，1981

（图版 53，图 43）

1961　*Punctatisporites crassiexinus* Krutzsch，S. 48，Taf. 17.

1981　*Toroisporis* (*Toroisporis*) *crassiexinus* (Krutzsch) Song et Zheng，宋之琛等，40 页，图版 3，图 8，9。

1985　*Toroisporis* (*Toroisporis*) *crassiexinus*，蒲荣干等，图版 14，图 7，8。

2000　*Toroisporis* (*Toroisporis*) *crassiexinus*，宋之琛等，61 页，图版 11，图 9，13，14，21。

赤道轮廓近圆形，直径为 63.8μm；三射线细，微裂开，长约为孢子半径的 1/2，两侧具唇状加厚，唇宽为 6.6~8.8μm，唇向射线末端渐变窄；外壁厚约为 4.5μm，分为两层，外层倍厚于内层，表面近光滑，轮廓线平滑。黄棕色。

当前标本外壁较厚，三射线唇状加厚向末端渐变窄与该种特征一致。

产地层位 呼图壁县东沟，吐谷鲁群清水河组。

清楚具唇孢 *Toroisporis*(*Toroisporis*)*limpidus* Pu et Wu，1985

（图版 53，图 37）

1985　*Toroisporis* (*Toroisporis*) *limpidus* Pu et Wu，蒲荣干等，175 页，图版 15，图 8，9。

2000　*Toroisporis* (*Toroisporis*) *limpidus*，宋之琛等，61 页，图版 11，图 4，5。

赤道轮廓近圆形，直径为 56μm；三射线直，伸达或近伸达赤道，两侧具唇状加厚，唇单侧宽约为 2.2μm；外壁厚约为 2μm，分为近等厚的两层，表面具细颗粒状纹饰，轮廓线平滑。黄棕色。

当前标本具较宽的唇状加厚与该种特征相似，唯射线较长，外壁表面具细颗粒状纹饰而稍有不同。

产地层位 克拉玛依市车排子井区，吐谷鲁群。

假多罗格具唇孢 *Toroisporis*(*Divitoroisporis*)*pseudodorogensis* Kedves，1965

（图版 53，图 34，45）

1965　*Toroisporis pseudodorogensis* Kedves，p. 339—340，pl. 5，fig. 2.

1978　*Toroisporis pseudodorogensis*，《中南地区古生物图册》（四），449 页，图版 138，图 13。

1984 *Toroisporis* (*Dividoroisporis*) *pseudodorogensis*，《华北地区古生物图册》(三)，470 页，图版 195，图 1，2。

2000 *Toroisporis* (*Divitoroisporis*) *pseudodorogensis*，宋之琛等，63 页，图版 11，图 24，25；图版 20，图 32。

赤道轮廓圆三角形，边外凸，角部宽圆，大小为 49.5~63.8μm；三射线细，微弯曲，末端分叉，伸达或近伸达赤道，两侧具较宽的唇状加厚，唇单侧宽约为 2.2μm；外壁厚约为 2μm，分为近等厚的两层，表面近光滑或具细颗粒状纹饰，轮廓线平滑。黄棕色。

当前标本射线较长，外壁表面或具细颗粒状纹饰与该种稍有不同。

产地层位 克拉玛依市车排子井区和呼图壁县石梯子，吐谷鲁群。

波缝孢属 *Undulatisporites* Pflug，1953

模式种 *Undulatisporites microcutis* Pflug，1953

凹边波缝孢 *Undulatisporites concavus* Kedves，1961

（图版 31，图 3）

1980 *Undulatisporites concavus* Kedves，徐钰林等，155 页，图版 83，图 18。

2000 *Undulatisporites concavus*，宋之琛等，64—65 页，图版 9，图 19，20，31。

赤道轮廓三角形，边内凹，角圆，直径为 36μm；三射线细长，微波形弯曲，伸达或近伸达赤道；外壁厚约为 1.5μm，表面微粗糙，轮廓线近平滑。黄棕色。

产地层位 乌鲁木齐县郝家沟，八道湾组。

微弱波缝孢 *Undulatisporites linguidus* Zhao，1987

（图版 43，图 37；图版 48，图 22）

1987 *Undulatisporites linguidus* Zhao，赵传本，38 页，图版 6，图 21—23。

2000 *Undulatisporites linguidus*，宋之琛等，65—66 页，图版 9，图 36—38。

赤道轮廓三角形，边直或稍内凹，角圆或宽圆，直径为 32.0~39.6μm；三射线细长，脊缝状，在极顶处脊缝变细并强烈弯曲，长约为孢子半径的 4/5 或近伸达赤道；外壁厚为 1~2μm，角部外壁或稍变薄，表面微粗糙，轮廓线近平滑。黄棕色。

当前标本三射线脊缝状，在极顶区变细并强烈弯曲与该种特征一致，唯图版 43 中的图 37 标本角部外壁微变薄而稍有不同。

产地层位 玛纳斯县红沟，西山窑组、头屯河组。

带状波缝孢 *Undulatisporites taenus* (Rouse) Xu et Zhang，1980

（图版 36，图 23；图版 43，图 30）

1962 *Deltoidospora taenua* Rouse，p. 199，pl. 3，figs. 5，11，12.

1980 *Undulatisporites taenus* (Rouse) Xu et Zhang，徐钰林等，156 页，图版 83，图 20。

1990 *Undulatisporites taenus*，张望平，图版 19，图 20；图版 21，图 16；图版 23，图 5。

2000 *Undulatisporites taenus*，宋之琛等，67—68 页，图版 9，图 7—9，15。

赤道轮廓三角形，边直，角圆，直径为 35.2μm；三射线清晰，或呈带状，或微微裂开，波状弯曲，长约为孢子半径的 3/4 或近伸达赤道；外壁厚约为 1.5μm，表面近光滑。棕黄色。

描述标本与该种模式标本(Rouse，1962，p.199，pl.3，fig.5)非常相似，唯后者射线较长(几伸达赤道)而稍有区别。

产地层位 玛纳斯县红沟，三工河组和西山窑组。

波状波缝孢 ***Undulatisporites undulapolus*** **Brenner，1963**

(图版 31，图 4；图版 36，图 8；图版 43，图 31；图版 48，图 29；图版 53，图 1，2)

1963 *Undulatisporites undulapolus* Brenner，p. 72，pl. 24，fig. 1.

1971 *Undulatisporites undulapolus*，Singh，p. 148，pl. 20，figs. 11，12.

1984 *Undulatisporites undulapolus*，《华北地区古生物图册》(三)，468 页，图版 194，图 15，16。

1990 *Undulatisporites undulapolus*，张望平，图版 23，图 6。

2000 *Undulatisporites undulapolus*，宋之琛等，68 页，图版 9，图 11，16—18。

赤道轮廓三角形至圆三角形，边直或外凸，角圆或宽圆，直径为 24.2~37.4μm；三射线清晰，细长且强烈弯曲，伸达赤道，射线两侧具窄唇，单侧宽为 1.0~1.5μm；外壁厚为 1.0~1.5μm，表面光滑或粗糙，轮廓线近平滑或呈大波浪形。棕黄色。

产地层位 乌鲁木齐县郝家沟，八道湾组；玛纳斯县红沟，三工河组至头屯河组；和布克赛尔县达巴松凸起井区，吐谷鲁群。

厚唇孢属 ***Auritulinasporites*** **Nilsson，1958**

模式种 *Auritulinasporites scanicus* Nilsson，1958

斯堪尼亚厚唇孢 ***Auritulinasporites scanicus*** **Nilsson，1958**

(图版 31，图 35)

1958 *Auritulinasporites scanicus* Nilsson，p. 35，pl. 1，fig. 16.

1981 *Auritulinasporites scanicus*，刘兆生等，136 页，图版 1，图 8，9。

2000 *Auritulinasporites scanicus*，宋之琛等，70 页，图版 6，图 3，4，20。

赤道轮廓三角形，边内凹，角圆，直径为 40μm；三射线细长，伸达赤道，具唇，唇宽约为 6μm；外壁厚约为 1.5μm，表面近光滑。棕黄色。

产地层位 乌鲁木齐县郝家沟，八道湾组。

网叶蕨孢属 ***Dictyophyllidites*** **Couper，1958**

模式种 *Dictyophyllidites harrisii* Couper，1958

哈氏网叶蕨孢 *Dictyophyllidites harrisii* Couper，1958

（图版 21，图 5；图版 26，图 3，4；图版 36，图 25，26；图版 44，图 4）

1958 *Dictyophyllidites harrisii* Couper，p. 140，pl. 21，figs. 5，6.

1978 *Dictyophyllidites harrisii*，《中南地区古生物图册》（四），461 页，图版 127，图 12，13。

2000 *Dictyophyllidites harrisii*，宋之琛等，72 页，图版 6，图 12—15。

直径为 33.2~41.8μm。

产地层位 乌鲁木齐县郝家沟，郝家沟组；玛纳斯县红沟，三工河组、西山窑组。

内垫网叶蕨孢 *Dictyophyllidites intercrassus* Ouyang et Li，1980

（图版 36，图 34）

1980 *Dictyophyllidites intercrassus* Ouyang et Li，欧阳舒等，127 页，图版 1，图 16，17。

1986 *Dictyophyllidites intercrassus*，欧阳舒，36 页，图版 2，图 4。

2000 *Dictyophyllidites intercrassus*，宋之琛等，73 页，图版 5，图 8—10。

赤道轮廓三角形，边近平直，角部宽圆，直径为 44μm；三射线较直，长为孢子半径的 4/5，射线间具宽厚的拱缘加厚，宽约为 2.5μm，近射线末端欠明显；外壁厚约为 1.5μm，表面微粗糙。棕黄色。

描述标本三角形的赤道轮廓、射线间具拱缘加厚等特征与该种相一致，唯个体稍大，拱缘加厚不如后者明显而略有不同。

产地层位 玛纳斯县红沟，三工河组。

准噶尔网叶蕨孢 *Dictyophyllidites junggarensis* Zhang，1990

（图版 17，图 1；图版 21，图 10，12，13，15）

1990 *Dictyophyllidites junggarensis* Zhang，张望平，87 页，图版 17，图 11，12。

赤道轮廓三角形，边近平直或稍凹凸，角部宽圆或圆，直径为 26.4~38.5μm；三射线脊缝状，微弯曲，伸达赤道，射线间具微弱的弓形加厚，近角端处较发育，或相连成“几”字形；外壁厚为 1.2~1.5μm，表面光滑或微粗糙。黄至棕黄色。

产地层位 吉木萨尔县三台大龙口，黄山街组、郝家沟组。

莫氏网叶蕨孢 *Dictyophyllidites mortoni*（De Jersey）Playford et Dettmann，1965

（图版 26，图 6；图版 44，图 3）

1959 *Leiotriletes mortoni* De Jersey，p. 354，pl. 1，fig. 15.

1965 *Dictyophyllidites mortoni*（De Jersey）Playford et Dettmann，p. 132，pl. 12，fig. 2.

1980 *Dictyophyllidites mortoni*，曲立范，122 页，图版 68，图 1；图版 70，图 2。

1984 *Dictyophyllidites mortoni*，《华北地区古生物图册》（三），465—466 页，图版 180，图 25。

2000　*Dictyophyllidites mortoni*，宋之琛等，73—74 页，图版 5，图 16，18，38。

赤道轮廓三角形，边近直或微凹凸，角锐圆或圆，直径为 37.4~44.2μm；三射线微弯曲，具窄唇，伸达或近达赤道，射线间具宽厚的拱缘加厚；外壁厚为 1~2μm，表面光滑。棕黄至黄棕色。

产地层位 乌鲁木齐县郝家沟，郝家沟组至八道湾组；和布克赛尔县达巴松凸起井区，西山窑组。

马通孢属 *Matonisporites* Couper，1958

模式种 *Matonisporites phlebopteroides* Couper，1958

凹边马通孢(新种) *Matonisporites concavus* Zhan sp. nov.

（图版 31，图 17，18；图 5-6）

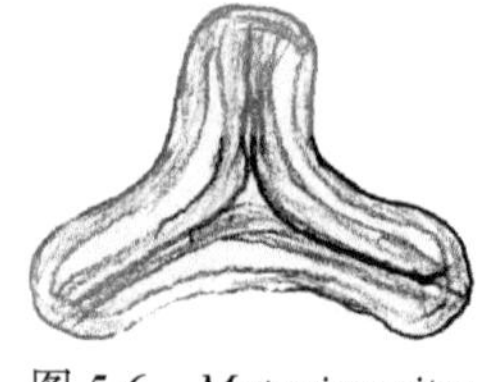

图 5-6　*Matonisporites concavuss* Zhan sp. nov.

赤道轮廓三角形，边内凹，角部锐圆，直径为 44.2~45.1μm；三射线细直，微裂开，具宽唇，宽约为 5μm，近伸达赤道；外壁厚约为 2.5μm，角部稍加厚，表面近光滑或具细颗粒状纹饰；轮廓线近平滑。棕色。新种以内凹的边，锐圆的角部和三射线具厚唇为特征，与属内其他种相区别。

模式标本 图版 31 中的图 18，直径为 45.1μm。

产地层位 乌鲁木齐县郝家沟，郝家沟组至八道湾组。

八道湾马通孢(新种) *Matonisporites badaowanensis* Zhan sp. nov.

（图版 31，图 44，46，48，49；图 5-7）

赤道轮廓三角形，边近直或稍内凹，角部圆或宽圆，直径为 52.8~79.2μm；三射线细，微裂开或裂开较宽，两侧具较宽的唇状加厚，单侧宽为 4~10μm，长为孢子半径的 3/4~4/5，或伸达赤道；外壁厚为 3~4μm，角部或稍加厚，表面近光滑；轮廓线近平滑。棕黄至黄棕色。图版 31 中的图 44 个体较小，三射线较长，外壁表面具细颗粒纹与新种稍有不同，其他特征相同，也归入同一种内。

图 5-7　*Matonisporites badaowanensis* Zhan sp. nov.

新种以较大的个体，三射线具宽唇，外壁厚，表面近光滑为特征，与属内其他种相区别。

模式标本 图版 31 中的图 46，直径为 67.5μm。

产地层位 乌鲁木齐县郝家沟，郝家沟组至八道湾组。

叉缝孢属 *Divisisporites* Pflug，1953

模式种 *Divisisporites divisus* Pflug，1953（in Thomson and Pflug，1953）

不规则叉缝孢 ***Divisisporites enormis* Pflug，1953**

（图版 53，图 41）

1953 *Divisisporites enormis* Pflug，Thomson and Pflug，S. 51，Taf. 1，Fig. 47—51.

1984 *Divisisporites enormis*，《华北地区古生物图册》（三），474 页，图版 195，图 3。

2000 *Divisisporites enormis*，宋之琛等，80 页，图版 20，图 31。

赤道轮廓圆三角形，边直或外凸，角部宽圆，直径为 46.2μm；三射线脊缝状，末端或呈“Y”形分叉，伸达或近伸达赤道；外壁厚约为 3μm，分为两层，内层较薄，厚度小于 1μm，外壁表面近光滑，轮廓线近平滑。棕黄色。

描述标本外壁表面近光滑与该种特征相似，唯三射线中仅一支分叉较明显而稍有不同。

产地层位 和布克赛尔县达巴松凸起井区，吐谷鲁群。

弓脊孢属 ***Retusotriletes* Naumova，1953**

模式种 *Retusotriletes simplex* Naumova，1953

弓脊型弓脊孢 ***Retusotriletes arcatus* Ye，1981**

（图版 7，图 16，17）

1981 *Retusotriletes arcatus* Ye，宋之琛等，68 页，图版 3，图 3。

直径为 35.5~42.9μm。

产地层位 吉木萨尔县三台大龙口，烧房沟组。

北方弓脊孢 ***Retusotriletes arcticus* Qu et Wang，1986**

（图版 3，图 2，18；图版 7，图 2—4，6，14；图版 11，图 9，10；图版 17，图 46；图版 21，图 63，64）

1986 *Retusotriletes arcticus* Qu et Wang，曲立范等，137 页，图版 31，图 16—18。

2000 *Retusotriletes arcticus*，宋之琛等，81 页，图版 20，图 1，2。

直径为 24.2~46.0μm。

产地层位 吉木萨尔县三台大龙口，韭菜园组至郝家沟组；吉木萨尔县沙帐断褶带井区，克拉玛依组。

赫西恩弓脊孢 ***Retusotriletes hercynicus* (Madler) Schuuman，1977**

（图版 7，图 1，7；图版 11，图 3，12，16，18，20，25；图版 17，图 16；图版 48，图 30）

1984 *Retusotriletes hercynicus* (Madler) Schuuman，《华北地区古生物图册》（三），475 页，图版 165，图 19，20。

2000　*Retusotriletes hercynicus*，宋之琛等，82 页，图版 20，图 9，10。

直径为 24.2~50.6μm。

产地层位 吉木萨尔县三台大龙口，烧房沟组至黄山街组；玛纳斯县红沟，头屯河组。

中生弓脊孢 ***Retusotriletes mesozoicus* Klaus，1960**

（图版 7，图 8）

1960　*Retusotriletes mesozoicus* Klaus，S. 120，Taf. 28，Fig. 6.

1984　*Retusotriletes mesozoicus*，《华北地区古生物图册》（三），475 页，图版 165，图 26—28。

1986　*Retusotriletes mesozoicus*，曲立范等，137 页，图版 31，图 19；图版 37，图 8。

2000　*Retusotriletes mesozoicus*，宋之琛等，82 页，图版 20，图 11，18，19。

赤道轮廓近圆形，直径为 33.2μm；三射线细直，射线两侧外壁明显变薄，长约为孢子半径的 3/4，近极接触区明显，此处外壁较薄，色较浅，射线末端分叉，常沿赤道弯曲，形成完全或不完全的弓形脊；外壁厚约为 1.5μm，表面粗糙，轮廓线近平滑。棕色。

当前标本射线两侧外壁明显变薄与本种稍有区别，其他特征相同。

产地层位 吉木萨尔县三台大龙口，烧房沟组。

刺纹弓脊孢（新种） ***Retusotriletes spinosus* Zhan sp. nov.**

（图版 17，图 22；图 5-8）

图 5-8　*Retusotriletes spinosus* Zhan sp. nov.

赤道轮廓近圆形，直径为 30.5μm；三射线裂开较宽，长约为孢子半径的 3/4，末端与弓形脊相连，相邻弓形脊相连成完全弓形脊；外壁厚约为 2μm，表面具细刺状纹饰，刺基部直径约为 1μm，高为 1.0~1.5μm，间距为 1.5~3.0μm；轮廓线锯齿形。黄棕色。

新种以三射线具完全弓形脊，外壁表面饰以细刺状纹饰为特征，与属内其他种相区别。

模式标本 图版 17，图 22，直径为 30.5μm。

产地层位 吉木萨尔县三台大龙口，黄山街组。

坚固弓脊孢 ***Retusotriletes stereoides* Pu et Wu，1982**

（图版 11，图 17）

1982　*Retusotriletes stereoides* Wu et Pu，吴洪章等，110 页，图版 1，图 7，8。

2000　*Retusotriletes stereoides*，宋之琛等，83 页，图版 20，图 3—5。

赤道轮廓近圆形，直径为 30.8μm；三射线波形弯曲，两侧具窄唇，唇宽约为 2μm，长约为孢子半径的 3/4，射线末端分叉，常沿赤道弯曲，形成不完全弓形脊；外壁厚约为 1μm，表面光滑，轮廓线平滑。棕黄色。

产地层位 吉木萨尔县三台大龙口，克拉玛依组。

瘤纹弓脊孢(新种) ***Retusotriletes verrucosus*** **Zhan sp. nov.**

(图版 3，图 22；图 5-9)

赤道轮廓近圆形，直径为 33.2μm；三射线细，微弯曲，长约为孢子半径的 2/3，末端分叉，具不完全的弓形脊；外壁厚约为 2μm，表面具瘤状纹饰，瘤圆形，末端圆，基部直径约为 2μm，高为 1.0~1.5μm；轮廓线波形。黄棕色。

新种以外壁表面具瘤状纹饰为特征，与属内其他种相区别。

模式标本 图版 3 中的图 22，直径为 33.2μm。

产地层位 吉木萨尔县三台大龙口，韭菜园组。

图 5-9 *Retusotriletes verrucosus* Zhan sp. nov.

威宁弓脊孢 ***Retusotriletes weiningensis*** **Bai，1983**

(图版 36，图 16)

1983 *Retusotriletes weiningensis* Bai，《西南地区古生物图册》(微体古生物分册)，586 页，图版 18，图 14，15。

2000 *Retusotriletes weiningensis*，宋之琛等，83 页，图版 20，图 14，15。

赤道轮廓圆形，直径为 33μm；三射线细长，直或微弯曲，近伸达赤道，末端与弓形脊相联，相邻弓形脊在赤道内侧相联成完全弓形脊；外壁厚约为 2μm，接触区外壁较薄，外壁表面光滑，轮廓线近平滑。浅棕色。

该种与 *Retusotriletes mesozoicus* Klaus，1960(p.120，pl. 28，fig.6)的形态特征比较相似，但后者外壁表面粗糙而不同。

产地层位 玛纳斯县红沟，三工河组。

刺粒面系 **Apiculati Bennie et Kidston，1886 emend. R. Potonié，1956**

粒面亚系 Granulati Dybova et Jachowicz，1957

三角粒面孢属 ***Granulatisporites*** **Ibrahim，1933 emend. Potonié & Kremp，1954**

模式种 *Granulatisporites granulatus* Ibrahim，1933

大型三角粒面孢 ***Granulatisporites gigantus*** **Qu，1980**

(图版 11，图 24，27，29，33)

1980 *Granulatisporites gigantus* Qu，曲立范，126 页，图版 70，图 17，18。

2000 *Granulatisporites gigantus*，宋之琛等，84 页，图版 21，图 27—29。

赤道轮廓三角形，边较强烈内凹，角部圆，直径为 81.4~101.2μm；三射线具唇状加厚，宽为 2.0~4.5μm，末端或分叉，长近伸达赤道；外壁厚为 1.5~2.0μm，表面密布颗粒状纹饰。黄棕色。

当前标本个体较大，边较强烈内凹，外壁表面具颗粒状纹饰等特征与该种相同。*Converrucosisporites xinjiangensis* 个体大小，赤道轮廓及三射线特征与该种非常相似，但外壁表面具小瘤状纹饰可与本种相区别。

产地层位 吉木萨尔县三台大龙口，克拉玛依组。

粒纹三角粒面孢 ***Granulatisporites granulatus*** **Ibrahim，1933**

（图版 44，图 19；图版 49，图 18）

1933 *Granulatisporites granulatus* Ibrahim，p. 22，pl. 6，fig. 51.

1980 *Granulatisporites granulatus*，曲立范，126 页，图版 70，图 6。

1984 *Granulatisporites granulatus*，《华北地区古生物图册》（三），460 页，图版 165，图 2。

1986 *Granulatisporites granulatus*，雷作淇，133 页，图版 1，图 7。

2000 *Granulatisporites granulatus*，宋之琛等，85 页，图版 21，图 19。

赤道轮廓三角形，边近平直或稍内凹，角部圆或宽圆，直径为 37.4~39.6μm；三射线细直或裂开，或具欠明显的唇状加厚，长为孢子半径的 2/3；外壁厚约为 1μm，表面密布颗粒状纹饰，粒径不大于 1μm。棕黄色。

产地层位 玛纳斯县红沟，三工河组和头屯河组。

斑纹孢属 ***Maculatisporites*** **Doring，1964**

模式种 *Maculatisporites undulatus* Doring，1964

粒面斑纹孢 ***Maculatisporites granulatus*** **(Ivanova) Doring，1964**

（图版 53，图 48）

1961 *Lygodium granulatus* Ivanova，Иванова，стр. 94，табл. 24，фиг. 1a，b.

1964 *Maculatisporites granulatus* (Ivanova) Doring，S. 1100，Taf. 1，Fig. 1—3.

1986 *Maculatisporites granulatus*，宋之琛等，191 页，图版 4，图 1，9，12。

2000 *Maculatisporites granulatus*，宋之琛等，87 页，图版 21，图 14—16。

赤道轮廓三角形，边稍内凹，角部宽圆，直径为 68.2μm；三射线细直，微裂开，长约为孢子半径 3/4；外壁较厚，约为 3μm，分为两层，外层倍厚于内层，表面具细颗粒状纹饰，粒径不大于 1μm，轮廓线近平滑。黄棕色。

产地层位 呼图壁县东沟，吐谷鲁群。

圆形粒面孢属 *Cyclogranisporites* Potonié et Kremp，1954

模式种 *Cyclogranisporites leopoldi*（Kremp）Potonié et Kremp，1954

美丽圆形粒面孢 *Cyclogranisporites aureus*（Loose）Potonié et Kremp，1955

（图版 17，图 55）

1934 *Reticulati-sporites aureus* Loose，p. 155，pl. 7，fig. 24。

1955 *Cyclogranisporites aureus*（Loose）Potonié et Kremp，S. 61，Taf. 13，Fig. 184—186。

1986 *Cyclogranisporites aureus*，侯静鹏等，78 页，图版 21，图 4；图版 25，图 13。

2003 *Cyclogranisporites aureus*，欧阳舒等，178—179 页，图版 3，图 15—18，20，21。

直径为 57.2μm。

产地层位 吉木萨尔县三台大龙口，黄山街组。

厚壁圆形粒面孢 *Cyclogranisporites callosus* Du，1985

（图版 21，图 25，26）

1985 *Cyclogranisporites callosus* Du，杜宝安，541 页，图版 1，图 6。

2000 *Cyclogranisporites callosus*，宋之琛等，91 页，图版 22，图 17。

赤道轮廓近圆形，直径为 31.8~34.1μm；三射线直，脊缝状，或微裂开，伸达赤道；外壁厚，为 3.0~3.5μm，分为近等厚的两层，表面密布颗粒状纹饰，粒径约为 1μm，轮廓线微波形。棕黄色。

产地层位 乌鲁木齐县郝家沟，郝家沟组。

稠密圆形粒面孢 *Cyclogranisporites congestus* Leschik，1955

（图版 7，图 31）

1955 *Cyclogranisporites congestus* Leschik，S. 16，Taf. 1，Fig. 19。

1984 *Cyclogranisporites congestus*，《华北地区古生物图册》（三），477 页，图版 166，图 3，4。

1986 *Cyclogranisporites congestus*，曲立范等，138 页，图版 31，图 21。

赤道轮廓近圆形，直径为 37.4μm；三射线直，具窄唇，近伸达赤道；外壁厚约为 2μm，表面密布细颗粒状纹饰，粒径不大于 1μm；轮廓线微波形。棕色。

产地层位 吉木萨尔县三台大龙口，烧房沟组。

闪耀圆形粒面孢 *Cyclogranisporites micaceus*（Imgrund）Imgrund，1960

（图版 3，图 19）

1982 *Cyclogranisporites micaceus*（Imgrund）Imgrund，Ouyang，pl. 1，fig. 9。

1986 *Cyclogranisporites micaceus*，欧阳舒，42 页，图版 3，图 14。

2000　*Cyclogranisporites micaceus*，宋之琛等，91—92 页，图版 23，图 30。

赤道轮廓近圆形，直径为 33μm；三射线直，具薄唇，伸达赤道；外壁厚约为 1μm，表面密布细颗粒状纹饰，粒径不大于 1μm，具少量条形褶皱；轮廓线微波形。棕黄色。

产地层位 吉木萨尔县三台大龙口，韭菜园组。

多粒圆形粒面孢 *Cyclogranisporites multigranus* Smith et Butterworth，1967

（图版 21，图 29）

1983　*Cyclogranisporites multigranus* Smith et Butterworth，《西南地区古生物图册》（微体古生物分册），539 页，图版 125，图 5。

2000　*Cyclogranisporites multigranus*，宋之琛等，92 页，图版 22，图 16。

赤道轮廓近圆形，直径为 35.5μm；三射线欠明显，长约为孢子半径的 2/3；外壁厚约为 2.2μm，表面密布小瘤状纹饰，轮廓线微波形。棕黄色。

该种以小瘤状纹饰与 *Cyclogranisporites callosus* 相区别。

产地层位 乌鲁木齐县郝家沟，郝家沟组。

膜叶蕨孢属 *Hymenophyllumsporites* Rouse，1957

模式种 *Hymenophyllumsporites deltoidus* Rouse，1957

简单膜叶蕨孢 *Hymenophyllumsporites simplex* Pu et Wu，1982

（图版 17，图 20；图版 36，图 46；图版 44，图 14；图版 53，图 30，40）

1982　*Hymenophyllumsporites simplex* Pu et Wu，蒲荣干等，429 页，图版 13，图 21，22。

2000　*Hymenophyllumsporites simplex*，宋之琛等，93 页，图版 21，图 4，5。

直径为 39.6~52.8μm。

产地层位 准噶尔盆地三叠系至侏罗系。

紫萁孢属 *Osmundacidites* Couper，1953

模式种 *Osmundacidites wellmanii* Couper，1953

高山紫萁孢 *Osmundacidites alpinus* Klaus，1960

（图版 31，图 34；图版 44，图 13）

1960　*Osmundacidites alpinus* Klaus，p. 127，pl. 31，fig. 26.

1980　*Osmundacidites alpinus*，徐钰林等，159 页，图版 84，图 4。

1986　*Osmundacidites alpinus*，曲立范等，141 页，图版 39，图 17。

2000　*Osmundacidites alpinus*，宋之琛等，94 页，图版 30，图 15。

赤道轮廓卵圆形，大小为 32.8~39.6μm；三射线直，脊缝状，伸达或近伸达赤道；

外壁厚约为 1.5μm，具长条形褶皱，近平行赤道排列，外壁表面具颗粒至小乳瘤状纹饰，纹饰基径和高为 1.0~1.5μm；排列较紧密，轮廓线细齿形。棕黄色。

产地层位 沙湾县红光镇井区，八道湾组；和布克赛尔县达巴松凸起井区，西山窑组。

华丽紫萁孢 *Osmundacidites elegans*(Verb.) Xu et Zhang，1980

（图版 11，图 26，35；图版 31，图 39；图版 36，图 32，37，42；图版 44，图 5，11；图版 49，图 29，32）

1962 *Osmunda elegans* Verbitzkaya，Вербицкая，стр. 93，табл. 4，фиг. 34.

1980 *Osmundacidites elegans* (Verbitzkaya) Xu et Zhang，徐钰林等，159 页，图版 84，图 3。

2003 *Osmundacidites elegans*，黄嫔，图版 Ⅰ，图 3，4。

大小为 34.2~50.6μm。

产地层位 准噶尔盆地三叠系至侏罗系。

粒面紫萁孢 *Osmundacidites granulata*(Mal.) Zhou，1981

（图版 36，图 39；图版 37，图 13；图版 49，图 43）

1960 *Osmunda granulata* Mal.，Хлонова，стр. 27，табл. 3，фиг. 4，5.

1981 *Osmundacidites granulata* (Mal.) Zhou，宋之琛等，39 页，图版 5，图 12a，b，13。

1986 *Osmundacidites granulata*，宋之琛等，200 页，图版 10，图 1。

2000 *Osmundacidites granulata*，宋之琛等，95 页，图版 33，图 9，10。

赤道轮廓近圆形，大小为 37.4~46.2μm；三射线细直，长约为孢子半径的 4/5 或欠明显；外壁厚为 1.0~1.5μm，或具少量长条形褶皱，平行赤道排列，外壁表面稀布小瘤状纹饰，部分瘤突起较高呈短棒瘤状，纹饰基径和高为 1.0~1.5μm；轮廓线细波形。浅棕黄色。

产地层位 玛纳斯县红沟，三工河组和头屯河组。

尼肯紫萁孢 *Osmundacidites nicanicus*(Verb.) Zhang，1965

（图版 17，图 21，43；图版 21，图 48；图版 49，图 23）

1962 *Osmunda nicanicus* Verbitzkaya，Вербицкая，стр. 93，табл. 4，фиг. 32a—g.

1965 *Osmundacidites nicanicus* (Verbitzkaya) Zhang，张春彬，169 页，图版 2，图 5a—i。

1981 *Osmundacidites nicanicus*，宋之琛等，38 页，图版 5，图 1，2。

2000 *Osmundacidites nicanicus*，宋之琛等，95 页，图版 28，图 17；图版 30，图 16，17，22；图版 31，图 13，14。

赤道轮廓卵圆形，大小为 33.0~41.8μm；三射线细直或脊缝状，长为孢子半径的 3/4 或伸达赤道；外壁厚约为 1.5μm，或具少量条形褶皱，外壁表面具颗粒至小瘤状纹饰，基径为 1~2μm；排列紧密，轮廓线细波形。黄至黄棕色。

产地层位 准噶尔盆南缘三叠系至侏罗系。

球形紫萁孢 *Osmundacidites orbiculatus* Yu et Han，1985

（图版 3，图 33，36；图版 31，图 38；图版 36，图 49；图版 49，图 17）

1985 *Osmundacidites orbiculatus* Yu et Han，余静贤等，65 页，图版 3，图 8—11。

2000 *Osmundacidites orbiculatus*，宋之琛等，96 页，图版 32，图 9，10，15。

赤道轮廓近圆形，大小为 35.2~41.8μm；三射线直，或微微裂开，或具窄唇，长为孢子半径的 2/3 或伸达赤道；外壁厚为 1.0~1.5μm，或具一条长条形褶皱，近平行赤道分布，远极面及赤道区具小瘤状纹饰，瘤末端圆，基径和高为 1.0~1.5μm，排列紧密；近极面纹饰较弱；轮廓线细波形。黄棕至棕色。

产地层位 准噶尔盆南缘三叠系至侏罗系。

小紫萁孢 *Osmundacidites parvus* De Jersey，1962

（图版 36，图 43；图版 44，图 10）

1962 *Osmundacidites parvus* De Jersey，p. 4，pl. 1，figs. 11，12.

1978 *Osmundacidites parvus*，《中南地区古生物图册》（四），445 页，图版 128，图 4，5。

1986 *Osmundacidites parvus*，曲立范等，141 页，图版 39，图 14。

2000 *Osmundacidites parvus*，宋之琛等，96—97 页，图版 31，图 7，8，23。

赤道轮廓卵圆形，大小为 32.8~38.0μm；三射线简单，细直或脊缝状，伸达赤道；外壁厚约为 1.5μm，表面密布颗粒至乳头状纹饰，粒径约为 1μm；轮廓线细齿形。棕黄至棕色。

产地层位 准噶尔盆南缘三叠系至侏罗系。

古老紫萁孢 *Osmundacidites senectus* Balme，1963

（图版 22，图 44；图版 26，图 24，29；图版 31，图 32；图版 36，图 35，40；图版 44，图 12，56）

1963 *Osmundacidites senectus* Balme，p. 32，pl. 7，Fig. 8.

1978 *Osmundacidites senectus*，《中南地区古生物图册》（四），444 页，图版 128，图 9。

1986 *Osmundacidites senectus*，曲立范等，140 页，图版 37，图 11；图版 39，图 13。

2000 *Osmundacidites senectus*，宋之琛等，97 页，图版 32，图 21—23。

赤道轮廓圆形至宽椭圆形，直径为 39.6~55.0μm；三射线直，长约为孢子半径的 3/4 或伸达赤道，或微微裂开，或具窄唇，唇宽约为 2.2μm；外壁厚为 1.0~1.5μm，或具长条形褶皱，平行赤道排列，外壁表面密布粗颗粒状纹饰，粒径为 1.0~1.5μm，少数呈小棒状；接触区外壁或变薄；轮廓线细波形。棕黄至棕色。

描述标本的大小、轮廓、纹饰等特征与该种相一致，唯部分标本近极变薄区欠明显而稍有不同。

产地层位 准噶尔盆南缘侏罗系。

美丽紫萁孢 ***Osmundacidites speciosus*** **(Verb.) Zhang，1965**

（图版 3，图 46；图版 21，图 58；图版 31，图 36；图版 37，图 52；图版 44，图 6，20；图版 54，图 25）

1962 *Osmunda speciosus* Verbitzkaya，Вербицкая，стр. 92，табл. 4，фиг. 31a—b.

1965 *Osmundacidites speciosus* (Verb.) Zhang，张春彬，169 页，图版 2，图 3a—d。

1982 *Osmundacidites speciosus*，蒲荣干等，412 页，图版 1，图 24，25；图版 7，图 11，12。

2000 *Osmundacidites speciosus*，宋之琛等，97 页，图版 32，图 19，20；图版 33，图 3，4。

赤道轮廓近圆形，直径为 41.8~57.2μm；三射线直，近伸达赤道，或具窄唇，宽为 3.0~4.4μm；外壁厚为 1.0~1.5μm，具多条长条形褶皱，大致平行赤道排列，外壁表面密布小瘤状纹饰，纹饰基径和高为 1~2μm；轮廓线细波形。棕黄色。

产地层位 准噶尔盆地南缘三叠系至下白垩统吐谷鲁群。

威氏紫萁孢 ***Osmundacidites wellmanii*** **Couper，1953**

（图版 36，图 44；图版 44，图 21）

1953 *Osmundacidites wellmanii* Couper，p. 20，pl. 1，fig. 5.

1965 *Osmundacidites wellmanii*，张春彬，168 页，图版 2，图 2a—c。

2000 *Osmundacidites wellmanii*，宋之琛等，97—98 页，图版 32，图 6—8。

直径为 41.8~46.2μm。

产地层位 准噶尔盆地三叠系至侏罗系。

瘤面亚系 Verrucati Dybova et Jachowicz，1957

凹边瘤面孢属 ***Concavissimisporites*** **Delcourt et Sprumont，1955 emend. Delcourt, Dettmann et Hughes，1963**

模式种 *Concavissimisporites verrucosus* Delcourt et Sprumont，1955

考迪凹边瘤面孢 ***Concavissimisporites cotidianus*** **(Bolkh.) Jia，1986**

（图版 37，图 51）

1961 *Lygodium cotidianus* Bolkhovitina，Болховитина，стр. 88，табл. 37，фиг. 1a—c，2a，b.

1986 *Concavissimisporites cotidianus* (Bolkh.) Jia，宋之琛等，180 页，图版 6，图 11。

2000 *Concavissimisporites cotidianus*，宋之琛等，100 页，图版 49，图 19。

赤道轮廓三角形，边直或微凹凸，角圆宽圆，直径为 57.2μm；三射线微裂开，直，长约为孢子半径的 2/3~3/4；外壁厚约为 2μm，外壁表面具稠密的小瘤状纹饰，瘤径不大于 1.5μm；轮廓线细波形。棕色。

当前标本仅个体较小与该种稍有不同。

产地层位 玛纳斯县红沟，三工河组。

斑点凹边瘤面孢 *Concavissimisporites punctatus*（Delcourt et Sprumont）Brenner，1963

（图版49，图31，38，46，47；图版54，图51）

1955 *Concavisporites punctatus* Delcourt et Sprumont，p. 25，pl. 1，fig. 8；pl. 2，fig. 2.

1963 *Concavissimisporites punctatus*（Delcourt et Sprumont）Brenner，p. 59，pl. 14，fig. 6.

1978 *Concavissimisporites punctatus*，《中南地区古生物图册》（四），450 页，图版 138，图 10。

1990 *Concavissimisporites punctatus*，余静贤，图版 36，图 18。

2000 *Concavissimisporites punctatus*，宋之琛等，102 页，图版 28，图 3，4，7，9。

赤道轮廓三角形，边直或微凹凸，角部圆或宽圆，直径为 41.8~63.8μm；三射线细直，微裂开，或具窄唇，长约为孢子半径的 3/4 或近伸达赤道；外壁厚为 1.5~2.0μm，外壁表面具斑点或颗粒状纹饰，粒径为 1.0~1.2μm；轮廓线近平滑或微波形。棕黄色至棕色。

部分标本个体较小与该种稍有不同。

产地层位 玛纳斯县红沟，头屯河组；和布克赛尔县达巴松凸起井区，吐谷鲁群。

南方凹边瘤面孢 *Concavissimisporites southeyensis* Pocock，1970

（图版49，图34）

1970 *Concavissimisporites southeyensis* Pocock，p.41，pl.7，fig. 10.

1983 *Concavissimisporites southeyensis*，《西南地区古生物图册》（微体古生物分册），547 页，图版 133，图 30。

2000 *Concavissimisporites southeyensis*，宋之琛等，102—103 页，图版 28，图 2。

赤道轮廓三角形，边微内凹，角部宽圆，直径为 45.0μm；三射线裂开较宽，长约为孢子半径的 3/4；外壁厚约为 1.5μm，纹饰瘤状，瘤圆形或不规则形，低平，大小不一，排列紧密，瘤径为 1.2~2.5μm；轮廓线微波形。棕色。

当前标本个体较小，瘤纹低平，大小不一和形状欠规则与本种特征一致。*Concavissimisporites minor* 的个体也较小，但为颗粒状纹饰而不同。

产地层位 玛纳斯县红沟，头屯河组。

三角块瘤孢属 *Converrucosisporites* Potonié et Kremp，1954

模式种 *Converrucosisporites triquetrus*（Ibrahim）Potonié et Kremp，1954

稀饰三角块瘤孢 *Converrucosisporites dilutus* Pu et Wu，1985

（图版21，图 55）

1985a *Converrucosisporites dilutus* Pu et Wu，蒲荣干等，86 页，图版 15，图 20，21。

2000 *Converrucosisporites dilutus*，宋之琛等，106 页，图版 23，图 23，24。

赤道轮廓三角形，边直或微凸，角部宽圆，直径为 40μm；三射线细直，长约为孢子半径的 3/4；外壁厚约为 1.5μm，表面稀布小瘤状纹饰，瘤近圆形，瘤径为 1.5~2.0μm，高为 1.0~1.5μm；轮廓线微波形。棕黄色。

产地层位 吉木萨尔县三台大龙口，郝家沟组。

华丽三角块瘤孢 ***Converrucosisporites elegans* Bai，1983**

（图版 37，图 6）

1983 *Converrucosisporites elegans* Bai，《西南地区古生物图册》（微体古生物分册），548 页，图版 13，图 19。

2000 *Converrucosisporites elegans*，宋之琛等，106 页，图版 50，图 1。

赤道轮廓三角形，边直或微凸，角宽圆，大小为 39.6μm；三射线微裂开，长约为孢子半径的 1/2~3/4；外壁厚约为 1.5μm，表面密布瘤状纹饰，瘤近圆形，瘤径为 2.0~3.0μm，高为 1.5~2.5μm，间距为 1.0~1.5μm，轮廓线微波形。棕色。

当前标本的大小、圆瘤状纹饰与该种相一致，但边微凸而稍有不同。

产地层位 玛纳斯县红沟，三工河组。

萨区三角块瘤孢 ***Converrucosisporites sasktchewanensis* Pocock，1962**

（图版 53，图 21）

1962 *Converrucosisporites saskatchewanensis* Pocock，p. 47，pl. 5，fig. 79.

1983 *Converrucosisporites saskatchewanensis*，《西南地区古生物图册》（微体古生物分册），548 页，图版 140，图 30。

2000 *Converrucosisporites saskatchewanensis*，宋之琛等，107 页，图版 24，图 11。

赤道轮廓三角形，边近直或外凸，角部宽圆，大小为 41.8μm；三射线微裂开，长约为孢子半径的 3/4 或近伸达赤道；外壁厚约为 2μm，表面饰以瘤状纹饰，瘤近圆形或欠规则，瘤径为 2.5~5.0μm，高为 1.2~2.5μm，间距为 1.0~1.5μm，轮廓线波形。棕黄色。

产地层位 呼图壁县东沟，吐谷鲁群清水河组。

疏散三角块瘤孢 ***Converrucosisporites sparsus* Shang，1981**

（图版 37，图 4；图版 44，图 16，22，25；图版 49，图 3）

1981 *Converrucosisporites sparsus* Shang，刘兆生等，139 页，图版 3，图 19，20。

1990 *Trilites rariverrucatus*（Danze—Corsin et Laveine）Tralau，张望平，图版 21，图 24。

2000 *Converrucosisporites sparsus*，宋之琛等，107 页，图版 23，图 17，18。

赤道轮廓三角形，边近直或内凹，角圆，大小为 37.4~39.6μm；三射线微裂开，长约为孢子半径的 3/4~4/5；外壁厚为 1.0~1.5μm，表面稀疏地分布低矮的瘤状纹饰，瘤径为 2.0~4.5μm，高为 1.2~2.5μm，间距为 1.0~4.0μm，轮廓线缓波形。浅棕至棕色。

产地层位 准噶尔盆地侏罗系。

维纳三角块瘤孢 ***Converrucosisporites venitus* Batten，1973**

（图版 37，图 7；图版 44，图 17，26；图版 49，图 1）

1973 *Converrucosisporites venitus* Batten，p.406，pl. 41，figs. 1—9；pl. 42，figs.1—5.

1980 *Converrucosisporites venitus*，徐钰林等，158 页，图版 83，图 31。

直径为 30.8~41.8μm。

产地层位 玛纳斯县红沟，三工河组至头屯河组。

新疆三角块瘤孢 ***Converrucosisporites xinjiangensis* Qu et Wang，1986**

（图版 11，图 21，37，38）

1986 *Converrucosisporites xinjiangensis* Qu et Wang，曲立范等，139 页，图版 37，图 17，18。

2000 *Converrucosisporites xinjiangensis*，宋之琛等，108 页，图版 24，图 18，19。

赤道轮廓三角形，边内凹，角部圆或宽圆，直径为 84.7~101.2μm；三射线细直或裂开，具窄唇，唇宽为 2~4μm，近伸达赤道，末端或分叉；外壁厚约 2.0~2.5μm，具小瘤状纹饰，瘤圆形，瘤径为 1.5~3.0μm，高不大于 1.5μm；轮廓线细波形。黄棕至棕色。

当前标本个体较大，边内凹，表面具小瘤状纹饰等特征与该种相同。

产地层位 吉木萨尔县三台大龙口，克拉玛依组。

非均饰孢属 ***Impardecispora* Venkatachala，Kar et Raza，1969**

模式种 *Impardecispora apiverrucata*（Couper）Venkatachala，Kar et Raza，1969

颗粒非均饰孢 ***Impardecispora granulosus* Zhang，1990**

（图版 37，图 43）

1990 *Impardecispora granulosus* Zhang，张望平，88 页，图版 21，图 23；图版 24，图 4。

2000 *Lunzisporites lunzensis*，宋之琛等，111 页，图版 50，图 6。

赤道轮廓三角形，边直或微凹，角宽圆或圆，直径为 40μm；三射线裂开，直，长约为孢子半径的 2/3，具唇状加厚，宽为 5~6μm；外壁厚约为 1.5μm，表面密布颗粒状纹饰，颗粒常相连，角部纹饰变粗呈小瘤状，颗粒基径不大于 1μm，小瘤直径约为 1.5μm；轮廓线微波形。棕黄色。

产地层位 玛纳斯县红沟，三工河组。

莱蕨孢属 *Leptolepidites* Couper，1953

模式种 *Leptolepidites verrucatus* Couper，1953

块瘤莱蕨孢 *Leptolepidites verrucatus* Couper，1953

（图版 53，图 17）

1953 *Leptolepidites verrucatus* Couper，p.28，pl.2，figs. 14，15.

1982 *Leptolepidites verrucatus*，刘兆生，452 页，图版 3，图 13。

1984 *Leptolepidites verrucatus*，《华北地区古生物图册》（三），480 页，图版 195，图 18，19。

2000 *Leptolepidites verrucatus*，宋之琛等，116 页，图版 23，图 14—16。

赤道轮廓圆三角形，边直或外凸，角部宽圆，大小为 36.5μm；三射线细直，长为孢子半径的 2/3；外壁厚约为 1.5μm，表面密布块瘤状纹饰，瘤圆形，大小不均匀，瘤径 3~8μm；轮廓线波形。棕黄色。

当前标本块瘤大小不太均匀，外壁较薄与本种模式标本稍有区别，后者外壁厚为 3μm，块瘤大小为 5~6μm。

产地层位 呼图壁县东沟，吐谷鲁群。

瘤面海金沙孢属 *Lygodioisporites* Potonié，1951

模式种 *Lygodioisporites solidus*（Potonié）Potonié，1951

五龙瘤面海金沙孢 *Lygodioisporites wulongensis* Li，Sung et Li，1978

（图版 54，图 52）

1978 *Lygodioisporites wulongensis* Li，Sung et Li，李曼英等，9 页，图版 2，图 1，4，5，8，10。

2000 *Lygodioisporites wulongensis*，宋之琛等，118 页，图版 34，图 17，18，22。

赤道轮廓三角形，边近直或稍外凸，角部宽圆，直径大于 84μm；三射线裂开较宽；外壁厚为 2.5~4.5μm，内层较薄，厚度约为 1μm，表面密布块瘤状纹饰，瘤圆形、椭圆形或不规则形，顶端圆，基径为 4~8μm，高为 3~5μm，间距为 1.0~1.5μm；轮廓线波形。黄棕色。

产地层位 呼图壁县东沟，吐谷鲁群。

繁瘤孢属 *Multinodisporites* Chlonova，1961

模式种 *Multinodisporites praecultus* Chlonova，1961

联接繁瘤孢 *Multinodisporites junctus* Ouyang et Li，1980

（图版 31，图 29）

1980 *Multinodisporites junctus* Ouyang et Li，欧阳舒等，136 页，图版 3，图 15，16。

2000 *Multinodisporites junctus*，宋之琛等，119 页，图版 29，图 6；图版 84，图 5—7。

赤道轮廓圆三角形，边外凸，角部宽圆，直径为 39.6μm；三射线粗强，呈波形弯曲，近伸达赤道；外壁厚约为 3μm，远极面和赤道密布块瘤状纹饰，瘤基径为 3~8μm，常相互联接，在赤道处构成赤道环；轮廓线呈波形。棕色。

产地层位 乌鲁木齐县郝家沟，八道湾组。

肿瘤繁瘤孢 *Multinodisporites phymatus* Bai，1983

（图版 12，图 15）

1983 *Multinodisporites phymatus* Bai，《西南地区古生物图册》（微体古生物分册），571 页，图版 144，图 4，5。

赤道轮廓圆三角形，边外凸，角部宽圆，直径为 41.8μm；三射线不明显；外壁厚约为 3μm，远极面和赤道区密布块瘤状纹饰，瘤大小不一，基径为 3~11μm，形状不规则，相互镶嵌，间距不大于 1μm，在赤道处瘤紧密排列成假环状；轮廓线呈波形。棕色。

产地层位 吉木萨尔县三台大龙口，克拉玛依组。

乌瓦孢属 *Uvaesporites* Doring，1965

模式种 *Uvaesporites glomeratus* Doring，1965

密瘤乌瓦孢 *Uvaesporites tuberosus* Wang et Li，1981

（图版 31，图 20）

1981 *Uvaesporites tuberosus Wang* et Li，王丛凤等，532 页，图版 1，图 13—15。

2000 *Uvaesporites tuberosus*，宋之琛等，120—121 页，图版 50，图 16—18。

赤道轮廓三角形，边外凸，角部宽圆，直径为 46.5μm；三射线脊缝状，呈波形弯曲，近伸达赤道；外壁厚为 4~6μm（包括纹饰），远极面和赤道密布块瘤状纹饰，瘤圆形、椭圆形或不规则形，顶端圆，基径为 4~8μm，高为 2~4μm，间距为 1.0~1.5μm，赤道处瘤基部常相连；轮廓线呈波形。黄棕色。

当前标本与本种特征相似，唯三射线脊缝状，呈波形弯曲而稍有不同。

产地层位 乌鲁木齐县郝家沟，八道湾组。

波缝乌瓦孢 *Uvaesporites undulatus* Pu et Wu，1982

（图版 7，图 42）

1982 *Uvaesporites undulates* Pu et Wu，蒲荣干等，410 页，图版 6，图 21—23。

赤道轮廓三角形，边外凸，角部宽圆，直径为 37.4μm；三射线粗强，较强烈隆起，呈波形弯曲，伸达赤道；外壁厚约为 3μm（包括纹饰），远极面和赤道密布块瘤状纹饰，瘤圆形、椭圆形或不规则形，顶端圆，基径为 4~6μm，高为 2~4μm，瘤基部常相连；轮廓线波形。棕色。

当前标本三射线呈波形弯曲与该种特征相似，但射线粗强，较强烈隆起而稍有区别。

产地层位 吉木萨尔县三台大龙口，烧房沟组。

光明孢属 *Cadargasporites* De Jersey et Paten，1964

模式种 *Cadargasporites bacyulatus* De Jersey et Paten，1964

棒纹光明孢 *Cadargasporites baculatus* De Jersey et Paten，1964

（图版 26，图 38，39）

1964 *Cadargasporites baculatus* De Jersey et Paten，p.5，pl. 2，figs. 5—7.

1983 *Cadargasporites baculatus*，《西南地区古生物图册》（微体古生物分册），573 页，图版 126，图 3，4。

1987 *Cadargasporites baculatus*，张振来等，269 页，图版 40，图 48。

2000 *Cadargasporites baculatus*，宋之琛等，123 页，图版 33，图 14，18。

赤道轮廓近圆形，直径为 39.6~50.6μm；三射线裂开，长约为孢子半径的 3/4；外壁厚约为 2μm，近极接触区明显，外壁变薄，其表面光滑，接触区边缘或具数条长条形褶皱，外壁其余部分密布细棒状纹饰，棒基径为 1.0~1.5μm，长为 1.5~2.0μm。黄至棕黄色。

产地层位 乌鲁木齐县郝家沟，郝家沟组。

穴纹光明孢 *Cadargasporites foveolatus* Zhang，1990

（图版 26，图 30—33，36）

1990 *Cadargasporites foveolatus* Zhang，张望平，90 页，图版 18，图 10。

赤道轮廓近圆形，直径为 47.3~50.6μm；三射线裂开或脊缝状，末端或分叉，长约为孢子半径的 3/4；外壁厚约为 2μm，外层厚于内层，接触区明显，外壁变薄，其表面光滑，外壁其余部分密布小穴状纹饰，穴径为 1.0~1.5μm，穴距为 2.0~2.5μm；轮廓线微波形。棕黄色。

当前标本具小穴状纹饰与该种特征相似，唯穴较小而稍有不同。

产地层位 乌鲁木齐县郝家沟，郝家沟组。

颗粒光明孢 *Cadargasporites granulatus* De Jersey et Paten，1964

（图版 26，图 37，53，54）

1964 *Cadargasporites granulatus* De Jersey et Paten，p.5，pl. 3，figs. 4—7.

1983 *Cadargasporites granulatus*，《西南地区古生物图册》（微体古生物分册），573 页，图版 126，图 7。

2000 *Cadargasporites granulatus*，宋之琛等，123 页，图版 33，图 12。

赤道轮廓近圆形，直径为 50.6~57.2μm；三射线脊缝状或裂开，具唇状加厚，单侧宽约为 1.5μm，长约为孢子半径的 3/4；外壁厚约为 1.5μm，近极接触区明显，外壁变薄，其表面光滑，接触区边缘或具数条长条形褶皱，外壁其余部分具颗粒状纹饰，粒径为

1~2μm，间距为 2.0~3.5μm；轮廓线微波形。黄至棕黄色。

产地层位 乌鲁木齐县郝家沟，郝家沟组。

皱纹光明孢(新种) ***Cadargasporites rugosus*** **Zhan sp. nov.**

(图版 32，图 8；图 5-10)

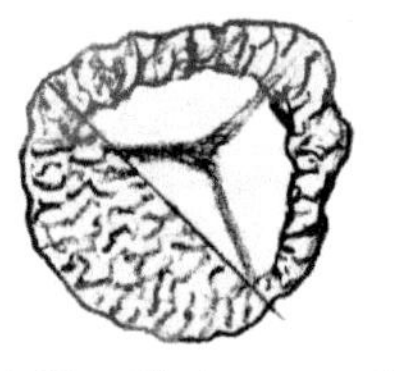

图 5-10 *Cadargasporites rugosus* Zhan sp. nov.

赤道轮廓近圆形，直径为 34.8μm；三射线脊缝状,明显隆起，伸达赤道；近极面具一轮廓清晰的近圆形的外壁变薄区，区内表面光滑；外壁厚约为 2μm，除近极变薄区外，外壁其余表面密布皱脊状纹饰，脊宽为 1.0~1.5μm，间距约为 1μm；轮廓线波形。黄棕色。

新种以三射线脊缝状，明显隆起及外壁表面密布皱脊状纹饰为特征，与属内其他种相区别。

模式标本 图版 32 中的图 8，直径为 34.8μm。

产地层位 沙湾县红光镇井区，八道湾组。

三叠孢属 ***Triassisporis*** **Schulz，1965**

模式种 *Triassisporis roeticus* Schulz，1965

瑞替三叠孢 ***Triassisporis roeticus*** **Schulz，1965**

(图版 12，图 37，46)

1965 *Triassisporis roeticus* Schulz，S. 258，Taf. 20，Fig. 4，5.

1980 *Verrucosisporites bellus* Qu，曲立范，129 页，图版 75，图 1，2。

2000 *Triassisporis roeticus*，宋之琛等，125 页，图版 26，图 4—7，12。

赤道轮廓圆三角形，边近直或外凸，角部宽圆，大小为 57.2μm；三射线具唇，宽为 4.0~4.5μm，伸达或近伸达赤道；外壁厚约为 1μm，表面具空心瘤状纹饰，瘤圆形、椭圆形或不规则形，部分瘤相互连接，顶端圆，基径为 4.0~5.5μm，高为 1.0~2.5μm，间距为 2~7μm；轮廓线波形。黄棕色。

产地层位 吉木萨尔县三台大龙口，克拉玛依组。

圆形块瘤孢属 ***Verrucosisporites*** **Ibrahim，1933 emend. Potonié et Kremp，1954**

模式种 *Verrucosisporites verrucosus* Ibrahim，1933

多粒圆形块瘤孢 ***Verrucosisporites granatus*** **(Bolkh.) Gao et Zhao，1976**

(图版 3，图 20；图版 7，图 21，47；图版 12，图 22，43)

1953 *Selagenella granata* Bolkhovitina，Болховитина，стр. 31，табл. 3，фиг. 9，10.

1976 *Verrucosisporites granatus* (Bolkh.) Gao et Zhao，大庆油田开发研究院，28 页，图版 1，图 6—8。

2000 *Verrucosisporites granatus*，宋之琛等，128—129 页，图版 25，图 14；图版 27，图 6—8。

赤道轮廓近圆形，大小为 33.0~39.6μm；三射线欠明显或细长，微弯曲，近伸达赤道；外壁厚为 2.0~2.5μm，表面饰以块瘤状纹饰，瘤圆形、椭圆形或不规则形，顶端圆，基径为 2.0~6.5μm，高为 1.5~2.5μm，间距为 1~3μm；轮廓线波形。棕黄至棕色。

产地层位 吉木萨尔县三台大龙口，韭菜园组至克拉玛依组。

乔凯里圆形块瘤孢 *Verrucosisporites jonkeri* (Jansonius) Ouyang et Norris，1999

（图版 3，图 13—15，21，25，28）

1962 *Tsugaepollenites jonkeri* Jansonius，Tuzhikova，Palaeontographica B 110，p. 51，pl. 12，figs. 4—6 .

1985 *Tsugaepollenites jonkeri* Jansonius，Tuzhikova，pl. Ⅶ，figs. 8，9；pl. ⅩⅨ，fig. 17 .

1986 *Tsugaepollenites jonkeri*，曲立范等，159 页，图版 33，图 21，22。

1999 *Verrucosisporites jonkeri* (Jansonius) Ouyang et Norris，p. 21—23，pl. Ⅱ，figs. 6—8 .

赤道轮廓圆三角形至近圆形，大小为 31.9~37.4μm；三射线不清楚，个别标本上见三角形裂口；外壁厚约为 2μm，表面密布块瘤状纹饰，不同标本块瘤纹的形态有所不同，有圆形、多角形或不规则形，基径为 3~4μm，高不大于 1.5μm，间距不大于 1μm；轮廓线细波形。棕黄至棕色。

产地层位 吉木萨尔县三台大龙口，韭菜园组。

小瘤圆形块瘤孢 *Verrucosisporites microtuberosus* (Loose) Smith et Butterworth，1967

（图版 7，图 24）

1932 *Sporonites microtuberosus* Loose in Potonie，Ibrahim et Loose，p. 450，pl. 18，fig. 33.

1934 *Tuberculatisporites microtuberosus* Loose，p. 147.

1967 *Verrucosisporites microtuberosus* (Loose) Smith et Butterworth，p. 149，pl. 5，figs. 9—11.

1993 *Verrucosisporites microtuberosus*，朱怀诚，243 页，图版 58，图 4，5a—b，9，11，12。

赤道轮廓卵圆形，大小为 48.4μm；三射线欠明显，长约为 2/3 孢子半径；外壁厚约为 2.2μm，表面密布小瘤状纹饰，瘤圆形或不规则形，顶端圆，基径为 1.5~2.0μm，高不大于 1.5μm，间距为 1.0~1.5μm；轮廓线细波形，具少量条形褶皱。棕黄色。

产地层位 吉木萨尔县三台大龙口，烧房沟组。

极小圆形块瘤孢 *Verrucosisporites mimicus* Qu et Wang，1986

（图版 7，图 13，22，23；图版 12，图 2；图版 21，图 36）

1986 *Verrucosisporites mimicus* Qu et Wang，曲立范等，139 页，图版 31，图 24，25。

2000 *Verrucosisporites mimicus*，宋之琛等，129—130 页，图版 25，图 8，12。

赤道轮廓近圆形，直径为 26.4~33.5μm；三射线细直，为 2/3~3/4 孢子半径长，或近伸达赤道；外壁厚为 1.0~1.5μm，表面密布小瘤状纹饰，瘤基径为 1.5~2.5μm，高不大于

1μm；轮廓线细波形。棕黄至棕色。

产地层位 吉木萨尔县三台大龙口，烧房沟组至郝家沟组。

暗色圆形块瘤孢 *Verrucosisporites morulae* Klaus，1960

（图版 7，图 60；图版 12，图 45，48）

1960 *Verrucosisporites morulae* Klaus，p. 130，pl. 29，fig. 11.

1980 *Verrucosisporites morulae*，曲立范，128 页，图版 63，图 10，11；图版 74，图 5。

1986 *Verrucosisporites morulae*，曲立范等，139 页，图版 37，图 20。

2000 *Verrucosisporites morulae*，宋之琛等，130 页，图版 25，图 15，20；图版 26，图 1，9。

赤道轮廓近圆形，直径为 61.6~70.4μm；三射线细直，微裂开，长约为 3/4 孢子半径或伸达赤道；外壁较厚，约为 3μm，远极面及赤道密布块瘤状纹饰，瘤近圆形、椭圆形，或不规则形，部分瘤相连，基径为 3~6μm，高为 3~5μm；轮廓线波形。棕色。

当前标本个体较大，瘤纹排列紧密，基部直径与高近相等，瘤之间光滑与该种特征一致。

产地层位 吉木萨尔县三台大龙口，烧房沟组、克拉玛依组。

昏暗圆形块瘤孢 *Verrucosisporites obscurus*（Bolkhovitina）Pu et Wu，1982

（图版 12，图 4；图版 53，图 29）

1953 *Lophotriletes obscurus* Bolkhovitina，Болховитина，стр. 29，табл. 3，фиг. 2.

1982 *Verrucosisporites obscurus*（Bolkhovitina）Pu et Wu，蒲荣干等，427 页，图版 3，图 2；图版 11，图 25，26；图版 21，图 5，6。

赤道轮廓近圆形，大小为 33.8~40.0μm；三射线欠明显，细直或脊缝状，长约为孢子半径的 3/4 或伸达赤道；外壁厚约为 2.0μm，表面密布块瘤状纹饰，瘤圆形或不规则形，基径为 1.5~2.5μm，高为 1.0~2.0μm，间距为 1.0~1.5μm，赤道部位瘤相对较大，排列更紧密；轮廓线细波形。棕色。

当前标本个体较小，瘤纹排列紧密与该种特征一致，唯部分标本赤道部位瘤相对较大，排列更紧密而稍有不同。

产地层位 吉木萨尔县三台大龙口，克拉玛依组；和布克赛尔县达巴松凸起井区，吐谷鲁群。

扁平圆形块瘤孢（比较种）*Verrucosisporites* cf. *platyverrucosus* Xu et Zhang，1980

（图版 7，图 57）

赤道轮廓近圆形，大小为 63.8μm；三射线粗强，具宽为 3.0~4.5μm 的唇状加厚，向射线末端变窄，近伸达赤道；外壁厚约为 2μm，表面饰以低平的圆瘤状纹饰，瘤基径为 3~4μm，瘤间密布颗粒纹，粒径约为 1μm；轮廓线波形。棕色。

当前标本外壁表面饰以低平的圆瘤状纹饰，瘤间密布颗粒纹与该种特征一致，但瘤纹分布较稀疏，而将其定为比较种。

产地层位 吉木萨尔县三台大龙口，烧房沟组。

普雷赛圆形块瘤孢 *Verrucosisporites presselensis*（Schulz）Qu，1980

（图版 12，图 39，40）

1964 *Cycloverrutriletes presselensis* Schulz，pl. 1，fig. 4.

1980 *Verrucosisporites presselensis*（Schulz）Qu，曲立范，128 页，图版 63，图 9。

2000 *Verrucosisporites presselensis*，宋之琛等，130—131 页，图版 25，图 4。

赤道轮廓近圆形或圆三角形，大小为 48.4~59.4μm；三射线细长，或微裂开，长约为孢子半径的 2/3 或近伸达赤道；外壁厚为 1.5~2.0μm，远极面和赤道区分布有块瘤状纹饰，瘤圆形，基径为 3~5μm，高为 1~2μm，间距为 1.5~4.5μm，瘤末端圆，近极面近光滑；轮廓线波形。黄棕色。

当前标本瘤较圆，排列较稀与该种特征一致，唯近极面近光滑而稍有不同。

产地层位 吉木萨尔县三台大龙口，克拉玛依组。

优雅圆形块瘤孢 *Verrucosisporites scitulus* Yu et Zhang，1982

（图版 3，图 29）

1982 *Verrucosisporites scitulus* Yu et Zhang，余静贤等，96 页，图版 17，图 11。

2000 *Verrucosisporites scitulus*，宋之琛等，132 页，图版 27，图 4，5。

赤道轮廓圆三角形，边近直或外凸，角部宽圆，大小为 33.2μm；三射线细长，微裂开，长约为 3/4 孢子半径；外壁厚约为 1.5μm，远极面和赤道区分布有瘤状纹饰，瘤圆形，基径为 2.0~2.5μm，高为 1.0~1.5μm，间距为 1~2μm，瘤末端圆；轮廓线波形。黄棕色。

当前标本个体及瘤纹较小与该种特征一致。

产地层位 吉木萨尔县三台大龙口，韭菜园组。

图林根圆形块瘤孢 *Verrucosisporites thuringiacus* Mädler，1964

（图版 3，图 48）

1964 *Verrucosisporites thuringiacus* Mädler，p. 43，pl. 1，fig. 10.

1981 *Verrucosisporites thuringiacus*，刘兆生等，140 页，图版 4，图 10。

1984 *Verrucosisporites thuringiacus*，《华北地区古生物图册》（三），488 页，图版 166，图 13。

2000 *Verrucosisporites thuringiacus*，宋之琛等，132 页，图版 25，图 13。

赤道轮廓椭圆形，大小为 68.2μm；三射线细长，微裂开，长约为 2/3 孢子半径；外壁厚约为 2μm，远极面和赤道区密布低平的块瘤状纹饰，瘤圆形，基径为 6~9μm，高为 1~2μm，间距为 1~2μm，瘤末端圆；轮廓线波形。棕色。

Verrucosisporites platyverrucosus Xu et Zhang 个体和瘤纹均较大与本种特征相似，但

其瘤间密布粗颗粒纹而不同。

产地层位 吉木萨尔县三台大龙口，韭菜园组。

王家山圆形块瘤孢 *Verrucosisporites wangjiashanensis* Du，1985

（图版 7，图 59，65）

1985 *Verrucosisporites wangjiashanensis* Du，杜宝安，542 页，图版 1，图 15。

赤道轮廓近圆形，大小为 52.8~61.6μm；三射线欠明显，细长，约为 3/4 孢子半径；外壁厚约为 3μm，远极面和赤道区见块瘤状纹饰，瘤近圆形，瘤顶端圆形，个别平截，基径为 3~5μm，高为 1.5~3.0μm，部分瘤相互连接，瘤分布较稀疏；轮廓线波形，见少量褶皱。棕色。

当前标本瘤纹大小不一、分布不均与该种相似，唯个体较小稍有不同，后者大小为 96~111μm。

产地层位 吉木萨尔县三台大龙口，烧房沟组。

刺面亚系 Nodati Dybova et Jachowicz，1957

三角锥刺孢属 *Lophotriletes* Naumova，1937 emend. Potonié et Kremp，1954

模式种 *Lophotriletes gibbosus*（Ibrahim）Potonié et Kremp，1954

鲍欣三角锥刺孢 *Lophotriletes bauhinaiae* De Jersey et Hamilton，1967

（图版 17，图 42；图版 21，图 62；图版 44，图 51）

1967 *Lophotriletes bauhinaiae* De Jersey et Hamilton，p. 7—8，pl. 3，figs. 3，4，7—9.

1986 *Lophotriletes bauhinaiae*，曲立范等，141 页，图 39；图 24。

2000 *Lophotriletes bauhinaiae*，宋之琛等，134 页，图版 35，图 22。

赤道轮廓三角形，边微凹凸，角宽圆，大小为 33~45μm；三射线脊缝状或裂开较宽，长为 3/4 孢子半径或近伸达赤道；外壁厚约为 1.5μm，表面具锥刺状纹饰，刺基径 1.0~2.5μm，长为 1.5~3.0μm，间距为 1~4μm；轮廓线锯齿状。黄棕至棕色。

图版 17 中的图 42 标本少数刺纹长稍大于基宽，其他特征与该种相同也归入同一种内。

产地层位 吉木萨尔县三台大龙口，黄山街组和郝家沟组；玛纳斯县红沟，西山窑组。

不均匀三角锥刺孢 *Lophotriletes inconditus* Qu et Wang，1986

（图版 3，图 35）

1986 *Lophotriletes inconditus* Qu et Wang，曲立范等，142 页，图版 39，图 21，22。

赤道轮廓三角形，边直或微凹，角部宽圆，大小为 35.2μm；三射线裂开，长短不一，约为 1/2~2/3 孢子半径，或近伸达赤道；外壁厚约为 1.5μm，表面具锥瘤状纹饰，基径为

1.5~3.0μm，高为 1~2μm，角部及远极纹饰较密，边部稀少；轮廓线锯齿状。棕色。

产地层位 吉木萨尔县三台大龙口，韭菜园组。

隆兹孢属 ***Lunzisporites*** **Bharadwaj et Singh，1964**

模式种 *Lunzisporites lunzensis* Bharadwaj et Singh，1964

隆兹隆兹孢 ***Lunzisporites lunzensis*** **Bharadwaj et Singh，1964**

（图版 36，图 22）

1964 *Lunzisporites lunzensis* Bharadwaj et Singh，p. 32，pl. 2，figs. 41，42.

1982 *Lunzisporites lunzensis*，尚玉珂，134 页，图版 2，图 1。

1990 *Lunzisporites lunzensis*，张望平，图版 17，图 35。

2000 *Lunzisporites lunzensis*，宋之琛等，137—138 页，图版 38，图 21，29。

赤道轮廓三角形，边直或微凸，角宽圆或锐圆，直径为 35.2μm；三射线微裂开，直，近伸达赤道，射线间弓形加厚明显，宽为 2.5~4.0μm，近伸达角端；外壁厚约为 1.2μm，表面具颗粒和小锥刺状纹饰，纹饰基径和高不大于 1.0μm；排列较紧密，轮廓线细波形。棕黄色。

产地层位 玛纳斯县红沟，三工河组。

三角细刺孢属 ***Planisporites*** **Knox，1950 emend. Potonié，1960**

模式种 *Planisporites granifer*（Ibrahim）Knox，1950

微弱三角细刺孢. ***Planisporites dilucidus*** **Megregor，1960**

（图版 21，图 52）

1960 *Planisporites dilucidus* Megregor，p.30，pl. 11，fig. 10.

1986 *Planisporites dilucidus*，曲立范等，144 页，图版 39，图 10，12。

描述 赤道轮廓圆三角形，边近直或外凸，角部圆或宽圆；大小为 40μm；三射线细直，具欠明显的窄唇，长约为孢子半径的 4/5；外壁厚约为 1.2μm，表面密布小锥刺状纹饰，基宽和高均不大于 1.0μm，末端尖；棕黄色。

产地层位 吉木萨尔县三台大龙口，郝家沟组。

座莲蕨孢属 ***Angiopteridaspora*** **Chang，1965**

模式种 *Angiopteridaspora denticulata* Chang，1965

齿状座莲蕨孢 ***Angiopteridaspora denticulata*** **Chang，1965**

（图版 3，图 30）

1965 *Angiopteridaspora denticulata* Chang，张璐瑾，163 页，图版 1，图 7a—c，13。

1978　*Angiopteridaspora denticulata*，《中南地区古生物图册》(四)，443 页，图版 136，图 17，18。

1986　*Angiopteridaspora denticulata*，雷作淇，135 页，图版 2，图 16。

2000　*Angiopteridaspora denticulata*，宋之琛等，139—140 页，图版 22，图 6—10。

赤道轮廓近圆形，大小为 35.2μm；三射线细长，约孢子半径的 3/4；外壁厚约为 1.2μm，远极面和赤道密布刺状纹饰，刺小，基宽不大于 1μm，高为 1.0~1.5μm，分布均匀；轮廓线锯齿形。黄棕色。

产地层位　吉木萨尔县三台大龙口，韭菜园组。

背锥瘤孢属 *Anapiculatisporites* Potonié & Kremp，1954

模式种　*Anapiculatisporites isselburgensis* Potonié & Kremp，1954

库克松背锥瘤孢 *Anapiculatisporites cooksonae* Playford，1965

(图版 17，图 40)

1965　*Anapiculatisporites cooksonae* Playford，p. 184，p. 7，fig. 19；pl. 8，fig. 14.

1984　*Anapiculatisporites cooksonae*，《华北地区古生物图册》(三)，494 页，图版 168，图 1。

1986　*Anapiculatisporites cooksonae*，曲立范等，143 页，图版 41，图 29。

2000　*Anapiculatisporites cooksonae*，宋之琛等，140 页，图版 35，图 16。

描述　赤道轮廓圆三角形，边外凸，角部宽圆；大小为 39.6μm；三射线欠明显，直，长伸达赤道；外壁厚约为 2.5μm，远极面及赤道分布有锥刺状和棒状纹饰，基宽为 1.5~3.5μm，高为 2.5~4.0μm，末端尖或平截，分布较均匀；轮廓线齿状。棕黄色。

当前标本与该种特征相似，唯后者刺纹更为粗壮。

产地层位　吉木萨尔县三台大龙口，黄山街组。

多桑背锥瘤孢 *Anapiculatisporites dawsonensis* Reiser et Williams，1969

(图版 3，图 31；图版 17，图 10；图版 32，图 6，12；图版 37，图 10，29；图版 44，图 9，23，28，29，31；图版 49，图 27)

1969　*Anapiculatisporites dawsonensis* Reiser et Williams，p. 3，pl. 1，figs. 9—11.

1983　*Anapiculatisporites dawsonensis*，《西南地区古生物图册》(微体古生物分册)，571 页，图版 134，图 4；图版 146，图 27。

1986　*Anapiculatisporites dawsonensis*，曲立范等，142 页，图版 31，图 47。

2000　*Anapiculatisporites dawsonensis*，宋之琛等，140—141 页，图版 35，图 13—15。

描述　赤道轮廓三角形至圆三角形，边外凸，角部宽圆；大小为 30.8~50.6μm；三射线直或微弯曲，或具窄唇，长约为孢子半径的 3/4 或近伸达赤道；外壁厚约为 1~3μm，或具一弧形褶皱，平行赤道分布，远极面及赤道稀疏分布锥刺状纹饰，基宽为 1.2~2.0μm，高不大于 2μm，末端尖，少数圆，分布较均匀；黄至棕色。

当前标本与该种标本特征相似，唯部分标本外壁较薄而略有区别。

产地层位 准噶尔盆地三叠系至侏罗系。

圆形锥瘤孢属 *Apiculatisporis* Potonié et Kremp，1956

模式种 *Apiculatisporis aculeatus*（Ibrahim）Potonié et Kremp，1956

泡状圆形锥瘤孢 *Apiculatisporis bulliensis* Helby ex De Jersey，1979

（图版 3，图 32；图版 21，图 38；图版 37，图 15）

1979 *Apiculatisporis bulliensis* Helby ex De Jersey，p. 6，pl. 1，figs. 1—8.

1984 *Apiculatisporis bulliensis*，《华北地区古生物图册》（三），495 页，图版 168，图 2—5。

1986 *Apiculatisporis bulliensis*，曲立范等，144 页，图版 31，图 39。

2000 *Apiculatisporis bulliensis*，宋之琛等，143 页，图版 37，图 7；图版 52，图 1—3。

赤道轮廓近圆形或圆三角形，直径为 33.0~37.4μm；三射线直或微微弯曲，近伸达赤道，或具窄唇；外壁厚约为 1.5μm，远极面和赤道具锥刺状纹饰，刺基宽为 1.2~2.0μm，高为 1.5~2.0μm，分布均匀；轮廓线锯齿形。黄棕至浅棕色。

产地层位 吉木萨尔县三台大龙口，韭菜园组和郝家沟组；和布克赛尔县达巴松凸起井区，三工河组。

球形圆形锥瘤孢 *Apiculatisporis globosus*（Leschik）Playford et Dettmann，1965

（图版 12，图 19，20）

1955 *Apiculatisporites globosus* Leschik，S.18，Taf. 12，Fig. 8.

1965 *Apiculatisporis globosus*（Leschik）Playford et Dettmann，p. 137，pl. 13，figs. 16—18.

1978 *Apiculatisporis globosus*，《中南地区古生物图册》（四），467 页，图版 128，图 21。

1981 *Apiculatisporis globosus*，刘兆生等，138 页，图版 3，图 15，16。

2000 *Apiculatisporis globosus*，宋之琛，144 页，图版 36，图 18，19。

赤道轮廓近圆形，大小为 39.6~41.8μm；三射线欠明显或脊缝状，具窄唇，唇宽约为 2μm，近伸达赤道；外壁厚约为 1.5μm，远极面和赤道具锥刺状纹饰，刺基宽为 1.5~2.0μm，高为 2~5μm，直或弯曲，分布均匀；轮廓线锯齿形。棕色。

图版 10，图 20 标本刺常弯曲与本种稍有不同，其他特征相似，也归入同一种内。

产地层位 吉木萨尔县三台大龙口，克拉玛依组。

棘状圆形锥瘤孢 *Apiculatisporis spiniger*（Leschik）Qu，1980

（图版 3，图 40；图版 12，图 10，11；图版 21，图 42，46）

1955 *Apiculatisporites spiniger* Leschik，S.18，Taf. 2，Fig. 6，7.

1980　*Apiculatisporis spiniger*（Leschik）Qu，曲立范，130 页，图版 68，图 15；图版 70，图 9；图版 75，图 11。

1986　*Apiculatisporis spiniger*，曲立范等，143 页，图版 31，图 38，44；图版 37，图 12；图版 39，图 32。

2000　*Apiculatisporis spiniger*，宋之琛，145—146 页，图版 36，图 20；图版 37，图 2，3。

赤道轮廓圆三角形至近圆形，直径为 33~46μm；三射线细直，长约为孢子半径的 3/4 或伸达赤道；外壁厚约为 1.5μm，远极面和赤道具锥刺状纹饰，刺基宽为 1~2μm，高为 1.5~3.0μm，分布均匀；轮廓线锯齿形。棕黄至黄棕色。

产地层位　吉木萨尔县三台大龙口，韭菜园组至郝家沟组。

近刺圆形锥瘤孢 ***Apiculatisporis subspinosus*** **(Artuz) Qu et Zhang，1987**

（图版 44，图 61）

1957　*Apiculatisporites subspinosus* Artuz，p. 245，p. 3，fig. 16.

1987　*Apiculatisporis subspinosus*（Artuz）Qu et Zhang，张振来等，266 页，图版 38，图 7。

2000　*Apiculatisporis subspinosus*，宋之琛，146 页，图版 37，图 29。

赤道轮廓近圆形，大小为 55.0μm；三射线细直，微裂开，近伸达赤道；外壁厚约为 1.5μm，远极面和赤道具锥刺状纹饰，刺基宽为 1.5~2.0μm，高为 1.5~2.0μm，间距为 1.0~2.0μm；近极接触区外壁变薄；轮廓线锯齿形。棕色。

当前标本锥刺纹低矮与该种相似，并以此与属内其他种相区别。

产地层位　和布克赛尔辐县达巴松凸起井区，西山窑组。

三角刺面孢属 ***Acanthotriletes*** **Naumova，1939 ex 1949　emend. Potonié et Kremp，1954**

模式种　*Acanthotriletes ciliatus*（Knox）Potonié et Kremp，1955

变异三角刺面孢 ***Acanthotriletes varispinosus*** **Pocock，1962**

（图版 12，图 3，6，36）

1962　*Acanthotriletes varispinosus* Pocock，p. 36，pl. 1，Figs. 18—20.

1982　*Acanthotriletes varispinosus*，蒲荣干等，409 页，图版 6，图 16—20。

2000　*Acanthotriletes varispinosus*，宋之琛等，152—153 页，图版 34，图 1—4，7；图版 37，图 12，13。

赤道轮廓圆三角形，边外凸，角部宽圆，大小为 30.8~41.8μm（未包括纹饰）；三射线不明显；外壁厚为 1.5~2.0μm，远极面和赤道具刺状纹饰，刺直，少数刺末端弯曲，基宽为 2~3μm，高为 4~7μm，间距为 1.5~6.0μm，顶端尖；轮廓线锯齿形。黄棕色。

当前标本刺纹特征与 Pocock（1962）描述的该种标本相似，唯个体较大或射线不明显稍有区别，后者大小为 20（31）38μm。

产地层位　吉木萨尔县三台大龙口，克拉玛依组。

新疆三角刺面孢（新种）*Acanthotriletes xinjiangensis* Zhan sp. nov.

（图版 3，图 17；图 5-11）

赤道轮廓三角形，边直或微凹，角部宽圆，大小为 29.7μm（未包括纹饰）；三射线细直，微裂开，约为 1/2 半径长；外壁厚约为 1μm，远极面和赤道稀疏分布有刺状纹饰，刺大小和分布不均匀，基宽为 2.0~2.5μm，高为 2.5~3.5μm，间距为 1~4μm，刺基部较宽，至 1/2 处强烈收缩变尖，显瘤、刺二型纹饰之特点，刺直，少数弯曲，刺间光滑；轮廓线锯齿形。棕色。

图 5-11　*Acanthotriletes xinjiangensis* Zhan sp.nov.

当前标本个体较小，刺纹分布较稀，且显瘤、刺二型纹饰的特点，与属内其他种相区别。

模式标本 图版 3 中的图 17，大小为 29.7μm。

产地层位 吉木萨尔县三台大龙口，韭菜园组。

球形刺面孢属 *Sphaerina* Maljavkina，1949 ex Delcourt et Sprumont，1959

模式种 *Sphaerina spinellata* Maljavkina，1949

乌林球形刺面孢 *Sphaerina wulinensis* Li，1984

（图版 17，图 36；图版 21，图 51，57；图版 49，图 45）

1984　*Sphaerina wulinensis* Li，黎文本，101 页，图版 2，图 10，11。

2000　*Sphaerina wulinensis*，宋之琛等，154 页，图版 37，图 21，22。

赤道轮廓圆三角形或近圆形，大小为 39.0~46.2μm（未包括纹饰）；三射线简单，细直，稍裂开，长约为 2/3 孢子半径或近达赤道；外壁厚为 1.5~2.0μm，表面均匀密布细刺状纹饰，刺基宽为 1.0~1.5μm，高为 1.5~2.0μm，间距为 1.0~2.0μm，顶端尖，具少量长条形褶皱，大致平行赤道排列；轮廓线锯齿形。棕色。

当前标本与该种特征非常相似，唯个体较小而稍有不同，后者大小为 56~75μm。

产地层位 吉木萨尔县三台大龙口，黄山街组和郝家沟组；玛纳斯县红沟，头屯河组。

棒瘤亚系 Baculati Dybova et Jachowicz，1957

棒瘤孢属 *Baculatisporites* Thomson et Pflug，1953

模式种 *Baculatisporites primaries*（Wolff）Thomson et Pflug，1953

皮尤泰棒瘤孢 *Baculatisporites bjutaiensis*（Bolkh.）Pan et al.，1990

（图版 26，图 7）

1956　*Lophotriletes bjutaiensis* Bolkhovitina，Болховитина，стр. 50，табл. 5，фиг. 64.

1990　*Baculatisporites bjutaiensis* (Bolkh.) Pan et al.，潘昭仁等，191 页，图 3；图版 18。

2000　*Baculatisporites bjutaiensis*，宋之琛等，158 页，图版 39，图 33。

赤道轮廓近圆形，大小为 50.6μm(未包括纹饰)；三射线裂开较宽，裂口呈三角形，长约为孢子的 3/4；外壁厚约为 2μm，表面均匀密布粗短棒状纹饰，棒基径为 1.5~2.0μm，高为 1.0~1.5μm，间距为 1.5~3.0μm，棒顶端圆形，棒瘤间具小穴纹；轮廓线锯齿形。黄棕色。

当前标本具粗短棒状纹饰与本种相似，唯棒瘤间具小穴纹而稍有不同。

产地层位 乌鲁木齐县郝家沟，郝家沟组。

科茅姆棒瘤孢 *Baculatisporites comaumensis* (Cookson) Potonié，1956

(图版 31，图 37；图版 37，图 11；图版 44，图 50，57；图版 49，图 24，25，44；图版 53，图 27)

1953　*Triletes comaumensis* Cookson，p.470，pl. 2，fig. 28.

1956　*Baculatisporites comaumensis* (Cookson) Potonié，S. 33.

1978　*Osmundacidites comaumensis*，《中南地区古生物图册》(四)，444 页，图版 128，图 10—12。

大小为 33.0~46.2μm(未包括纹饰)。

产地层位 准噶尔盆地侏罗系至吐谷鲁群。

江西棒瘤孢 *Baculatisporites jiangxiensis* Yu et Han，1985

(图版 7，图 12；图版 37，图 21，33)

1985　*Baculatisporites jiangxiensis* Yu et Han，余静贤等，64 页，图版 3，图 3—6。

2000　*Baculatisporites jiangxiensis*，宋之琛等，159 页，图版 39，图 2—5。

赤道轮廓近圆形，大小为 28.5~45.0μm；三射线脊缝状或裂开较宽，长约为孢子半径的 2/3 或不明显；外壁厚为 1~2μm，外壁表面饰有稠密的棒、刺状纹饰，以棒纹为主，基径为 1~2μm，高为 1.5~3.5μm；轮廓线锯齿形。黄至棕黄色。

图版 7 中的图 12 个体较小，但其他特征相同，也归入同一种内。

产地层位 玛纳斯县红沟、和布克赛尔县达巴松凸起井区，三工河组。

变异棒瘤孢 *Baculatisporites versiformis* Qu，1984

(图版 53，图 18)

1984　*Baculatisporites versiformis* Qu，《华北地区古生物图册》(三)，498 页，图版 168，图 14，15。

1986　*Baculatisporites versiformis* Qu，曲立范等，145 页，图版 37，图 15。

2000　*Baculatisporites versiformis*，宋之琛等，160 页，图版 39，图 11—13。

赤道轮廓圆三角形，边外凸，角部宽圆，大小为 40μm；三射线脊缝状，直，伸达赤道；外壁厚约为 2μm，外壁表面饰以大小不一的棒瘤状纹饰，顶端圆、平截或微膨大，棒基径为 1~3μm，高为 2~3μm，间距为 1~2μm；轮廓线锯齿形。棕色。

产地层位 和布克赛尔县夏盐凸起井区，吐谷鲁群。

三角棒瘤孢属 *Conbaculatisporites* Claus，1960

模式种 *Conbaculatisporites mesozoicus* Klaus，1960

红沟三角棒瘤孢(新种) *Conbaculatisporites honggouensis* Zhan sp. nov.

(图版 49，图 14，15；图 5-12)

图 5-12 *Conbaculatisporites honggouensis* Zhan sp. nov.

赤道轮廓三角形，边直或微凹凸，大小为 35.2~37.6μm(未包括纹饰)；三射线欠明显，近伸达赤道；外壁厚约为 1.5μm，纹饰棒状，棒末端较圆，宽为 1.5~2.0μm，宽度较均匀，长为 4.0~4.5μm，间距为 1.5~3.0μm；轮廓线锯齿形。棕色。

该种以棒纹较长，宽度较均匀为特征，与属内其他种相区别。*Conbaculatisporites pauculus* Bai et Lu(白云洪等，1983，565 页，图版 41，图 26)的纹饰也为长棒，但分布较稀疏，并夹以次级小乳棒，且近极面具弓形加厚而不同；*Neoraistrickia clavula* Xu et Zhang(徐钰林和张望平，1980，图版 84，图 19，20)棒瘤为长柱状与本种相似，但棒瘤基径较宽(4~5μm)，末端平截，孢子轮廓为圆形-圆三角形。

模式标本 图版 49 中的图 14，大小为 35.2μm。

产地层位 玛纳斯县红沟，头屯河组。

新叉瘤孢属 *Neoraistrickia* Potonié，1956

模式种 *Neoraistrickia truncatus* (Cookson) Potonié，1956

棘刺新叉瘤孢 *Neoraistrickia aculeata* (Verb.) Liu，1987

(图版 44，图 44)

1962 *Selaginella aculeata* Verbitzkaya，Вербицкая，стр. 88，табл. 2，фиг. 20a—f.

1987 *Neoraistrickia aculeata* (Verb.) Liu，刘兆生等，159 页，图版 2，图 7—9。

2000 *Neoraistrickia aculeata*，宋之琛等，163 页，图版 40，图 1—3。

赤道轮廓圆三角形，边外凸，角部宽圆，大小为 37.4μm；三射线细直，近伸达赤道；外壁厚为 1.5~2.0μm，远极和赤道饰有棒瘤状纹饰、棒瘤基部直径为 1.5~2.0μm，高为 2~4μm，间距为 2~4μm 或更宽，棒瘤顶端尖或圆。棕色。

描述标本多数棒瘤末端变尖与该种特征相一致，并以此与属内其他种相区别。

产地层位 玛纳斯县红沟，西山窑组。

优越新叉瘤孢 *Neoraistrickia callista* Pu et Wu，1982

（图版 17，图 47）

1982　*Neoraistrickia callista* Pu et Wu，蒲荣干等，430 页，图版 12，图 11，12。

2000　*Neoraistrickia callista*，宋之琛等，163 页，图版 40，图 21，22。

赤道轮廓圆三角形，边外凸，角宽圆，大小为 39.6μm；三射线欠明显，细直或微弯曲，近伸达赤道，两侧具窄唇；外壁厚约为 2μm，远极和赤道饰有较粗的棒瘤状纹饰、棒瘤基部直径为 3.5~4.0μm，高为 2.5~4.0μm，间距为 1.5~3.0μm，棒瘤顶端平截或圆，少数尖。黄棕色。

描述标本棒瘤粗短，末端平截或圆，少数尖与该种特征相一致，唯三射线具窄唇而稍有不同。

产地层位　吉木萨尔县三台大龙口，黄山街组。

棒柱新叉瘤孢 *Neoraistrickia clavula* Xu et Zhang，1980

（图版 44，图 43）

1980　*Neoraistrickia clavula* Xu et Zhang，徐钰林等，162 页，图版 84，图 19，20。

1984　*Neoraistrickia clavula*，《华北地区古生物图册》（三），501 页，图版 182，图 26。

2000　*Neoraistrickia clavula*，宋之琛等，163—164 页，图版 52，图 11—13。

赤道轮廓圆三角形，边外凸，角部宽圆，大小为 35.2μm；三射线欠明显；外壁厚约为 2μm，远极和赤道饰有棒瘤状纹饰、棒瘤基部直径为 1.5~3.0μm，高为 2.5~4.5μm，间距为 2~4μm，顶端平截或呈圆弧形，少数为乳头状，沿周边有 22 枚棒瘤；轮廓线齿轮状。黄棕色。

产地层位　玛纳斯县红沟，头屯河组。

大龙口新叉瘤孢（新种）*Neoraistrickia dalongkouensis* Zhan sp. nov.

（图版 3，图 34；图 5-13）

图 5-13　*Neoraistrickia dalongkouensis* Zhan sp. nov.

赤道轮廓三角形，边内凹，角部圆或宽圆，大小为 36.3μm；三射线裂开较宽，长约为 1/2 孢子半径；外壁厚约为 2μm，远极和赤道饰有棒瘤状纹饰，棒瘤较短，基部直径为 1.5~2.5μm，高为 1.5~3.0μm，间距为 1~3μm，顶端平截或呈圆弧形，少数锥瘤状，棒瘤大小及分布不均，角部个较大，分布较密集，边部较小，分布较稀；轮廓线齿轮状。棕色。

当前标本以棒瘤较短，大小及分布不均匀为特征与属内其他种相区别。*Neoraistrickia trilobata* Ouyang et Li（欧阳舒和李再平，1980）边内凹，纹饰分布不均匀，角部纹饰较粗强，分布较密与该种相似，但其三边深凹成三瓣状，表面为棒瘤-锥刺状纹饰，棒瘤较长而不同。

模式标本 图版3中的图34，大小为36.3μm。

产地层位 吉木萨尔县三台大龙口，韭菜园组。

纤细新叉瘤孢 *Neoraistrickia gracilis* Shang，1981

（图版49，图19）

1981 *Neoraistrickia gracilis* Shang，尚玉珂，433页，图版1，图21—24。

1986 *Neoraistrickia gracilis*，刘兆生，97页，图版1，图26。

1987 *Neoraistrickia gracilis*，钱丽君等，45页，图版4，图1。

2000 *Neoraistrickia gracilis*，宋之琛等，164页，图版40，图27。

赤道轮廓三角形，边近直或微凸，大小为37.4μm；三射线脊缝状，直或微弯曲，伸达赤道；外壁厚约为1.5μm，远极和赤道饰有棒瘤状纹饰、棒瘤呈长柱状，基部直径为1.5~2.5μm，高为3~5μm，间距为2.0~4.5μm，顶端平截或呈圆弧形，少数膨大呈乳头状，沿周边有20枚棒瘤；轮廓线齿轮状。棕黄色。

当前标本棒瘤呈长柱状与该种特征相似，唯个头较大而稍有不同，后者大小为21~35μm。

产地层位 和布克赛尔县达巴松凸起井区，西山窑组。

格里斯索普新叉瘤孢 *Neoraistrickia gristhorpensis*（Couper）Tralau，1968

（图版44，图37，39）

1958 *Lycopodiumsporites gristhorpensis* Couper，p. 133，pl. 15，figs. 14，16.

1968 *Neoraistrickia gristhorpensis*（Couper）Tralau，p. 55，pl. 1，figs. 5，6.

1978 *Neoraistrickia gristhorpensis*，《中南地区古生物图册》（四），442页，图版136，图19，20。

1990 *Neoraistrickia gristhorpensis*，张望平，图版21，图35。

2000 *Neoraistrickia gristhorpensis*，宋之琛等，164—165页，图版39，图26—28，31，32。

赤道轮廓圆三角形至圆形，边近直或外凸，角部宽圆，大小为33.0~39.6μm；三射线直，或具唇状加厚，唇单侧宽为1.2~2.0μm，长约为孢子半径的1/2~3/4或更长；外壁厚约为1.5μm，远极和赤道饰有棒瘤状纹饰、棒瘤基部直径2.5~3.5μm，高2.0~4.0μm，间距为2.0~4.0μm，顶端一般平截，少数为乳头状，沿周边有18~25枚棒瘤；轮廓线齿轮状。黄至棕黄色。

产地层位 和布克赛尔县达巴松凸起井区、玛纳斯县红沟，西山窑组。

内颗粒新叉瘤孢 *Neoraistrickia infragranulata* Zhang W.P.，1984

（图版44，图33，38，58）

1984 *Neoraistrickia infragranulata* Zhang，《华北地区古生物图册》（三），501—502页，图版183，图2，3。

1987 *Neoraistrickia granulata* Qian et Wu，钱丽君等，46页，图版4，图3—5。

1990 *Neoraistrickia infragranulata*，张望平，图版21，图40。

2000 *Neoraistrickia infragranulata*，宋之琛等，165 页，图版 52，图 14，15。

赤道轮廓圆三角形至近圆形，大小为 41.8~44.0μm；三射线直，具唇状加厚，唇单侧宽为 1.2~2.0μm，长约为孢子半径的 1/2~2/3 或更长；外壁厚为 1.5~2.0μm，远极和赤道饰有棒瘤状纹饰、棒瘤基部直径为 2.0~3.5μm，高为 2~4μm，间距为 2~6μm，顶端圆或平截，沿周边有 20~23 枚棒瘤；棒瘤间布有颗粒纹，粒径不大于 1.0μm；图版 44 中的图 45 赤道部位瘤排列较紧密，极面分布较稀疏；轮廓线齿轮状。黄棕至棕色。

描述标本与本种模式标该特征相似，唯图版 44 的图 45 赤道部位瘤排列紧密，极面分布较稀疏而略有不同。

产地层位 玛纳斯县红沟，西山窑组。

似环新叉瘤孢 *Neoraistrickia krikoma* Xu et Zhang，1980

（图版 44，图 45）

1980 *Neoraistrickia krikoma* Xu et Zhang，徐钰林等，163 页，图版 84，图 21、图 22。

2000 *Neoraistrickia krikoma*，宋之琛等，166 页，图版 52，图 16—18。

赤道轮廓近圆形，大小为 38.4μm；三射线微弯曲，长伸达或近伸达赤道，具窄唇，宽约为 2.5μm；外壁厚约为 2μm，远极和赤道饰有棒瘤状纹饰、棒瘤基部直径为 2~3μm，高为 2.0~4.5μm，间距为 3.5~8.5μm，顶端圆、平截或膨大；轮廓线齿轮状。棕黄色。

产地层位 玛纳斯县红沟，西山窑组。

莱阳新叉瘤孢 *Neoraistrickia laiyangensis* Yu et Zhang，1982

（图版 17，图 13；图版 44，图 36）

1982 *Neoraistrickia laiyangensis* Yu et Zhang，余静贤等，96 页，图版 2，图 8。

2000 *Neoraistrickia laiyangensis*，宋之琛等，166 页，图版 39，图 22。

赤道轮廓近圆形，大小为 36.2~37.4μm；三射线欠明显或脊缝状，微弯曲，长约为孢子半径的 2/3；外壁厚为 1.5~2.0μm，远极和赤道饰有大小不等的棒瘤状纹饰、棒瘤基部直径为 1~3μm，高为 1.5~6.2μm，间距为 1.5~4.5μm，顶端圆、平截或膨大；轮廓线齿轮状。棕黄至棕色。

描述标本棒瘤纹大小不等、分布不均与该种模式标本相似，并以此与属内其他种相区别。

产地层位 吉木萨尔县三台大龙口，黄山街组；和布克赛尔县达巴松凸起井区，西山窑组。

多齿新叉瘤孢 *Neoraistrickia multidentata* Qu，1980

（图版 12，图 50）

1980 *Neoraistrickia multidentata* Qu，曲立范，131 页，图版 64，图 1，2。

1987 *Neoraistrickia multidentata*，钱丽君等，46 页，图版 4，图 6。

2000 *Neoraistrickia multidentata*，宋之琛等，167 页，图版 40，图 34，35。

赤道轮廓卵圆形，大小为 77μm(不包括纹饰)；三射线不清楚；外壁厚约为 1.5μm，远极和赤道区饰有棒瘤状纹饰、棒瘤基部直径为 2~5μm，高为 4~7μm，间距为 2~6μm 或更宽，棒瘤顶端圆或平截，棒瘤间还见有基部直径不大于 2μm 的小棒瘤；轮廓线齿轮状。棕色。

描述标本个体较大，棒瘤较粗壮与该种相同，唯棒瘤间见有更小的棒瘤而稍有区别，但这一特点似乎从曲立范(1980)描述标本的照片上也可看到。

产地层位 吉木萨尔县三台大龙口，克拉玛依组。

圆形新叉瘤孢 *Neoraistrickia rotundiformis* (K.—M.) Liu，1990

(图版 17，图 11；图版 44，图 35)

1954 *Silaginella rotundiformis* Kara-Murza，Кара-Мурза，стр. 103，табл. 17，фиг. 1—6.

1956 *Lophotriletes testatus* Bolkhovitina，Болховитина，стр. 53，табл. 5，фиг. 74a—b.

1982 *Neoraistrickia testata*，杜宝安等，60 页，图版 1，图 17。

1990 *Neoraistrickia rotundiformis* (K.—M.) Liu，刘兆生，68 页，图版 1，图 9—13。

2000 *Neoraistrickia rotundiformis*，宋之琛等，167 页，图版 39，图 23—25，29，30。

赤道轮廓近圆形或圆三角形，边外凸，角宽圆，大小为 27.5~33.0μm；三射线细直或微弯曲，长约为孢子半径的 3/4；外壁厚约为 1.5μm，远极和赤道饰有棒瘤状纹饰、棒瘤基部直径为 1.5~3.0μm，高为 1.5~2.5μm，间距为 2.5~5.0μm 或更宽，棒瘤顶端圆或平截，个别膨大。棕黄色。

描述标本多数棒瘤末端变圆与 *Neoraistrickia verrucata* 相似，但后者个体和瘤纹均较大而不同。

产地层位 吉木萨尔县三台大龙口，黄山街组；和布克赛尔县达巴松凸起井区，西山窑组。

复合新叉瘤孢 *Neoraistrickia syndesis* Zhang，1984

(图版 37，图 16)

1984 *Neoraistrickia syndesis* Zhang，张璐瑾，14 页，图版 1，图 1—3，5。

2000 *Neoraistrickia syndesis*，宋之琛等，168 页，图版 40，图 28—30。

赤道轮廓三角形，边直或稍内凹，大小为 35.2μm；三射线简单，细直，近伸达赤道；外壁厚约为 1.5μm，外壁表面稀疏分布有棒瘤和瘤刺二型纹饰、棒瘤基部直径为 1.5~2.0μm，高 2.0~2.5μm，瘤刺二型纹饰的瘤基部为近圆形，直径为 1.5~2.0μm，瘤顶部具一小刺，瘤间距为 1~4μm，近赤道部位瘤排列较密；轮廓线锯齿形。棕黄色。

产地层位 和布克赛尔县达巴松凸起井区，三工河组。

泰勒新叉瘤孢 *Neoraistrickia taylorii* Playford et Dettmann，1965

（图版 26，图 16）

1965 *Neoraistrickia taylorii* Playford et Dettmann，p. 138，pl. 12，figs. 14，15.

1978 *Neoraistrickia taylorii*，《中南地区古生物图册》（四），442 页，图版 128，图 22，23。

1987 *Neoraistrickia taylorii*，张振来等，268 页，图版 41，图 5，29；图版 43，图 39。

2000 *Neoraistrickia taylorii*，宋之琛等，168—169 页，图版 39，图 21；图版 40，图 10，11。

赤道轮廓三角形，边稍凹凸，角部圆或宽圆，大小为 31.9μm；三射线脊缝状，直，伸达赤道；射线间具弓形加厚；外壁厚约为 1.5μm，远极和赤道饰有棒瘤状纹饰、棒瘤基部直径为 1.5~2.0μm，高为 1.5~2.5μm，棒瘤顶端圆或平截，分布较稀，角部稍密。棕黄色。

产地层位 乌鲁木齐县郝家沟，郝家沟组。

截形新叉瘤孢 *Neoraistrickia truncatus*(Cookson) Potonié，1956

（图版 44，图 34）

1953 *Trilites truncatus* Cookson，p. 471，pl. 2，fig. 36.

1956 *Neoraistrickia truncatus*（Cookson）Potonié，S. 34.

1978 *Neoraistrickia truncatus*，《中南地区古生物图册》（四），442 页，图版 136，图 21。

1986 *Neoraistrickia truncatus*，曲立范，132 页，图版 76，图 3。

2000 *Neoraistrickia truncatus*，宋之琛等，169—170 页，图版 40，图 8，9。

赤道轮廓近圆形，大小为 33μm；三射线欠明显；外壁厚约为 1.5μm，远极和赤道饰有棒瘤状纹饰、棒瘤基部直径为 2.0~3.5μm，高为 3~4μm，间距为 4~8μm 或更宽，棒瘤末端或稍膨大，顶端截形。棕黄色。

产地层位 和布克赛尔县达巴松凸起井区，西山窑组。

瘤状新叉瘤孢 *Neoraistrickia verrucata* Xu et Zhang，1980

（图版 44，图 27，30，32，40）

1980 *Neoraistrickia verrucata* Xu et Zhang，徐钰林等，164 页，图版 84，图 25，26。

1984 *Neoraistrickia verrucata*，《华北地区古生物图册》（三），501 页，图版 182，图 29。

1990 *Neoraistrickia verrucata*，张望平，图版 21，图 38。

2000 *Neoraistrickia verrucata*，宋之琛等，170—171 页，图版 52，图 23，24。

赤道轮廓近圆形，大小为 37.4~41.8μm；三射线直，稍裂开，长约为孢子半径的 3/4；外壁厚约为 2μm，纹饰棒瘤状、棒瘤短柱形，基部直径为 3.0~4.5μm，往上略收缩，高为 2.2~4.0μm，顶端呈弧形，个别平截，间距为 3.0~4.5μm。黄至棕色。

当前标本与该种模式标本特征相似，唯瘤纹排列或较稀而稍有不同。

产地层位 和布克赛尔县达巴松凸起井区，西山窑组；玛纳斯县红沟，西山窑组。

新疆新叉瘤孢(新种) *Neoraistrickia xinjiangensis* Zhan sp. nov.

(图版 12，图 23；图 5-14)

斜视轮廓三角形，大小为 41.8μm(不包括纹饰)；三射线直，具唇状加厚，强烈隆起，伸达赤道；外壁厚，约为 2.5μm，远极面及赤道具棒瘤状纹饰，棒瘤长柱状，直或弯曲，基部直径为 2.0~2.5μm，往顶端方向不或略收缩，高为 5~7μm，顶端平截，少数呈弧形，个别略尖；近极面也具棒瘤状纹饰，但棒瘤较短。棕色。

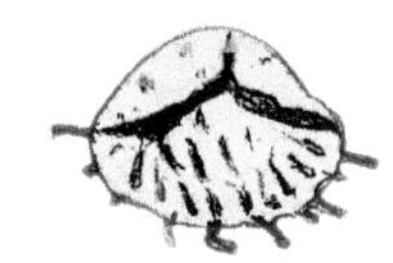

图 5-14 *Neoraistrickia xinjiangensis* Zhan sp. nov.

新种以棒瘤长柱状，直或弯曲，近极面也具棒瘤状纹饰为特征与属内其他种相区别。*N. clavula* 棒瘤也较长与本种相似，但瘤基径较宽，棒瘤直，末端多平截而不同。

模式标本 图版 12 中的图 23，大小为 41.8μm。

产地层位 吉木萨尔县三台大龙口，克拉玛依组。

凹穴面系 Murornati R. Potonié et Kremp，1954

蠕瘤孢属 *Convolutispora* Hoffmeister，Staplin et Malloy，1955

模式种 *Convolutispora florida* Hoffmeister et al.，1955

细小蠕瘤孢 *Convolutispora parvula* Zhou，2003

(图版 7，图 41)

2003 *Convolutispora parvula* Zhou，欧阳舒等，207—208 页，图版 6，图 1—6；图版 89，图 10。

赤道轮廓圆三角形，边外凸，角部宽圆，大小为 41.5μm；三射线细直，微裂开，近伸达赤道，具窄唇，宽约为 2.5μm，向射线末端变窄；外壁厚约为 2.5μm，赤道及远极面具蠕瘤状纹饰，宽为 1.0~1.5μm，常联结成不完整的网纹；轮廓线微波形。黄棕色。

当前标本纹饰特征与该种相似，个体大小相当，后者大小 31~44μm。

产地层位 吉木萨尔县三台大龙口，烧房沟组。

假网蠕瘤孢 *Convolutispora pseudoreticulata* Qu，1984

(图版 37，图 31；图版 49，图 39)

1984 *Convolutispora pseudoreticulata* Qu，《华北地区古生物图册》(三)，503 页，图版 167，图 3—6，9。

2000 *Convolutispora pseudoreticulata*，宋之琛等，173 页，图版 53，图 3，4。

赤道轮廓圆三角形至三角圆形，大小为 39.6~44.0μm；三射线具唇，宽为 1.5~2.5μm，直，2/3 半径长或近伸达赤道；外壁厚约为 3.0μm，纹饰蠕虫状，宽为 1.5~2.0μm，常联结成不完整的网纹；轮廓线锯齿形。黄至棕色。

当前标本纹饰特征与该种相似，但个体较小(后者大小为 55~75μm)而稍有不同。

产地层位 玛纳斯县红沟，三工河组、头屯河组。

皱面孢属 *Rugulatisporites* Pflug et Thomson，1953

模式种 *Rugulatisporites quintus* Pflug et Thomson，1953

多皱皱面孢 *Rugulatisporites ramosus* De Jersey，1959

（图版 3，图 27；图版 12，图 18，24—26，30，33；图版 17，图 31；图版 26，图 34）

1959 *Rugulatisporites ramosus* De Jersey，p. 357，pl. 2，figs. 5，6.

1978 *Rugulatisporites ramosus*，《中南地区古生物图册》（四），468 页，图版 128，图 25，26。

2000 *Rugulatisporites ramosus*，宋之琛等，174 页，图版 41，图 9，10。

赤道轮廓近圆形或卵圆形，大小为 35.2~46.2μm；三射线欠明显或脊缝状，直或波形弯曲，具宽为 2~3μm 的唇状加厚，伸达赤道；外壁厚约为 2μm，远极面和赤道饰以弯曲的皱脊状纹饰，皱脊排列欠规则，常互相联结，脊宽为 2~4μm；轮廓线波形。棕黄至棕色。

产地层位 吉木萨尔县三台大龙口，韭菜园组至黄山街组；乌鲁木齐县郝家沟，郝家沟组。

拟石松孢属 *Lycopodiacidites* Couper，1953 emend. Potonié，1956

模式种 *Lycopodiacidites bullerensis* Couper，1953

短缝拟石松孢 *Lycopodiacidites brevilaesuratus* Pu et Wu，1982

（图版 26，图 27）

1982 *Lycopodiacidites brevilaesuratus* Pu et Wu，蒲荣干等，176 页，图版 1，图 14，15。

2000 *Lycopodiacidites brevilaesuratus*，宋之琛等，177 页，图版 42，图 30，31。

赤道轮廓圆三角形，边外凸，角部宽圆，大小为 41.8μm；三射线细直，微裂开，长约为孢子半径的 1/2；外壁厚约为 1.5μm，接触区光滑，远极面和赤道密布低矮而弯曲的皱脊状纹饰，皱脊宽为 1.0~1.5μm，间距约为 1μm，皱脊常相连；轮廓线波形。棕色。

当前标本三射线细而短，接触区光滑和纹饰特征与本种相一致。*L. clivosus*（Bolkh.）Li et Shang，1980 的纹饰特征与该种相似，但三射线长并具唇状加厚而不同。

产地层位 乌鲁木齐县郝家沟，郝家沟组至八道湾组。

脑纹拟石松孢 *Lycopodiacidites cerebriformis*（Naum. ex Jar.）Li et Shang，1980

（图版 17，图 38）

1965 *Camptotriletes cerebriformis*（Naumova）Jaroshenko，Ярошенка，стр. 46，табл. 2，фиг. 25，26.

1980 *Lycopodiacidites cerebriformis*（Naumova ex Jar.）Li et Shang，黎文本等，208 页，图版 3，图 27。

1983 *Lycopodiacidites cerebriformis*，吴洪章等，567 页，图版 1，图 15。

2000 *Lycopodiacidites cerebriformis*，宋之琛等，177 页，图版 41，图 30；图版 42，图 26。

赤道轮廓近圆形，直径为 44.2μm；三射线细，微弯曲，两侧具唇状加厚，唇宽约为 6μm，长近伸达赤道；外壁厚约为 3.5μm，远极面和赤道饰以皱脊状纹饰，弯曲的皱脊形似脑纹状，脊宽约为 2.5μm，间距为 1.5~2.0μm；轮廓线微波形。棕色。

当前标本脑皱状纹饰与该种相同，唯个体较小而稍有不同。

产地层位 吉木萨尔县三台大龙口，黄山街组。

纤细拟石松孢 *Lycopodiacidites ejuncidus* Zhang，1978

（图版 12，图 27；图版 32，图 13，14）

1978 *Lycopodiacidites ejuncidus* Zhang，《中南地区古生物图册》（四），441 页，图版 129，图 6—8。

2000 *Lycopodiacidites ejuncidus*，宋之琛等，178 页，图版 42，图 34—36。

赤道轮廓近圆形，直径为 48.4~61.6μm；三射线细直，或微裂开，近伸达赤道，两侧具唇状加厚，唇宽为 2.5~4.5μm；外壁厚为 2~3μm，远极面和赤道饰以皱脊状纹饰，弯曲的皱脊纹相互联接成不规则网状图案，脊宽为 1.5~3.0μm，间距为 1~2μm；轮廓线微波形。黄棕色至棕色。

产地层位 吉木萨尔县三台大龙口，克拉玛依组；乌鲁木齐县郝家沟和沙湾县红光镇井区，八道湾组。

郝家沟拟石松孢（新种） *Lycopodiacidites haojiagouensis* Zhan sp. nov.

（图版 26，图 18，19，21；图 5-15）

赤道轮廓三角圆形至近圆形，大小为 33.2~35.2μm；三射线细直，微裂开，两侧具宽唇，唇（单侧）宽约为 3.3μm，向末端不变窄，射线伸达或近伸达赤道；外壁厚为 2.0~2.5μm，远极面和赤道饰以粗强皱脊状纹饰，弯曲的皱脊形似脑纹状，脊宽约为 1.8~2.5μm，间距为 1.0~1.5μm，皱脊或相互连接呈网状；轮廓线微波形。黄棕至棕色。

图 5-15 *Lycopodiacidites haojiagouensis* Zhan sp. nov.

该种以较小的个体，三射线具宽厚的唇，以及粗强的皱脊状纹饰为特征，与属内其他种相区别。*Lycopodiacidites minus* Lu et Wang 个体较小，三射线也具较宽的唇，但其皱脊纹纤细而密集与本种不同。

模式标本 图版 26 中的图 19，大小为 35.2μm。

产地层位 乌鲁木齐县郝家沟，郝家沟组。

库珀拟石松孢 *Lycopodiacidites kuepperi* Klaus，1960

（图版 26，图 56，57）

1960 *Lycopodiacidites kuepperi* Klaus，S. 135，Taf. 31，Fig. 27。

1984 *Labrorugaspora kuepperi* (Klaus) Zhang，张璐瑾，35 页，图版 8，图 1—4。

1987 *Lycopodiacidites kuepperi*，钱丽君等，54 页，图版 5，图 6。

2000 *Lycopodiacidites kuepperi*，宋之琛等，179 页，图版 53，图 14。

赤道轮廓圆三角形或近圆形，边外凸，角宽圆，大小为 60.5μm；三射线细长，具窄唇，宽为 3~4μm，伸达赤道；外壁厚为 2.5~4.0μm，纹饰皱脊状，远极面皱脊较窄，分布较密，宽为 1.5~2.0μm，近极面皱脊较低平，分布也较稀；轮廓线微波形。棕色。

产地层位 乌鲁木齐县郝家沟，郝家沟组。

小型拟石松孢 *Lycopodiacidites minus* Lu et Wang，1980

（图版 12，图 34；图版 26，图 22；图版 37，图 25）

1980 *Lycopodiacidites minus* Lu et Wang，卢孟凝等，371 页，图版 1，图 13。

1987 *Lycopodiacidites minus*，张振来，268 页，图版 41，图 17。

2000 *Lycopodiacidites minus*，宋之琛等，179 页，图版 42，图 1—3。

赤道轮廓圆三角形，边外凸，角宽圆，大小为 29.7~45.1μm；三射线细直或具窄唇，或微弯曲，伸达赤道；外壁厚为 1~2μm，远极面和赤道饰以皱脊状纹饰，皱脊宽为 1.0~1.5μm，常联结成不规则网状，近极面近光滑；轮廓线微波形。黄至黄棕色。

当前标本的大小和纹饰特征与该种相一致，唯三射线唇较窄（后者唇宽为 4~5μm）而稍有不同。

产地层位 吉木萨尔县三台大龙口，克拉玛依组；乌鲁木齐县郝家沟，郝家沟组；玛纳斯县红沟，三工河组。

疏穴孢属 *Foveosporites* Balme，1957

模式种 *Foveosporites canalis* Balme，1957

多孔疏穴孢 *Foveosporites multicavus* (Bolkhovitina) Zhang，1989

（图版 45，图 12）

1956 *Ophioglossum multicavus* Bolkhovitina，Болховитина，стр. 65，табл. 8，фиг. 109.

1989 *Foveosporites multicavus* (Bolkhovitina) Zhang，张望平，17 页，图版 2，图 36。

2000 *Foveosporites multicavus*，宋之琛等，188 页，图版 55，图 3。

赤道轮廓圆三角形，边外凸，角部宽圆，大小为 33μm；三射线细，近直，具窄唇，单侧宽约为 1μm，末端变细，长约为孢子半径的 4/5 或近伸达赤道；外壁厚约为 1.2μm，表面分布小穴状纹饰，穴圆形，穴径为 1.0~1.5μm，间距为 2.0~4.0μm；轮廓线微波形。黄棕色。

当前标本与该种特征相似，唯个体较小和外壁较薄而稍有不同，后者大小为 50~60μm。

产地层位 玛纳斯县红沟，西山窑组。

密穴孢属 ***Foveotriletes*** **Van der Hammen，1954 ex Potonié，1956**

模式种 *Foveotriletes scrobiculatus*（Ross）Potonié，1956

凹面密穴孢 ***Foveotriletes scrobiculatus*** **（Ross）Potonié，1956**

（图版 44，图 41；图版 48，图 39）

1953 *Microreticulatisporites scrobiculatus*（Ross）Weyland et Krieger，S. 11，Taf. 4，Fig. 23.

1956 *Foveotriletes scrobiculatus*（Ross）Potonie，S. 43.

1986 *Foveotriletes scrobiculatus*，宋之琛等，219 页，图版 14，图 1。

2000 *Foveotriletes scrobiculatus*，宋之琛等，190 页，图版 43，图 24。

赤道轮廓三角形，边近直或内凹，角部宽圆，大小为 28.6~37.4μm；三射线细直，长约为孢子半径的 4/5 或近伸达赤道；外壁厚为 1.2~1.5μm，表面密布小穴状纹饰，穴圆形，穴径和间距均不大于 1.0μm；轮廓线微波形。黄棕色。

产地层位 玛纳斯县红沟，西山窑组、头屯河组。

克鲁克孢属 ***Klukisporites*** **Couper，1958**

模式种 *Klukisporites variegatus* Couper，1958

疏穴克鲁克孢 ***Klukisporites foveolatus*** **Pocock，1964**

（图版 37，图 34，35）

1964 *Klukisporites foveolatus* Pocock，p. 194，pl. 7，figs. 5，6.

1983 *Klukisporites foveolatus*，《西南地区古生物图册》（微体古生物分册），551 页，图版 141，图 20。

1985 *Klukisporites foveolatus*，余静贤等，85 页，图版 11，图 14，15。

2000 *Klukisporites foveolatus*，宋之琛等，192—193 页，图版 47，图 27，28。

侧视轮廓近圆形，大小为 43.0~44.0μm；三射线细直或具窄唇，微弯曲，长约为孢子半径的 2/3 或近伸达赤道；外壁厚约为 2.0μm，远极面和赤道饰以坑穴状纹饰，穴呈圆形、卵圆形，或不规则形，相邻穴或互相连通，穴径为 1.5~3.0μm，间距为 2.0~4.0μm；轮廓线波形。棕色。

产地层位 玛纳斯县红沟，三工河组。

假网克鲁克孢 ***Klukisporites pseudoreticulatus*** **Couper，1958**

（图版 3，图 38；图版 7，图 18，19；图版 37，图 28，38；图版 45，图 13；图版 49，图 7—12）

1958 *Klukisporites pseudoreticulatus* Couper，p. 138，pl. 19，figs. 8—10.

1974 *Klukisporites pseudoreticulatus*，黎文本，378 页，图版 202，图 14。

大小为 34.1~44.0μm。

产地层位 准噶尔盆地三叠系至侏罗系。

变异克鲁克孢 ***Klukisporites variegatus*** **Couper，1958**

（图版 3，图 10；图版 49，图 35）

1958 *Klukisporites variegatus* Couper，p. 137，pl. 19，figs. 6，7.

1962 *Klukisporites variegatus*，张春彬，264 页，图版 4，图 10a，b。

侧视轮廓三角形，边直或微凸，角部宽圆，大小为 33.0~39.6μm；三射线脊缝状，近伸达赤道，或欠明显；外壁厚约为 1.5μm，远极面和赤道饰以网穴状纹饰，网穴呈圆形、卵圆形，或不规则形，部分相邻网穴相连，穴径为 2.5~6.0μm，网脊宽为 2.0~4.0μm，近极面光滑；轮廓线波形。棕黄至黄棕色。

产地层位 吉木萨尔县三台大龙口，韭菜园组；玛纳斯县红沟，头屯河组。

平网孢属 ***Dictyotriletes*** **Naumova，1939 ex Ischenko，1952 emend. Potonié et Kremp，1954**

模式种 *Dictyotriletes bireticulatus*（Ibrahim）Potonié et Kremp，1955

一般平网孢 ***Dictyotriletes mediocris*** **Qu et Wang，1990**

（图版 4，图 29，35；图版 12，图 16，17；图版 17，图 53）

1990 *Dictyotriletes mediocris* Qu et Wang，曲立范等，50—51 页，图版 9，图 13，23，24。

赤道轮廓近圆形或圆三角形，边外凸，角部宽圆，大小为 33.0~41.5μm；三射线欠明显，细直或微弯曲，微裂开，近伸达赤道，或具唇；外壁厚为 1.5~2.0μm，表面具网状纹饰，网眼不规则形，直径为 2~4μm，网脊宽为 1~2μm，网脊不或稍突出于轮廓线之外；轮廓线微波形。黄至黄棕色。

产地层位 吉木萨尔县三台大龙口，韭菜园组至黄山街组。

石松孢属 ***Lycopodiumsporites*** **Thiergart，1938**

模式种 *Lycopodiumsporites agathoecus*（Potonié）Thiergart，1938

南方拟棒石松孢 ***Lycopodiumsporites austroclavatidites*** **（Cookson）Potonié，1956**

（图版 44，图 48，49）

1953 *Lycopodium austroclavatidites* Cookson，p. 469，pl. 2，fig. 35.

1956 *Lycopodiumsporites austroclavatidites*（Cookson）Potonie，S. 46.

1978 *Lycopodiumsporites austroclavatidites*，《中南地区古生物图册》(四)，441 页，图版 128，图 28—30。

2004 *Lycopodiumsporites austroclavatidites*，陈辉明等，图版 I，图 29。

赤道轮廓圆三角形，边直或外凸，角部宽圆，大小为 30.8~32.0μm；三射线欠明显，细长，近伸达赤道；外壁厚约为 1.5μm，远极面和赤道饰以规则的网状纹饰，网眼多边形，直径为 3.0~6.5μm，网脊宽为 1.0~1.5μm，网脊突出轮廓线外 1.5~2.0μm，其间或周壁相连；轮廓线波形。黄色。

比较 当前标本具规则多边形的网状纹饰，网脊间有周壁相连与该种特征一致，以网眼相对较小，大小欠均匀与形态相似的 *Lycopodiumsporites subrotundum* 相区别。

产地层位 和布克赛尔县达巴松凸起井区，西山窑组。

光滑石松孢 *Lycopodiumsporites laevigatus* (Verb.) Liu，1981

（图版 37，图 27）

1962 *Lycopodium laevigatum* Verbitzkaya，Вербицкая，стр. 82，табл. 1，фиг. 9.

1981 *Lycopodiumsporites laevigatus* (Verb.) Liu，刘兆生等，142 页，图版 6，图 9。

2000 *Lycopodiumsporites laevigatus*，宋之琛等，201—202 页，图版 46，图 20—22。

赤道轮廓圆三角形，边直或外凸，角圆或宽圆，大小为 37μm；三射线直，具窄唇，唇在射线末端或稍变宽，长约为孢子半径的 3/4；外壁厚约为 1.5μm，远极面和赤道具不规则网状纹饰，部分网眼呈多边形，直径为 4.5~7.0μm，网脊宽约为 1.5μm，网脊低矮，稍突出轮廓线之外，近极面近光滑；轮廓线缓波形。棕黄色。

产地层位 玛纳斯县红沟，三工河组。

圆锥石松孢 *Lycopodiumsporites paniculatoides* Tralau，1968

（图版 3，图 11；图版 7，图 25；图版 37，图 22，23；图版 45，图 9）

1980 *Lycopodiumsporites paniculatoides* Tralau，徐钰林等，图版 80，图 14；图版 85，图 22。

1982 *Lycopodiumsporites paniculatoides*，杜宝安等，600 页，图版 1，图 14。

1990 *Lycopodiumsporites paniculatoides*，张望平，图版 19，图 43。

1998 *Lycopodiumsporites paniculatoides*，王永栋，图版 60，图 27，28。

2000 *Lycopodiumsporites paniculatoides*，宋之琛等，202 页，图版 28，图 10；图版 46，图 1，2，5。

赤道轮廓卵圆形或圆三角形，大小为 28.6~33.0μm；三射线欠明显，细直，或粗强，长约为孢子半径的 2/3 或近伸达赤道；外壁厚为 1~2μm，远极面和赤道具五边形或六边形的网状纹饰，直径为 4.0~8.5μm，网脊宽约为 1μm，网脊稍突出轮廓线之外，近极面近光滑；轮廓线波形。黄至棕黄色。

产地层位 准噶尔盆地三叠系至侏罗系。

网纹石松孢 *Lycopodiumsporites reticulumsporites* (Rouse) Dettmann，1963

（图版 45，图 11）

1959 *Lycopodium reticulumsporites* Rouse，p. 309，pl. 2，figs. 1，2.

1963 *Lycopodiumsporites reticulumsporites* (Rouse) Dettmann，p. 45，pl. 7，figs. 4—7.

1980 *Lycopodiumsporites reticulumsporites*，徐钰林等，167 页，图版 85，图 23。

1983 *Lycopodiumsporites reticulumsporites*，钱丽君等，78 页，图版 15，图 24。

2000 *Lycopodiumsporites reticulumsporites*，宋之琛等，203 页，图版 27，图 18；图版 46，图 33—36。

赤道轮廓圆三角形，边外凸，角部宽圆，大小为 30.8μm；三射线细直，伸达赤道；外壁薄，厚约为 1μm，远极面和赤道具清晰的网状纹饰，网眼多边形，直径为 3~5μm，网脊宽约为 1μm，网脊稍突出轮廓线之外，近极面近光滑；轮廓线波形。黄色。

当前标本与 Rouse(1959) 描述的同种标本特征相似，大小也相当，后者大小为 29~40μm。

产地层位 和布克赛尔县达巴松凸起井区，西山窑组。

半网石松孢 *Lycopodiumsporites semimuris* Danze-Corsin et Laveine，1963

（图版 3，图 39；图版 32，图 9；图版 37，图 19，45；图版 45，图 3）

1963 *Lycopodiumsporites semimuris* Danze-Corsin et Laveine，p.79.

1983 *Lycopodiumsporites semimuris*，《西南地区古生物图册》(微体古生物分册)，525 页，图版 133，图 8。

2000 *Lycopodiumsporites semimuris*，宋之琛等，203 页，图版 46，图 3，4。

大小为 30.8~44.0μm。

产地层位 准噶尔盆地三叠系至侏罗系。

近圆石松孢 *Lycopodiumsporites subrotundum* (Kara-Mursa) Pocock，1970

（图版 32，图 10，11；图版 37，图 20；图版 44，图 53—55；图版 45，图 2，10）

1956 *Lycopodium subrotundus* Kara-Mursa，Болховитина，стр. 63，табл. 8，фиг. 103.

1970 *Lycopodiumsporites subrotundus* (Kara-Mursa) Pocock，p 53，pl. 9，figs. 18，19.

1980 *Lycopodiumsporites subrotundus*，徐钰林等，168 页，图版 80，图 15；图版 85，图 20。

1990 *Lycopodiumsporites subrotundus*，张望平，图版 21，图 44。

2003 *Lycopodiumsporites subrotundus*，邓胜徽等，图版 80，图 17—19。

赤道轮廓近圆形，大小为 33.0~37.4μm；三射线微弯曲，或具窄唇，宽约为 2μm，伸达赤道；外壁厚约为 1.5μm，远极面和赤道饰以规则的五边形或六边形网状纹饰，直径为 5~8μm，网脊宽为 1.0~1.2μm，网脊突出轮廓线外 2~4μm，其间周壁相连；轮廓线波形。黄至棕色。

当前标本具均匀、规则的五边形或六边形的网状纹饰，网脊间有周壁相连与该种特征一致，并以此与形态相似的 *Lycopodiumsporites austroclavatidites* (Cookson) Potonié，1956 相区别。

产地层位 准噶尔盆地侏罗系。

细网孢属 ***Microreticulatisporites* Knox，1950 emend. Potonié et Kremp，1954**

模式种 *Microreticulatisporites lacunosus*（Ibrahim）Knox，1950

薄弱细网孢 ***Microreticulatisporites infirmus*（Balme）Xu et Zhang，1980**

（图版 37，图 46）

1957 *Concavisporites infirmus* Balme，p. 21，pl. 2，figs. 32，33.

1980 *Microreticulatisporites infirmus*（Balme）Xu et Zhang，徐钰林等，167 页，图版 85，图 28。

2000 *Microreticulatisporites infirmus*，宋之琛等，205—206 页，图版 43，图 32—33；图版 44，图 1。

赤道轮廓三角形，三边直或稍内凹，角部圆或截形，大小为 39.6μm；三射线欠明显，直，伸达赤道；外壁厚约为 1μm，外壁表面细网状纹饰，穴径不大于 1.5μm；近极面射线间具弓形褶皱；轮廓线微波形。浅棕黄色。

产地层位 玛纳斯县红沟，三工河组。

外壁条带状至条痕状（cicatricos-canaliculat）

无突肋纹孢属 ***Cicatricosisporites* Potonié et Gelletich，1933**

模式种 *Cicatricosisporites dorogensis* Potonié et Gelletich，1933

美丽无突肋纹孢 ***Cicatricosisporites bellus* Zhang，1965**

（图版 54，图 1）

1965 *Cicatricosisporites bellus* Zhang，张春彬，176 页，图版 5，图 2a，6。

1983 *Cicatricosisporites bellus*，《西南地区古生物图册》（微体古生物分册），542 页，图版 144，图 22。

2000 *Cicatricosisporites bellus*，宋之琛等，227 页，图版 58，图 26—27。

赤道轮廓三角形，边稍凹凸，角部圆，直径为 46.2μm；三射线细长，近伸达赤道；外壁厚约为 1.2μm，远极面具三组平行于赤道的肋条，每组 4~5 条，肋宽约为 2μm，间距为 1.0~1.5μm，构成同心三角形状；近极面光滑。棕色。

当前标本远极面具平行赤道的三组肋条，并构成同心三角形状与本种特征一致，唯肋条相对较窄而稍有不同，后者肋条宽约为 5μm。

产地层位 呼图壁县东沟，吐谷鲁群清水河组。

多罗格无突肋纹孢 ***Cicatricosisporites dorogensis* Potonié et Gelletich，1933**

（图版 54，图 3，4，12—14）

1953 *Cicatricosisporites dorogensis* Potonie et Gelletich，Thomson et Pflug，S. 48，Taf. 1，Fig. 1，12.

1953 *Mohria striata* Potonie et Gelletich，Болховитина，стр. 36，табл. 4，фиг. 1，2.

1965 *Mohria striata*，张春彬，173 页，图版 3，图 11a—f。

1999 *Cicatricosisporites dorogensis*，高瑞琪等，132 页，图版 19，图 1—4，6，7；图版 20，图 20，21，23；图版 21，图 3，7，8。

1999 *Cicatricosisporites dorogensis*，宋之琛等，120 页，图版 28，图 13—15。

赤道轮廓三角形，边稍内凹，角部圆或宽圆，侧面观轮廓呈心形，直径为 41.8~48.4μm；三射线脊缝状，伸达赤道；外壁厚为 1.0~1.5μm，远极面具大致平行赤道的肋条，肋宽为 1~2μm，间距为 1.0~1.5μm。棕色。

产地层位 呼图壁县东沟，吐谷鲁群清水河组。

南京无突肋纹孢 *Cicatricosisporites nankingensis* (Zhang) Zhang，1965

（图版 54，图 5）

1962 *Anemia nankingensis* Zhang，张春彬，261 页，图版 2，图 17a—c。

1965 *Cicatricosisporites nankingensis* (Zhang) Zhang，张春彬，177 页，图版 5，图 3。

2000 *Cicatricosisporites nankingensis*，宋之琛等，238 页，图版 62，图 11—13。

赤道轮廓三角形，边近直或微凸，角部圆，直径为 46.2μm；三射线细直，微裂开，近伸达赤道；外壁厚约为 1.5μm，具平行于赤道的肋条，肋宽为 2.5~3.5μm，间距为 1.0~1.5μm，相邻肋条在角部汇聚，或形成一凹角。棕色。

当前标本肋条较宽，相邻肋条在角部汇聚或形成凹角等特征与该种相一致。

产地层位 呼图壁县东沟，吐谷鲁群清水河组。

射线不清楚或其他

滦平孢属 *Luanpingspora* Yu，1989

模式种 *Luanpingspora dabeigouense* Yu，1989

头屯河滦平孢（新种）*Luanpingspora totunheensis* Zhan sp. nov.

（图版 49，图 41，42；图 5-16）

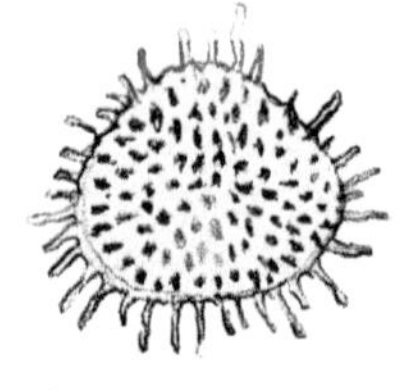

图 5-16 *Luanpingspora totunheensis* Zhan sp. nov.

赤道轮廓三角形，边外凸，角部圆或宽圆，大小为 36.3~37.4μm（未包括纹饰）；未见三射线；外壁厚约为 2μm，孢子边缘纹饰粗大，为长柱状棒纹，宽度较均匀，少数末端膨大，基宽为 1.2~2.0μm，长 3~6μm，排列紧密；极面纹饰细小，为短棒状或颗粒状；轮廓线锯齿形。棕色。

当前标本以孢子边缘棒纹粗强，极面细小为特征与属内其他种相区别。

模式标本 图版 49 中的图 41，大小为 37.4μm。

产地层位 玛纳斯县红沟，头屯河组。

网面无缝孢属 *Maculatasporites* Tiwari，1964

模式种 *Maculatasporites indicus* Tiwari，1964

烧房沟网面无缝孢（新种）*Maculatasporites shaofanggouensis* Zhan sp. nov.

（图版 7，图 26—28，30，48；图 5-17）

1986 *Maculatasporites* sp.，曲立范等，图版 33，图 25，26。

赤道轮廓近圆形，大小为 33.0~39.6μm；未见三射线；外壁厚为 2.0~2.5μm，表面具粗网状纹饰，网眼五至六边形或不规则形，直径为 3.0~5.5μm，网脊宽为 1~2μm；网脊突出轮廓线外 1~1.5μm，致使轮廓线呈锯齿形。个别标本网穴内见一粒粗颗粒，粒径为 1.0~1.5μm。棕色。

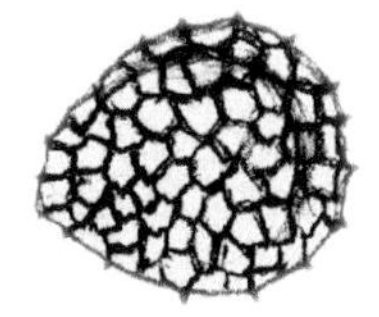

图 5-17 *Maculatasporites shaofanggouensis* Zhan sp. nov.

新种以个体较小，网纹较规则为主要特征，与属内其他种相区别。*M. indicus* Tiwari 网纹与该种相似，但网脊较宽（3~5μm），个体较大而不同。

模式标本 图版 7 中的图 26，大小为 35.2μm。

产地层位 吉木萨尔县大龙口，烧房沟组。

副准噶尔孢属 *Parajunggarsporites* Yu，1990 ex Song，2000

模式种 *Parajunggarsporites membranceus*（Yu）Song，2000

东沟副准噶尔孢 *Parajunggarsporites donggouensis*（Yu）Song，2000

（图版 54，图 37，38，49）

1990 *Junggarsporites donggouensis* Yu，余静贤，108 页，图版 25，图 11，17。

2000 *Parajunggarsporites donggouensis*，宋之琛等，260 页，图版 57，图 7，8。

赤道轮廓近圆形，大小为 49.0~59.4μm；未见三射线；外壁外层呈膜环状，膜环窄；外壁内层厚，厚度为 2~3μm，表面密布细皱状纹饰，略呈辐射向排列，有时皱纹相连呈不规则网；轮廓线细波形。深棕色。

产地层位 沙湾县红光镇井区，吐谷鲁群。

膜状副准噶尔孢 *Parajunggarsporites membranceus*（Yu）Song，2000

（图版 54，图 39，47，50；图版 55，图 28，38）

1990 *Junggarsporites membraceus* Yu，余静贤，109 页，图版 25，图 18，20，23。

2000 *Parajunggarsporites membraceus*，宋之琛等，260—261 页，图版 57，图 10—11。

赤道轮廓椭圆形至圆三角形，大小为（48.4~72.6）μm×（41.8~66.0）μm；未见三射线；外壁外层呈膜环状，膜环宽为 3.0~8.8μm，内层厚为 3.5~4.5μm，表面具细皱状纹饰，略呈辐射向排列，近赤道处较明显；沿孢子外壁内层处有一加厚带，加厚带形成完整或不完整的环带，宽为 2.5~6.0μm。轮廓线波形。棕黄至棕色。

当前标本膜环较宽与该种特征一致，并以此与属内其他种相区别。

产地层位 沙湾县红光镇井区和克拉玛依市红车断裂带井区，吐谷鲁群；呼图壁县东沟，吐谷鲁群清水河组。

网面无缝孢属 ***Reticulatasporites*** **Ibrahim，1933 emend. Potonié et Kremp，1954**

模式种 *Reticulatasporites facetus* Ibrahim，1933

格子网面无缝孢 ***Reticulatasporites clathratus*** **Xu et Zhang，1980**

（图版 28，图 6，7；图版 32，图 42）

1980 *Reticulatasporites clathratus* Xu et Zhang，徐钰林等，170 页，图版 86，图 9，10。

2000 *Reticulatasporites clathratus*，宋之琛等，265 页，图版 104，图 23，24。

大小为 48.5~61.2μm。

产地层位 乌鲁木齐县郝家沟，郝家沟组至八道湾组。

有环三缝孢类 **Zonales Bennie et Kidston，1889 emend.R. Potonié，1956**

带环三缝孢亚类 Zonotriletes Waltz，1935

带环系 Cingulati R. Potonié et Klaus，1954

环圈孢属 ***Annulispora*** **De Jersey，1959 emend. Mckellar，1974**

模式种 *Annulispora folliculosa*（Rogalska）De Jersey，1959

大圈环圈孢 ***Annulispora folliculosa*** **（Rogalska）De Jersey，1959**

（图版 13，图 13，37，38，45；图版 27，图 3）

1954 *Sporites folliculosa* Rogalska，p. 26.

1959 *Annulispora folliculosa*（Rogalska）De Jersey，p. 358.

1978 *Annulispora folliculosa*，《中南地区古生物图册》（四），472 页，图版 129，图 12。

1994 *Annulispora folliculosa*，曲立范等，图版 25，图 19。

2000 *Annulispora folliculosa*，宋之琛等，269 页，图版 74，图 36，39—42。

赤道轮廓圆三角形，边外凸，角部宽圆，大小为 35.2~46.2μm；三射线细直或微弯曲，长约为孢子半径的 2/3 或近伸达赤道，两侧具窄唇，宽为 2.0~2.5μm；赤道环宽为 2.5~4.5μm，远极面见一环形加厚，宽为 2~3μm，环内直径为 11.0~19.8μm；外壁表面光滑；轮廓线平滑。棕黄至棕色。

当前标本远极环内直径较大与该种特征相似，唯远极环状加厚较窄而稍有不同。

产地层位 吉木萨尔县三台大龙口，克拉玛依组；乌鲁木齐县郝家沟，郝家沟组。

粒纹环圈孢 *Annulispora granulata* Wu et Pu，1982

（图版 8，图 49）

1982 *Annulispora granulata* Wu et Pu，吴洪章等，111 页，图版 1，图 19。

1990 *Annulispora granulata*，曲立范等，图版 17，图 26，27。

2000 *Annulispora granulata*，宋之琛等，266—267 页，图版 74，图 7，8，13。

2006 *Annulispora granulata*，黄嫔，图版Ⅰ，图 36。

赤道轮廓圆三角形，大小为 36.2μm；三射线具窄唇，伸至赤道环内；赤道环宽为 4.5~6.0μm，远极面见一较小的环形加厚，环宽约为 4μm，环内直径约为 6.5μm；外壁表面具粗颗粒状纹饰，粒径约为 1.5μm；轮廓线近平滑。棕色。

当前标本远极环较小，外壁表面具颗粒状纹饰与该种特征相同。

产地层位 吉木萨尔县三台大龙口，烧房沟组。

郝家沟环圈孢（新种）*Annulispora haojiagouensis* Zhan sp. nov.

（图版 27，图 1；图 5-18）

赤道轮廓三角形，边近直或稍外凸，角部宽圆，大小为 30.5μm；三射线细长，微裂开，长约为孢子半径的 3/4，射线两侧具较宽的唇，唇宽约为 4μm，边缘微波形；赤道环宽约为 2.5μm，远极面见一环形加厚，环宽约为 3μm，环内直径约为 4μm，远极面还见有大量辐射向分布的细裂纹，宽不大于 1μm，自远极环外缘伸达或近伸达赤道环内缘，裂纹间具比较模糊的颗粒纹；轮廓线微波形。黄色。

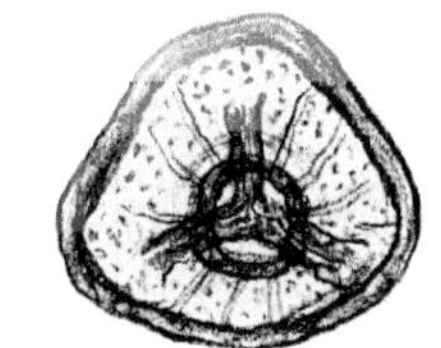

图 5-18 *Annulispora haojiagouensis* Zhan sp. nov.

当前标本以远极面具辐射向分布的细裂纹为特征与属内已知种相区别。*Annulispora puqiensis* Zhang，1978 远极面也具辐射向分布的凹形条纹与该种相似，但前者条纹较密，三射线欠明显而不同。

模式标本 图版 27 中的图 1，直径为 30.5μm。

产地层位 乌鲁木齐县郝家沟，郝家沟组。

江西环圈孢 *Annulispora jiangxiensis* Qian，Zhao et Wu，1983

（图版 8，图 7，16）

1983 *Annulispora jiangxiensis* Qian，Zhao et Wu，钱,丽君等，43—44 页，图版 5，图 13—15。

1990 *Annulispora jiangxiensis*，张望平，图版 17，图 22。

2000 *Annulispora jiangxiensis*，宋之琛等，269 页，图版 74，图 27—29，32—35。

赤道轮廓近圆形，大小为 22.8~33.0μm；三射线直，伸达或近伸达赤道，末端或分叉，叉枝与赤道相连，射线或具唇状加厚，宽约为 2μm，边缘波形；赤道环宽为 3~4μm，远极面见一环形加厚，环宽为 2.0~2.5μm，环内直径为 7~9μm；外壁表面具颗粒状纹饰，分布较密或稀疏。轮廓线平滑。黄棕色。

当前标本远极环带窄，外壁表面具颗粒状纹饰与该种特征相同，唯三射线或具唇，边缘呈波形而稍有不同。

产地层位 吉木萨尔县三台大龙口，烧房沟组。

准噶尔环圈孢（新种）*Annulispora junggarensis* Zhan sp. nov.

（图版 27，图 8，9；图 5-19）

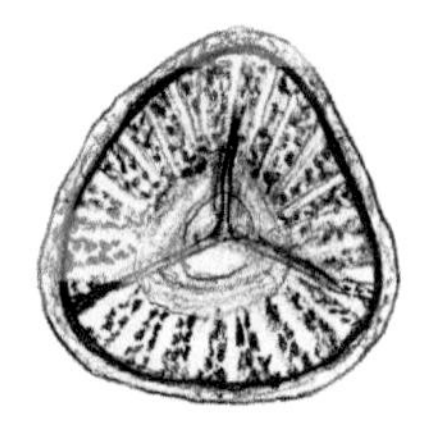

图 5-19 *Annulispora junggarensis* Zhan sp. nov.

赤道轮廓三角形，边稍外凸，角部宽圆，大小为 39.6~46.2μm；三射线细长，微裂开，长约为孢子半径的 3/4~4/5，射线两侧具唇状加厚，唇宽为 3~5μm；赤道环宽为 2.5~3.0μm，远极面见一环形加厚，环宽为 4.0~4.5μm，环内直径为 4.5~8.0μm，远极面还见有大量辐射向分布的肋条，宽为 2~3μm，自远极环外缘伸达赤道环内缘，肋间距不大于 1μm，肋表面密布瘤状纹饰，靠近远极环处瘤纹较清晰，瘤或相互联结；轮廓线微波形。黄棕色。

当前标本以远极面密布辐射向分布的肋纹为特征与属内已知种相区别。

模式标本 图版 27 中的图 8，直径为 46.2μm。

产地层位 乌鲁木齐县郝家沟，郝家沟组。

小圈环圈孢 *Annulispora microannulata* De Jersey，1962

（图版 22，图 11；图版 27，图 4）

1962 *Annulispora microannulata* De Jersey，p. 5，pl. 1，figs. 16，17，19.

1978 *Annulispora microannulata*，《中南地区古生物图册》（四），472 页，图版 129，图 10，11。

1990 *Annulispora microannulata*，曲立范等，图版 17，图 25。

2006 *Annulispora microannulata*，黄嫔，图版 I，图 29，30。

赤道轮廓圆三角形，边外凸，角部宽圆，大小为 37.4~39.2μm；三射线细直，微裂开，长约为孢子半径的 3/4~4/5，射线或具唇状加厚，宽约为 4μm；赤道环宽为 2~3μm，远极面见一环形加厚，环宽约为 4.5μm，环内直径为 3~4μm；轮廓线平滑。黄棕色。

当前标本远极面环内直径较小与该种特征相同，图版 27 中的图 4 三射线具唇而稍有不同，但其他特征相似，也归入同一种内。

产地层位 乌鲁木齐县郝家沟，郝家沟组。

斑点环圈孢 *Annulispora puncta*（Klaus）Ashraf in Achilles，1977

（图版 17，图 23；图版 18，图 2，4）

1960　*Distanulisporites puncta* Klaus，p. 133，pl. 28，fig. 8，text-fig. 5.

1982　*Annulispora puncta*，吴洪章等，图版 1，图 20，21。

1990　*Annulispora puncta*，钱丽君等，54 页，图版 4，图 28。

2000　*Annulispora puncta*，宋之琛等，266 页，图版 74，图 5，6，30。

赤道轮廓卵圆形或近圆形，大小为 33.0~38.5μm；三射线细直或微弯曲，末端或分叉，伸达环内缘，具唇状加厚，宽为 2.0~2.5μm；外壁表面具点穴状结构。赤道环宽为 2.5~3.0μm，远极面见一环形加厚，环宽为 2.5~3.0μm，环内直径为 9.5~12.8μm；轮廓线平滑。黄至棕黄色。

产地层位　吉木萨尔县三台大龙口，黄山街组。

新疆环圈孢（新种）*Annulispora xinjiangensis* Zhan sp. nov.

（图版 8，图 1，5；图 5-20）

赤道轮廓近圆形，大小为 19.8~23.1μm；三射线近直，顶部（极顶区）射线较细，或微裂开，自 1/2 或 1/3 处开始呈脊缝状，末端分叉，并进入赤道环内；赤道环宽约为 2μm；远极面见一环形加厚，环宽为 1.5~2.0μm，环内直径约 7.5~10.0μm；外壁表面具颗粒状纹饰，近极中心具三个较明显的近圆形突起。轮廓线近平滑。黄色。

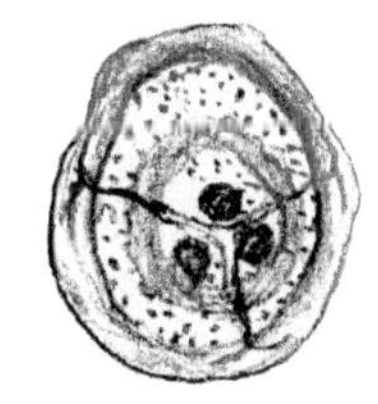

图 5-20　*Annulispora xinjiangensis* Zhan sp. nov.

当前标本以近极中心具三个较明显的近圆形突起为特征与属内已知种相区别。

模式标本　图版 8 中的图 1，直径为 19.8μm。

产地层位　吉木萨尔县三台大龙口，烧房沟组。

阿赛勒特孢属 *Asseretospora* Schuurman，1977

模式种　*Asseretospora gyrata*（Playford et Dettmann）Schuurman，1977

环绕阿赛勒特孢 *Asseretospora amplectiformis*（Kara-Murza）Qu et Wang，1990

（图版 13，图 50；图版 38，图 18，20，29，31；图版 45，图 16）

1965　*Duplexisporites amplectiformis*（Kara-Murza）Playford et Dettmann，p.140.

1984　*Duplexisporites amplectiformis*，《华北地区古生物图册》（三），526 页，图版 183，图 18—20。

1990　*Asseretospora amplectiformis*（Kara-Murza）Qu et Wang，曲立范等，51 页，图版 12，图 21。

2000　*Asseretospora amplectiformis*，宋之琛等，274 页，图版 75，图 26—29。

赤道轮廓三角圆形，边外凸，角部宽圆，大小为 34.2~43.0μm；三射线具窄唇，伸达赤道；赤道环宽为 3.5~4.5μm，近极面辐射区间具一条平行赤道的脊条，相邻脊条相互连结成圆三角形的环，脊条宽为 4.0~4.5μm，远极面具紧密排列的脊条和不规则瘤；轮廓线波形。黄棕至深棕色。

产地层位 准噶尔盆地三叠系至侏罗系。

绕转阿赛勒特孢 ***Asseretospora gyrata*** **(Playford et Dettmann) Schuurmann，1977**

（图版 7，图 43；图版 13，图 19；图版 22，图 37，39，45，47；图版 27，图 14，17，26，30，38；图版 38，图 30；图版 50，图 2）

1965 *Duplexisporites gyratus* Playford et Dettmann，p.141—142，pl. 13，figs. 20—22.

1977 *Asseretospora gyrata* (Playford et Dettmann) Schuurman，p. 198，pl. 10，figs. 5，6.

1978 *Duplexisporites gyratus*，《中南地区古生物图册》(四)，474 页，图版 130，图 1—3。

1985 *Asseretospora gyrata*，蒲荣干等，167 页，图版 2，图 19—21。

2006 *Asseretospora gyrata*，黄嫔，图版 II，图 8。

极面观轮廓三角形，边近直或稍凹凸，角部圆或宽圆，大小为 30.8~59.4μm；三射线细直，或微微弯曲和裂开，近伸达赤道环内缘；赤道环宽为 2.0~6.5μm，近极面辐射区间具两条平行赤道的脊条，相邻脊条相互连结成三角形的环，脊条宽为 2.0~5.5μm，远极面具螺旋式排列的脊条，中心为孤立的块瘤，间距为 1.0~2.5μm，；轮廓线微波形或近平滑。黄至深棕色。

当前标本与该种相似，唯部分标本赤道环相对较窄而稍有不同。

产地层位 准噶尔盆地三叠系至侏罗系。

辽西阿赛勒特孢 ***Asseretospora liaoxiensis*** **Pu et Wu，1985**

（图版 22，图 38，46；图版 50，图 1）

1985 *Asseretospora liaoxiensis* Pu et Wu，蒲荣干等，167 页，图版 2，图 24，25。

2000 *Asseretospora liaoxiensis*，宋之琛等，273 页，图版 75，图 15—17。

赤道轮廓三角形，边直或微凸，角部宽圆，大小为 35.2~54.0μm；三射线细直，长约为孢子半径的 3/4 或伸达赤道环之内缘；赤道环宽为 3.0~5.5μm，近极面辐射区间各具一条切向脊条，平行赤道，宽 3~4μm；远极面具三圈螺旋形排列的脊条，外圈与赤道环部分重叠，中圈在角部突出，突出部分色暗，呈角瘤状，内圈呈断续块瘤，肋宽 3.0~4.5μm；轮廓线微波形。棕色。

当前标本远极面螺旋形脊条在角部突起明显与该种特征一致，并以此与形态特征相似的 *Asseretospora gyrata* 相区别。

产地层位 吉木萨尔县三台大龙口，郝家沟组；玛纳斯县红沟，头屯河组。

杨树沟阿赛勒特孢 ***Asseretospora yangshugouensis* Pu et Wu，1985**

（图版 32，图 20，30，44）

1985 *Asseretospora yangshugouensis* Pu et Wu，蒲荣干等，166 页，图版 2，图 12—14。

2000 *Asseretospora yangshugouensis*，宋之琛等，273 页，图版 75，图 18—20。

赤道轮廓三角形，边近直或外凸，角部宽圆或圆，大小为 50.2~64.5μm；三射线细直，欠明显；赤道环宽为 2.5~4.5μm，近极面辐射区间各具一条切向脊条，平行赤道，宽为 2.5~4.0μm；远极面具波形弯曲的脊条；轮廓线微波形。黄棕色。

产地层位 乌鲁木齐县郝家沟，八道湾组。

克耐赛特孢属 ***Crassitudisporites* Hiltmann，1967**

模式种 *Crassitudisporites problematicus*（Couper）Hiltmann，1967

阿纳格拉姆克耐赛特孢 ***Crassitudisporites anagrammensis*（Kara-Murza）Pu et Wu，1985**

（图版 17，图 61；图版 27，图 22，23；图版 32，图 31；图版 38，图 15—17）

1956 *Camptotriletes anagrammensis*，Болховитина，стр. 57，табл. Ⅵ，фиг. 88.

1961 *Chomotriletes anagrammensis*，Кара Мурза，табл. 1，фиг. 25，26.

1965 *Duplexisporites anagrammensis*（Kara-Murza）Playford et Dettmann，p. 140.

1982 *Duplexisporites anagrammensis*，杜宝安等，图版Ⅰ，图 20，21。

1985 *Crassitudisporites anagrammensis*（Kara-Murza）Pu et Wu，蒲荣干等，168—169 页，图版 22，图 27。

2000 *Crassitudisporites anagrammensis*，宋之琛等，276 页，图版 76，图 6—8。

赤道轮廓圆三角形，边近直或外凸，角部圆或宽圆，大小为 37.4~50.6μm；三射线细长，或微弯曲，伸达或近伸达赤道；赤道环宽为 2~4μm，近极面光滑，远极面具相互平行排列的脊条状纹饰，脊条宽为 3.0~4.5μm，间距为 1~2μm；轮廓线微波形。黄棕至棕色。

产地层位 准噶尔盆地三叠系至侏罗系。

疑问克耐赛特孢 ***Crassitudisporites problematicus*（Couper）Hiltmann，1967**

（图版 32，图 45）

1958 *Cingulatisporites problematicus* Couper，p. 146，pl. 24，figs. 11，12.

1965 *Duplexisporites problematicus*（Couper）Playford et Dettmann，p. 140.

1978 *Duplexisporites problematicus*，《中南地区古生物图册》（四），474 页，图版 136，图 30，31。

1991 *Crassitudisporites problematicus*（Couper）Hiltmann，尚玉珂等，图版III，图 15。

2000 *Crassitudisporites problematicus*，宋之琛等，276—277 页，图版 76，图 11—14。

赤道轮廓三角圆形，边外凸，角部宽圆，大小为 58μm；三射线直，长近伸达赤道；赤道环宽为 3.5μm，近极面光滑，远极面具波形弯曲的脊条状纹饰，脊条宽为 3.5~5.5μm；轮廓线波形。黄棕色。

产地层位 乌鲁木齐县郝家沟，八道湾组。

多环孢属 *Polycingulatissporites* Simoncsics et Kedves，1961

模式种 *Polycingulatisporites circulus* Simoncsics et Kedves，1961

吉木萨尔多环孢 *Polycingulatisporites jimusarensis* Qu et Wang，1986

（图版 8，图 23，24，38）

1986 *Polycingulatisporites jimusarensis* Qu et Wang，曲立范等，147—148 页，图版 32，图 1，16，17。

1994 *Polycingulatisporites jimusarensis*，曲立范等，图版 25，图 34，35，41。

1996 *Polycingulatisporites jimusarensis*，冀六祥等，图版 I，图 34。

赤道轮廓近圆形或圆三角形，边外凸，角部宽圆，直径为 28.6~35.2μm；三射线粗强，隆起，稍弯曲，伸达赤道，具窄唇，唇宽为 2.0~2.5μm；赤道环宽为 3~4μm，近极面光滑或微粗糙，远极面具两个同心环，内环较规则，近圆形,环宽为 2.5~3.5μm，内径为 6.5~7.0μm，外环较大，略小于赤道环，环不规则弯曲，似肠状，宽为 2.5~4.0μm，内径为 17.6~19.8μm；孢子轮廓线近平滑。棕黄至黄棕色。

当前标本远极面具两个同心环，外环较大，不规则弯曲，内环较小，较规则等特征与该种相同。

产地层位 吉木萨尔县三台大龙口，烧房沟组。

小多环孢 *Polycingulatisporites minutus* Qu et ji，1994

（图版 8，图 12，20）

1994 *Polycingulatisporites minutus* Qu et Ji，曲立范等，198 页，图版 25，图 28，29。

赤道轮廓近圆形，大小为 22.8~25.3μm；三射线细，直或微弯曲，末端或分叉，伸达赤道环内；赤道环宽为 3.0~3.5μm；近极面密布细颗粒状纹饰，基部直径不大于 1μm；远极面中心具一近圆形加厚块，直径约 6.5μm，加厚块与赤道环之间有一圆形加厚环，宽约 2.5~3.0μm，加厚环与赤道环之间间距不大于 2μm；轮廓线近平滑。黄色。

当前标本个体较小，远极面具一加厚块和一加厚环与该种特征相同，唯近极面密布细颗粒纹而稍有不同，后者近极表面微粗糙。

产地层位 吉木萨尔县三台大龙口，烧房沟组。

穆尼多环孢 *Polycingulatisporites mooniensis* De Jersey et Paten，1964

（图版 54，图 17，18，28）

1983 *Polycingulatisporites mooniensis*，《西南地区古生物图册》（微体古生物分册），584 页，图版 126，图 14。

1990 *Polycingulatisporites mooniensis*，张望平，图版 23，图 43。

2000 *Polycingulatisporites mooniensis*，宋之琛等，280—281 页，图版 78，图 4—6。

赤道轮廓三角形，边外凸，角部宽圆，直径为 33.0~40.7μm；三射线细直，具窄唇，唇宽为 1.5~2.0μm，伸达赤道环内；远极面具两个同心环，环与本体轮廓相同，环宽较均匀，为 3.5~4.5μm；远极表面粗糙或具颗粒纹；赤道环宽为 4~5μm；轮廓线近平滑或细波形。黄至棕黄色。

当前标本远极面具两个同心环，环宽度较均一，轮廓同本体与该种特征相一致。

产地层位 呼图壁县东沟，吐谷鲁群。

规则多环孢 ***Polycingulatisporites reduncus* (Bolkhovitina) Playford et Dettmann，1965**

（图版 54，图 27，29）

1953 *Chomotriletes reduncus* Bolkhovitina，Болховитина，стр. 35，табл. 3，фиг. 23，24.

1965 *Polycingulatisporites reduncus* (Bolkhovitina) Playford et Dettmann，p. 144.

1978 *Polycingulatisporites reduncus*，《中南地区古生物图册》（四），473 页，图版 142，图 1，2。

1991 *Polycingulatisporites reduncus*，尚玉珂等，102—103 页，图版 II，图 5。

2000 *Polycingulatisporites reduncus*，宋之琛等，281—282 页，图版 78，图 14—18。

赤道轮廓三角圆形，边外凸，角部宽圆，直径为 34.5~39.6μm；三射线细直，微裂开，具窄唇，唇宽为 1.5~2.2μm，伸达或近伸达赤道；远极面具两个同心环，环与本体轮廓相同，环由瘤相连而成，中心环或成块瘤状，环宽为 2.5~4.5μm；近极面光滑；赤道环宽为 3.0~4.5μm；轮廓线波形。黄至棕色。

产地层位 吉木萨尔县三台大龙口，烧房沟组；呼图壁县东沟，吐谷鲁群清水河组。

斑痣多环孢 ***Polycingulatisporites rhytismoides* Ouyang et Li，1980**

（图版 4，图 19—22，26；图版 13，图 24）

1980 *Polycingulatisporites rhytismoides* Ouyang et Li，欧阳舒等，137 页，图版III，图 17—19。

1986 *Polycingulatisporites rhytismoides*，曲立范等，图版 32，图 12。

2006 *Polycingulatisporites rhytismoides*，冀六祥等，图版 II，图 26。

赤道轮廓近圆形，直径为 28.6~44.0μm；三射线细直，或微裂开，伸达或近伸达赤道，或具窄唇；赤道部位具带环，在射线末端或变窄，使环呈缺刻状；远极中心具一圆形或椭圆形的加厚块，直径为 6.5~12μm，中心加厚块与赤道环之间见一宽为 2.5~6.0μm 宽的加厚环，环边缘近平滑或波形。孢子轮廓线近平滑。黄至黄棕色。

产地层位 吉木萨尔县三台大龙口，韭菜园组、克拉玛依组。

三角多环孢 ***Polycingulatisporites triangularis* (Bolkh.) Playford et Dettmann，1965**

（图版 18，图 1）

1956 *Chomotriletes triangularis* Bolkhovitina，Болховитина，стр. 61，табл. 7，фиг. 98a—c.

1965 *Polycingulatisporites triangularis* (Bolkhovitina) Playford et Dettmann，p. 144.

1982　*Polycingulatisporites triangularis*，蒲荣干等，432 页，图版 21，图 12。

1990　*Polycingulatisporites triangularis*，张望平，图版 18，图 18。

2000　*Polycingulatisporites triangularis*，宋之琛等，279 页，图版 77，图 12—15。

赤道轮廓三角形，边外凸，角部圆或宽圆，直径为 39.6μm；三射线细直，微裂开，伸达赤道，具唇，宽为 4.0~4.5μm；赤道部位具环，环宽约为 3μm；远极中心具一圆形加厚块，直径约为 4.5μm，中心加厚块与赤道环之间见一宽约为 3μm 的环状加厚，环边缘近平滑。孢子轮廓线近平滑。棕黄色。

本种与 *P. rhytismoides* 特征相似，但后者三射线单细，赤道环在射线末端变窄，使环呈缺刻状。

产地层位 吉木萨尔县三台大龙口，黄山街组。

内裂片孢属 *Interulobites* Phillips，1971

模式种 *Interulobites intraverrucatus* (Brenner) Phillips，1971

曲瘤内裂片孢 *Interulobites camptoverrucosus* Zhang et Zhan，1991

（图版 54，图 19，20，31，32）

1991　*Interulobites camptoverrucosus* Zhang et Zhan，张一勇等，97 页，图版 17，图 1，2。

2000　*Interulobites triangularis*，宋之琛等，286 页，图版 79，图 32。

赤道轮廓圆三角形至近圆形，边外凸，角部宽圆，大小为 33.0~46.2μm；三射线细长，微裂开，两侧具窄唇，宽为 1.5~2.0μm，伸达或近伸达赤道；赤道环宽为 3.5~4.5μm，环内缘欠明显，外缘微波形；外壁远极中心区密布弯曲成肠形的条状脊瘤，脊瘤宽为 2.5~3.5μm，间距约为 1μm；近极面粗糙或具粗颗粒状纹饰。黄至棕色。

当前标本远极中心区密布弯曲成肠形的条状脊瘤与该种特征一致，并以此与 *Interulobites triangularis* (Brenner) Phillips et Felix 相区别。

产地层位 呼图壁县东沟，吐谷鲁群。

三角内裂片孢 *Interulobites triangularis* (Brenner) Phillips et Felix，1971

（图版 54，图 16，26，33）

1963　*Lycopodiacidites triangularis* Brenner，p. 65，pl. 17，Fig. 6.

1971　*Interulobites triangularis* (Brenner) Phillips et Felix，p. 329，pl. 6，Fig. 3.

1985　*Interulobites triangularis*，蒲荣干等，87—88 页，图版 16，图 24—26。

1991　*Interulobites triangularis*，张一勇等，97 页，图版 17，图 9—12。

2000　*Interulobites triangularis*，宋之琛等，286 页，图版 79，图 29—34。

赤道轮廓圆三角形至近圆形，边外凸，角部宽圆，大小为 38.5~39.6μm；三射线细长，微裂开，两侧具窄唇，宽为 1.5~2.0μm，伸达赤道环内缘；赤道环宽为 3.5~4.5μm，环内缘明显或欠明显，外缘近平滑；远极面具圆形、椭圆形或不规则形的块瘤，瘤较低平，少数瘤相互连接，直径为 4.5~9.0μm；近极面具颗粒状纹饰。棕黄色。

产地层位 呼图壁县东沟，吐谷鲁群。

环瘤孢属 *Taurocusporites* Stover，1962 emend. Playford et Dettmann，1965

模式种 *Taurocusporites segmentatus* Stover，1962

颗粒环瘤孢 *Taurocusporites granulatus* Qu et Wang，1986

（图版 8，图 40）

1986 *Taurocusporites granulatus* Qu et Wang，曲立范等，150 页，图版 32，图 18，19。

1994 *Taurocusporites granulatus*，曲立范等，图版 25，图 39，40。

赤道轮廓近圆形，大小为 33.2μm；三射线直，具窄唇，伸达赤道；赤道环宽约为 4μm；近极面密布粗颗粒至小瘤状纹饰，基部直径为 1.2~2.0μm；远极面具两个平行于赤道的同心环带，内环宽约为 4μm，外径为 13.2μm；外环宽为 4~5μm，外径为 28.6μm；轮廓线微波形。棕色。

产地层位 吉木萨尔县三台大龙口，烧房沟组。

久治环瘤孢 *Taurocusporites jiuzhiensis* Ji et Ouyang，2006

（图版 8，图 25）

2006 *Taurocusporites jiuzhiensis* Ji et Ouyang，冀六祥等，483 页，图版 II，图 16，17。

赤道轮廓近圆形，大小为 35.2μm；三射线脊缝状，具窄唇，伸达赤道环内沿；赤道环宽为 3.5~4.0μm，由瘤排列而成；近极面近光滑；远极面具两个平行于赤道的同心环带，环带也由排列疏松的瘤组成；轮廓线波形。黄棕色。

产地层位 吉木萨尔县三台大龙口，烧房沟组。

拟套环孢属 *Densoisporites* Weyland et Krieger，1953，emend. Dettmann，1963

模式种 *Densoisporites velatus* Weyland et Krieger，1953

多皱拟套环孢 *Densoisporites corrugatus* Archangelsky et Camerro，1967

（图版 22，图 40）

1986 *Densoisporites corrugatus* Archangelsky et Camerro，余静贤等，97 页，图版 1，图 8。

2000 *Densoisporites corrugatus*，宋之琛等，289 页，图版 80，图 8。

赤道轮廓圆三角形，边近直或稍凸，角部宽圆，大小为 41.8μm；三射线欠明显；外壁两层，近赤道处内外层分离形成赤道环，环宽为 4~6μm；远极面和赤道环具皱状纹饰。棕黄至黄棕色。

产地层位 乌鲁木齐县郝家沟，郝家沟组。

小皱瘤拟套环孢 ***Densoisporites microrugulatus*** **Brenner，1963**

（图版 22，图 33，56，57；图版 27，图 10，13，19）

1963　*Densoisporites microrugulatus* Brenner，p. 61，pl. 16，fig. 1.

1978　*Densoisporites microrugulatus*，《中南地区古生物图册》（四），472 页，图版 129，图 25。

2000　*Densoisporites microrugulatus*，宋之琛等，289 页，图版 80，图 9—13；图版 81，图 15。

大小为 38.5~74.8μm。

产地层位 乌鲁木齐县郝家沟，郝家沟组。

斯堪尼亚拟套环孢 ***Densoisporites scanicus*** **Tralau，1968**

（图版 38，图 40；图版 45，图 4，6；图版 50，图 5）

1968　*Densoisporites scanicus* Tralau，p.34，pl.Ⅻ，fig.1.

1990　*Densoisporites scanicus*，张望平，图版 21，图 46；图版 23，图 35。

2000　*Densoisporites scanicus*，宋之琛等，291 页，图版 81，图 1，2。

大小为 41.8~47.3μm。

产地层位 玛纳斯县红沟，三工河组至头屯河组。

海绵拟套环孢 ***Densoisporites spumidus*** **Yu，1984**

（图版 27，图 6；图版 54，图 40）

1984　*Densoisporites spumidus* Yu，《华北地区古生物图册》（三），537 页，图版 204，图 3，4。

2000　*Densoisporites spumidus*，宋之琛等，290 页，图版 81，图 18，19。

赤道轮廓圆三角形，边外凸，角部宽圆，大小为 44.2~54.0μm；三射线细直，或微裂开，具唇状加厚，唇宽为 2~4μm，伸达赤道环内沿；外壁两层，外层于赤道部位分离呈环，赤道环宽为 4.0~6.5μm，本体三角形，轮廓清晰；远极面和赤道环具海绵状结构；轮廓线平滑。黄色。

当前标本远极面和赤道环具海绵状结构与该种相似，唯三射线唇较宽而稍有不同。

产地层位 乌鲁木齐县郝家沟，郝家沟组；克拉玛依市车排子井区，吐谷鲁群。

膜缘拟套环孢 ***Densoisporites velatus*** **Weyland et Krieger，1953**

（图版 27，图 18；图版 45，图 5）

1953　*Densoisporites velatus* Weyland et Krieger，p. 12，pl. 4，figs. 12—14.

1976　*Densoisporites velatus*，大庆油田开发研究院，29 页，图版 2，图 1，2。

1990　*Densoisporites velatus*，刘兆生，71 页，图版 1，图 29。

2000 *Densoisporites velatus*，宋之琛等，288 页，图版 80，图 1—3，5。

赤道轮廓三角形或圆三角形，边直或外凸，角部锐圆或宽圆，大小为 46.2~60.5μm；三射线欠明显或具窄唇，宽约 2.5μm，伸达环内缘；外壁两层，内层较薄，厚度约为 1μm，内、外层于赤道部位分离成环，之间形成窄的亮带，赤道环宽为 4.5~8.8μm；外层表面具海绵状纹饰。棕黄至棕色。

产地层位 乌鲁木齐县郝家沟，郝家沟组；玛纳斯县红沟，西山窑组。

套环孢属 *Densosporites* Berry，1937，emend. Potonié et Kremp，1954

模式种 *Densosporites covensis* Berry，1937

大龙口套环孢(新种)*Densosporites dalongkouensis* Zhan sp. nov.

(图版 7，图 37，38；图 5-21)

赤道轮廓圆三角形，边外凸，角部宽圆，大小为 33μm；三射线细长，微裂开，伸达赤道环之内缘，射线具窄唇，宽约为 2.5μm；外壁两层，内层薄，约 1μm，稍收缩，外层在赤道部位加厚成环，宽为 4.0~4.5μm，截面呈楔形；远极面及赤道环上密布块瘤纹，瘤较大，不规则形，直径为 3~5μm，近极面具小瘤状或颗粒状纹饰，直径为 1~2μm；轮廓线波形。黄棕至棕色。

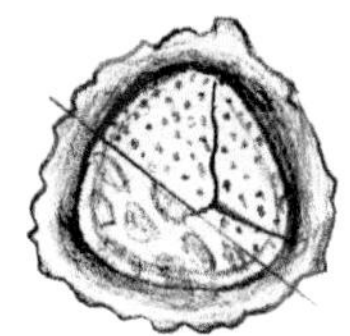

图 5-21 *Densosporites dalongkouensis* Zhan sp. nov.

新种远极面与近极面纹饰不同与属内其他种相区别。

模式标本 图版 7 中的图 37，大小为 33μm。

产地层位 吉木萨尔县三台大龙口，烧房沟组。

穆瑞孢属 *Muerrigerisporis* Krutzsch，1963

模式种 *Muerrigerisporis muerrigeri*(Pflanzi)Krutzsch，1963

雅致穆瑞孢 *Muerrigerisporis charieis* Qu et Wang，1990

(图版 13，图 11，12；图版 17，图 50；图版 22，图 12—14，17，26)

1990 *Muerrigerisporis charieis* Qu et Wang，曲立范等，52 页，图版 12，图 7—9；图版 15，图 5。

2000 *Muerrigerisporis charieis*，宋之琛等，293 页，图版 51，图 12—14；图版 81，图 23。

赤道轮廓圆三角形，边外凸，角部圆，大小为 30.8~42.0μm；三射线脊缝状，伸达赤道环内缘；环宽为 5~8μm，环边缘和远极面具锥刺状突起，锥刺大小不一，分布不均匀，末端圆，少数锐，基部较宽；近极面近光滑；轮廓线波形。黄棕至棕色。

产地层位 吉木萨尔县三台大龙口，克拉玛依组至郝家沟组。

楔环孢属 *Camarozonosporites* Pant，1954 ex Potonié，1956

模式种 *Camarozonosporites* (al. *Rotaspora*) *cretaceus* (Weyl. et Krieg.) Potonié，1956

皱纹楔环孢 *Camarozonosporites rudis* (Leschik) Klaus，1960

（图版 5，图 1，2，27；图版 22，图 5；图版 26，图 17，20；图版 27，图 2）

1955　*Verrucosisporites rudis* Leschik，p. 15，pl. 1，fig. 15.

1960　*Camarozonosporites rudis* (Leschik) Klaus，p. 136，pl. 29，figs. 12，14，16.

1980　*Camarozonosporites rudis*，曲立范，120 页，图版 76，图 15。

1990　*Camarozonosporites rudis*，曲立范等，图版 15，图 8。

2000　*Camarozonosporites rudis*，宋之琛等，294 页，图版 82，图 1—4。

赤道轮廓三角形，边微凸，角部圆或宽圆，大小为 26.4~46.2μm；三射线细直，末端或分叉，两侧或具唇状加厚，伸达或近伸达赤道环内缘；环宽为 1.5~4.5μm，角部变窄；近极面近光滑，远极面和赤道具皱纹状纹饰；轮廓线微波形。棕黄至黄棕色。

产地层位 吉木萨尔县三台大龙口，韭菜园组；乌鲁木齐县郝家沟，郝家沟组。

有孔孢属 *Foraminisporis* Krutzsch，1959

模式种 *Foraminisporis foraminis* Krutzsch，1959

不对称有孔孢 *Foraminisporis asymmetricus* (Cookson et Dettmann) Dettmann，1963

（图版 54，图 36，41）

1958　*Apiculatisporis asymmentricus* Cookson et Dettmann，p. 100，pl. 14，figs. 11，12.

1963　*Framinisporis asymmetricus* (Cookson et Dettmann)，Dettmann，p. 72，pl. 16，figs. 15—19.

1984　*Framinisporis asymmetricus*，《华北地区古生物图册》（三），543 页，图版 203，图 2。

1986　*Framinisporis asymmetricus*，宋之琛等，218 页，图版 15，图 7，8，10，20。

2000　*Framinisporis asymmetricus*，宋之琛等，296 页，图版 56，图 14—17。

赤道轮廓近圆形，大小为 41.8~44μm；三射线脊缝状，直，伸达赤道环内缘；赤道部位具窄环，宽为 2.0~2.5μm，远极面具小瘤状纹饰，瘤末端圆或微锐，部分呈棒状，基径为 1.5~2.0μm，高为 1.0~1.5μm，间距为 1~3μm；轮廓线波形。棕黄色。

当前标本远极面瘤纹较小，排列较稀与该种稍有不同。

产地层位 呼图壁县东沟，吐谷鲁群清水河组。

二型有孔孢 *Foraminisporis biformis* Zhang et Zhan，1991

（图版 54，图 7）

1991　*Foraminisporis biformis* Zhang et Zhan，张一勇等，96 页，图版 17，图 17—19。

赤道轮廓近圆形，大小为 55μm；三射线细长，或微裂开，伸达赤道环内缘；赤道部位具窄环，宽为 2.5~3.0μm，远极面具块瘤状纹饰，瘤不规则形，基径为 2~6μm，常相互连接；近极面饰以粗颗粒至小瘤纹，粒(瘤)径为 1.0~1.5μm，分布较密。轮廓线波形。黄棕色。

当前标本远极面为不规则块瘤状纹饰，近极面密布粗颗粒和小瘤状纹饰与该种特征相同。

产地层位 呼图壁县东沟，吐谷鲁群清水河组。

尼夫斯孢属 *Nevesisporites* De Jersey et Panten，1964

模式种 *Nevesisporites vallatus* De Jersey et Panten，1964

放射状尼夫斯孢 ***Nevesisporites radiatus***(Chlonova) Srivastava，1972

(图版 54，图 30，35)

1959 *Stenozonotriletes radiatus* Chlonova，Хлонова，стр. 106，табл. 3，фиг. 63.

1972 *Nevesisporites radiatus* (Chlonova) Srivastava，p. 26，pl.22，Figs.8—13.

1978 *Nevesisporites radiatus*，《华北地区古生物图册》(三)，528 页，图版 217，图 16，17，21。

2000 *Nevesisporites radiatus*，宋之琛等，305 页，图版 85，图 13—15。

赤道轮廓近圆形，大小为 41.8~44.5μm；三射线细长，末端分叉，伸达或近伸达赤道；赤道部位具环，宽为 4μm，远极面具低平的块瘤状纹饰，瘤近圆形或不规则形，基径为 4.0~17.6μm；近极面具粗颗粒状纹饰，颗粒由三射线辐射间区的中心向四周辐射向排列；轮廓线微波形。黄至棕黄色。

产地层位 呼图壁县东沟，吐谷鲁群。

似梯形尼夫斯孢 ***Nevesisporites simiscalaris*** Phillips et Felix，1971

(图版 38，图 10)

1971 *Nevesisporites simiscalaris* Phillips et Felix，p. 330，pl. 9，figs. 9，10.

1980 *Nevesisporites simiscalaris*，《中南地区古生物图册》(四)，478 页，图版 140，图 4。

2000 *Nevesisporites simiscalaris*，宋之琛等，305 页，图版 85，图 9。

赤道轮廓圆三角形，边外凸，角部宽圆，大小为 35.2μm；三射线细长，末端分叉，伸达赤道环内缘，具窄唇，唇由颗粒连结而成，边缘波形；赤道部位具窄环，宽为 2.5~3.5μm，近极面具小瘤状纹饰，瘤近圆形，基径为 1.5~2.0μm；轮廓线微波形。黄棕色。

产地层位 玛纳斯县红沟，三工河组。

壁垒尼夫斯孢 ***Nevesisporites vallatus*** De Jersey et Paten，1964

(图版 7，图 36；图版 38，图 11—13)

1964 *Nevesisporites vallatus* De Jersey et Paten，p.8，pl.5，figs.11—15.

1975 *Nevesisporites vallatus*，Filatoff，p. 72，pl. 18，figs. 3，4.

1986 *Nevesisporites vallatus*，刘兆生，101 页，图版Ⅱ，图 20。

1990 *Nevesisporites vallatus*，张望平，图版 19，图 49。

2000 *Nevesisporites vallatus*，宋之琛等，305 页，图版 85，图 17。

赤道轮廓近圆形至卵圆形，大小为 35.2~40.8μm；三射线细，微微弯曲，末端分叉，相邻射线的叉枝相连形成完全或不完全的弓形脊；赤道部位具窄环，宽约为 2μm，近极面具颗粒状纹饰，粒径约为 1μm，每个射线区间具一由颗粒辐射向排列形成的“菊花”构造；轮廓线微波形。棕黄色。

产地层位 吉木萨尔县三台大龙口，烧房沟组；玛纳斯县红沟，三工河组。

背光孢属 *Limatulasporites* Helby et Foster in Foster，1979

模式种 *Limatulasporites limatulus* (Playford) Helby et Foster in Foster，1979

美丽背光孢(新种) *Limatulasporites bellus* Zhan sp. nov.

(图版 13，图 31，34；图 5-22)

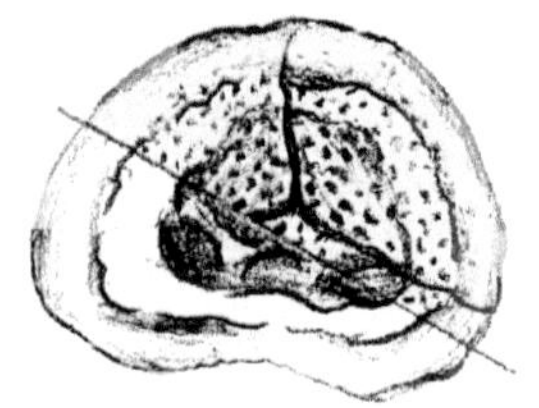

图 5-22 *Limatulasporites bellus* Zhan sp. nov.

赤道轮廓近圆形或圆三角形，大小为 44.0~46.2μm；赤道位具环，环宽为 3.0~6.5μm；三射线直或微弯曲，伸入赤道环内；近极面具颗粒至小瘤状纹饰，基径 1~2μm；远极面具块瘤状纹饰，主要分布在远极中心的外壁加厚块上或加厚块的边缘，瘤近圆形或不规则形，常相互连接，瘤径 2.5~6.5μm，加厚块与赤道环之间有一个比较宽的外壁变薄“亮带”；轮廓线微波形。黄棕色。

新种以远极面具块瘤状纹饰，且主要分布在远极中心的外壁加厚块上或加厚块的边缘为特征，与属内其他种相区别。

模式标本 图版 13 中的图 31，大小为 44.2μm。

产地层位 吉木萨尔县三台大龙口，克拉玛依组。

整齐背光孢 *Limatulasporites concinnus* Qu et Wang，1986

(图版 17，图 24)

1986 *Limatulasporites concinnus* Qu et Wang，曲立范等，149 页，图版 32，图 5，6。

1996 *Limatulasporites concinnus*，冀六祥等，图版Ⅱ，图 7。

赤道轮廓近圆形，大小为 30.5μm；赤道位具环，环宽为 2.2~3.5μm；三射线细直，末端分叉，伸达赤道环内缘；近极面具粗颗粒状纹饰，粒径约为 1.5μm；远极面光滑，中心有一个近圆形的加厚块，界线较清晰；加厚块与赤道环之间有一个外壁变薄的“亮带”，宽为 4.5~6.0μm；轮廓线近平滑。棕黄色。

当前标本远极加厚区很小与该种相似，唯三射线较细和近极面纹饰稍粗而稍有区别。

产地层位 吉木萨尔县三台大龙口，黄山街组。

大龙口背光孢 ***Limatulasporites dalongkouensis*** **Qu et Wang，1986**

（图版 4，图 13；图版 17，图 27）

1986 *Limatulasporites dalongkouensis* Qu et Wang，曲立范等，149 页，图版 32，图 3，4。

1996 *Limatulasporites dalongkouensis*，冀六祥等，图版Ⅰ，图 41。

赤道轮廓近圆形，大小为 30.6μm；赤道位具环，赤道环坚固，宽为 3~4μm；三射线细直，伸达赤道环内缘或环内；近极面具颗粒状，远极面光滑，中心有一个近圆形的加厚块，界线清楚；加厚块边缘加厚，与赤道环之间有一个外壁变薄的“亮带”，宽为 1.5~2.5μm；轮廓线近平滑。棕黄至棕色。

产地层位 吉木萨尔县三台大龙口，韭菜园组、黄山街组。

华美背光孢（新种）***Limatulasporites elegans*** **Zhan sp. nov.**

（图版 4，图 9；图 5-23）

赤道轮廓近圆形，大小为 34.2μm；赤道位具环，环宽为 4.0~6.5μm；三射线直或微弯曲，末端分叉，相邻两枝相连成完全弓形脊，弓形脊伸入赤道环内，波形弯曲，射线两侧具唇状加厚，宽约为 2μm；近极面具较窄的脊条，呈辐射向分布，部分脊条伸入赤道环内但未达边缘；远极面中心有一个近圆形的外壁加厚块，界线清楚，其边缘或明显加厚；加厚块与赤道环之间有一个外壁变薄的“亮带”，宽 1~2μm；轮廓线微波形。棕色。

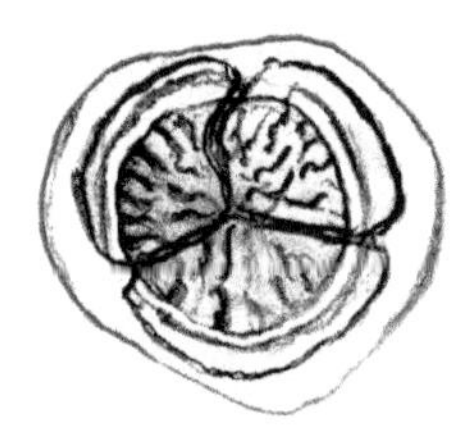

图 5-23 *Limatulasporites elegans* Zhan sp. nov.

新种以三射线末端分叉，相邻两支相连构成完全弓形脊，弓形脊波形弯曲，并伸入赤道环内，近极表面具辐射向分布的细脊条等为特征，与属内其他种相区别。

模式标本 图版 4，图 9，大小为 34.2μm。

产地层位 吉木萨尔县三台大龙口，韭菜园组。

掘起背光孢 ***Limatulasporites fossulatus*** **(Balme) Helby et Foster，1979**

（图版 4，图 11，12，15，16；图版 13，图 30）

1970 *Nevesisporites fossulatus* Balme，p. 335，pl. 3，figs. 1—5.

1979 *Limatulasporites fossulatus* (Balme) Helby et Foster，Helby and Foster，p. 51，pl. 13，figs. 1—3.

1986 *Limatulasporites fossulatus*，曲立范等，149 页，图版 37，图 30；图版 39，图 46。

2003 *Limatulasporites fossulatus*，欧阳舒等，图版 13，图 13，14。

大小为 30.8~40.4μm。

产地层位 吉木萨尔县三台大龙口，韭菜园组、克拉玛依组。

郝家沟背光孢 ***Limatulasporites haojiagouensis* Zhang，1990**

（图版 13，图 33，49；图版 26，图 41，42，47，48，51，52）

1990 *Limatulasporites haojiagouensis* Zhang，张望平，92 页，图版 18，图 4，5。

赤道轮廓圆三角形，边外凸，角部宽圆，大小为 46.2~55.0μm；赤道位具环，环宽为 4.0~8.8μm；三射线细长，微裂开，末端分叉，两侧具唇状加厚，宽为 3~6μm，伸达或近伸达赤道；近极面密布颗粒至小瘤状纹饰，粒(瘤)径为 1.2~2.0μm，远极面光滑，中心有一个大的加厚区，界线清楚，其边缘或明显加厚；加厚区与赤道环之间有一个外壁变薄的"亮带"，宽为 3.5~5.0μm；轮廓线近平滑。棕黄至黄棕色。

图版 26 中图 41 三射线唇状加厚较窄，但其他特征相同，也归入同一种内。

当前标本个体较大，三射线具较宽的唇状加厚，近极面均分布有颗粒纹，远极中心加厚区界线清楚等特征与该种特征一致，并以此与属内其他种相区别。

产地层位 吉木萨尔县三台大龙口，克拉玛依组；乌鲁木齐县郝家沟，郝家沟组。

不等背光孢 ***Limatulasporites inaequalalis* Qu et Wang，1990**

（图版 4，图 6，7）

1990 *Limatulasporites inaequalalis* Qu et Wang，曲立范等，51 页，图版 9，图 16，17。

赤道轮廓圆三角形或近圆形，边直或外凸，角部宽圆，大小为 30.8μm；赤道位具环，环不等宽，宽为 2.0~4.5μm；三射线细长，末端或分叉，伸达或近伸达赤道环内缘，射线两侧具窄唇；近极面具小瘤状纹饰，基径 1.5~2.0μm；远极面中心有一个近圆形的外壁加厚块，界线清楚，其边缘或明显加厚；加厚区与赤道环之间有一个外壁变薄的"亮带"，宽为 1.5~4.0μm；轮廓线近平滑或微波形。棕黄色。

产地层位 吉木萨尔县三台大龙口，韭菜园组。

背光背光孢 ***Limatulasporites limatulus* (Playford) Helby et Foster，1979**

（图版 8，图 21；图版 13，图 20，27）

1965 *Nevesisporites limatulus* Playford，p. 188，pl. 8，figs. 16—19.

1979 *Limatulasporites limatulus* (Playford) Helby et Foster，Helby and Foster，p. 50.

1984 *Nevesisporites limatulus*，《华北地区古生物图册》(三)，527 页，图版 169，图 14—16。

1986 *Limatulasporites limatulus*，曲立范等，148 页，图版 31，图 52；图版 32，图 2，26；图版 39，图 42。

2000 *Limatulasporites limatulus*，宋之琛等，309 页，图版 86，图 3，4。

大小为 26.4~39.6μm。

产地层位 吉木萨尔县三台大龙口，韭菜园组至黄山街组。

细线条背光孢 *Limatulasporites lineatus* Zhang，1990

（图版 27，图 5）

1990 *Limatulasporites lineatus* Zhang，张望平，92—93 页，图版 18，图 1。

赤道轮廓三角形，边直或外凸，角部宽圆，大小为 44.2μm；赤道位具环，环宽为 4.0~6.5μm；三射线细长，末端分叉，伸达或近伸达赤道环内缘，射线两侧具唇，唇上显条纹状结构，在角部条纹呈辐射向分布；近极面粗糙，远极面中心有一个三角形的外壁加厚区，界线清楚，其边缘或明显加厚；加厚区与赤道环之间有一个外壁变薄的“亮带”，宽为 2.5~4.0μm；轮廓线微波形。黄色。

产地层位 乌鲁木齐县郝家沟，郝家沟组。

苍白背光孢 *Limatulasporites pallidus* Qu et Wang，1986

（图版 4，图 5，28；图版 13，图 28，32；图版 17，图 25，26）

1986 *Limatulasporites pallidus* Qu et Wang，曲立范等，150 页，图版 39，图 38—40。

赤道轮廓近圆形，大小为 25.5~46.2μm；赤道位具环，环宽为 2~6μm；三射线或脊缝状，具唇状加厚，或细直，或微弯曲，末端或分叉，伸达或近伸达赤道环内；近极表面(包括赤道环)具颗粒纹，直径为 1.0~1.5μm，分布较均匀；远极面光滑，中心有一个近圆形或圆三角形的加厚块，界线清楚；加厚块与赤道环之间有一个外壁变薄的“亮带”，宽为 1.5~6.5μm；轮廓线微波形。黄至棕色。

产地层位 吉木萨尔县三台大龙口，韭菜园组、克拉玛依组、黄山街组。

小背光孢 *Limatulasporites parvus* Qu et Wang，1986

（图版 4，图 1—4；图版 8，图 6）

1986 *Limatulasporites parvus* Qu et Wang，曲立范等，149 页，图版 32，图 9，10。

2000 *Limatulasporites parvus*，宋之琛等，308 页，图版 86，图 2。

大小为 17.6~25.0μm。

产地层位 吉木萨尔县三台大龙口，韭菜园组、烧房沟组。

斑点背光孢 *Limatulasporites punctatus* Zhang，1990

（图版 13，图 29，43，46—48；图版 18，图 6；图版 26，图 45，46，49；图版 27，图 7）

1990 *Limatulasporites punctatus* Zhang，张望平，93 页，图版 18，图 2，3。

赤道轮廓圆三角形，边外凸，角部宽圆，大小为 44.4~56.1μm；赤道位具环，环宽为 4.5~8.8μm；三射线细长，末端分叉，伸达或近伸达赤道，射线两侧外壁或具唇状加厚或变薄，显清晰的亮带；近极面粗糙，远极面光滑，中心有一个大的加厚区，界线清楚，其边缘或明显加厚；加厚区与赤道环之间有一个外壁变薄的“亮带”，宽为 3~6μm；

轮廓线平滑或微波形。黄至黄棕色。

产地层位 吉木萨尔县三台大龙口，克拉玛依组、黄山街组；乌鲁木齐县郝家沟，郝家沟组。

西北背光孢 *Limatulasporites xibeiensis* Ji et Ouyang，1996

（图版 5，图 4，28；图版 8，图 8，10）

1996 *Limatulasporites xibeiensis* Ji et Ouyang，冀六祥，13 页，图版 II，图 14—18。

赤道轮廓近圆形，大小为 26.4~39.8μm；三射线直或微弯曲，具窄唇，末端或分叉，伸达赤道环内缘或伸入赤道环内；赤道环不等宽，为 2.5~4.0μm；近极面粗糙或具颗粒纹，远极面具一个大的加厚区；加厚区与赤道环之间有一个外壁变薄的"亮带"，宽为 1.0~3.5μm，在加厚区中央还见有一小的圆形加厚块，直径约为 6μm；孢子轮廓线平滑。棕黄色。

当前标本远极面加厚区中央见一小的圆形加厚块与该种特征相同，唯个体较小而略有区别，后者大小为 46~62μm。

产地层位 吉木萨尔县三台大龙口，韭菜园组、烧房沟组。

新疆背光孢（新种）*Limatulasporites xinjiangensis* Zhan sp. nov.

（图版 4，图 14；图 5-24）

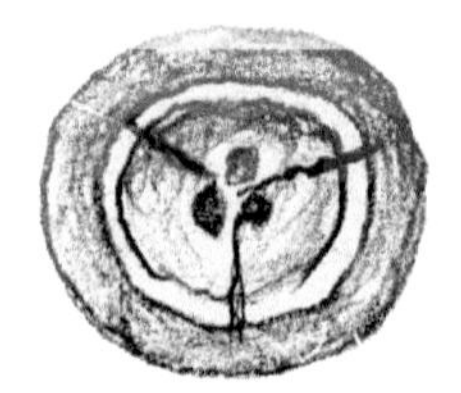

图 5-24 *Limatulasporites Xinjiangensis* Zhan sp. nov.

赤道轮廓近圆形，大小为 33.5μm；赤道位具环，环宽为 3.5~4.5μm，环内缘清晰；三射线直或微弯曲，末端或分叉，伸达环内沿或伸入赤道环内；近极面微粗糙，近极顶部见三个小瘤状突起；远极面中心有一个近圆形的外壁加厚块，界线清楚，其边缘或明显加厚；加厚块与赤道环之间有一个外壁变薄的"亮带"，宽为 1~2μm；轮廓线近平滑。黄棕色。

新种以近极顶部见三个小瘤状突起为特征，与属内其他种相区别。*Limatulasporites fossulatus* 与该种相似，但其近极顶部未见小瘤状突起。

模式标本 图版 4 中的图 14，大小为 33.5μm。

产地层位 吉木萨尔县三台大龙口，韭菜园组。

瘤环孢属 *Verrucingulatisporites* Kedves，1961

模式种 *Verrucingulatisporites verrucatus* Kedves，1961

点缀瘤环孢 *Verrucingulatisporites granulosus* Shang，1981

（图版 38，图 33）

1981 *Verrucingulatisporites granulosus* Shang，刘兆生等，146 页，图版Ⅷ，图 10。

2000 *Verrucingulatisporites granulosus*，宋之琛等，309—310 页，图版 86，图 9。

赤道轮廓圆三角形，边近直或外凸，角部宽圆，大小为 39.6μm；赤道位具环，环由粗大的块瘤相连而成，宽为 5.5~9.0μm；三射线细长，两侧或具唇状加厚，宽约为 4μm，伸达环内沿；近极面具颗粒状纹饰，远极面瘤状纹饰分布稀疏，瘤近圆形或不规则形，基径 2.5~4.5μm；轮廓线波形。棕色。

当前标本与该种特征基本一致，唯三射线的唇不如后者发育。

产地层位 玛纳斯县红沟，三工河组。

半网孢属 *Semiretisporis* Reinhardt，1962 emend. Shang，1991

模式种 *Semiretisporis gothae* Reinhardt，1962

柔弱半网孢 *Semiretisporis flaccida* Shang et Li，1991

（图版 13，图 39—42）

1990 *Semiretisporis flaccida* Shang et Li，尚玉珂等，349—350 页，图版 II，图 17。

2000 *Semiretisporis flaccida*，宋之琛等，312—313 页，图版 86，图 25。

极面轮廓圆三角形，边外凸，角部宽圆，大小为 36~46μm；三射线粗强，隆起，近伸达赤道，具唇状加厚，唇宽为 1.5~2.0μm；外壁两层，分离呈腔状，内层形成中央本体近圆形，直径为 24~26μm，为外壁外层所包裹，在赤道部位构成赤道环，环宽为 6~12μm，赤道部位外壁加厚，远极表面具脉络状网纹，网脊宽为 1.0~1.5μm，网眼不规则形，常互相连通，直径为 3~5μm；轮廓线波形。黄棕色。

当前标本外壁两层分离呈腔状，外层完全包裹内层，其上具脉络状网纹与该种特征相似，唯个体较小，而稍有不同，后者直径 52~55μm。

产地层位 呼图壁县莫索湾凸起井区，克拉玛依组。

膜环系 Zonati R. Potonié et Kremp，1954

徐氏孢属 *Hsuisporites* Zhang，1965

模式种 *Hsuisporites multiradiatus*（Verbitskaja）Zhang，1965

红沟徐氏孢（新种）*Hsuisporites honggouensis* Zhan sp. nov.

（图版 38，图 2，3；图 5-25）

图 5-25 *Hsuisporites honggouensis* Zhan sp. nov.

赤道轮廓三角形，边外凸，角部圆或宽圆，大小为 39.6~44.0μm；三射线粗强，高起，波状弯曲，伸达或近伸达赤道；赤道位具环，环宽为 4.4~6.6μm，近极面近光滑，远极面具皱脊状纹饰，皱脊在极区排列欠规则，而在孢子边缘呈辐射向分布，形成强烈“裙褶”状构造形态；轮廓线波形。黄棕色。

本种以远极面皱脊纹在孢子边缘辐射向排列呈强烈“裙褶”

状构造形态为特征与属内其他种相区别。*Hsuisporites multiradiatus*(Verb.) Zhang，1965(张春彬，165 页，图版 1，图 4a—b)辐射状皱纹较细，远极面具颗粒状纹饰与该种不同。

模式标本 图版 38 中的图 3，直径为 39.6μm。

产地层位 玛纳斯县红沟，三工河组。

皱纹徐氏孢 ***Hsuisporites rugatus* Zhang，1965**

(图版 38，图 6)

1965 *Hsuisporites rugatus* Zhang，张春彬，165 页，图版 1，图 7。

1984 *Hsuisporites rugatus*，黎文本，78 页，图版Ⅷ，图 17，18，23。

2000 *Hsuisporites rugatus*，宋之琛等，324—325 页，图版 91，图 5—9。

赤道轮廓圆三角形，边外凸，角部宽圆，大小为 50.6μm；三射线直或微弯曲，长为孢子半径的 1/2~2/3；赤道位具环，环宽约为 8.8μm，环上具不规则排列的皱脊纹，皱脊常相连成皱网状，近极面光滑，远极面微粗糙；轮廓线微波形。棕黄色。

当前标本与张春彬描述的该种标本非常相似，唯三射线较短(后者射线伸达赤道)稍有不同。

产地层位 玛纳斯县红沟，三工河组。

稀饰环孢属 ***Kraeuselisporites* Leschik，1955 emend. Jansonius，1962**

模式种 *Kraeuselisporites dentatus* Leschik，1955

凸端稀饰环孢 ***Kraeuselisporites cuspidus* Balme，1963**

(图版 7，图 51，52)

1963 *Kraeuselisporites cuspidus* Balme，p. 19，pl. 5，figs. 9—11。

1965 *Kraeuselisporites cuspidus*，Playford，p. 189，pl. 8，fig. 13。

1981 *Kraeuselisporites cuspidus*，刘兆生等，146 页，图版Ⅸ，图 1，2。

1996 *Kraeuselisporites cuspidus*，刘兆生，48 页，图版Ⅳ，图 22，25，26。

赤道轮廓近圆形，直径为 61.6~72.5μm；三射线裂开，伸至赤道环内缘；赤道环宽 6~15μm，远极面及赤道环上分布有锥刺或瘤刺二型纹饰，即基部为瘤，在瘤的末端长有一小刺纹，其基部直径 3~5μm，高 3.5~5.5μm，本体中部刺纹较稀少，向边缘及赤道部位刺纹变大，刺间光滑或具海绵状结构，近极面平滑；轮廓线锯齿形。黄棕色。

当前标本远极面及赤道环上的纹饰与刘兆生(1996)描述的塔里木标本非常相似，从其照片上看也为瘤刺二型纹饰，赤道环上刺纹较本体中部分布要密，个体也较大。本书参照刘兆生(1996)将该类标本置于 *K. cuspidus* Balme，1963 种内。

产地层位 吉木萨尔县三台大龙口，烧房沟组。

红沟稀饰环孢(新种) *Kraeuselisporites honggouensis* Zhan sp. nov.

(图版 38，图 41—43；图 5-26)

赤道轮廓三角形至圆三角形，边近直或外凸，角部圆或宽圆，直径为 39.6~48.4μm；三射线细直或欠明显，伸达赤道环内缘；本体圆三角形，直径为 33.0~37.4μm；远极和赤道环表面具长短不一的细棒状突起，棒宽度均匀，顶端圆，基径约为 1μm，高为 2~6μm，赤道部位棒较短，棒间具颗粒状纹饰，粒径不大于 1μm；环较薄而透明，宽为 2.5~6.0μm。黄棕色。

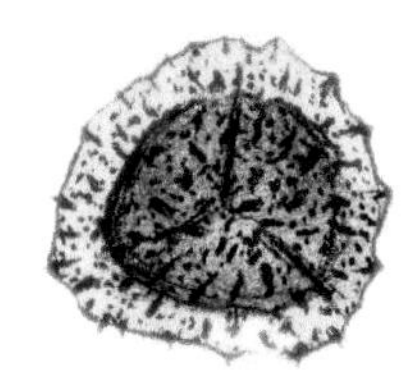

图 5-26 *Kraeuselisporites honggouensis* Zhan sp. nov.

本种具长短不一的细棒状突起，棒间具颗粒纹与属内其他种相区别。

模式标本 图版 38 中的图 41，直径为 48.4μm。

产地层位 玛纳斯县红沟，三工河组。

玛纳斯稀饰环孢 *Kraeuselisporites manasiensis* Zhang，1990

(图版 38，图 47，48；图版 50，图 6)

1990 *Kraeuselisporites manasiensis* Zhang，张望平，92 页，图版 23，图 41，42。

2000 *Kraeuselisporites manasiensis*，宋之琛等，327 页，图版 92，图 8。

赤道轮廓圆三角形至三角圆形，边强烈外凸，角部宽圆，直径为 48.4~61.6μm(包括刺)；三射线粗强，隆起或欠明显，伸达本体边缘；本体卵圆形，直径为 37.4~44.0μm；远极和赤道环表面密布长短不一的锥刺，刺高为 2.5~6.0μm，基宽为 2.0~4.5μm，刺间微粗糙；赤道环较薄而透明，宽为 4~11μm。黄棕至棕色。

当前标本与该种特征非常相似，唯后者的刺基宽大于高而稍有不同。

产地层位 玛纳斯县红沟，三工河组、头屯河组。

广元稀饰环孢 *Kraeuselisporites quangyuanensis* Li，1974

(图版 27，图 37)

1974 *Kraeuselisporites quangyuanensis* Li，《西南地区地层古生物手册》，366 页，图版 196，图 2。

1992 *Kraeuselisporites quangyuanensis*，尚玉珂等，165 页，图版Ⅴ，图 20，21。

2000 *Kraeuselisporites quangyuanensis*，宋之琛等，326—327 页，图版 92，图 1—3。

赤道轮廓圆三角形，边近直或稍外凸，角部宽圆，直径为 51.5μm；三射线粗强，隆起，具窄唇，唇宽约为 2.5μm，伸达本体边缘；环宽为 5.5~6.6μm；本体近极面光滑，远极面具瘤刺纹，刺高为 2.5~3.5μm，基宽为 2~3μm，刺顶端尖或圆；赤道环上瘤刺较少，并见有少量的细刺。本体黄棕色，环黄色。

当前标本远极面具瘤刺纹与该种特征相似，唯赤道环上见少量的细刺纹而稍有不同。

产地层位 乌鲁木齐县郝家沟，郝家沟组。

穴环孢属 *Vallatisporites* Hacquebard，1957

模式种 *Vallatisporites vallatus* Hacquebard，1957

准噶尔穴环孢（新组合）*Vallatisporites junggarensis*（Qu et Wang）Zhan comb. nov.

（图版 8，图 70，72；图版 22，图 15）

1986 *Kraeuselisporites? junggarensis* Qu et Wang，曲立范等，156 页，图版 35，图 8，12。

赤道轮廓三角形，边外凸，角部锐圆或圆，直径为 45.2~76.8μm；三射线欠明显，细直，近伸达赤道；赤道环楔形，宽为 5.2~9.0μm，近环基部见有一排辐射向紧密排列的壕穴，穴大小和形状不同，赤道环表面光滑或凹凸不平；远极表面具不规则块瘤状纹饰，块瘤大小不一，形状不同，部分瘤相连成条瘤状。轮廓线微波形。黄棕色。

本种在赤道环基部见有一排辐射向紧密排列的壕穴，与 *Vallatisporites* 环的特征相同。虽然该属主要产于古生代地层中，作者认为将中生代地层中所见赤道环特征相同的标本归于该形态属中，比另建一新属更为合适一些。

产地层位 吉木萨尔县三台大龙口，烧房沟组；乌鲁木齐县郝家沟，郝家沟组。

柯珀孢属 *Couperisporites* Pocock，1962　emend. Kotova，1968

模式种 *Couperisporites complexus*（Couper）Pocock，1962

吐谷鲁柯珀孢(新种) *Couperisporites tuguluensis* Zhan sp. nov.

（图版 54，图 43，46；图 5-27）

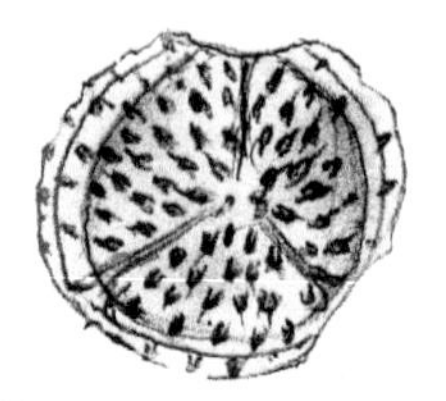

图 5-27　*Couperisporites tuguluensis* Zhan sp. nov.

赤道轮廓圆三角形，边外凸，角部宽圆，直径为 61.6~66.0μm；三射线稍弯曲，具唇状加厚，唇宽为 2.0~2.5μm，末端分叉，极区射线裂开较宽或欠明显，长达赤道；外壁外层呈膜环状，宽为 2~4μm，表面稀疏分布短棒纹，基径约为 1μm，高为 1.0~2.5μm；内层厚约为 1.5μm，表面分布有瘤刺二型纹饰，极区瘤或较大，排列或紧密，向赤道方向变小，分布较稀，瘤基径为 2.0~4.5μm，高为 2.5~4.0μm，瘤之顶端具一小刺(棒)，刺(棒)直径为 1.0~1.5μm，高为 1.5~2.0μm，末端尖或圆；外壁内外层分离，其间形成 1.0~3.5μm 宽的亮带。体黄色，膜环浅黄色。

新种以外壁内外层分离形成较宽的亮带，外壁表面具瘤刺(棒)二型纹饰为特征，并以此与属内其他种相区别。

模式标本 图版 54 中的图 46，直径为 61.6μm。

产地层位 克拉玛依市车排子井区，吐谷鲁群。

耳环系 Auriculati (Schopf) R. Potonié et Kremp，1954

三瓣孢属 *Trilobosporites* Pant，1954 ex Potonié，1956

模式种 *Trilobosporites*（al. *Concavisporites*）*hannonicus*（Delcourt et Sprumont）Potonié，1956

红沟三瓣孢（新种）*Trilobosporites honggouensis* Zhan sp. nov.

（图版 37，图 42，49；图 5-28）

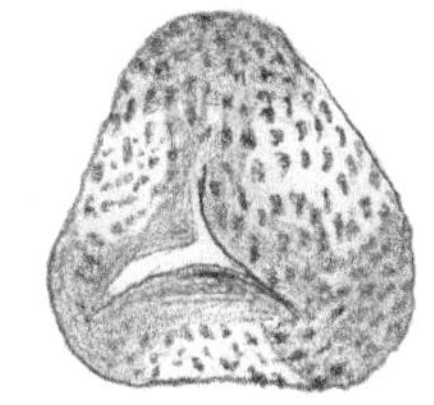

图 5-28 *Trilobosporites honggouensis* Zhan sp. nov.

赤道轮廓三角形，边直或稍内凹，角部宽圆，大小为 44~51μm；三射线明显裂开，其中一支裂开较宽，射线长度不等，长为孢子半径的 1/2~2/3，具较宽而低平的唇状加厚，唇宽为 4.4~8.0μm；外壁厚约 1.5~3.5μm，角部外壁明显加厚，色暗，外壁表面密布颗粒至小瘤状纹饰，直径 1~2μm；轮廓线波形。棕黄-棕色。

当前标本以三射线长度不等，角部外壁加厚，以及外壁表面密布颗粒至小瘤状纹饰，角部纹饰无明显变化为特征与属内其他种相区别。

模式标本 图版 37 中的图 49，直径为 51μm。

产地层位 玛纳斯县红沟，三工河组。

具腔三缝孢亚类 Cameratitriletes Neves et Ovens，1966

隆德布拉孢属 *Lundbladispora* Balme，1963

模式种 *Lundbladispora willmotti* Balme，1963

穴状隆德布拉孢 *Lundbladispora foveotus* Qu et Wang，1986

（图版 4，图 38，42，44，45；图版 8，图 27，42，43，50）

1986 *Lundbladispora foveotus* Qu et Wang，曲立范等，153 页，图版 32，图 32，33；图版 33，图 15。

赤道轮廓圆三角形，边稍外凸，角部宽圆，大小为 37.4~46.2μm；三射线微弯曲，具粗强的唇状加厚，宽为 2.5~3.5μm，伸达赤道或欠明显；外壁两层，呈腔状，外层具穴状纹饰，穴圆形或不规则形，偶见相连，穴径为 2~5μm；内层于赤道和远极与外层分离形成三角形的中孢体，直径为 28.6~37.4μm，无明显纹饰。轮廓线微波形。棕色。

产地层位 吉木萨尔县大龙口，韭菜园组、烧房沟组。

粒纹隆德布拉孢 *Lundbladispora granularis* Qian et al., 1983

（图版 4，图 59）

1983 *Lundbladispora granularis* Qian et al.，钱丽君等，44 页，图版 6，图 7，8。

赤道轮廓近圆形，大小为 50.6μm；三射线直或微弯曲，具唇状加厚，宽为 2.5μm，伸达或近伸达赤道；外壁两层，呈腔状，腔宽为 2~4μm，外层在赤道稍加厚，表面具颗粒状纹饰，粒径约为 1μm；内层于赤道和远极与外层分离形成近圆形的中孢体，直径约为 43.5μm，无明显纹饰。轮廓线微波形。棕色。

当前标本外层表面具颗粒状纹饰与该种特征一致，唯腔较窄而稍有区别。

产地层位 吉木萨尔县大龙口，韭菜园组。

伊菲来格纳隆德布拉孢 *Lundbladispora iphilegna* Foster，1979

（图版 4，图 50，51，57，63，66）

1979 *Lundbladispora iphilegna* Foster，Foster，p. 53，pl. 14，figs. 7—12.

1986 *Lundbladispora iphilegna*，曲立范等，153—154 页，图版 33，图 1，2，20。

赤道轮廓近圆形，大小为 48.4~59.4μm；三射线微弯曲，具窄唇，宽为 1.5~2.0μm，近伸达赤道；外壁两层，呈腔状，外层边缘具一窄的加厚，宽约 1.5μm，表面具小锥刺和乳瘤状突起，基部直径约为 1.5μm；内层于赤道和远极与外层分离形成的中孢体，色较暗，直径为 28.6~44.0μm，无明显纹饰。轮廓线微波形。黄棕色。

产地层位 吉木萨尔县三台大龙口，韭菜园组。

聂布尔其隆德布拉孢 *Lundbladispora nejburgii* Schulz，1964

（图版 4，图 37；图版 8，图 39）

1964 *Lundbladispora nejburgii* Schulz，p. 604，pl. 2，figs. 8，9.

1980 *Lundbladispora nejburgii*，曲立范，90 页，图版 1，图 16—18，20。

1986 *Lundbladispora nejburgii*，曲立范等，152—153 页，图版 32，图 22。

1996 *Lundbladispora nejburgii*，冀六祥等，13—14 页，图版 II，图 27，28。

2000 *Lundbladispora nejburgii*，宋之琛等，345 页，图版 99，图 26，28—31。

赤道轮廓近圆形或圆三角形，边外凸，角部宽圆，大小为 33.0~37.4μm；三射线微弯曲，具粗强的唇状加厚，宽为 3~4μm，伸达腔之内缘；外壁两层，呈腔状，外层具海绵状纹饰；内层于赤道和远极与外层分离形成中孢体，或偏向一侧，无明显纹饰。轮廓线微波形。黄棕至棕色。

产地层位 吉木萨尔县三台大龙口，韭菜园组、烧房沟组。

普氏隆德布拉孢 *Lundbladispora playfordi* Balme，1963

（图版 5，图 25，图版 8，图 61）

1963 *Lundbladispora playfordi* Balme，p. 23，pl. 5，figs. 4—8.

1980 *Lundbladispora playfordi*，曲立范，图版 1，图 14，15。

1983 *Lundbladispora playfordi*，《西南地区古生物图册》（微体古生物分册），534 页，图版 118，图 10。

2000 *Lundbladispora playfordi*，宋之琛等，344 页，图版 99，图 12，13，15。

赤道轮廓近圆形或三角形，边近直或外凸，角部宽圆，大小为 48.4~50.6μm；三射线微弯曲，或微裂开，具窄唇，宽为 2.0~2.5μm，伸达腔之内缘；外壁两层，呈腔状，内、外层分离，离层宽为 3.0~6.5μm，中孢体近圆形或圆三角形，直径为 39.6~44μm，外层海绵状结构或密布颗粒纹，赤道边缘稍加厚；内层表面光滑。轮廓线微波形。棕色。

产地层位 吉木萨尔县三台大龙口，韭菜园组、烧房沟组。

辐皱隆德布拉孢 *Lundbladispora rugosa* Bai，1983

（图版 4，图 58；图版 5，图 56）

1983 *Lundbladispora rugosa* Bai，《西南地区古生物图册》（微体古生物分册），535 页，图版 126，图 31。

赤道轮廓圆三角形，边外凸，角部宽圆，大小为 44.2~57.2μm；三射线直或微弯曲，具窄唇，宽为 2.0~2.5μm，伸达或近伸达腔之内缘；外壁两层，呈腔状，离层宽 3~11μm，中孢体圆三角形，直径 35.2~37.4μm，外层表面辐射向分布皱瘤和皱脊状纹饰，还见有少量杂乱分布的条形褶皱；内层表面光滑。轮廓线微波形。棕色。

产地层位 吉木萨尔县三台大龙口，韭菜园组。

瓦塘隆德布拉孢 *Lundbladispora watangensis* Qu，1984

（图版 4，图 30，32，33，46，54，55；图版 5，图 6—8，12，16—19，23，26；图版 8，图 41）

1984 *Lundbladispora watangensis* Qu，《华北地区古生物图册》（三），539 页，图版 169，图 26，30a，30b。

1986 *Lundbladispora watangensis*，曲立范等，153 页，图版 32，图 34，39。

1996 *Lundbladispora watangensis*，冀六祥等，15 页，图版 II，图 21—23。

2006 *Lundbladispora watangensis*，冀六祥等，图版 II，图 54，55。

赤道轮廓三角形，边直或外凸，角部圆或宽圆，大小为 35.2~52.8μm；三射线微弯曲，具唇状加厚，宽为 2.0~3.5μm，伸达或近伸达赤道；外壁两层，呈腔状，外层具不规则的皱瘤和皱脊状纹饰，宽为 2~5μm，并呈辐射状排列；内层表面光滑。轮廓线波形。黄棕至棕色。

当前标本外壁外层具辐射向排列的皱瘤和皱脊状纹饰与该种特征相同。

产地层位 吉木萨尔县三台大龙口，韭菜园组、烧房沟组。

单缝孢类 Monoletes Ibrahim，1933

无环单缝孢亚类 Azonomonoletes Luber，1935

光面单缝孢系 Laevigatomonoleti Dybova et Jachowicz，1957

光面单缝孢属 *Laevigatosporites* Ibrahim，1933

模式种 *Laevigatosporites*（al. *Sporonites*）*vulgaris*（Ibrahim）Ibrahim，1933

纤细光面单缝孢 ***Laevigatosporites gracilis* Wilson et Webster，1946**

（图版 38，图 27）

1946 *Laevigatosporites gracilis* Wilson et Webster，p. 273，fig. 4.

1982 *Laevigatosporites gracilis*，蒲荣干等，图版 7，图 14。

2000 *Laevigatosporites gracilis*，宋之琛等，347 页，图版 100，图 1—3。

侧视轮廓豆形，大小为 46.2μm×29.5μm；单射线细直，长约为孢子长轴的 2/3；外壁薄，厚约为 1μm，表面光滑。黄色。

产地层位 玛纳斯县红沟，三工河组。

巨大光面单缝孢 ***Laevigatosporites maximus*（Loose）Potonié et Kremp，1955**

（图版 13，图 61）

1980 *Laevigatosporites maximus*，欧阳舒等，160 页，图版III，图 38。

极面轮廓椭圆形，大小为 80.5μm×50.6μm；单射线直，裂开较宽，长约为孢子长轴的 1/2；外壁厚约为 2μm，表面近光滑。棕色。

当前标本个体大(大于 80μm)，射线末端不分叉与该种特征相同，并以此与大小相近的 *L. major* 相区别，后者射线末端分叉。

产地层位 吉木萨尔县三台大龙口，克拉玛依组。

卵形光面单缝孢 ***Laevigatosporites ovatus* Wilson et Webster，1946**

（图版 45，图 31；图版 50，图 11）

1946 *Laevigatosporites ovatus* Wilson et Webster，p. 273，fig. 5.

1982 *Laevigatosporites ovatus*，蒲荣干等，图版 7，图 15，16。

1987 *Laevigatosporites ovatus*，钱丽君等，图版 5，图 16。

2000 *Laevigatosporites ovatus*，宋之琛等，347 页，图版 100，图 5—8。

侧视轮廓卵圆形，大小为(46.2~52.5) μm×(30.8~33.0) μm；单射线直，开裂，长约为孢子长轴的 2/3；外壁薄，约为 1μm，表面光滑。棕黄至棕色。

产地层位 玛纳斯县红沟，西山窑组、头屯河组。

具纹饰单缝孢系 Sculptatomonoleti Dybova et Jachowicz，1957

粒面单缝孢属 ***Punctatosporites* Ibrahim，1933**

模式种 *Punctatosporites minutus* Ibrahim，1933

卵形粒面单缝孢 ***Punctatosporites ovatus* Zhang，1978**

（图版 22，图 22；图版 38，图 49；图版 45，图 23）

1978 *Punctatosporiotes ovatus* Zhang，《中南地区古生物图册》(四)，443 页，图版 130，图 26。

2000 *Punctatosporiotes ovatus*，宋之琛等，351 页，图版 101，图 11。

赤道轮廓卵圆形，大小为(34.2~56.1)μm×(28.2~42.0)μm；单射线细直，微裂开，或具窄唇，宽约为 3μm，其中一侧唇较明显，长约为孢子长轴的 2/3；外壁薄，厚约为 1.2μm，表面密布颗粒状纹饰，粒径不大于 1μm。棕黄至黄棕色。

当前标本颗粒状纹饰较细与该种稍有不同。

产地层位 吉木萨尔县三台大龙口，郝家沟组；和布克赛尔县达巴松凸起井区，三工河组；玛纳斯县红沟，西山窑组。

希指蕨孢属 *Schizaeoisporites* Potonié，1951 ex Delcourt et Sprumont，1955

模式种 *Schizaeoisporites eocenicus* (Selling) Potonié，1956

瓜形希指蕨孢 *Schiaeoisporites certus* (Bolkhovitina) Gao et Zhao，1976

(图版 54，图 10，11)

1956 *Schiozaea certus* Bolkhovitina，Болховитина，стр. 60，табл. 7，фиг. 96а—г.

1976 *Schiozaeoisporites certus* (Bolkhovitina) Gao et Zhao，大庆油田开发研究院，33 页，图版Ⅴ，图 2—5。

1986 *Schiozaeoisporites certus*，宋之琛等，47 页，图版 7，图 16—18。

1991 *Schiozaeoisporites certus*，张一勇等，120 页，图版 28，图 54；图版 30，图 1—4。

1999 *Schiozaeoisporites certus*，宋之琛等，178 页，图版 50，图 2—7。

侧视轮廓纺锤形至椭圆形，大小为(35.2~37.4)μm×(19.8~22.0)μm；具与长轴大致平行排列的肋条纹饰，肋宽为 2.5~3.5μm，肋间距约为 1μm；轮廓线近平滑。棕色。

产地层位 呼图壁县东沟，吐谷鲁群。

白垩希指蕨孢 *Schiaeoisporites cretacius* (Krutzsch) Potonié，1956

(图版 54，图 9)

1956 *Schiozaeoisporites cretacius* (Krutzsch) Potonie，S. 81.

1976 *Schiozaeoisporites contaxtus* Gao et Zhao，大庆油田开发研究院，34 页，图版Ⅴ，图 10—12。

1991 *Schiozaeoisporites cretacius*，张一勇等，122 页，图版 29，图 28—36。

1999 *Schiozaeoisporites cretacius*，宋之琛等，179 页，图版 50，图 19—24。

侧视轮廓卵圆形，大小为 33.0μm×26.4μm；具与长轴斜交排列的肋条纹饰，呈菱形网格状投影，肋宽为 3~4μm，肋间距约为 1μm；轮廓线波状。棕黄色。

产地层位 呼图壁县东沟，吐谷鲁群。

光型希指蕨孢 ***Schiaeoisporites laevigataeformis*** **(Bolkh.) Gao et Zhao，1976**

（图版 54，图 6）

1961 *Schiozaea laevigataeformis* Bolkhovitina，Болховитина，стр. 29—30，табл. 6，фиг. 1а—д.

1976 *Schiozaeoisporites laevigataeformis* (Bolkh.) Gao et Zhao，大庆油田开发研究院，34 页，图版 V，图 13—16。

1999 *Schiozaeoisporites laevigataeformis*，宋之琛等，181 页，图版 50，图 10—13，33，34。

侧视轮廓长卵形，大小为 48.4μm×22.0μm，长宽比为 2.2；具与长轴斜交排列的肋条纹饰，显菱形网格状投影，肋宽为 3~4μm，肋间距 1.0~1.5μm；轮廓线波状。棕黄色。

产地层位 呼图壁县东沟，吐谷鲁群。

具环单缝孢亚类 Zonomonoletes Naumova，1937

离层单缝孢属 ***Aratrisporites*** **Leschik，1955 emend. Playford et Dettmann，1965**

模式种 *Aratrisporites parvispinosus* Leschik，1955

弗歇尔离层单缝孢 ***Aratrisporites fischeri*** **(Klaus) Playford et Dettmann，1965**

（图版 13，图 59，60；图版 27，图 47，49—51）

1960 *Saturnisporites fischeri* Klaus，p. 144，pl. 32，fig. 35.

1965 *Aratrisporites fischeri* (Klaus) Playford et Dettmann，p. 152.

1980 *Aratrisporites fischeri*，曲立范，136 页，图版 77，图 6。

2000 *Aratrisporites fischeri*，宋之琛等，362 页，图版 104，图 15—19，25。

极面观轮廓椭圆形，大小为(59.4~81.4) μm×(48.4~61.6) μm；单射线具唇，唇宽为 3~5μm，常波形弯曲，伸达或近伸达孢子两端；外壁两层，腔状，腔较宽，达 6.0~19.8μm，内层较厚，为 1.5~2.5μm，形成的中孢体较小，大小为(37.4~41.8) μm×(23.2~33.0) μm；外层较薄，表面密布细颗粒纹和稀疏的小刺，颗粒常相互连接成短皱纹，小刺基宽为 1.0~1.2μm，高为 2~3μm。体黄棕色，其余部分黄至棕黄色。

该种纹饰与 *A. exiguus* 相似，与后者的区别是个体较大，外壁内层较厚，且具较大的空腔。

产地层位 吉木萨尔县三台大龙口，克拉玛依组；乌鲁木齐县郝家沟，郝家沟组。

弯曲离层单缝孢 ***Aratrisporites flexibilis*** **Playford et Dettmann，1965**

（图版 13，图 15；图版 27，图 48；图版 28，图 5）

1965 *Aratrisporites flexibilis* Playford et Dettmann，p. 153，pl. 15，figs. 46—48.

1980 *Aratrisporites flexibilis*，曲立范，136 页，图版 64，图 17。

2000 *Aratrisporites flexibilis*，宋之琛等，361—362 页，图版 104，图 10，11。

极面观轮廓纺锤形，大小为(37.4~61.6)μm×(28.6~37.4)μm；单射线粗强，波形弯曲，两侧具唇，唇宽为3~6μm，伸达中孢体边缘或近达孢子两端；外壁两层腔状，腔宽为3~6μm，外壁外层表面具颗粒纹及稀疏的棒刺，刺基宽为1.2~2.0μm，长为2.0~4.5μm。棕黄至黄棕色。

产地层位 乌鲁木齐县郝家沟，郝家沟组。

粒面离层单缝孢 *Aratrisporites granulatus*（Klaus）Playford et Dettmann，1965

（图版13，图18；图版27，图39）

1960 *Saturnisporites granulatus* Klaus，p. 143，pl. 32，fig. 34.

1965 *Aratrisporites granulatus*（Klaus）Playford et Dettmann，p. 152.

1983 *Aratrisporites granulatus*，《西南地区古生物图册》(微体古生物分册)，535页，图版118，图3，4。

1990 *Aratrisporites granulatus*，曲立范等，图版12，图27。

2000 *Aratrisporites granulatus*，宋之琛等，360页，图版103，图21—24。

极面观轮廓椭圆形，大小为44.2μm×(29.8~32.0)μm；单射线粗强，波形弯曲，两侧具窄唇，唇宽为2.5~4.0μm，伸达中孢体孢子两端；外壁两层，腔状，内层形成中孢体较明显，外壁表面密布颗粒和小瘤状纹饰。黄至棕黄色。

产地层位 吉木萨尔县三台大龙口，克拉玛依组；乌鲁木齐县郝家沟，郝家沟组。

郝家沟离层单缝孢(新种) *Aratrisporites haojiagouensis* Zhan sp. nov.

（图版27，图32；图5-29）

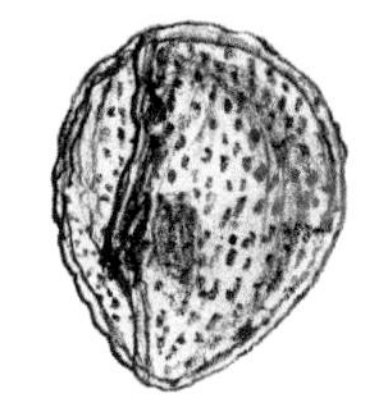

图5-29　*Aratrisporites haojiagouensis* Zhan sp. nov.

极面观轮廓卵圆形，大小为42.9μm×35.5μm；单射线波形弯曲，两侧具窄唇，唇宽为2.5μm，伸达孢子两端；外壁两层腔状，内层较薄，中孢体欠明显，大小为35.2μm×30.8μm，外层较厚，厚度为2.0~2.5μm，外壁外层表面密布粗颗粒至小瘤状纹饰，纹饰大小不均，直径为1~2μm。棕黄色。

新种以外壁外层较厚，内层较薄，中孢体欠明显，外壁表面密布大小不一的粗颗粒至小瘤状纹饰为特征，与属内其他种相区别。

模式标本 图版27中的图32，大小为42.9μm×35.5μm。

产地层位 乌鲁木齐县郝家沟，郝家沟组。

模糊离层单缝孢(新种) *Aratrisporites indistictus* Zhan sp. nov.

（图版27，图43，44；图5-30）

图5-30　*Aratrisporites indistictus* Zhan sp. nov.

极面观轮廓椭圆形，大小为(56.0~56.5)μm×(41.8~ 42.0)μm；单射线微弯曲，两侧具唇，唇宽为4.5μm，射线长小于孢子长轴；外壁两层腔状，内、外层近等厚，中孢体欠明显，外壁外层表面密布粗颗粒至小瘤状纹饰，纹饰大小不均，直径为 1.0~2.5μm，常相互连接。黄棕色。

新种以外壁内、外层近等厚，中孢体欠明显，外壁表面密布大小不一的粗颗粒至小瘤状纹饰，颗粒或瘤常相互连接为特征，与属内其他种相区别。

模式标本 图版 27 中的图 44，大小为 56.0μm×41.8μm。

产地层位 乌鲁木齐县郝家沟，郝家沟组。

小体离层单缝孢 *Aratrisporites minicus* Qu，1984

（图版 13，图 17）

1984 *Aratrisporites minicus* Qu，《华北地区古生物图册》（三），559 页，图版 170，图 18，19，23。

1990 *Aratrisporites minicus*，曲立范等，图版 15，图 18。

极面观轮廓椭圆形，大小为 37.4μm×28.6μm；单射线具唇，唇宽为 3~4μm，伸达孢子两端；外壁两层腔状，内层形成中孢体较小，大小为 25.2μm×15.4μm；外层厚约为 2.5μm，表面密布细颗粒状纹饰。棕黄色。

当前标本内体较小，外壁外层较厚，表面具颗粒纹与该种特征相同。

产地层位 吉木萨尔县三台大龙口，克拉玛依组。

小离层单缝孢 *Aratrisporites minimus* Schulz，1967

（图版 13，图 14）

2000 *Aratrisporites minimus*，宋之琛等，358 页，图版 103，图 5—7。

极面观轮廓近圆形，大小为 30.8μm×36.0μm；单射线粗强，高起，波形弯曲，两侧具窄唇，唇宽约为 2.5μm，伸达孢子两端；外壁两层腔状，内层形成中孢体，大小为 26.4μm×22.0μm；外层厚约为 2μm，表面密布颗粒状纹饰。棕黄色。

产地层位 吉木萨尔县三台大龙口，克拉玛依组。

披蓬离层单缝孢 *Aratrisporites paenulatus* Playford et Dettmann，1965

（图版 13，图 16）

1965 *Aratrisporites paenulatus* Playford et Dettmann，p. 154，pl. 15，figs. 44，45.

1980 *Aratrisporites paenulatus*，曲立范，图版 77，图 8，9。

1990 *Aratrisporites paenulatus*，曲立范等，图版 9，图 28；图版 12，图 31。

2000 *Aratrisporites paenulatus*，宋之琛等，359 页，图版 103，图 12，28—30。

极面观轮廓椭圆形，大小为 36μm×30μm；单射线粗强，隆起，波形弯曲，两侧具窄唇，唇宽约为 3μm，近伸达孢子两端；外壁两层，腔状，内层形成的中孢体较明显，大小为 30μm×22μm；外壁表面具颗粒纹和小刺状纹饰，刺基宽约为 1.5μm，高为 2~3μm，末端尖或锐圆。棕黄色。

产地层位 吉木萨尔县沙帐断褶带井区，克拉玛依组。

毛刺离层单缝孢 *Aratrisporites palettae*（Klaus）Playford et Dettmann，1965

（图版 27，图 40）

1960 *Saturnisporites palettae* Klaus，p. 144，pl. 32，fig. 36.

1965 *Aratrisporites palettae*（Klaus）Playford et Dettmann，p. 152.

1983 *Aratrisporites palettae*，《西南地区古生物图册》（微体古生物分册），536 页，图版 128，图 18。

2000 *Aratrisporites palettae*，宋之琛等，359 页，图版 103，图 14，15，20。

极面观轮廓椭圆形，大小为 45.1μm×33.0μm；单射线细长，微裂开，波形弯曲，两侧具窄唇，唇宽约为 2μm，伸达孢子两端；外壁两层，腔状，内层稍厚于外层，中孢体较明显，大小为 37.4μm×26.5μm，腔宽约为 2μm；外壁表面密布细颗粒纹和稀疏的毛刺，刺基宽约为 1μm，高为 4~6μm，末端尖或锐圆。体黄棕色，其余部分棕黄色。

产地层位 乌鲁木齐县郝家沟，郝家沟组。

奇异离层单缝孢（新种）*Aratrisporites paradoxus* Zhan sp. nov.

（图版 27，图 33；图 5-31）

侧视轮廓椭圆形，大小为 46.2μm×39.2μm；单射线粗强高起，两侧具窄唇，唇宽为 3μm，伸达孢子两端；外壁两层腔状，内层较薄，形成中孢体，其上具棒刺状纹饰，刺基部宽为 1~2μm，高为 4.5~6.5μm，刺末端尖或锐圆，均偏向单射线方向，外壁外层表面近光滑。棕黄色。

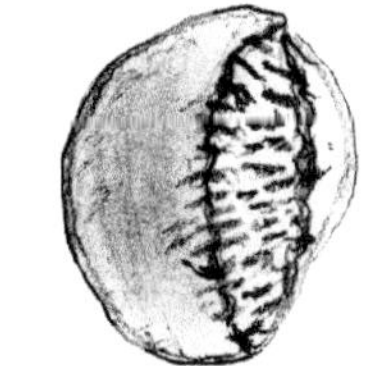

图 5-31 *Aratrisporites paradoxus* Zhan sp. nov.

新种以外壁外层表面近光滑，中孢体表面饰以棒刺状纹饰为特征，与属内其他种相区别。

模式标本 图版 27 中的图 33，大小为 46.2μm×39.2μm。

产地层位 乌鲁木齐县郝家沟，郝家沟组。

粗糙离层单缝孢 *Aratrisporites scabratus* Klaus，1960

（图版 5，图 30；图版 18，图 15；图版 22，图 59）

1960 *Aratrisporites scabratus* Klaus，p. 147，pl. 32，figs. 37，38.

1980 *Aratrisporites scabratus*，曲立范，136 页，图版 77，图 7。

1983 *Aratrisporites scabratus*，吴洪章等，567 页，图版 1，图 21。

1990 *Aratrisporites scabratus*，张望平，图版 18，图 20。

2000 *Aratrisporites scabratus*，宋之琛等，360—361 页，图版 103，图 31—34。

极面观轮廓椭圆形至宽椭圆形，大小为（39.6~70.4）μm×（33.0~58.2）μm；单射线近直或波形弯曲，两侧具唇，宽为 1.5~2.5μm，伸达或近伸达孢子两端；外壁两层，腔状，腔较宽，达 5.5~18.2μm，由内层形成的中孢体大小（30.8~48.8）μm×（22.0~32.1）μm，外壁外层表面粗糙或具细颗粒纹，常相连呈短皱状。体棕黄至黄棕色，囊浅黄至棕黄色。

产地层位 准噶尔盆地南缘三叠系。

细刺离层单缝孢 *Aratrisporites tenuispinosus* Playford，1965

（图版 27，图 45）

1965 *Aratrisporites tenuispinosus* Playford，p. 196，pl. 11，figs. 3—7.

1981 *Aratrisporites tenuispinosus*，刘兆生等，149 页，图版X，图 14，15。

1990 *Aratrisporites tenuispinosus*，曲立范等，图版 9，图 34。

2000 *Aratrisporites tenuispinosus*，宋之琛等，361 页，图版 104，图 5—8。

赤道轮廓椭圆形，大小为 52.8μm×41.5μm；单射线粗强，波形弯曲，两侧具唇，唇宽（单侧）1.5μm，伸达孢子两端；外壁两层，腔状，腔宽为 3.5~4.5μm，由内层形成的中孢体大小为 44.0μm×30.8μm，外壁外层表面具颗粒状及刺状纹饰，刺基宽为 1.2~2.0μm，长为 2.5~4.0μm，间距为 1.5~3.5μm。体黄棕色，其余部分棕黄色。

当前标本刺纹特征与该种相同，唯刺间具颗粒纹而稍有不同。

产地层位 乌鲁木齐县郝家沟，郝家沟组。

沃拉里离层单缝孢 *Aratrisporites wollariensis* Helby，1967

（图版 8，图 64，65；图版 13，图 9）

1984 *Aratrisporites wollariensis* Helby，《华北地区古生物图册》（三），560 页，图版 170，图 22。

2000 *Aratrisporites wollariensis*，宋之琛等，359 页，图版 103，图 13。

赤道轮廓椭圆形，大小为 44.2μm×（27.5~30.8）μm；单射线粗强，微弯曲，具唇状加厚，唇宽为 2.5~4.0μm，伸达或近伸达孢子两端；外壁两层，腔状，由内层形成的中孢体大小为（33.0~38.5）μm×（22.0~30.5）μm，表面光滑；外层厚约为 1.5μm，表面具颗粒状纹饰，大小及分布均匀或欠均匀。黄棕至棕色。

产地层位 吉木萨尔县三台大龙口，烧房沟组、克拉玛依组。

香溪离层单缝孢 *Aratrisporites xiangxiensis* Li et Shang，1980

（图版 27，图 41）

1980 *Aratrisporites xiangxiensis* Li et Shang，黎文本等，211 页，图版III，图 45，46。

1983 *Aratrisporites xiangxiensis*，《西南地区古生物图册》（微体古生物分册），537 页，图版 128，图 16。

2000 *Aratrisporites xiangxiensis*，宋之琛等，362 页，图版 104，图 12—14。

赤道轮廓椭圆形，大小为 50.6μm×41.5μm；单射线粗强，波形弯曲，两侧具窄唇，唇宽为 3μm，伸达孢子两端；外壁两层，腔状，由内层形成的中孢体大小为 46.2μm×30.2μm，在孢子两端与外层接近或紧贴，在两侧腔宽为 4.0~6.5μm，外壁外层表面具颗粒至小瘤状纹饰。体黄棕色，其余部分棕黄色。

产地层位 乌鲁木齐县郝家沟，郝家沟组。

三、化石花粉大类 Pollenites R. Potonié，1931

有囊类 Saccites Erdtman，1947

单囊亚类 Monosaccites（Chitaley，1951）R. Potonié et Kremp，1954

三缝单囊系 Triletesacciti Leschik，1955

环囊三缝孢属 *Endosporites* Wilson et Coe，1940 emend. Bharadwaj，1965

模式种 *Endosporites ornatus* Wilson et Coe，1940

东方环囊三缝孢 *Endosporites orientalis* Qian，Zhao et Wu，1983

（图版 45，图 7）

1983 *Endosporites orientalis* Qian，Zhao et Wu，钱丽君等，48 页，图版 6，图 1—6。

2000 *Endosporites orientalis*，宋之琛等，364 页，图版 106，图 11—13。

单囊三缝小孢子，轮廓圆三角形，边稍外凸，角部宽圆，大小为 55.4μm；本体圆三角形，大小为 44.0μm，本体边缘加厚，约为 2.0μm，表面具细颗粒状纹饰；三射线欠明显；本体周边为气囊所包围，囊超出本体宽为 4.4~8.8μm，角部较宽，囊壁为细内网状。体棕色，囊黄色。

当前标本囊具细内网状纹饰与该种相似。

产地层位 玛纳斯县红沟，西山窑组。

无缝单囊系 Aletesacciti Leschik，1955

阿辛克粉属 *Accinctisporites* Leschik，1956

模式种 *Accinctisporites ligatus* Leschik，1956

托拉尔阿辛克粉 *Accinctisporites toralis* Leschik，1956

（图版 13，图 52；图版 14，图 33，37）

1956 *Accinctisporites toralis* Leschik，S. 48，Taf. 6，Fig. 14.

1984 *Accinctisporites toralis*，《华北地区古生物图册》（三），582 页，图版 172，图 1。

2000　*Accinctisporites toralis*，宋之琛等，366 页，图版 111，图 28。

单气囊花粉，轮廓卵圆形，大小为(66.0~79.2) μm×(46.2~77.0) μm；本体椭圆形，被周囊完全包围，大小为(37.2~48.4) μm×(39.6~57.2) μm，壁厚为 4.5~6.6μm，表面细内网状；周囊宽为 6.6~13.2μm，囊壁纹饰内网状。棕黄色。

产地层位 吉木萨尔县三台大龙口，克拉玛依组。

科达粉属 *Cordaitina* Samoilovichi，1953 emend. Hart，1965

模式种 *Cordaitina uralensis*（Luber）Samoilovichi，1953

贡泥亚科达粉 *Cordaitina gunnyalensis*（Pant et Srivastava）Balme，1970

（图版 24，图 27）

1964　*Perisaccus gunnyalensis* Pant et Srivastava，p. 87—88，pl. 17，figs. 24，25.

1970　*Cordaitina gunnyalensis*（Pant et Srivastava）Balme，p. 355—356，pl. 8，figs. 1，2.

1981　*Cordaitina gunnyalensis*，刘兆生等，图版 13，图 1，2。

2000　*Cordaitina gunnyalensis*，宋之琛等，367 页，图版 107，图 6，7。

单气囊花粉，轮廓宽椭圆形，大小为 90.2μm×66.0μm；本体椭圆形或轮廓欠明显，大小为 61.6μm×44.0μm，本体外壁较薄，表面内点状，赤道部位具一不完整的环形褶皱；本体周边为气囊所包围，囊宽为 12~22μm，囊壁纹饰内网状。体黄色，囊棕黄色。

产地层位 乌鲁木齐县郝家沟，郝家沟组。

大型科达粉 *Cordaitina major*（Pautsch）Pautsch，1973

（图版 20，图 19；图版 30，图 33）

1980　*Cordaitina major*（Pautsch）Pautsch，曲立范，137 页，图版 69，图 5。

单气囊花粉，轮廓椭圆形，大小为 92.2μm×67.8μm；本体椭圆形，大小为 70.1μm×46.8μm，本体外壁较薄，表面近光滑或具小瘤状纹饰；本体周边为气囊所包围，囊宽为 13.2~22.2μm，囊壁纹饰内网状。黄至黄棕色。

产地层位 吉木萨尔县三台大龙口，黄山街组；乌鲁木齐县郝家沟，郝家沟组。

周囊多肋粉属 *Striomonosaccites* Bharadwaj，1962

模式种 *Striomonosaccites ovatus* Bharadwaj，1962

纤细周囊多肋粉 *Striomonosaccites tenuissimus* Bai，1983

（图版 25，图 4，5）

1983　*Striomonosaccites tenuissimus* Bai，《西南地区古生物图册》（微体古生物分册），631 页，图版 132，图 10。

2000 *Striomonosaccites tenuissimus*，宋之琛等，370 页，图版 147，图 16。

单气囊花粉，轮廓椭圆形至近圆形，大小为(49.2~58.4) μm×(48.0~53.8) μm；本体椭圆形至近圆形，大小为(42.0~48.2) μm×(30.5~42.6) μm，本体外壁厚为 1.5~4.2μm，赤道边缘具加厚褶皱，近极面具纵肋 10 条以上，宽 1.5~2.5μm 伸达本体赤道；除本体远极小部分区域外，均被气囊所包围，囊超出本体部分宽为 6~10μm，囊壁纹饰内网状，网穴辐射向拉长。体棕黄色，囊黄色。

产地层位 乌鲁木齐县郝家沟，郝家沟组。

环囊系 Saccisanati Bharadwaj，1957

冠翼粉属 *Callialasporites* Sukh Dev，1961

模式种 *Callialasporites trilobatus* (Balme) Sukh Dev，1961

敦普冠翼粉 *Callialasporites dampieri* (Balme) Sakh Dev，1961

(图版 45，图 58)

1957 *Zonalapollenites dampieri* Balme，p.32，pl. 8，figs. 88—90.

1961 *Callialasporites dampieri* (Balme) Sukh Dev，p. 48，pl. 4，figs. 26，27.

1973 *Tsugaepollenites dampieri* (Balme) Dettmann，p. 100，pl. 24，figs. 1—5.

1980 *Callialasporites dampieri*，徐钰林等，173 页，图版 87，图 12；图版 94，图 10，11。

1986 *Callialasporites dampieri*，甘振波，92 页，图版 1，图 36。

2000 *Callialasporites dampieri*，宋之琛等，372—373 页，图版 109，图 1—4。

轮廓卵圆形，大小为 62.7μm×50.6μm；本体近圆形，直径为 39.6μm，被赤道环囊所包围，外壁厚约为 1μm，具颗粒状纹饰；囊宽为 13.2~17.6μm，表面具颗粒状纹饰和辐射状排列的褶皱；轮廓线波形。黄棕色。

产地层位 玛纳斯县红沟，西山窑组。

合川冠翼粉 *Callialasporites hechuanensis* Bai，1983

(图版 39，图 38，39)

1983 *Callialasporites hechuanensis* Bai，《西南地区古生物图册》(微体古生物分册)，606 页，图版 135，图 6，7。

2000 *Callialasporites hechuanensis*，宋之琛等，373—374 页，图版 110，图 3。

轮廓卵圆形，大小为(59.4~63.8) μm×55.0μm；本体近圆形，直径为 46.2~48.4μm，具低平的瘤状纹饰，近极的的周缘具辐射向排列的脊条，并与周囊上的脊条相连；周囊由大小不同、形态各异的瓣膜状囊片基部相连而成，周囊表面具细颗粒状纹饰；轮廓线波形。黄棕色。

产地层位 玛纳斯县红沟，三工河组。

脑形粉属 *Cerebropollenites* Nilsson，1958

模式种 *Cerebropollenites mesozoicus*（Couper）Nilsson，1958

卡里尔脑形粉 *Cerebropollenites carlylensis* Pocock，1970

（图版 32，图 37，41，46；图版 39，图 2，4，5，28，45；图版 45，图 26，46，47；图版 50，图 21，22，25）

1970 *Cerebropollenites carlylensis* Pocock，p.98，pl. 21，figs.10，13，14.

1980 *Cerebropollenites carlylensis*，徐钰林等，177 页，图版 81，图 5；图版 88，图 10；图版 95，图 7，8。

1984 *Cerebropollenites carlylensis*《华北地区古生物图册》（三），565 页，图版 192，图 8—10；图版 214，图 2。

1989 *Cerebropollenites carlylensis*，孙峰，642 页，图版 2，图 11。

2000 *Cerebropollenites carlylensis*，宋之琛等，379 页，图版 108，图 1—3。

具囊花粉，轮廓近圆形，直径为 35.2~50.6μm；内层形成近圆形或椭圆形的中心体，薄，直径为 15.4~28.6μm；外层形成一卷曲的囊，紧紧包围着中心体，囊宽 6.6~17.0μm，囊上具块瘤或皱瘤状纹饰，瘤不规则形，常互相连接；在远极中心区内纹饰减弱，近赤道部位卷曲或较强烈，赤道部位卷曲高为 1.5~3.5μm；轮廓线波形。棕黄至黄棕色。

产地层位 准噶尔盆地侏罗系。

芬德拉脑形粉 *Cerebropollenites findlaterensis* Pocock，1970

（图版 32，图 54；图版 45，图 56；图版 50，图 51）

1970 *Cerebropollenites findlaterensis* Pocock，p. 99，pl. 21，fig. 7.

1980 *Cerebropollenites findlaterensis*，徐钰林等，177 页，图版 88，图 13；图版 95，图 10。

1984 *Cerebropollenites findlaterensis*，《华北地区古生物图册》（三），566 页，图版 192，图 12，17。

1990 *Cerebropollenites findlaterensis*，张望平，图版 22，图 6。

2000 *Cerebropollenites findlaterensis*，宋之琛等，380 页，图版 108，图 7—9。

具囊花粉，轮廓近圆形，直径为 76.5~83.6μm；侧视中心体位于一侧，壁薄，纹饰较弱；囊完全包围着中心体，囊上具块瘤或皱瘤状纹饰，瘤不规则形，常互相连接，在赤道部位强烈弯曲；轮廓线波形。黄棕至棕色。

产地层位 准噶尔盆地侏罗系。

大瘤脑形粉 *Cerebropollenites macroverrucosus*（Thiergart）Pocock，1970

（图版 39，图 47）

1949 *Pollenites macroverrucosus* Thiergart，S.17，Taf. 2，Fig. 19.

1970 *Cerebropollenites macroverrucosus* (Thiergart) Pocock，p. 99，pl. 21，figs. 3—6.

1982 *Cerebropollenites macroverrucosus*，杜宝安等，603 页，图版 2，图 7。

1990 *Cerebropollenites macroverrucosus*，张望平，图版 24，图 11。

2000 *Cerebropollenites macroverrucosus*，宋之琛等，380 页，图版 108，图 10，11。

具囊花粉，轮廓椭圆形，大小为 70.4μm×55.0μm；中心体不显，远极具一纵沟，沟缘较清晰；囊完全包围中心体，强烈卷曲，在长形沟区内减弱，卷皱宽为 4.0~8.8μm，高为 2~4μm；轮廓线波形。棕黄色。

产地层位 和布克赛尔县达巴松凸起井区，三工河组。

中生脑形粉 *Cerebropollenites mesozoicus* (Couper) Nilsson，1958

（图版 50，图 23，50；图版 55，图 47，57）

1958 *Tsugaepollenites mesozoicus* Couper，p. 155，pl. 30，figs. 8—10.

1958 *Cerebropollenites mesozoicus* (Couper) Nilsson，p. 72，pl. 6，figs.10—12.

1980 *Cerebropollenites mesozoicus*，徐钰林等，177 页，图版 88，图 11；图版 95，图 9。

1990 *Cerebropollenites mesozoicus*，张望平，图版 20，图 9；图版 22，图 5；图版 24，图 13。

2000 *Cerebropollenites mesozoicus*，宋之琛等，380—381 页，图版 108，图 5，6。

具囊花粉，轮廓近圆形，直径为 55.0~66.0μm；内层形成近圆形或椭圆形欠明显的中心体，薄，直径为 33.0~41.8μm；外层形成一卷曲的囊，紧紧包围着中心体，囊宽为 13.2~17.6μm，囊上具皱瘤状纹饰，皱瘤常互相连接；在远极中心区内纹饰减弱，近赤道部位卷曲较强烈，赤道部位卷曲高为 1.5~4.0μm；轮廓线波形。棕黄至棕色。

产地层位 玛纳斯县红沟，头屯河组；呼图壁县东沟，吐谷鲁群。

串珠脑形粉 *Cerebropollenites papilloporus* Xu et Zhang，1980

（图版 33，图 21；图版 39，图 31）

1980 *Cerebropollenites papilloporus*，徐钰林等，177 页，图版 81，图 6；图版 88，图 12。

1984 *Cerebropollenites papilloporus*，《华北地区古生物图册》(三)，566 页，图版 192，图 14—16。

1990 *Cerebropollenites papilloporus*，张望平，图版 24，图 12。

2000 *Cerebropollenites papilloporus*，宋之琛等，381—382 页，图版 108，图 12—15。

环囊花粉，轮廓近圆形至椭圆形，大小为(59.4~74.8) μm×(43.0~52.8) μm；中心体近圆形或不明显；囊完全包围中心体；纹饰皱瘤状，瘤径为 2~4μm，常互相连接，形成串珠形，瘤间或分布有颗粒状纹饰；轮廓线波形。黄至棕色。

产地层位 乌鲁木齐县郝家沟，八道湾组；玛纳斯县红沟，三工河组。

准噶尔粉属 ***Junggaresporites* Qu et Wang，1990**

模式种 *Junggaresporites lepidus* Qu et Wang，1990

稀少准噶尔粉（新种）***Junggaresporites rarus* Zhan sp. nov.**

（图版 32，图 36；图 5-32）

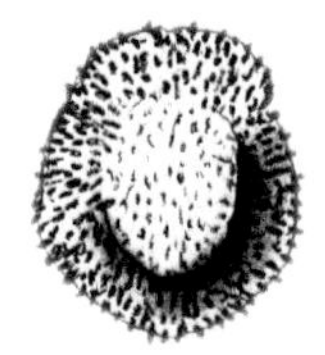

图 5-32　*Junggaresporites rarus* Zhan sp. nov.

赤道轮廓近圆形，直径为 39.6μm；无孔沟，外壁较厚，厚度约为 2μm；远极有一近圆形的外壁变薄区，表面近光滑；赤道及近极均密布小棒瘤状纹饰，瘤基部直径为 1.5~2.0μm，高不大于 2.5μm，间距为 1~2μm，瘤末端稍膨大，圆或截形。黄棕色。

新种以赤道和近极面具小棒瘤状纹饰为特征，与属内其他种相区别。*Jugaresporites congeneris* Qu et Wang，1990 与该种相似，但其赤道和近极为小瘤状纹饰与该种不同。

模式标本 图版 32 中的图 36，直径为 39.6μm。

产地层位 沙湾县红光镇井区，八道湾组。

蛟河粉属 ***Jiaohepollis* Li，1981**

模式种 *Jiaohepollis verus* Li，1981

多曲蛟河粉 ***Jiaohepollis flexuosus*（Miao）Miao et Yu，1984**

（图版 57，图 2）

1982　*Callialasporites flexuosus* Miao，苗淑娟，208 页，图版 52，图 8—11。

1984　*Jiaohepollis flexuosus*（Miao）Miao et Yu，《华北地区古生物图册》（三），569 页，图版 192，图 6，7；图版 233，图 8—10。

1989　*Jiaohepollis flexuosus*，余静贤，图版 12，图 5。

2000　*Jiaohepollis flexuosus*，宋之琛等，383 页，图版 105，图 11—14。

本体轮廓近圆形，直径为 44μm；外壁厚约为 1.5μm，纹饰细颗粒状；气囊环圈状，位于本体远极偏赤道，囊宽为 6.6~8.8μm，强烈褶皱成肠形，囊上具内细网状结构。棕黄色。

产地层位 和布克赛尔县达巴松凸起井区，吐谷鲁群。

卷曲蛟河粉 ***Jiaohepollis involutus* Zhao，1987**

（图版 57，图 1）

1987　*Jiaohepollis involutus* Zhao，赵传本，40 页，图版 24，图 8—10。

2000　*Jiaohepollis involutus*，宋之琛等，383 页，图版 105，图 15—17。

本体轮廓椭圆形，大小为 46.2μm×35.2μm；外壁厚约为 3.5μm，纹饰颗粒状；远极具强烈褶皱的环形气囊，囊宽为 11.0~13.2μm，其基部着生范围大小为 26.4μm×24.2μm，囊具内细网状结构。黄棕色。

当前标本远极环形气囊较宽，并强烈褶皱与该种特征相似，大小也相当。

产地层位 和布克赛尔县达巴松凸起井区，吐谷鲁群。

帽形蛟河粉 ***Jiaohepollis pileiformis* Zhao，1987**

（图版 57，图 6，7）

1987 *Jiaohepollis pileiformis* Zhao，赵传本，40 页，图版 25，图 1，3，5。

2000 *Jiaohepollis pileiformis*，宋之琛等，384 页，图版 106，图 16；图版 108，图 18。

花粉粒侧视呈帽形，全长 52.8~80.3μm，本体轮廓亚圆形至椭圆形，大小为(50.0~61.6) μm×(41.0~46.2) μm；外壁厚约为 2.5μm，分为内外两层，内层薄，厚度约为 1μm，外层倍厚于内层，表面粗糙，近极中心区外壁明显加厚；气囊环圈状，位于本体远极偏赤道，平展时宽度达 13.2~24.2μm，一侧气囊平展或稍褶皱，明显突出本体轮廓线之外，突出部分最宽处达 11.5~15.4μm，另一侧气囊较窄，褶皱较强烈，位于本体轮廓线之内，囊上具内细网状结构。棕黄色。

产地层位 呼图壁县东沟，吐谷鲁群。

蝶形蛟河粉 ***Jiaohepollis scutellatus* Zhao，1987**

（图版 57，图 5）

1987 *Jiaohepollis scutellatus* Zhao，赵传本，40 页，图版 24，图 2，5，7。

2000 *Jiaohepollis scutellatus*，宋之琛等，384 页，图版 105，图 20，21。

花粉粒全长为 92.4μm，本体轮廓亚圆形，直径为 77μm；外壁厚约为 3.5μm，分为内外两层，内层薄，约为 1μm，外层倍厚于内层，表面具内细网状结构；气囊环圈状，位于本体远极偏赤道，平展时宽度达 26.4μm，一侧气囊平展，明显突出本体轮廓线之外，突出部分最宽处达 15.4μm，另一侧气囊较强烈褶皱，位于本体轮廓线之内，囊上具内细网状结构，较体上内网纹粗，近极中心区外壁或明显加厚，远极被气囊所包围的区域壁较薄。棕黄色。

当前标本气囊特征与该种相似，唯本体外壁未见层状结构而稍有不同。

产地层位 呼图壁县东沟，吐谷鲁群。

真蛟河粉 ***Jiaohepollis verus* Li，1981**

（图版 57，图 4）

1981 *Jiaohepollis verus* Li，王丛凤等，533 页，图版 3，图 5—9。

1986 *Jiaohepollis verus*，宋之琛等，259—260 页，图版 25，图 17—22；图版 26，图 15。

1987 *Jiaohepollis verus*，邓茨兰，220 页，图版 34，图 21，22。

1991 *Jiaohepollis verus*，尚玉珂，417 页，图版 2，图 16，17。

2000 *Jiaohepollis verus*，宋之琛等，385 页，图版 106，图 5—8。

本体轮廓亚圆形，直径为 57.2μm；外壁厚约为 2.5μm，近极中心区外壁加厚，加厚区界线清晰，表面粗糙；气囊环圈状，位于本体远极偏赤道，囊宽为 11.0~15.4μm，强烈褶皱，囊上具内细网状结构，远极被气囊所包围的区域壁较薄。棕黄色。

产地层位 呼图壁县东沟，吐谷鲁群。

双囊亚类 Disaccites Cookson，1947

单肋双囊系 Disaccichordati Ouyang，2003

巴德沃基粉属 *Bharadwajispora* Jansonius，1962

模式种 *Bharadwajispora labichensis* Jansonius，1962

东方巴德沃基粉 *Bharadwajispora orientalis* Ouyang，2003

（图版 9，图 2，3）

2003 *Bharadwajispora orientalis* Ouyang，欧阳舒等，321—322 页，图版 82，图 8—10，17，18。

单束型无肋双气囊花粉，轮廓卵圆形，总长为 33.0~35.2μm；本体椭圆形，大小为(20.5~24.2) μm×(21.5~27.5) μm，外壁厚约为 1.5μm，近极中部见一“Y”脊状隆起，宽 3~4μm，颇高，伸至本体赤道；气囊小于半圆形，大小为(11.0~12.1) μm×(19.8~26.4) μm，着生于本体远极之两侧，远极基内凹，或具镰形基褶，基距较宽，为 1/2~2/5 本体长，囊内细网状。黄色。

当前标本仅个体较小与本种稍有不同，后者总长 42(46) 52μm。

产地层位 吉木萨尔县三台大龙口，烧房沟组。

单肋联囊粉属 *Colpectopollis* Pflug，1953 emend. Qu et Wang，1986

模式种 *Colpectopollis occupatus* Pflug，1953

在准噶尔盆地中—上三叠统克拉玛依组至郝家沟组常见一类具肋纹的单气囊与双气囊过渡型花粉，对该类花粉曲立范等(1986，1990)和黄嫔(1993)将其置于 *Colpectopollis* 属中，而刘兆生等(1980，1981，1999a)则将其定为 *Parataeniaesporites* 属，张祖辉等(1982)定为 *Chordasporites*。以至同一种名出现于不同的属中，如刘兆生等(1980，1981)新联合的种 *Parataeniaesporites pseudostriatus* (Kopytova) Liu，1980，曲立范等(1986)则将其新联合到 *Colpectopollis* 属下，定名为 *Colpectopollis pseudostriatus* (Kopytova) Qu et Wang，1986，张祖辉等(1982)仍延用 Kapytova 的属种名 *Chordasporites pseudostriatus*。对同一种名的描述也差别很大，刘兆生(1981)“……近极外壁具三条裂痕……裂痕将体分割成四条肋纹……”，而曲立范等(1986)则描述为“……近极中部有一条横肋，有时本体两侧褶皱(或加厚)”。根据观察，该类花粉可分为三种类型。

(1) 类型一。本体轮廓较清晰，赤道部位外壁常加厚，近极中部见一条纵肋(或褶皱)，伸达或近伸达本体赤道；两气囊从两侧包围本体，远极沟一般清楚，在体两端气囊常相连。

(2) 类型二。本体近极面见三条纵向裂痕(或裂缝)将体分割为四条纵肋纹。中部一条裂痕近直或微弯曲，其余两条裂痕常弯成弧形，有时相互连接成环形裂痕；肋纹中部两条较宽，两端两条较窄或欠明显。裂痕边缘外壁常加厚。

(3) 类型三。本体轮廓清晰，近极中具一条纵向裂缝，伸达或近伸达本体赤道，其他特征与类型 1 相似。

本书将类型一的花粉置于 *Colpectopollis* 属中；类型二花粉置于 *Parataeniaesporites* 属中，类型三的花粉也置于 *Colpectopollis* 属，对 *Colpectopollis* 的属征稍作修正。

修正属征 单气囊与双气囊过渡型花粉，极面观近圆形至椭圆形。本体轮廓较清楚，近极中部具一条纵肋(或长条形褶皱)或纵向裂缝，伸达或近伸达本体赤道。气囊从两侧包围本体，在本体赤道处相联，远极萌发区清楚。

讨论 本次修正是在曲立范等于 1986 年所修正属征的基础上稍扩展了属的范围，将近极中部具一条纵向裂缝的分子也纳入到该属中。

圆形单肋联囊粉(新联合) ***Colpectopollis rotundus* (Huang) Zhan comb. nov.**

(图版 20，图 23，24；图版 25，图 22)

1993 *Lueckisporites rotundus* Huang，黄嫔，382 页，图版Ⅳ，图 9，13。

单气囊与双气囊过渡型花粉，赤道轮廓宽椭圆形或近圆形，大小为(59.4~77.5) μm×(72.6~90.2) μm；本体轮廓卵圆形，界限明显或欠明显，本体两侧外壁或加厚，大小为(46.2~55.0) μm×(51.6~74.8) μm，近极中部具一纵向裂缝，微弯曲，长约为 1/2 本体长或伸达本体赤道，缝一侧或两侧具唇状加厚；气囊半圆形，大小为(28.6~35.2) μm×(72.5~90.2) μm，囊从两侧包围本体，在本体赤道处相联，远极基近直，明显或欠明显，相互靠近，其间为外壁变薄区，气囊具细内网状结构。棕黄至黄棕色。

当前标本本体近极面中部具一纵向裂缝将体分成两半与黄嫔描述的标本相同，唯部分标本轮廓为椭圆形而稍有区别。考虑到该种气囊在本体赤道处相联与 *Lueckisporites* 属差别较大，而与 *Colpectopollis* 属相似，故将其联合到后一属中。

产地层位 吉木萨尔县三台大龙口，黄山街组、郝家沟组。

圆形单肋联囊粉(新联合、比较种) ***Colpectopollis* cf. *rotundus* (Huang) Zhan comb. nov.**

(图版 25，图 15，23)

单气囊与双气囊过渡型花粉，赤道轮廓宽椭圆形，大小为(70.4~80.5) μm×(66.4~70.2) μm；本体轮廓卵圆形，界限明显或欠明显，大小为(58.2~64.0) μm×(58.0~64.8) μm，近极中部具一纵向裂缝，直或微弯曲，伸达本体赤道，缝两侧具唇状加厚；气囊半圆形，大小为(28.2~38.6) μm×(64.5~68.2) μm，囊从两侧包围本体，在体两端相连，远极基近直，相互靠近，其间为外壁变薄区，气囊具细内网状结构，赤道部位的网穴辐射向拉长，似显栅状结构。棕黄至黄棕色。

当前标本本体近极面中部具一纵向裂缝，缝两侧具唇状加厚与该种特征相同，但气囊赤道部位的网穴辐射向拉长，似显栅状结构而存在一定的区别，故定为比较种。

产地层位 吉木萨尔县三台大龙口，黄山街组。

厚缘单肋联囊粉(新种) ***Colpectopollis crassus* Zhan sp. nov.**

(图版 20，图 4，7；图 5-33)

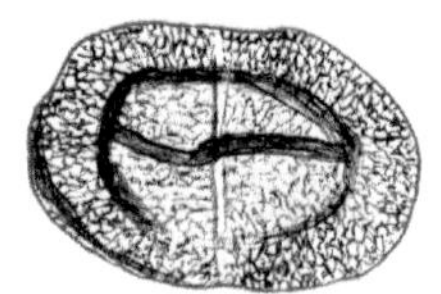

图 5-33 *Colpectopollis crassus* Zhan sp. nov.

单气囊与双气囊过渡型花粉，赤道轮廓纵长椭圆形，大小为(68.2~83.6) μm×(44.0~48.4) μm；本体轮廓椭圆形，大小为(50.6~52.8) μm×(33.0~41.8) μm，外壁在赤道部位明显加厚，形成2.5~4.5μm 宽的环带，近极中部具一纵向肋条，长伸达体缘，纹饰点状；气囊半圆形，大小为(30.8~37.4) μm×(46.2~50.6) μm，囊从两侧包围本体，在体两端相连，远极基近直，明显或欠明显，远极基距约 1/5 本体长或相互靠近，其间为外壁变薄区，气囊具细内网状结构。棕黄色。

当前标本本体赤道外壁加厚，形成明显的暗色环带与属内其他种相区别。

模式标本 图版 20 中的图 7，大小为 68.2μm×44.0μm。

产地层位 吉木萨尔县三台大龙口，黄山街组。

清晰单肋联囊粉(新种) ***Colpectopollis dilucidus* Zhan sp. nov.**

(图版 20，图 22；图版 25，图 16，24—26，28；图 5-34)

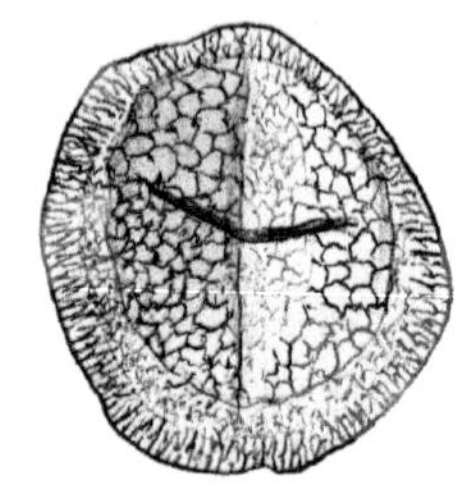

图 5-34 *Colpectopollis dilucidus* Zhan sp. nov.

单气囊与双气囊过渡型花粉，赤道轮廓卵圆形、近圆形或扁圆形，大小为(70.4~96.8) μm×(66.0~102.2) μm；本体轮廓卵圆形或椭圆形，大小为(48.4~68.2) μm× (55.2~77.0) μm，外壁或在两侧赤道部位稍加厚，宽约为 2.2μm，近极中部具一宽 2~4μm 的纵肋，长约 3/4 本体长或伸达本体赤道；气囊半圆形，大小为(30.8~49.2) μm× (66.0~102.0) μm，囊从两侧包围本体，在体两端相连，远极基相互靠拢，气囊具清晰的内网状纹饰，网穴较大，直径可达 4μm，囊赤道边缘辐射肌理清晰。棕黄至黄棕色。

当前标本以气囊网穴较大，赤道边缘辐射肌理清晰为特征，与属内其他种相区别。

模式标本 图版 25 中的图 24，大小为 70.4μm×70.4μm。

产地层位 吉木萨尔县三台大龙口，郝家沟组。

克拉玛依单肋联囊粉 ***Colpectopollis karamaiensis* Huang，1993**

(图版 20，图 10，13)

1993 *Colpectopollis karamaiensis* Huang，黄嫔，382 页，图版Ⅳ，图 21，22。

单气囊与双气囊过渡型花粉，赤道轮廓椭圆形，大小为(84.5~85.8)μm×(56.1~65.8)μm；本体椭圆形，轮廓欠明显，大小为(51.7~59.4)μm×(37.4~52.5)μm，外壁厚1.5~2μm，近极中部具一宽 2.5~4.0μm 的纵向加厚脊，长伸达体缘，纹饰细颗粒状；气囊半圆形，大小为(35.2~48.4)μm×(50.6~63.8)μm，囊从两侧包围本体，在体两端相连，近极基赤道位，远极基相互靠拢，其间为外壁变薄区，气囊细内网状。棕黄色。

当前标本轮廓椭圆形，本体欠明显，近极面具一伸达赤道的纵肋，气囊远极基相互靠拢与该种特征一致。

产地层位 吉木萨尔县三台大龙口，黄山街组。

雅致单肋联囊粉 *Colpectopollis scitulus*（Qu et Pu）Qu et Wang，1986

（图版 25，图 18）

1983 *Chordasporites scitulus* Qu et Pu，曲立范等，156 页，图版 1，图 34，35。

1986 *Colpectopollis scitulus*（Qu et Pu）Qu et Wang，曲立范等，165 页，图版 38，图 8；图版 40，图 9。

单气囊与双气囊过渡型花粉，赤道轮廓椭圆形，大小为 93.2μm×68.2μm；本体椭圆形，大小为 68.2μm×48.4μm，近极中部具一宽 4.5μm 的纵向加厚脊，长伸达本体赤道，纹饰细颗粒状；气囊半圆形，大小为(39.6~44.0)μm×68.2μm，囊从两侧包围本体，在体两端相连，远极基直，基距约为 11μm，其间为外壁变薄区，气囊细内网状。棕黄色。

产地层位 吉木萨尔县三台大龙口，郝家沟组。

单脊双囊粉属 *Chordasporites* Klaus，1960

模式种 *Chordasporites singulichorda* Klaus，1960

澳大利亚单脊双囊粉 *Chordasporites australiensis* de Jersey，1962

（图版 25，图 19）

1962 *Chordasporiotes australiensis* de Jersey，p. 11，pl. 4，figs. 10，11.

两气囊花粉，赤道轮廓椭圆形，大小为 68.2μm×64.5μm；本体轮廓卵圆形，大小为41.8μm×63.8μm，外壁厚约为 1.5μm，近极中部具一横向肋条，长达体两侧，两端变窄，最宽处达 8μm，纹饰颗粒状；气囊半圆形，大小为(25.3~26.4)μm×(55.5~61.6)μm，着生于本体远极之两侧，远极基近直，间距约 1/3 本体长，其间为外壁变薄区，气囊具内细网状纹饰。棕黄色。

产地层位 乌鲁木齐县郝家沟，郝家沟组。

短单脊双囊粉 *Chordasporiotes brachytus* Ouyang et Li，1980

（图版 16，图 15；图版 35，图 4）

1980 *Chordasporiotes brachytus* Ouyang et Li，欧阳舒等，146 页，图版Ⅳ，图 22。

两气囊花粉，总长为 49.5~74.8μm；本体轮廓扁圆形或宽扁圆形，大小为(41.8~59.4) μm×(36.8~37.2) μm，外壁厚约为 2μm，表面粗糙或细颗粒状，近极具一条宽为 3.0~3.5μm 微折拗的横向脊条，其长约为本体长的 1/2；气囊稍大于半圆形，大小为(19.8~26.4) μm×(24.2~33.0) μm，着生于本体两侧稍偏远极，远极基或靠近，气囊具内细网状结构。棕黄色。

产地层位 吉木萨尔县三台大龙口，克拉玛依组；乌鲁木齐县郝家沟，八道湾组。

浑江单脊双囊粉 ***Chordasporiotes hunjiangensis*** **Wu et Pu，1982**

(图版 20，图 15)

1982 *Chordasporiotes hunjiangensis* Wu et Pu，吴洪章等，112 页，图版 II，图 10。

两气囊花粉，总长为 86.2μm；本体轮廓卵圆形，大小为 70.8μm×73.8μm，外壁厚约为 2μm，表面粗糙，近极具一条宽约为 4μm 微弯曲的脊条，近伸达本体赤道；气囊较小，稍大于半圆形，大小为(32.0~37.8) μm×(50.0~59.5) μm，以收缩的基部着生于本体远极之两侧，远极基相距较远，气囊具细内网状结构。棕黄色。

当前标本的形态特征与该种相似，唯近极脊条微弯曲而稍有不同。

产地层位 吉木萨尔县三台大龙口，黄山街组。

粗强单脊双囊粉 ***Chordasporiotes impensus*** **Ouyang et Li，1980**

(图版 6，图 2)

1980 *Chordasporiotes impensus* Ouyang et Li，欧阳舒等，146 页，图版IV，图 20；图版 V，图 21，29。

双束型两气囊花粉，总长 46.2μm；本体宽椭圆形，大小为 30.8μm×29.8μm，外壁厚约为 2μm，表面近光滑，近极中部具一条粗强的脊条，纵贯本体全长，宽约为 4μm；气囊较大，大于半圆形，大小为(17.6~22.0) μm×(27.5~30.8) μm，远极基稍内凹，间距约 1/3 本体长，气囊具内细网状结构，囊基部网穴辐射向拉长。体棕黄色，囊黄色。

产地层位 吉木萨尔县三台大龙口，韭菜园组。

大单脊双囊粉 ***Chordasporiotes magnus*** **Klaus，1964**

(图版 6，图 29，图版 9，图 10)

1964 *Chordasporiotes magnus* Klaus，p. 14，pl. 4，fig. 43.

1981 *Chordasporiotes magnus*，刘兆生等，157—158 页，图版 X Ⅶ，图 4。

双束型两气囊花粉，总长为 77.0~79.2μm；本体轮廓扁圆形，大小(50.6~ 52.5) μm × (35.2~39.2) μm，外壁厚约为 2μm，中部具一横向脊条，长达体两端，宽为 2.5~6.5μm，向两端渐变窄，纹饰点状；气囊大于半圆形，大小为(26.4~37.4) μm× (33.0~50.6) μm，着生于本体两侧偏远极，远极基近直或内凹，基褶明显，间距约 1/5~1/2 本体长，其间为外壁变薄区，气囊具内细网状结构。体黄棕至棕色，囊黄色。

当前标本与该种特征相似，唯个体较小而稍有不同。

产地层位 吉木萨尔县三台大龙口，韭菜园组、烧房沟组。

菱形单脊双囊粉 *Chordasporiotes rhombiformis* Zhou，1982

（图版 30，图 7）

1982 *Chordasporiotes rhombiformis* Zhou，周和仪，146 页，图版 II，图 7，8。

两气囊花粉，总长为 63.8μm；本体轮廓卵圆形，大小为 39.6μm×35.2μm，外壁厚约为 2μm，近极中部具一横向脊条，长达体两端，宽为 2.5~3.0μm，纹饰细内网状；气囊稍大于半圆形，大小为(28.6~29.7) μm×(30.8~35.2) μm，着生于本体两侧稍偏远极，远极基靠近，气囊具内细网状结构。体棕黄色，囊黄色。

当前标本与该种特征相似，唯个体较大而稍有不同，后者总长为 42~48μm。

产地层位 乌鲁木齐县郝家沟，郝家沟组。

单脊双囊粉 *Chordasporiotes singulichorda* Klaus，1960

（图版 42，图 1，36）

1960 *Chordasporiotes singulichorda* Claus，p. 158，pl. 33，fig. 45.

1981 *Chordasporiotes singulichorda*，刘兆生等，157 页，图版 16，图 5。

两气囊花粉，总长为 61.6~74.8μm；本体轮廓扁圆形，大小为(33.0~48.4) μm×(28.6~46.2) μm，外壁厚约为 1.2μm，中部具一横向脊条，长达体两端，宽为 2.0~4.5μm，其中一端相对较细，纹饰点状至细内网状；气囊半圆形，大小为(22.0~30.8) μm ×(28.6~48.4) μm，着生于本体两侧稍偏远极，远极基近直，间距约 1/2 本体长，其间为外壁变薄区，气囊具内细网状结构。体黄色，囊棕黄色。

当前标本与该种特征相似，唯个别标本个体较小和脊条一端相对较细而稍有不同，后者总长为 70~80μm。

产地层位 玛纳斯县红沟，三工河组。

少肋双囊系 Raristriatiti Ouyang，1991

二肋粉属 *Lueckisporites* Potonié et Klaus，1954 emend. Potonié，1958

模式种 *Lueckisporites virkkiae* Potonié et Klaus，1954

规则二肋粉 *Lueckisporites regularis* Wu et Pu，1982

（图版 16，图 34）

1982 *Lueckisporites regularis* Wu et Pu，蒲荣干等，112 页，图版 II，图 9。

双气囊花粉，轮廓椭圆形，总长为 123.2μm；本体圆菱形，大小为 83.6μm×66.0μm，外壁厚约为 4μm，近极中部外壁外层开裂成近对称的两瓣，裂隙较窄；气囊稍大于半圆形，大小为(57.2~59.4) μm×70.4μm，以微收缩的基部着生于本体远极之两侧，远极基近直，见条形基褶，基距窄，约为 6μm，囊细内网状。体黄棕色，囊棕黄色。

当前标本本体轮廓为圆菱形，与该种特征相一致，并以此与特征相似的 *L. triassicus* 相区别。

产地层位 吉木萨尔县三台大龙口，克拉玛依组。

逊氏二肋粉 ***Lueckisporites singhii*** **Balme，1970**

（图版 6，图 6）

1970 *Lueckisporites singhii* Balme，p. 379，pl. 13，figs. 1—3.

1986 *Lueckisporites singhii*，曲立范等，159—160 页，图版 34，图 19。

双气囊花粉，轮廓椭圆形，总长为 36.5μm；本体椭圆形，大小为 31.9μm×39.6μm，外壁厚约为 1.5μm，近极中部外壁外层开裂成近对称的两瓣，裂隙宽窄较均匀，最宽达 4.5μm；气囊小于半圆形，大小为(15.4~17.6) μm×(35.6~39.6) μm，以微收缩的基部着生于本体远极之两侧，远极基近直，基距约为 4μm，囊内网状，基部网穴辐射向拉长。棕黄色。

产地层位 吉木萨尔县三台大龙口，韭菜园组。

塔图二肋粉 ***Lueckisporites tattooensis*** **Jansonius，1962**

（图版 6，图 18，24）

1962 *Lueckisporites tattooensis* Jansonius，p. 61，pl. 13，fig. 8.

1986 *Lueckisporites tattooensis*，曲立范等，160 页，图版 34，图 17。

2000 *Lueckisporites tattooensis*，宋之琛等，392 页，图版 144，图 5—7。

双束型双气囊花粉，总长为 70.4μm；本体椭圆形，大小为 52.8μm×37.4μm，外壁厚为 1.5~2.0μm，近极中部外壁外层开裂成近对称的两瓣，裂隙宽约为 1μm；气囊大于半圆形，大小为(22.0~32.6) μm×41.8μm，以收缩的基部着生于本体远极之两侧，远极基近直，基距约 1/2 本体长，囊内网状，网穴辐射向拉长。棕黄色。

产地层位 吉木萨尔县三台大龙口，韭菜园组、烧房沟组。

三叠二肋粉 ***Lueckisporites triassicus*** **Clarke，1965**

（图版 16，图 17）

1965 *Lueckisporites triassicus* Clarke，p. 305，pl. 38，figs. 7—11，Text-fig. 6.

1980 *Lueckisporites triassicus*，曲立范，138 页，图版 77，图 19；图版 78，图 1。

1986 *Lueckisporites triassicus*，曲立范等，160 页，图版 38，图 12。

2000 *Lueckisporites triassicus*，宋之琛等，392 页，图版 144，图 1—4。

双束型双气囊花粉，总长为 74.8μm；本体宽椭圆形，大小为 41.8μm×37.4μm，外壁厚约为 2.5μm，近极中部外壁外层开裂分成近对称的两瓣，裂缝宽约 1 μm；气囊大于半圆形，大小为(28.6~35.2) μm×(39.6~41.8) μm，以收缩的基部着生于本体远极之两侧，远极基近直或稍内凹，基距约 1/5 本体长，囊细内网状，网穴辐射向拉长。体棕色，囊棕黄色。

产地层位 吉木萨尔县三台大龙口，克拉玛依组。

弗凯二肋粉 *Lueckisporites virkkiae* Potonié et Klaus，1954

（图版 16，图 20）

1954 *Lueckisporites virkkiae* Potonié et Klaus，p. 534，pl. 10，figs.1，3.

1980 *Lueckisporites virkkiae*，曲立范，图版 61，图 14。

1986 *Lueckisporites virkkiae*，曲立范等，160 页，图版 34，图 12。

2000 *Lueckisporites virkkiae*，宋之琛等，392—393 页，图版 144，图 8，9。

略呈双束型双气囊花粉，轮廓椭圆形，总长为 65.5~68.2μm；本体椭圆形，大小为(39.6~48.4) μm×(37.4~48.4) μm，外壁厚为 1.5~2.5μm，近极中部外壁外层开裂成近对称的两瓣，裂隙宽窄较均匀，最宽达 5~8μm；气囊略大于半圆形，大小为(22.0~26.4) μm×(37.4~44.0) μm，以微收缩的基部着生于本体远极之两侧，远极基近直或微凹凸，基距为 1/3~1/2 本体长，囊内网状，网穴辐射向拉长。体黄棕至棕色，囊棕黄色。

产地层位 吉木萨尔县三台大龙口，韭菜园组、克拉玛依组。

宽肋粉属 *Taeniaesporites* Leschik，1955 emend. Jansonius，1962

模式种 *Taeniaesporites kraeuseli* Leschik，1955

艾伯塔宽肋粉 *Taeniaesporites albertae* Jansonius，1962

（图版 10，图 19）

1962 *Taeniaesporites albertae* Jansonius，p. 62，pl. 13，figs. 12，13.

1980 *Taeniaesporites albertae*，曲立范，139 页，图版 66，图 4，5。

1986 *Taeniaesporites albertae*，曲立范等，162 页，图版 35，图 12；图版 36，图 2。

2000 *Taeniaesporites albertae*，宋之琛等，396 页，图版 145，图 1—3。

双束型具肋双气囊花粉，轮廓椭圆形，总长为 57.2μm；本体横长椭圆形，大小为 33.0μm×41.8μm，外壁厚约为 2μm，近极纵肋四条，宽度较均匀，宽为 4.5~6.5μm，间距为 4.0~4.5μm，肋表面密布细褶纹，垂直肋条排列；气囊大于半圆形，大小为(17.6~19.8) μm×(37.4~41.8) μm，以收缩的基部着生于本体远极之两侧，远极基近直或稍凸，基距约 3/5 本体长；气囊表面具细内网状结构，囊基部辐射条纹较发育。体黄棕色，囊棕黄色。

当前标本气囊较小，本体近极肋纹较均匀与该种相似，唯肋条上密布细褶纹而稍有不同。

产地层位 吉木萨尔县三台大龙口，烧房沟组。

联结宽肋粉 ***Taeniaesporites combinatus* Qu et Wang，1990**

（图版 10，图 20）

1990 *Taeniaesporites combinatus* Qu et Wang，曲立范等，53 页，图版 13，图 1，2。

花粉轮廓长椭圆形，总长为 92.4μm；本体椭圆形，大小为 59.4μm×48.4μm，外壁厚约为 1.5μm，近极纵肋四条，中部两条较宽，为 7~11μm，近赤道两条较细，宽为 5~8μm，肋表面具细内网纹；气囊弯月形，在体两端相联，包围整个本体，大小为 (33.0~37.4) μm× (47.3~49.5) μm，远极基强烈内凹，基距约 1/2 本体长；气囊表面具细内网状结构，囊基部网穴辐射向拉长。体黄色，囊棕黄色。

当前标本气囊在体两端相联，包围整个本体与该种相同。

产地层位 吉木萨尔县三台大龙口，烧房沟组。

大龙口宽肋粉（新种）***Taeniaesporites dalongkouensis* Zhan sp. nov.**

（图版 9，图 21，23；图 5-35）

图 5-35 *Taeniaesporites dalongkouensis* Zhan sp. nov.

花粉轮廓椭圆形，总长为 66.0~69.3μm；本体椭圆形，横轴长于纵轴，大小为 (37.4~39.6) μm× (46.2~52.8) μm，外壁厚约为 1.5μm，近极纵肋四条，宽 6.5~12.0μm，肋间距 1~6μm，其上具垂直或微斜交肋纹排列的裂纹；近极中部或见一单裂缝，约为 1/3 本体长，两侧外壁稍加厚；气囊半圆形，大小为 (19.8~26.4) μm× (44.0~55.0) μm，着生于本体远极之两侧，远极基近平直或稍内凹，基距约 1/2 本体长，囊间或见离层相连；囊细内网状，近基部网穴辐射向拉长。体和囊棕黄色。

新种以本体椭圆形，横轴长于纵轴，肋纹上具横向裂纹为特征，与属内其他种相区别。*T. transversundatus* Jansonius 肋上也具横向裂纹，但本体卵圆形，纵长，气囊较大，大于本体而不同。

模式标本 图版 9 中的图 21，总长为 66μm。

产地层位 吉木萨尔县三台大龙口，烧房沟组。

异囊宽肋粉 ***Taeniaesporites dissidensus* Qu，1984**

（图版 10，图 9）

1984 *Taeniaesporites dissidensus* Qu，《华北地区古生物图册》（三），575 页，图版 174，图 16，17。

具肋双气囊花粉，轮廓长椭圆形，总长为 70.4μm；本体椭圆形，大小为 45.1μm×33.0μm，外壁厚约为 1.5μm，近极纵肋四条，本体中部两条较宽，为 8.8~11.0μm，近赤道肋条较窄；两气囊大小不一，稍大于半圆形，大小为(17.6~28.6)μm×30.8μm，以微收缩的基部着生于本体远极之两侧，远极基近直或稍内凹，基距约 2/3 本体长；体和囊均具细内网状结构，囊上网纹较清晰，囊基部网穴辐射向拉长，并具辐射条纹。体黄色，囊棕黄色。

当前标本两气囊大小不一，囊远极基距宽与该种相似，唯本体轮廓椭圆形而稍有区别。

产地层位 吉木萨尔县三台大龙口，烧房沟组。

再分宽肋粉 ***Taeniaesporites divisus* Qu，1982**

（图版 2，图 20，24，25；图版 6，图 27，30）

1982 *Taeniaesporites divisus* Qu，曲立范，85 页，图版 2，图 5，8。

1986 *Taeniaesporites divisus*，曲立范等，162 页，图版 35，图 16。

2000 *Taeniaesporites divisus*，宋之琛等，401 页，图版 147，图 6—8。

具肋双气囊花粉，轮廓长椭圆形，总长为 64.9~96.2μm；本体近圆形，大小为(37.4~50.4)μm×(35.8~56.1)μm，外壁厚约为 1.5μm，近极纵肋四条，本体中部两条较宽，或色较暗，宽为 13.2~15.4μm，且各被一窄沟再分为两条，近赤道两条或较窄，宽为 3~8μm；气囊近半圆形，大小为(21.6~40.2)μm×(37.4~67.4)μm，以微收缩的基部着生于本体远极之两侧，远极基近直或稍凸，或见条形基褶，基距约 1/5~1/3 本体长；体和囊均具细内网状结构，囊上网纹较清晰。体黄棕色，囊棕黄色。

产地层位 吉木萨尔县三台大龙口，锅底坑组顶部，韭菜园组。

年幼宽肋粉 ***Taeniaesporites junior* (Klaus) Qu，1982**

（图版 9，图 28）

1960 *Lueckisporites junior* Klaus，p. 156，pl. 33，fig. 42.

1982 *Taeniaesporites junior* (Klaus) Qu，曲立范等，92 页，图版 2，图 9。

2000 *Taeniaesporites junior*，宋之琛等，398 页，图版 146，图 3，4。

花粉轮廓长卵圆形，总长为 84.2μm；本体宽卵圆形，大小为 59.4μm×50.6μm，外壁薄，约为 1μm，近极纵肋四条，中部两条较宽，宽为 10.0~13.2μm，间距为 4~10μm，平行纵轴排列，伸达本体赤道，稍凸出本体轮廓之外；气囊半圆形，大小为(28.6~30.8)μm×(48.4~52.8)μm，着生于本体远极之两侧，远极基近直或内凹，基距约 1/2 本体长；囊纹饰细内网状。体淡黄色，囊棕黄色。

产地层位 吉木萨尔县三台大龙口，烧房沟组。

克氏宽肋粉 *Taeniaesporites kraeuseli* Leschik，1955

（图版 30，图 12）

1955 *Taeniaesporites kraeuseli* Leschik，p. 59，pl. 8，figs. 1，2.

1978 *Taeniaesporites kraeuseli*，雷作淇，233 页，图版 II，图 14。

1984 *Taeniaesporites kraeuseli*，《华北地区古生物图册》（三），570 页，图版 173，图 14。

1986 *Taeniaesporites kraeuseli*，曲立范等，162 页，图版 38，图 4；图版 40，图 7。

1990 *Taeniaesporites kraeuseli*，曲立范等，图版 10，图 11。

2000 *Taeniaesporites kraeuseli*，宋之琛等，395 页，图版 144，图 13—15。

具肋双气囊花粉，轮廓扁圆形，总长为 52.8μm；本体近圆形，大小为 35.2μm×37.4μm，外壁厚约为 2μm，近极纵肋四条，间距较宽，伸达本体赤道；气囊近半圆形，大小为(12.5~19.8) μm×(37.4~39.6) μm，以微收缩的基部着生于本体远极之两侧，远极基内凹，赤道处靠近，中部较宽，约 3/5 本体长；囊内网状，基部具辐射向褶皱。棕黄色。

产地层位 吉木萨尔县三台大龙口，郝家沟组。

连脊宽肋粉 *Taeniaesporites labdacus* Klaus，1963

（图版 9，图 24；图版 10，图 16，22；图版 20，图 5，6；图版 25，图 3）

1963 *Taeniaesporites labdacus* Klaus，p. 331，pl. 13，figs. 65，66.

1984 *Taeniaesporites labdacus*，《华北地区古生物图册》（三），574 页，图版 173，图 15，16。

1986 *Taeniaesporites labdacus*，曲立范等，161 页，图版 35，图 17—20。

2000 *Taeniaesporites labdacus*，宋之琛等，396 页，图版 145，图 6—8。

花粉轮廓椭圆形，总长为 52.8~90.2μm；本体宽卵圆形或椭圆形，大小为(39.6~61.6) μm×(39.6~46.2) μm，外壁厚约为 1.5μm，近极纵肋四条，宽 4~11μm，间距为 1.0~6.8μm，平行纵轴排列，伸达本体赤道，中部两条肋或较宽，色稍暗，末端相连，近赤道处两条肋或欠明显；气囊半圆形或稍大于半圆形，大小为(17.0~30.8) μm×(26.4~48.4) μm，着生于本体远极之两侧，远极基近直或稍内凹，基距约 3/5 本体长；囊纹饰细内网状。体黄色，囊黄至棕黄色。

产地层位 吉木萨尔县三台大龙口，烧房沟组至郝家沟组。

诺维奥宽肋粉 *Taeniaesporites noviaulensis* Leschik，1956

（图版 6，图 26；图版 9，图 27；图版 10，图 11，13；图版 30，图 14）

1956 *Taeniaesporites noviaulensis* Leschik，p. 134，pl. 22，figs. 1，2.

1978 *Taeniaesporites noviaulensis*，《中南地区古生物图册》（四），483 页，图版 135，图 15—18。

1986 *Taeniaesporites noviaulensis*，曲立范等，161 页，图版 35，图 7。

2000 *Taeniaesporites noviaulensis*，宋之琛等，395 页，图版 144，图 16—19。

双束型具肋双气囊花粉，总长为 51.2~88.0μm；本体宽椭圆形，大小为(35.2~

55.0) μm×(30.8~46.2) μm，近极纵肋四条，宽 4.5~11.0μm，平行纵轴排列，伸达本体两端；气囊稍大于半圆形，大小为(17.6~33.0) μm×(33.0~55.0) μm，以收缩的基部着生于本体远极之两侧，远极基近直或稍内凹，或见披针形或镰形基褶，基距约 1/3~1/2 本体长；囊和肋条上均具细内网纹，囊上网纹清晰，囊基部网穴辐射向拉长。体棕黄至黄棕色，囊黄色。

产地层位 准噶尔盆地南缘三叠系。

诺维蒙宽肋粉 *Taeniaesporites novimundi* Jansonius，1962

(图版 6，图 11；图版 9，图 5；图版 16，图 35；图版 25，图 7)

1962 *Taeniaesporites novimundi* Jansonius，p. 63，pl. 13，figs. 19—25.

1980 *Taeniaesporites novimundi*，曲立范，138—139 页，图版 65，图 7—9，12。

2000 *Taeniaesporites novimundi*，宋之琛等，397 页，图版 145，图 15—17。

花粉轮廓长椭圆形，总长为 59.4~116.6μm；本体宽椭圆形至椭圆形，大小为(37.4~70.4) μm×(29.5~66.0) μm，外壁厚为 1.5~2.0μm，近极纵肋四条，宽为 5.0~18.5μm，平行纵轴排列，伸达本体赤道，中部两条肋较宽，不或稍凸出轮廓线外，近赤道两条肋或较窄；气囊半圆形，大小为(19.5~48.4) μm×(24.2~68.2) μm，以微收缩的基部着生于本体远极之两侧，远极基稍内凹，具新月形基褶，基距为 1/3~1/2 本体长；囊和肋条上均具细内网纹，肋纹上纹饰较细。体棕黄至棕色，囊黄至棕黄色。

产地层位 准噶尔盆地南缘三叠系。

奥贝克斯宽肋粉 *Taeniaesporites obex* Balme，1963

(图版 9，图 20)

1963 *Taeniaesporites obex* Balme，p. 6，figs. 1，3.

1990 *Taeniaesporites obex*，曲立范等，图版 10，图 18。

2000 *Taeniaesporites obex*，宋之琛等，397 页，图版 145，图 13，14。

花粉轮廓长椭圆形，总长为 94.6μm；本体宽椭圆形，大小为 52.8μm×41.8μm，外壁厚约为 1.5μm，近极纵肋四条，宽为 6.6~8.8μm，平行纵轴排列，伸达本体赤道，稍凸出本体轮廓线之外；气囊半圆形，大小(33.0~35.2) μm×43.2μm，以微收缩的基部着生于本体远极之两侧，远极基近直或稍内凹，基距约 1/2 本体长；囊和肋条上均具细内网纹，基部具大量放射状条纹。体黄色，囊棕黄色。

产地层位 吉木萨尔县三台大龙口，烧房沟组。

透明宽肋粉 *Taeniaesporites pellucidus* (Goubin) Balme，1970

(图版 25，图 2)

1965 *Protohaploxypinus pellucidus* Goubin，p. 1423，pl. 2，figs. 4—6.

1970 *Taeniaesporites pellucidus* (Goubin) Balme，p. 373，pl. 13，figs. 8—10.

1984 *Taeniaesporites pellucidus*，《华北地区古生物图册》(三)，572 页，图版 173，图 4，5，8。

2000 *Taeniaesporites pellucidus*，宋之琛等，401 页，图版 147，图 11—13。

花粉轮廓长椭圆形，总长为 63.8μm；本体壁薄，两侧界线欠明显，宽椭圆形，大小为 45.7μm×39.8μm，近极纵肋四条，宽为 4~11μm，间距为 1.5~6.0μm，平行纵轴排列，伸达本体赤道，中部两条稍凸出于轮廓线之外；气囊半圆形，大小为(20.2~24.5)μm×42.2 μm，位于本体远极之两侧，远极基近平直，基距宽，约 1/2 本体长；肋和囊表面均为细内网状结构，囊上网纹清晰，且比较粗大些。体棕黄色，囊黄棕色。

产地层位 吉木萨尔县三台大龙口，烧房沟组。

正方宽肋粉 *Taeniaesporites quadratus* Qu et Wang，1986

(图版 9，图 32，33；图版 16，图 36；图版 20，图 20)

1986 *Taeniaesporites quadratus* Qu et Wang，曲立范等，160 页，图版 35，图 2，6。

1990 *Taeniaesporites quadratus*，曲立范等，图版 13，图 9。

2000 *Taeniaesporites quadratus*，宋之琛等，400 页，图版 147，图 1—3。

花粉轮廓近方形，总长为 55.0~83.6μm；本体椭圆形，大小为(36.3~59.4)μm×(50.6~72.2)μm，外壁厚为 1.0~1.5μm，近极纵肋四条，宽为 6.0~17.6μm，间距为 2.0~11.5μm，平行纵轴排列，伸达本体赤道，中部两条肋纹色较暗；气囊半圆形，大小为(17.6~31.8)μm×(50.6~72.6)μm，位于本体远极之两侧，远极基近平直或稍内凹，基距宽，约 1/3~1/2 本体长；肋和囊表面均为细内网状结构，囊上网纹清晰，且比较粗大些。体黄至黄棕色，囊黄至棕黄色。

产地层位 吉木萨尔县三台大龙口，烧房沟组、克拉玛依组、黄山街组。

瑞替宽肋粉 *Taeniaesporites rhaeticus* Schulz，1967

(图版 9，图 16)

1967 *Taeniaesporites rhaeticus* Sculz，p. 597，pl. 18，fig. 4.

1978 *Taeniaesporites rhaeticus*，雷作淇，233 页，图版 1，图 15。

1987 *Taeniaesporites rhaeticus*，钱丽君等，图版 29，图 6。

2000 *Taeniaesporites rhaeticus*，宋之琛等，398 页，图版 145，图 18—20。

花粉轮廓长椭圆形，总长为 63.5~70.4μm；本体椭圆形，大小为(44.0~46.2)μm×(31.9~39.6)μm，外壁厚为 1~2μm，近极纵肋四条，宽为 4.0~10.5μm，间距为 1.0~6.5μm，平行纵轴排列，伸达本体赤道，或凸出轮廓线之外，中部两条肋较宽，色稍暗，边部两条肋较窄；气囊半圆形，大小为(19.8~24.2)μm×(30.8~42.5)μm，以微收缩的基部着生于本体远极之两侧，远极基近平直，基距约 1/2 本体长；囊纹饰细内网状。体棕黄色，囊黄色。

产地层位 吉木萨尔县三台大龙口，烧房沟组。

横波宽肋粉 ***Taeniaesporites transversundatus* Jansonius，1962**

（图版 9，图 15；图版 10，图 1，10，12，28；图版 30，图 13，18）

1962 *Taeniaesporites transversundatus* Jansonius，p. 64，pl. 14，figs. 3，4.

1980 *Taeniaesporites transversundatus*，曲立范，139 页，图版 66，图 6。

2000 *Taeniaesporites transversundatus*，宋之琛等，396 页，图版 145，图 4，5。

花粉轮廓长椭圆形或哑铃形，总长为 63.8~82.5μm；本体近圆形或椭圆形，大小为 (28.6~47.3) μm×(26.4~45.1) μm，外壁厚为 1.5~3.5μm，近极纵肋四条，中部两条肋纹或较宽，其上具垂直或微斜交肋纹排列的裂纹，近赤道的两条肋纹或较窄，其上裂纹或欠明显，肋边缘波形；气囊大于半圆形，大小为 (19.8~33.0) μm×(26.2~53.9) μm，以收缩的基部着生于本体远极之两侧，远极基近平直，基距约 1/3~1/2 本体长；囊细内网状,近基部网穴辐射向拉长，辐射条纹较发育。体黄至棕色，囊黄至棕黄色。

产地层位 吉木萨尔县三台大龙口，烧房沟组；乌鲁木齐县郝家沟，郝家沟组。

兴县宽肋粉 ***Taeniaesporites xingxianensis* Qu，1984**

（图版 10，图 25）

1984 *Taeniaesporites xingxianensis* Qu，《华北地区古生物图册》（三），573 页，图版 173，图 9，10。

2000 *Taeniaesporites xingxianensis*，宋之琛等，401 页，图版 147，图 9，10。

花粉轮廓宽椭圆形，总长为 70.5μm；本体近圆形，大小为 56.2μm×57.8μm，外壁厚约为 2.5μm，近极纵肋四条，中部两条肋纹较宽，达 12~14μm，向体两端收缩，肋间距为 4~6μm；气囊小于半圆形，大小为 (26.2~33.0) μm×(54.3~56.9) μm，远极基近平直，具长条形基褶，基距约 1/3 本体长；囊细内网状。体棕色，囊棕黄色。

产地层位 吉木萨尔县三台大龙口，烧房沟组。

副四肋粉属 ***Parataeniaesporites* Liu，1980**

模式种 *Parataeniaesporites pseudostriatus*（Kopytova）Liu，1980

假肋副四肋粉 ***Parataeniaesporites pseudostriatus*（Kopytova）Liu，1980**

（图版 15，图 27，31，33）

1963 *Florinites pseudostriatus* Kopytova，Копытова，стр. 67，табл. 1，фиг. 5，6.

1980 *Parataeniaesporites pseudostriatus*（Kopytova）Liu，7 页，图版 II，图 20，23。

1981 *Parataeniaesporites pseudostriatus*，刘兆生等，154 页，图版 XVI，图 1—3。

1986 *Colpectopollis pseudostriatus*（Kopytova）Qu et Wang，曲立范等，165 页，图版 38，图 15；图版 40，图 8。

1990 *Colpectopollis pseudostriatus*，曲立范等，图版 12，图 37。

具肋双气囊花粉，赤道轮廓宽椭圆形或近圆形，大小为 (59.4~110.0) μm×(70.0~

99.5) μm；本体轮廓椭圆形或近圆形，大小为 (46.2~81.4) μm× (59.2~96.8) μm，外壁厚为 1.0~1.5μm，近极面具三条纵向裂痕将体分割成四条肋纹，中部一条裂痕较直或微弯曲，伸达或近伸达体缘，其余两条常弯成弧形，有时两条弧形裂痕相连成圆形，在裂痕周围外壁更厚或呈褶皱状；中部两条肋纹较宽大，边部两条较窄；气囊半圆形，大小为 (28.6~52.8) μm× (65.5~99.5) μm，囊从两侧包围本体，在远极互相靠近，形成一狭窄的萌发沟，在两端相连；囊和体表面均为细内网状。棕黄至黄棕色。

产地层位 吉木萨尔县三台大龙口，克拉玛依组、黄山街组；乌鲁木齐县郝家沟，郝家沟组。

无缝双囊系 Disacciatrileti Leschik，1955 emend. R. Potonié，1958

开通粉属 *Caytonipollenites* Couper，1958

模式种 *Caytonipollenites pallidus* (Reissinger) Couper，1958

克拉格开通粉 *Caytonipollenites cregii* (Pocock) Qu，1984

(图版 15，图 3)

1970 *Vitreisporites cregii* Pocock，p. 88，pl. 18，figs. 27，28.

1984 *Vitreisporites cregii*，尚玉珂，图版 2，图 4。

1984 *Caytonipollenites cregii* (Pocock) Qu，《华北地区古生物图册》(三)，588 页，图版 176，图 3。

2000 *Caytonipollenites cregii*，宋之琛等，403 页，图版 115，图 7。

花粉轮廓宽椭圆形，总长为 26.4μm；本体横长椭圆形，大小为 11.0μm×22.5μm，表面纹饰点状；气囊半圆形，与体等宽，大小为 (8.8~11.8) μm×22.5μm，着生于本体远极之两侧，远极基直，基距约为 1/2 本体长，囊细内网状。体黄色，囊浅黄色。

当前标本宽椭圆形的轮廓，气囊与本体等宽，本体横长等特征与该种相似，唯个体较小略有不同。

产地层位 吉木萨尔县三台大龙口，克拉玛依组。

长翼开通粉(新联合) *Caytonipollenites longialatus* (Huang) Zhan comb. nov.

(图版 15，图 2)

1993 *Vitreisporites longialatus* Huang，黄嫔，382 页，图版III，图 34，35。

花粉轮廓长椭圆形，总长为 44μm；本体椭圆形，大小为 15.4μm×16.5μm，表面纹饰不清；气囊半圆形，大小 (17.6~19.8) μm×17.6μm，着生于本体远极之两侧，远极基直，基距约为 1/2 本体长，囊细内网状。体棕黄色，囊黄色。

当前标本以纵长椭圆形的轮廓与黄嫔描述的该种标本特征相一致，并以此与 *C. pallidus* 相区别。

产地层位 吉木萨尔县三台大龙口，克拉玛依组。

苍白开通粉 *Caytonipollenites pallidus* (Reissenger) Couper，1958

(图版 15，图 1)

1950 *Pityosporites pallidus* Reissinger，p. 109，pl. 15，figs. 1—5.

1958 *Caytonipollenites pallidus* (Reissinger) Couper，p. 149，pl. 26，figs. 7，8.

1976 *Caytonipollenites pallidus*，黎文本，6 页，图版 12，图 4。

2000 *Caytonipollenites pallidus*，宋之琛等，403—404 页，图版 115，图 1—4。

花粉轮廓椭圆形，总长为 28.1μm；本体卵圆形，大小为 11.0μm×17.6μm，表面纹饰不清；气囊半圆形，大小为 13.2μm×18.6μm，着生于本体远极之两侧，远极基直，基距约为 1/3 本体长，囊细内网状。体黄棕色，囊黄色。

产地层位 吉木萨尔县三台大龙口，克拉玛依组。

蝶形开通粉 *Caytonipollenites papilionaceus* (Qian et al.) Song，2000

(图版 6，图 1)

1983 *Vitreisporites papilionaceus* Qian et al.，钱丽君等，57 页，图版 8，图 13，14，16；82 页，图版 18，图 8。

1990 *Vitreisporites papilionaceus*，曲立范等，图版 13，图 22；图版 16，图 28。

2000 *Caytonipollenites papilionaceus* (Qian et al.) Song，宋之琛等，404 页，图版 115，图 9—11。

花粉粒大小为 30.8μm×22.0μm，轮廓微哑铃形；本体卵圆形，大小为 14.5μm×18.8μm，表面纹饰不清；气囊大于半圆形，大小 (13.2~15.4) μm× (21.0~23.1) μm，着生于本体远极之两侧，远极基直，基距约为 1/3 本体长，囊细内网状。体黄棕色，囊黄色。

产地层位 吉木萨尔县三台大龙口，韭菜园组。

膜囊粉属 *Indusiisporites* Leschik，1955

模式种 *Indusiisporites velatus* Leschik，1955

盘旋膜囊粉 *Indusiisporites convolutus* (Pocock) Li，1980

(图版 58，图 12，16)

1970 *Podocarpidites convolutes* Pocock，p. 90，pl. 19，figs. 21，22.

1980 *Indusiisporites convolutus* (Pocock) Li，黎文本等，图版 4，图 21。

2000 *Indusiisporites convolutus*，宋之琛等，405 页，图版 119，图 4—6。

花粉和本体轮廓近圆形至宽椭圆形，花粉粒总长为 59.4~74.8μm，本体大小为 (55.0~59.4) μm× (55.0~58.5) μm，外壁厚为 1.5~4.5μm，纹饰细颗粒状；气囊较小，大小 (13.2~24.2) μm× (28.6~44.0) μm，着生于本体远极之两侧，远极基近直，间距约 1/2 本体长，囊壁薄，具内细网状结构。体棕黄色，囊黄色。

当前标本近圆形至卵圆形的本体，气囊小，远极基近直，相距较远等特征与该种相一致。

产地层位 呼图壁县东沟，吐谷鲁群清水河组。

松囊系 Pinusacciti Erdtman，1945 emend. R. Potonié，1958

单束松粉属 ***Abietineaepollenites*** **Potonié，1951 ex Delcourt et Sprumont，1955**
模式种 *Abietineaepollenites microalatus*（Potonié）Delcourt et Sprumont，1955

分离单束松粉 *Abietineaepollenites dividuus*（Bolkhovitina）Song，2000

（图版 34，图 28；图版 35，图 32；图版 42，图 17；图版 52，图 32；图版 59，图 5）

1956 *Pinites dividuus* Bolkhovitina，Болховитина，стр. 108，табл. 20，фиг. 199.

1985 *Pinites dividuus*，蒲荣干等，图版 4，图 12；图版 25，图 5。

2000 *Abietineaepollenites dividuus*（Bolkhovitina）Song，宋之琛等，406 页，图版 114，图 4。

花粉粒长为 44.0~72.6μm，宽为 44.2~59.4μm，轮廓宽椭圆形；本体轮廓卵圆形，大小为(30.8~48.4)μm×(44.2~59.4)μm，外壁厚约为 2μm，纹饰细颗粒状；气囊半圆形，大小为(17.6~33.0)μm×(44.0~59.4)μm，着生于本体远极之两侧，远极基近直，间距约 1/6~1/4 本体长，其间为外壁变薄区，气囊具内细网状结构。体黄棕至深棕色，囊黄至棕色。

当前标本卵圆形的本体，远极基近直，相距较近等特征与该种相一致，唯个体较小而稍有不同，后者总长为 75~82μm。

产地层位 乌鲁木齐县郝家沟，八道湾组；玛纳斯县红沟，三工河组、头屯河组；和布克赛尔县达巴松凸起井区，吐谷鲁群。

小囊单束松粉 *Abietineaepollenites microalatus*（Potonié）Delcourt et Sprumont，1955

（图版 59，图 26）

1931 *Piceae-pollenites microalatus* Potonie，S. 5，Fig. 34.

1951 *Abietineaepollenites microalatus minor*，Potonie，S. 145，Taf. 20，Fig. 21.

1955 *Abietineaepollenites microalatus*（Potonie）Delcourt et Sprumont，p. 51.

1976 *Abietineaepollenites microalatus*，宋之琛等，26 页，图版 5，图 15。

1999 *Abietineaepollenites microalatus*，宋之琛等，198—199 页，图版 55，图 14—17。

单维管束型，花粉总长为 93μm；本体轮廓卵圆形，大小为 64μm×50μm，外壁厚约为 2μm，纹饰细颗粒状；气囊半圆形，大小(34~38)μm×(46~48)μm，着生于本体远极之两侧，具内细网状结构。体黄棕色，囊棕黄色。

产地层位 和布克赛尔县夏盐凸起井区，吐谷鲁群。

小单束松粉 *Abietineaepollenites minimus* Couper，1958

（图版 30，图 3；图版 35，图 16；图版 42，图 16）

1958 *Abietineaepollenites minimus* Couper，p. 153，pl. 28，figs. 14，15.

1982 *Abietineaepollenites minimus*，杜宝安等，图版 2，图 17。

1982 *Abietineaepollenites minimus*，蒲荣干等，439 页，图版 15，图 13，15。

2000 *Abietineaepollenites minimus*，宋之琛等，406—407 页，图版 114，图 1，2。

花粉粒长为 48.4~59.4μm，轮廓扁圆形；本体轮廓近圆形，大小 (32.8~40.7) μm× (38.5~44.0) μm，外壁厚为 1.2~2.0μm，纹饰颗粒状；气囊半圆形，大小为 (17.6~26.4) μm× (36.3~37.4) μm，着生于本体远极之两侧，近极基明显，强烈内凹，亚赤道位，远极基直或稍内凹，间距为 1/5~1/3 本体长，其间为外壁变薄区，气囊具内网状结构。棕黄色。

产地层位 乌鲁木齐县郝家沟，郝家沟组至八道湾组；玛纳斯县红沟，三工河组。

阿里粉属 *Alisporites* Daugherty，1941 emend. Jansonius，1971

模式种 *Alisporites opii* Daugherty，1941

澳大利亚阿里粉 *Alisporites australis* De Jersey，1962

（图版 5，图 53；图版 15，图 11，20，21；图版 19，图 17，28；图版 24，图 12，23；图版 30，图 5，10，11，19，34）

1962 *Alisporites australis* De Jersey，p. 8，pl. 2，fig. 14；pl. 3，figs. 3，4.

1978 *Alisporites australis*，《中南地区古生物图册》（四），505 页，图版 134，图 3，7。

2000 *Alisporites australis*，宋之琛等，407—408 页，图版 114，图 5，6；图版 141，图 7，8。

花粉总长为 60.4~96.8μm；本体椭圆形，大小为 (36.4~66.0) μm× (42.2~81.4) μm，外壁厚为 1.5~2.0μm，表面粗糙、细颗粒状或细内网状；气囊半圆形，大小为 (26.0~46.2) μm× (36.8~77.0) μm，着生于本体远极之两侧，远极基近直或稍内凹，其间萌发沟区为 1/5~1/3 本体长，气囊具内网状结构，囊基部网穴辐射向拉长。体黄至棕色，囊黄至棕黄色。

产地层位 吉木萨尔县三台大龙口，韭菜园组至黄山街组；乌鲁木齐县郝家沟，郝家沟组。

耳囊阿里粉 *Alisporites auritus* Ouyang et Li，1980

（图版 15，图 16）

1980 *Alisporites auritus* Ouyang et Li，欧阳舒等，155 页，图版 V，图 20，26。

2003 *Alisporites auritus*，欧阳舒等，314—315 页，图版 82，图 4。

花粉总长为 49.5μm；本体轮廓横长椭圆形，大小为 32.5μm×44.8μm，外壁厚约为 1.5μm，纹饰细颗粒状；气囊小，半圆形，大小为 (15.4~17.6) μm× (28.6~35.2) μm，着生于本体远极之两侧，远极沟窄，气囊具内细网状结构。体黄棕色，囊棕黄色。

产地层位 吉木萨尔县三台大龙口，克拉玛依组。

格劳福格尔阿里粉 ***Alisporites grauvogeli* Klaus，1964**

（图版 9，图 11；图版 24，图 18；图版 30，图 2；图版 42，图 4）

1984 *Alisporites grauvogeli* Klaus，《华北地区古生物图册》（三），586 页，图版 177，图 8。

2000 *Alisporites grauvogeli*，宋之琛等，409 页，图版 114，图 13。

花粉粒长为 46.2~68.2μm，轮廓扁圆形；本体轮廓不清楚，大小为(25.2~57.2) μm×(39.6~59.4) μm，外壁厚约为 1μm，纹饰点状至颗粒状；气囊半圆形，大小为(17.6~30.8) μm×(37.4~55.0) μm，着生于本体远极之两侧，远极沟明显，宽为 6.6~13.2μm，色浅，气囊具内细网状结构。黄至黄棕色。

产地层位 吉木萨尔县三台大龙口，烧房沟组；乌鲁木齐县郝家沟，郝家沟组；玛纳斯县红沟，三工河组。

因达拉阿里粉 ***Alisporites indarraensis* Segroves，1970**

（图版 15，图 12；图版 42，图 15）

1984 *Alisporites indarraensis* Segroves，《华北地区古生物图册》（三），585 页，图版 176，图 7。

1986 *Alisporites indarraensis*，曲立范等，168 页，图版 40，图 15。

2000 *Alisporites indarraensis*，宋之琛等，409 页，图版 114，图 11，12。

花粉粒长为 73.7~92.4μm，轮廓长扁圆形；本体近圆形，大小为(50.6~52.8) μm×50.6μm，外壁厚约 2.0μm，纹饰细颗粒状；气囊半圆形，大小为(26.4~35.2) μm×(37.4~41.8) μm，着生于本体远极之两侧，远极基距较宽，约 1/2 本体长，其间外壁明显变薄，气囊具内细网状结构，囊基部网穴辐射向拉长。黄至棕黄色。

产地层位 吉木萨尔县三台大龙口，克拉玛依组；玛纳斯县红沟，三工河组。

小囊阿里粉 ***Alisporites minutisaccus* Clarke，1965**

（图版 5，图 55；图版 14，图 3，6；图版 15，图 9，28；图版 24，图 21）

1965 *Alisporites minutisaccus* Clarke，p. 310，pl. 35，fig. 12.

1981 *Alisporites minutisaccus*，刘兆生等，160—161 页，图版 17，图 16。

1990 *Alisporites minutisaccus*，曲立范等，图版 13，图 3。

2000 *Alisporites minutisaccus*，宋之琛等，409—410 页，图版 114，图 17，20。

花粉总长为 44.0~68.2μm；本体近圆形或卵圆形，大小为(33.1~44.0) μm×(33.5~55.2) μm，外壁厚为 1.5~2.0μm，纹饰细颗粒状；气囊小，半圆形，大小为(15.4~24.2) μm×(19.8~41.8) μm，着生于本体远极之两侧，远极基距较宽，其间萌发沟区也较宽，气囊具内网状结构，囊基部网穴辐射向拉长。棕黄至棕色。

产地层位 准噶尔盆地南缘三叠系。

努塔尔阿里粉 *Alisporites nuthallensis* Clarke，1965

（图版 24，图 9，13；图版 30，图 4）

1965 *Alisporites nuthallensis* Clarke，p. 338，pl. 43，figs. 1，15.

1983 *Alisporites nuthallensis*，《西南地区古生物图册》（微体古生物分册），600 页，图版 131，图 16。

1986 *Faslcisporites nuthallensis* (Clarke) Balme，曲立范等，166 页，图版 36，图 4。

2000 *Alisporites nuthallensis*，宋之琛等，410 页，图版 114，图 18，19。

花粉粒长为 57.2~61.6μm，轮廓长扁圆形；本体宽椭圆形，大小为(26.4~33.8) μm×(37.4~41.8) μm，外壁厚约为 1μm，纹饰点状至细颗粒状；气囊半圆形，大小为(24.2~26.4) μm×(37.4~44.0) μm，着生于本体远极之两侧，远极基直，远极萌发区较窄，约 1/4 本体长，其间外壁明显变薄，色淡，气囊具内网状结构，囊基部网穴辐射向拉长。棕黄色至黄棕色。

产地层位 乌鲁木齐县郝家沟，郝家沟组。

奥皮阿里粉 *Alisporites opii* Daugherty，1941

（图版 24，图 19）

1941 *Alisporites opii* Daugherty，p. 98，pl. 34，fig. 2.

1984 *Alisporites opii*，《华北地区古生物图册》（三），586 页，图版 177，图 4。

2000 *Alisporites opii*，宋之琛等，410 页，图版 115，图 25。

花粉总长为 83.2μm，轮廓长扁圆形；本体近圆形，大小为 37.4μm×40.7μm，外壁厚约为 1.2μm，纹饰点状；气囊半圆形，大小为(30.8~33.0) μm×39.6μm，着生于本体远极之两侧，远极萌发区较宽，约 1/3 本体长，其间外壁明显变薄，色淡，气囊具内细网状结构，囊基部网穴辐射向拉长。棕黄色。

产地层位 乌鲁木齐县郝家沟，郝家沟组。

微小阿里粉 *Alisporites parvus* De Jersey，1962

（图版 5，图 38，45，48，51；图版 6，图 9；图版 9，图 19；图版 15，图 10，13；图版 19，图 2，3；图版 30，图 8）

1962 *Alisporites parvus* De Jersey，p. 9，pl. 4，figs. 1—4.

1978 *Alisporites parvus*，《中南地区古生物图册》（四），505 页，图版 133，图 11—13。

1986 *Alisporites parvus*，曲立范等，167 页，图版 36，图 13，14；图版 38，图 19；图版 40，图 10。

2000 *Alisporites parvus*，宋之琛等，410—411 页，图版 115，图 12—15。

花粉总长为 37.4~62.5μm，轮廓扁圆形；本体近圆形或卵圆形，大小为(22.0~37.4) μm×(30.8~44.0) μm，外壁厚约为 1~2μm，纹饰点状；气囊半圆形，大小为(15.4~26.4) μm×(28.6~39.6) μm，着生于本体远极之两侧，远极萌发区较宽，约 1/3~1/2 本体长或更宽，其间外壁明显变薄，色淡，气囊具内细网状结构，囊基部网穴辐射向拉长。体棕黄色，囊黄至棕黄色。

产地层位 准噶尔盆地南缘三叠系。

圆形阿里粉 *Alisporites rotundus* Rouse，1959

（图版 15，图 19）

1959 *Alisporites rotundus* Rouse，p. 316，pl. 1，figs. 15，16.

1983 *Alisporites rotundus*，钱丽君等，58 页，图版 8，图 21，22；82 页，图版 18，图 9。

2000 *Alisporites rotundus*，宋之琛等，411 页，图版 115，图 19，24。

花粉粒长为 46.2μm，轮廓近圆形；本体横长椭圆形，大小为 24.2μm×46.2μm，外壁厚约为 1μm，纹饰点状；气囊半圆形，大小为（15.4~20.6）μm×44.0μm，着生于本体远极之两侧，远极基近直，远极萌发沟明显，宽约 1/3 本体长，气囊具细内网状结构。棕黄色。

当前标本赤道轮廓近圆形，气囊半圆形，远极萌发沟宽约 1/3 本体长与本种特征相似，唯个体较小而稍有不同。

产地层位 吉木萨尔县三台大龙口，克拉玛依组。

窄沟阿里粉 *Alisporites stenoholcus* Ouyang，2003

（图版 5，图 40，49；图版 9，图 14）

2003 *Alisporites stenoholcus* Ouyang，欧阳舒等，316—317 页，图版 81，图 11，12，16，17，19，23，27；图版 101，图 24。

花粉粒长为 50.0~53.8μm，轮廓长扁圆形；本体近圆形，大小为（30.8~38.0）μm×（35.2~39.6）μm，外壁厚约为 1.5μm，纹饰点状；气囊半圆形，大小为（19.8~26.2）μm×（37.4~39.6）μm，着生于本体远极之两侧，远极基清晰，近直，基距窄或较宽，之间见一窄沟，最宽处只有 5μm，气囊具内细网状结构，囊基部网穴辐射向拉长。棕黄色。

产地层位 吉木萨尔县三台大龙口，韭菜园组、烧房沟组。

托拉尔阿里粉 *Alisporites toralis*（Leschik）Clarke，1965

（图版 19，图 5；图版 24，图 8，10，17；图版 30，图 9，16）

1955 *Scopulisporites toralis* Leschik，p. 64，pl. 10，figs. 1—3.

1965 *Alisporites toralis*（Leschik）Clarke，p. 308，pl. 38，figs. 4—6.

1981 *Alisporites toralis*，刘兆生等，159—160 页，图版 18，图 1。

1986 *Alisporites toralis*，曲立范等，167 页，图版 36，图 3。

2000 *Alisporites toralis*，宋之琛等，411—412 页，图版 115，图 18，26。

花粉粒长为 63.8~99.0μm，轮廓长扁圆形；本体宽椭圆形，大小为（33.0~51.7）μm×（35.2~50.6）μm，外壁厚为 1~2μm，纹饰点状至细颗粒状；气囊半圆形，大小为（22.0~

44.1) μm×(35.2~48.4) μm，着生于本体远极之两侧，在两端接近，远极萌发区较宽，约1/3~1/2 本体长，其间外壁明显变薄，色淡，气囊具内细网状结构，囊基部网穴辐射向拉长。棕黄色。

产地层位 吉木萨尔县三台大龙口，黄山街组；乌鲁木齐县郝家沟，郝家沟组。

克劳斯双囊粉属 *Klausipollenites* Jansonius，1962

模式种 *Klausipollenites schaubergeri*（Potonié et Klaus）Jansonius，1962

舒伯格克劳斯双囊粉 *Klausipollenites schaubergeri*（Potonié et Klaus）Jansonius，1962

（图版 6，图 7，13，15，18；图版 9，图 18，22）

1954 *Pityosporites schaubergeri* Potonie et Klaus，p. 563，pl. 10，fig. 7.

1962 *Klausipollenites schaubergeri*（Potonie et Klaus）Jansonius，p. 55.

1986 *Klausipollenites schaubergeri*，侯静鹏等，98 页，图版 27，图 27，28；166 页，图版 36，图 5，6。

2003 *Klausipollenites schaubergeri*，欧阳舒等，299—300 页，图版 78，图 1—8，28；图版 103，图 26，27。

单束型无肋双气囊花粉，总长为 63.8~88.0μm；本体轮廓宽扁圆形，大小为(44.0~65.5) μm×(37.4~50.6) μm，外壁厚为 1.5~2.0μm，表面点状；气囊半圆形或大于半圆形，大小为(17.6~39.6) μm×(30.8~48.4) μm，着生于本体远极之两侧，近极基亚赤道位，远极外壁变薄区界线不明显，气囊具内网状结构，网穴辐射向拉长。体棕黄至黄棕色，囊棕黄色。

产地层位 吉木萨尔县三台大龙口，韭菜园组至克拉玛依组。

新疆克劳斯双囊粉 *Klausipollenites xinjiangensis* Qu et Wang，1990

（图版 6，图 14；图版 9，图 17）

1990 *Klausipollenites xinjiangensis* Qu et Wang，曲立范等，53 页，图版 9，图 39，42。

单束型无肋双气囊花粉，总长为 50.6~61.6μm，轮廓圆菱形；本体轮廓近圆形或椭圆形，大小为(33.5~41.8) μm×(41.8~44.0) μm，外壁较厚，为 1.5~4.0μm，表面点状；气囊小，半圆形，大小为(13.2~17.6) μm×(26.4~39.6) μm，着生于本体远极之两侧，近极基亚赤道位，远极基近直，或见基褶，之间为外壁变薄区，很宽，气囊具内网状结构，网穴辐射向拉长。体棕黄色，囊黄色。

当前标本气囊小，远极基距很宽与该种相同，唯远极基一般未见基褶而稍有区别。

产地层位 吉木萨尔县三台大龙口，韭菜园组、烧房沟组。

双束松粉属 *Pinuspollenites* Raatz，1938 ex Potonié，1958

模式种 *Pinuspollenites labdacus*（Potonié）Raatz ex Potonié，1958

翼状双束松粉 *Pinuspollenites alatiopllenites* (Rouse) Liu，1982

（图版 29，图 20；图版 34，图 2，11；图版 35，图 15，27；图版 41，图 12；图版 52，图 12）

1959 *Pinus alatiopllenites* Rouse，p. 314，pl. 1，fig. 7.

1982 *Pinuspollenites alatiopllenites* (Rouse) Liu，刘兆生，376 页，图版 2，图 16。

2000 *Pinuspollenites alatiopllenites*，宋之琛等，415—416 页，图版 123，图 1，2；图版 141，图 2。

花粉粒长为 51.7~76.0μm；本体扁圆形或宽卵圆形，大小为(39.6~61.6) μm×(28.6~52.0) μm，外壁厚为 1.2~2.0μm，纹饰细网状或短皱状；气囊近圆形至椭圆形，大小为(19.8~30.8) μm×(22.0~44.0) μm，着生于本体远极之两侧，远极基距为 6~18μm，气囊具内细网状结构。黄色至棕黄色。

图版 29 中的图 20 和图版 35 中的图 27 气囊远极基距相对较宽，其他特征相同，也归入同一种内。

产地层位 准噶尔盆地南缘侏罗系。

旋扭双束松粉 *Pinuspollenites distortus* (Bolkh.) Pu et Wu，1982

（图版 24，图 15；图版 42，图 5）

1956 *Pinus distortus* Bolkhovitina，Болховитина，стр. 110，табл. 20，фиг. 200.

1982 *Pinuspollenites distortus* (Bolkh.) Pu et Wu，蒲荣干等，440 页，图版 16，图 2—4。

2000 *Pinuspollenites distortus*，宋之琛等，416 页，图版 123，图 3—5。

花粉粒长为 48.3~57.2μm；本体椭圆形，大小为(31.8~36.3) μm×(40.6~46.2) μm，外壁厚约为 2μm，纹饰颗粒状；气囊半圆形，大小为(20.8~26.4) μm×(36.4~46.2) μm，着生于本体远极之两侧，远极基距约 4.5μm，气囊具内细网状结构。体黄棕色，囊棕黄色。

产地层位 乌鲁木齐县郝家沟，郝家沟组；玛纳斯县红沟，三工河组。

普通双束松粉 *Pinuspollenites divulgatus* (Bolkhovitina) Qu，1980

（图版 14，图 21；图版 29，图 21，24；图版 30，图 26；图版 35，图 17，30；图版 42，图 14，19；图版 52，图 6）

1956 *Pinus divulgatus* Bolkhovitina，Болховитина，стр. 112，табл. 20，фиг. 204a，b.

1970 *Pityosporites divulgatus* (Bolkhovitina) Pocock，p. 82，pl. 17，fig. 10.

1980 *Pinuspollenites divulgatus* (Bolkhovitina) Qu，曲立范，141 页，图版 78，图 9。

2006 *Pinuspollenites divulgatus*，黄嫔，图版Ⅳ，图 2，3。

花粉粒长为 50.6~84.6 μm；本体椭圆形，大小为(33.0~56.6) μm×(31.2~52.0) μm，外壁厚为 1.0~2.5μm，纹饰点状至颗粒状，远极见萌发区；气囊大于半圆形，大小为(22.0~35.2) μm×(28.8~44.0) μm，着生于本体远极之两侧，囊基部收缩，气囊具内细网状结构，基部网穴辐射向拉长。体棕黄至黄棕色，囊黄至棕色。

产地层位 准噶尔盆地三叠系至侏罗系。

伸长双束松粉 ***Pinuspollenites elongatus*** **(Maljavkina) Pu et Wu，1985**

(图版 14，图 36；图版 35，图 26；图版 42，图 12；图版 47，图 6)

1949 *Sinuella elongata* Maljavkina，Малявкина，стр. 95，табл. 23，фиг. 6，7.

1985 *Pinuspollenites elongatus* (Maljavkina) Pu et Wu，蒲荣干等，179 页，图版 22，图 9。

2000 *Pinuspollenites elongatus*，宋之琛等，417 页，图版 123，图 21。

花粉粒长为 78.8~105.6μm；本体扁圆形，大小为(59.6~72.4) μm×(32.0~40.6) μm，外壁厚为 1.5~2.2μm，纹饰细颗粒状至虫蚀状；气囊大于半圆形，大小为(18.2~44.0) μm×(20.0~48.4) μm，着生于本体远极之两侧，远极基距为 6.6~35.2μm，气囊具内细网状结构或因保存不好呈虫蚀状，其上或具条形褶皱。黄色。

产地层位 准噶尔盆地三叠系至侏罗系。

光滑双束松粉 ***Pinuspollenites enodatus*** **(Bolkh.) Li，1984**

(图版 19，图 22；图版 35，图 36；图版 41，图 22；图版 47，图 12)

1956 *Podocarpus enodatus* Bolkhovitina，Болховитина，стр. 121，табл. 22，фиг. 222.

1983 *Podocarpidites enodatus* (Bolkh.) Lu et Wang，《西南地区古生物图册》(微体古生物分册)，594—595 页，图版 139，图 16。

1984 *Pinuspollenites enodatus* (Bolth.) Li，黎文本，108 页，图版 14，图 1，2。

2000 *Pinuspollenites enodatus*，宋之琛等，417 页，图版 123，图 9—11。

花粉极视轮廓为三圆交割状，总长为 57.2~79.5μm；本体近圆形或卵圆形，大小为(38.0~48.4) μm×(40.2~55.0) μm，外壁厚为 2.0~2.5μm，纹饰颗粒状或因保存欠佳而成虫蚀状；气囊大于半圆形，大小为(26.4~37.4) μm×(39.6~61.6) μm，着生于本体远极，远极基紧贴或不大于 1/3 本体长，气囊具内细网状结构或因保存不好呈虫蚀状。黄至棕黄色。

产地层位 准噶尔盆地三叠系至下白垩统吐谷鲁群。

球囊双束松粉 ***Pinuspollenites globosaccus*** **Filatoff，1975**

(图版 14，图 20；图版 29，图 12，17；图版 47，图 4，14，23)

1975 *Pinuspollenites globosaccus* Filatoff，p. 78，pl. 22，figs. 7—11.

1983 *Pinuspollenites globosaccus*，《西南地区古生物图册》(微体古生物分册)，602—603 页，图版 131，图 14。

2000 *Pinuspollenites globosaccus*，宋之琛等，417—418 页，图版 123，图 12—14。

2006 *Pinuspollenites globosaccus*，黄嫔，图版Ⅳ，图 4。

花粉粒长为 54.2~76.0μm；本体扁圆形，大小为(41.2~70.4) μm×(28.6~36.2) μm，外壁厚为 1.5~2.5μm，纹饰颗粒状；气囊大于半圆形，大小为(22.0~32.8) μm× (19.8~35.2) μm，

着生于本体远极之两侧，囊基部较强烈收缩，气囊具内网状结构，或具辐射向分布的条形褶皱。体棕黄至棕色，囊黄至棕色。

产地层位 准噶尔盆地三叠系至侏罗系。

报壳双束松粉 *Pinuspollenites incrustatus* Li，1984

（图版 14，图 15；图版 29，图 4）

1984 *Pinuspollenites incrustatus* Li，黎文本，108 页，图版 14，图 3，4。

2000 *Pinuspollenites incrustatus*，宋之琛等， 418 页，图版 123，图 16，17。

花粉双束型；本体近圆形或椭圆形，大小为(26.8~35.2) μm×(34.2~41.8) μm，外壁很厚，赤道处厚为 3.5~4.0μm；气囊大于半圆形，大小为(22.0~28.6) μm×(32.5~41.8) μm，以强烈收缩的基部着生于本体远极之两侧，气囊具内细网状结构，近基部网穴辐射向拉长。体棕黄至棕色，囊棕黄色。

当前标本本体外壁很厚，气囊较大与该种特征一致。

产地层位 吉木萨尔县三台大龙口，克拉玛依组；乌鲁木齐县郝家沟，郝家沟组。

宽沟双束松粉 *Pinuspollenites latilus* Ouyang et Zhang，1982

（图版 14，图 28；图版 42，图 3，10）

1982 *Pinuspollenites latilus* Ouyang et Zhang，欧阳舒等，692 页，图版 2，图 9，10。

2000 *Pinuspollenites latilus*，宋之琛等，418 页，图版 124，图 3，4。

花粉粒长为 52.8~63.8μm；本体椭圆形，大小为(39.6~48.4) μm×(33.0~52.8) μm，外壁厚为 1.5~2.0μm，纹饰细颗粒状；气囊大于半圆形，大小为(17.6~19.8) μm×(25.3~39.6) μm，着生于本体远极之两侧，气囊具内网状结构，囊基部网穴拉长；两囊相距较远，远极基距约为 1/3~1/2 本体长，其间见椭圆形薄壁萌发区。棕黄色。

当前标本气囊较小，两囊相距较远，其间见薄壁萌发区与该种特征相一致，图版 42 中的图 10 本体长度小于宽度与该种稍有区别。

产地层位 吉木萨尔县三台大龙口，克拉玛依组；玛纳斯县红沟，三工河组。

辽西双束松粉 *Pinuspollenites liaoxiensis* Pu et Wu，1986

（图版 47，图 10，13；图版 52，图 25）

1985 *Pinuspollenites liaoxiensis* Pu et Wu，蒲荣干等，179 页，图版 24，图 3，4。

2000 *Pinuspollenites liaoxiensis*，宋之琛等，418—419 页，图版 124，图 6，7。

花粉粒长为 54.5~76.5μm；本体近圆形，大小为(33.2~52.8) μm×(37.4~54.0) μm，帽较发育，栉厚为 2.5~5.0μm，纹饰颗粒状至小瘤状；气囊大于半圆形，大小为(19.8~30.8) μm×(33.0~57.2) μm，着生于本体远极之两侧，气囊具内网状结构，囊基部网穴或拉长；远极沟清晰，纺锤形，表面近光滑。体黄棕至棕色，囊黄至棕黄色。

当前标本远极沟明显与该种特征相一致，唯本体帽较发育而稍有区别。

产地层位 玛纳斯县红沟，西山窑组、头屯河组。

帕氏双束松粉 *Pinuspollenites pacltovae*(Krutzsch) Song et Zhong，1984

（图版 29，图 23；图版 42，图 26）

1971 *Pityosporites pacltovae* Krutzsch，S. 54，Taf. 3，Fig. 1—9.

1984 *Pinuspollenites pacltovae*（Krutzsch）Song et Zhong，宋之琛等，35 页，图版 9，图 12；图版 11，图 1。

2000 *Pinuspollenites pacltovae*，宋之琛等，419—420 页，图版 124，图 10—12。

花粉粒长为 55.0~57.2μm；极面观本体卵圆形或圆方形，大小为(40.7~50.8)μm×(57.2~59.4)μm，外壁厚约为 1.5μm，纹饰颗粒状；气囊卵圆形或弯月形，大小为(13.5~32.0)μm×(44.0~52.8)μm，以收缩的基部着生于本体远极或远极之两侧，极面观未超出或略超出本体轮廓，气囊具内细网状结构，囊中部网纹或较大。棕黄色。

产地层位 乌鲁木齐县郝家沟，郝家沟组；玛纳斯县红沟，三工河组。

小囊双束松粉 *Pinuspollenites parvisaccatus*(De Jersey) Filatoff，1975

（图版 14，图 32，34；图版 19，图 27；图版 42，图 18，27，28；图版 52，图 3）

1959 *Pityosporites parvisaccatus* De Jersey，p. 363，pl. 3，fig. 10.

1975 *Pinuspollenites parvisaccatus*（De Jersey）Filatoff，p. 77，pl. 22，figs. 4—6.

1982a *Pinuspollenites parvisaccatus*，蒲荣干等，440 页，图版 15，图 14。

2000 *Pinuspollenites parvisaccatus*，宋之琛等，420 页，图版 124，图 16，19。

花粉粒长为 47.0~82.2μm，侧面轮廓馒头状；极面观本体轮廓卵圆形或近圆形，大小(33.0~63.8)μm×(50.6~64.2)μm，侧面观本体扁圆形，大小为 50.6μm×24.2μm，外壁厚为 1.5~2.0μm，纹饰颗粒状；气囊大于半圆形，大小为(19.8~38.8)μm×(28.6~48.0)μm，着生于本体远极之两侧，基部稍收缩，远极基近直，侧面观气囊悬于本体远极，气囊具内细网状结构。体黄至棕黄色，囊黄棕色。

当前标本气囊较小，位于本体远极，与该种特征相一致。

产地层位 准噶尔盆地三叠系至侏罗系。

珀诺双束松粉 *Pinuspollenites pernobilis*(Bolkh.) Xu et Zhang，1980

（图版 29，图 22；图版 35，图 29；图版 47，图 25；图版 52，图 24，27）

1956 *Pinus pernobilis* Bolkhovitina，Болховитина，стр. 110—111，табл. 20，фиг. 201a—d.

1980 *Pinuspollenites pernobilis*（Bolkh.）Xu et Zhang，徐钰林等，183 页，图版 90，图 11。

2000 *Pinuspollenites pernobilis*，宋之琛等，420 页，图版 124，图 15，17；图版 141，图 1，6。

花粉粒长为 70.4~90.2μm；本体近圆形至扁圆形，大小为(46.2~66.0)μm×(33.0~

48.4) μm，外壁厚为 2.2~4.0μm，纹饰内细网状；气囊稍大于半圆形，大小为(22.0~46.2) μm×(26.4~57.2) μm，着生于本体远极之两侧，基部稍收缩，远极基微内凹，基距为 14~22μm 或靠近，气囊具内细网状结构。本体棕黄至黄棕色，气囊黄至棕黄色。

当前标本以近圆形至扁圆形的本体轮廓、较厚的本体外壁等为特征，与 Болховитина(1956)描述的标本非常相似，唯个体较小而稍有不同。

产地层位 乌鲁木齐县郝家沟，八道湾组；玛纳斯县红沟，三工河组、头屯河组。

通常双束松粉 ***Pinuspollenites solitus* (Bolkh.) Pu et Wu，1982**

(图版 19，图 8；图版 52，图 18；图版 59，图 23)

1959 *Pinus solita* Bolkhovitina，Болховитина，стр. 118，табл. 8，фиг. 94.

1982 *Pinuspollenites solitus* (Bolkhovitina) Pu et Wu，蒲荣干等，440 页，图版 22，图 5。

2000 *Pinuspollenites solitus*，宋之琛等，421 页，图版 125，图 13。

花粉粒长为 98.2~102.3μm；本体扁圆形，大小为(70.1~71.8) μm×(37.6~38.8) μm，外壁厚为 2.5~3.0μm，纹饰颗粒状；气囊稍大于半圆形，大小为(30.0~36.2) μm×(36.8~50.0) μm，着生于本体远极之两侧，基部收缩，两囊相距较远或较近，气囊具内细网状结构，或保存差，呈虫蚀状。本体黄棕色，气囊棕色。

产地层位 吉木萨尔县三台大龙口，黄山街组；玛纳斯县红沟，头屯河组；和布克赛尔县达巴松凸起井区，吐谷鲁群。

三合双束松粉 ***Pinuspollenites tricompositus* (Bolkh.) Xu et Zhang，1980**

(图版 19，图 14；图版 35，图 41；图版 42，图 20；图版 52，图 7)

1959 *Pinus tricomposita* Bolkhovitina，Болховитина，стр. 120，табл. Ⅵ，фиг. 97a—e.

1980 *Pinuspollenites tricompositus* (Bolkhovitina) Xu et Zhang，徐钰林等，183 页，图版 90，图 10；图版 97，图 5。

2000 *Pinuspollenites tricompositus*，宋之琛等，422 页，图版 125，图 4—6。

花粉粒长为 71.5~88.0μm，高为 47.3~61.6μm；本体卵圆形，大小为(41.8~59.4) μm×(41.8~50.6) μm，外壁厚为 1.5~2.0 μm，纹饰细内网状；气囊大于半圆形，大小为(28.6~37.4) μm×(39.6~52.8) μm，着生于本体远极之两侧，远极基靠近，气囊具细内网状结构。体棕黄色，囊黄至棕黄色。

产地层位 准噶尔盆地三叠系至侏罗系。

瘤体双束松粉 ***Pinuspollenites verrucosus* Zhang，1978**

(图版 14，图 12，27；图版 19，图 10，11；图版 24，图 14；图版 29，图 3；图版 35，图 13；图版 41，图 13；图版 42，图 21)

1978 *Pinuspollenites verrucosus* Zhang，《中南地区古生物图册》(四)，503 页，图版 134，图 1，4。

1981 *Pinuspollenites aralicus* (Bolkh.) Wang et Li，王从凤等，图版 4，图 2。

2000 *Pinuspollenites verrucosus*，宋之琛等，422 页，图版 125，图 7，9。

2006 *Pinuspollenites verrucosus*，黄嫔，图版Ⅳ，图 1。

花粉粒长为 45.0~74.8μm；本体近圆形或扁圆形，大小为(33.0~48.2)μm×(29.8~41.8)μm，帽较发育，外壁厚为 2.5~3.0μm，纹饰块瘤状，瘤径为 2.0~4.5μm；气囊卵圆形，大小为(21.0~35.2)μm×(28.6~41.8)μm，着生于本体远极之两侧，气囊具内细网状结构，囊基部或具少量辐射向排列的脊条。体黄棕至棕色，囊黄至棕黄色。

产地层位 准噶尔盆地三叠系至侏罗系。

松型粉属 *Pityosporites* Seward，1914 emend. Manum，1960

模式种 *Pityosporites antarcticus* Seward，1914

踝骨松型粉 *Pityosporites scaurus* (Nilsson) Schulz，1967

(图版 14，图 16，35；图版 15，图 22；图版 35，图 19；图版 42，图 13)

1983 *Pityosporites scaurus* (Nilsson) Schulz，《西南地区古生物图册》(微体古生物分册)，604 页，图版 136，图 8，9。

2000 *Pityosporites scaurus*，宋之琛等，423 页，图版 124，图 8，9。

双气囊花粉，花粉粒长为 60.5~94.2μm，高为 33.0~48.4μm；本体椭圆形，大小为(44.0~70.4)μm×(26.4~48.4)μm，外壁厚为 1.2~2.0μm，细内网状或低平、界限较模糊的瘤状；气囊小，大小为(19.8~37.4)μm×(17.6~37.4)μm，大于半圆形，着生于本体腹部之两侧，具内皱网状纹饰。体棕黄至黄棕色，气囊黄至棕色。

产地层位 准噶尔盆地三叠系至侏罗系。

相似松型粉 *Pityosporites similes* Balme，1957

(图版 47，图 3)

1957 *Pityosporites similes* Balme， p. 36，pl. 10，figs. 108，109.

1984 *Pityosporites similes*，《华北地区古生物图册》(三)，582 页，图版 187，图 8，9。

1986 *Pityosporites similes*，曲立范等，166 页，图版 40，图 12。

2000 *Pityosporites similes*，宋之琛等，423 页，图版 125，图 1—3。

双气囊花粉，花粉粒长为 46.2μm，宽为 35.2μm；本体近圆形，大小为 36.0μm×35.2 μm，外壁厚约为 1.5μm，细颗粒状；气囊较小，大小为(14.0~15.4)μm×(33.0~33.5)μm，小于半圆形，着生于本体腹部之两侧，具内细网状纹饰。体黄棕色，囊黄色。

产地层位 玛纳斯县红沟，西山窑组。

原始松粉属 *Protopinus* Bolkhovitina，1952 ex 1956

模式种 *Protopinus vastus* Bolkhovitina，1956

短沟原始松粉 ***Protopinus brevisulcus*** **Hua，1986**

（图版 40，图 25；图版 46，图 38）

1986 *Protopinus brevisulcus* Hua，宋之琛等，271 页，图版 30，图 4，5。

2000 *Protopinus brevisulcus*，宋之琛等，423—424 页，图版 132，图 2，3。

花粉粒长为 70.4~83.6μm，轮廓近圆形至卵圆形；本体卵圆形，两侧以弓形褶皱为界，大小为(39.6~45.0) μm×(61.6~79.2) μm；气囊半圆形，囊壁较厚，为 2.5~4.0μm，气囊大小为(30.8~33.0) μm×(70.4~85.8) μm，从两侧包围本体，在两端互相联结，中部分开，形成宽为 7.0~17.6μm 的萌发沟，向两端变窄，其长度稍短于本体；沟区外壁细网状，气囊具清晰的内细网状纹饰；棕黄色。

当前标本气囊外壁较厚与该种稍有区别，其他特征相同，其萌发沟长度亦稍短于本体。

产地层位 和布克赛尔县达巴松凸起井区，西山窑组；玛纳斯县红沟，三工河组。

湖南原始松粉 ***Protopinus hunanensis*** **Jiang，1982**

（图版 40，图 23；图版 46，图 33，34）

1982 *Protopinus hunanensis*，《湖南古生物图册》，659 页，图版 423，图 9，10。

2000 *Protopinus hunanensis*，宋之琛等，424 页，图版 133，图 11，12。

花粉粒长为 70.4~78.2μm，宽为 44.2~56.0μm，轮廓扁圆形；本体卵圆形或近圆形，大小为 40.5μm×(36.8~46.2) μm；气囊半圆形，大小为(28.6~32.7) μm×(46.0~58.2) μm，从两侧包围本体，在两端互相联结，中部分开，形成较宽的萌发沟区，其宽约为本体 1/3 长；沟区外壁细颗粒状，气囊为内细网状；棕黄色。

产地层位 玛纳斯县红沟，三工河组和西山窑组。

隐匿原始松粉 ***Protopinus latebrosa*** **Bolkhovitina，1956**

（图版 23，图 44；图版 56，图 8）

1956 *Protopinus latebrosa* Bolkhovitina，Болховитина，стр. 91，табл. 14，фиг. 161.

1982 *Protopinus latebrosa*，刘兆生，376 页，图版 2，图 17。

2000 *Protopinus latebrosa*，宋之琛等，424 页，图版 132，图 6，8。

花粉粒长为 114.4~151.2μm，宽为 85.8~127.0μm，轮廓椭圆形，一宽边中部或浅凹陷；本体卵圆形，大小为(66.0~74.2) μm×(77.0~84.4) μm；气囊半圆形，大小为(50.6~74.0) μm×(85.8~126.5) μm，从两侧包围本体，在中部分开，或形成较宽的萌发沟区，伸达本体两端，宽为 6.0~13.2μm；沟区外壁细网状，气囊为内细网状；棕色。

产地层位 吉木萨尔县三台大龙口，郝家沟组；和布克赛尔县夏盐凸起井区，吐谷鲁群。

浅黄原始松粉 *Protopinus subluteus* Bolkhovitina，1956

（图版 33，图 20；图版 40，图 21；图版 46，图 36；图版 56，图 23）

1956 *Protopinus subluteus* Bolkhovitina，Болховитина，стр. 91，табл. 14，фиг. 160.

1980 *Protopinus subluteus*，徐钰林等，180 页，图版 89，图 4。

2000 *Protopinus subluteus*，宋之琛等，425 页，图版 132，图 4；图版 133，图 3，6，9。

花粉粒长为 61.6~107.8μm，宽为 43.1~89.0μm，轮廓宽扁圆形；本体卵圆形，轮廓以环形褶皱为界，大小为(39.6~74.8) μm×(38.2~77.0) μm；气囊半圆形，大小为(23.0~48.4) μm×(40.6~88.0) μm，从两侧包围本体，在中部分开，形成较宽的萌发沟区，其宽约为本体 1/4~1/3 宽；沟区外壁细颗粒状，气囊为内细网状；黄至棕色。

当前标本特征与本种基本一致，唯部分标本个体较小而稍有不同，后者总长为 100~122 μm。

产地层位 乌鲁木齐县郝家沟，八道湾组；玛纳斯县红沟，三工河组、西山窑组；和布克赛尔县达巴松凸起井区，吐谷鲁群。

宽沟原始松粉 *Protopinus vastus* Bolkhovitina，1956

（图版 56，图 25）

1956 *Protopinus vastus* Bolkhovitina，Болховитина，стр. 90，табл. 14，фиг. 159.

1980 *Protopinus vastus*，徐钰林等，180 页，图版 81，图 12。

2000 *Protopinus vastus*，宋之琛等，425—426 页，图版 133，图 1，2，4。

花粉粒大小为 136.2μm×124.1μm，轮廓近圆形；本体卵圆形，大小为 74.8μm×92.4μm；气囊半圆形，大小为(60.8~64.2) μm×(120.0~124.1) μm，从两侧包围本体，在中部分开，形成较宽的萌发沟区，其宽约为本体 1/4 长；沟区外壁细颗粒状，气囊为内网状；黄至棕色。

当前标本特征与该种基本一致，仅个体较小而稍有不同，后者总长为 250~290μm。

产地层位 和布克赛尔县达巴松凸起井区，吐谷鲁群。

假松粉属 *Pseudopinus* Bolkhovitina，1952 ex 1956

模式种 *Pseudopinus pectinella* (Mal.) Bolkhovitina，1956

空白假松粉 *Pseudopinus cavernosa* Bolkhovitina，1956

（图版 57，图 13，21）

1956 *Pseudopinus cavernosa* Bolkhovitina，Болховитина，стр. 108，табл. 19，фиг. 195.

1982 *Abietineaepollenites cavernosa* (Bolkh.) Liu，刘兆生，376 页，图版 2，图 11。

1990 *Pseudopinus contigua* Bolkhovitina，张望平，图版 24，图 15。

2000 *Pseudopinus cavernosa*，宋之琛等，426 页，图版 134，图 13—15。

花粉粒长为 76.2~99.0μm，宽为 50.6~90.2μm，轮廓近圆形；本体卵圆形，两侧以弓形褶皱为界，大小为(50.8~63.8)μm×(67.6~90.2)μm；气囊半圆形，大小为(30.0~41.8)μm×(65.6~88.0)μm，从两侧包围本体，在中部分开，形成较宽的萌发沟区，其宽约为本体 1/3 长；沟区外壁细颗粒状，气囊为细内网状。棕黄至黄棕色。

产地层位 沙湾县红光镇井区，吐谷鲁群。

微圆假松粉 ***Pseudopinus oblatinoides*** **(Mal.) Bolkhovitina，1956**

（图版 46，图 31）

1949 *Aliferina varibilis* f. *rotunda* var. *oblatinoides* Maljavkina，Малявкина，стр. 101，табл. 30，фиг. 10.

1956 *Pseudopinus oblatinoides* (Mal.) Bolkhovitina，Болховитина，стр. 108—109，табл. 19，фиг. 197.

1980 *Pseudopinus oblatinoides*，徐钰林等，182 页，图版 92，图 20。

1984 *Pseudopinus oblatinoides*，《华北地区古生物图册》(三)，590 页，图版 187，图 3。

2000 *Pseudopinus oblatinoides*，宋之琛等，426—427 页，图版 134，图 12。

轮廓近圆形，花粉粒长为 63.8μm；本体卵圆形，两侧以弓形褶皱为界，大小为 52.8μm×63.8μm；气囊半圆形，大小为 22.0μm×59.4μm，从两侧包围本体，在中部分开，形成较宽但欠明显的萌发沟区，其宽约为本体 1/2 长；沟区外壁细颗粒状，气囊为细内网状。棕黄色。

产地层位 玛纳斯县红沟，西山窑组。

梳形假松粉 ***Pseudopinus pectinella*** **(Mal.) Bolkhovitina，1956**

（图版 34，图 33；图版 51，图 17；图版 57，图 9，19）

1949 *Orbicularia* (sect. *Orbicularia*) *pectinella* Maljavkina，Малявкина，стр. 106，табл. 34，фиг. 3.

1956 *Pseudopinus pectinella* (Mal.) Bolkhovitina，Болховитина，стр. 107，табл. 19，фиг. 194.

1978 *Pseudopicea pectinella*，《中南地区古生物图册》(四)，502 页，图版 137，图 12。

1982 *Pseudopicea pectinella*，《湖南古生物图册》，660 页，图版 425，图 12。

2000 *Pseudopicea pectinella*，宋之琛等，427 页，图版 134，图 16；图版 135，图 11，12。

花粉粒长为 74.8~111.0μm，轮廓扁圆形；本体卵圆形，两侧以弓形褶皱为界，大小为(37.4~61.6)μm×(50.6~70.4)μm；气囊半圆形，大小为(30.8~48.4)μm×(48.4~70.4)μm，从两侧包围本体，在中部分开，形成较宽的萌发沟区，其宽约为本体 1/3 宽；沟区外壁粗糙至细颗粒状，气囊为细内网状。囊黄至棕色，体棕黄至深棕色。

产地层位 准噶尔盆地侏罗系至下白垩统吐谷鲁群。

多孔假松粉 ***Pseudopinus textilis*** **Bolkhovitina，1956**

（图版 40，图 15，16；图版 41，图 29；图版 46，图 20；图版 51，图 5）

1956 *Pseudopinus textiles* Bolkhovitina，Болховитина，стр. 108，табл. 19，фиг. 196.

1977 *Pseudopinus textiles*，黎文本，147 页，图版 3，图 25。

1990 *Pseudopinus textiles*，张望平，图版 20，图 12。

2000 *Pseudopinus textiles*，宋之琛等，427 页，图版 135，图 1。

花粉粒长为 50.6~66.0μm，轮廓扁圆形；本体卵圆形，两侧以弓形褶皱为界，大小(30.8~39.0) μm×(36.5~57.2) μm；气囊半圆形，大小(19.6~28.0) μm×(35.2~56.0) μm，从两侧包围本体，在中部分开，形成较宽的萌发沟区，其宽约为本体 1/3~1/2 宽；沟区外壁点状至细颗粒状，气囊为细内网状。囊黄至棕黄色，体棕黄至棕色。

产地层位 玛纳斯县红沟，三工河组至头屯河组。

冷杉囊系 Abietosacciti Erdtman，1954 emend. R. Potonié，1958

冷杉粉属 ***Abiespollenites* Thiergart in Raatz，(1937) 1938**

模式种 *Abiespollenites absolutus* Thiergart，1937

分离冷杉粉 ***Abiespollenites diversus* (Bolkhovitina) Li，1984**

(图版 47，图 31；图版 59，图 28)

1959 *Abies diversa* Bolkhovitina，Болховитина，стр. 115，табл. 5，фиг. 87a，b.

1984 *Abiespollenites diversus* (Bolkh.) Li，黎文本等，109 页，图版 14，图 5，6。

1986 *Abiespollenites diversus*，宋之琛等，243 页，图版 33，图 6，7。

2000 *Abiespollenites diversus*，宋之琛等，428 页，图版 113，图 1，2，5；图版 141，图 4。

花粉总长为 83.6~127.6μm；本体宽卵圆至椭圆形，大小为(68.2~84.7) μm×57.2μm，帽欠发育，栉厚为 2.5~9.0μm，纹饰颗粒状；气囊近圆形至椭圆形，比本体小得多，大小为(30.8~48.4) μm×(39.6~59.4) μm，位于本体腹部之两侧，具细内网状结构。棕黄至黄棕色。

产地层位 玛纳斯县红沟，西山窑组；和布克赛尔县达巴松凸起井区，吐谷鲁群。

球囊冷杉粉 ***Abiespollenites globosaceatus* Song，2000**

(图版 47，图 32)

1985 *Abiespollenites* sp.，蒲荣干等，图版 22，图 1。

2000 *Abiespollenites globosaceatus* Song，宋之琛等，429 页，图版 139，图 12，14。

极面观轮廓扁圆形，总长为 90.2μm；本体近圆形，大小为 61.6μm×63.8μm，栉厚约 7.0μm，具栅状结构，纹饰颗粒状；气囊近圆形至椭圆形，大小为(30.8~44.0) μm×(48.4~52.8) μm，位于本体腹部之两侧，具细内网状结构，囊基部网眼拉长。黄棕色。

当前标本气囊相对较大，帽发育与该种特征相同，唯个体较小和体近圆形而稍不同，后者总长为 120~130μm，本体扁圆形；本种与 *Abiespollenites diversus* 的区别是气囊较大。

产地层位 玛纳斯县红沟，西山窑组。

云杉粉属 **Piceaepollenites Potonié，1931 emend. Potonié，1958**

模式种 *Piceaepollenites alatus* Potonié，1931

扁平云杉粉 ***Piceaepollenites complanatiformis* (Bolkhovitina) Xu et Zhang，1980**

（图版 29，图 8；图版 34，图 3，27；图版 41，图 16，25，33；图版 47，图 8，17；图版 52，图 5，8；图版 58，图 4，9）

1956 *Picea complanatiformis* Bolkhovitina，Болховитина，стр. 103，табл. 17，фиг. 187.

1980 *Piceaepollenites complanatiformis* (Bolkh.) Xu et Zhang，徐钰林等，181 页，图版 81，图 10；图版 90，图 1—3；图版 96，图 6。

2000 *Piceaepollenites complanatiformis*，宋之琛等，431 页，图版 121，图 1—3。

花粉长为 55.2~81.4μm，侧视轮廓扁圆形或肾形；本体椭圆形，大小为(44.0~66.5) μm×(28.6~50.6) μm，外壁厚为 1.0~2.5μm，纹饰细颗粒状至细网状；气囊半圆形，大小为(22.0~48.4) μm×(22.0~47.0) μm，位于本体腹部之两侧，气囊与本体接触处无明显凹角，具细内网状结构。黄至黄棕色。

产地层位 乌鲁木齐县郝家沟，郝家沟组至八道湾组；玛纳斯县红沟，三工河组至头屯河组；和布克赛尔县达巴松凸起井区和克拉玛依市车排子井区，吐谷鲁群。

微细云杉粉 ***Piceaepollenites exilioides* (Bolkhovitina) Xu et Zhang，1980**

（图版 19，图 16；图版 41，图 31；图版 47，图 34；图版 52，图 33，34；图版 58，图 14，20；图版 59，图 31）

1956 *Picea exilioides* Bolkhovitina，Болховитина，стр. 103，табл. 17，фиг. 186.

1970 *Protopicea exilioides* (Bolkhovitina) Pocock，p. 77，pl. 15，figs. 9，10.

1980 *Piceaepollenites exilioides* (Bolkh.) Xu et Zhang，徐钰林等，181 页，图版 96，图 7。

2000 *Piceaepollenites exilioides*，宋之琛等，431—432 页，图版 121，图 4—6。

2006 *Piceaepollenites exilioides*，黄嫔，图版Ⅳ，图 26。

花粉长为 83.6~118.8μm，侧视轮廓浅弓形至馒头形；本体椭圆形，大小为(59.4~88.0) μm×(48.4~70.4) μm，外壁厚约 1.0~2.2μm，纹饰细颗粒状；气囊半圆形，大小(37.4~57.2) μm×(31.9~68.2) μm，位于本体远极之两侧，气囊与本体接触处无明显凹角，具内网状结构。棕黄至黄棕色。

产地层位 准噶尔盆地三叠系至下白垩统吐谷鲁群。

多云云杉粉 ***Piceaepollenites multigrumus* (Chlonova) Hua，1986**

（图版 29，图 27；图版 34，图 32，35，37）

1961 *Picea multigrumus* Chlonova，Хлонова，стр. 291，табл. 52，фиг. 2，3.

1986　*Piceaepollenites multigrumus* (Chlonova.) Hua，宋之琛等，246 页，图版 33，图 1—4；图版 34，图 9，10；图版 35，图 17。

1990　*Piceaepollenites multigrumus*，潘昭仁等，图版 16，图 4—6，8，9。

2000　*Piceaepollenites multigrumus*，宋之琛等，433 页，图版 121，图 7，8；图版 141，图 11，12。

花粉长为 88.0~101.2μm，侧视轮廓馒头形或近圆形；本体卵圆形，大小为(58.3~78.0) μm×(66.2~74.8) μm，外壁厚为 2~4μm，纹饰细网状；气囊半圆形，较大，气囊与本体接触处无凹角，具内网状结构，囊中部网眼大而明显，囊边缘网眼变小。黄至棕黄色。

产地层位 乌鲁木齐县郝家沟，郝家沟组至八道湾组。

相同云杉粉 ***Piceaepollenites omoriciformis* (Bolkhovitina) Xu et Zhang，1980**

（图版 19，图 24；图版 41，图 32；图版 58，图 24；图版 59，图 29）

1956　*Picea omoriciformis* Bolkhovitina，Болховитина，стр. 102，табл. 17，фиг. 185.

1980　*Piceaepollenites omoriciformis* (Bolkh.) Xu et Zhang，徐钰林等，182 页，图版 90，图 5；图版 96，图 8。

1982a　*Piceaepollenites omoriciformis*，蒲荣干等，图版 16，图 7。

2000　*Piceaepollenites omoriciformis*，宋之琛等，433 页，图版 121，图 10，11。

花粉长为 100.1~128.0μm，侧视轮廓椭圆形；本体椭圆形，大小为(70.4~105.6) μm×(55.0~82.0) μm，外壁厚约为 1.5μm，纹饰细内网状；气囊半圆形，大小为(44.2~56.0) μm×(35.2~78.0) μm，位于本体远极之两侧，气囊与本体接触处无明显凹角，具内网状结构。黄至黄棕色。

产地层位 准噶尔盆地三叠系至下白垩统吐谷鲁群。

伸长云杉粉 ***Piceaepollenites prolongatus* (Maljavkina) Li，1984**

（图版 19，图 9；图版 41，图 28）

1949　*Quadraeculina prolongata* Maljavkina，Малявкина，стр. 111，табл. 38，фиг. 5.

1984　*Piceaepollenites prolongatus* (Maljavkina) Li，黎文本，107 页，图版 14，图 12。

2000　*Piceaepollenites prolongatus*，宋之琛等，433—434 页，图版 121，图 12。

花粉长为 96.8μm，侧视轮廓肾形；本体长椭圆形，大小为(65.8~79.2) μm×(33.0~37.4) μm，外壁厚约为 2.0μm，纹饰细颗粒状；气囊半圆形，大小为(37.4~48.4) μm×(28.6~44.0) μm，位于本体腹部之两侧，气囊与本体接触处无明显凹角，具细内网状结构。体棕黄色，囊黄棕至棕色。

产地层位 吉木萨尔县三台大龙口，黄山街组；玛纳斯县红沟，三工河组。

单一云杉粉 ***Piceaepollenites singularae*** **(Bolkh.) Zhang，1986**

（图版 52，图 37）

1956　*Picea singularae* Bolkhovitina，Болховитина，стр. 105，табл. 18，фиг. 190a—d.

1986　*Piceaepollenites singularae* (Bolkh.) Zhang，张清波，132 页，图版 5，图 4。

2000　*Piceaepollenites singularae*，宋之琛等，434 页，图版 122，图 11，13。

花粉长为 90.2μm，侧视轮廓半圆形；本体扁圆形，大小为 66.0μm×55.0μm，外壁厚约为 2μm，纹饰细颗粒状；气囊半圆形，大小为 (30.8~33.0) μm× (52.8~59.4) μm，位于本体腹部，气囊与本体接触处无明显凹角，具细内网状结构。体棕黄色，囊棕黄色。

产地层位 玛纳斯县红沟，头屯河组。

拟云杉粉属 ***Piceites*** **Bolkhovitina，1952 ex 1956**

模式种 *Piceites flacciformis* (Mal.) Bolkhovitina，1956＝*Aliferina falcata* var. *flacciformis* Maljavkina，1949

亚洲拟云杉粉 ***Piceites asiaticus*** **Bolkhovitina，1956**

（图版 57，图 17）

1956　*Piceites asiaticus* Bolkhovitina，Болховитина，стр. 96，табл. 16，фиг. 172.

1982　*Piceites asiaticus*，蒲荣干等，图版 17，图 2。

2000　*Piceites asiaticus*，宋之琛等，435 页，图版 122，图 12。

花粉长为 104μm，宽为 82μm，轮廓椭圆形；本体椭圆形，大小为 52μm×82μm，两侧以镰形褶皱为界；气囊半圆形，从两侧对称地包围本体，在中部分开，形成明显的萌发区，其宽约为本体 1/3 长；萌发区外壁粗糙，气囊为细内网状结构。体棕色，囊黄棕色。

产地层位 和布克赛尔县达巴松凸起井区，吐谷鲁群。

圆滑拟云杉粉 ***Piceites enodis*** **Bolkhovitina，1956**

（图版 15，图 26；图版 34，图 17；图版 41，图 14，34；图版 46，图 22，35；图版 51，图 6，23）

1956　*Piceites enodis* Bolkhovitina，Болховитина，стр. 97—98，табл. 16，фиг. 174.

1980　*Piceites enodis*，黎文本等，图版 4，图 16。

1990　*Piceites enodis*，曲立范等，图版 16，图 4。

2000　*Piceites enodis*，宋之琛等，435—436 页，图版 122，图 6，9。

花粉长为 37.4~70.2μm，轮廓近圆形；本体椭圆形，大小为 (24.2~46.2) μm× (38.5~74.5) μm，两侧以镰形褶皱为界；气囊半圆形，从两侧对称地包围本体，在中部分开，形成明显的萌发区，其宽约为本体 1/6~1/2 长；萌发区外壁细颗粒状，气囊为细内网状结构。体棕黄色，囊黄色至棕黄色。

产地层位 准噶尔盆地三叠系至侏罗系。

开放拟云杉粉 *Piceites expositus* Bolkhovitina，1956

（图版 51，图 16；图版 57，图 8，11）

1956 *Piceites expositus* Bolkhovitina，Болховитина，стр. 99，табл. 16，фиг. 178.

1979 *Piceites expositus*，黎文本，146 页，图版 6，图 1，4，7。

1982 *Piceites expositus*，杜宝安等，图版 3，图 6。

2000 *Piceites expositus*，宋之琛等，436 页，图版 122，图 1—3。

花粉长为 74.8~94.6μm，宽为 49.5~72.1μm，轮廓长椭圆形；本体卵圆形，大小为(38.5~52.8) μm×(49.5~71.5) μm，两侧以镰形褶皱为界；气囊半圆形，从两侧对称地包围本体，在中部分开，形成明显的萌发区，其宽约为本体的 1/4~1/3；萌发区外壁细颗粒状，气囊为细内网状结构。气囊黄至黄棕色。体黄棕至棕色。

当前标本的形态特征与 Болховитина(1956)描述的本种标本相似，唯个体较小而稍有不同，后者花粉总长为 95~110μm。

产地层位 玛纳斯县红沟，西山窑组、头屯河组；和布克赛尔县达巴松凸起井区，吐谷鲁群。

金黄拟云杉粉 *Piceites flavidus* Bolkhovitina，1956

（图版 33，图 23；图版 41，图 26）

1956 *Piceites flavidus* Bolkhovitina，Болховитина，стр. 99，табл. 16，фиг. 177.

1990 *Piceites flavidus*，刘兆生，76—77 页，图版 4，图 6。

2000 *Piceites flavidus*，宋之琛等，436 页，图版 122，图 8。

花粉长为 58.2~64.9μm，轮廓椭圆形；本体宽卵圆形，大小为(32.1~41.8) μm×(49.5~50.6) μm，两侧以镰形褶皱为界；气囊半圆形，从两侧对称地包围本体，在中部分开，形成明显的萌发区，其宽约为本体的 1/5 或相互靠近；萌发区外壁细颗粒状，气囊为细内网状结构。气囊黄色，体棕黄色。

当前标本的形态特征与 Болховитина(1956)描述的本种标本相似，唯图版 33 中的图 23 萌发区相对要宽些而稍有不同。

产地层位 乌鲁木齐县郝家沟，八道湾组；玛纳斯县红沟，三工河组。

罗汉松型拟云杉粉 *Piceites podocarpoides* Bolkhovitina，1956

（图版 34，图 16；图版 41，图 6，30；图版 46，图 26；图版 51，图 21）

1956 *Piceites podocarpoides* Bolkhovitina，Болховитина，стр. 100，табл. 16，фиг. 180a，b.

1980 *Piceites podocarpoides*，徐钰林等，181 页，图版 89，图 9。

2000 *Piceites podocarpoides*，宋之琛等，437 页，图版 123，图 20。

花粉粒总长为 44.0 ~ 66.0μm，轮廓宽椭圆形至椭圆形；本体卵圆形至纺锤形，大小为(28.6~33.0) μm×(36.0~46.2) μm，两侧以弓形褶皱为界，褶皱在花粉两端汇聚或近汇聚；

气囊半圆形，从两侧包围本体，在中部分开，形成较宽的萌发区，其宽约为本体的1/4~1/3；萌发区外壁点状，气囊为细内网状。气囊黄色，本体黄至棕黄色。

产地层位 乌鲁木齐县郝家沟，八道湾组；玛纳斯县红沟，三工河组至头屯河组。

粗糙拟云杉粉 ***Piceites scaber* Bolkhovitina，1956**

（图版34，图31）

1956 *Piceites scaber* Bolkhovitina，Болховитина，стр. 98，табл. 16，фиг. 175.

1986 *Piceites scaber*，宋之琛等，269页，图版29，图16。

2000 *Piceites scaber*，宋之琛等，438页，图版123，图19。

花粉粒总长为77μm，轮廓宽椭圆形；本体卵圆形，大小为46.2μm×72.6μm，两侧以明显或欠明显的弓形褶皱为界，褶皱在花粉两端汇聚；气囊半圆形，从两侧包围本体，在中部分开，形成较窄的萌发区，萌发区外壁点状，气囊为细内网状。气囊黄色，本体棕黄色。

产地层位 乌鲁木齐县郝家沟，八道湾组。

原始云杉粉属 ***Protopicea* Bolkhovitina，1952 ex 1956**

模式种 *Protopicea cerina* Bolkhovitina，1956

维柳依原始云杉粉 ***Protopicea vilujensis* Bolkhovitina，1956**

（图版52，图31）

1956 *Protopicea vilujensis* Bolkhovitina，Болховитина，стр. 101，табл. 17，фиг. 182.

花粉粒长为61.6μm，侧面观轮廓馒头形；本体卵圆形，与气囊无明显界限，大小为44.0μm×33.0μm，外壁厚约为1.5μm，纹饰细内网状；气囊半圆形，位于本体远极，大小为30.8μm×(41.8~46.2)μm，具内网状结构。体棕黄色，囊棕黄色。

当前标本与Bolkhovitina描述的该种特征相似，唯个体较小而稍有不同，后者总长为89~102μm。

产地层位 玛纳斯县红沟，头屯河组。

假云杉粉属 ***Pseudopicea* Bolkhovitina，1956**

模式种 *Pseudopicea rotundiformis*（Mal.）Bolkhovitina，1956＝*Aliferina variabiliformis* var. *rotundiformis* Maljavkina，1949

宏大假云杉粉 ***Pseudopicea magnifica* Bolkhovitina，1956**

（图版46，图32；图版51，图25；图版57，图10，14，18，20）

1956 *Pseudopicea magnifica* Bolkhovitina，Болховитина，стр. 95，табл. 15，фиг. 169a，b.

1982 *Pseudopicea magnifica*，蒲荣干等，图版 17，图 6。

1986 *Pseudopicea magnifica*，宋之琛等，274 页，图版 28，图 4，5；图版 33，图 8。

2000 *Pseudopicea magnifica*，宋之琛等，439—440 页，图版 134，图 6—8。

花粉粒长为 74.0~123.2μm，轮廓扁圆形；本体椭圆形，两侧以弓形褶皱为界，大小(39.6~70.4) μm×(59.4~92.4) μm，褶皱在花粉两端近相连；气囊半圆形，从两侧包围本体，在中部分开，形成萌发沟区，其宽约为本体的 1/4~1/3；沟区外壁粗糙至细颗粒状，气囊为内细网状。体棕黄至棕色，囊黄至棕色。

当前标本与 Болховитина 描述的该种特征相似，唯个体较小而稍有不同，后者总长为 160~200μm。

产地层位 准噶尔盆地上三叠统郝家沟组至下白垩统吐谷鲁群。

圆形假云杉粉 *Pseudopicea rotundiformis* (Mal.) Bolkhovitina，1956

（图版 34，图 34，36；图版 40，图 9，19，27，28，31；图版 46，图 11；图版 56，图 10，12，24；图版 57，图 16）

1949 *Aliferina variabiliformis β-rotundiformis* Maljavkina，Малявкина，стр. 102，табл. 30，фиг. 13.

1956 *Pseudopicea rotundiformis* (Maljavkina) Bolkhovitina，Болховитина，стр. 94，табл. 15，фиг. 166.

1984 *Pseudopicea rotundiformis*，杜宝安，图版 2，图 6。

1990 *Pseudopicea rotundiformis*，刘兆生，77 页，图版 3，图 20。

2000 *Pseudopicea rotundiformis*，宋之琛等，440 页，图版 134，图 9—11。

2006 *Pseudopicea rotundiformis*，黄嫔，图版 V，图 10。

花粉粒长为 44.0~85.8μm，轮廓宽扁圆形至近圆形；本体椭圆形至卵圆形，两侧以弓形褶皱为界，大小为(28.6~59.4) μm×(46.2~70.4) μm，褶皱在花粉两端不相交；气囊半圆形，从两侧包围本体，在中部分开，形成较窄的萌发沟区，其宽小于本体的 1/3；沟区外壁点状至细颗粒状，气囊为内细网状。体棕黄色，囊黄至棕黄色。

产地层位 准噶尔盆地上三叠统郝家沟组至下白垩统吐谷鲁群。

多变假云杉粉 *Pseudopicea variabiliformis* (Mal.) Bolkhovitina，1956

（图版 29，图 13；图版 33，图 26；图版 34，图 19，21；图版 40，图 18，26；图版 46，图 10，12；图版 51，图 3，4；图版 56，图 20）

1949 *Aliferina variabiliformis* f. *typica* Maljavkina，Малявкина，стр. 102，табл. 30，фиг. 11.

1956 *Pseudopicea variabiliformis* (Maljavkina) Bolkhovitina，Болховитина，стр. 94，pl. 15，фиг. 167.

1977 *Pseudopicea variabiliformis*，黎文本，145—146 页，图版 3，图 24；图版 4，图 24，25；图版 6，图 8，9。

1983 *Pseudopicea variabiliformis*，《西南地区古生物图册》(微体古生物分册)，596 页，图版 187，图 6。

2000 *Pseudopicea variabiliformis*，宋之琛等，440—441 页，图版 134，图 1—5。

花粉粒长为 44.0~72.6μm，轮廓扁圆形；本体椭圆形，两侧以弓形褶皱为界，大小为(28.6~41.8) μm×(37.4~61.6) μm，褶皱在花粉两端不汇合；气囊半圆形，从两侧包围本体，中部分离，形成萌发沟，沟宽为本体的 1/4~1/3；沟区外壁点状至细颗粒状或细网状，气囊细内网状。气囊黄至棕黄色，本体棕黄至棕色。

产地层位 准噶尔盆地上三叠统郝家沟组至下白垩统吐谷鲁群。

雪松囊系 Cedrosacciti Erdtman，1945

雪松粉属 *Cedripites* Wodehouse，1933

模式种 *Cedripites eocenicus* Wodehouse，1933

奇异雪松粉 *Cedripites admirabilis* (Bolkhovitina) Liu，1981

(图版 59，图 30)

1959 *Cedrus admirabilis* Bolkhovitina，Болховитина，стр. 125，табл. 7，фиг. 109.

1981 *Cedripites admirabilis* (Bolkhovitina) Liu，刘兆生等，162 页，图版 17，图 3。

1985 *Cedripites admirabilis* (Bolkhovitina) Pu et Wu，蒲荣干等，91 页，图版 22，图 13。

2000 *Cedripites admirabilis*，宋之琛等，441 页，图版 116，图 7，8；图版 140 ，图 11。

侧面观轮廓近圆形，腹部微凹陷，总长为 84μm，高为 76μm；本体椭圆形，栉较发育，厚约为 6μm；气囊位于本体远极，略张开，与本体界限欠明显；气囊与本体均为内网状结构，气囊网纹较粗。黄棕色。

当前标本的的轮廓、本体较发育的栉和网纹特征与该种相似，唯个体较小而稍有区别。*Cedripites diversus* Ke et Shi，1978 的侧视轮廓与该种非常相似，但个体相对较小，栉欠发育；*C. ovatus* Ke et Shi，1978 的气囊也位于本体远极，但不张开而不同于该种。

产地层位 和布克赛尔县夏盐凸起井区，吐谷鲁群。

加拿大雪松粉 *Cedripites canadensis* Pocock，1962

(图版 19，图 21)

1962 *Cedripites canadensis* Pocock，p. 63，pl. 10，figs. 149，150.

1983 *Cedripites canadensis*，余静贤等，40 页，图版 11，图 8。

1999 *Cedripites canadensis*，宋之琛等，211 页，图版 62，图 7。

侧面观扁圆形，腹部凹陷，总长为 66.2μm；本体椭圆形，大小为 66.2μm×50.6μm，外壁厚约为 4.2μm，表面具细颗粒状纹饰；两气囊垂于本体腹部，末端锐圆或圆形，于本体中线附近两囊相连，纹饰内网状，保存欠佳，囊壁常褶皱。黄棕色。

产地层位 吉木萨尔县三台大龙口，黄山街组。

雪松型雪松粉 ***Cedripites deodariformis*** **(Zauer) Krutzsch，1971**

（图版 59，图 27）

1954 *Cedrus deodariformis* Zauer，Зауер，стр. 43，табл. 13，фиг. 9.

1971 *Cedripites deodariformis* (Zauer) Krutzsch，S. 24.

1978 *Cedripites deodariformis*，李曼英等，21 页，图版 7，图 14。

1991 *Cedripites deodariformis*，张一勇等，167 页，图版 51，图 13。

1999 *Cedripites deodariformis*，宋之琛等，212—213 页，图版 60，图 5，6。

侧面观半圆形，腹部凹陷，总长为 101.3μm；本体扁圆形，大小为 83.6μm×46.2μm，栉较发育，厚约为 4.4μm，表面具细内网状纹饰；气囊半圆形，大小为 37.4μm×52.8μm，位于本体远极，与本体界限欠明显，纹饰内网状。黄棕色。

产地层位 呼图壁县东沟，吐谷鲁群清水河组。

密网雪松粉 ***Cedripites densireticulatus*** **(Zauer) Krutzsch，1971**

（图版 42，图 31）

1954 *Cedrus densireticulatus* Zauer，Зауер，стр. 39，табл. 12，фиг. 5.

1971 *Cedripites densireticulatus* (Zauer) Krutzsch，S. 24.

1976 *Cedripites densireticulatus* (Zauer) Gao et Zhao，大庆油田开发研究院，46 页，图版 17，图 5—7。

1985 *Cedripites densireticulatus*，蒲荣干等，图版 22，图 4。

2000 *Cedripites densireticulatus*，宋之琛等，442 页，图版 116，图 1，6；图版 140，图 13，14。

侧面观肾形，远极凹陷，总长为 66μm；本体扁圆形，大小为 57.2μm×41.8μm，外壁厚约为 2.2μm，表面具细内网状纹饰；气囊半圆形，大小为 25.3μm×(28.6~33.0) μm，位于本体远极之两侧，与本体间无明显界线，纹饰内网状，保存欠佳。黄棕色。

产地层位 玛纳斯县红沟，三工河组。

内弯雪松粉 ***Cedripites incurvatus*** **(Zauer) Pu et Wu，1985**

（图版 35，图 20）

1954 *Cedrus incurvata* Zauer，Зауер，стр. 28，табл. 9，фиг. 2.

1985 *Cedripites incurvatus* (Zauer) Pu et Wu，蒲荣干等，图版 24，图 7。

2000 *Cedripites incurvatus*，宋之琛等，442—443 页，图版 116，图 4。

花粉侧视轮廓拱形，总长为 41.8μm；本体宽扁圆形，帽较发育，栉厚为 2.5~3.0μm；气囊大于半圆形，位于本体远极，大小为 22.0μm×(24.2~26.4) μm 体和囊表面因保存欠佳而成虫蚀状。棕黄色。

当前标本侧面观轮廓呈拱形与本种特征相同。

产地层位 乌鲁木齐县郝家沟，八道湾组。

平滑雪松粉 *Cedripites levigatus* (Zauer) Gao et Zhao，1976

(图版 29，图 7)

1954　*Cedrus levigata* Zauer，Зауер，стр. 23，табл. 19，фиг. 1.

1976　*Cedripites levigatus* (Zauer) Gao et Zhao，大庆油田开发研究院，48 页，图版 19，图 1。

1980　*Cedripites levigatus*，孙湘君等，87 页，图版 15，图 4。

1999　*Cedripites levigatus*，宋之琛等，214 页，图版 62，图 8。

花粉侧视轮廓梯形，远极凹陷；总长 78.5μm；本体背部直，近平滑，外壁厚约 2.5 μm，具栅状构造，表面具细内网状纹饰；气囊较大，位于本体远极之两侧，与本体间无明显界线，纹饰内网状。黄棕色。

当前标本本体背部直，气囊较大，与本体间无明显界限与该种特征相同。

产地层位　乌鲁木齐县郝家沟，郝家沟组。

小铃雪松粉 *Cedripites nolus* (Gao et Zhao) Sun et He，1980

(图版 47，图 16)

1976　*Parvisaccites nolus* Gao et Zhao，大庆油田开发研究院，49 页，图版 19，图 6—9。

1980　*Cedripites nolus* (Gao et Zhao) Sun et He，孙湘君等，86 页，图版 12，图 8；图版 14，图 5。

侧面观扁圆形，远极稍凹陷，总长为 61.6μm；本体扁圆形，大小为 61.6μm×44.0μm，外壁厚约 2μm，表面密布颗粒状纹饰；气囊小，如两个突起附于本体腹部，大小为 (22.0~26.4) μm× (17.6~19.8) μm，纹饰内网状，具少量条形褶皱。棕黄色。

当前标本气囊小，如两个突起附于本体腹部与高瑞琪等描述的本种标本特征一致，唯个体较大而稍有不同，后者大小为 (38~41) μm× (24~40) μm。

产地层位　玛纳斯县红沟，西山窑组。

始囊雪松粉 *Cedripites parvisaccatus* (Zauer) Krutzsch，1971

(图版 14，图 18，19，26)

1954　*Cedrus parvisaccatus* Zauer，Зауер，стр. 31，табл. 9，фиг. 6—8；табл. 10，фиг. 1—8.

1971　*Cedripites parvisaccatus* (Zauer) Krutzsch，S. 24.

1981　*Cedripites parvisaccatus*，宋之琛等，87 页，图版 25，图 4，7。

1986　*Cedripites parvisaccatus*，张清波，134 页，图版 6，图 2。

1999　*Cedripites parvisaccatus*，宋之琛等，217 页，图版 61，图 10。

极面观本体轮廓椭圆形，大小为 39.6μm×46.2μm，外壁厚约为 3μm，表面具细颗粒状纹饰；气囊卵圆形，着生于本体远极，未超出本体轮廓线，大小 (13.2~15.4) μm× (33.0~35.2) μm，纹饰细内网状。棕黄色。

产地层位　吉木萨尔县三台大龙口，克拉玛依组。

帕米尔雪松粉 ***Cedripites permirus*** **(Bolkh.) Hua，1986**

（图版 59，图 4，7）

1956 *Cedrus permira* Bolkhovitina，Болховитина，стр. 115，табл. 21，фиг. 210a，b.

1986 *Cedripites permira* (Bolkhovitina) Hua，宋之琛等，245 页，图版 35，图 8。

2000 *Cedripites permirus*，宋之琛等，444—445 页，图版 117，图 4。

侧面观扁圆形，远极稍凹陷，总长为 58.0~63.8μm；本体扁圆形，大小为 50.6μm×26.4μm，栉厚约为 4.5μm，基柱结构清晰，向气囊方向变窄，帽上具细内网状纹饰；气囊半圆形，着生于本体赤道偏远极，大小为(18.0~22.0) μm×(26.4~30.0) μm，纹饰内网状。棕黄色。

当前标本特征与该种相似，唯个体较小而稍有不同，后者总长为 100~114μm。

产地层位 呼图壁县东沟，吐谷鲁群清水河组。

小囊粉属 ***Minutosaccus*** **Mädler，1964**

模式种 *Minutosaccus acutus* Mädler，1964

卵形小囊粉(新种) ***Minutosaccus ovalis*** **Zhan sp. nov.**

（图版 14，图 7，图版 29，图 5；图 5-36）

花粉总长为 33.0~36.2μm；本体轮廓卵圆形或横长椭圆形，大小为(33.0~36.2) μm×(45.1~48.8) μm，外壁厚为 1.5~2.5μm，表面具细颗粒状纹饰，远极具一条横沟；气囊小，大小为(8.0~15.4) μm×(22.0~32.2) μm，位于本体远极，未或略超出本体轮廓，具欠明显的细内网纹，囊基部网眼辐射向拉长。体黄棕色，囊黄棕至棕色。

图 5-36 *Minutosaccus ovalis* Zhan sp. nov.

新种以卵圆形或横长椭圆形的本体、位于本体远极的小气囊和明显的远极横沟为特征，与属内其他种相区别。*M. fusiformis* Qu et Wang，1990 除本体轮廓为纺锤形，气囊更小外，其他特征与该种相似。

模式标本 图版 14 中的图 7，花粉总长为 33μm。

产地层位 准噶尔盆地南缘三叠系。

稀少小囊粉 ***Minutosaccus parcus*** **Qu et Wang，1986**

（图版 14，图 1，2，10，13，24，29，31；图版 15，图 4，5，29）

1986 *Minutosaccus parcus* Qu et Wang，曲立范等，171 页，图版 38，图 13，21。

1990 *Minutosaccus parcus*，曲立范等，图版 15，图 34。

2000 *Minutosaccus parcus*，宋之琛等，446 页，图版 141，图 14。

双束型无肋双气囊花粉，总长为 30.5~65.8μm；本体轮廓近圆形或宽椭圆形，大小为(19.8~52.8) μm×(25.2~54.8) μm，外壁厚为 1.5~3.5μm，表面具细颗粒状纹饰，远极具一条横沟；气囊小或很小，大小为(6.6~26.4) μm×(13.2~35.8) μm，位于本体远极，未或稍超出本体轮廓，具欠明显的细内网纹，囊基部网眼辐射向拉长。体黄至黄棕色，囊黄至棕色。

图版 14 中的图 10 本体外壁很厚，其他特征相同，也归入同一种内。

产地层位 吉木萨尔县三台大龙口，克拉玛依组。

罗汉松囊系 Podocarpoiditi R. Potonié，Thomson et Thiergart，1950

蝶囊粉属 ***Platysaccus* Naumova，1939 ex Ishchenko，1952 emend. Potonié et Klaus，1954**

模式种 *Platysaccus papillonis* Potonié et Klaus，1954

金黄蝶囊粉 ***Platysaccus luteus*(Bolkhovitina) Li et Shang，1980**

(图版 18，图 39，46；图版 41，图 20，24；图版 52，图 9；图版 58，图 8)

1956 *Podocarpus lutea* Bolkhovitina，Болховитина，стр. 127，табл. 24，фиг. 234.

1980 *Podocarpidites luteus* (Bolkhovitina) Xu et Zhang，徐钰林等，184 页，图版 98，图 5。

1980 *Platysaccus luteus* (Bolkhovitina) Li et Shang，黎文本等，212 页，图版 4，图 24.

2000 *Platysaccus luteus*，宋之琛等，448 页，图版 126，图 1—3；图版 139，图 7。

轮廓哑铃形，总长为 61.6~110.0μm；本体菱形，大小为(26.4~40.5) μm×(30.8~41.8) μm，栉或发育，表面密布皱瘤状纹饰，或因保存原因而成虫蚀状，轮廓线波形；气囊大于半圆形，大小为(28.6~52.8) μm×(44.2~68.2) μm，从两侧包围本体，囊基重叠，或相距较近，囊具内网纹结构，囊基部网穴拉长，并见少量辐射状褶皱。体棕至深棕色，囊黄至棕黄色。

产地层位 准噶尔盆地三叠系至下白垩统吐谷鲁群。

睛形蝶囊粉(比较种) ***Platysaccus* cf. *oculus* Li，1984**

(图版 46，图 16)

轮廓哑铃形，总长为 62.6μm；本体横菱形，大小为 28.6μm×22.0μm，栉厚约为 3μm，表面具欠明显的皱瘤状纹饰；气囊近圆形，大小为(30.8~32.0) μm×(34.0~36.2) μm，从两侧包围本体，囊基贴近，囊具内网纹结构，囊基部网穴拉长。体棕色，囊黄色。

当前标本横菱形的本体轮廓，较明显的栉和近圆形的气囊与黎文本描述的本种标本(1984，106 页，图版 15，图 3，4) 相似，但后者个体较大(90~126μm)，本体两侧作长枕状延伸而存在一定的区别，故将其定为比较种。

产地层位 玛纳斯县红沟，西山窑组。

紧接蝶囊粉 *Platysaccus proximus*（Bolkhovitina）Song，2000

（图版 34，图 18；图版 47，图 30）

1956 *Podocarpus proxima* Bolkhovitina，Болховитина，стр. 123，табл. 22，фиг. 227.

1980 *Podocarpidites proximus*（Bolkhovitina）Xu et Zhang，徐钰林等，184 页，图版 98，图 3。

2000 *Platysaccus proximus*（Bolkh.）Song，宋之琛等，449 页，图版 126，图 6，9，13。

轮廓哑铃形，总长为 68.2~85.8μm；本体卵圆形至椭圆形或菱形，大小为（25.3~39.6）μm×（33.0~46.2）μm，外壁厚为 3.5~4.5μm，表面密布皱瘤状纹饰，轮廓线波形；气囊大于半圆形，大小为（28.6~44.0）μm×（41.5~62.7）μm，从两侧包围本体，囊基在两端接近或紧贴，中部稍分开，囊具内网纹结构，基部网穴拉长，并见少量辐射状褶皱。体棕至深棕色，囊黄至黄棕色。

产地层位 乌鲁木齐县郝家沟，八道湾组；玛纳斯县红沟，西山窑组。

昆士兰蝶囊粉 *Platysaccus queenslandi* De Jersey，1962

（图版 41，图 7）

1962 *Platysaccus queenslandi* De Jersey，p.10，pl. 4，figs.5，6d、g.

1980 *Podocarpidites queenslandi*（De Jersey）Qu，曲立范等，142 页，图版 78，图 10，11。

1981 *Platysaccus queenslandi*，刘兆生等，163 页，图版 17，图 13，17。

1984 *Podocarpidites queenslandi*，《华北地区古生物图册》（三），600 页，图版 178，图 2；图版 189，图 11。

2000 *Platysaccus queenslandi*，宋之琛等，450 页，图版 126，图 8，11，16。

轮廓哑铃形，总长为 59.4μm；本体近圆形，大小为 24.2μm×25.2μm，外壁厚约为 2.5μm，表面具颗粒状纹饰，轮廓线微波形；气囊大于半圆形，大小为 26.4μm×（33.0~34.5）μm，从两侧包围本体，囊基间距约为 1/3 本体长，囊具细内网纹结构，囊基部或见少量辐射状褶皱。体棕色，囊棕黄色。

产地层位 玛纳斯县红沟，三工河组。

罗汉松粉属 *Podocarpidites* Cookson ex Couper，1953 emend. Potonié，1958

模式种 *Podocarpidites ellipticus* Cookson ex Couper，1953 = *Disaccites*（*Podocarpidites*）*ellipticus* Cookson，1947

弓形罗汉松粉 *Podocarpidites arquatus*（Kara-Murza ex Bolkh.）Qu，1980

（图版 34，图 12）

1956 *Podocarpus arquata* Kara-Murza，Болховитина，стр. 127，табл. 24，фиг. 236a—c.

1980 *Podocarpidites arquatus*（Kara-Murza）Qu，曲立范，142 页，图版 72，图 10。

1980 *Podocarpidites arquatus*（Kara-Murza）Xu et Zhang，徐钰林等，183 页，图版 91，图 4；图版 97，

图 10。

1990　*Podocarpidites arquatus*，余静贤，图版 26，图 2。

2000　*Podocarpidites arquatus*，宋之琛等，451 页，图版 127，图 1，2；图版 139，图 9。

花粉侧面观，总长为 57.2μm；本体卵圆形，大小为 38.2μm×22.5μm，外壁厚约为 2.5μm，表面密布瘤状纹饰，瘤纹低平，欠明显，轮廓线波形；气囊明显大于本体，圆方形，大小为(24.2~32.0) μm×(33.0~39.8) μm，远极基紧贴，囊具细内网纹结构。体黄棕色，囊棕黄色。

产地层位 乌鲁木齐县郝家沟，八道湾组。

两型罗汉松粉 *Podocarpidites biformis* Rouse，1957

（图版 58，图 1）

1957　*Podocarpidites biformis* Rouse，p. 367，pl. 2，fig.13.

1978　*Podocarpidites biformis*，雷作淇，图版 3，图 7。

1984　*Podocarpidites biformis*，《华北地区古生物图册》(三)，605 页，图版 209，图 6；图版 218，图 3。

2000　*Podocarpidites biformis*，宋之琛等，451—452 页，图版 127，图 3，6，7。

轮廓浅哑铃形，总长为 52.8μm；本体近圆形，直径为 30.8μm，栉宽约为 2.5μm，表面具内网状纹饰，轮廓线微波形；气囊半圆形，大小为 24.2μm×(34~35.2) μm，远极基近直，基距约 1/5 本体长，囊具细内网纹结构，囊基部网穴拉长。体黄棕色，囊棕黄色。

产地层位 和布克赛尔县达巴松凸起井区，吐谷鲁群。

卡谢乌罗汉松粉 *Podocarpidites cacheutensis* (Jain) Qu，1980

（图版 24，图 26；图版 41，图 23；图版 51，图 12）

1968　*Platysaccus cacheutensis* Jain，p. 28，pl. 8，figs.105—107.

1980　*Podocarpidites cacheutensis* (Jain) Qu，曲立范，142 页，图版 78，图 7。

1986　*Podocarpidites cacheutensis*，宋之琛等，238 页，图版 32，图 1，3，5。

2000　*Podocarpidites cacheutensis*，宋之琛等，452 页，图版 127，图 4，5，10。

轮廓哑铃形，总长为 70.4~85.8μm；本体卵圆形至近圆形，大小(28.6~37.4) μm×(33.0~44.0) μm，栉较发育，厚约 2.5~4.0μm，表面具颗粒状纹饰，轮廓线微波形；气囊大于半圆形，大小为(30.8~37.4) μm×(50.6~57.2) μm，远极基内凹，基距最宽处约 1/4 本体长，囊具细内网纹结构，囊基部网穴辐射向拉长。体棕黄色，囊黄色。

产地层位 乌鲁木齐县郝家沟，郝家沟组；玛纳斯县红沟，三工河组、头屯河组。

加拿大罗汉松粉 *Podocarpidites canadensis* Pocock，1962

（图版 19，图 15；图版 51，图 28）

1962　*Podocarpidites canadensis* Pocock，p. 66，pl. 10，figs. 157，158.

1978 *Podocarpidites canadensis*，雷作淇，图版 3，图 9。

1986 *Podocarpidites canadensis*，曲立范等，170 页，图版 36，图 24。

2000 *Podocarpidites canadensis*，宋之琛等，452 页，图版 127，图 11，12，16。

轮廓浅哑铃形，总长为 81.4~106.2μm；本体椭圆形或卵圆形，大小为(39.6~48.5)μm×(33.4~60.0)μm，栉或较发育，厚为 3.0~5.5μm，表面具细颗粒状纹饰，轮廓线微波形；气囊稍大于半圆形，大小为(35.2~48.4)μm×(40.5~65.2)μm，远极基近直或稍内凹，基距最宽处为 8~13μm，囊具细内网或内网状结构，囊基部网穴拉长。体棕黄至黄棕色，囊黄至棕黄色。

当前标本与 Pocock 描述的该种标本相似，唯个体较大和本体轮廓椭圆形而稍有不同，后者总长为 55(72)95μm，本体轮廓四边形至近圆形。图版 19 中的图 15 标本本体轮廓欠明显，但其他特征相同，也归入同一种内。

产地层位 准噶尔盆地三叠系至侏罗系。

纺锤罗汉松粉 ***Podocarpidites fusiformis* Liu，1981**

(图版 23，图 9；图版 58，图 10)

1981 *Podocarpidites fusiformis* Liu，刘兆生等，164 页，图版 19，图 10，11。

1987 *Podocarpidites fusiformis*，刘兆生等，179 页，图版 7，图 4。

2000 *Podocarpidites fusiformis*，宋之琛等，453 页，图版 128，图 6，7。

轮廓哑铃形，总长为 74.8~79.8μm；本体纺锤形，大小为(37.4~46.0)μm×(25.3~29.0)μm，栉较发育，厚为 4.0~4.5 μm，表面具颗粒或皱瘤状纹饰，轮廓线微波形；气囊稍大于半圆形，大小为(33.0~36.2)μm×(36.2~42.0)μm，远极基稍凹凸，互相接近或相距较远，囊具细内网纹结构，囊基部具辐射褶，网穴拉长。体棕色，囊棕黄色。

当前标本本体纺锤形与该种特征相似。

产地层位 吉木萨尔县三台大龙口，郝家沟组；呼图壁县东沟，吐谷鲁群清水河组。

巨大罗汉松粉 ***Podocarpidites gigantea* (Zakl.) Takahashi，1971**

(图版 58，图 5)

1957 *Podocarpus gigantea* Zaklinskaja，Заклинская，стр. 109，табл. 3，фиг. 1—3.

1971 *Podocarpidites gigantea* (Zakl.) Takahashi，krutzsch，p. 26.

1978 *Podocarpidites gigantea*，《渤海沿岸地区早第三纪孢粉》，78 页，图版 17，图 13，14。

1986 *Podocarpidites gigantea*，宋之琛等，238 页，图版 32，图 7，9，10，13，16。

2000 *Podocarpidites gigantea*，宋之琛等，453—454 页，图版 128，图 10—12。

花粉轮廓呈三圆交切状，总长为 96.8μm；本体圆形，大小为 46.2μm×46.2μm，栉较发育，厚约为 4.5μm，表面具颗粒状纹饰，轮廓线近平滑；气囊稍大于半圆形，大小为(44.0~46.2)μm×(52.8~55.0)μm，远极基近直或稍外凸，囊具细内网纹结构，囊基部网穴拉长。体棕色，囊黄棕色。

当前标本气囊稍大于本体，轮廓为三圆交切状与该种特征一致。

产地层位 和布克赛尔县达巴松凸起井区，吐谷鲁群。

新月罗汉松粉 ***Podocarpidites lunatus*** **(Bolkhovitina) Zhang，1986**

（图版 58，图 18，22）

1956 *Podocarpus lunata* Bolkhovitina，Болховитина，стр. 125，табл. 23，фиг. 231.

1986 *Podocarpidites lunatus* (Bolkhovitina) Zhang，张清波，130 页，图版 4，图 15。

1986 *Podocarpidites lunatus* (Bolkhovitina) Qu et Wang，曲立范等，171 页，图版 40，图 14。

2000 *Podocarpidites lunatus*，宋之琛等，455 页，图版 128，图 13；图版 139，图 6，11。

轮廓哑铃形，总长为 98.0~100.1μm；本体近圆形或卵圆形，大小(51.0~52.8)μm×(44.0~53.0)μm，外壁厚为 3.0~4.5μm，表面具颗粒状纹饰，轮廓线微波形；气囊大于半圆形，大小为(42.0~46.2)μm×68.0μm，远极基内凹，在体两端靠近，中部间距较宽，囊具细内网纹结构，囊基部网穴拉长。体棕黄至棕色，囊棕黄色。

当前标本轮廓哑铃形，本体近圆形，外壁较厚与 Болховитина(1956)描述的标本相似，唯个体较小，而稍有不同，后者总长为 120~140μm。

产地层位 和布克赛尔县夏盐凸起井区，吐谷鲁群。

大型罗汉松粉 ***Podocarpidites major*** **(Bolkhovitina) Chlonova，1976**

（图版 51，图 14）

1953 *Podocarpus major* Bolkhovitina，Болховитина，стр. 75，табл. 81，фиг. 8.

1976 *Podocarpidites major* (Bolkh.) Chlonova，Хлонова，стр. 52，табл. 14，фиг. 10.

1986 *Podocarpidites major*，宋之琛等，239 页，图版 32，图 12。

2000 *Podocarpidites major*，宋之琛等，455 页，图版 128，图 9。

轮廓哑铃形，总长为 92.4μm；本体圆菱形，大小为 39.6μm×33.0μm，外壁厚约为 1.5μm，表面具颗粒状纹饰，轮廓线微波形；气囊大于半圆形，大小为(39.6~42.2)μm×(48.4~54.2)μm，远极基稍内凹，在体两端靠近，中部间距较宽，囊具细内网纹结构，囊基部网穴拉长，并见有辐射向分布的褶皱。体黄棕色，囊棕黄色。

当前标本的轮廓，囊基在体两端靠近等特征与该种相似。

产地层位 玛纳斯县红沟，头屯河组。

小型罗汉松粉 ***Podocarpidites miniscculus*** **Singh，1964**

（图版 5，图 39；图版 24，图 4；图版 29，图 2；图版 34，图 7；图版 41，图 1，8，9；图版 46，图 14）

1964 *Podocarpidites minisculus* Singh，p.117，pl. 15，figs.15，16.

1980 *Podocarpidites minisculus*，曲立范，142 页，图版 78，图 14。

2000 *Podocarpidites miniscculus*，宋之琛等，455—456页，图版128，图3—5。

轮廓哑铃形，总长为36.3~51.8μm；本体卵圆形或近圆形，大小为(22.0~32.8)μm×(26.4~33.0)μm，外壁厚为2.5~4.0μm，栉或发育，表面具颗粒-细瘤状纹饰，轮廓线微波形；气囊大于半圆形，大小为(15.4~26.4)μm×(26.4~41.8)μm，具细内网纹结构，囊基部网眼拉长，或见少量辐射向褶皱。体黄棕至棕色，囊黄至棕黄色。

当前标本与该种特征一致，唯本体或具小瘤状纹饰而稍有不同。

产地层位 准噶尔盆地三叠系至侏罗系。

多分罗汉松粉 ***Podocarpidites multicinus*** **(Bolkh.) Pocock，1970**

(图版5，图50；图版18，图41；图版23，图1—3，8，10；图版34，图13，14，20；图版41，图27；图版46，图15，21；图版51，图7，9)

1956 *Podocarpus multicina* Bolkhovitina，Болховитина，стр. 121，табл. 22，фиг. 221.

1970 *Podocarpidites multicinus* (Bolkh.) Pocock，p. 90，pl. 19，figs.13，14.

1976 *Podocarpidites multicinus*，大庆油田开发研究院，43页，图版15，图1—4，7。

2000 *Podocarpidites multicinus*，宋之琛等，456页，图版129，图4—6。

花粉总长为48.2~81.4μm。

产地层位 准噶尔盆地三叠系至侏罗系。

多凹罗汉松粉 ***Podocarpidites multesimus*** **(Bolkh.) Pocock，1962**

(图版18，图34，45；图版29，图10，11；图版34，图30；图版41，图11；图版46，图18；图版51，图8，19)

1956 *Podocarpus multesima* Bolkhovitina，Болховитина，стр. 127，табл. 24，фиг. 235.

1962 *Podocarpidites multesimus* (Bolkh.) Pocock，p. 67，pl. 10，figs. 161，162；pl. 11，fig. 163.

1979 *Podocarpidites multesimus*，黎文本，147—148页，图版3，图26；图版6，图15。

2000 *Podocarpidites multesimus*，宋之琛等，456—457页，图版129，图7—9，15。

花粉总长为53.9~76.2 μm。

产地层位 准噶尔盆地三叠系至侏罗系。

装饰罗汉松粉 ***Podocarpidites ornatus*** **Pocock，1962**

(图版51，图22)

1962 *Podocarpidites ornatus* Pocock，p. 67，pl. 11，figs. 164—166.

1978 *Podocarpidites ornatus*《中南地区古生物图册》(四)，497页，图版143，图18。

1986 *Podocarpidites ornatus*，宋之琛等，240页，图版31，图3—4，7。

2000 *Podocarpidites ornatus*，宋之琛等，457页，图版129，图10。

轮廓哑铃形，总长为103.5μm；本体近圆形，大小为45.8μm×42.2μm，外壁厚约为

3.5μm，表面具模糊的小瘤状纹饰，轮廓线微波形；气囊大于半圆形，从两侧包围本体，大小为(44.8~46.0) μm×(50.4~58.4) μm，远极基近直，基距约为1/4本体长，囊具细内网纹结构，囊基部或见少量辐射状褶皱。体黄棕色，囊黄至棕黄色。

产地层位 玛纳斯县红沟，头屯河组。

展开罗汉松粉(新联合) ***Podocarpidites patulus*** **(Bolkhovitina) Zhan comb. nov.**

(图版58，图21)

1956 *Podocarpus patula* Bolkhovitina，Болховитина，стр. 128—129，табл. 24，фиг. 238.

轮廓浅哑铃形，总长为96.8μm；本体椭圆形，大小为46.2μm×61.6μm，外壁较薄，厚约为1.5μm，表面具细内网状状纹饰；气囊大于半圆形，大小为44.0μm×(69.2~70.4) μm，远极基近直，基距约为1/3本体宽，囊具细内网纹结构，囊基部网眼辐射向拉长。体棕色，囊黄棕色。

当前标本与Болховитина(1956)描述的本种标本特征基本一致，大小相近，唯气囊相对较小而稍有区别，后者气囊为本体大小的两倍；该种以椭圆形的本体轮廓不同于*P. arxanensis*。

产地层位 和布克赛尔县达巴松凸起井区，吐谷鲁群。

厚垣罗汉松粉 ***Podocarpidites paulus*** **(Bolkh.) Xu et Zhang，1980**

(图版18，图50，52；图版34，图26，29；图版41，图10，17；图版46，图30；图版51，图11，13；图版58，图23)

1956 *Podocarpus paula* Bolkhovitina，Болховитина，стр. 122，табл. 22，фиг. 224a，b.

1980 *Podocarpidites paulus* (Bolkh.) Xu et Zhang，徐钰林等，184页，图版91，图3。

1984 *Podocarpidites paulus*，《华北地区古生物图册》(三)，602页，图版178，图9；图版190，图1—3。

1990 *Podocarpidites paulus*，曲立范等，图版16，图17。

2000 *Podocarpidites paulus*，宋之琛等，458页，图版129，图11—13。

轮廓哑铃形，总长为56.4~92.4μm；本体卵圆形至椭圆形，大小为(28.2~41.8) μm×(40.2~68.2) μm，外壁厚为2.0~2.5μm，栉厚或可达5μm，表面具颗粒状或不规则瘤状纹饰，轮廓线微波形；气囊大于半圆形，大小为(23.8~46.2) μm×(40.4~79.2) μm，远极基较接近，囊具细内网纹结构，囊基部网眼拉长，并见少量辐射状褶皱。体棕黄至棕色，囊黄至棕黄色。

产地层位 准噶尔盆地三叠系至下白垩统吐谷鲁群。

粗糙罗汉松粉 ***Podocarpidites salebrosus*** **(Chlonova) Hua，1986**

(图版18，图48；图版19，图4；图版29，图15；图版41，图18，21)

1960 *Podocarpus salebrosus* Chlonova，Хлонова，стр. 46，табл. 6，фиг. 1.

1986 *Podocarpidites salebrosus* (Chlonova) Hua，宋之琛等，240页，图版32，图11。

2000 *Podocarpidites salebrosus*，宋之琛等，459 页，图版 129，图 14。

总长为 61.4~79.8μm；本体椭圆形，大小为(29.8~43.8)μm×(33.5~50.6)μm，外壁厚为 1.2~1.5 μm，或帽厚可达 3μm，表面具颗粒状纹饰，轮廓线微波形；气囊大于半圆形，大小为(24.2~35.2)μm×(39.5~58.8)μm，远极基直或稍内凹，基距较宽，约为 1/3 本体长，囊具细内网纹结构，囊基部网眼拉长。体棕黄至棕色，囊黄至棕黄色。

当前标本本体与气囊近等宽，气囊远极基近直和基距较宽等特征与该种相似，唯本体帽或较明显而稍有不同。图版 19 中的图 4 标本囊基部收缩不明显，但其他特征相同也归入同一种内。

产地层位 吉木萨尔县三台大龙口，黄山街组；乌鲁木齐县郝家沟，郝家沟组；玛纳斯县红沟，三工河组。

单一罗汉松粉 *Podocarpidites unicus* (Bolkh.) Pocock，1970

(图版 14，图 25；图版 23，图 5；图版 29，图 30；图版 46，图 29；图版 51，图 20；图版 52，图 30；图版 58，图 11)

1956 *Podocarpus unica* Bolkhovitina，Болховитина，стр. 124，табл. 23，фиг. 229a—e.

1970 *Podocarpidites unicus* (Bolkhovitina) Pocock，p. 90，pl. 24，fig. 11.

1976 *Podocarpidites unicus* (Bolkhovitina) Gao et Zhao，大庆油田开发研究院，43 页，图版 15，图 1—4，7。

1980 *Podocarpidites unicus*，曲立范，141 页，图版 67，图 2，3。

2000 *Podocarpidites unicus*，宋之琛等，460 页，图版 130，图 12，16，17，19，20。

轮廓哑铃形，总长为 68.2~112.4μm；本体近圆形至卵圆形，大小为(33.5~56.0)μm×(36.0~64.4)μm，帽较发育，宽达 2.5~5.0μm，表面具颗粒至皱瘤状纹饰，皱瘤界线较模糊，轮廓线细波形；气囊大于半圆形，大小为(30.8~60.2)μm×(48.4~103.5)μm，远极基在体两端接近或重叠，囊具细内网结构，囊基部网眼拉长，或见大量辐射状褶皱。体黄棕至棕色，囊黄至棕黄色。

当前标本本体帽较发育，气囊远极基接近等特征与 Болховитина 描述的本种标本相似，唯图版 58 中的图 11 标本个体较小而稍有不同，后者总长为 100~145μm。

产地层位 准噶尔盆地三叠系至下白垩统吐谷鲁群。

瘤体罗汉松粉 *Podocarpidites verrucorpus* Wu，1985

(图版 14，图 30；图版 18，图 38；图版 34，图 8—10，15)

1985 *Podocarpidites verrucorpus* Wu，朱宗浩等，130 页，图版 XVI，图 12；图版 XVII，图 6—9。

轮廓哑铃形，总长为 52.8~78.0μm；本体近圆形，大小为(29.0~41.8)μm×(32.0~39.6)μm，外壁厚为 3~4μm，帽或发育，表面具瘤状纹饰，瘤近圆形或不规则形，基部直径为 2~4μm，轮廓线波形；气囊大于半圆形，大小为(22.0~35.2)μm×(37.4~59.5)μm，着生于本体两侧，远极基近直或微凸，或欠明显，间距约 1/4 本体长或相互靠近，囊具内网状结构，囊基部辐射状褶皱或较发育。体黄棕色，囊黄色。

产地层位 吉木萨尔县沙帐断褶带井区，克拉玛依组；玛纳斯县红沟，黄山街组；乌鲁木齐县郝家沟，八道湾组。

中州罗汉松粉 *Podocarpidites zhongzhouensis* Zhang，1978

（图版 18，图 42）

1978 *Podocarpidites zhongzhouensis* Zhang，《中南地区古生物图册》（四），497 页，图版 134，图 10。
2000 *Podocarpidites zhongzhouensis*，宋之琛等，460 页，图版 129，图 18。

轮廓微哑铃形，总长为 104.4μm；本体宽扁圆形，大小为 55μm×44μm，外壁厚约为 3.5μm，表面具细颗粒状纹饰，轮廓线细波形；气囊大于半圆形，大小为（41.8~44.0）μm×（54.8~59.4）μm，远极基近直或稍凸，囊具细内网纹结构，囊基部见大量辐射状褶皱。体棕色，囊黄棕色。

当前标本气囊基部辐射状褶皱较发育与该种特征相似，唯气囊远极基相距较远而稍有不同。

产地层位 吉木萨尔县三台大龙口，黄山街组。

原始罗汉松粉属 *Protopodocarpus* Bolkhovitina，1952 ex 1956

模式种 *Protopodocarpus monstrificabilis* Bolkhovitina，1956

柔软原始罗汉松粉 *Protopodocarpus mollis* Bolkhovitina，1956

（图版 56，图 14）

1956 *Protopodocarpus mollis* Bolkhovitina，Болховитина，стр. 92，табл. 14，фиг. 163.
1984 *Protopodocarpus mollis*，《西南地区古生物图册》（微体古生物分册），599 页，图版 131，图 10。
2000 *Protopodocarpus mollis*，宋之琛等，461 页，图版 133，图 5。

轮廓扁圆形，长为 116μm，宽为 84.0μm；本体近圆形，大小为 72.0μm×70.0μm，外壁厚约为 2μm，表面具细颗粒状纹饰，轮廓线微波形；气囊未完全分化，从两侧包围本体并在两端互相联合，基部分开，形成中部宽向两端变窄的萌发沟区；气囊表面具细内网纹。体棕黄色，囊黄色。

当前标本与 Болховитина 描述的该种特征一致，唯个体较小而稍有不同，后者总长为 120~132μm。

产地层位 和布克赛尔县达巴松凸起井区，吐谷鲁群。

单色原始罗汉松粉 *Protopodocarpus monochromatus* Bolkhovitina，1956

（图版 40，图 20）

1956 *Protopodocarpus monochromatus* Bolkhovitina，Болховитина，стр. 93，табл. 14，фиг. 164a，b.
1981 *Protopodocarpus monochromatus*，王从凤等，图版 3，图 12。

2000 *Protopodocarpus monochromatus*，宋之琛等，461 页，图版 133，图 8。

轮廓卵圆形，长为 63.8μm，宽为 52.8μm；本体卵圆形，大小为 39.6μm×44.0μm，外壁厚约为 2μm，表面具细颗粒状纹饰，轮廓线微波形；气囊未完全分化，从两侧包围本体并在两端互相联合，基部分开，形成中部宽向两变窄的萌发沟区；气囊表面具细内网纹。黄色。

当前标本与该种特征一致，唯个体较小而稍有不同，后者大小为(78~87) μm×(44~52) μm。

产地层位 玛纳斯县红沟，三工河组。

畸果原始罗汉松粉 *Protopodocarpus monstrificabilis* Bolkhovitina，1956

（图版 29，图 19；图版 33 图 42）

1956 *Protopodocarpus monstrificabilis* Bolkhovitina，Болховитина，стр. 92，табл. 14，фиг. 162.

1983 *Protopodocarpus monstrificabilis*，《西南地区古生物图册》(微体古生物分册)，599 页，图版 131，图 9。

2000 *Protopodocarpus monstrificabilis*，宋之琛等，461 页，图版 132，图 5。

轮廓椭圆形，一宽边浅凹陷，大小为(83.8~87.8) μm×(59.4~66.5) μm；本体卵圆形，大小为(40.8~43.4) μm×(46.0~57.2) μm，被气囊从三面包围，仅远极露出较宽的萌发沟区，沟区外壁具细网状纹饰；气囊半圆形，在本体一端互相联结，具细内网纹结构。黄至棕色。

当前标本与该种特征一致，唯个体较小而稍有不同，后者总长为 150~180μm。

产地层位 乌鲁木齐县郝家沟，郝家沟组至八道湾组。

内蒙古原始罗汉松粉 *Protopodocarpus neimonggolensis* Song，2000

（图版 58，图 15）

2000 *Protopodocarpus neimonggolensis* Song，宋之琛等，462 页，图版 133，图 14，15。

轮廓椭圆形，总长为 87.8~107.8μm，宽为 66.5~83.6μm；本体卵圆形，大小为(40.8~45.8) μm×(57.2~61.3) μm，被气囊从三面包围，仅远极露出界线欠明显的萌发沟区，沟区较窄或较宽；气囊半圆形，在本体一端互相联结，具细内网纹结构。黄色。

产地层位 和布克赛尔县达巴松凸起井区，吐谷鲁群。

皱体双囊粉属 *Rugubivesiculites* Pierce，1961

模式种 *Rugubivesiculites convolutus* Pierce，1961

围皱皱体双囊粉 *Rugubivesiculites fluens* Pierce，1961

（图版 18，图 37，40；图版 35，图 23；图版 52，图 16，17；图版 59，图 10，11，14）

1961 *Rugubivesiculites fluens* Pierce，p. 40，pl. 2，figs. 61，62.

1981 *Rugubivesiculites fluens*，宋之琛等，82 页，图版 18，图 12，13，15。

1999 *Rugubivesiculites fluens*，宋之琛等，229 页，图版 66，图 11，12。

花粉长为 48.4~81.4μm，本体轮廓扁圆形或卵圆形，大小为(33.2~55.0)μm×(33.0~52.5)μm，近极面具皱瘤状纹饰，围绕赤道的皱瘤纹特别发育；气囊着生于本体远极之两侧，基部稍收缩，大小为(17.6~30.8)μm×(26.4~46.2)μm，细内网状结构或因保存不好呈虫蚀状，囊基部具辐射向褶皱。气囊浅黄至黄棕色，本体黄至棕色。

当前标本本体围绕赤道的皱瘤纹特别发育与该种特征一致。

产地层位 吉木萨尔县三台大龙口，黄山街组；乌鲁木齐县郝家沟，八道湾组；玛纳斯县红沟，黄山街组、头屯河组；和布克赛尔县达巴松凸起井区，吐谷鲁群。

罗汉松型皱体双囊粉 *Rugubivesiculites podocarpites* Wang，1981

(图版 30，图 31)

1981 *Rugubivesiculites podocarpites* Wang，宋之琛等，82 页，图版 18，图 2，5，8。

1999 *Rugubivesiculites podocarpites*，宋之琛等，229—230 页，图版 66，图 13，14。

花粉总长为 105.6μm，本体轮廓扁圆形，大小为 62.7μm×47.2μm，近极面密布皱脊状纹饰；气囊着生于本体远极之两侧，基部稍收缩，大小为(41.8~50.6)μm×(41.8~83.6)μm，内网状结构或因保存不好呈虫蚀状，囊上具少量条形褶皱。棕黄色。

当前标本气囊大于本体与该种特征一致，但两气囊大小不同而稍有区别。

产地层位 乌鲁木齐县郝家沟，郝家沟组。

多皱皱体双囊粉 *Rugubivesiculites rugosus* Pierce，1961

(图版 59，图 6，15)

1961 *Rugubivesiculites rugosus* Pierce，p. 40，pl. 2，figs.59，60.

1981 *Rugubivesiculites rugosus*，宋之琛等，82 页，图版 18，图 3，4，6，7，9—11，14；图版 19，图 1，7，10。

1990 *Rugubivesiculites convolutes* Pierce，王大宁等，111 页，图版 10，图 2，3；图版 11，图 23。

1999 *Rugubivesiculites rugosus*，宋之琛等，230 页，图版 65，图 13；图版 66，图 9，10。

花粉总长为 64~77μm，本体轮廓椭圆形，大小为(44.0~48.4)μm×(45.0~48.4)μm，近极面密布肠结状瘤皱纹，围绕赤道的瘤皱纹比较发育；气囊着生于本体远极之两侧，囊基部收缩，大小为(26.4~28.6)μm×(40.0~44.0)μm，细内网状结构，囊基部具辐射向褶皱。气囊棕黄至黄棕色，本体黄棕至棕色。

产地层位 和布克赛尔县夏盐凸起和达巴松凸起井区，吐谷鲁群。

球囊皱体双囊粉 *Rugubivesiculites spherisaccatus* Pu et Wu，1985

(图版 35，图 33)

1985 *Rugubivesiculites spherisaccatus* Pu et Wu，蒲荣干等，180 页，图版 23，图 7，8。

2000 *Rugubivesiculites spherisaccatus*，宋之琛等，463 页，图版 137，图 8，9。

花粉长为 55μm，本体轮廓近圆形，大小为 44.0μm×39.6μm，近极面具皱瘤状纹饰；气囊较小，宽椭圆形，着生于本体远极之两侧，基部收缩，大小为 22.0μm×(26.4~28.6) μm，细内网状结构或因保存不好呈虫蚀状，囊基部具辐射向褶皱。气囊黄色，本体棕黄色。

当前标本本体和气囊轮廓较圆与该种特征一致，唯个体较小而稍有不同，后者花粉总长为 90~102.5μm。

产地层位 乌鲁木齐县郝家沟，八道湾组。

原始双囊粉属 *Pristinuspollenites* Tschudy，1973

模式种 *Pristinuspollenites microsaccus* (Couper) Tschudy，1973＝*Pteruchipollenites microsaccus* Couper，1958

球状原始双囊粉 *Pristinuspollenites bibulbus* (Bolkh.) Yu，1984

（图版 29，图 1）

1984 *Pristinuspollenites bibulbus* (Bolkh.) Yu，《华北地区古生物图册》(三)，608 页，图版 188，图 4，5；图版 211，图 1，11；图版 218，图 4。

2000 *Pristinuspollenites bibulbus*，宋之琛等，465 页，图版 130，图 1。

花粉粒小，本体轮廓卵圆形，大小为 30.8μm×36.8μm，外壁厚约为 2.5μm，表面具颗粒状纹饰；气囊着生于本体远极，不或微超出本体轮廓，大小为 (14.8~19.2) μm×(28.4~32.2) μm，囊较强烈褶皱，细内网状结构欠明显。气囊棕黄色，本体黄棕色。

产地层位 乌鲁木齐县郝家沟，郝家沟组。

小囊原始双囊粉 *Pristinuspollenites microsaccus* (Couper) Tschudy，1973

（图版 29，图 16）

1958 *Pteruchipollenites microsaccus* Couper，p. 151，pl. 26，figs. 13，14.

1973 *Pristinuspollenites microsaccus* (Couper) Tschudy，p. 17，pl. 7，figs. 4—6.

1982 *Pristinuspollenites microsaccus*，余静贤等，图版 3，图 33。

1990 *Pristinuspollenites microsaccus*，张望平，图版 22，图 22。

2000 *Pristinuspollenites microsaccus*，宋之琛等，465—466 页，图版 130，图 5，8，9，18；图版 140，图 17。

花粉长为 50.6μm，本体轮廓椭圆形，大小为 50.6μm×55.8μm，外壁厚约为 2.5μm，表面具细颗粒状纹饰，远极具欠明显的单沟；气囊着生于本体远极或远极之两侧，大小为 (14.8~22.0) μm×(28.6~39.6) μm，气囊较强烈褶皱，细内网状结构。气囊黄至棕黄色，本体黄至黄棕色。

产地层位 乌鲁木齐县郝家沟，郝家沟组。

鲁氏原始双囊粉 *Pristinuspollenites rousei* (Pocock) Pu et Wu，1982

（图版 41，图 4；图版 46，图 6）

1970 *Podocarpidites rousei* Pocock，p. 88，pl. 19，figs.6，7，10，11.

1982 *Pristinuspollenites rousei* (Pocock) Pu et Wu，蒲荣干等，图版 16，图 13。

1990 *Pristinuspollenites rousei* (Pocock) Yu，余静贤，110 页，图版 29，图 15。

2000 *Pristinuspollenites rousei*，宋之琛等，466 页，图版 130，图 2，3。

花粉长为 35.2~37.5μm，本体轮廓椭圆形，大小为 (26.4~27.0) μm×39.6μm，外壁厚约为 2μm，表面具细颗粒状或小瘤状纹饰，轮廓线细波形；气囊着生于本体远极两侧，其边缘或略超出本体轮廓，囊壁较薄，边缘较强烈褶皱。体棕色，囊黄色。

产地层位 和布克赛尔县达巴松凸起井区和玛纳斯县红沟，三工河组。

沟状原始双囊粉 *Pristinuspollenites* (*Granabivesiculites inchoatus* Pierce) *sulcatus* Tschudy，1973

（图版 41，图 3，5）

1967 *Phyllocladidites inchoatus* (Pierce) Norris，p. 103，pl. 5，figs.8，9.

1973 *Pristinuspollenites* (*Granabivesiculites inchoatus* Pierce) *sulcatus* Tschudy，p. 17，pl. 7，fig. 11.

1983 *Pristinuspollenites sulcatus*，余静贤等，图版 3，图 10。

2000 *Pristinuspollenites sulcatus*，宋之琛等，466—467 页，图版 130，图 6，7，21。

花粉长为 37.5~44.0μm，本体轮廓近圆形，大小为 (33.0~39.6) μm× (33.0~41.8) μm，外壁厚为 2~3μm，表面密布颗粒状纹饰，远极面萌发沟清晰，较宽，约为 8.8μm，沟区两侧见披针形外壁加厚；气囊着生于本体远极两侧，其边缘不或略超出本体轮廓，气囊较强烈褶皱，细内网状。黄色至棕黄色。

产地层位 和布克赛尔县达巴松凸起井区和玛纳斯县红沟，三工河组。

四字粉属 *Quadraeculina* Maljavkina，1949 ex Potonié，1960

模式种 *Quadraeculina anellaeformis* Maljavkina，1949

矩形四字粉 *Quadraeculina annellaeformis* Maljavkina，1949

（图版 30，图 21；图版 35，图 7，11，35，39；图版 42，图 8，24，29，34；图版 47，图 21，35；图版 52，图 15，23，28，29；图版 59，图 21，24，25）

1949 *Quadraeculina anellaeformis* Maljavkina，Малявкина，стр. 110，табл. 39，фиг. 3.

1978 *Quadraeculina anellaeformis*，《中南地区古生物图册》（四），501 页，图版 134，图 11，12。

2003 *Quadraeculina anellaeformis*，黄嫔，图版 I，图 15，16。

极面观圆方形或矩形，大小为 (33.0~72.6) μm× (39.6~70.4) μm；本体近极或具宽的栉，其上具辐射状纹理，远极面具宽的沟，沟内纹饰细网状；两气囊位于本体远极，未超出本体轮廓线，大小为(6.6~24.2)μm×(39.6~63.8)μm，具细网状纹饰或因保存原因呈虫蚀状。棕黄色至棕色。

当前标本轮廓为圆方形或矩形与该种特征相同，并以此与属内其他种相区别。

产地层位 准噶尔盆地上三叠统郝家沟组至下白垩统吐谷鲁群。

加拿大四字粉 *Quadraeculina canadensis*(Pocock)Zhang，1978

(图版30，图30；图版47，图37，38；图版59，图17)

1976 *Ovalipollis canadensis* Pocock，p. 95，pl. 20，figs. 6，7.

1978 *Quadraeculina canadensis* (Pocock) Zhang，《中南地区古生物图册》(四)，502页，图版137，图5。

1990 *Quadraeculina canadensis*，刘兆生，76页，图版4，图14。

2000 *Quadraeculina canadensis*，宋之琛等，468页，图版136，图17，18。

轮廓长圆矩形，侧边近直或微凸，两端钝圆，大小为(41.8~66.0)μm×(63.8~81.4)μm；本体近极具宽的栉，栉厚为4.0~6.6μm，其上或具辐射状纹理，远极面具中部较窄两端较宽或宽度较均匀的沟，沟内纹饰细网状；两气囊位于本体远极，未超出本体轮廓线外，大小为(6.6~19.8)μm×(41.8~72.6)μm，具内网状至皱网状纹饰。黄色至黄棕色。

产地层位 玛纳斯县红沟，西山窑组；和布克赛尔县达巴松凸起井区，吐谷鲁群。

不显四字粉 *Quadraeculina enigmata*(Couper)Xu et Zhang，1980

(图版35，图22，42；图版42，图25，33；图版47，图22，28；图版52，图20，21；图版59，图20)

1958 *Parvisaccites enigmatus* Couper，p. 154，pl. 30，figs. 3—5.

1980 *Quadraeculina enigmata* (Couper) Xu et Zhang，徐钰林等，185页，图版91，图12，13。

1984 *Quadraeculina enigmata*，《华北地区古生物图册》(三)，607页，图版190，图9—12。

1990 *Quadraeculina enigmata*，潘昭仁等，图版13，图10，14。

2000 *Quadraeculina enigmata*，宋之琛等，468—469页，图版136，图9—11。

极面观轮廓近圆形，大小为(44.5~59.4)μm×(46.2~61.6)μm；本体近极具宽的栉，宽为4.4~8.8μm，其上具保存欠佳的皱网状纹饰或具较清晰的辐射纹理；两气囊长条形，位于本体远极，未超出本体轮廓线外，大小为(6.6~19.8)μm×(46.2~59.4)μm，具细网状至皱网状纹饰；气囊与本体外层间具弯月形变薄区，气囊间为长方形萌发区。黄至棕色。

当前标本近圆形的轮廓和较宽的栉与该种特征相同，并以此与本属其他种相区别。

产地层位 乌鲁木齐县郝家沟，八道湾组；玛纳斯县红沟，三工河组、头屯河组；和布克赛尔县夏盐凸起井区，吐谷鲁群。

真边四字粉 *Quadraeculina limbata* Maljavkina，1949

（图版 30，图 6；图版 35，图 38；图版 42，图 30，32；图版 47，图 15，26，27，33，36；图版 52，图 19，22；图版 59，图 12）

1949 *Quadraeculina limbata* Maljavkina，Малявкина，стр. 110，табл. 39，фиг. 2.

1956 *Quadraeculina limbata*，Болховитина，стр. 88，табл. 13，фиг. 155.

1978 *Quadraeculina limbata*，《中南地区古生物图册》（四），502 页，图版 134，图 13。

1990 *Quadraeculina limbata*，张望平，图版 20，图 15；图版 22，图 12；图版 24，图 19。

2000 *Quadraeculina limbata*，宋之琛等，469—470 页，图版 136，图 12—16。

极面观圆四方形至宽长方形，大小为(33.0~59.4) μm×(39.6~66.0) μm；本体近极或具宽的栉，宽为 4.4~6.6μm，其上或具辐射状纹理，远极面具宽的沟，沟内纹饰细网状；两气囊位于本体远极，未超出本体轮廓线外，大小为(6.6~19.8) μm×(39.6~61.6) μm，具细网状纹饰，气囊与本体外层间具弯月形变薄区。棕黄色。

当前标本圆四方形至宽长方形的轮廓和较宽的栉与该种特征相同；*Quadraeculina ordinate* Wu et Zhang，1983(吴洪章等，568 页，图版 2，图 7)的轮廓与该种相似，但近极栉较窄。

产地层位 准噶尔盆地上三叠统郝家沟组至下白垩统吐谷鲁群。

瘦长四字粉 *Quadraeculina macra* Zhang，1989

（图版 30，图 35；图版 35，图 43；图版 47，图 18）

1989 *Quadraeculina macra* Zhang，张望平，17 页，图版 3，图 23；图版 7，图 22。

2000 *Quadraeculina macra*，宋之琛等，470 页，图版 141，图 15。

轮廓长矩形，大小为(33.0~38.4) μm×(59.4~70.4) μm，长宽比为 1.8~1.9；本体近极具宽的栉，宽约为 6.6μm,其上具辐射状纹理；两气囊位于本体远极，极面保存时未超出本体轮廓线外，大小为(8.8~13.2) μm×(52.8~66.0) μm，囊具细网状纹饰,或因保存原因成虫蚀状，轮廓线细波形；气囊和本体间以及两气囊间为外壁变薄区，两气囊间薄壁区两端较宽。黄棕色。

当前标本轮廓较瘦长与该种特征相同，唯长宽比略小于 2 而稍有区别。

产地层位 乌鲁木齐县郝家沟，郝家沟组至八道湾组；玛纳斯县红沟，西山窑组。

小四字粉 *Quadraeculina minor* (Pocock) Xu et Zhang，1980

（图版 35，图 8—10；图版 42，图 6，7，9；图版 47，图 1，2；图版 52，图 13，14；图版 59，图 1）

1970 *Ovalipollis minor* Pocock，p. 97，pl. 21，figs.1，2.

1980 *Quadraeculina minor* (Pocock) Xu et Zhang，徐钰林等，185 页，图版 82，图 9；图版 91，图 11；图版 92，图 24。

2000 *Quadraeculina minor*，宋之琛等，470 页，图版 136，图 1—5。

轮廓方圆形至方形或矩形，大小为(27.0~41.5)μm×(28.6~44.0)μm；本体近极具宽的栉，宽为4~6μm,其上具辐射状纹理；两气囊位于本体远极，极面保存时未超出本体轮廓线外，大小为(4.4~17.6)μm×(24.2~39.6)μm，囊表面因保存原因成虫蚀状，轮廓线细波形；气囊和本体间及两气囊间为外壁变薄区，薄壁区宽阔。棕黄至棕色。

当前标本个体较小与该种特征相同，并以此与属内其他种相区别。

产地层位 准噶尔盆地上三叠统郝家沟组至下白垩统吐谷鲁群。

规则四字粉 ***Quadraeculina ordinata* Wu et Zhang，1983**

（图版35，图28；图版47，图29；图版52，图26）

1983 *Quadraeculina ordinata* Wu et Zhang，吴洪章等，568页，图版2，图7。

1990 *Quadraeculina ordinata*，张望平，图版18，图33；图版20，图28。

2000 *Quadraeculina ordinata*，宋之琛等，470—471页，图版136，图21。

轮廓圆方形，大小为(41.8~55.0)μm×(50.8~66.0)μm；本体近极栉较窄，宽为1.5~4.5μm,其上具细皱状纹饰或辐射状条纹发育；两气囊位于本体远极，未超出本体轮廓线外，大小为(11.0~22.0)μm×(47.3~66.0)μm，囊表面具细网状或皱网状纹饰，轮廓线细波形；气囊和本体间及两气囊间为外壁变薄区。棕黄色。

当前标本本体近极栉较窄与该种特征相同，并以此与属内其他种相区别。

产地层位 乌鲁木齐县郝家沟，八道湾组；玛纳斯县红沟，西山窑组、头屯河组。

双囊亚类，其他

古松柏粉属 ***Paleoconiferus* Bolkhovitina，1952 ex 1956**

模式种 *Paleoconiferus asaccatus* Bolkhovitina，1956

无囊古松柏粉 ***Paleoconiferus asaccatus* Bolkhovitina，1956**

（图版40，图11，12；图版56，图7）

1956 *Paleoconiferus asaccatus* Bolkhovitina，Болховитина，стр. 85，табл. 13，фиг. 150a—c.

1978 *Paleoconiferus asaccatus*，《中南地区古生物图册》（四），495页，图版133，图1。

2000 *Paleoconiferus asaccatus*，宋之琛等，473页，图版120，图10—12。

轮廓近圆形至椭圆形，大小为(57.2~72.6)μm×(52.8~57.2)μm；外壁厚为1.0~1.2μm，表面具细内网状纹饰及大量长条形褶皱；轮廓线微波形。棕黄色。

当前标本与本种特征一致，唯个体较小而稍有不同，后者大小为(98~120)μm×(62~90)μm。

产地层位 玛纳斯县红沟，三工河组；和布克赛尔县达巴松凸起井区，吐谷鲁群。

原始松柏粉属 *Protoconiferus* Bolkhovitina，1952 ex 1956

模式种 *Protoconiferus flavus* Bolkhovitina，1956

黄色原始松柏粉 *Protoconiferus flavus* Bolkhovitina，1956

（图版 33，图 46；图版 56，图 15）

1956　*Protoconiferus flavus* Bolkhovitina，Болховитина，стр. 86，табл. 13，фиг. 152.

1984　*Protoconiferus flavus*，《华北地区古生物图册》（三），563 页，图版 186，图 5。

1990　*Protoconiferus flavus*，张望平，图版 20，图 14。

2000　*Protoconiferus flavus*，宋之琛等，474—475 页，图版 131，图 1—4。

轮廓宽卵圆形至近圆形，大小为(59.4~110.0) μm×(70.4~112.0) μm；具单沟和两个微分化的气囊；本体可隐约见到，体两侧或一侧被弓形褶皱所围，其中一条较明显；气囊从两侧包围本体，囊间为裂缝状萌发沟，囊上具细内网状结构。棕黄至深棕色。

产地层位 准噶尔盆地上三叠统郝家沟组至下白垩统吐谷鲁群。

富纳赖原始松柏粉 *Protoconiferus funarius*(Naumova) Bolkhovitina，1956

（图版 40，图 30；图版 51，图 27；图版 56，图 17，21）

1953　*Platysaccus funarius* Bolkhovitina，Болховитина，стр. 73，табл. 10，фиг. 2，3.

1956　*Protoconiferus funarius* (Naumova) Bolkhovitina，Болховитина，стр. 86，табл. 13，фиг. 151a—c.

1970　*Protoconiferus funarius*，Pocock，p.80，pl. 19，figs. 1—5.

1978　*Protoconiferus funarius*，张璐瑾，图版 2，图 10。

1990　*Protoconiferus funarius*，曲立范等，图版 15，图 24。

2000　*Protoconiferus funarius*，宋之琛等，475 页，图版 131，图 5，6；图版 133，图 7。

轮廓近圆形至扁圆形，大小为(80.5~92.4) μm×(70.4~90.2) μm；本体轮廓不清，气囊从两侧包围本体，气囊间为裂缝状萌发沟，囊上具细内网状结构。黄至棕黄色。

当前标本与该种特征一致，图版 51 中的图 27 轮廓呈扁圆形，萌发沟未呈裂缝状与本种稍有不同，也归入同一种内，该种以不明显的本体与 *Protoconiferus flavus* Bolkhovitina，1956 相区别。

产地层位 玛纳斯县红沟，三工河组、头屯河组；和布克赛尔县达巴松凸起井区，吐谷鲁群。

卵形原始松柏粉 *Protoconiferus oviformis*(Qian et Wang) Song，2000

（图版 33，图 28；图版 56，图 9）

1981　*Piceites oviformis* Qian et Wang，王丛凤等，380 页，图版 1，图 17，18。

2000　*Protoconiferus oviformis* (Qian et Wang) Song，宋之琛等，476 页，图版 131，图 8，9。

轮廓卵圆形，大小为(44.0~55.0) μm×(59.4~82.5) μm；花粉中部具裂缝状单沟，伸达或近伸达两端，沟边一侧见外壁加厚；近赤道处或具弧形褶皱，可能反映本体之轮廓；囊上具细内网状结构。黄至棕色。

产地层位 乌鲁木齐县郝家沟，八道湾组；和布克赛尔县达巴松凸起井区，吐谷鲁群。

叶形原始松柏粉 *Protoconiferus phyllodes* (Qian et Wang) Hua，1986

（图版 29，图 6；图版 46，图 37）

1981 *Piceites phyllodes* Qian et Wang，王从凤等，380 页，图版 1，图 14—16。

1986 *Protoconiferus phyllodes* (Qian et Wang) Hua，宋之琛等，271 页，图版 29，图 15。

2000 *Protoconiferus phyllodes*，宋之琛等，476 页，图版 131，图 10，12。

轮廓宽纺锤形，两端锐圆，大小为(39.2~54.0) μm×(73.4~78.5) μm；花粉中部具裂缝状单沟，伸达两端；囊壁厚约为 1.5μm，其上具内网状结构。黄棕色。

产地层位 乌鲁木齐县郝家沟，郝家沟组至八道湾组；玛纳斯县红沟，西山窑组。

假瓦契杉粉属 *Pseudowalchia* Bolkhovitina，1952 ex 1956

模式种 *Pseudowalchia biangulina* (Mal.) Bolkhovitina，1956＝*Orbicularia biangulina* Maljavkina，1949

双角假瓦契杉粉 *Pseudowalchia biangulina* (Mal.) Bolkhovitina，1956

（图版 51，图 18）

1949 *Orbicularia biangulina* Maljavkina，Малявкина，стр.105，табл. 36，фиг. 27.

1956 *Pseudowalchia biangulina* (Mal.) Bolkhovitina，Болховитина，стр. 89，табл. 14，фиг. 157.

1978 *Pseudowalchia biangulina*，《中南地区古生物图册》(四)，图版 133，图 5，6。

1982 *Pseudowalchia biangulina*，《湖南古生物图册》，659 页，图版 423，图 20。

2000 *Pseudowalchia biangulina*，宋之琛等，476—477 页，图版 135，图 2，3，13。

轮廓宽扁圆形，大小为 61.6μm×57.2μm；本体卵圆形，大小为 37.4μm×44.0μm，外壁厚约为 1μm，具细内网状纹饰；气囊半圆形，大小为(24.2~28.6) μm×(54.0~55.0) μm，从两侧包围本体并在两端互相联合，在本体中部分开，形成 1/4~1/3μm 本体宽的萌发沟区，囊基处见长条形褶皱；沟区和气囊均具细内网状结构。棕黄色。

产地层位 玛纳斯县红沟，头屯河组。

桔黄假瓦契杉粉 *Pseudowalchia crocea* Bolkhovitina，1956

（图版 46，图 27）

1956 *Pseudowalchia crocea* Bolkhovitina，Болховитина，стр. 90，табл. 14，фиг. 158a，b.

1982 *Pseudowalchia crocea*，杜宝安等，图版 3，图 4。

1990 *Pseudowalchia crocea*，刘兆生，74 页，图版 3，图 10。

2000 *Pseudowalchia crocea*，宋之琛等，477 页，图版 135，图 9，10。

轮廓椭圆形，大小为 57.2μm×56.0μm；本体近圆形，直径为 44μm，纹饰细颗粒状；气囊完全包围本体，在本体中部分离，萌发沟清晰，宽约 1/3 本体长；气囊表面具内细网状纹饰。黄色。

当前标本本体较大与该种特征相一致，唯个体较小而稍有不同，后者总长为 102~121μm；该种与 *P. landesii* 的区别是本体相对较大。

产地层位 玛纳斯县红沟，三工河组、西山窑组。

兰德假瓦契杉粉 ***Pseudowalchia landesii* Pocock，1970**

（图版 40，图 29；图版 41，图 35；图版 57，图 22）

1970 *Pseudowalchia landesii* Pocock，p. 84，pl. 18，figs. 2，5.

1984 *Pseudowalchia landesii*，《华北地区古生物图册》（三），583 页，图版 186，图 10。

1986 *Pseudowalchia landesii*，宋之琛等，275 页，图版 26，图 16；图版 28，图 1。

2000 *Pseudowalchia landesii*，宋之琛等，477 页，图版 135，图 4—6。

轮廓椭圆形，大小为 (81.4~90.2) μm× (50.6~70.4) μm；本体卵圆形，大小 (39.6~56.0) μm× (39.6~61.6) μm，纹饰内细网状；气囊完全包围本体，在本体中部萌发沟区界线欠明显；气囊表面具内细网状纹饰。黄至棕色。

产地层位 玛纳斯县红沟，三工河组；和布克赛尔县达巴松凸起井区，吐谷鲁群。

卵形假瓦契杉粉 ***Pseudowalchia ovalis* Pocock，1970**

（图版 40，图 17；图版 51，图 24，26）

1970 *Pseudowalchia ovalis* Pocock，p.84，pl. 18，fig.1.

1978 *Pseudowalchia ovalis*，《中南地区古生物图册》（四），496 页，图版 133，图 7，8。

2000 *Pseudowalchia ovalis*，宋之琛等，477—478 页，图版 135，图 7，8。

轮廓椭圆形，长为 57.2~77.0μm，宽为 44.0~68.2μm；本体卵圆形，大小为 (19.5~44.0) μm× (41.8~63.8) μm，细颗粒状；气囊半圆形，大小为 (24.2~33.0) μm× (44.0~68.2) μm，从两侧包围本体，并在本体两端相连，表面具细内网状纹饰。黄至棕黄色。

当前标本本体轮廓卵圆形和萌发沟区不明显与该种特征一致，唯个体较小而稍有不同，后者大小为 119μm×85μm。

产地层位 玛纳斯县红沟，三工河组、头屯河组。

多囊亚类 Polysaccites Cookson，1947

三囊罗汉松粉属 ***Dacrycarpites* Cookson et Pike，1953**

模式种 *Dacrycarpites australiensis* Cookson et Pike，1953

澳大利亚三囊罗汉松粉 *Dacrycarpites australiensis* Cookson et Pike，1953

（图版 15，图 15；图版 30，图 20）

1953 *Dacrycarpites australiensis* Cookson et Pike，p. 78，pl. 3，fig. 51.

1986 *Dacrycarpites australiensis*，宋之琛等，235 页，图版 36，图 3。

2000 *Dacrycarpites australiensis*，宋之琛等，478 页，图版 117，图 7。

花粉总长为 44.2~70.4μm，轮廓三角形；本体近圆形或卵圆形，大小为(18.6~44.0) μm×(30.8~41.8) μm，外壁厚为 1.5~2.5μm，表面具细内网状纹饰；气囊三个，略大于半圆形，位于本体赤道，突出轮廓线之外，大小为(13.2~30.8) μm×(17.6~43.5) μm，表面具细内网状纹饰，囊基部网穴辐射向拉长。棕黄色。

产地层位 吉木萨尔县三台大龙口，克拉玛依组；乌鲁木齐县郝家沟，郝家沟组至八道湾组。

新疆三囊罗汉松粉(新种) *Dacrycarpites xinjiangensis* Zhan sp. nov.

（图版 24，图 24，31；图 5-37）

花粉总长为 72.6~76.5μm，轮廓三角形或宽椭圆形；本体卵圆形或椭圆形，大小为(50.6~55.0) μm×(41.8~47.3) μm，栉较发育，宽为 3.5~4.5μm，表面具细颗粒状纹饰；气囊三个，小于半圆或新月形，位于本体赤道，突出轮廓线之外，大小为(16.4~19.8) μm×(37.4~52.8) μm，气囊中有一个相对较小，表面具细内网状纹饰，囊基部网穴辐射向拉长。体棕黄色，囊浅黄至黄色。

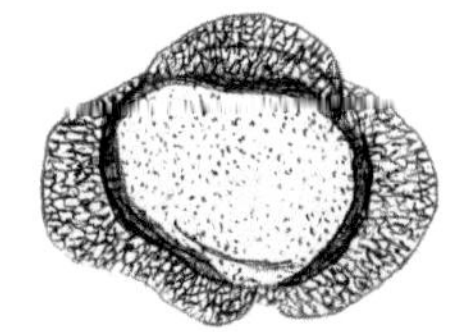

图 5-37 *Dacrycarpites xinjiangensis* Zhan sp. nov.

该种本体轮廓清晰，栉较发育，三个气囊中有一个相对较小等特征可与属内其他种相区别。

模式标本 图版 24 中的图 31，总长为 72.6μm。

产地层位 乌鲁木齐县郝家沟，郝家沟组。

四囊粉属 *Tetrasaccus* Pant ex Maithy，1965

模式种 *Tetrasaccus karharbarensis* Maithy，1965

花瓣四囊粉？ *Tetrasaccus? petaloides* (Zhang) Song，2000

（图版 19，图 25；图版 24，图 29，30，33）

1978 *Microcachryidites petaloides* Zhang，《中南地区古生物图册》(四)，498 页，图版 134，图 16。

2000 *Tetrasaccus ? petaloides* (Zhang) Song，宋之琛等，480 页，图版 138，图 4，5。

花粉轮廓花瓣形，总长为 70.4~107.8μm；本体近圆形或卵圆形，大小为(46.0~72.6) μm×(46.0~56.2) μm，外壁厚为 2~4μm，细颗粒状；五个气囊沿赤道偏远极分布，大于半圆形，近等大或不等大，表面具内网状纹饰，图版 19 中的图 25 标本体和囊表面因保存不好，呈虫蚀状。体黄至棕黄色，囊黄至黄棕色。

产地层位 吉木萨尔县三台大龙口，黄山街组、郝家沟组；乌鲁木齐县郝家沟，郝家沟组。

方形四囊粉 *Tetrasaccus quadratus* Yu et Miao，1984

（图版 15，图 24；图版 19，图 20，29；图版 24，图 32；图版 30，图 25，28）

1984　*Tetrasaccus quadratus* Yu et Miao，《华北地区古生物图册》（三），611 页，图版 209，图 9，10。

2000　*Tetrasaccus quadratus*，宋之琛等，480—481 页，图版 138，图 3，7—9。

花粉轮廓近方形，总长为 62.6~99.0μm；本体方圆形，大小为 (52.8~66.0) μm×(39.6~57.2) μm，外壁厚为 1.5~4.5μm，细颗粒状；四个气囊沿赤道偏远极分布，稍大于半圆形，与体重叠部分或较多，表面具内网状纹饰。体黄至棕黄色，囊黄色。

产地层位 吉木萨尔县三台大龙口，克拉玛依组、黄山街组；乌鲁木齐县郝家沟组，郝家沟组至八道湾组。

有囊类，其他

同心粉属 *Concentrisporites* Wall，1965 emend. Pocock，1970

模式种 *Concentrisporites hallei*（Nilsson）Wall，1965 = *Equisetosporites hallei* Nilsson，1958

脆弱同心粉 *Concentrisporites fragilis*（Burger）Li et Hua，1986

（图版 39，图 43；图版 50，图 35，36）

1966　*Permonolites fragilis* Burger，p.255，pl. 26，fig. 2.

1986　*Concentrisporites fragilis*（Burger）Li et Hua，宋之琛等，257 页，图版 24，图 20，22，29，30。

2000　*Concentrisporites fragilis*，宋之琛等，483 页，图版 111，图 21，22。

轮廓近圆形，大小为 (48.4~55.0) μm×(55.0~66.5) μm；本体卵圆形，大小为 (41.8~50.6) μm×(33.0~41.8) μm，具一沿本体长轴方向的开裂，裂口约体长的 3/4 或更长，两旁伴以褶皱；气囊为单囊型，不等宽，壁薄，表面具细颗粒状或细皱状纹饰。体棕黄色，囊浅黄至黄色。

产地层位 玛纳斯县红沟，三工河组、头屯河组。

哈利同心粉 *Concentrisporites hallei*（Nilsson）Wall，1965

（图版 33，图 24；图版 45，图 44）

1958　*Equisetosporites hallei* Nilsson，p. 66，pl. 5，fig. 20.

1965　*Concentrisporites hallei*（Nilsson）Wall，p. 166.

1983 *Concentrisporites hallei*，《西南地区古生物图册》(微体古生物分册)，616 页，图版 138，图 14；图版 142，图 10。

1983 *Concentrisporites hallei*，苗淑娟等，图版 2，图 6，15，16。

2000 *Concentrisporites hallei*，宋之琛等，483 页，图版 111，图 19，20。

轮廓近圆形，大小为 50.6~61.6μm；本体较厚实色暗，沿本体长轴方向开裂，裂口约为体长的 4/5，两旁伴以褶皱，裂口向着花粉较宽的一侧；气囊为单囊型，不等宽，壁薄而透明，表面近光滑。体棕黄至棕色，囊浅黄色。

产地层位 乌鲁木齐县郝家沟，八道湾组；和布克赛尔县达巴松凸起井区，西山窑组。

有沟类 Plicates (~Plicata Naumova，1937，1939) emend R.Potonié，1958

原始沟亚类 Praecolpates R.Potonié et Kremp，1954

假杜仲粉属 *Eucommiidites* Erdtman，1948 ex Potonié，1958 emend. Hughes，1961

模式种 *Eucommiidites troedsonii* (Erdtman) Potonié，1958

屈得松假杜仲粉 *Eucommiidites troedsonii*（Erdtman）Potonié，1958

（图版 50，图 16，17）

1948 *Tricolpites* (*Eucommiidites*) *troedsonii* Erdtman，p. 267，figs.5—10.

1958 *Eucommiidites troedsonii* (Erdtman) Potonie，S. 87.

1980 *Eucommiidites troedsonii*，徐钰林等，175 页，图版 88，图 3；图版 95，图 1。

2000 *Eucommiidites troedsonii*，宋之琛等，494 页，图版 154，图 34—38，44，45。

极面观轮廓椭圆形，大小为 41.8μm×(30.5~30.8)μm；具假三沟，远极主沟裂开较宽，宽约为 4.4μm，中部或稍变窄，末端圆或尖，长约为长轴的 2/3 或近伸达两端；两副沟稍裂开，位于近极相对主沟之两侧，微弯曲，副沟长略短于或略长于主沟长；外壁厚约为 1.5μm，表面光滑或粗糙。棕黄色。

产地层位 玛纳斯县红沟，头屯河组。

广口粉属 *Chasmatosporites* Nilsson，1958 emend. Pocock et Jansonius，1969

模式种 *Chasmatosporites major* Nilsson，1958

无盖广口粉 *Chasmatosporites apertus* (Rogalska) Nilsson，1958

（图版 18，图 21；图版 23，图 12，35；图版 33，图 9，10；图版 39，图 14，17，18，20；图版 45，图 39；图版 50，图 15）

1954 *Pollenites apertus* Rogalska，p. 45，pl. 12，figs. 13—15.

1958 *Chasmatosporites apertus* (Rogalska) Nilsson，p. 56，pl. 4.，figs. 5，6.

1978　*Chasmatosporites apertus*，《中南地区古生物图册》(四)，491 页，图版 132，图 12，13。

2000　*Chasmatosporites apertus*，宋之琛等，496—497 页，图版 156，图 14—17。

大小为 (33.0~66.0) μm×(30.8~49.5) μm。

产地层位 准噶尔盆地三叠系至侏罗系。

华美广口粉 ***Chasmatosporites elegans*** **Nilsson，1958**

(图版 18，图 14，20；图版 28，图 15；图版 33，图 2，3；图版 39，图 15；图版 45，图 38，40，43)

1958　*Chasmatosporites elegans* Nilsson，p. 58，pl. 4.，figs.11，12.

1980　*Chasmatosporites elegans*，徐钰林等，171 页，图版 87，图 1。

2000　*Chasmatosporites elegans*，宋之琛等，497 页，图版 156，图 20—22。

大小为 (32.0~46.2) μm×(24.2~37.4) μm。

产地层位 准噶尔盆地三叠系至侏罗系。

小穴广口粉(新种) ***Chasmatosporites foveolatus*** **Zhan sp. nov.**

(图版 33，图 45；图 5-38)

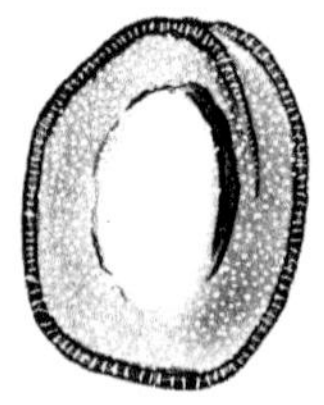

图 5-38　*Chasmatosporites foveolatus* Zhan sp. nov.

赤道轮廓椭圆形，大小为 74.8μm×57.2μm；远极具一椭圆形大口，大小为 53.9μm×33.0μm,边缘外壁或明显加厚；外壁厚为 2.0~2.2μm，表面具小穴纹，穴圆形或不规则形，穴径为 1.0~1.5μm，分布欠均匀；轮廓线微波形。棕黄色。

新种以外壁表面具小穴纹为特征，与属内其他种相区别。

模式标本 图版 33 中的图 45，大小为 74.8μm×57.2μm

产地层位 乌鲁木齐县郝家沟，八道湾组。

敞开广口粉 ***Chasmatosporites hians*** **Nilsson，1958**

(图版 8，图 56；图版 23，图 20；图版 28，图 27，29，39；图版 33，图 25；图版 39，图 29；图版 45，图 49；图版 55，图 62)

1958　*Chasmatosporites hians* Nilsson，p. 55，pl. 4.，figs. 3，4.

1980　*Chasmatosporites hians*，黎文本等，图版 2，图 12。

2000　*Chasmatosporites hians*，宋之琛等，497—498 页，图版 156，图 26—29。

大小为 (44.0~74.8) μm×(29.7~70.4) μm。

产地层位 准噶尔盆地三叠系至白垩系。

洪门广口粉 ***Chasmatosporites hongmenensis*** **Qian，Zhao et Wu，1983**

(图版 23，图 13)

1983　*Chasmatosporites hongmenensis* Qian，Zhao et Wu，钱丽君等，70 页，图版 13，图 12—15。

2000 *Chasmatosporites hongmenensis*，宋之琛等，498 页，图版 156，图 23—25。

赤道轮廓近圆形，直径为 44.5μm；在近赤道处有一平行赤道类似环沟的亮环，远极具一卵圆形大口，大小为 30.8μm×28.6μm,边缘外壁明显加厚；外壁厚约为 2.5μm，表面皱瘤状，轮廓线微波形。棕黄色。

产地层位 乌鲁木齐县郝家沟，郝家沟组。

拟木兰广口粉 *Chasmatosporites magnolioides*(Erdtman) Nilsson，1958

（图版 23，图 33）

1948 *Monosulcites magnolioides* Erdtman，p. 269，fig. 11.

1958 *Chasmatosporites magnolioides* (Erdtman) Nilsson，p. 51.

1983 *Chasmatosporites magnolioides*，《西南地区古生物图册》(微体古生物分册)，609 页，图版 130，图 3—6。

2000 *Chasmatosporites magnolioides*，宋之琛等，498 页，图版 157，图 7—9。

赤道轮廓近圆形，大小为 52.8μm×48.4μm；远极具一卵圆形大口，大小为 46.2μm×17.6μm，边缘外壁明显加厚；外壁厚约为 2μm，表面密布颗粒和低平的瘤纹，轮廓线微波形。棕黄色。

产地层位 乌鲁木齐县郝家沟，郝家沟组。

较小广口粉 *Chasmatosporites minor* Nilsson，1958

（图版 23，图 15；图版 39，图 7，19）

1958 *Chasmatosporites minor* Nilsson，p. 58，pl. 4.，fig. 10.

1982 *Chasmatosporites minor*，钱丽君等，132 页，图版 3，图 12—14。

1987 *Chasmatosporites minor*，张振来等，302 页，图版 45，图 2。

1990 *Chasmatosporites minor*，张望平，72 页，图版 18，图 26。

2000 *Chasmatosporites minor*，宋之琛等，499 页，图版 157，图 1—4。

赤道轮廓近圆形，大小为(31.9~35.2) μm×(28.6~30.8) μm；远极具一卵圆形的大口，大小为(23.1~27.5) μm×(13.2~19.8) μm；外壁厚为 1.0~2.0μm，表面内点状至颗粒状。浅黄色至浅棕色。

产地层位 乌鲁木齐县郝家沟，郝家沟组；玛纳斯县红沟，三工河组。

奇异广口粉 *Chasmatosporites mirabilis* Shang，1982

（图版 28，图 18；图版 33，图 5）

1982 *Chasmatosporites mirabilis* Shang，尚玉珂，142 页，图版 3，图 20。

2000 *Chasmatosporites mirabilis*，宋之琛等，499—500 页，图版 157，图 13。

赤道轮廓椭圆形，大小为(45.0~61.6)μm×(41.8~44.0)μm；远极具一长卵圆形或长矩形的大口，大小为(39.6~55.0)μm×(7.0~15.4)μm；外壁厚为2~3μm，向两端稍减薄，表面粗糙或具内颗粒状结构；轮廓线近平滑。棕黄至黄棕色。

当前标本沟较长，外壁较厚，且厚度不均匀与本种特征相同。

产地层位 乌鲁木齐县郝家沟，郝家沟组至八道湾组。

偏心广口粉(新种) ***Chasmatosporites obliquus* Zhan sp. nov.**

(图版 28，图 14；图 5-39)

赤道轮廓近圆形，大小为46.2μm；远极具一卵圆形的大口，大小为30.5μm×26.4 μm，大口偏向花粉之一侧，其边缘外壁明显加厚，宽约为2μm，加厚带外侧见一颗粒状的纹饰带；外壁厚约为2μm，除纹饰带外，其余表面近光滑，轮廓线平滑。浅黄色至浅棕色。

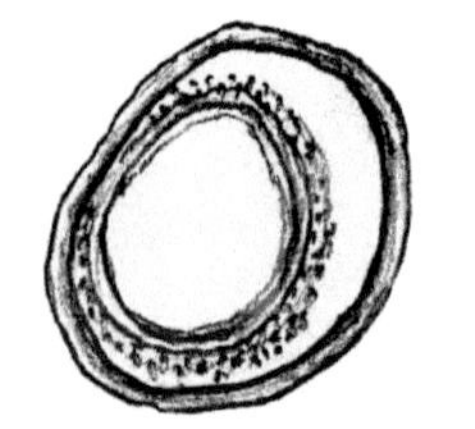

图 5-39　*Chasmatosporites obliquus* Zhan sp. nov.

新种大口边缘外壁明显加厚，加厚带外侧又见一颗粒状的纹饰带而不同于属内其他种。

模式标本 图版 28 中的图 14，大小为46.2μm。

产地层位 乌鲁木齐县郝家沟，郝家沟组。

皱纹广口粉 ***Chasmatosporites rugatus*** Qian，Zhao et Wu，1983

(图版 23，图 34；图版 28，图 37)

1983　*Chasmatosporites rugatus* Qian，Zhao et Wu，钱丽君等，69 页，图版 12，图 9—11。

2000　*Chasmatosporites rugatus*，宋之琛等，500 页，图版 157，图 29，30。

赤道轮廓椭圆形，大小为(59.4~79.2)μm×(39.6~48.4)μm；远极具一卵圆形或长方形的大口，大小为(52.8~68.2)μm×(15.4~22.0)μm；外壁厚约为2μm，表面小皱瘤状，瘤间窄(小于1μm)，构成不规则负网状图案。黄色。

产地层位 乌鲁木齐县郝家沟，郝家沟组。

三角广口粉 ***Chasmatosporites triangularis* Li，Duan et Du，1982**

(图版 8，图 45，46；图版 17，图 37；图版 28，图 23；图版 33，图 6，11，15；图版 39，图 33)

1982　*Chasmatosporites triangularis* Li，Duan et Du，李秀荣等，107 页，图版 2，图 7。

1983　*Chasmatosporites triquetus* Qian，Zhao et Wu，钱丽君等，69—70 页，图版 13，图 4—8。

1990　*Chasmatosporites triangularis*，张望平等，图版 2，图 9。

2000　*Chasmatosporites triangularis*，宋之琛等，500 页，图版 157，图 14—18。

赤道轮廓圆三角形，大小为 35.2~64.8μm；远极具三角形的外壁变薄区，大小为 26.4~49.5μm，边缘加厚，宽为 1.5~6.0μm；外壁厚为 1.5~2.0μm，表面近光滑或具细颗粒状纹饰；轮廓线平滑或微波形。黄至棕色。

图版 39 中的图 33 轮廓近圆形与该种稍有不同，后者轮廓为三角形。

产地层位 准噶尔盆地三叠系至侏罗系。

瘤纹广口粉 ***Chasmatosporites verruculosus*** **Qian，Zhao et Wu，1983**

（图版 39，图 21，22；图版 46，图 1）

1983 *Chasmatosporites verruculosus* Qian，Zhao et Wu，钱丽君等，87 页，图版 21，图 31—33；图版 22，图 1—3。

1985 *Chasmatosporites verruculosus*，张望平等，14 页，图版 1，图 20。

2000 *Chasmatosporites verruculosus*，宋之琛等，501 页，图版 157，图 19—21。

赤道轮廓近圆形，大小为(34.0~40.7) μm×(33.0~35.2) μm；远极具一卵圆形的外壁变薄区，大小为(24.2~28.0) μm×(15.4~17.6) μm，变薄区边缘呈微波形，一侧或两侧外壁稍加厚；外壁厚约为 2μm，表面具粗颗粒至小瘤状纹饰，瘤不规则形，瘤和粒径为 1~4μm；轮廓线微波状。黄棕至棕色。

当前标本瘤纹较小与该种稍有区别，后者瘤径为 3.5~5.5μm。

产地层位 玛纳斯县红沟，三工河组、西山窑组。

西湾广口粉 ***Chasmatosporites xiwanensis*** **Qian，Zhao et Wu，1983**

（图版 28，图 8，10；图版 33，图 1）

1983 *Chasmatosporites xiwanensis* Qian，Zhao et Wu，钱丽君等，88 页，图版 22，图 8，9。

2000 *Chasmatosporites xiwanensis*，宋之琛等，501 页，图版 157，图 22，23。

2006 *Chasmatosporites xiwanensis*，黄嫔，图版 6，图 17。

赤道轮廓卵圆形至近圆形，大小 37.4~41.8 μm；远极具宽椭圆形的大口，大小为(26.4~28.2) μm×(19.8~24.2) μm；亚赤道部位见一窄的亮环；外壁厚为 2.5~3.0μm，表面粗糙或具颗粒状纹饰；轮廓线微波状。黄棕色。

当前标本亚赤道部位具一亮环与该种相同。

产地层位 乌鲁木齐县郝家沟，郝家沟组至八道湾组。

窑儿头广口粉 ***Chasmatosporites yaoertouensis*** **Qu，1984**

（图版 23，图 32；图版 33，图 27）

1984 *Chasmatosporites yaoertouensis* Qu，《华北地区古生物图册》（三），624 页，图版 179，图 20，24，29。

2000 *Chasmatosporites yaoertouensis*，宋之琛等，501 页，图版 157，图 24，25。

赤道轮廓长卵圆形，大小为(57.2~58.4) μm×(28.6~30.8) μm；远极具一卵圆形的大口，大小为 50.6 μm×(17.6~19.8) μm，两侧外壁加厚，大口中见 1~2 条小裂缝；外壁厚为 2~4μm，表面近光滑或具颗粒状纹饰；轮廓线微波状。黄棕至棕色。

当前标本大口中见 1~2 条小裂缝与该种相同，并以此与属内其他种相区别。

产地层位 乌鲁木齐县郝家沟，郝家沟组至八道湾组。

湖南粉属 *Hunanpollenites* Qian，Zhao et Wu，1983

模式种 *Hunanpollenites pelliger* Qian，Zhao et Wu，1983

克拉梭型湖南粉 *Hunanpollenites classoiformis*（Zhang）Du，2000

（图版 9，图 7；图版 28，图 1—3，9，13）

1978 *Chasmatosporites classoiformis* Zhang，《中南地区古生物图册》（四），491 页，图版 132，图 16。

2000 *Hunanpollenites classoiformis*（Zhang）Du，宋之琛等，503 页，图版 156，图 10，11。

花粉赤道轮廓近圆形至宽椭圆形，直径为 33.0~43.8μm；远极具一宽椭圆形外壁变薄区，大小为 (23.8~33.5) μm×(20.8~26.4) μm；近极面具欠明显的四分体痕，呈三射线状，长近伸达赤道；外壁厚为 3.5~5.5μm，两层，近赤道处外层与内层分离形成一圈亮带；外壁表面具颗粒状纹饰。棕黄色。

图版 28 中的图 9 除内、外层分离形成的亮带较宽外，其他特征相同，也归入该种内。

产地层位 吉木萨尔县三台大龙口，烧房沟组；乌鲁木齐县郝家沟，郝家沟组。

袋粉属 *Marsupipollenites* Balme et Hennelly，1956 emend. Pocock et Jansonius，1969

模式种 *Marsupipollenites triradiatus* Balme et Hennelly，1956

武昌袋粉 *Marsupipollenites wuchangensis*（Zhang）Ouyang et Zhang，1982

（图版 40，图 2）

1978 *Megamonoporites wuchangensis* Zhang，《中南地区古生物图册》（四），492 页，图版 132，图 9，10。

1982 *Marsupipollenites wuchangensis*（Zhang）Ouyang et Zhang，欧阳舒等，图版 1，图 28。

2000 *Marsupipollenites wuchangensis*，宋之琛等，504 页，图版 156，图 3，4。

赤道轮廓卵圆形，大小为 38.0μm×30.8μm；远极具一卵圆形大口，大小为 39.0μm×19.8μm，近极面具三射痕，细长，伸达花粉边缘；外壁厚约为 2μm，分为近等厚的两层，表面近光滑。棕黄色。

产地层位 玛纳斯县红沟，三工河组。

多沟肋亚类 Polyplicates Erdtman，1952

麻黄粉属 *Ephedripites* Bolkhovitina，1953 ex Potonié，1958 emend. Krutzsch，1961

模式种 *Ephedripites mediolobatus* Bolkhovitina ex Potonié，1958

宽肋麻黄粉 *Ephedripites* (*Ephedripites*) *opimus* (Gao et Zhao) Zhang，1999

（图版 56，图 11）

1976 *Shizaeoisporites opimus* Gao et Zhao，大庆油田开发研究院，34 页，图版 6，图 1，2。

1999 *Ephedripites* (*Ephedripites*) *opimus* (Gao et Zhao) Zhang，宋之琛等，258 页，图版 71，图 12，13。

轮廓椭圆形，大小为 68.2μm×37.4μm；外壁厚约为 2μm，具平行长轴排列的扁平的肋条，肋宽为 4~7μm，肋间距约为 1μm，肋表面近光滑。黄色。

当前标本轮廓椭圆形，肋条宽平，肋条在花粉粒两端汇聚与该种特征一致。

产地层位 呼图壁县东沟，吐谷鲁群清水河组。

塔里木麻黄粉 *Ephedripites tarimensis* Jiang，He et Dong，1988

（图版 56，图 5）

1988 *Ephedripites tarimensis* Jiang，He et Dong，江德昕等，436 页，图版III，图 6，7。

2000 *Ephedripites tarimensis*，宋之琛等，508 页，图版 102，图 20，21。

轮廓梭形，大小为 58.3μm×22.0μm；外壁厚约为 1.5μm，具平行长轴排列的肋条 10 条左右，肋微弯曲，肋宽为 1.5~2.0 μm，肋间距不大于 1μm，肋表面近光滑。棕色。

产地层位 和布克赛尔县夏盐凸起井区，吐谷鲁群。

单沟亚类 Monocolpates Iversen et Troels-Smith，1950

苏铁粉属 *Cycadopites* Wodehouse ex Wilson et Webster，1946

模式种 *Cycadopites follicularis* Wilson et Webster，1946

尖角苏铁粉 *Cycadopites acutus* (Leschik) Qu，1984

（图版 5，图 32，33）

1955 *Monocolpopollenites acutus* Leschik，S. 42，Taf. 5，fig. 16.

1983 *Monosulcites arctus* Zhang，张璐瑾，58 页，图版 3，图 13，14，20，22。

1984 *Cycadopites acutus* (Leschik) Qu，《华北地区古生物图册》(三)，622 页，图版 179，图 25，26。

轮廓纺锤形，大小为(28.6~34.1) μm× (13.5~14.5) μm；远极具单沟，伸达两端，沟中部较宽，沟两侧具唇状加厚，唇中部宽为 2~3μm,向两端变窄；外壁厚约为 1.5μm，表面近光滑。棕黄至黄棕色。

产地层位 吉木萨尔县三台大龙口，韭菜园组。

具唇苏铁粉 ***Cycadopites adjectus*** **(De Jersey) De Jersey，1964**

（图版 13，图 7；图版 23，图 30）

1962 *Ginkgocycadophytus adjectus* De Jersey，p. 13，pl. 5，figs. 8—10.

1964 *Cycadopites adjectus* (De Jersey) De Jersey，p. 36.

1983 *Cycadopites adjectus*，钱丽君等，85—86 页，图版 21，图 12，13。

2000 *Cycadopites adjectus*，宋之琛等，512 页，图版 160，图 7—9。

轮廓纺锤形至椭圆形，大小为(39.6~52.0) μm×(17.8~32) μm；远极具单沟，伸达两端，沟两侧具唇状加厚，沟缘或在中部重叠；外壁厚约为 1.5 μm，表面近光滑。棕黄色。

产地层位 吉木萨尔县三台大龙口，克拉玛依组；乌鲁木齐县郝家沟，郝家沟组。

巴姆苏铁粉 ***Cycadopites balmei*** **(Jain) Qian et Wu，1987**

（图版 22，图 51；图版 28，图 21；图版 33，图 31；图版 39，图 16）

1968 *Sulcatopites balmei* Jain，p. 35，pl. 10，figs. 154—158.

1987 *Cycadopites balmei* (Jain) Qian et Wu，钱丽君等，70 页，图版 13，图 15，16。

2000 *Cycadopites balmei*，宋之琛等，513 页，图版 160，图 14，15。

轮廓纺锤形，大小为(41.8~59.4) μm×(24.2~35.2) μm；远极具单沟，伸达两端，宽为 2.5~6.6μm，沟宽较均匀或中部较宽，沟两侧具唇状加厚，唇中部宽为 3~8μm,向两端迅速变窄，或唇状加厚欠明显；外壁厚为 1.0~1.5μm，表面粗糙或近光滑。黄至棕黄色。

该种以大小中等，沟较宽，且宽度较均匀，沟边具唇状加厚为特征。

产地层位 乌鲁木齐县郝家沟，郝家沟组至八道湾组；玛纳斯县红沟，三工河组。

卡城苏铁粉 ***Cycadopites carpentieri*** **(Delcourt et Sprumont) Singh.，1964**

（图版 18，图 31；图版 28，图 43；图版 33，图 40；图版 39，图 36，40，41；图版 45，图 30；图版 50，图 44；图版 55，图 49）

1955 *Monosulcites carpentieri* Delcourt et Sprumont，p. 54，fig. 14.

1964 *Cycadopites carpentieri* (Delcourt et Sprumont) Singh，p. 104，pl. 14，fig. 3.

1980 *Cycadopites carpentieri*，徐钰林等，171 页，图版 87，图 6。

1990 *Cycadopites carpentieri*，张望平等，图版 2，图 16。

2000 *Cycadopites carpentieri*，宋之琛等，512—513 页，图版 160，图 16—18。

轮廓纺锤形至长椭圆形，大小为(45.1~92.4) μm×(17.6~44.2) μm，长宽比为 1.9~2.5；单沟，伸达两端，其中一端或裂开较宽，沟一侧或两侧具明显或欠明显的唇状加厚；外壁厚为 1~2μm，表面近光滑。浅黄至棕色。

该种以个体较大，沟较窄，且末端稍变宽，外壁较薄，表面光滑为特征。

产地层位 准噶尔盆地三叠系至下白垩统吐谷鲁群。

清洁苏铁粉 *Cycadopites deterius* (Balme) Pocock，1970

(图版 8，图 51—53；图版 13，图 4；图版 18，图 28)

1957 *Entylissa deterius* Balme，p. 29，pl. 6，figs.75—77.

1970 *Cycadopites deterius* var. *majus* (Balme) Pocock，p. 109，pl. 24，fig. 17.

1984 *Cycadopites deterius*，《华北地区古生物图册》(三)，622 页，图版 179，图 22，23；图版 208，图 8，9。

2000 *Cycadopites deterius*，宋之琛等，513—514 页，图版 161，图 30—32。

轮廓纺锤形，大小为(35.2~48.4)μm×(13.5~24.2)μm；单沟，伸达两端，沟两端张开，中部沟缘紧贴或重叠；外壁厚为 1.0~1.5μm，表面近光滑。棕黄至黄棕色。

该种个体中等大小，轮廓纺锤形，沟窄，中部沟缘或重叠，外壁薄，表面光滑为特征。

产地层位 吉木萨尔县三台大龙口，烧房沟组至黄山街组。

清晰苏铁粉 *Cycadopites dilucidus* (Bolkhovitina) Zhang W. P.，1984

(图版 8，图 55；图版 18，图 18，19；图版 33，图 7，8，12，13；图版 40，图 14；图版 45，图 54；图版 50，图 19；图版 55，图 16)

1958 *Bennettites dilucidus* Bolkhovitina，Болховитина，стр. 78，табл. 12，фиг.142a—h.

1984 *Cycadopites dilucidus* (Bolkhovitina) Zhang，《华北地区古生物图册》(三)，623 页，图版 193，图 3，4。

1991 *Cycadopites dilucidus*，尚玉珂等，图版 4，图 6。

2000 *Cycadopites dilucidus*，宋之琛等，514 页，图版 161，图 33—35。

轮廓椭圆形，大小为(39.6~59.4)μm×(26.2~48.4)μm；单沟，沟宽为 4~13μm,或中部较窄向两端变宽；外壁厚为 1.2~2.0μm，表面密布点状至细颗粒状纹饰，粒径不大于 1μm。黄至黄棕色。

该种以个体中等大小，轮廓椭圆形，沟较宽，外壁较薄为特征。

产地层位 吉木萨尔县三台大龙口，烧房沟组、黄山街组；乌鲁木齐县郝家沟和沙湾县红光镇井区，八道湾组；玛纳斯县红沟，三工河组至头屯河组；和布克赛尔县达巴松凸起井区，吐谷鲁群。

伸长苏铁粉 *Cycadopites elongatus* (Bolkhovitina) Zhang，1978

(图版 28，图 33)

1959 *Bennettites elongatus* Bolkhovitina，Болховитина，стр. 109，табл. 4，фиг. 72.

1978 *Cycadopites elongatus* (Bolkh.) Zhang，《中南地区古生物图册》(四)，486 页，图版 142，图 17—19。

1985 *Cycadopites elongatus*，余静贤等，108 页，图版 20，图 29—31。

1987 *Cycadopites elongatus*，赵传本，图版 22，图 17。

2000 *Cycadopites elongatus*，宋之琛等，514 页，图版 160，图 21—23。

轮廓长椭圆形，大小为 78.8μm×35.5μm；单沟，沟中部较窄，向两端稍变宽，沟两侧具平行褶皱；外壁厚约为 2μm，表面近光滑。黄棕色。

产地层位 乌鲁木齐县郝家沟，郝家沟组。

内瘤苏铁粉 ***Cycadopites excrescens* Qian，Zhao et Wu，1983**

（图版 23，图 24）

1983 *Cycadopites excrescens* Qian，Zhao et Wu，钱丽君等，86 页，图版 21，图 19，20。

2000 *Cycadopites excrescens*，宋之琛等，514 页，图版 160，图 24，25。

轮廓椭圆形，大小为 45.5μm×30.8μm；单沟，沟中部窄，两端裂开稍宽，伸达两端；外壁厚达 4μm，表面具内瘤状纹饰，瘤径为 1.5~2.0μm，不规则形，界线较模糊。黄棕色。

产地层位 乌鲁木齐县郝家沟，郝家沟组。

小袋苏铁粉 ***Cycadopites follicularis* Wilson et Webster，1946**

（图版 18，图 29；图版 28，图 26）

1946 *Cycadopites follicularis* Wilson et Webster，p. 274，pl. 1，Fig. 7.

1982 *Cycadopites follicularis*，欧阳舒等，图版 1，图 34，35。

1984 *Cycadopites follicularis*，《华北地区古生物图册》（三），621 页，图版 179，图 16，17。

1991 *Cycadopites follicularis*，黄嫔，图版 1，图 27，28。

2000 *Cycadopites follicularis*，宋之琛等，515 页，图版 161，图 36，37。

轮廓椭圆形，大小为(46.5~62.2)μm×(24.2~35.2)μm；单沟与花粉等长，一端或两端裂开稍宽，中部闭合；外壁厚约为 1.5μm，表面近光滑。棕黄色。

产地层位 吉木萨尔县三台大龙口，黄山街组；乌鲁木齐县郝家沟，郝家沟组。

美丽苏铁粉 ***Cycadopites formosus* Singh，1964**

（图版 18，图 13）

1964 *Cycadopites formosus* Singh，p. 105，pl. 14，figs. 4，5.

1980 *Cycadopites formosus*，徐钰林等，171 页，图版 80，图 21。

1990 *Cycadopites formosus*，余静贤，图版 28，图 24。

2000 *Cycadopites formosus*，宋之琛等，515 页，图版 160，图 26。

轮廓椭圆形，大小为 35.2μm×26.4μm；单沟与花粉等长，沟中部重叠，两端裂开较宽；外壁厚约为 2μm，表面近光滑。棕黄色。

当前标本轮廓椭圆形，沟中部重叠，两端裂开较宽与该种相似，但沟缘未见唇状加厚而稍有不同。

产地层位 吉木萨尔县三台大龙口，黄山街组。

平滑苏铁粉 *Cycadopites glaber*(Luber) Ouyang et Zhang，1982

(图版 39，图 8)

1982 *Cycadopites glaber* (Luber) Ouyang et Zhang，欧阳舒等，图版 1，图 32，33。

2000 *Cycadopites glaber*，宋之琛等，516 页，图版 161，图 38，39。

轮廓椭圆形，大小为 35.2μm×22.0μm；单沟，沟较宽，沟区约占花粉远极面的 1/3，沟伸达两端；外壁薄，厚约为 1μm，表面具细颗粒状纹饰，粒径不大于 1μm。浅黄色。

产地层位 玛纳斯县红沟，三工河组。

粒纹苏铁粉 *Cycadopites granulatus*(De Jersey) De Jersey，1964

(图版 40，图 24)

1962 *Ginkocycadophytus granulatus* De Jersey，p. 12，pl. 5，figs. 5—7.

1964 *Cycadopites granulatus* (De Jersey) De Jersey，p. 36.

1987 *Cycadopites granulatus*，钱丽君等，70 页，图版 13，图 20。

2000 *Cycadopites granulatus*，宋之琛等，516 页，图版 161，图 44。

轮廓纺锤形，大小为 58.3μm×26.4μm；单沟与花粉等长，两端裂开稍宽；外壁厚约为 1.2μm，表面密布圆粒状纹饰，粒径不大于 1μm。棕黄色。

产地层位 玛纳斯县红沟，三工河组。

宽沟苏铁粉(新种) *Cycadopites latisulcatus* Zhan sp. nov.

(图版 33，图 33，37，38；图 5-40)

轮廓长椭圆形或长卵形，大小为 (67.1~69.2) μm×(29.5~35.2) μm；单沟，沟较宽，宽度较均匀，最宽处达 11.5~17.6μm，向一端或两端稍变窄或不变窄，长伸达两端，沟两侧或具唇状加厚；外壁厚为 1.5~2.0μm，表面近光滑或粗糙。黄至黄棕色。

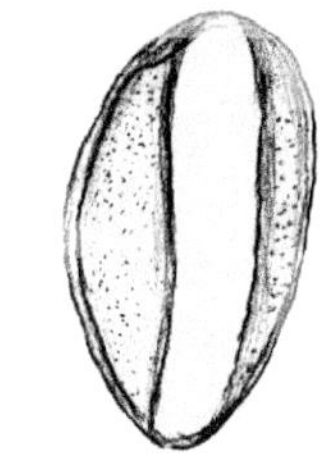

图 5-40 *Cycadopites latisulcatus* Zhan sp. nov.

新种以较大的个体，较宽的沟为特征与属内其他种相区别。

模式标本 图版 33 中的图 33，大小为 67.1μm×35.2μm。

产地层位 乌鲁木齐县郝家沟，八道湾组。

细穴纹苏铁粉(新种) *Cycadopites microfoveotus* Zhan sp. nov.

(图版 28，图 35，36，41，42；图 5-41)

轮廓椭圆形或纺锤形，大小为 (80.8~92.4) μm× (41.8~52.4) μm；单沟，沟中部宽两端窄或沟向一端变宽，伸达两端，沟两侧具唇状加厚，中部最宽处达 6~12μm，向两端

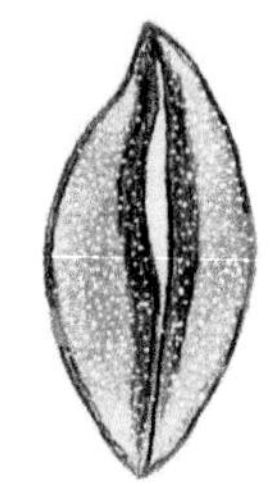

图 5-41 *Cycadopites microfoveotus* Zhan sp. nov.

变窄；外壁厚为 1.5~2.0μm，表面具细穴状纹饰，穴径不大于 1μm，相邻穴常互相连通。棕黄色。

新种以较大的个体，细穴状纹饰为特征与属内其他种相区别。

模式标本 图版 28 中的图 41，大小为 92.4μm×41.8μm。

产地层位 乌鲁木齐县郝家沟，郝家沟组至八道湾组。

整洁苏铁粉 *Cycadopites nitidus*(Balme) Pocock，1970

（图版 8，图 35；图版 55，图 2，3）

1957 *Entylissa nitidus* Balme，p.30，pl. 6，figs. 78—80.

1962 *Ginkgocycadophytus nitidus* (Balme) De Jersey，p. 12，pl. 5，figs. 1—3.

1970 *Cycadopites nitidus* (Balme) Pocock，p. 108，pl. 26，figs. 12，13，15—17.

1980 *Cycadopites nitidus*，徐钰林等，173 页，图版 87，图 3。

大小为(33~37.4) μm×(19.8~20.0) μm。

产地层位 准噶尔盆地三叠系至下白垩统吐谷鲁群。

梨形苏铁粉 *Cycadopites pyriformis*(Nilsson) Zhang，1984

（图版 8，图 36；图版 22，图 49；图版 28，图 19，20）

1958 *Entylissa pyriformis* Nilsson，p.62，pl. 5，fig. 16.

1984 *Cycadopites pyriformis* (Nilsson) Zhang，张璐瑾，43 页，图版 12，图 9—11。

2000 *Cycadopites pyriformis*，宋之琛等，519 页，图版 161，图 14—16。

轮廓卵形，大小为(30.8~55.5) μm×(17.6~38.5) μm；单沟与花粉等长，一端裂开较宽，另一端较窄；外壁厚为 1.0~1.5μm，表面近光滑或密布细颗粒状纹饰，粒径不大于 1μm。黄色至黄棕色。

图版 22 中图 49 孢粉个体较大与本种略有区别。

产地层位 吉木萨尔县三台大龙口，烧房沟组；乌鲁木齐县郝家沟，郝家沟组至八道湾组；呼图壁县东沟，吐谷鲁群清水河组。

稀少苏铁粉 *Cycadopites rarus* Clarke，1965

（图版 18，图 24）

1965 *Cycadopites rarus* Clarke，p. 348，pl. 44，figs. 15，16.

1984 *Cycadopites rarus*，《华北地区古生物图册》(三)，622 页，图版 179，图 30。

2000 *Cycadopites rarus*，宋之琛等，519 页，图版 161，图 17。

轮廓卵圆形，大小为 48.4μm×28.6μm；单沟，伸达两端，较窄；外壁厚约为 2μm，表面具细颗粒纹。黄色。

产地层位 吉木萨尔县三台大龙口，黄山街组。

皱粒苏铁粉 ***Cycadopites rugugranulatus* Jiang ex Du，2000**

（图版 23，图 19；图版 33，图 14，18；图版 50，图 26）

1982 *Cycadopites granulatus* Jiang，《湖南古生物图册》，653 页，图版 421，图 8—11。

2000 *Cycadopites rugugranulatus*，宋之琛等，520 页，图版 161，图 41—43。

轮廓椭圆形至纺锤形，大小为 (57.2~66.0) μm× (33.0~39.6) μm；单沟中部窄，一端稍裂开，或位于花粉一侧，伸达两端；外壁厚为 1.0~1.5μm，纹饰颗粒状，粒径不大于 1μm，或相互联结呈虫蚀状。黄至棕黄色。

产地层位 乌鲁木齐县郝家沟，郝家沟组至八道湾组；玛纳斯县红沟，头屯河组。

亚颗粒苏铁粉 ***Cycadopites subgranulosus* (Couper) Bharadwaj et Singh，1964**

（图版 28，图 28；图版 33，图 34，41；图版 39，图 24，26，34；图版 55，图 50）

1958 *Monosulcites subgranulosus* Couper，p. 158，pl. 26，fig. 28.

1964 *Cycadopites subgranulosus* (Couper) Bharadwaj et Singh，p. 40，pl. 5，fig. 107.

1980 *Cycadopites subgranulosus*，徐钰林等，172 页，图版 80，图 25；图版 87，图 7；图版 95，图 5。

1984 *Cycadopites subgranulosus*，《华北地区古生物图册》(三)，621 页，图版 179，图 18，19；图版 193，图 6，7。

2000 *Cycadopites subgranulosus*，宋之琛等，520—521 页，图版 162，图 32，33。

大小为 (52.8~76.5) μm× (28.6~43.0) μm。

产地层位 准噶尔盆地上三叠统郝家沟组至下白垩统吐谷鲁群。

蒂沃利苏铁粉 ***Cycadopites tivoliensis* De Jersey，1971**

（图版 39，图 35；图版 40，图 7）

1971 *Cycadopites tivoliensis* De Jersey，p. 17，pl. 5，figs. 2，3，5，8.

1987 *Cycadopites tivoliensis*，张振来等，280 页，图版 42，图 25。

2000 *Cycadopites tivoliensis*，宋之琛等，521 页，图版 161，图 40。

轮廓纺锤形，两端尖，大小为 68.2μm×30.8μm，长宽比为 2.2；单沟，位于花粉一侧，长伸达两端；外壁薄，厚约为 1.2μm，表面具颗粒状纹饰，粒径约为 1μm。黄色。

产地层位 玛纳斯县红沟，三工河组。

典型苏铁粉 *Cycadopites typicus*(Maljavkina) Pocock，1970

(图版 8，图 57；图版 13，图 5，6；图版 18，图 8—11，26；图版 23，图 6，29；图版 28，图 25；图版 45，图 36；图版 55，图 4，8)

1949　*Retectina grabra* f. *typical* Maljavkina，Малявкина，стр. 117，табл. 44，фиг. 11.

1953　*Ginkgo typica* (Maljavkina) Bolkhovitina，Болховитина，стр. 62，табл. 10，фиг. 3，4.

1970　*Cycadopites* cf. *typicus* (Maljavkina) Pocock，p. 108，pl. 26，fig. 25.

1980　*Cycadopites typicus*，徐钰林等，172 页，图版 80，图 23；图版 87，图 4；图版 92，图 14。

1990　*Cycadopites typicus*，张望平，图版 22，图 1。

2000　*Cycadopites typicus*，宋之琛等，522 页，图版 161，图 23，24。

大小为(31.0~59.4) μm× (11.0~30.8) μm。

产地层位 准噶尔盆地三叠系至下白垩统吐谷鲁群。

肥大苏铁粉 *Cycadopites validus* Qu，1984

(图版 8，图 31，33)

1984　*Cycadopites validus* Qu，《华北地区古生物图册》(三)，623 页，图版 179，图 33，34。

轮廓椭圆形，大小为(33.0~39.6) μm× (24.2~28.6) μm；单沟近伸达两端，中部较窄，向两端变宽，沟缘两侧具披针形唇状加厚，中部最宽处为 4.5~6.6μm，向两端变窄；外壁厚为 1.5~2.0μm，厚度不均，极部或变薄，表面近光滑。黄棕色。

当前标本以椭圆形的轮廓，外壁厚度不均与该种特征相似，唯外壁表面近光滑而稍有不同。

产地层位 吉木萨尔县三台大龙口，烧房沟组。

西界苏铁粉 *Cycadopites westfieldicus* Traverse，1975

(图版 40，图 13)

1983　*Cycadopites westfieldicus* Traverse，《西南地区古生物图册》(微体古生物分册)，594 页，图版 134，图 21。

2000　*Cycadopites westfieldicus*，宋之琛等，522 页，图版 162，图 28。

轮廓纺锤形，两端尖，大小为 81.4μm×39.6μm，长宽比为 2.0~2.1；单沟长伸达两端，中部较窄，沟缘两侧具披针形唇状加厚，中部最宽处约为 8.8μm，向两端变窄；外壁厚约为 1.5μm，表面粗糙。棕色。

产地层位 玛纳斯县红沟，三工河组。

粒面大单沟粉属 *Granamegamonocolpites* Jain，1968

模式种 *Granamegamonocolpites cacheutensis* Jain，1968

卡秋特粒面大单沟粉 ***Granamegamonocolpites cacheutensis* Jain，1968**

（图版 33，图 39；图版 45，图 41）

1968 *Granamegamonocolpites cacheutensis* Jain，p. 36，pl. 10，figs. 159，160。

1987 *Granamegamonocolpites cacheutensis*，钱丽君等，71 页，图版 13，图 22。

2000 *Granamegamonocolpites cacheutensis*，宋之琛等，523 页，图版 159，图 12。

轮廓纺锤形，大小(67.1~71.2) μm×(35.2~37.4) μm，长宽比为 1.9；单沟，伸达花粉两端，中部稍宽；外壁厚为 1~2μm，纹饰颗粒状，粒径不大于 1μm，分布均匀。黄至棕黄色。

当前标本的形状、沟中部宽而两端窄、外壁表面均匀分布的颗粒状纹饰等特征与该种基本一致，唯个体略小而稍有区别。

产地层位 乌鲁木齐县郝家沟，八道湾组；玛纳斯县红沟，三工河组。

纺锤粒面大单沟粉 ***Granamegamonocolpites fusiformis* Qian et Wu，1982**

（图版 23，图 38—41；图版 29，图 26；图版 39，图 42）

1982 *Granamegamonocolpites fusiformis* Qian et Wu，钱丽君等，132 页，图版 2，图 22，23。

2000 *Granamegamonocolpites fusiformis*，宋之琛等，523 页，图版 159，图 17，18。

轮廓纺锤形，大小为(72.6~88.0) μm×(28.6~37.4) μm，长宽比为 2.0~2.7；单沟，伸达花粉两端，中部或稍重叠，向两端渐变宽，沟两侧或具唇状加厚；外壁厚为 1~2 μm，纹饰颗粒状，粒径为 1.0~1.2μm，分布均匀。棕黄至黄棕色。

图版 29 中的图 26 沟两侧具唇状加厚与该种稍有区别，其他特征相同也归入同一种内。

当前标本的形状和外壁表面纹饰与该种基本一致，唯个体略小而稍有区别，后者大小为(115~135) μm×(36~49) μm。

产地层位 乌鲁木齐县郝家沟，郝家沟组；玛纳斯县红沟，三工河组。

单型粒面大单沟粉 ***Granamegamonocolpites monoformis* Qian et Wu，1987**

（图版 23，图 37；图版 40，图 5，6；图版 45，图 35）

1987 *Granamegamonocolpites monoformis* Qian et Wu，钱丽君等，71 页，图版 13，图 18，19。

2000 *Granamegamonocolpites monoformis*，宋之琛等，523 页，图版 159，图 13，14。

轮廓长卵圆形，大小为(61.6~72.6) μm×(25.2~50.6) μm，长宽比为 1.4~2.4；单沟，裂开较宽，沟的一端较另一端宽，中部宽度约为花粉宽度的 1/3，沟与花粉长轴等长；外壁厚为 1.0~1.5μm，纹饰颗粒状，粒径不大于 1μm，分布均匀。黄至棕黄色。

当前标本的形状和单沟特征与该种基本一致，唯外壁表面粒纹较细而稍有区别。图版 45 中的图 35 孢粉沟两端裂开较宽与该种存在一定的区别，其他特征与本种相一致，亦归入同一种内。

产地层位 乌鲁木齐县郝家沟，郝家沟组；玛纳斯县红沟，三工河组、西山窑组。

纵肋单沟粉属 *Jugella* Mtchedlishvili et Shakhmundes，1973

模式种 *Jugella sibirica* Mtchedlishvili et Shakhmundes，1973

梭形纵肋单沟粉 *Jugella fusiformis* Zhang et Zhan，1991

（图版 56，图 18）

1991 *Jugella fusiformis* Zhang et Zhan，张一勇等，135 页，图版 37，图 16，17。

1999 *Jugella fusiformis*，宋之琛等，274 页，图版 79，图 14，15。

轮廓长纺锤形，大小为 63.8 为μm×13.5μm，长宽比为 4.7；单沟细窄，伸达花粉两端；外壁厚约为 1μm，具细而密的纵肋纹，肋宽与肋间距小于 1.0μm；轮廓线近平滑。棕黄色。

当前标本轮廓长纺锤形，外壁薄，肋纹细与该种特征相同。

产地层位 呼图壁县东沟，吐谷鲁群。

纤细纵肋单沟粉 *Jugella gracilis* Mtchedlishvili et Shakhmundes，1973

（图版 56，图 4，6）

1973 *Jugella gracilis* Mtchedlishvili et Shakhmundes，стр. 141，табл. 1，фиг. 7—9.

1990 *Schizaeoisporites palaeocenicus*，王大宁等，109 页，图版 9，图 20，21。

1991 *Jugella gracilis*，张一勇等，135—136 页，图版 37，图 18，19。

1999 *Jugella gracilis*，宋之琛等，274—275 页，图版 79，图 16—18。

轮廓纺锤形，大小为(48.4~61.6)μm×(17.6~22.0)μm，长宽比为 2.8；单沟细窄，伸达花粉两端；外壁厚约为 1μm，具细而密的纵肋纹，肋宽与肋间距小于 1μm；轮廓线近平滑。棕黄色。

当前标本外壁薄，肋纹细窄与该种特征相同。

产地层位 呼图壁县东沟，吐谷鲁群清水河组。

单远极沟粉属 *Monosulcites* Cookson ex Couper，1953

模式种 *Monosulcites minimus* Cookson，1947

不规则单远极沟粉 *Monosulcites enormiss* Jain，1968

（图版 40，图 8）

1968 *Monosulcites enormis* Jain，p. 37，pl. 11，figs. 173—175。

1987 *Monosulcites enormis*，钱丽君等，72 页，图版 14，图 4，5。

2000 *Monosulcites enormis*，宋之琛等，527 页，图版 162，图 8，9。

轮廓椭圆形，大小为 48.4μm×37.4μm；远极具单沟，一端裂开较宽，中部宽度约为花粉粒宽度的 1/3，沟与花粉长轴等长，沟两侧具欠明显的外壁加厚；外壁厚约为 1μm，表面粗糙。黄色。

当前标本的轮廓和单沟特征与该种基本一致，唯个体较大而稍有不同。

产地层位 玛纳斯县红沟，三工河组。

平滑单远极沟粉 ***Monosulcites glabrescens*** **(Mal.) Zhang，1978**

（图版 23，图 28；图版 33，图 30）

1949 *Acuminella glabrescens* Maljavkina，Малявкина，стр. 118，табл. 44，фиг. 19.

1978 *Monosulcites glabrescens* (Mal.) Zhang，《中南地区古生物图册》(四)，485 页，图版 136，图 39。

2000 *Monosulcites glabrescens*，宋之琛等，527 页，图版 162，图 5。

轮廓椭圆形或卵圆形，大小为(41.8~54.8) μm×(27.2~34.2) μm；远极具单沟，中部或一端裂开较宽，约为花粉粒宽度的 1/2，向两端或一端变窄，沟与花粉长轴等长；外壁厚约为 1.2μm，表面近光滑。黄色。

产地层位 乌鲁木齐县郝家沟，郝家沟组至八道湾组。

小单远极沟粉 ***Monosulcites minimus*** **Cookson，1947**

（图版 8，图 34；图版 9，图 1）

1947 *Monosulcites minimus* Cookson，p. 135，pl. 15，figs. 47—50.

1970 *Cycadopites minimus* (Cookson) Pocock，p. 108，pl. 26，figs. 21—24，26—28.

1978 *Monosulcites minimus*，《中南地区古生物图册》(四)，484 页，图版 131，图 1；图版 144，图 16，17。

1990 *Cycadopites minimus*，张望平，图版 20，图 1。

2000 *Monosulcites minimus*，宋之琛等，528 页，图版 162，图 2—4。

轮廓椭圆形，大小为(26.4~40.5) μm×(17.6~23.1) μm；远极具单沟，裂开较宽，伸达两端；外壁厚约为 1.5μm，表面近光滑。黄色。

产地层位 吉木萨尔县三台大龙口，烧房沟组。

陕北粉属 ***Shanbeipollenites*** **Qian et Wu，1987**

模式种 *Shanbeipollenites quadrangulatus* Qian et Wu，1987

四角陕北粉 ***Shanbeipollenites quadrangulatus*** **Qian et Wu，1987**

（图版 18，图 27；图版 46，图 2，3；图版 50，图 18）

1987 *Shanbeipollenites quadrangulatus* Qian et Wu，钱丽君等，72 页，图版 14，图 28，29。

2000 *Shanbeipollenites quadrangulatus*，宋之琛等，530 页，图版 90，图 21，22。

轮廓圆菱形，大小为(33.0~44.0) μm×(28.6~33.0) μm；远极具裂缝状单沟，伸达花粉两端，沟两侧或具窄唇状加厚，花粉两端唇较明显；外壁厚为 1.2~1.5μm，表面饰为点状或细颗粒状纹饰，轮廓线平滑。黄色至棕黄色。

产地层位 吉木萨尔县三台大龙口，黄山街组；和布克赛尔县达巴松凸起井区，西山窑组；玛纳斯县红沟，西山窑组、头屯河组。

瘤面单沟粉属 *Verrumonocolpites* Pierce，1961

模式种 *Verrumonocolpites conspicuus* Pierce，1961

纺锤瘤面单沟粉(新种) *Verrumonocolpites fusiformis* Zhan sp. nov.

(图版 23，图 36；图版 28，图 40；图版 29，图 25，28，29；图 5-42)

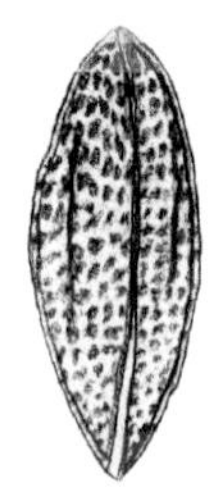

图 5-42 *Verrumonocolpites fusiformis* Zhan sp. nov.

轮廓纺锤形，大小为(74.8~105.6) μm×(33.0~46.2) μm；远极具单沟，沟窄或较宽，中部或微重叠，伸达花粉两端；外壁厚 1.5~2.0μm，表面密布低平的瘤状纹饰，瘤近圆形或不规则形，瘤径 1.5~2.0μm。黄至棕黄色。

新种以纺锤形的轮廓，低平且排列紧密的瘤状纹饰为特征，与属内其他种相区别。*Verrumonocolpites shanbeiensis* 中具纺锤形轮廓的标本与该种特征相似，但其瘤纹相对较大(2.0~2.5μm)而不同。

模式标本 图版 29 中的图 25，大小为 85.8μm×33.0μm

产地层位 乌鲁木齐县郝家沟，郝家沟组。

陕北瘤面单沟粉 *Verrumonocolpites shanbeiensis* Qian et Wu，1987

(图版 18，图 32；图版 22，图 52；图版 39，图 6)

1987 *Verrumonocolpites shanbeiensis* Qian et Wu，钱丽君等，71 页，图版 13，图 23—25。

2000 *Verrumonocolpites shanbeiensis*，宋之琛等，533 页，图版 158，图 6—8。

轮廓椭圆形，大小为(55.0~74.2) μm×(35.2~38.5) μm；远极具单沟，近伸达花粉两端，中部裂开较宽，两端窄或两端裂开较宽；外壁厚为 1.5~2.0μm，表面覆以大小不一的瘤状纹饰，瘤形状不规则，排列较紧密，瘤径为 1.5~8.0μm。黄棕色。

当前标本的形状和纹饰特征与该种相似，唯后者沟中部略窄或宽度基本一致而稍有不同。

产地层位 乌鲁木齐县郝家沟，郝家沟组；玛纳斯县红沟，黄山街组、三工河组。

拟百岁兰粉属 *Welwitschipollenites* Bharadwaj，1974 emend. Ouyang，2003

模式种 *Welwitschipollenites paenesaccatus* (Jansonius) Bharadwaj，1974

光亮拟百岁兰粉 *Welwitschipollenites clarus* (Qu et Wang) Ouyang，2003

(图版 5，图 34—36，41—44；图版 8，图 59，60；图版 13，图 1—3，54，55)

1986 *Equisetosporites clarus* Qu et Wang，曲立范等，172 页，图版 36，图 34，35。

2003 *Welwitschipollenites clarus* (Qu et Wang) Ouyang，欧阳舒等，421 页，图版 85，图 27—29，31—34，37—40。

单沟多肋花粉，赤道轮廓卵圆形至纺锤形，大小为(34.2~55.2) μm×(16.0~31.5) μm；外壁厚约为 1.0~1.5μm，近极面近光滑，外壁或增厚，或可见一卵圆形的暗色区；远极面具纵肋(或脊) 4~7 条，肋较直或弯曲，肋宽为 2.0~4.5μm，肋间纵谷窄，小于 1μm，个别标本肋间较宽，最宽达 4μm，肋向两端不汇聚或汇聚，在部分标本中有两条较宽的肋条上贴附着相对较窄，但呈波形弯曲的肋条。远极中部可见一纵沟，与花粉长轴平行，近伸达两端。棕黄至黄棕色。

产地层位 吉木萨尔县三台大龙口，韭菜园组至克拉玛依组。

有孔类 **Poroses (~Porosa Naumova，1937,1939) emend.R.Potonié，1960**

单孔亚类 Monoporines (~ Monoporina Naumova，1937,1939) emend. R.Potonié，1960

周壁粉属 *Perinopollenites* Couper，1958

模式种 *Perinopollenites elatoides* Couper，1958

褶皱周壁粉 *Perinopollenites elatoides* Couper，1958

(图版 33，图 16；图版 39，图 13，37；图版 45，图 45，55；图版 50，图 31；图版 55，图 40)

1958 *Perinopollenites elatoides* Couper，p. 152，pl. 27，figs. 9—11.

1980 *Perinopollenites elatoides*，徐钰林等，176 页，图版 92，图 17。

2000 *Perinopollenites elatoides*，宋之琛等，544—545 页，图版 149，图 1—5。

轮廓近圆形至椭圆形，大小为(39.6~52.8) μm×(33.0~46.2) μm；本体轮廓椭圆形至卵圆形，大小为(35.2~46.2) μm×(28.6~41.8) μm，表面光滑，未见孔；包围本体的周壁较透明，常褶皱，其上密布细颗粒和短皱状纹饰。本体棕黄-棕色，周壁黄色。

产地层位 准噶尔盆地侏罗系至下白垩统吐谷鲁群。

粒纹周壁粉 *Perinopollenites granulatus* Hua et Liu，1986

(图版 45，图 57；图版 55，图 43)

1986 *Perinopollenites granulatus* Hua et Liu，宋之琛等，250 页，图版 24，图 19，24—26。

2000 *Perinopollenites granulatus*，宋之琛等，545—546 页，图版 149，图 13—15。

轮廓卵圆形，大小为(52.8~66.0) μm×(37.4~57.2) μm；本体轮廓近圆形，大小为(28.6~49.5) μm×(28.6~50.6) μm，表面光滑，未见孔，常褶皱；包围本体的周壁较透明，其上密布颗粒状纹饰。体黄棕至棕色，周壁黄色。

当前标本以周壁表面密布颗粒状纹饰与该种特征相一致，并以此与属内其他种相区别。

产地层位 和布克赛尔县达巴松凸起井区，西山窑组、吐谷鲁群。

有边周壁粉 *Perinopollenites limbatus* Hua，1986

（图版 33，图 44；图版 55，图 41）

1986 *Perinopollenites limbatus* Hua，宋之琛等，250 页，图版 24，图 28。

2000 *Perinopollenites limbatus*，宋之琛等，545 页，图版 149，图 6。

轮廓近圆形或不规则形，大小为 39.6~74.8 μm；本体轮廓近圆形，大小为 37.4~63.8μm，表面光滑，未见孔，边缘具约为 4.0μm 宽的加厚带；包围本体的周壁较透明，其上具颗粒状纹饰。体黄棕色，周壁黄色。

当前标本本体边缘具加厚带与该种特征一致。

产地层位 乌鲁木齐县郝家沟，八道湾组；和布克赛尔县达巴松凸起井区，吐谷鲁群。

小网周壁粉 *Perinopollenites microreticulatus* Xu et Zhang，1980

（图版 28，图 17，24；图版 45，图 50，51；图版 55，图 39，42，46，48，60）

1980 *Perinopollenites microreticulatus* Xu et Zhang，徐钰林等，176 页，图版 81，图 1，2。

1986 *Perinopollenites microreticulatus*，甘振波，图版 1，图 37。

2000 *Perinopollenites microreticulatus*，宋之琛等，546 页，图版 149，图 24。

轮廓宽椭圆形，大小为(44.0~70.2) μm×(37.4~59.4) μm；本体轮廓近圆形至椭圆形，大小为(39.6~61.6) μm×(29.7~55.0) μm，表面光滑，未见孔；包围本体的周壁较透明，其上具细网状纹饰和少量褶皱。本体棕黄至深棕色，周壁浅黄至黄棕色。

产地层位 准噶尔盆地侏罗系至下白垩统吐谷鲁群。

杂乱周壁粉 *Perinopollenites turbatus* (Balme) Xu et Zhang，1980

（图版 33，图 29；图版 45，图 52；图版 55，图 45，59，63）

1957 *Inaperturopollenites turbatus* Balme，p. 31，pl. 7，figs. 85，86；pl. 8，fig. 87.

1980 *Perinopollenites turbatus* (Balme) Xu et Zhang，徐钰林等，176 页，图版 81，图 3；图版 88，图 8。

2000 *Perinopollenites turbatus*，宋之琛等，546 页，图版 149，图 16，17。

轮廓宽椭圆形至近圆形，大小为(50.6~81.4) μm×(38.5~72.6) μm；本体轮廓椭圆形，大小为(37.4~70.4) μm×(33.0~57.2) μm，表面光滑，未见或见一欠明显的孔；包围本体的周壁较透明，其上粗糙或具细颗粒状纹饰，具多条褶皱。本体棕黄至棕色，周壁浅黄至黄色。

产地层位 准噶尔盆地侏罗系至下白垩统吐谷鲁群。

波形周壁粉 *Perinopollenites undulatus* Zhang，1984

（图版 55，图 34）

1984 *Perinopollenites undulatus* Zhang，《华北地区古生物图册》(三)，629 页，图版 191，图 12，13。

1990 *Perinopollenites undulatus*，张望平，图版 18，图 37。

2000 *Perinopollenites undulatus*，宋之琛等，545 页，图版 149，图 9—11。

轮廓亚圆形，大小为 38.5μm×33.0μm；本体轮廓圆形至亚圆形，大小为 26.4μm，表面光滑，未见孔；包围本体的周壁透明，其上具欠明显的细网状纹饰及大量不规则条形褶皱，褶皱常相互联结成网状，轮廓线波形或近平滑。本体棕黄色，周壁黄色。

产地层位 呼图壁县东沟，吐谷鲁群清水河组。

克拉梭粉属 *Classopollis* Pflug，1953

模式种 *Classopollis classoides* Pflug，1953

环圈克拉梭粉 *Classopollis annulatus* (Verbitzkaja) Li，1974

（图版 39，图 9；图版 50，图 30，40，43，46；图 55，图 9，13，23，24，31，36）

1962 *Pollenites annulatus* Verbitzkaja，Вербицкая，стр. 145，табл. 24，фиг. 161a—e.

1974 *Classopollis annulatus* (Verbitzkaja) Li，《西南地区地层古生物手册》，379 页，图版 202，图 4—7。

大小为 (26.4~48.4) μm× (19.8~45.0) μm。

产地层位 玛纳斯县红沟，三工河组、头屯河组；和布克赛尔县达巴松凸起井区和呼图壁县东沟，吐谷鲁群。

克拉梭克拉梭粉 *Classopollis classoides* Pflug，1953 emend. Pocock et Jansonius，1961

（图版 50，图 39，41，42，48，49；图版 55，图 10，22，53—55）

1953 *Classopollis classoides* Pflug，S. 91，Taf. 16，Fig. 20—24，29—33.

1961 *Classopollis classoides*，Pocock and Jansonius，p. 443，pl. 1，figs. 1—9.

1978 *Classopollis classoides*，《中南地区古生物图册》(四)，493 页，图版 136，图 38；图版 144，图 34—37。

1990 *Classopollis classoides*，张望平，72 页，图版 24，图 25。

2000 *Classopollis classoides*，宋之琛等，548 页，图版 153，图 30—38。

极面观轮廓近圆形，直径为 26.4~33.0μm，侧视轮廓椭圆形，大小为 (30.8~37.4) μm × (19.8~28.6) μm；远极具一隐孔，近极具一裂开较宽的四分体痕；赤道外壁明显加厚，加厚带和远极间具一环沟，赤道部位具一组连续或断续分布的条纹；外壁表面近光滑。棕黄至棕色。

产地层位 玛纳斯县红沟，头屯河组；呼图壁县东沟，吐谷鲁群。

粒纹克拉梭粉 *Classopollis granulatus* Chen，1983

（图版 39，图 11；图版 50，图 27，29；图版 55，图 5，15，20，21）

1983 *Classopollis granulatus* Chen，《西南地区古生物图册》(微体古生物分册)，613 页，图版 145，图 18—20。

2000　*Classopollis granulatus*，宋之琛等，549 页，图版 154，图 15—17。

单粒或四合体保存，单粒赤道轮廓椭圆形，大小为(30.8~46.2) μm×(22.0~35.2) μm；近极中心具一三角形变薄区，远极中心有一近圆形的隐孔；赤道外壁明显加厚，加厚带和远极间具一环沟；外壁表面密布颗粒状纹饰，粒径不大于 1.0μm。黄棕至棕色。

产地层位 玛纳斯县红沟，三工河组、头屯河组；和布克赛尔县达巴松凸起井区，吐谷鲁群。

梅耶林克拉梭粉 *Classopollis meyeriana* (Klaus) Shang，2000

(图版 50，图 28；图版 55，图 12，14，25，35)

1960　*Circulina meyeriana* Klaus，p. 165，pl. 36，fig. 58.

1983　*Gliscopollis meyeriana* (Klaus) Venkatachala，钱丽君等，90 页，图版 22，图 34，35。

2000　*Classopollis meyeriana* (Klaus) Shang，宋之琛等，550 页，图版 154，图 29—33。

赤道轮廓近圆形至扁圆形，大小为(26.4~46.2) μm×(26.4~37.4) μm；近极具一清晰的四分体痕，四分体痕口盖上或具颗粒状纹饰；赤道具外壁加厚带，亚赤道环沟明显或欠明显；外壁表面近光滑。黄至黄棕色。

当前标本四分体痕口盖保存较好，其上具颗粒纹与该种特征相同。

产地层位 玛纳斯县红沟，头屯河组；和布克赛尔县达巴松凸起井区和呼图壁县东沟，吐谷鲁群。

小克拉梭粉 *Classopollis minor* Pocock et Jansonius，1961

(图版 50，图 47)

1961　*Classopollis minor* Pocock et Jansonius，p. 144，pl. 1，figs. 21—25.

1980　*Classopollis parvus* (Brenner) Xu et Zhang，徐钰林等，178 页，图版 81，图 7；图版 85，图 14；图版 95，图 11。

1990　*Classopollis minor*，张望平，图版 24，图 21。

2000　*Classopollis minor*，宋之琛等，547 页，图版 153，图 15—22。

赤道轮廓卵圆形，大小为 24.2μm×19.8μm；近极具一裂开较宽的四分体痕；赤道具外壁加厚带，其上可见环绕赤道的条纹，亚赤道环沟欠明显；外壁表面粗糙。黄棕色。

当前标本个体较小，与该种特征相似，唯亚赤道环沟欠明显而稍有不同。

产地层位 玛纳斯县红沟，头屯河组。

祁阳克拉梭粉 *Classopollis qiyangensis* Shang，1981

(图版 50，图 45；图版 55，图 18，19)

1981　*Classopollis qiyangensis* Shang，尚玉珂，434 页，图版 1，图 48—50。

2000　*Classopollis qiyangensis*，宋之琛等，549 页，图版 154，图 6—12。

大小为 33.0μm×(25.3~28.6)μm。

产地层位 玛纳斯县红沟，头屯河组；呼图壁县东沟，吐谷鲁群清水河组。

第二节 晚白垩世至新近纪孢子花粉

一、化石孢子大类 Sporites R. Potonié，1893

三缝孢类 Triletes Reinsch，1881

无环三缝孢类 Azonotriletes Luber，1935

光面或近光面系 Laevigati Bennie et Kidston，1886 emend. R. Potonié，1956

桫椤孢属 *Cyathidites* Couper，1953

美丽桫椤孢（新种）***Cyathidites bellus*** **Zhan sp. nov.**

（图版 65，图 17；图 5-43）

赤道轮廓三角形，边微内凹，角部宽圆，大小为 33.5μm；三射线直，裂开，长约为孢子半径的 2/3；外壁厚约为 1.2μm，表面光滑，远极面见一脊缝状“三射痕”，其两侧具“唇状加厚”；轮廓线平滑。棕黄色。

图 5-43 *Cyathidites bellus* Zhan sp. nov.

新种以远极面具脊缝状“三射痕”为特征与属内其他种相区别。

模式标本 图版 65 中的图 17，大小为 33.5μm。

产地层位 乌苏县北阿尔钦沟，安集海河组。

褶边孢属 *Plicifera* Bolkhovitina，1966

模式种 *Plicifera delicata*（Bolkhovitina）Bolkhovitina，1966

柔弱褶边孢 ***Plicifera delicate***（**Bolkh.**）**Bolkhovitina，1968**

（图版 65，图 7）

1953 *Gleichenia delicata* Bolkhovitina，Болховитина，стр. 22，табл. 2，фиг. 1—4.

1968 *Plicifera delicata*（Bolkh.）Bolkhovitina，Болховитина，стр. 35，табл. 5，фиг. 14—21；табл. 6，фиг. 1—19.

1984 *Plicifera delicata*，黎文本，80 页，图版 1，图 10—12。

1999　*Plicifera delicata*，宋之琛等，68 页，图版 14，图 17，18。

赤道轮廓三角形，边直或微内凹，角锐圆，大小为 33μm；三射线脊缝状，伸达赤道；外壁厚约为 1μm，表面光滑，近极面靠近三射线处具弓形褶皱，在角部相连或中断。轮廓线平滑。棕黄色。

当前标本弓形褶皱靠近三射线与该种稍有差别。

产地层位 乌苏县北阿尔钦沟，安集海河组。

膜叶蕨孢属 *Hymenophyllumsporites* Rouse，1957

模式种 *Hymenophyllumsporites deltoidus* Rouse，1957

叉缝膜叶蕨孢 *Hymenophyllumsporites divisus* Liu，1987

（图版 60，图 9）

1987　*Hymenophyllumsporites divisus* Liu，刘牧灵，182 页，图版 1，图 7。

赤道轮廓近圆形，大小为 39.6 μm；　三射线近直，两侧具窄唇，末端分叉，长近伸达赤道；外壁厚约为 1μm，表面细颗粒状，轮廓线近平滑。棕黄色。

产地层位 石河子市玛纳斯背斜井区，紫泥泉子组下段。

水藓孢属 *Sphagnumsporites* Raatz,（1937）1938 ex Potonié，1956

模式种 *Sphagnumsporites stereoides*（Pot. et Van.）Raatz，1937

光滑水藓孢 *Sphagnumsporites psilatus*（Ross）Couper，1958

（图版 60，图 1）

1958　*Sphagnumsporites psilatus*（Ross）Couper，p. 131，pl. 15，figs. 1，2.

1987　*Sphagnumsporites psilatus*，雷奕振等，245 页，图版 43，图 7。

1999　*Sphagnumsporites psilatus*，宋之琛等，81 页，图版 18，图 4，5。

赤道轮廓圆形，大小为 35.2μm；　三射线直，极区裂开较宽，近末端微裂开，长约为孢子半径的 2/3；外壁厚约为 1.2μm，较坚实，表面光滑，轮廓线平滑。棕黄色。

产地层位 石河子市玛纳斯背斜井区，紫泥泉子组下段。

具唇孢属 *Toroisporis* Krutzsch，1959

模式种 *Toroisporis torus*（Pflug）Krutzsch，1959

蔡兹具唇孢 *Toroisporis*（*D.*）*zeitzensis* Krutzsch，1959

（图版 65，图 32—34）

1959　*Toroisporis*（*D.*）*zeitzensis* Krutzsch，S. 106，Taf. 13，Fig. 117.

1978 *Toroisporis* (*D.*) *zeitzensis*，《渤海沿岸地区早第三纪孢粉》，62 页，图版 8，图 16。

1999 *Toroisporis* (*D.*) *zeitzensis*，宋之琛等，88 页，图版 20，图 15，16。

赤道轮廓三角形，边直或稍凹凸，角部圆或宽圆，大小为 46.2~55.0μm；三射线微弯曲，具窄唇，单侧宽为 1.5~2.0μm，末端分叉，长近达赤道；外壁厚为 1.2~2.5μm，角部或稍加厚，表面光滑或点状；轮廓线平滑。黄色。

产地层位 玛纳斯县-呼图壁县吐谷鲁背斜井区，安集海河组。

刺粒面系 Apiculati Bennie et Kidston，1886 emend. R. Potonié，1956

瘤面亚系 Verrucati Dybova et Jachowicz，1957

瘤面海金沙孢属 ***Lygodioisporites* Potonié，1951 ex Delcourt et Sprumont，1955**

模式种 *Lygodioisporites solidus* (Potonié) Potonié，1951

链瘤瘤面海金沙孢 ***Lygodioisporites vittiverrucosus* Zhang et Zhan，1991**

（图版 60，图 38，39）

1991 *Lygodioisporites vittiverrucosus* Zhang et Zhan，张一勇等，84 页，图版 7，图 7。

赤道轮廓三角形，边稍凹凸，角部宽圆，大小为 61.6~67.2μm； 三射线直，裂开较宽，长约为孢子半径的 2/3，具唇状加厚；外壁较厚，约为 4μm，表面密布瘤状纹饰，瘤相互连接成链状，瘤纹基宽为 2.5~6μm，高为 2~4μm，瘤纹间为窄的凹槽，轮廓线波形。棕黄色。

当前标本外壁表面密布链状瘤纹与该种特征相似，唯三射线裂开较宽而稍有不同。

产地层位 石河子市玛纳斯背斜井区，紫泥泉子组下段。

繁瘤孢属 ***Multinodisporites* Chlonova，1961 emend. Liu，1981**

模式种 *Multinodisporites praecultus* Chlonova，1961

轮环繁瘤孢 ***Multinodisporites whorlizonatus* Song，Li et Zhong，1986**

（图版 72，图 4）

1986 *Multinodisporites whorlizonatus* Song，Li et Zhong，宋之琛等，48 页，图版 9，图 8。

1999 *Multinodisporites whorlizonatus*，宋之琛等，101 页，图版 23，图 9。

赤道轮廓近圆形，直径为 48.4μm(包括瘤)；三射线不清；外壁表面密布乳瘤状纹饰，瘤圆形，末端膨大，瘤径为 2.5~4.0μm，远极面瘤紧密排列呈环圈状，沿赤道瘤纹孤立分布；轮廓线齿轮状。棕色。

产地层位 玛纳斯县-呼图壁县吐谷鲁背斜井区，塔西河组。

网穴面系 Murornati R. Potonié et Kremp，1954

大穴孢属 ***Brochotriletes* Naumova，1939 ex Ishchenko，1952**

模式种 *Brochotriletes magnus* Ishchenko，1952

美丽大穴孢 ***Brochotriletes bellus* Wang，1981**

（图版 60，图 22，28；图版 65，图 14—16）

1981 *Brochotriletes bellus* Wang，宋之琛等，38 页，图版 5，图 21。

1999 *Brochotriletes bellus*，宋之琛等，108，109 页，图版 25，图 1—3。

大小为 28.6~40.0 μm。

产地层位 石河子市玛纳斯背斜井区和玛纳斯县-呼图壁县吐谷鲁背斜井区，紫泥泉子组下段、安集海河组。

粗网孢属 ***Crassoretitriletes* Gerameraad，Hopping et Muller，1968**

模式种 *Crassoretitriletes vanraadshovenii* Germeraad，Hopping et Muller，1968

雷州粗网孢 ***Crassoretitriletes leizhouensis* Li，1999**

（图版 65，图 39，41）

1999 *Crassoretitriletes leizhouensis* Li，宋之琛等，110 页，图版 25，图 8，9。

赤道轮廓近圆形或三角形，大小为 57.2~59.4μm；三射线细长，微裂开，近伸达赤道，或欠明显；外壁厚约为 4μm，远极面饰以粗网状纹饰，网穴圆形或不规则形，穴径为 2.5~6.0μm，网脊瘤脊状。轮廓线波形。黄棕色。

当前标本以网穴较圆，网脊瘤脊状与该种相同。

产地层位 玛纳斯县-呼图壁县吐谷鲁背斜井区，安集海河组。

南海粗网孢 ***Crassoretitriletes nanhaiensis* Zhang et Li，1981**

（图版 65，图 35，43）

1981 *Crassoretitriletes nanhaiensis* Zhang et Li，《南海北部大陆架第三纪古生物图册》，33 页，图版 3，图 6—9。

1985 *Crassoretitriletes nanhaiensis*，宋之琛等，62 页，图版 16，图 4。

1999 *Crassoretitriletes nanhaiensis*，宋之琛等，110 页，图版 39，图 12，17，20。

侧视轮廓三角形至近圆形，大小为 57.2~66.0μm；三射线细长，微裂开，具明显或欠明显的唇，长约为孢子半径的 3/4；外壁厚约 4.0~4.5 μm，远极面饰以粗网状纹饰，网脊粗强，网穴明显拉长，少数圆形或不规则形。轮廓线波形。棕色。

当前标本网脊粗强，多数网穴拉长，但不显示放射状排列与该种相同。

产地层位 玛纳斯县-呼图壁县吐谷鲁背斜井区，安集海河组。

密穴孢属 *Foveotriletes* Van der Hammen，1954 ex Potonié，1956

模式种 *Foveotriletes scrobiculatus*（Ross）Potonié，1956

亚三角密穴孢 *Foveotriletes subtriangularis* Brenner，1963

（图版 65，图 44）

1963 *Foveotriletes subtriangularis* Brenner，p. 62，pl. 16，fig. 2.

1978 *Foveosporites subtriangularis*（Brenner）Phillps et Felix，《中南地区古生物图册》（四），469 页，图版 140，图 8。

2000 *Foveotriletes subtriangularis*，宋之琛等，190 页，图版 43，图 25，26；图版 45，图 18。

赤道轮廓圆三角形，边外凸，角部宽圆，大小为 66μm；三射线细直，伸达或近伸达赤道；外壁厚约为 2μm，远极面密布小穴状纹饰，穴圆形，穴径为 2.0~2.5μm，间距 1.5~3.5μm。轮廓线波形。黄色。

产地层位 石河子市玛纳斯背斜井区，紫泥泉子组下段。

网面三缝孢属 *Retitriletes* Pierce，1961 emend. Doring，Krutzsch，Mai et Schulz，1963

模式种 *Retitriletes globosus* Pierce，1961

石头网面三缝孢 *Retitriletes saxatilis* Srivastava，1972

（图版 60，图 24）

1972 *Retitriletes saxatilis* Srivastava，p. 32，pl. 27，figs. 6—9.

1989 *Retitriletes saxatilis*，宋之琛等，50 页，图版 6，图 9。

1999 *Retitriletes saxatilis*，宋之琛等，115 页，图版 27，图 6。

赤道轮廓近圆形，大小为 46.2μm；三射线欠明显；远极面具网状纹饰，网穴多角形或不规则形，穴径为 4~7μm，网脊宽约为 1μm，凸出于轮廓线外，其间或有薄膜相联。轮廓线波形。棕黄色。

产地层位 玛纳斯县-呼图壁县吐谷鲁背斜井区，紫泥泉子组下段。

大网孢属 *Zlivisporis* Pacltova，1961

模式种 *Zlivisporis blanensis* Pacltova，1961

勃朗大网孢 *Zlivisporis blanensis* Pacltova，1961

（图版 60，图 32）

1961 *Zlivisporis blanensis* Pacltova，p. 41，pl. 2，figs. 1—3.

1991 *Zlivisporis blanensis*，张一勇等，111，112 页，图版 15，图 1—3。

赤道轮廓三角圆形，边外凸，角部宽圆，大小为 59.4μm； 三射线具唇状加厚，单侧宽约为 2.3μm，长达赤道；外壁较薄，远极面具网状纹饰，网穴多角形，穴径为 6.6~13.2μm，网脊宽约为 1.5μm，微或不凸出于轮廓线外；近极面也见有大网状纹饰，但网脊较细。孢子具薄弱的周壁，常脱落。轮廓线近平滑。棕色。

产地层位 石河子市玛纳斯背斜井区，紫泥泉子组下段。

新墨西哥大网孢 ***Zlivisporis novamexicanum*** **(Anderson) Leffingwell，1971**

(图版 60，图 35)

1960 *Lycopodium novamexicanum* Anderson，p. 14，15，pl. 1，fig. 2；pl. 8，fig. 1.

1967 *Lycopodiumsporites novamexicanum* (Anderson) Drugy，p. 40，pl. 6，fig. 27.

1971 *Zlivisporis novamexicanum* (Anderson) Leffingwell，p. 25，pl. 4，figs. 3，4.

1978 *Lycopodiumsporites novamexicanum*，《渤海沿岸地区早第三纪孢粉》，54 页，图版 6，图 10。

1978 *Zlivisporis novamexicanum*，《中南地区古生物图册》(四)，527 页，图版 148，图 33。

1999 *Zlivisporis novamexicanum*，宋之琛等，117 页，图版 28，图 10—12；图版 39，图 9，10。

赤道轮廓三角圆形，边外凸，角部宽圆，大小为 60.5 μm；三射线具窄唇，长达赤道；外壁较薄，近极面光滑，远极面具大网状纹饰，网穴多角形，穴径为 14~22μm，网脊宽约为 1μm，未凸出轮廓线外；具周壁层，保存不完整。轮廓线近平滑。棕黄色。

产地层位 玛纳斯县-呼图壁县吐谷鲁背斜井区，紫泥泉子组下段。

有环三缝孢类 Zonales Bennie et Kidston，1889 emend.R. Potonié，1956

带环三缝孢亚类 Zonotriletes Waltz，1935

带环系 Cingulati R. Potonié et Klaus，1954

三花孢属 ***Nevesisporites*** **De Jersey et Paten，1964 emend. Morbey，1975**

模式种 *Nevesisporites radiatus* (Chlonova) Srivastava，1972＝*Nevesisporites vallatus* De Jersey et Paten，1964

星状三花孢 ***Nevesisporites stellatus*** **(Chlonova) Li，1999**

(图版 60，图 13，14)

1960 *Stenozonotriletes stellatus* Chlonova，Хлонова，стр. 38，табл. 4，фиг. 25.

1973 *Trisolisporites stellatus* (Chlonova) Tschudy，p. 9.

1990 *Trisolissporites stellatus*，王大宁等，图版 7，图 5。

1991 *Trisolissporites stellatus*，张一勇等，105 页，图版 23，图 7—12；图版 24，图 22。

1999 *Nevesisporites stellatus* (Chlonova) Li，宋之琛等，132 页，图版 31，图 20。

赤道轮廓圆三角形，边外凸，角部宽圆，大小为 33~38μm；三射线细长或脊缝状，末端分叉，伸达赤道；具赤道环，环宽为 2.5~3.0μm；近极面被三射线分为三个区，每个区由大量辐射细条排列成花瓣状，远极面具块瘤状纹饰；轮廓线微波状。棕黄色。

产地层位 石河子市玛纳斯背斜和玛纳斯县-呼图壁县吐谷鲁背斜井区，紫泥泉子组下段。

具环水龙骨孢属 *Polypodiaceoisporites* Potonié，1951 ex Potonié，1956

模式种 *Polypodiaceoisporites speciosus* (Potonié) Potonié，1956

小具环水龙骨孢 *Polypodiaceoisporites minor* Kedves，1961

（图版 65，图 1）

1961 *Polypodiaceoisporites minor* Kedves，pl. 7，figs. 27，28.

1978 *Polypodiaceoisporites minor*，李曼英等，14 页，图版 3，图 1—6。

1991 *Polypodiaceoisporites minor*，张一勇等，155 页，图版 44，图 14，15。

1999 *Polypodiaceoisporites minor*，宋之琛等，137 页，图版 32，图 2—6；图版 38，图 9，19。

赤道轮廓三角形，边近直或稍凹凸，角圆或宽圆，大小为 33μm；三射线裂开较宽，伸达赤道环内缘；具赤道环，环宽约为 3μm，角部变窄，环表面光滑；远极面具瘤和短脊纹，近极饰以小瘤状纹饰，瘤径为 1.5~2.5μm；轮廓线平滑。棕黄色。

产地层位 乌苏县北阿尔钦沟，安集海河组。

膜环系 Zonati R. Potonié et Kremp，1954

加蓬孢属 *Gabonisporis* Boltenhagen，1967 emend. Srivastava,1972

模式种 *Gabonisporis vigourouxii* Boltenhagen，1967

杯状加蓬孢 *Gabonisporis bacaricumulus* Srivastava，1972

（图版 60，图 18）

1972 *Gabonisporis bacaricumulus* Srivastava，pp. 13，14，pl. 7，figs. 14—16；pl. 8，figs. 1—5；pl. 9，figs. 1—5.

1983 *Gabonisporis bacaricumulus*，余静贤等，34 页，图版 4，图 21。

1999 *Gabonisporis bacaricumulus*，宋之琛等，151 页，图版 36，图 12，13。

赤道轮廓椭圆形，大小为（包括周壁）59.4μm×48.4μm； 三射线欠明显；具周壁，周壁上密布较粗的棒状纹饰。轮廓线细波形。周壁棕黄色，体深棕色。

产地层位 玛纳斯县-呼图壁县吐谷鲁背斜井区，紫泥泉子组下段。

东营加蓬孢 *Gabonisporis dongyingensis* Ke et Shi，1978

（图版 65，图 28）

1981 *Gabonisporis dongyingensis* Ke et Shi，《渤海沿岸地区早第三纪孢粉》，72 页，图版 14，图 10—12。

1999 *Gabonisporis dongyingensis*，宋之琛等，151 页，图版 36，图 14—16。

赤道轮廓近圆形，大小为(包括周壁)45.8μm；三射线欠明显，近伸达体边缘；具周壁，周壁上密布短棒状纹饰，短棒相互交织，似内网状；赤道部位棒较长，呈辐射向排列。轮廓线细波形。周壁棕色，体棕黄色。

产地层位 昌吉市昌吉河西，安集海河组。

维氏加蓬孢 *Gabonosporis vigourouxii* Boltenhagen，1967

（图版 60，图 15—17；图版 65，图 29，30）

1967 *Gabonosporis vigourouxii* Boltenhagen，p. 336，pl. 1，figs. 1—3.

1981 *Gabonosporis vigourouxii*，宋之琛等，74 页，图版 16，图 1—9。

1999 *Gabonosporis vigourouxii*，宋之琛等，152 页，图版 36，图 6—8；图版 37，图 6。

大小为(包括周壁)43.0~49.5 μm。

产地层位 石河子市玛纳斯背斜和玛纳斯县-呼图壁县吐谷鲁背斜井区，紫泥泉子组下段；乌苏县北阿尔钦沟，安集海河组。

无缝具网孢属 *Seductisporites* Chlonova，1961

模式种 *Seductisporites signifier* Chlonova，1961

小无缝具网孢 *Seductisporites minor* Zhang et Zhan，1991

（图版 60，图 30）

1991 *Seductisporites minor* Zhang et Zhan，张一勇等，109，110 页，图版 13，图 1—6。

赤道轮廓圆三角形，边近直或外凸，角部宽圆，大小为 50.6μm；未见三射线；外壁厚约为 2μm，远极表面具大网状纹饰，网眼多角形，网径为 11.0~15.4μm，网脊宽约为 1.5μm。轮廓线微波状；具窄的膜环，保存不完整，或在角部加宽。黄色。

产地层位 石河子市玛纳斯背斜井区，紫泥泉子组下段。

单缝孢类 Monoletes Ibrahim，1933

光面单缝孢系 Laevigatomonoleti Dybova et Jachowicz，1959

水龙骨单缝孢属 *Polypodiaceaesporites* Thiergart，1938 ex Potonié，1956

模式种 *Polypodiaceaesporites haardti*(Potonié et Venitz) Potonié，1956

哈氏水龙骨单缝孢 ***Polypodiaceaesporites haardti*** **(Pot. Et Ven.) Potonié，1956**

(图版 60，图 26；图版 65，图 20，31)

1934 *Sporites haardti* Potonié et Venitz，S. 13，Taf. 1，Fig. 13.

1938 *Polypodiaceae-sporites haardti* (Pot. et Ven.) Thiergart，S. 297，Taf. 22，Fig. 17.

1956 *Polypodiaceaesporites haardti* (Pot. et Ven.) Potonie，p.76.

1976 *Polypodiaceaesporites haardti*，大庆油田开发研究院，31 页，图版 4，图 5，6。

1991 *Polypodiaceaesporites haardti*，张一勇等，158 页，图版 46，图 10，11。

1999 *Polypodiaceaesporites haardti*，宋之琛等，162 页，图版 41，图 1—9。

轮廓豆形，大小为(39.6~57.2) μm×(26.4~36.3) μm；单射线长约为孢子长的 2/3；外壁薄，约为 1.2μm，表面光滑。轮廓线平滑。棕色。

产地层位 呼图壁县莫索湾凸起井区，紫泥泉子组下段；乌苏县北阿尔钦沟和玛纳斯县-呼图壁县吐谷鲁背斜井区，安集海河组。

卵形水龙骨单缝孢 ***Polypodiaceaesporites ovatus*** **(Wilson et Webster) Sun et Zhang，1981**

(图版 61，图 1；图版 72，图 8，10)

1946 *Laevigatosporites ovatus* Wilson et Webster，p. 273， fig. 5.

1981 *Polypodiaceaesporites ovatus* (Wilson et Webster) Sun et Zhang，《南海北部大陆架第三纪古生物图册》，36 页，图版 6，图 9—13；图版 30，图 30。

1999 *Polypodiaceaesporites ovatus*，宋之琛等，163 页，图版 41，图 10—12。

轮廓椭圆形，大小为(37.4~45.0) μm×(26.4~30.8) μm；单缝，或微裂开，长约为孢子长的 2/3；外壁厚约为 1.5μm，表面光滑。轮廓线平滑。棕色。

当前标本以椭圆形的轮廓与该种特征相同，并以此与 *P. haardti*sh 相区别。

产地层位 呼图壁县莫索湾凸起井区，紫泥泉子组下段；玛纳斯县-呼图壁县吐谷鲁背斜井区和沙湾县安集海背斜井区，塔西河组。

具饰单缝孢系 Sculptatomonoleti Dybova et Jachowicz，1957

平瘤水龙骨孢属 ***Polypodiisporites*** **Potonié，1931**

模式种 *Polypodiisporites favus* Potonié，1931

无巢平瘤水龙骨孢 ***Polypodiisporites afavus*** **(Krutzsch) Sun et Li，1981**

(图版 60，图 27)

1959 *Verrucatosporites afavus* Krutzsch，S. 210，Taf. 41，Fig. 460—462.

1981　*Polypodiisporites afavus*（Krutzsch）Sun et Li，《南海北部大陆架第三纪古生物图册》，37 页，图版 7，图 20—22；图版 30，图 1。

1999　*Polypodiisporites afavus*，宋之琛等，169 页，图版 44，图 14，15，18。

大小为 63.8μm×55.0μm。

产地层位　呼图壁县莫索湾凸起井区，紫泥泉子组下段。

精致平瘤水龙骨孢 ***Polypodiisporites elegans*** **Song et Zhong，1984**

（图版 72，图 9）

1984　*Polypodiisporites elegans* Song et Zhong，宋之琛等，26 页，图版 4，图 6，7；图版 5，图 2。

1999　*Polypodiisporites elegans*，宋之琛等，172 页，图版 45，图 5—7。

轮廓卵圆形，大小为 46.2μm×37.4μm；单射线细，长约为孢子长的 3/4；外壁厚约为 3.5μm，外层厚于内层，表面密布小瘤状纹饰，瘤径为 1.5~2.0μm。轮廓线细波形。棕黄色。

当前标本外壁较厚，表面具小瘤纹与该种特征相似，唯部分瘤为空心瘤而稍有不同。

产地层位　呼图壁县莫索湾凸起井区，塔西河组。

希指蕨孢属 ***Schizaeoisporites*** **Potonié，1951 ex Delcourt et Sprumont，1955**

模式种　*Schizaeoisporites eocenicus*（Selling）Potonié，1956

平肋希指蕨孢 ***Schizaeoisporites applanatus*** **Wang et Zhao，1980**

（图版 61，图 44，49）

1980　*Schizaeoisporites applanatus* Wang et Zhao，王大宁等，131 页，图版 41，图 10，11。

1999　*Schizaeoisporites applanatus*，宋之琛等，178 页，图版 52，图 30，31。

轮廓长椭圆形，大小为(72.6~107.8)μm×(28.6~44.0)μm；外壁表面具肋条状纹饰，肋扁平，宽为 3.5~5μm，肋间距约为 1μm；肋条斜交长轴排列，上、下面肋条投影显菱形网格状图案；轮廓线近平滑。黄至黄棕色。

产地层位　石河子市玛纳斯背斜和呼图壁县莫索湾凸起井区，紫泥泉子组下段。

瓜形希指蕨孢 ***Schizaeoisporites certus*** **(Bolkhovitina) Gao et Zhao，1976**

（图版 61，图 16，19，29）

1956　*Schizaea certus* Bolkhovitina，Болховитина，стр. 60，табл. 7，фиг. 96а—г.

1966　*Schizaea certa*，Болховитина，стр. 26，табл. 5，фиг. 4а—и.

1976　*Schizaeoisporites certus*（Bolkhovitina）Gao et Zhao，大庆油田开发研究院，33 页，图版 5，图 2—5。

1999　*Schizaeoisporites certus*，宋之琛等，178 页，图版 50，图 2—7。

大小为(36.0~49.5)μm×(16.0~28.6)μm。

产地层位 石河子市玛纳斯背斜和玛纳斯县-呼图壁县吐谷鲁背斜井区，紫泥泉子组下段。

链状希指蕨孢 *Schizaeoisporites concatenatus* Wang et Zhao，1980

(图版 61，图 23，34)

1980 *Schizaeoisporites concatenatus* Wang et Zhao，王大宁等，130 页，图版 41，图 3，4。

1999 *Schizaeoisporites concatenatus*，宋之琛等，178，179 页，图版 52，图 20，21。

轮廓椭圆形，大小为 48.4μm×(28.6~30.0)μm；外壁表面具肋条状纹饰，肋宽为 1.5~3.5μm，肋间距约为 1μm；肋条与孢子长轴斜交排列，光切面上肋条似链珠状。轮廓线微波形。黄棕至棕色。

当前标本肋条在光切面上似链珠状，与王大宁等描述的该种标本相似，但肋间沟较窄而稍有不同。

产地层位 石河子市玛纳斯背斜井区，紫泥泉子组下段。

隆脊希指蕨孢 *Schizaeoisporites costalis* Gao et Zhao，1976

(图版 61，图 21，24，28，35)

1976 *Schizaeoisporites costalis* Gao et Zhao，大庆油田开发研究院，33 页，图版 5，图 6—8。

1991 *Schizaeoisporites costalis*，张一勇等，122 页，图版 30，图 8，9。

1999 *Schizaeoisporites costalis*，宋之琛等，179 页，图版 52，图 15，16。

轮廓宽椭圆形至椭圆形，两端宽圆，大小为(41.8~52.6)μm×(21.2~30.2)μm；外壁表面具肋条状纹饰，肋宽为 4~4.5μm，肋间距为 1μm；肋条与孢子长轴微斜交排列，上下面肋条投影微显菱形网格状图案；肋条在两端凸出于轮廓线外；两侧轮廓线微波形。黄棕色。

当前标本肋条在两端凸出于轮廓线之外，肋条较少与该种特征相同，唯图版 61 中的图 21、图 24、图 28 轮廓椭圆形而稍有不同。

产地层位 石河子市玛纳斯背斜井区，紫泥泉子组下段。

白垩希指蕨孢 *Schizaeoisporites cretacius*(Krutzsch) Potonié，1956

(图版 61，图 4，9，11)

1956 *Schizaeoisporites cretacius* (Krutzsch) Potonie，S. 81.

1976 *Schizaeoisporites contaxtus* Gao et Zhao，大庆油田开发研究院，34 页，图版 5，图 10—12。

1999 *Schizaeoisporites cretacius*，宋之琛等，179 页，图版 50，图 19—24。

大小为(28.6~43.5)μm×(22.0~32.5)μm。

产地层位 石河子市玛纳斯背斜和玛纳斯县-呼图壁县吐谷鲁背斜井区，紫泥泉子组下段。

多环希指蕨孢 ***Schizaeoisporites disertus*** **(Bolkhovitina) Gao et Zhao，1976**

(图版 61，图 13—15)

1961 *Schizaea disertus* Bolkhovitina，Болховитина，стр. 26，табл. 5，фиг. 3.

1976 *Schizaeoisporites disertus* (Bolkhovitina) Gao et Zhao，大庆油田开发研究院，33 页，图版 5，图 1。

1983 *Schizaeoisporites minutus* Li，李曼英，51 页，图版 1，图 5。

1991 *Schizaeoisporites ovatus* Zhang et Zhan，张一勇等，118 页，图版 28，图 10—17，49—53。

1999 *Schizaeoisporites disertus*，宋之琛等，179，180 页，图版 51，图 4—7。

轮廓宽椭圆形，大小为 (36.0~48.4) μm× (26.0~33.5) μm；外壁表面具肋条状纹饰，肋宽为 4~6μm，肋间距约为 1μm；肋条与孢子长轴微斜交排列，上下面肋条投影不显菱形网格状图案；肋条在两端稍汇聚；轮廓线近平滑。黄棕至棕色。

产地层位 石河子市玛纳斯背斜和玛纳斯县-呼图壁县吐谷鲁背斜井区，紫泥泉子组下段。

锦致希指蕨孢 ***Schizaeoisporites evidens*** **(Bolkhovitina) Sung et Zheng，1976**

(图版 61，图 7)

1961 *Schizaea evidens* Bolkhovitina，Болховитина，стр. 30，табл. 6，фиг. 2a—e.

1976 *Schizaeoisporites evidens* (Bolkhovitina) Sung et Zheng，宋之琛等，22 页，图版 3，图 8—10。

1991 *Schizaeoisporites evidens*，张一勇等，119 页，图版 28，图 32—37。

1999 *Schizaeoisporites evidens*，宋之琛等，180 页，图版 50，图 1，14—17。

轮廓卵圆形，大小为 46.0μm×19.5μm，长宽之比为 2.4；外壁厚约为 1μm，表面具肋条状纹饰，肋宽为 1.8~3.0μm，肋间距约为 1.2μm；肋条与孢子长轴斜交排列，上下面肋条投影显菱形网格状图案。轮廓线近平滑。棕黄色。

产地层位 玛纳斯县-呼图壁县吐谷鲁背斜井区，紫泥泉子组下段。

巨型希指蕨孢 ***Schizaeoisporites grandus*** **Zhou，1981**

(图版 61，图 37)

1981 *Schizaeoisporites grandus* Zhou，宋之琛等，48 页，图版 14，图 15—20。

1999 *Schizaeoisporites grandus*，宋之琛等，180，181 页，图版 51，图 15—19。

轮廓长椭圆形，大小为 68μm×33μm，长宽之比为 2.1；外壁表面具肋条状纹饰，肋宽为 2.5~4.0μm，肋间距约为 1μm；肋条与孢子长轴斜交排列，上下面肋条投影显宽菱形网格状图案。轮廓线微波形。棕黄色。

当前标本长椭圆形的轮廓，上下肋条投影显宽菱形网格状图案与该种相似，唯个体略小而稍有不同，后者长为68~110μm。

产地层位 石河子市玛纳斯背斜井区，紫泥泉子组下段。

库兰德希指蕨孢 ***Schizaeoisporites kulandyensis*** **(Bolkhovitina) Sung et Zheng，1976**

(图版61，图10，18)

1961 *Schizaea kulandyensis* Bolkhovitina，Болховитина，стр. 31，табл. 6，фиг. 3а—к.

1976 *Schizaeoisporites kulandyensis* (Bolkhovitina) Sung et Zheng，宋之琛等，21页，图版3，图2—6。

1991 *Schizaeoisporites kulandyensis*，张一勇等，118，119页，图版28，图3，18—31。

1999 *Schizaeoisporites kulandyensis*，宋之琛等，181页，图版50，图25—29。

轮廓椭圆形，大小为(39.6~40.0)μm×(22.5~28.0)μm，长宽之比为1.4~1.8；外壁表面具肋条状纹饰，肋宽约为2μm，肋间距约为1μm；肋条与孢子长轴斜交排列，上下面肋条投影显菱形网格状图案。轮廓线微波形。棕黄至棕色。

产地层位 呼图壁县莫索湾凸起井区和玛纳斯县-呼图壁县吐谷鲁背斜井区，紫泥泉子组下段。

光型希指蕨孢 ***Schizaeoisporites laevigataeformis*** **(Bolkhovitina) Gao et Zhao，1976**

(图版61，图25，26，30，31，39；图版72，图13)

1961 *Schizaea laevigataeformis* Bolkhovitina，Болховитина，стр. 29，30，табл. 6，фиг. 1а—д.

1976 *Schizaeoisporites laevigataeformis* (Bolkhovitina) Gao et Zhao，大庆油田开发研究院，34页，图版5，图13—16。

1999 *Schizaeoisporites laevigataeformis*，宋之琛等，181页，图版50，图10—13，33，34。

大小为(48.4~63.8)μm×(24.2~33.0)μm。

产地层位 石河子市玛纳斯背斜和玛纳斯县-呼图壁县吐谷鲁背斜井区，紫泥泉子组下段、塔西河组。

小球形希指蕨孢 ***Schizaeoisporites microsphaericus*** **Yu，Guo et Mao，1983**

(图版61，图2)

1983 *Schizaeoisporites microsphaericus* Yu，Guo et Mao，余静贤等，33页，图版4，图13。

1985 *Schizaeoisporites microsphaericus*，余静贤等，92页，图版14，图8—12。

1999 *Schizaeoisporites microsphaericus*，宋之琛等，182，183页，图版50，图18；图版52，图11—13。

轮廓宽椭圆形，大小为22.4μm×18μm；外壁厚约为1μm，表面密布肋条状纹饰，肋宽为2μm，肋间距约为1μm；肋条与孢子长轴微斜交排列，略显菱形网格状图案。轮廓线微波形。棕黄色。

产地层位 玛纳斯县-呼图壁县吐谷鲁背斜井区，紫泥泉子组下段。

古新希指蕨孢 *Schizaeoisporites palaeocenicus* (Selling) Potonié，1956
（图版 61，图 48）

1946 *Schizaea? palaeocenica* Selling，p. 64，65，pl. 4，figs. 42，43.

1956 *Schizaeoisporites palaeocenicus* (Selling) Potonie，S. 82.

1981 *Schizaeoisporites palaeocenicus*，宋之琛等，48 页，图版 14，图 9—14。

1999 *Schizaeoisporites palaeocenicus*，宋之琛等，183 页，图版 49，图 9—11。

轮廓纺锤形，大小为 83μm×26μm，长宽之比为 3.2；外壁表面密布细肋条状纹饰，肋宽与肋间距约为 1μm；肋条与孢子长轴微斜交排列，显细小菱形网格状图案。轮廓线近平滑。黄棕色。

产地层位 玛纳斯县-呼图壁县吐谷鲁背斜井区，紫泥泉子组下段。

显著希指蕨孢 *Schizaeoisporites praeclarus* (Chlonova) Sung et Zheng，1976
（图版 61，图 20，27）

1961 *Schizaea praeclara* Chlonova，Хлонова，стр. 46，табл. 3，фиг. 23.

1976 *Schizaeoisporites praeclarus* (Chlonova) Sung et Zheng，宋之琛等，23，24 页，图版 4，图 11，12。

1991 *Schizaeoisporites praeclarus*，张一勇等，122 页，图版 30，图 14；图版 43，图 7。

1999 *Schizaeoisporites praeclarus*，宋之琛等，184 页，图版 51，图 12—14。

轮廓椭圆形，大小为(44.5~50.6)μm×(26.4~30.8)μm，长宽之比为 1.6~1.7；外壁表面具肋条状纹饰，肋宽为 4.5~6.6μm，肋间距约为 1μm；肋条与孢子长轴微斜交排列，显菱形网格状图案。轮廓线近平滑。棕黄色。

产地层位 石河子市玛纳斯背斜井区，紫泥泉子组下段。

稀少希指蕨孢 *Schizaeoisporites rarus* Yu et Zhang，1987
（图版 61，图 38）

1987 *Schizaeoisporites rarus* Yu et Zhang，雷奕振等，218 页，图版 37，图 10，11。

1999 *Schizaeoisporites rarus*，宋之琛等，185 页，图版 52，图 23，24。

轮廓披针形，大小为 61μm×15μm，长宽之比为 4.1；外壁表面具肋条状纹饰，肋条少，仅 5 条，肋宽为 3.8μm，肋间距约为 1μm；肋条与孢子长轴斜交排列，上下面肋条投影显菱形网格状图案。轮廓线微波形。棕黄色。

产地层位 玛纳斯县-呼图壁县吐谷鲁背斜井区，紫泥泉子组下段。

规则希指蕨孢 *Schizaeoisporites regularis* Wang et Zhang，1987
（图版 61，图 36）

1987 *Schizaeoisporites regularis* Wang et Zhang，王大宁等，64 页，图版 7，图 16，17。

1999　*Schizaeoisporites regularis*，宋之琛等，185 页，图版 49，图 12，13。

轮廓长椭圆形，大小为 73.7μm×23.0μm，长宽比值为 3.2；外壁表面具肋条状纹饰，肋宽约为 2μm，肋间距约为 1μm；肋条与孢子长轴斜交排列，显规则的网格状图案。轮廓线近平滑。棕色。

产地层位　石河子市玛纳斯背斜井区，紫泥泉子组下段。

网形希指蕨孢 ***Schizaeoisporites retiformis*** **Gao et Zhao，1976**

（图版 61，图 8，43）

1976　*Schizaeoisporites retiformis* Gao et Zhao，大庆油田开发研究院，34 页，图版 6，图 3—8。

1999　*Schizaeoisporites retiformis*，宋之琛等，185 页，图版 51，图 20—22。

轮廓椭圆形至长椭圆形，大小为 (62.5~69.3) μm× (33.0~36.0) μm，长宽比为 1.9；外壁厚约为 1.2μm，表面密布细肋纹，肋条略呈“S”形弯曲，肋宽为 1.0~1.5μm，肋间距约为 1μm；肋条与孢子长轴斜交排列，上下面肋条投影呈小菱形网格状图案。轮廓线微波形。黄色。

产地层位　石河子市玛纳斯背斜和玛纳斯县-呼图壁县吐谷鲁背斜井区，紫泥泉子组下段。

圆形希指蕨孢 ***Schizaeoisporites rotundus*** **Song et Zheng，1981**

（图版 61，图 3）

1981　*Schizaeoisporites rotundus* Song et Zheng，宋之琛等，46 页，图版 13，图 8，9。

1989　*Schizaeoisporites rotundus*，郑芬等，169 页，图版 2，图 23。

1999　*Schizaeoisporites rotundus*，宋之琛等，186 页，图版 51，图 1—3。

轮廓近圆形，大小为 21.1μm；外壁厚约为 1μm，表面密布肋条状纹饰，肋宽为 2.0~2.5μm，肋间距约为 1μm；肋条与孢子长轴斜交排列，上下面肋条投影呈菱形网格状。轮廓线微波形。黄色。

产地层位　石河子市玛纳斯背斜井区，紫泥泉子组下段。

塔里木希指蕨孢 ***Schizaeoisporites tarimensis*** **Zhang et Zhan，1991**

（图版 61，图 5，6，12）

1991　*Schizaeoisporites tarimensis* Zhang et Zhan，张一勇等，121 页，图版 29，图 10—15。

轮廓椭圆形，大小为 (39.8~44.0) μm× (22.5~28.6) μm；外壁厚约为 1.2μm，具宽平肋条状纹饰，肋宽 4.0~8.8 μm，肋间距为 1μm，肋在赤道部位最宽，向两端变窄；肋条与孢子长轴微斜交排列，上下面肋条投影呈菱形网格状图案。轮廓线微波形。棕黄色。

产地层位　石河子市玛纳斯背斜和玛纳斯县-呼图壁县吐谷鲁背斜井区，紫泥泉子组下段。

细穴单缝孢属 *Microfoveolatosporis* Krutzsch，1959

模式种 *Microfoveolatosporis pseudodentatus* Krutzsch，1959

穴面细穴单缝孢 *Microfoveolatosporis foveolatus* Song ,Li et Zhong，1986

（图版 72，图 11）

1986 *Microfoveolatosporis foveolatus* Song，Li et Zhong，宋之琛等，57 页，图版 10，图 2。

赤道轮廓椭圆形，大小为 48.4μm×33.0μm；单缝，长为长轴的 2/3；外壁厚约为 2μm，表面具细穴状纹饰，穴径为 1.5~2.0μm，分布较均匀；轮廓线微波形。棕黄色。

当前标本穴纹较大与该种稍有区别，其他特征相同。

产地层位 玛纳斯县-呼图壁县吐谷鲁背斜井区，塔西河组。

棘刺单缝孢属 *Echinosporis* Krutzsch，1967

模式种 *Echinosporis echinatus* Krutzsch，1967

疏刺棘刺单缝孢 *Echinosporis laxaspinosus* Song et Liu，1982

（图版 72，图 5）

1982 *Echinosporis laxaspinosus* Song et Liu，宋之琛等，177 页，图版 2，图 2。

1999 *Echinosporis laxaspinosus*，宋之琛等，190 页，图版 47，图 3。

赤道轮廓椭圆形，大小为 52.8μm×35.2μm；外壁厚约为 1.2μm，表面具小刺状纹饰，刺长为 2~3μm，基部直径为 1.5~2.0μm，分布稀疏；轮廓线锯齿形。棕黄色。

当前标本外壁表面分布有稀疏的刺状纹饰与该种相似。

产地层位 玛纳斯县-呼图壁县吐谷鲁背斜井区，塔西河组。

柴达木棘刺单缝孢 *Echinosporis qaidamensis* Zhang，1985

（图版 72，图 12）

1985 *Echinosporis qaidamensis* Zhang，朱宗浩等，71 页，图版 14，图 4—7。

1999 *Echinosporis qaidamensis*，宋之琛等，190—191 页，图版 47，图 4—6。

赤道轮廓豆形，大小为 49.5μm×28.6μm；外壁厚约为 1.5μm，表面具刺状纹饰，刺长为 2.0~2.5μm，基部直径约为 2μm，分布稀疏，刺间具颗粒纹，粒径约为 1μm；轮廓线锯齿形。棕黄色。

产地层位 玛纳斯县-呼图壁县吐谷鲁背斜井区，塔西河组。

二、化石花粉大类 Pollenites R. Potonié，1931

有囊类 Saccites Erdtman，1947

单囊亚类 Monosaccites (Chitaley，1951) R. Potonié et Kremp，1954

环囊系 Saccizonati Bharadwaj，1957

铁杉粉属 ***Tsugaepollenites* Potonié et Venitz，1934 ex Potonié，1958**

模式种 *Tsugaepollenites* (al. *Sporonites*) *igniculus* (Potonié) Potonié et Venitz，1934

无环铁杉粉 ***Tsugaepollenites azonalis* (Krutzsch) Li，1985**

(图版 67，图 17)

1971 *Zonalapollenites azonalis* Krutzsch，S. 164，Taf. 49，Fig. 1—14.

1985 *Tsugaepollenites azonalis* (Krutzsch) Li，宋之琛等，86 页，图版 27，图 8。

1985 *Tsugaepollenites azonalis* (Krutzsch) Zhu，朱宗浩等，121 页，图版 29，图 1。

1999 *Tsugaepollenites azonalis*，宋之琛等，193 页，图版 53，图 6。

花粉大小为 63.8μm×85.8μm；赤道轮廓椭圆形，赤道环囊不明显；外壁表面密布小刺状和短皱状纹饰；轮廓线锯齿形。黄色。

产地层位 玛纳斯县-呼图壁县吐谷鲁背斜井区，安集海河组。

具缘铁杉粉 ***Tsugaepollenites igniculus* Potonié et Venitz，1934**

(图版 67，图 4，8，10，13，15，23；图版 72，图 14，16，20，24，25，31)

1934 *Tsugae-pollenites igniculus* Potonie et Venitz，p.17，pl. 1，fig. 8.

1978 *Tsugaepollenites igniculus*，《渤海沿岸地区早第三纪孢粉》，91，92 页，图版 19，图 1—4，8—14。

1991 *Tsugaepollenites igniculus* f. *minor*，张一勇等，163 页，图版 49，图 14。

1999 *Tsugaepollenites igniculus*，宋之琛等，194 页，图版 53，图 8，9。

花粉大小为 39.6~94.6μm；赤道轮廓近圆形至椭圆形，赤道环囊宽为 6.5~15.4μm，其上具辐射纹或不规则排列的褶皱；本体外壁表面覆以小瘤状、块瘤或皱瘤状纹饰。黄至黄棕色。

产地层位 玛纳斯县-呼图壁县吐谷鲁背斜和乌苏县四棵树凹陷井区，安集海河组、塔西河组。

中生铁杉粉 ***Tsugaepollenites mesozoicus* Couper，1958**

（图版 67，图 9，12，21；图版 72，图 21，26，27）

1958 *Tsugaepollenites mesozoicus* Couper，p. 155，pl. 30，figs. 8—10.

1980 *Tsugaepollenites mesozoicus*，孙湘君等，87 页，图版 17，图 2，3。

1999 *Tsugaepollenites mesozoicus*，宋之琛等，194 页，图版 54，图 2，3。

花粉大小为(39.6~74.8)μm×(54.0~87.5)μm；赤道轮廓宽椭圆形，赤道环囊欠明显但可识别，囊宽为 5.5~13.2μm，囊及体上均饰以瘤皱状纹饰，囊上略显辐射向排列。棕黄至黄棕色。

产地层位 玛纳斯县-呼图壁县吐谷鲁背斜井区，安集海河组；乌苏县四棵树凹陷井区，塔西河组。

微小铁杉粉 ***Tsugaepollenites minimus*(Krutzsch) Ke et Shi，1978**

（图版 67，图 7）

1971 *Zonalapollenites minimus* Krutzsch，S. 150，Taf. 42，Fig. 1—20.

1978 *Tsugaepollenites minimus*（Krutzsch）Ke et Shi，《渤海沿岸地区早第三纪孢粉》，92 页，图版 19，图 6，7。

1999 *Tsugaepollenites minimus*，宋之琛等，195 页，图版 54，图 1。

花粉大小为 50.6μm；赤道轮廓近圆形，赤道环囊宽为 8.8~11.0μm，囊上密布辐射向排列的短皱纹和稀疏的小刺纹，刺长约为 2.5μm；极面覆以不规则排列的皱瘤状纹饰。囊棕黄色，体黄棕色。

产地层位 玛纳斯县-呼图壁县吐谷鲁背斜井区，安集海河组。

密刺铁杉粉 ***Tsugaepollenites multispinus*（Krutzsch）Sun et Deng，1980**

（图版 67，图 24；图版 72，图 15，17，22，28，29）

1971 *Zonalapollenites multispinus*（=*Tsuga multispinus*）Krutzsch，S. 162，Taf. 48，Fig. 1—11.

1980 *Tsugaepollenites multispinus*（Krutzsch）Sun et Deng，孙秀玉等，101 页，图版 2，图 2，5。

1991 *Tsugaepollenites multispinus*，张一勇等，163 页，图版 49，图 13。

1999 *Tsugaepollenites mesozoicus*，宋之琛等，195 页，图版 53，图 3—5。

花粉大小为 41.8~90.2μm；赤道轮廓近圆形，赤道环囊宽 5.5~13.2μm，囊上密布短皱纹和小刺纹，刺长 2.5~3.0μm；极面覆以不规则排列的短皱状纹饰。黄至黄棕色。

产地层位 玛纳斯县—呼图壁县吐谷鲁背斜井区，安集海河组；乌苏县四棵树凹陷井区，塔西河组。

稀刺铁杉粉 ***Tsugaepollenites spinulosus*** **(Krutzsch) Ke et Shi，1978**

（图版 67，图 14，16，19，22；图版 72，图 30）

1971 *Zonalapollenites spinulosus*（=*Tsuga spinulosus*）Krutzsch，S. 148，Taf. 41，Fig. 1—10.

1978 *Tsugaepollenites spinulosus* (Krutzsch) Ke et Shi，《渤海沿岸地区早第三纪孢粉》，92，93 页，图版 19，图 15，16。

1985 *Tsugaepollenites spinulosus*，朱宗浩等，123 页，图版 30，图 1—3，5。

1999 *Tsugaepollenites spinulosus*，宋之琛等，196 页，图版 53，图 1，2。

花粉大小为(57.2~72.6) μm×(66.0~99.0) μm；赤道轮廓近圆形至宽椭圆形，赤道环囊发育，囊宽为 4.5~15.4μm，其上具辐射向排列的短皱纹，边缘稀疏地分布有短刺；极面密布颗粒、小瘤或细皱状纹饰；轮廓线波形。黄色。

图版 67 中的图 14 孢粉除环囊宽窄不均外，其他特征与该种一致，也归入同一种内。

产地层位 玛纳斯县-呼图壁县吐谷鲁背斜井区，安集海河组；乌苏县四棵树凹陷井区，塔西河组。

无缘铁杉粉 ***Tsugaepollenites viridifluminipites*** **(Wodehouse) Potonié，1958**

（图版 67，图 11；图版 72，图 19）

1933 *Tsuga viridifluminipites* Wodehouse，p. 491，fig. 14.

1958 *Tsugaepollenites viridifluminipites*（Wodehouse）Potonie，S. 48.

1978 *Tsugaepollenites viridifluminipites*，《渤海沿岸地区早第三纪孢粉》，93 页，图版 18，图 18，19。

1985 *Tsugaepollenites viridifluminipites*，朱宗浩等，123 页，图版 29，图 5；图版 30，图 4，7。

1999 *Tsugaepollenites viridifluminipites*，宋之琛等，196 页，图版 53，图 7。

花粉大小为 63.8μm；赤道轮廓近圆形，赤道环囊欠明显；外壁表面密布块瘤或细皱状纹饰，体上的块瘤纹逐渐过渡为赤道边缘的细皱纹，两者界线不明显；轮廓线波形。黄色。

产地层位 玛纳斯县-呼图壁县吐谷鲁背斜井区，安集海河组；乌苏县四棵树凹陷井区，塔西河组。

双囊亚类 Disaccites Cookson，1947

松囊系 Pinosacciti (Erdtman，1945) R. Potonié，1958

单束松粉属 *Abietineaepollenites* Potonié，1951 ex Delcourt et Sprumont，1955

模式种 *Abietineaepollenites microalatus* (Potonié) Delcourt et Sprumont，1955

小囊单束松粉 ***Abietineaepollenites microalatus*** **(Potonié) Delcourt et Sprumont，1955**

（图版 68，图 29；图版 72，图 23；图版 73，图 4，5，15）

1931 *Piceae-pollenites microalatus* Potonie，S. 5，Fig. 34.

1951 *Abietineaepollenites microalatus minor* Potonie，S. 145，Taf. 20，Fig. 21.

1955 *Abietineaepollenites microalatus* (Potonie) Delcourt et Sprumont，p. 51.

1976 *Abietineaepollenites microalatus*，宋之琛等，26 页，图版 5，图 15。

1978 *Abietineaepollenites microalatus* f. *minor* and f. *major*，《渤海沿岸地区早第三纪孢粉》，82 页，图版 25，图 4—18。

1999 *Abietineaepollenites microalatus*，宋之琛等，198，199 页，图版 55，图 14—17。

花粉总长为 48.4~101.6μm；侧面观本体椭圆形或倒梯形，大小为(37.0~75.6)μm×(44.0~67.2)μm，外壁厚为 2~3μm，帽界线清晰，表面细颗粒状；气囊半圆形，着生于本体腹部之两侧，表面具内细网状纹饰。棕黄色。

产地层位 玛纳斯县-呼图壁县吐谷鲁背斜井区，安集海河组至塔西河组；呼图壁县莫索湾凸起井区，塔西河组。

双束松粉属 *Pinuspollenites* Raatz，1937

模式种 *Pinuspollenites* (al. *Pollenites*) *labdacus* (Potonié，1931) Raatz，1937

弓背双束松粉 *Pinuspollenites banksianaeformis* (Zakl.) Ke et Shi，1978

(图版 67，图 18；图版 73，图 6，8，9)

1957 *Pinus banksianaeformis* Zaklinskaja，Заклинская，стр. 195，табл. 15，фиг. 1—4.

1978 *Pinuspollenites banksianaeformis* (Zakl.) Ke et Shi，《渤海沿岸地区早第三纪孢粉》，88 页，图版 23，图 1，2。

1985 *Pinuspollenites banksianaeformis*，朱宗浩等，115 页，图版 24，图 1—5。

1999 *Pinuspollenites banksianaeformis*，宋之琛等，201 页，图版 56，图 4，5。

花粉总长为 52.8~74.8μm；本体卵圆形，背部弓形隆起，大小为(39.6~57.2)μm×(28.6~41.8)μm，外壁厚 1.5~2.0μm，表面颗粒状、短皱状；气囊大于半圆形，以收缩的基部着生于本体腹部，表面具内细网状纹饰。黄至棕黄色。

产地层位 玛纳斯县-呼图壁县吐谷鲁背斜井区，安集海河组至塔西河组；呼图壁县莫索湾凸起井区，塔西河组。

头型双束松粉 *Pinuspollenites capitatus* Zhu，1985

(图版 73，图 1)

1985 *Pinuspollenites capitatus* Zhu，朱宗浩等，115 页，图版 24，图 7—10。

1999 *Pinuspollenites capitatus*，宋之琛等，201 页，图版 56，图 11，12。

花粉总长为 48.4μm；侧视轮廓本体椭圆形，大小为 41.5μm×17.6μm，外壁厚约为 2μm，表面皱瘤状；气囊大于半圆形，以收缩的基部着生于本体腹部，囊基部具多条辐射褶，表面具内细网状纹饰。体棕黄，囊黄色。

产地层位 玛纳斯县-呼图壁县吐谷鲁背斜井区，塔西河组。

标准双束松粉 *Pinuspollenites insignis* (Naumova) Zhu，1985

（图版 63，图 10，25；图版 68，图 33；图版 73，图 7）

1953 *Pinus insignis* (=*Oedemosaccus insignis* Naumova) Bolkhovitina，Болховитина，стр. 85，табл. 13，фиг. 1—4.

1985 *Pinuspollenites insignis* (Naumova) Zhu，朱宗浩等，116 页，图版 24，图 11，14—16；图版 26，图 15。

1999 *Pinuspollenites insignis*，宋之琛等，202 页，图版 56，图 9，10。

花粉总长为 55.0~74.8μm；赤道轮廓本体卵圆形至近圆形，大小 (40.6~55.0) μm×(39.6~59.0) μm，外壁厚为 1.5~3.0μm，表面细颗粒状；气囊大于半圆形，宽大于长，大小为 (24.2~33.0) μm× (35.2~60.5) μm，以微收缩的基部着生于本体腹部，远极基靠近，表面具内细网状纹饰。黄至黄棕色。

图版 68 中的图 33 孢粉外壁较厚，栉较发育，与该种稍有不同，但其他特征相一致，也归入同一种内。

产地层位 石河子市玛纳斯背斜和呼图壁县莫索湾凸起井区，紫泥泉子组下段；玛纳斯县-呼图壁县吐谷鲁背斜井区，安集海河组和塔西河组。

双束松粉 *Pinuspollenites labdacus* (Potonié) Raatz，1937

（图版 63，图 9；图版 68，图 24；图版 73，图 11，14，16）

1931 *Pollenites labdacus* Potonie，S. 5，Fig. 32.

1937 *Pinuspollenites labdacus* (Potonie) Raatz，p. 15，16.

1978 *Pinuspollenites labdacus maximus* and f. *minor*，《渤海沿岸地区早第三纪孢粉》，89 页，图版 23，图 10—22；图版 24，图 1—3。

1991 *Pinuspollenites labdacus* f. *maximus* and f. *minor*，张一勇等，165 页，图版 32，图 7；图版 49，图 7，11，12；图版 50，图 3，11。

花粉总长为 59.4~96.4μm。

产地层位 呼图壁县莫索湾凸起井区，紫泥泉子组下段、塔西河组；玛纳斯县-呼图壁县吐谷鲁背斜井区，安集海河组、塔西河组。

茫崖双束松粉 *Pinuspollenites mangnaiensis* Zhu，1985

（图版 68，图 22）

1985 *Pinuspollenites mangnaiensis* Zhu，朱宗浩等，118 页，图版 25，图 9。

1999 *Pinuspollenites mangnaiensis*，宋之琛等，203 页，图版 57，图 6。

花粉总长为 50μm；侧面观本体轮廓圆梯形，大小为 35.2μm×28.6μm，外壁厚约为 3.3μm，分为两层，外层倍厚于内层，栉较发育，表面具颗粒状纹饰；气囊着生于本体腹部之两侧，大小为 (24.2~26.4) μm× (19.8~24.2) μm，表面具内细网状结构，囊基部见辐射褶。棕黄色。

当前标本本体圆梯形，外壁较厚，栉较发育与该种特征相同，唯个体较小而稍有不同，后者大小为 75μm。

产地层位 乌苏县北阿尔钦沟，安集海河组。

小标准双束松粉 ***Pinuspollenites microinsignis*** **(Krutzsch.) Song et Zhong，1984**

（图版 68，图 17）

1971 *Pityosporites microinsignis* Krutzsch，S. 58，Taf. 5，Fig. 17—21.

1984 *Pinuspollenites microinsignis*（Krutzsch）Song et Zhong，宋之琛等，35 页，图版 10，图 2。

1985 *Pinuspollenites microinsignis*，朱宗浩等，118 页，图版 25，图 14—16。

1999 *Pinuspollenites microinsignis*，宋之琛等，203 页，图版 56，图 7，8。

花粉总长为 43.5μm；本体椭圆形，大小为 29.7μm×37.4μm，外壁厚为 2.5μm，表面细颗粒状；气囊大于半圆形，着生于本体腹部之两侧，表面具内细网状纹饰。黄色。

产地层位 乌苏县北阿尔钦沟，安集海河组。

小双束松粉 ***Pinuspollenites minutus*** **(Zakl.) Sung et Zheng，1978**

（图版 63，图 11）

1957 *Pinus minutus* Zaklinskaja，Заклинская，стр. 155—156，табл. 14，фиг. 4.

1978 *Pinuspollenites minutus*，《渤海沿岸地区早第三纪孢粉》，90 页，图版 23，图 7，8。

1981 *Pinuspollenites minutus*（Zakl.）Song et Zheng，宋之琛等，91 页，图版 18，图 1；图版 19，图 5，8。

1991 *Pinuspollenites minutus*，张一勇等，165 页，图版 50，图 13，14。

花粉总长为 39.6μm；本体大小为 30.8μm×28.6μm，外壁厚为 1.5μm，表面细颗粒状；气囊大于半圆形，以微收缩的基部着生于本体腹部之两侧，表面具内细网状纹饰。棕黄色。

产地层位 石河子市玛纳斯背斜井区，紫泥泉子组下段；玛纳斯县-呼图壁县吐谷鲁背斜井区，安集海河组。

小囊双束松粉 ***Pinuspollenites parvisaccatus*** **Zhang et Zhan，1991**

（图版 68，图 27）

1991 *Pinuspollenites parvisaccatus* Zhang et Zhan，张一勇等，165 页，图版 51，图 1，6，7，11，14。

花粉总长为 45.1μm；极面观本体轮廓圆菱形，大小为 37.5μm×46.2μm，外壁厚约为 4μm，分为两层，外层倍厚于内层，表面具细颗粒纹；气囊较小，大小为（17.6~23.1）μm×（35.2~37.4）μm，以收缩的基部着生于本体腹部之两侧，具内细网状结构。棕黄色。

产地层位 玛纳斯县-呼图壁县吐谷鲁背斜井区，安集海河组。

假枞型双束松粉 ***Pinuspollenites pseudopeuceformis*** **Zhang，1999**

（图版 75，图 19）

1978 *Pinuspollenites* cf. *peuceformis*（Zakl.）Ke et Shi，《渤海沿岸地区早第三纪孢粉》，90 页，图版 25，图 3。

1991 *Pinuspollenites peuceformis*，张一勇等，166 页，图版 50，图 4，7。

1999 *Pinuspollenites pseudopeuceformis* Zhang，宋之琛等，204，205 页，图版 57，图 11，13。

花粉总长为 92.4μm；侧面观本体轮廓椭圆形，大小为 61.6μm×37.4μm，外壁厚约为 2.5μm，表面具瘤状纹饰；气囊着生于本体腹部之两侧，表面具内细网状结构。体棕黄色，囊黄色。

产地层位 玛纳斯县-呼图壁县吐谷鲁背斜井区，塔西河组。

扁体双束松粉 ***Pinuspollenites taedaeformis* (Zakl.) Ke et Shi，1978**

(图版 63，图 3，6；图版 68，图 25，26；图版 73，图 10，19)

1957 *Pinus taedaeformis* Zaklinskaja，Заклинская，стр. 156，табл. 14，фиг. 5—11.

1978 *Pinuspollenites taedaeformis* (Zakl.) Ke et shi，《渤海沿岸地区早第三纪孢粉》，91 页，图版 24，图 4，5。

1999 *Pinuspollenites taedaeformis*，宋之琛等，205 页，图版 56，图 6。

花粉总长为 50.6~83.6μm。

产地层位 石河子市玛纳斯背斜和呼图壁县莫索湾凸起井区，紫泥泉子组下段；玛纳斯县-呼图壁县吐谷鲁背斜井区，安集海河组；呼图壁县莫索湾凸起井区，塔西河组。

波形双束松粉 ***Pinuspollenites undulates* Zhu，1985**

(图版 73，图 2，12)

1985 *Pinuspollenites undulates* Zhu，朱宗浩等，120 页，图版 18，图 4；图版 26，图 11，12，14。

1999 *Pinuspollenites undulates*，宋之琛等，205 页，图版 57，图 4，5。

花粉总长为 57.2~70.4μm；侧视本体轮廓近圆形，大小为 (41.8~50.6) μm×(33.2~46.2) μm，外壁厚为 2.5μm，外层厚于内层，栉较发育，表面具皱状或皱瘤状纹饰，轮廓线波形；气囊大于半圆形，以收缩的基部着生于本体腹部之两侧，表面具内细网状结构。体黄至黄棕色，囊黄色。

产地层位 玛纳斯县莫索湾凸起和玛纳斯县-呼图壁县吐谷鲁背斜井区，塔西河组。

冷杉囊系 Abietosacciti (Erdtman，1945) R. Potonié，1958

冷杉粉属 ***Abiespollenites* Thiergart (in Raatz，1937) 1938**

模式种 *Abiespollenites absolutus* Thiergart，1938

伸长冷杉粉 ***Abiespollenies elongatus* (Sun et Deng) Zhang，1999**

(图版 75，图 14)

1980 *Keteleeria elongata* Sun et Deng，孙秀玉等，99 页，图版 1，图 10。

1985　*Abiespollenites lenghuensis* Zhu，朱宗浩等，101 页，图版 19，图 1—3。

1999　*Abiespollenites elongates* (Sun et Deng) Zhnag，宋之琛等，206 页，图版 58，图 3，4。

花粉侧视轮廓弓弯形，总长为 112.2μm；本体轮廓扁圆形，大小为 83.6μm×41.8μm，栉较发育，厚为 3.5~4.5μm，纹饰低平瘤皱状，其表面密布细颗粒纹；气囊大于半圆形，着生于本体两侧，稍偏远极，大小为 (33.0~35.2) μm× (44.0~48.4) μm，囊间距较宽，表面具内网状纹饰。棕黄色。

当前标本本体扁圆形，栉较发育，气囊间距较宽等特征与该种相同。

产地层位 玛纳斯县-呼图壁县吐谷鲁背斜井区，塔西河组。

西伯利亚冷杉粉 ***Abiespollenies sibiriciformis*** **(Zaklinskaja) Krutzsch，1971**

(图版 63，图 28；图版 75，图 17)

1957 *Abies sibiriciformis* Zaklinskaja，Заклинская，стр. 121，табл. 4，фиг. 1，2.

1971 *Abiespollenites* cf. *sibiriciformis* (Zakl.) Krutzsch，S. 90，Taf. 17.

1978 *Abiespollenites sibiriciformis*，《渤海沿岸地区早第三纪孢粉》，81 页，图版 26，图 1，2。

1999 *Abiespollenites sibiriciformis*，宋之琛等，207 页，图版 58，图 1，2。

花粉侧视轮廓为三圆相交状，总长为 94.6~125.4μm；本体轮廓扁圆形，大小为 (74.8~92.4) μm× (61.6~70.4) μm，栉较发育，厚为 4~5μm，表面内细网状；气囊大于半圆形，着生于本体两侧，稍偏远极，大小为 (37.4~61.6) μm× (57.2~74.8) μm，表面具内网状纹饰。棕黄色。

产地层位 呼图壁县莫索湾凸起井区，紫泥泉子组下段；玛纳斯县-呼图壁县吐谷鲁背斜井区，塔西河组。

油杉粉属 ***Keteleeriaepollenites*** **Nagy，1969**

模式种 *Keteleeriaepollenites komloensis* Nagy，1969

铁坚杉型油杉粉 ***Keteleeriaepollenites davidianaeformis*** **(Zakl.) Song et Zhong，1984**

(图版 63，图 31；图版 75，图 23)

1957　*Keteleeria davidianaeformis* Zaklinskaja，Заклинская，стр. 123，табл. 4，фиг. 4—6.

1978　*Keteleeria davidianaeformis*，《渤海沿岸地区早第三纪孢粉》，85 页，图版 27，图 1—8。

1984　*Keteleeriaepollenites davidianaeformis* (Zakl.) Song et Zhong，宋之琛等，36 页，图版 7，图 15。

1999　*Keteleeriaepollenites davidianaeformis*，宋之琛等，207，208 页，图版 58，图 5，6。

花粉侧视轮廓三圆相交状，总长为 114.4μm；本体轮廓扁圆形，大小为 (77.5~99.0) μm × (66.0~72.6) μm，外壁厚 2.5~5.0μm，表面细内网状；气囊大于半圆形，位于本体远极，大小 (44.0~63.8) μm× (48.4~63.8) μm，表面具内网状纹饰。棕黄色。

产地层位 呼图壁县莫索湾凸起井区，紫泥泉子组下段和塔西河组。

变异油杉粉 ***Keteleeriaepollenites dubius*** **(Chlonova) Li，1985**

（图版 63，图 29；图版 75，图 15，18）

1960 *Keteleeria dubius* Chlonova，Хлонова，стр. 59，табл. 9，фиг. 5.

1971 *Abiespollenites dubius* Krutzsch，S. 98，Taf. 21.

1978 *Keteleeria dubius*，《渤海沿岸地区早第三纪孢粉》，86 页，图版 26，图 5，6。

1991 *Keteleeriaepollenites dubius*，张一勇等，126 页，图版 32，图 17。

1999 *Keteleeriaepollenites dubius*，宋之琛等，208 页，图版 59，图 1，2。

花粉极视轮廓三圆相交状，总长为 96.1~116.6μm；本体轮廓近圆形，大小(66.0~88.0) μm×(66.0~70.4) μm，外壁厚 1.5~5.0μm，其上基柱结构或较发育，表面细颗粒状或细网状；气囊较圆，位于本体两侧，稍偏远极，大小为(39.6~52.8) μm×(52.8~70.4) μm，表面具内网状纹饰。棕黄色。

产地层位 呼图壁县莫索湾凸起井区，紫泥泉子组下段；玛纳斯县-呼图壁县吐谷鲁背斜井区，塔西河组。

小型油杉粉 ***Keteleeriaepollenites minor*** **(Sung et Tsao) Song et Zhong，1984**

（图版 63，图 30）

1978 *Keteleeria minor* Sung et Tsao，《渤海沿岸地区早第三纪孢粉》，86 页，图版 26，图 3，4。

1984 *Keteleeriaepollenites minor* (Sung et Tsao) Song et Zhong，宋之琛等，36 页，图版 9，图 15。

1991 *Keteleeriaepollenites minor*，张一勇等，164 页，图版 49，图 15。

1999 *Keteleeriaepollenites minor*，宋之琛等，209 页，图版 59，图 3。

花粉侧视轮廓弓弯形，总长为 79.2μm；本体轮廓扁圆形，背部凸，大小为 70.0μm×46.2μm，外壁厚为 2.5μm，表面细颗粒状；气囊较圆，位于本体远极，与体交角明显，大小为(26.4~30.8) μm×(46.2~48.4) μm，表面具内细网状纹饰。棕黄色。

产地层位 呼图壁县莫索湾凸起井区，紫泥泉子组下段。

云杉粉属 ***Piceapollis*** **Krutzsch，1971**

模式种 *Piceapollis praemarianus* Krutzsch，1971

大云杉粉 ***Piceapollis gigantea*** **(Wang) Zhang，1999**

（图版 73，图 21；图版 74，图 16）

1978 *Piceaepollenites giganteus* Wang，《渤海沿岸地区早第三纪孢粉》，88 页，图版 21，图 2，3。

1981 *Piceaepollenites gigantea* Wang，宋之琛等，85 页，图版 21，图 7；图版 22，图 5，7；图版 23，图 9。

1999 *Piceapollis gigantean* (Wang) Zhang，宋之琛等，209，210 页，图版 60，图 12。

花粉侧面观轮廓弓弯形或长椭圆形，总长为 116.6~132.5μm；本体外壁厚约 2~3μm，表面细网状；气囊半圆形，位于本体腹部之两侧，与体无夹角，表面具内细网状结构，网纹较体上的粗。黄色。

当前标本个体较大，轮廓较扁平与该种特征相同，并以此与 *Piceapollis tobolicus* 相区别。

产地层位 玛纳斯县-呼图壁县吐谷鲁背斜井区，塔西河组。

标准云杉粉 ***Piceapollis praemarianus*** **Krutzsch，1971**

（图版 73，图 13，17；图版 75，图 21）

1971 *Piceapollis praemarianus* Krutzsch，S. 106，Taf. 23，Fig. 1—3.

1978 *Piceaepollenites alatus* Potonie，《渤海沿岸地区早第三纪孢粉》，87 页，图版 20，图 1—6。

1999 *Piceapollis praemarianus*，宋之琛等，210 页，图版 59，图 5。

花粉侧面观轮廓弓弯形，总长为 79.2~112.2μm；本体外壁厚为 1.5~3.0μm，表面细网状；气囊半圆形，位于本体腹部之两侧，与体无夹角，表面具内细网状结构，网纹较体上的粗。黄色。

产地层位 呼图壁县莫索湾凸起井区、精河县托托、玛纳斯县-呼图壁县吐谷鲁背斜井区，塔西河组。

方体云杉粉 ***Piceapollis quadracorpus*** **(Zhu et Xi Ping) Zhang，1999**

（图版 74，图 1，13）

1985 *Piceaepollenites quadracorpus* Zhu et Xi ping，朱宗浩等，114 页，图版 27，图 3，5，6。

1999 *Piceapollis quadracorpus* (Zhu et Xi ping) Zhang，宋之琛等，210 页，图版 59，图 6，7。

花粉侧面观轮廓扁圆形，总长为 99.0~123.2μm；本体轮廓近方形，外壁厚为 1.5~2.0μm，表面细网状；气囊较大，位于本体腹部，与体无夹角，表面具内细网状结构。黄色。

产地层位 沙湾县安集海背斜井区凸起、玛纳斯县-呼图壁县吐谷鲁背斜井区，塔西河组。

宽圆云杉粉 ***Piceapollis tobolicus*** **(Panova) Krutzsch，1971**

（图版 68，图 35；图版 74，图 3，6，11）

1971 *Piceapollis tobolicus* (Panova) Krutzsch，S. 104，Taf. 22.

1978 *Piceaepollenites tobolicus* (Panova) Ke et Shi，《渤海沿岸地区早第三纪孢粉》，88 页，图版 20，图 7—12；图版 21，图 1。

1999 *Piceapollis tobolicus*，宋之琛等，210 页，图版 59，图 4；图版 60，图 11。

花粉侧面观轮廓宽扁圆形，总长 96.8~118.8μm；本体轮廓及与气囊的界限欠明显，本体外壁厚为 2.0~2.5μm，表面细网状；气囊较大，位于本体腹部，与体无夹角，表面具内细网状结构，网纹较体上的粗。黄至棕黄色。

产地层位 玛纳斯县-呼图壁县吐谷鲁背斜井区，安集海河组；玛纳斯县莫索湾凸起和玛纳斯县-呼图壁县吐谷鲁背斜井区，塔西河组。

雪松囊系 Cedrosacciti Erdtman，1945

雪松粉属 *Cedripites* Wodehouse，1933

模式种 *Cedripites eocenicus* Wodehouse，1933

微张雪松粉 *Cedripites diversus* Ke et Shi，1978

（图版 63，图 21；图版 74，图 5，10，12）

1978 *Cedripites diversus* Ke et Shi，《渤海沿岸地区早第三纪孢粉》，84 页，图版 22，图 2—5。

1980 *Cedripites cretaceous* Pocock，洪友崇等，78 页，图版 4，图 11。

1991 *Cedripites diversus*，张一勇等，167 页，图版 52，图 20。

1999 *Cedripites diversus*，宋之琛等，213 页，图版 60，图 1，2。

花粉总长为 68.2~101.6μm；本体轮廓及与气囊的界限欠明显，本体外壁厚为 2~3μm，表面细颗粒状或内细网状；气囊较大，从本体远极伸出，略张开，表面具内细网状纹饰。黄至黄棕色。

产地层位 呼图壁县莫索湾凸起井区，紫泥泉子组下段；玛纳斯县-呼图壁县吐谷鲁背斜井区，塔西河组。

微小雪松粉 *Cedripites minutulus*（Chlonova）Krutzsch，1971

（图版 63，图 13，16）

1960 *Cedrus minutula* Chlonova，Хлонова，стр. 49，табл. 6，фиг. 10，11.

1971 *Cedripites minutulus*（Chlonova）Krutzsch，S. 24.

1976 *Cedripites diminutivas* Gao et Zhao，大庆油田开发研究院，47 页，图版 18，图 7，8。

1999 *Cedripites minutulus*，宋之琛等，216 页，图版 60，图 7，8。

花粉侧视大半圆形，腹部内凹，总长为 39.1~46.2μm；本体轮廓及与气囊的界限欠明显，本体外壁厚约为 4μm，栉较发育，其上基柱结构较清晰，纹饰颗粒状；气囊较大，着生于本体腹部，表面具内细网状纹饰。棕黄色。

产地层位 呼图壁县莫索湾凸起井区，紫泥泉子组下段。

卵形雪松粉 *Cedripites ovatus* Ke et Shi，1978

（图版 63，图 22；图版 74，图 2）

1978 *Cedripites ovatus* Ke et Shi，《渤海沿岸地区早第三纪孢粉》，84 页，图版 21，图 4—6。

1999 *Cedripites ovatus*，宋之琛等，216，217 页，图版 60，图 9，10。

花粉总长为 60.5~99.0μm；本体轮廓以及与气囊的界限欠明显，本体外壁厚为 4μm，气囊从本体远极伸出，不张开，本体与气囊表面均具内细网状纹饰。黄色。

产地层位 呼图壁县莫索湾凸起井区，紫泥泉子组下段；玛纳斯县-呼图壁县吐谷鲁背斜井区，塔西河组。

厚壁雪松粉 ***Cedripites pachydermus*** **(Zauer) Krutzsch，1971**

（图版 68，图 28）

1954 *Cedrus pachyderma* Zauer，Зауер，стр. 35，табл. 11，фиг. 3—7；табл. 12，фиг. 1.

1971 *Cedripites pachydermus* (Zauer) Krutzsch，S. 24.

1978 *Cedripites pachydermus*，《渤海沿岸地区早第三纪孢粉》，85 页，图版 21，图 12，13。

1985 *Cedripites pachydermus*，朱宗浩等，108 页，图版 21，图 3，4。

1999 *Cedripites pachydermus*，宋之琛等，217 页，图版 61，图 6，7。

花粉侧视大半圆形，腹部内凹，总长为 59.4μm；本体轮廓以及与气囊的界限欠明显，本体外壁厚约为 4μm，分为两层，外层倍厚于内层，其上基柱结构较清晰，纹饰细网状；气囊较大，着生于本体腹部，表面具内细网状结构。棕黄色。

产地层位 乌苏县北阿尔钦沟，安集海河组。

圆体雪松粉 ***Cedripites rotundocorpus*** **Xi Ping，1985**

（图版 74，图 15）

1985 *Cedripites rotundocorpus* Xi Ping，朱宗浩等，109 页，图版 21，图 5—8，12。

1999 *Cedripites rotundocorpus*，宋之琛等，218 页，图版 61，图 1，2。

侧面观轮廓近圆形，背部强烈弓弯，腹部内凹，总长为 44.2μm；本体明显，轮廓近圆形，本体外壁厚约为 4.4μm，分为两层，外层倍厚于内层，其上基柱结构发达，栉发育，细网状纹饰；气囊位于本体远极，伸达本体中线，未张开，表面具内细网状纹饰。囊黄色，体黄棕色。

产地层位 呼图壁县莫索湾凸起井区，塔西河组。

罗汉松囊系 Podocarpoiditi R. Potonié，Thomson et Thiergart，1950

微囊粉属 ***Parvisaccites*** **Couper，1958**

模式种 *Parvisaccites radiatus* Couper，1958

小铃微囊粉 ***Parvisaccites nolus*** **Gao et Zhao，1976**

（图版 62，图 26，30，39）

1976 *Parvisaccites nolus* Gao et Zhao，大庆油田开发研究院，49 页，图版 19，图 6—9。

1999 *Parvisaccites nolus*，高瑞祺等，187 页，图版 53，图 13，17—19；图版 54，图 1—7；图版 55，图 1。

花粉总长为 28.6~35.2μm，本体近圆形至椭圆形，大小为(26.4~35.2) μm×(33.0~35.2) μm，外壁厚约 1.5~2.0μm，表面颗粒至内细网状；气囊小，大小为(6.6~15.4) μm×(17.6~22.0) μm，位于本体腹部，表面具内细网状纹饰。棕黄色。

当前标本气囊小，位于本体腹部，与该种特征相似。

产地层位 石河子市玛纳斯背斜和呼图壁县莫索湾凸起井区，紫泥泉子组下段。

奥塔沟微囊粉 ***Parvisaccites otagoensis*** **(Couper) Hou，1986**

（图版 62，图 28，29，35，41；图版 63，图 1）

1953 *Podocarpites otagoensis* Couper，p. 37，pl. 4，fig. 41.

1986 *Parvisaccites otagoensis* (Couper) Hua，宋之琛等，237 页，图版 27，图 14，21，22。

1999 *Parvisaccites otagoensis*，高瑞祺等，187，188 页，图版 54，图 8—12。

花粉总长为 35.2~66.0μm，本体大小为(28.6~55.0) μm×(35.2~51.7) μm，气囊大小为(8.8~19.8) μm×(15.4~44.0) μm；本体近圆形至卵圆形，外壁厚为 2.0~4.5μm，表面颗粒至内细网状；远极面具外壁变薄区，气囊小，位于本体腹部变薄区之两侧，表面具内细网状纹饰。棕黄色。

当前标本气囊小，位于本体腹部变薄区之两侧与本种特征相似。图版 62 中的图 28，29 和图版 63 中的图 1 个体较小，但其他特征相同，也归入同一种内。

产地层位 石河子市玛纳斯背斜和呼图壁县莫索湾凸起井区，紫泥泉子组下段。

雏囊粉属 *Parcisporites* Leschik，1956

模式种 *Parcisporites annectus* Leschik，1956

开口雏囊粉 ***Parcisporites apertus*** **Zhang et Zhan，1991**

（图版 62，图 40；图版 67，图 5）

1986 *Parcisporites parvisaccus*，宋之琛等，62 页，图版 17，图 21。

1991 *Parcisporites apertus* Zhang et Zhan，张一勇等，173 页，图版 55，图 4，5，7。

1999 *Parcisporites apertus*，宋之琛等，220 页，图版 67，图 6，7。

花粉大小为(48.4~63.8) μm×(44.0~50.6) μm；本体宽椭圆形，外壁厚约 2.0~2.5 μm，表面粗糙；在本体远极具一环形原始气囊，表面近光滑，环内为外壁变薄区。黄至黄棕色。

产地层位 玛纳斯县-呼图壁县吐谷鲁背斜井区，紫泥泉子组下段、安集海河组。

耳状雏囊粉 *Parcisporites auriculatus* Song et Cao，1980

（图版 62，图 27）

1980 *Parcisporites auriculatus* Song et Cao，p. 3，pl. 2，fig. 9.

1991 *Parcisporites auriculatus*，张一勇等，174 页，图版 55，图 14。

1999 *Parcisporites auriculatus*，宋之琛等，220 页，图版 67，图 8。

花粉大小为 33.0μm×39.6μm；本体卵圆形，外壁厚约为 1.5μm，表面细颗粒状；在本体远极中部具一纵向褶脊，其两侧各具一原始气囊，表面近光滑。黄棕色。

产地层位 呼图壁县莫索湾凸起井区，紫泥泉子组下段。

原始雏囊粉 *Parcisporites parvisaccus* Song et Zheng，1981

（图版 62，图 32，33，37，38）

1978 *Parcisporites parvisaccus* Sung et Zheng，《渤海沿岸地区早第三纪孢粉》，77 页，图版 18，图 11。

1981 *Parcisporites parvisaccus* Song et Zheng，宋之琛等，82 页，图版 27，图 1—4。

1991 *Parcisporites parvisaccus*，张一勇等，174 页，图版 54，图 6—13。

1999 *Parcisporites parvisaccus*，宋之琛等，222 页，图版 67，图 9，10。

花粉大小为 50.2 μm；本体圆形，外壁厚为 2.0~2.5μm，表面粗糙至细颗粒状；在本体远极之两侧各具一强烈弯曲的“囊”状结构(原始气囊)，表面无内网状纹饰。黄棕至棕色。

产地层位 石河子市玛纳斯背斜和呼图壁县莫索湾凸起井区、玛纳斯县-呼图壁县吐谷鲁背斜井区，紫泥泉子组下段。

罗汉松粉属 *Podocarpidites* Cookson，1947 ex Couper，1953 emend. Potonié，1958

模式种 *Podocarpidites ellipticus* Cookson ex Couper，1953

安定型罗汉松粉 *Podocarpidites andiniformis* (Zakl.) Takahashi，1964

（图版 67，图 2）

1957 *Podocarpus andiniformis* Zaklinskaja，Заклинская，стр. 105，106，табл. 2，фиг. 3—7.

1964 *Podocarpidites andiniformis* (Zaklinskaja) Takahashi，S. 227.

1978 *Podocarpidites andiniformis*，《渤海沿岸地区早第三纪孢粉》，77 页，图版 16，图 19—27。

1991 *Podocarpidites andiniformis*，张一勇等，127 页，图版 33，图 3—5；图版 54，图 1。

1999 *Podocarpidites andiniformis*，宋之琛等，223 页，图版 64，图 5，6。

花粉极面观轮廓三圆相交形，总长为 63.8μm；本体轮廓宽卵形，大小为 35.2μm×39.6μm，外壁厚为 2.0μm，表面细颗粒状；气囊大于半圆形，大小为(24.2~25.3) μm×44.0μm，气囊着生线直或稍内凹，略小于气囊宽度，气囊表面具内网状纹饰。黄色。

产地层位 玛纳斯县-呼图壁县吐谷鲁背斜井区，安集海河组。

尖顶山罗汉松粉 *Podocarpidites jiandingshanensis* Wu，1985

（图版 67，图 1；图版 75，图 10）

1985 *Podocarpidites jiandingshanensis* Wu，朱宗浩等，127 页，图版 15，图 12—16。

1999 *Podocarpidites jiandingshanensis*，宋之琛等，224 页，图版 65，图 1，2。

花粉极面观轮廓微显哑铃形，总长为 61.6~63.8μm；本体轮廓近圆形，稍小于气囊，大小为 37.4μm×(37.4~39.6) μm，外壁厚 2.5~4.0μm，表面颗粒状至皱瘤状；气囊大于半圆形，大小为(24.2~30.8) μm×(44.0~46.2) μm，表面具内网状纹饰，基部网穴辐射向拉长。本体黄棕色，气囊黄至棕黄色。

产地层位 玛纳斯县-呼图壁县吐谷鲁背斜井区，安集海河组、塔西河组。

竹柏型罗汉松粉 *Podocarpidites nageiaformis* (Zakl.) Krutzsch，1971

（图版 63，图 5）

1957 *Podocarpus nageiaformis* Zaklinskaja，Заклинская，стр. 106—108，табл. 2，фиг. 8—11.

1971 *Podocarpidites nageiaformis* (Zaklinskaja) Krutzsch，S. 30，Taf. 34.

1978 *Podocarpidites nageiaformis*，《渤海沿岸地区早第三纪孢粉》，79 页，图版 18，图 3—10。

1985 *Podocarpidites nageiaformis*，朱宗浩等，128 页，图版 16，图 1—4，9—11。

1999 *Podocarpidites nageiaformis*，宋之琛等，226 页，图版 64，图 7，8。

花粉极面观轮廓哑铃形，总长为 68.2μm；本体轮廓宽椭圆形，显著小于气囊，大小为 35.2μm×28.6μm，外壁厚为 2.2μm，表面颗粒状；气囊大于半圆形，大小为 28.6μm×(37.4~41.8) μm，表面具内网状纹饰，基部网穴辐射向拉长。本体黄棕色，气囊棕黄色。

产地层位 呼图壁县莫索湾凸起井区，紫泥泉子组下段。

副安定型罗汉松粉 *Podocarpidites parandiniformis* Ke et Shi，1978

（图版 75，图 12）

1978 *Podocarpidites parandiniformis* Ke et Shi，《渤海沿岸地区早第三纪孢粉》，80 页，图版 17，图 1，2，4，5，7。

1985 *Podocarpidites parandiniformis*，朱宗浩等，129 页，图版 15，图 18；图版 17，图 3。

1999 *Podocarpidites parandiniformis*，宋之琛等，226，227 页，图版 64，图 9，10。

花粉极面观轮廓为三圆相交形，总长为 92.4μm；本体轮廓近圆形，大小为 48.4μm×45.0μm，外壁厚为 3.5μm，表面具瘤皱状纹饰；气囊大于半圆形，气囊宽度稍大于本体宽，大小为(40.7~44.0) μm×(55.0~57.2) μm，远极基距约为本体 1/4 长，表面具内网状纹饰，基部网穴辐射向拉长。本体黄棕色，气囊棕黄色。

当前标本轮廓为三圆相交形，气囊远极基距较宽等特征与该种相同，唯本体表面为瘤皱状纹饰稍有区别。

产地层位 玛纳斯县-呼图壁县吐谷鲁背斜井区，塔西河组。

副竹柏型罗汉松粉 *Podocarpidites paranageiaformis* Ke et Shi，1978

（图版 75，图 20）

1978 *Podocarpidites paranageiaformis* Ke et Shi，《渤海沿岸地区早第三纪孢粉》，79—80 页，图版 17，图 10，11。

1985 *Podocarpidites paranageiaformis*，朱宗浩等，128 页，图版 15，图 9，17；图版 16，图 5—8，17。

1999 *Podocarpidites paranageiaformis*，宋之琛等，226 页，图版 64，图 13，14。

花粉极面观轮廓哑铃形，总长为 105.6μm；本体轮廓扁圆形，显著小于气囊，大小为 70.4μm×49.5μm，外壁厚为 2.5μm，表面细网状；气囊大于半圆形，大小为(37.4~52.8) μm×(57.2~68.2) μm，表面具内网状纹饰，基部网穴辐射向拉长。本体棕黄色，气囊黄色。

产地层位 玛纳斯县-呼图壁县吐谷鲁背斜井区，塔西河组。

松瘤罗汉松粉 *Podocarpidites piniverrucatus* Krutzsch，1971

（图版 67，图 3；图版 73，图 18；图版 75，图 8，9）

1971 *Podocarpidites piniverrucatus* Krutzsch，S. 132，Taf.35，Fig. 1—8.

1985 *Podocarpidites piniverrucatus*，朱宗浩等，129 页，图版 17，图 4，5。

1985 *Podocarpidites verrucorpus* Wu，朱宗浩等，130 页，图版 16，图 12。

1991 *Podocarpidites verrucorpus*，张一勇等，172 页，图版 53，图 8，12，14。

1999 *Podocarpidites piniverrucatus*，宋之琛等，227 页，图版 65，图 14，15。

花粉极面观轮廓哑铃形，总长为 57.2~84.7μm；本体轮廓近圆形，大小为(39.6~50.6) μm×(26.4~46.2) μm，外壁厚为 4.0~4.5μm，栉较发育，表面具瘤状至皱瘤状纹饰；气囊大于半圆形，大小为(30.8~37.4) μm×(37.4~57.2) μm，着生线短于气囊宽度，气囊表面具内网状纹饰，基部网穴辐射向拉长。本体黄棕色，气囊黄至棕黄色。

产地层位 玛纳斯县-呼图壁县吐谷鲁背斜井区，安集海河组至塔西河组。

皱体双囊粉属 *Rugubivesiculites* Pierce，1961

模式种 *Rugubivesiculites convolutus* Pierce，1961

减弱皱体双囊粉 *Rugubivesiculites reductus* Pierce，1961

（图版 63，图 18）

1961 *Rugubivesiculites reductus* Pierce，p. 41，pl. 2，figs. 64，65.

1990 *Rugubivesiculites reductus*，余静贤，图版 28，图 32。

总长为 44μm；本体极视轮廓圆方形，显著大于气囊，大小为(33.0~41.8) μm×(28.6~33.0) μm，外壁厚为 2.5~3.0μm，近极面具皱脊状纹饰，围绕赤道的皱脊纹较发育；气囊半圆形，着生于本体腹部之两侧，大小为(11.0~24.2) μm×(22.0~28.6) μm，表面具内网状纹饰，基部网穴辐射向拉长。本体黄棕色，气囊棕黄色。

产地层位 石河子市玛纳斯背斜和呼图壁县莫索湾凸起井区，紫泥泉子组下段。

有沟类 Plicates（=Plicata Naumova，1937,1939）R. Potonié，1958

原始沟亚类 Praecolpates R.Potonié et Kremp，1954

大口粉属 *Megamonoporites* Jain，1968

模式种 *Megamonoporites cacheutensis* Jain，1968

泰州大口粉 *Megamonoporites taizhouensis* Song et Qian，1989

（图版 62，图 23）

1989 *Megamonoporites taizhouensis* Song et Qian，宋之琛等，53 页，图版 14，图 13。

1999 *Megamonoporites taizhouensis*，宋之琛等，630 页，图版 80，图 24。

轮廓椭圆形，大小为 50.6μm×39.6μm；一极具一大口，界线较清晰，口径为 44.0μm×28.6 μm；外壁厚约为 1μm，表面粗糙；轮廓线近平滑。黄色。

产地层位 石河子市玛纳斯背斜井区，紫泥泉子组下段。

多沟肋亚类 Polyplicates Erdtman，1952

麻黄粉属 *Ephedripites* Bolkhovitina，1953 ex Potonié，1958 emend. Krutzsch，1961

模式种 *Ephedripites mediolobatus* Bolkhovitina ex Potonié，1958

双穗麻黄粉亚属 *Ephedripites* subgenus *Distachyapites* Krutzsch，1961

模式种 *Ephedripites*（*Distachyapites*）*eocenipites*（Wodehouse）Krutzsch，1961

契干麻黄粉 *Ephedripites*（*Distachyapites*）*cheganicus*（Shakhmundes）Ke et Shi，1978

（图版 66，图 19，21）

1965 *Ephedra cheganica* Shakhmundes，Шахмунцес，стр. 221，табл. 2，фиг. 1—4.

1978 *Ephedripites*（*Distachyapites*）*cheganicus*（Shakhmundes）Ke et Shi，《渤海沿岸地区早第三纪孢粉》，97 页，图版 32，图 1—3。

1985 *Ephedripites*（*Distachyapites*）*cheganicus*，朱宗浩等，85 页，图版 31，图 4。

1991 *Ephedripites*（*Distachyapites*）*cheganicus*，张一勇等，181 页，图版 57，图 32，33。

1999 *Ephedripites*（*Distachyapites*）*cheganicus*，宋之琛等，244 页，图版 73，图 9，10。

轮廓椭圆形，大小为(46.2~54.0)μm×(28.6~33.0)μm，长宽比值为 1.5~1.7；具有 5~6 条肋条，肋宽为 3~4μm，在两端汇聚，肋间“Z”字形弯曲线及其分枝发育，至边缘形成明显的边裂；轮廓线城垛状。棕黄至黄棕色。

当前标本个体相对较大，轮廓椭圆形，边裂明显与该种特征相同，并以个体相对较大与 *Ephedripites (Distachyapites) fushunensis* 相区别。

产地层位 玛纳斯县-呼图壁县吐谷鲁背斜井区和乌苏县北阿尔钦沟，安集海河组。

光亮麻黄粉 ***Ephedripites (Distachyapites) claricristatus* (Shakhmundes) Krutzsch，1970**

（图版 66，图 46）

1965 *Ephedra claricristata* Shakhmundes，Шахмунцес，стр. 226，227，табл. 4，фиг. 4—6.

1970 *Ephedripites (Distachyapites) claricristatus* (Shakhmundes) Krutzsch，S. 158—160，Taf. 45，Fig. 1—31.

1980 *Ephedripites (Distachyapites) claricristatus*，孙湘君等，90，91 页，图版 18，图 1—4。

1991 *Ephedripites (Distachyapites) claricristatus*，张一勇等，181 页，图版 59，图 8—12。

1999 *Ephedripites (Distachyapites) claricristatus*，宋之琛等，244 页，图版 73，图 7，8。

轮廓长椭圆形，大小为 61.6μm×30.8μm，长宽比值为 2；具 4 条肋条，在两端汇聚，肋间较宽，Z 形弯曲线清晰，侧向分枝发达且长；轮廓线近平滑。黄棕色。

当前标本肋条较少，肋间宽，Z 形弯曲线侧向分枝发达而长与该种特征相同，唯轮廓为长椭圆形而稍有区别。

产地层位 玛纳斯县-呼图壁县吐谷鲁背斜井区，安集海河组。

始新麻黄粉 ***Ephedripites (Distachyapites) eocenipites* (Wodehouse) Krutzsch，1961**

（图版 66，图 29，35，38，47—49；图版 75，图 4）

1933 *Ephedra eocenipites* Wodehouse，p. 495，fig. 20.

1961 *Ephedripites (Distachyapites) eocenipites* (Wodehouse) Krutzsch，S. 27，Taf. 3，Fig. 41.

1978 *Ephedripites (Distachyapites) eocenipites*，李曼英等，25 页，图版 8，图 18。

1985 *Ephedripites (Distachyapites) eocenipites*，朱宗浩等，87 页，图版 31，图 15—18，20。

1999 *Ephedripites (Distachyapites) eocenipites*，宋之琛等，245 页，图版 72，图 7—9。

轮廓椭圆形，大小为 (55.0~70.4) μm× (25.3~35.2) μm，长宽比值为 2.0~2.3；具 5~6 条肋条，肋在两端汇聚，肋中管形壁腔清晰，肋间“Z”字形弯曲线及其分枝发育；轮廓线近平滑。黄至黄棕色。

产地层位 玛纳斯县-呼图壁县吐谷鲁背斜井区，安集海河组；乌苏县四棵树凹陷井区，塔西河组。

抚顺麻黄粉 ***Ephedripites (Distachyapites) fushunensis* Sung et Tsao，1980**

（图版 66，图 10，12）

1980 *Ephedripites (Distachyapites) fushunensis* Sung et Tsao，Song et al.，p. 4，pl. 2，figs. 18，19.

1980 *Ephedripites (Distachyapites) palaeocenicus* Sun et He，孙湘君等，94 页，图版 17，图 17—22。

1991 *Ephedripites* (*Distachyapites*) *fushunensis*，张一勇等，183 页，图版 57，图 11—13。

1999 *Ephedripites* (*Distachyapites*) *fushunensis*，宋之琛等，246 页，图版 73，图 1—3。

轮廓椭圆形，大小为 37.4μm×(23.1~33.0)μm；具有 4~5 条肋条，肋宽为 3.0~3.5μm，在两端汇聚，相邻肋条相连成环形图形，肋中显管形壁腔，肋间 Z 形弯曲线及其分枝发育；花粉中部边裂明显，轮廓线细波形。棕黄色。

当前标本以椭圆形的轮廓、相邻肋条相连成环形、边裂明显为主要特征与该种相同。

产地层位 玛纳斯县-呼图壁县吐谷鲁背斜井区，安集海河组。

梭形麻黄粉 ***Ephedripites* (*Distachyapites*) *fusiformis* (Shakhmundes) Krutzsch，1970**

(图版 75，图 5)

1965 *Ephedra fusiformis* Shakhmundes，Шахмунцес，стр. 222—224，табл. 3，фиг. 1—6.

1970 *Ephedripites* (*Distachyapites*) *fusiformis* (Shakhmundes) Krutzsch，S. 160，Taf. 46，Fig. 1—31.

1976 *Ephedripites* (*Distachyapites*) *fusiformis*，宋之琛等，28 页，图版 5，图 21。

1991 *Ephedripites* (*Distachyapites*) *fusiformis*，张一勇等，181，182 页，图版 58，图 19，22—25，27，28。

1999 *Ephedripites* (*Distachyapites*) *fusiformis*，宋之琛等，246 页，图版 71，图 16，17，22，23。

轮廓纺锤形，大小 56.1μm×19.8μm，长宽比值为 2.8；具 6 条肋条，肋宽为 2.5~5.0μm，在两端汇聚，肋中管形壁腔较清晰，肋间 Z 形弯曲线及其分枝发育；轮廓线近平滑。棕黄色。

该种轮廓纺锤形，无边裂与 *Ephedripites* (*Distachyapites*) *longiformis* 非常相似，但长宽比值小于 4，与后者不同；*Ephedripites* (*Distachyapites*) *megafusiformis* 仅以较大的个体(总长大于 60μm)与该种相区别。

产地层位 乌苏县四棵树凹陷井区，塔西河组。

长形麻黄粉 ***Ephedripites* (*Distachyapites*) *longiformis* Sun et He，1980**

(图版 66，图 22，26)

1980 *Ephedripites* (*Distachyapites*) *longiformis* Sun et He，孙湘君等，95 页，图版 20，图 1—5，插图 35。

1991 *Ephedripites* (*Distachyapites*) *longiformis*，张一勇等，183 页，图版 59，图 13，14；图版 60，图 27—30。

1999 *Ephedripites* (*Distachyapites*) *longiformis*，宋之琛等，247 页，图版 73，图 16，17。

轮廓纺锤形，两端锐圆，大小为(55.0~76.0)μm×(13.2~14.3)μm，长宽比值为 4.2~5.3；具 4 条肋条，肋宽约为 2μm，肋内具管形壁腔，肋间 Z 形弯曲线及其分枝发育；外壁厚约为 1.5μm，轮廓线近平滑。黄至黄棕色。

当前标本轮廓纺锤形，长宽比值大于 4，与该种特征一致，并以此与特征相似的 *Ephedripites* (*Distachyapites*) *fusiformis* 等相区别。

产地层位 玛纳斯县-呼图壁县吐谷鲁背斜井区和乌苏县北阿尔钦沟，安集海河组。

大梭形麻黄粉 *Ephedripites (Distachyapites) megafusiformis* Ke et Shi，1978

（图版 66，图 23，24，27，36，37）

1978 *Ephedripites* (*Distachyapites*) *megafusiformis* Ke et Shi，《渤海沿岸地区早第三纪孢粉》，99 页，图版 31，图 1—4。

1989 *Ephedripites* (*Distachyapites*) *major*，宋之琛等，68 页，图版 19，图 16—18。

1991 *Ephedripites* (*Distachyapites*) *megafusiformis*，张一勇等，184 页，图版 59，图 15—19。

1999 *Ephedripites* (*Distachyapites*) *megafusiformis*，宋之琛等，247，248 页，图版 72，图 4—6。

轮廓纺锤形，大小为(61.6~70.4)μm×(17.6~27.0)μm，长宽比值为 2.5~3.5；具 4~6 条肋条，在两端汇聚，肋间 Z 形弯曲线及其分枝发育；轮廓线平滑。黄至棕黄色。

产地层位 乌苏县北阿尔钦沟和玛纳斯县-呼图壁县吐谷鲁背斜井区，安集海河组；乌苏县四棵树凹陷井区，塔西河组。

多裂麻黄粉 *Ephedripites (Distachyapites) multipartitus* (Chlonova) Gao et Zhao，1976

（图版 66，图 20）

1961 *Ephedra multipartita* Chlonova，Хлонова，стр. 64，табл. 11，фиг. 65.

1976 *Ephedripites* (*Distachyapites*) *multipartitus* (Chlonova) Gao et Zhao，大庆油田开发研究院，53 页，图版 22，图 16。

1991 *Ephedripites* (*Distachyapites*) *multipartitus*，张一勇等，185 页，图版 58，图 7，8，12。

1999 *Ephedripites* (*Distachyapites*) *multipartitus*，宋之琛等，249 页，图版 73，图 11，12。

轮廓纺锤形，两端锐圆，大小为 55.0μm×19.8μm，长宽比值为 2.8；具 5 条肋条，肋宽 3.0~3.5μm，肋间 Z 形弯曲线及其分枝较发育，至边缘形成边裂；外壁厚约为 1.5μm。黄色。

产地层位 玛纳斯县-呼图壁县吐谷鲁背斜井区，安集海河组。

南岭麻黄粉 *Ephedripites (Distachyapites) nanlingensis* Sun et He，1980

（图版 62，图 42；图版 66，图 16，28，50）

1980 *Ephedripites* (*Distachyapites*) *nanlingensis* Sun et He，孙湘君等，92 页，图版 19，图 12—16，插图 30。

1991 *Ephedripites* (*Distachyapites*) *nanlingensis*，张一勇等，185 页，图版 59，图 1—4。

1999 *Ephedripites* (*Distachyapites*) *nanlingensis*，宋之琛等，249 页，图版 72，图 1—3。

轮廓纺锤形，两端锐圆，大小为(43.0~70.4)μm×(18.0~30.8)μm，长宽比值为 2.2~2.6；具有 4~6 条肋条，肋宽为 3.5~6.0μm，肋中管形壁腔较清晰，沟底 Z 形弯曲线及其分枝发育；外壁厚为 1.2~2.0μm，轮廓线近平滑。棕黄色。

产地层位 呼图壁县莫索湾凸起井区，紫泥泉子组下段；玛纳斯县-呼图壁县吐谷鲁背斜井区，安集海河组。

肥胖麻黄粉 ***Ephedripites*(*Distachyapites*) *obesus*** **Ke et Shi，1978**

（图版 66，图 32）

1978 *Ephedripites*（*Distachyapites*）*obesus* Ke et Shi，《渤海沿岸地区早第三纪孢粉》，99 页，图版 30，图 12。

1991 *Ephedripites*（*Distachyapites*）*obesus*，张一勇等，185 页，图版 58，图 26。

1999 *Ephedripites*（*Distachyapites*）*obesus*，宋之琛等，249，250 页，图版 73，图 21，22。

轮廓宽椭圆形，大小为 45.0μm×33.2μm，长宽比值为 1.4；具 6 条肋条，肋在两端汇聚，肋间 Z 形弯曲线及其分枝发育；外壁厚约为 1.5μm，轮廓线近平滑。棕黄色。

产地层位 玛纳斯县-呼图壁县吐谷鲁背斜井区，安集海河组。

椭圆麻黄粉 ***Ephedripites*(*Distachyapites*) *oblongatus*** **Ke et Shi，1978**

（图版 66，图 18）

1978 *Ephedripites*（*Distachyapites*）*oblongatus* Ke et Shi，《渤海沿岸地区早第三纪孢粉》，100 页，图版 30，图 13，14；图版 32，图 4—8。

1991 *Ephedripites*（*Distachyapites*）*oblongatus*，张一勇等，185 页，图版 58，图 9，10。

1999 *Ephedripites*（*Distachyapites*）*oblongatus*，宋之琛等，250 页，图版 74，图 20—22。

轮廓宽椭圆形，大小为 57.2μm×35.2μm，长宽比值为 1.6；具有 5 条肋条，肋宽为 4~6μm，肋在两端汇聚，肋间 “Z” 字形弯曲线及其分枝发育，边裂明显；外壁厚约为 1.5μm，轮廓线微波形。棕色。

产地层位 玛纳斯县-呼图壁县吐谷鲁背斜井区，安集海河组。

付梭形麻黄粉 ***Ephedripites*(*Distachyapites*) *parafusiformis*** **Zhu et Wu，1985**

（图版 66，图 25）

1985 *Ephedripites*（*Distachyapites*）*parafusiformis* Zhu et Wu，朱宗浩等，91 页，图版 32，图 24—26。

1999 *Ephedripites*（*Distachyapites*）*parafusiformis*，宋之琛等，250 页，图版 72，图 10—12。

轮廓纺锤形，大小为 61.6μm×24.2μm，长宽比值为 2.5；具有 6 条肋条，肋宽为 3.5~4.5μm，在两端汇聚，肋间 Z 形弯曲线及其分枝发育；轮廓线近平滑。黄色。

当前标本与该种特征相同，长宽比值不大于 2.5，并以此与特征相似的 *Ephedripites*（*Distachyapites*）*megafusiformis* 相区别。

产地层位 玛纳斯县-呼图壁县吐谷鲁背斜井区，安集海河组。

第三纪麻黄粉 ***Ephedripites*(*Distachyapites*) *tertiarius*** **Krutzsch，1970**

（图版 66，图 34，39；图版 75，图 2）

1970 *Ephedripites*（*Distachyapites*）*tertiarius* Krutzsch，S. 156—158，Taf. 44，Fig. 1—5，9，10.

1980 *Ephedripites*（*Distachyapites*）*tertiarius*，孙湘君等，90 页，图版 17，图 11。

1999 *Ephedripites*（*Distachyapites*）*tertiarius*，宋之琛等，252 页，图版 74，图 13—15。

轮廓纺锤形至椭圆形，两端圆或锐圆，大小为(42.5~57.2)μm×(19.8~33.0)μm，长宽比值为 1.7~2.1；具有 5 条肋条，在两端汇聚，肋中管形壁腔可见，肋间“Z”字形弯曲线及其分枝发育；轮廓线近平滑。黄至棕黄色。

产地层位 玛纳斯县-呼图壁县吐谷鲁背斜井区，安集海河组、塔西河组。

波形麻黄粉 *Ephedripites*（*Distachyapites*）*undulosus* Ke et Shi，1978

（图版 66，图 51）

1978 *Ephedripites*（*Distachyapites*）*undulosus* Ke et Shi，《渤海沿岸地区早第三纪孢粉》，100 页，图版 30，图 16。

1999 *Ephedripites*（*Distachyapites*）*undulosus*，宋之琛等，252 页，图版 74，图 19。

轮廓长椭圆形，大小为 70.4μm×30.8μm，长宽比值为 2.3；具有 8 条微弯曲的肋条，肋宽为 2.0~2.5μm，在两端汇聚，肋中管形壁腔较明显，肋间见“Z”字形弯曲线及其分枝；轮廓线微波形。棕黄色。

当前标本肋条弯曲与该种相似，但外壁表面光滑，未见粒纹而稍有不同。

产地层位 玛纳斯县-呼图壁县吐谷鲁背斜井区，安集海河组。

新城麻黄粉 *Ephedripites*（*Distachyapites*）*xinchengensis* Sun et He，1980

（图版 66，图 13，14，17）

1980 *Ephedripites*（*Distachyapites*）*xinchengensis* Sun et He，孙湘君等，91，92 页，图版 18，图 15，18—20。

1999 *Ephedripites*（*Distachyapites*）*xinchengensis*，宋之琛等，253 页，图版 73，图 4—6。

轮廓椭圆形，大小为(39.6~44.0)μm×(22.0~28.0)μm；具有 6~7 条肋条，肋中显管形壁腔，肋间“Z”字形弯曲线及其分枝明显；花粉中部具边裂，两侧边轮廓线微波形，两端平滑。棕黄色。

产地层位 玛纳斯县-呼图壁县吐谷鲁背斜井区，安集海河组。

麻黄粉麻黄粉亚属 *Ephedripites* subgenus *Ephedripites* Krutzsch，1961

模式种 *Ephedripites mediolobatus* Bolkhovitina ex Potonié，1958

带状麻黄粉 *Ephedripites*（*Ephedripites*）*lanceolatus* Zhu et Wu，1985

（图版 66，图 15）

1985 *Ephedripites*（*Ephedripites*）*lanceolatus* Zhu et Wu，朱宗浩等，96 页，图版 34，图 23—25。

1999 *Ephedripites*（*Ephedripites*）*lanceolatus*，宋之琛等，255—256 页，图版 70，图 15—17。

轮廓长椭圆形，大小为 47.3μm×18.7μm，长宽比值为 2.5；具 8 条肋条，肋宽为

2.0~2.5μm，在两端汇聚，肋中具管形壁腔，肋间距约为 1μm；轮廓线近平滑。黄色。

产地层位 玛纳斯县-呼图壁县吐谷鲁背斜井区，安集海河组。

拉德麻黄粉 ***Ephedripites*（*Ephedripites*）*landenensis* Krutzsch，1970**

（图版 75，图 6）

1970 *Ephedripites*（*Ephedripites*）*landenensis* Krutzsch，S. 166，Taf. 49，Fig. 1—10.

1989 *Ephedripites*（*Ephedripites*）*landenensis*，宋之琛等，72 页，图版 19，图 6。

1999 *Ephedripites*（*Ephedripites*）*landenensis*，宋之琛等，256 页，图版 70，图 21。

轮廓长椭圆形，大小为 55.0μm×22.2μm，长宽比值为 2.5；肋条为 9 条左右，肋宽约为 2μm，在两端汇聚，肋间距约为 1μm；轮廓线近平滑。棕黄色。

产地层位 乌苏县四棵树凹陷井区，塔西河组。

诺特麻黄粉 ***Ephedripites*（*Ephedripites*）*notensis*（Cookson）Krutzsch，1961**

（图版 66，图 41）

1957 *Ephedra notensis* Cookson，p. 45，pl. 9，figs. 6—10.

1961 *Ephedripites*（*Ephedripites*）*notensis*（Cookson）Krutzsch，p. 20.

1978 *Ephedripites*（*Ephedripites*）*notensis*，《中南地区古生物图册》（四），508 页，图版 144，图 27，28。

1991 *Ephedripites*（*Ephedripites*）*notensis*，张一勇等，188—189 页，图版 31，图 33；图版 60，图 16，25，26。

1999 *Ephedripites*（*Ephedripites*）*notensis*，宋之琛等，258 页，图版 69，图 21，22。

轮廓椭圆形，大小为（50.6~52.8）μm×（28.6~39.6）μm，长宽比值为 1.8~1.9；肋条为 10 条左右，肋宽为 2.5~4.0μm，在两端汇聚，肋间距约为 1μm；轮廓线近平滑。棕黄色。

产地层位 玛纳斯县-呼图壁县吐谷鲁背斜井区，安集海河组；呼图壁县莫索湾凸起井区，塔西河组。

规则麻黄粉 ***Ephedripites*（*Ephedripites*）*regularis* Hoeken-Klinkenberg，1964**

（图版 66，图 53）

1964 *Ephedripites regularis* Hoeken-Klinkenberg，p. 228，pl. 6，fig. 19.

1999 *Ephedripites*（*Ephedripites*）*regularis*，宋之琛等，259 页，图版 70，图 22—24。

轮廓椭圆形，大小为 61.6μm×26.4μm，长宽比值为 1.3；具有 12 条纵向排列的肋条，肋宽为 2.5~3.5μm，在两端微汇聚，肋缘微波形，肋间距约为 1μm；轮廓线近平滑。棕黄色。

产地层位 玛纳斯县-呼图壁县吐谷鲁背斜井区，安集海河组。

美丽麻黄粉亚属 *Ephedripites* subgenus *Bellus* Zhan subgen. nov.

亚属属征 具两组相互垂直的肋条，其中一组在两端汇聚，每组肋条肋间均见有“Z”字形弯曲线，弯曲线或见分枝。

模式种 *Ephedripites*（*Bellus*）*junggarensis* Zhan subgen. & sp. nov.

注 该亚属以具两组互相垂直的肋条，两组肋条肋间均见“Z”字形弯曲线的特征区别于该属其他亚属。

亲缘关系 麻黄属（*Ephedra*）。

分布时代 我国新疆北部，古近纪。

准噶尔麻黄粉（新亚属新种）*Ephedripites*（*Bellus*）*junggarensis* Zhan subgen. & sp. nov.

（图版 66，图 42；图 5-44）

图 5-44 *Ephedripites (Bellus)minutaestriatus* Zhan sp. nov.

轮廓椭圆形，大小为 46.5μm×37.4μm；具大致平行于长轴和短轴的两组肋条，肋宽为 1.0~1.5μm，肋间较宽，两组肋条相互大致垂直排列，形成方形网格状图案，其中平行长轴排列的肋条在两端汇聚，两组肋条肋间均见清晰的“Z”字形弯曲线，弯曲线具分枝；轮廓线微波形。棕黄色。

该种肋条较窄与 *Ephedripites*（*Bellus*）*manasiensis* 相区别。

模式标本 图版 66 中的图 42，大小为 46.5μm×37.4μm。

产地层位 乌苏县北阿尔钦沟，安集海河组。

玛纳斯麻黄粉（新亚属新种）*Ephedripites*（*Bellus*）*manasiensis* Zhan subgen. & sp. nov.

（图版 66，图 31；图 5-45）

轮廓椭圆形至近圆形，大小为 48.4μm×41.8μm；具大致平行于长轴和短轴的两组肋条，肋宽为 4.0~6.5μm，肋间距约为 1μm，两组肋条相互大致垂直或微斜交排列，形成方形网格状图案，其中平行长轴排列的肋条在两端汇聚，两组肋条肋间均见“Z”字形弯曲线，弯曲线上见分枝；轮廓线微波形。黄色。

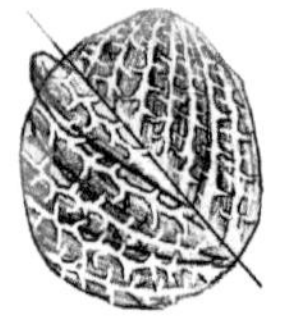

图 5-45 *Ephedripites (Bellus)manasiensis* Zhan subgen & sp. nov.

模式标本 图版 66 中的图 31，大小为 48.4μm×41.8μm

产地层位 玛纳斯县-呼图壁县吐谷鲁背斜井区，安集海河组。

斯梯夫粉属 *Steevesipollenites* Stover，1964

模式种 *Steevesipollenites multilineatus* Stover，1964

普通斯梯夫粉 *Steevesipollenites communis* Zhang et Zhan，1991

（图版 66，图 43）

1991 *Steevesipollenites communis* Zhang et Zhan，张一勇等，176 页，图版 56，图 21—24。

1999 *Steevesipollenites communis*，宋之琛等，263 页，图版 76，图 14—16。

轮廓长椭圆形，大小为 55.0μm×24.2μm，长宽比值为 2.3；具肋条 14 条，微斜交长轴排列，在两端汇聚并隆起形成小突起，突起宽为 8.5~11.0μm，高约 3μm，肋宽为 3.0~3.5μm，肋间距约为 1μm；外壁厚约为 1.2μm，表面光滑；轮廓线波形。棕黄色。

产地层位 乌苏县北阿尔钦沟，安集海河组。

梭形斯梯夫粉 *Steevesipollenites fusiformis* Zhang et Zhan，1991

（图版 66，图 52）

1991 *Steevesipollenites fusiformis* Zhang et Zhan，张一勇等，177—178 页，图版 31，图 39，43；图版 57，图 25—27，29。

1999 *Steevesipollenites fusiformis*，宋之琛等，264 页，图版 76，图 19，20。

轮廓长椭圆形，大小为 63.5μm×30.8μm，长宽比值为 2.1；具平行长轴分布的肋条 12 条，肋宽为 2.0~2.5μm，肋间距为 1.0~1.5μm，肋在两端汇聚，肋中见管形壁腔；外壁在两端加厚形成半圆形突起，突起宽为 13.5~15.0μm，高为 3.5~4.0μm；外壁厚约为 1.2μm，表面光滑；轮廓线平滑。棕色。

当前标本轮廓为长椭圆形与该种稍有区别。

产地层位 玛纳斯县-呼图壁县吐谷鲁背斜井区，安集海河组。

球形斯梯夫粉 *Steevesipollenites globosus* Sun et He，1980

（图版 66，图 30）

1980 *Steevesipollenites globosus* Sun et He，孙湘君等，99 页，图版 19，图 17—20，28。

1981 *Ephedripites apiculatus* Wang，宋之琛等，100 页，图版 31，图 19—21。

1991 *Steevesipollenites globosus*，张一勇等，178 页，图版 56，图 8—11。

1999 *Steevesipollenites globosus*，宋之琛等，264 页，图版 75，图 21，22。

轮廓椭圆形，大小为 41.5μm×23.5μm，长宽比值为 1.8；具肋条 8 条，平行长轴排列，在两端汇聚并隆起形成小突起，突起宽为 6.5~7.5μm，高为 3.5~4.0μm，肋宽为 2.5~4.0μm，肋间距约为 1μm；外壁厚约为 1.5μm，表面光滑；轮廓线平滑。黄色。

产地层位 玛纳斯县-呼图壁县吐谷鲁背斜井区，安集海河组。

库车斯梯夫粉 ***Steevesipollenites kuqaensis*** **Zhang et Zhan，1991**

（图版 66，图 45）

1991　*Steevesipollenites kuqaensis* Zhang et Zhan，张一勇等，178 页，图版 56，图 25—27。

1999　*Steevesipollenites kuqaensis*，宋之琛等，265 页，图版 76，图 5—7。

轮廓椭圆形，大小为 59.4μm×28.6μm，长宽比值为 2.1；具肋条 8 条，微斜交长轴排列；在两端外壁加厚形成半圆形的突起，突起宽为 11μm，高为 4.5μm，肋宽为 4.0~6.5μm，肋间距约为 1μm；轮廓线平滑。棕黄色。

产地层位　乌苏县北阿尔钦沟，安集海河组。

单沟亚类 Monocolpates Iversen et Troels-Smith，1950

拟百合粉属 ***Liliacidites*** **Couper，1953**

模式种　*Liliacidites kaitangataensis* Couper，1953

白垩拟百合粉 ***Liliacidites creticus*** **N. Mtchedlishvili，1961**

（图版 64，图 30；图版 68，图 6）

1961　*Liliacidites creticus* Mtchedlishvili，Самойлович. и др. ，стр. 151，табл. 47，фиг. 3.

1978　*Liliacidites creticus*，《中南地区古生物图册》（四），512 页，图版 145，图 12。

1999　*Liliacidites creticus*，宋之琛等，280 页，图版 81，图 13。

侧视轮廓椭圆形，大小为(41.8~44.6) μm×(24.2~30.5) μm；单沟，沟中部或稍裂开，几伸达两端；外壁厚为 1.5μm，表面具网状纹饰，网眼直径为 1.5~3.0μm，自赤道向两端网纹变细；轮廓线细波形。黄色。

产地层位　石河子市玛纳斯背斜井区，紫泥泉子组下段；乌苏县北阿尔钦沟，安集海河组。

细网拟百合粉 ***Liliacidites microreticulatus*** **Zhou，1981**

（图版 64，图 29；图版 68，图 7）

1981　*Liliacidites microreticulatus* Zhou，宋之琛等，158 页，图版 53，图 2。

1999　*Liliacidites microreticulatus*，宋之琛等，281 页，图版 81，图 15。

侧视轮廓椭圆形，大小为(40.0~46.2) μm×(22.0~24.2) μm；单沟，沟长达两端；外壁厚为 1.5~2.0 μm，表面具细网状纹饰，网眼圆形或多角形，直径为 1.0~1.5μm，网纹向两端变细；轮廓线细齿形。黄至棕黄色。

产地层位　玛纳斯县-呼图壁县吐谷鲁背斜井区，紫泥泉子组下段；乌苏县北阿尔钦沟，安集海河组。

皱状拟百合粉 *Liliacidites rugosus* Zhou，1981

（图版 68，图 31）

1978 *Liliacidites rugosus* Zhou，《渤海沿岸地区早第三纪孢粉》，150 页，图版 55，图 18，19。

1981 *Liliacidites rugosus* Zhou，宋之琛等，158 页，图版 53，图 8。

1999 *Liliacidites rugosus*，宋之琛等，282 页，图版 81，图 21，22。

单粒花粉侧视轮廓纺锤形，大小为 68.2~72.6μm；单沟，裂开较宽，长达两端；外壁厚约为 1.5μm，表面具皱网状纹饰；轮廓线细波形。棕黄色。

产地层位 乌苏县北阿尔钦沟，安集海河组。

木兰粉属 *Magnolipollis* Krutzsch，1970

模式种 *Magnolipollis neogenicus* Krutzsch，1970

伸长木兰粉 *Magnolipollis elongatus* Ke et Shi，1978

（图版 68，图 39）

1978 *Magnolipollis elongatus* Ke et Shi，《渤海沿岸地区早第三纪孢粉》，120 页，图版 40，图 16，17，19。

1999 *Magnolipollis elongatus*，宋之琛等，284 页，图版 82，图 7，8。

大小为 125.4μm×39.6μm。

产地层位 玛纳斯县-呼图壁县吐谷鲁背斜井区，安集海河组。

梭形木兰粉 *Magnolipollis fusiformis* Ke et Shi，1978

（图版 68，图 36）

1978 *Magnolipollis fusiformis* Ke et Shi，《渤海沿岸地区早第三纪孢粉》，120 页，图版 40，图 13—15。

1999 *Magnolipollis fusiformis*，宋之琛等，284 页，图版 82，图 3—5。

轮廓纺锤形，两端锐圆，大小为 73.0μm×30.8μm；单沟，伸达两端，沟较宽，达 4μm；外壁厚约为 1μm，表面粗糙；轮廓线近平滑。黄色。

产地层位 玛纳斯县-呼图壁县吐谷鲁背斜井区，安集海河组。

巨型木兰粉 *Magnolipollis maximus* zhou，1981

（图版 64，图 46）

1981 *Magnolipollis maximus* Zhou，宋之琛等，129 页，图版 53，图 13。

1999 *Magnolipollis maximus*，宋之琛等，285—286 页，图版 82，图 13。

侧视轮廓纺锤形，两端锐圆，大小为 154.5μm×72.6μm；单沟，伸达两端，中部宽达 33.0μm，两端变窄；外壁厚约为 2μm，表面近光滑；轮廓线平滑。棕黄色。

当前标本个体巨大，单沟较宽与该种特征相同，唯表面近光滑而稍有区别。

产地层位 石河子市玛纳斯背斜井区，紫泥泉子组下段。

三沟亚类 **Triptyches（~ Triptycha Naumova，1937？，1939）R. Potonié，1960**

长球形系 Prolati Erdtman，1943

槭粉属 ***Aceripollenites* Nagy，1969**

模式种 *Aceripollenites reticulates* Nagy，1969

细条纹槭粉 ***Aceripollenites microstriatus*（Sung et Lee）Song，1985**

（图版 64，图 7）

1976 *Striatopollis microstriatus* Sung et Lee，宋之琛等，41 页，图版 9，图 8。

1978 *Striatricolpites microstriatus*（Sung et Lee）Ke et Shi，《渤海沿岸地区早第三纪孢粉》，131 页，图版 44，图 29。

1985 *Aceripollenites microstriatus*（Sung et Lee）Song，宋之琛等，92 页，图版 30，图 13—15。

1999 *Aceripollenites microstriatus*，宋之琛等，295 页，图版 85，图 9—11。

极面观轮廓三裂圆形，直径为 46.2μm；具三沟，沟宽，长达极部，切割花粉粒成三瓣状；外壁厚约为 1μm，表面具细条纹状纹饰，条纹辐射向成行排列；轮廓线细波形。黄色。

产地层位 呼图壁县莫索湾凸起井区，紫泥泉子组下段。

条纹槭粉 ***Aceripollenites striatus*（Pflug）Thiele-Pfeiffer，1980**

（图版 68，图 12）

1959 *Tricolpo-pollenites striatus* Pflug，S. 155，Taf. 16，Fig. 3.

1980 *Aceripollenites striatus*（Pflug）Thiele-Pfeiffer，S. 145，Taf. 11，Fig. 22—25.

1985 *Aceripollenites striatus*，宋之琛等，92 页，图版 30，图 35—38。

1999 *Aceripollenites striatus*，宋之琛等，296 页，图版 85，图 26—28。

极面观轮廓三裂圆形，直径为 33μm；具三沟，沟裂开较宽，切割花粉粒成三瓣状；外壁厚约为 2.5μm，表面具条纹状纹饰，条纹由颗粒相连而成，辐射向排列；轮廓线细波形。黄色。

产地层位 玛纳斯县-呼图壁县吐谷鲁背斜井区，安集海河组。

柔弱槭粉 ***Aceripollenites tener*（Samoil.）Song，1989**

（图版 64，图 6）

1965 *Acer tener* Samoilowitch，Самойлович，стр. 122，табл. 50，фиг. 1.

1978　*Striatricolpites tener* (Samoilowitch) Ke et Shi，《渤海沿岸地区早第三纪孢粉》，131 页，图版 44，图 30—32。

1989　*Aceripollenites tener* (Samoilowitch) Song，宋之琛等，89 页，图版 31，图 20。

1999　*Aceripollenites tener*，宋之琛等，296—297 页，图版 85，图 23—25。

极面观轮廓三裂圆形，直径为 33.5μm；具三沟，沟宽，长达极部，切割花粉粒成三瓣状；外壁厚为 1.2μm，表面具颗粒状纹饰，颗粒辐射向成行排列；轮廓线细波形。棕黄色。

产地层位　呼图壁县莫索湾凸起井区，紫泥泉子组下段。

唇形三沟粉属 *Labitricolpites* Ke et Shi，1978

模式种　*Labitricolpites microgranulatus* Ke et Shi，1978

长形唇形三沟粉 *Labitricolpites longus* Song，1989

（图版 68，图 9）

1989　*Labitricolpites longus* Song，宋之琛等，110 页，图版 37，图 27。

1999　*Labitricolpites longus*，宋之琛等，305 页，图版 87，图 18。

侧面观轮廓长椭圆形，大小为 46.2μm×26.4μm；具有三沟，沟深切，伸达两极；外壁厚为 2μm，极部稍加厚，分为两层，外层厚于内层，其上微显基柱结构，表面粗糙。棕色。

当前标本个体较大，沟深切与该种特征相一致，并以此与特征相似的 *Labitricolpites stenosus* 相区别。

产地层位　乌苏县北阿尔钦沟，安集海河组。

细粒唇形三沟粉 *Labitricolpites microgranulatus* Ke et Shi，1978

（图版 68，图 4，5）

1978　*Labitricolpites microgranulatus* Ke et Shi，《渤海沿岸地区早第三纪孢粉》，143 页，图版 50，图 21—27；图版 51，图 1—4。

1985　*Labitricolpites microgranulatus*，朱宗浩等，172 页，图版 44，图 8—12。

1999　*Labitricolpites microgranulatus*，宋之琛等，305 页，图版 87，图 26—28。

侧面观轮廓椭圆形，大小为 37.4μm×(26.4~29.7)μm；具有三沟，沟细长，末端变圆；外壁厚为 2.0~2.2μm，分为两层，外层厚于内层，其上显清晰的基柱结构，表面密布颗粒状纹饰。棕黄色。

当前标本外壁外层显基柱结构，沟末端变圆与该种特征相一致。

产地层位　乌苏县北阿尔钦沟、玛纳斯县-呼图壁县吐谷鲁背斜井区，安集海河组。

小型唇形三沟粉 *Labitricolpites minor* Ke et Shi，1978

（图版 68，图 2）

1978 *Labitricolpites minor* Ke et Shi，《渤海沿岸地区早第三纪孢粉》，143 页，图版 50，图 11，12。
1990 *Labitricolpites minor*，孙孟蓉等，140 页，图版 35，图 7。
1991 *Labitricolpites minor*，张一勇等，216 页，图版 69，图 28。
1999 *Labitricolpites minor*，宋之琛等，305—306 页，图版 87，图 7—9。

侧面观轮廓为宽椭圆形，大小为 29.7μm×24.2μm；具有三沟，沟细长，末端或变圆；外壁厚约为 2μm，分为两层，外层厚于内层，表面细颗粒状。黄棕色。

当前标本个体小于 30μm，轮廓宽椭圆形，沟末端或变圆与该种特征相似。

产地层位 乌苏县北阿尔钦沟，安集海河组。

卵形唇形三沟粉 *Labitricolpites oviformis* M. R. Sun et Wang，1990

（图版 68，图 11）

1990 *Labitricolpites oviformis* M. R. Sun et Wang，孙孟蓉等，139 页，图版 35，图 10—13。
1999 *Labitricolpites oviformis*，宋之琛等，306 页，图版 87，图 10—12。

侧面观轮廓为近圆形，大小为 35.2μm×33.0μm；具有三沟，沟细长，末端或变圆；外壁厚为 2.0~2.5μm，分为两层，外层厚于内层，表面密布细颗粒纹。棕黄色。

当前标本个体较小，轮廓近圆形与本种特征相同，唯沟细长而稍有不同。

产地层位 玛纳斯县-呼图壁县吐谷鲁背斜井区，安集海河组。

厚壁唇形三沟粉 *Labitricolpites pachydermus* Song et Wang，1999

（图版 68，图 10，18；图版 76，图 4）

1999 *Labitricolpites pachydermus* Song et Wang，宋之琛等，306 页，图版 88，图 26，27。

侧面观轮廓宽椭圆形，大小为(35.5~37.4) μm×(24.2~30.8) μm；具有三沟，沟未伸达极部；外壁厚为 3.0~3.5μm，分为两层，外层厚于内层，其上微显基柱结构，表面细颗粒状。黄至棕色。

当前标本沟未伸达极部，外壁较厚(厚度不小于 3μm)与该种特征相同，唯具细颗粒状纹饰而稍有区别。

产地层位 乌苏县北阿尔钦沟，安集海河组；玛纳斯县-呼图壁县吐谷鲁背斜井区，塔西河组。

粗糙唇形三沟粉 *Labitricolpites scabiosus* Ke et Shi，1978

（图版 68，图 14；图版 76，图 9）

1978 *Labitricolpites scabiosus* Ke et Shi，《渤海沿岸地区早第三纪孢粉》，144 页，图版 50，图 13—20。

1999 *Labitricolpites scabiosus*，宋之琛等，306 页，图版 87，图 31—33。

侧面观轮廓宽椭圆形或近圆形，大小为(32.5~39.6)μm×(24.5~37.4)μm；具有三沟，沟细长而深切，末端不变圆；外壁厚为 1.5μm，基柱结构不明显，表面粗糙。黄至棕黄色。

当前标本沟细长，末端不变圆，外壁基柱结构不明显与该种特征相同。

产地层位 玛纳斯县-呼图壁县吐谷鲁背斜井区，安集海河组、塔西河组。

狭窄唇形三沟粉 *Labitricolpites stenosus* Ke et Shi，1978

（图版 68，图 3，16）

1978 *Labitricolpites stenosus* Ke et Shi，《渤海沿岸地区早第三纪孢粉》，144 页，图版 50，图 7—10。

1990 *Labitricolpites stenosus*，孙孟蓉等，140 页，图版 35，图 8。

1991 *Labitricolpites stenosus*，张一勇等，216 页，图版 70，图 1。

1999 *Labitricolpites stenosus*，宋之琛等，306—307 页，图版 87，图 15—17；图版 91，图 22。

侧面观轮廓长椭圆形或纺锤形，大小为(35.5~37.2)μm×(19.8~22.0)μm；具有三沟，沟深切，细长，伸达极部；外壁厚为 2μm，分为两层，外层厚于内层，表面粗糙至细颗状。黄至棕黄色。

产地层位 乌苏县北阿尔钦沟、玛纳斯县-呼图壁县吐谷鲁背斜井区，安集海河组。

栎粉属 *Quercoidites* Potonié，Thomson et Thiergart，1950 ex Potonié，1960

模式种 *Quercoidites henrici*(Potonié) Potonié，Thomson et Thiergart，1950

亨氏栎粉 *Quercoidites henrici*(Potonié) Potonié，Thomson et Thiergart，1950

（图版 68，图 8）

1950 *Quercoidites henrici* (Potonie) Potonie，Thomson et Thiergart，S. 54，Taf. B，Fig. 22，23.

1976 *Quercoidites henrici*，宋之琛等，40 页，图版 9，图 7。

1999 *Quercoidites henrici*，宋之琛等，310 页，图版 88，图 15—17。

侧面观轮廓椭圆形，大小为 44.5μm×26.4μm；具有三沟，沟长，伸达或近伸达极部；外壁厚为 2μm，分为近等厚的两层，表面密布细颗粒纹；轮廓线近平滑。黄色。

产地层位 玛纳斯县-呼图壁县吐谷鲁背斜井区，安集海河组。

球形栎粉 *Quercoidites orbicularis* Wang，1985

（图版 68，图 20）

1985 *Quercoidites orbicularis* Wang，宋之琛等，116 页，图版 37，图 30—36。

1999 *Quercoidites orbicularis*，宋之琛等，311 页，图版 88，图 31，33，34。

侧面观轮廓近圆形，大小为 37.5μm×36.0μm；具有三沟，沟长，近伸达极部；外壁厚约为 1.5μm，分为两层，外层稍厚于内层，表面颗粒状；轮廓线细波形。棕黄色。

当前标本轮廓近圆形，三沟较长，外壁表面颗粒状与该种特征相同。

产地层位 玛纳斯县-呼图壁县吐谷鲁背斜井区，安集海河组。

网面三沟粉属 *Retitricolpites* Van der Hammen，1956 ex Pierce，1961

模式种 *Retitricolpites ornatus*(Van der Hammen) Pierce，1961

粗网面三沟粉 *Retitricolpites crassireticulatus* Ke et Shi，1978

（图版 69，图 8）

1978 *Retitricolpites crassireticulatus* Ke et Shi，《渤海沿岸地区早第三纪孢粉》，153 页，图版 55，图 32。

1987 *Retitricolpites crassireticulatus*，雷奕振等，292 页，图版 50，图 7。

1999 *Retitricolpites crassireticulatus*，宋之琛等，315 页，图版 89，图 17，18。

侧面观轮廓椭圆形，大小为 33.5μm×21.5μm；具有三沟，沟长，伸达极；外壁厚约为 1.5μm，纹饰网状，网眼直径为 2~3μm，网眼内或见颗粒纹；轮廓线细齿形。棕黄色。

产地层位 乌苏县北阿尔钦沟，安集海河组。

椭圆网面三沟粉 *Retitricolpites ellipticus* Li，Sung et Li，1978

（图版 69，图 31）

1978 *Retitricolpites ellipticus* Li，Sung et Li，李曼英等，40 页，图版 12，图 2—4。

1989 *Retitricolpites ellipticus*，宋之琛等，132 页，图版 49，图 13，14。

1999 *Retitricolpites ellipticus*，宋之琛等，316 页，图版 90，图 13，14。

侧面观轮廓长椭圆形，大小为 48.4μm×24.2μm，长宽比值为 2；具有三沟，沟长近达两极；外壁厚约为 1.5μm，分为两层，其上显基柱结构，纹饰网状，网眼直径为 1.0~1.5μm；轮廓线细波形。黄色。

当前标本轮廓长椭圆形，长宽比值为 2，与该种特征相同。

产地层位 玛纳斯县-呼图壁县吐谷鲁背斜井区，安集海河组。

乔治网面三沟粉 *Retitricolpites geogensis* Brenner，1971

（图版 76，图 13）

1971 *Retitricolpites geogensis* Brenner，Phillips and Felix，p. 467，pl. 15，figs. 25，26.

1985 *Retitricolpites geogensis*，宋之琛等，155 页，图版 53，图 9，10。

1999 *Retitricolpites geogensis*，宋之琛等，316 页，图版 90，图 7，8。

侧面观轮廓椭圆形，大小为 46.2μm×34.1μm；具有三沟，沟长，近达两极；外壁厚约为 2.5μm，分为两层，其上显基柱结构，纹饰网状，网眼直径为 1~2μm，网在赤道部位较大而明显，向极部变细；轮廓线细波形。黄色。

产地层位 玛纳斯县-呼图壁县吐谷鲁背斜井区，塔西河组。

卵形网面三沟粉 ***Retitricolpites vatus* Song et Zhu，1985**

（图版 64，图 31，32）

1985 *Retitricolpites ovatus* Song et Zhu，朱宗浩等，206 页，图版 55，图 27—29。

1999 *Retitricolpites ovatus*，宋之琛等，318—319 页，图版 90，图 9，10。

侧面观轮廓宽椭圆形，大小为(34.1~34.8) μm×(28.6~30.8) μm；具有三沟，沟细长，伸达两极；外壁厚为 1.5~2.0μm，分为两层，纹饰网状。黄至棕黄色。

当前标本轮廓宽椭圆形，沟细长，伸达极部与该种相同。

产地层位 石河子市玛纳斯背斜井区，紫泥泉子组下段。

柳粉属 ***Salixipollenites* Srivastava，1966**

模式种 *Salixipollenites discoloripites*（Wodehouse）Srivastava，1966

开裂柳粉 ***Salixipollenites hians*（Elsik）Sun et He，1980**

（图版 64，图 8）

1968 *Tricolpopollenites hians* Elsik，pp. 622—624，pl. 23，figs. 17—19.

1980 *Salixipollenites hians*（Elsik）Sun et He，孙湘君等，111 页，图版 24，图 3—8。

1999 *Salixipollenites hians*，宋之琛等，321 页，图版 91，图 12—14。

极面观轮廓三瓣形，直径为 30.8μm；具有三沟，沟宽，呈楔形，切割花粉粒成三瓣状；外壁具细网状纹饰；轮廓线细波形。黄色。

产地层位 石河子市玛纳斯井区，紫泥泉子组下段。

山萝卜粉属 ***Scabiosapollis* Song et Zheng，1980**

模式种 *Scabiosapollis haianensis* Song et Zheng，1980

密刺山萝卜粉 ***Scabiosapollis densispinosus* Song et Zhu，1985**

（图版 76，图 50，51）

1985 *Scabiosapollis densispinosus* Song et Zhu，朱宗浩等，157 页，图版 51，图 1—3。

1999 *Scabiosapollis densispinosus*，宋之琛等，323 页，图版 91，图 35，36。

侧面轮廓宽椭圆形，大小为(96.8~99.0) μm×(63.8~66.0) μm；具有三沟，沟较短，约为花粉长轴的 1/2；外壁厚为 4.0~4.5μm，分为两层，外层倍厚于内层，外层基柱结构发育，表面密布刺状纹饰，刺长为 3.0~4.5μm。棕黄至黄棕色。

当前标本个体较大，三沟较短，外壁表面密布刺状纹饰与该种特征相同。

产地层位 玛纳斯县-呼图壁县吐谷鲁背斜井区，塔西河组。

抚顺山萝卜粉 *Scabiosapollis fushunensis* Song et Cao，1980

（图版 69，图 23）

1978 *Scabiosapollis fushunensis* Sung et Tsao，《渤海沿岸地区早第三纪孢粉》，148 页，图版 54，图 16。

1980 *Scabiosapollis fushunensis* Song et Cao，Song et al.，p. 8，pl. 3，figs. 9，10.

1999 *Scabiosapollis fushunensis*，宋之琛等，323—324 页，图版 92，图 1，2。

轮廓圆三角形，直径为 39.6μm；具三沟，沟较短；外壁厚约为 2μm，表面具刺状纹饰，刺长为 2.5~3.0μm，分布均匀。棕黄色。

产地层位 呼图壁县莫索湾凸起井区，紫泥泉子组下段。

三沟粉属 *Tricolpopollenites* Pflug et Thomson，1953

模式种 *Tricolpopollenites parmularius*（Potonié）Thomson et Pflug，1953

短沟三沟粉 *Tricolpopollenites brevicolpatus*（Yu et Han）Wang，1999

（图版 64，图 1）

1985 *Cupuliferoidaepollenites brevicolpatus* Yu et Han，余静贤等，150—151 页，图版 33，图 46—48。

1999 *Tricolpopollenites brevicolpatus*（Yu et Han）Wang，宋之琛等，328 页，图版 93，图 15，16。

极面观轮廓三角形，直径为 24μm；具三沟，沟较短而宽，长约等于花粉粒半径的 1/2，赤道处沟宽达 6μm；外壁厚为 1.2μm，表面粗糙。黄色。

当前标本个体较小，沟短而宽与该种特征相似，唯轮廓为三角形而稍有不同。

产地层位 呼图壁县莫索湾凸起井区，紫泥泉子组下段。

扇裂三沟粉 *Tricolpopollenites flabellilobatus* M. R. Sun，1989

（图版 64，图 9）

1989 *Tricolpopollenites flabellilobatus* M. R. Sun，地质矿产部海洋地质综合研究大队等，107 页，图版 35，图 28—31，40。

1999 *Tricolpopollenites flabellilobatus*，宋之琛等，328—329 页，图版 93，图 1—3。

极面观轮廓三裂圆形，每个裂片呈扇叶形，花粉直径为 22μm；三沟，沟较长，几伸达极；外壁厚约为 1μm，表面具颗粒状纹饰。黄色。

当前标本沟深裂，裂片呈扇叶形，外壁表面具颗粒纹与该种特征相同，唯个体较大而稍有区别。

产地层位 呼图壁县莫索湾凸起井区，紫泥泉子组下段。

无形三沟粉 *Tricolpopollenites liblarensis*（=*quisqualis*）Thomson et Pflug，1953

（图版 68，图 1）

1934 *Pollenites quisqualis* Potonie，S. 70，Taf. 3，Fig. 13.

1953 *Tricolpopollenites liblarensis*（=*quisqualis* Potonie）Thomson et Pflug，S. 97，Taf. 11，Fig. 111—151.

1960 *Cupuliferoidaepollenites liblarensis*（Thomson et Pflug）Potonie，S. 92，Taf. 6，Fig. 95.

1978 *Tricolpopollenites liblarensis*（=*quisqualis*），《渤海沿岸地区早第三纪孢粉》，151—152 页，图版 56，图 1—3。

1991 *Tricolpopollenites liblarensis*（=*quisqualis*），张一勇等，227 页，图版 73，图 25—28。

1999 *Tricolpopollenites liblarensis*（=*quisqualis*），宋之琛等，329 页，图版 93，图 5，6。

侧面观轮廓椭圆形，两端圆，大小为 15.2μm×8.8μm；三沟，沟伸达极部；外壁厚约为 1μm，表面近光滑。黄色。

产地层位 乌苏县北阿尔钦沟，安集海河组。

圆球形系 Sphaeroidati Erdtman，1943

具盖粉属 *Operculumpollis* Sun，Kong et Li，1980

模式种 *Operculumpollis operculatus* Sun，Kong et Li，1980

三角具盖粉 *Operculumpollis triangulus* M. R. Sun et Wang，1990

（图版 76，图 28，29，图版 77，图 54）

1990 *Operculupollis triangulus* M. R. Sun et Wang，孙孟蓉等，141 页，图版 35，图 17—19。

1999 *Operculupollis triangulus*，宋之琛等，334 页，图版 94，图 40—42。

极面观轮廓近圆形，直径为 34.1~35.2μm；具三沟，沟具楔状沟膜；外壁厚为 2~3μm，分为两层，外层近沟处加厚，纹饰细颗粒状；轮廓线近平滑，或具少量条形褶皱。浅黄色。

产地层位 呼图壁县莫索湾凸起井区、玛纳斯县-呼图壁县吐谷鲁背斜井区，塔西河组。

扁球形系 Oblati Erdtman，1943

老鹳草粉属 *Geraniapollis* Song et Zhu，1985

模式种 *Geraniapollis compactilis* Song et Zhu，1985

紧密老鹳草粉 *Geraniapollis compactilis* Song et Zhu，1985

（图版 70，图 64）

1985 *Geraniapollis compactilis* Song et Zhu，朱宗浩等，167 页，图版 46，图 18。

1999 *Geraniapollis compactilis*，宋之琛等，339 页，图版 95，图 32。

极面观轮廓三裂圆形，大小为 61.8μm；具三沟，裂开；外壁厚约为 4μm，分为两层，纹饰棒状，排列紧密，棒长为 4.5~7.5μm，平面上显皱网状图案；轮廓线细波形。棕黄色。

产地层位 玛纳斯县-呼图壁县吐谷鲁背斜井区，安集海河组。

扁三沟粉属 ***Tricolpites* Cookson，1947ex Couper，1953 emend. Belsky，Boltenhagen et Potonié，1965**

模式种 *Tricolpites reticulatus* Cookson ex Couper，1953

细网扁三沟粉 ***Tricolpites microreticulatus* Song et Zhu，1985**

（图版 68，图 21；图版 76，图 8）

1985 *Tricolpites microreticulatus* Song et Zhu，朱宗浩等，208 页，图版 56，图 41，42。

1999 *Tricolpites microreticulatus*，宋之琛等，349 页，图版 97，图 15—17。

直径为 37.4μm。

产地层位 玛纳斯县-呼图壁县吐谷鲁背斜井区，安集海河组；呼图壁县莫索湾凸起井区，塔西河组。

多沟亚系 Polyptyches（~Polyptycha Naumova，1937？，1939）R. Potonié，1960

四沟粉属 ***Tetracolpites* Vimal，1952 ex Srivastava，1966**

模式种 *Tetracolpites reticulatus* Srivastava，1966

网纹四沟粉 ***Tetracolpites reticulatus* Srivastava，1966**

（图版 69，图 9）

1966 *Tetracolpites reticulatus* Srivastava，p. 546，pl. 7，fig. 27.

1984 *Tetracolpites reticulatus*，郑亚惠等，89 页，图版 5，图 14。

1999 *Tetracolpites reticulatus*，宋之琛等，358 页，图版 152，图 26。

轮廓圆四裂片形，直径为 41.8μm；具 4 条沟，沟裂开较宽，近伸达极部；外壁厚约为 1.5μm，表面具细网状纹饰，网眼直径和网脊宽约为 1μm；轮廓线微波形。黄色。

产地层位 乌苏县北阿尔钦沟，安集海河组。

多沟粉属 ***Polycolpites* Couper，1953 emend. Srivastava，1966**

模式种 *Polycolpites clavatus* Couper，1953

鼠尾草型多沟粉 ***Polycolpites salviaeformis* Zheng et Guan，1989**

（图版 76，图 7）

1989 *Polycolpites salviaeformis* Zheng et Guan，关学婷等，111 页，图版 40，图 6。

1999 *Polycolpites salviaeformis*，宋之琛等，361 页，图版 100，图 8。

轮廓近圆形，直径为 55.5μm；具有 6 条沟，沟较短，但裂开较宽，使花粉轮廓呈齿轮形；外壁厚约为 1.5μm，表面具网状纹饰，网眼多角形或不规则形；直径为 1.5~2.0μm，轮廓线微齿形。棕黄色。

当前标本具有6条沟，外壁表面具网状纹饰与该种特征一致，但沟较短、网纹较粗而稍有不同。

产地层位 玛纳斯县-呼图壁县吐谷鲁背斜井区，塔西河组。

三突起粉类 Triprojectacites Mtchedlishvili，1961（＝Aquilapolles Krutzsch，1970）

鹰粉属 ***Aquilapollenites* Rouse，1957 emend. Funkhouser，1961 ex Srivastava，1968**

模式种 *Aquilapollenites quidrolobus* Rouse，1957

渐狭鹰粉 *Aquilapollenites attenuatus* Funkhouser，1961

（图版64，图43）

1961 *Aquilapollenites attenuatus* Funkhouser，pp. 194—195，pl. 2，figs. 1a—c.

1976 *Aquilapollenites attenuatus*，大庆油田开发研究院，62—63页，图版28，图11。

1983 *Aquilapollenites attenuatus*，余静贤等，61页，图版24，图10—12。

1999 *Aquilapollenites attenuatus*，宋之琛等，365页，图版176，图15—17。

侧面观花粉呈四叶形轮廓，体长为46.2μm，宽为24.2μm，总宽为(包括赤道突起)68.2μm，赤道突起大小为28.6μm×(15.4~16.5)μm；等极，赤道突起较大；具三沟；外壁薄，在赤道突起与体交接处外壁明显加厚；纹饰细颗粒状，并分布有稀疏的小刺，刺长为1.5~2.0μm，在体和突起的顶部较明显，排列也较密。棕黄色。

产地层位 呼图壁县莫索湾凸起井区，紫泥泉子组下段。

准噶尔鹰粉 *Aquilapollenites junggarensis* Zhan，2007

（图版64，图40，42a，42b）

2007 *Aquilapollenites junggarensis* Zhan，詹家祯等，20—21页，图版II，图44，49。

花粉直径为63.8~66.7μm。

产地层位 呼图壁县莫索湾凸起井区，紫泥泉子组下段。

刺参粉属 *Morinoipollenites* Wang et Zhao，1979

模式种 *Morinoipollenites normalis* Wang et Zhao，1979

腰带刺参粉 *Morinoipollenites cinctus* Zhou，1992

（图版64，图38）

1992 *Morinoipollenites cinctus* Zhou，周山富，591页，图版2，图7，13。

1999 *Morinoipollenites cinctus*，宋之琛等，389 页，图版 167，图 3，4。

轮廓五边形，大小为 59.4μm；三孔沟，沟短；外壁厚约为 2.5μm，分为两层，在孔处外层向外扩张形成三个半球形赤道突起，直径为 15.4~17.6μm，孔处内层与外层分离，加厚并内拐延伸，与邻孔相连，在赤道区形成两条近平行的内层加厚带；外壁在两端加厚形成极部突起；外壁表面块瘤状纹饰，排列紧密；轮廓线波形。棕色。

当前标本在赤道部位具三个半球形的赤道突起，极部具极突起，在赤道区具两条内层加厚带与该种特征相同，唯外壁具块瘤状纹饰而稍有区别。

产地层位 石河子市玛纳斯背斜井区，紫泥泉子组下段。

江汉粉属 *Jianghanpollis* Wang et Zhao，1979

模式种 *Jianghanpollis ringens* Wang et Zhao，1979

布里安江汉粉 *Jianghanpollis bulleyanaformis* Wang，1999

（图版 64，图 37）

1999 *Jianghanpollis bulleyanaformis* Wang，宋之琛等，394 页，图版 163，图 1—4；图版 164，图 15。

2007 *Jianghanpollis* sp.，詹家祯等，图版 2，图 46。

侧面观轮廓长菱形，大小为 46.2μm×26.4μm；三孔沟，孔较大，孔宽为 13.2~15.4μm，孔缘具唇状加厚，孔处外壁内外层分离，形成漏斗状的孔腔，沟细而较短，稍长于孔区，沟边缘具两条平行加厚带；外壁较厚，约为 2μm，分为两层，两端外壁未加厚，无极部突起；外壁表面具粗颗粒状纹饰；轮廓线近平滑。黄色。

当前标本两端未见突起与该种特征相同。

产地层位 呼图壁县莫索湾凸起井区，紫泥泉子组下段。

矮江汉粉 *Jianghanpollis humilis* Zhou et Xu，1987

（图版 64，图 19，20）

1987 *Jianghanpollis humilis* Zhou et Xu，周山富等，91 页，图版 1，图 4—7。

1999 *Jianghanpollis humilis*，宋之琛等，395 页，图版 163，图 5，6，9；图版 166，图 7—11。

2007 *Yenjisapollis rotundatus* Wang，Sun et Zhao，詹家祯等，图版 2，图 21。

极面观轮廓三角形至圆三角形，直径为 39.6~41.8μm；三孔沟，孔大，位于角端，沟细，稍长于孔区；外壁较厚，约为 3.5μm，分为两层，外层倍厚于内层，在孔区内外层分离，内层加厚形成明显的孔垫；极部外壁加厚形成明显的极突起，极面观时极区见两个圆形加厚环；外壁表面具小瘤状纹饰；轮廓线细波形。棕黄色。

产地层位 呼图壁县莫索湾凸起井区，紫泥泉子组下段。

小江汉粉 ***Jianghanpollis mikros* Wang et Zhao，1979**

（图版 64，图 35）

1979 *Jianghanpollis mikros* Wang et Zhao，王大宁等，325 页，图版 2，图 3，7，14—16。

1990 *Jianghanpollis mikros*，王大宁等，121 页，图版 15，图 10，12。

1999 *Jianghanpollis mikros*，宋之琛等，396 页，图版 162，图 5，7—11，21；图版 166，图 16，17。

侧视轮廓椭圆形，大小为 47.5μm×34.2μm；具三孔沟，孔开口大，孔宽为 17.6~19.8μm，外壁在孔处分离，形成漏斗状的孔腔，孔具唇状加厚的孔缘，相邻孔缘相连，形成赤道加厚带；沟细长，呈缝状，沟边缘具两条平行加厚带；外壁厚约为 2.5μm，在两端加厚，形成新月形突起，表面具颗粒状纹饰；轮廓线近平滑。黄棕色。

产地层位 呼图壁县莫索湾凸起井区，紫泥泉子组下段。

开口江汉粉 ***Jianghanpollis ringens* Wang et Zhao，1979**

（图版 64，图 34）

1979 *Jianghanpollis ringens* Wang et Zhao，王大宁等，324 页，图版 2，图 10—10a；图版 3，图 10。

1981 *Jianghanpollis ringens*，宋之琛等，174 页，图版 49，图 24；图版 51，图 4，11，13；图版 54，图 17—20。

1999 *Jianghanpollis ringens*，宋之琛等，397 页，图版 162，图 13—15，26；图版 167，图 12。

侧视轮廓椭圆形，大小为 59.4μm×46.2μm；具三孔沟，孔开口大，孔宽为 24.2μm，外壁在孔处分离，形成漏斗状的孔腔，孔具唇状加厚的孔缘，相邻孔缘相连，形成赤道加厚带；沟细长，呈缝状，沟边缘具两条平行加厚带；外壁厚约为 2μm，在两端加厚，形成新月形突起，极突上基柱结构发育，表面具颗粒状纹饰；轮廓线近平滑。黄至黄棕色。

产地层位 呼图壁县莫索湾凸起井区，紫泥泉子组下段。

沙洋江汉粉 ***Jianghanpollis sayangensis* Wang et Zhao，1979**

（图版 64，图 39）

1979 *Jianghanpollis sayangensis* Wang et Zhao，王大宁等，325 页，图版 2，图 5，13，18；图版 3，图 2，4，6。

1990 *Jianghanpollis sayangensis*，潘昭仁等，图版 22，图 20。

1999 *Jianghanpollis sayangensis*，宋之琛等，398 页，图版 163，图 17—19；图版 166，图 18；图版 167，图 9。

侧视轮廓圆菱形，大小为 52.8μm×39.6μm；具三孔沟，孔开口大，孔宽为 22.0~28.6μm，外壁在孔处分离，外层稍向外扩张，内层在孔处中断，微加厚，形成漏斗状的孔腔，围绕孔沟具菱形带状加厚；沟细长，呈缝状；外壁厚约为 1.5μm，在两端加厚，形成新月形突起，极突上具基柱结构，外壁表面颗粒状；轮廓线近平滑。黄至黄棕色。

该种与 *J. ringens* 比较相似，但沟两侧未见平行加厚带而不同。

产地层位 呼图壁县莫索湾凸起井区，紫泥泉子组下段。

有孔沟类 **Ptychopores（~Ptychoporina）**

三孔沟亚类 Ptychotriporines（~Ptychotriporina Naumova，1937？，1939）R.Potonié，1960

长球形系 Prolati Erdtman，1943

楝粉属 ***Meliaceoidites* Wang，1978 ex Wang，1980**

模式种 *Meliaceoidites rhomboiporus* Wang，1980

大型楝粉 ***Meliaceoidites magnus* Song et Liu，1982**

（图版 69，图 33）

1982 *Meliaceoidites magnus* Song et Liu，宋之琛等，180 页，图版 8，图 10。

1985 *Meliaceoidites magnus*，朱宗浩等，175 页，图版 41，图 28；图版 42，图 1—5。

1991 *Meliaceoidites magnus*，张一勇等，205 页，图版 66，图 34。

1999 *Meliaceoidites magnus*，宋之琛等，409 页，图版 109，图 31，32。

侧面观轮廓椭圆形，大小为 44.0μm×26.0μm；三孔沟，沟细长，伸达极，孔菱形；外壁厚约为 1.5μm，分为近等厚的两层，表面粗糙；轮廓线近平滑。黄色。

产地层位 玛纳斯县-呼图壁县吐谷鲁背斜井区，安集海河组。

菱孔楝粉 ***Meliaceoidites rhomboiporus* Wang，1980**

（图版 69，图 34；图版 70，图 5；图版 76，图 11）

1980 *Meliaceoidites rhomboiporus* Wang，Song et al.，p. 8，pl. 2，figs. 6，7.

1981 *Meliaceoidites rhomboiporus*，宋之琛等，132—133 页，图版 40，图 8—10。

1991 *Meliaceoidites rhomboiporus*，张一勇等，206 页，图版 66，图 19—23。

1999 *Meliaceoidites rhomboiporus*，宋之琛等，410—411 页，图版 109，图 9，10。

侧面观轮廓椭圆形，大小为(37.4~40.7)μm×(23.1~33.0)μm；三孔沟，沟细长，伸达或近伸达极，孔菱形或猫眼形；外壁厚约为 1.5μm，分为近等厚的两层，表面粗糙或细网状；轮廓线近平滑。黄至棕色。

图版 69 中的图 34 孔欠明显，但为猫眼状，也归入该种内。

产地层位 玛纳斯县-呼图壁县吐谷鲁背斜井区，安集海河组、塔西河组。

圆形楝粉 ***Meliaceoidites rotundus* Ke et Shi，1978**

（图版 69，图 30，43）

1978 *Meliaceoidites rotundus* Ke et Shi，《渤海沿岸地区早第三纪孢粉》，127 页，图版 43，图 20，21。

1985 *Meliaceoidites rotundus*，朱宗浩等，176—177 页，图版 41，图 21—23。

1999 *Meliaceoidites rotundus*，宋之琛等，411 页，图版 109，图 28—30。

侧面观轮廓近圆形，大小为(35.2~38.5)μm×(30.8~42.8)μm；三孔沟，沟细长，伸达极，孔菱形或圆形，大小为(4.5~6.5)μm×(7.5~13.2)μm；外壁厚约为 1.5μm，分为近等厚的两层，表面短皱状或细颗粒状，较模糊；轮廓线微波形。棕黄色。

当前标本轮廓近圆形与本种特征相同，图版 69 中的图 43 孢粉轮廓为扁圆形，但其他特征与该种相同，也归入同一种内。

产地层位 玛纳斯县-呼图壁县吐谷鲁背斜井区，安集海河组。

坡氏粉属 *Pokrovskaja* Boitzova，1979 emend. Zhu，1999

模式种 *Pokrovskaja originalis* Boitzova，1979

阿尔金坡氏粉 *Pokrovskaja altunshanensis* (Zhu et Xi Ping) Zhu，1999

（图版 69，图 17，24，25，28，29，40，42；图版 76，图 16）

1985 *Nitrariadites altunshanensis* Zhu et Xi Ping，朱宗浩等，198—200 页。

1999 *Pokrovskaja altunshanensis* (Zhu et Xi Ping) Zhu，宋之琛等，415 页，图版 110，图 12—17，20，21，28—30。

侧面观轮廓近圆形至椭圆形，大小为(31.5~41.8)μm×(28.6~35.2)μm；三孔沟，沟细长，伸达极，沟两侧外壁常加厚，孔菱形或猫眼状，横长；外壁较厚，厚度为 2~4μm，极部加厚，分为两层，外层倍厚于内层，其上具基柱结构，表面粗糙或为弱细网状；轮廓线近平滑。黄至棕色。

当前标本极部外壁加厚这一特征与该种相似。

产地层位 玛纳斯县-呼图壁县吐谷鲁背斜井区，安集海河组；呼图壁县莫索湾凸起井区，塔西河组。

椭圆坡氏粉 *Pokrovskaja elliptica* (Zhu et Xi Ping) Zhu，1999

（图版 69，图 18，21，22，26，27，60；图版 76，图 17）

1985 *Nitrariadites ellipticus* Zhu et Xi Ping，朱宗浩等，200 页，图版 54，图 7—10。

1999 *Pokrovskaja elliptica*，宋之琛等，417 页，图版 109，图 14，15。

大小为(30.5~50.6)μm×(24.2~33.5)μm。

产地层位 玛纳斯县-呼图壁县吐谷鲁背斜井区，安集海河组；呼图壁县莫索湾凸起井区，塔西河组。

原始坡氏粉 *Pokrovskaja originalis* Boitzova，1979

（图版 69，图 19）

1979 *Pokrovskaja originalis* Boitzova，Боицова и др.，стр. 56，табл. 10，фиг. 22；табл. 11，фиг. 2.

1985 *Nitrariadites communis* Zhu et Xi Ping，朱宗浩等，200 页，图版 54，图 11—18；图版 55，图 1，2；图版 61，图 3。

1999 *Pokrovskaja originalis*，宋之琛等，415 页，图版 109，图 23—25。

侧面观轮廓椭圆形，大小为 34.2μm×24.2μm；三孔沟，沟细长，近伸达极，沟两侧外壁常加厚，孔猫眼状，横长；外壁较厚，约为 2~3μm，赤道和极部加厚，分为两层，外层倍厚于内层，表面点状；轮廓线近平滑。黄色。

当前标本赤道和极部外壁均加厚，与该种特征相同。

产地层位 玛纳斯县-呼图壁县吐谷鲁背斜井区，安集海河组；呼图壁县莫索湾凸起井区，塔西河组。

圆孔坡氏粉 *Pokrovskaja rotundiporus* (Ke et Shi) Zhu，1999

（图版 76，图 15，18）

1978 *Meliaceoidites rotundiporus* Ke et Shi，《渤海沿岸地区早第三纪孢粉》，126—127 页，图版 43，图 8，9，19。

1987 *Nitraripollis rotundiporus* Sun et Xi，席以珍等，239—240 页，图版 4，图 11—13，16，17。

1991 *Nitrariadites rotundiporus*，张一勇等，202 页，图版 65，图 9，10，12—16。

1999 *Pokrovskaja rotundiporus*（Ke et Shi）Zhu，宋之琛等，418—419 页，图版 110，图 9—11。

侧面观轮廓宽椭圆形，大小为 (38.5~41.8) μm× (27.5~31.2) μm；三孔沟，沟细长，伸达或近伸达极，沟两侧外壁明显加厚，孔圆形或椭圆形，孔径为 5.0~6.5μm；外壁较厚，厚度为 2.5~3.5μm，分为两层，外层倍厚于内层，表面粗糙至微弱细网状；轮廓线近平滑。棕黄色。

当前标本孔为圆形，与该种特征相同，图版 76 中的图 15 孢粉极部和赤道外壁加厚，与该种稍有区别，但其他特征相同，也归入同一种内。

产地层位 呼图壁县莫索湾凸起井区，塔西河组。

三垛坡氏粉 *Pokrovskaja sanduoensis*（Wang）Zhu，1999

（图版 69，图 37）

1978 *Meliaceoidites sanduoensis* Wang，李曼英等，32 页，图版 10，图 14，15。

1981 *Meliaceoidites sanduoensis*，宋之琛等，133 页，图版 40，图 11—14。

1991 *Meliaceoidites sanduoensis*，张一勇等，206 页，图版 66，图 1。

1999 *Pokrovskaja sanduoensis*（Wang）Zhu，宋之琛等，419 页，图版 110，图 3—5。

侧面观轮廓近圆形，大小为 33.0μm×30.8μm；三孔沟，沟细长，伸达极，孔矩形，横长；外壁较厚，约为 2μm，赤道部位稍加厚，分为两层，外层倍厚于内层，表面粗糙；轮廓线近平滑。棕黄色。

当前标本孔为矩形，与该种特征相同。

产地层位 玛纳斯县-呼图壁县吐谷鲁背斜井区，安集海河组。

青海粉属 **Qinghaipollis Zhu，1985**

模式种 *Qinghaipollis subrotundus* Zhu，1985

锦致青海粉(比较种) ***Qinghaipollis* cf. *elegans* Zhu，1999**

(图版 69，图 1)

侧面观轮廓椭圆形，大小为 16μm×13μm；三孔沟，沟细长，伸达极，沟两侧外壁明显加厚；孔横长，缝状，与沟相交呈十字形；外壁较厚，约为 2μm，两极稍加厚，分为两层，外层厚于内层，表面光滑；轮廓线近平滑。棕黄色。

当前标本外壁及孔沟特征与该种相似，但个体较小而有所不同，故定为比较种。

产地层位 乌苏县北阿尔钦沟，安集海河组。

椭圆青海粉 ***Tricolporopollenites ellipticus* Zhu，1985**

(图版 76，图 26)

1985 *Qinghaipollis ellipticus* Zhu，朱宗浩等，196 页，图版 53，图 11—14，20。

1999 *Qinghaipollis ellipticus*，宋之琛等，421 页，图版 111，图 8—10。

侧面观轮廓宽椭圆形，大小为 41.8μm×30.8μm；三孔沟，沟细长，伸达极；孔横长；外壁较厚，为 2.0~2.5μm，极部及赤道部位外壁加厚，分为两层，外层厚于内层，表面粗糙；轮廓线近平滑。棕黄色。

产地层位 玛纳斯县-呼图壁县吐谷鲁背斜井区，塔西河组。

大戟粉属 ***Euuphorbiacites* Zaklinskaja，1965 ex Li，Sung et Li，1978**

模式种 *Euphorbiacites*(al. *Tricolporopollenites*) *wallensenensis* (Pflug) Li，Sung et Li，1978

细网大戟粉 ***Euphorbiacites microreticulatus* Li，Sung et Li，1978**

(图版 69，图 35；图版 70，图 6，62)

1978 *Euphorbiacites microreticulatus* Li，Sung et Li，李曼英等，34 页，图版 10，图 34，35。

1999 *Euphorbiacites microreticulatus*，宋之琛等，447—448 页，图版 118，图 18—19。

侧面观轮廓椭圆至宽椭圆形，大小为(44.0~48.4)μm×(30.8~35.2)μm；三孔沟，孔近圆形或扁圆形，较大，沟两侧外壁加厚，伸达或近伸达极；外壁厚为 2~3μm，外壁两层，外层基柱结构明显，表面具网状纹饰；轮廓线锯齿形。棕黄至棕色。

产地层位 玛纳斯县-呼图壁县吐谷鲁背斜井区，安集海河组。

网纹大戟粉 ***Euphorbiacites reticulatus* Li，Sung et Li，1978**

（图版 70，图 63；图版 76，图 19）

1978 *Euphorbiacites reticulatus* Li，Sung et Li，李曼英等，33 页，图版 10，图 29—31。

1991 *Euphorbiacites reticulatus*，张一勇等，207 页，图版 67，图 17，26，28—30。

1999 *Euphorbiacites reticulatus*，宋之琛等，448—449 页，图版 113，图 24；图版 117，图 11，15。

侧面观轮廓椭圆形，大小为 52.8μm×35.2μm；三孔沟，孔近圆形或扁圆形，较大，沟两侧外壁加厚，伸达极；外壁厚约为 2.5μm，外壁两层，外层基柱结构明显，表面具网状纹饰；轮廓线细波形。棕色。

产地层位 玛纳斯县-呼图壁县吐谷鲁背斜井区，安集海河组和塔西河组。

条纹孔沟粉属 ***Striacolporites* Sah et Kar，1970**

模式种 *Striacolporites striatus* Sah et Kar，1970

南海条纹孔沟粉 ***Striacolporites nanhaiensis*（Song，Li et Zhong）Song，1999**

（图版 69，图 32，39，59）

1986 *Callistopollenites nanhaiensis* Song，Li et Zhong，宋之琛等，117 页，图版 31，图 27

1987 *Tricolporopollenites microstriatus* Wang et Zhang，王开发等，76 页，图版 20，图 22。

1999 *Striacolporites nanhaiensis*（Song，Li et Zhong）Song，宋之琛等，473 页，图版 114，图 12。

侧面观轮廓椭圆形，大小为（38.5~48.4）μm×（33.0~39.6）μm；三孔沟，孔菱形或透镜形，沟细长，近伸达两极；外壁厚为 2.0~3.5μm，外壁两层，表面具细条纹状纹饰，条纹辐射向排列；轮廓线细波形。棕黄色。

产地层位 玛纳斯县-呼图壁县吐谷鲁背斜井区，安集海河组。

圆球形系 Sphaeroidati Erdtman，1943

山毛榉粉属 ***Faguspollenites* Raatz，1937**

模式种 *Faguspollenites verus* Raatz，1937

近圆形山毛榉粉 ***Faguspollenites subrotundus*（Zheng）Song，1999**

（图版 76，图 14）

1989 *Cornaceoipollenites subrotundus* Zheng，关学婷等，76 页，图版 23，图 15—25。

1999 *Faguspollenites subrotundus*（Zheng）Song，宋之琛等，492 页，图版 111，图 18—22。

侧面观轮廓近圆形，大小为 37.6μm×33.2μm；三拟孔沟，拟孔欠明显，近圆形，沟较短，未伸达极，沟两侧具唇状加厚；外壁厚约为 1.5μm，分为两层，表面具细网状纹饰；轮廓线微波形。棕黄色。

产地层位 呼图壁县莫索湾凸起井区，塔西河组。

木犀粉属 *Oleoidearumpollenites* Nagy，1969

模式种 *Oleoidearumpollenites reticulatus* Nagy，1969

中华木犀粉 *Oleoidearumpollenites chinensis* Nagy，1969

（图版 69，图 12）

1969 *Oleoidearumpollenitus chinensis* Nagy，p. 429，pl. 47，figs. 7，8.

1985 *Oleoidearumpollenitus chinensis*，朱宗浩等，180 页，图版 44，图 26—28。

1999 *Oleoidearumpollenitus chinensis*，宋之琛等，517—518 页，图版 131，图 7—9。

极面观轮廓三裂圆形，直径为 32.5μm；三孔沟，孔近圆形，沟裂开较宽；外壁厚约为 2.5μm，分为两层，外层基柱结构明显，基柱顶端稍膨大，表面具网状纹饰，网脊由颗粒排列而成；轮廓线微波形。棕黄色。

产地层位 乌苏县北阿尔钦沟，安集海河组。

女贞型木犀粉 *Oleoidearumpollenites ligustiformis* Song et Zhu，1985

（图版 69，图 13，14）

1985 *Oleoidearumpollenites ligustiformis* Song et Zhu，朱宗浩等，181 页，图版 44，图 29，30。

1999 *Oleoidearumpollenites ligustiformis*，宋之琛等，518 页，图版 131，图 12，13。

直径为 37.4~44.5μm；三孔沟；外壁厚约为 3μm，分为两层，外层基柱结构明显，基柱顶端微膨大，表面具网状纹饰，网脊由颗粒排列而成；轮廓线微波形。黄色。

当前标本个体较大，与该种稍有不同。

产地层位 乌苏县北阿尔钦沟，安集海河组。

芸香粉属 *Rutaceoipollenites* He et Sun，1977

模式种 *Rutaceoipollenites archiacus* He et Sun，1977

尕斯库勒芸香粉 *Rutaceoipollenites gasikulehuensis* Zhu，1985

（图版 69，图 57；图版 70，图 60）

1985 *Rutaceoipollenites gasikulehuensis* Zhu，朱宗浩等，185 页，图版 41，图 4—6，图版 44，图 18。

1999 *Rutaceoipollenites gasikulehuensis*，宋之琛等，521 页，图版 113，图 10，11。

侧面观轮廓宽椭圆形，大小为(41.8~44.0)μm×(33.8~37.4)μm；三孔沟，沟细，长达极，沟两侧外壁加厚，孔为裂缝状，与沟相交呈十字形；外壁厚为 2.0~2.5μm，表面细网状；轮廓线细波形。棕色。

产地层位 玛纳斯县-呼图壁县吐谷鲁背斜井区，安集海河组。

蒿粉属 *Artemisiaepollenites* Nagy，1969

模式种 *Artemisiaepollenites sellularis* Nagy，1969

普通蒿粉 *Artemisiaepollenites communis* Song et Zhu，1985

（图版 76，图 40）

1985 *Artemisiaepollenites communis* Song et Zhu，朱宗浩等，149—150 页，图版 48，图 9。

1999 *Artemisiaepollenites communis*，宋之琛等，526 页，图版 133，图 3。

极面观轮廓三角形，大小为 22μm；三孔沟；外壁厚为 1.5~2.5μm，分为两层，外层厚度大于内层，外层向孔的方向逐渐变薄，似新月形，其上基柱结构清晰，表面颗粒至小刺状；轮廓线近平滑。黄色。

产地层位 乌苏县四棵树凹陷井区，塔西河组。

小蒿粉 *Artemisiaepollenites minor* Song，1985

（图版 76，图 33）

1985 *Artemisiaepollenites minor* Song，宋之琛等，102 页，图版 34，图 1—4。

1999 *Artemisiaepollenites minor*，宋之琛等，526 页，图版 133，图 1，2。

极面观轮廓三角形，大小为 16.5μm；三孔沟；外壁厚为 1.2~2.5μm，分为两层，外层厚于内层，外层向孔的方向逐渐变薄，似新月形，其上基柱结构清晰，表面细颗粒状；轮廓线近平滑。黄色。

产地层位 乌苏县四棵树凹陷井区，塔西河组。

拟菊苣粉属 *Cichorieacidites* Sah，1967

模式种 *Cichorieacidites spinosus* Sah，1967

纤细拟菊苣粉 *Cichorieacidites gracilis*（Nagy）Zheng，1985

（图版 71，图 6）

1969 *Cichoriaearumpollenites gracilis* Nagy，p. 441，pl. 48，figs. 13，14.

1985 *Cichorieacidites gracilis*（Nagy）Zheng，宋之琛等，103 页，图版 34，图 22—25。

1985 *Cichoriaearumpollenites gracilis*，朱宗浩等，151 页，图版 48，图 13。

1999 *Cichorieacidites gracilis*，宋之琛等，527—528 页，图版 133，图 21—23。

极面观轮廓圆多边形，直径为 28.6μm；三孔沟；外壁表面具多边形网穴，直径为 6.6~7.5μm；网脊上具刺纹，刺长为 2~3μm。棕黄色。

产地层位 沙湾县霍尔果斯，沙湾组。

刺三孔沟粉属 *Echitricolporites* Van der Hammen ex Germeraad，Hopping et Muller，1968

模式种 *Echitricolporites spinosus*(V. D. H.) Germeraad et al.，1968

大型刺三孔沟粉 *Echitricolporites major* Zhu，1985

（图版 76，图 31）

1985 *Echitricolporites major* Zhu，朱宗浩等，152 页，图版 48，图 34，35。

1999 *Echitricolporites major*，宋之琛等，531 页，图版 134，图 28。

极面观轮廓三裂圆形，直径为 48.4μm；三孔沟，孔近圆形，沟裂开较宽；外壁厚约为 3μm，表面疏布刺状纹饰，刺较大，基径为 4.0~4.5μm，高为 2.5~4.0μm；轮廓线锯齿形。黄色。

当前标本刺纹特征与该种相似，唯个体稍小而略有区别。*E. bellus* 刺纹分布稀疏与当前标本相同，但其个体较小(小于 35μm)，刺纹较大而不同。

产地层位 玛纳斯县-呼图壁县吐谷鲁背斜井区，塔西河组。

瘤状刺三孔沟粉 *Echitricolporites verrucosus* Song et Zhu，1985

（图版 69，图 6；图版 76，图 27，35）

1985 *Echitricolporites verrucosus* Song et Zhu，朱宗浩等，153 页，图版 48，图 27—31。

1999 *Echitricolporites verrucosus*，宋之琛等，532 页，图版 134，图 15—17。

极面观轮廓三裂圆形，直径为 24.2~37.4μm；三孔沟，孔近圆形，沟裂开；外壁厚为 2.0~2.5μm，表面具瘤刺二型纹饰，瘤径为 2~3μm，瘤顶部具一尖刺；轮廓线锯齿形。棕黄至黄棕色。

产地层位 乌苏县北阿尔钦沟，安集海河组；乌苏县四棵树凹陷井区、呼图壁县莫索湾凸起井区、玛纳斯县-呼图壁县吐谷鲁背斜井区，塔西河组。

管花菊粉属 *Tubulifloridites* Cookson ex Potonié，1960

模式种 *Tubulifloridites antipodica*(Cookson) Potonié，1960

棒纹管花菊粉 *Tubulifloridites baculatus* Song et Zhu,1985.

（图版 76，图 42）

1985 *Tubulifloridites baculatus* Song et Zhu，朱宗浩等，154 页，图版 49，图 27，28。

1999 *Tubulifloridites baculatus*，宋之琛等，533 页，图版 134，图 13，14。

侧面观轮廓椭圆形，大小为 48.2μm×38.0μm；三孔沟，孔欠明显，沟近伸达两极；外壁厚约为 4.5μm，分为两层，外层基柱结构发育，表面具欠清晰的小刺状纹饰；轮廓线微波形。棕黄色。

产地层位 呼图壁县莫索湾凸起井区，塔西河组。

粗刺管花菊粉 ***Tubulifloridites macroechinatus*** **(Trevisan) Song et Zhu,1985.**

(图版 76，图 32，37，38，44)

1980 *Tricolporopollenites macroechinatus* Thiele-Pfeiffer，S. 159，Taf. 14，Fig. 15—18.

1985 *Tubulifloridites macroechinatus* (Trevisan) Song et Zhu，朱宗浩等，155 页，图版 49，图 8—15，17。

1999 *Tubulifloridites macroechinatus*，宋之琛等，534 页，图版 135，图 3—5。

侧面轮廓宽椭圆形至椭圆形，大小为(39.6~46.2)μm×(29.7~37.4)μm，赤道轮廓三角形，直径为 36.8μm；三孔沟，孔近圆形，沟开裂较宽；外壁厚为 4.5~6.5μm，分为内外两层，外层厚度大于内层，外层向孔的方向逐渐变薄，似新月形，其上基柱结构发育，表面具刺状纹饰，刺基宽为 3.5~4.0μm，长为 2.0~3.5μm；轮廓线锯齿状。黄至黄棕色。

产地层位 呼图壁县莫索湾凸起井区、玛纳斯县-呼图壁县吐谷鲁背斜井区，塔西河组。

帚菊型管花菊粉 ***Tubulifloridites pertyaformis*** **Song et Zhu，1985**

(图版 76，图 46)

1985 *Tubulifloridites pertyaformis* Song et Zhu，朱宗浩等，156 页，图版 49，图 16。

1999 *Tubulifloridites pertyaformis*，宋之琛等，535 页，图版 134，图 18。

侧面观轮廓椭圆形，大小为 41.5μm×35.2μm；三孔沟，孔欠明显，沟伸达或近伸达两极；外壁很厚，达 6.5μm，具较厚的外层和盖层，外层基柱结构很发育，表面稀布欠明显的小刺状纹饰；轮廓线近平滑。黄色。

产地层位 玛纳斯县-呼图壁县吐谷鲁背斜井区，塔西河组。

扁球形系 Oblati Erdtman，1943

华丽粉属 ***Callistopollenites*** **Srivastava，1969**

模式种 *Callistopollenites radiatostriatus* (Mtchedl.) Srivastava，1969

白城华丽粉 ***Callistopollenites baichengensis*** **(Gao et Zhao) Song，1999**

(图版 64，图 15，24)

1976 *Tricolporopollenites baichengensis* Gao et Zhao，大庆油田开发研究院，74 页，图版 37，图 11—13。

1999 *Callistopollenites baichengensis*，宋之琛等，558 页，图版 128，图 16，17。

侧面观轮廓椭圆形或扁圆形，大小为(30.0~32.0)μm×(24.0~30.5)μm；三孔沟，孔较大而突出，孔处外壁外层膨胀形成围绕孔的膨胀区，形似孔环，沟细而短，未伸达两端；外壁厚约为 2μm，表面具颗粒状纹饰，颗粒排列成条纹状；轮廓线为细波形。黄棕色。

产地层位 石河子市玛纳斯背斜和玛纳斯县-呼图壁县吐谷鲁背斜井区，紫泥泉子组下段。

膨孔华丽粉 *Callistopollenites tumidoporus* Srivastava，1969

（图版 64，图 23）

1969 *Callistopollenites tumidoporus* Srivastava，pp. 65—66，pl. 2，figs. 40—42。

1983 *Callistopollenites tumidoporus*，余静贤等，56 页，图版 22，图 2，3。

1999 *Callistopollenites tumidoporus*，宋之琛等，560 页，图版 150，图 29，30；图版 152，图 20—22，27。

侧面观轮廓宽椭圆形，大小为 36.3μm×30.8μm；三孔沟，孔处外壁外层膨胀，形成围绕孔的膨胀区，形似孔环，沟短，欠明显；外壁厚约为 2.5μm，表面具条纹状纹饰；轮廓线细波形。棕色。

产地层位 石河子市玛纳斯背斜井区，紫泥泉子组下段。

忍冬粉属 *Lonicerapollis* Krutzsch，1962

模式种 *Lonicerapollis gallwitzii* Krutzsch，1962

粒纹忍冬粉 *Lonicerapollis granulatus* Ke et Shi，1978

（图版 69，图 46）

1978 *Lonicerapollis granulatus* Ke et Shi，《渤海沿岸地区早第三纪孢粉》，145 页，图版 51，图 18—22。

1999 *Lonicerapollis granulatus*，宋之琛等，561 页，图版 137，图 27—29。

极面观轮廓圆三角形，直径为 35.2μm；三孔沟，沟短，裂开较宽，呈楔形，孔呈倒漏斗形；外壁厚约为 1.5μm，分为两层，孔处内外层分离形成孔室，孔底见欠明显的弧形脊；外壁表面具颗粒状纹饰，在极区见少量褶皱。棕黄色。

产地层位 玛纳斯县-呼图壁县吐谷鲁背斜井区，安集海河组。

内刺忍冬粉 *Lonicerapollis interospinosus* Zhou，1981

（图版 69，图 61）

1978 *Lonicerapollis interospinosus* Zhou，《渤海沿岸地区早第三纪孢粉》，145—146 页，图版 52，图 3—9。

1981 *Lonicerapollis interospinosus* Zhou，宋之琛等，153—154 页，图版 44，图 16，17，20。

1999 *Lonicerapollis interospinosus*，宋之琛等，562 页，图版 136，图 13，18，21—23。

极面观轮廓圆三角形，直径为 63.8μm；三孔沟，沟短，裂开较宽，孔呈倒漏斗形；外壁厚为 1.5~3.5μm，中部较薄，近孔处最厚；外壁表面具颗粒状纹饰，还分布有稀疏的细刺纹，刺长为 1.5~4.0μm，沟缘排列一行伸向沟内的刺纹。黄色。

产地层位 玛纳斯县-呼图壁县吐谷鲁背斜井区，安集海河组。

内棒忍冬粉 ***Lonicerapollis intrabaculus* Song et Zheng，1980**

（图版 69，图 38）

1978 *Loniceropollis intrabaculus* Sung et Zheng，《渤海沿岸地区早第三纪孢粉》，146 页，图版 52，图 1，2。

1980 *Loniceropollis intrabaculus* Song et Zheng，Song et al.，p. 11，pl. 2，fig. 17.

1999 *Loniceropollis intrabaculus*，宋之琛等，562 页，图版 136，图 7—9，14。

极面观轮廓圆三角形，直径为 43.5μm；三孔沟，沟短，裂开较宽，孔较大，呈 U 形；外壁厚为 2~3μm，分为两层，外层较厚，其上基柱结构发育，内层薄，孔处外壁内外层分离形成孔室；外壁表面具颗粒状纹饰，还分布有稀疏的内棒纹。黄色。

产地层位 玛纳斯县-呼图壁县吐谷鲁背斜井区，安集海河组。

拟三缝忍冬粉 ***Loniceropollis triletus* Zheng，1985**

（图版 69，图 45，47）

1985 *Loniceropollis triletus* Zheng，宋之琛等，99 页，图版 33，图 27，28。

1999 *Loniceropollis triletus*，宋之琛等，565 页，图版 147，图 7，8。

极面观轮廓圆三角形，直径为 39.6~44.0μm；三孔沟，沟短，孔大，倒漏斗形；外壁厚为 2.0~2.5μm，分为两层，基柱结构不发育或发育，孔处外壁内外层分离形成孔室，孔底或见较明显的弧形脊；外壁表面具短刺状纹饰，刺长约为 1.5μm，刺间见有颗粒纹；极区三辐射褶皱，自极部伸向角端，止于孔底。黄色。

产地层位 玛纳斯县-呼图壁县吐谷鲁背斜井区和乌苏县北阿尔钦沟，安集海河组。

薄极忍冬粉 ***Loniceropollis tenuipolaris* Ke et Shi，1978**

（图版 69，图 15；图版 70，图 20）

1978 *Loniceropollis tenuipolaris* Ke et Shi，《渤海沿岸地区早第三纪孢粉》，147 页，图版 51，图 8—17。

1999 *Loniceropollis tenuipolaris*，宋之琛等，565 页，图版 137，图 23—25。

极面观轮廓圆三角形，直径为 35.2~45.0μm；三孔沟；外壁厚为 2~4μm，分为两层，外层厚度大于内层，外层上基柱结构或较清晰，孔区内外层分离形成孔室，内层在孔处明显加厚，孔间或弓形脊相连，极区见三个变薄区；外壁表面具颗粒状纹饰；轮廓线近平滑。黄至棕色。

当前标本在极部具三个外壁变薄区，与该种特征相同，唯孔间或有弓形脊相连而稍有不同。

产地层位 乌苏县北阿尔钦沟、玛纳斯县-呼图壁县吐谷鲁背斜井区，安集海河组。

椴粉属 *Tiliaepollenites* Potonié，1931 ex Potonié et Venitz，1934

模式种 *Tiliaepollenites instructus*（Potonié）Potonié et Venitz，1934

小椴粉 *Tiliaepollenites indubitabilis*（Potonié）Potonié，1960

（图版 69，图 7）

1931 *Pollenites indubitabilis* Potonie，S. 80，Taf. 6，Fig. 27.

1960 *Tiliaepollenites indubitabilis*（Potonie）Potonie，S. 121.

1978 *Tiliaepollenites indubitabilis*，《渤海沿岸地区早第三纪孢粉》，135 页，图版 46，图 21—23。

1999 *Tiliaepollenites indubitabilis*，宋之琛等，571 页，图版 146，图 5—7。

极面观轮廓亚圆形，直径为 28.6μm；三孔沟，孔及孔环均大于半圆形，沟短，欠明显，包于孔内；外壁厚约为 1.2μm，表面粗糙；轮廓线近平滑。黄色。

当前标本个体较小，孔及孔环均大于半圆形与该种特征相同。

产地层位 乌苏县北阿尔钦沟，安集海河组。

深切椴粉 *Tiliaepollenites insculptus*（Mai）G. W. Liu，1986

（图版 76，图 25）

1961 *Intratriporopollenites insculptus* Mai，S. 65，Taf. 9，Fig. 10—15，20—27.

1986 *Tiliaepollenites insculptus*（Mai）Liu，刘耕武，图版 3，图 32，35—37。

1999 *Tiliaepollenites insculptus*，宋之琛等，571—572 页，图版 148，图 15—17。

极面观轮廓近圆形，直径为 40.7μm；三孔沟，孔环半圆形，沟短，包于孔内；外壁厚约为 1μm，表面细颗粒状；轮廓线近平滑。黄色。

产地层位 玛纳斯县-呼图壁县吐谷鲁背斜井区，塔西河组。

奇异椴粉 *Tiliaepollenites paradoxus* M. R. Sun，1989

（图版 76，图 24）

1989 *Tiliaepollenites paradoxus* Sun，地质矿产部海洋地质综合研究大队等，87 页，图版 29，图 13—15。

1999 *Tiliaepollenites paradoxus*，宋之琛等，573 页，图版 145，图 6—9。

极面观轮廓近圆形，直径为 37.4μm；三孔沟，孔环半圆形或大于半圆形，沟短，包于孔内；外壁厚约为 2μm，分为近等厚的两层，在孔环底部见一团云雾状加厚，外壁表面具细网状纹饰；轮廓线微波形。黄色。

当前标本孔环底部见一团云雾状加厚与该种相似，唯外壁外层基柱结构不明显而稍有不同。

产地层位 玛纳斯县-呼图壁县吐谷鲁背斜井区，塔西河组。

伏平粉属 ***Fupingopollenites*** **Liu，1985**

模式种 *Fupingopollenites wackersdorfensis*（Thiele-Pfeiffer）Liu，1985

瓦克斯道夫伏平粉 ***Fupingopollenites wackersdorfensis*** **（Thiele-Pfeiffer）Liu，1985**

（图版 69，图 44；图版 76，图 41，43）

1980 *Tricolporopollenites wackersdorfensis* Thiele-Pfeiffer，S. 153—154，Taf. 12，Fig. 22—28.

1985 *Fupingopollenites wackersdorfensis*（Thiele-Pfeiffer）Liu，刘耕武，64—65 页，图版 1，图 5—7，9—16。

1999 *Fupingopollenites wackersdorfensis*，宋之琛等，579 页，图版 146，图 21—23。

极面观轮廓椭圆形，大小为 40.7~43.5μm；三孔沟，沟细长，孔扁圆形，欠明显；外壁厚为 2.5~3.5μm，具基柱结构，纹饰细网状，极区见一围成五角形或不规则形的褶皱带；轮廓线细波形。黄至棕黄色。

产地层位 乌苏县北阿尔钦沟，安集海河组；呼图壁县莫索湾凸起井区，塔西河组。

无患子粉属 ***Sapindaceidites*** **Wang ex Sun et Zhang，1979**

模式种 *Sapindaceidites asper* Wang ex Sun et Zhang，1979

粗糙无患子粉 ***Sapindaceidites asper*** **Wang ex Sun et Zhang，1979**

（图版 64，图 10；图版 69，图 10，55）

1978 *Sapindaceidites asper* Wang，《渤海沿岸地区早第三纪孢粉》，133 页，图版 45，图 14—21。

1991 *Sapindaceidites asper*，张一勇等，210 页，图版 68，图 3，4。

1999 *Sapindaceidites asper*，宋之琛等，585 页，图版 139，图 21—24。

极面观轮廓三角形，边近直或外凸，直径为 26.2~35.2μm；三孔沟，孔位于角端，孔处内外层分离形成半圆形的孔室，沟细长，伸达极部，但未形成合沟；外壁厚为 1.0~1.5μm，表面具颗粒状纹饰；轮廓线细波形。黄色。

产地层位 石河子市玛纳斯背斜井区，紫泥泉子组下段；乌苏县北阿尔钦沟和玛纳斯县-呼图壁县吐谷鲁背斜井区，安集海河组。

凹边无患子粉 ***Sapindaceidites concavus*** **Wang，1981**

（图版 76，图 22）

1978 *Sapindaceidites concavus* Wang，《渤海沿岸地区早第三纪孢粉》，133 页，图版 45，图 10—12。

1991 *Sapindaceidites concavus*，张一勇等，210 页，图版 68，图 7，8。

1999 *Sapindaceidites concavus*，宋之琛等，585 页，图版 139，图 17—20。

极面观轮廓为三角形，边近直或内凹，直径为 35.2μm；三孔沟，孔位于角端，具半圆形的孔室，沟细长，但未伸达极部；外壁较薄，厚度约为 1.2μm，表面粗糙；轮廓线平滑。棕黄色。

当前标本边近直或内凹，孔室明显与该种特征相同。

产地层位 呼图壁县莫索湾凸起井区，塔西河组。

辽宁无患子粉 ***Sapindaceidites liaoningensis*** **Ke et Shi，1978**

（图版 69，图 54）

1978 *Sapindaceidites liaoningensis* Ke et Shi，《渤海沿岸地区早第三纪孢粉》，133 页，图版 45，图 22—26。

1991 *Sapindaceidites liaoningensis*，张一勇等，211 页，图版 68，图 11。

1999 *Sapindaceidites liaoningensis*，宋之琛等，586 页，图版 139，图 30—32。

极面观轮廓三角形，边近直，直径为 41.5μm；三孔沟，孔位于角端，具较明显的半圆形孔室，沟细长，几伸达极部，但未形成合沟；外壁厚约为 1.5μm，分为两层，纹饰细条纹状，条纹平行边排列；轮廓线近平滑。黄色。

产地层位 玛纳斯县-呼图壁县吐谷鲁背斜井区，安集海河组。

四口无患子粉 ***Sapindaceidites tetrorisus*** **Zhou，1981**

（图版 69，图 49）

1978 *Sapindaceidites tetrorisus* Zhou，《渤海沿岸地区早第三纪孢粉》，133 页，图版 45，图 27，28。

1978 *Sapindaceidites tetratus* Zhou，《中南地区古生物图册》（四），563 页，图版 158，图 7。

1999 *Sapindaceidites tetrorisus*，宋之琛等，588 页，图版 139，图 28，29，33。

极面观轮廓四边形，边近直或稍内凹，直径为 38.2μm；四孔沟，孔位于角端，具较明显的半圆形孔室，沟细长，几伸达极部，但未形成合沟；外壁厚约为 1.5μm，分为两层，纹饰细颗粒状；轮廓线近平滑。棕黄色。

产地层位 玛纳斯县-呼图壁县吐谷鲁背斜井区，安集海河组。

塔里西粉属 ***Talisiipites*** **Wodehouse，1933**

模式种 *Talisiipites fischeri* Wodehouse，1933

长沟塔里西粉 ***Talisiipites longicolpus*** **(Ke et Shi) Song，Li et Zhong，1986**

（图版 69，图 48）

1978 *Faquspollenites longicolpus* Ke et Shi，《渤海沿岸地区早第三纪孢粉》，112 页，图版 37，图 15—17。

1985 *Cyrillaceaepollenites megaexactus* Potonie，宋之琛等，图版 38，图 32，33。

1986 *Talisiipites longicolpus* (Ke et Shi) Song，Li et Zhong，宋之琛等，96 页，图版 24，图 32，33。

1999 *Talisiipites longicolpus*，宋之琛等，591 页，图版 142，图 2，3。

极面观轮廓为三角形，直径为 30.2μm；三孔沟，沟细，长达两极，未形成合沟；孔较大，孔径为 5~6μm，孔环较发育，宽为 2~3μm；外壁厚约为 1.5μm，表面粗糙；轮廓线近平滑。棕黄色。

产地层位 昌吉市昌吉河西，安集海河组。

有孔类 **Poroses（~ Porosa Naumova，1937，1939）R. Potonié，1960**

单孔亚类 Monoporines（Monoporina Naumova，1937，1939）R. Potonié，1960

克拉梭粉属 ***Classopollis*** **Pflug，1953 emend. De Jersey et Paten，1964**

模式种 *Classopollis classoides* Pflug，1953

精美克拉梭粉 ***Classopollis philosophus*** **(Pflug) Zhang et Zhan，1991**

（图版 62，图 10）

1953　*Circumpollis philosophus* Pflug，S. 92，Taf. 17，Fig. 34.

1991　*Classopollis philosophus*（Pflug.）Zhang et Zhan，张一勇等，145—146 页，图版 40，图 24，25。

1999　*Classopollis philosophus*，宋之琛等，628 页，图版 80，图 17。

单体轮廓亚圆形，大小 33μm；远极具欠明显的隐孔，近极具四分体痕；远极半球亚赤道部位具一环极“沟”；赤道区外壁加厚，加厚带宽约 3 μm；外壁两层，内层显基柱结构；轮廓线近平滑。棕黄色。

产地层位 玛纳斯县-呼图壁县吐谷鲁背斜井区，紫泥泉子组下段。

禾本粉属 ***Graminidites*** **Cookson，1947 ex Potonié，1960**

模式种 *Graminidites media* Cookson，1947 ex Potonié，1960

粗球禾本粉 ***Graminidites crassiglobosus*** **(Trevisan) Krutzsch，1970**

（图版 77，图 5，28）

1970　*Graminidites crassiglobosus*（Trevisan）Krutzsch，S. 56，Taf. 3，Fig. 1—17.

1985　*Graminidites crassiglobosus*，宋之琛等，118 页，图版 39，图 1。

1999　*Graminidites crassiglobosus*，宋之琛等，632 页，图版 182，图 1。

花粉轮廓近圆形，直径为 26.4~32.2μm；具单孔，孔较大，孔径为 2.0~2.5μm，孔环较发育，宽约为 2μm；外壁厚约为 1μm，表面粗糙，具少量条形褶皱；轮廓线近平滑。黄至棕黄色。

产地层位 乌苏县四棵树凹陷井区、呼图壁县莫索湾凸起井区，塔西河组。

细球禾本粉 ***Graminidites subtiliglobosus*** **(Trevisan) Krutzsch，1970**

（图版 77，图 29）

1970　*Graminidites subtiliglobosus*（Trevisan）Krutzsch，S. 54，Taf. 2，Fig. 1—12.

1983　*Graminidites subtiliglobosus*，地质矿产部成都地质矿产研究所等，700 页，图版 158，图 18。

1999 *Graminidites subtiliglobosus*，宋之琛等，635 页，图版 182，图 13—16。

花粉轮廓近圆形，直径为 33.2μm；具单孔，孔较大，内孔径为 2.5μm，孔环较发育，宽为 2.5μm；外壁厚约为 1.2μm，表面具细颗粒状纹饰，具少量条形褶皱；轮廓线近平滑。黄至棕黄色。

产地层位 玛纳斯县-呼图壁县吐谷鲁背斜井区，塔西河组。

黑三棱粉属 *Sparganiaceaepollenites* Thiergart，1937

模式种 *Sparganiaceaepollenites polygonalis* Thiergart，1937

新近纪黑三棱粉 *Sparganiaceaepollenites neogenicus* Krutzsch，1970

（图版 69，图 3—5；图版 77，图 6，7）

1970 *Sparganiaceaepollenites neogenicus* Krutzsch，S. 82，Taf. 13，Fig. 1—13.

1985 *Sparganiaceaepollenites neogenicus*，朱宗浩等，189 页，图版 52，图 17—20。

1999 *Sparganiaceaepollenites neogenicus*，宋之琛等，637 页，图版 183，图 13—16。

花粉轮廓圆形，直径为 24.2~26.4μm；具单孔，孔较大，孔径为 5~6μm；外壁厚约为 1.2μm，表面具网状纹饰；轮廓线微齿形。黄色。

产地层位 乌苏县北阿尔钦沟，安集海河组；乌苏县四棵树凹陷井区，塔西河组。

黑三棱粉 *Sparganiaceaepollenites sparganioides*（Meyer）Krutzsch，1970

（图版 64，图 28）

1970 *Sparganiaceaepollenites sparganioides*（Meyer）Krutzsch，S. 80，Taf. 12，Fig. 1—35.

1985 *Sparganiaceaepollenites sparganioides*，朱宗浩等，190 页，图版 52，图 11—16。

1999 *Sparganiaceaepollenites sparganioides*，宋之琛等，638 页，图版 183，图 17—21。

花粉轮廓圆形，直径为 29μm；具单孔，孔径约为 4μm；外壁厚约为 1.2μm，表面具细网状纹饰；轮廓线微波形。黄色。

产地层位 呼图壁县莫索湾凸起井区，紫泥泉子组下段。

三孔亚类 Triporines（~Triporina Naumova，1937?，1939）R. Potonié，1960

拟桦粉属 *Betulaceoipollenites* Potonié，1951 ex Potonié，1960

模式种 *Betulaceoipollenites bituitus*（Potonié）Potonié，1960

显环桦粉 *Betulaceoipollenites prominens*（Pflug）Ke et Shi，1978

（图版 64，图 4；图版 77，图 16）

1953 *Trivestibulopollenites prominens* Pflug，Thomson und Pflug，S. 85，Taf. 9，Fig.36.

1978　*Betulaceoipollenites prominens* (Pflug) Ke et Shi，《渤海沿岸地区早第三纪孢粉》，107 页，图版 35，图 15—23。

1991　*Betulaceoipollenites prominens*，张一勇等，192 页，图版 62，图 24，49，51。

1999　*Betulaceoipollenites prominens*，宋之琛等，645 页，图版 185，图 29—33。

极面观轮廓三角形，边外凸，直径为 25.8~28.6μm；具三孔，位于角端；外壁厚约为 1.2μm，孔处外壁外层明显加厚并突出，形成孔环，表面近光滑；轮廓线平滑。黄至黄棕色。

产地层位　玛纳斯县-呼图壁县吐谷鲁背斜井区，紫泥泉子组下段；乌苏县四棵树凹陷井区，塔西河组。

肋桦粉属 *Betulaepollenites* Potonié，1934 ex Potonié，1960

模式种　*Betulaepollenites microexcelsus* (Potonié) Potonié，1960

褶皱肋桦粉 *Betulaepollenites plicoides* (Zakl.) Sung et Tsao，1976

（图版 77，图 2，4）

1976　*Betulaepollenites plicoides* (Zakl.) Sung et Tsao，宋之琛等，155 页，图版 2，图 11，12.

1978　*Betulaepollenites plicoides*，《渤海沿岸地区早第三纪孢粉》，108 页，图版 35，图 27—32。

1999　*Betulaepollenites plicoides*，宋之琛等，647 页，图版 186，图 5—8。

极面观轮廓三角形，边外凸，直径为 24.2~26.4μm；具三孔，位于角端；外壁厚约为 1.5μm，孔处外壁外层稍加厚并翘起，孔环不明显，孔间弓形脊相连，弓形脊紧贴或接近赤道；外壁表面近光滑，极部或具少量条形褶皱；轮廓线平滑。棕黄色。

产地层位　乌苏县四棵树凹陷井区，塔西河组。

枥粉属 *Carpinipites* Srivastava，1966

模式种　*Carpinipites ancipites* (Wodehouse) Srivastava，1966

圆形枥粉 *Carpinipites orbicularis* (Potonié) Sung et Zheng，1978

（图版 70，图 38）

1978　*Carpinipites orbicularis* (Potonie) Sung et Zheng，《渤海沿岸地区早第三纪孢粉》，109 页，图版 36，图 24—27。

1999　*Carpinipites orbicularis*，宋之琛等，647 页，图版 186，图 12—15。

极面观轮廓近圆形，直径为 37.2μm；具三孔，位于赤道；外壁厚约为 1μm，孔处外壁未加厚，外壁外层略翘起，表面粗糙；轮廓线近平滑。黄色。

产地层位　玛纳斯县-呼图壁县吐谷鲁背斜井区，安集海河组。

四孔枥粉 ***Carpinipites tetraporus* Sun et Wang，1990**

（图版 70，图 24，40）

1990 *Carpinipites tetraporus* Sun et Wang，孙孟蓉等，137 页，图版 33，图 26。

1999 *Carpinipites tetraporus*，宋之琛等，648 页，图版 186，图 19—21。

极面观轮廓近圆形，直径为 30.8~36.0μm；具四孔，位于赤道；外壁厚约为 1μm，孔处外壁未加厚，外壁外层略翘起，表面粗糙，具少量条形褶皱；轮廓线近平滑。黄色。

产地层位 乌苏县北阿尔钦沟、玛纳斯县-呼图壁县吐谷鲁背斜井区，安集海河组。

柳叶菜粉属 ***Corsinipollenites* Nakoman，1965**

模式种 *Corsinipollenites oculusnoctis*（Thiergart）Nakoman，1965

拟丁香柳叶菜粉 ***Corsinipollenites lundwigioides* Krutzsch，1968**

（图版 70，图 14）

1968 *Corsinipollenites lundwigioides* Krutzsch，S. 782，Taf. 4，Fig. 12—18.

1990 *Corsinipollenites xinjiangensis* Sun et Wang，孙孟蓉等，139 页，图版 34，图 22—24。

1999 *Corsinipollenites lundwigioides*，宋之琛等，649 页，图版 187，图 13，14。

极面观轮廓圆三角形，直径为 35.2μm；具三孔，孔大而圆，位于角端，孔径为 10.5~11.2μm；外壁厚约为 2μm，孔处外壁明显加厚并突出，形成孔环，孔环宽为 2.5~3.0μm；表面粗糙，见少量条形褶皱；轮廓线平滑。黄色。

当前标本个体较小，孔大而圆与该种相似。

产地层位 玛纳斯县-呼图壁县吐谷鲁背斜井区，安集海河组。

三角柳叶菜粉 ***Corsinipollenites triangulus*（Zakl.）Ke et Shi，1978**

（图版 70，图 7）

1956 *Chamaenerites triangulus* Zaklinskaja，Заклинская，табл. 17，фиг. 1—4.

1978 *Corsinipollenites triangulus*（Zakl.）Ke et Shi，《渤海沿岸地区早第三纪孢粉》，139 页，图版 48，图 3，4，7—11。

1999 *Corsinipollenites triangulus*，宋之琛等，649—650 页，图版 186，图 23—26；图版 205，图 28。

极面观轮廓圆三角形，边外凸，直径为 46.2μm；具三孔，孔大，位于角端，孔径为 13.5μm；外壁厚约为 2μm，孔处外壁明显加厚并突出，形成孔环，孔环宽为 3.5~4.0μm；表面粗糙，一极区具三射线状褶皱，褶皱末端指向孔间区；轮廓线平滑。黄色。

当前标本个体较大，极区具三射线状褶皱与该种部分标本相同，并以此与个体较小

Corsinipollenites ludwigioides 相区别。

产地层位 玛纳斯县-呼图壁县吐谷鲁背斜井区，安集海河组。

黄锦带粉属 *Diervillapollenites* Nagy et Rakosi，1964

模式种 *Diervillapollenites hungaricus* Nagy et Rakosi，1964

大黄锦带粉 *Diervillapollenites major*（Zhou）Zheng，1999

（图版 69，图 56）

1978 *Lonicerapollis major* Zhou，《渤海沿岸地区早第三纪孢粉》，146 页，图版 53，图 4—11。

1979 *Echitriporites magnus* Sun et Zhang，孙湘君等，290 页，图版 2，图 21；插图 4。

1999 *Diervillapollenites major*（Zhou）Zheng，宋之琛等，651 页，图版 187，图 19—21。

极面观轮廓圆三角形，直径为 66.8μm；具三孔，孔大，孔径为 11~13μm；外壁厚约为 3μm，两层，孔处外壁外层稍加厚并略抬起，内层近孔处中断，形成孔庭；外壁表面具刺状纹饰，刺较大，分布较稀疏，基部宽为 2.0~3.5μm，长为 3.0~5.5μm，刺间粗糙，向孔处刺变小。棕黄色。

产地层位 昌吉市昌吉河西，安集海河组。

黄杞粉属 *Engelhardtioidites* Potonié，Thomson et Thiergart，1950 ex Potonié，1960

模式种 *Engelhardtioidites*（al. *Pollenites*）*microcoryphaeus*（Potonié）Potonié，Thomson et Thiergart，1950

小首黄杞粉 *Engelhardtioidites microcoryphaeus*（Potonié）Potonié，Thomson et Thiergart，1950 ex Potonié，1960

（图版 64，图 3）

1951 *Engelhardtioipollenites microcoryphaeus*，Potonie，Taf. 20，Fig. 35.

1960 *Engelhardtioidites microcoryphaeus*（Potonie）Potonie，Thomson et Thiergart ex Potonie，Potonie，S. 118，Taf. 7，Fig. 148，149.

1978 *Engelhardtioidites microcoryphaeus*，《渤海沿岸地区早第三纪孢粉》，104 页，图版 34，图 21，22。

1991 *Engelhardtioidites microcoryphaeus*，张一勇等，191 页，图版 62，图 7，8。

1999 *Engelhardtioidites microcoryphaeus*，宋之琛等，654 页，图版 188，图 9。

极面观轮廓三角形，边微凸，直径为 19.8μm；具三孔，位于角端；外壁较薄，约为 1μm，孔处外壁未翘起，表面近光滑；轮廓线平滑。棕黄色。

产地层位 呼图壁县莫索湾凸起井区，紫泥泉子组下段。

莫米粉属 ***Momipites*** **Wodehouse，1933 emend. Nichols，1973**

模式种 *Momipites coryloides* Wodehouse，1933

狭链莫米粉 ***Momipites angustitorquatus*** **(Simpson) Zheng，1999**

（图版 70，图 28；图版 77，图 23）

1961 *Corylus mullensis* var. *angustitorquatus* Simpson，p. 444，pl. 13，fig. 17.

1976 *Triporopollenites angustitorquatus* (Simpson) Sung et Tsao，宋之琛等，157 页，图版 3，图 4。

1999 *Momipites angustitorquatus* (Simpson) Zheng，宋之琛等，659 页，图版 189，图 5。

极面观轮廓三角形，边外凸，直径为 33.2~35.2μm；具三孔，位于角端；外壁较薄，厚度约为 1μm，孔处外壁略翘起，表面近光滑或粗糙，见少量褶皱；轮廓线近平滑。黄至浅黄色。

产地层位 乌苏县北阿尔钦沟，安集海河组；呼图壁县莫索湾凸起井区，塔西河组。

拟榛莫米粉 ***Momipites coryloides*** **Wodehouse，1933**

（图版 70，图 15，16）

1933 *Momipites coryloides* Wodehouse，p. 511，fig. 43.

1978 *Momipites coryloides*，《渤海沿岸地区早第三纪孢粉》，110 页，图版 35，图 33，35—38；图版 36，图 5—13。

1999 *Momipites coryloides*，宋之琛等，659—660 页，图版 189，图 6—9。

极面观轮廓三角形，边微凸，直径为 29.8μm；具三孔，位于角端；外壁较薄，厚度约为 1μm，孔处外壁微微翘起，表面近光滑，具少量条形褶皱；轮廓线平滑。棕黄色。

产地层位 乌苏县北阿尔钦沟，安集海河组。

菱粉属 ***Sporotrapoidites*** **Klaus，1954**

模式种 *Sporotrapoidites illingensis* Klaus，1954

艾特曼菱粉 ***Sporotrapoidites erdtmanii*** **(Nagy) Nagy，1985**

（图版 77，图 24）

1979 Goerboepollenites erdtmanii Nagy，p. 184，figs. 3: A—D；figs. 4: A—D.

1985 *Sporotrapoidites erdtmanii* (Nagy) Nagy，p. 163，pl. 93，figs. 18—20；pl. 94，figs. 1—8.

1989 *Sporotrapoidites erdtmanii*，关学婷等，84 页，图版 27，图 1—3，5—20；图版 29，图 1，2。

1999 *Sporotrapoidites erdtmanii*，宋之琛等，676 页，图版 191，图 15—20。

极面观轮廓三角形，直径为 39.6μm；具三孔，孔直径为 8.8~11.0μm；外壁厚约为 1.5μm，分为两层，向孔处变薄，极区具三射痕，末端近伸达孔底；外壁表面粗糙；轮廓线近平滑。棕黄色。

产地层位 玛纳斯县-呼图壁县吐谷鲁背斜井区，塔西河组。

渭河菱粉 ***Sporotrapoidites weiheensis*** **(Sun et Fan) Guan，1985**

(图版 77，图 55)

1980 *Trapa weiheensis* Sun et Fan，孙秀玉等，103 页，图版 3，图 12—15。

1985 *Sporotrapoidites weiheensis* (Sun et Fan) Guan，宋之琛等，121 页，图版 42，图 1—4。

1989 *Sporotrapoidites weiheensis*，关学婷等，85 页，图版 28，图 1—9。

1999 *Sporotrapoidites weiheensis*，宋之琛等，677 页，图版 192，图 22—25。

极面观轮廓三角形，直径为 50.6μm；具三孔，沿赤道排列；外壁厚约为 2.5μm，向孔处变薄，表面近光滑；具三条外壁皱，向极区汇合连结成 Y 形构造，外壁皱在极区最发达，向赤道区逐渐减弱，外壁皱上密布小瘤状纹饰。黄棕色。

产地层位 沙湾县安集海背斜井区，塔西河组。

苗榆粉属 ***Ostryoipollenites*** **Potonié，1951 ex Potonié，1960**

模式种 *Ostryoillenites rhenanus* (Thomson) Potonié，1951

莱因苗榆粉 ***Ostryoipollenites rhenanus*** **(Thomson) Potonié，1951**

(图版 64，图 2)

1950 *Ostrya?-pollenites granifer rhenanus* Thomson，Potonie，Thomson et Thiergart，S. 52，Taf. 8，Fig. 10.

1951 *Ostryoipollenites rhenanus*，Potonie，Taf. 20，Figs. 46，47.

1978 *Ostryoipollenites rhenanus*，《渤海沿岸地区早第三纪孢粉》，110 页，图版 35，图 34；图版 36，图 1—4，17。

1991 *Ostryoipollenites rhenanus*，张一勇等，192 页，图版 62，图 21，22。

1999 *Ostryoipollenites rhenanus*，宋之琛等，663 页，图版 190，图 17—20。

极面观轮廓圆三角形，直径为 19.5μm；具三孔；外壁厚约为 1.2μm，在孔处外壁外层微翘起；外壁表面粗糙；轮廓线近平滑。棕黄色。

产地层位 呼图壁县莫索湾凸起井区，紫泥泉子组下段。

山核桃粉属 ***Caryapollenites*** **Raatz，1937 ex Potonié，1960**

模式种 *Caryapollenites* (al. *Pollenites*) *simplex* (Potonié) Raatz，1937

极环山核桃粉 ***Caryapollenites polarannulus*** **M. R. Sun，1989**

(图版 70，图 17)

1989 *Caryapollenites polarannulus* Sun，地质矿产部海洋地质综合研究大队等，54 页，图版 15，图 4—9。

1999 *Caryapollenites polarannulus*，宋之琛等，682 页，图版 193，图 21—24。

极面观轮廓圆三角形，直径为 29.5μm；具三孔，孔位于亚赤道位；外壁厚约为 1.5μm，在极区见一三角形的外壁变薄区，变薄区外缘具外壁加厚带；外壁表面光滑；轮廓线平滑。棕黄色。

产地层位 乌苏县北阿尔钦沟，安集海河组。

光山核桃粉 *Caryapollenites simplex* (Potonié) Raatz，1937

（图版 70，图 25，29，34；图版 77，图 30，37—40，52）

1951 *Caryapollenites simplex*，Potonie，Taf. 20，Fig. 33.

1978 *Caryapollenites simplex*，《渤海沿岸地区早第三纪孢粉》，103 页，图版 35，图 18，19。

1999 *Caryapollenites simplex*，宋之琛等，682 页，图版 213，图 34—36。

极面观轮廓近圆形，直径为 32.5~46.2μm；具三孔，孔位于亚赤道位，较大，孔径为 4.0~5.5μm；外壁厚为 1~2μm，极区或具一三角形变薄区，外壁表面粗糙，或见少量条形褶皱；轮廓线近平滑。黄至棕黄色。

当前标本轮廓近圆形、孔较大，与该种特征相同。

产地层位 乌苏县北阿尔钦沟、玛纳斯县-呼图壁县吐谷鲁背斜井区，安集海河组；玛纳斯县莫索湾凸起、乌苏县四棵树凹陷和玛纳斯县-呼图壁县吐谷鲁背斜井区，塔西河组。

多孔亚类 Polyporines（~ Polyporina Naumova，1937，1939）R. Potonié，1960

赤道孔系 Stephanoporiti（~ Stephanoporites Van der Hammen，1954）R. Potonié，1960

桤木粉属 *Alnipollenites* Potonié ex Potonié，1960

模式种 *Alnipollenites verus* (Potonié) Potonié，1960

凸孔桤木粉 *Alnipollenites extraporus* Chen，1983

（图版 77，图 49）

1983 *Alnipollenites extraporus* Chen，《西南地区古生物图册》（微体古生物分册），681 页，图版 163，图 15。

1999 *Alnipollenites extraporus*，宋之琛等，700 页，图版 196，图 9—12。

极面观轮廓圆多边形，大小为 29.8μm；具五孔，沿赤道均匀分布，具孔室，孔间弓形脊相连；外壁厚约为 1.5μm，分为两层，在孔处外壁外层突起较高，突出于轮廓线；外壁表面近光滑。黄色。

产地层位 精河县托托，塔西河组。

真桤木粉 ***Alnipollenites verus* (Potonié) Potonié，1960**

（图版 77，图 22，25）

1960 *Alnipollenites verus* (Potonie) Potonie，S. 129，Taf. 8，Fig. 178—180.

1978 *Alnipollenites verus*，《渤海沿岸地区早第三纪孢粉》，107 页，图版 34，图 39—43；图版 35，图 1—7。

1990 *Alnipollenites verus*，孙孟蓉等，图版 33，图 12。

1999 *Alnipollenites verus*，宋之琛等，701 页，图版 196，图 18—20。

极面观轮廓五边形，直径为 34.8~35.2μm；具 5 孔，孔间弓形脊相连；外壁厚约为 1.2μm，在孔处外壁外层稍加厚；外壁表面光滑；轮廓线平滑。浅黄色。

产地层位 精河县托托、呼图壁县莫索湾凸起井区，塔西河组。

枫杨粉属 ***Pterocaryapollenites* Raatz (1937)，1938 ex Potonié，1960**

模式种 *Pterocaryapollenites* (al. *Pollenites*) *stellatus* (Potonié) Raatz，1937

具环枫杨粉 ***Pterocaryapollenites annulatus* Song，1985**

（图版 70，图 42）

1985 *Pterocaryapollenites annulatus* Song，宋之琛等，123 页，图版 43，图 21—24。

1999 *Alnipollenites verus*，宋之琛等，702，703 页，图版 196，图 21—23。

极面观轮廓五边形，直径为 26.2μm；具五孔；外壁厚约为 1.5μm，在孔处外壁外层加厚并隆起，形成孔环；外壁表面粗糙；轮廓线近平滑。棕黄色。

产地层位 昌吉市昌吉河西，安集海河组。

榆粉属 ***Ulmipollenites* Wolff，1934**

模式种 *Ulmipollenites undulosus* Wolff，1934

波形榆粉 ***Ulmipollenites undulosus* Wolff，1934**

（图版 70，图 9，11，12；图版 77，图 15，26，27）

1934 *Ulmi-pollenites undulosus* Wolff，p. 75，pl. 5，fig. 25.

1960 *Ulmipollenites undulosus*，Potonie，S. 31，Taf. 8，Fig. 182.

1978 *Ulmipollenites undulosus*，《渤海沿岸地区早第三纪孢粉》，115 页，图版 37，图 36，38—41。

1991 *Ulmipollenites undulosus*，张一勇等，196 页，图版 62，图 46，47。

1999 *Ulmipollenites undulosus*，宋之琛等，705—706 页，图版 197，图 40—42。

极面观轮廓多边形，直径为 30.8~37.4μm；具 4~5 孔；外壁厚为 1.5~2.0μm，在孔处外壁外层稍加厚；外壁表面具脑皱状纹饰；轮廓线微波形。黄至棕黄色。

产地层位 乌苏县北阿尔钦沟，安集海河组；乌苏县四棵树凹陷和呼图壁县莫索湾凸起井区，塔西河组。

脊榆粉属 *Ulmoideipites* Anderson，1960

模式种 *Ulmoideipites krempii* Anderson，1960

克氏脊榆粉 *Ulmoideipites krempii* Anderson，1960

（图版 70，图 8，18；图版 77，图 20，21）

1960 *Ulmoideipites krempii* Anderson，p. 20，pl. 4，fig. 12；pl. 6，figs. 2，3.

1978 *Ulmoideipites krempii*，《渤海沿岸地区早第三纪孢粉》，116 页，图版 37，图 27，28。

1980 *Ulmoideipites krempii*，孙湘君等，113 页，图版 21，图 1—12。

1999 *Ulmoideipites krempii*，宋之琛等，706—707 页，图版 197，图 27—29。

极面观轮廓四边形，直径为 26.8~37.4μm；具四个孔，孔间弓形脊相连；外壁厚为 1.5~2.0μm，孔处外壁外层微加厚；外壁表面具欠明显或明显的皱状纹饰；轮廓线呈微波形。黄色。

产地层位 乌苏县北阿尔钦沟，安集海河组和塔西河组；玛纳斯县-呼图壁县吐谷鲁背斜井区和石河子市玛纳斯背斜井区，塔西河组。

新近纪脊榆粉 *Ulmoideipites neogenicus* Guan，1989

（图版 70，图 2，3；图版 77，图 17）

1989 *Ulmoideipites neogenicus* Guan，关学婷等，108 页，图版 39，图 6，7。

1999 *Ulmoideipites neogenicus*，宋之琛等，707 页，图版 205，图 18。

极面观轮廓圆三角形，边外凸，直径为 28.8μm；具三孔，孔间弓形脊相连；外壁厚约为 1.5μm，孔处外壁外层微加厚；外壁表面具皱网状纹饰；轮廓线微波形。棕黄色。

当前标本具三孔和具皱网状纹饰，与该种相似，并以此与具颗粒状纹饰的 *Ulmoideipites tricostatus* Anderson 相区别。

产地层位 乌苏县北阿尔钦沟，安集海河组；乌苏县四棵树凹陷井区，塔西河组。

榉粉属 *Zelkovaepollenitess* Nagy，1969

模式种 *Zelkovaepollenites potonie* Nagy，1969

波氏榉粉 *Zelkovaepollenites potonie* Nagy，1969

（图版 70，图 10；图版 77，图 18，19，35，50）

1969 *Zelkovaepollenites potonie* Nagy，p. 457，pl. 51，figs. 17，20.

1990 *Zelkovaepollenites polyangularis* Sun et Wang，孙孟蓉等，138 页，图版 33，图 50—52。

1999 *Zelkovaepollenites potonie*，708 页，图版 197，图 34—36，38。

极面观轮廓四至五边形，直径为 28.6~41.8μm；具 4~5 孔，孔具孔环，孔间或弓形脊相连，弓形脊明显或欠明显；外壁厚为 1.5~2.0μm，表面具皱网状纹饰；轮廓线微波形。棕黄至黄棕色。

产地层位 乌苏县北阿尔钦沟，安集海河组；玛纳斯县莫索湾凸起井区、乌苏县四棵树凹陷井区和玛纳斯县-呼图壁县吐谷鲁背斜井区，塔西河组。

散孔系 Periporiti（~ Periporites Van der Hammen，1956）R. Potonié，1960

石竹粉属 *Caryophyllidites* Couper，1960 emend. Krutzsch，1966

模式种 *Caryophyllidites polyoratus* Couper，1960

小石竹粉 *Caryophyllidites minutus* Song et Zhu，1985

（图版 71，图 3－5；图版 77，图 47）

1985 *Caryophyllidites minutus* Song et Zhu，朱宗浩等，145 页，图版 39，图 35，36。

1999 *Caryophyllidites minutus*，宋之琛等，712 页，图版 198，图 7，8。

直径为 18.5~19.8μm，轮廓近圆形；具散孔 14~16 个，孔圆形，分布较规则，孔径为 2~3μm，具孔膜；外壁厚为 1.5~2.0μm，分为近等厚的两层，表面具颗粒状纹饰；轮廓线近平滑。浅黄至黄色。

产地层位 沙湾县霍尔果斯，沙湾组。

朴粉属 *Celtispollenites* Ke et Shi，1978

模式种 *Celtispollenites dongyingensis* Ke et Shi，1978

东营朴粉 *Celtispollenites dongyingensis* Ke et Shi，1978

（图版 70，图 48，51，52）

1978 *Celtispollenites dongyingensis* Ke et Shi，《渤海沿岸地区早第三纪孢粉》，114 页，图版 38，图 7—11。

1989 *Celtispollenites dongyingensis*，关学婷等，106 页，图版 38，图 20，21。

1999 *Celtispollenites dongyingensis*，宋之琛等，713 页，图版 198，图 38—41。

直径为 33.0~43.5μm；具散孔 4~6 个，孔圆形，孔径为 3.5~4.5μm，具孔环，环宽为 1.5~2.0μm，孔分布不均匀，孔膜近平滑；外壁厚为 1.0~1.5μm，表面近光滑，具少量条形褶皱；轮廓线平滑。浅黄至黄色。

产地层位 乌苏县北阿尔钦沟，安集海河组。

小朴粉 *Celtispollenites minor* Ke et Shi，1978

（图版 70，图 36）

1978 *Celtispollenites minor* Ke et Shi，《渤海沿岸地区早第三纪孢粉》，115 页，图版 40，图 1—6。

1989 *Celtispollenites minor*，关学婷等，107 页，图版 30，图 10—12。

1999 *Celtispollenites minor*，宋之琛等，713—714 页，图版 198，图 28—30。

直径为 28.6μm；具散孔五个，孔近圆形，孔径约为 3μm，具弱孔环，环宽约为 1.5μm，孔膜近平滑；外壁厚约为 1.2μm，表面粗糙；轮廓线平滑。浅黄色。

产地层位 乌苏县北阿尔钦沟，安集海河组。

藜粉属 ***Chenopodipollis*** **Krutzsch，1966**

模式种 *Chenopodipollis multiplex*（Weyland. et Pflug）Krutzsch，1966

地肤型藜粉 ***Chenopodipollis kochioides*** **Song，1985**

（图版 77，图 34）

1985 *Chenopodipollis kochioides* Song，宋之琛等，101 页，图版 33，图 9。

1999 *Chenopodipollis kochioides*，宋之琛等，715 页，图版 199，图 9—11。

直径为 33.2μm；具散孔 60 个以上，孔圆形，孔径为 1.2~2.0μm，分布较均匀；外壁厚约为 1.5μm，表面近光滑；轮廓线为波形。棕黄色。

产地层位 精河县托托，塔西河组。

小孔藜粉 ***Chenopodipollis microporatus*****（Nakoman）Liu，1981**

（图版 77，图 1，9）

1968 *Periporopollenites microporatus* Nakoman，p. 548，pl. 6，fig. 42.

1981 *Chenopodipollis microporatus*（Nakoman）Liu，宋之琛等，127 页，图版 36，图 3。

1985 *Chenopodipollis minor* Song，宋之琛等，101 页，图版 33，图 1—8。

1999 *Chenopodipollis microporatus*，宋之琛等，715 页，图版 198，图 1—6。

直径 18.2~22.0μm；具散孔 30 个以上，孔圆形，孔径为 1.2~2.0μm，分布较均匀；外壁厚为 1.5~2.0μm，表面近光滑；轮廓线为波形。棕黄色。

当前标本个体较小，孔数较多与该种特征相同。

产地层位 乌苏县四棵树凹陷和玛纳斯县-呼图壁县吐谷鲁背斜井区，塔西河组。

多坑藜粉 ***Chenopodipollis multiplex*****（Weyland et Pflug）Krutzsch，1966**

（图版 77，图 3，10）

1957 *Periporopollenites multiplex* Weyland et Pflug，p. 103，pl. 22，figs. 18，19.

1966 *Chenopodipollis multiplex*（Weyland et Pflug）Krutzsch，S. 35，Taf. 7，Fig. 24，25.

1985 *Chenopodipollis multiplex*，朱宗浩等，147 页，图版 39，图 20—22。

1999 *Chenopodipollis multiplex*，宋之琛等，715—716 页，图版 198，图 20—23。

直径为 27.5~29.2μm；具散孔 40 个以上，孔圆形，孔径为 2~3μm，分布较均匀；外壁厚约为 1.5μm，表面具细颗粒纹；轮廓线为微波形。黄色。

当前标本孔数较多（40 个以上），与该种特征相同，并以此与特征相似的 *C.multiporatus*

相区别。

产地层位 乌苏县四棵树凹陷井区，塔西河组。

繁孔藜粉 ***Chenopodipollis multiporatus*** **(Pflug et Thomson) Zhou，1981**

(图版 77，图 33)

1953 *Periporopollenites multiporatus* Pflug et Thomson，S. 111，Taf. 15，Fig. 57.

1981 *Chenopodipollis multiporatus* (Pflug et Thomson) Zhou，宋之琛等，127 页，图版 36，图 7，8。

1985 *Chenopodipollis multiporatus*，朱宗浩等，147 页，图版 39，图 15—19。

1999 *Chenopodipollis multiporatus*，宋之琛等，716 页，图版 198，图 34—36。

直径为 30.8μm；具散孔 30 个以上，孔圆形，孔径为 2.0~2.5μm，分布较均匀；外壁厚约为 1.5μm，表面具细颗粒状纹饰；轮廓线微波形。浅黄色。

产地层位 呼图壁县莫索湾凸起井区，塔西河组。

稀孔藜粉 ***Chenopodipollis oligoporus*** **Song et Zhu，1985**

(图版 70，图 35)

1985 *Chenopodipollis oligoporus* Song et Zhu，朱宗浩等，148 页，图版 39，图 27。

1999 *Chenopodipollis oligoporus*，宋之琛等，716 页，图版 205，图 14，15。

直径为 18.5~20.0μm；具散孔，孔数少于 30 个，孔圆形，孔径约为 1.5μm，分布较均匀；外壁厚约为 1μm，表面近光滑；轮廓线平滑。黄色。

当前标本个体较小，孔数少于 30 个，与该种特征相同。

产地层位 乌苏县北阿尔钦沟，安集海河组。

胡桃粉属 ***Juglanspollenites*** **Raatz，1939**

模式种 *Juglanspollenites verus* Raatz，1939

圆形胡桃粉 ***Juglanspollenites rotundus*** **Ke et Shi，1978**

(图版 77，图 8)

1978 *Juglanspollenites rotundus* Ke et Shi，《渤海沿岸地区早第三纪孢粉》，104 页，图版 33，图 25—27。

1991 *Juglanspollenites rotundus*，张一勇等，191 页，图版 62，图 2，20。

1999 *Juglanspollenites rotundus*，宋之琛等，720 页，图版 199，图 26—28。

极面观轮廓近圆形，直径为 39.6 μm；具孔八个，多沿赤道分布，孔圆形，孔径为 3μm，或具微弱孔环；外壁厚约为 1.5μm，表面近光滑；轮廓线平滑。黄棕色。

产地层位 乌苏县四棵树凹陷井区，塔西河组。

四孔胡桃粉 ***Juglanspollenites tetraporus* Sung et Tsao，1980**

（图版 70，图 27，32，39）

1978 *Juglanspollenites tetraporus* Sung et Tsao，《渤海沿岸地区早第三纪孢粉》，104 页，图版 34，图 11—15。

1999 *Juglanspollenites tetraporus*，宋之琛等，720 页，图版 199，图 12—16。

极面观轮廓圆四边形至近圆形，直径 39.6~46.2μm；具孔四个，孔圆形，位于角端，孔径约为 4μm；外壁厚约为 1.2μm，孔处外壁稍加厚，具弱孔环，表面近光滑，具少量条形褶皱；轮廓线近平滑。黄棕色。

产地层位 玛纳斯县-呼图壁县吐谷鲁背斜井区，安集海河组。

真胡桃粉 ***Juglanspollenites verus* Raatz，1939**

（图版 70，图 22，23，30，33，41；图版 77，图 13，14，36，42）

1960 *Juglanspollenites verus* Raatz，Potonie，S. 135，Taf. 8，Fig. 188.

1978 *Juglanspollenites verus*，《渤海沿岸地区早第三纪孢粉》，104 页，图版 33，图 28—30；图版 34，图 1—10。

1999 *Juglanspollenites verus*，宋之琛等，721 页，图版 199，图 22—24。

极面观轮廓五至六边形，直径为 26.4~44.0μm；具孔 5~7 个，孔圆形，孔径为 2~5μm，或具微弱孔环；外壁厚为 1.0~1.5μm，孔处外壁稍加厚，外壁表面近光滑，或见少量褶皱；轮廓线平滑。黄至棕黄色。

产地层位 乌苏县北阿尔钦沟和玛纳斯县-呼图壁县吐谷鲁背斜井区，安集海河组；乌苏县四棵树凹陷井区和呼图壁县莫索湾凸起井区，塔西河组。

枫香粉属 ***Liquidambarpollenites* Raatz，1938 ex Potonié，1960**

模式种 *Liquidambarpollenites*(al. *Pollenites*) *stigmosus*(Potonié) Raatz，1938

曼结斯枫香粉 ***Liquidambarpollenites mangelsdorfianus* (Traverse) Sun et Li，1981**

（图版 70，图 44，46，47，54，56，57）

1955 *Liquidambar mangelsdorfianus* Traverse，p. 53，pl. 10，fig. 59.

1981 *Liquidambarpollenites mangelsdorfianus* (Traverse) Sun et Li，《南海北部大陆架第三纪古生物图册》，47 页，图版 18，图 9—15。

1999 *Liquidambarpollenites mangelsdorfianus*，宋之琛等，721—722 页，图版 199，图 17—19。

轮廓近圆形至椭圆形，直径为 35.5~38.5μm；具散孔为 12~16 个，孔圆至椭圆形，孔径为 (5.5~8.5) μm×(4.0~6.5) μm，孔缘欠平整，孔膜上具颗粒纹；外壁厚为 1.5~2.0μm，表面细网状纹饰；轮廓线微波形。黄至黄棕色。

当前标本孔为圆至椭圆形，外壁表面具细网状纹饰，与该种特征相似，并以此与属内其他种相区别。

产地层位 乌苏县北阿尔钦沟、玛纳斯县-呼图壁县吐谷鲁背斜井区，安集海河组。

小枫香粉 *Liquidambarpollenites minutus* Ke et Shi，1978

（图版 77，图 12）

1978 *Liquidambarpollenites minutus*，《渤海沿岸地区早第三纪孢粉》，121 页，图版 41，图 4—7。

1999 *Liquidambarpollenites minutus*，宋之琛等，722 页，图版 200，图 1—4。

直径为 27.5μm；具散孔 13 个，孔圆至椭圆形，孔径约为 5.5μm，孔缘欠平整，孔膜上具颗粒纹；外壁厚约为 2μm，表面颗粒状；轮廓线微波形。黄色。

产地层位 乌苏县四棵树凹陷井区，塔西河组。

厚壁枫香粉 *Liquidambarpollenites pachydermus* Ke et Shi，1978

（图版 70，图 53）

1978 *Liquidambarpollenites pachydermus* Ke et Shi，《渤海沿岸地区早第三纪孢粉》，122 页，图版 41，图 8—11。

1989 *Liquidambarpollenites pachydermus*，关学婷等，62 页，图版 19，图 2—4。

1999 *Liquidambarpollenites pachydermus*，宋之琛等，722 页，图版 199，图 20，21。

轮廓近圆形，直径为 28.6μm；具散孔 14 个，孔圆形，较大，孔径为 4.5~5.0μm，孔缘较平滑，孔膜上具细颗粒纹；外壁厚约为 4μm，分为两层，外层倍厚于内层，表面细颗粒状；轮廓线微波形。黄棕色。

当前标本具有外壁厚、孔较大、圆形、孔缘平滑等特征，与本种特征相同，唯外壁表面及孔膜上纹饰较细而有所不同。

产地层位 乌苏县北阿尔钦沟，安集海河组。

满点枫香粉 *Liquidambarpollenites stigmosus*（Potonié）Raatz，1938

（图版 70，图 55，59；图版 77，图 51）

1978 *Liquidambarpollenites stigmosus*（Potonie）Raatz，《渤海沿岸地区早第三纪孢粉》，122 页，图版 41，图 15—18，20，21。

1999 *Liquidambarpollenites stigmosus*，宋之琛等，723 页，图版 200，图 8—11。

轮廓近圆形，直径为 28.2~44.6μm；具散孔 12~20 个，孔圆形，较大，孔径 4~6μm，孔缘平滑，孔膜上具颗粒纹；外壁厚约 1.5~2.0μm，分为近等厚的内、外两层，表面细颗粒状；轮廓线微波形。黄棕色。

当前标本具有孔圆形、孔缘平滑等特征，与该种特征相同。

产地层位 昌吉市昌吉河西，安集海河组；呼图壁县莫索湾凸起井区，塔西河组。

拟锦葵粉属 *Malvacipollis* Harris，1965 emend. Krutzsch，1966

模式种 *Malvacipollis diversus* Harris，1965

小拟锦葵粉 *Malvacipollis minor* (Song et Zhong) Zheng，1999

（图版 70，图 45）

1984 *Malvacearumpollis minor* Song et Zhong，宋之琛等，38 页，图版 15，图 19。

1990 *Malvacearumpollis taxiheensis* Sun et Wang，孙孟蓉等，139 页，图版 34，图 54。

1999 *Malvacipollis minor* (Song et Zhong) Zheng，宋之琛等，724—725 页，图版 201，图 14；图版 207，图 16。

极面观轮廓近圆形，直径为(不包括刺)39.6μm；具散孔，孔圆形，孔径为 3~4 μm，或具孔环；外壁厚约为 1.2μm，表面稀布刺纹，刺长为 3.0~4.5μm，基宽为 1.5~3.0μm，直或微弯曲，末端尖锐，刺间具细颗粒纹；轮廓线齿状。黄色。

产地层位 玛纳斯县-呼图壁县吐谷鲁背斜井区，安集海河组。

繁孔粉属 *Multiporopollenites* Pflug，1953 emend. Potonié，1960

模式种 *Multiporopollenites maculosus* (Potonié) Pflug et Thomson，1953

斑点繁孔粉 *Multiporopollenites maculosus* (Potonié) Pflug et Thomson，1953

（图版 70，图 50）

1953 *Multiporopollenites maculosus* (Potonie) Pflug et Thomson，Thomson und Pflug，S. 94，Taf. 10，Fig. 95.

1978 *Multiporopollenites maculosus*，《渤海沿岸地区早第三纪孢粉》，105 页，图版 34，图 18—20。

1999 *Multiporopollenites maculosus*，宋之琛等，725—726 页，图版 201，图 6，7。

轮廓近圆形，直径为 41.8μm；具散孔 24 个，孔圆形，较小，孔径为 1.5~2.5μm，无孔环；外壁厚约为 1.2μm，表面粗糙；轮廓线近平滑。黄棕色。

当前标本个体较大(大于 40μm)，孔数较多，小而圆等特征与该种相同。*Multiporopollenites punctatus* 与该种非常相似，仅后者个体较小(小于 40μm)略有不同。

产地层位 玛纳斯县-呼图壁县吐谷鲁背斜井区，安集海河组。

点状繁孔粉 *Multiporopollenites punctatus* Ke et Shi，1978

（图版 70，图 37，49）

1978 *Multiporopollenites punctatus* Ke et Shi，《渤海沿岸地区早第三纪孢粉》，105 页，图版 34，图 16，17。

1999 *Multiporopollenites punctatus*，宋之琛等，726 页，图版 202，图 9，10。

轮廓近圆形，直径为 30.8~33.0μm；具散孔 12~18 个，孔圆形，孔径为 2.0~2.5μm；外壁厚约为 1.5μm，表面点状，具少量条形褶皱；轮廓线平滑。黄至棕黄色。

产地层位 乌苏县北阿尔钦沟，安集海河组。

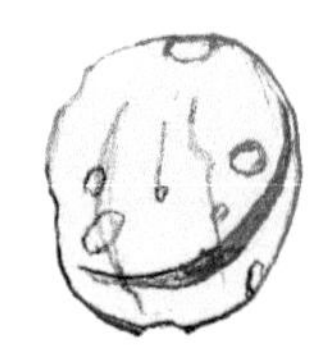

图 5-46
Multiporopollenites junggarensiss Zhan sp. nov.

准噶尔繁孔粉（新种）***Multiporopollenites junggarensis* Zhan sp. nov.**

（图版 77，图 31，32，53；图 5-46）

轮廓近圆形，直径为 35.2~43.5μm；具散孔 12~14 个，孔圆形，大小不一，分布不均，孔径 2.0~5.0μm，或具弱孔环；外壁厚为 1.2~1.5μm，表面近光滑，具少量条形褶皱；轮廓近平滑。浅黄色。

当前标本以孔数较少(少于 15 个)，孔大小不一，分布不均为特征，与属内其他种相区别；*Multiporopollenites rariporus* 的孔数也较少，但孔具明显孔环而不同。

模式标本 图版 77 中的图 31，直径为 37.4μm。

产地层位 呼图壁县莫索湾凸起井区、玛纳斯县-呼图壁县吐谷鲁背斜井区，塔西河组。

蓼粉属 ***Persicarioipollis* Krutzsch，1962**

模式种 *Persicarioipollis meuseli* Krutzsch，1962

卢沙蓼粉 ***Persicarioipollis lusaticus* Krutzsch，1962**

（图版 77，图 43—46）

1962 *Persicarioipollis lusaticus* Krutzsch，S. 284，Taf. 9，Fig. 13—17.

1985 *Persicarioipollis lusaticus*，朱宗浩等，182 页，图版 39，图 1，2，8，9。

1989 *Persicarioipollis lusaticus*，关学婷等，97 页，图版 34，图 9—12。

1999 *Persicarioipollis lusaticus*，宋之琛等，728 页，图版 202，图 4—8。

极面观轮廓近圆形，直径为 36.3~39.6μm；多孔；外壁表面具网状纹饰，网脊较窄，由单行基柱组成，网穴多边形，较小，穴径为 4~5μm，穴内具点状纹饰；轮廓线为齿状。黄至棕黄色。

产地层位 玛纳斯县莫索湾凸起和玛纳斯县-呼图壁县吐谷鲁背斜井区，塔西河组。

主要参考文献

陈辉明, 张振来. 2004. 湖北秭归盆地中侏罗世陈家湾组孢粉组合的发现及其意义. 微体古生物学报, 21 (2)： 199-208.

陈锦石, 邵茂茸, 霍卫国, 等. 1984. 浙江长兴二叠系和三叠系界线地层的碳同位素. 地质科学, (1): 88-93.

成都地质矿产研究所. 1983. 西南地区古生物图册, 微体古生物分册. 北京: 地质出版社.

程政武, 吴绍祖, 方晓思. 1997. 新疆准噶尔盆地和吐鲁番盆地二叠—三叠系. 新疆地质, 15 (2): 155-173.

邓茨兰. 1987. 内蒙古西部早白垩世孢粉组合. 石油地层古生物会议论文集, 北京: 地质出版社.

邓胜徽, 姚益民, 叶得泉, 等. 2003. 中国北方侏罗系（Ⅰ）地层总述. 北京: 石油工业出版社.

地质矿产部成都地质矿产研究所. 1983. 西南地区古生物图册——微体古生物图册. 北京: 地质出版社.

地质矿产部宜昌地质矿产研究所. 1987. 长江三峡地区生物地层学(5), 白垩纪－第三纪分册. 北京: 地质出版社.

杜宝安. 1985a. 甘肃靖远王家山中侏罗世孢粉及其地层、古地理意义. 地质论评, 31 (2) : 131-141.

杜宝安. 1985b. 甘肃靖远王家山中三叠世孢粉组合及其地层意义. 植物学报, 27 (5) : 538-544.

杜宝安, 李秀荣, 段文海. 1982. 甘肃崇信延安组、直罗组孢粉组合. 古生物学报, 21 (5) : 597-606.

甘振波. 1986. 河北中侏罗世下花园组孢子花粉及其地层意义. 古生物学报, 25 (1): 87-92.

高瑞琪, 赵传本. 1976. 松辽盆地晚白垩世孢粉组合. 北京: 科学出版社.

高瑞琪, 赵传本, 乔秀云, 等. 1999. 松辽盆地白垩纪石油地层孢粉学. 北京: 地质出版社.

关学婷, 田秀梅, 孙新华. 1982. 渤海海域晚第三纪孢粉组合及其意义//中国孢粉学会第一届学术会议(1979)论文选集, 北京: 科学出版社.

侯静鹏. 2004. 新疆准噶尔盆地南缘锅底坑组孢粉组合与二叠系—三叠系界线讨论//地层古生物论文集, 30: 177-198.

侯静鹏, 王智. 1986. 晚二叠世孢子花粉//中国地质科学院地质研究所, 新疆地矿局地质科学研究所. 新疆吉木萨尔大龙口二叠三叠纪地层及古生物群, 北京: 地质出版社.

侯静鹏, 王智. 1990. 新疆北部二叠纪孢粉组合//中国地质科学院地质研究所, 新疆石油管理局勘探开发研究院. 新疆北部二叠纪—第三纪地层及孢粉组合. 北京: 中国环境科学出版社.

胡桂琴, 徐晓峰, 孙平. 1999. 内蒙古二连盆地早三叠世地层及孢粉组合的发现. 地层学杂志, (4): 263-269.

湖北省地质科学研究所, 河南省地质局, 湖北省地质局, 等. 1978. 中南地区古生物图册(四), 微体化石部分. 北京: 地质出版社.

湖南省地质局. 1982. 中华人民共和国地质矿产部地质专报, 二、地层古生物 第Ⅰ号, 湖南古生物图册（孢子花粉）. 北京: 地质出版社.

黄嫔. 1993. 新疆准噶尔盆地西北缘三叠纪孢粉组合. 微体古生物学报, 10 (4): 363-395.

黄嫔. 2002. 新疆三塘湖盆地塘浅 3 井中侏罗世孢粉组合. 微体古生物学报, 19 (2): 178-192.

黄嫔. 2006. 新疆乌鲁木齐郝家沟剖面郝家沟组和八道湾组孢粉组合及地层意义. 微体古生物学报, 23 (3): 235-274.

冀六祥, 欧阳舒. 1996. 青海中东部青山群孢粉组合及其时代. 古生物学报, 35(1): 1-25.

冀六祥, 欧阳舒. 2006. 青海省下三叠统巴颜喀拉山群下亚群的孢粉组合. 古生物学报, 45 (4): 473-493.

江德昕, 何卓生, 董凯林. 1988. 新疆塔里木盆地早白垩世孢粉组合. 植物学报, 30 (4): 430-440.

蒋显庭, 周维芬, 林树磐, 等. 1995. 新疆地层及介形类化石. 北京: 地质出版社.

金奎励, 王宜林, 王绪龙, 等. 1997. 新疆准噶尔盆地侏罗系煤成油. 北京: 石油工业出版社.

匡立春, 刘楼军, 师天明, 等. 2015. 准噶尔盆地周边典型露头剖面. 北京: 石油工业出版社.

雷作琪. 1978. 云南一平浪煤系舍资组孢粉组合及其意义. 植物学报, 20 (3): 229-236.

黎文本. 1979. 宁芜、庐江地区中生代火山岩系中的孢粉组合. 中国科学院铁矿地质学术会议论文选集, 古地层生物. 北京: 科学出版社.

黎文本. 1984. 吉林蛟河早白垩世孢粉组合. 中国科学院南京地质古生物研究所集刊, 21: 67-125.

黎文本. 2000. 塔里木盆地北部早白垩世孢粉组合. 古生物学报, 39 (1): 28-45.

黎文本, 尚玉珂. 1980. 鄂西中生代含煤地层的孢粉组合. 古生物学报, 19 (3): 201-219.

黎文本, 何承全. 1996. 塔里木盆地早三叠世疑源类化石及其环境意义. 古生物学报，35(增刊)： 18-36.

李光星. 1988. 山西聊城地区中三叠世聊城组孢粉组合. 古生物学报, 27 (6): 781-784.

李曼英. 1983. 广东南雄盆地早第三纪孢粉组合. 中国科学院南京地质古生物研究所丛刊, 6: 40-61.

李曼英, 宋之琛, 李再平. 1978. 江汉平原白垩—第三纪的几个孢粉组合. 中国科学院南京地质古生物研究所集刊, 9: 1-60.

李佩贤, 张致民, 吴绍祖. 1986. 中国地质科学院地质研究所, 新疆地矿局地质科学研究所. 新疆吉木萨尔大龙口二叠三叠纪地层及古生物群, 北京: 地质出版社.

李秀荣, 段文海, 杜宝安. 1982. 甘肃崇信富县组孢粉组合及其时代//中国孢粉学会第一届学术会议论文选集. 北京: 科学出版社.

李子舜, 詹立培, 朱秀芳, 等. 1986. 古生代－中生代之交的生物绝灭和地质事件. 地质学报, (1)： 3-125.

刘耕武. 1985. 伏平粉属(新属) *Fupingopollenites* gen. nov.及其时空分布. 古生物学报, 24 (1): 64-70.

刘牧灵. 1987. 吉林珲春煤田下第三系孢粉组合. 地层古生物论文集, 17: 167-192.

刘兆生, 尚玉珂, 黎文本. 1981. 陕西、甘肃一些地区三叠、侏罗纪孢粉组合. 中国科学院南京地质古生物研究所丛刊, 3: 131-210.

刘兆生. 1986. 山西大同煤田早、中侏罗世孢粉组合//古植物学与孢粉学论文集，南京：江苏科学技术出版社.

刘兆生. 1990. 新疆沙湾县中侏罗世孢粉组合. 古生物学报, 29 (1): 63-83.

刘兆生. 1996. 新疆皮山县杜瓦地区早三叠世乌尊萨依组孢粉组合. 古生物学报, 35 (增刊): 37-59.

刘兆生. 1998. 塔里木盆地北缘侏罗纪孢粉组合. 微体古生物学报, 15 (2): 144-165.

刘兆生. 1999a. 塔里木盆地北缘三叠纪孢粉组合. 古生物学报, 38 (4): 474-508.

刘兆生. 1999b. 吐鲁番盆地桃树园剖面三叠系—侏罗系生物地层界线. 新疆石油地质, 20 (2): 117-121.

刘兆生. 2000. 吐哈盆地北缘二叠系与三叠系界线. 地层学杂志, 24 (4): 310-314.

刘兆生, 孙立广. 1992. 新疆温泉煤田早、中侏世孢粉组合及其地层意义. 古生物学报, 31 (6): 629-645.

卢辉楠. 1995. 准噶尔盆地的侏罗系. 地层学杂志, 19 (3): 180-190.

卢孟凝，王若珊. 1980. 四川盆地西北部马鞍塘组微古植物群的发现及其意义. 植物学报, 22 (4): 370-378.

马玉贞. 1991. 甘肃敦煌盆地南部第三纪孢粉组合．微体古生物学报, 8(2): 207-225.

孟繁松, 张振来, 韩友科, 等. 1994. 长江三峡地区二叠、三叠纪之交的地质事件//地层古生物论文集, 25: 92-106.

苗淑娟. 1981. 河北早白垩世孢粉组合及其意义. 中国地质科学院天津地质矿产研究所所刊, 3: 137-146.

苗淑娟. 1982. 内蒙古固阳含煤盆地中生代地层古生物(九)，孢子花粉部分. 北京: 地质出版社.

苗淑娟, 余静贤, 曲立范, 等. 1984. 中生代孢子花粉. 见: 华北地区古生物图册(三)，微体古生物分册. 北京: 地质出版社.

欧阳舒. 1986. 云南富源晚二叠世—早三叠世孢子组合. 中国古生物志, 1: 1-122.

欧阳舒, 李再平. 1980. 云南富源卡以头层微体植物群及其地层和古植物学意义//黔西滇东晚二叠世含煤地层和古生物圈, 北京: 科学出版社.

欧阳舒, 王智, 詹家祯, 等. 2003. 新疆北部石炭纪－二叠纪孢子花粉研究. 合肥: 中国科学技术大学出版社.

潘昭仁, 李经荣, 石忠信, 等. 1990. 山东中生代地层与孢粉//中国油气区地层古生物论文集(二). 北京: 石油工业出版社.

彭希龄. 1990. 新疆北部二叠纪—第三纪地层及孢粉组合//新疆北部二叠纪—第三纪地层及孢粉组合. 北京: 中国环境科学出版社.

彭希龄, 吴绍祖. 1983. 新疆北部脊椎动物化石层位及其有关问题的讨论. 新疆地质, 1 (1): 44-58.

蒲荣干, 吴洪章. 1982. 黑龙江省东部晚中生代地层中的孢子花粉. 沈阳地质矿产研究所所刊: 383-456.

蒲荣干, 吴洪章. 1985. 兴安岭地区兴安岭群和扎赉诺尔群的孢粉组合及其地层意义. 沈阳地质矿产研究所所刊, 11: 47-113.

齐雪峰, 吴晓智. 2009. 准噶尔盆地南缘安集海河组沉积环境及油气地质意义. 新疆石油地质, 30(3): 289-292.

钱丽君, 吴景均. 1982. 江西萍乡安源组、三丘田组孢粉组合. 中国孢粉学会第一届学术会议论文选集. 北京: 科学出版社.

钱丽君, 赵承华, 吴景均. 1983. 湘赣地区中生代含煤地层化石, 第三分册: 孢子花粉组合. 北京: 煤炭工业出版社.

钱丽君, 白清照, 熊存卫, 等. 1987. 陕西北部侏罗纪含煤地层及聚煤特征. 西安: 西北大学出版社.

青海石油管理局勘探开发研究院, 中国科学院南京地质古生物研究所. 1985. 柴达木盆地第三纪孢粉学研究. 北京: 石油工业出版社.

曲立范. 1980. 三叠纪孢子花粉//陕甘宁盆地中生代地层古生物(上册). 北京: 地质出版社.

曲立范. 1982. 山西交城刘家沟组孢粉组合. 中国地质科学院地质研究所所刊(4): 83-93.

曲立范. 1989. 早三叠世孢粉组合特征. 见: 中国天山二叠-三叠系界线的研究. 海洋出版社.

曲立范, 王智. 1986. 三叠纪孢子花粉//中国地质科学院地质研究所, 新疆地矿局地质科学研究所. 新疆吉木萨尔大龙口二叠三叠纪地层及古生物群, 北京: 地质出版社.

曲立范, 王智. 1990. 新疆北部三叠纪孢粉组合//中国地质科学院地质研究所, 新疆石油管理局勘探开发研究院. 新疆北部二叠纪—第三纪地层及孢粉组合, 北京: 中国环境科学出版社.

曲立范, 杨基端, 白云洪, 等. 1983. 中国三叠纪孢粉组合特征及其分区的初步探讨. 中国地质科学院院报, 5: 81-94.

曲立范, 冀六祥. 1994. 青海中部早三叠世池塘群孢粉组合//地层古生物论文集, 27: 188-211.

尚玉珂. 1981. 湘西南、桂东北早侏罗世孢粉组合. 古生物学报, 20(5): 428-440.

尚玉珂. 1982. 西藏安多土门格拉组孢粉组合//西藏古生物, 第五分册. 北京: 科学出版社.

尚玉珂, 王淑英. 1991. 吉林九台营城组孢粉组合及古植被、古气候探讨. 微体古生物学报, 8(1): 91-110.

师天明, 周春梅, 顾新元, 等. 2007. 准噶尔盆地南缘紫泥泉子组孢粉组合及其意义. 新疆石油地质, 28 (1): 67-71.

石油化学工业石油勘探开发研究院, 中国科学院南京地质古生物研究所. 1978. 渤海沿岸地区早第三纪孢粉. 北京: 科学出版社.

宋之琛, 曹流. 1976. 抚顺煤田的古新世孢粉. 古生物学报, 15 (2): 147-164.

宋之琛, 钟碧珍. 1984. 云南景谷第三纪孢粉组合. 中国科学院南京地质古生物研究所丛刊, 8: 1-54.

宋之琛, 钱泽书. 1989. 苏北盆地泰州组孢粉研究. 南京. 南京大学出版社.

宋之琛, 郑亚惠, 刘金陵, 等. 1981. 江苏地区白垩纪—第三纪孢粉组合. 北京: 地质出版社.

宋之琛, 李曼英, 黎文本. 1984. 云南一些地区中生代及早第三纪早期的孢粉组合. 北京: 科学出版社.

宋之琛, 关学婷, 李增瑞, 等. 1985. 东海陆架盆地龙井构造带新生代孢粉学研究. 合肥: 安徽科学技术出版社.

宋之琛, 李曼英, 钟林. 1986. 广东山水盆地白垩纪—早第三纪孢粉组合. 中国古生物志, 新甲种 10 号: 1-69.

宋之琛, 尚玉珂, 刘兆生, 等. 2000. 中生代孢粉//第二卷, 中国孢粉化石. 北京: 科学出版社.

宋之琛, 郑亚惠, 李曼英, 等. 1999. 晚白垩世和第三纪孢粉//中国孢粉化石, 第一卷. 北京: 科学出版社.

孙峰. 1989. 新疆吐鲁番七泉湖煤田早、中侏世孢粉组合. 植物学报, 31 (8): 638-646.

孙孟蓉，王宪曾. 1990. 新疆准噶尔盆地第三纪孢粉组合//中国地质科学院地质研究所，新疆石油管理局勘探开发研究院. 新疆北部二叠纪—第三纪地层及孢粉组合，北京: 中国环境科学出版社.

孙湘君, 何月明. 1980. 江西古新世孢子花粉研究. 北京: 科学出版社.

孙秀玉, 范永琇, 邓茨兰, 等. 1980a. 渭河盆地新生代孢粉组合. 中国地质科学院地质研究所所刊, 1: 84-109.

孙秀玉, 赵英娘, 何卓生. 1980b. 西宁-民和盆地晚白垩世—早第三纪孢粉组合特征及地层时代、古植被、古气候的探讨. 石油实验地质, (4): 44-52.

孙秀玉, 赵英娘, 何卓生. 1984. 青海西宁-民和盆地渐新世至中新世孢粉组合. 地质评论, 30(4): 207-216.

天津地质矿产研究所. 1984. 华北地区古生物图册. 北京: 地质出版社.

王从凤. 1987. 中国东部早第三纪孢粉序列. 石油地层古生物会议论文集, 北京: 地质出版社.

王从凤, 钱少华. 1981. 内蒙古吉诺尔盆地早白垩世孢粉组合. 石油与天然气地质, 2 (4): 373-381.

王大宁, 赵英娘. 1979. 湖北江汉盆地晚白垩世中被子植物花粉新属种. 植物学报, 21 (4): 320-327.

王大宁, 赵英娘. 1980. 江汉盆地晚白垩世—早第三纪早期孢粉组合特征及其地层意义//地层古生物论文集, 9: 121-171.

王大宁, 孙秀玉, 赵英娘, 等. 1984. 我国部分地区晚白垩世—早第三纪孢粉组合序列. 地质论评, 30 (1): 8-17.

王大宁, 孙秀玉, 赵英娘, 等. 1990. 青海、新疆部分地区晚白垩世—第三纪孢粉植物群研究//青海、新疆部分地区晚白垩世—第三纪含油盆地微古植物群的研究, 第一部分. 北京: 中国环境科学出版社.

王蕙. 1989. 塔里木盆地棋盘—杜瓦地区早二叠世孢粉植物群及生态环境. 古生物学报，28(3): 40-44.

王开发, 张玉兰, 王蓉, 等. 1987. 安徽白垩—第三纪孢粉组合. 北京: 石油工业出版社.

王宪曾. 1987. 孢粉与环境. 微体古生物学报, 4 (4): 439-444.

王永栋, 江德昕, 杨惠秋, 等. 1998. 新疆吐鲁番—鄯善地区中侏罗世孢粉组合. 植物学报, 40 (10): 968-979.

王招明, 钟端, 赵培荣, 等. 2004. 库车前陆盆地露头区油气地质. 北京：石油工业出版社.

王自强. 1989. 华北二叠纪大型古植物事件. 古生物学报，28(3): 314-343.

吴洪章, 蒲荣干. 1982. 吉林浑江北山组孢粉组合. 中国孢粉学会第一届学术会议(1979)论文选集. 北京: 科学出版社.

吴洪章, 张心丽. 1983. 辽宁北票组上含煤段孢粉组合. 古生物学报, 22 (5): 564-570.

席以珍, 孙孟蓉. 1987. 白刺属的花粉形态及其在地层中的分布. 植物学集刊, 2: 235-244.

新疆地质矿产局地质矿产研究所, 中国地质科学院地质研究所. 1989. 中国天山二叠—三叠系界线的研究. 北京: 海洋出版社.

新疆维吾尔自治区区域地层表编写组. 1981. 西北地区区域地层表, 新疆维吾尔自治区分册. 北京: 地质出版社.

徐道一, 杨正宗, 张勤文, 等. 1983. 天文地质学概论. 北京: 地质出版社.

徐道一, 张勤文, 孙亦因. 1987. 古生物大规模灭绝—地质事件划分的基本标志. 地质学报, 61(3).

徐钰林, 张望平. 1980. 侏罗纪孢子花粉//陕甘宁盆地中生代地层和古生物(上册). 北京: 地质出版社.

阎存凤. 1992. 陕西榆林-横山地区富县组孢粉组合. 植物学报, 34(8): 634-640.

杨基端, 孙素英. 1986. 大孢子. 见: 新疆吉木萨尔大龙口二叠三叠纪地层及古生物群. 北京: 地质出版社.

杨基端, 孙素英. 1989. 晚二叠世—早三叠世大孢子组合特征//中国天山二叠—三叠系界线的研究. 北京: 海洋出版社.

余静贤. 1990. 新疆北部白垩纪孢粉组合//中国地质科学院地质研究所, 新疆石油管理局勘探开发研究院. 新疆北部二叠纪—第三纪地层及孢粉组合, 北京: 中国环境科学出版社.

余静贤, 张望平. 1982. 莱阳盆地来阳组上部早白垩世孢粉组合. 中国孢粉学会第一届学术会议(1979)论文选集. 北京: 科学出版社.

余静贤, 韩秀萍. 1985. 江西白垩纪孢子花粉. 北京: 地质出版社: 1-200.

余静贤, 郭正英, 茅绍智. 1983. 松花江南部白垩纪孢粉组合. 地层古生物论文集, 12: 1-118.

詹家祯, 师天明, 周春梅, 等. 2007. 新疆准噶尔盆地芳 3 井晚白垩世孢粉组合的发现及其地质意义. 微体古生物学报, 24 (1): 15-27.

张春彬. 1962. 江苏句容早白垩世孢粉组合. 古生物学报, 10(2): 246-286.

张春彬. 1965. 黑龙江鸡西穆棱组孢子及其地层意义. 中国科学院地质古生物研究所集刊, 4: 163-198.

张泓, 李恒堂, 熊存卫, 等. 1998. 中国西北侏罗纪含煤地层与聚煤规律. 北京: 地质出版社.

张璐瑾. 1978. 浙江中生界火山碎屑沉积中的孢子花粉. 古生物学报, 17 (2): 180-194.

张璐瑾. 1983. 新疆北部八道湾组的时代. 中国科学, B 辑, 26 (7): 366-371.

张璐瑾. 1984. 川中三叠纪孢粉. 中国古生物志, 北京: 科学出版社.

张望平, 张振来. 1987. 侏罗纪孢粉. 长江三峡地区生物地层学(4)三叠纪—侏罗纪分册. 北京: 地质出版社.

张望平, 赵清川. 1985. 甘肃窑街地区下侏罗统炭洞沟组的孢粉组合. 地质评论, 31(1): 13-22.

张望平. 1989. 中国东部一些地区侏罗纪孢粉组合. 中国东部构造—岩浆演化及成矿规律(二)中国东部侏罗纪—白垩纪古生物及地层. 北京: 地质出版社.

张望平. 1990. 新疆准噶尔盆地侏罗纪孢粉组合//中国地质科学院地质研究所, 新疆石油管理局勘探开发研究院. 新疆北部二叠纪—第三纪地层及孢粉组合, 北京: 中国环境科学出版社.

张一勇. 1983. 中国晚白垩世孢粉植物群. 微体古生物学报, 10 (2): 131-157.

张一勇. 1995. 中国古近纪孢粉植物群纲要. 古生物学报, 34 (2): 212-222.

张一勇. 1999. 中国白垩纪被子植物花粉的宏演化. 古生物学报，38(4): 435-453.

张一勇, 詹家祯. 1991. 新疆塔里木盆地西部晚白垩世至早第三纪孢粉. 北京: 科学出版社.

张义杰, 齐雪峰, 程显胜, 等. 2003. 中国北方侏罗系(Ⅶ)新疆地区. 北京: 石油工业出版社.

张玉兰, 王开发, 王家文, 等. 1986. 安徽南陵盆地早第三纪孢粉组合及其地质意义. 石油与天然气地质, 7 (1): 75-82.

张振来. 1982. 湖北蒲圻群下部孢粉组合//中国孢粉学会第一届学术会议(1979)论文选集. 北京: 科学出版社.

张祖辉, 傅智雁, 罗坤泉, 等. 1982. 陕甘宁盆地南部中生界孢粉组合//中国孢粉学会第一届学术会议(1979)论文选集. 北京: 科学出版社.

赵传本. 1976. 大庆油田巴尔姆孢的发现及其意义. 古生物学报, 15 (2): 132-146.

赵传本. 1987. 二连盆地早白垩世孢粉组合. 北京: 石油工业出版社.

赵传本. 1987. 松辽盆地马斯特里赫期明水组二段孢粉//中国油气区地层古生物论文集(1). 北京: 石油工业出版社.

赵锡文. 1988. 古气候学. 北京: 中国地质大学出版社.

郑芬, 黎文本. 1989. 福建白垩纪孢粉化石//中国白垩系论文选集, 149-178.

郑亚惠. 1982. 浙江仙居、宁海中新世孢子花粉//中国孢粉学会第一届学术会议(1979)论文选集. 北京: 科学出版社.

郑亚惠, 何承全. 1984. 苏北钦30井晚白垩世泰州组孢粉学. 中国科学院南京地质古生物研究所丛刊, 8 : 55-117.

郑亚惠, 周山富, 刘祥琪, 等. 1981. 苏北和南黄海盆地晚第三纪孢粉. 中国科学院南京地质古生物研究所丛刊, 3: 29-90.

中国地质科学院地质研究所, 新疆地矿局地质科学研究所. 1986. 新疆吉木萨尔大龙口二叠三叠纪地层及生物群. 地矿部地质专报, 二、地层古生物第3号. 北京: 地质出版社.

中国地质科学院地质研究所, 新疆石油管理局勘探开发研究院. 1990. 新疆北部二叠纪—第三纪地层及孢粉组合. 北京: 中国环境科学出版社.

中国科学院北京植物研究所古植物研究室孢粉组. 1976. 中国蕨类植物孢子形态. 北京: 科学出版社.

中华人民共和国石油勘探公司南海分公司, 地质勘探公司广州分公司, 中国科学院南京地质古生物研究所, 等. 1981. 南海北部大陆架第三纪古生物图册(孢粉部分, 孙湘君等). 广州: 广东科技出版社.

钟筱春, 赵传本, 杨时中, 等. 2003. 中国北方侏罗系(II)古环境与油气. 北京: 石油工业出版社.

周春梅, 程金辉, 阿丽娅·阿木提, 等. 2012. 新疆准噶尔盆地南缘安集海河组中段上部的地质时代与古环境意义. 地层学杂志, 36(4). 723-732.

周和仪. 1982. 山东北部二叠纪孢粉//中国孢粉学会第一届学术年会(1979)论文选集. 北京: 科学出版社.

周山富. 1992. 汉江粉刺参粉的结构机理和演化. 古生物学报, 31 (5): 583-594.

周山富, 徐淑娟. 1987. 刺参粉和江汉粉. 植物学报, 29 (1): 88-94.

周山富, 吴国瑄, 王开发, 等. 2000. 古孢粉学研究和应用. 杭州: 浙江大学出版社.

周统顺, 李佩贤, 杨基端, 等. 1997. 中国非海相二叠—三叠系界线层型剖面研究. 新疆地质, 15 (3): 211-226.

朱怀诚. 1997. 塔里木西南早三叠世早期孢粉组合及二叠系/三叠系界线研究. 科学通报, 42(3): 301-303.

朱怀诚, 欧阳舒. 2005. 孢子花粉与植物大化石: 地质记录的差异及其古植物学意义. 古生物学报, 44 (2): 161-174.

朱宗浩, 巫礼玉, 席萍, 等. 1985. 柴达木盆地第三纪孢粉学研究. 北京: 石油工业出版社.

Balme B E. 1963. Plant microfossils from the lower Triassic of western Australia. Palaeontology, 6(1): 12-40.

Balme B E. 1970. Palynology of Permian and Triassic strata in the Salt Range and Surghar Range West Pakistan. //Kummel B, Teichert C. Stratigraphic boundary problems: Permian and Triassic of West Pakistan. University of Kansas,special publication, 4: 306-453.

Boltenhagen E. 1967. Spores et pollen du Cretace superieur au Babon. Pollen et Spores, 9(2): 335-356.

Brenner G J. 1963. The Spores and Pollen of the Potomac Group of Maryland. State of Maryland, Board of Natural Resources, Department of Geology, Mines, and Water Resource.

Clarke R F A. 1965. Keuper miospores from Worcestershire, England. Palaeontology, 8(2): 294-321.

Cookson I C, Dettmann M E. 1957. Some trilete spores from Upper Mesozoic deposits in the eastern Australian region. Proceeding. Royal Society Victoria, 70: 95-128.

Couper R A. 1953. Upper Mesozoic and Cenozoic spores and pollen grains from NewZealand.New Zealand Geological Survey, 22: 1-77.

Couper R A. 1958. British Mesozoic microspores and pollen grains. A systematic and stratigraphic study. Palaeontology, 103: 75-179.

De Jersey N J. 1959. Jurassic spores and pollen grains from the Rosewood Coalfield. Queensland Department of Mines, 60: 346-366.

De Jersey N J. 1962. Triassic spores and pollen grains from the Ipswich Coalfield. Geological survey of Queensland, 307: 1-18.

De Jersey N J,Paten R J. 1964. Jurassic spores and pollen grains from the Surat Basin. Publishing Geological Survey Qd., 322: 1-18.

Delcourt A F, Dettmann M E,Hughes N F. 1963. Revision an some Lower Cretaceous microspores from Belgium. Palaeontology, 6: 282-292.

Dettmann M E. 1963. Upper Mesozoic microfloras from southeastern Australia. Proc. Roy. Soc. Vict. , 77(1): 1-152.

Filatoff J. 1975. Jurassic palynology of Perth Basin, western Australia. Palaeontogr. B, 154(1-4): 1-113.

Foster C B. 1978. Permian plant microfossils of the Blair Athol coal measures, Baralaba coal measures, and basel Rewan formation of Queensland. Queensland : The University of Queensland.

Hart G F. 1964. A review of the classification and distribution of the Permian miospore: Disaccate Striatiti. Compte Rendu 5 th. Int. Congr. Strat. Et Geol. Carboniferous P. , 1171-1199.

Hart G F. 1965. The Systematics and Distribution of Permian Miospores. Johannesburg: Witwatersrand University Press.

Jain K R. 1968. Middle Triassic pollen grains and spores from Minas de Petroleo Beds of the Cacheuta Formation (Upper Gondwana), Argentina. Palaeontographica Abteilung B, 122: 1-47.

Jansonius J. 1962. Palynology of Permian and Triassic sediments, Peace River area western Canada. Palaeontographica Abteilung B, 110: 35-98.

Kedves M. 1961. Etudes palynologiques dans le Bassin de Dorog. II. Pollen et Spores, 3(1): 111-153.

Klaus W. 1960. Sporen der Karnisschen Stufe der ostalpinen Trias. Jb. Geol. Bundesanst. , Wien Sonderbd, 5: 107-184.

Klaus W. 1963. Sporen aus dem sudapinen Perm. Jb. Geol. Bundesanst. , 106: 229-363.

Krutzsch W. 1959. Mikropalaeontologische (Sporeepalaontologische) Untersuchungen in der Braunkohle des Geiseltales. Beih. Zeits. Geologie, 21-22: 1-425.

Krutzsch W. 1962-1971. Atlas der mittel-und jungtertiären dispersen Spores und Pollen sowie der Mikroplanktonformen des nördlichen Mitteteuropas. Lief I-VII. Web Deutscher Verlag der Wissenschaflen.

Leopold E B. 1969. Late Cenozoic Palynology//In Aspects of Palynology. New York: Wiley-Interscience.

Leschik G. 1955. Die Keuper Flora von Neuewelt bei Basel. II. Die Iso-und Mikrosporen. Schweiz. Palaeont. Abh. , 72: 9-70.

Nagy E. 1985. Sporomorphs of the Neogene in Hungary. Geologica Hungarica Series Palaeontologica, 47: 1-235.

Niklas K J, Tiffncy B H, Knoll A H. 1985. Patterns in vas cular land plant diversification: An analysis at the species level//Valentine J W. Phanctozoic Diversity Patterns Profiles in Macrocvolution. Princeton: Princeton University Press: 97-128.

Ouyang S, Utting J. 1990. Palynology of Upper Permian and Lower Triassic rocks, Meishan, Changxing County, Zhejiang Province, China. Review of Palaeobotany and Palynology, 66(1): 65-103.

Ouyang S, Norris G. 1999. Earliest Triassic (Induan) spores and pollen from the Junggar Basin, Xinjiang, northwestern China. Review of Palaeobotany and Palynology, 106(1): 1-56.

Pflug H. 1953. Zur Entstehung des Angiospermiden Pollen in der Erdgeschichte. Palaeontographica Alteilung B, 95: 61-171.

Pierce R C. 1961. Lower Upper Cretaceous plant microfossils from Minnesota. University of Minnesota, Mineapolis Gedogical Survey Bulletin, 42: 1-86.

Playford G and Dettmann M E. 1965. Rhaeto-Liassic plant microfossils from the Leigh Creek coalmeasures, South Australia. Senckenbergiana Lethaea, 46(2-3): 127-181.

Playford G. 1965. Plant microfossils from Triassic sediments near Poatina, Tasmania. Journal of the Geological Society of Australia, 12(2): 173-210.

Pocock S A J. 1962. Microfloral analysis and age determination of strata at the Jurassic-Cretaceous boundary in the western Canada Olains. Palaeontographica Alteilung B, 111: 1-95.

Pocock S A J. 1970. Palynology of Jurassic sediments of western Canada. Part I and II. Palaeontographica Alteilung B, 130: 12-136.

Potonié R，Kremp G O W. 1955. Die Sporae dispersae des Ruhrkarbons, ihre Morphologie und Stratigraphie mit Ausblicken auf Arten anderen Gebiete und Zeitabschnitte. Palaeontographica, B98 (1-3)： 1-136.

Potonié R, Kremp G O W. 1956. Die Sporae dispersae des Ruhrkarbons, ihre Morphologie und Stratigraphie mit Ausblicken auf Arten anderen Gebiete und Zeitabschnitte. Palaeontographica, 99 (4-6)： 85-191.

Potonié R. 1951. Pollen und Sporenformen als Leitfossilien des Tertiars. Mikroskopie. , 6 (9/10) : 272-283.

Potonié R. 1956. Synopsis der Gattungen der Sporae dispersae, 1. Teil: Sporites. Beih. Geol. Jb. , 23: 1-103.

Potonié R. Klaus W. 1954. Einige Sporengattungen des alpinen Salzgebirges. Geol. Jb. , 68: 517-546.

Ross N E. 1949. On a Cretaceous pollen and spore bearing clay deposit of Scania. Bulletin of the Geological Institute, University of Upsala, 34: 25-43.

Rouse C E. 1959. Plant microfossils from Kootenay coal-measures stata of British Coauumbia. Micropalaeontology, 5 (3) : 303-324.

Song Z C , Cao L. 1980. Spores and pollen grains from the Fushun Group. Paper for the 5th International Conference on Palynology, Nanjing: 1-10.

Srivastava S K. 1966. Upper Cretaceous microflora (Maestrichtian) from Scollard, Alberta, Canada. Pollen et Spores, 8 (3): 497-552.

Srivastava S K. 1972. Some spores and pollen grains from the Paleocene Oak Hill Member of the Naheola Formation, Alabama (U. S. A.). Review of Palaeobotang and Palynology, 14 (3) : 217-285.

Thiergart F. 1949. Der stratigraphische Wert mesozoischer pollen und sporen. Aphica Abteilung B Band 089, 89: 1-34.

Thomson P W, Pflug H. 1953. Pollen und Sporen des mitteleuropalschen Tertiars. Palaeontographica, B94:1-138.

Tissot B P, Welte D H. 1984. Petroleum formation and occurrence. New York : Springer-Verlag Berlin Heidelberg.

Wilson L R, Webster R N. 1946. Plant microfossils from a Fort Union coal of Montana. American Journal of Botany, 33 (4) : 271-278.

Болховитина Н А. 1953. Спорово-пыльцевая характеристика меловых отложений центральных областей СССР. Тр. ГИН АН СССР, (145) , сер. геол. , но. 61: 1-185.

Болховитина Н А. 1956. Атлас спор и пыльцы из юрских и нижемеловых отложений Вилюйско впадины. Тр. ГИН АН СССР, (2) : 1-185.

Болховитина Н А. 1959. Спорово-пыльцевые комплексы мезозойских отложений Вилюйско впадины и их значение для стратиграфии. Тр. ГИН АН СССР, (24) : 1-185.

Болховитина Н А. 1961. Ископаемые и современые спорысемемейства схизеиных. Труды геол. ин-та АН СССР, вып. 40.

Вахрамеев В А. 1988. Юрские и меловюефлоры и климаты земли. Труды Геологического Института Академия Наук СССР, 430: 1-210.

Вербицкая З И. 1962. Палинологическое ебоснование стратиграфического расчленения мелоых отложений Сучанского каменноуглыного бассейна. Тр. Лаб. Геологии Угля АН СССР, (15) : 1-165.

Заклинская Е Д. 1957. Стратиграфческое значение пыльцы голосеменных из кайнозойских отложений Павлодарского Прииртышьяи северного Приурллья. Тр. ГИН АН СССР, (6) : 1-184.

Зауер В В. 1954. Ископаеме виды рода *Cedrus* и их значение для стратиграфии континентльных отложений. Матернады по палинологии и стратиграфии, 10-85.

Зауер В В. 1954. Ископаеме виды рода Cedrus и их значение для стратиграфии континентльных отложений. Матернады по палинологии и стратиграфии: 10-85.

Кара-МУрза З Н. 1960. Палинологическое обоснование стратиграфи ческого расчленения мезозойских отложеений Хатангаской впадины Тр. инст. геол. Арктики. , 109: 1-134.

Копытова Э А. 1963. Новые виды спор и пыльцы из триасовых отложений западного Казахстана. Государственное научно-техическое издательство литературы по геологии и охране недр，Москва.

Малявкина В С. 1949. Спределитель спор и пыльцы Юра-Мел. Тр. ВНИГРИ, нов. сер. , (33) : 1-323.

Холонова А Ф. 1960. Видовой состав пылтцы и спор в отложениях верхнего мела чулыто-Енисейской впадины. Труды инта геол. и геофз. со. АН СССР, вып. 7.

Холонова А Ф. 1961. Споры и пыльца верхней половины верхего мела восточной части западно-Сибирской низменности. Труды инта геология и геофизика со. АН СССР, выпуск 7.

Шахмундес В А. 1965. Новые виды *Ephedra* L. из осадков палеогена севера Западной Сибири. В кн: Палеофитологический сборник. Труды ВНИГРИ. вып. 239, М. , Недра.

A Research on Mesozoic and Cenozoic Sporo-pollen Assemblage from the Junggar Basin, Xinjiang

(abstract)

The Junggar Basin is one of the largest continental sedimentary basins in China where Mesozoic to Cenozoic strata are well developed with relatively complete successions and abundant fossil. Especially the Permian/Triassic sequences cropping out in Dalongkou section of the Jimsar County and the Triassic/Jurassic sequences in Haojiagou section of the Urumqi County contain continuous strata and diversified fossils, and are highly significant in biostratigraphy and boundary delineation.

Lithologically, the Mesozoic to Cenozoic strata in the Junggar Basin may be divided in ascending order into the upper part of the Guodikeng Formation, Jiucaiyuan, Shaofanggou, Karamay, Huangshanjie, Haojiagou, Badaowan, Sangonghe, Xishanyao, Toutunhe, Qigu, Kalaza, Qingshuihe, Hutubihe, Shenjinkou, Lianmusin, Donggou, Ziniquanzi, Anjihaihe, Shawan, Tasihe, and Doshanzi Formations.

Based on the distribution and abundance of each of the palynomorphs, 27 sporo-pollen assemblages from the studied sections may be proposed as follows.

1. *Limatulasporites-Lundbladispora-Klausisporites*（LLK）assemblage

This assemblage is obtained from the upper part of the Guodikeng Formation. In this assemblage the pteridophytic spores are richer than the gymnospermous pollen. Among the pteridophytic spores, the zonatrilete spores rank the first in content, including *Limatulasporites*, *Kraeuselisporites* and *Lundbladispora* etc. The next is the azonotrilete spores, including *Verrucosisporites*, *Apiculatisporis*, *Punctatisporites* etc. In addition, there are monoletes spores *Aratrisporites* in very few. Among the gymnospermous pollen the nonstriate bisaccate pollen are the richest, including *Alisporites*, *Klausipollenites*, *Platysaccus*, *Vitreisporites* etc. And secondly, striate bisaccate pollen, including *Protohaploxypinus*, *Striatoabieites*, *Taeniaesporites*, *Lueckisporites virkkiae* etc. The monocolpate pollen and polyplicate pollen have a certain percentage.

Based on the above-mention data, the present assemblage of the the upper part of the Guodikeng Formation is assigned to the early stage of early Triassic.

2. *Limatulasporites limatulus-Lundbladispora watangensis-Alisporites* australis（LWA） assemblage

This assemblage is obtained from the Jiucaiyuan Formation. It is characterized by the dominance of pteridophytic spores among which the zonatrilete spores rank the first in content, including *Limatulasporites*, *Lundbladispora* etc. the Next are the azonatrilete spores with granulate、spinae、baculate and verrucate ornamentation. The laevigate azonotrilete spores present in lower content. The monolete spores *Aratrisporites* occasionally occur. Among the gymnospermous pollen, the nonstriate bisaccate rank the first in content, including *Alisporites*, *Klausipollenites*, *Caytonipollenites* and *Podocarpidites* etc. And the second is, striate bisaccate pollen, including *Taeniaesporites*, *Protohaploxypinus* and *Striatoabieites* etc. In addition, there are monocolpate pollen *Cycadopites*, monosaccate pollen *Cordaitina* and *Florinites*, multistriate pollen *Ephedripites* and *Equisetosporites* etc. in very few.

3. *Dictyotriletes mediocris-Polycingulatisporites junggarensis-Taeniaesporites noviaulensis* (MJN) assemblage

This assemblage is obtained from the Shaofanggou Formation. It is mainly characterized: The striated disaccate pollen, such as *Taeniaesporites*, etc. is very developed; the nonstriate bisaccate pollen, such as *Alisporites*, etc. are decreased; the monocolpate pollen, such as *Cycadopites*, etc. hold an greater proportion; Among the Pteridophytic spores, *Punctatisporites*, *Retusotriletes*, *Verrucosisporites*, *Limatulasporites* and *Polycingulatisporites*, etc. appear common; important elements of the early Triassic such as *Lundbladispora* occur in lower content.

4. *Apiculatisporis spiniger-Minutosaccus parcus-Protohaploxypinus samoilovichii* (SPS) assemblage

This assemblage is obtained from the lower part of the Karamay Formation. It is mainly characterized by that among the gymnospermous pollen, the striate bisaccate pollen and the nonstriate bisaccate pollen are relatively developed. Among the pteridophytic spores, the azonotriletes spores with spinae ornamentation are dominant in quantity, the zonatrilete spores such as *Limatolasporites* and the monoletes spores such as *Aratrisporites* are present in lower content.

5. *Granulatisporites gigantus-Aratrisporites fischeri-Colpectopollis* (GFC) assemblage

This assemblage is obtained from the Karamay Formation and has the following mainly palynological characteristics. Among the spores of pteridophyta, the circular laevigati azonotrilete spores such as *Calamospora*, *Punctatisporites* and *Todisporites* etc., and *Aratrisporites fischeri* etc. are more developed, and we can see some important elements such as *Punctatisporites incognatus*, *Granulatisporites gigantus*, *converrucosisporites xinjiangensisi* etc. Among the gymnospermous pollen, the nonstriate bisaccates pollen, such as *Pinuspollenites* and *Alisporites*, etc. are the most abundant, *Colpectopollis* appear common.

6. The high content of bisaccate pollen assemblage

This assemblage is discovered from the upper part of the Karamay Formation to the bottom member of the Huangshanjie Formation. It is characterized by that the nonstriate bisaccate pollen are dominant in quantity, the Jurassic important elements such as *Quadraeculina* are presence in lower content.

7. *Aratrisporites-Alisporites-Colpectopollis* (AAC) assemblage

This assemblage is obtained from the Huangshanjie Formation and has the following mainly palynological characteristics. The gymnospermous pollen are more abundant than pteridophytic spores. Among the gymnospermous pollen, the nonstriate bisaccate pollen is the highest in percentage, the monostriate bisaccates pollen such as *Chordasporites* hold an greater proportion, and there are some middle-late Triassic important elements such as *Colpectopollis* and *Lueckisporites triassicus*, the monocolpate pollen are present in lower content; The pteridophytic spores content is low, a few appear *Dictyophyllidites* and *Punctatisporites*, etc., *Aratrisporites* is very developed in the individual samples.

8. *Dictyophyllidites harrisii-Cycadopites subgranulosus-Alisporites australis* (HSA) assemblage

This assemblage is obtained from the Haojiagou Formation. It is characterized by the dominance of gymnospermous pollen among which the nonstriate bisaccate pollen is the highest in percentage, the monocolpate pollen, such as *Cycadopites*, *Chasmatosporites*, etc. hold a greater proportion, some Jurassic important elements such as *Cerebropollenites*, *Quadraeculina*, etc. are present in lower content. Among the pteridophytic spores, the laevigati azonotrilete spores with arched thick between the rays, such as *Dictyophyllidites*, *Concavisporites*, etc. are dominant in quantity. The azonotriletes spores with ornamentation, such as *Osmundacidites* and *Cyclogranisporites*, etc. appear common. Some Triassic important elements such as *Aratrisporites* have a certain content in the samples from the middle-lower part of the Haojiagou Formation.

This assemblage is divided into three subassemblages: ①*Dictyophyllidites-Cycadopites-Chordasporites* (DCC) subassemblage (the lower part of the Haojiagou Formation); ②*Limatulasporites haojiagouensis-Asseretospora gyrate-Aratrisporites granulatus* (HGG) subassemblage (the middle-lower part of the Haojiagou Formation); ③*Dictyophyllidites harrisii-Cycadopites subgranulosus-Minutusaccus parcus* (HSP) subassemblage (the upper part of the Haojiagou Formation to the bottom of the Badaowan Formation).

9. *Osmundacidites wellmanii-Cycadopites subgranulatus-Piceites expositus* (WSE) assemblage

This assemblage is obtained from the Badaowan Formation. It is characterized by the dominance of gymnospermous pollen among which the nonstriate bisaccate pollen are the most abundant, the monocolpate pollen hold a greater proportion, some Jurassic important elements such as *Cerebropollenites*, *Perinopollenites* etc. are seen frequently. Among the pteridophytic spores, the azonotrilete spores with ornamentation are dominant in quantity, the laevigati trilete spores with arched thick between the rays, such as *Dictyophyllidites*, *Concavisporites* etc., and Cyatheaceae spores such as *Cyathidites*, etc. also occur frequently in this assemblage.

This assemblage is divided into three subassemblage: ①*Cyclogranisporites-Cerebro-*

pollenites-Quadraeculina (CCQ) subassemblage (the lower part of the lower member of the Badaowan Formation); ② *Deltoidospora-Piceites-Pinuspollenites* (DPP) subassemblage (the upper part of the lower member of the Badaowan Formation); ③ *Osmundacidites wellmanii-Cycadopites subgranulosus-Protoconiferus flavus* (WSF) subassemblage (the middle and the upper member of the Badaowan Formation).

10. *Cyathidites minor-Classopollis annulatus-Pseudopicea variabiliformis* (MAV) assemblage

This assemblage is obtained from the Sangonghe Formation and have the following mainly palynological characteristics. Among the pteridophytic spores, the Cyatheaceae spores such as *Cyathidites*, etc. and *Deltoidospora* are the most abundant. *Osmundacidites*, etc. also hold a greater proportion. Among the gymnospermous pollen, the nonstriate bisaccate pollen are dominant in quantity, the monocolpate pollen and *Classopollis* occur frequently in this assemblage, The Jurassic important elements, such as *Cerebropollenites*, etc. are present in lower content. The Triassic elements, such as *Aratrisporites*, etc. are present in lower content.

This assemblage is divided into three subassemblages: ①*Deltoidospora- Dictyophyllidites-Pinuspollenites* (DDP) subassemblage (the lower part of the lower member of the Sangonghe Formation); ②*Deltoidospora-Classopollis-Quadraeculina* (DCQ) subassemblage (the upper part of the lower member of the Sangonghe Formation); ③*Deltoidospora-Concentrisporites pseudosulcatus-Quadraeculina limbata* (DPL) subassemblage (the lower part of the upper member of the Sangonghe Formation).

11. *Osmundacidites wellmanii-Callialasporites trilobatus-Pinuspollenites divulgatus* (WTD) assemblage

This assemblage is obtained from the upper part of the upper member of the Sangonghe Formation and have the following mainly palynological characteristics. Among the pteridophytic spores, the azonotriletes spores with ornamentation, such as *Osmundacidites*, *Baculatisporites* and the Cyatheaceae spores such as *Cyathidites*, etc. are very abundant. Among the gymnospermous pollen, the saccate conifer pollen is the highest in percentage.

12. *Cyathidites minor-Neoraistrickia gristhropensis-Piceaepollenites complanatiformis* (MGC) assemblage

This assemblage is obtained from the Xishanyao Formation and have the following mainly palynological characteristics. Among the pteridophytic spores, the Cyatheaceae spores such as *Cyathidites*, etc. and *Deltoidospora* are the most abundant, *Neoraistrickia* apper common. Among the gymnospermous pollen, the saccate conifer pollen ranks the first in content, *Concentrisporites* occur frequently.

13. *Cyathidites minor-Kraeuselisporites manasiensis-Classopollis classoides* (MMC) assemblage

This assemblage is obtained from the Toutunhe Formation and have the following mainly palynological characteristics. Among the pteridophytic spores, the Cyatheaceae spores such as

Cyathidites, etc. and *Deltoidospora* are the most abundant, and there are some new elements in lower content, such as *Concavissimisporites*, *Impardicispora minor*, *Kraeuselisporites manasiensis* and *Antulsporites clavus*, etc. Among the gymnospermous pollen, *Classopollis* has higher content, *Concentrisporites* and *Perinopollenites* occur frequently, The saccate conifer pollen are dominant in general samples; The paleoconifer pollen and *Quadraeculina* have a certain content.

14. *Deltoidospora-Classopollis-Pinuspollenites* (DCP) assemblage

This assemblage is obtained from the bottom of the Qigu Formation and have the following mainly palynological characteristics. Among the pteridophytic spores, the Cyatheaceae spores such as *Cyathidites*, etc. and *Deltoidospora* are dominant in quantity. In addition, there are *Osmundacidites*, *Verrucosisporites*, *Neoraistrickia*, *Lygodiumsporites* and *Lycopodiumsporites*, etc. in lower content. Among the gymnospermous pollen, the saccate conifer pollen, including *Piceaepollenites*, *Pinuspollenites* and *Podocarpidites*, etc. are the most abundant. Next is *Classopollis*. Other elements occasionally occur, such as *Cerebropollenites*, *Psophosphaera*, etc.

15. *Parajunggarsporites donggouensis-Classopollis annulatus-Rugubivesiculites fluens* (DAF) assemblage

This assemblage is obtained from the Qingshuihe Formation of Tugulu Group. Based on the change in the lateral this assemblage, can be roughly divided into two subassemblages: ①*Lygodiumsporites pseudomaximus-Classopollis annulatus-Rugubivesiculites rugosus* (PAR) subassemblage is mainly seen in the south margin and northwestem margin of the Junggar Basin. It is characterized by the pteridophytic spores, and *Classopollis* account for a large proportion, among the pteridophytic spores, the Lygodiaceae spores are more common; ② *Parajunggarsporites donggouensis-Perinopollenites elatoides-Rugubivesiculites fluens* (DEF) subassemblage is mainly seen in the covering area of the Junggar Basin. It is characterized by the pteridophytic spores are little, the gymnospermous pollen is the dominance of the saccate conifer pollen and *Perinopollenites*, and *Classopollis* is present in lower content.

16. *Baculatisporites rarebaculus-Jiaohepollis verus-Pristinuspollenites microsaccus* (RVM) assemblage

This assemblage is obtained from the Hutubihe Formation of Tugulu Group and have the following mainly palynological characteristics. The gymnospermous pollen are dominant, the pollen mainly contains Pinaceae pollen; *Podocarpidites*, *Rugubivesiculites*, *Quadraeculina*, *Pristinuspollenites* and paleoconifer pollen appear common; The monocolpate pollen and *Classopollis*, *Cerebropollenites* are presence in lower content. Among the pteridophytic spores, mainly contains the azonatrilete spores with granulate and baculate ornamentation. The spores of Lygodiaceae such as *Lygodiumsporites* and *Toroisporis*, etc. account for large proportion.

17. *Lygodiumsporites microadriensis-Classopollis annulatus-Pinuspollenites labdacus* (MAL) assemblage

This assemblage is obtained from the Shenjinkou Formation of Tugulu Group and have the following mainly palynological characteristics. The gymnosperm pollen are more than pteridophytic spores. Among the gymnospermous pollen, Pinaceae pollen ranks the first in content, *Classopollis*, *Podocarpidites*, *Rugubivesiculites*, *Pristinuspollenites* and *Quadraeculina* are seen frequently. Among the pteridophytic spores, The spores of Lygodiaceae and *Todisporites* have a certain content.

18. *Lygodiumsporites pseudomaximus-Classopollis annulatus-Jiaohepollis flexuosus* (PAF) assemblage

This assemblage is obtained from the Lianmusin Formation of Tugulu Group, and have the following mainly palynological characteristics. Among the pteridophytic spores, the laevigati trilete spores are more developed; The spores of Lygodiaceae such as *Toroisporis* and *Lygodiumsporites*, etc. hold a greater proportion. Among the gymnospermous pollen, the Pinaceae pollen ranks the first in content, *Classopolis* has larger percentage.

19. *Schizaeoisporites cretacius-Classopollis annulatus-Tricolpites* (CAT) assemblage

This assemblage is discovered from the lower member of Ziniquanzi Formation and have the following mainly palynological characteristics. The gymnospermous pollen are dominant, the next are the pteridophytic spores, the angiosperm pollen are present in lower content. Among the pteridophytic spores, some Cretaceous important elements such as *Lygodiumsporites*, *Cicatricosisporites* and *Schizaeoisporites*, etc. are dominant, the latter genus diversity is higher that we can see more than 16 species. The gymnospermous pollen is the dominance of pinaceous pollen, and *Classopollis*. *Taxodiaceaepollenites*, *Ephedripites*, *Parcisporites*, *Rugubivesiculites*, etc. are seen frequently. The angiosperm pollen are present in lower content, but have a certain diversity, and we see a small amount of the late Cretaceous important elements such as *Aquilapollenites attennatus*, *A. junggarensis*, *Beaupreaidites*, *Jianghanpollis*, *Cranwellia*, etc.

Based on the change in the lateral of this assemblage, can be roughly divided into two subassemblages: ①*Schizaeoisporites retiformis-Rugubivesiculites rugosus-Classopollis annulatus* (RRA) subassemblage, It is characterized by *Schizaeoisporites*, and *Classopollis* are seen frequently; ②*Schizaeoisporites grandus-Parcisporites parvisaccus-Liliacidites creticus* (GPC) subassemblage, It is characterized by the saccate conifer pollen are very well developed, and we see a small amount of *Classopollis*.

20. *Pinuspollenites-Ephedripites-Tricolpopollenites* (PET) assemblage

This assemblage is discovered from the lower member of the Anjihaihe Formation and have the following mainly palynological characteristics. The gymnospermous pollen are dominant, among which, *Ephedripites* is the most developed, the Pinaceae pollen and *Taxodiaceaepollenites* account for large proportion. Among the angiosperm pollen, the tricolpate pollen such as *Quercoidites*, *Labitricolpites* and *Tricolpopollenites*, etc. are the most abundant. The pteridophytic spores are present in lower content.

21. *Taxodiaceaepollenites bockwitzensis-Ephedripites* (*D.*) *eocenipites-Quercoidites asper* (BEA) assemblage

This assemblage is discovered from the lower grayish-green layer and middle stripe layer of the middle member of the Anjihaihe Formation, and have the following mainly palynological characteristics. The gymnospermous pollen are dominant, among which, *Inaperturopollenites*, *Taxodiaceaepollenites* and *Ephedripites*, etc. are more developed, the Pinaceae pollen also occupy a certain propotion. The differentiation degree of the angiosperm pollen is higher, the tricolpate pollen such as *Quercoidites*, etc. and the hydrophilous plants pollen such as *Potamogetonacidites*, etc. account for large proportion. In addition to spore-pollen fossils, we also see a large number of algal and acritaechs, such as *Pediastrum*, *Botryococcus braunii*, etc., and a certain percentage of dinoflagellates in the sample.

22. *Cyathidites minor-Pinuspollenites labdacus-Pokrovskaja elliptica* (or *Labitricolpites scabiosus*) (MLE or MLS) assemblage

This assemblage is discovered from the upper grayish-green layer of the middle member of the Anjihaihe Formation, and have the following mainly palynological characteristics. The Pinaceae pollen are dominant in the gymnospermous pollen, Taxodiaceae pollen, *Inaperturopollenites* and *Ephedripites* decreases; Among the angiosperm pollen, *Pokrovskaja* or *Labitricolpites* are the most developed, *Oleoidearumpollenites* began to frequent. In addition to spore-pollen fossils, we also see a large number of algal and acritaechs such as *Pediastrum*, *Botryococcus braunii* and a certain percentage of dinoflagellates in the sample.

23. *Abiespollenites elongates-Cedripites deodariformis-Oleoidearumpollenites chinensis* (EDC) assemblage

This assemblage is seen in the upper member from the Anjihaihe Formation and have the following mainly palynological characteristics. The Pinaceae pollen is the dominance in the gymnospermous pollen, Among which, *Pinuspollenites* more prosperrous, *Tsugaepollenites* and *Piceapollis* rising from the bottom up. Among the angiosperm pollen, *Quercoidites*, *Tricolpopollenites*, *Scabiosapollis*, *Tricolpites*, *Meliaceoidites*, *Pokrovskaja*, *Fupingopollis*, *Oleoidearumpollenites* and Ulmaceae pollen, etc. appear common. In addition to spore-pollen fossils, also see a large number of algal and acritarchs in the sample, among which, *Botryococcus braunii* are the most developed.

24. *Abiespollenites elongates-Chenopodipollis microporatus-Oleoidearumpollenites chinensis* (EMC) assemblage

This assemblage is obtained from the Shawan Formation in the south margin of the Junggar Basin. Based on the change in the lateral of this assemblage, It can be roughly divided into two types: The first type assemblage is mainly characterized by the Pinaceae pollen development; the second type assemblage is mainly characterized by the angiosperm pollen are dominant, among which, the dry herb pollen such as Chenopodiaceae pollen are seen frequently.

25. *Polypodiaceaesporites-Taxodiaceaepollenites-Ulmipollenites* (PTU) assemblage

This assemblage is discovered from the lower part of Tasihe Formation, and have the following mainly palynological characteristics. Among the gymnospermous pollen, the Pinaceae pollen are the most abundant. The diversity of angiosperm pollen is higher, and mainly composed of the Potamogetonaceae 、Ulmaceae and Juglandaceae pollen, Chenopodiaceae pollen and *Fupingopollenites* are seen frequently, we also see Compositae、Betulaceae、Zygophyllaceae、Fagaceae、Tiliaceae and Oenotheraceae, etc. and *Operculumpollis triangulus*.

26. *Tsugaepollenites-Ulmipollenites-Chenopodipollis* (TUC) assemblage

This assemblage is discovered from the upper part of Tasihe Formation, and have the following mainly palynological characteristics. The gymnospermous or angiosperm pollen are dominant, the pteridophytic spores are small, monotonous type. Among the gymnospermous pollen, mainly contains Pinaceae pollen, which account for a large proportion *Tsugaepollenites*. Among the angiosperm pollen, are predominantly occupied by Ulmaceae and Chenopodiaceae pollen.

27. *Pinuspollenites-Chenopodipollis-Artemisiaepollenites* (PCA) assemblage

This assemblage is obtained from the lower part of the Dushanzi Formation. It is characterized by the dominance of angiosperm pollen, among which, dry herb pollen such as Chenopodiaceae and Compositae pollen, etc. are the most developed, the Ulmaceae pollen also account for large proportion, the Betulaceae、Juglandaceae and Tiliaceae pollen, etc. are present in lower content; The gymnospermous pollen has a certain content, and mainly composed of the Pinaceae pollen such as *Pinuspollenites*, *Piceapollis* and *Abietineaepollenites*, etc., and we see a small amount of *Inaperturopollenites* and *Ephedripites*, etc.

Description of New Genera and Species

According to the concept of organ genera and species, 1 subgenera and 48 new species have been described.

Schizosporis junggarensis Zhan sp. nov.

(Pl. 36, fig. 56, 57)

Holotype: Pl. 36, fig. 56

Type locality: Honggou in Manasi County

Formation: The Sangonghe Formation

Derivation of name: Junggar, referring to the study area

Description: Vesicle broadly elliptical in outline. Size 74.4×61.6μm, holotype 74.4×61.6μm. The vesicle wall about 1μm in thickness, surface covered with microreticulate, lumina and muri ≤1μm across. Vesicle on the central part have a straight or annular cracks. Yellow in colour.

Comparison: The new species differs from those of *Schizosporis*, including *S. spriggi* Cookson et Dettmann, 1958 (p.216, pl.1, figs.10-14) etc. in having a broadly elliptical in outline, more thinned vesicle wall and microreticulate ornamentation, and annular cracks.

Concentricystes porus Zhan sp. nov.

(Pl. 43, fig. 1)

Holotype: Pl. 43, fig. 1

Type locality: Honggou in Manasi County

Formation: The Xishanyao Formation

Derivation of name: *porus*, hole, referring to the ornamentation of vesicle

Description: Vesicle oval in outline. Size 37.4μm×30.8μm, holotype 37.4μm×30.8μm. The vesicle wall ca.1μm in thickness, surface covered with concentric arrangement of the ring, ring width and spacing is 1μm. In subequatorial position see 3 nearly equidistant on the small round hole, aperture of 4.0-4.5μm. Light brown-yellow in colour.

Comparison: The new species ring features and *Circulisporites fragilis* (Pocock) Zhang, *Concentricystis panshanensis* Jiabo the same, but in subequatorial position see 3 nearly equidistant on the small round hole, aperture and other species in the genus phase difference.

Cyathidites xinjiangensis Zhan sp. nov.

(Pl. 48, fig. 1)

Holotype: Pl. 48, fig. 1

Type locality: Honggou in Manasi County

Formation: The Xishanyao Formation

Derivation of name: Xinjiang, referring to the study area

Description: Amb triangular with strongly concave side and rounded angles. Size 37.4μm, holotype 37.4μm. Trilete rays straight, extending to 2/3-3/4 length of spore radius. Exine 1.5-2.0μm in thickness, thinned in the angles, surface smooth. Equatorial outline is smooth. Brown-yellow in colour.

Comparison: The new species differs from those known species of *Cyathidites* in having strongly concave sides and exine thinned in the angles.

Cyathidites bellus Zhan sp. nov.

(Pl. 65, fig. 17)

Holotype: Pl. 65, fig. 17

Type locality: Arqingou in wusu County

Formation: The Anjihaihe Formation

Derivation of name: *bellus*(L.), beautiful, referring to the "trilete rays" in the distal surface

Description: Amb triangular with slightly concave side and broad-rounded angles. Size 33.5μm, holotype 33.5μm. Trilete rays straight, open, extending to 2/3 length of spore radius. Exine 1.2μm in thickness, proximal surface smooth, distal surface having "trilete rays" with lips. Equatorial outline is smooth. Brown-yellow in colour.

Comparison: The new species differs from the known forms of *Cyathidites* by distal surface having "trilete rays" with lips.

Leiotriletes mirabilis Zhan sp. nov.

(Pl. 36, fig. 29)

Holotype: Pl. 36, fig. 29

Type locality: Honggou in Manasi County

Formation: The Sangonghe Formation

Derivation of name: *mirabilis*(L.), mirabile, referring to the triangle gap in the distal surface

Description: Amb triangular with broad-rounded angles and slightly concave side. Size 33.5μm, holotype 33.5μm. Trilete rays slender, straight, slightly open, extending to 2/3 length of spore radius. Exine 1.2μm in thickness, surface smooth, distal surface and proximal trilete rays position corresponding to see a large triangular gap, gap shape and spore contour similarity. Brown in colour.

Comparison: The new species differs from the known forms of *Leiotriletes* by distal surface hiving a large triangular gap. *Leiotriletes delicates*(Yu, 1984) is similar to the present specimens in triangular-subcircular leptoma of the distal surface, but in the former the spores are larger in size, thicker in exine, and distally have a triangular-subcircular leptoma, and the species is a triangle gap, both were easily distinguished.

Punctatisporites bellus Zhan sp. nov.

(Pl. 21, figs. 60, 61)

Holotype: Pl. 21, fig. 60

Type locality: Haojiagou in Wulumuqi County

Formation: The Haojiagou Formation

Derivation of name: *bellus* (L.), beautiful, referring to the trilete rays

Description: Amb subcircular. Size 40.7-43.5μm, holotype 43.5μm. Trilete rays distinct, open wide, gap assumes the petals, crack shape close at the end, nearly reaching the equator. Exine 1.5μm in thickness, surface smooth, Equatorial outline is smooth. distal surface masks a triangular leptoma, the edge of the outer wall thickening, forming an annular thickening belt. Brown yellow-brown in colour.

Comparison: The new species differs from those known species of *Punctatisporites* by trilete rays opened wide, gap assumes the petals, distal masks a annular thickening belt, inside and outside ring wall thinning.

Matonisporites concavus Zhan sp. nov.

(Pl. 31, figs. 17, 18)

Holotype: Pl. 31, fig. 18

Type locality: Haojiagou in Wulumuqi County

Formation: The Haojiagou Formation to the Badaowan Formation

Derivation of name: *concavus*, concave, referring to the morphology of side

Description: Amb triangular with concave side and sharp-rounded angles. Size 44.2-45.1μm, holotype 45.1μm. Trilete rays slender, slightly open, with broader labra about 5μm in width, almost extending to the equator. Exine 2.5μm in thickness, slightly thickened in the angles, surface nearly smooth or with the minutely granulate sculpture. Equatorial outline is nearly smooth. Brown in colour.

Comparison: The new species differs from those known species of *Matonisprorites* in having concave side, sharp-rounded angles and trilete rays with broader labra.

Matonisporites badaowanensis Zhan sp. nov.

(Pl. 31, figs. 44, 46, 48, 49)

Holotype: Pl. 31, fig. 46

Type locality: Haojiagou in Wulumuqi County

Formation: The Haojiagou Formation to the Badaowan Formation

Derivation of name: Badaowan, referring to the strata yielding the holotype

Description: Amb triangular with nearly straight or slightly concave side and rounded or broad-rounded angles. Size 52.8-79.2μm, holotype 67.5μm. Trilete rays slender, slightly open or open wide, with broader labra about 8-20μm in width, extending to 3/4-4/5 length of spore radius or almost extending to the equator. Exine 3-4μm in thickness, or slightly thickened in the angles, surface nearly smooth. Equatorial outline is smooth. Brown yellow-yellow brown in colour.

Comparison: The new species differs from those known species of *Matonisporites* in having a larger size, trilete rays with broad labra, exine thickened in the angles and surface nearly smooth.

Matonisporites cf. *badaowanensis* Zhan sp. nov.

(Pl. 31, figs. 43, 45, 51)

Description: Amb triangular with slightly concave or convex side and rounded or broad-rounded angles. Size 57.2-78.0μm. Trilete rays slender, slightly open, with less obvious labra about 4-20μm in width, about 3/4 radius length or almost extending to the equator. Exine 2.5μm in thickness, or slightly thickened in the angles, surface nearly smooth. Equatorial outline is smooth. Yellow brown in colour.

Comparison: The present specimens differs from the new species in having less obvious labra.

Retusotriletes spinosus Zhan sp. nov.

(Pl. 17, fig. 22)

Holotype: Pl. 17, fig. 22

Type locality: Dalonkou in Jimusaer County

Formation: The Huangshanjie Formation

Derivation of name: *spinosus*, with many spinate-like elements, referring to the ornamentation

Description: Amb subcircular. Size 30.5μm, holotype 30.5μm. Trilete rays open wide, about 3/4 radius in length, the end of the bifurcation, with complete arcuate ridge. Exine ca. 2μm in thickness, equatorially and distally surface provided with fine spinae, ca. 1μm in basal diameter, 1.0-1.5μm in length, 1.5-3.0μm spaced apart. Equatorial outline is toothed. Yellow brown in colour.

Comparison: The new species differs from the known species of the genus in having the fine spinae sculpture.

Retusotriletes verrucosus Zhan sp. nov.

(Pl. 3, fig. 22)

Holotype: Pl. 3, fig. 22

Type locality: Dalonkou in Jimusaer County

Formation: The Jiucaiyuan Formation

Derivation of name: *verrucosus*, with many tubercles-like elements, referring to the ornamentation

Description: Amb subcircular. Size 33.2μm, holotype 33.2μm. Trilete rays slender, slightly sinuous, about 2/3 radius in length, the end of the bifurcation, with incomplete arcuate ridge. Exine ca. 2μm in thickness, equatorially and distally surface provided with the verrucate sculpture, which having circular bases and rounded apices, basal diameter of verrucae ca. 2μm, height 1.0-1.5μm. Equatorial outline is wavy. Yellow brown in colour.

Comparison: The new species differs from the known species of the genus in having the verrucate sculpture.

Acanthotriletes xinjiangensis Zhan sp. nov.

(Pl. 3, fig. 17)

Holotype: Pl. 3, fig. 17

Type locality: Dalonkou in Jimusaer County

Formation: The Jiucaiyuan Formation

Derivation of name: referring to the type location

Description: Amb triangular with broad-rounded angles and straight or slightly concave side. Size 29.7μm, holotype 29.7μm. Trilete rays slender, straight, slightly open, about 1/2 radius in length. Exine ca. 1μm in thickness, distally and equatorially with the spinate sculpture, the size and distribution of the spinate are uneven, 2.0-2.5μm in basal breadth of spinate, 1.0-1.5μm in height, 1-4μm spaced apart, the base of the spinate is broader, to 1/2 at a strong shrinkage of the tip, which has characteristics of a distinct biform sculpture, the spinate is straight, the minority is bent, the surface between the spinate is smooth. Toothed along periphery. Brown in colour.

Comparison: The new species differs from the known species of the genus in having the characteristics of a distinct biform sculpture.

Cadargasporites rugosus Zhan sp. nov.

(Pl. 32, fig. 8)

Holotype: Pl. 32, fig. 8

Type locality: Haojiagou in Wulumuqi County

Formation: The Badaowan Formation

Derivation of name: *rugosus*, wrinkles, referring to the ornamentation

Description: Amb subcircular. Size 34.8μm, holotype 34.8μm. Trilete rays raphe shape, obvious uplift, extending to equator. Proximal surface presence a subcircular leptoma, area of smooth. Exine 2μm in thickness, in addition to the leptoma, the remaining surface with wrinkled ridge ornamentation, ridge 1.0-1.5μm in width, 1μm sapaced apart. Equatorial outline is wavy. Yellow brown in colour.

Comparison: The new species differs from those known species of *Cadargasporites* by trilete rays raphe shape, obvious uplift, and in addition to the leptoma, the remaining surface with wrinkled ridge ornamentation.

Conbaculatisporites honggouensis Zhan sp. nov.

(Pl. 49, fig. 14, 15)

Holotype: Pl. 47, fig. 14

Type locality: Honggou in Manasi County

Formation: The Toutunhe Formation

Derivation of name: honggou, referring to the study area

Description: Amb triangular with straight or slightly convex side. Size 35.2μm, holotype 35.2μm. Trilete rays indistinct. Exine 1.5μm in thickness, surface baculate, bacula ends rounded, ca.1.5μm in basal diameter, 4.0-4.5μm in height, 1.5-3.0μm sapaced apart. Equatorial outline is toothed. Brown in colour.

Comparison: The new species differs from those known species of *Conbaculatisporites* in having longer bacula, which having uniform width. *Conbaculatisporites pauculus* (Bai et Lu, 1983) is also a long bacula, but the distribution is sparse, and it is sandwiched with the secondary small breast bacula, and proximal surface is different with the arciform thickening. *Neoraistrickia clavula* (Xu et Zhang, 1980) is similar to this species in the long columnar bacula, however, in differs from the latter in having a wide basal diameter (4-5μm), truncated end of bacula, and spore outlines for circular to rounded triangular.

Neoraistrickia dalongkouensis Zhan sp. nov.

(Pl. 3, fig. 34)

Holotype: Pl. 3, fig. 34

Type locality: Dalonkou in Jimusaer County

Formation: The Jiucaiyuan Formation

Derivation of name: referring to the locality of holotype

Description: Amb triangular with rounded or broad-rounded angles and concave side. Size 36.3μm. holotype 36.3μm. Trilete rays distinctly open, about 1/2 radius in length. Exine 2μm in thickness, distally and equatorially provided with bacula, which is shorter, 1.5-2.5μm in basal diameter, 1.5-3.0μm in height, 1-3μm sapaced apart, the top flat cut or circular arc shape, a few conate tubercles, the size and distribution of the bacula were uneven, the bacula of the angles are bigger, the distribution denser, which of the edge are smaller and the distribution are sparser. Toothed along periphery. Brown in colour.

Comparison: The new species differs from those known species of *Neoraistrickia* by bacula is shorter, the size and distribution of the bacula were uneven.

Neoraistrickia xinjiangensis Zhan sp. nov.

(Pl. 12, fig. 23)

Holotype: Pl. 12, fig. 23

Type locality: Dalonkou in Jimusaer County

Formation: The Karamay Formation

Derivation of name: Xinjiang, referring to the Jimsar County subordinate to the Dalongkou Region

Description: triangular in lateral view. Size 41.8μm. holotype 41.8μm. Trilete rays straight, strong uplift, with labra, extending to equator. Exine 2.5μm in thickness, distally and equatorially provided with bacula, which is long column, straight or curved, 2.0-2.5μm in basal diameter, to the top of the direction is no or a slightly contraction, 5-7μm in height, the top flat cut, a few circular arc shape, individual slightly tip; Proximal surface provided with shorter bacula. Brown in colour.

Comparison: The new species differs from those known species of *Neoraistrickia* by bacula is long column, straight or curved, proximal surface also provided with bacula. *N. clavula* similar to the species in that they have a longer bacula, but differs from the latter in having the bacula is straight, the top flat cut, with broader basal diameter.

Lycopodiacidites haojiagouensis Zhan sp. nov.

(Pl. 26, figs. 18, 19, 21)

Holotype: Pl. 26, fig. 19

Type locality: Haojiagou in Wulumuqi County

Formation: The Haojiagou Formation to the Badaowan Formation

Derivation of name: Haojiagou, referring to the locality of holotype

Description: Amb triangular circular to circular. Size 33.2-35.2μm, holotype 35.2μm. Trilete rays straight, slightly open, extending or nearly extending to equator, with labra 6.6μm in breadth, to end not narrowed. Exine 2.0-2.5μm in thickness, distally and equatorially provided with robuster wrinkled ridge, the shape of a wrinkled ridge is like a shape of the brain, 1.8-2.5μm in breadth, 1.5-3.0μm spaced apart, ridge or interconnected net-like. Microwave along periphery. Yellow brown to brown in colour.

Comparison: The new species differs from those known species of *Lycopodiacidites* by its small size, trilete rays with labra and characteristic wrinkled ridge sculpture. *Lycopodiacidites minus* Lu et Wang is similar to the new species in small size and trilete rays with broad labra, however, it differs from latter in having slim wrinkle ridges and dense.

Luanpingspora totunheensis **Zhan sp. nov.**

(Pl. 49, figs. 41, 42)

Holotype: Pl. 49, fig. 41

Type locality: Honggou in Manasi County

Formation: The Toutunhe Formation

Derivation of name: Totunhe, referring to the strata yielding the holotype

Description: Amb triangular with rounded or broad-rounded angles and convex side. Size 36.3-37.4μm, holotype 37.4μm. Trilete rays indistinct. Exine 2μm in thickness, equatorially provided with robuster long columnar bacula, which the width is more uniform, and the end of the minority is expanded, 1.2-2.0μm in basal breadth, 3.0-6.0μm in height, densely spaced. Proximal and distal surface provided with shorter bacula or granulate. Toothed along periphery. Brown in colour.

Comparison: The new species differs from those known species of *Luanpingsppora* in having a robuster sculpture in equatorially, and fine sculpture in surface.

Maculatasporites shaofanggouensis **Zhan sp. nov.**

(Pl. 7, figs. 26-28, 30, 48)

1986 *Maculatasporites* sp., Qulifan and Wangzhi, pl. 33, figs. 25, 26。

Holotype: Pl. 7, fig. 26

Type locality: Dalonkou in Jimusaer County

Formation: The Shaofanggou Formation

Derivation of name: Shaofanggou, referring to the strata yielding the holotype

Description: Amb subcircular. Size 33.0-39.6μm. holotype 35.2μm. No trilete rays. Exine 2.0-2.5μm in thickness, the surface provided with coarse reticulum, lumina five to hexagonal or irregular in shape, which ranging 3.0-5.5μm in longest diameter; Muri 1-2μm in breadth, which prominent outline 1.0-1.5μm, resulting in equatorial outline is toothed. The individual specimen seen in 1 grains of coarse granula in the lumina, 1.0-1.5μm in basal diameter. Brown in colour.

Comparison: The new species differs from those known species of *Maculatasporites* in having smaller spore size and regular coarse reticulum. *M. indicus* Tiwari similar to the species in coarse reticulum, however, it differs from the latter in having broader muri and larger size.

Annulispora haojiagouensis Zhan sp. nov.

(Pl. 27, fig. 1)

Holotype: Pl. 27, fig. 1

Type locality: Haojiagou in Wulumuqi County

Formation: The Haojiagou Formation

Derivation of name: Haojiagou, referring to the locality of holotype

Description: Amb triangular with broad-rounded angles and straight or slightly convex sides. Size 30.5μm, holotype 30.5μm. Trilete rays slender, slightly open, extending to 3/4 length of spore radius, with labra 4μm in breadth, labra margin microwave. Equatorial cingulum smooth, about 2.5μm in width. Distal surface having a annular thickening, about 3μm broad, ring inside diameter of about 4μm, distal surface also saw a large amounts of radiation to the distribution of crack, ≤1μm in breadth, from the distal ring up to inner margin of equatorial cingulum, between crack quite fuzzy grain. Microwave along the periphery. Yellow in colour.

Comparison: The new species differs from those known species of *Annulispora* by distal surface having a annular thickening and a large amounts of radiation to the distribution of crack. *Annulispora puqiensis* (Zhang, 1978) is similar to the new species, however, it differs from the latter in having dense striation and trilete rays not clear.

Annulispora junggarensis Zhan sp. nov.

(Pl. 27, fig. 8, 9)

Holotype: Pl. 27, fig. 8

Type locality: Haojiagou in Wulumuqi County

Formation: Haojiagou Formation

Derivation of name: Junggar, referring to the study area

Description: Amb triangular with broadly rounded angles and slightly convex sides. Size 39.6-46.2μm, holotype 46.2μm. Trilete rays slender, slightly open, extending to 3/4-4/5 length of spore radius, with labra 3-5μm in breadth. Equatorial cingulum smooth, about 4.0-4.5μm broad. Distal surface having a annular thickening, ca. 4.0-4.5μm in breadth, ring inside diameter of ca. 4.5-8.0μm, distal surface also see a large amounts of radiation to the distribution of ribs, 2-3μm in breadth, from the distal ring up to inner margin of equatorial cingulum, narrow between the ribs, ≤1μm, ribbed surface densely verrucae, which near the distal ring is clear or connected each other. Microwave along the periphery. Yellow brown in colour.

Comparison: The new species differs from those known species of *Annulispora* by distal surface having a annular thickening and a large amounts of radiation to the distribution of ribs.

Annulispora xinjiangensis Zhan sp. nov.

(Pl. 8, fig. 1, 5)

Holotype: Pl. 8, fig. 1

Type locality: Dalonkou in Jimusaer County

Formation: Shaofanggou Formation

Derivation of name: Xinjiang, referring to the study area

Description: Amb subcircular. Size 19.8-23.1μm, holotype 19.8μm. Trilete rays straight, the top (top area) ray is fine, or slightly open, from the 1/2 or 1/3 length up to the ends, rays are in the shape of a ridge, and the ends are branched, and entered into the equatorial cingulum. Equatorial cingulum smooth, ca. 2μm broad. Distal surface having a annular thickening, ca. 1.5-2.0μm in breadth, ring inside diameter of ca. 7.5-10.0μm. Exine surface with granular sculpture, proximal center with 3 obvious near circular processes. Nearly smooth along the periphery. Yellow in colour.

Comparison: The new species differs from those known species of *Annulispora* by proximal center with 3 obvious near circular processes.

Densosporites dalongkouensis Zhan sp. nov.

(Pl. 7, figs 37, 38)

Holotype: Pl. 7, fig. 37

Type locality: Dalonkou in Jimusaer County

Formation: The Shaofanggou Formation

Derivation of name: *dalongkou*, referring to the locality of holotype

Description: Amb rounded triangular with broadly rounded angles and convex sides. Size 33μm, holotype 33μm. Trilete rays slender, slightly open, extending to inner margin of cingulum, with narrow labra, about 2.5μm wide. Exine two layered, endexine thin, ca. 1 μm in thickness, slightly contracted; exoexine thickened equatorially and resulted into a cingulum, 4.0-4.5μm wide, the cross section is wedge-shaped. Distal surface and equatorial cingulum provided with densely verrucae sculptures, which larger and irregular shape, 3-5μm in basal diameter; Proximal surface with verruculose or granular sculpture, 1-2μm in diameter. Wave along the periphery. Yellow brown to brown in colour.

Comparison: The new species differs from those known species of *Densosporites* by distal surface being provided with densely verrucae sculptures, proximal surface with verruculose or granular sculpture.

Limatulasporites bellus Zhan sp. nov.

(Pl. 13, figs 31, 34)

Holotype: Pl. 13, fig. 34

Type locality: Dalonkou in Jimusaer County

Formation: The Karamay Formation

Derivation of name: *bellus*, beautiful, referring to the ornamentation

Description: Amb subcircular to rounded triangular. Size 44.0-46.2μm, holotype 44μm. With cingulum of 3.0-6.5μm wide in equator. Trilete rays distinct, straight or slightly sinuous, extending into equatorial cingulum. Proximal surface provided with granular to verrucae sculptures, 1-2μm in basal diameter; Distal surface with verrucae sculptures, mainly in the edges of the polar thickening block or thickening block, subcircular or irregular in form, often interconnected, 2.5-6.5μm in basal diameter, Between thickening block and equatorial cingulum occurs the broader thinned "bright band". Microwave along the periphery. Yellow brown in colour.

Comparison: The new species differs from those known species of *Limatulasporites* by distal surface being provided with verrucae sculptures, mainly in the edges of the polar thickening block or thickening block.

Limatulasporites elegans Zhan sp. nov.

(Pl. 4, fig. 9)

Holotype: Pl. 4, fig. 9

Type locality: Dalonkou in Jimusaer County

Formation: The Jiucaiyuan Formation

Derivation of name: *elegans*, beautiful, referring to the trilete rays

Description: Amb subcircular, Size 34.2μm, holotype 34.2μm. With cingulum of 4.0-6.5μm wide in equator. Trilete rays straight or slightly sinuous, terminal bifurcation, two adjacent branch is connected fully arcuate ridge, which extends into the equatorial cingulum, wave sinuous, rays with labra, ca. 2μm in breadth. Proximal surface with narrower ridges, which radial distribution, part of the ridges extends into the equatorial cingulum, but not reaches the margin. Distal center with a nearly circular thickening block, which clear boundary, the margin or obvious thickening. Between thickening block and equatorial cingulum occurs the thinned "bright band" 1-2μm in breadth. Microwave along the periphery. Brown in colour.

Comparison: The new species differs from those known species of *Limatulasporites* by that trilete rays terminal bifurcation, two adjacent branch is connected fully arcuate ridge, which extends into the equatorial cingulum, and proximal surface with narrower ridges, which radial distribution.

Limatulasporites xinjiangensis Zhan sp. nov.

(Pl. 4, fig. 14)

Holotype: Pl. 4, fig. 14

Type locality: Dalonkou in Jimusaer County

Formation: The Jiucaiyuan Formation

Derivation of name: referring to the study area

Description: Amb subcircular, Size 33.5μm, holotype 33.5μm. With cingulum of 3.5-4.5μm wide in equator, inner margin of cingulum distinct. Trilete rays straight or slightly sinuous, terminal or bifurcation, reach the inner margin of cingulum or extends into the equatorial cingulum. Proximal surface slightly scabrate, proximal pole at the top seen three verruculose projections. Distal center with a nearly circular thickening block, which clear boundary, the margin or obvious thickening. Between thickening block and equatorial cingulum occurs the thinned "bright band" 1-2μm in breadth. Nearly smooth along the outline. Yellow brown in colour.

Comparison: The new species differs from those known species of *Limatulasporites* by proximal pole at the top seeing three verruculose projections.

Hsuisporites honggouensis Zhan sp. nov.

(Pl. 38, fig. 2, 3)

Holotype: Pl. 38, fig. 3

Type locality: Honggou in Manasi County

Formation: The Sangonghe Formation

Derivation of name: Honggou, referring to the locality of holotype

Description: Amb triangular with rounded or broadly rounded angles and convex sides. Size 39.6-44.0μm, holotype 39.6μm. Trilete rays robust, sinuous, reaching or nearly extending to equator. Equatorial cingulum smooth, about 4.4-6.6μm wide. Proximal surface smooth; Distal surface provided with wrinkled ridge, which were arranged irregularly in the polar region, and on the equatorial region in radiation to the distribution, formation "furbelow" strong structure form, Margin undulate. Yellow brown in colour.

Comparison: The new species differs from those known species of *Hsuisporites* by "furbelow" wrinkled ridge of equatorial region on distal surface. *Hsuisporites multiradiatus* (Verb.) (Zhang, 1965, p. 165, pl. 1, figs. 4a-b) differs by fine wrinkled ridge and distal surface having granular sculptures.

Kraeuselisporites hongouensis Zhan sp. nov.

(Pl. 38, fig. 41-43)

Holotype: Pl. 38, fig. 41

Type locality: Honggou in Manasi County

Formation: The Sangonghe Formation

Derivation of name: Honggou, referring to the locality of holotype

Description: Amb triangular to rounded triangular with rounded or broadly rounded angles and almost straight or convex sides. Size 39.6-48.4μm, holotype 48.4μm. Trilete rays slender or indistinct, extending to inner margin of cingulum. Central body rounded triangular, 33.0-37.4μm in diameter. Distal and equatorial cingulum surface with different length of fine bacula processes, the width of processes to uniform, the top round, 1μm in basal diameter, 2-6μm in height, the processes shorter in the equator parts, between processes with granular sculpture, ≤1.0μm in diameter. Equatorial cingulum are thin and transparent, 2.5-6.0μm in breadth. Yellow brown in colour.

Comparison: The new species differs from those known species of *kraeuselisporites* by distal and equatorial cingulum surface with different length of fine bacula processes, between processes having granular sculpture.

Couperisporites tuguluensis Zhan sp. nov.

(Pl. 54, fig. 43, 46)

Holotype: Pl. 54, fig. 46

Type locality: Chepaizi well-area in Karamay City

Formation: The Tugulu Group

Derivation of name: Tugulu, referring to the strata yielding the holotype

Description: Amb rounded triangular with broadly rounded angles and convex sides. Size 61.6-66.0μm, holotype 61.6μm. Trilete rays slightly sinuous, with narrower lips 2.0-2.4μm in breadth, at the end of bifurcate, opened broader in polar areas or in less obvious, extending to equator. Exoexine equatorially extended into a membrane cingulum 2-4μm in breadth, surface of the cingulum sparse distribution short bacula, ca. 1μm in basal diameter, 1.0-2.5μm in height; endexine ca. 1.5μm in thickness, surface distribution a distinct (verrucate and spinae) biform sculpture, verrucate or larger in polar areas, arrangement or closer, to the equator smaller, distribution is more thin, ca. 2.0-4.5μm in basal diameter, 1.5-2.0μm in height, with rounded or acute apices; Exine two layered, which separated the "bright band" 1.0-3.5μm in breadth. Yellow (corpus) to light yellow (cingulum) in colour.

Comparison: The new species differs from those known species of *Couperisporites* by exine two layered, which separated the "bright band", surface with a distinct (verrucate and spinae) biform sculpture.

Trilobosporites honggouensis **Zhan sp. nov.**

(Pl. 37, figs. 42, 49)

Holotype: Pl. 37, fig. 49

Type locality: Honggou in Manasi County

Formation: The Sangonghe Formation

Derivation of name: Honggou, referring to the locality of holotype

Description: Amb triangular with broadly rounded angles and straight or slightly concave side. Size 44.0-51.0μm, holotype 51μm. Trilete rays was distinctly open, one open wide, ray of unequal lengh, laesurae 1/2-2/3 spore radius in length, with a broader and flat lips, 4.4-8.0μm in breadth. Exine 1.5-3.5μm in thickness, the corner wall was thick, dark, surface covered by closely spaced granulate to small verrucate ornamentation, 1-2μm in diameter. Waveform along the periphery. Brown yellow to brown in colour.

Comparison: The new species differs from those known species of *Trilobosporites* by trilete rays of unequal lengh, the corner wall was thick, and exine surface with closely spaced granulate to small verrucate ornamentation.

Aratrisporites haojiagouensis **Zhan sp. nov.**

(Pl. 27, fig. 32)

Holotype: Pl. 27, fig. 32

Type locality: Haojiagou in Wulumuqi County

Formation: The Haojiagou Formation

Derivation of name: Haojiagou, referring to the locality of holotype

Description: Amb oval. Size (length × breadth) 42.9μm × 35.5μm, holotype 42.9μm × 35.5μm. Monolete sinuous, nearly extending to equator, with narrower lips, 2.4μm in breadth. Exine two layered, which separated chambers, endexine thin, central body in less obvious, size 35.2μm × 30.8μm; exoexine ca. 2.0-2.5μm in thickness, the Surface with corse granulate to small verrucate, 1-2μm in diameter, which densely arranged. Brown yellow in colour.

Comparison: The new species differs from those known species of *Aratrisporites* by exoexine is thick, densely distributed on the suface of corse granulate to small verrucate.

Aratrisporites indistictus Zhan sp. nov.

(Pl. 27, fig. 43, 44)

Holotype: Pl. 27, fig. 44

Type locality: Haojiagou in Wulumuqi County

Formation: The Haojiagou Formation

Derivation of name: *indistictus*, fuzzy, referring to the central body

Description: Amb elliptical. Size (length×breadth) (56.0-56.5) μm× (41.8-42.0) μm, holotype 56.0μm×41.8μm. Monolete slightly sinuous, with labrum, 4.4 μm in breadth, length less the length of the spore major axis. Exine two layered, which separated chambers, endexine and exoexine uniform in thicker, central body in less obvious; the Surface ornamentation with corse granulate to small verrucate, 1.0-2.5μm in diameter, which densely arranged, often connected each other. Yellow brown in colour.

Comparison: The new species differs from those known species of *Aratrisporites* by endexine and exoexine uniform in thicker, densely distributed on the surface of corse granulate to small verrucate of different sizes ornamentation, which often connected each other.

Aratrisporites paradoxus Zhan sp. nov.

(Pl. 27, fig. 33)

Holotype: Pl. 27, fig. 33

Type locality: Haojiagou in Wulumuqi County

Formation: The Haojiagou Formation

Derivation of name: *paradoxus*, singular, referring to the ornamentation

Description: elliptical in lateral view. Size (length×breadth) 46.2μm×39.2μm, holotype 46.2μm×39.2μm. Monolete robust, with lips, 3μm in breadth, extending to equator. Exine two layered, which separated chambers, endexine thin, the formation central body, with bacula spinae ornamentation, 1-2μm in basal breadth, 4.5-6.5μm in height, the end point or sharp circle, which bias monolete direction; Exoexine surface is nearly smooth. Brown yellow in colour.

Comparison: The new species differs from those known species of *Aratrisporites* by exoexine suface is nearly smooth, central body surface with bacula spinae ornamentation.

Junggaresporites rarus Zhan sp. nov.

(Pl. 32, fig. 36)

Holotype: Pl. 32, fig. 36

Type locality: Hong Guang town in Shawan County

Formation: The Badaowan Formation

Derivation of name: *rarus*, rare, referring to the rare presence of the species

Description: Amb nearly circular. 39.6μm in diameter, holotype 39.6μm in diameter. Exine thicker, ca. 2μm in thickness; Distal surface with a subcircular leptoma, the surface is nearly smooth; Equatorially and proximal surface with dense small baculate ornamentation, 1.5-2.0μm in basal diameter, ≤2.5-μm in height, the bacula end slightly expanded, with obtusae or rounded apices, 1-2μm spaced apart. Yellow brown in colour.

Comparison: The new species differs from those known species of *Junggaresporites* by equatorially and proximal surface with small baculate ornamentation. *Jungaresporites congeneris* (Qu et Wang, 1990) is similar to the present specimens, but differs in having small verrucae ornamentation on the equatorially and proximal surface.

Colpectopollis crassus Zhan sp. nov.

(Pl. 20, figs. 4, 7)

Holotype: Pl. 20, fig. 7

Type locality: Dalonkou in Jimusaer County

Formation: The Huangshanjie Formation

Derivation of name: *crassus*, thick, referring to the exine of corpus

Description: Bisaccate with a little monosaccate tendency, amb elliptical. Size (68.2-83.6) μm × (44.0-48.4) μm, holotype 68.2μm × 44.0μm. Corpus elliptical, exine of body thickened along equator into a dark zone 2.5-4.5μm broad, size (50.6-52.8) μm × (33.0-41.8) μm, with a longitudinal thickened ridge on the proximal pole, the ridge extending to margin of corpus; Saccus semicircular, size (30.8-37.4) μm × (46.2-50.6) μm, saccus surround the corpus in both sides, connected laterally by a isolated layer, distal roots distinct or indistinct, straight, a distance in between ca. 1/5 corpus length or strongly adjacent each other forming a narrow geminal furrow. Both corpus and saccus intramicroreticulate. Brownish yellow in colour.

Comparison: The new species differs from those known species of *Colpectopollis* by corpus thickened along equator forming a dark zone.

Colpectopollis dilucidus Zhan sp. nov.

(Pl. 18, fig. 22; pl. 23, figs. 16, 24-26, 28)

Holotype: Pl. 23, fig. 24

Type locality: Dalonkou in Jimusaer County

Formation: The Huangshanjie Formation and Haojiagou Formation

Derivation of name: *dilucidus*, clear, distinct, referring to the ornamentation of sacci

Description: Bisaccate with a little monosaccate tendency, amb oval, subcircular or oblate-spherical. Size (70.4-96.8) μm× (66.0-102.2) μm, holotype 70.4μm×70.4μm. Corpus oval or elliptical, exine on both sides of corpus slightly thickened, size (48.4-68.2) μm× (55.2-77.0) μm, with a longitudinal thickened ridge of 2-4μm wide on the proximal pole, the ridge extending about 3/4 corpus length or extending to the corpus equator; Saccus semicircular, size (30.8-49.2) μm× (66.0-102.0) μm, saccus surround the corpus in both sides, connected laterally by a isolated layer, distal roots adjacent each other forming a narrow geminal furrow. Saccus intrareticulate, with larger lumina (up to 4 μm across), radiate texture clearly shown in the margin of saccus. Brownish yellow to yellow brownish in colour.

Comparison: The new species differs from those known species of *Colpectopollis* by saccus with larger lumina, radiate texture clearly shown in the margin of saccus.

Taeniaesporites dalongkouensis **Zhan sp. nov.**

(Pl. 9, figs. 21, 23)

Holotype: Pl. 9, fig. 2

Type locality: Dalonkou in Jimusaer County

Formation: The Shaofanggou Formation

Derivation of name: Dalongkou, referring to the locality of holotype

Description: Haploxylonoid to slightly diploxylonoid bisaccate pollzen, amb elliptical. Overall length 66.0-69.3μm, holotype 66 μm. Corpus elliptical with longer transverse axis, size (37.4-39.6) μm× (46.2-52.8) μm, Exine ca. 1.5μm in thickness; proximal cappa with 4 taeniae, 6.5-12.0μm in breadth, dissected by clefts (1-6μm), crack on vertical or slightly oblique taeniae arranged. A distinct monolete developed on the middle part of proximal surface, ca.1/3 corpus length, exine along both sides of the monolete thickened. Saccus semicircular, size (19.8-26.4) μm× (44.0-55.0) μm, disposed equatorially and inclined distally, with straight or slightly concave distal roots, a distance in between ca.1/2 corpus length, saccus connected laterally by a narrow isolated layer, wall of sacci intramicroreticulate, the muri are radiately elongated from saccus bases. Brownish yellow in colour.

Comparison: The new species differs from those known species of *Taniaesporites* by corpus elliptical with longer transverse axis, crackon vertical or slightly oblique taeniae arranged. *T. transversundatus* Jansonius also has crackon vertical taeniae arranged, but corpus oval with longer longitudinal axis, sacci is greater than corpus.

Minutosaccus ovalis **Zhan sp. nov.**

(Pl. 14, figs.7, 18, 19; pl. 29, fig. 5)

Holotype: Pl. 14, fig. 7

Type locality: Dalonkou in Jimusaer County

Formation: The Karamay Formation

Derivation of name: *ovalis*, oval, referring to the outline of corpus

Description: Overall length 33.0-42.8μm, holotype 33μm, Corpus oval or elliptical with longer transverse axis in outline, size (33.0-36.2) μm× (39.8-48.8) μm, exine 1.5-2.5μm in thickness, surface having finely granulate, distal surface with a longitudinal colpus. Sacci smaller, size (8.0-15.4) μm× (22.0-32.2) μm, disposed distally of corpus, not or slightly exceed the corpus contour, ornamentation indistinct intramicroreticulum, the muri are radiately elongated from sacci bases. Yellow brown (corpus) to brown (sacci) in colour.

Comparison: The new species differs from those known species of *Minutosaccus* by corpus oval or elliptical with longer transverse axis in outline, sacci smaller, when disposed distally of corpus, and distal surface with a distinct longitudinal colpus. *M. fusiformis* Qu et Wang, 1990 is similar to the new species, but corpus spindle-shaped, sacci smaller.

Dacrycarpites xinjiangensis Zhan sp. nov.

(Pl. 24, fig. 24, 31)

Holotype: Pl. 24, fig. 31

Type locality: Haojiagou in Wulumuqi County

Formation: The Haojiagou Formation

Derivation of name: Xinjiang, referring to the study area

Description: Trisaccate pollen, amb triangular or broadly elliptical. Overall size 72.6-76.5μm, holotype 72.6μm, corpus (50.6-55.0) μm× (41.8-47.3) μm, saccus (15.4- 22.2) μm × (37.4-52.8) μm. Corpus oval or elliptical, exine thickened along the body equatorial—saccus root, resulted in a dark zone 3.5-4.5μm in breadth, wall of body minutely granulate. Three saccus, which has a relatively small, less than a semicircle or crescent, located body equator, projecting beyond the body, ornamentation intramicroreticulum, radiately elongated lumina in sacci bases. Light yellow to yellow (saccus) to yellow brown (corpus) in colour.

Comparison: The new species differs from those known species of *Dacrycarpites* by distinctly body, exine thickened along the body equatorial-saccus root, resulted in a broader dark zone and in saccus having a relatively small.

Chasmatosporites foveolatus Zhan sp. nov.

(Pl. 33, fig. 45)

Holotype: Pl. 33, fig. 45

Type locality: Haojiagou in Wulumuqi County

Formation: The Badaowan Formation

Derivation of name: *foveolatus*, small hole, referring to the ornamentation

Description: Outline elliptical, size 74.8μm×57.2μm, holotype 74.8μm×57.2μm. Distal with a monocolpus-like elliptical leptoma, size 53.9μm×33.0μm, the exine of the margin or distinctly thickened. Exine ca. 2.0-2.2μm in thickness, surface with small hole, circle or irregular in shape, hole diameter of 1.0-1.5μm, distribution of uneven. Brown yellow in colour.

Comparison: The new species differs from those known species of *Chasmatosporites* by exine surface with small hole pattern.

Chasmatosporites obliquus Zhan sp. nov.

(Pl. 28, fig. 14)

Holotype: Pl. 28, fig. 14

Type locality: Haojiagou in Wulumuqi County

Formation: The Haojiagou Formation

Derivation of name: *obliquus*, oblique, referring to the position of leptoma

Description: Outline subcircular, size 46.2μm, holotype 46.2μm. Distal surface with a monocolpus-like oval leptoma, size 30.5μm×26.4μm, which bias towards on one side of the pollen, the exine of the leptoma margin distinctly thickened, ca. 2μm in breadth, the outer zone of the thickened belt is seen in a granular ornamentation zone. Exine ca. 2μm in thickness, exept for the ornamentation zone, the rest of the surface is nearly smooth. Nearly smooth along the outline. Yellow to yellow brown in colour.

Comparison: The new species differs from those known species of *Chasmatosporites* by the exine of the leptoma margin distinctly thickened, the outer zone of the thickened belt is seen in a granular ornamentation zone.

Cycadopites latisulcatus Zhan sp. nov.

(Pl. 33, figs. 33, 37, 38)

Holotype: Pl. 33, fig. 33

Type locality: Haojiagou in Wulumuqi County

Formation: The Badaowan Formation

Derivation of name: *latisulcatus*, wide colpus, referring to the characteristics of colpus

Description: Monocolpate, amb long elliptical or long oval, size (67.1-69.2) μm × (29.5-35.2) μm, holotype 67.1×35.2μm. Distal colpus broader, with uniform width, up to 11.5-17.6μm broad, at one or both ends slightly narrowed or constant narrow, extending the full length of grain, on both sides of the colpus or with thickened colpus-edges (plicate); Exine ca. 1.5-2.0μm in thickness, surface smooth or scabrate. Yellow to yellow brown in colour.

Comparison: The new species differs from the known species of the genus in having a larger size and relatively broad colpus.

Cycadopites microfoveotus **Zhan sp. nov.**

(Pl. 28, figs. 36, 41)

Holotype: Pl. 28, fig. 36

Type locality: Haojiagou in Wulumuqi County

Formation: The Haojiagou Formation

Derivation of name: *microfoveotus*, with fine lumina-like elements, referring to the ornamentation of exine surface

Description: Monocolpate, amb elliptical or spindle-shaped, size (80.8-92.4) μm × (41.8-48.4) μm, holotype 80.8×48.4μm. Distal colpus extending the full length of the grain, which broader in central part and narrower on both ends, or broader in central and an end, middle or end split slightly broader, on both sides of the colpus with thickened colpus-edges (Plicate), 6.0-6.6μm broad in central part, sharpened towards extremities. Exine ca. 1.5-2.0μm in thickness, surface finely lumina ≤1μm in diameter, the adjacent lumina communicated with each other. brown yellow in colour.

Comparison: The new species differs from the known species of the genus in having a larger size and finely lumina ornamentation.

Verrumonocolpites fusiformis **Zhan sp. nov.**

(Pl. 29, figs. 25, 28)

Holotype: Pl. 29, fig. 25

Type locality: Haojiagou in Wulumuqi County

Formation: The Haojiagou Formation

Derivation of name: *fusiformis*, spindle-shaped, referring to the outline of pollen

Description: Monocolpate, amb spindle-shaped, size (85.8-88.0) μm × (33.0-46.2) μm, holotype 85.8μm×33.0μm. Distal colpus narrow or broader, extending the full length of the grain, central or slightly overlap. Exine 2μm in thickness, surface covered by closely spaced low and flat nearly circular or irregular shape tubercles, 1.5-2.0μm in diameter. Yellow to brown yellow in colour.

Comparison The new species differs from others of the genus in having a spindle-shaped outline, closely spaced low tubercles ornamentation of exine surface. *Verrumonocolpites shanbeiensis* is similar to the present species, but differs in having larger tuber.

Ephedripites subgen. *Bellus* Zhan subgen. nov.

Type species: *Ephedripites* (*Bellus*) *junggarensis* Zhan subgen. et sp. nov.

Description: Having two sets of mutually perpendicular ridges, wherein a set of aggregation at both ends, each ridges intercostal were seen "Z" shaped bend line, curved line or see branched.

Comparison: The subgenus in having two mutually perpendicular ridges, intercostal ridges were seen in both groups "Z" shaped curved lines distinguish this genus other subgenus.

Ephedripites (*Bellus*) *junggarensis* Zhan subgen. & sp. nov.

(Pl. 66, fig. 42)

Holotype: Pl. 66, fig. 42

Type locality: Arqingou in Wusu County

Formation: Anjihaihe Formation

Derivation of name: Junggar, referring to the study area

Description: Outline elliptical in lateral view, size 46.5μm×37.4μm, holotype 46.5μm×37.4μm. Having substantially parallel to the major and minor axes of the two sets of ridges, ridges width 1.0-1.5μm, intercostal wide, two sets of ridges are arranged substantially perpendicular to each other, forming a square grid-like pattern, wherein the ridges are arranged in parallel to the major axis ends aggregation, two sets of ridges were seen clearly intercostal "Z" shaped bend line, bending lines with branches. Microwave along the periphery. brown yellow in colour.

Comparison: This species differs from *Ephedripites* (*Bellus*) *manasiensis* by narrower ridges.

Ephedripites (*Bellus*) *manasiensis* Zhan subgen. & sp. nov.

(Pl. 66, fig. 31)

Holotype: Pl. 66, fig. 31

Type locality: Tugu-1 Well in Manasi County

Formation: Anjihaihe Formation

Derivation of name: Manasi, referring to the locality of holotype

Description: Outline elliptical to subcircular in lateral view, size 48.4μm×41.8μm, holotype 48.4μm×41.8μm. Having substantially parallel to the major and minor axes of the two sets of ridges, ridges width 4.0-6.5μm, intercostal narrow, two sets of ridges are arranged substantially perpendicular to each other, forming a square grid-like pattern, wherein the ridges are arranged in parallel to the major axis ends aggregation, two sets of ridges were seen clearly intercostal “Z” shaped bend line, bending lines with branches. Microwave along the periphery. yellow in colour.

Multiporopollenites junggarensis **Zhan sp. nov.**

(图版 77, 图 31, 32, 53)

Holotype: Pl. 77, fig. 31

Type locality: Mosuowan well-area in Hutubi County

Formation: The Tasihe Formation

Derivation of name: Junggar, referring to the study area

Description: Amb subcircular, diameter 35.2-43.5μm, holotype 37.4μm. With 12-14 scattered pores, pore circular, 2-5μm in diameter, pores irregularly distribution. Exine ca. 1.2-1.5μm in thicknes, surface smooth, with a small amount of bar folds, slightly thickened around pores. Smooth along the outline. Light yellow in colour.

Comparison: The new species differs from those known species of *Multiporopollenites* by pores fewer (＜15), pores of different size, and irregularly distribution.

图版及图版说明

全部化石照片均放大500倍，照相标本保存在新疆油田分公司实验检测研究院地质实验中心标本库。

图版 1

1，2. 小背光孢 *Limatulasporites parvus* Qu et Wang，1986

3. 中华装饰多环孢 *Taurocusporites sinensis* Qu et Ji，1994

4，13. 苍白背光孢 *Limatulasporites pallidus* Qu et Wang，1986

5，12，15，17. 掘起背光孢 *Limatulasporites fossulatus*（Balme）Helby et Foster，1979

6，16. 背光背光孢 *Limatulasporites limatulus*（Playford）Helby et Faster，1979

7. 背光孢(未定种) *Limatulasporites* sp.

8. 北方弓脊孢 *Retusotriletes arcticus* Qu et Wang，1986

9. 极小圆形块瘤孢 *Verrucosisporites mimicus* Qu et Wang，1986

10. 圆形粒面孢(未定种) *Cyclogranisporites* sp.

11. 小龙口圆形锥瘤孢 *Apiculatisporis xiaolongkouensis* Hu et Wang，1986

14. 环圈孢(未定种) *Annulispora* sp.

18，27，28. 瓦塘隆德布拉孢 *Lundbladispora watangensis* Qu，1984

19. 平网孢(未定种) *Dictyotriletes* sp.

20. 隆德布拉孢(未定种) *Lundbladispora* sp.

21. 美丽苏铁粉 *Cycadopites formosus* Singh，1962

22—24，30—32. 光亮拟百岁兰粉 *Welwischipollenites clarus*（Qu et Wang）Ouyang，2003

25. 苏铁粉(未定种) *Cycadopites* sp.

26. 清晰苏铁粉 *Cycadopites dilucidus*（Bolkh.）Zhang，1984

29. 麻黄粉(未定种) *Ephedripites* sp.

33，37，43. 舒伯格克劳斯双囊粉 *Klausipollenites schaubergeri*（Potonie et Klaus）Jansonius，1962

34，36. 聚囊粉(未定种) *Vesicaspora* sp.

35，39. 具唇苏铁粉 *Cycadopites adjectus*（De Jersey）De Jersey，1964

38，41. 稀饰环孢(未定种) *Kreuselisporites* sp.

40. 棠浦芦木孢 *Calamospora tangpuensis* Qian，Zhao et Wu，1983

42. 托拉尔阿辛克粉 *Accinctisporites toralis* Lexchik, 1956

44. 刺纹稀饰环孢(比较种) *Kraeuselisporites* cf. *spinulosus* Hou et Wang，1986

45. 萨氏粉(未定种) *Samoilovitchisaccites* sp.

46. 匙叶粉(未定种) *Noeggerathiopsidozonotriletes* sp.

全部图影化石均产自吉木萨尔县三台大龙口剖面锅底坑组顶部 80DL-N5-S3 号样品。

图版 2

1. 小型罗汉松粉 *Podocarpidites miniscululus* Singh，1964
2，12，14. 微小阿里粉 *Alisporites parvus* De Jersey，1962
3. 假二肋粉(未定种) *Gardenasporites* sp.
4. 短单脊双囊粉 *Chordasporiotes brachytus* Ouyang et Li，1980
5，13. 澳大利亚阿里粉 *Alisporites australis* De Jersey，1962
6. 塔图二肋粉 *Lueckisporites tattooensis* Jansonius，1962
7. 萨氏粉(未定种) *Samoilovitchisaccites* sp.
8. 浑江单脊双囊粉 *Chordasporiotes hunjiangensis* Wu et Pu，1982
9. 直缝二囊粉(未定种) *Limitisporites* sp.
10. 窄沟阿里粉 *Alisporites stenoholcus* Ouyang，2003
11. 普通双束松粉 *Pinuspollenites divulgatus* (Bolkhovitina) Qu，1980
15. 稀少罗汉松型多肋粉 *Striatopodocarpites rarus* (Bharadwaj et Salujha) Balme，1970
16. 诺维奥宽肋粉 *Taeniaesporites noviaulensis* Leschik，1956
17，22. 透明宽肋粉 *Taeniaesporites pellucidus* (Goubin) Balme，1970
18. 两型罗汉松粉 *Podocarpidites biformis* Rouse，1957
19. 薄体宽肋粉 *Taeniaesporites leptocorpus* Qu，1984
20，24，25. 再分宽肋粉 *Taeniaesporites divisus* Qu, 1982
21. 诺维蒙宽肋粉 *Taeniaesporites novimundi* Jansonius，1962
23. 大龙口罗汉松型多肋粉 *Striatopodocarpites dalongkouensis* Zhan，2003
26. 大龙口罗汉松型多肋粉(比较种) *Striatopodocarpites* cf. *dalongkouensis* Zhan，2003
27. 贝壳粉(未定种) *Crustaesporites* sp.

全部图影化石均产自吉木萨尔县三台大龙口剖面锅底坑组顶部 80DL-N5-S3 号样品。

图版 3

1. 小刺圆形锥瘤孢 *Apiculatisporis parspinosus* (Leschik) Schulz，1962
2，18. 北方弓脊孢 *Retusotriletes arcticus* Qu et Wang，1986
3. 伯莱梯孢(未定种) *Biretisporites* sp.
4. 三角块瘤孢(未定种 4) *Converucosisporites* sp.
5，23. 扁平圆形块瘤孢(比较种) *Verrucosisporites* cf. *platyverrucosus* Xu et Zhang，1980
6. 收缩瓦尔茨孢 *Walzispora strictura* Ouyang et Li，1980
7，16. 短缝桫椤孢 *Cyathidites breviradiatus* Helby，1967
8. 小桫椤孢 *Cyathidites minor* Couper，1953
9. 小型圆形光面孢 *Punctatisporites minutus* Kosanke，1950
10. 变异克鲁克孢 *Klukisporites variegatus* Couper，1958
11. 圆锥石松孢 *Lycopodiumsporites paniculatoides* Tralau，1968

12. 浅色隆兹孢（比较种）*Lunzisporites* cf. *pallidus* Bharadwaj et Singh，1964

13—15，21，25，28. 乔凯里圆形块瘤孢 *Verrucosisporites jonkeri* (Jansonius) Ouyang et Norris，1999

17. 新疆三角刺面孢（新种）*Acanthotriletes xinjiangensis* Zhan sp. nov.

19. 闪耀圆形粒面孢 *Cyclogranisporites micaceus* (Imgrund) Imgrund，1960

20. 多粒圆形块瘤孢 *Verrucosisporites granatus* (Bolkh.) Gao et Zhao，1976

22. 瘤纹弓脊孢（新种）*Retusotriletes verrucosus* Zhan sp. nov.22（模式标本）

24. 圆形光面孢（未定种 3）*Punctatisporites* sp. 3

26. 瑞替三叠孢（比较种）*Triassisporis* cf. *roeticus* Schulz，1965

27. 多皱皱面孢 *Rugulatisporites ramosus* De Jersey，1959

29，31. 多桑背锥瘤孢 *Anapiculatisporites dawsonensis* Reiser et Williams，1969

30. 齿状座莲蕨孢 *Angiopteridaspora denticulata* Chang,1965

32. 泡状圆形锥瘤孢 *Apiculatisporis bulliensis* Helby ex De Jersey，1979

33，36. 球形紫萁孢 *Osmundacidites orbiculatus* Yu et Han，1985

34. 大龙口新叉瘤孢（新种）*Neoraistrickia dalongkouensis* Zhan sp. nov.34（模式标本）

35. 不均匀三角锥刺孢 *Lophotriletes incondites* Qu et Wang，1986

37. 半网孢（未定种）*Semiretisporis* sp.

38. 假网克鲁克孢 *Klukisporites pseudoreticulatus* Couper，1958

39. 半网石松孢 *Lycopodiumsporites semimuris* Danze-Corsin et Laveine，1963

40. 棘状圆形锥瘤孢 *Apiculatisporis spiniger* (Leschik) Qu，1980

41. 弓形阿尔索菲孢（比较种）*Alsophilidites* cf. *arcuatus* (Bolkhovitina) Xu et Zhang，1980

42. 贴生光面三缝孢 *Leiotriletes adnatus* (Kosanke) Potonie et Kremp，1955

43. 哈氏网叶蕨孢（比较种）*Dictyophyllidites* cf. *harrisii* Couper，1958

44，47. 叉瘤孢（未定种 1）*Raistrickia* sp. 1

45. 圆形锥瘤孢（未定种 1）*Apiculatisporis* sp. 1

46. 美丽紫萁孢 *Osmundacidites speciosus* (Verb.) Zhang，1965

48. 图林根圆形块瘤孢 *Verrucosisporites thuringiacus* Mädler，1964

49. 新疆三角块瘤孢（比较种）*Converrucosisporites* cf. *xinjiangensis* Qu et Wang，1986

50，51. 芦木孢（未定种 1）*Calamospora* sp. 1

52，54. 膜蕨型圆形光面孢（比较种）*Punctatisporites* cf. *hymenophylloides* Qu，1980

53，57. 棠浦芦木孢（比较种）*Calamospora* cf. *tangpuensis* Qian，Zhao et Wu，1983

55，56. 莱亨圆形光面孢（比较种）*Punctatisporites* cf. *leighensis* Playford et Dettmann，1965

全部图影化石均产自吉木萨尔县三台大龙口剖面韭菜园组，其中图 1，17，19，34，35，44，47 产于 80-DL-N6-S1 号样品；图 2，5—7，8，10，13—16，18，21，23，26，29，32，36，39—43，49—52，57 产于 80-DL-N6-S2 号样品；图 3，9，22，28，30，31，33，37，38，45，46，53—56 产于 80-DL-N6-S4 号样品；图 4，11，12，20，24，25，27，48 产于 80-DL-N6-S5 号样品。

图版 4

1—4. 小背光孢 *Limatulasporites parvus* Qu et Wang，1986

5，28. 苍白背光孢 *Limatulasporites pallidus* Qu et Wang，1986

6，7. 不等背光孢 *Limatulasporites inaequalalis* Qu et Wang，1990

8. 环圈孢(未定种 2) *Annulispora* sp. 2

9. 华美背光孢(新种) *Limatulasporites elegans* Zhan sp. nov.9(模式标本)

10. 鳞木孢(未定种) *Lycospora* sp.

11，12，15，16. 掘起背光孢 *Limatulasporites fossulatus* (Balme) Helby et Foster，1979

13. 大龙口背光孢 *Limatulasporites dalongkouensis* Qu et Wang，1986

14. 新疆背光孢(新种) *Limatulasporites xinjiangensis* Zhan sp. nov. 14(模式标本)

17. 多环孢(未定种) *Polycingulatisporites* sp.

18. 盾环孢(未定种) *Crassispora* sp.

19—22，26. 斑痣多环孢 *Polycingulatisporites rhytismoides* Ouyang et Li，1980

23. 小瘤窄角凹边孢(比较种) *Murospora* cf. *microverrucosus* Zhang，1984

24. 块瘤多环孢(比较种) *Polycingulatisporites* cf. *verrucosus* Ji et Ouyang，1996

25. 阿赛勒特孢(未定种) *Asseretospora* sp.

27. 窄环孢(未定种 1) *Stenozonotriletes* sp. 1

29，35. 一般平网孢 *Dictyotriletes mediocris* Qu et Wang，1990

30，32，33，46，54，55. 瓦塘隆德布拉孢 *Lundbladispora watangensis* Qu，1984

31. 瘤状隆德布拉孢(比较种) *Lundbladispora* cf. *verrucosa* Qu et ji，1994

34，36，43，49. 粗网孢(未定种 1) *Reticulatisporites* sp. 1

37. 聂布尔其隆德布拉孢 *Lundbladispora nejburgii* Schulz，1964

38，42，44，45. 穴状隆德布拉孢 *Lundbladispora foveotus* Qu et Wang，1986

39. 陕西圆形光面孢 *Punctatisporites shensiensis* Qu，1980

40. 穆瑞孢(未定种) *Muerrigerisporites* sp.

41. 船首厚角孢 *Triquitrites proratus* Balme，1970

47. 石松孢(未定种 3) *Lycopodiumsporites* sp. 3

48. 尼夫斯孢(未定种) *Nevesisporites* sp.

50，51，57，63，66. 伊菲来格纳隆德布拉孢 *Lundbladispora iphilegna* Foster，1979

52. 准噶尔穴环孢(新联合) *Vallatisporites junggarensis* (Qu et Wang) Zhan comb. nov.

53. 辐皱隆德布拉孢(比较种) *Lundbladispora* cf. *rugosa* Bai，1983

56. 稀饰环孢(未定种) *Kreuselisporites* sp.

58. 辐皱隆德布拉孢 *Lundbladispora rugosa* Bai，1983

59. 粒纹隆德布拉孢 *Lundbladispora granularis* Qian et al., 1983

60. 徐氏孢(未定种) *Hsuisporites* sp.

61. 瓦塘隆德布拉孢(比较种) *Lundbladispora* cf. *watangensis* Qu，1984

62. 隆德布拉孢(未定种 1) *Lundbladispora* sp. 1

64，65. 凸端稀饰环孢(比较种) *Kraeuselisporites* cf. *cuspidus* Balme，1963

全部图影化石均产自吉木萨尔县三台大龙口剖面韭菜园组，其中图 39—41 产自 80-DL-N6-S1 号样品；图 1，3—7，9，11—13，15—18，20，21，23，26，27，29，31—35，45，46，52，55，56，59，62，64，65 产自 80-DL-N6-S2 号样品；图 2，10，14，19，24，25，28，30，37，38，42，43，47，50，51，53，57，58，60，63，66 产自 80-DL-N6-S4 号样品；图 8，22，36，44，48，49，54，61 产自 80-DL-N6-S5 号样品。

图版 5

1，2，27. 皱纹楔环孢 *Camarozonosporites rudis* (Leschik) Klaus，1960

3. 尼夫斯孢？(未定种 1) *Nevesisporites* ? sp. 1

4，28. 西北背光孢 *Limatulasporites xibeiensis* Ji et Ouyang，1996

5. 光滑圆盘粉 *Discisporites psilatus* De Jersey，1964

6—8，12，16—19，23，26. 瓦塘隆德布拉孢 *Lundbladispora watangensis* Qu，1984

9. 瘤环孢(未定种 3) *Verrucingulatisporites* sp. 3

10. 环瘤孢(未定种 1) *Taurocusporites* sp. 1

11. 聂氏隆德布拉孢(比较种) *Lundbladispora* cf. *nejburgii* Schulz，1964

13. 套环孢(未定种) *Densosporites* sp.

14. 瓦塘隆德布拉孢(比较种) *Lundbladispora* cf. *watangensis* Qu，1984

15. 三角块瘤孢(未定种 3) *Converrucosisporites* sp. 3

20—22. 皱纹楔环孢(比较种) *Camarozonosporites* cf. *rudis* (Leschik) Klaus，1960

24. 瘤状隆德布拉孢(比较种) *Lundbladispora* cf. *verrucosa* Qu et ji，1994

25. 普氏隆德布拉孢 *Lundbladispora playfordi* Balme，1963

29. 细皱科达粉 *Cordaitina tenurugosa* Hou et Wang，1986

30. 粗糙离层单缝孢 *Aratrisporites scabratus* Klaus，1960

31. 平瘤水龙骨孢(未定种 2) *Polypodiisporites* sp. 2

32，33. 尖角苏铁粉 *Cycadopites acutus* (Leschik) Qu，1984

34—36，41—44. 光亮拟百岁兰粉 *Welwischipollenites clarus* (Qu et Wang) Ouyang，2003

37. 麻黄粉(未定种) *Ephedripites* sp.

38. 克拉格开通粉 *Caytonipollenites cregii* (Pocock) Qu, 1984

39. 小型罗汉松粉 *Podocarpidites miniscului* Singh，1964

40，49. 窄沟阿里粉 *Alisporites stenoholcus* Ouyang，2003

45，48，51. 微小阿里粉 *Alisporites parvus* De Jersey，1962

46，47，52. 次光滑镰褶粉 *Falcisporites sublevis* (Luber) Ouyang et Norris，1999

50. 多分罗汉松粉 *Podocarpidites multicinus* (Bolkh.) Pocock，1970

53. 澳大利亚阿里粉 *Alisporites australis* De Jersey，1962

54. 套环孢(未定种 2) *Densosporites* sp. 2

55. 小囊阿里粉 *Alisporites minutisaccus* Clarke，1965

56. 辐皱隆德布拉孢 *Lundbladispora rugosa* Bai，1983

57. 旋卷科达粉 *Cordaitina convallata*(Luber) Samoilovich，1953

58. 椭圆皱球粉 *Psophosphaera ovalis*(Bolkhovitina) Li，1984

全部图影化石均产自吉木萨尔县三台大龙口剖面韭菜园组，其中图 58 产自 80-DL-N6-S1 号样品；图 5，10，15，28，31，34，35，38，40—49，52，53 产自 80-DL-N6-S2 号样品；图 4，11，12，14，17，19，21，25，26，29，39，50，51，54，57 产自 80-DL-N6-S4 号样品；图 1—3，6—9，13，16，18，20，22—24，27，30，32，33，36，37，55，56 产自 80-DL-N6-S5 号样品。

图版 6

1. 蝶形开通粉 *Caytonipollenites papilionaceus*(Qian et al.) Song，2000

2. 粗强单脊双囊粉 *Chordasporiotes impensus* Ouyang et Li，1980

3. 扁体双束松粉 *Pinuspollenites taedaeformis*(Zakl.) Ke et Shi，1978

4. 隆脊哈姆粉 *Hamiapollenites extumidus* Hou et Wang，1990

5. 折缝二囊粉(未定种) *Jugasporites* sp.

6. 逊氏二肋粉 *Lueckisporites singhii* Balme，1970

7，13，15，28. 舒伯格克劳斯双囊粉 *Klausipollenites schaubergeri*(Potonie et Klaus) Jansonius，1962

8，12. 次光滑镰褶粉 *Falcisporites sublevis*(Luber) Ouyang et Norris，1999

9. 微小阿里粉 *Alisporites parvus* De Jersey，1962

10，34. 叉肋粉(未定种) *Vittatina* spp.

11. 诺维蒙宽肋粉 *Taeniaesporites novimundi* Jansonius，1962

14. 新疆克劳斯双囊粉 *Klausipollenites xinjiangensis* Qu et Wang，1990

16. 哈姆粉(未定种 2) *Hamiapollenites* sp. 2

17. 畸形直缝二肋粉(比较种) *Limitisporites* cf. *monstruosus* (Luber) Hart，1965

18，24. 塔图二肋粉 *Lueckisporites tattooensis* Jansonius,1962

19. 粗脊哈姆粉 *Hamiapollenites ruiditaeniatus* Hou et Wang，1986

20，21. 双束细肋粉(未定种) *Striatoabieites* sp.

23，32. 多肋双束细肋粉 *Striatoabieites multistriatus*(Balme et Hennelly) Hart，1964

22. 贝壳粉(未定种) *Crustaesporites* sp.

25. 厚壁罗汉松多肋粉 *Striatopodocarpites crassus* Singh，1964

26. 诺维奥宽肋粉 *Taeniaesporites noviaulensis* Leschik，1956

27，30. 再分宽肋粉 *Taeniaesporites divisus* Qu，1982

29. 大单脊双囊粉 *Chordasporiotes magnus* Klaus，1964

31. 萨氏单束细肋粉 *Protohaploxypinus samoilovichii* (Jansounius) Hart，1964

33. 宽肋粉(未定种 3) *Taeniaesporites* sp. 3

35. 清楚单束细肋粉(比较种) *Protohaploxypinus* cf. *definitus* Hou et Wang，1986

36. 多肋单囊粉(未定种 1) *Striatomonosaccites* sp. 1

全部图影化石均产自吉木萨尔县三台大龙口剖面韭菜园组，其中图 19 产自 80-DL-N6-S1 号样品；图 1，8，12—14，16—18，23，25，28，33 产自 80-DL-N6-S2 号样品；图 4，5，7，11，15，24，26，31，35 产自 80-DL-N6-S4 号样品；图

2，3，6，9，10，20—22，27，29，30，32，34，36 产自 80-DL-N6-S5 号样品。

图版 7

1，7. 赫西恩弓脊孢 *Retusotriletes hercynicus*（Mädler）Schuuman，1977

2—4，6，14. 北方弓脊孢 *Retusotriletes arcticus* Qu et Wang，1986

5. 粗缝圆形光面孢（比较种）*Punctatisporites* cf. *crassirimosus* Qu，1980

8. 中生弓脊孢 *Retusotriletes mesozoicus* Klaus，1960

9. 强凹里白孢 *Gleicheniidites conflexus*（Chlonova）Xu et Zhang，1980

10. 平滑水藓孢 *Sphagnumsporites psilatus*（Ross）Couper，1958

11. 锥瘤环孢（未定种）*Lophozonotriletes* sp.

12. 江西棒瘤孢 *Baculatisporites jiangxiensis* Yu et Han，1985

13，22，23. 极小圆形块瘤孢 *Verrucosisporites mimicus* Qu et Wang，1986

15. 弓脊孢（未定种 1）*Retusotriletes* sp. 1

16，17. 弓脊型弓脊孢 *Retusotriletes arcatus* Yu，1981

18，19. 假网克鲁克孢 *Klukisporites pseudoreticulatus* Couper，1958

20. 不规则新叉瘤孢（比较种）*Neoraistrickia* cf. *irregularis* Ouyang et Li，1980

21，47. 多粒圆形块瘤孢 *Verrucosisporites granatus*（Bolkh.）Gao et Zhao，1976

24. 小瘤圆形块瘤孢 *Verrucosisporites microtuberosus*（Loose）Smith et Butterworth，1967

25. 圆锥石松孢 *Lycopodiumsporites paniculatoides* Tralau，1968

26—28，30，48. 烧房沟网面无缝孢 *Maculatasporites shaofanggouensis* Zhan sp. nov.26（模式标本）

29. 尼夫斯孢（未定种）*Nevesisporites* sp.

31. 稠密圆形粒面孢 *Cyclogranisporites congestus* Leschik，1955

32. 三叠圆形光面孢 *Punctatisporites triassicus* Schulz，1964

33. 盾环孢（未定种）*Crassispora* sp.

34. 瘤环孢（未定种 1）*Verrucingulatisporites* sp.

35. 尼夫斯孢（未定种 1）*Nevesisporites* sp. 1

36. 壁垒尼夫斯孢 *Nevesisporites vallatus* De Jersey et Paten，1964

37，38. 大龙口套环孢（新种）*Densosporites dalongkouensis* Zhan sp. nov.37（模式标本）

39. 尼夫斯孢（未定种 2）*Nevesisporites* sp. 2

40. 皱纹楔环孢（比较种）*Camarozonosporites* cf. *rudis*（Leschik）Klaus，1960

41. 细小蠕瘤孢 *Convolutispora parvula* Zhou，2003

42. 波缝乌瓦孢 *Uvaesporites undulatus* Pu et Wu，1982

43. 绕转阿赛勒特孢 *Asseretospora gyrata*（Playford et Dettmann）Schuurman，1977

44. 瘤环孢（未定种）*Verrucingulatisporites* sp.

45，46. 具环水龙骨孢？（未定种）*Polypodiaceoisporites*? sp.

49. 双饰孢（未定种）*Dibolisporites* sp.

50. 新叉瘤孢（未定种）*Neoraistrickia* sp.

51，52. 凸端稀饰环孢 *Kraeuselisporites cuspidus* Balme，1963

53. 新叉瘤孢（未定种 3）*Neoraistrickia* sp. 3

54，64. 新叉瘤孢（未定种 4）*Neoraistrickia* sp. 4

55. 安多粗网孢（比较种）*Reticulatisporites* cf. *amdoensis* Shang，1982

56. 大托第蕨孢 *Todisporites major* Couper，1958

57. 扁平圆形块瘤孢 *Verrucosisporites platyverrucosus* Xu et Zhang，1980

58. 圆形块瘤孢（未定种 1）*Verrucosisporites* sp. 1

59，65. 王家山圆形块瘤孢 *Verrucosisporites wangjiashanensis* Du，1985

60. 暗色圆形块瘤孢 *Verrucosisporites morulae* Klaus，1960

61. 盾环孢（未定种）*Crassispora* sp.

62. 圆形块瘤孢（未定种 2）*Verrucosisporites* sp. 2

63. 锥瘤环孢（未定种 1）*Lophozonotriletes* sp. 1

全部图影化石均产自吉木萨尔县三台大龙口剖面烧房沟组，其中图 1—4，9—13，18—20，25—30，33—41，45，46，48，50—52，55—57，61 产自 80-DL-N8-S6 号样品；图 32 产自 51 号样品；图 5—8，14—17，21—24，31，42—44，47，49，53，54，58—60，62—65 产自 54 号样品。

图版 8

1，5. 新疆环圈孢（新种）*Annulispora xinjiangensis* Zhan sp. nov.1（模式标本）

2，3. 小背光孢（比较种）*Limatulasporites* cf. *parvus* Qu et Wang，1986

4. 鳞木孢（未定种）*Lycospora* sp.

6. 小背光孢 *Limatulasporites parvus* Qu et Wang，1986

7，16. 江西环圈孢 *Annulispora jiangxiensis* Qian，Zhao et Wu，1983

8，10. 西北背光孢 *Limatulasporites xibeiensis* Ji et Ouyang，1996

9. 江西环圈孢（比较种）*Annulispora* cf. *jiangxiensis* Qian，Zhao et Wu，1983

11. 多环孢（未定种 1）*Polycingulatisporites* sp. 1

12，20. 小多环孢 *Polycingulatisporites minutus* Qu et ji，1994

13. 背光孢（未定种）*Limatulasporites* sp.

14，17，18，26. 背光背光孢（比较种）*Limatulasporites* cf. *limatulus*（Playford）Helby et Faster，1979

15，37. 多环孢（未定种 2）*Polycingulatisporites* sp. 2

19. 穆瑞孢（未定种 1）*Muerrigerisporites* sp. 1

21. 背光背光孢 *Limatulasporites limatulus*（Playford）Helby et Faster，1979

22. 大圈环圈孢（比较种）*Annulispora* cf. *folliculosa*（Rogalska）De Jersey，1959

23，24，38. 吉木萨尔多环孢 *Polycingulatisporites jimusarensis* Qu et Wang，1986

25. 久治环瘤孢 *Taurocusporites jiuzhiensis* Ji et Ouyang，2006

27，42，43，50. 穴状隆德布拉孢 *Lundbladispora foveotus* Qu et Wang，1986

28. 平滑无口器粉 *Inaperturopollenites psilosus* Ke et Shi，1978

29. 广口粉（未定种 3）*Chasmatosporites* sp. 3

30. 中生桫椤孢 *Cyathidites mesozoicus* (Thiergart) Potonié, 1995

31，33. 肥大苏铁粉 *Cycadopites validus* Qu，1984

32. 华美广口粉(比较种) *Chasmatosporites* cf. *elegans* Nilsson，1958

34. 小单远极沟粉 *Monosulcites minimus* Cookson，1947

35. 整洁苏铁粉 *Cycadopites nitidus* (Balme) Pocock，1970

36. 梨形苏铁粉 *Cycadopites pyriformis* (Nilsson) Zhang，1984

39. 聂布尔其隆德布拉孢 *Lundbladispora nejburgii* Schulz，1964

40. 颗粒环瘤孢 *Taurocusporites granulatus* Qu et Wang，1986

41. 瓦塘隆德布拉孢 *Lundbladispora watangensis* Qu，1984

44. 多环孢？(未定种) *Polycingulatisporites*? sp.

45，46. 三角广口粉 *Chasmatosporites triangularis* Li，Duan et Du，1982

47. 盾环孢(未定种) *Crassispora* sp.

48. 隆德布拉孢(未定种) *Lundbladispora* sp.

49. 粒纹环圈孢 *Annulispora granulata* Wu et Pu，1982

51—53. 清洁苏铁粉 *Cycadopites deterius* (Balme) Pocock，1970

54. 广口粉？(未定种) *Chasmatosporites*? sp.

55. 清晰苏铁粉 *Cycadopites dilucidus* (Bolkh.) Zhang W. P.，1984

56. 敞开广口粉 *Chasmatosporites hians* Nilsson，1958

57. 典型苏铁粉 *Cycadopites typicus* (Mal.) Pocock，1970

58. 卡城苏铁粉(比较种) *Cycadopites* cf. *carpentieri* (Delcourt et Sprumont) Singh.，1964

59，60. 光亮拟百岁兰粉 *Welwitschipollenites clarus* (Qu et Wang) Ouyang，2003

61. 普氏隆德布拉孢 *Lundbladispora playfordi* Balme，1963

62. 穴环孢(未定种) *Vallatisporites* sp.

63. 小皱球粉 *Psophosphaera minor* (Verbitzkaja) Song et Zheng，1981

64，65. 沃拉里离层单缝孢 *Aratrisporites wollariensis* Helby，1967

66. 辐脊孢(未定种) *Emphanisporites* sp.

67. 隆德布拉孢(未定种 2) *Lundbladispora* sp. 2

68，71，73. 稀饰环孢(未定种) *Kraeuselisporites* spp.

69. 离层单缝孢(未定种 3) *Aratrisporites* sp. 3

70，72. 准噶尔穴环孢(新联合) *Vallatisporites junggarensis* (Qu et Wang) Zhan comb. nov.

全部图影化石均产自吉木萨尔县三台大龙口剖面烧房沟组，其中图 1—14，17—22，26，28-30，32，36，39，44—47，51，56，58—63，66 产自 80-DL-N8-S6 号样品；图 15，16，23—25，27，31，33—35，37，38，40—43，48—50，52—55，57，64，65，67—73 产自 D-54 号样品。

图版 9

1. 小单远极沟粉 *Monosulcites minimus* Cookson，1947

2，3. 东方巴德沃基粉 *Bharadwajispora orientalis* Ouyang，2003

4. 二肋粉(未定种) *Lueckisporites* sp.

5. 诺维蒙宽肋粉 *Taeniaesporites novimundi* Jansonius，1962

6. 匙叶粉(未定种)*Noeggerathiopsidozonotriletes* sp.

7. 克拉梭型湖南粉 *Hunanpollenites classoiformis*(Zhang) Du，2000

8. 井字粉？(未定种)*Crucisaccites*? sp.

9. 瘤囊粉(未定种 1)*Verrusaccus* sp. 1

10. 大单脊双囊粉 *Chordasporiotes magnus* Klaus，1964

11. 格劳福格尔阿里粉 *Alisporites grauvogeli* Klaus，1964

12. 单束细肋粉(未定种)*Protohaploxypinus* sp.

13. 直缝二囊粉(未定种)*Limitisporites* sp.

14. 窄沟阿里粉 *Alisporites stenoholcus* Ouyang，2003

15. 横波宽肋粉 *Taeniaesporites transversundatus* Jansonius，1962

16. 瑞替宽肋粉 *Taeniaesporites rhaeticus* Schulz，1967

17. 新疆克劳斯双囊粉 *Klausipollenites xinjiangensis* Qu et Wang，1990

18，22. 舒伯格克劳斯双囊粉 *Klausipollenites schaubergeri*(Potonie et Klaus) Jansonius，1962

19. 微小阿里粉 *Alisporites parvus* De Jersey，1962

20. 奥贝克斯宽肋粉 *Taeniaesporites obex* Balme，1963

21，23. 大龙口宽肋粉(新种)*Taeniaesporites dalongkouensis* Zhan sp. nov. 21(模式标本)

24. 连脊宽肋粉 *Taeniaesporites labdacus* Klaus，1963

25. 透明宽肋粉(比较种) *Taeniaesporites* cf. *pellucidus* (Goubin) Balme，1970

26，30. 正方宽肋粉(比较种)*Taeniaesporites* cf. *quadratus* Qu et Wang，1986

27. 诺维奥宽肋粉 *Taeniaesporites noviaulensis* Leschik，1956

28. 年幼宽肋粉 *Taeniaesporites junior*(Klaus) Qu，1982

29. 舒伯格克劳斯双囊粉(比较种)*Klausipollenites* cf. *schaubergeri*(Potonie et Klaus) Jansonius，1962

31. 萨氏粉(未定种)*Samoilovitchisaccites* sp.

32，33. 正方宽肋粉 *Taeniaesporites quadratus* Qu et Wang，1986

34. 窄缘科达粉 *Cordaitina angustelimbata*(Luber) Wang，2003

全部图影化石均产自吉木萨尔县三台大龙口剖面烧房沟组，其中图 1—5，7，9，11，13—16，18—24，26—34 产自 80-DL-N8-S6 号样品；图 8，10 产自 D-51 号样品；图 6，12，17，25 产自 D-54 号样品。

图版 10

1，10，12，28. 横波宽肋粉 *Taeniaesporites transversundatus* Jansonius，1962

2. 罗汉松型多肋粉(未定种)*Striatopodocarpites* sp.

3. 双束细肋粉(未定种 1)*Striatoabieites* sp. 1

4，21. 宽肋粉(未定种)*Taeniaesporites* spp.

5. 罗汉松型多肋粉(未定种 1)*Striatopodocarpites* sp. 1

6. 连脊宽肋粉(比较种)*Taeniaesporites* cf. *labdacus* Klaus，1963

7，8. 叉肋粉(未定种) *Vittatina* spp.

9. 异囊宽肋粉 *Taeniaesporites dissidensus* Qu，1984

11，13. 诺维奥宽肋粉 *Taeniaesporites noviaulensis* Leschik，1956

14，24. 萨氏单束细肋粉 *Protohaploxypinus samoilovichii* (Jansonius) Hart，1964

15. 平伸单束细肋粉 *Protohaploxypinus horizontatus* Hou et Wang，1990

16，22. 连脊宽肋粉 *Taeniaesporites labdacus* Klaus，1963

17. 里克特双束细肋粉 *Striatoabieites richteri* (Klaus) Hart，1964

18. 哈姆粉(未定种) *Hamiapollenites* sp.

19. 艾伯塔宽肋粉 *Taeniaesporites albertae* Jansonius，1962

20. 联结宽肋粉 *Taeniaesporites combinatus* Qu et Wang，1990

23. 肾囊罗汉松多肋粉 *Striatopodocarpites renisaccatus* (Lakhanpal，Sah et Dube) Hart，1964

25. 兴县宽肋粉 *Taeniaesporites xingxianensis* Qu，1984

26. 芦草沟罗汉松多肋粉 *Striatopodocarpites lucaogouensis* Zhan，2003

27. 多云宽肋粉(比较种) *Taeniaesporites* cf. *nubilus* (Leschik) Clarke，1965

29. 纺锤罗汉松型多肋粉 *Striatopodocarpites fusiformis* Liu，1981

30. 小体单束细肋粉 *Protohaploxypinus microcorpus* (Scharrschmidt) Clarke，1965

全部图影化石均产自吉木萨尔县三台大龙口剖面烧房沟组，其中图 1—5，7，9，11，13—16，18—24，26—34 产自 80-DL-N8-S6 号样品；图 8，10 产自 D-51 号样品；图 6，12，17，25 产自 D-54 号样品。

图版 11

1. 陕西圆形光面孢 *Punctatisporites shensiensis* Qu，1980

2，11. 庆阳圆形光面孢 *Punctatisporites qingyangensis* Li，1981

3，12，16，18，20，25. 赫西恩弓脊孢 *Retusotriletes hercynicus* (Mädler) Schuuman，1977

4. 圆形光面孢(未定种 4) *Punctatisporites* sp. 4

5. 小托第蕨孢 *Todisporites minor* Couper，1958

6. 粗糙芦木孢 *Calamospora impexa* Playford，1965

7. 霍林河圆形光面孢 *Punctatisporites huolingheensis* Pu et Wu，1985

8. 大托第蕨孢 *Todisporites major* Couper，1958

9，10. 北方弓脊孢 *Retusotriletes arcticus* Qu et Wang，1986

13. 芦木孢(未定种 2) *Calamospora* sp. 2

14. 那氏芦木孢 *Calamospora nathorstii* (Halle) Klaus，1960

15. 托第蕨孢(未定种 1) *Todisporites* sp. 1

17. 坚固弓脊孢 *Retusotriletes stereoides* Wu et Pu，1982

19. 北方弓脊孢(比较种) *Retusotriletes* cf. *arcticus* Qu et Wang，1986

21，37，38. 新疆三角块瘤孢 *Converrucosisporites xinjiangensis* Qu et Wang，1986

22. 甘肃芦木孢 *Calamospora gansuensis* Li，1981

23. 棠浦芦木孢 *Calamospora tangpuensis* Qian，Zhao et Wu，1983

24，27，29，33. 大型三角粒面孢 *Granulatisporites gigantus* Qu，1980

26，35. 华丽紫萁孢 *Osmundacidites elegans*(Verb.) Xu et Zhang，1980

28，30，31，36. 大型三角粒面孢(比较种) *Granulatisporites* cf. *gigantus* Qu，1980

32. 莱亨圆形光面孢 *Punctatisporites leighensis* Playford et Dettmann，1965

34. 圆形粒面孢(未定种) *Cyclogranisporites* sp.

图 6，10，34 化石产自吉木萨尔县沙帐断褶带井区克拉玛依组 R2010-03143 号样品；其余图影化石均产自吉木萨尔县三台大龙口剖面克拉玛依组，其中图 1，7，21，22，24，27—31，33，36—38 产自 80DL-N13-S18 号样品；图 2，11，14，17，32 产自 80DL-N12-S14 号样品；图 3，12，16，18—20，25 产自 80DL-N13-S12 号样品；图 4，15，23，26，35 产自 80DL-N13-S16 号样品；图 5，8，9，13 产自 80DL-N12-S12 号样品。

图版 12

1. 不规则新叉瘤孢(比较种) *Neoraistrickia* cf. *irregularis* Ouyang et Li，1980

2. 极小圆形块瘤孢 *Verrucosispovites mimicus* Qu et Wang,1986

3，6，36. 变异三角刺面孢 *Acanthotriletes varispinosus* Pocock，1962

4. 昏暗圆形块瘤孢 *Verrucosisporites obscurus*(Bolkh.) Pu et Wu，1982

5，13. 毛发圆形锥瘤孢(比较种) *Apiculatisporis* cf. *pilosus* Wu et Zhang，1983

7. 刺毛孢(未定种) *Pilosisporites* sp.

8. 三角棒瘤孢(未定种 2) *Conbaculatisporites* sp. 2

9. 棒瘤孢(未定种 1) *Baculatisporites* sp.

10，11. 棘状圆形锥瘤孢 *Apiculatisporis spiniger*(Leschik) Qu，1980

12，21. 栗色三角刺面孢 *Acanthotriletes castanea* Butterworth et Williams，1958

14. 圆形块瘤孢(未定种) *Verrucosisporites* sp.

15. 肿瘤繁瘤孢 *Multinodisporites phymatus* Bai，1983

16，17. 一般平网孢 *Dictyotriletes mediocris* Qu et Wang，1990

18，24－26，30，33. 多皱皱面孢 *Rugulatisporites ramosus* De Jersey，1959

19，20. 球形圆形锥瘤孢 *Apiculatisporis globosus*(Leschik) Playford et Dettmann，1965

22，43. 多粒圆形块瘤孢 *Verrucosisporites granatus* (Bolkh.) Gao et Zhao，1976

23. 新疆新叉瘤孢(新种) *Neoraistrickia xinjiangensis* Zhan sp. nov.23(模式标本)

27. 纤细拟石松孢 *Lycopodiacidites ejuncidus* Zhang，1978

28. 叉缝带环孢(未定种) *Cadiospora* sp.

29. 多皱皱面孢(比较种) *Rugulatisporites* cf. *ramosus* De Jersey，1959

31. 楔环孢(未定种) *Camarozonosporites* sp.

32. 三角刺面孢(未定种) *Acanthotriletes* sp.

34. 小型拟石松孢 *Lycopodiacidites minus* Lu et Wang，1980

35. 窄环孢(未定种 1) *Stenozonotriletes* sp. 1

37，46. 瑞替三叠孢 *Triassisporis roeticus* Schulz，1965

38，47. 背锥瘤孢(未定种) *Anapiculatisporites* spp.

39，40. 普雷赛圆形块瘤孢 *Verrucosisporites presselensis* (Schulz) Qu，1980

41. 连瘤圆形块瘤孢(比较种) *Verrucosisporites* cf. *contactus* Clarke，1965

42. 稀饰环孢(未定种) *Kraeuselisporites* sp.

44，49，51. 暗色圆形块瘤孢(比较种) *Verrucosisporites* cf. *moralae* Klaus，1960

45，48. 暗色圆形块瘤孢 *Verrucosisporites moralae* Klaus，1960

50. 多齿新叉瘤孢 *Neoraistrickia multidentata* Qu，1980

52. 粗网孢(未定种 2) *Reticulatisporites* sp. 2

图 14 化石产自吉木萨尔县沙帐断褶带井区克拉玛依组 R2010-03143 号样品；其余图影化石均产自吉木萨尔县三台大龙口剖面克拉玛依组，其中图 1，8，15—17，35，47，48 产自 80DL-N12-S14 号样品；图 2，4，5，7，10—13，18—26，28—32，34，36，38，42，43 产自 80DL-N12-S12 号样品；图 3，6，9，27，33 产自 80DL-N11-S10 号样品；图 37，39—41，44—46，49-52 产自 80DL-N13-S16 号样品。

图版 13

1—3，54，55. 光亮拟百岁兰粉 *Welwitschipollenites clarus* (Qu et Wang) Ouyang，2003

4. 清洁苏铁粉 *Cycadopites deterius* (Balme) Pocock，1970

5，6. 典型苏铁粉 *Cycadopites typicus* (Mal.) Pocock，1970

7. 具唇苏铁粉 *Cycadopites adjectus* (De Jersey) De Jersey，1964

8. 麻黄粉(未定种 1) *Ephedripites* sp. 1

9. 沃拉里离层单缝孢 *Aratrisporites wollariensis* Helby，1967

10. 离层单缝孢(未定种 4) *Aratrisporites* sp. 4

11，12. 雅致穆瑞孢 *Murrigerisporis charieis* Qu et Wang，1990

13，37，38，45. 大圈环圈孢 *Annulispora folliculosa* (Rogalska) De Jersey，1959

14. 小离层单缝孢 *Aratrisporites minimus* Schulz，1967

15. 弯曲离层单缝孢 *Aratrisporites flexibilis* Playford et Dettmann，1965

16. 披蓬离层单缝孢 *Aratrisporites paenulatus* Playford et Dettmann，1965

17. 小体离层单缝孢 *Aratrisporites minicus* Qu，1984

18. 粒面离层单缝孢 *Aratrisporites granulatus* (Klaus) Playford et Dettmann，1965

19. 绕转阿赛勒特孢 *Asseretospora gyrata* (Playford et Dettmann) Schuurman，1977

20，27. 背光背光孢 *Limatulasporites limatulus* (Playford) Helby et Faster，1979

21. 锥瘤环孢(未定种) *Lophozonotriletes* sp.

22. 穆瑞孢(未定种 1) *Murrigerisporis* sp. 1

23. 背光孢(未定种) *Limatulasporites* sp.

24. 斑痣多环孢 *Polycingulatisporites rhytismoides* Ouyang et Li，1980

25. 套环孢(未定种) *Densosporites* sp.

26. 环瘤孢(未定种) *Taurocusporites* sp.

28，32. 苍白背光孢 *Limatulasporites pallidus* Qu et Wang，1986

29，43，46－48. 斑点背光孢 *Limatulasporites punctatus* Zhang，1990

30. 掘起背光孢 *Limatulasporites fossulatus* (Balme) Helby et Faster，1979

31，34. 美丽背光孢(新种) *Limatulasporites bellus* Zhan sp. nov.31 (模式标本)

33，49. 郝家沟背光孢 *Limatulasporites haojiagouensis* Zhang，1990

35. 盾环孢(未定种) *Crassispora* sp.

36. 背光背光孢(比较种) *Limatulasporites* cf. *limatulus* (Playford) Helby et Faster，1979

39－42. 柔弱半网孢 *Semiretisporis flaccida* Shang et Li，1991

44. 内裂片孢(未定种) *Interulobites* sp.

50. 环绕阿赛勒特孢 *Asseretospora amplectiformis* (Kara－Murza) Qu et Wang，1990

51. 膜环孢(未定种) *Hymenozonotriletes* sp.

52. 托拉尔阿辛克粉 *Accinctisporites toralis* Leschik，1956

53. 稀饰环孢(未定种) *Kraeuselisporites* sp.

56. 离层单缝孢？(未定种) *Aratrisporites*? sp.

57. 匙叶粉(未定种) *Noeggerathiopsidozonotriletes* sp.

58. 穴环孢(未定种 1) *Vallatisporites* sp. 1

59，60. 弗歇尔离层单缝孢 *Aratrisporites fischeri* (Klaus) Playford et Dettmann，1965

61. 巨大光面单缝孢 *Laeigatosporites maximus* (Loose) Potonie et Kremp，1955

图 16 化石产自吉木萨尔县沙帐断褶带井区克拉玛依组 R2010-03143 号样品；图 19，50 化石产自克拉玛依市红车断裂带井区克拉玛依组 R2008-07908 号样品；图 39—42 产自呼图壁县莫索湾凸起井区克拉玛依组 R2007-08524 样品；其余图影化石均产自吉木萨尔县三台大龙口剖面克拉玛依组，其中图 1，13，23，25，26，28—32，34，36，38，43，44，46—49，52，54，55，57，58，61 产自 80DL-N12-S12 号样品；图 2—5，8，11，33，45，51，53 产自 80DL-N12-S14 号样品；图 6，7，12，20，22，24，37 产自 80DL-N11-S10 号样品；图 9，10，14，15，17，18，21，27，35，56，59，60 产自 80DL-N13-S16 号样品。

图版 14

1，2，10，13，24，29，31. 稀少小囊粉 *Minutosaccus parcus* Qu et Wang，1986

3，6. 小囊阿里粉 *Alisporites minutisaccus* Clarke，1965

4. 小囊粉(未定种 2) *Minutosaccus* sp. 2

5，8，9. 四川瘤囊粉(比较种) *Verrusaccus* cf. *sichuanensis* Lu et Zhang，1980

7. 卵形小囊粉 *Minutosaccus ovalis* Zhan sp. nov.

11. 稀少小囊粉(比较种) *Minutosaccus* cf. *parcus* Qu et Wang，1986

12，27. 瘤体双束松粉 *Pinuspollenites verrucosus* Zhang，1978

14. 松型粉(未定种 1) *Pityosporites* sp. 1

15. 报壳双束松粉 *Pinuspollenites incrustatus* Li，1984

16，35. 踝骨松型粉 *Pityosporites scaurus* (Nilsson) Schulz，1967

17. 双束松粉(未定种) *Pinuspollenites* sp.

18，19，26. 始囊雪松粉 *Cedripites parvisaccatus* (Zauer) Krutzsch，1971

20. 球囊双束松粉 *Pinuspollenites globosaccus* Filatoff，1975

21. 普通双束松粉 *Pinuspollenites divulgatus* (Bolkhovitina) Qu，1980

22. 瘤体罗汉松粉(比较种) *Podocarpidites* cf. *verrucorpus* Wu，1985

23. 波脱尼小囊粉(比较种) *Minutosaccus* cf. *potoniei* Mädler，1964

25. 单一罗汉松粉 *Podocarpidites unicus* (Bolkh.) Pocock，1970

28. 宽沟双束松粉 *Pinuspollenites latilus* Ouyang et Zhang，1982

30. 瘤体罗汉松粉 *Podocarpidites verrucorpus* Wu，1985

32，34. 小囊双束松粉 *Pinuspollenites parvisaccatus* (De Jersey) Filatoff，1975

33，37. 托拉尔阿辛克粉 *Accinctisporites toralis* Leschik，1956

36. 伸长双束松粉 *Pinuspollenites elongatus* (Mal.) Pu et Wu，1985

38. 井字粉(未定种) *Crucisaccites* sp.

39. 雪松粉？(未定种 1) *Cedripites*? sp. 1

40. 印度蟠旋粉(比较种) *Plicatipollenites* cf. *indicus* Lele，1964

图 30 化石产自吉木萨尔县沙帐断褶带井区克拉玛依组 R2010-03143 号样品；其余图影化石均产自吉木萨尔县三台大龙口剖面克拉玛依组，其中图 1，11，39 产自 80DL-N13-S16 号样品；图 2—4，8，14，19，21，23，26，29，38 产自 80DL-N12-S14 号样品；图 5—7，12，13，15—18，20，24，25，27，28，31，32，34—37 产自 80DL-N12-S12 号样品；图 9，33 产自 80DL-N11-S10 号样品；图 10，22，40 产自 80DL-N13-S18 号样品。

图版 15

1. 苍白开通粉 *Caytonipollenites pallidus* (Reissinger) Couper，1958

2. 长翼开通粉(新联合) *Caytonipollenites longialatus* (Huang) Zhan comb. nov.

3. 克拉格开通粉 *Caytonipollenites cregii* (Pocock) Qu，1984

4，5，29. 稀少小囊粉 *Minutosaccus parcus* Qu et Wang，1986

6. 三囊罗汉松粉(未定种 1) *Dacrycarpites* sp. 1

7. 哈姆粉(未定种) *Hamiapollenites* sp.

8. 原始双囊粉(未定种) *Pristinuspollenites* sp.

9，28. 小囊阿里粉 *Alisporites minutisaccus* Clarke，1965

10，13. 微小阿里粉 *Alisporites parvus* De Jersey，1962

11，20，21. 澳大利亚阿里粉 *Alisporites australis* De Jersey，1962

12. 因达拉阿里粉 *Alisporites indarraensis* Segroves，1970

14. 克劳斯双囊粉(未定种) *Klausipollenites* sp.

15. 澳大利亚三囊罗汉松粉 *Dacrycarpites australiensis* Cookson et Pike，1953

16. 耳囊阿里粉 *Alisporites auritus* Ouyang et Li，1980

17. 副四肋粉(未定种 1) *Parataeniaesporites* sp. 1

18. 澳大利亚阿里粉(比较种) *Alisporites* cf. *australis* De Jersey，1962

19. 圆形阿里粉 *Alisporites rotundus* Rouse，1959

22. 踝骨松型粉 *Pityosporites scaurus* (Nilsson) Schulz，1967

23. 舒克劳斯双囊粉 *Klausipollenites schaubergeri* (Potonie et Klaus) Jansonius，1962

24. 方形四囊粉 *Tetrasaccus quadratus* Yu et Miao，1984

25. 阿里粉(未定种 1) *Alisporites* sp. 1

26. 圆滑拟云杉粉 *Piceites enodis* Bolkhovitina，1956

27，31，33. 假肋副四肋粉 *Parataeniaesporites pseudostriatus* (Kopytova) Liu，1980

30. 三囊罗汉松粉(未定种 2) *Dacrycarpites* sp. 2

32. 单肋联囊粉(未定种 1) *Colpectopollis* sp. 1

全部图影化石均产自吉木萨尔县三台大龙口剖面克拉玛依组，其中图 1—3，9，11—17，19，22，23，27，28，30—33 产自 80-DL-N12-S12 号样品；图 4，7，10，18，20，24 产自 80-DL-N11-S10 号样品；图 5，6，8，21，26 产自 80-DL-N12-S14 号样品；图 25 产自 80-DL-N13-S18 号样品；图 29 产自 80-DL-N13-S16 号样品。

图版 16

(化石均产自克拉玛依组)

1. 原始双囊粉(未定种 3) *Pristinuspollenites* sp. 3

2. 伸长双束细肋粉 *Striatoabieites elongatus* (Luber) Hart，1964

3. 皱纹双束细肋粉 *Striatoabieites rugosus* Zhan，2003

4. 混合罗汉松多肋粉 *Striatopodocarpites conflutus* Hou et Wang，1990

5. 单束细肋粉(未定种) *Protohaploxypinus* sp.

6，26. 阜康罗汉松多肋粉 *Striatopodocarpites fukangensis* Qu et Wang，1990

7. 直缝二囊粉(未定种) *Limitisporites* sp.

8. 厚壁罗汉松多肋粉 *Striatopodocarpites crassus* Singh，1964

9，22. 多肋双束细肋粉 *Striatoabieites multistriatus* (Balme et Hennelly) Hart，1964

10. 疑源类(未定类型 A) Acritarch indet. Type A

11，23. 萨氏单束细肋粉 *Protohaploxypinus samoilovichii* (Jiansonius) Hart，1964

12. 单肋双囊粉(未定种) *Chordasporites* sp.

13. 宽肋粉(未定种) *Taeniaesporites* sp.

14. 多叉球藻？(未定种) *Multiplicisphaeridium*? sp.

15. 短单脊双囊粉 *Chordasporiotes brachytus* Ouyang et Li，1980

16. 哈姆粉(未定种) *Hamiapollenites* sp.

17. 三叠二肋粉 *Lueckisporites triassicus* Clarke，1965

18. 具肋双束细肋粉 *Striatoabieites striatus* (Luber) Hart，1964

19. 单脊双囊粉(未定种 2) *Chordasporiotes* sp. 2

20. 弗凯二肋粉 *Lueckisporites virkkiae* Potonie et Klaus，1954

21. 澳大利亚单脊双囊粉(比较种) *Chordasporites* cf. *australiensis* de Jersey，1962

24. 德维单束细肋粉 *Protohaploxypinus dvinensis* (Sedova) Hart，1964

25. 单束细肋粉(未定种 1) *Protohaploxypinus* sp. 1

27. 光亮单束细肋粉 *Protohaploxypinus clarus* Zhan，2003

28，32. 完全单束细肋粉 *Protohaploxypinus perfectus*(Naumova ex Kara-Murza) Samoilovich，1953

29. 弓形单束细肋粉 *Protohaploxypinus arcuatus* Liu，1981

30. 宽肋粉(未定种) *Taeniaesporites* sp.

31. 双束松粉(未定种 2) *Pinuspollenites* sp. 2

33. 一般罗汉松多肋粉 *Striatopodocarpites communis*(Wilson) Hart，1964

34. 规则二肋粉 *Lueckisporites regularis* Wu et Pu，1982

35. 诺维蒙宽肋粉 *Taeniaesporites novimundi* Jansonius，1962

36. 正方宽肋粉 *Taeniaesporites quadratus* Qu et Wang，1986

全部图影化石均产自吉木萨尔县三台大龙口剖面克拉玛依组，其中图 1，6—8，11，14，15，18，20，23，25，30 产自 80-DL-N12-S14 号样品；图 2—4，9，10，12，13，16，17，19，21，22，24，26，28，32，34—36 产自 80-DL-N12-S12 号样品；图 5，27，29，33 产自 80-DL-N11-S10 号样品；图 31 产自 80-DL-N13-S16 号样品。

图版 17

1. 准噶尔网叶蕨孢 *Dictyophyllidites junggarensis* Zhang，1990

2. 内纹凹边孢 *Concavisporites intrastritus*(Nilsson) Li et Shang，1980

3. 窄环孢(未定种) *Stenozonotriletes* sp.

4. 膨胀凹边孢 *Concavisporites toralis*(Leschik) Nilsson，1958

5. 准噶尔网叶蕨孢(比较种) *Dictyophyllidites* cf. *junggarensis* Zhang，1990

6. 哈氏网叶蕨孢(比较种) *Dictyophyllidites* cf. *harrisii* Couper，1958

7. 对裂藻(未定种) *Schizosporis* sp.

8. 穆瑞孢？(未定种) *Muerrigerisporis*? sp.

9. 套环孢(未定种 3) *Densosporites* sp. 3

10. 多桑背锥瘤孢 *Anapiculatisporites dowsonensis* Reiser et Williams，1969

11. 圆形新叉瘤孢 *Neoraistrickia rotundiformis*(K.－M.) Liu，1990

12. 棒瘤孢(未定种) *Baculatisporites* sp.

13. 莱阳新叉瘤孢 *Neoraistrickia laiyangensis* Yu et Zhang，1982

14. 新叉瘤孢(未定种) *Neoraistrickia* sp.

15. 圆形锥瘤孢(未定种 2) *Apiculatisporis* sp. 2

16. 赫西恩弓脊孢 *Retusotriletes hercynicus*(Mädler) Schuuman，1977

17. 穿孔水藓孢 *Sphagnumsporites perforatus*(Leschik) Liu，1986

18. 朱里金毛狗孢 *Cibotiumspora jurienensis*(Balme) Filatoff，1975

19. 那氏芦木孢 *Calamospora nathorstii*(Halle) Klaus，1960

20. 简单膜叶蕨孢 *Hymenophyllumsporites simplex* Pu et Wu，1982

21，43. 尼肯紫萁孢 *Osmundacidites nicanicus*(Verb.) Zhang，1965

22. 刺纹弓脊孢(新种) *Retusotriletes spinosus* Zhan sp. nov.22(模式标本)

23. 斑点环圈孢 *Annulispora puncta*(Klaus) Ashraf in Achilles，1977

24. 整齐背光孢 *Limatulasporites concinnus* Qu et Wang，1986

25，26. 苍白背光孢 *Limatulasporites pallidus* Qu et Wang，1986

27. 大龙口背光孢 *Limatulasporites dalongkouensis* Qu et Wang，1986

28. 穆瑞孢（未定种）*Muerrigerisporis* sp.

29. 蠕瘤孢（未定种）*Convolutispora* sp.

30. 微弱波缝孢（比较种）*Undulatisporites* cf. *linguidus* Zhao，1987

31. 多皱皱面孢 *Rugulatisporites ramosus* De Jersey，1959

32. 皱面孢（未定种 1）*Rugulatisporites* sp. 1

33. 陕西圆形光面孢 *Punctatisporites shensiensis* Qu，1980

34. 拟石松孢（未定种）*Lycopodiacidites* sp.

35. 小刺圆形锥瘤孢 *Apiculatisporis parvispinosus*（Leschik）Schulz，1962

36. 乌林球形刺面孢 *Sphaerina wulinensis* Li，1984

37. 三角广口粉 *Chasmatosporites triangularis* Li，Duan et Du，1982

38. 脑纹拟石松孢 *Lycopodiacidites cerebriformis*（Naum. ex Jar.）Li et Shang，1980

39. 三角棒瘤孢（未定种）*Conbaculatisporites* sp.

40. 库克松背锥瘤孢 *Anapiculatisporites cooksonae* Playford，1965

41. 杂饰圆形锥瘤孢（比较种）*Apiculatisporis* cf. *variocorneus* Sullivan，1964

42. 鲍欣三角锥刺孢 *Lophotriletes bauhinaiae* De Jersey et Hamilton，1967

44，45. 乌林球形刺面孢（比较种）*Sphaerina* cf. *wulinensis* Li，1984

46. 北方弓脊孢 *Retusotriletes arcticus* Qu et Wang，1986

47. 优越新叉瘤孢 *Neoraistrickia callista* Pu et Wu，1982

48. 变异三角刺面孢（比较种）*Acanthotriletes* cf. *varispinosus* Pocock，1962

49. 三角锥刺孢（未定种 2）*Lophotriletes* sp. 2

50. 雅致穆瑞孢 *Muerrigerisporis charieis* Qu et Wang，1990

51. 稀饰环孢（未定种）*Kraeuselisporites* sp.

52. 美丽穆瑞孢（比较种）*Muerrigerisporis* cf. *bellus* Yu et Han，1985

53. 一般平网孢 *Dictyotriletes mediocris* Qu et Wang，1990

54. 棘状圆形锥瘤孢（比较种）*Apiculatisporis* cf. *spiniger*（Leschik）Qu，1980

55. 美丽圆形粒面孢 *Cyclogranisporites aureus*（Loose）Potonie et Kremp，1955

56. 因迪尔带环孢（比较种）*Cingulizonates* cf. *indirus* Kumaral et Maheshwari，1980

57. 维塞尔疏穴孢（比较种）*Foveosporites* cf. *visscheri* Van Erve，1977

58. 背光孢（未定种 1）*Limatulasporites* sp. 1

59. 多环孢（未定种 3）*Polycingulatisporites* sp. 3

60. 背光孢（未定种）*Limatulasporites* sp.

61. 阿纳格拉姆克耐赛特孢 *Crassitudisporites anagrammensis*（Kara-Murza）Pu et Wu，1985

全部图影化石均产自吉木萨尔县三台大龙口剖面黄山街组，其中图 1，3—5，10，12，13，17，24，28，31，33—37，40，43—45，49，50，55，57—59，61 产自 80-DL-N16-S28 号样品；图 2，6—9，11，14—16，19—23，25，26，29，30，32，39，41，42，46—48，51—54，56 产自 80-DL-N16-S26 号样品；图 18，27，38，60 产自 80-DL-N15-S25 号样品。

图版 18

1. 三角多环孢 *Polycingulatisporites triangularis*(Bolkh.) Playford et Dettmann，1965

2，4. 斑点环圈孢 *Annulispora puncta*(Klaus) Ashraf in Achilles，1977

3. 拟套环孢(未定种)*Densoisporites* sp.

5，16. 稀饰环孢(未定种)*Kraeuselisporites* spp.

6. 斑点背光孢 *Limatulasporites punctatus* Zhang，1990

7. 弓脊型弓脊孢(比较种)*Retusotriletes* cf. *arcatus* Ye，1981

8—11，26. 典型苏铁粉 *Cycadopites typicus*(Mal.) Pocock，1970

12. 麻黄粉(未定种)*Ephedripites* sp.

13. 美丽苏铁粉 *Cycadopites formosus* Singh，1962

14，20. 华美广口粉 *Chasmatosporites elegans* Nilsson，1958

15. 粗糙离层单缝孢 *Aratrisporites scabrasus* Klaus，1960

17. 刺粒稀饰环孢(比较种)*Kraeuselisporites* cf. *spinosus* Jansonius，1962

18，19. 清晰苏铁粉 *Cycadopites dilucidus*(Bolkh.) Zhang W. P.，1984

21. 无盖广口粉 *Chasmatosporites apertus* (Rogalska) Nilsson，1958

22. 平滑无口器粉 *Inaperturopollenites psilosus* Ke et Shi，1978

23. 广口粉(未定种)*Chasmatosporites* sp.

24. 稀少苏铁粉 *Cycadopites rarus* Clarke，1965

25. 伸长苏铁粉(比较种)*Cycadopites* cf. *elongatus*(Bolkh.) Zhang，1978

27. 四角陕北粉 *Shanbeipollenites quadrangulatus* Qian et Wu，1987

28. 清洁苏铁粉 *Cycadopites deterius*(Balme) Pocock，1970

29. 小袋苏铁粉 *Cycadopites follicularis* Wilson et Webster，1946

30，43. 小皱球粉 *Psophosphaera minor*(Verb.) Song et Zheng，1981

31. 卡城苏铁粉 *Cycadopites carpentieri*(Delc. et Sprum.) Singh，1964

32. 陕北瘤面单沟粉 *Verrumonocolpites shanbeiensis* Qian et Wu，1987

33. 一般罗汉松型多肋粉 *Striatopodocarpites communis*(Wilson) Hart，1964

34，45. 多凹罗汉松粉 *Podocarpidites multisimus*(Bolkh.) Pocock，1962

35. 未定孢子 Indeterminable spore

36，44. 小粒纹无口器粉 *Granasporites minus* Qian，Zhao et Wu，1983

37，40. 围皱皱体双囊粉 *Rugubivesiculites fluens* Pierce，1961

38. 瘤体罗汉松粉 *Podocarpidites verrucorpus* Wu，1985

39，46. 金黄蝶囊粉 *Platysaccus luteus*(Bolkh.) Li et Shang，1980

41. 多分罗汉松粉 *Podocarpidites multicinus*(Bolkh.) Pocock，1970

42. 中州罗汉松粉 *Podocarpidites zhongzhouensis* Zhang ,1978

47. 罗汉松粉(未定种 3) *Podocarpidites* sp. 3

48. 粗糙罗汉松粉 *Podocarpidites salebrosus*(Chlonova) Hua，1986

49. 罗汉松粉(未定种)*Podocarpidites* sp.

50，52. 厚垣罗汉松粉 *Podocarpidites paulus* (Bolkh.) Xu et Zhang，1980

51. 陕北瘤面单沟粉(比较种) *Verrumonocolpites* cf. *shanbeiensis* Qian et Wu，1987

53. 澳大利亚三囊罗汉松粉(比较种) *Dacrycarpites* cf. *australiensis* Cookson et Pike，1953

54. 拟云杉粉(未定种 1) *Piceites* sp. 1

图 32，36，38，40 化石产自玛纳斯县红沟剖面黄山街组 2010-heg-T3h-02 号样品；其余图影化石均产自吉木萨尔县三台大龙口剖面黄山街组，其中图 1，14，23，28，34，39，41，45，46，48 产自 80-DL-N15-S25 号样品；图 2，4，8，10—13，15，17—20，22，24—27，29，31，33，37，44，50，52，54 产自 80-DL-N16-S26 号样品；图 3，5—7，9，16，21，30，35，42，43，47，49，51，53 产自 80-DL-N16-S28 号样品。

图版 19

1. 小双束松粉 *Pinuspollenites minutus* (Zakl.) Sung et Zheng，1978

2，3. 微小阿里粉 *Alisporites parvus* De Jersey，1962

4. 粗糙罗汉松粉 *Podocarpidites salebrosus* (Chlonova) Hua，1986

5. 托拉尔阿里粉 *Alisporites toralis* (Leschik) Clarke，1965

6. 阿里粉(未定种) *Alisporites* sp.

7. 萨氏粉(未定种 1) *Samoilovitchisaccites* sp. 1

8. 通常双束松粉 *Pinuspollenites solitus* (Bolkh.) Pu et Wu，1982

9. 伸长云杉粉 *Piceaepollenites prolongatus* (Mal.) Li，1984

10，11. 瘤体双束松粉 *Pinuspollenites verrucosus* Zhang，1978

12. 双束松粉(未定种) *Pinuspollenites* sp.

13. 珀诺双束松粉(比较种) *Pinuspollenites* cf. *pernobilis* (Bolkh.) Xu et Zhang，1980

14. 三合双束松粉 *Pinuspollenites tricompositus* (Bolkh.) Xu et Zhang，1980

15. 加拿大罗汉松粉 *Podocarpidites canadensis* Pocock，1962

16. 微细云杉粉 *Piceaepollenites exilioides* (Bolkh.) Xu et Zhang，1980

17，28. 澳大利亚阿里粉 *Alisporites australis* De Jersey，1962

18. 稀少小囊粉(比较种) *Minutosaccus* cf. *parcus* Qu et Wang，1986

19，26. 雪松粉(未定种) *Cedripites* spp.

20，29. 方形四囊粉 *Tetrasaccus quadratus* Yu et Miao，1984

21. 加拿大雪松粉 *Cedripites canadensis* Pocock，1962

22. 光滑双束松粉 *Pinuspollenites enodatus* (Bolkh.) Li，1984

23. 瘤体双束松粉(比较种) *Pinuspollenites* cf. *verrucosus* Zhang，1978

24. 相同云杉粉 *Piceaepollenites omoriciformis* (Bolkh.) Xu et Zhang，1980

25. 花瓣四囊粉？ *Tetrasaccus*? *petaloides* (Zhang) Song，2000

27. 小囊双束松粉 *Pinuspollenites parvisaccatus* (De Jersey) Filatoff，1975

图 8，10-12，19，23，26，27 化石产自玛纳斯县红沟剖面黄山街组 2010-heg-T3h-02 号样品；其余图影化石均产自吉木萨尔县三台大龙口剖面黄山街组，其中图1—3，6，17，21 产自 80-DL-N16-S26 号样品；图4，7，14，15，18 产自 80-DL-N16-S28 号样品；图 5，9，13，16，20，22，24，25，28，29 产自 80-DL-N15-S25 号样品。

图版 20

1. 短矛单束细肋粉 *Protohaploxypinus verus*(Efremova) Hou et Wang，1990

2. 乌拉尔科达粉 *Cordaitina uralensis*(Luber) Samoilovich，1953

3. 三叠二肋粉(比较种)*Lueckisporites* cf. *triassicus* Clarke，1965

4，7. 厚缘单肋联囊粉 *Colpectopollis crassus* Zhan，sp. nov.7(模式标本)

5，6. 连脊宽肋粉 *Taeniaesporites labdacus* Klaus，1963

8. 双束细肋粉(未定种)*Striatoabieites* sp.

9. 弗氏粉(未定种)*Florinites* sp.

10，13. 克拉玛依单肋联囊粉 *Colpectopollis karamaiensis* Huang，1993

11. 小型单束细肋粉 *Protohaploxypinus minor*(Klaus) Qu et Wang，1986

12. 多肋双束细肋粉 *Striatoabieites multistriatus*(Balme et Hennlly) Hart，1964

14. 陕西科达粉(比较种)*Cordaitina* cf. *shensiensis*(Qu) Ouyang et Norris，1988

15. 浑江单脊双囊粉 *Chordasporiotes hunjiangensis* Wu et Pu，1982

17. 多肋勒巴契粉(未定种)*Striatolebachiites* sp.

16. 聚囊粉(未定种)*Vesicaspora* sp.

18. 单肋双囊粉(未定种 3)*Chordasporites* sp. 3

19. 大型科达粉 *Cordaitina major* (Pautsch) Pautsch，1973

20. 正方宽肋粉 *Taeniaesporites quadratus* Qu et Wang，1986

21. 脊状匙叶粉 *Noeggerathiopsidozonotriletes varicus*(Naumova) Wang，2003

22. 清晰单肋联囊粉(新种)*Colpectopollis dilucidus* Zhan sp. nov.

23，24. 圆形单肋联囊粉(新联合)*Colpectopollis rotundus*(Huang) Zhan comb. nov.

25. 匙叶粉(未定种)*Noeggerathiopsidozonotriletes* sp.

图 8，15—17 化石产自玛纳斯县红沟剖面黄山街组 2010-heg-T3h-02 号样品；其余图影化石均产自吉木萨尔县三台大龙口剖面黄山街组，其中图 1，9，14，19，21，22，25 产自 80-DL-N16-S28 号样品；图 2—4，6，7，10—12，20，23，24 产自 80-DL-N16-S26 号样品；图 5，13，18 产自 80-DL-N15-S25 号样品。

图版 21

1，3. 凹边孢(未定种)*Concavisporites* spp.

2. 卡尔曼凹边孢 *Concavisporites kermanense* Arjang，1975

4，14. 隆茨凹边孢(比较种)*Concavisporites* cf. *lunzensis* (Klaus) Qian et Wu，1982

5. 哈氏网叶蕨孢 *Dictyophyllidites harrisii* Couper，1958

6. 隆茨凹边孢 *Concavisporites lunzensis*(Klaus) Qian et Wu，1982

7. 赛诺里白孢 *Gleicheniidites senonicus* Ross，1949

8. 圆形光面孢(未定种 1)*Punctatisporites* sp. 1

9. 膨胀凹边孢 *Concavisporites toralis*(Leschik) Nilsson，1958

10，12，13，15. 准噶尔网叶蕨孢 *Dictyophyllidites junggarensis* Zhnag，1990

11. 金毛狗孢(未定种)*Cibotiumspora* sp.

16. 小型圆形光面孢 *Punctatisporites minutus* Kosanke，1950

17. 圆形光面孢(未定种)*Punctatisporites* sp.

18，21. 同心托第蕨孢 *Todisporites concentricus* Li，1981

19，23，24. 陕西圆形光面孢 *Punctatisporites shensiensis* Qu，1980

20. 那氏芦木孢 *Calamospora nathorstii* (Halle) Klaus，1960

22，30. 北方弓脊孢(比较种)*Retusotriletes* cf. *arcticus* Qu et Wang，1986

25，26. 厚壁圆形粒面孢 *Cyclogranisporites callosus* Du，1985

27. 中生弓脊孢 *Retusotriletes mesozoicus* Klaus，1960

28. 弯曲弓脊孢(比较种)*Retusotriletes* cf. *curvatus* Qu，1984

29. 多粒圆形粒面孢 *Cyclogranisporites multigranus* Smith et Butterworth，1967

31，53. 棘状圆形锥瘤孢(比较种)*Apiculatisporis* cf. *spiniger* (Leschik) Qu，1980

32，33. 多桑背锥瘤孢(比较种)*Anapiculatisporites* cf. *dawsonensis* Reiser et Williams，1969

34，35，43. 似斑点三角锥刺孢 *Lophotriletes mosaicus* Potonie et Kremp，1955

36. 极小圆形块瘤孢 *Verrucosisporites mimicus* Qu et Wang，1986

37，47. 精美三角刺面孢(比较种)*Acanthotriletes* cf. *tereteangulatus* Balme et Hennelly，1957

38. 泡状圆形锥瘤孢 *Apiculatisporis bulliensis* Helby ex De Jersey，1979

39. 长棒瘤新叉瘤孢(比较种)*Neoraistrickia* cf. *longibaculata* Scheiko，1979

40. 可变新叉瘤孢(比较种)*Neoraistrickia* cf. *variabilis* Pu et Wu，1982

41. 三叠三角刺面孢(比较种)*Acanthotriletes* cf. *triassicus* Qu et Wang，1990

42，46. 棘状圆形锥瘤孢 *Apiculatisporis spiniger* (Leschik) Qu，1980

44，45. 圆形锥瘤孢(未定种)*Apiculatisporis* spp.

48. 尼肯紫萁孢 *Osmundacidites nicanicus* (Verb.) Zhang，1965

49. 棒瘤孢(未定种)*Baculatisporites* sp.

50. 三角块瘤孢(未定种)*Converrucosisporites* sp.

51，57. 乌林球形刺面孢 *Sphaerina wulinensis* Li，1984

52. 微弱三角细刺孢 *Planisporites dilucidus* Megregor，1960

54. 蠕瘤孢(未定种)*Convolutispora* sp.

55. 稀饰三角块瘤孢 *Converrucosisporites dilutus* Pu et Wu，1985

56. 密穴孢(未定种)*Foveotriletes* sp.

58. 美丽紫萁孢 *Osmundacidites speciosus* (Verb.) Zhang，1986

59，68. 圆形粒面孢(未定种)*Cyclogranisporites* spp.

60，61. 裂口圆形光面孢(新种) *Punctatisporites hiatus* Zhan sp. nov.60(模式标本)

62. 鲍欣三角锥刺孢 *Lophotriletes bauhinaiae* De Jersey et Hamilton，1967

63，64. 北方弓脊孢 *Retusotriletes arcticus* Qu et Wang，1986

65. 圆形粒面孢(未定种 1)*Cyclogranisporites* sp.1

66. 盾环孢(未定种 1)*Crassispora* sp. 1

67. 刺瘤双饰孢 *Dibolisporites spinotuberosus* (Luber) Ouyang，2003

69. 科茅姆棒瘤孢(比较种) *Baculatisporites* cf. *comaumensis* (Cookson) Potonie，1956

70. 圆形块瘤孢(未定种) *Verrucosisporites* sp.

71. 南方桫椤孢 *Cyathidites australis* Couper，1953

72. 芦木孢(未定种) *Calamospora* sp.

全部图影化石均产自郝家沟组。其中图1—3，11，12，19，20，22，27，32—35，37，39，40，44，45，47，50—52，54—56，58，59，67—70，72产自吉木萨尔县三台大龙口剖面80-DL-N19-S33号样品；图6，9，10，13，15，16，28，30，31，36，41—43，46，48，53，57，62产自80-DL-N20-S42号样品；图17，38，71产自80-DL-N18-S31号样品；图63，64产自80-DL-N20-S43号样品。图7产自乌鲁木齐县郝家沟剖面97-HJ-3号样品；图5，8，24产自97-HJ-5号样品；图4，19，29，66产自97-HJ-6号样品；图14，25，65产自97-HJ-7号样品；图21，23，26，49产自97-HJ-8号样品；图18，61产自97-HJ-9号样品；图60产自97-HJ-10号样品。

图版 22

(化石均产自郝家沟组)

1. 小背光孢 *Limatulasporites parvus* Qu et Wang，1986

2. 江西环圈孢(比较种) *Annulispora* cf. *jiangxiensis* Qian，Zhao et Wu，1983

3. 小粒面单缝孢 *Punctatosporites minutus* Ibrahim，1933

4. 江西环圈孢 *Annulispora jiangxiensis* Qian，Zhao et Wu，1983

5. 皱纹楔环孢 *Camarozonosporites rudis* (Leschik) Klaus，1960

6，25，41. 稀饰环孢(未定种) *Kraeuselisporites* spp.

7. 环瘤孢(未定种) *Taurocusporites* sp.

8. 准噶尔粉(未定种) *Junggaresporites* sp.

9. 整环孢(未定种) *Cingulatisporites* sp.

10，30，31，42. 郝家沟背光孢(比较种) *Limatulasporites* cf. *haojiagouensis* Zhang，1990

11. 小圈环圈孢 *Annulispora microannulata* De Jersey，1962

12－14，17，26. 雅致穆瑞孢 *Murrigerisporis charieis* Qu et Wang，1990

15. 准噶尔穴环孢(新组合) *Vallatisporites junggarensis* (Qu et Wang) Zhan comb. nov.

16. 克耐赛特孢(未定种) *Crassitudisporites* sp.

18. 拟套环孢(未定种) *Densoisporites* spp.

19. 瑞替三叠孢(比较种) *Triassisporis* cf. *roeticus* Schulz，1965

20，21. 背光背光孢 *Limatulasporites limatulus* (Playford) Helby et Foster，1979

22. 卵圆粒面单缝孢 *Punctatosporites ovaltus* Zhang，1978

23. 瘤环孢(未定种) *Verrucingulatisporites* sp.

24. 环圈孢(未定种) *Annulispora* sp.

27. 脑形粉？(未定种1) *Cerebropollenites*? sp. 1

28. 环圈孢(未定种3) *Annulispora* sp. 3

29. 肥大苏铁粉 *Cycadopites validus* Qu，1984

32. 郝家沟背光孢 *Limatulasporites haojiagouensis* Zhang，1990

33，56，57. 小皱瘤拟套环孢 *Densoisporites microrugulatus* Brenner，1963

34. 陕西圆形光面孢 *Punctatisporites shensiensis* Qu，1980

35，36. 穆瑞孢(未定种 1) *Murrigerisporis* sp. 1

37，39，45，47. 绕转阿赛勒特孢 *Asseretospora gyrata* (Playford et Dettmann) Schuurman，1977

38，46. 辽西阿赛勒特孢 *Asseretospora liaoxiensis* Pu et Wu，1985

40. 多皱拟套环孢 *Densoisporites corrugatus* Archangelsky et Camerro，1967

43. 冠翼粉(未定种 3) *Callialasporites* sp. 3

44. 古老紫萁孢 *Osmundacidites senectus* Balme，1963

48. 盾环孢(未定种 3) *Crassispora* sp. 3

49. 梨形苏铁粉 *Cycadopites pyriformis* (Nilsson) Zhang，1984

50，53. 小粒纹无口器粉 *Granasporites minus* Qian，Zhao et Wu，1983

51. 巴姆苏铁粉 *Cycadopites balmei* (Jain) Qian et Wu，1987

52. 陕北瘤面单沟粉(比较种) *Verrumonocolpites* cf. *shanbeiensis* Qian et Wu，1987

54，58. 亚颗粒苏铁粉 *Cycadopites subgranulosus* (Couper) Bharadwaj et Singh，1964

55. 密集粒纹无口器粉 *Granasporites confertus* Qian，Zhao et Wu，1983

59. 粗糙离层单缝孢 *Aratrisporites scabratus* Klaus，1960

全部图影化石均产自郝家沟组。其中图 1，2，4，9，12，17，20，25，27，35，36，42，43，55 产自吉木萨尔县三台大龙口剖面 80-DL-N20-S42 号样品；图 3，13，14，19，26 产自 80-DL-N18-S31 号样品；图 6—8，10，16，18，21—23，26，28，29，41，50 产自 80-DL-N19-S33 号样品；图 24，30—32，37，38，46 产自 80-DL-N20-S43 号样品。图 39，45，48，49，53，54，58 产自乌鲁木齐县郝家沟剖面 97-HJ-5 号样品；图 56 产自 97-HJ-6 号样品；图 5，33，40，44，47，51，52，57 产自 97-HJ-7 号样品；图 27，34 产自 97-HJ-8 号样品；图 11，15，59 产自 97-HJ-10 号样品。

图版 23

1—3，8，10. 多分罗汉松粉 *Podocarpidites multicinus* (Bolkh.) Pocock，1970

4. 罗汉松粉(未定种) *Podocarpidites* sp.

5. 单一罗汉松粉 *Podocarpidites unicus* (Bolkh.) Pocock，1970

6，29. 典型苏铁粉 *Cycadopites typicus* (Mal.) Pocock，1970

7. 萨氏粉(未定种) *Samoilovitchisaccites* sp.

9. 纺锤罗汉松粉 *Podocarpidites fusiformis* Liu，1981

11. 科达粉(未定种) *Cordaitina* sp.

12，35. 无盖广口粉 *Chasmatosporites apertus* (Rogalska) Nilsson，1958

13. 洪门广口粉 *Chasmatosporites hongmenensis* Qian，Zhao et Wu，1983

14. 三粒罗汉松粉 *Podocarpidites tricoccus* (Mal.) Pu et Wu，1985

15. 较小广口粉 *Chasmatosporites minor* Nilsson，1958

16，23. 广口粉(未定种 2) *Chasmatosporites* sp.2

17，22. 较大湖南粉(比较种) *Hunanpollenites* cf. *major* Zhang，1990

18. 华美广口粉 *Chasmatosporites elegans Nilsson*，1958

19. 皱粒苏铁粉 *Cycadopites rugugranulatus* Jiang ex Du，2000

20. 敞开广口粉 *Chasmatosporites hians* Nilsson，1958

21. 蝶囊粉(未定种) *Platysaccus* sp.

24. 内瘤苏铁粉 *Cycadopites excrescens* Qian，Zhao et Wu，1983

25，27. 厚壁湖南粉(比较种) *Hunanpollenites* cf. *callosus* Qian，Zhao et Wu，1983

26. 皱囊粉(未定种) *Plicatipollenites* sp.

28. 平滑单远极沟粉 *Monosulcites glabrescens* (Mal.) Zhang，1978

30. 具唇苏铁粉 *Cycadopites adjectus* (De Jersey) De Jersey，1964

31. 苏铁粉(未定种 2) *Cycadopites* sp.2

32. 窑儿头广口粉 *Chasmatosporites yaoertouensis* Qu，1984

33. 拟木兰广口粉 *Chasmatosporites magnolioides* (Erdtman) Nilsson，1958

34. 皱纹广口粉 *Chasmatosporites rugatus* Qian，Zhao et Wu，1983

36. 纺锤瘤面单沟粉(新种) *Verrumonocolpites fusiformis* Zhan sp. nov.

37. 单型粒面大单沟粉 *Granamegamonocolpites monoformis* Qian et Wu，1987

38—41. 纺锤粒面大单沟粉 *Granamegamonocolpites fusiformis* Qian et Wu，1982

42. 网纹苏铁粉(比较种) *Cycadopites* cf.*reticulata* (Nilsson) Arjang，1975

43. 原始松粉(未定种 1) *Protopinus* sp. 1

44. 隐匿原始松粉 *Protopinus latebrosa* Bolkhovitina，1960

全部图影化石均产自郝家沟组。其中图 5，6，9，14，43，44 产自吉木萨尔县三台大龙口剖面 80-DL-N20-S42 号样品；图 7，26 产自 80-DL-N19-S33 号样品；图 29 产自 80-DL-N20-S43 号样品。图 28，32 产自乌鲁木齐县郝家沟剖面 97-HJ-3 号样品；图 3，4，15，17，18，23，24，34 产自 97-HJ-5 号样品；图 16，31 产自 7-HJ-6 号样品；图 1，8，12，19—21，30，38，40 产自 97-HJ-7 号样品；图 2，22，25，27 产自 97-HJ-8 号样品；图 10，11，13，33，35-37，39，41，42 产自 97-HJ-10 号样品。

图版 24

1，5. 波脱尼小囊粉(比较种) *Minutosaccus* cf. *potoniei* Mädler，1964

2. 侏罗开通粉 *Caytonipollenites jurassicus* Pocock，1970

3，11. 微小阿里粉 *Alisporites parvus* De Jersey，1962

4. 小型罗汉松粉 *Podocarpidites miniscululus* Singh，1964

6. 四字粉(未定种 3) *Quadraeculina* sp. 3

7. 小四字粉 *Quadraeculina minor* (Pocock) Xu et Zhang，1980

8，10，17. 托拉尔阿里粉 *Alisporites toralis* (Leschik) Clarke，1965

9，13. 努塔尔阿里粉 *Alisporites nuthallensis* Clarke，1965

12，23. 澳大利亚阿里粉 *Alisporites australis* De Jersey，1962

14. 瘤体双束松粉 *Pinuspollenites verrucosus* Zhang，1978

15. 旋扭双束松粉 *Pinuspollenites distortus* (Bolkh.) Pu et Wu，1982

16，25. 珀诺双束松粉 *Pinuspollenites pernobilis* (Bolkh.) Xu et Zhang，1980

18. 格劳福格尔阿里粉 *Alisporites grauvogeli* Klaus，1964
19. 奥皮阿里粉 *Alisporites opii* Daugherty，1941
20. 帕氏双束松粉 *Pinuspollenites pacltovae* (Krutzsch) Song et Zhong，1984
21. 小囊阿里粉 *Alisporites minutisaccus* Clarke，1965
22. 原始雪松粉 *Cedripites priscus* Balme，1957
24，31. 新疆三囊罗汉松粉(新种) *Dacrycarpites xinjiangensis* Zhan sp. nov.31 (模式标本)
26. 卡谢乌罗汉松粉 *Podocarpidites cacheutensis* (Jain) Qu，1980
27. 贡泥亚科达粉 *Cordaitina gunnyalensis* (Pant et Srivastava) Balme，1970
28. 澳大利亚三囊罗汉松粉 *Dacrycarpites australiensis* Cookson et Pike，1953
29，30，33. 花瓣四囊粉？ *Tetrasaccus? petaloides* (Zhang) Song，2000
32. 方形四囊粉 *Tetrsaccus quadratus* Yu et Miao，1984
34. 二肋粉(未定种) *Lueckisporites* sp.
35. 拟瓦契杉粉(未定种) *Walchiites* sp.

全部图影化石均产自郝家沟组。其中图1—3,5,16,22,25,28,29,32,34产自吉木萨尔县三台大龙口剖面80-DL-N20-S42号样品；图7，12产自80-DL-N19-S33号样品；图33产自80-DL-N18-S31号样品。图11，19产自乌鲁木齐县郝家沟剖面97-HJ-3号样品；图8-10，13，15，17，21产自97-HJ-5号样品；图4，18，20，23，24，26，27，30，31，35产自97-HJ-7号样品；图6，14产自97-HJ-8号样品。

图版 25

1. 具肋双束细肋粉 *Striatoabieites striatus* (Luber) Hart，1964
2. 透明宽肋粉 *Taeniaesporites pellucidus* (Goubin) Balme，1970
3. 连脊宽肋粉 *Taeniaesporites labdacus* Klaus，1963
4，5. 纤细周囊多肋粉 *Striomonosaccites tenuissimus* Bai，1983
6. 宽肋粉(未定种1) *Taeniaesporites* sp.1
7. 诺维蒙宽肋粉 *Taeniaesporites novimundi* Jansonius，1962
8. 单肋联囊粉(未定种) *Colpectopollis* sp.
9. 萨氏单束细肋粉(比较种) *Protohaploxypinus* cf. *samoilovichii* (Jansonius) Hart，1964
10. 贝壳粉(未定种1) *Crustaesporites* sp.1
11. 横切叉肋粉 *Vittatina persecta* Zauer，1960
12. 有翼单束细肋粉 *Protohaploxypinus pennatulus* (Antreyeva) Hart ,1964
13. 多肋单囊粉(未定种) *Striatomonosaccites* sp.
14. 未定类型 Indetminable type
15，23. 圆形单肋联囊粉(新联合、比较种) *Colpectopollis* cf. *rotundus* (Huang) Zhan comb. nov.
16，24－26，28. 清晰单肋联囊粉(新种) *Colpectopollis dilucidus* Zhan sp. nov.24 (模式标本)
17，21，27. 单肋联囊粉(未定种) *Colpectopollis* spp.
18. 雅致单肋联囊粉 *Colpectopollis scitulus* (Qu et Pu) Qu et Wang，1986
19. 澳大利亚单脊双囊粉 *Chordasporites australiensis* de Jersey，1962

20. 单束细肋粉(未定种 2) *Protohaploxypinus* sp. 2

22. 圆形单肋联囊粉(新联合) *Colpectopollis rotundus* (Huang) Zhan comb. nov.

全部图影化石均产自郝家沟组。其中图 3 产自吉木萨尔县三台大龙口剖面 80-DL-N19-S34 号样品；图 8 产自 80-DL-N19-S35 号样品；图 9 产自 80-DL-N18-S31 号样品；图 11 产自 80-DL-N19-S33 号样品；图 13，16—18，20—26，28 产自 80-DL-N20-S42 号样品。图 2 产自乌鲁木齐县郝家沟剖面 97-HJ-5 号样品；图 6，7，12，14，15，19，27 产自 97-HJ-7 号样品；图 1 产自 97-HJ-8 号样品；图 4，5，10 产自 97-HJ-10 号样品。

图版 26

1. 膨胀凹边孢 *Concavisporites toralis* (Leschik) Nilsson，1958

2. 膨胀凹边孢(比较种) *Concavisporites* cf. *toralis* (Leschik) Nilsson，1958

3，4. 哈氏网叶蕨孢 *Dictyophyllidites harrisii* Couper，1958

5. 凹边孢(未定种) *Concavisporites* sp.

6. 莫氏网叶蕨孢 *Dictyophyllidites mortoni* (De Jersey) Playford et Dettmann，1965

7. 皮尤泰棒瘤孢 *Baculatisporites bjutaiensis* (Bolkh.) Pan et al.，1990

8. 环圈孢(未定种 1) *Annulispora* sp. 1

9. 同心托第蕨孢 *Todisporites concentricus* Li，1981

10. 弓脊型弓脊孢(比较种) *Retusotriletes* cf. *arcuatus* Ye，1981

11. 弓脊孢(未定种) *Retusotriletes* sp.

12. 哥扎利圆形光面孢 *Punctatisporites goczani* Kedves et Simoncsicus，1964

13. 隆兹孢(未定种 1) *Lunzisporites* sp.1

14. 密穴孢(未定种 2) *Foveotriletes* sp.2

15. 三角粒面孢(未定种) *Granulatisporites* sp.

16. 泰勒新叉瘤孢 *Neoraistrickia taylorii* Playford et Dettmann，1965

17，20. 皱纹楔环孢 *Camarozonosporites rudis* (Leschik) Klaus，1960

18，19，21. 郝家沟拟石松孢(新种) *Lycopodiacidites haojiagouensis* Zhan sp. nov.19(模式标本)

22. 小型拟石松孢 *Lycopodiacidites minus* Lu et Wang，1980

23. 马通孢(未定种 1) *Matonisporites* sp. 1

24，29. 古老紫萁孢 *Osmundacidites senectus* Balme，1963

25. 疏穴孢(未定种) *Foveosporites* sp.

26. 叉瘤孢(未定种 2) *Raistrickia* sp. 2

27. 短缝拟石松孢 *Lycopodiacidites brevilaesuratus* Pu et Wu，1982

28. 变异棒瘤孢(比较种) *Baculatisporites* cf. *versiformis* Qu，1984

30—33，36. 穴纹光明孢 *Cadargasporites foveolatus* Zhang，1990

34. 多皱皱面孢 *Rugulatisporites ramosus* De Jersey，1959

35. 马通孢(未定种 2) *Matonisporites* sp. 2

37，53，54. 颗粒光明孢 *Cadargasporites granulatus* De Jersey et Paten，1964

38，39. 棒纹光明孢 *Cadargasporites baculatus* De Jersey et Paten，1964

40. 光明孢？（未定种）*Cadargasporites*? sp.

41，42，47，48，51，52. 郝家沟背光孢 *Limatulasporites haojiagouensis* Zhang，1990

43，44，50. 郝家沟背光孢（比较种）*Limatulasporites* cf. *haojiagouensis* Zhang，1990

45，46，49. 斑点背光孢 *Limatulasporites punctatus* Zhang，1990

55. 陕西圆形光面孢 *Punctatisporites shensiensis* Qu，1980

56，57. 库珀拟石松孢 *Lycopodiacidites kuepperi* Klaus，1960

全部图影化石均产自乌鲁木齐县郝家沟剖面郝家沟组，其中图 15 产自 97-HJ-2 号样品；图 5，12，13，18，19，21 产自 97-HJ-19 号样品；图 28 产自 97-HJ-24 号样品；图 2，10，14，17，35，39，40，42，44—46，49，50 产自 97-HJ-25 号样品；图 3，6—8，20，22，23，25，27，30—33，36—38，41，43，47，48，51—54 产自 97-HJ-26 号样品；图 16 产自 97-HJ-27 号样品；图 9，11 产自 97-HJ-29 号样品；图 24，29，34 产自 97-HJ-38 号样品；图 4 产自 97-HJ-41 号样品；图 1，26，55—57 产自 97-HJ-52 号样品。

图版 27

1. 郝家沟环圈孢（新种）*Annulispora haojiagouensis* Zhan sp. nov.1（模式标本）

2. 皱纹楔环孢 *Camarozonosporites rudis*（Leschik）Klaus，1960

3. 大圈环圈孢 *Annulispora folliculosa*（Rogalska）De Jersey，1959

4. 小圈环圈孢 *Annulispora microannulata* De Jersey，1962

5. 细线条背光孢 *Limatulasporites lineatus* Zhang，1990

6. 海绵拟套环孢 *Densoisporites spumidus* Yu，1984

7. 斑点背光孢 *Limatulasporites punctatus* Zhang，1990

8，9. 准噶尔环圈孢（新种）*Annulispora junggarensis* Zhan sp. nov.8（模式标本）

10，13，19. 小皱瘤拟套环孢 *Densoisporites microrugulatus* Brenner，1963

11. 斑点背光孢（比较种）*Limatulasporites* cf. *punctatus* Zhang，1990

12. 膜环孢？（未定种）*Hymenozonotriletes*? sp.

14，17，26，30，38. 绕转阿赛勒特孢 *Asseretospora gyrata*（Playford et Dettmann）Schuurman，1977

15，24，25. 克耐赛特孢（未定种 1）*Crassitudisporites* sp. 1

16. 克耐赛特孢（未定种 2）*Crassitudisporites* sp. 2

18. 膜缘拟套环孢 *Densoisporites velatus* Weyland et Krieger,1953

20. 克耐赛特孢（未定种 3）*Crassitudisporites* sp.3

21. 阿赛勒特孢（未定种 1）*Asseretospora* sp.1

22，23. 阿纳格拉姆克耐赛特孢 *Crassitudisporites anagrammensis*（Kara-Murza）Pu et Wu，1985

27－29. 乳瘤稀饰环孢（比较种）*Kraeuselisporites* cf. *papillatus* Li，1974

31. 线状稀饰环孢（比较种）*Kraeuselisporites* cf. *linearis*（Cookson et Dettmann）Dettmann，1963

32. 郝家沟离层单缝孢（新种）*Aratrisporites haojiagouensis* Zhan sp. nov.32（模式标本）

33. 奇异离层单缝孢（新种）*Aratrisporites paradoxus* Zhan sp. nov.33（模式标本）

34. 粒纹离层单缝孢（比较种）*Aratrisporites* cf. *granulatus*（Klaus）Playford et Dettmann，1965

35. 离层单缝孢（未定种 1）*Aratrisporites* sp. 1

36. 规则多环孢(比较种)*Polycingulatisporites* cf. *reduncus*(Bolkh.)Playford et Dettmann，1965

37. 广元稀饰环孢 *Kraeuselisporites quangyuanensis* Li，1974

39. 粒面离层单缝孢 *Aratrisporites granulatus*(Klaus)Playford et Dettmann，1965

40. 毛刺离层单缝孢 *Aratrisporites palettae* (Klaus)Playford et Dettmann，1965

41. 香溪离层单缝孢 *Aratrisporites xiangxiensis* Li et Shang，1980

42. 离层单缝孢(未定种 2)*Aratrisporites* sp. 2

43，44. 模糊离层单缝孢(新种)*Aratrisporites indistictus* Zhan sp. nov.44(模式标本)

45. 细刺离层单缝孢 *Aratrisporites tenuispinosus* Playford，1965

46. 丽环孢(未定种 1)*Habrozonosporites* sp. 1

47，49－51. 弗歇尔离层单缝孢 *Aratrisporites fischeri*(Klaus)Playford et Dettmann，1965

48. 弯曲离层单缝孢 *Aratrisporites flexibilis* Playford et Dettmann，1965

全部图影化石均产自乌鲁木齐县郝家沟剖面郝家沟组，其中图 6，18 产自 97-HJ-19 号样品；图 14—17，20，24，25 产自 97-HJ-24 号样品；图 5，10，11，13，26，30，41，47，49 产自 97-HJ-25 号样品；图 1—3，7，12，27—29，32—35，39，40，42—45，48，50，51 产自 97-HJ-26 号样品；图 21-23 产自 97-HJ-27 号样品；图 19，36，38 产自 97-HJ-38 号样品；图 4，8，9，31，37，46 产自 97-HJ-52 号样品。

图版 28

1－3，9，13. 克拉梭型湖南粉 *Hunanpollenites classoiformis*(Zhang)Du，2000

4. 离层单缝孢(未定种)*Aratrisporites* sp.

5. 弯曲离层单缝孢 *Aratrisporites flexibilis* Playford et Dettmann，1965

6，7. 格子网面无缝孢 *Reticulatasporites clathratus* Xu et Zhang，1980

8，10. 西湾广口粉 *Chasmatosporites xiwanensis* Qian，Zhao et Wu，1983

9. 克拉梭型湖南粉(比较种)*Hunanpollenites* cf. *classoiformis* (Zhang) Du，2000

11. 脑形粉(未定种 3)*Cerebropollenites* sp. 3

12. 南方南美杉粉 *Araucariacites australis* Cookson，1947

14. 偏心广口粉(新种)*Chasmatosporites obliquus* Zhan sp. nov.14(模式标本)

15. 华美广口粉 *Chasmatosporites elegans* Nilsson，1958

16. 小粒纹无口器粉 *Granasporites minus* Qian，Zhao et Wu，1983

17，24. 小网周壁粉 *Perinopollenites microreticulatus* Xu et Zhang，1980

18. 奇异广口粉 *Chasmatosporites mirabilis* Shang，1982

19，20. 梨形苏铁粉 *Cycadopites pyriformis*(Nilsson)Zhang，1984

21. 巴姆苏铁粉 *Cycadopites balmei*(Jain)Qian et Wu，1987

22. 带环单脊粉(未定种 1)*Iunctella* sp. 1

23. 三角广口粉 *Chasmatosporites triangularis* Li，Duan et Du，1982

25. 典型苏铁粉 *Cycadopites typicus*(Mal.)Pocock，1970

26. 小袋苏铁粉 *Cycadopites follicularis* Wilson et Webster，1946

27，29，39. 敞开广口粉 *Chasmatosporites hians* Nilsson，1958

28. 亚颗粒苏铁粉 *Cycadopites subgranulosus* (Couper) Bharadwaj et Singh.，1964

30，31. 纺锤瘤面单沟粉(新种、比较种) *Verrumonocolpites* cf. *fusiformis* Zhan sp. nov.

32. 卡城苏铁粉(比较种) *Cycadopites* cf. *carpentieri* (Delcourt et Sprumont) Singh.，1964

33. 伸长苏铁粉 *Cycadopites elongatus* (Bolkhovitina) Zhang.，1978

34. 有唇苏铁粉 *Cycadopites labrosus* (Bolkh.) Zhang，1978

35，36，41，42. 细穴纹苏铁粉(新种) *Cycadopites microfoveotus* Zhan sp. nov.41(模式标本)

37. 皱纹广口粉 *Chasmatosporites rugatus* Qian，Zhao et Wu，1983

38. 广口粉(未定种) *Chasmatosporites* sp.

40. 纺锤瘤面单沟粉(新种) *Verrumonocolpites fusiformis* Zhan sp. nov.

43. 卡城苏铁粉 *Cycadopites carpentieri* (Delcourt et Sprumont) Singh.，1964

全部图影化石均产自乌鲁木齐县郝家沟剖面郝家沟组，其中图 10，40，41 产自 97-HJ-15 号样品；图 28，33，43 产自 97-HJ-19 号样品；图 6，20 产自 97-HJ-24 号样品；图 8，9，14—16，19，21—24，26，29-32，34，36，38，42 产自 97-HJ-25 号样品；图 1—5，17，18，27，35，39 产自 97-HJ-26 号样品；图 7，13，37 产自 97-HJ-27 号样品；图 11，12 产自 97-HJ-38 号样品；图 25 产自 97-HJ-41 号样品。

图版 29

1. 球状原始双囊粉 *Pristinuspollenites bibulbus* (Bolkh.) Yu，1984

2. 小型罗汉松粉 *Podocarpidites miniscutus* Singh，1964

3. 瘤体双束松粉 *Pinuspollenites verrucosus* Zhang，1978

4. 报壳双束松粉 *Pinuspollenites incrustatus* Li，1984

5. 卵形小囊粉 *Minutosaccus ovalis* Zhan sp.nov.

6. 叶形原始松柏粉 *Protoconiferus phyllodes* (Qian et Wang) Hua，1986

7. 平滑雪松粉 *Cedripites levigatus* (Zauer) Gao et Zhao，1976

8. 扁平云杉粉 *Piceaepollenites complanatiformis* (Bolkh.) Xu et Zhang，1980

9. 厚垣罗汉松粉(比较种) *Podocarpidites* cf. *paulus* (Bolkh.) Xu et Zhang，1980

10，11. 多凹罗汉松粉 *Podocarpidites multisimus* (Bolkh.) Pocock，1962

12，17. 球囊双束松粉 *Pinuspollenites globosaccus* Filatoff，1975

13. 多变假云杉粉 *Pseudopicea variabiliformis* (Mal.) Bolkhovitina，1956

14，18. 三粒罗汉松粉(比较种) *Podocarpidites* cf. *tricoccus* (Mal.) Pu et Wu，1985

15. 粗糙罗汉松粉 *Podocarpidites salebrosus* (Chlonova) Hua，1986

16. 小囊原始双囊粉 *Pristinuspollenites microsaccus* (Couper) Tschudy，1973

19. 畸果原始罗汉松粉 *Protopodocarpus monstrificabilis* Bolkhovitina，1956

20. 翼状双束松粉 *Pinuspollenites alatiopllenites* (Rouse) Liu，1982

21，24. 普通双束松粉 *Pinuspollenites divulgatus* (Bolkh.) Qu，1980

22. 珀诺双束松粉 *Pinuspollenites pernobilis* (Bolkh.) Xu et Zhang，1980

23. 帕氏双束松粉 *Pinuspollenites pacltovae* (Krutzsch) Song et Zhong，1984

25，28，29. 纺锤瘤面单沟粉(新种) *Verrumonocolpites fusiformis* Zhan sp. nov.25(模式标本)

26. 纺锤粒面大单沟粉 *Granamegamonocolpites fusiformis* Qian et Wu，1982

27. 多云云杉粉 *Piceaepollenites multigrumus* (Chlonova) Hua，1986

30. 单一罗汉松粉 *Podocarpidites unicus* (Bolkh.) Pocock，1970

全部图影化石均产自乌鲁木齐县郝家沟剖面郝家沟组，其中图 2，7，14 产自 97-HJ-15 号样品；图 15 产自 97-HJ-20 号样品；图 28 产自 97-HJ-24 号样品；图 1，4，6，10，17，19，27 产自 97-HJ-25 号样品；图 3，5，8，11，16，18，20—22，24，25 产自 97-HJ-26 号样品；图 13，26，29 产自 97-HJ-27 号样品；图 12 产自 97-HJ-29 号样品；图 9 产自 97-HJ-38 号样品；图 23，30 产自 97-HJ-52 号样品。

图版 30

1. 粗强单脊双囊粉(比较种) *Chordasporiotes* cf. *impensus* Ouyang et Li，1980

2. 格劳福格尔阿里粉 *Alisporites grauvogeli* Klaus，1964

3. 小单束松粉 *Abietineaepollenites minimus* Couper，1958

4. 努塔尔阿里粉 *Alisporites nuthallensis* Clarke，1965

5，10，11，19，34. 南方阿里粉 *Alisporites australis* De Jersey，1962

6. 真边四字粉 *Quadraeculina limbata* Maljavkina，1949

7. 菱形单脊双囊粉 *Chordasporiotes rhombiformis* Zhou，1982

8. 微小阿里粉 *Alisporites parvus* De Jersey，1962

9，16. 托拉尔阿里粉 *Alisporites toralis* (Leschik) Clarke，1965

12. 克氏宽肋粉 *Taeniaesporites kraeuseli* Leschik.，1955

13，18. 横波宽肋粉 *Taeniaesporites transversundatus* Jansonius，1962

14. 诺维奥宽肋粉 *Taeniaesporites noviaulensis* Leschik，1956

15. 宽肋粉(未定种 2) *Taeniaesporites* sp. 2

17. 诺维奥宽肋粉(比较种) *Taeniaesporites* cf. *noviaulensis* Leschik，1956

20. 澳大利亚三囊罗汉松粉 *Dacrycarpites australiensis* Cookson et Pike, 1953

21. 矩形四字粉 *Quadraeculina anellaeformis* Maljavkina，1949

22. 单脊双囊粉(未定种 1) *Chordasporites* sp.1

23. 克拉玛依粉？(未定种) *Karamayisaccites*? sp.

24. 哈姆粉(未定种 1) *Hamiapollenites* sp. 1

25，28. 方形四囊粉 *Tetrasaccus quadratus* Yu et Miao，1984

26. 普通双束松粉 *Pinuspollenites divulgatus* (Bolkh.) Qu，1980

27. 未定裸子植物花粉 Unidentified gymnospermous pollen

29. 双束松粉(未定种) *Pinuspollenites* sp.

30. 加拿大四字粉 *Quadraeculina canadensis* (Pocock) Zhang，1978

31. 罗汉松型皱体双囊粉 *Rugubivesiculites podocarpites* Wang，1981

32. 拟瓦契杉粉(未定种 1) *Walchiites* sp. 1

33. 大型科达粉 *Cordaitina major* (Pautsch) Pautsch，1973

35. 瘦长四字粉 *Quadraeculina. macra* Zhang，1989

36. 圆形周囊多肋粉(比较种)*Striomonosaccites* cf. *circularis* Bharadwaj et Salujha，1964

全部图影化石均产自乌鲁木齐县郝家沟剖面郝家沟组，其中图 26 产自 97-HJ-12 号样品；图 10，23 产自 97-HJ-15 号样品；图 29，32 产自 97-HJ-19 号样品；图 1，2，9，18，20，24，28，35 产自 97-HJ-25 号样品；图 3，7，11，15，22，25，27，31，33，34 产自 97-HJ-26 号样品；图 12 产自 97-HJ-27 号样品；图 4，16，36 产自 97-HJ-29 号样品；图 5，6，8，19 产自 97-HJ-38 号样品；图 21 产自 97-HJ-41 号样品；图 13，14，17，30 产自 97-HJ-52 号样品。

图版 31

1. 古老水藓孢 *Sphagnumsporites antiquasporites*(Wilson et Vebster) Pocock，1962

2. 弓形阿尔索菲孢(比较种)*Alsophilidites* cf. *arcuatus*(Bolkh.) Xu et Zhang，1980

3. 凹边波缝孢 *Undulatisporites concavus* Kedves，1961

4. 波状波缝孢 *Undulatisporites undulapolus* Brenner，1963

5. 斑马纹波缝孢(比较种)*Undulatisporites* cf. *pannuceus*(Brenner) Singh，1971

6. 椭圆芦木孢 *Calamospora ovalis*(Imger) Imger，1954

7. 葡萄球藻(未定种)*Botryococcus* sp.

8，19. 中生桫椤孢 *Cyathidites mesozoicus*(Thiergart) Potonie，1955

9，12. 渐变三角孢 *Deltoidospora gradata*(Mal.) Pocock，1970

10. 水藓孢(未定种 1)*Sphagnumsporites* sp. 1

11，21，28. 波脱尼伯莱梯孢 *Biretisporites potoniaei* Delcourt et Sprumont，1955

13，14. 具角金毛狗孢(比较种)*Cibotiumspora* cf. *corniger*(Bolkh.) Zhang W. P.，1984

15. 凹边孢(未定种 1)*Concavisporites* sp. 1

16. 镰形金毛狗孢(比较种)*Cibotiumspora* cf. *falcata* Lei，1978

17，18. 凹边马通孢(新种)*Matonisporites concavus* Zhan sp. nov.18(模式标本)

20. 密瘤乌瓦孢 *Uvaesporites tuberosus* Wang et Li，1981

22. 网叶蕨孢(未定种)*Dictyophyllidites* sp.

23. 规则三角孢 *Deltoidospora regularis*(Pflug) Song et Zheng，1981

24. 弓形三角孢 *Deltoidospora convexa*(Bolkh.) Pu et Wu，1985

25，33. 小桫椤孢 *Cyathidites minor* Couper，1953

26. 小托第蕨孢 *Todisporites minor* Couper，1958

27. 内点桫椤孢 *Cyathidites infrapunctatus* Zhang，1984

29. 联接繁瘤孢 *Multinodisporites junctus* Ouyang et Li，1980

30. 圆形光面孢？(未定种 1)*Punctatisporites*? sp. 1

31. 圆形光面孢(未定种 2)*Punctatisporites* sp. 2

32. 古老紫萁孢 *Osmundacidites senectus* Balme，1963

34. 高山紫萁孢 *Osmundacidites apinus* Klaus,1960

35. 斯堪尼亚厚唇孢 *Auritulinasporites scanicus* Nilsson，1958

36. 美丽紫萁孢 *Osmundacidites speciosus*(Verb.) Zhang，1965

37. 科茅姆棒瘤孢 *Baculatisporites comaumensis*(Cookson) Potonie，1956

38. 球形紫萁孢 *Osmundacidites orbiculatus* Yu et Han，1985

39. 华丽紫萁孢 *Osmundacidites elegans* (Verb.) Xu et Zhang，1980

40. 同心托第蕨孢 *Todisporites concentricus* Li，1981

41. 厚唇波缝孢(比较种) *Undulatisporites* cf. *labiosus* Huang，2000

42. 厚唇孢(未定种 1) *Auritulinasporites* sp. 1

43，45，51. 八道湾马通孢(新种、比较种) *Matonisporites* cf. *badaowanensis* Zhan sp. nov.

44，46，48，49. 八道湾马通孢(新种) *Matonisporites badaowanensis* Zhan sp. nov.46(模式标本)

47. 莓瘤孢(未定种) *Rubinella* sp.

50. 厚唇孢(未定种 2) *Auritulinasporites* sp. 2

图 9，25 化石产自沙湾县红光镇井区八道湾组 R2010-00343 号样品；图 37，43 产自 R2010-00344 号样品；图 1，34 产自 R2010-00346 号样品。图 10 化石产自吉木萨尔县沙帐断褶带井区八道湾组 R2010-03139 号样品。其余图影化石均产自乌鲁木齐县郝家沟剖面八道湾组，其中图 40 产自 97-HJ-64 号样品；图 27，47 产自 97-HJ-85 号样品；图 12，16，17，41，42，44，50 产自 97-HJ-89 号样品；图 20，36，38 产自 97-HJ-100 号样品；图 48 产自 97-HJ-105 号样品；图 3，28，35，45，46，49，51 产自 97-HJ-116 号样品；图 5，14，18，23，29，32 产自 97-HJ-117 号样品；图 6，11，15，21，22，24，26，33，39 产自 97-HJ-118 号样品；图 7，8，13，31 产自 97-HJ-120 号样品；图 2，4，19，30 产自 97-HJ-123 号样品。

图版 32

1. 拟石松孢(未定种) *Lycopodiacidites* sp.

2. 多皱皱面孢(比较种) *Rugulatisporites* cf. *ramosus* De Jersey，1959

3. 凤尾蕨孢(未定种) *Pterisisporites* sp.

4. 尼夫斯孢(未定种) *Nevesisporites* sp.

5. 安图尔孢(未定种) *Antulsporites* sp.

6，12. 多桑背锥瘤孢 *Anapiculatisporites dawsonensis* Reiser et Williams，1969

7，47. 刺毛孢？(未定种) *Pilosisporites*? sp.

8. 皱纹光明孢(新种) *Cadargasporites rugosus* Zhan sp. nov. (模式标本)

9. 半网石松孢 *Lycopodiumsporites semimuris* Danze-Corsen et Laveine，1963

10，11. 近圆石松孢 *Lycopodiumsporites subrotundum* (Kara-Mursa) Pocock，1970

13，14. 纤细拟石松孢 *Lycopodiacidites ejuncidus* Zhang，1978

15. 拟石松孢(未定种) *Lycopodiacidites* sp.

16. 环圈拟套环孢 *Densoisporites annulatus* Yu，Pu et Wu，1986

17，18，27. 绕转阿赛勒特孢 *Asseretospora gyrata* (Playford et Dettmann) Schuurman，1977

19，21，22，32，34. 多皱皱面孢(比较种) *Rugulatisporites* cf. *ramosus* De Jersey，1959

20，30，44. 杨树沟阿赛勒特孢 *Asseretospora yangshugouensis* Pu et Wu，1985

23，26. 阿赛勒特孢(未定种) *Asseretospora* spp.

24. 稀饰环孢(未定种 2) *Kraeuselisporites* sp. 2

25. 瘤环孢(未定种 2) *Verrucingulatisporites* sp. 2

28. 瓦莱特尼夫斯孢(比较种) *Nevesisporites* cf. *vallatus* De Jersey et Paten，1964

31. 阿纳格拉姆克耐赛特孢 *Crassitudisporites anagrammensis*(Kara-Murza) Pu et Wu，1985

33. 光面单缝孢(未定种 2) *Laevigatosporites* sp. 2

35. 拟套环孢(未定种) *Densoisporites* spp.

36. 稀少准噶尔粉(新种) *Junggaresporites rarus* Zhan sp. nov.36(模式标本)

37，41，46. 卡里尔脑形粉 *Cerebropollenites carlylensis* Pocock，1970

38. 楔环孢(未定种 2) *Camarozonosporites* sp. 2

39. 平滑无口器粉 *Inaperturopollenites psilosus* Ke et Shi，1978

40. 多环孢？(未定种 1) *Polycingulatisporites*? sp. 1

42. 格子网面无缝孢 *Reticulatasporites clathratus* Xu et Zhang，1980

43. 小皱球粉 *Psophosphaera minor*(Verbitzkaja) Song et Zheng，1981

45. 疑问克耐赛特孢 *Crassitudisporites problematicus* (Couper) Hiltmann，1967

48. 泡型皱球粉 *Psophosphaera bullulinaeformis*(Mal.) Zhang，1978

49，51，52. 小粒纹无口器粉 *Granasporites minus* Qian，Zhao et Wu，1983

50. 套环孢？(未定种) *Densosporites*? sp. 1

53. 脑形粉(未定种) *Cerebropollenites papilloporus* sp.

54. 芬德拉脑形粉 *Cerebropollenites findlaterensis* Pocock，1970

55. 椭圆皱球粉 *Psophosphaera ovalis*(Bolkh.) Li，1984

图 2，8，9，16，46 化石产自沙湾县红光镇井区八道湾组 R2010-00343 号样品；图 10，13，36 产自 R2010-00344 号样品；图 3 产自 R2010-00346 号样品。图 11 化石产自吉木萨尔县沙帐断褶带井区八道湾组 R2010-03139 号样品。其余图影化石均产自乌鲁木齐县郝家沟剖面八道湾组，其中图 42 产自 97-HJ-56 号样品；图 17，18，20，23，26，27，30，44，45 产自 97-HJ-57 号样品；图 6，19，22，49 产自 97-HJ-100 号样品；图 14，24，29，32，37，38 产自 97-HJ-102 号样品；图 28，54 产自 97-HJ-116 号样品；图 15，25，35，43，48，52，53 产自 97-HJ-117 号样品；图 12，39，47 产自 97-HJ-118 号样品；图 7，51 产自 97-HJ-120 号样品；图 5，31，33，41 产自 97-HJ-121 号样品；图 1，21，34，40，55 产自 97-HJ-123 号样品；图 50 产自 97-HJ-129 号样品；图 4 产自 97-HJ-134 号样品。

图版 33

1. 西湾广口粉 *Chasmatosporites xiwanensis* Qian，Zhao et Wu，1983

2，3. 华美广口粉 *Chasmatosporites elegans* Nilsson，1958

4. 广口粉(未定种) *Chasmatosporites* sp.

5. 奇异广口粉 *Chasmatosporites mirabilis* Shang，1982

6，11，15. 三角广口粉 *Chasmatosporites triangularis* Li，Duan et Du，1982

7，8，12，13. 清晰苏铁粉 *Cycadopites dilucidus*(Bolkh.) Zhang W. P.，1984

9，10. 无盖广口粉 *Chasmatosporites apertus*(Rogalska) Nilsson，1958

14，18. 皱粒苏铁粉 *Cycadopites rugugranulatus* Jiang ex Du，2000

16. 褶皱周壁粉 *Perinopollenites elatoides* Couper，1958

17，19，36. 脑形粉？(未定种 2) *Cerebropollenites*? sp. 2

20. 浅黄原始松粉 *Protopinus subluteus* Bollkhovitina，1956

21. 串珠脑形粉 *Cerebropollenites papilloporus* Xu et Zhang，1980

22. 无囊古松柏粉 *Paleoconiferus asaccatus* Bolkhovitina，1956

23. 金黄拟云杉粉 *Piceites flavidus* Bolkhovitina，1956

24. 哈利同心粉 *Concentrisporites hallei* (Nilsson) Wall，1965

25. 敞开广口粉 *Chasmatosporites hians* Nilsson，1958

26. 多变假云杉粉 *Pseudopicea variabiliformis* (Mal.) Bolkhovitina，1956

27. 窑儿头广口粉 *Chasmatosporites yaoertouensis* Qu，1984

28. 卵形原始松柏粉 *Protoconiferus oviformis* (Qian et Wang) Song，2000

29. 杂乱周壁粉 *Perinopollenites turbatus* (Balme) Xu et Zhang，1980

30. 平滑单远极沟粉 *Monosulcites glabrescens* (Mal.) Zhang，1978

31. 巴姆苏铁粉 *Cycadopites balmei* (Jain) Qian et Wu，1987

32. 单束细肋粉？(未定种) *Protohaploxypinus*? sp.

33，37，38. 宽沟苏铁粉(新种) *Cycadopites latisulcatus* Zhan sp. nov.33(模式标本)

34，41. 亚颗粒苏铁粉 *Cycadopites subgranulosus* (Couper) Bharadwaj et Singh，1964

35. 瘤面单沟粉？(未定种) *Verrumonocolpites*? sp.

39. 卡秋特粒面大单沟粉 *Granamegamonocolpites cacheutensis* Jain，1968

40. 卡城苏铁粉 *Cycadopites carpentieri* (Delc. et Sprum.) Singh，1964

42. 畸果原始罗汉松粉 *Protopodocarpus monstrificabilis* Bolkhovitina，1956

43. 原始松柏粉(未定种) *Protoconiferus* sp.

44. 有边周壁粉 *Perinopollenites limbatus* Hua，1986

45. 小穴广口粉(新种) *Chasmatosporites foveolatus* Zhan sp. nov.45(模式标本)

46. 黄色原始松柏粉 *Protoconiferus flavus* Bolkhovitina，1956

图 25，34 化石产自沙湾县红光镇井区八道湾组 R2010-00343 号样品；图 8 产自 R2010-00346 号样品。其余图影化石均产自乌鲁木齐县郝家沟剖面八道湾组，其中图 1，2 产自 97-HJ-56 号样品；图 33 产自 97-HJ-64 号样品；图 18，19，27 产自 97-HJ-117 号样品；图 3，6，9，11，14，15，23，26，32，35，38，40—42，44 产自 97-HJ-118 号样品；图 30，37，45 产自 97-HJ-120 号样品；图 4，5，16，17，29，31，36 产自 97-HJ-121 号样品；图 7，10，12，13，24，28，39，43 产自 97-HJ-123 号样品；图 46 产自 97-HJ-124 号样品；图 21 产自 97-HJ-129 号样品；图 20，22 产自 97-HJ-135 号样品。

图版 34

1，5. 奥塔沟微囊粉 *Parvisaccites otagoensis* (Couper) Hua，1986

2，11. 翼状双束松粉 *Pinuspollenites alatiopllenites* (Rouse) Liu，1982

3，27. 扁平云杉粉 *Piceaepollenites complanatiformis* (Bolkhovitina) Xu et Zhang，1980

4. 雏囊粉(未定种) *Parcisporites* sp.

6. 冠翼粉(未定种) *Callialasporites* sp.

7. 小型罗汉松粉 *Podocarpidites miniscullus* Singh，1964

8—10，15. 瘤体罗汉松粉 *Podocarpidites verrucorpus* Wu，1985

12. 弓形罗汉松粉 *Podocarpidites arquatus* (Kara-Murza ex Bolkh.) Qu，1980

13，14，20. 多分罗汉松粉 *Podocarpidites multicinus* (Bolkh.) Pocock，1970

16. 罗汉松型拟云杉粉 *Piceites podocarpoides* Bolkhovitina，1956

17. 圆滑拟云杉粉 *Piceites enodis* Bolkhovitina，1956

18. 紧接蝶囊粉 *Platysaccus proximus* (Bolkhovitina) Song，2000

19，21. 多变假云杉粉 *Pseudopicea variabiliformis* (Mal.) Bolkhovitina，1956

22. 小单束松粉(比较种) *Abietineaepollenites* cf. *minimus* Couper，1958

23. 加拿大罗汉松粉(比较种) *Podocarpidites* cf. *canadensis* Pocock，1962

24，25. 厚垣罗汉松粉(比较种) *Podocarpidites* cf. *paulus* (Bolkh.) Xu et Zhang，1980

26，29. 厚垣罗汉松粉 *Podocarpidites paulus* (Bolkh.) Xu et Zhang，1980

28. 分离单束松粉 *Abietineaepollenites dividuus* (Bolkhovitina) Song，2000

30. 多凹罗汉松粉 *Podocarpidites multisimus* (Bolkh.) Pocock，1962

31. 粗糙拟云杉粉 *Piceites scaber* Bolkhovitina，1956

32，35，37. 多云云杉粉 *Piceaepollenites multigrumus* (Chlonova) Hua，1986

33. 梳形假松粉 *Pseudopinus pectinella* (Mal.) Bolkhovitina，1956

34，36. 圆形假云杉粉 *Pseudopicea rotundiformis* (Mal.) Bolkhovitina，1956

38. 云杉粉(未定种) *Piceaepollenites* sp.

图 27，33 化石产自沙湾县红光镇井区八道湾组 R2010-00343 号样品。其余图影化石均产自乌鲁木齐县郝家沟剖面八道湾组，其中图 23 产自 97-HJ-89 号样品；图 4，11，24，30 产自 97-HJ-117 号样品；图 2，5，8，9，15，19，26，29 产自 97-HJ-118 号样品；图 12，20，28 产自 97-HJ-120 号样品；图 1，3，13，17，18，21，22，32 产自 97-HJ-121 号样品；图 6，7，10，14，16，25 产自 97-HJ-123 号样品；图 31，35—38 产自 97-HJ-129 号样品；图 34 产自 97-HJ-135 号样品。

图版 35

1. 未定疑源类化石? Unidentified acritarch?

2. 双束松粉(未定种) *Pinuspollenites* sp.

3，5. 小双束松粉 *Pinuspollenites minutus* (Zakl.) Sung et Zheng，1978

4. 短单脊双囊粉 *Chordasporiotes brachytus* Ouyang et Li，1980

6. 罗汉松粉(未定种) *Podocarpidites* sp.

7，11，35，39. 矩形四字粉 *Quadraeculina anellaeformis* Maljavkina，1949

8－10. 小四字粉 *Quadraeculina minor* (Pocock) Xu et Zhang，1980

12. 双束细肋粉(未定种) *Striatoabieites* sp.

13. 瘤体双束松粉 *Pinuspollenites verrucosus* Zhang，1978

14. 球囊皱体双囊粉(比较种) *Rugubivesiculites* cf. *spherisaccatus* Pu et Wu，1985

15，27. 翼状双束松粉 *Pinuspollenites alatiopllenites* (Rouse) Liu，1982

16. 小单束松粉 *Abietineaepollenites minimus* Couper，1958

17，30. 普通双束松粉 *Pinuspollenites divulgatus* (Bolkh.) Qu，1980

18. 瘤体双束松粉(比较种) *Pinuspollenites* cf. *verrucosus* Zhang，1978

19. 踝骨松型粉 *Pityosporites scaurus* (Nilsson) Schulz，1967

20. 内弯雪松粉 *Cedripites incurvatus* (Zauer) Pu et Wu，1985

21，25. 雪松粉(未定种 2) *Cedripites* sp. 2

22，42. 不显四字粉 *Quadraeculina enigmata* (Couper) Xu et Zhang，1980

23. 围皱皱体双囊粉 *Rugubivesiculites fluens* Pierce，1961

24. 单束松粉(未定种) *Abietineaepollenites* sp.

26. 伸长双束松粉 *Pinuspollenites elongatus* (Mal.) Pu et Wu，1985

28. 规则四字粉 *Quadraeculina ordinata* Wu et Zhang，1983

29. 珀诺双束松粉 *Pinuspollenites pernobilis* (Bolkh.) Xu et Zhang，1980

31. 单脊双囊粉(比较种) *Chordasporiotes* cf. *singulichorda* Klaus，1960

32. 分离单束松粉 *Abietineaepollenites dividuus* (Bolkh.) Song，2000

33. 球囊皱体双囊粉 *Rugubivesiculites spherisaccatus* Pu et Wu，1985

34，38. 真边四字粉 *Quadraeculina limbata* Maljavkina，1949

36. 光滑双束松粉 *Pinuspollenites enodatus* (Bolkh.) Li，1984

37. 单束细肋粉(未定种) *Protohaploxypinus* sp.

40. 索里斯粉(未定种) *Solisisporites* sp.

41. 三合双束松粉 *Pinuspollenites tricompositus* (Bolkh.) Xu et Zhang，1980

43. 瘦长四字粉 *Quadraeculina macra* Zhang，1989

44. 卵形雪松粉 *Cedripites ovatus* Ke et Shi，1978

45. 单肋联囊粉(未定种) *Colpectopollis* sp.

图 6，24 化石产自沙湾县红光镇井区八道湾组 R2010-00344 号样品。其余图影化石均产自乌鲁木齐县郝家沟剖面八道湾组，其中图 9 产自 97-HJ-56 号样品；图 8 产自 97-HJ-85 号样品；图 39 产自 97-HJ-103 号样品；图 26 产自 97-HJ-116 号样品；图 4，40，42，43 产自 97-HJ-117 号样品；图 2，3，5，10，12—14，19，20，22，27，28，30，34—36 产自 97-HJ-118 号样品；图 11，15，17，38 产自 97-HJ-120 号样品；图 1，21，23，25，33 产自 97-HJ-121 号样品；图 7，16，32，45 产自 97-HJ-123 号样品；图 29，31，41，44 产自 97-HJ-129 号样品；图 18，37 产自 97-HJ-135 号样品。

图版 36

1，4. 褶皱三角孢 *Deltoidospora plicata* Pu et Wu，1982

2. 褶皱三角孢(比较种) *Deltoidospora* cf. *plicata* Pu et Wu，1982

3. 规则三角孢 *Deltoidospora regularis* (Pflug) Song et Zheng，1981

5. 粗糙芦木孢(比较种) *Calamospora* cf. *impexa* Playford，1965

6. 斑点桫椤孢 *Cyathidites punctatus* (Delc. Et Sprum.) Dercourt，Wellmanii et Hughes，1963

7，14，21. 内点桫椤孢 *Cyathidites infrapunctatus* Zhang，1984

8. 波状波缝孢 *Undulatisporites undulapolus* Brenner，1963

9，52. 波缝孢(未定种) *Undulatisporites* spp.

10. 具角金毛狗孢(比较种) *Cibotiumspora* cf. *corniger* (Bolkhovitina) Zhnag W.P.，1984

11. 联合金毛狗孢 *Cibotiumspora juncta* (K.-M.) Zhang，1978

12. 新月金毛狗孢(比较种) *Cibotiumspora* cf. *menicoides* Li，Duan et Du，1982

13. 朱里金毛狗孢 *Cibotiumspora jurienensis* (Balme) Filatoff，1975

15. 赛诺里白孢 *Gleicheniidites senonicus* Ross，1949

16. 威宁弓脊孢 *Retusotriletes weiningensis* Bai，1983

17. 小型圆形光面孢 *Punctatisporites minutus* Kosanke，1950

18. 叉缝孢(未定种 1) *Divisisporites* sp.1

19，20，47，48. 小桫椤孢 *Cyathidites minor* Couper，1953

22. 隆兹隆兹孢 *Lunzisporites lunzensis* Bharadwaj et Singh，1964

23. 带状波缝孢 *Undulatisporites taenus* (Rouse) Xu et Zhang，1980

24. 莫氏网叶蕨孢(比较种) *Dictyophyllidites* cf. *mortoni* (De Jersey) Playford et Dettmann，1965

25，26. 哈氏网叶蕨孢 *Dictyophyllidites harrisii* Couper，1958

27. 桫椤孢(未定种 1) *Cyathidites* sp.1

28. 弓形阿尔索菲孢(比较种) *Alsophilidites* cf. *arcuatus* (Bolkh.) Xu et Zhang，1980

29. 奇异光面三缝孢(新种) *Leiotriletes mirabilis* Zhan sp. nov.29(模式标本)

30. 奇特光面三缝孢(比较种) *Leiotriletes* cf. *causus* Yu，1984

31. 巴洛三角孢 *Deltoidospora balowensis* (Doring) Zhang，1978

32，37，42. 华丽紫萁孢 *Osmundacidites elegans* (Verb.) Xu et Zhang，1980

33. 小托第蕨孢 *Todisporites minor* Couper，1958

34. 内垫网叶蕨孢 *Dictyophyllidites intercrassus* Ouyang et Li，1980

35，40. 古老紫萁孢 *Osmundacidites senectus* Balme，1963

36. 徐氏孢？(未定种) *Hsuisporites*? sp.

38. 压缩紫萁孢(比较种) *Osmundacidites* cf. *oppressus* (Leschik) Jai，1968

39. 粒面紫萁孢 *Osmundacidites granulata* (Mal.) Zhou，1981

41. 北票圆形锥瘤孢(比较种) *Apiculatisporis* cf. *beipiaoensis* Wu et Zhang，1983

43. 小紫萁孢 *Osmundacidites parvus* De Jersey，1962

44. 威氏紫萁孢 *Osmundacidites wellmanii* Couper，1953

45. 大托第蕨孢 *Todisporites major* Couper，1958

46. 简单膜叶蕨孢 *Hymenophyllumsporites simplex* Pu et Wu，1982

49. 球形紫萁孢 *Osmundacidites orbiculatus* Yu et Han，1985

50. 波脱尼伯莱梯孢 *Biretisporites potoniaei* Delcourt et Sprumont，1955

51. 斑点凹边瘤面孢(比较种) *Concavissimisporites* cf. *punctatus* (Delcourt et Sprumont) Brenner，1963

53. 稀少对裂方形藻 *Schizocystia rara* Playford et Dettmann，1965

54. 南方桫椤孢 *Cyathidites australis* Couper，1953

55. 卵形孢(未定种) *Ovoidites* sp.

56，57. 准噶尔对裂藻(新种) *Schizosporis junggarensis* Zhan sp. nov.56(模式标本)

图 6，40，54 化石产自和布克赛尔县达巴松凸起井区三工河组 R2010-02819 号样品；图 7，20，21，44，48 产自 R2010-02820 号样品；图 51 产自 R2010-02821 样品；图 1，18，28，31 产自 R2010-02970 号样品。其余图影化石均产自玛纳斯县红沟剖面三工河组，其中图 36，39，52 产自 93-HG-11 号样品；图 35，49 产自 93-HG-14 号样品；图 38，43 产自 93-HG-15 号样品；图 2，9 产自 93-HG-17 号样品；图 11，13，15—17，25，33，37，42，45 产自 93-HG-22a 号样品；图 8，26，29，34，

50，56，57 产自 93-HG-23 号样品；图 22，24，46 产自 93-HG-31 号样品；图 4，5，10，12，14，19，27，30，32，41，47，53 产自 93-HG-34 号样品；图 23 产自 93-HG-36 号样品；图 3 产自 93-HG-38 号样品；图 55 产自 93-HG-39 号样品。

图版 37

1. 紫萁孢(未定种) *Osmundacidites* sp.

2，14. 维纳三角块瘤孢(比较种) *Converrucosisporites* cf. *venitus* Batten，1973

3. 细瘤三角块瘤孢(比较种) *Converrucosisporites* cf. *parviverrucosus* Shang，1981

4. 疏散三角块瘤孢 *Converrucosisporites sparsus* Shang，1981

5，36，44. 三角块瘤孢(未定种) *Converrucosisporites* spp.

6. 华丽三角块瘤孢 *Converrucosisporites elegans* Bai，1983

7. 维纳三角块瘤孢 *Converrucosisporites venitus* Batten，1973

8，12. 江西棒瘤孢(比较种) *Baculatisporites* cf. *jiangxiensis* Yu et Han，1985

9. 背锥瘤孢(未定种) *Anapiculatisporites* sp.

10，29. 多桑背锥瘤孢 *Anapiculatisporites dowsonensis* Reiser et Williams，1969

11. 科茅姆棒瘤孢 *Baculatisporites comaumensis* (Cookson) Potonie，1956

13. 粒面紫萁孢 *Osmundacidites granulata* (Mal.) Zhou，1981

15. 泡状圆形锥瘤孢 *Apiculatisporis bulliensis* Helby ex De Jersey，1979

16. 复合新叉瘤孢 *Neoraistrickia syndesis* Zhang，1984

17. 南方拟棒石松孢 *Lycopodiumsporites austroclavatidites* (Cookson) Potonie，1956

18. 新叉瘤孢(未定种 1) *Neoraistrickia* sp.1

19，45. 半网石松孢 *Lycopodiumsporites semimuris* Danze-Corsin et Laveine，1963

20. 近圆石松孢 *Lycopodiumsporites subrotundum* (K.-M.) Pocock，1970

21，33. 江西棒瘤孢 *Baculatisporites jiangxiensis* Yu et Han，1985

22，23. 圆锥石松孢 *Lycopodiumsporites paniculatoides* Tralau，1968

24. 拟石松孢(未定种 1) *Lycopodiacidites* sp. 1

25. 小型拟石松孢 *Lycopodiacidites minus* Lu et Wang，1980

26. 一般平网孢(比较种) *Dictyotriletes* cf. *mediocris* Qu et Wang，1990

27. 光滑石松孢 *Lycopodiumsporites laevigatus* (Verb.) Liu，1981

28，38. 假网克鲁克孢 *Klukisporites pseudoreticulatus* Couper，1958

30. 蠕瘤孢(未定种 1) *Convolutispora* sp.1

31. 假网蠕瘤孢 *Convolutispora pseudoreticulata* Qu，1984

32. 脑纹拟石松孢(比较种) *Lycopodiacidites* cf. *cerebriformis* (Naum. ex Jar.) Li et Shang，1980

34，35. 疏穴克鲁克孢 *Klukisporites foveolatus* Pocock，1964

37. 托木里茨小穴孢(比较种) *Microfoveolatisporites* cf. *tuemmlitzensis* Krutzsch，1962

39. 亚洲蠕瘤孢 *Convolutispora asiatica* Ouyang et Li，1980

40，41. 皮尤泰棒瘤孢 *Baculatisporites bjutaiensis* (Bolkh.) Pan et al.，1990

42，49. 红沟三瓣孢(新种) *Trilobosporites honggouensis* Zhan sp. nov.49(模式标本)

43. 颗粒非均饰孢 *Impardecispora granulosus* Zhang，1990

46. 薄弱细网孢 *Microreticulatisporites infirmus*(Balme) Xu et Zhang，1980

47. 皱纹拟石松孢 *Lycopodiacidites rugulatus*(Couper) Schulz，1967

48. 三角粒面孢(未定种) *Granulatisporites* sp.

50. 斑点桫椤孢 *Cyathidites punctatus*(Delc. et Sprum.) Delcourt，Dettmann et Hughes，1963

51. 考迪凹边瘤面孢 *Concavissimisporites cotidianus*(Bolkh.) Jia，1986

52. 美丽紫萁孢 *Osmundacidites speciosus*(Verb.) Zhang，1965

图 7，12，18，52 化石产自和布克赛尔县达巴松凸起井区三工河组 R2010-02819 号样品；图 15，16，26 产自 R2010-02820 号样品；图 33 产自 R2010-02970 号样品。图 17，40，41 产自吉木萨尔县沙帐断褶带井区三工河组 R2010-03138 号样品。其余图影化石均产自玛纳斯县红沟剖面三工河组，其中图 5，22，23，32 产自 93-HG-11 号样品；图 47 产自 93-HG-12 号样品；图 19，27 产自 93-HG-14 号样品；图 1 产自 93-HG-15 号样品；图 14，21，44，45 产自 93-HG-17 号样品；图 2，6，30，34，35，37 产自 93-HG-22a 号样品；图 3，28 产自 93-HG-23 号样品；图 9，13，29，36，38，39，42，46，48，49，51 产自 93-HG-31 号样品；图 8，10，11，20，31，43，50 产自 93-HG-34 号样品；图 24 产自 93-HG-36 号样品；图 25 产自 93-HG-38 号样品；图 4 产自 93-HG-39 号样品。

图版 38

1，4，21—23. 辐射徐氏孢(比较种) *Hsuisporites* cf. *multiradiatus*(Verb.) Zhang，1965

2，3. 红沟徐氏孢(新种) *Hsuisporites honggouensis* Zhan sp. nov.3(模式标本)

5. 徐氏孢(未定种) *Hsuisporites* sp.

6. 皱纹徐氏孢 *Hsuisporites rugatus* Zhang，1965

7. 套环孢(未定种 1) *Densosporites* sp.1

8，25. 科氏孢？(未定种) *Cooksonites*? sp.1

9. 须家河套环孢(比较种) *Densosporites* cf. *xujiaheensis* (Li) Shang，1982

10. 似梯形尼夫斯孢 *Nevesisporites simiscalaris* Phillips et Felix，1971

11—13. 壁垒尼夫斯孢 *Nevesisporites vallatus* De Jersey et Paten，1964

14. 勒佐水藓孢(比较种) *Sphagnumsporites* cf. *regium*(Drozhastchich) Huang，2000

15—17. 阿纳格拉姆克耐赛特孢 *Crassitudisporites anagrammensis*(Kara—Murza) Pu et Wu，1985

18，20，29，31. 环绕阿赛勒特孢 *Asseretospora amplectiformis*(Kara—Murza) Qu et Wang，1990

19. 蓬状阿赛勒特孢(比较种) *Asseretospora* cf. *scanicus* (Nilsson) Shang，2000

24. 周壁粉(未定种 1) *Perinopollenites* sp. 1

26. 套环孢(未定种 2) *Densosporites* sp. 2

27. 纤细光面单缝孢 *Laevigatosporites gracilis* Wilson et Webster，1946

28. 环圈拟套环孢(比较种) *Densoisporites* cf. *annulatus* Yu，Pu et Wu，1986

30. 绕转阿赛勒特孢 *Asseretospora gyrata*(Playford et Dettmann) Schuurman，1977

32. 点缀瘤环孢(比较种) *Verrucingulatisporites* cf. *granulosus* Shang，1981

33. 点缀瘤环孢 *Verrucingulatisporites granulosus* Shang，1981

34. 盾环孢(未定种 2) *Crassispora* sp. 2

35. 红沟稀饰环孢(新种、比较种) *Kraeuselisporites* cf. *hongouensis* Zhan sp. nov.

36. 阿赛勒特孢(未定种) *Asseretospora* sp.

37，38. 绕转阿赛勒特孢(比较种) *Asseretospora* cf. *gyrata* (Playford et Dettmann) Schuurmann，1977

39. 凤尾蕨孢(未定种 1) *Pterisisporites* sp. 1

40. 斯堪尼亚拟套环孢 *Densoisporites scanicus* Tralau，1968

41—43. 红沟稀饰环孢(新种) *Kraeuselisporites hongouensis* Zhan sp. nov.41 (模式标本)

44. 坚实徐氏孢(比较种) *Hsuisporites* cf. *stabilis* Bai，1983

45. 副准噶尔孢？(未定种) *Parajunggarsporites*? sp.

46. 格子网面无缝孢(比较种) *Reticulatasporites* cf. *clathratus* Xu et Zhang，1980

47，48. 玛纳斯稀饰环孢 *Kraeuselisporites manasiensis* Zhang，1990

49. 卵形粒面单缝孢 *Punctatosporites ovatus* Zhang，1978

50，51. 泡型皱球粉 *Psophosphaera bullulinaeformis* (Mal.) Zhang，1978

图 15 化石产自和布克赛尔县达巴松凸起井区三工河组 R2010-02819 号样品；图 38 产自 R2010-02820 号样品；图 27，49 产自 R2010-02822 号样品。其余图影化石均产自玛纳斯县红沟剖面三工河组，其中图 1，9，14 产自 93-HG-11 号样品；图 2，3，5，6 产自 93-HG-12 号样品；图 4，8，11—13，25，32 产自 93-HG-15 号样品；图 19，20，33，39，46，50 产自 93-HG-17 号样品；图 7，36 产自 93-HG-18 号样品；图 10，16—18，21，22，24，26，28，29，34，35，42—44 产自 93-HG-22a 号样品；图 23，30，31，41 产自 93-HG-23 号样品；图 40，45，47，48 产自 93-HG-34 号样品；图 37 产自 93-HG-36 号样品，图 51 产自 93-HG-38 号样品。

图版 39

1. 小瘤广口粉(比较种) *Chasmatosporites* cf. *microverruculosus* Qian et Wu，1987

2，4，5，28，45. 卡里尔脑形粉 *Cerebropollenites carlylensis* Pocock，1970

3. 脑形粉(未定种 2) *Cerebropollenites* sp. 2

6. 陕北瘤面单沟粉 *Verrumonocolpites shanbeiensis* Qian et Wu，1987

7，19. 较小广口粉 *Chasmatosporites minor* Nilsson，1958

8. 平滑苏铁粉 *Cycadopites glaber* (Luber) Ouyang et Zhang，1982

9. 环圈克拉梭粉 *Classopollis annulatus* (Verb.) Li，1974

10. 祁阳克拉梭粉(比较种) *Classopollis* cf. *qiyangensis* Shang，1981

11. 粒纹克拉梭粉 *Classopollis granulatus* Chen，1983

12. 克拉梭粉(未定种) *Classopollis* sp.

13，37. 褶皱周壁粉 *Perinopollenites elatoides* Couper，1958

14，17，18，20. 无盖广口粉 *Chasmatosporites apertus* (Rogalska) Nilsson，1958

15. 华美广口粉 *Chasmatosporites elegans* Nilsson，1958

16. 巴尔姆苏铁粉 *Cycadopites balmei* (Jain) Qian et Wu，1987

21，22. 瘤纹广口粉 *Chasmatosporites verruculosus* Qian，Zhao et Wu，1983

23，27. 广口粉(未定种 1) *Chasmatosporites* sp.1

24，26，34. 亚颗粒苏铁粉 *Cycadopites subgranulosus* (Couper) Bharadwaj et Singh，1964

25. 粗糙单远极沟粉(比较种) *Monosulcites* cf. *salebrosus* Pautsch，1971

29. 敞开广口粉 *Chasmatosporites hians* Nilsson，1958

30. 典型苏铁粉(比较种) *Cycadopites* cf. *typicus* (Maljavkina) Pocock，1970

31. 串珠脑形粉 *Cerebropollenites papilloporus* Xu et Zhang，1980

32. 脑形粉(未定种 1) *Cerebropollenites* sp. 1

33. 三角广口粉 *Chasmatosporites triangularis* Li，Duan et Du，1982

35. 蒂沃利苏铁粉 *Cycadopites tivoliensis* De Jersey，1971

36，40，41. 卡城苏铁粉 *Cycadopites carpentieri* (Delcourt et Sprumont) Singh.，1964

38，39. 合川冠翼粉 *Callialasporites hechuanensis* Bai，1983

42. 纺锤粒面大单沟粉 *Granamegamonocolpites fusiformis* Qian et Wu，1982

43. 脆弱同心粉 *Concentrisporites fragilis* (Burger) Li et Hua，1986

44. 脑形粉(未定种) *Cerebropollenites* sp.

46. 冠翼粉(未定种 1) *Callialasporites* sp.1

47. 大瘤脑形粉 *Cerebropollenites macroverrucosus* (Thiergart) Pocock，1970

图 47 化石产自和布克赛尔县达巴松凸起井区三工河组 R2010-02819 号样品；图 5 产自 R2010-02970 号样品。其余图影化石均产自玛纳斯县红沟剖面三工河组，其中图 30 产自 93-HG-6 号样品；图 7，10，24，25，29，34，35 产自 93-HG-11 号样品；图 41 产自 93-HG-12 号样品；图 14，15，20，26，36，40，42 产自 93-HG-14 号样品；图 19 产自 93-HG-15 号样品；图 31，46 产自 93-HG-17 号样品；图 3，12，16—18，22，23，27 产自 93-HG-22a 号样品；图 9，11，21，33，37 产自 93-HG-23 号样品；图 32 产自 93-HG-34 号样品；图 6，8，13 产自 93-HG-36 号样品；图 1，4，28，38，39，43—45 产自 93-HG-38 号样品；图 2，16 产自 93-HG-39 号样品。

图版 40

1，3. 较大湖南粉(比较种) *Hunanpollenites* cf. *major* Zhang，1990

2. 武昌袋粉 *Marsupipollenites wuchangensis* (Zhang) Ouyang et Zhang，1982

4. 袋粉(未定种) *Marsupipollenites* sp.

5，6. 单型粒面大单沟粉 *Granamegamonocolpites monoformis* Qian et Wu，1987

7. 蒂沃利苏铁粉 *Cycadopites tivoliensis* De Jersey，1971

8. 不规则单远极沟粉 *Monosulcites enormis* Jain，1968

9，19，27，28，31. 圆形假云杉粉 *Pseudopicea rotundiformis* (Mal.) Bolkhovitina，1956

10. 厚缘拟瓦契杉粉(比较种) *Walchiites* cf. *crassimarginans* Li，1984

11，12. 无囊古松柏粉 *Paleoconiferus asaccatus* Bolkhovitina，1956

13. 西界苏铁粉 *Cycadopites westfieldicus* Traverse，1975

14. 清晰苏铁粉 *Cycadopites dilucidus* (Bolkhovitina) Zhang W. P.，1984

15，16. 多孔假松粉 *Pseudopinus textilis* Bolkhovitina，1956

17. 卵形假瓦契杉粉 *Pseudowalchia ovalis* Pocock，1970

18，26. 多变假云杉粉 *Pseudopicea variabiliformis* (Mal.) Bolkhovitina，1956

20. 单色原始罗汉松粉 *Protopodocarpus monochromatus* Bolkhovitina，1956

21. 浅黄原始松粉 *Protopinus subluteus* Bolkhovitina，1956

22. 假松粉(未定种) *Pseudopinus* sp.

23. 湖南原始松粉 *Protopinus hunanensis* Jiang，1982

24. 粒纹苏铁粉 *Cycadopites granulatus* (De Jersey) De Jersey，1964

25. 短沟原始松粉 *Protopinus brevisulcus* Hua，1986

29. 兰德假瓦契杉粉 *Pseudowalchia landesii* Pocock，1970

30. 富纳赖原始松柏粉 *Protoconiferus funarius* (Naumova) Bolkhovitina，1956

32. 双角假瓦契杉粉(比较种) *Pseudowalchia* cf. *biangulina* (Mal.) Bolkhovitina，1956

33. 假瓦契杉粉(未定种) *Pseudowalchia* sp.

全部图影化石均产自玛纳斯县红沟剖面三工河组，其中图 13，25，26 产自 93-HG-6 号样品；图 8，11，12，19，28 产自 93-HG-11 号样品；图 14 产自 93-HG-12 号样品；图 1，3，10，18，24 产自 93-HG-14 号样品；图 5—7，23，30，33 产自 93-HG-15 号样品；图 9，32 产自 93-HG-18 号样品；图 2，4 产自 93-HG-22a 号样品；图 16，17 产自 93-HG-23 号样品；图 15，20—22，27，29，31 产自 93-HG-34 号样品。

图版 41

1，8，9. 小型罗汉松粉 *Podocarpidites miniscululus* Singh，1964

2. 不规则单远极沟粉(比较种) *Monosulcites* cf. *enormis* Jain，1968

3，5. 沟状原始双囊粉 *Pristinuspollenites* (*Granabivesiculites inchoatus* Pierce) *sulcatus* Tschudy，1973

4. 鲁氏原始双囊粉 *Pristinuspollenites rousei* (Pocock) Pu et Wu，1982

6，30. 罗汉松型拟云杉粉 *Piceites podocarpoides* Bolkhovitina，1956

7. 昆士兰蝶囊粉 *Platysaccus queenslandi* De Jersey，1962

10，17. 厚垣罗汉松粉 *Podocarpidites paulus* (Bolkh.) Xu et Zhnag，1980

11. 多凹罗汉松粉 *Podocarpidites multisimus* (Bolkh.) Pocock，1962

12. 翼状双束松粉 *Pinuspollenites alatiopllenites* (Rouse) Liu，1982

13. 瘤体双束松粉 *Pinuspollenites verrucosus* Zhang，1978

14，34. 圆滑拟云杉粉 *Piceites enodis* Bolkhovitina，1956

15. 雏囊粉(未定种) *Parcisporites* sp.

16，25，33. 扁平云杉粉 *Piceaepollenites complanatiformis* (Bolkh.) Xu et Zhang，1980

18，21. 粗糙罗汉松粉 *Podocarpidites salebrosus* (Chlonova) Hua，1986

19. 大型罗汉松粉(比较种) *Podocarpidites* cf. *major* (Bolkhovitina) Chlonova，1976

20，24. 金黄蝶囊粉 *Platysaccus luteus* (Bolkh.) Li et Shang，1980

22. 光滑双束松粉 *Pinuspollenites enodatus* (Bolkh.) Li，1984

23. 卡谢乌罗汉松粉 *Podocarpidites cacheutensis* (Jian) Qu，1980

26. 金黄拟云杉粉 *Piceites flavidus* Bolkhovitina，1956

27. 多分罗汉松粉 *Podocarpidites multicinus* (Bolkh.) Pocock，1970

28. 伸长云杉粉 *Piceaepollenites prolongatus* (Mal.) Li，1984

29. 多孔假松粉 *Pseudopinus textilis* Bolkhovitina，1956

31. 微细云杉粉 *Piceaepollenites exilioides*(Bolkh.) Xu et Zhang，1980

32. 相同云杉粉 *Piceaepollenites omoriciformis*(Bolkh.) Xu et Zhang，1980

35. 兰德假瓦契杉粉 *Pseudowalchia landesii* Pocock，1970

图 3，26 化石产自和布克赛尔县达巴松凸起井区三工河组 R2010-02819 号样品；图 14，27 产自 R2010-02820 号样品。其余图影化石均产自玛纳斯县红沟剖面三工河组，其中图 4 产自 93-HG-11 号样品；图 33，34 产自 93-HG-14 号样品；图 18，25 产自 93-HG-15 号样品；图 28，35 产自 93-HG-17 号样品；图 1，9，13 产自 93-HG-18 号样品；图 2，7 产自 93-HG-23 号样品；图 16 产自 93-HG-31 号样品；图 6，11，15，17，19，21 产自 93-HG-34 号样品；图 22，24，30，31 产自 93-HG-36 号样品；图 5，8，23，29，32 产自 93-HG-38 号样品；图 10，12，20 产自 93-HG-39 号样品。

图版 42

1，36. 单脊双囊粉 *Chordasporiotes singulichorda* Klaus，1960

2. 扁体双束松粉 *Pinuspollenites taedaeformis*(Zakl.) Ke et Shi，1978

3，10. 宽沟双束松粉 *Pinuspollenites latilus* Ouyang et Zhang，1982

4. 格劳福格尔阿里粉 *Alisporites grauvogeli* Klaus，1964

5. 旋扭双束松粉 *Pinuspollenites distortus* (Bolkh.) Pu et Wu，1982

6，7，9. 小四字粉 *Quadraeculina minor*(Pocock) Xu et Zhang，1980

8，24，29，34. 矩形四字粉 *Quadraeculina anellaeformis* Maljavkina，1949

11. 东方单脊双囊粉(比较种) *Chordasporites* cf. *orientalis* Ouyang et Li，1980

12. 伸长双束松粉 *Pinuspollenites elongatus*(Mal.) Pu et Wu，1985

13. 踝骨松型粉 *Pityosporites scaurus*(Nilsson) Schulz，1967

14，19. 普通双束松粉 *Pinuspollenites divulgatus*(Bolkh.) Qu，1980

15. 因达拉阿里粉 *Alisporites indarraensis* Segroves，1970

16. 小单束松粉 *Abietineaepollenites minimus* Couper，1958

17. 分离单束松粉 *Abieitineaepollenites dividuus*(Bolkh.) Song，2000

18，27，28. 小囊双束松粉 *Pinuspollenites parvisaccatus* (De Jersey) Filatoff，1975

20. 三合双束松粉 *Pinuspollenites tricompositus*(Bolkh.) Xu et Zhang，1980

21. 瘤体双束松粉 *Pinuspollenites verrucosus* Zhang，1978

22. 珀诺双束松粉(比较种) *Pinuspollenites* cf. *pernobilis*(Bolkh.) Xu et Zhang，1980

23. 加拿大四字粉(比较种) *Quadraeculina* cf. *canadensis*(Pocock) Zhang，1978

25，33. 不显四字粉 *Quadraeculina enigmata*(Couper) Xu et Zhang，1980

26. 帕氏双束松粉 *Pinuspollenites pacltovae*(Krutzsch) Song et Zhong，1984

30，32. 真边四字粉 *Quadraeculina limbata* Maljavkina，1949

31. 密网雪松粉 *Cedripites densireticulatus*(Zauer) Krutzsch，1971

35. 雪松粉(未定种 1) *Cedripites* sp.1

37. 澳大利亚单脊双囊粉(比较种) *Chordasporites* cf. *australiensis* De Jersey，1962

图 34 化石产自和布克赛尔县达巴松凸起井区三工河组 R2010-02970 号样品。其余图影化石均产自玛纳斯县红沟剖面三工河组，其中图 5，7，26，27 产自 93-HG-11 号样品；图 17，22，35 产自 93-HG-14 号样品；图 6，10，11，16，36 产自 93-HG-15 号样品；图 3，12，29 产自 93-HG-18 号样品；图 1，15 产自 93-HG-22a 号样品；图 2，4 产自 93-HG-23 号样品；

图 30 产自 93-HG-31 号样品；图 8，9，13，23，24，31，37 产自 93-HG-34 号样品；图 21 产自 93-HG-36 号样品；图 14，19，20，25，28，32 产自 93-HG-38 号样品；图 18，33 产自 93-HG-39 号样品。

图版 43

1. 新疆环纹藻(新种) *Concentricystes xinjiangensis* Zhan sp. nov.

2，6—8，11. 小桫椤孢 *Cyathidites minor* Couper，1953

3. 清晰芦木孢(比较种) *Calamospora* cf. *arguta* Qu，1984

4. 穿孔水藓孢 *Sphagnumsporites perforatus* (Leschik) Liu，1986

5. 圆形托第蕨孢 *Todisporites rotundiformis* (Mal.) Pocock，1970

9. 凹边桫椤孢(比较种) *Cyathidites* cf. *concavus* (Bolkh.) Dettmann，1963

10，20. 内点桫椤孢 *Cyathidites infrapunctatus* Zhang，1984

12. 金毛狗孢(未定种 3) *Cibotiumspora* sp. 3

13. 桫椤孢(未定种) *Cyathidites* sp.

14. 联合金毛狗孢 *Cibotiumspora juncta* (K.-M.) Zhang，1978

15. 粗壮金毛狗孢(比较种) *Cibotiumspora* cf. *robusta* Lu et Wang，1983

16. 中等桫椤孢(比较种) *Cyathidites* cf. *medicus* San. et Jain，1964

17，43—45，51. 波脱尼伯莱梯孢 *Biretisporites potoniaei* Delcourt et Sprumont，1955

18. 中生桫椤孢 *Cyathidites mesozoicus* (Thiergart) Potonie，1955

19. 斑点桫椤孢 *Cyathidites punctatus* (Delc. et Sprum.) Delcourt，Dettmann et Hughes，1963

21. 具角金毛狗孢(比较种) *Cibotiumspora* cf. *corniger* (Bolkh.) Zhang，1984

22. 粒纹金毛狗孢 *Cibotiumspora granulata* Pu et Wu，1985

23，24. 褶皱三角孢 *Deltoidospora plicata* Pu et Wu，1982

25，32，33. 弓形三角孢 *Deltoidospora convexa* (Bolkh.) Pu et Wu，1985

26，50. 中等桫椤孢 *Cyathidites medicus* San et Jain，1964

27，48. 大三角孢 *Deltoidospora magna* (De Jersey) Norris，1965

28，42. 褶皱三角孢(比较种) *Deltoidospora* cf. *plicata* Pu et Wu，1982

29. 金毛狗孢(未定种 1) *Cibotiumspora* sp. 1

30. 带状波缝孢 *Undulatisporites taenus* (Rouse) Xu et Zhang，1980

31. 波状波缝孢 *Undulatisporites undulapolus* Brenner，1963

34. 菱角光面三缝孢 *Leiotriletes romboideus* Bolkhovitina，1956

35. 不规则三角孢 *Deltoidospora irregularis* (Pflug) Sung et Tsao，1976

36. 三角孢(未定种) *Deltoidospora* sp.

37. 微弱波缝孢 *Undulatisporites linguidus* Zhao，1987

38. 光面三缝孢(未定种) *Leiotriletes* sp.

39，40. 弓形阿尔索菲孢(比较种) *Alsophilidites* cf. *arcuatus* (Pot.) Xu et Zhang，1980

41. 里白孢(未定种 1) *Gleicheniidites* sp.1

46. 规则三角孢 *Deltoidospora regularis* (Pflug) Song et Zheng，1981

47. 弓形三角孢（比较种）*Deltoidospora* cf. *convexa*（Bolkh.）Pu et Wu，1985

49. 南方桫椤孢 *Cyathidites australis* Couper，1953

52. 伯莱梯孢（未定种）*Biretisporites* sp.

53. 大三角孢（比较种）*Deltoidospora* cf. *magna*（De Jersey）Norris，1965

图2—4，6，12，14，17，25，33，40，47，48化石产自和布克赛尔县达巴松凸起井区西山窑组R2006-16534号样品；图18，42产自R2006-16536号样品。其余图影化石均产自玛纳斯县红沟剖面西山窑组，其中图5，7，8，10，11，35，36，43产自93-HG-41号样品；图52产自93-HG-48号样品；图9，13，15，20—22，26，28—31，37，38，44—46，49—51产自93-HG-53号样品；图16，19，24，27，34，39，41，53产自93-HG-55号样品；图1，23产自93-HG-72号样品；图32产自93-HG-74号样品。

图版 44

1. 细弱光面三缝孢 *Leiotriletes subtilis* Bolkhovitina，1953

2. 哈氏网叶蕨孢（比较种）*Dictyophyllidites* cf. *harrisii* Couper，1958

3. 莫氏网叶蕨孢 *Dictyophyllidites mortoni*（De Jersey）Playford et Dettmann，1965

4. 哈氏网叶蕨孢 *Dictyophyllidites harrisii* Couper，1958

5，11. 华丽紫萁孢 *Osmundacidites elegans*（Verb.）Xu et Zhang，1980

6，20. 美丽紫萁孢 *Osmundacidites speciosus*（Verb.）Zhang，1965

7. 同心托第蕨孢 *Todisporites concentricus* Li，1981

8. 瘤面波缝孢（比较种）*Undulatisporites* cf. *verrucosus* Liu et Jia，1986

9，23，28，29，31. 多桑背锥瘤孢 *Anapiculatisporites dowsonensis* Reiser et Williams，1969

10. 小紫萁孢 *Osmundacidites parvus* De Jersey，1962

12，56. 古老紫萁孢 *Osmundacidites senectus* Balme，1963

13. 高山紫萁孢 *Osmundacidites apinus* Klaus，1960

14. 简单膜叶蕨孢 *Hymenophyllumsporites simplex* Pu et Wu，1982

15. 粒纹波缝孢（比较种）*Undulatisporites* cf. *granulatus* Jia et Liu，1986

16，22，25. 疏散三角块瘤孢 *Converrucosisporites sparsus* Shang，1981

17，26. 维纳三角块瘤孢 *Converrucosisporites vinitus* Batten，1973

18. 斑点凹边瘤面孢（比较种）*Concavissimisporites* cf. *punctatus*（Delcourt et Sprumont）Brenner，1963

19. 粒纹三角粒面孢 *Granualtisporites granulatus* Ibrahim，1933

21. 威氏紫萁孢 *Osmundacidites wellmanii* Couper，1953

24. 三角块瘤孢（未定种2）*Converrucosisporites* sp. 2

27，30，32，40. 瘤状新叉瘤孢 *Neoraistrickia verrucata* Xu et Zhang，1980

33，38，58. 内颗粒新叉瘤孢 *Neoraistrickia infragranulata* Zhang W. P.，1984

34. 截形新叉瘤孢 *Neoraistrickia truncatus*（Cookson）Potonie，1956

35. 圆形新叉瘤孢 *Neoraistrickia rotundiformis*（Kara-Mursa）Liu，1990

36. 莱阳新叉瘤孢 *Neoraistrickia laiyangensis* Yu et Zhang，1982

37，39. 格里斯索普新叉瘤孢 *Neoraistrickia gristhorpensis*（Couper）Tralau，1968

41. 凹面密穴孢 *Foveotriletes scrobiculatus* (Ross) Potonie，1956

42. 楔环孢(未定种 1) *Camarozonosporites* sp.1

43. 棒柱新叉瘤孢 *Neoraistrickia clavula* Xu et Zhng，1980

44. 棘刺新叉瘤孢 *Neoraistrickia aculeata* (Verb.) Liu，1987

45. 似环新叉瘤孢 *Neoraistrickia krikoma* Xu et Zhang，1980

46，47. 新叉瘤孢(未定种 2) *Neoraistrickia* sp.2

48，49. 南方拟棒石松孢 *Lycopodiumsporites austroclavatidites* (Cookson) Potonie，1956

50，57. 科茅姆棒瘤孢 *Baculatisporites comaumensis* (Cookson) Potonie，1956

51. 鲍欣三角锥刺孢 *Lophotriletes bauhinaiae* De Jersey et Hamilton，1967

52. 圆形锥瘤孢(未定种) *Apiculatisporis* sp.

53－55. 近圆石松孢 *Lycopodiumsporites subrotundum* (Kara-Mursa) Pocock，1970

59. 三角粒面孢(未定种) *Granualtisporites* sp.

60. 变异棒瘤孢(比较种) *Baculatisporites* cf. *versiformis* Qu，1984

61. 近刺圆形锥瘤孢 *Apiculatisporis subspinosus* (Artuz) Qu et Zhang，1987

图 3，10，46，56，61 化石产自和布克赛尔县达巴松凸起井区西山窑组 R2006-16534 号样品；图 1，5，12，13，22，23，25，27，29，30，34—37，40，42，43，48，49，53，55，57 产自 R2006-16536 号样品。其余图影化石均产自玛纳斯县红沟剖面西山窑组，其中图 9，26，31 产自 93-HG-41 号样品；图 11，21，50，54 产自 93-HG-42 号样品；图 32，33，38，47，51，58 产自 93-HG-48 号样品；图 6—8，17，24，28 产自 93-HG-53 号样品；图 2，4，15，18—20，39，44，45，52，59，60 产自 93-HG-55 号样品；图 14，41 产自 93-HG-68 号样品；图 16 产自 93-HG-69 号样品。

图版 45

1. 大网孢？(未定种) *Zlivisporis*? sp.

2，10. 近圆石松孢 *Lycopodiumsporites subrotundum* (Kara-Mursa) Pocock，1970

3. 半网石松孢 *Lycopodiumsporites semimuris* Danze-Corsin et Laveine，1963

4，6. 斯堪尼亚拟套环孢 *Densoisporites scanicus* Tralau，1968

5. 膜缘拟套环孢 *Densoisporites velatus* Weyland et Krieger，1953

7. 东方环囊三缝孢 *Endosporites orientalis* Qian，Zhao et Wu，1983

8. 石松孢(未定种 1) *Lycopodiumsporites* sp.1

9. 圆锥石松孢 *Lycopodiumsporites paniculatoides* Tralau，1968

11. 网纹石松孢 *Lycopodiumsporites reticulumsporites* (Rouse) Dettmann，1963

12. 多孔疏穴孢 *Foveosporites multicavus* (Bolkhovitina) Zhang，1989

13. 假网克鲁克孢 *Klukisporites pseudoreticulatus* Couper，1958

14. 密穴孢(未定种 1) *Foveotriletes* sp.1

15. 稀饰环孢(未定种 1) *Kraeuselisporites* sp.1

16. 环绕阿赛勒特孢 *Asseretospora amplectiformis* (Kara-Murza) Qu et Wang，1990

17. 乌林背箍孢(比较种) *Levisporites* cf. *wulinensis* Li，1984

18，19. 瘤纹安图尔孢 *Antulsporites clavus* (Balme) Filatoff，1975

20. 光面单缝孢(未定种 1) *Laevigatosporites* sp. 1

21，24. 平滑无口器粉 *Inaperturopollenites psilosus* Ke et Shi，1978

22. 平瘤水龙骨孢(未定种 1) *Polypodiisporites* sp. 1

23. 卵形粒面单缝孢 *Punctatosporites ovatus* Zhang，1978

25，33，48. 脑形粉(未定种) *Cerebropollenites* spp.

26，46，47. 卡里尔脑形粉 *Cerebropollenites carlylensis* Pocock，1970

27. 变形无口器粉 *Inaperturopollenites dubius* (Potonie et Venitz) Thomson et Pflug，1953

28，53. 小粒纹无口器粉 *Granasporites minus* Qian，Zhao et Wu，1983

29. 黄色皱球粉 *Psophosphaera flavus* (Leschik) Qian，Zhao et Wu，1983

30. 卡城苏铁粉 *Cycadopites carpentieri* (Delc. et Sprum.) Singh，1964

31. 卵形光面单缝孢 *Laevigatosporites ovatus* Wilson et Webster，1946

32. 环褶球形粉 *Spheripollenites circoplicatus* Pu et Wu，1982

34. 湖南粉？(未定种) *Hunanpollenites* ? sp.

35. 单型粒面大单沟粉 *Granamegamonocolpites monoformis* Qian et Wu，1987

36. 典型苏铁粉 *Cycadopites typicus* (Mal.) Pocock，1970

37. 苏铁粉(未定种 1) *Cycadopites* sp. 1

38，40，43. 华美广口粉 *Chasmatosporites elegans* Nilsson，1958

39. 无盖广口粉 *Chasmatosporites apertus* (Rogalska) Nilsson，1958

41. 卡秋特粒面大单沟粉 *Granamegamonocolpites cacheutensis* Jain，1968

42. 中生脑形粉 *Cerebropollenites mesozoicus* (Couper) Nilsson，1958

44. 哈利同心粉 *Concentrisporites hallei* (Nilsson) Wall，1965

45，55. 褶皱周壁粉 *Perinopollenites elatoides* Couper，1958

49. 敞开广口粉 *Chasmatosporites hians* Nilsson，1958

50，51. 小网周壁粉 *Perinopollenites microreticulatus* Xu et Zhang，1980

52. 杂乱周壁粉 *Perinopollenites turbatus* (Balme) Xu et Zhang，1980

54. 清晰苏铁粉 *Cycadopites dilucidus* (Bolkh.) Zhang W. P.，1984

56. 芬德拉脑形粉 *Cerebropollenites findlaterensis* Pocock，1970

57. 粒纹周壁粉 *Perinopollenites granulatus* Hua et Liu，1986

58. 敦普冠翼粉 *Callialasporites dampieri* (Balme) Sukh Dev，1961

59. 细网孢(未定种 1) *Microreticulatisporites* sp. 1

图 22，44，57 化石产自和布克赛尔县达巴松凸起井区西山窑组 R2006-16534 号样品；图 2，3，9，11，16，21，38，46，47，51，52，56 产自 R2006-16536 号样品。其余图影化石均产自玛纳斯县红沟剖面西山窑组，其中图 1，14，26，28，30，48，55 产自 93-HG-41 号样品；图 8 产自 93-HG-42 号样品；图 12，26 产自 93-HG-48 号样品；图 10，20，23—25，31，36 产自 93-HG-53 号样品；图 15，27，34，42 产自 93-HG-55 号样品；图 41 产自 93-HG-60 号样品；图 5，6，13，18，35，54 产自 93-HG-61 号样品；图 17，29，37 产自 93-HG-67 号样品；图 19，32，33，39，40，43，45，49，50，53 产自 93-HG-68 号样品；图 58，59 产自 93-HG-69 号样品；图 4，7 产自 93-HG-72 号样品。

图版 46

1. 瘤纹广口粉 *Chasmatosporites verruculosus* Qian，Zhao et Wu，1983

2，3. 四角陕北粉 *Shanbeipollenites quadrangulatus* Qian et Wu，1987

4. 棒纹广口粉(比较种) *Chasmatosporites* cf. *clavatus* Qian，Zhao et Wu，1983

5. 小瘤广口粉(比较种) *Chasmatosporites* cf. *microverruculosus* Qian et Wu，1987

6. 鲁氏原始双囊粉 *Pristinuspollenites rousei* (Pocock) Pu et Wu，1982

7. 瘤面单沟粉(未定种 1) *Verrumonocolpites* sp. 1

8，9. 原始双囊粉(未定种 1) *Pristinuspollenites* sp. 1

10，12. 多变假云杉粉 *Pseudopicea variabiliformis* (Mal.) Bolkhovitina，1956

11. 圆形假云杉粉 *Pseudopicea rotundiformis* (Mal.) Bolkhovitina，1956

13. 郴县拟本内苏铁粉(比较种) *Bennettiteaepollenites* cf. *chenxianensis* (Jiang) Du，2000

14. 小型罗汉松粉 *Podocarpidites miniscculus* Singh，1964

15，21. 多分罗汉松粉 *Podocarpidites multicinus* (Bolkh.) Pocock，1970

16. 睛形蝶囊粉(比较种) *Platysaccus* cf. *oculus* Li，1984

17. 开通粉(未定种 1) *Caytonipollenites* sp. 1

18. 多凹罗汉松粉 *Podocarpidites multisimus* (Bolkh.) Pocock，1962

19. 开放拟云杉粉 *Piceites expositus* Bolkhovitina，1956

20. 多孔假松粉 *Pseudopinus textilis* Bolkhovitina，1956

22，35. 圆滑拟云杉粉 *Piceites enodis* Bolkhovitina，1956

23，24. 单一罗汉松粉(比较种) *Podocarpidites* cf. *unicus* (Bolkh.) Pocock，1970

25. 三粒罗汉松粉(比较种) *Podocarpidites tricoccus* (Mal.) Pu et Wu，1985

26. 罗汉松型拟云杉粉 *Piceites podocarpoides* Bolkhovitina，1956

27. 桔黄假瓦契杉粉 *Pseudowalchia crocea* Bolkhovitina，1956

28. 不规则单远极沟粉(比较种) *Monosulcites* cf. *enormis* Jain，1968

29. 单一罗汉松粉 *Podocarpidites unicus* (Bolkh.) Pocock，1970

30. 厚垣罗汉松粉 *Podocarpidites paulus* (Bolkh.) Xu et Zhang，1980

31. 微圆假松粉 *Pseudopinus oblatinoides* (Mal.) Bolkhovitina，1956

32. 宏大假云杉粉 *Pseudopicea magnifica* Bolkhovitina，1956

33，34. 湖南原始松粉 *Protopinus hunanensis* Jiang，1982

36. 浅黄原始松粉 *Protopinus subluteus* Bolkhovitina，1956

37. 叶形原始松柏粉 *Protoconiferus phyllodes* (Qian et Wang) Huan，1986

38. 短沟原始松粉 *Protopinus brevisulcus* Hua，1986

图 2，38 产自和布克赛尔县达巴松凸起井区西山窑组 R2006-16534 样品，其余图影化石均产自玛纳斯县红沟剖面西山窑组，其中图 1，7，11 产自 93-HG-41 号样品；图 4—6，8，14—16，18，19，21，22，25—28，31，33，35，36 产自 93-HG-48 号样品；图 10，17，23，24 产自 93-HG-53 号样品；图 9 产自 93-HG-55 号样品；图 3，12，20，37 产自 93-HG-61 号样品；图 13 产自 93-HG-67 号样品；图 29，34 产自 93-HG-68 号样品；图 32 产自 93-HG-69 号样品；图 30 产自 93-HG-72 号样品。

图版 47

1，2. 小四字粉 *Quadraeculina minor* (Pocock) Xu et Zhang，1980

3. 相似松型粉 *Pityosporites similis* Balme，1957

4，14，23. 球囊双束松粉 *Pinuspollenites globosaccus* Filatoff，1975

5. 原始双囊粉(未定种 1) *Pristinuspollenites* sp. 1

6. 伸长双束松粉 *Pinuspollenites elongatus* (Mal.) Pu et Wu，1985

7. 单束松粉(未定种 1) *Abietineaepollenites* sp. 1

8，17. 扁平云杉粉 *Piceaepollenites complanatiformis* (Bolkh.) Xu et Zhang，1980

9. 瘤体双束松粉(比较种) *Pinuspollenites* cf. *verrucosus* Zhang，1978

10，13. 辽西双束松粉 *Pinuspollenites liaoxiensis* Pu et Wu，1986

11. 清晰双束松粉 *Pinuspollenites stinctus* (Bolkh.) Shang，1981

12. 光滑双束松粉 *Pinuspollenites enodatus* (Bolkh.) Li，1984

15，26，27，33，36. 真边四字粉 *Quadraeculina limbata* Maljavkina，1949

16. 小铃雪松粉 *Cedripites nolus* (Gao et Zhao) Sun et He，1980

18. 瘦长四字粉 *Quadraeculina macra* Zhang，1989

19. 翼状双束松粉 *Pinuspollenites alatiopllenites* (Rouse) Liu，1982

20. 奥塔沟微囊粉 *Parvisaccites otagoensis* (Couper) Huan，1986

21，35. 矩形四字粉 *Quadraeculina annellaeformis* Maljavkina，1949

22，28. 不显四字粉 *Quadraeculina enigmata* (Couper) Xu et Zhang，1980

24. 珀诺双束松粉(比较种) *Pinuspollenites* cf. *pernobilis* (Bolkh.) Xu et Zhang，1980

25. 珀诺双束松粉 *Pinuspollenites pernobilis* (Bolkh.) Xu et Zhang，1980

29. 规则四字粉 *Quadraeculina ordinata* Wu et Zhang，1983

30. 紧接蝶囊粉 *Platysaccus proximus* (Bolkh.) Song，2000

31. 分离冷杉粉 *Abiespollenites diversus* (Bolkhovitina) Li，1984

32. 球囊冷杉粉 *Abiespollenites globosaceatus* Song，2000

34. 微细云杉粉 *Piceaepollenites exilioides* (Bolkhovitina) Xu et Zhang，1980

37，38. 加拿大四字粉 *Quadraeculina canadensis* (Pocock) Zhang，1978

图6，11 产自和布克赛尔县达巴松凸起井区西山窑组 R2006-16536 样品，其余图影化石均产自玛纳斯县红沟剖面西山窑组，其中图8，15，19 产自 93-HG-41 号样品；图4，9，10，14，17，23—25，30，32 产自 93-HG-48 号样品；图1 产自 93-HG-53 号样品；图2，13，34 产自 93-HG-55 号样品；图5，22，26，35，37，38 产自 93-HG-61 号样品；图33 产自 93-HG-67 号样品；图7，12，20，21，27，28，31，36 产自 93-HG-68 号样品；图3，16 产自 93-HG-69 号样品；图18，29 产自 93-HG-72 号样品。

图版 48

1. 新疆桫椤孢(新种) *Cyathidites xinjiangensis* Zhan sp. nov.1 (模式标本)

2. 奇异金毛狗孢 *Cibotiumspora paradoxa* (Mal.) Chang，1965

3. 联合金毛狗孢 *Cibotiumspora juncta* (K.-M.) Zhang，1978

4，5，24. 褶皱三角孢 *Deltoidospora plicata* Pu et Wu，1982

6. 矮小三角孢 *Deltoidospora perpusilla* (Bolkh.) Pocock，1970

7. 联合金毛狗孢(比较种) *Cibotiumspora* cf. *juncta* (K.-M.) Zhang，1978

8. 金毛狗孢？(未定种) *Cibotiumspora*? sp.

9，17，35. 波脱尼伯莱梯孢 *Biretisporites potoniaei* Delcourt et Sprumont，1955

10. 叉缝孢(未定种 2) *Divisisporites* sp. 2

11. 小型圆形光面孢 *Punctatisporites minutus* Kosanke，1950

12. 同心托第蕨孢 *Todisporites concentricus* Li，1981

13. 斑点桫椤孢 *Cyathidites punctatus* (Delc. et Sprum.) Dercourt，Dettmann et Hughes，1963

14，48. 中等桫椤孢 *Cyathidites medicus* San. et Jain，1964

15，32. 弓形阿尔索菲孢(比较种) *Alsophilidites* cf. *arcuatus* (Bolkh.) Xu et Zhang，1980

16. 舒安凹边孢(比较种) *Concavisporites* cf. *shuanensis* Zhang，1978

18. 桫椤孢？(未定种) *Cyathidites*? sp.

19. 桫椤孢(未定种 2) *Cyathidites* sp. 2

20. 小桫椤孢(比较种) *Cyathidites* cf. *minor* Couper，1953

21，36. 大三角孢 *Deltoidospora magna* (De Jersey) Norris，1965

22. 微弱波缝孢 *Undulatisporites linguidus* Zhao，1987

23. 褶皱三角孢(比较种) *Deltoidospora* cf. *plicata* Pu et Wu，1982

25. 唇状三角孢 *Deltoidospora torosus* Zhang，1984

26. 金毛狗孢(未定种 2) *Cibotiumspora* sp. 2

27，34. 弓形阿尔索菲孢 *Alsophilidites arcuatus* (Bolkh.) Xu et Zhang，1980

28. 三裂桫椤孢 *Cyathidites trilobatus* Sanet Jain, 1964

29. 波状波缝孢 *Undulatisporites undulapolus* Brenner，1963

30. 赫西恩弓脊孢 *Retusotriletes hercynicus* (Mädler) Schuumann，1977

31. 带状波缝孢(比较种) *Undulatisporites* cf. *taenus* (Rouse) Xu et Zhang，1980

33. 波缝孢(未定种 1) *Undulatisporites* sp. 1

37. 哈氏网叶蕨孢(比较种) *Dictyophyllidites* cf. *harrisii* Couper，1958

38. 贴生光面三缝孢 *Leiotriletes adnatus* (Kosanke) Potonie et Kremp，1955

39. 凹面密穴孢 *Foveotriletes scrobiculatus* (Ross) Potonie，1956

40—43. 小桫椤孢 *Cyathidites minor* Couper，1953

44. 内点桫椤孢 *Cyathidites infrapunctatus* Zhang，1984

45. 平阳细网孢(比较种) *Microreticulatisporites* cf. *pingyangensis* Pu et Wu，1982

46. 膜网藻(未定种) *Cymatiosphaera* sp.

47. 粗糙芦木孢 *Calamospora impexa* Playford，1965

49. 具唇海金沙孢 *Lygodiumsporites torisimilis* (Doring) Yu et Han，1985

50. 南方桫椤孢 *Cyathidites australis* Couper，1953

全部图影化石均产自玛纳斯县红沟剖面头屯河组，其中图 1，15，18，30，32，33，37，38，40—42，49 产自 93-HG-87 号样品；图 27，28，39，45，47 产自 93-HG-88 号样品；图 3，6，17，31，50 产自 93-HG-89 号样品；图 2，13，23，34，

35 产自 93-HG-90 号样品；图 4，5，7—12，14，16，19，21，22，25，26，36，43，44，46 产自 93-HG-91 号样品；图 24，29，48 产自 93-HG-92 号样品；图 20 产自 93-HG-97 号样品。

图版 49

1. 维纳三角块瘤孢 *Converrucosisporites venitus* Batten，1973
2. 细瘤三角块瘤孢(比较种) *Converrucosisporites* cf. *parviverrucosus* Shang，1981
3. 疏散三角块瘤孢 *Converrucosisporites sparsus* Shang，1981
4. 壁垒尼夫斯孢(比较种) *Nevesisporites* cf. *vallatus* De Jersey et Paten，1964
5. 克鲁克孢(未定种) *Klukisporites* sp.
6. 三瓣孢(未定种) *Trilobosporites* sp. 1
7—12. 假网克鲁克孢 *Klukisporites pseudoreticulatus* Couper，1958
13. 粒面三角孢(未定种) *Granulatisporites* sp.
14，15. 红沟三角棒瘤孢(新种) *Conbaculatisporites honggouensis* Zhan sp. nov.14 (模式标本)
16. 石松孢(未定种 2) *Lycopodiumsporites* sp. 2
17. 球形紫萁孢 *Osmundacidites orbiculatus* Yu et Han，1985
18. 粒纹三角粒面孢 *Granulatisporites granulatus* Ibrahim，1933
19. 纤细新叉瘤孢 *Neoraistrickia gracilis* Shang，1981
20. 厚壁圆角孢(比较种) *Cardioangulina* cf. *crassiparietalis* Doring，1965
21. 三角棒瘤孢(未定种 1) *Conbaculatisporites* sp. 1
22. 非均饰孢(未定种 2) *Impardecispora* sp. 2
23. 尼肯紫萁孢 *Osmundacidites nicanicus* (Verb.) Zhang，1965
24，25，44. 科茅姆棒瘤孢 *Baculatisporites comaumensis* (Cookson) Potonie，1956
26，30. 平阳细网孢(比较种) *Microreticulatisporites* cf. *pingyangensis* Pu et Wu，1982
27. 多桑背锥瘤孢 *Anapiculatisporites dawsonensis* Reiser et Williams，1969
28. 毛发圆形锥瘤孢(比较种) *Apiculatisporis* cf. *pilosus* Wu et Zhang，1983
29，32. 华丽紫萁孢 *Osmundacidites elegans* (Verb.) Xu et Zhang，1980
31，38，46，47. 斑点瘤面凹边孢 *Concavissimisporites punctatus* (Delcourt et Sprumont) Brenner，1963
33. 伊敏非均饰孢(比较种) *Impardecispora* cf. *yiminensis* Pu et Wu，1985
34. 南方凹边瘤面孢 *Concavissimisporites southeyensis* Pocock，1970
35. 变异克鲁克孢 *Klukisporites variegatus* Couper，1958
36. 微凹密穴孢 *Foveotriletes parviretus* (Balme) Dettmann，1963
37. 多变凹边瘤面孢 *Concavissimisporites varius* Bai，1983
39. 假网蠕瘤孢 *Convolutispora pseudoreticulata* Qu，1984
40. 变异刺面三角孢(比较种) *Acanthotriletes* cf. *varispinosus* Pocock，1962
41，42. 头屯河滦平孢(新种) *Luanpingspora totunheensis* Zhan sp. nov.41 (模式标本)
43. 粒面紫萁孢 *Osmundacidites granulata* (Mal.) Zhou，1981
45. 乌林球形刺面孢 *Sphaerina wulinensis* Li，1984

48. 长宁粗网孢(比较种) *Reticulatisporites* cf. *changningensis* Bai，1983

49. 圣品圆形块瘤孢 *Verrucosisporites donarii* Potonie et Kremp，1955

全部图影化石均产自玛纳斯县红沟剖面头屯河组，其中图 4，14，18，22，23，28，29，43，45 产自 93-HG-87 号样品；图 17，34 产自 93-HG-88 号样品；图 1，19，27，32 产自 93-HG-89 号样品；图 9，10，12 产自 93-HG-90 号样品；图 7，8，13，15，20，25，26，41，42 产自 93-HG-91 号样品；图 2，3，11，16，24，35，39，40，44 产自 93-HG-92 号样品；图 5，33，36 产自 93-HG-94 号样品；图 48，49 产自 93-HG-97 号样品；图 6，21，30，31，37，38，46，47 产自 93-HG-101 号样品。

图版 50

1. 辽西阿赛勒特孢 *Asseretospora liaoxiensis* Pu et Wu，1985

2. 绕转阿赛勒特孢 *Asserespora gyrata* (Playford et Dettmann) Schuurman，1977

3. 滦平孢(未定种 1) *Luanpingspora* sp. 1

4. 瘤纹安图尔孢 *Antulsporites clavus* (Balme) Filatoff，1975

5. 斯堪尼亚层环孢 *Densoisporites scanicus* Tralau，1968

6. 玛纳斯稀饰环孢 *Kraeuselisporites manasiensis* Zhang，1990

7，10. 变粒安图尔孢 *Antulsporites varigranulatus* (Levet-Carette) Reiser et Williams，1969

8，9. 装饰膜环弱缝孢(比较种) *Aequitriradites* cf. *ornatus* Upshaw，1963

11 卵形光面单缝孢 *Laevigatosporites ovatus* Wilson et Webster，1946

12. 泡型皱球粉 *Psophosphaera bullulinaeformis* (Maljavkina) Zhang，1978

13. 变形无口器粉 *Inaperturopollenites dubius* (Potonie et Venitz) Thomson et Pflug，1953

14. 平滑无口器粉 *Inaperturopollenites psilosus* Ke et Shi，1978

15. 无盖广口粉 *Chasmatosporites apertus* (Rogalska) Nilsson，1958

16，17. 屈得松假杜仲粉 *Eucommiidites troedsonii* (Erdtman) Potonie，1958

18. 四角陕北粉 *Shanbeipollenites quadrangulatus* Qian et Wu，1987

19. 清晰苏铁粉 *Cycadopites dilucidus* (Bolkh.) Zhang W. P.，1984

20，24，32. 脑形粉(未定种) *Cerebropollenites* spp.

21，22，25. 卡里尔脑形粉 *Cerebropollenites carlylensis* Pocock，1970

23，50. 中生脑形粉 *Cerebropollenites mesozoicus* (Couper) Nilsson，1958

26. 皱粒苏铁粉 *Cycadopites rugugranulatus* Jiang ex Du，2000

27，29. 粒纹克拉梭粉 *Classopollis granulatus* Chen，1983

28. 梅耶林克拉梭粉 *Classopollis meyeriana* (Klaus) Shang，2000

30，40，43，46. 环圈克拉梭粉 *Classopollis annulatus* (Verb.) Li，1974

31. 褶皱周壁粉 *Perinopollenites elatoides* Couper，1958

33. 小粒纹无口器粉 *Granasporites minus* Qian，Zhao et Wu，1983

34. 中生脑形粉(比较种) *Cerebropollenites* cf. *mesozoicus* (Couper) Nilsson，1958

35，36. 脆弱同心粉 *Concentrisporites fragilis* (Burger) Li et Hua，1986

37. 南方南美杉粉 *Araucariacites australis* Cookson，1947

38. 假沟同心粉(比较种) *Concentrisporites* cf. *pseudosulcatus* (Briche，Danze-Corsin et Leveine) Pocock，1970

39，41，42，48，49. 克拉梭克拉梭粉 *Classopollis classoides* Pflug，1953 emend. Pocock et Jansonius，1961

44. 卡城苏铁粉 *Cycadopites carpentieri*(Delc. et Sprum.) Singh，1964

45. 祁阳克拉梭粉 *Classopollis qiyangensis* Shang，1981

47. 小克拉梭粉 *Classopollis minor* Pocock et Jansonius，1961

51. 芬德拉脑形粉 *Cerebropollenites findlaterensis* Pocock，1970

全部图影化石均产自玛纳斯县红沟剖面头屯河组，其中图 1，6，7，20，23，24，32，47 产自 93-HG-87 号样品；图 4，19，31，43 产自 93-HG-88 号样品；图 17，30，34 产自 93-HG-89 号样品；图 16，18，26 产自 93-HG-90 号样品；图 3，8，9，11，15，27，29，33，40，46，50 产自 93-HG-91 号样品；图 2，5，14，25，44，45 产自 93-HG-92 号样品；图 39 产自 93-HG-96 号样品；图 13，37，41，48，49，51 产自 93-HG-97 号样品；图 10，12，21，22，28，35，36，38，42 产自 93-HG-101 号样品。

图版 51

1. 蝶形开通粉(比较种) *Caytonipollenites* cf. *papilionaceus* (Qian et al.) Song，2000

2. 原始双囊粉(未定种 2) *Pristinuspollenites* sp. 2

3，4. 多变假云杉粉 *Pseudopicea variabiliformis* (Mal.) Bolkhovitina，1956

5. 多孔假松粉 *Pseudopinus textilis* Bolkhovitina，1956

6，23. 圆滑拟云杉粉 *Piceites enodis* Bolkhovitina，1956

7，9. 多分罗汉松粉 *Podocarpidites multicinus* (Bolkh.) Pocock，1970

8，19. 多凹罗汉松粉 *Podocarpidites multisimus* (Bolkh.) Pocock，1962

10. 多凹罗汉松粉(比较种) *Podocarpidites* cf. *multisimus* (Bolkh.) Pocock，1962

11，13. 厚垣罗汉松粉 *Podocarpidites paulus* (Bolkh.) Xu et Zhang，1980

12. 卡谢乌罗汉松粉 *Podocarpidites cacheutensis* (Jain) Qu，1980

14. 大型罗汉松粉 *Podocarpidites major* (Bolkhovitina) Chlonova，1976

15. 罗汉松粉(未定种 1) *Podocarpidites* sp. 1

16. 开放拟云杉粉 *Piceites expositus* Bolkhovitina，1956

17. 梳形假松粉 *Pseudopinus pectinella* (Mal.) Bolkhovitina，1956

18. 双角假瓦契杉粉 *Pseudowalchia biangulina* (Mal.) Bolkhovitina，1956

20. 单一罗汉松粉 *Podocarpidites unicus* (Bolkh.) Pocock，1970

21. 罗汉松型拟云杉粉 *Piceites podocarpoides* Bolkhovitina，1956

22. 装饰罗汉松粉 *Podocarpidites ornatus* Pocock，1962

24，26. 卵形假瓦契杉粉 *Pseudowalchia ovalis* Pocock，1970

25. 宏大假云杉粉 *Pseudopicea magnifica* Bolkhovitina，1956

27. 富纳赖原始松柏粉 *Protoconiferus funarius* (Naumova) Bolkhovitina，1956

28. 加拿大罗汉松粉 *Podocarpidites canadensis* Pocock，1962

29. 安定型罗汉松粉(比较种) *Podocarpidites* cf.*andiniformis* (Bolkh.) Liu,1981

全部图影化石均产自玛纳斯县红沟剖面头屯河组，其中图 13 产自 93-HG-87 号样品；图 3，5，7，10，11，18，19，26 产自 93-HG-88 号样品；图 2，12，21，23 产自 93-HG-89 号样品；图 4，6，28 产自 93-HG-90 号样品；图 15，17 产自

93-HG-91 号样品；图 1 产自 93-HG-92 号样品；图 8 产自 93-HG-94 号样品；图 9 产自 93-HG-96 号样品；图 14，16，20，22，24，25，27，29 产自 93-HG-97 号样品。

图版 52

1. 小双束松粉 *Pinuspollenites minutus*(Zakl.) Sung et Zheng，1978

2. 双束松粉(未定种 1) *Pinuspollenites* sp. 1

3. 小囊双束松粉 *Pinuspollenites parvisaccatus*(De Jersey) Filatoff，1975

4. 卡谢乌罗汉松粉(比较种) *Podocarpidites* cf. *cacheutensis*(Jian) Qu，1980

5，8. 扁平云杉粉 *Piceaepollenites complanatiformis*(Bolkh.) Xu et Zhang，1980

6. 普通双束松粉 *Pinuspollenites divulgatus*(Bolkh.) Qu，1980

7. 三合双束松粉 *Pinuspollenites tricompositus*(Bolkh.) Xu et Zhang，1980

9. 金黄蝶囊粉 *Platysaccus luteus*(Bolkh.) Li et Shang，1980

10. 单束松粉(未定种 2) *Abietineaepollenites* sp. 2

11. 中植云杉粉(比较种) *Piceaepollenites* cf. *mesophyticus* (Bolkh.) Xu et Zhang，1980

12. 翼状双束松粉 *Pinuspollenites alatiopllenites*(Rouse) Liu，1982

13，14. 小四字粉 *Quadraeculina minor*(Pocock) Xu et Zhang，1980

15，23，28，29. 矩形四字粉 *Quadraeculina anellaeformis* Maljavkina，1949

16，17. 围皱皱体双囊粉 *Rugubivesiculites fluens* Pierce，1961

18. 通常双束松粉 *Pinuspollenites solitus* (Bolkh.) Pu et Wu，1982

19，22. 真边四字粉 *Quadraeculina limbata* Maljavkina，1949

20，21. 不显四字粉 *Quadraeculina enigmata*(Couper) Xu et Zhang，1980

24，27. 珀诺双束松粉 *Pinuspollenites pernobilis*(Bolkh.) Xu et Zhang，1980

25. 辽西双束松粉 *Pinuspollenites liaoxiensis* Pu et Wu，1986

26. 规则四字粉 *Quadraeculina ordinata* Wu et Zhang，1983

30. 单一罗汉松粉 *Podocarpidites unicus*(Bolkh.) Pocock，1970

31. 维柳依原始云杉粉 *Protopicea vilujensis* Bolkhovitina，1956

32. 分离单束松粉 *Abietineaepollenites dividuus*(Bolkh.) Song，2000

33，34. 微细云杉粉 *Piceaepollenites exilioides*(Bolkh.) Xu et Zhang，1980

35. 皱体双囊粉(未定种 1) *Rugobivesiculites* sp. 1

36. 四字粉(未定种 1) *Quadraeculina* sp. 1

37. 单一云杉粉 *Piceaepollenites singularae*(Bolkh.) Zhang，1986

全部图影化石均产自玛纳斯县红沟剖面头屯河组，其中图 1，3，5，10，24，27，32 产自 93-HG-88 号样品；图 12，13，19，21，26，37 产自 93-HG-89 号样品；图 15，17，22，36 产自 93-HG-90 号样品；图 2，14，16，20，23，25，28，29 产自 93-HG-91 号样品；图 4，6—9，11，18，30，31，33，34 产自 93-HG-97 号样品；图 35 产自 101 号样品。

图版 53

1，2. 波状波缝孢 *Undulatisporites undulapolus* Brenner，1963

3，5. 小刺藻(未定种 2) *Micrhystridium* sp. 2

4，6，7. 弓背藻(未定种 1) *Dorsennidium* sp. 1

8. 鞘囊藻(未定种 1) *Tectitheca* sp. 1

9. 弓背藻(未定种 2) *Dorsennidium* sp. 2

10. 膨胀凹边孢 *Concavisporites toralis* (Leschik) Nilsson，1958

11，13，16. 小桫椤孢 *Cyathidites minor* Couper，1953

12. 巴洛三角孢 *Deltoidospora balowensis* (Doring) Zhang，1978

14. 唇状三角孢 *Deltoidospora torosus* Zhang，1984

15. 波脱尼伯莱梯孢 *Biretisporites potoniaei* Delcourt et Sprumont，1955

17，26. 块瘤莱蕨孢(比较种) *Leptolepidites* cf. *verrucatus* Couper，1953

18. 变异棒瘤孢 *Baculatisporites versiformis* Qu，1984

19. 三角块瘤孢(未定种 1) *Converrucosisporites* sp. 1

20. 坑穴孢(未定种 1) *Ischyosporites* sp. 1

21. 萨区三角块瘤孢 *Converrucosisporites saskatchewanensis* Pocock，1962

22. 瘤状新叉瘤孢(比较种) *Neoraistrickia* cf. *verrucata* Xu et Zhang，1980

23. 波缝孢(未定种 2) *Undulatisporites* sp. 2

24，31，47. 小艾德里海金沙孢 *Lygodiumsporites microadriensis* (Krutzsch) Ke et Shi，1978

25. 细网孢(未定种 2) *Microreticulatisporites* sp. 2

27. 科茅姆棒瘤孢 *Baculatisporites comaumensis* (Cookson) Potonie，1956

28. 接触面圆形光面孢 *Punctatisporites contactus* Bai，1983

29. 昏暗圆形块瘤孢 *Verrucosisporites obscurus* (Bolkhovitina) Pu et Wu，1982

30，40. 简单膜叶蕨孢 *Hymenophyllumsporites simplex* Pu et Wu，1982

32. 巨厚海金沙孢 *Lygodiumsporites crassus* (Zhang) Yu et Han，1985

33，46. 假巨形海金沙孢 *Lygodiumsporites pseudomaximus* (Thomson et Pflug) Song et Zheng，1981

34，45. 假多罗格具唇孢 *Toroisporis* (*Divitoroisporis*) *pseudodorogensis* Kedves，1965

35. 波状波缝孢(比较种) *Undulatisporites* cf. *undulapolus* Brenner，1963

36，39. 微简海金沙孢 *Lygodiumsporites subsimplex* (Bolkhovitina) Gao et Zhao，1976

37. 清楚具唇孢 *Toroisporis* (*Toroisporis*) *limpidus* Pu et Wu，1985

38. 具唇孢(未定种 1) *Toroisporis* (*Divitoroisporis*) sp. 1

41. 不规则叉缝孢 *Divisisporites enormis* Pflug，1953

42. 义县具唇孢(比较种) *Toroisporis* (*Toroisporis*) cf. *yixianensis* Pu et Wu，1985

43. 厚壁具唇孢 *Toroisporis* (*Toroisporis*) *crassiexinus* (Krutzsch) Song et Zheng，1981

44. 三角孢(未定种) *Deltoidospora* sp.

48. 粒面斑纹孢 *Maculatisporites granulatus* (Ivanova) Doring，1964

49，51. 繁棒藻(未定种) *Cleistosphaeridium* spp.

50. 小刺藻(未定种 1) *Micrhystridium* sp. 1

52. 不定褶皱藻 *Campenia irregularis* Jiaba，1978

全部图影化石均产自吐谷鲁群，其中图 8 产自和布克赛尔县达巴松凸起井区 R2010-02812 号样品；图 5 产自 R2010-03439 号样品；图 3，4，6，7，9 产自 R2010-03442 号样品；图 29 产自 R2006-16520 号样品；图 13，40 产自 R2006-16522 号样品；图 28，46 产自 R2006-16524 号样品；图 11，16，30 产自 R2006-16526 号样品；图 25 产自 R2006-16528 号样品；图 44，50 产自 R2006-16530 号样品。图 14 产自沙湾县红光镇井区 R2010-00337 号样品；图 37，45，47，49，51 产自克拉玛依市红车断裂带井区 R2010-09550 号样品；图 18，27 产自和布克赛尔县夏盐凸起井区 R2005-05311 号样品。图 10，12，24，36，38，39 产自呼图壁县东沟剖面 80-S416 号样品；图 1，2，17，19—22，26，31，32，42，43，48 产自 80-S422 号样品；图 15 产自 R2010-00336 号样品；图 18，52 产自 R2010-00337 号样品。图 33，34 产自呼图壁县石梯子剖面 80-S538 号样品；图 23，35 产自 80-S553 号样品。

图版 54

1. 美丽无突肋纹孢 *Cicatricosisporites bellus* Zhang，1965

2. 无突肋纹孢(未定种) *Cicatricosisporites* sp.

3，4，12－14. 多罗格无突肋纹孢 *Cicatricosisporites dorogensis* Potonie et Gelletich，1933

5. 南京无突肋纹孢 *Cicatricosisporites nankingensis* (Zhang) Zhang，1965

6. 光型希指蕨孢 *Schizaeoisporites laevigataeformis* (Bolkh.) Gao et Zhao，1976

7. 二型有孔孢 *Foraminisporis biformis* Zhang et Zhan，1991

8. 新月形库里孢(比较种) *Kuylisporites* cf. *lunaris* Cookson et Dettmann，1958

9. 白垩希指蕨孢 *Schizaeoisporites cretacius* (Krutzsch) Potonie，1956

10，11. 瓜形希指蕨孢 *Schizaeoisporites certus* (Bolkh.) Gao et Zhao，1976

15. 奶子山凤尾蕨孢(比较种) *Pterisisporites* cf. *naizishanensis* Li，1984

16，26，33. 三角内裂片孢 *Interulobites triangularis* (Brenner) Phillips et Felix，1971

17，18，28. 穆尼多环孢 *Polycingulatisporites mooniensis* De Dersey et Paten，1964

19，20，31，32. 曲瘤内裂片孢 *Interulobites camptoverrucosus* Zhang et Zhan，1991

21. 套环孢(未定种 1) *Densosporites* sp.1

22. 鲁氏无突肋纹孢 *Cicatricosisporites ludbrookiae* Dettmann，1963

23. 石松孢(未定种) *Lycopodiumsporites* sp.

24. 圆锥石松孢(比较种) *Lycopodiumsporites* cf. *paniculatoides* Tralau，1968

25. 美丽紫萁孢 *Osmundacidites speciosus* (Verb.) Zhang，1965

27，29. 规则多环孢 *Polycingulatisporites reduncus* (Bolkh.) Playford et Dettmann，1965

30，35. 放射状尼夫斯孢 *Nevesisporites radiatus* (Chlonova) Srivastava，1972

34. 库里孢(未定种) *Kuylisporites* sp.

36，41. 不对称有孔孢 *Foraminisporis asymmetricus* (Cookson et Dettmann) Dettmann，1963

37，38，49. 东沟副准噶尔孢 *Parajunggarsporites donggouensis* (Yu) Song，2000

39，47，50. 膜状副准噶尔孢 *Parajunggarsporites membranceus* (Yu) Song，2000

40. 海绵拟套环孢 *Densoisporites spumidus* Yu，1984

42. 不对称有孔孢(比较种) *Foraminisporis* cf. *asymmetricus*(Cookson et Dettmann) Dettmann，1963

43，46. 吐谷鲁柯珀孢(新种) *Couperisporites tuguluensis* Zhan sp. nov.46(模式标本)

44. 膜状副准噶尔孢(比较种) *Parajunggarsporites* cf. *membranceus*(Yu)) Song，2000

45. 膜环弱缝孢(未定种 1) *Aequitriradites* sp.1

48. 变异棒瘤孢(比较种) *Baculatisporites* cf. *versiformis* Qu，1984

51. 斑点凹边瘤面孢 *Concavissimisporites punctatus*(Dercourt et Sprumont) Qian，Zhao et Wu，1983

52. 五龙瘤面海金沙孢 *Lygodioisporites wulongensis* Li，Sung et Li，1978

全部图影化石均产自吐谷鲁群，其中图 1—4，12—14 产自呼图壁县东沟剖面 80-S416 号样品；图 5—11，15—22，24—36，41，42，52 产自 80-S422 号样品。图 45，48 产自呼图壁县石梯子剖面 80-S553 号样品。图 51 产自和布克赛尔县达巴松凸起井区 R2010-02812 号样品。图 23 产自和布克赛尔县夏盐凸起井区 R2005-05312 号样品。图 37，38，49，50 产自沙湾县红光镇井区 R2010-00336 号样品；图 44 产自 R2010-00337 号样品。图 39，40，43，46，47 产自克拉玛依市红车断裂带井区 R2010-09550 号样品。

图版 55

1. 单远极沟粉(未定种) *Monosulcites* sp.

2，3. 整洁苏铁粉 *Cycadopites nitidus*(Balme) Pocock，1970

4，8. 典型苏铁粉 *Cycadopites typicus*(Mal.) Pocock，1970

5，15，20，21. 粒纹克拉梭粉 *Classopollis granulatus* Chen，1983

6，7，52. 小皱球粉 *Psophosphaera minor*(Verbitzkaja) Song et Zheng，1981

9，13，23，24，31，36. 环圈克拉梭粉 *Classopollis annulatus*(Verb.) Li，1974

10，22，53—55. 克拉梭克拉梭粉 *Classopollis classoides* Pflug，1953 emend. Pocock et Jansonius，1961

11，27. 小山隐孔粉(比较种) *Exesipollenites* cf. *tumulus* Balme，1957

12，14，25，35. 梅耶林克拉梭粉 *Classopollis meyeriana*(Klaus) Shang，2000

16. 清晰苏铁粉 *Cycadopites dilucidus*(Bolkh.) Zhang W. P.，1984

17. 皱纹徐氏孢(比较种) *Hsuisporites* cf. *rugatus* Zhang，1965

18，19. 祁阳克拉梭粉 *Classopollis qiyangensis* Shang，1981

26. 克拉梭粉(未定种 1) *Classopollis* sp. 1

28，38. 膜状副准噶尔孢 *Parajunggarsporites membranceus*(Yu) Song，2000

29. 泡型皱球粉 *Psophosphaera bullulinaeformis*(Mal.) Zhang，1978

30. 克拉梭粉(未定种) *Classopollis* sp.

32. 变形无口器粉 *Inaperturopollenites dubius*(Potonie et Venitz) Thomson et Pflug，1953

33. 环圈克拉梭粉(比较种) *Classopollis* cf. *annulatus*(Verbitzkaja) Li，1974

34. 波形周壁粉 *Perinopollenites undulatus* Zhang，1984

37. 隐藏孢(未定种) *Crybelosporites* sp.

39，42，46，48，60. 小网周壁粉 *Perinopollenites microreticulatus* Xu et Zhang，1980

40. 褶皱周壁粉 *Perinopollenites elatoides* Couper，1958

41. 有边周壁粉 *Perinopollenites limbatus* Hua，1986

43. 粒纹周壁粉 *Perinopollenites granulatus* Hua et Liu，1986

44. 平滑无口器粉 *Inaperturopollenites psilosus* Ke et Shi，1978

45，59，63. 杂乱周壁粉 *Perinopollenites turbatus* (Balme) Xu et Zhang，1980

47，57. 中生脑形粉 *Cerebropollenites mesozoicus* (Couper) Nilsson，1958

49. 卡城苏铁粉 *Cycadopites carpentieri* (Delc. et Sprum.) Singh，1964

50. 亚颗粒苏铁粉 *Cycadopites subgranulosus* (Couper) Bharadwaj et Singh.，1964

51. 河南皱球粉 *Psophosphaera henanensis* Zhang，1978

56. 冠翼粉(未定种 2) *Callialasporites* sp.2

58. 单型粒面大单沟粉(比较种) *Granamegamonocolpites* cf. *monoformis* Qian et Wu，1987

61. 黄色皱球粉 *Psophosphaera flavus* (Leschik) Qian，Zhao et Wu，1983

62. 敞开广口粉 *Chasmatosporites hians* Nilsson，1958

全部图影化石均产自吐谷鲁群，其中图 3，4 产自呼图壁县东沟剖面 80-S416 号样品；图 1，2，5，8—15，17—19，22，24，27，28，30，31，34，38，44，47，51—57，59，63 产自 80-S422 号样品；图 49 产自呼图壁县石梯子剖面 80-S538 号样品；图 6，7 产自玛纳斯县红沟剖面 06862 号样品。图 45，46，50，58，61 产自和布克赛尔县达巴松凸起井区 R2010-02812 号样品；图 35，36 产自 R2010-03439 号样品；图 16，62 产自 R2010-03442 号样品；图 29，33 产自 R2006-16522 号样品；图 20，41 产自 R2006-16526 号样品；图 48 产自 R2006-16528 号样品；图 21，23 产自 R2006-16530 号样品；图 39，43，60 产自 R2006-16532 号样品；图 25，26 产自和布克赛尔县夏盐凸起井区 R2005-05311 号样品；图 32，40 产自沙湾县红光镇井区 R2010 00336 号样品，图 42 产自 R2010-00337 号样品；图 37 产自克拉玛依市红车断裂带井区 R2010-09550 号样品。

图版 56

1. 斯梯夫粉(未定种 1) *Steevesipollenites* sp. 1

2，3. 斯梯夫粉(未定种 2) *Steevesipollenites* sp. 2

4，6. 纤细纵肋单沟粉 *Jugella gracilis* Mtchedlishvili et Shakhmundes，1973

5. 塔里木麻黄粉 *Ephedripites tarimensis* Jiang，He et Dong，1988

7. 无囊古松柏粉 *Paleoconiferus asaccatus* Bolkhovitina，1956

8. 隐匿原始松粉 *Protopinus latebrosa* Bolkhovitina，1965

9. 卵形原始松柏粉 *Protoconiferus oviformis* (Qian et Wang) Song，2000

10，12，24. 圆形假云杉粉 *Pseudopicea rotundiformis* (Mal.) Bolkhovitina，1956

11. 宽肋麻黄粉 *Ephedripites* (*Ephedripites*) *opimus* (Gao et Zhao) Zhang，1999

13. 畸果原始罗汉松粉 *Protopodocarpus monstrificabilis* Bolkhovitina，1956

14. 柔软原始罗汉松粉 *Protopodocarpus mollis* Bolkhovitina，1956

15. 黄色原始松柏粉 *Protoconiferus flavus* Bolkhovitina，1956

16. 桔黄假瓦契杉粉(比较种) *Pseudowalchia* cf. *crocea* Bolkhovitina，1956

17，21. 富纳赖原始松柏粉 *Protoconiferus funarius* (Naumova) Bolkhovitina，1956

18. 梭形纵肋单沟粉 *Jugella fusiformis* Zhang et Zhan，1991

19. 未定花粉 1 Indeterminable pollen 1

20. 多变假云杉粉 *Pseudopicea variabiliformis* (Mal.) Bolkhovitina，1956

22. 隐匿原始松粉(比较种) *Protopinus* cf. *latebrosa* Bolkhovitina，1965

23. 浅黄原始松粉 *Protopinus subluteus* Bolkhovitina，1956

25. 宽沟原始松粉 *Protopinus vastus* Bolkhovitina，1956

全部图影化石均产自吐谷鲁群，其中图 6，18 产自呼图壁县东沟剖面 80-S416 号样品；图 1—4，11，19 产自 80-S422 号样品；图 7，8，13，15—17，20，23 产自和布克赛尔县达巴松凸起井区 R2010-02812 号样品；图 14 产自 R2010-03442 号样品；图 21，24，25 产自 R2006-16526 号样品；图 9 产自 R2006-16528 号样品；图 10 产自 R2006-16530 号样品；图 22 产自和布克赛尔县夏盐凸起井区 R2005-05311 号样品；图 5 产自 R2005-05312 号样品；图 12 产自 R2010-00337 号样品。

图版 57

1. 卷曲蛟河粉 *Jiaohepollis involutus* Zhao，1987

2. 多曲蛟河粉 *Jiaohepollis flexuosus* (Miao) Miao et Yu，1984

3，12. 环圈雏囊粉(比较种) *Parcisporites* cf. *annulatus* Wang,1987

4. 真蛟河粉 *Jiaohepollis verus* Li，1981

5. 蝶形蛟河粉 *Jiaohepollis scutellatus* Zhao，1987

6，7. 帽形蛟河粉 *Jiaohepollis pileiformis* Zhao，1999

8，11. 开放拟云杉粉 *Piceites expositus* Bolkhovitina，1956

9，19. 梳形假松粉 *Pseudopinus pectinella* (Mal.) Bolkhovitina，1956

10，14，18，20. 宏大假云杉粉 *Pseudopicea magnifica* Bolkhovitina，1956

13，21. 空白假松粉 *Pseudopinus cavernosa* Bolkhovitina，1956

15. 拟云杉粉(未定种) *Piceites* sp.

16. 圆形假云杉粉 *Pseudopicea rotundiformis* (Mal.) Bolkhovitina，1956

17. 亚洲拟云杉粉 *Piceites asiaticus* Bolkhovitina，1956

22. 兰德假瓦契杉粉 *Pseudowalchia landesii* Pocock，1970

全部图影化石均产自吐谷鲁群，其中图 3—7，12 产自 80-S422 号样品；图 18—20，22 产自和布克赛尔县达巴松凸起井区 R2010-02812 号样品；图 2 产自 R2010-03439 号样品；图 17 产自 R2010-03442 号样品；图 1，15 产自 R2006-16520 号样品；图 8，16 产自 R2006-16526 号样品；图 9 产自 R2006-16528 号样品；图 10 产自和布克赛尔县夏盐凸起井区 R2005-05312 号样品；图 11，13，14，21 产自沙湾县红光镇井区 R2010-00337 号样品。

图版 58

1. 两型罗汉松粉 *Podocarpidites biformis* Rouse，1957

2，6. 耳状雏囊粉(比较种) *Parcisporites* cf. *auriculatus* Song et Cao，1980

3. 蛟河粉(未定种 1) *Jiaohepollis* sp. 1

4，9. 扁平云杉粉 *Piceaepollenites complanatiformis* (Bolkh.) Xu et Zhang，1980

5. 巨大罗汉松粉 *Podocarpidites gigantea* (Zakl.) Takahashi，1971

7. 多囊粉(未定种) *Microcachryidites* sp.

8. 金黄蝶囊粉 *Platysaccus luteus* (Bolkh.) Li et Shang，1980

10. 纺锤罗汉松粉 *Podocarpidites fusiformis* Liu，1981

11. 单一罗汉松粉 *Podocaripidites unicus*(Bolkh.) Pocock，1970

12，16. 盘旋膜囊粉 *Indusiisporites convolutus*(Pocock) Li，1980

13. 蛟河粉？(未定种 1) *Jiaohepollis*? sp. 1

14，20. 微细云杉粉 *Piceaepollenites exilioides*(Bolkh.) Xu et Zhang，1980

15. 内蒙古原始罗汉松粉 *Protopodocarpus neimonggolensis* Song，2000

17. 微囊粉(未定种) *Parvisaccites* sp.

18，22. 新月罗汉松粉 *Podocaripidites lunatus*(Bolkh.) Zhang，1986

19. 罗汉松粉(未定种 2) *Podocarpidites* sp. 2

21. 展开罗汉松粉(新联合) *Podocarpidites patulus*(Bolkh.) Zhan comb. nov.

23. 厚垣罗汉松粉 *Podocarpidites paulus*(Bolkh.) Xu et Zhang，1980

24. 相同云杉粉 *Piceaepollenites omoriciformis*(Bolkh.) Xu et Zhang，1980

全部图影化石均产自吐谷鲁群，其中图 10 产自呼图壁县东沟剖面 80-S416 号样品；图 7，12，13，16，17 产自 80-S422 号样品；图 4—6，8，21，24 产自和布克赛尔县达巴松凸起井区 R2010-02812 号样品；图 11 产自 R2006-16524 号样品；图 1，19 产自 R2006-16528 号样品；图 2，3，15，22，23 产自 R2006-16530 号样品；图 14，18 产自和布克赛尔县夏盐凸起井区 R2005-05311 号样品；图 9，20 产自沙湾县红光镇井区 R2010-00336 号样品。

图版 59

1. 小四字粉 *Quadraeculina minor* (Pocock) Xu et Zhang，1980

2. 小双束松粉 *Pinuspollenites minutus* (Zakl.) Sung et Zheng，1978

3. 假杜仲粉(未定种) *Eucommiidites* sp.

4，7. 帕米尔雪松粉 *Cedripites permirus*(Bolkh.) Hua，1986

5. 分离单束松粉 *Abietineaepollenites dividuus*(Bolkh.) Song，2000

6，15. 多皱皱体双囊粉 *Rugubivesiculites rugosus* Pierce，1961

8，13. 多皱皱体双囊粉(比较种) *Rugubivesiculites* cf. *rugosus* Pierce，1961

9. 普通双束松粉 *Pinuspollenites divulgatus*(Bolkh.) Qu，1980

10，11，14. 围皱皱体双囊粉 *Rugubivesiculites fluens* Pierce，1961

12. 真边四字粉 *Quadraeculina limbata* Maljavkina，1949

16. 双束松粉(未定种) *Pinuspollenites* sp.

17. 加拿大四字粉 *Quadraeculina canadensis*(Pocock) Zhang，1978

18. 四字粉(未定种 2) *Quadraeculina* sp. 2

19. 不能鉴定的花粉 Indeterminable pollen

20. 不显四字粉 *Quadraeculina enigmata*(Couper) Xu et Zhang，1980

21，24，25. 矩形四字粉 *Quadraeculina anellaeformis* Maljavkina，1949

22. 拟小囊雪松粉(比较种) *Cedripites* cf. *microsaccoides* Song et Zheng，1981

23. 通常双束松粉 *Pinuspollenites solitus* (Bolkh.) Pu et Wu，1982

26. 小囊单束松粉 *Abietineaepollenites microalatus* (Potonie) Delcourt et Sprumont，1955

27. 雪松型雪松粉 *Cedripites deodariformis* (Zauer) Krutzsch，1971

28. 分离冷杉粉 *Abiespollenites diversus* (Bolkh.) Li，1984

29. 相同云杉粉 *Piceaepollenites omoriciformis* (Bolkh.) Xu et Zhang，1980

30. 奇异雪松粉 *Cedripites admirabilis* (Bolkhovitina) Liu，1981

31. 微细云杉粉 *Piceaepollenites exilioides* (Bolkh.) Xu et Zhang，1980

全部图影化石均产自吐谷鲁群，其中图 3，4，7，18，19，22，27 产自呼图壁县东沟剖面 80-S422 号样品；图 1，2，5，6，11，25，28，31 产自和布克赛尔县达巴松凸起井区 R2010-02812 号样品；图 21，23 产自 R2006-16520 号样品；图 13，19 产自 R2006-16528 号样品；图 9，12，14，17 产自 R2006-16530 号样品；图 10 产自 R2006-16532 号样品；图 8，15，16，20，24，26，29，30 产自和布克赛尔县夏盐凸起井区 R2005-05311 号样品。

图版 60

1. 光滑水藓孢 *Sphagnumsporites psilatus* (Ross) Couper，1958

2—5，7，8，10. 小桫椤孢 *Cyathidites minor* Couper，1953

6. 不规则小盾壳孢 *Microthyriacites irregularis* Song，Qian et Zheng，1999

9. 叉缝膜叶蕨孢 *Hymenophyllumsporites divisus* Liu，1987

11. 光明孢(未定种) *Cadargasporites* sp.

12，37. 膜环弱缝孢(未定种 1) *Aequitriradites* sp. 1

13，14. 星状三花孢 *Nevesisporites stellatus* (Chlonova) Li，1999

15—17. 维氏加蓬孢 *Gabonisporis vigourouxii* Boltenhagen，1967

18. 杯状加蓬孢 *Gabonisporis bacaricumulus* Srivastava，1972

19. 加蓬孢(未定种) *Gabonisporis* sp.

20. 棘刺孢(未定种 1) *Echinatisporis* sp.1

21，25. 美丽大穴孢(比较种) *Brochotriletes* cf. *bellus* Wang，1981

22，28. 美丽大穴孢 *Brochotriletes bellus* Wang，1981

23，31. 网面三缝孢(未定种) *Retitriletes* spp.

24. 石头网面三缝孢 *Retitriletes saxatilis* Srivastava，1972

26. 哈氏水龙骨单缝孢 *Polypodiaceaesporites haardti* (Potonie et Venitz) Potonie，1956

27. 无巢平瘤水龙骨孢 *Polypodiisporites afavus* (Krutzsch) Su et Li，1981

29. 亚三角密穴孢(比较种) *Foveotriletes* cf. *subtriangularis* Brenner，1963

30. 小无缝具网孢 *Seductisporites minor* Zhang et Zhan，1991

32. 勃郎大网孢 *Zlivisporis blanensis* Pactova，1961

33. 平网孢(未定种) *Dictyotriletes* sp.

34. 多变凹边瘤面孢(比较种) *Concavissimisporites* cf. *varius* Bai，1983

35. 新墨西哥大网孢 *Zlivisporis novamexicanum* (Anderson) Leffingwell，1971

36. 无缝具网孢(未定种) *Seductisporites* sp.

38，39. 链瘤瘤面海金沙孢 *Lygodioisporites vittiverrucosus* Zhang et Zhan，1991

40. 海金沙孢(未定种) *Lygodiumsporites* sp.

41. 膜网藻？(未定种) *Cymatiosphaera*? sp.

全部图影化石均产自紫泥泉子组下段，其中图 1，2，5，6，10—13，15，19，20，22，23，30—33，38—40 产自石河子市玛纳斯背斜井区 R2007-05830 号样品；图 21，25 产自 R2007-05831 号样品；图 4，9，16，29，36，41 产自 R2007-05832 号样品。图 3，7，8，26，27，34 产自呼图壁县莫索湾凸起井区 R2006-02488 号样品；图 14，28，35，37 产自玛纳斯县-呼图壁县吐谷鲁背斜井区 R2002-04485 号样品；图 24 产自 R2002-04497 号样品；图 17，18 产自 R2002-07174 号样品。

图版 61

1. 卵形水龙骨单缝孢 *Polypodiaceaesporites ovatus* (Wilson et Webster) Sun et Zhang，1981

2. 小球形希指蕨孢 *Shizaeoisporites microsphaericus* Yu，Guo et Mao，1983

3. 圆形希指蕨孢 *Schizaeoisporites rotundus* Song et Zheng，1981

4，9，11. 白垩希指蕨孢 *Shizaeoisporites cretacius* (Krutzsch) Potonie，1956

5，6，12. 塔里木希指蕨孢 *Schizaeoisporites tarimensis* Zhang et Zhan，1991

7. 锦致希指蕨孢 *Shizaeoisporites evidens* (Bolch.) Sung et Zhang，1976

8，43. 网形希指蕨孢 *Schizaeoisporites retiformis* Gao et Zhao，1976

10，18. 库兰德希指蕨孢 *Schizaeoisporites kulandyensis* (Bolch.) Song et Zheng，1976

13－15. 多环希指蕨孢 *Schizaeoisporites disertus* (Bolkh.) Gao et Zhao，1976

16，19，29. 瓜形希指蕨孢 *Schizaeoisporites certus* (Bolkh.) Gao et Zhao，1976

17. 希指蕨孢(未定种 1) *Schizaeoisporites* sp.1

20，27. 显著希指蕨孢 *Schizaeoisporites praeclarus* (Chlonova) Sung et Zheng，1976

21，24，28，35. 隆脊希指蕨孢 *Schizaeoisporites costalis* Gao et Zhao，1976

22. 隆脊希指蕨孢(比较种) *Schizaeoisporites* cf. *costalis* Gao et Zhao，1976

23，34. 链状希指蕨孢 *Schizaeoisporites concatenatus* Wang et Zhao，1980

25，26，30，31，39. 光型希指蕨孢 *Schizaeoisporites laevigataeformis* (Bolkh.) Gao et Zhao，1976

32，33. 规则希指蕨孢(比较种) *Schizaeoisporites* cf. *regularis* Wang et Zheng，1987

36. 规则希指蕨孢 *Schizaeoisporites regularis* Wang et Zheng，1987

37. 巨型希指蕨孢 *Schizaeoisporites grandus* Zhou，1981

38. 稀少希指蕨孢 *Shizaeoisporites rarus* Yu et Zhang，1987

40，41，45－47. 网形希指蕨孢(比较种) *Schizaeoisporites* cf. *retiformis* Gao et Zhao，1976

42. 锦致希指蕨孢(比较种) *Shizaeoisporites* cf. *evidens* (Bolch.) Sung et Zhang，1976

44，49. 平肋希指蕨孢 *Schizaeoisporites applanatus* Wang et Zhao，1980

48. 古新希指蕨孢 *Shizaeoisporites palaeocenicus* (Selling) Potonie，1956

全部图影化石均产自紫泥泉子组下段，其中图 11—13，15，23，25，26，29，31，34，37，40，41，43，46 产自石河子市玛纳斯背斜井区 R2007-05830 号样品；图 17，22，27，32，33，36，44 产自 R2007-05831 号样品；图 3，20，28，30，35，47 产自 R2007-05832 号样品；图 1，10，49 产自呼图壁县莫索湾凸起井区 R2006-02488 号样品；图 2，7，14，18，38，39，42，48 产自玛纳斯县-呼图壁县吐谷鲁背斜井区 R2002-04485 号样品；图 8，16，19，21，24 产自 R2002-04497 号样品；图 4—6，9，45 产自 R2002-07174 号样品。

图版 62

1，2，4，5. 环圈克拉梭粉 *Classopollis annulatus* (Verb.) Li，1974

3. 梅耶林克拉梭粉 *Classopollis meyeriana* (Klaus) Shang，2000

6. 克拉梭粉(未定种) *Classopollis* sp.

7，9. 拟克拉梭粉 *Classopollis classoides* (Pflug) Pocock et Jansonius，1961

8. 祁阳克拉梭粉 *Classopollis qiyangensis* Shang，1981

10. 精美克拉梭粉 *Classopollis philosophus* (Pflug) Zhang et Zhan，1991

11. 变形无口器粉 *Inaperturopollenites dubius* (Pot. Et Ven.) Thomson et Pflug，1953

12. 小皱球粉 *Psophosphaera minor* (Verb.) Song et Zheng，1981

13. 假三缝皱球粉 *Psophosphaera pseudotriletes* Yu et Han，1985

14. 隐藏孢(未定种) *Crybelosporites* sp.

15. 破隙杉粉 *Taxodiaceaepollenites hiatus* (Potonie) Kremp，1949

16，17. 保克兹杉粉 *Taxodiaceaepollenites bockwitzensis* (Krutzsch) Sung et Zheng，1978

18. 小瘤球形粉 *Spheripollenites tuberculatus* Song et Qian，1989

19—21. 颗粒球形粉 *Spheripollenitus granulatus* Song et Qian，1989

22. 平行褶苏铁粉 *Cycadopites elongatus* (Bolkh.) Zhang，1978

23. 泰州大口粉 *Megamonoporites taizhouensis* Song et Qian，1989

24. 变薄球形粉 *Spheripollenites hiluatus* Song et Qian，1989

25. 苏铁粉 *Cycadopites cycadoides* (Zakl.) Sun et Li，1981

26，30，39. 小铃微囊粉 *Parvisaccites nolus* Gao et Zhao，1976

27. 耳状雏囊粉 *Parcisporites auriculatus* Song et Cao，1980

28，29，35，41. 奥塔沟微囊粉 *Parvisaccites otagoensis* (Couper) Hua，1986

31. 小铃微囊粉(比较种) *Parvisaccites* cf. *nolus* Gao et Zhao，1976

32，33，37，38. 原始雏囊粉 *Parcisporites parvisaccus* Song et Zheng，1981

34. 美丽雏囊粉(比较种) *Parcispporites* cf. *bellus* Zhang et Zhan，1991

36. 环圈雏囊粉(比较种) *Parcisporites* cf. *annulatus* Wang，1987

40. 开口雏囊粉 *Parcisporites apertus* Zhang et Zhan，1991

42. 南岭麻黄粉 *Ephedripites* (*D.*) *nanlingensis* Sun et He，1980

43，45. 康氏巴尔姆孢(比较种) *Balmeisporites* cf. *kondinskayae* Srivastava et Binda，1973

44. 巴尔姆孢(未定种) *Balmeisporites* sp.

46. 萨尔图巴尔姆孢 *Balmeisporites saertuensis* Zhao，1999

47. 巴尔姆孢？(未定种) *Balmeisporites*? sp.

全部图影化石均产自紫泥泉子组下段，其中图 2—4，9，12，14，18—20，23，26，31，32，43，47 产自石河子市玛纳斯背斜井区 R2007-05830 号样品；图 5，11，16，17，21 产自 R2007-05831 号样品；图 8，13，22，24，28 产自 R2007-05832 号样品；图 15，25，27，29，30，33—36，38，39，41，42，44，46 产自呼图壁县莫索湾凸起井区 R2006-02488 号样品；图 1，6，7，10，37，40，45 产自玛纳斯县-呼图壁县吐谷鲁背斜井区 R2002-04485 号样品。

图版 63

1. 奥塔沟微囊粉 *Parvisaccites otagoensis*(Couper) Hua，1986

2. 小铃微囊粉(比较种)*Parvisaccites* cf. *nolus* Gao et Zhao，1976

3，6. 扁体双束松粉 *Pinuspollenites taedaeformis*(Zakl.) Ke et Shi，1978

4. 肾囊单束松粉(比较种)*Abietinaepollenites* cf. *renisaccus* Sung et Tsao，1976

5. 竹柏型罗汉松粉 *Podocarpidites nageiaformis*(Zakl.) Krutzsch，1971

7，8. 假枞形双束松粉(比较种)*Pinuspollenites* cf. *pseudopeuceformis* Zhang，1999

9. 小型双束松粉 *Pinuspollenites labdacus minor*(Potonie) Potonie，1958

10，25. 标准双束松粉 *Pinuspollenites insignis*(Naumova) Zhu，1985

11. 小双束松粉 *Pinuspollenites minutus*(Zakl.) Sung et Zheng，1978

12，17，20. 围皱皱体双囊粉 *Rugubivesiculites fluens* Pierce，1961

13，16. 微小雪松粉 *Cedripites minutulus*(Chlonova) Krutzsch，1971

14，19，24. 多皱皱体双囊粉 *Rugubivesiculites rugosus* Pierce，1961

15. 大囊型双束松粉 *Pinuspollenites longifoliaformis*(Zakl.) Xi Ping，1985

18. 减弱皱体双囊粉 *Rugubivesiculites reductus* Pierce，1962

21. 微张雪松粉 *Cedripites diversus* Ke et Shi，1978

22. 卵形雪松粉 *Cedripites ovatus* Ke et Shi，1978

23. 微囊粉？(未定种)*Parvisaccites*？ sp.

26. 油杉粉(未定种 1)*Keteleeriaepollenites* sp. 1

27. 雪松粉(未定种 3)*Cedripites* sp. 3

28. 西伯利亚冷杉粉 *Abiespollenites sibiriciformis*(Zakl.) Krutzsch，1971

29. 变异油杉粉 *Keteleeriaepollenites dubius*(Chlonova) Li，1985

30. 小型油杉粉 *Keteleeriaepollenites minor*(Sung et Tsao) Song et Zhong，1984

31. 铁坚型油杉粉 *Keteleeriaepollenites davidianaeformis*(Zakl.) Song et Zhong，1984

全部图影化石均产自紫泥泉子组下段，其中图 1，3，10，14，18 产自石河子市玛纳斯背斜井区 R2007-05830 号样品；图 24 产自 R2007-05831 号样品；图 11，20 产自 R2007-05832 号样品；图 2，4—9，13，16，17，19，21—23，25，26，28—31 产自呼图壁县莫索湾凸起井区 R2006-02488 号样品；图 12，27 产自玛纳斯县-呼图壁县吐谷鲁背斜井区 R2002-04497 号样品；图 15 产自 R2002-07174 号样品。

图版 64

1. 短沟三沟粉 *Tricolpopollenites brevicolpatus* (Yu et Han) Wang，1999

2. 莱茵苗榆粉 *Ostryoipollenites rhenanus*(Thoms.) Potonie，1951

3. 小首黄杞粉 *Engelhardtioidites microcoryphaeus*(Potonie) Potonie，Thomson et Thiergart，1950 ex Potonie，1960

4. 显环桦粉 *Betulaceoipollenites prominens*(Pflug) Ke et Shi，1978

5，17. 胡颓子粉(未定种)*Elaeangnacites* sp.

6. 柔弱槭粉 *Aceripollenites tener* (Samoil.) Song，1989

7. 细条纹槭粉 *Aceripollenites microstriatus* (Sung et Lee) Song，1985

8. 开裂柳粉 *Salixipollenites hians* (Elsik) Sun et He，1980

9. 扇裂三沟粉 *Tricolpopollenites flabellilobatus* M. R. Sun，1989

10. 粗糙无患子粉 *Sapindaceidites asper* Wang ex Sun et Zhang，1979

11. 三孔沟粉(未定种 1) *Tricolporopollenites* sp. 1

12，16，18. 三孔沟粉(未定种) *Tricolporopollenites* spp.

13. 细条纹槭粉(比较种) *Aceripollenites* cf. *microstriatus* (Sung et Lee) Song，1985

14. 多沟粉(未定种 1) *Polycolpites* sp. 1

15，24. 白城华丽粉 *Callistopollenites baichengensis* (Gao et Zhao) Song，1999

19，20. 矮江汉粉 *Jianghanpollis humilis* Zhou et Xu，1987

21. 江汉粉(未定种 1) *Jianghanpollis* sp. 1

22. 山矾粉(未定种) *Symplocoipollenites* sp.

23. 膨孔华丽粉 *Callistopollenites tumidoporus* Srivastava，1969

25. 膨胀孔华丽粉(比较种) *Callistopollenites* cf. *tumidoporus* Srivastava，1972

26，27. 华丽粉(未定种 1) *Callistopollenites* sp. 1

28. 黑三棱粉 *Sparganiaceaepollenites sparganioides* (Meyer) Krutzsch，1970

29. 细网拟百合粉 *Liliacidites microreticulatus* Zhou，1981

30. 白垩拟百合粉 *Liliacidites creticus* N. Mtchedlishvili，1961

31，32. 卵形网面三沟粉 *Retitricolpites ovatus* Song et Zhu，1985

33. 未定花粉 1 Indeterminable pollen 1

34. 开口江汉粉 *Jianghanpollis ringens* Wang et Zhao，1979

35. 小江汉粉 *Jianghanpollis mikros* Wang et Zhao，1979

36. 网面三沟粉(未定种) *Retitricolpites* sp.

37. 布里安江汉粉 *Jianghanpollis bulleyanaformis* Wang，1999

38. 腰带刺参粉 *Morinoipollenites cinctus* Zhou，1992

39. 沙洋江汉粉 *Jianghanpollis sayangensis* Wang et Zhao，1979

40，42a，42b. 准噶尔鹰粉 *Aquilapollenites junggarensis* Zhan，2007

41. 小眼子菜粉 *Potamogetonacidites minor* Sun et Wang，1990

43. 渐狭鹰粉 *Aquilapollenites attenuatus* Funkhouser，1961

44，45. 不规则小盾壳孢(比较种) *Microthyriacites* cf. *irregularis* Song，Qian et Zheng，1999

46. 巨型木兰粉 *Magnolipollis maximus* Zhou，1981

全部图影化石均产自紫泥泉子组下段，其中图 8，14，17，21，23，24，26，32，33，36，41，44—46 产自石河子市玛纳斯背斜井区 R2007-05830 号样品；图 5，10，13，30，38 产自 R2007-05831 号样品；图 25，27 产自 R2007-05832 号样品；图 1—3，6，7，9，11，19，20，28，31，34，35，37，39，40，42a，42b，43 产自呼图壁县莫索湾凸起井区 R2006-02488 号样品；图 4，12，15，16，18，22，29 产自玛纳斯县-呼图壁县吐谷鲁背斜井区 R2002-04485 号样品。

图版 65

1. 小具环水龙骨孢 *Polypodiaceoisporites minor* Kedves，1961

2—5. 墨尔藻(未定种 1) *Muiradinium* sp. 1

6. 膜网藻(未定种) *Cymatiosphaera* sp.

7. 柔弱褶边孢 *Plicifera delicata* (Bolkhovitina) Bolkhovitina，1966

8—10. 小桫椤孢 *Cyathidites minor* Couper，1953

11. 长毛先多甲藻 *Phthanoperidinium comatum* (Morgenroth) Eisenack et Kjellström，1972

12. 密穴孢(未定种) *Foveotriletes* sp.

13. 南方桫椤孢 *Cyathidites australis* Couper，1953

14—16. 美丽大穴孢 *Brochotriletes bellus* Wang，1981

17. 美丽桫椤孢(新种) *Cyathidites bellus* Zhan sp. nov.17(模式标本)

18，36. 新叉瘤孢(未定种) *Neoraistrickia* sp.

19. 相对角刺孢(比较种) *Ceratosporites* cf. *egualis* Cookson et Dettmann，1958

20，31. 哈氏水龙骨单缝孢 *Polypodiaceaesporites haardti* (Potonie et Ventz) Potonie，1956

21. 透明光面球藻 *Leiosphaeridia hyalina* (Deflandre) Downie，1963

22，25. 整洁厚壁球藻 *Crassosphaera concinna* Cookson et Manum，1960

23. 洋溪瘤面海金沙孢(比较种) *Lygodioisporites* cf. *yangxiensis* Zhang，1987

24，27. 新第三纪石松孢(比较种) *Lycopodiumsporites* cf. *neogenicus* (Krutzsch) Ke et Shi，1978

26. 美丽瘤面海金沙孢(比较种) *Lygodioisporites* cf. *bellulus* Ke et Shi，1978

28. 东营加蓬孢 *Gabonisporis dongyingensis* Ke et Shi，1978

29，30. 维氏加蓬孢 *Gabonisporis vigourouxii* Boltenhagen，1967

32—34. 蔡兹具唇孢 *Toroisporis* (*D.*) *zeitzensis* Krutzsch，1959

35，43. 南海粗网孢 *Crassoretitriletes nanhaiensis* Zhang et Li，1981

37，38，42. 假巨型海金沙孢 *Lygodiumsporites pseudomaximus* (Thomson et Pflug) Sung et Zheng，1978

39，41. 雷州粗网孢 *Crassoretitriletes leizhouensis* Li，1999

40. 粗肋孢(未定种) *Magnastriatites* sp.

44. 亚三角密穴孢 *Foveotriletes subtriangularis* Brenner，1963

45. 鲁道夫孢(未定种) *Rudolphisporis* sp.

全部图影化石均产自安集海河组，其中图 29，30 产自乌苏县北阿尔钦沟 10-A-8 号样品；图 8，9 产自 10-A-9 号样品；图 1，7，17，20 产自 10-A-11 号样品；图 21 产自 10-A-12 号样品；图 11 产自 14AR-72GB 号样品；图 2—5 产自昌吉市昌吉河西剖面 15CJHX-27GB 号样品；图 28 产自 15CJHX-177GB 号样品；图 32，37，39 产自玛纳斯县-呼图壁县吐谷鲁背斜井区 R2002-07145 号样品；图 14，36 产自 R2002-07147 号样品；图 10 产自 R2002-07148 号样品；图 15，38 产自 R2002-07149 号样品；图 13，23—26，40 产自 R2002-01855 号样品；图 19，22，45 产自 R2002-01858 号样品；图 12，18 产自 R2002-01859 号样品；图 33—35 产自 R2002-01861 号样品；图 16，27，31，41，43，44 产自 R2002-01863 号样品；图 6，42 产自 R2002-01866 号样品。

图版 66

1. 变形无口器粉 *Inaperturopollenites dubius* (Potonie et Venitz) Thomson et Pflug，1953

2—5. 破隙杉粉 *Taxodiaceaepollenites hiatus* (Potonie) Kremp，1949

6—8. 保克兹杉粉 *Taxodiaceaepollenites bockwitzensis* (Krutzsch) Sung et Zheng，1978

9. 小皱球粉 *Psophosphaera minor* (Verb.) Song et Zheng，1981

10，12. 抚顺麻黄粉 *Ephedripites* (*D.*) *fushunensis* Sung et Tsao，1980

11. 近圆麻黄粉(比较种) *Ephedripites* (*D.*) cf. *subrotundus* Zhu et Wu，1985

13，14，17. 新城麻黄粉 *Ephedripites* (*D.*) *xinchengensis* Sun et He，1980

15. 带状麻黄粉 *Ephedripites* (*E.*) *lanceolatus* Zhu et Wu，1985

16，28，50. 南岭麻黄粉 *Ephedripites* (*D.*) *nanlingensis* Sun et He，1980

18. 椭圆麻黄粉 *Ephedripites* (*D.*) *oblongatus* Ke et Shi，1978

19，21. 契干麻黄粉 *Ephedripites* (*D.*) *cheganicus* (Shakh.) Ke et Shi，1978

20. 多裂麻黄粉 *Ephedripites* (*D.*) *multipartitus* (Chlonova) Gao et Zhao，1976

22，26. 长形麻黄粉 *Ephedripites* (*D.*) *longiformis* Sun et He，1980

23，24，27，36，37. 大梭形麻黄粉 *Ephedripites* (*D.*) *megafusiformis* Ke et Shi，1978

25. 付梭形麻黄粉 *Ephedripites* (*D.*) *parafusiformis* Zhu et Wu，1985

29，35，38，47～49. 始新麻黄粉 *Ephedripites* (*D.*) *eocenipites* (Wodehouse) Krutzsch，1961

30. 球形斯梯夫粉 *Steevesipollenites globosus* Sun et He，1980

31. 玛纳斯麻黄粉(新亚属，新种) *Ephedripites* (*Bellus*) *manasiensis* Zhan subgen. & sp. nov.31(模式标本)

32. 肥胖麻黄粉 *Ephedripites* (*D.*) *obesus* Ke et Shi，1978

33. 大型三肋麻黄粉 *Ephedripites* (*D.*) *megatrinatus* Zhang et Zhan，1991

34，39. 第三纪麻黄粉 *Ephedripites* (*D.*) *tertiarius* Krutzsch，1970

40. 麻黄粉(未定种 1) *Ephedripites* (*D.*) sp. 1

41. 诺特麻黄粉 *Ephedripites* (*E.*) *notensis* (Cookson) Krutzsch，1961

42. 准噶尔麻黄粉(新亚属，新种) *Ephedripites* (*Bellus*) *junggarensis* Zhan subgen. et sp. nov.42(模式标本)

43. 普通斯梯夫粉 *Steevesipollenites communis* Zhang et Zhan，1991

44. 伸长斯梯夫粉(比较种) *Steevesipollenites* cf. *elongatus* Zhang et Zhan，1991

45. 库车斯梯夫粉 *Steevesipollenites kuqaensis* Zhang et Zhan，1991

46. 光亮麻黄粉 *Ephedripites* (*D.*) *claricristatus* (Shakh.) Krutzsch，1970

51. 波形麻黄粉 *Ephedripites* (*D.*) *undulosus* Ke et Shi，1978

52. 梭形斯梯夫粉 *Steevesipollenites fusiformis* Zhang et Zhan，1991

53. 规则麻黄粉 *Ephedripites* (*E.*) *regularis* Hoeken-Klinkenberg，1964

全部图影化石均产自安集海河组，其中图 42 产自乌苏县北阿尔钦沟 10-A-9 号样品；图 2，6，7，11，22，23，27，43，45 产自 10-A-11 号样品；图 24 产自 10-A-13 号样品。图 33 产自昌吉市昌吉河西剖面 15CJHX-99GB 号样品；图 16，18 产自 15CJHX-119GB 号样品；图 14，15，20，47 产自玛纳斯县-呼图壁县吐谷鲁背斜井区 R2002-07145 号样品；图 17，19，26，41，44 产自 R2002-07147 号样品；图 10 产自 R2002-07148 号样品；图 9，13，25，29，30，38，48 产自 R2002-07149 号样品；图 36，37 产自 R2002-07152 号样品；图 1，3，4，8，12，32，39，40，49，53 产自 R2002-01855 号样品；图 28，

50 产自 R2002-01858 号样品；图 21，31，34，35，46，51 产自 R2002-01859 号样品；图 5，52 产自 R2002-01863 号样品。

图版 67

1. 尖顶山罗汉松粉 *Podocarpidites jiandingshanensis* Wu，1985

2. 安定型罗汉松粉 *Podocarpidites andiniformis* (Zakl.) Takahashi，1964

3. 松瘤罗汉松粉 *Podocarpidites piniverrucatus* Krutzsch，1971

4，8，10，13，15，23. 具缘铁杉粉 *Tsugaepollenites igniculus* Potonie et Venitz，1934

5. 开口雏囊粉 *Parcisporites apertus* Zhang et Zhan，1991

6. 开口雏囊粉(比较种) *Parcisporites* cf. *apertus* Zhang et Zhan，1991

7. 微小铁杉粉 *Tsugaepollenites minimus* (Krutzsch) Ke et Shi，1978

9，12，21. 中生铁杉粉 *Tsugaepollenites mesozoicus* Couper，1958

11. 无缘铁杉粉 *Tsugaepollenites viridifluminipites* (Wodehouse) Potonie，1958

14，16，19，22. 稀刺铁杉粉 *Tsugaepollenites spinulosus* (Krutzsch) Ke et Shi，1978

17. 无环铁杉粉 *Tsugaepollenites azonalis* (Krutzsch) Li，1985

18. 弓背双束松粉 *Pinuspollenites banksianaeformis* (Zakl.) Ke et Shi，1978

20. 双束松粉(未定种 3) *Pinuspollenites* sp. 3

24. 密刺铁杉粉 *Tsugaepollenites multispinus* (Krutzsch) Sun et Deng，1980

全部图影化石均产自安集海河组，其中图 6 产自玛纳斯县-呼图壁县吐谷鲁背斜井区 R2002-07145 号样品；图 5 产自 R2002-07148 号样品；图 3，4，7—24 产自 R2002-01855 号样品；图 1 产自 R2002-01858 号样品；图 2 产自 R2002-01859 号样品。

图版 68

1. 无形三沟粉 *Tricolpopollenites liblarensis* Thomson et Pflug，1953

2. 小型唇形三沟粉 *Labitricolpites minor* Ke et Shi，1978

3，16. 狭窄唇形三沟粉 *Labitricolpites stenosus* Ke et Shi，1978

4，5. 细粒唇形三沟粉 *Labitricolpites microgranulatus* Ke et Shi，1978

6. 白垩拟百合粉 *Liliacidites creticus* N. Mtchedlishvili，1961

7. 细网拟百合粉 *Liliacidites microreticulatus* Zhou，1981

8. 亨氏栎粉 *Quercoidites henrici* (Potonie) Potonie，Thomson et Thiergart，1950

9. 长形唇形三沟粉 *Labitricolpites longus* Song，1989

10，18. 厚壁唇形三沟粉 *Labitricolpites pachydermus* Song et Wang，1999

11. 卵形唇形三沟粉 *Labitricolpites oviformis* M. R. Sun et Wang，1990

12. 条纹槭粉 *Aceripollenites striatus* (Pflug) Thiele-Pfeiffer，1980

13. 拟百合粉(未定种) *Liliacidites* sp.

14. 粗糙唇形三沟粉 *Labitricolpites scabiosus* Ke et Shi，1978

15，19. 厚壁唇形三沟粉(比较种) *Labitricolpites* cf. *pachydermus* Song et Wang，1999

17. 小标准双束松粉 *Pinuspollenites microinsignis* (Krutzsch) Song et Zhong，1984

20. 球形栎粉 *Quercoidites orbicularis* Wang，1985
21. 细网扁三沟粉 *Tricolpites microreticulatus* Song et Zhu，1985
22. 茫崖双束松粉 *Pinuspollenites mangnaiensis* Zhu，1985
23. 厚壁双束松粉（比较种）*Pinuspollenites* cf. *pachydermus* Ke et Shi，1978
24. 小型双束松粉 *Pinuspollenites labdacus minor*（Potonie）Potonie，1958
25，26. 扁体双束松粉 *Pinuspollenites taedaeformis*（Zakl.）Ke et Shi，1978
27. 小囊双束松粉 *Pinuspollenites parvisaccatus* Zhang et Zhan，1991
28. 厚壁雪松粉 *Cedripites pachydermus*（Zauer）Krutzsch，1971
29. 小囊单束松粉 *Abietineaepollenites microalatus*（Potonie）Dercourt et Sprumont，1955
30. 雪松型雪松粉 *Cedripites deodariformis*（Zauer）Krutzsch，1971
31. 皱状拟百合粉 *Liliacidites rugosus* Zhou，1981
32. 南洋杉型拟落叶松粉 *Laricoidites araucarites* Song et Zheng，1981
33. 标准双束松粉 *Pinuspollenites insignis*（Naumova）Zhu，1985
34. 双束松粉（未定种 4）*Pinuspollenites* sp. 4
35. 宽圆云杉粉 *Piceapollis tobolicus*（Panova）Krutzsch，1971
36. 梭形木兰粉 *Magnolipollis fusiformis* Ke et Shi，1978
37. 不等拟百合粉（比较种）*Liliacidites* cf. *inaequalis* Singh，1971
38. 大拟落叶松粉 *Laricoidites magnus*（Potonie）Potonie，Thomson et Thiergart，1950 ex Potonie，1958
39. 伸长木兰粉 *Magnolipollis elongates* Ke et Shi，1978

全部图影化石均产自安集海河组，其中图 28 产自乌苏县北阿尔钦沟 10-A-10 号样品；图 1—4，6，7，9，10，17，22，31 产自 10-A-11 号样品；图 18 产自 10-A-13 号样品；图 12，14，16 产自玛纳斯县-呼图壁县吐谷鲁背斜井区 R2002-07145 号样品；图 13，15 产自 R2002-07147 号样品；图 19 产自 R2002-07149 号样品；图 35 产自 R2002-07152 号样品；图 32 产自 R2002-01854 号样品；图 8，11，20，21，23，25，30，33，34 产自 R2002-01855 号样品；图 24，27，29，36，37，39 产自 R2002-01858 号样品；图 5，26，38 产自 R2002-01859 号样品。

图版 69

1. 锦致青海粉（比较种）*Qinghaipollis* cf. *elegans* Zhu，1999
2. 小眼子菜粉 *Potamogetonacidites minor* Sun et Wang，1990
3－5. 新近纪黑三棱粉 *Sparganiaceaepollenites neogenicus* Krutzsch，1970
6. 瘤状刺三孔沟粉 *Echitricolporites verrucosus* Song et Zhu，1985
7. 小椴粉 *Tiliaepollenites indubitabilis*（Potonie）Potonie，1960
8. 粗网面三沟粉 *Retitricolpites crassireticulatus* Ke et Shi，1978
9. 网纹四沟粉 *Tetracolpites reticulatus* Srivastava，1966
10，55. 粗糙无患子粉 *Sapindaceidites asper* Wang ex Sun et Zhang，1979
11. 内刺忍冬粉（比较种）*Lonicerapollis* cf. *interospinosus* Zhou，1981
12. 中华木犀粉 *Oleoidearumpollenites chinensis* Nagy，1969
13，14. 女贞型木犀粉 *Oleoidearumpollenites ligustiformis* Song et Zhu，1985

15. 薄极忍冬粉 *Lonicerapollis tenuipolaris* Ke et Shi，1978

16. 木犀粉(未定种) *Oleoidearumpollenites* sp.

17，24，25，28，29，40，42. 阿尔金坡氏粉 *Pokrovskaja altunshanensis* (Zhu et Xi Ping) Zhu，1999

18，21，22，26，27，60. 椭圆坡氏粉 *Pokrovskaja elliptica* (Zhu et Xi Ping) Zhu，1999

19. 原始坡氏粉 *Pokrovskaja originalis* Boitzova，1979

20. 坡氏粉(未定种 1) *Pokrovskaja* sp.1

23. 抚顺山萝卜粉 *Scabiosapollis fushunensis* Song et Cao，1980

30，43. 圆形楝粉 *Meliaceoidites rotundus* Ke et Shi，1978

31. 椭圆网面三沟粉 *Retitricolpites ellipticus* Li，Sung et Li，1978

32，39，59. 南海条纹孔沟粉 *Striacolporites nanhaiensis* (Song，Li et Zhong) Song，1999

33. 大型楝粉 *Meliaceoidites magnus* Song et Liu，1982

34. 菱孔楝粉 *Meliaceoidites rhomboiporus* Wang，1980

35. 细网大戟粉 *Euphorbiacites microreticulatus* Li，Sung et Li，1978

36，41. 坡氏粉(未定种) *Pokrovskaja* spp.

37. 三垛坡氏粉 *Pokrovskaja sanduoensis* (Wang) Zhu，1999

38. 内棒忍冬粉 *Lonicerapollis intrabaculus* Song et Zheng，1980

44. 瓦克斯道夫伏平粉 *Fupingopollenites wackersdorfensis* (Thiele-Pfeiffer) Liu，1985

45，47. 拟二缝忍冬粉 *Lonicerapollis triletus* Zheng，1985

46. 粒纹忍冬粉 *Lonicerapollis granulatus* Ke et Shi，1978

48. 长沟塔里西粉 *Talisiipites longicolpus* (Ke et Shi) Song，Li et Zhong，1986

49. 四口无患子粉 *Sapidaceidites tetrorisus* Zhou，1981

50. 山毛榉粉(未定种) *Faquspollenites* sp.

51. 大戟粉(未定种) *Euphorbiacites* sp.

52. 江汉粉(未定种 2) *Jianghanpollis* sp. 2

53. 鸡爪勒粉(未定种) *Randiapollis* sp.

54. 辽宁无患子粉 *Sapindaceidites liaoningensis* Ke et Shi，1978

56. 大黄锦带粉 *Diervillapollenites major* (Zhou) Zheng，1999

57. 尕斯库勒芸香粉 *Rutaceoipollenites gasikulehuensis* Zhu，1985

58. 三孔沟粉(未定种) *Tricolporopollenites* sp.

61. 内刺忍冬粉 *Lonicerapollis interospinosus* Zhou，1981

全部图影化石均产自安集海河组，其中图 9 产自乌苏县北阿尔钦沟 10-A-10 号样品；图 1—3，5—8，11，13，14，44 产自 10-A-11 号样品；图 47，52 产自 10-A-12 号样品；图 4 产自 10-A-13 号样品；图 55 产自 10-A-14 号样品；图 48 产自昌吉市昌吉河西剖面 15CJHX-99GB 号样品；图 53 产自 15CJHX-100GB 号样品；图 50 产自 15CJHX-128GB 号样品；图 49 产自 15CJHX-159GB 号样品；图 12，51，56 产自 15CJHX-187GB 号样品；图 31 产自玛纳斯县-呼图壁县吐谷鲁背斜井区 R2002-07145 号样品；图 20，33，34，37，61 产自 R2002-07147 号样品；图 10，21 产自 R2002-07148 号样品；图 18，19，26 产自 R2002-07149 号样品；图 40 产自 R2002-07151 号样品；图 16，17，22—25，27—30，32，35，39，42，43，45，46，51，57—60 产自 R2002-01855 号样品；图 36 产自 R2002-01858 号样品；图 38 产自 R2002-01859 号样品；图 41 产自 R2002-01861 号样品；图 15，54 产自 R2002-01863 号样品。

图版 70

1，21. 无患子粉？（未定种）*Sapindaceidites*? sp.

2，3. 新近纪脊榆粉 *Ulmoideipites neogenicus* Guan，1989

4. 坡氏粉（未定种）*Pokrovskaja* sp.

5. 菱孔楝粉 *Meliaceoidites rhomboiporus* Wang，1980

6，62. 细网大戟粉 *Euphorbiacites microreticulatus* Li，Sung et Li，1978

7. 三角柳叶菜粉 *Corsinipollenites triangulus*（Zakl.）Ke et Shi，1978

8，18. 克氏脊榆粉 *Ulmoideipites krempii* Anderson，1960

9，11，12. 波形榆粉 *Ulmipollenites undulosus* Wolff，1934

10. 波氏榉粉 *Zelkovaepollenites potonie* Nagy，1969

13. 极环山核桃粉（比较种）*Caryapollenites* cf. *polarannulus* M. R. Sun，1989

14. 拟丁香柳叶菜粉 *Corsinipollenites lundwigioides* Krutzsch，1968

15，16. 拟榛莫米粉 *Momipites coryloides* Wodehouse，1933

17. 极环山核桃粉 *Caryapollenites polarannulus* M. R. Sun，1989

19. 真桤木粉（比较种）*Alnipollenites* cf. *verus*（Potonie）Potonie，1960

20. 薄极忍冬粉 *Lonicerapollis tenuipolaris* Ke et Shi，1978

22，23，30，33，41. 真胡桃粉 *Juglanspollenites verus* Raatz，1939

24，40. 四孔枥粉 *Carpinipites tetraporus* Sun et Wang，1990

25，29，34. 光山核桃粉 *Caryapollenites simplex*（Potonie）Raatz，1937

26. 粒三沟粉（未定种）*Gemmatricolpites* sp.

27，32，39. 四孔胡桃粉 *Juglanspollenites tetraporus* Sung et Tsao，1980

28. 狭链莫米粉 *Momipites angustitorquatus*（Simpson）Zheng，1999

31. 山核桃粉（未定种 1）*Caryapollenites* sp. 1

35. 稀孔藜粉 *Chenopodipollis oligoporus* Song et Zhu，1985

36. 小朴粉 *Celtispollenites minor* Ke et Shi，1978

37，49. 点状繁孔粉 *Multiporopollenites punctatus* Ke et Shi，1978

38. 圆形枥粉 *Carpinipites orbicularis*（Potonie）Sung et Zheng，1978

42. 具环枫杨粉 *Pterocaryapollenites annulatus* Song，1985

43. 椴粉（未定种）*Tiliaepollenites* sp.

44，46，47，54，56，57. 曼结斯枫香粉 *Liquidambarpollenites mangelsdorformis*（Traverse）Sun et Li，1981

45. 小拟锦葵粉 *Malvacipollis minor*（Song et Zhong）Zheng，1999

48，51，52. 东营朴粉 *Celtispollenites dongyingensis* Ke et Shi，1978

50. 斑点繁孔粉 *Multiporopollenites maculosus*（Potonie）Pflug et Thomson，1953

53. 厚壁枫香粉 *Liquidambarpollenites pachydermus* Ke et Shi，1978

55，59. 满点枫香粉 *Liquidambarpollenites stigmosus*（Potonie）Raatz，1938

58. 蓬松三沟粉（比较种）*Tricolpopollenites* cf. *lasius*（Potonie）Zhou，1981

60. 尕斯库勒芸香粉 *Rutaceoipollenites gasikulehuensis* Zhu，1985

61. 条纹孔沟粉（未定种 1）*Striacolporites* sp. 1

63. 网纹大戟粉 *Euphorbiacites reticulatus* Li，Sung et Li，1978

64. 紧密老鹳草粉 *Geraniapollis compactilis* Song et Zhu，1985

全部图影化石均产自安集海河组，其中图 57 产自乌苏县北阿尔钦沟 10-A-8 号样品；图 9 产自 10-A-10 号样品；图 1—4，8—13，15—26，28，29，35—37，44，46—49，52，53，56，58，61 产自 10-A-11 号样品；图 51 产自 10-A-12 号样品；图 42 产自昌吉市昌吉河西剖面 15CJHX-119GB 号样品；图 55 产自 15CJHX-135GB 号样品；图 59 产自 15CJHX-166GB 号样品；图 43，64 产自 15CJHX-187GB 号样品。图 7 产自玛纳斯县-呼图壁县吐谷鲁背斜井区 R2002-07145 号样品；图 45，54 产自 R2002-07149 号样品；图 27 产自 R2002-07154 号样品；图 30—34，38—41，50，62 产自 R2002-01855 号样品；图 5，60 产自 R2002-01858 号样品；图 6，63 产自 R2002-01859 号样品；图 14 产自 R2002-01861 号样品。

图版 71

1. 小孔藜粉 *Chenopodipollis microporatus*（Nakoman）Liu，1981

2. 繁孔藜粉 *Chenopodipollis multiporatus*（Pflug et Thomson）Zhou,1981

3～5. 小石竹粉 *Caryophyllidites minutus* Song et Zhu，1985

6. 纤细拟菊苣粉 *Cichorieacidites gracilis*（Nagy）Zheng，1985

7. 圆形胡颓子粉 *Elaeangnacites rotundus* Song et Zhu，1985

8. 木犀粉（未定种）*Oleoidearumpollenites* sp.

9. 不规则三角孢 *Deltoidospora irregularis*（Pflug）Sung et Tsao，1976

10. 原始坡氏粉 *Pokrovskaja originalis* Boitzova，1979

11. 契干麻黄粉 *Ephedripites*（*D.*）*cheganicus*（Shakhmundes）Ke et Shi，1978

12，13. 布朗葡萄藻 *Botryococcus braunii* Kutzing，1849

14. 长形麻黄粉 *Ephedripites*（*D.*）*longiformis* Sun et He，1980

15，16. 苏利卡禾本粉 *Graminidites soellichanensis* Krutzsch，1970

17. 梭形麻黄粉 *Ephedripites*（*D.*）*fusiormis*（Shakhmundes）Krutzsch，1970

18. 双重双束松粉（比较种）*Pinuspollenites* cf. *diplopondoides*（Ting）Ke et Shi，1978

19. 扁体双束松粉 *Pinuspollenites taedaeformis*（Zakl.）Ke et Shi，1978

20. 巨大双束松粉（比较种）*Pinuspollenites* cf. *giganteus*（Ananova）Zhu，1985

21. 伸长冷杉粉 *Abiespollenites elongates*（Sun et Deng）Zhang，1999

22. 厚壁雪松粉 *Cedripites pachydermus*（Zauer）Krutzsch，1971

23. 变异油杉粉 *Keteleeriaepollenites dubius*（Chlonova）Li，1985

24. 冷杉粉（未定种）*Abiespollenites* sp.

25. 耳状单束松粉（比较种）*Abietineaepollenites* cf. *auriformis* Zhang et Zhan，1991

26. 双束松粉（未定种）*Pinuspollenites* sp.

27. 大拟落叶松粉 *Laricoidites magnus*（Potonie）Potonie，Thomson et Thiergar，1950 ex Potonie，1958

28. 尖顶山冷杉粉 *Abiespollenites jiandingshanensis* Zhu，1985

29. 铁坚杉型油杉粉 *Keteleeriaepollenites davidianaeformis*（Zakl.）Song et Zhong，1984

30. 微张雪松粉 *Cedripites diversus* Ke et Shi，1978

全部图影化石均产自沙湾组，其中图 9，10，12，13，18—30 产自玛纳斯县玛河西剖面 14MHX-15GB 号样品；图 1—8，11，14—17，31 产自沙湾县霍尔果斯剖面 14H-16GB 号样品。

图版 72

1. 多粒圆形块瘤孢 *Verrucosisporites granatus* (Bolkhovitina) Gao et Zhao，1976
2. 小桫椤孢 *Cyathidites minor* Couper，1953
3. 金粉蕨型金粉蕨孢 *Onychiumsporites onychiumformis* Hu，1985
4. 轮环繁瘤孢 *Multinodisporites whorlizonatus* Song，Li et Zhong，1986
5. 疏刺棘刺单缝孢 *Echinosporis laxaspinosus* Song et G. W. Liu，1982
6. 新近纪石松孢(比较种) *Lycopodiumsporites* cf. *neogenicus* (Krutzsch) Ke et Shi，1978
7. 尖顶山棘刺单缝孢(比较种) *Echinosporis* cf. *jiandingshanensis* Zhang，1985

8，10. 卵形水龙骨单缝孢 *Polypodiaceaesporites ovatus* (Wilson et Webster) Sun et Zhang，1981

9. 精致平瘤水龙骨孢 *Polypodiisporites elegans* Song et Zhong，1984
11. 穴面细穴单缝孢 *Microfoveolatosporis foveolatus* Song，Li et Zhong，1986
12. 柴达木棘刺单缝孢 *Echinosporis qaidamensis* Zhang，1985
13. 光型希指蕨孢 *Schizaeoisporites laevigataeformis* (Bolkh.) Gao et Zhao，1976

14，16，20，24，25，31. 具缘铁杉粉 *Tsugaepollenites igniculus* Potonie et Venitz，1934

15，17，22，28，29. 密刺铁杉粉 *Tsugaepollenites multispinus* Su et Deng，1980

18，33，34. 密刺铁杉粉(比较种) *Tsugaepollenites* cf. *multispinus* Su et Deng，1980

19. 无缘铁杉粉 *Tsugaepollenites viridifluminipites* (Wodehouse) Potonie，1958

21，26，27. 中生铁杉粉 *Tsugaepollenites mesozoicus* Couper，1958

23. 小囊单束松粉 *Abietineaepollenites microalatus* (Potonie) Delcourt et Sprumont，1955

30. 稀刺铁杉粉 *Tsugaepollenites spinulosus* (Krutzsch) Ke et Shi，1978

32. 油杉粉(未定种) *Keteleeriaepollenites* sp.

全部图影化石均产自塔西河组，其中图 2 产自玛纳斯县玛河西剖面 14MHX-31GB 号样品。图 32 产自精河县托托剖面 15TT-8GB 号样品。图 15，16 产自乌苏县四棵树凹陷井区 R2010-08078 号样品；图 18，19，21，22，24—27，30，31，33，34 产自 R2010-08079 号样品；图 17，20，28，29 产自 R2010-08080 号样品；图 10 产自沙湾县安集海背斜井区 R2009-00800 号样品；图 7，12，23 产自玛纳斯县-呼图壁县吐谷鲁背斜井区 R2002-01836 号样品；图 4，11，13 产自 R2002-01840 号样品；图 5 产自 R2002-01841 号样品；图 6，8，14 产自 R2002-01842 号样品。图 1，3，9 产自呼图壁县莫索湾凸起井区 R2006-02481 号样品。

图版 73

1. 头型双束松粉 *Pinuspollenites capitatus* Zhu，1985

2，12. 波形双束松粉 *Pinuspollenites undulatus* Zhu，1985

3. 假枞型双束松粉(比较种) *Pinuspollenites* cf. *pseudopeuceformis* Zhang，1999

4，5，15. 小囊单束松粉 *Abietineaepollenites microalatus* (Potonie) Delcourt et Sprumont，1955

6，8，9. 弓背双束松粉 *Pinuspollenites banksianaeformis* (Zakl.) Ke et Shi，1978

7. 标准双束松粉 *Pinuspollenites insignis* (Naumova) Zhu，1985

10，19. 扁体双束松粉 *Pinuspollenites taedaeformis* (Zakl.) Ke et Shi，1978

11，14，16. 双束松粉 *Pinuspollenites labdacus* (Potonie) Raatz，1937

13，17. 标准云杉粉 *Piceapollis praemarianus* Krutzsch，1971

18. 松瘤罗汉松粉 *Podocarpidites piniverrucatus* Krutzsch，1971

20. 小西单束松粉 *Abietineaepollenites microsibiricus* (Zaklinskaja) Ke et Shi，1978

21. 大云杉粉 *Piceapollis gigantea* (Wang) Zhang，1999

全部图影化石均产自塔西河组，其中图 20 产自玛纳斯县玛河西剖面 14MHX-31GB 号样品；图 13，19 产自精河县托托剖面 15TT-8GB 号样品；图 2，3，6，7，18 产自 R2002-01840 号样品；图 4，5，9 产自 R2002-01841 号样品；图 1 产自 R2002-01842 号样品；图 16 产自 R2002-01843 号样品；图 8，10—12，14，15，17，21 产自呼图壁县莫索湾凸起井区 R2006-02481 号样品。

图版 74

1，13. 方体云杉粉 *Piceapollis quadracorpus* (Zhu et Xi Ping) Zhang，1999

2. 卵形雪松粉 *Cedripites ovatus* Ke et Shi，1978

3，6，11. 宽圆云杉粉 *Piceapollis tobolicus* (Ponova) Krutzsch，1971

4. 雪松型雪松粉 *Cedripites deodariformis* (Zauer) Krutzsch，1971

5，10，12. 微张雪松粉 *Cedripites diversus* Ke et Shi，1978

7，9. 雪松型雪松粉(比较种) *Cedripites* cf. *deodariformis* (Zauer) Krutzsch，1971

8. 平滑雪松粉 *Cedripites levigatus* (Zauer) Gao et Zhao，1976

14. 中型雪松粉 *Cedrpxites medius* (Zauer) Krutysch,1971

15. 圆体雪松粉 *Cedripites rotundocorpus* Xi Ping，1985

16. 大云杉粉 *Piceapollis gigantea* (Wang) Zhang，1999

全部图影化石均产自塔西河组，其中图 3，10 产自精河县托托剖面 15TT-8GB 号样品；图 1 产自沙湾县安集海背斜井区 R2009-00799 号样品；图 4—6，8，12，14，16 产自玛纳斯县-呼图壁县吐谷鲁背斜井区 R2002-01836 号样品；图 2，7，9，13 产自 R2002-01840 号样品；图 11，15 产自呼图壁县莫索湾凸起井区 R2006-02481 号样品。

图版 75

1. 破隙杉粉 *Taxodiaceaepollenites hiatus* (Potonie) Kremp，1949

2. 第三纪麻黄粉 *Ephedripites* (*D.*) *tertiarius* Krutzsch，1970

3. 平肋麻黄粉 *Ephedripites* (*E.*) *strigatus* Brenner，1968

4. 始新麻黄粉 *Ephedripites* (*D.*) *eocenipites* (Wodehouse) Krutzsch，1961

5. 梭形麻黄粉 *Ephedripites* (*D.*) *fusiformis* (Shakhmundes) Krutzsch，1970

6. 拉德麻黄粉 *Ephedripites* (*E.*) *landenensis* Krutzsch，1970

7. 麻黄粉(未定种 2) *Ephedripites* (*D.*) sp. 2

8，9. 松瘤罗汉松粉 *Podocarpidites piniverrucatus* Krutzsch，1971

10. 尖顶山罗汉松粉 *Podocarpidites jiandingshanensis* Wu，1985

11. 冷杉粉（未定种 1）*Abiespollenites* sp. 1

12. 副安定型罗汉松粉 *Podocarpidites parandiniformis* Ke et Shi，1978

13. 雪松粉（未定种 4）*Cedripites* sp. 4

14. 伸长冷杉粉 *Abiespollenites elongatus*（Sun et Deng）Zhang，1999

15，18. 变异油杉粉 *Keteleeriaepollenites dubius*（Chlonova）Li，1985

16. 冷杉粉（未定种 2）*Abiespollenites* sp. 2

17. 西伯利亚冷杉粉 *Abiespollenites sibiriciformis*（Zakl.）Krutzsch，1971

19. 假枞型双束松粉 *Pinuspollenites pseudopeuceformis* Zhang，1999

20. 副竹柏型罗汉松粉 *Podocarpidites paranageiaformis* Ke et Shi，1978

21. 标准云杉粉 *Piceapollis praemarianus* Krutzsch，1971

22. 头型双束松粉（比较种）*Pinuspollenites* cf. *capitatus* Zhu，1985

23. 铁坚杉型油杉粉 *Keteleeriaepollenites davidianaeformis*（Zakl.）Song et Zhong，1984

全部图影化石均产自塔西河组，其中图 17 产自精河县托托剖面 15TT-8GB 号样品；图 8，10，11，15，18 产自玛纳斯县-呼图壁县吐谷鲁背斜井区 R2002-01836 号样品；图 2，9，12，14，19，21 产自 R2002-01840 号样品；图 16 产自 R2002-01841 号样品；图 13，20 产自 R2002-01842 号样品；图 7 产自 R2002-01843 号样品；图 4—6，22 产自乌苏县四棵树凹陷井区 R2010-08080 号样品；图 1，3，23 产自呼图壁县莫索湾凸起井区 R2006-02481 号样品。

图版 76

1，2. 变形无口器粉 *Inaprturopollenites dubius*（Potonie et Ven.）Thomson et Pflug，1953

3. 卓州柳粉 *Salixipollenites trochuensis* Srivastava,1966

4. 厚壁唇形三沟粉 *Labitricolpites pachydermus* Song et Wang，1999

5. 保克兹杉粉 *Taxodiaceoipollenites bockwitzensis*（Krutzsch）Ke et Shi，1978

6. 山萝卜粉（未定种）*Scabiosapollis* sp.

7. 鼠尾草型多沟粉 *Polycolpites salviaeformis* Zheng et Guan，1989

8. 细网扁三沟粉 *Tricolpites microreticulatus* Song et Zhu，1985

9. 粗糙唇形三沟粉 *Labitricolpites scabiosus* Ke et Shi，1978

10. 漆树粉（未定种 1）*Rhoipites* sp.1

11. 菱孔楝粉 *Meliaceoidites rhomboiporus* Wang，1980

12. 莲型棒瘤三沟粉（比较种）*Clavatricolpites* cf. *nelumboides* Song et Zhu，1985

13. 乔治网面三沟粉 *Retitricolpites geogensis* Brenner，1971

14. 近圆形山毛榉粉 *Faquspollenites subrotundus*（Zheng）Song，1999

15，18. 圆孔坡氏粉 *Pokrovskaja rotundiporus*（Ke et Xi Shi）Zhu，1999

16. 阿尔金坡氏粉 *Pokrovskaja altunshanensis*（Zhu et Xi Ping）Zhu，1999

17. 椭圆坡氏粉 *Pokrovskaja elliptica*（Zhu et Xi Ping）Zhu，1999

19. 网纹大戟粉 *Euphorbiacites reticulatus* Li，Sung et Li，1978

20. 坡氏粉(未定种 1) *Pokrovskaja* sp. 1

21. 紫树粉(未定种) *Nyssapollenites* sp.

22. 凹边无患子粉 *Sapindaceidites concavus* Wang，1981

23. 心脏型椴粉(比较种) *Tiliaepollenites* cf. *cordataeformis* (Wolff) Ke et Shi，1978

24. 奇异椴粉 *Tiliaepollenites paradoxus* M. R. Sun，1989

25. 深切椴粉 *Tiliaepollenites insculptus* (Mai) G. W. Liu，1986

26. 椭圆青海粉 *Qinghaipollis ellipticus* Zhu，1985

27，35. 瘤状刺三孔沟粉 *Echitricolporites verrucosus* Song et Zhu，1985

28，29. 三角具盖粉 *Operculumpollis triangulus* M. R. Sun et Wang，1990.

30. 忍冬粉(未定种 1) *Lonicerapollis* sp. 1

31. 大型刺三孔沟粉 *Echitricolporites major* Zhu，1985

32，37，38，44. 粗刺管花菊粉 *Tubulifloridites macroechinatus* (Trevisan) Song et Zhu，1985

33. 小蒿粉 *Artemisaepollenites minor* Song，1985

34. 管花菊粉？(未定种) *Tubulifloridites*? sp.

36. 瘤状刺三孔沟粉(比较种) *Echitricolporites* cf. *verrucosus* Song et Zhu，1985

39. 椴粉(未定种 1) *Tiliaepollenites* sp. 1

40. 普通蒿粉 *Artemisaepollenites communis* Song et Zhu，1985

41，43. 瓦格斯道夫伏平粉 *Fupingopollenites wackersdorfensis* (Thiele-Pfeiffer) Liu，1985

42. 棒纹管花菊粉 *Tubulifloridites baculatus* Song et Zhu，1985

45. 小型唇形三沟粉 *Labitricolpites minor* Ke et Shi，1978

46. 帚菊型管花菊粉 *Tubulifloridites pertyaformis* Song et Zhu，1985

47. 小老鹳草粉 *Geraniapollis minor* Song et Zhu，1985

48，49. 大拟落叶松粉 *Laricoidites magnus* (Potonie) Potonie，Thomson et Thiergart，1950 ex Potonie，1958

50，51. 密刺山萝卜粉 *Scabiosapollis densispinosus* Song et Zhu，1985

全部图影化石均产自塔西河组，其中图 45，47 产自精河县托托剖面 15TT-8GB 号样品；图 3 产自玛纳斯县玛河西 14MHX-31GB 号样品；图 26，51 产自玛纳斯县-呼图壁县吐谷鲁背斜井区 R2002-01836 号样品；图 11，13，23，25，46，48，49 产自 R2002-01840 号样品；图 5，7，9，24 产自 R2002-01841 号样品；图 4，20，27，30—32，34，50 产自 R2002-01842 号样品；图 19 产自 R2002-01843 号样品；图 1，33，40 产自乌苏县四棵树凹陷井区 R2010-08078 号样品；图 2，35，39 产自 R2010-08080 号样品；图 6，8，10，12，14—18，20—22，28，29，36—38，41—44 产自呼图壁县莫索湾凸起井区 R2006-02481 号样品。

图版 77

1，9. 小孔藜粉 *Chenopodipollis microporatus* (Nakoman) Liu，1981

2，4. 褶皱肋桦粉 *Betulaepollenites plicoides* (Zakl.) Sung et Tsao，1976

3，10. 多坑藜粉 *Chenopodipollis multiplex* (Weyland et Pflug) Krutzsch，1966

5，28. 粗球禾本粉 *Graminidites crassiglobosus* (Trevisan) Krutzsch，1970

6，7. 新近纪黑三棱粉 *Sparganiaceaepollenites neogenicus* Krutzsch，1970

8. 圆形胡桃粉 *Juglanspollenites rotundus* Ke et Shi，1978

11. 藜粉(未定种 1) *Chenopodipollis* sp. 1

12. 小枫香粉 *Liquidambarpollenites minutus* Ke et Shi，1978

13，14，36，42. 真胡桃粉 *Juglanspollenites verus* Raatz，1939

15，26，27. 波形榆粉 *Ulmipollenites undulosus* Wolff，1934

16. 显环桦粉 *Betulaceoipollenites prominens* (Pflug) Ke et Shi，1978

17. 新近纪脊榆粉 *Ulmoideipites neogenicus* Guan，1989

18，19，35，50. 波氏榉粉 *Zelkovaepollenites potonie* Nagy，1969

20，21. 克氏脊榆粉 *Ulmoideipites krempii* Anderson，1960

22，25. 真桤木粉 *Alnipollenites verus* (Potonie) Potonie，1960

23. 狭链莫米粉 *Momipites angostitorquatus* (Simpson) Zheng，1999

24. 艾特曼菱粉 *Sporotrapoidites erdtmanii* (Nagy) Nagy，1985

29. 细球禾本粉 *Graminidites subtiliglobosus* (Trevisan) Krutzsch，1970

30，37—40，52. 光山核桃粉 *Caryapollenites simplex* (Potonie) Raatz，1937

31，32，53. 准噶尔繁孔粉(新种) *Multiporopollenites junggarensis* Zhan sp. nov.31(模式标本)

33. 繁孔藜粉 *Chenopodipollis multiporatus* (Pflug et Thomson) Zhou，1981

34. 地肤型藜粉 *Chenopodipollis kochioides* Song，1985

41. 极环山核桃粉(比较种) *Caryapollenites* cf. *polarannulus* M. R. Sun，1989

43—46. 卢沙蓼粉 *Persicarioipollis lusaticus* Krutzsch，1962

47. 小石竹粉 *Caryophyllidites minutus* Song et Zhu，1985

48. 莱因苗榆粉 *Ostryoipollenites rhenanus* (Thomson) Potonie，1951

49. 凸孔桤木粉 *Alnipollenites extraporus* Chen，1983

51. 满点枫香粉 *Liquidambarpollenites stigmosus* (Potonie) Raatz，1938

54. 三角具盖粉 *Operculumpollis triangulus* M. R. Sun et Wang，1990

55. 渭河菱粉 *Sporotrapoidites weiheensis* (Sun et Fan) Guan，1985

56. 拟锦葵粉(未定种) *Malvacipollis* sp.

全部图影化石均产自塔西河组，其中图 2，22，34，47—49 产自精河县托托剖面 15TT-8GB 号样品；图 21 产自玛纳斯县玛河西 14MHX-31GB 号样品；图 32 产自玛纳斯县-呼图壁县吐谷鲁背斜井区 R2002-01836 号样品；图 20，54 产自 R2002-01840 号样品；图 29，35，45，53 产自 R2002-01841 号样品；图 9，24，46 产自 R2002-01842 号样品；图 38 产自 R2002-01843 号样品；图 5—8，10，13，14，17，30 产自乌苏县四棵树凹陷井区 R2010-08078 号样品；图 1，3，4，11，12，15，16，50 产自 R2010-08080 号样品；图 18，19，23，25—28，31，33，36，37，39—44，51，52，56 产自呼图壁县莫索湾凸起井区 R2006-02481 号样品；图 55 产自沙湾县安集海背斜井区 R2009-00799 号样品。

图版 78

(干酪根显微组分图版)

1. Ⅰ型干酪根，主要成分为葡萄藻

玛纳斯县玛河西，塔西河组。标本号：14MHX-15。

2. Ⅰ型干酪根，主要成分为褶皱藻

和布克赛尔县达巴松凸起井区，吐谷鲁群清水河组。标本号：2010-03442。

3. Ⅰ型干酪根，主要成分为盘星藻

沙湾县南安集海，安集海河组。标本号：14NA-20。

4. Ⅰ型干酪根，常见沟鞭藻

沙湾县南安集海，安集海河组。标本号：14NA-22。

5. Ⅰ型干酪根，常见沟鞭藻类

沙湾县南安集海，安集海河组。标本号：14NA-24。

6，7. $Ⅱ_1$型干酪根，以孢粉化石为主，常见藻类、疑源类化石

和布克赛尔县达巴松凸起井区，吐谷鲁群清水河组。标本号：2010-03442。

8. Ⅱ型干酪根，主要为松柏类具囊花粉

吉木萨尔县三台大龙口，克拉玛依组。标本号：80DL-N14-S23。

图版 79

（干酪根显微组分图版）

1. $Ⅱ_2$型干酪根，主要成分为孢粉和植物角质层

乌鲁木齐县郝家沟，三工河组。标本号：97-HJ-152。

2—4，6. $Ⅱ_2$型干酪根，主要成分为植物角质层

2-4，6. 乌鲁木齐县郝家沟，2，3. 八道湾组。标本号：97-HJ-87；4，6. 西山窑组。标本号：4. 97-HJ-171；6. 97-HJ-173。

5. Ⅲ型干酪根，主要成分为(结构)镜质体

乌鲁木齐县郝家沟，西山窑组。标本号：97-HJ-173。

7. Ⅲ型干酪根，主要成分为短轴型丝质体

玛纳斯县紫泥泉子，吐谷鲁群。标本号：06828。

8. Ⅲ型干酪根，少量短轴型丝质体

玛纳斯县红沟，齐古组。标本号：93-HG-107。

图版1

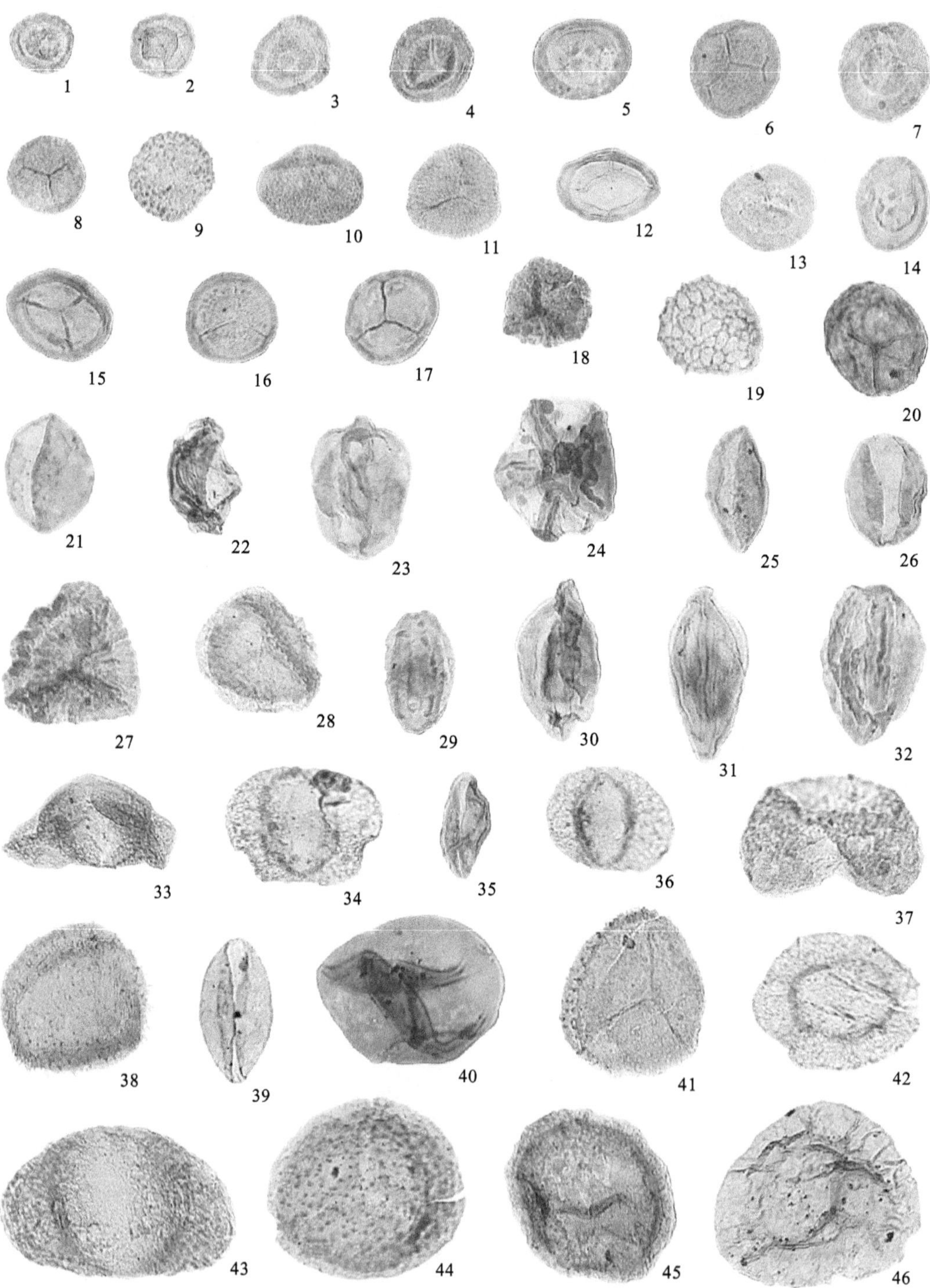

图版2

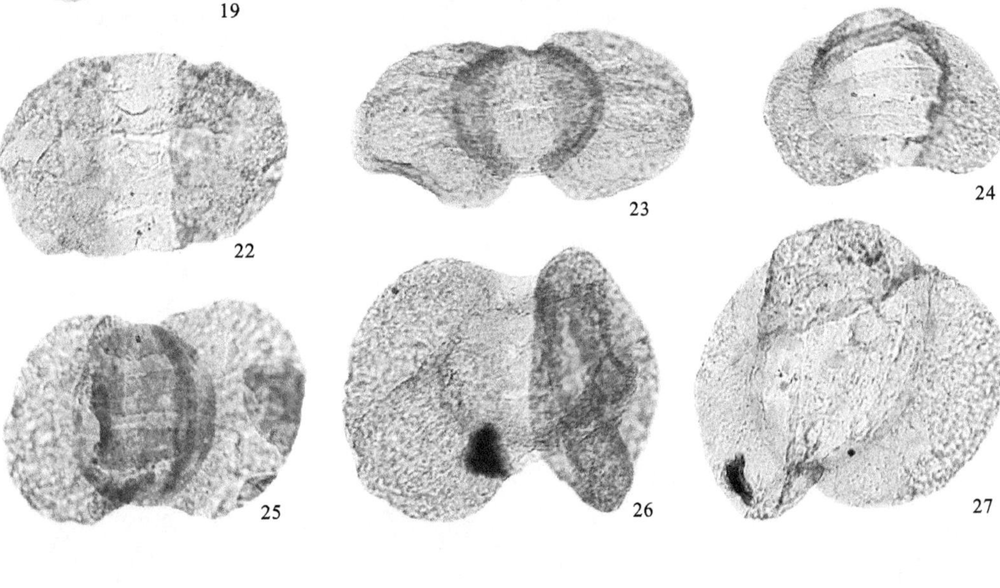

图版3

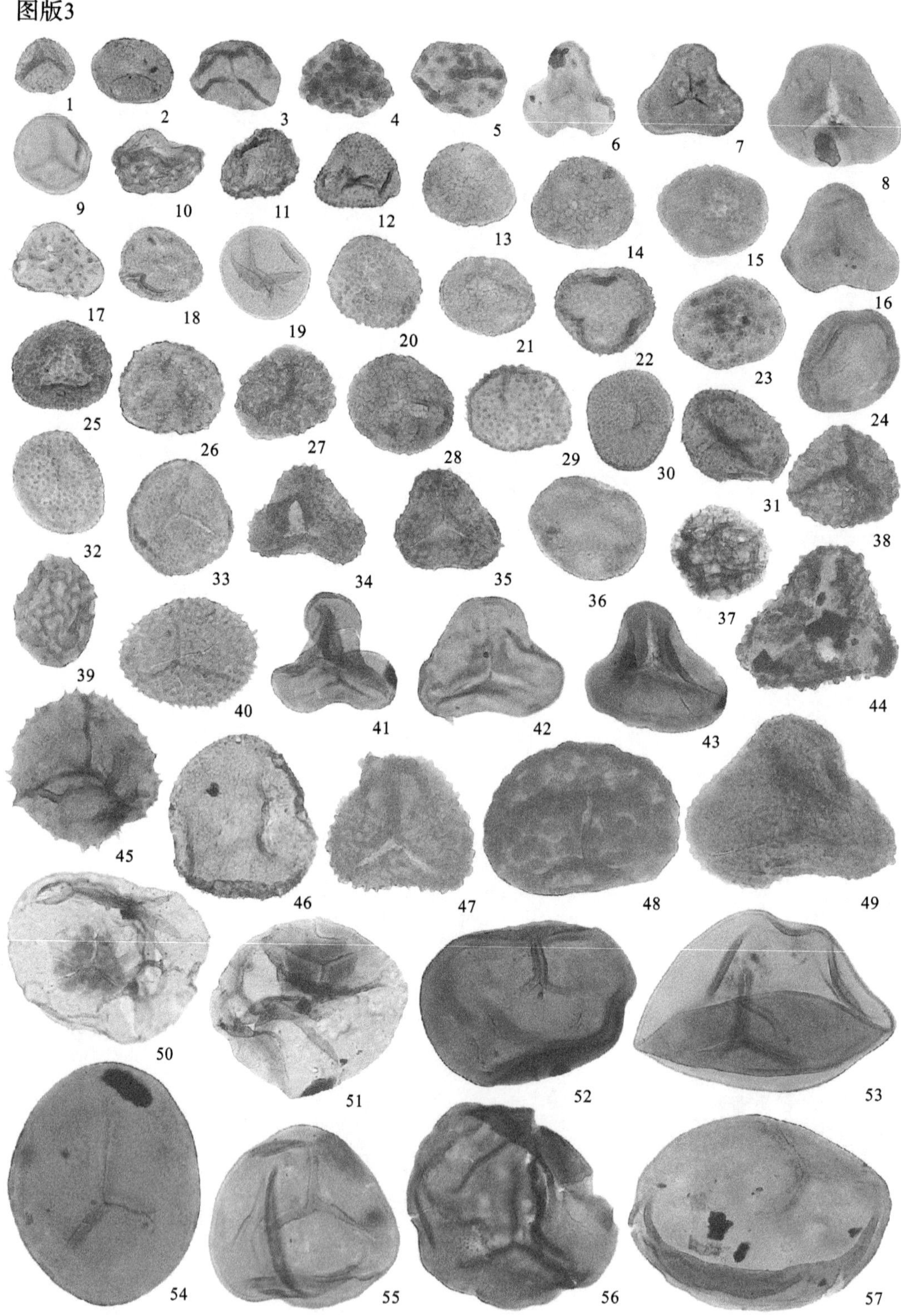

图版4

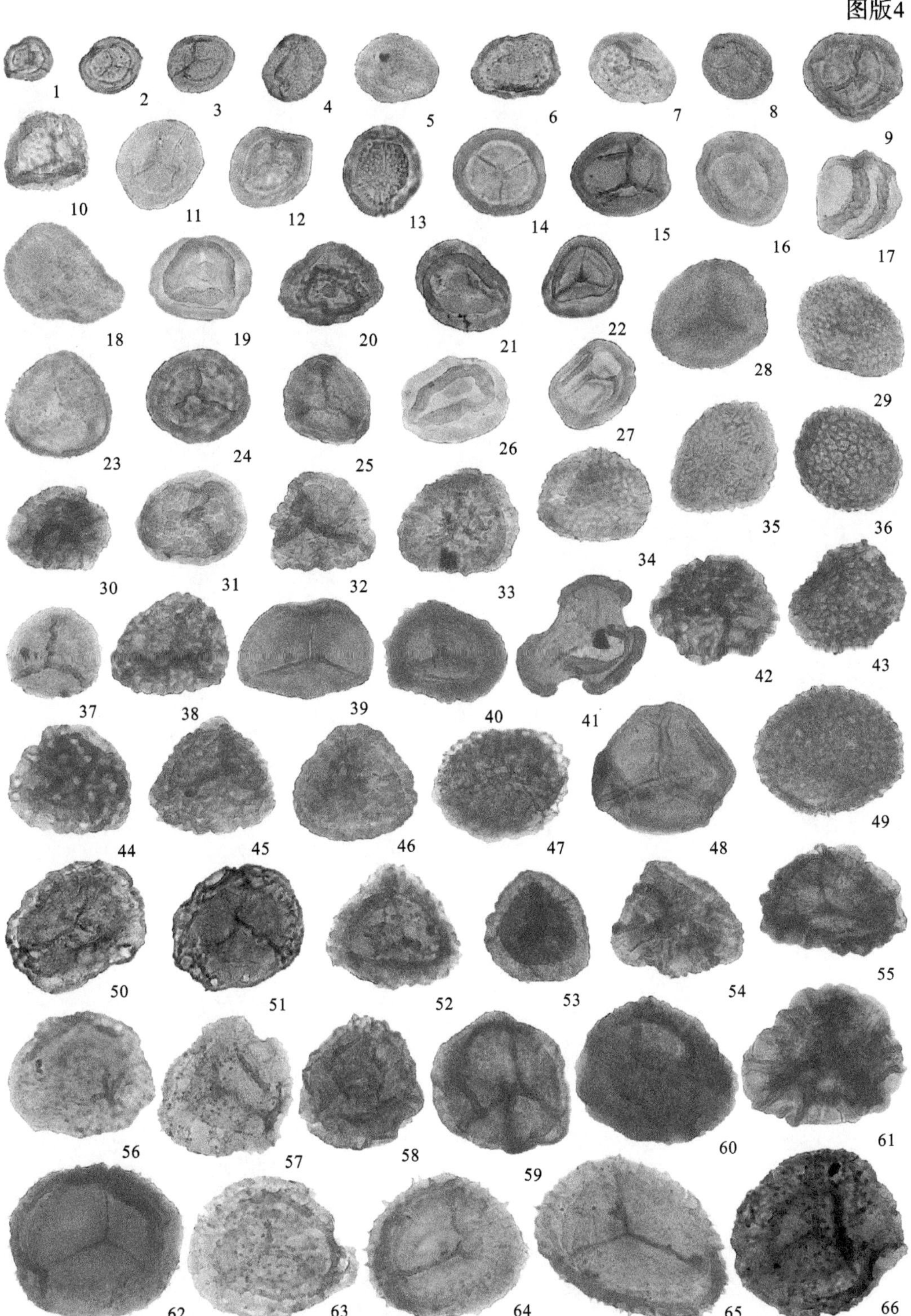
1
2
3
4
5
6
7
8
9
10
11
12
13
14
15
16
17
18
19
20
21
22
23
24
25
26
27
28
29
30
31
32
33
34
35
36
37
38
39
40
41
42
43
44
45
46
47
48
49
50
51
52
53
54
55
56
57
58
59
60
61
62
63
64
65
66

图版5

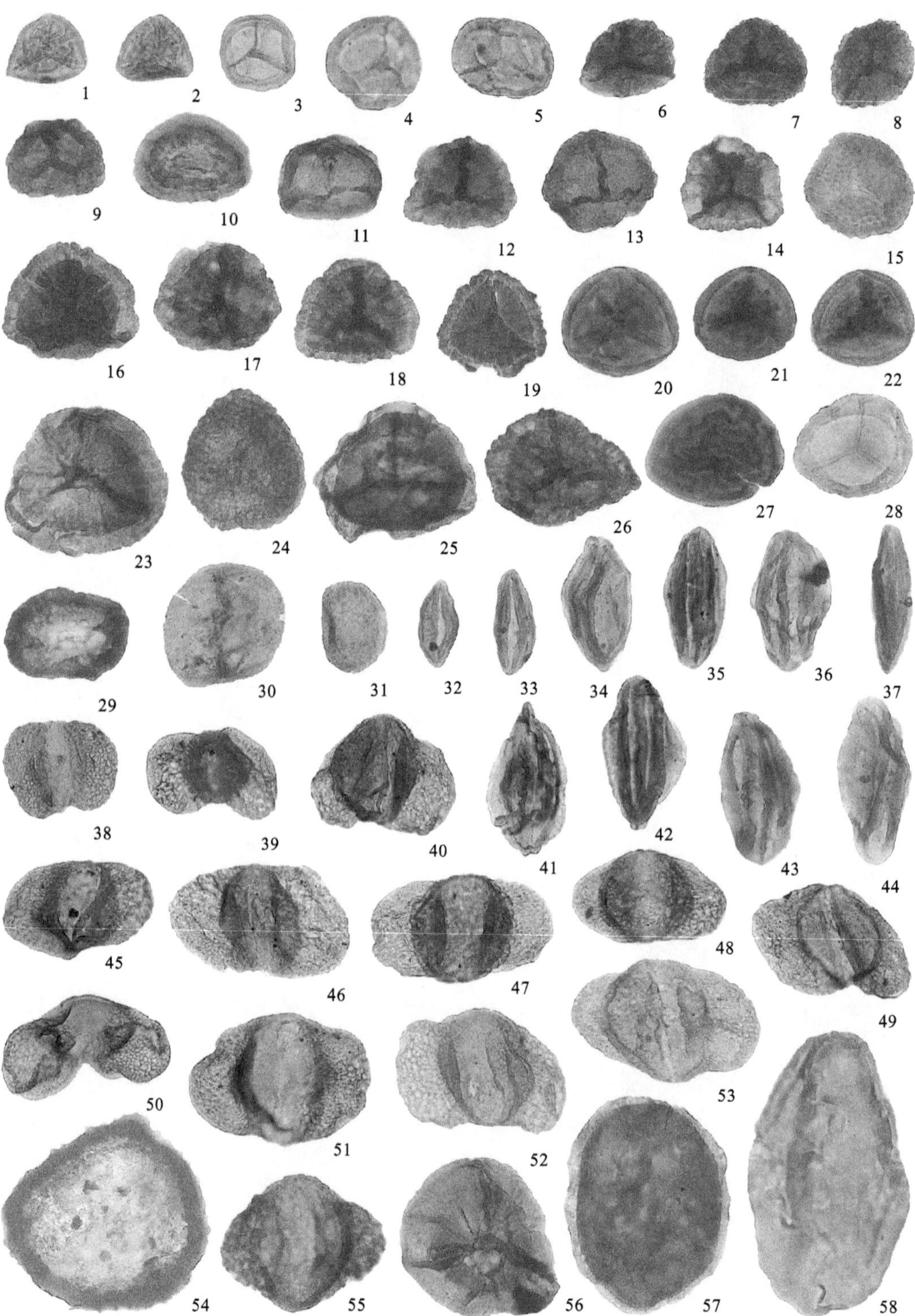

图版6

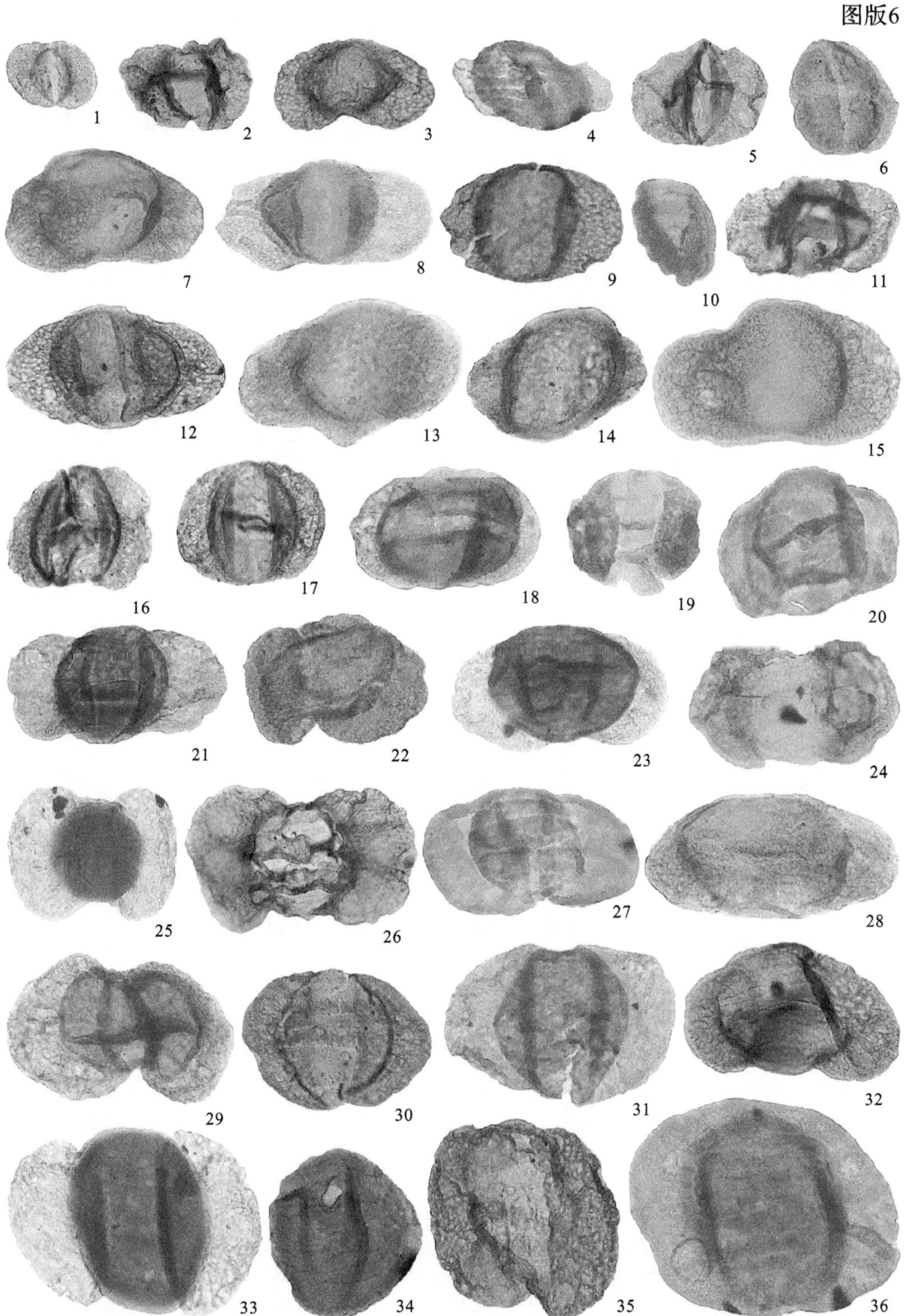

图版7

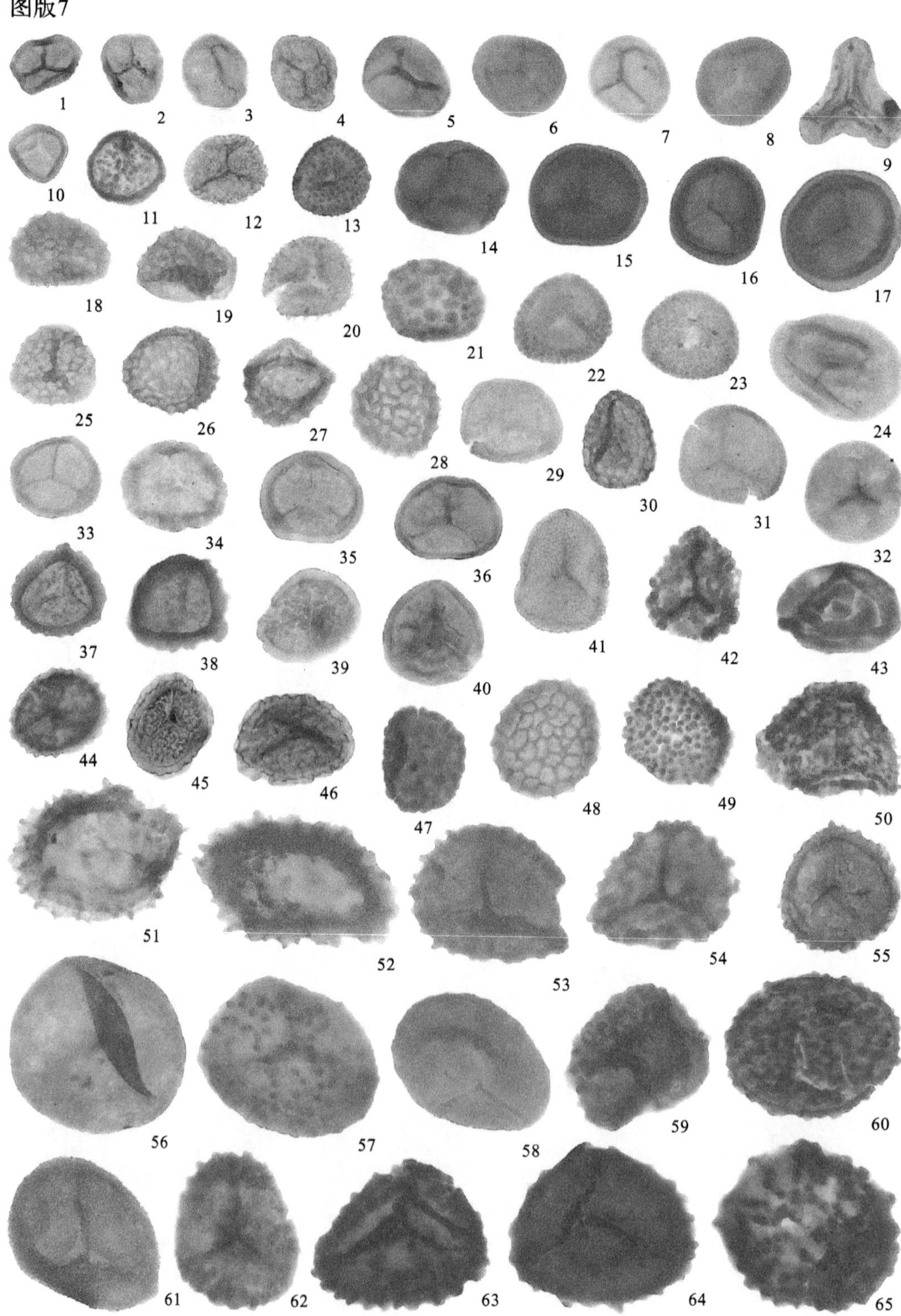
1
2
3
4
5
6
7
8
9
10
11
12
13
14
15
16
17
18
19
20
21
22
23
24
25
26
27
28
29
30
31
32
33
34
35
36
37
38
39
40
41
42
43
44
45
46
47
48
49
50
51
52
53
54
55
56
57
58
59
60
61
62
63
64
65

图版8

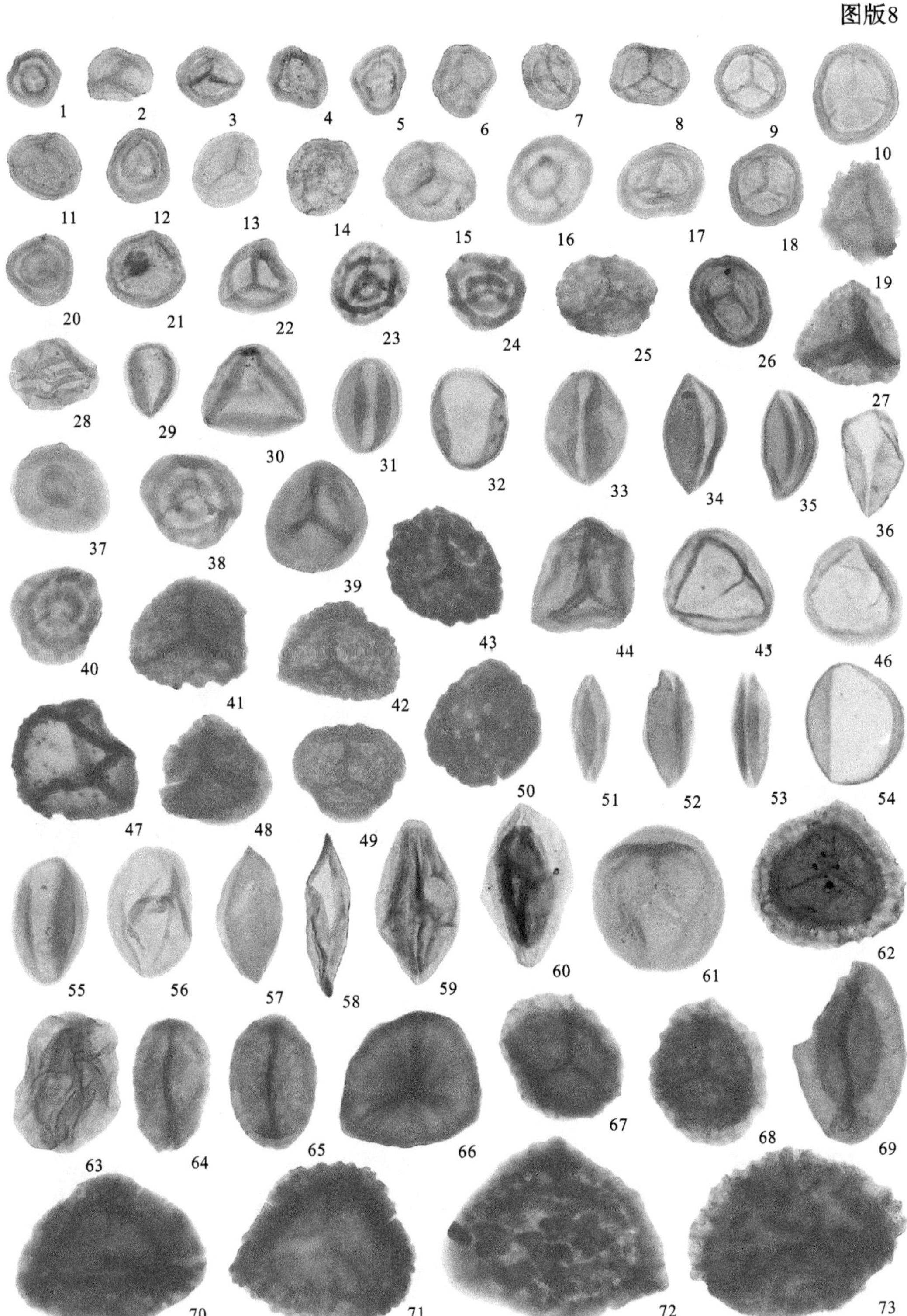
1
2
3
4
5
6
7
8
9
10
11
12
13
14
15
16
17
18
19
20
21
22
23
24
25
26
27
28
29
30
31
32
33
34
35
36
37
38
39
40
41
42
43
44
45
46
47
48
49
50
51
52
53
54
55
56
57
58
59
60
61
62
63
64
65
66
67
68
69
70
71
72
73

图版9

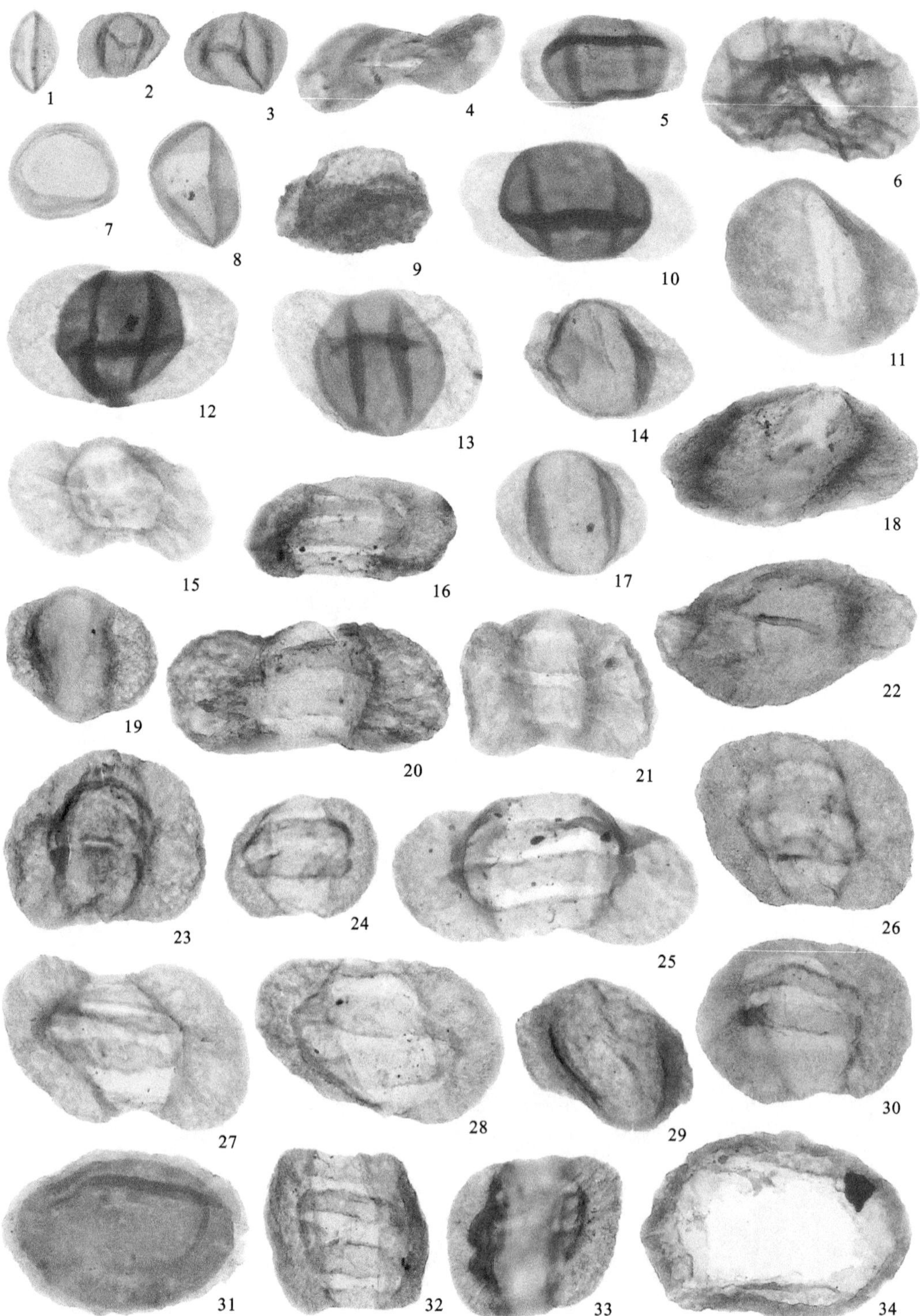
1
2
3
4
5
6
7
8
9
10
11
12
13
14
15
16
17
18
19
20
21
22
23
24
25
26
27
28
29
30
31
32
33
34

图版10

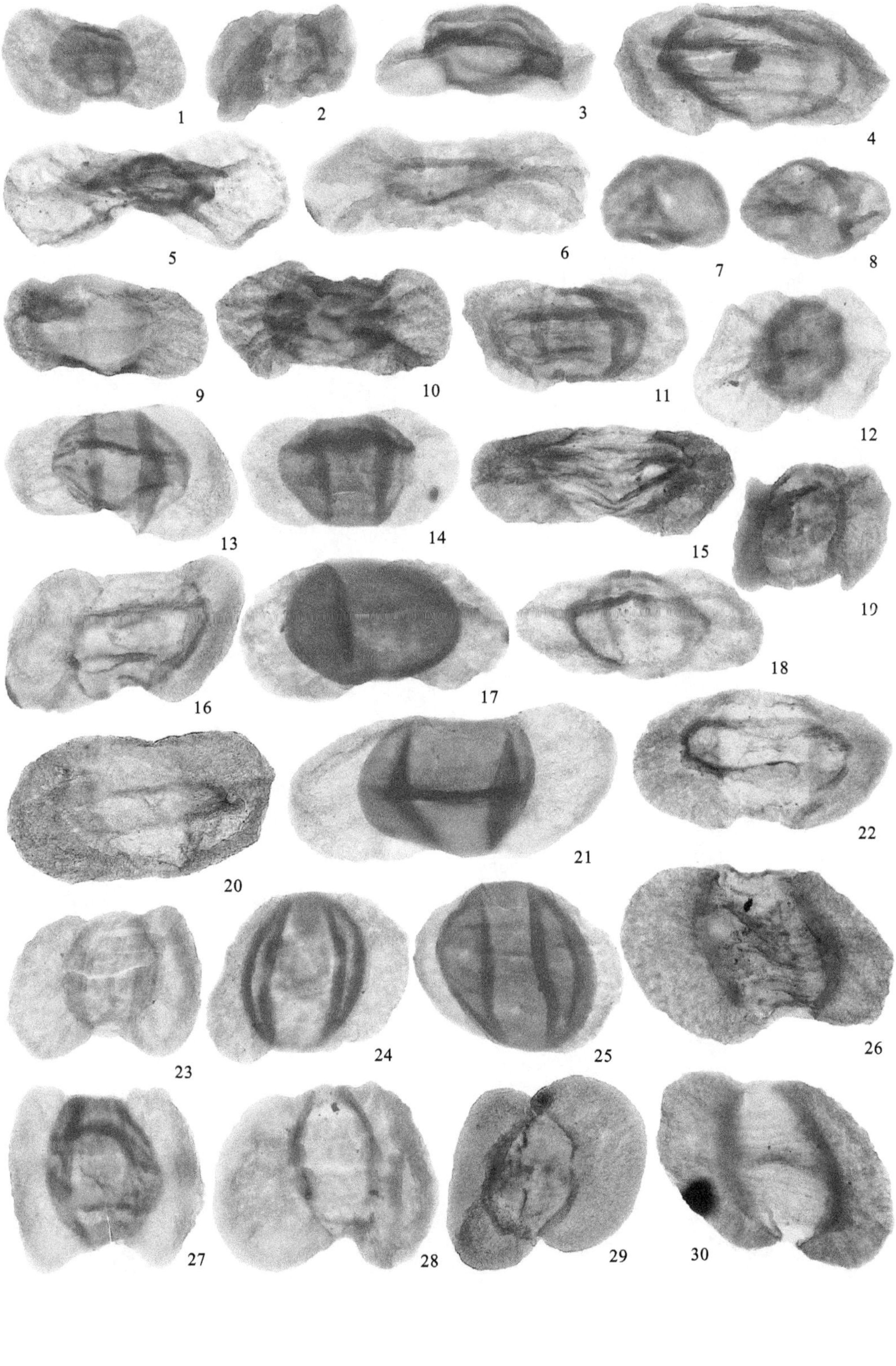

1 2 3 4 5 6 7 8 9 10 11 12 13 14 15 19 16 17 18 20 21 22 23 24 25 26 27 28 29 30

图版11

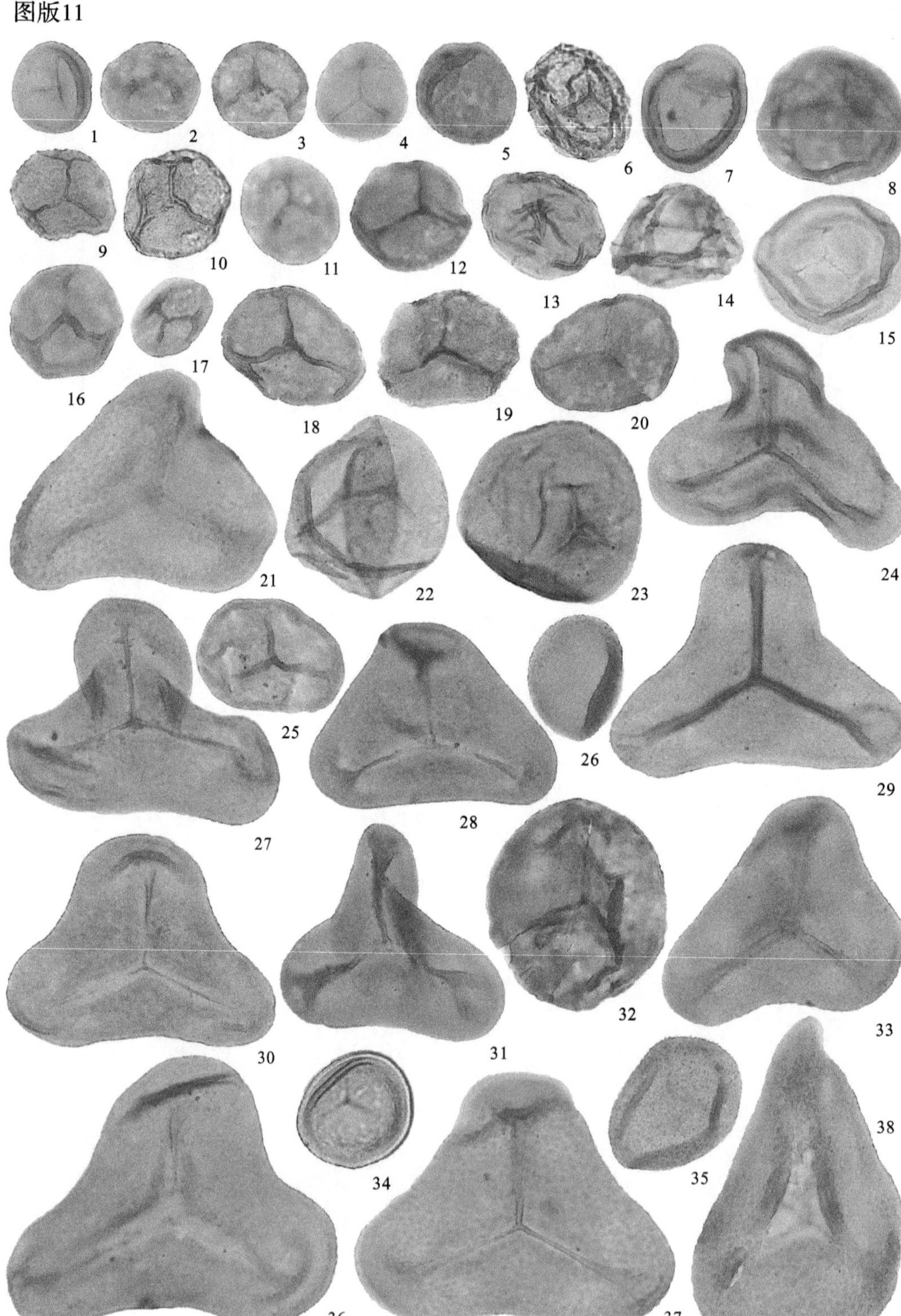
1
2
3
4
5
6
7
8
9
10
11
12
13
14
15
16
17
18
19
20
21
22
23
24
25
26
27
28
29
30
31
32
33
34
35
36
37
38

图版12

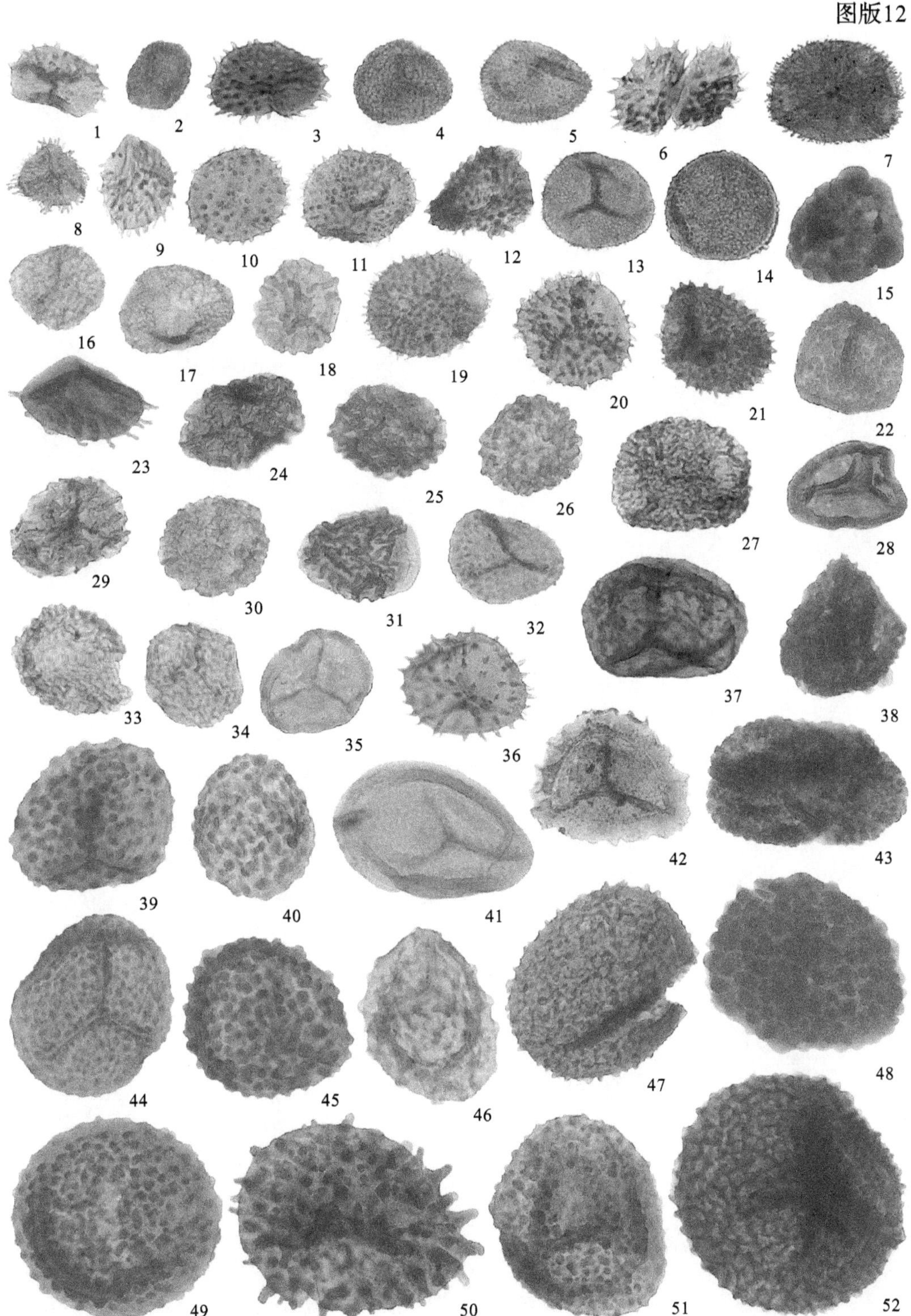
1
2
3
4
5
6
7
8
9
10
11
12
13
14
15
16
17
18
19
20
21
22
23
24
25
26
27
28
29
30
31
32
33
34
35
36
37
38
39
40
41
42
43
44
45
46
47
48
49
50
51
52

图版13

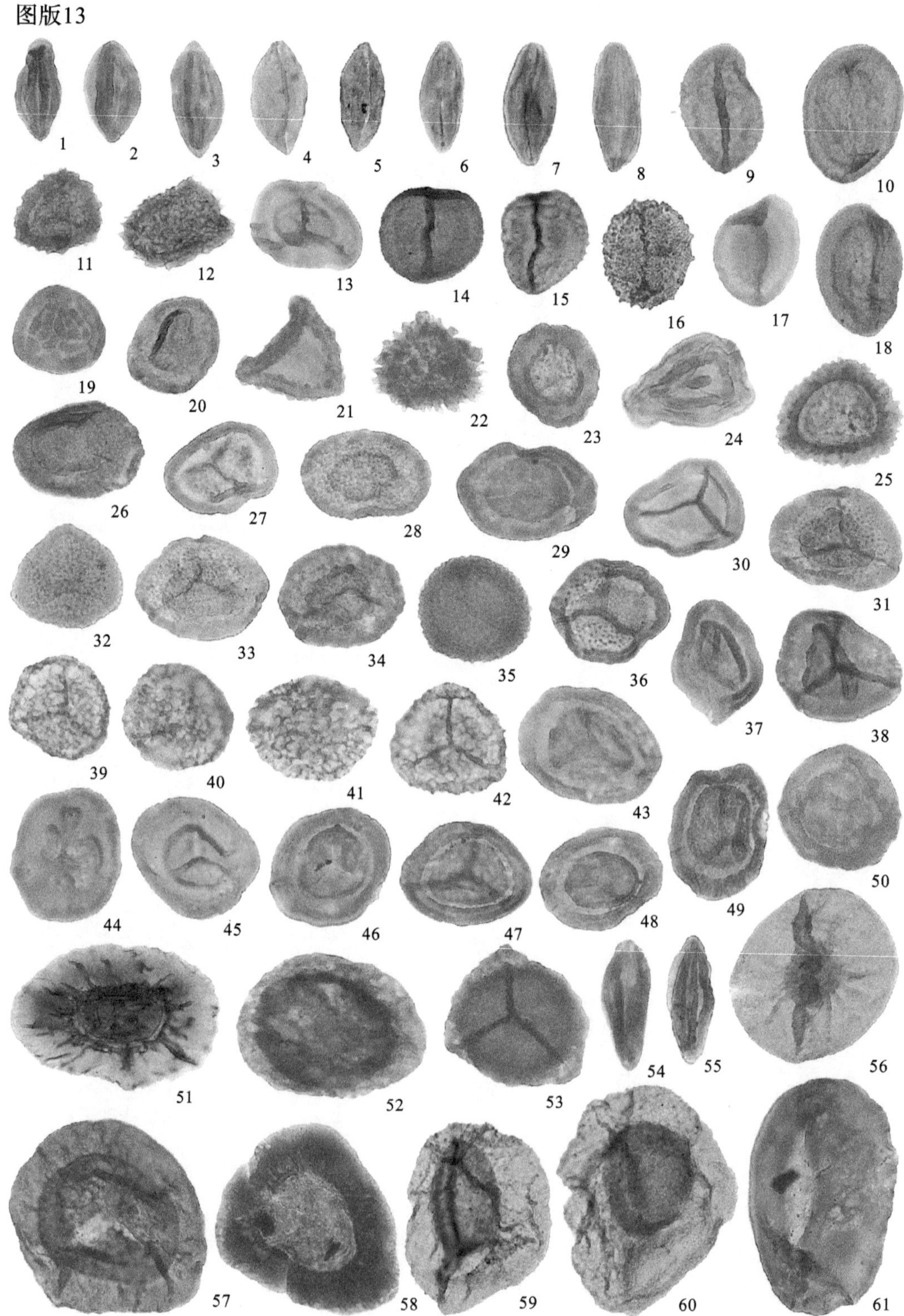
1
2
3
4
5
6
7
8
9
10
11
12
13
14
15
16
17
18
19
20
21
22
23
24
25
26
27
28
29
30
31
32
33
34
35
36
37
38
39
40
41
42
43
44
45
46
47
48
49
50
51
52
53
54
55
56
57
58
59
60
61

图版14

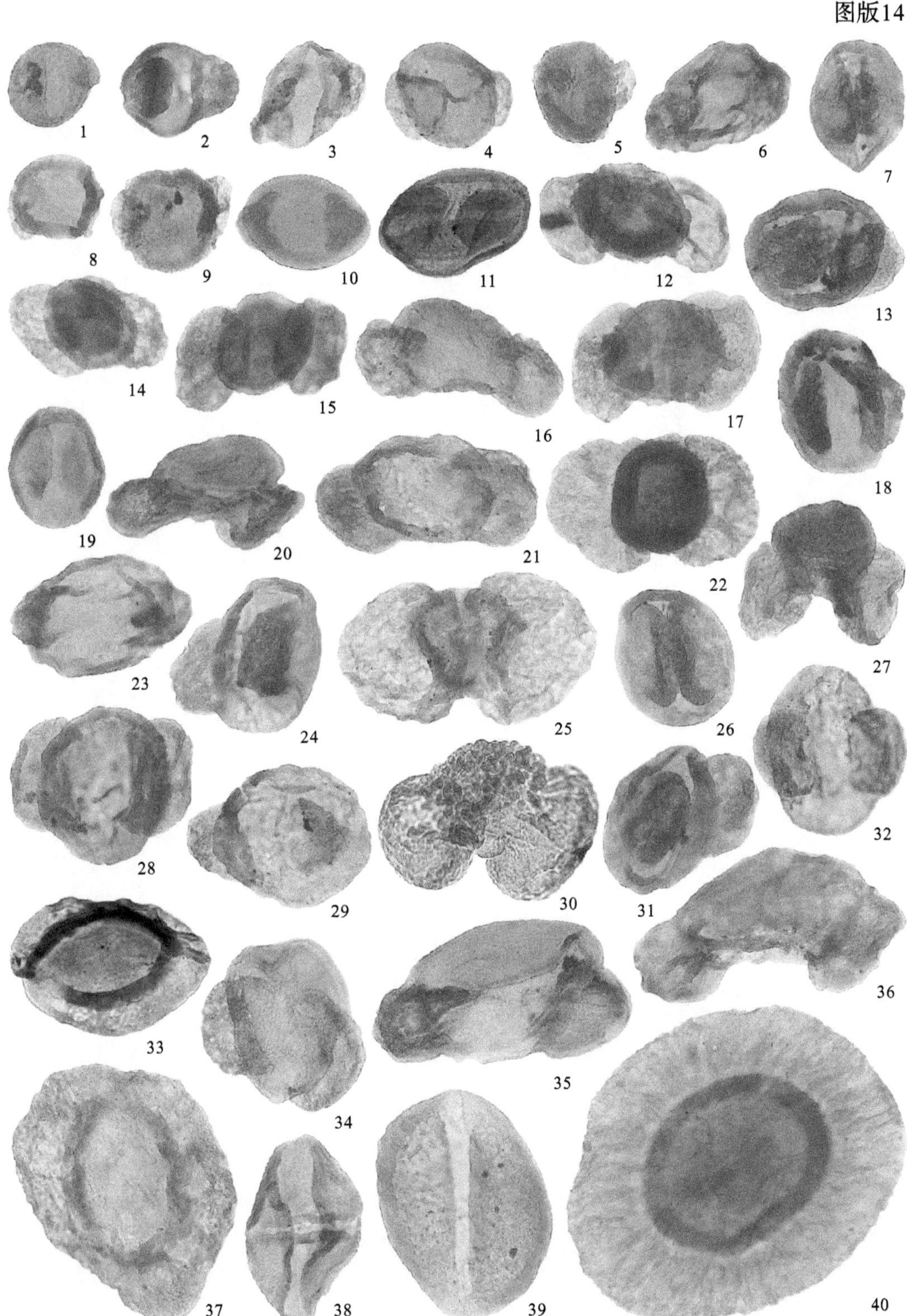

图版15

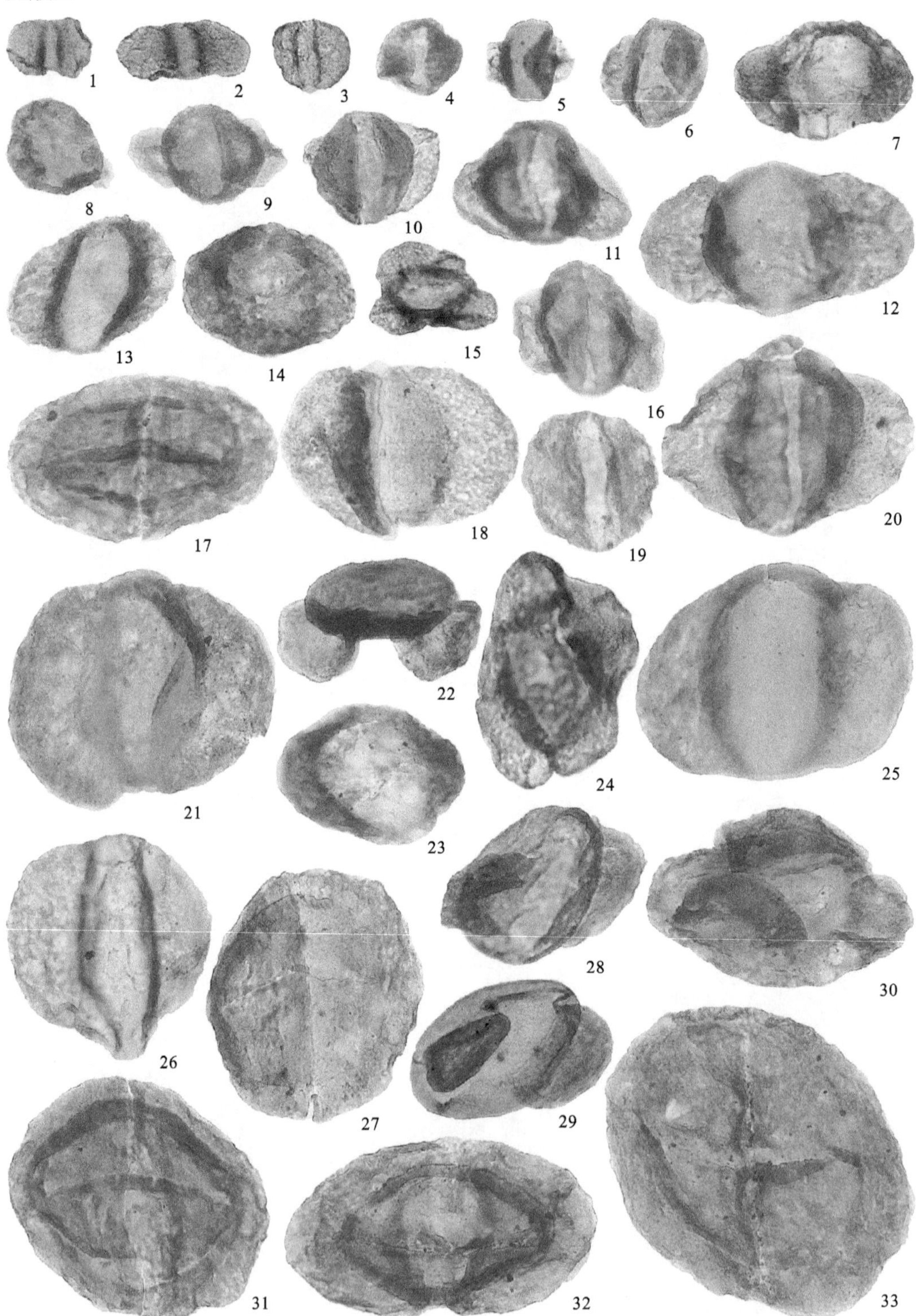
1
2
3
4
5
6
7
8
9
10
11
12
13
14
15
16
17
18
19
20
21
22
23
24
25
26
27
28
29
30
31
32
33

图版16

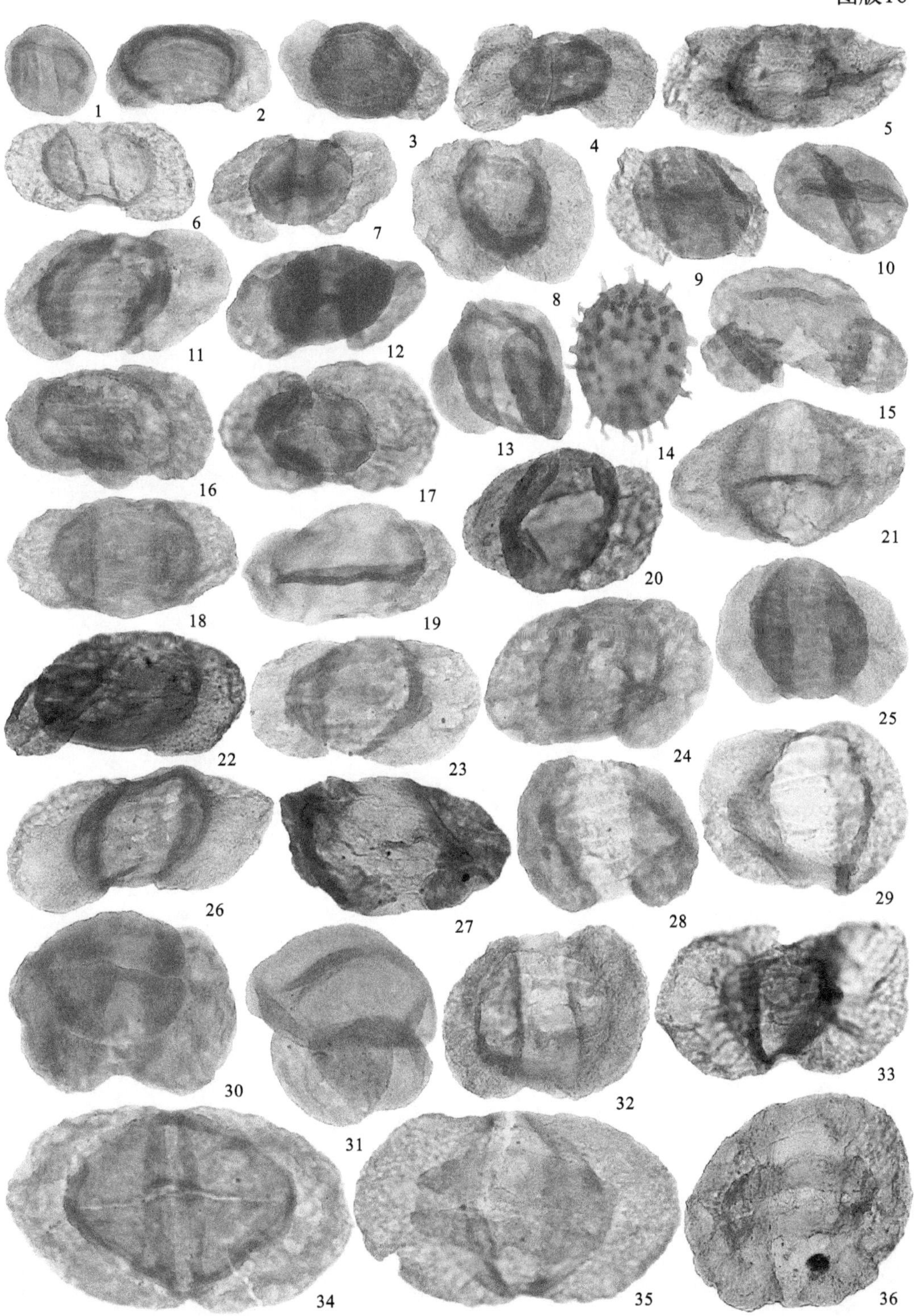
1
2
3
4
5
6
7
8
9
10
11
12
13
14
15
16
17
18
19
20
21
22
23
24
25
26
27
28
29
30
31
32
33
34
35
36

图版17

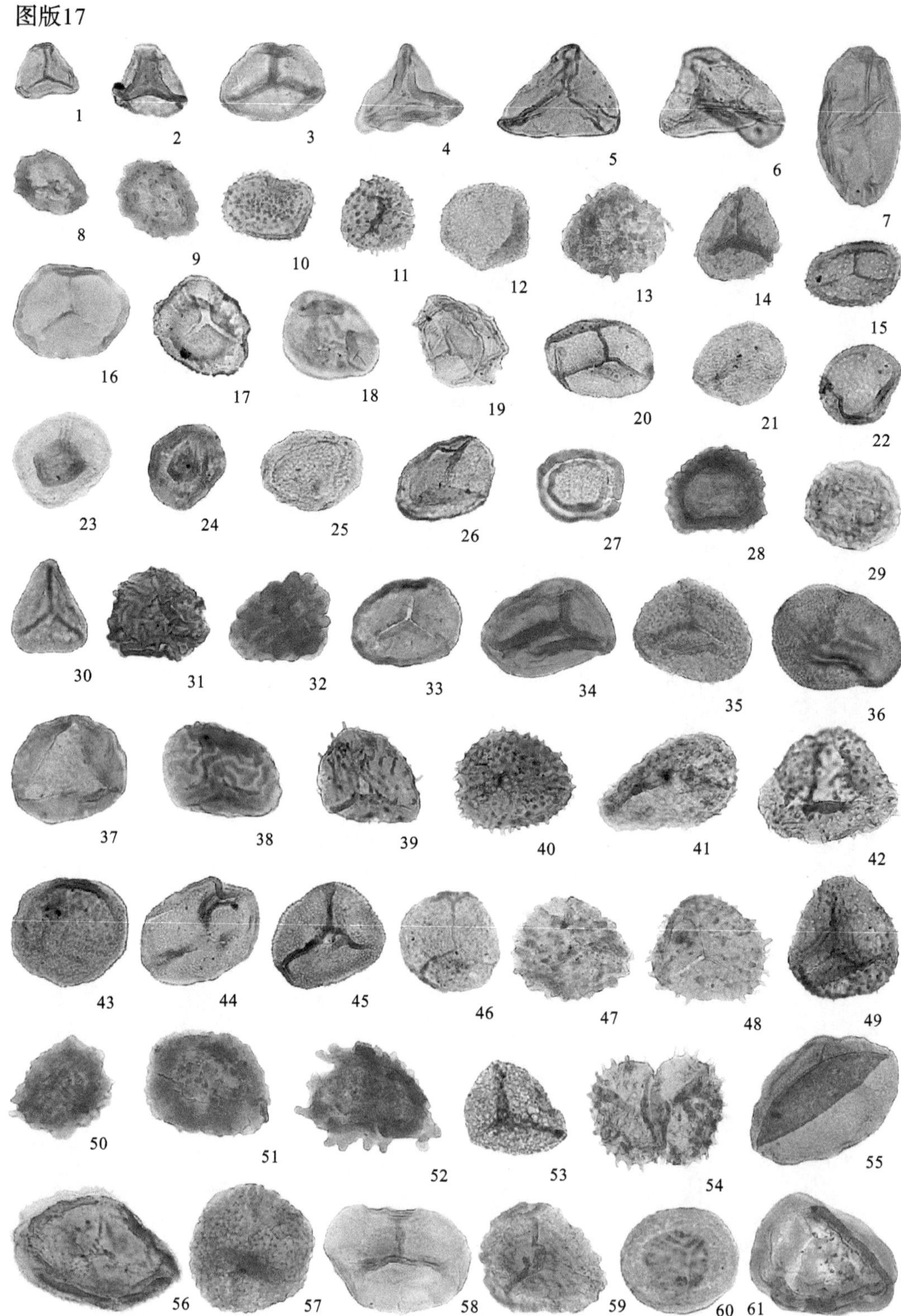
1
2
3
4
5
6
7
8
9
10
11
12
13
14
15
16
17
18
19
20
21
22
23
24
25
26
27
28
29
30
31
32
33
34
35
36
37
38
39
40
41
42
43
44
45
46
47
48
49
50
51
52
53
54
55
56
57
58
59
60
61

图版18

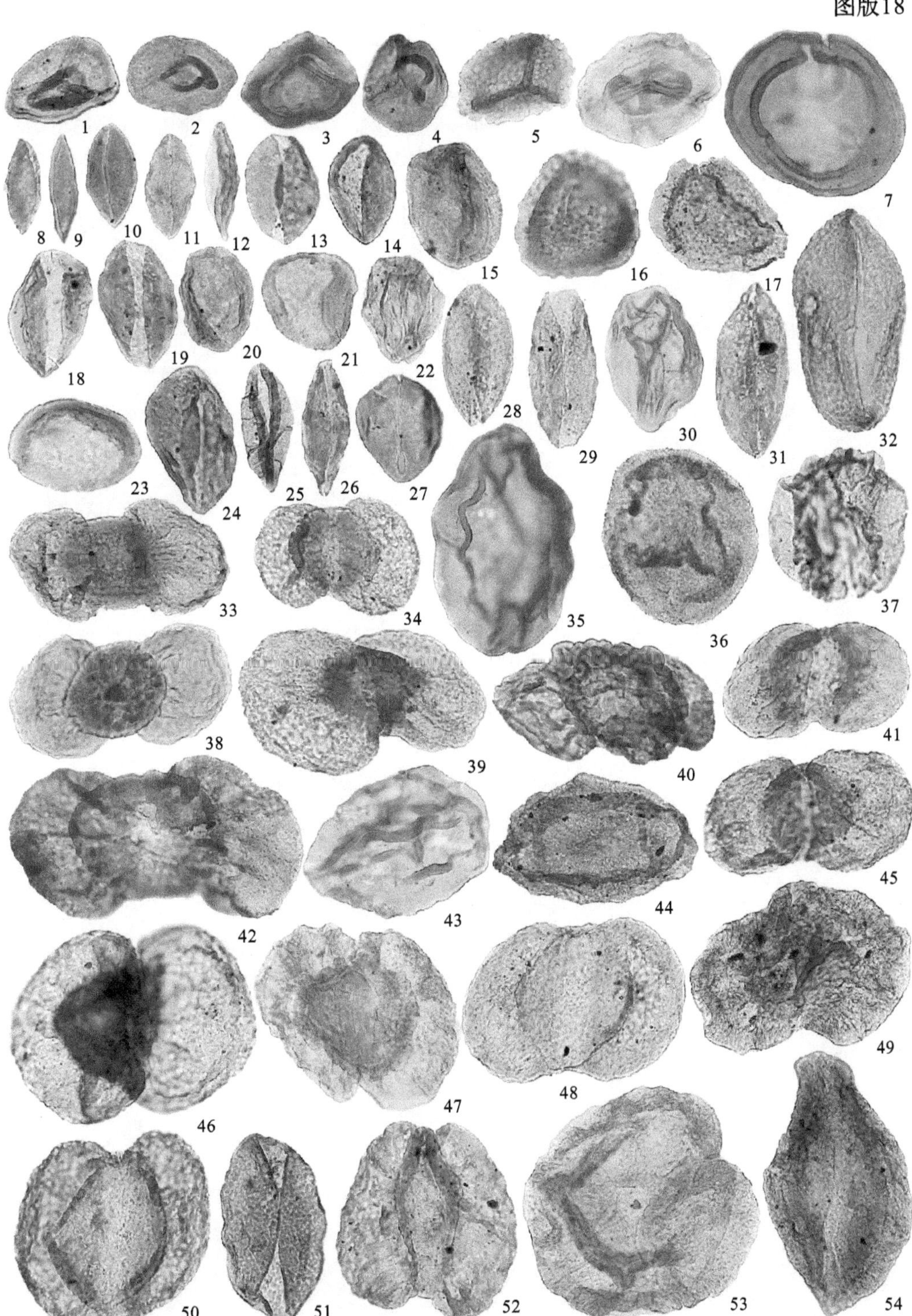
1
2
3
4
5
6
7
8
9
10
11
12
13
14
15
16
17
18
19
20
21
22
23
24
25
26
27
28
29
30
31
32
33
34
35
36
37
38
39
40
41
42
43
44
45
46
47
48
49
50
51
52
53
54

图版19

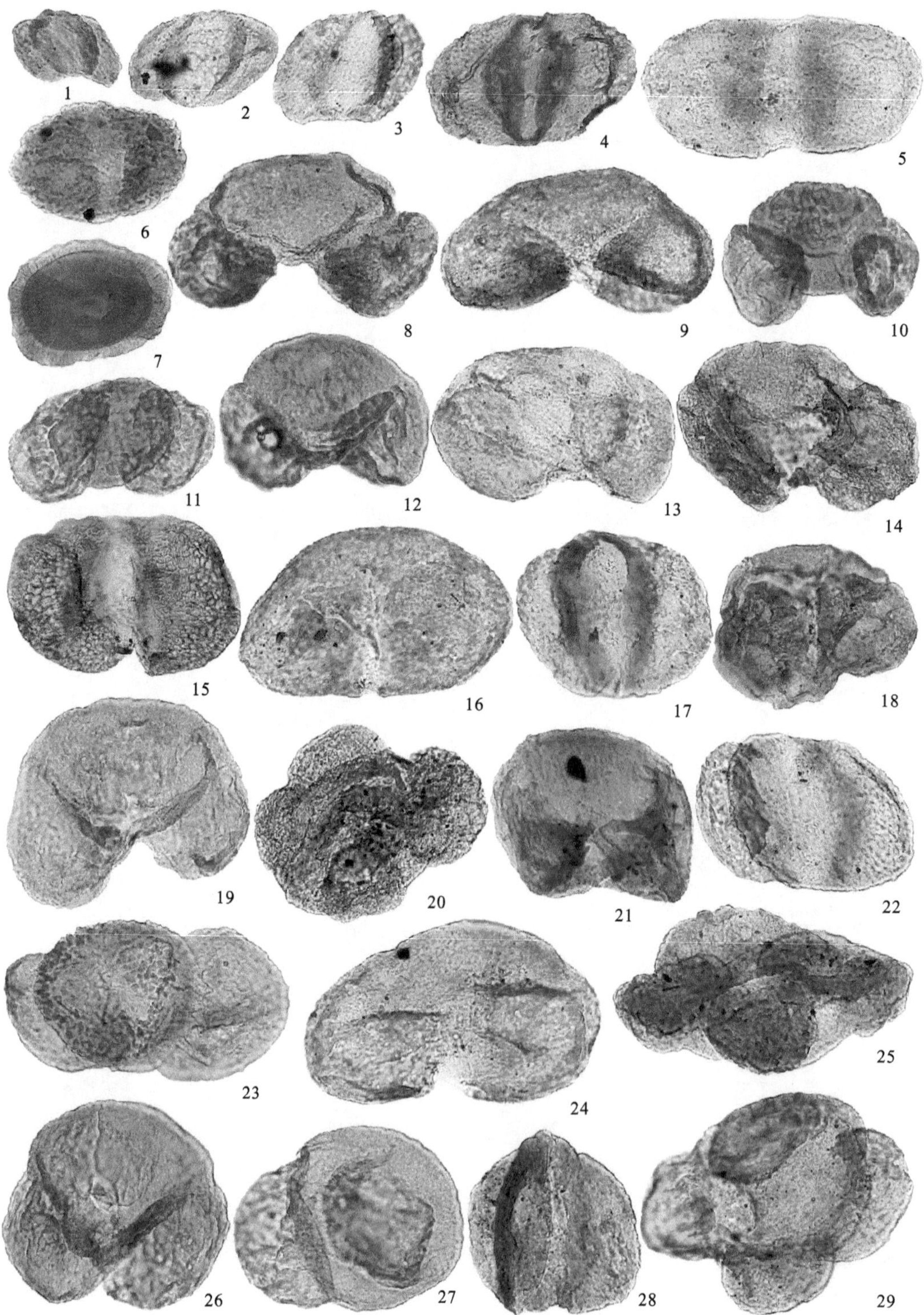

图版20

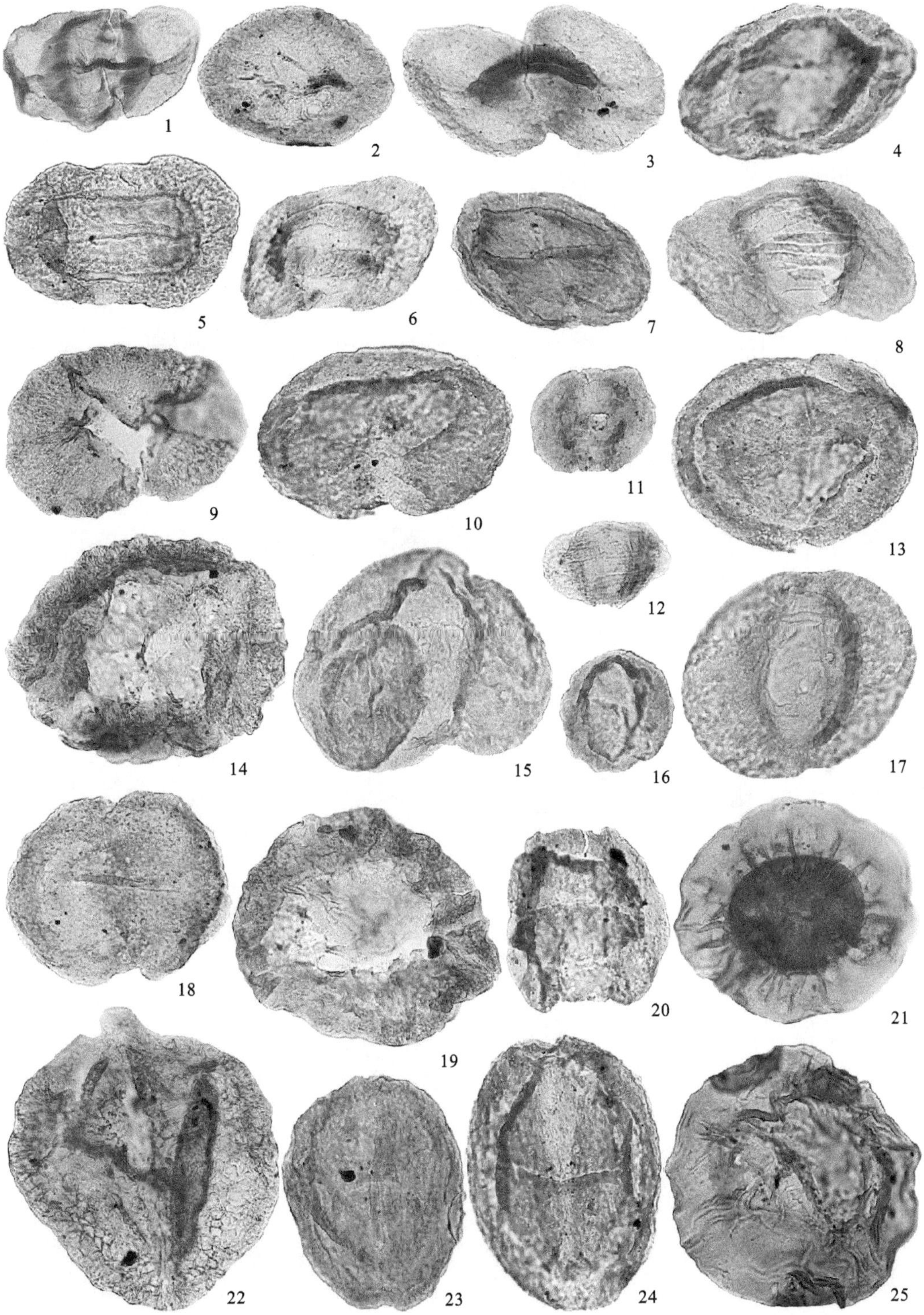

1 2 3 4
5 6 7 8
9 10 11 13
12
14 15 16 17
18 19 20 21
22 23 24 25

图版21

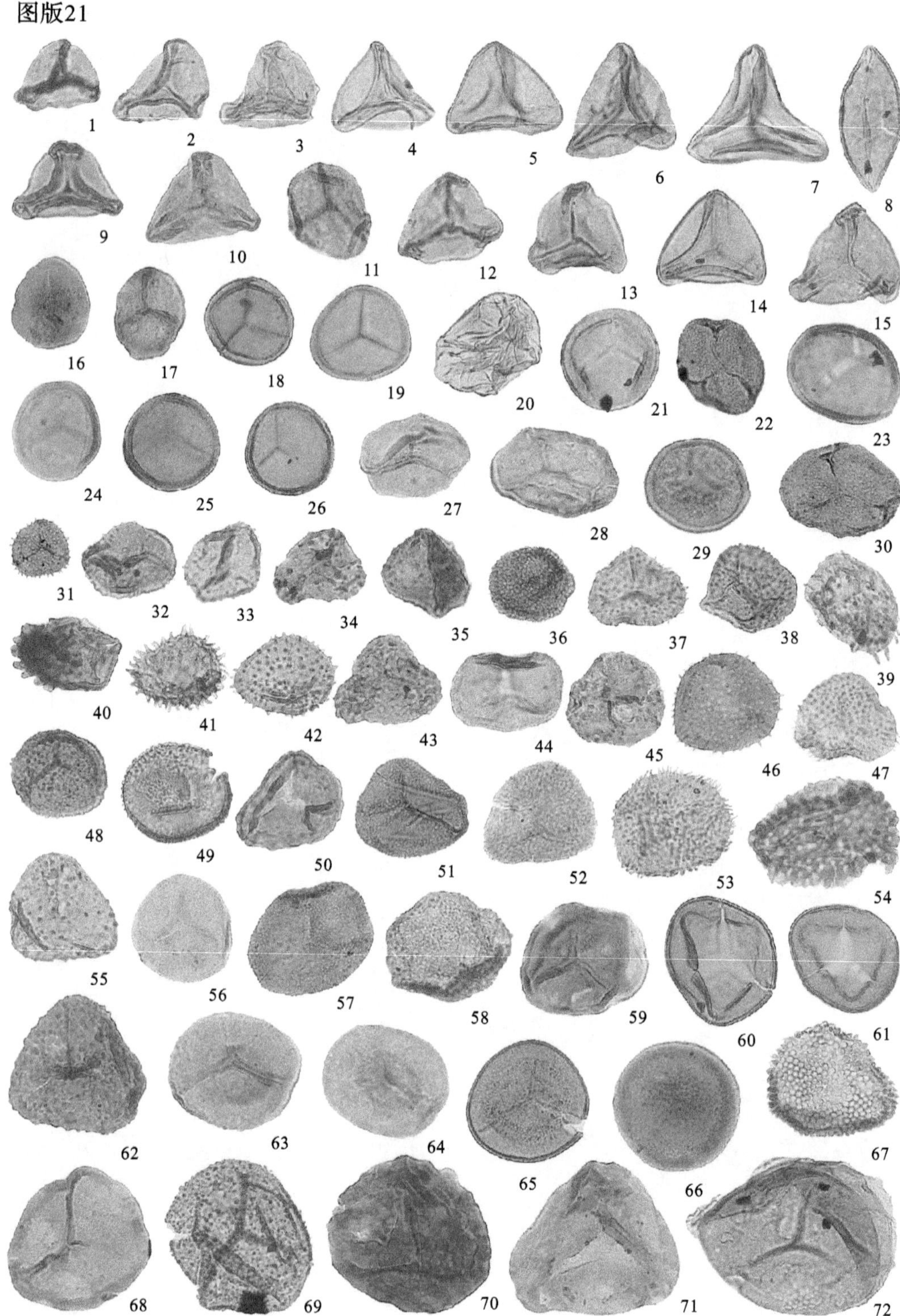
1
2
3
4
5
6
7
8
9
10
11
12
13
14
15
16
17
18
19
20
21
22
23
24
25
26
27
28
29
30
31
32
33
34
35
36
37
38
39
40
41
42
43
44
45
46
47
48
49
50
51
52
53
54
55
56
57
58
59
60
61
62
63
64
65
66
67
68
69
70
71
72

图版22

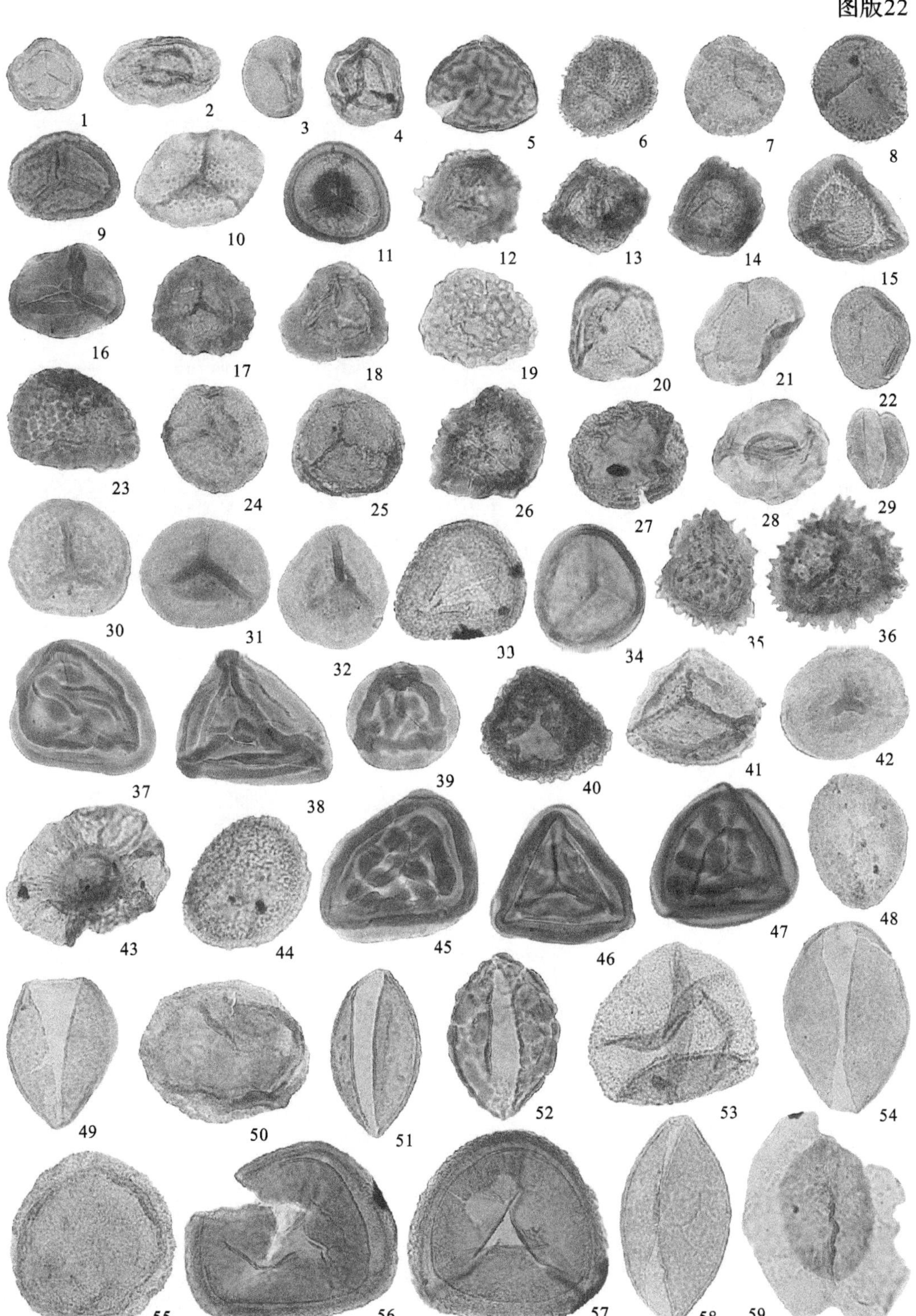
1
2
3
4
5
6
7
8
9
10
11
12
13
14
15
16
17
18
19
20
21
22
23
24
25
26
27
28
29
30
31
32
33
34
35
36
37
38
39
40
41
42
43
44
45
46
47
48
49
50
51
52
53
54
55
56
57
58
59

图版23

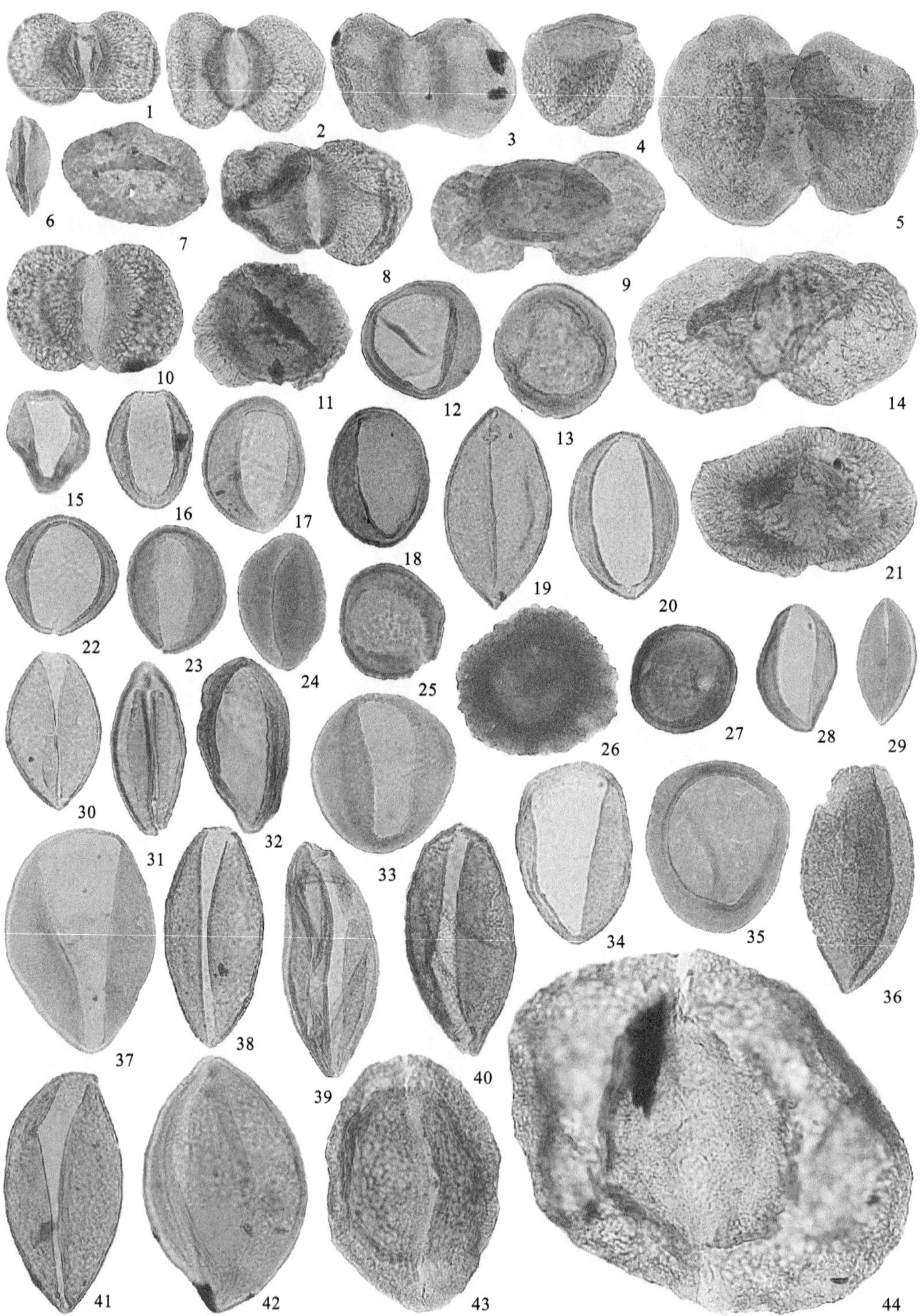

图版24

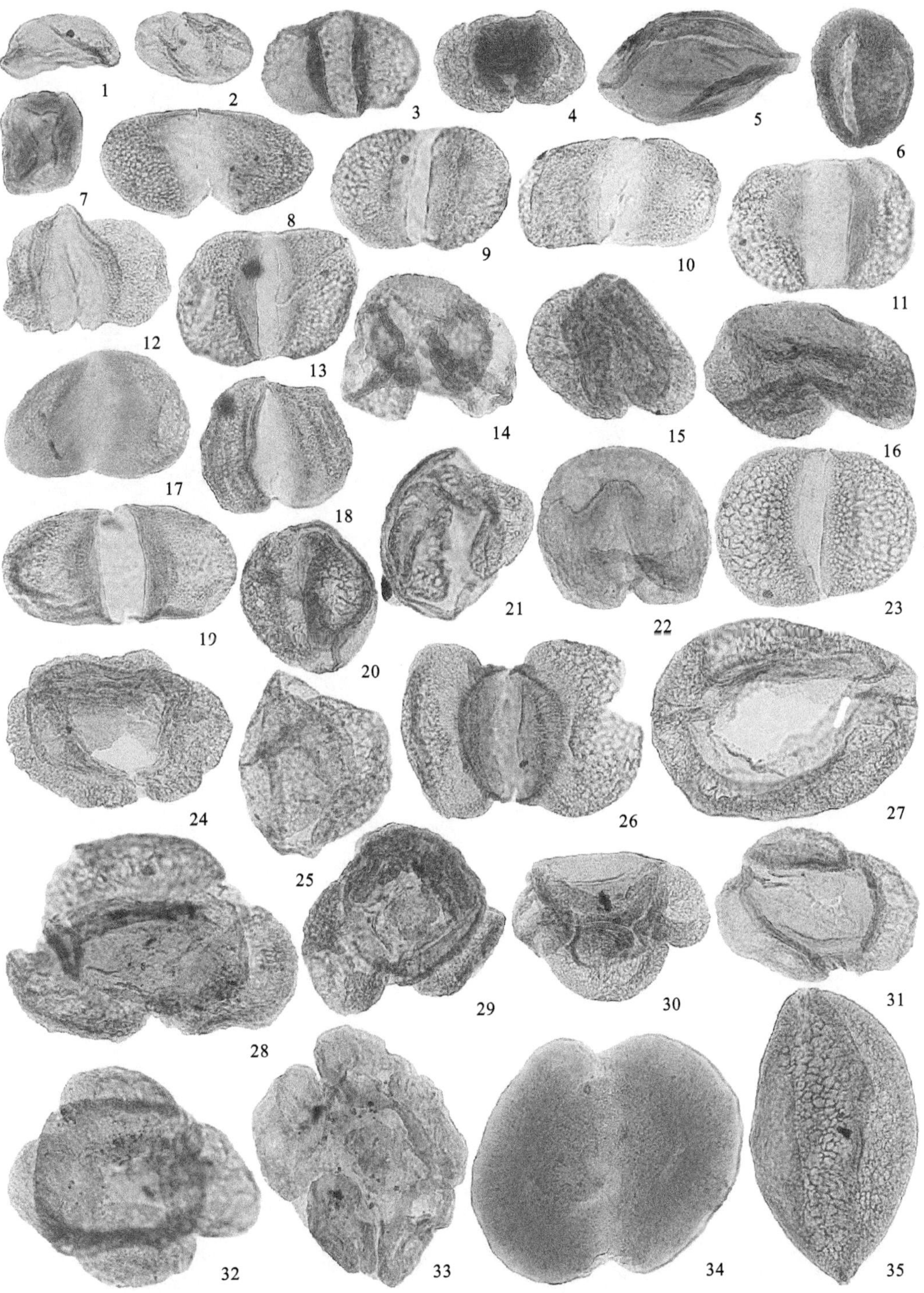
1
2
3
4
5
6
7
8
9
10
11
12
13
14
15
16
17
18
19
20
21
22
23
24
25
26
27
28
29
30
31
32
33
34
35

图版25

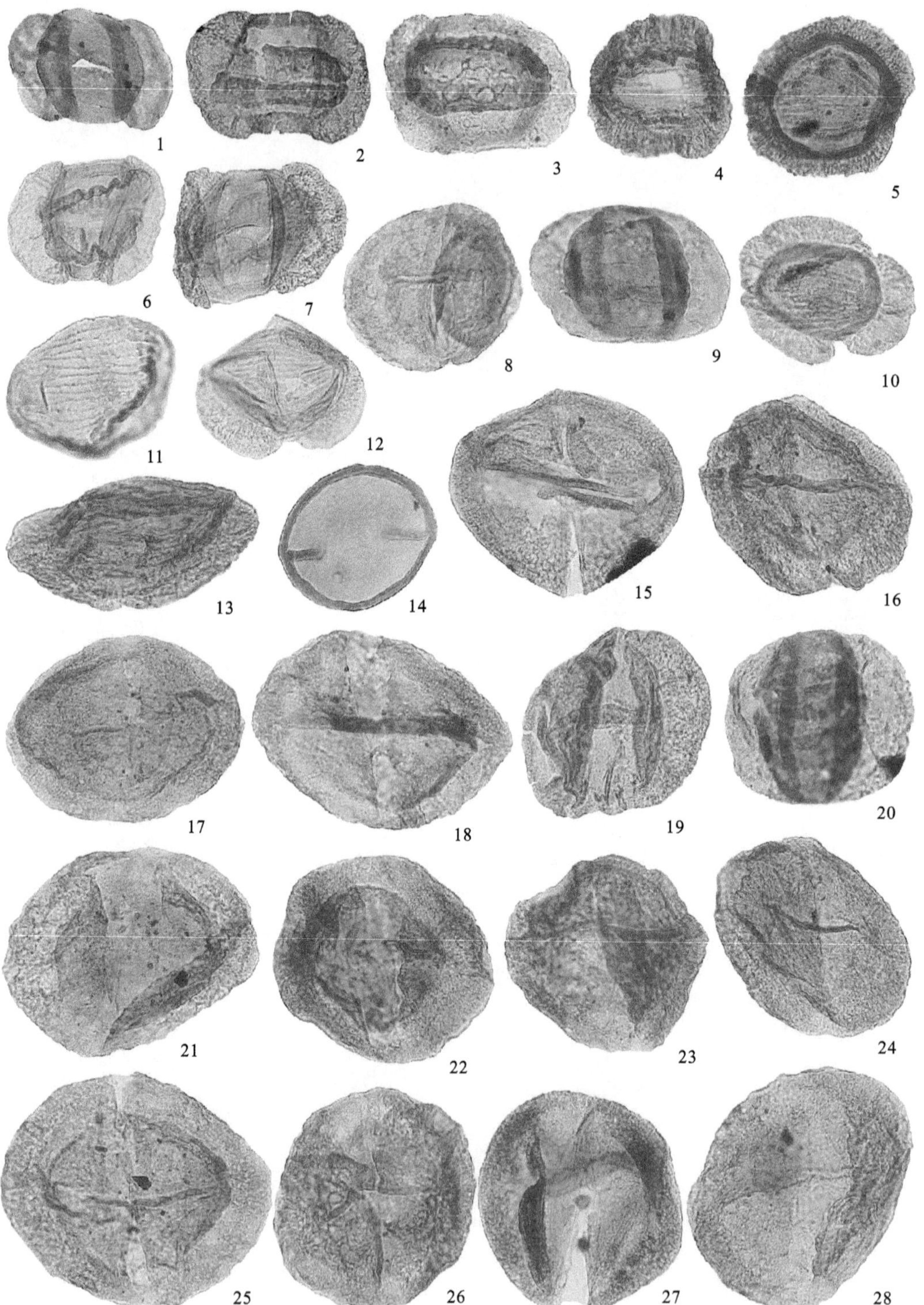

图版26

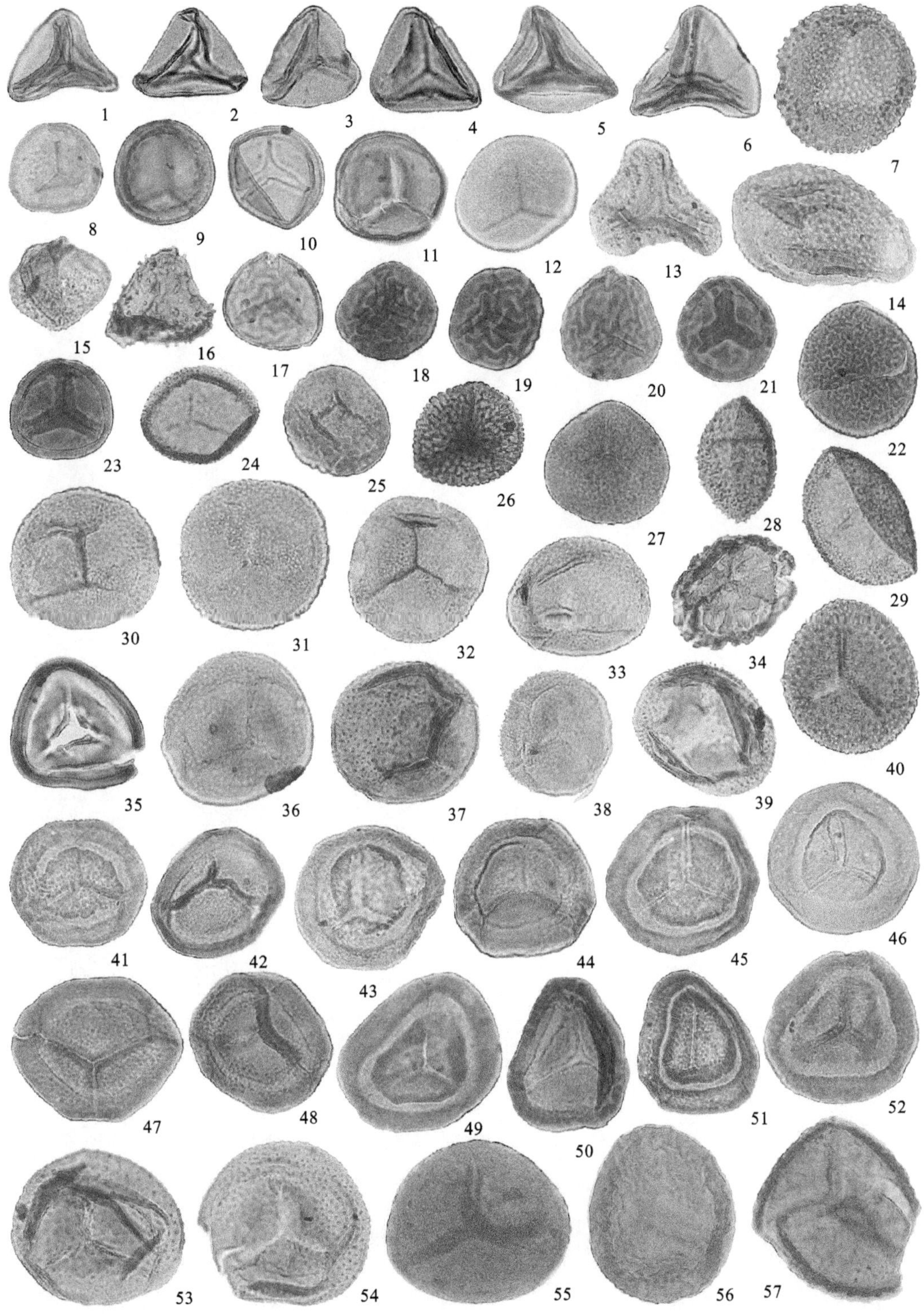

1 2 3 4 5 6 7

8 9 10 11 12 13 14

15 16 17 18 19 20 21 22

23 24 25 26 27 28 29

30 31 32 33 34 35 36 37 38 39 40

41 42 43 44 45 46

47 48 49 50 51 52

53 54 55 56 57

图版27

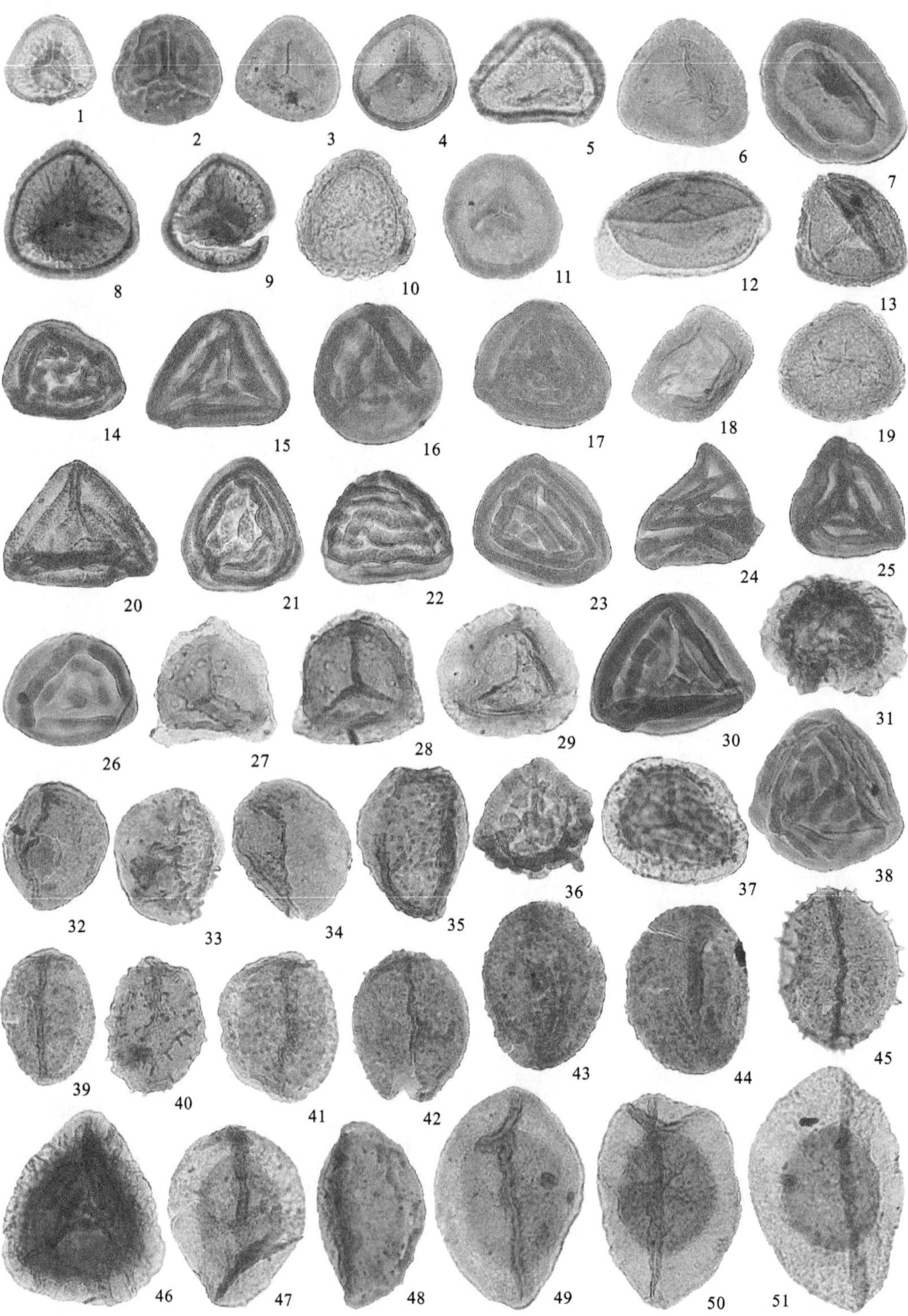
1
2
3
4
5
6
7
8
9
10
11
12
13
14
15
16
17
18
19
20
21
22
23
24
25
26
27
28
29
30
31
32
33
34
35
36
37
38
39
40
41
42
43
44
45
46
47
48
49
50
51

图版28

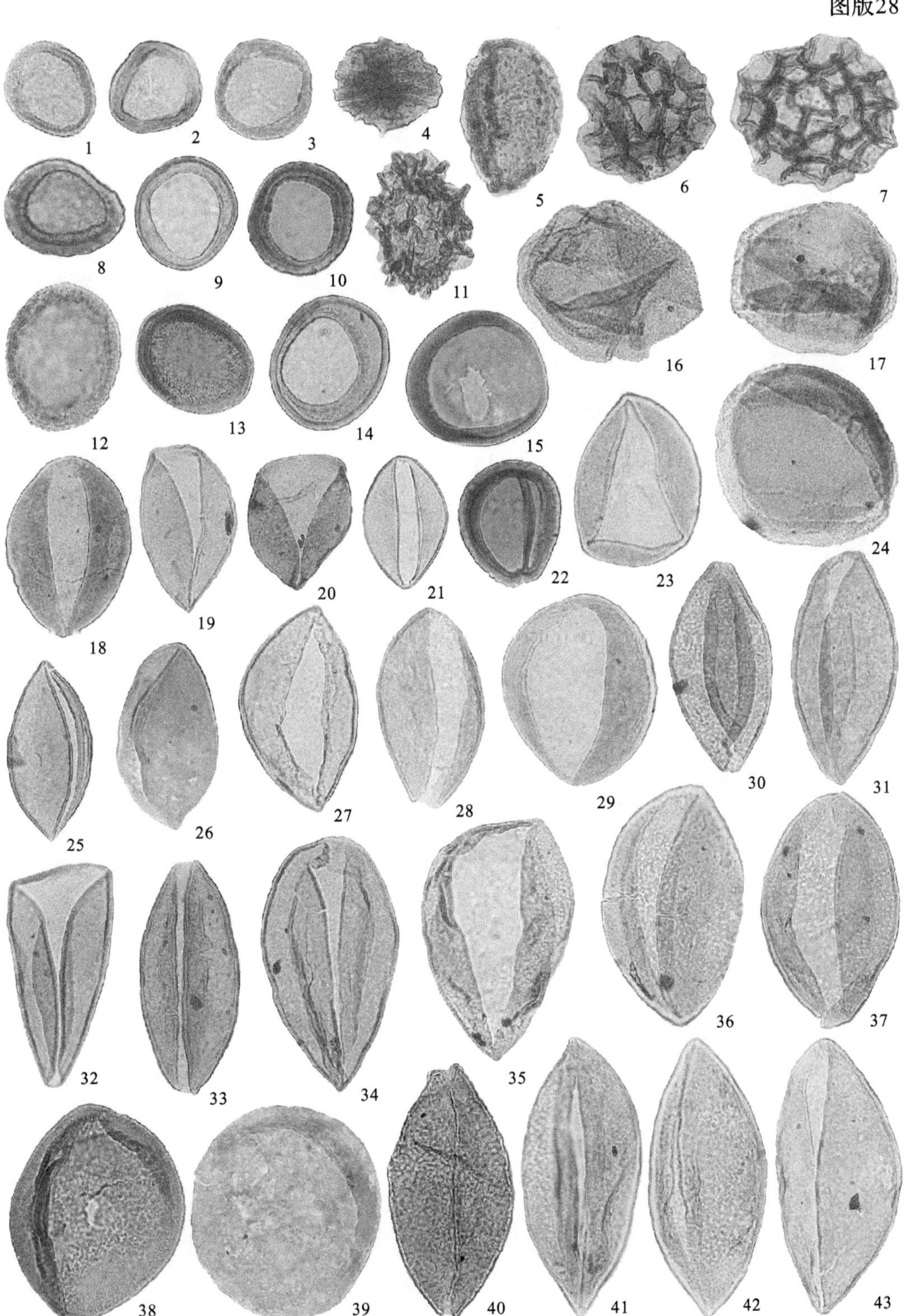
1
2
3
4
5
6
7
8
9
10
11
12
13
14
15
16
17
18
19
20
21
22
23
24
25
26
27
28
29
30
31
32
33
34
35
36
37
38
39
40
41
42
43

图版29

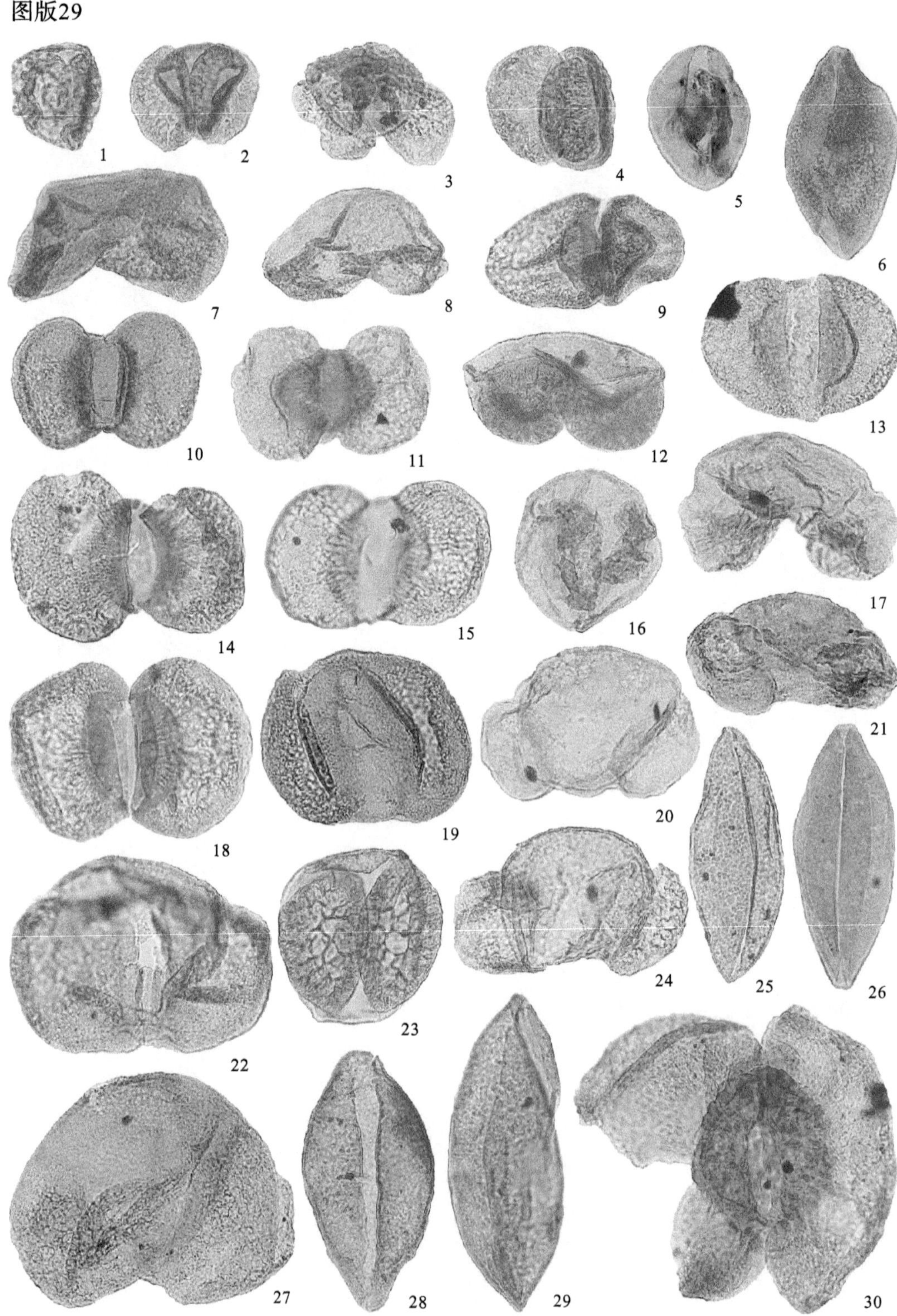
1
2
3
4
5
6
7
8
9
10
11
12
13
14
15
16
17
18
19
20
21
22
23
24
25
26
27
28
29
30

图版30

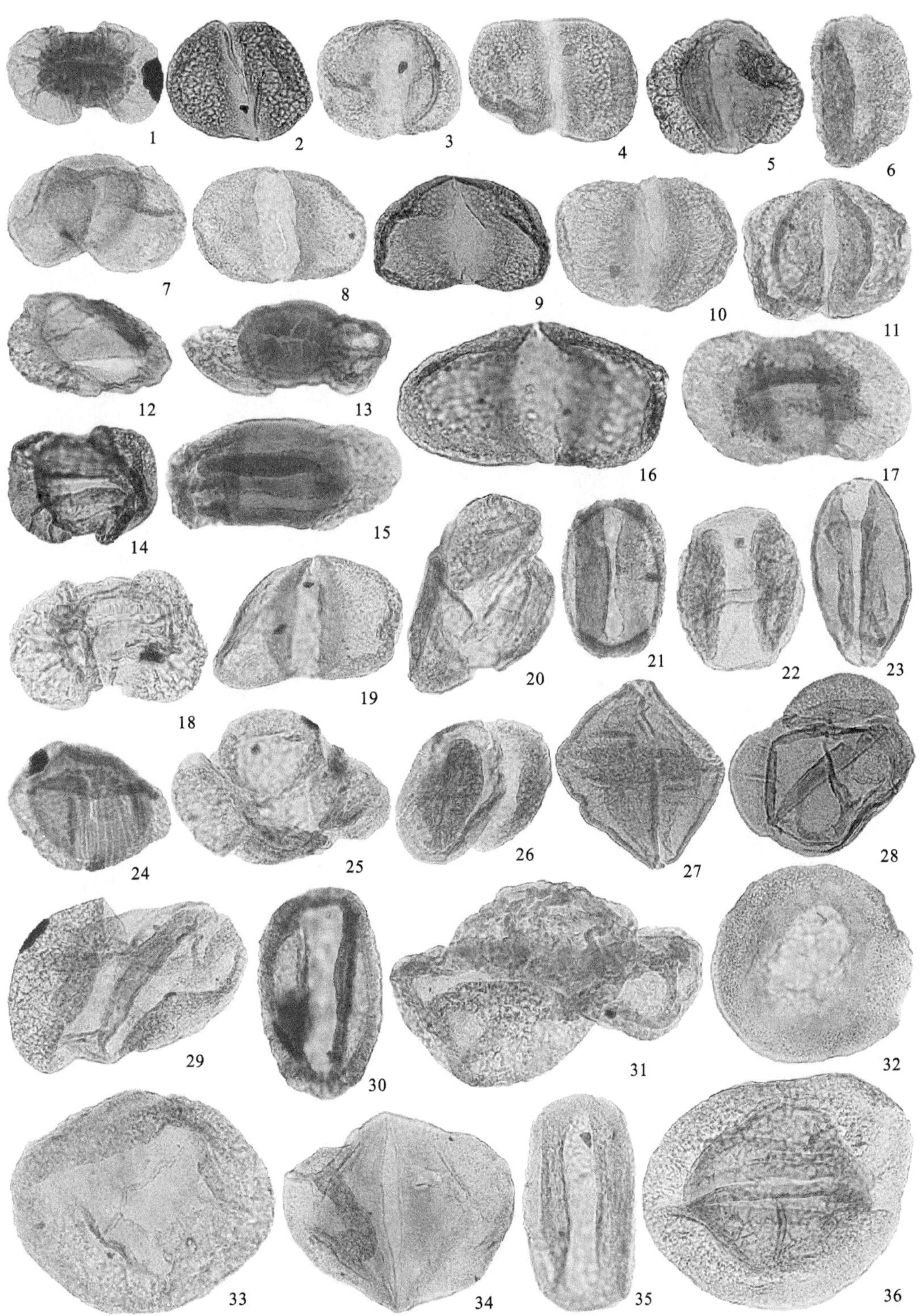
1
2
3
4
5
6
7
8
9
10
11
12
13
14
15
16
17
18
19
20
21
22
23
24
25
26
27
28
29
30
31
32
33
34
35
36

图版31

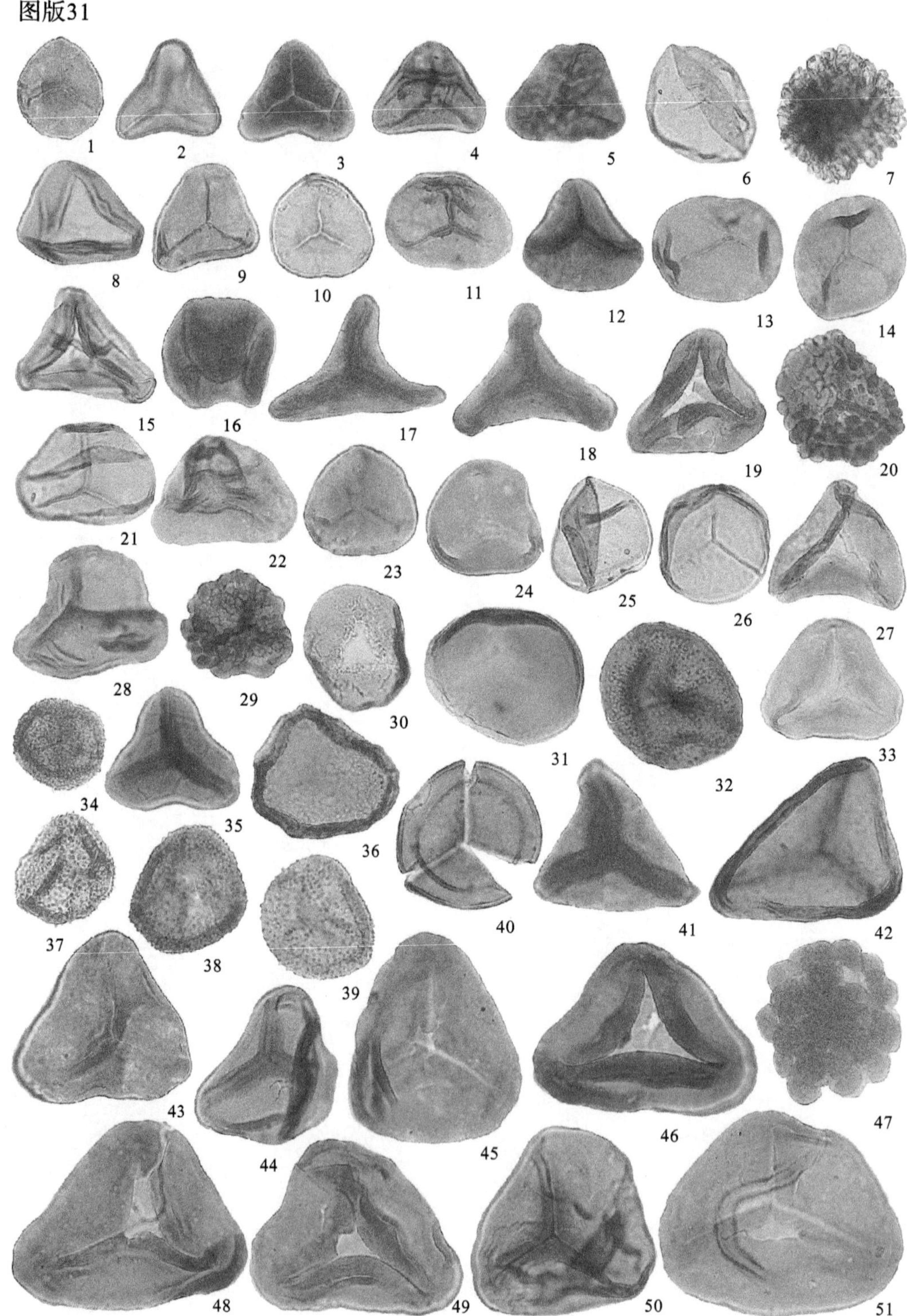

图版32

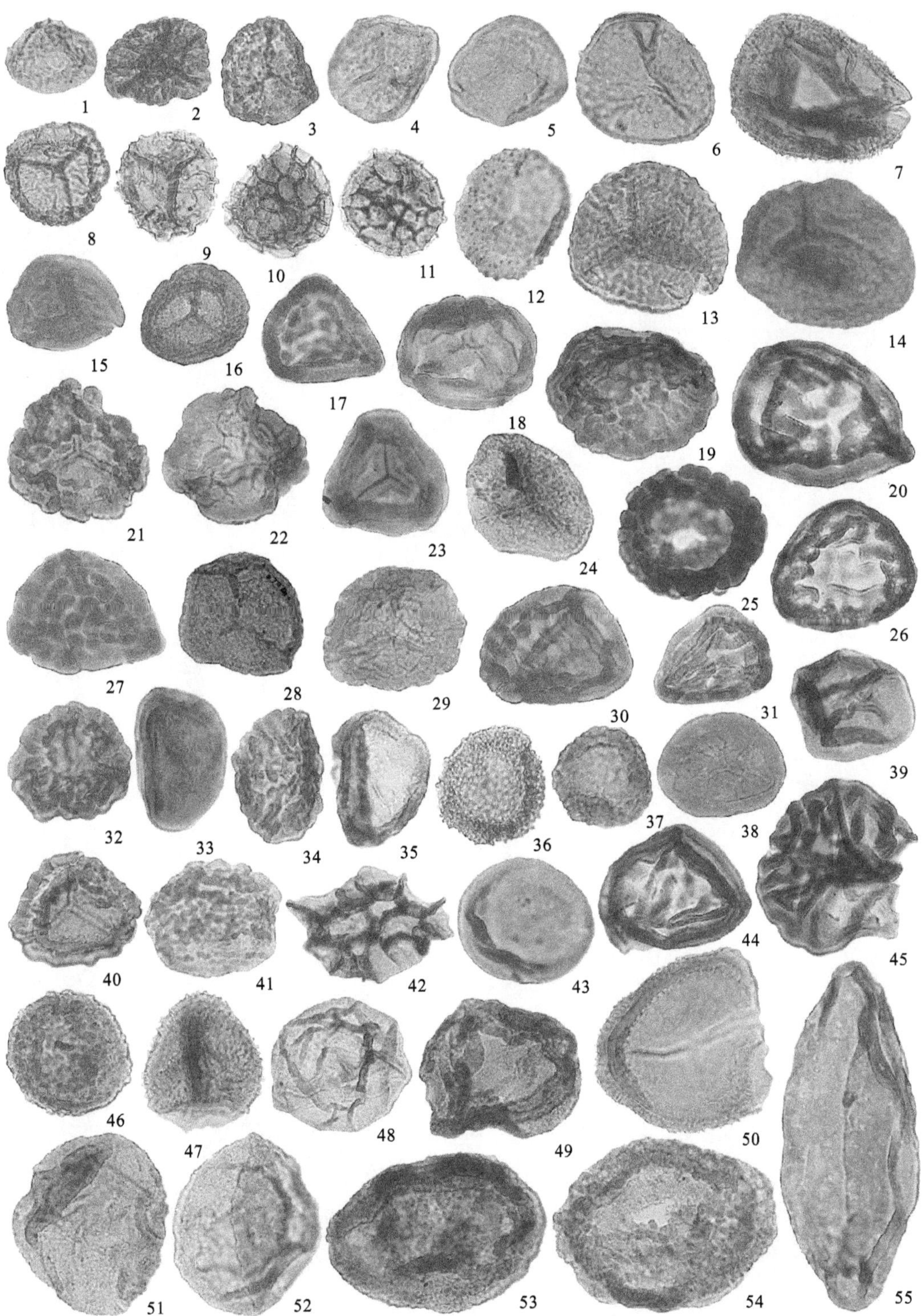

图版33

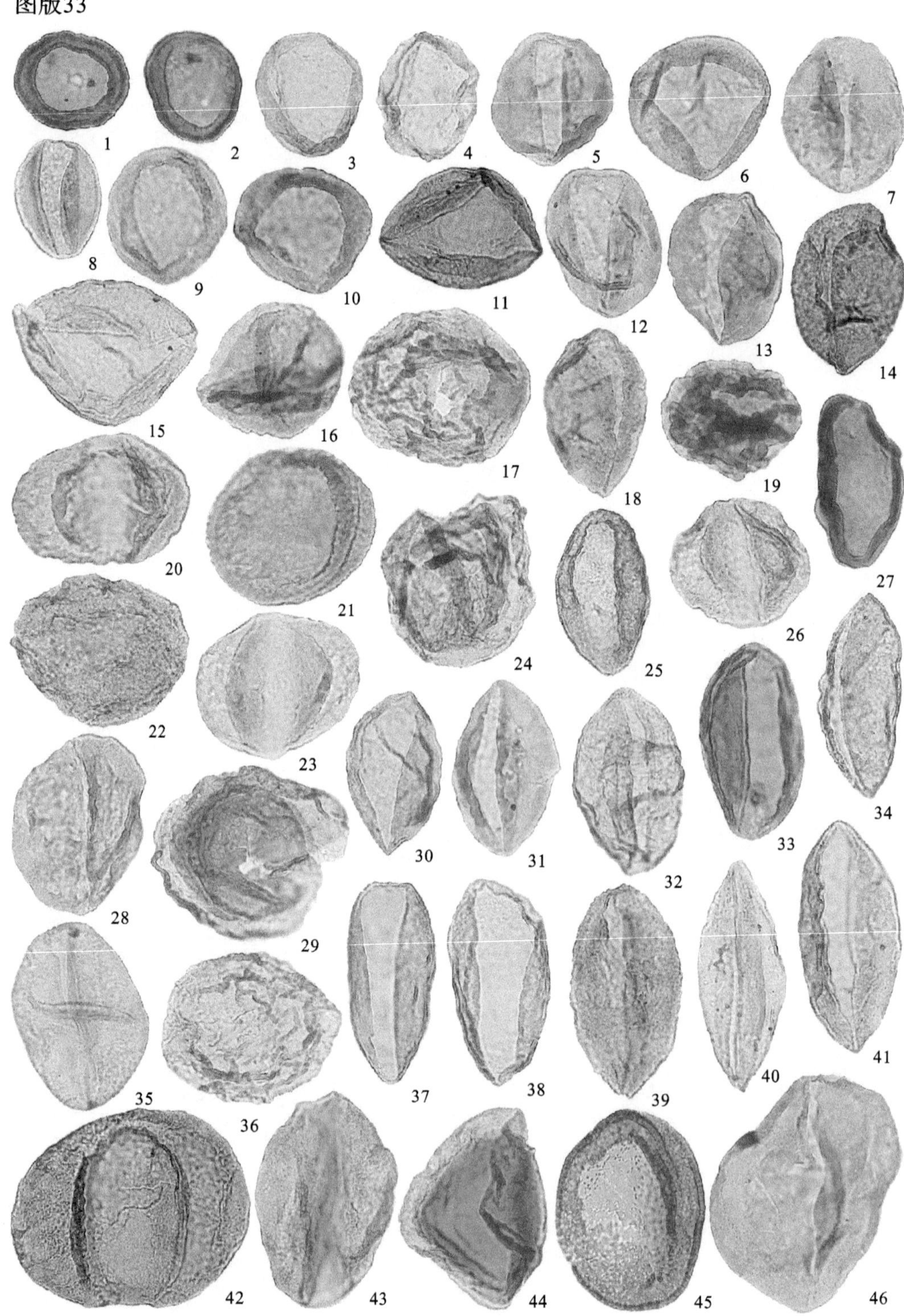
1
2
3
4
5
6
7
8
9
10
11
12
13
14
15
16
17
18
19
20
21
22
23
24
25
26
27
28
29
30
31
32
33
34
35
36
37
38
39
40
41
42
43
44
45
46

图版34

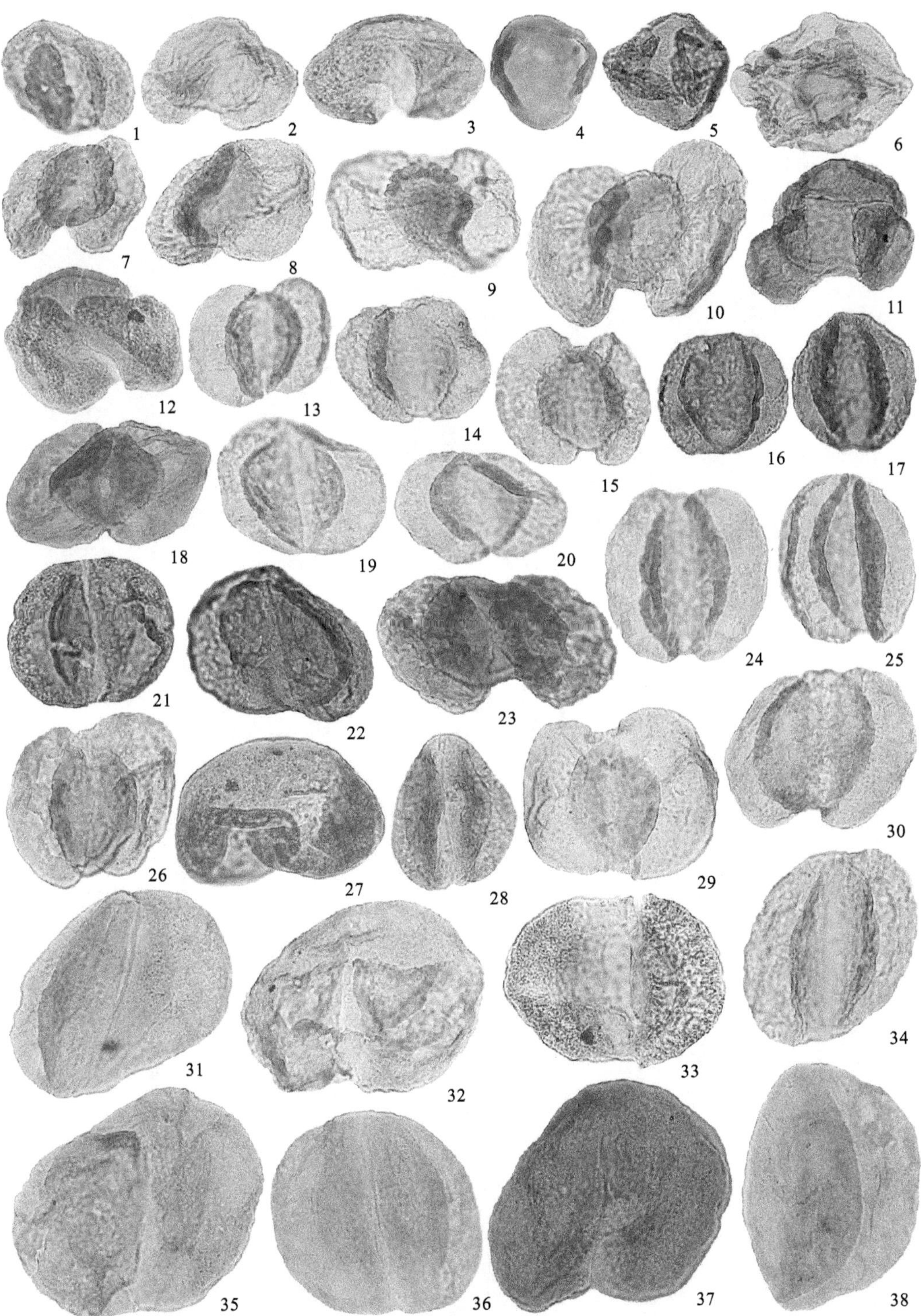
1
2
3
4
5
6
7
8
9
10
11
12
13
14
15
16
17
18
19
20
21
22
23
24
25
26
27
28
29
30
31
32
33
34
35
36
37
38

图版35

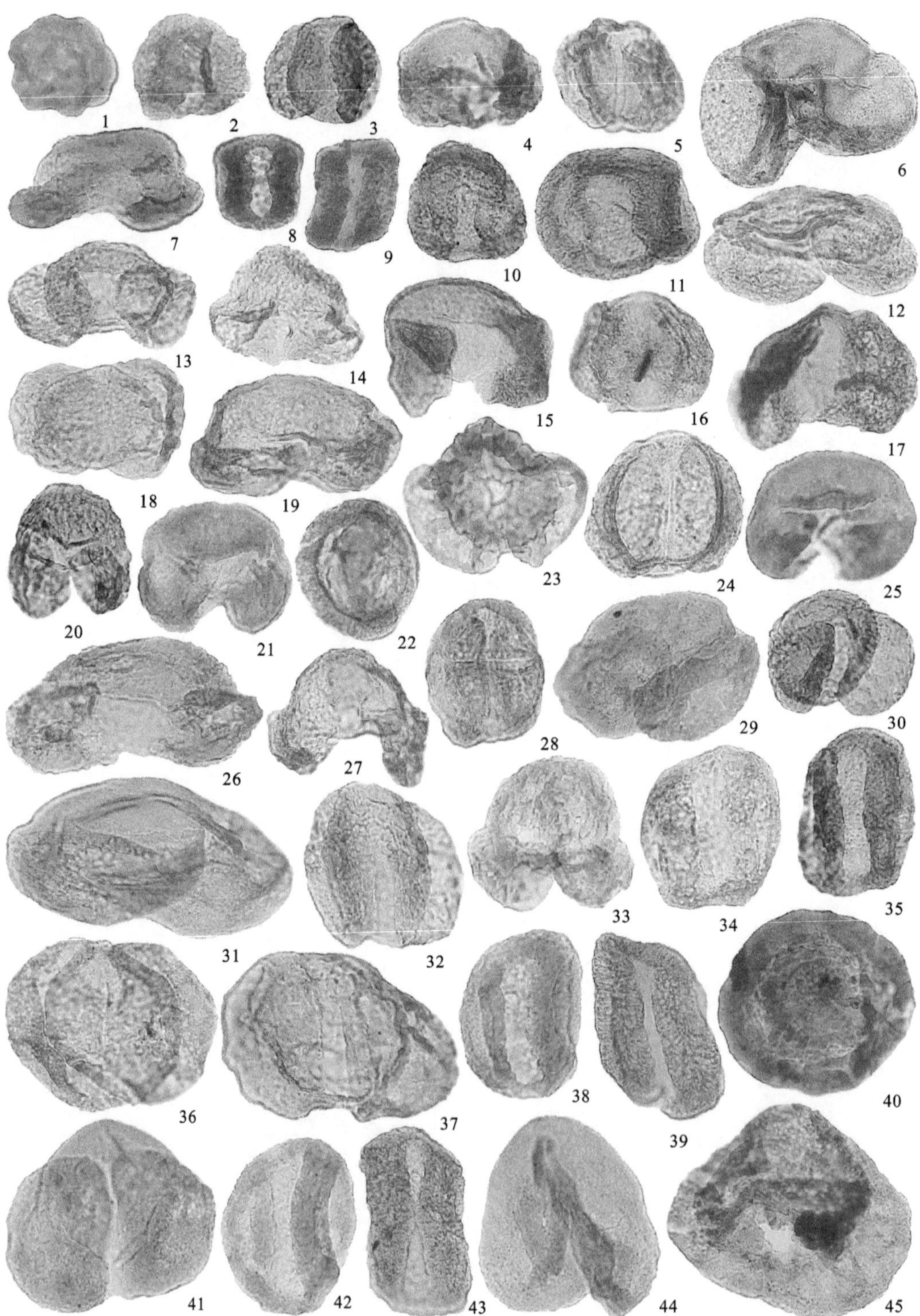
1
2
3
4
5
6
7
8
9
10
11
12
13
14
15
16
17
18
19
20
21
22
23
24
25
26
27
28
29
30
31
32
33
34
35
36
37
38
39
40
41
42
43
44
45

图版36

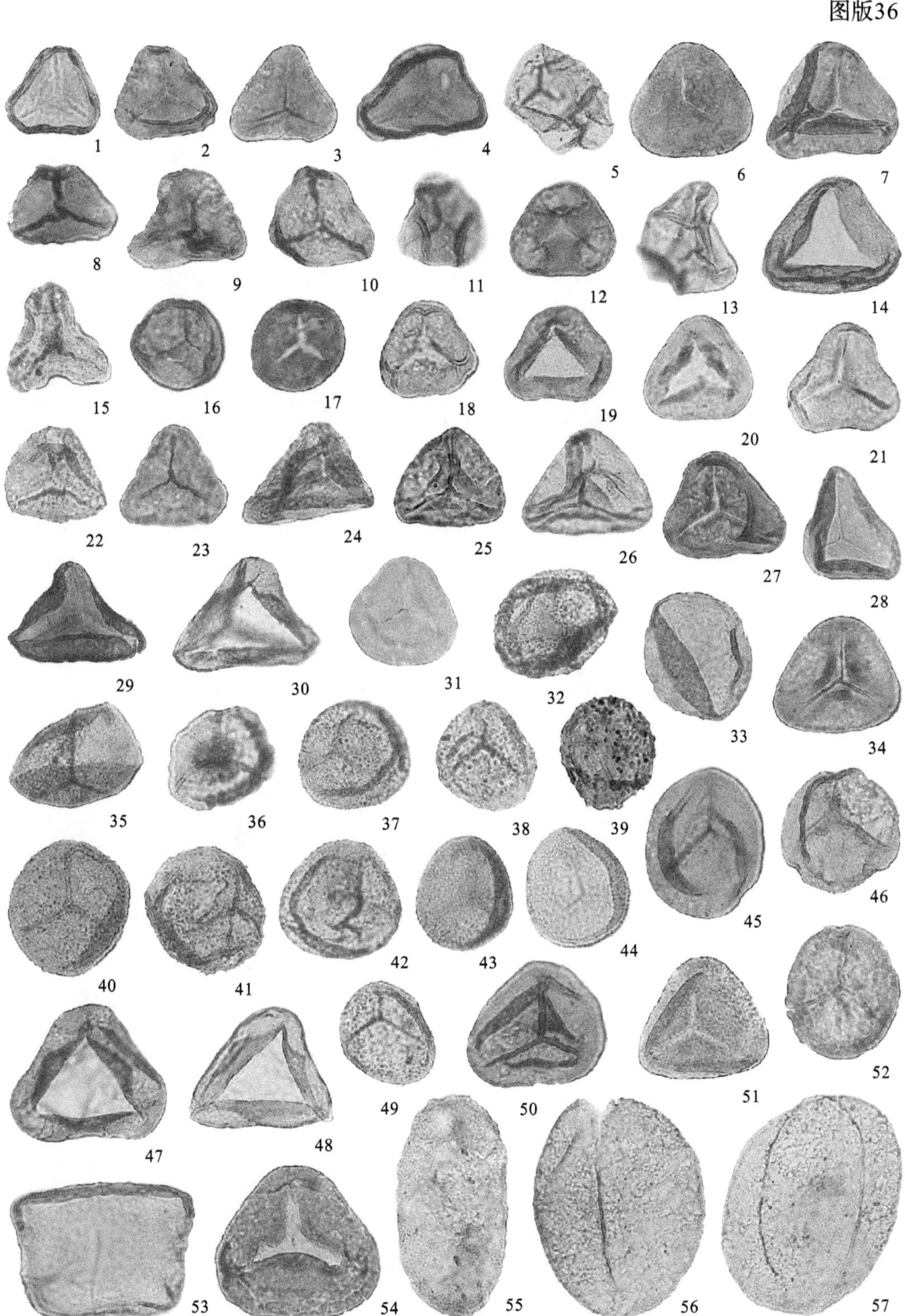

1
2
3
4
5
6
7
8
9
10
11
12
13
14
15
16
17
18
19
20
21
22
23
24
25
26
27
28
29
30
31
32
33
34
35
36
37
38
39
40
41
42
43
44
45
46
47
48
49
50
51
52
53
54
55
56
57

图版37

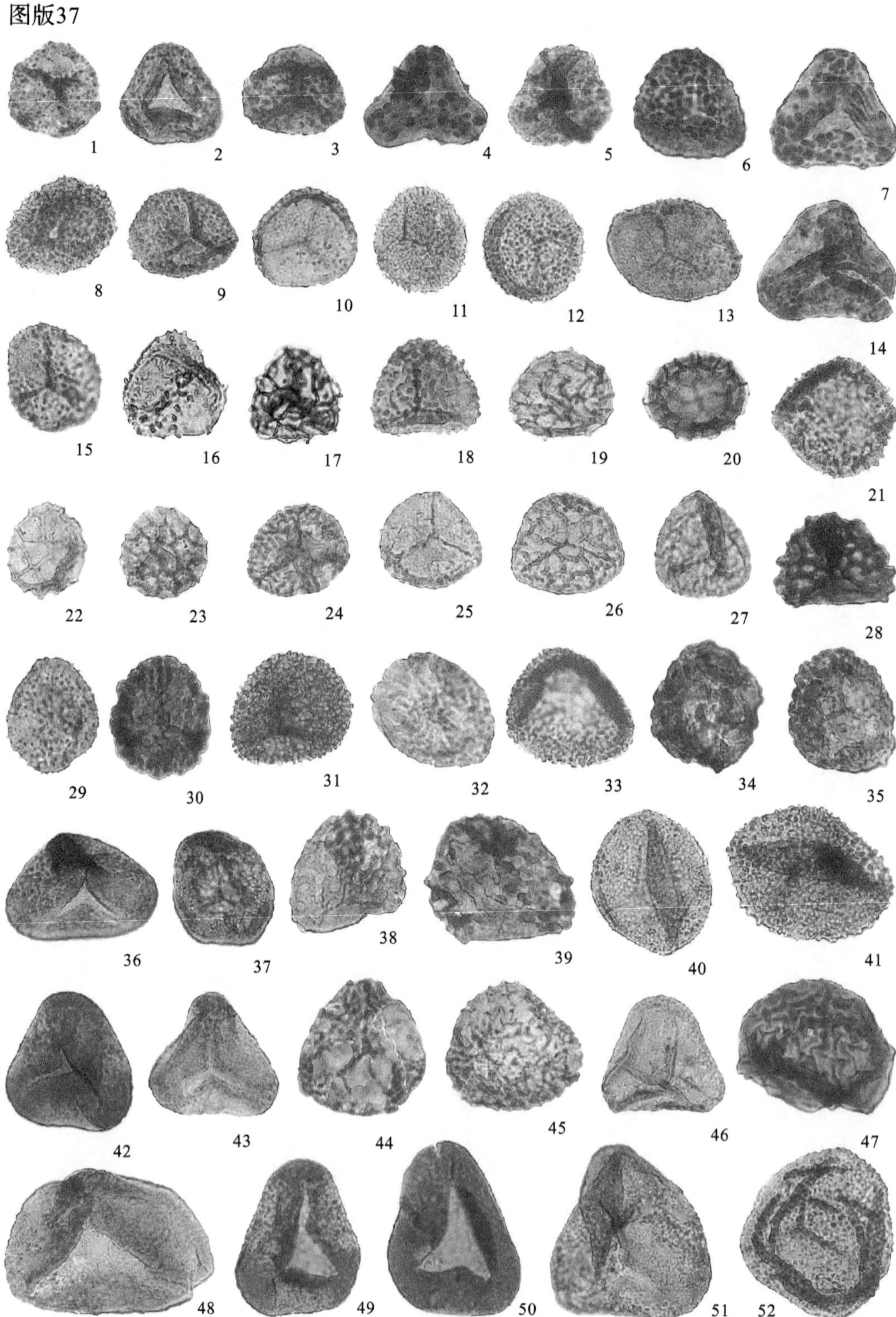

图版38

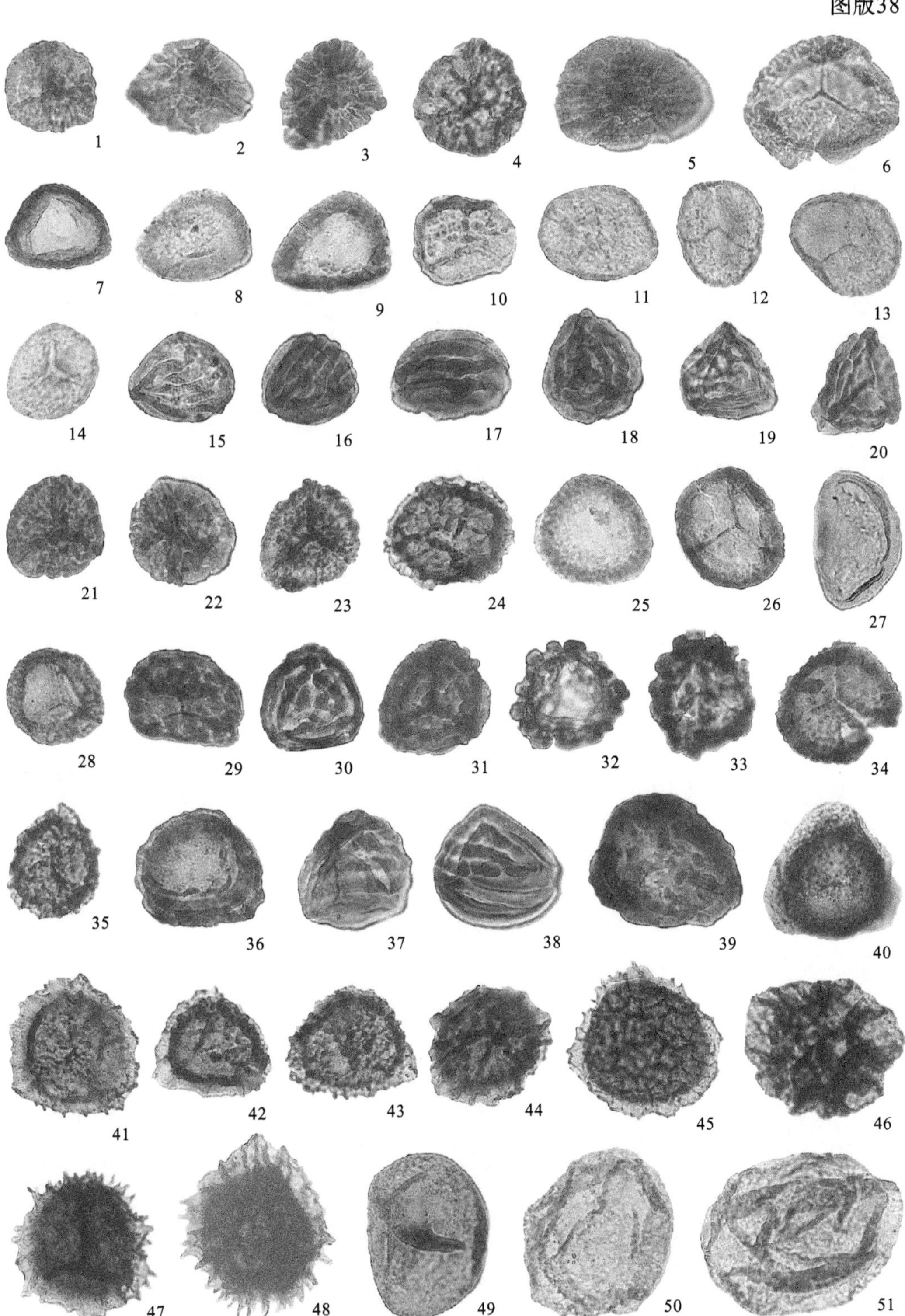

图版39

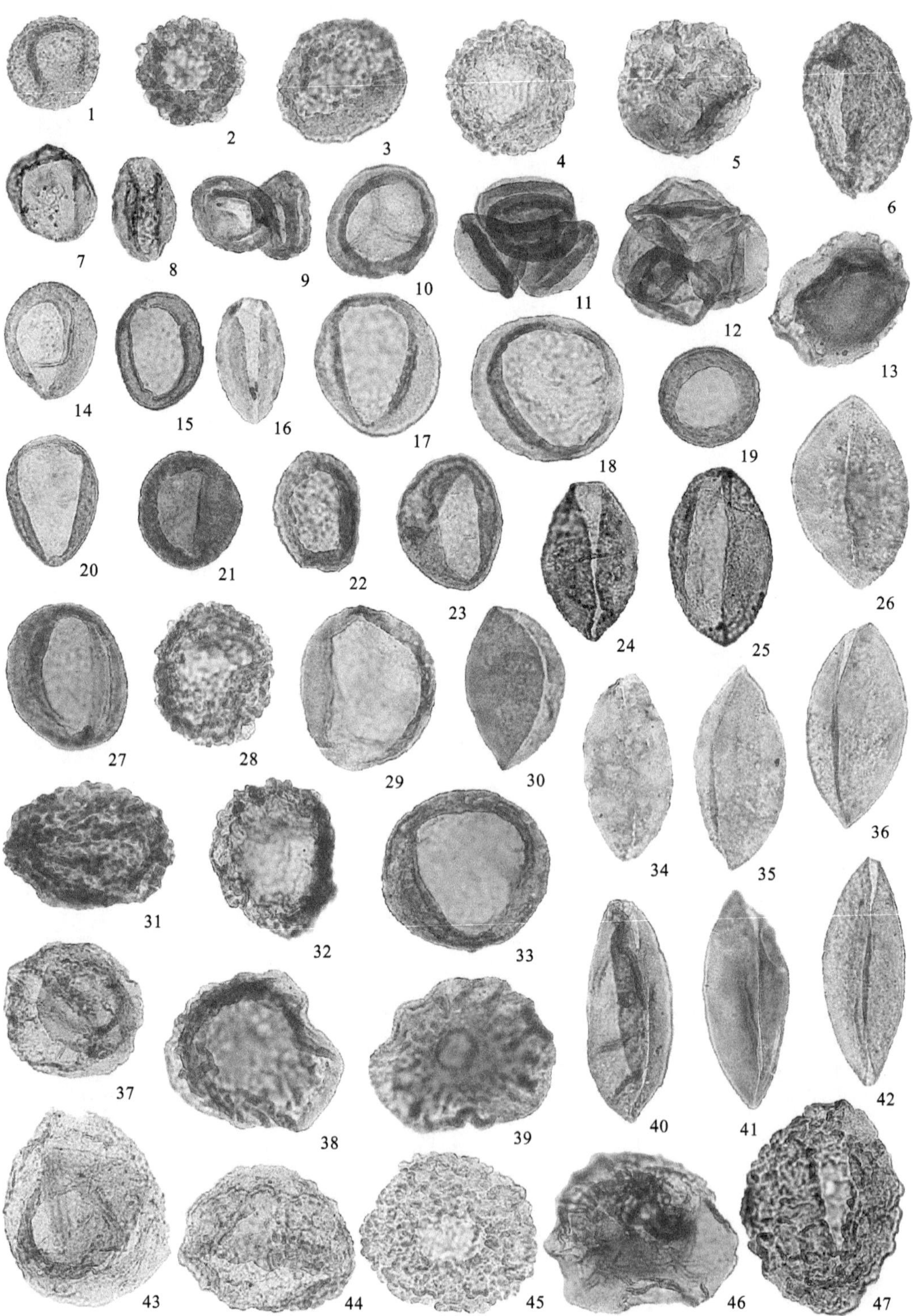
1
2
3
4
5
6
7
8
9
10
11
12
13
14
15
16
17
18
19
20
21
22
23
24
25
26
27
28
29
30
31
32
33
34
35
36
37
38
39
40
41
42
43
44
45
46
47

图版40

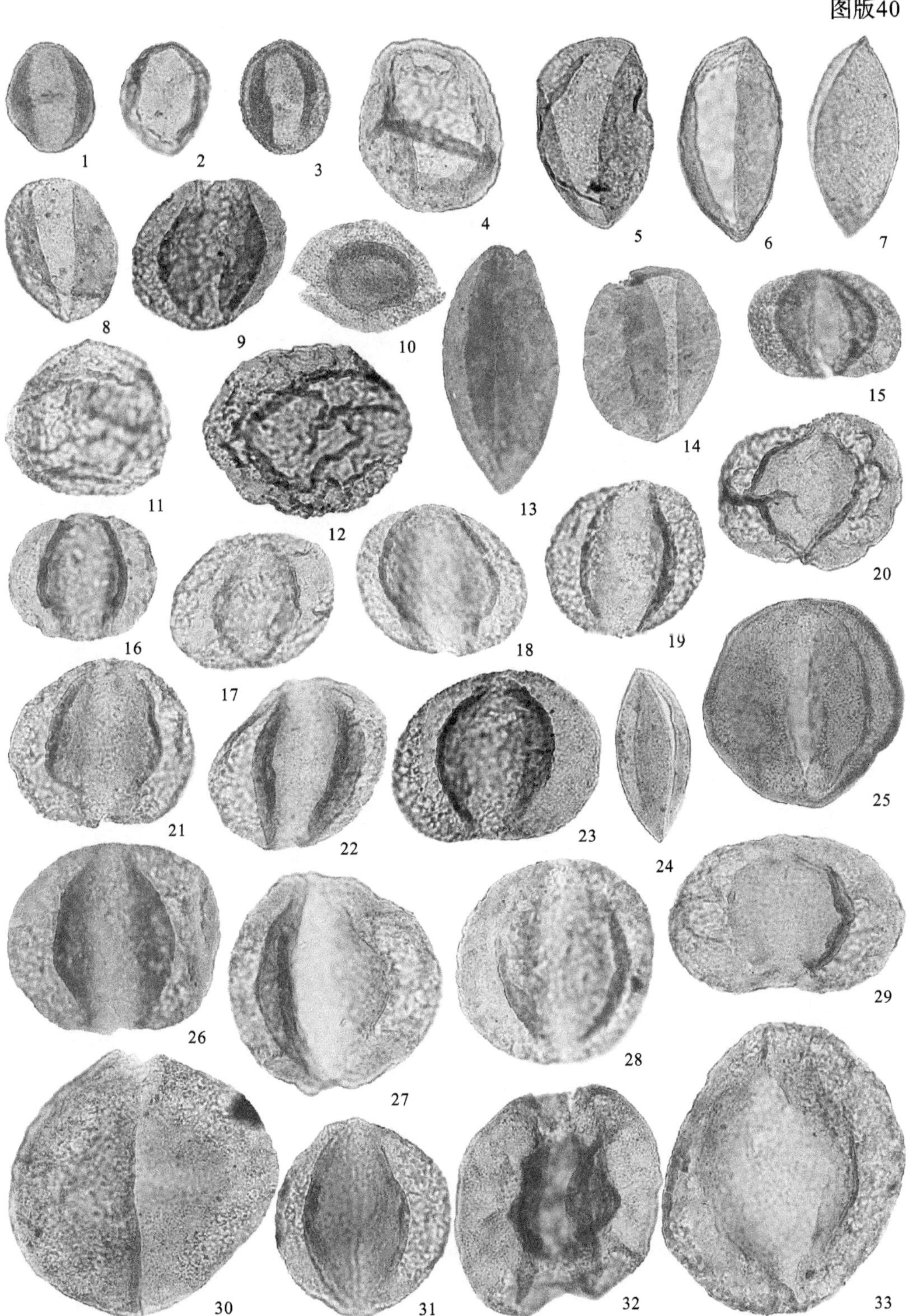

图版41

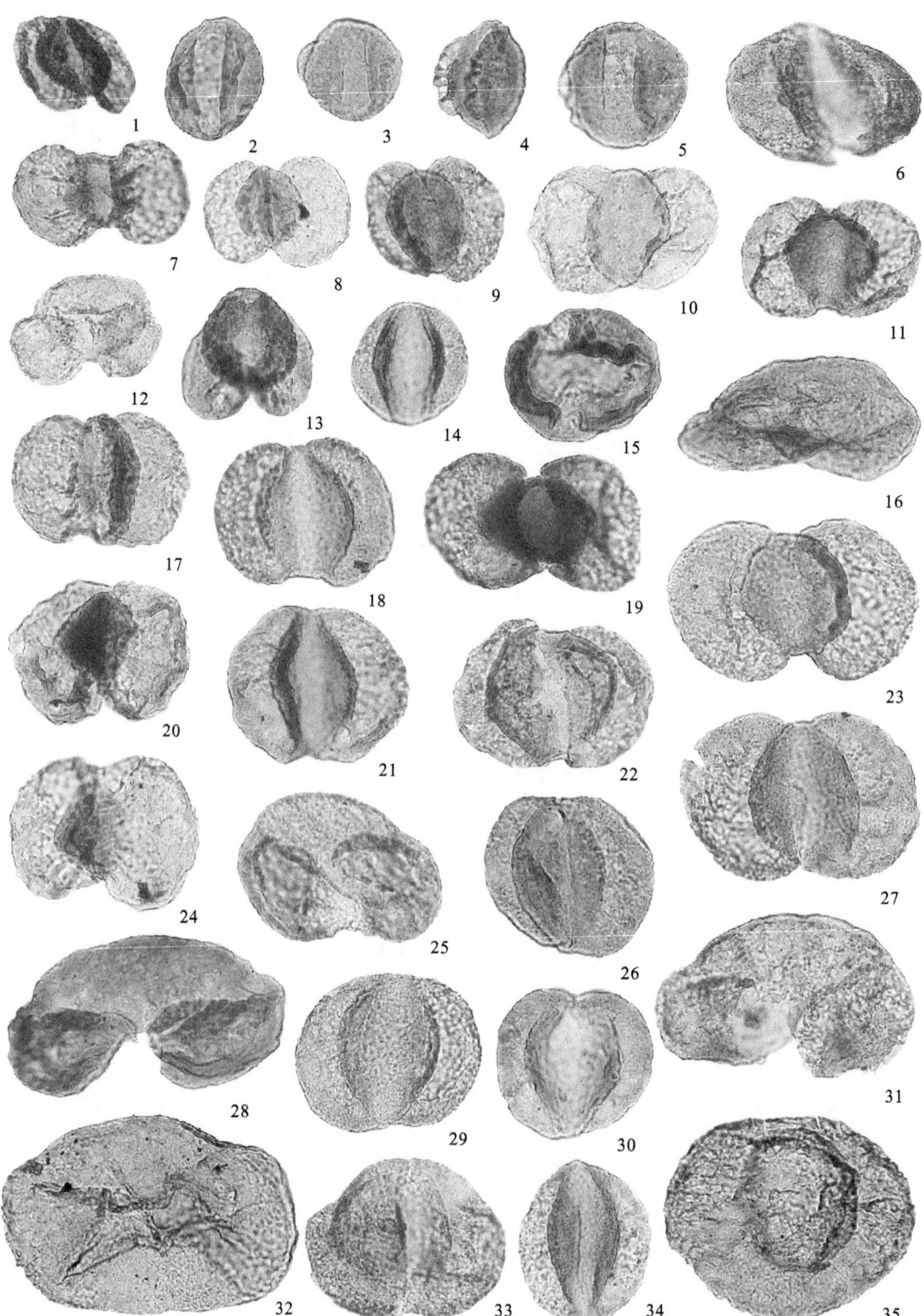
1
2
3
4
5
6
7
8
9
10
11
12
13
14
15
16
17
18
19
20
21
22
23
24
25
26
27
28
29
30
31
32
33
34
35

图版42

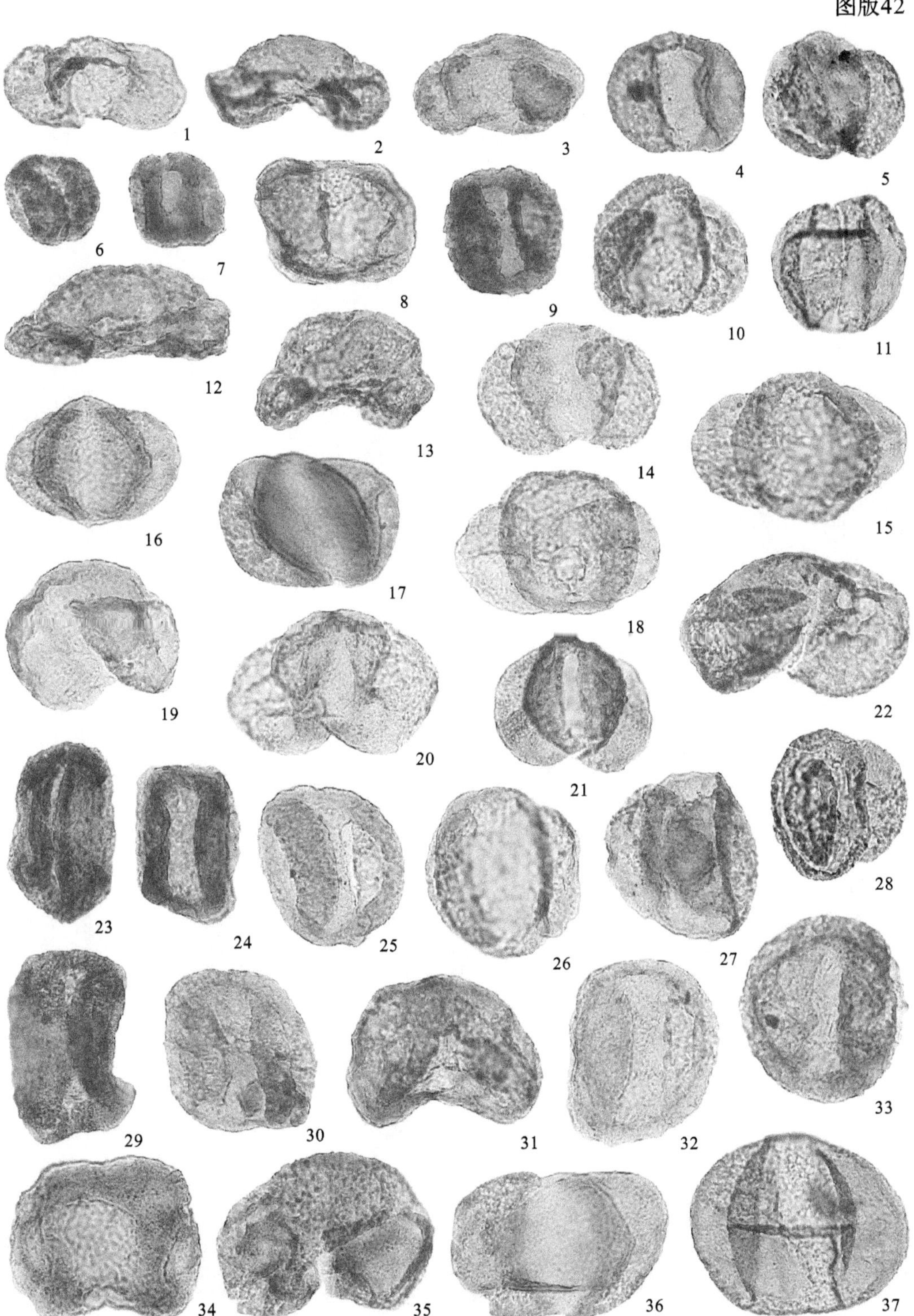

图版43

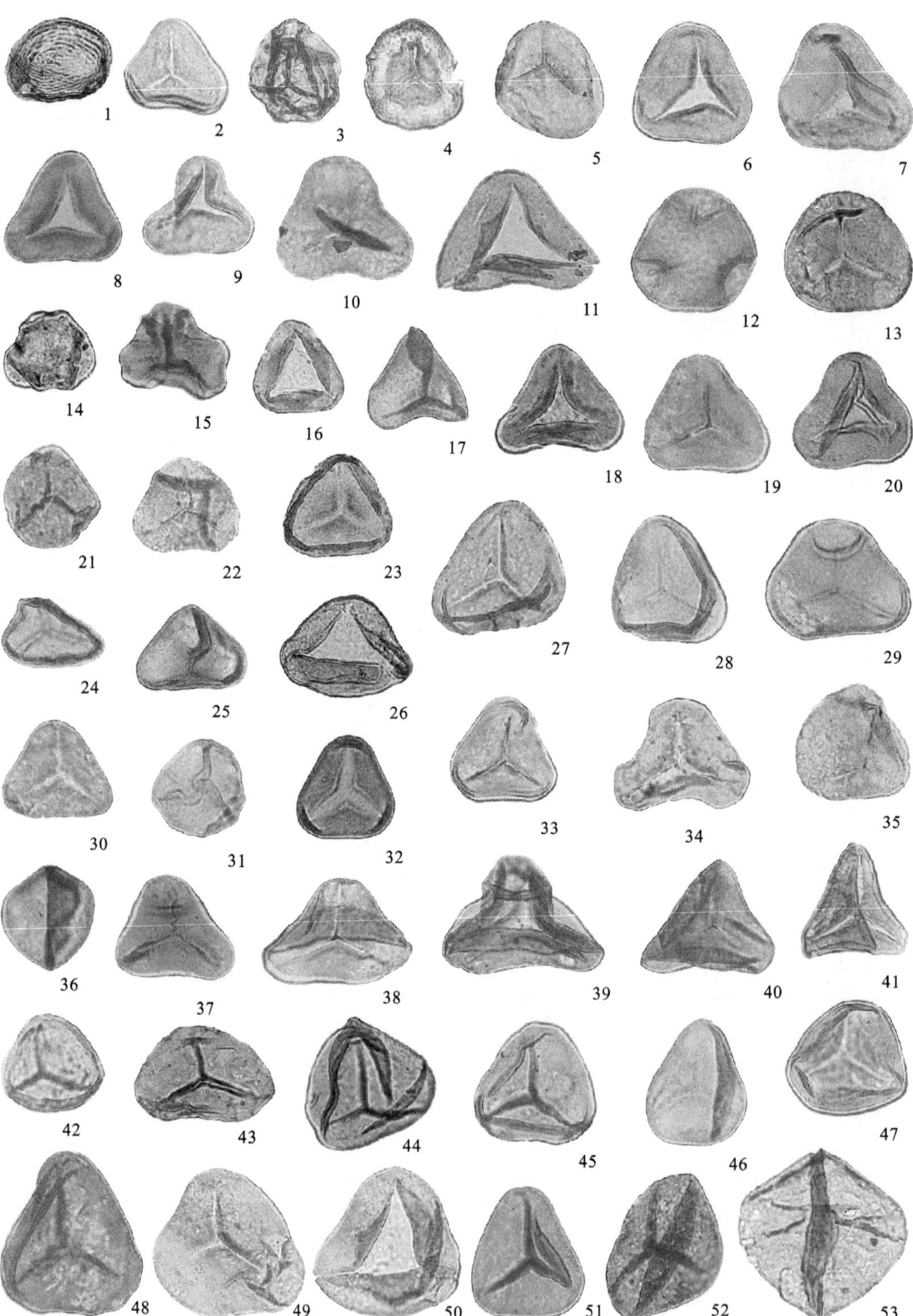
1
2
3
4
5
6
7
8
9
10
11
12
13
14
15
16
17
18
19
20
21
22
23
24
25
26
27
28
29
30
31
32
33
34
35
36
37
38
39
40
41
42
43
44
45
46
47
48
49
50
51
52
53

图版44

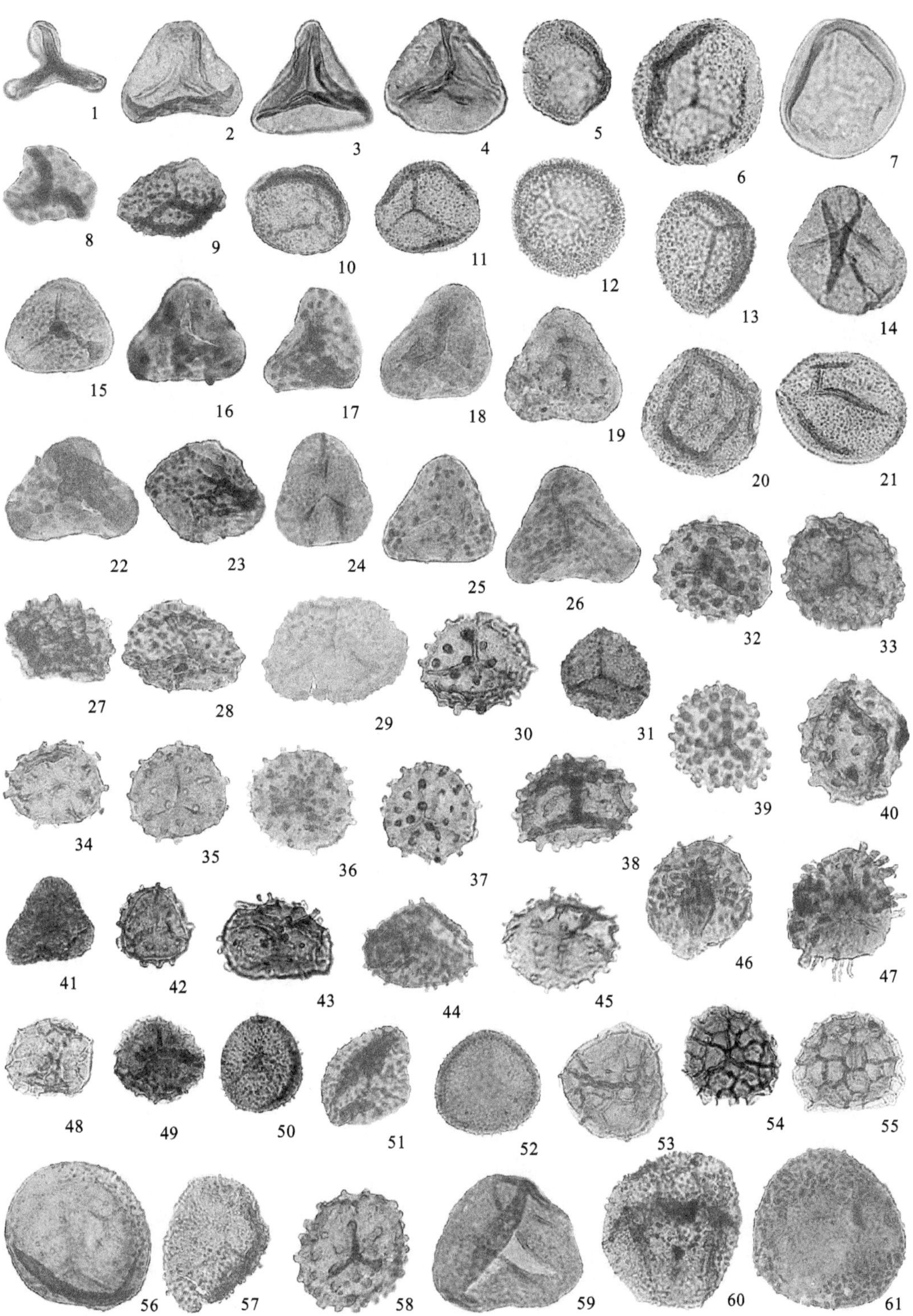
1
2
3
4
5
6
7
8
9
10
11
12
13
14
15
16
17
18
19
20
21
22
23
24
25
26
27
28
29
30
31
32
33
34
35
36
37
38
39
40
41
42
43
44
45
46
47
48
49
50
51
52
53
54
55
56
57
58
59
60
61

图版45

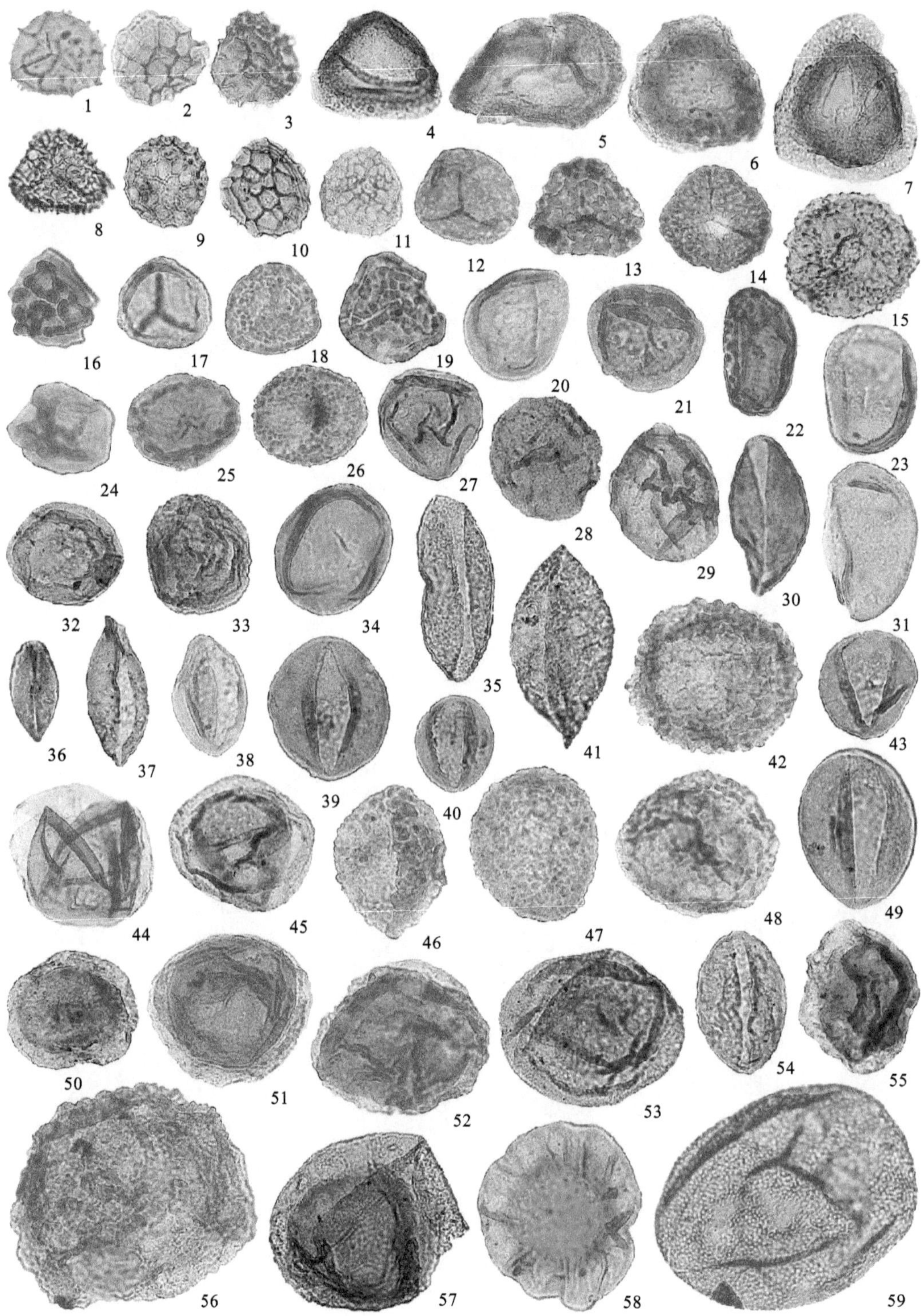

图版46

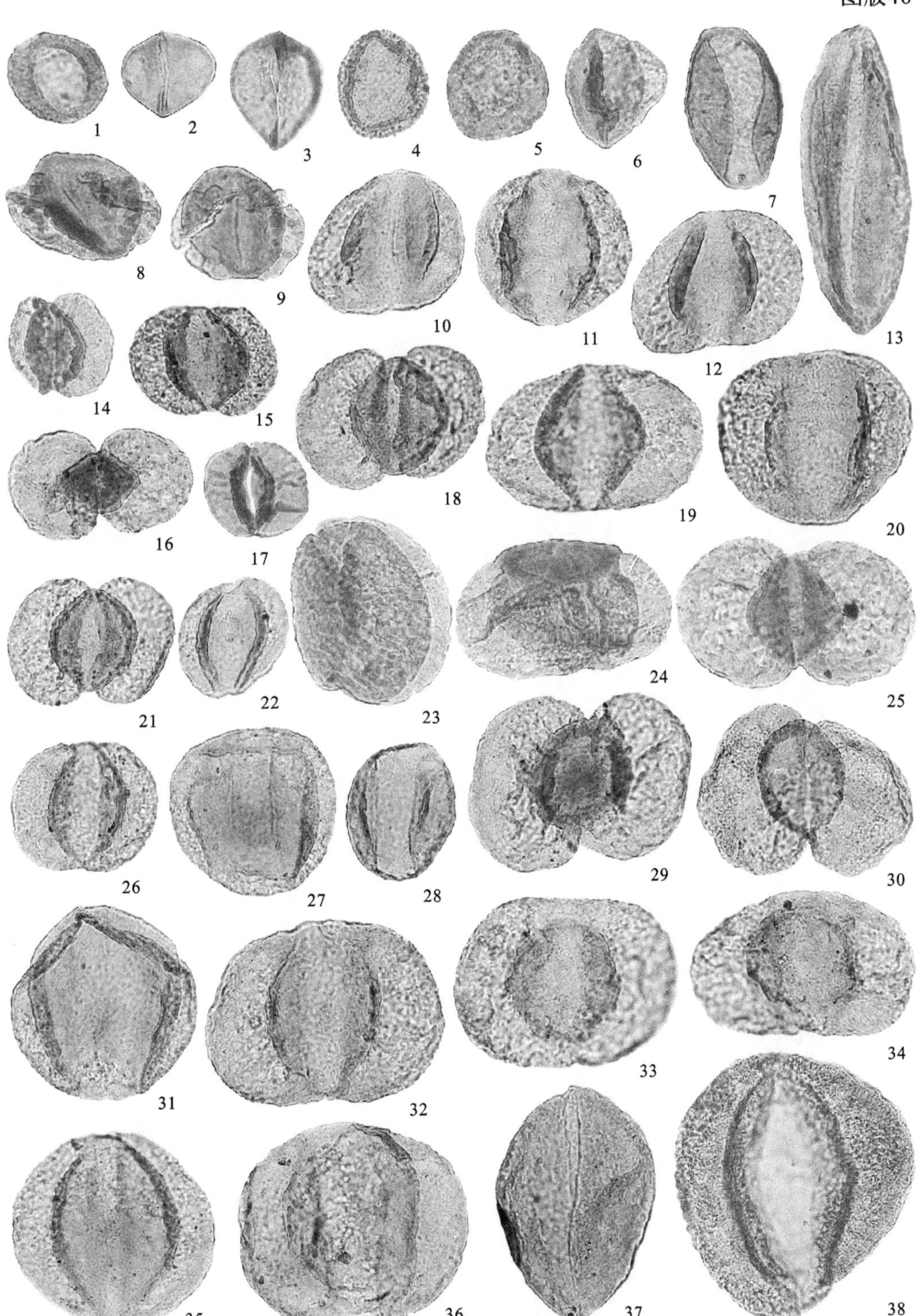
1
2
3
4
5
6
7
8
9
10
11
12
13
14
15
16
17
18
19
20
21
22
23
24
25
26
27
28
29
30
31
32
33
34
35
36
37
38

图版47

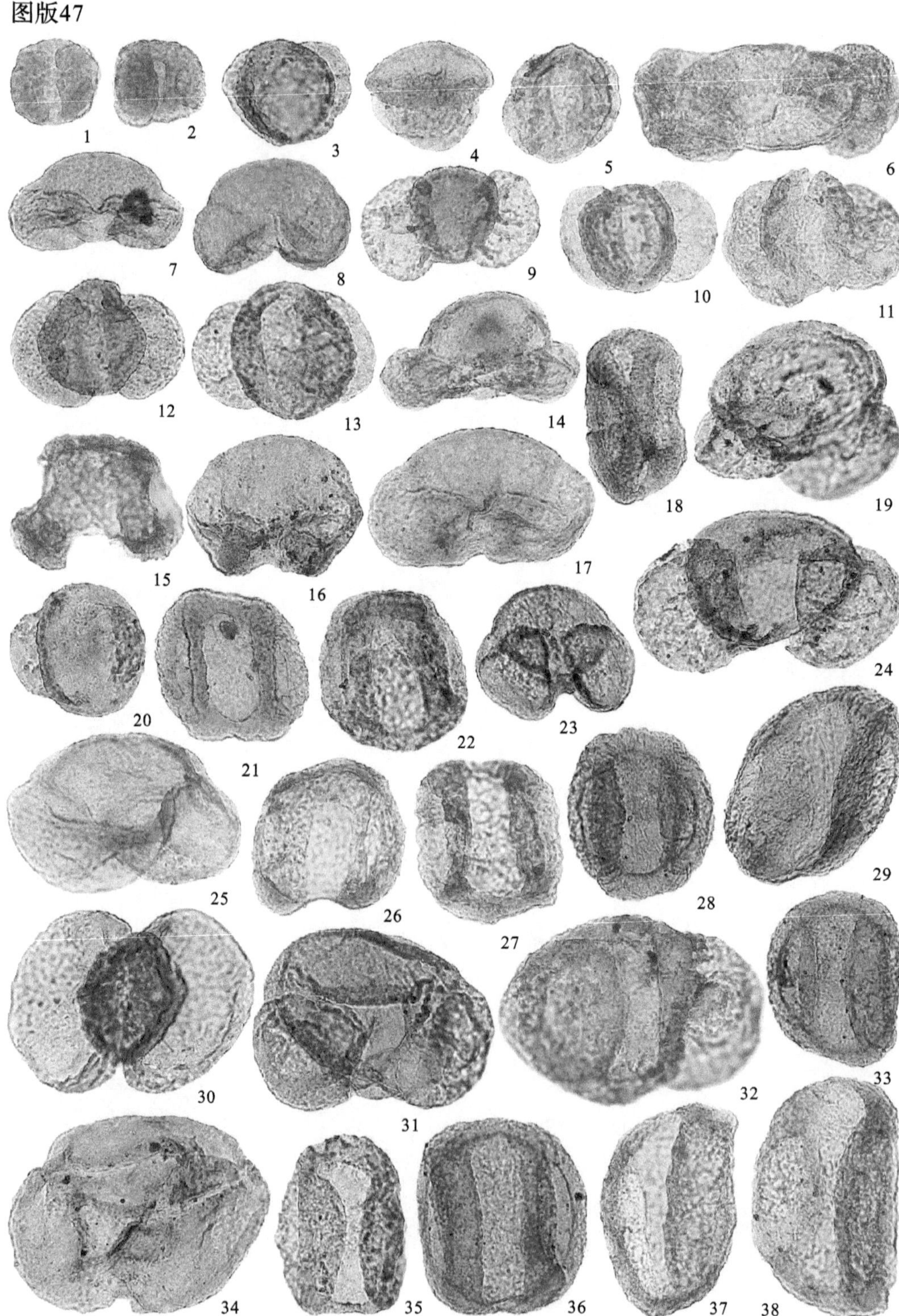
1
2
3
4
5
6
7
8
9
10
11
12
13
14
15
16
17
18
19
20
21
22
23
24
25
26
27
28
29
30
31
32
33
34
35
36
37
38

图版48

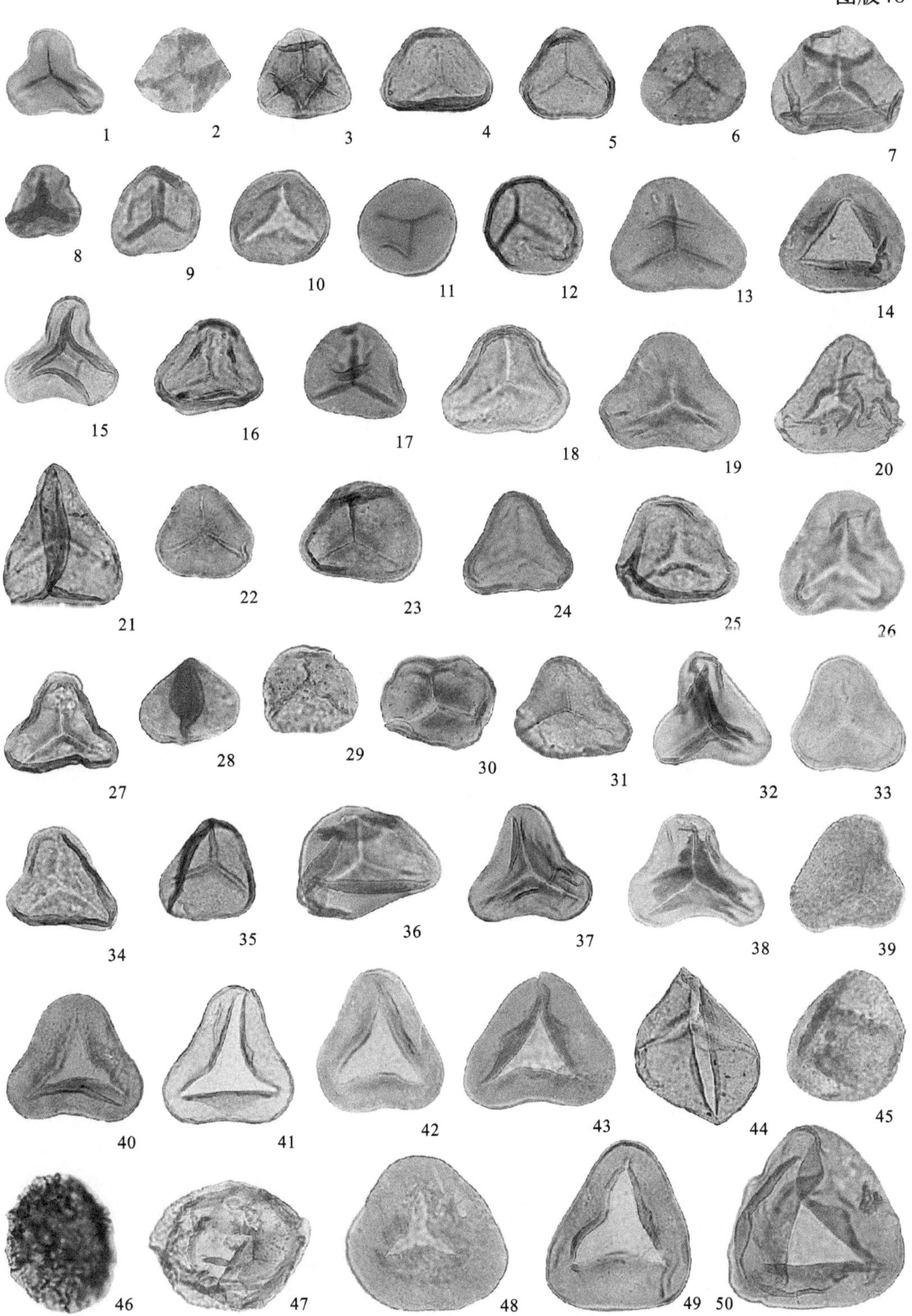

图版49

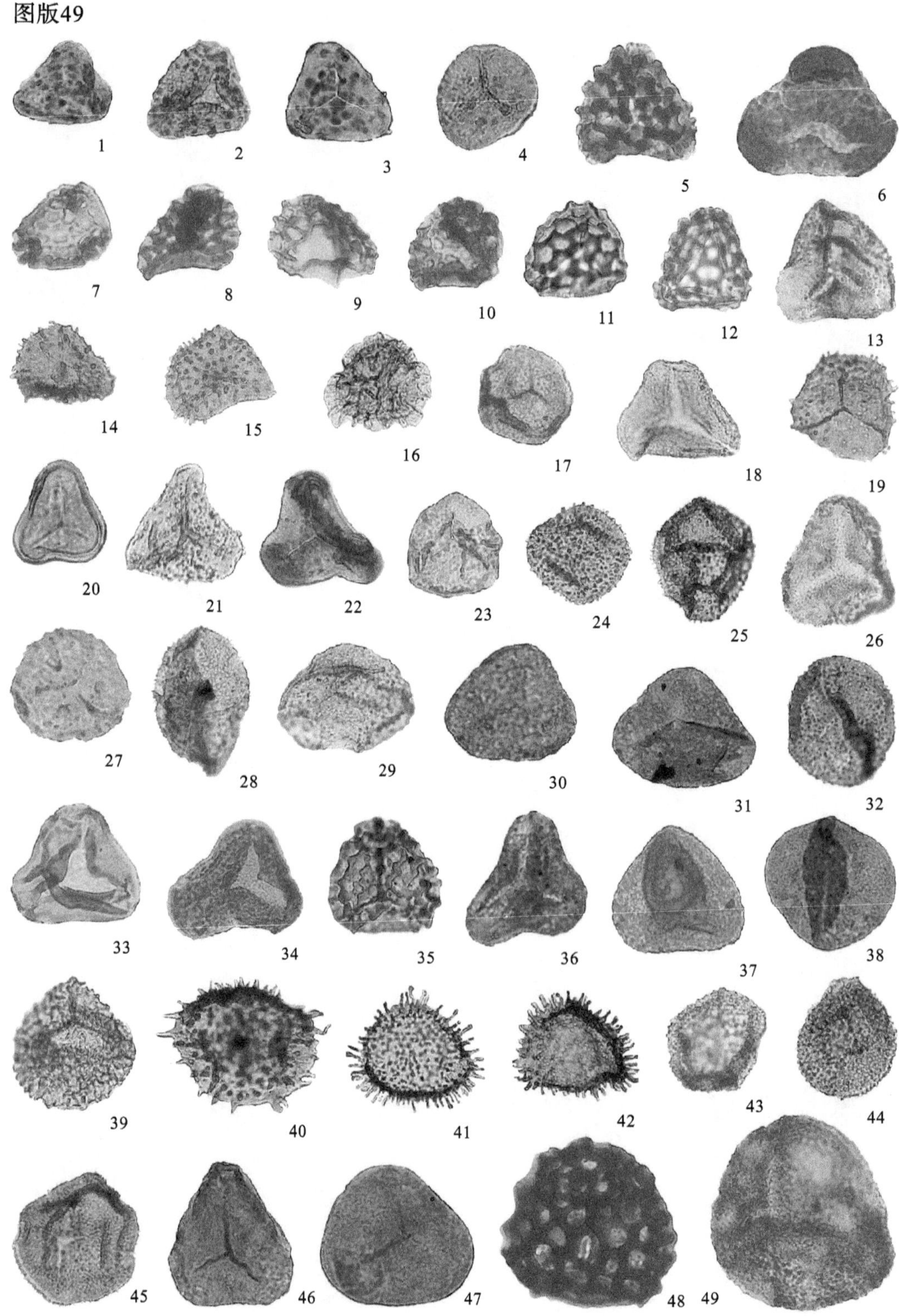

图版50

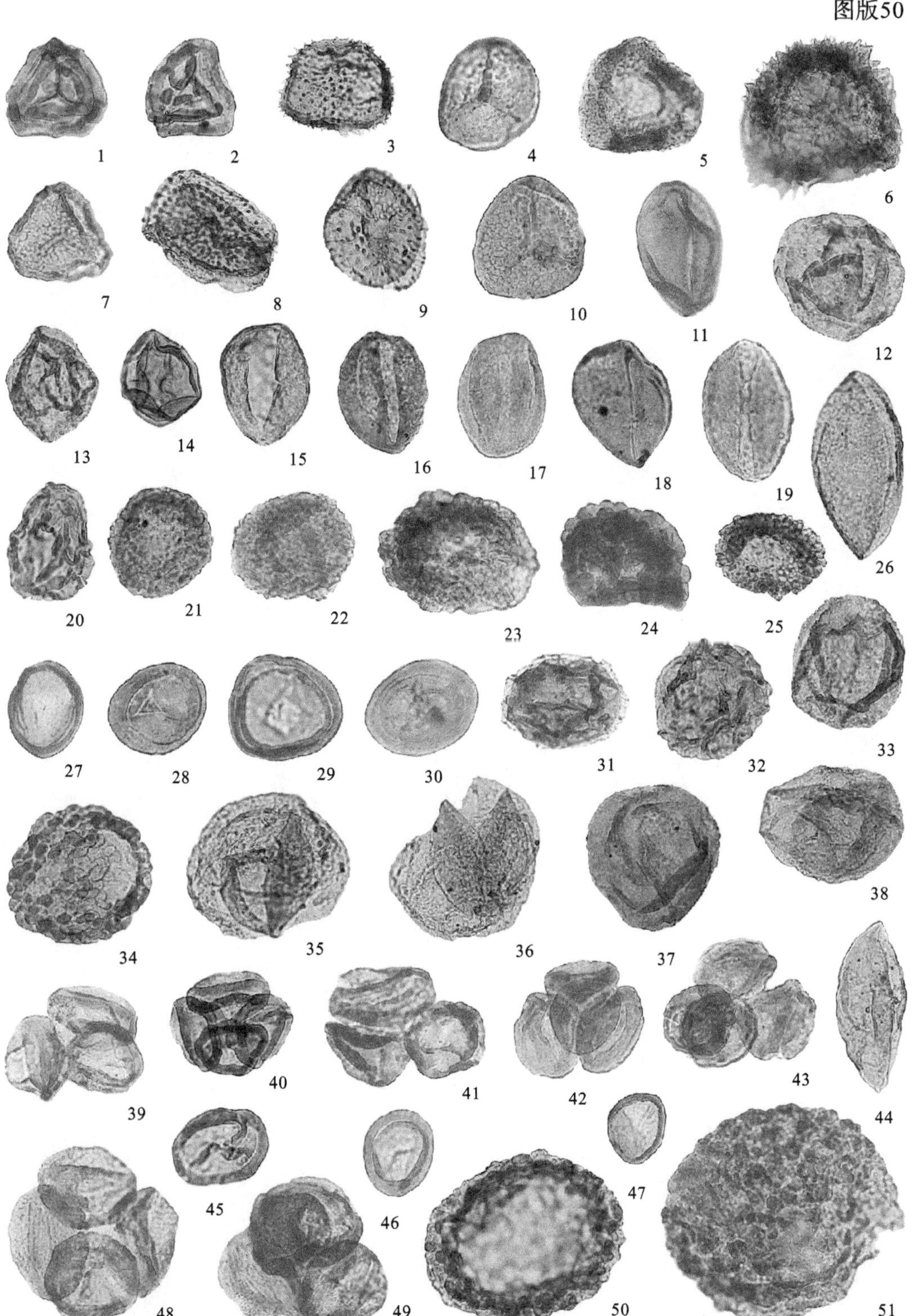
1
2
3
4
5
6
7
8
9
10
11
12
13
14
15
16
17
18
19
26
20
21
22
23
24
25
27
28
29
30
31
32
33
34
35
36
37
38
39
40
41
42
43
44
45
46
47
48
49
50
51

图版51

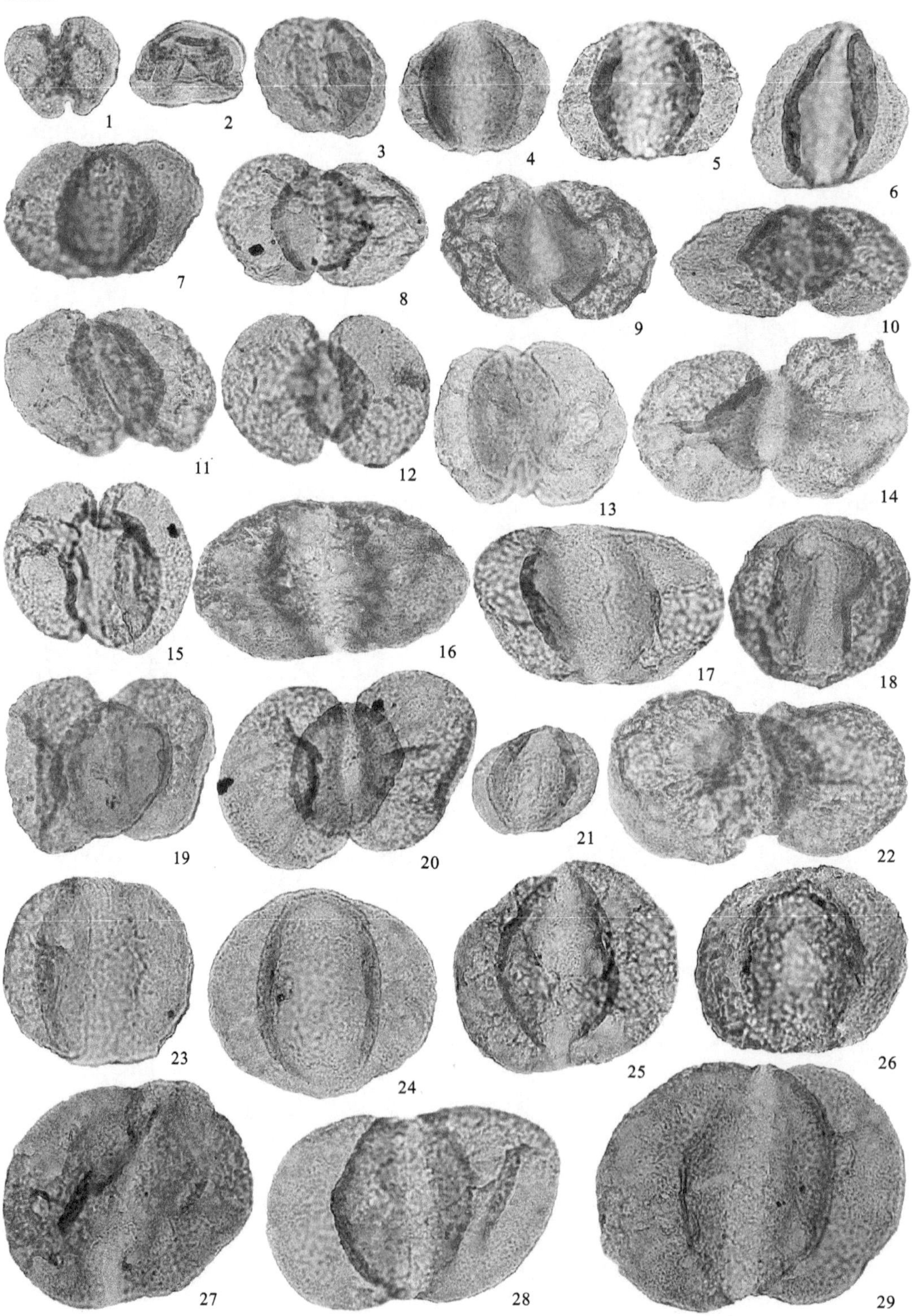

图版52

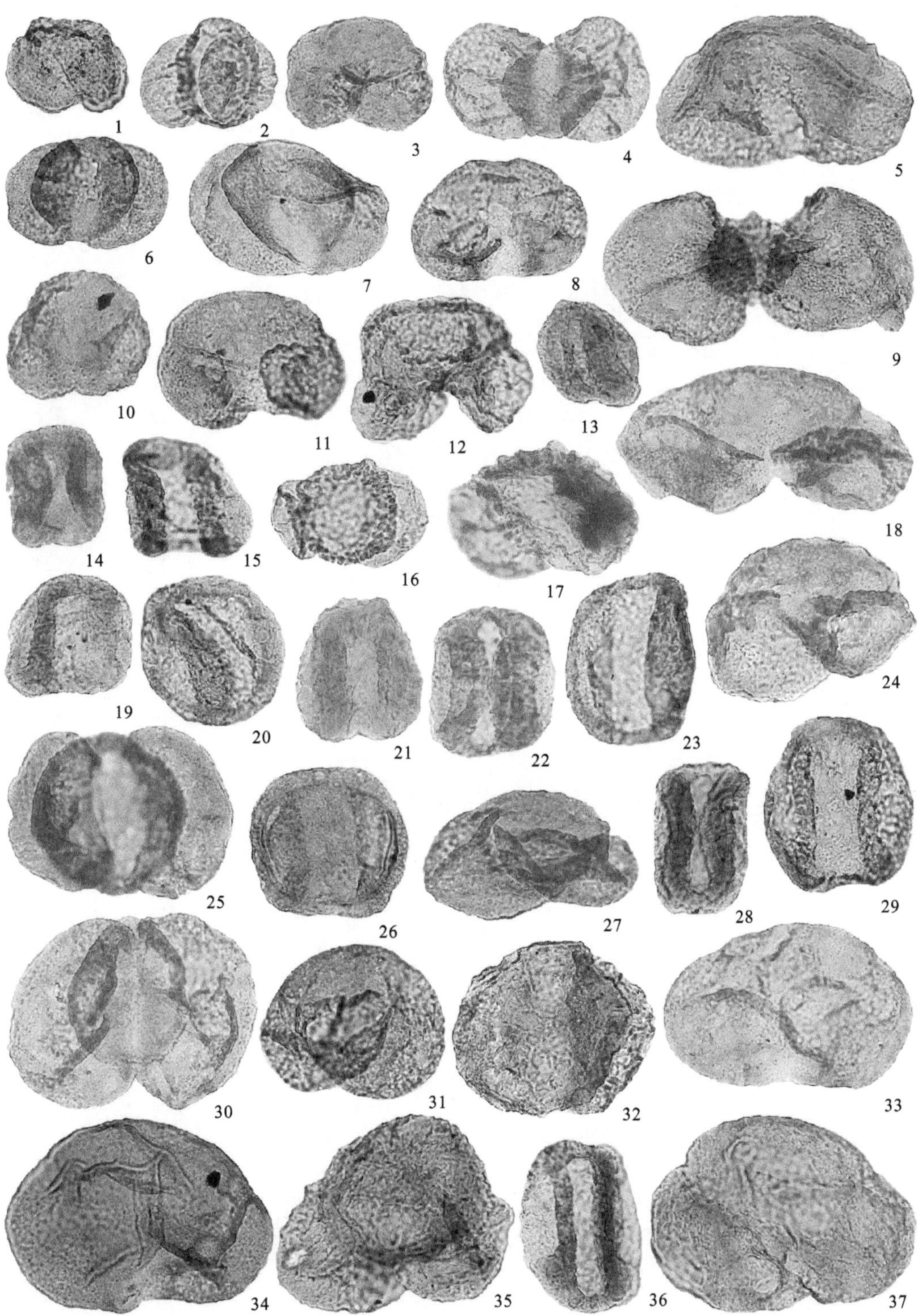
1
2
3
4
5
6
7
8
9
10
11
12
13
14
15
16
17
18
19
20
21
22
23
24
25
26
27
28
29
30
31
32
33
34
35
36
37

图版53

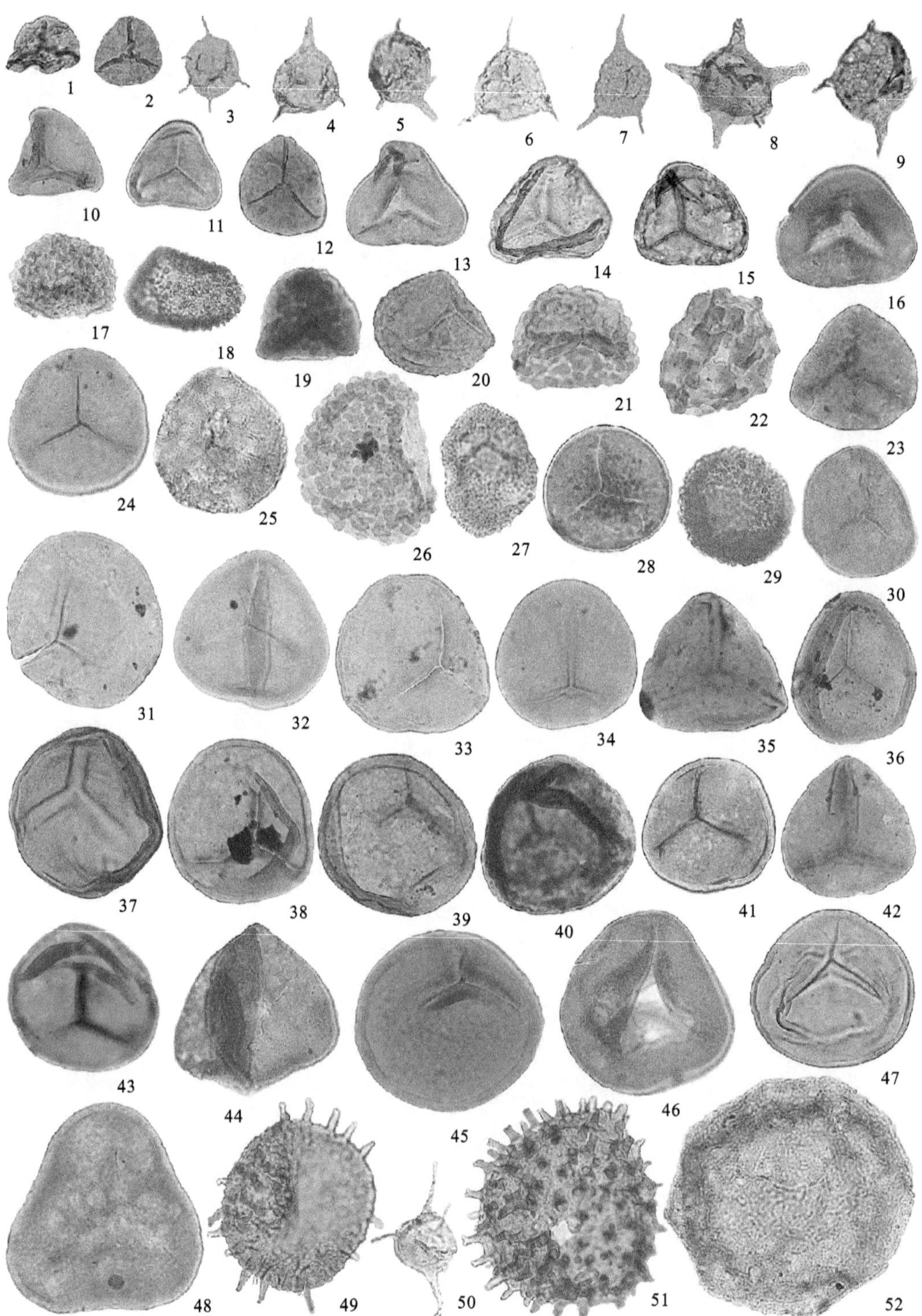
1
2
3
4
5
6
7
8
9
10
11
12
13
14
15
16
17
18
19
20
21
22
23
24
25
26
27
28
29
30
31
32
33
34
35
36
37
38
39
40
41
42
43
44
45
46
47
48
49
50
51
52

图版54

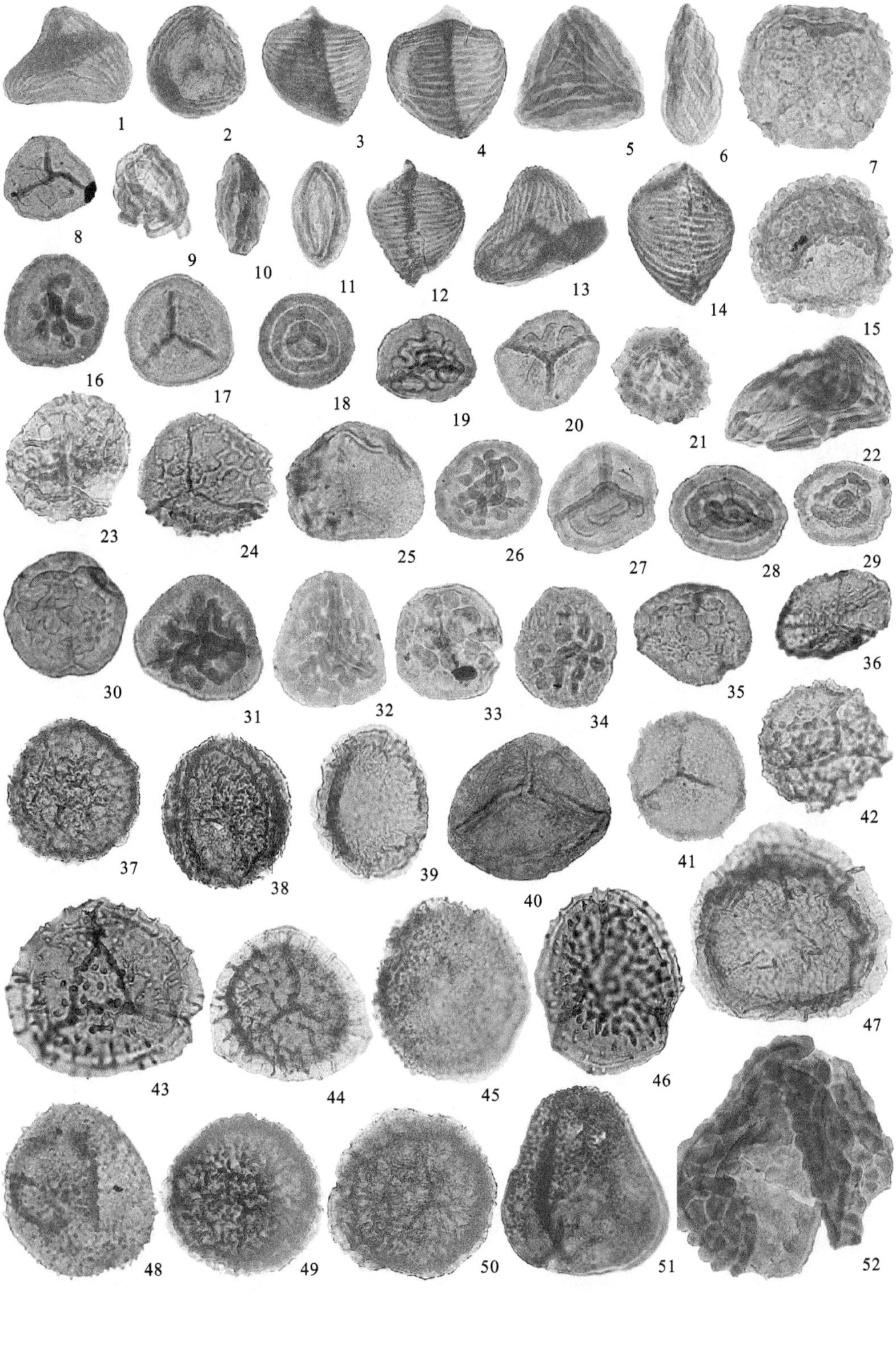

1 2 3 4 5 6 7
8 9 10 11 12 13 14 15
16 17 18 19 20 21 22
23 24 25 26 27 28 29
30 31 32 33 34 35 36
37 38 39 40 41 42
43 44 45 46 47
48 49 50 51 52

图版55

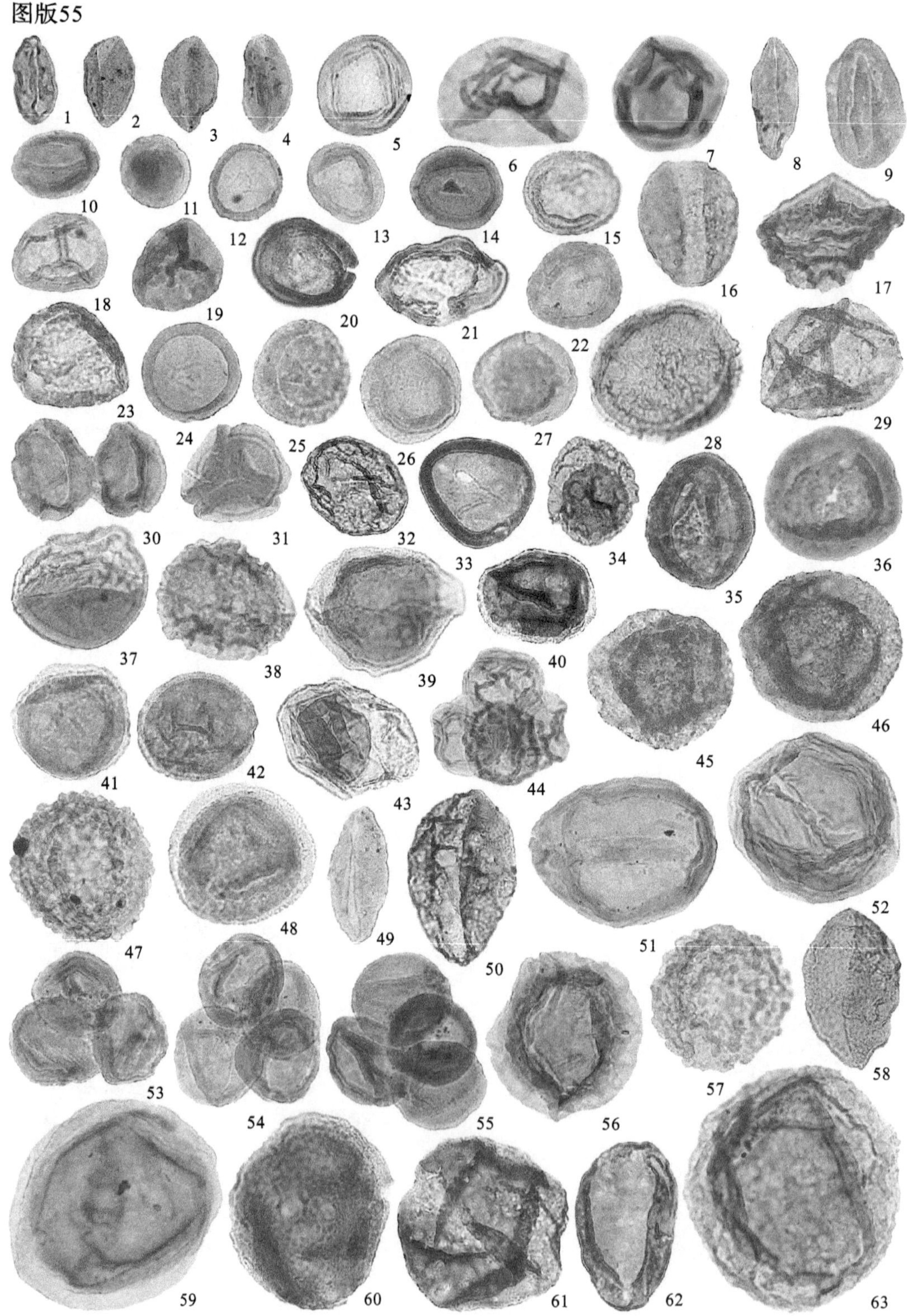

图版56

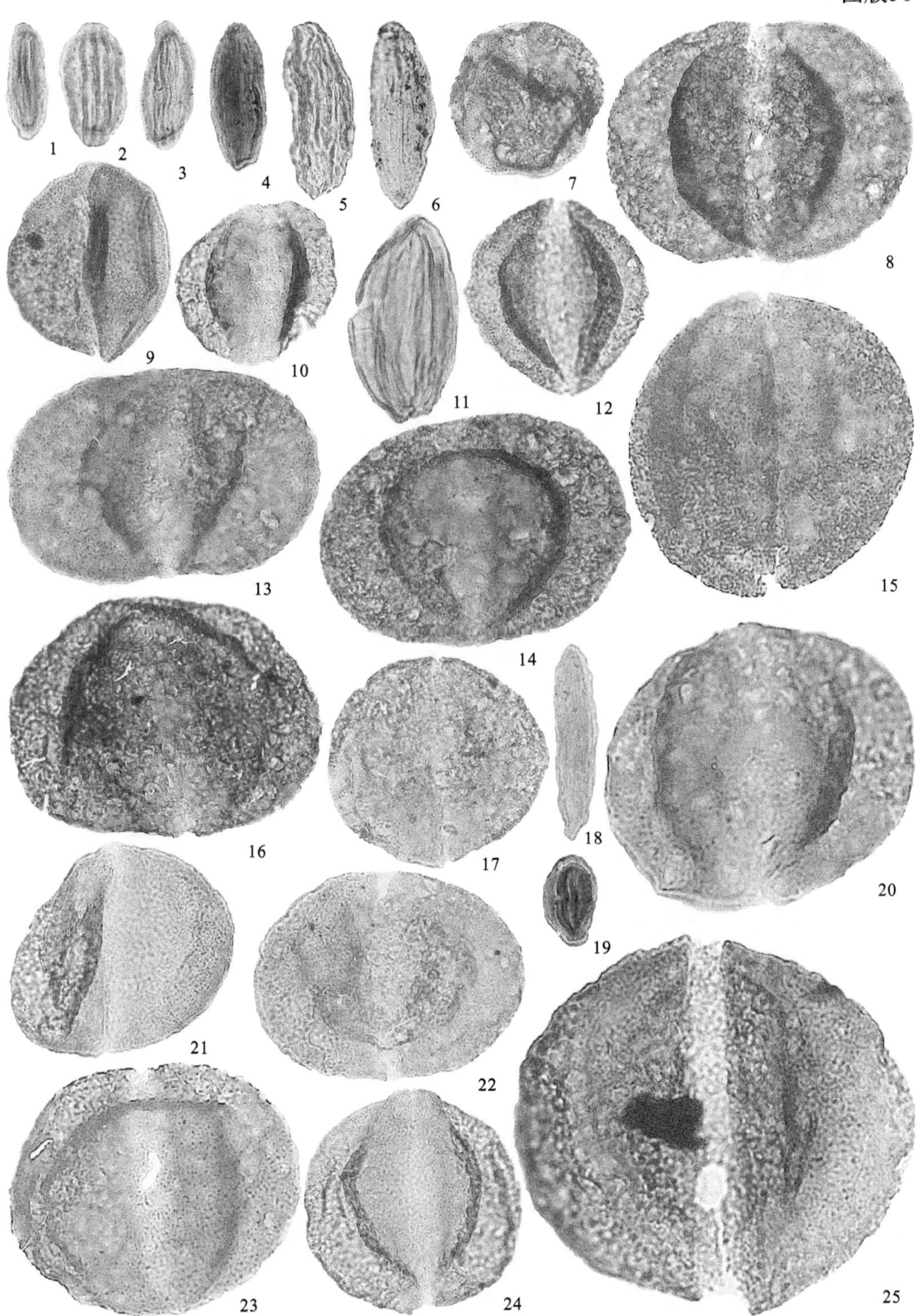

图版57

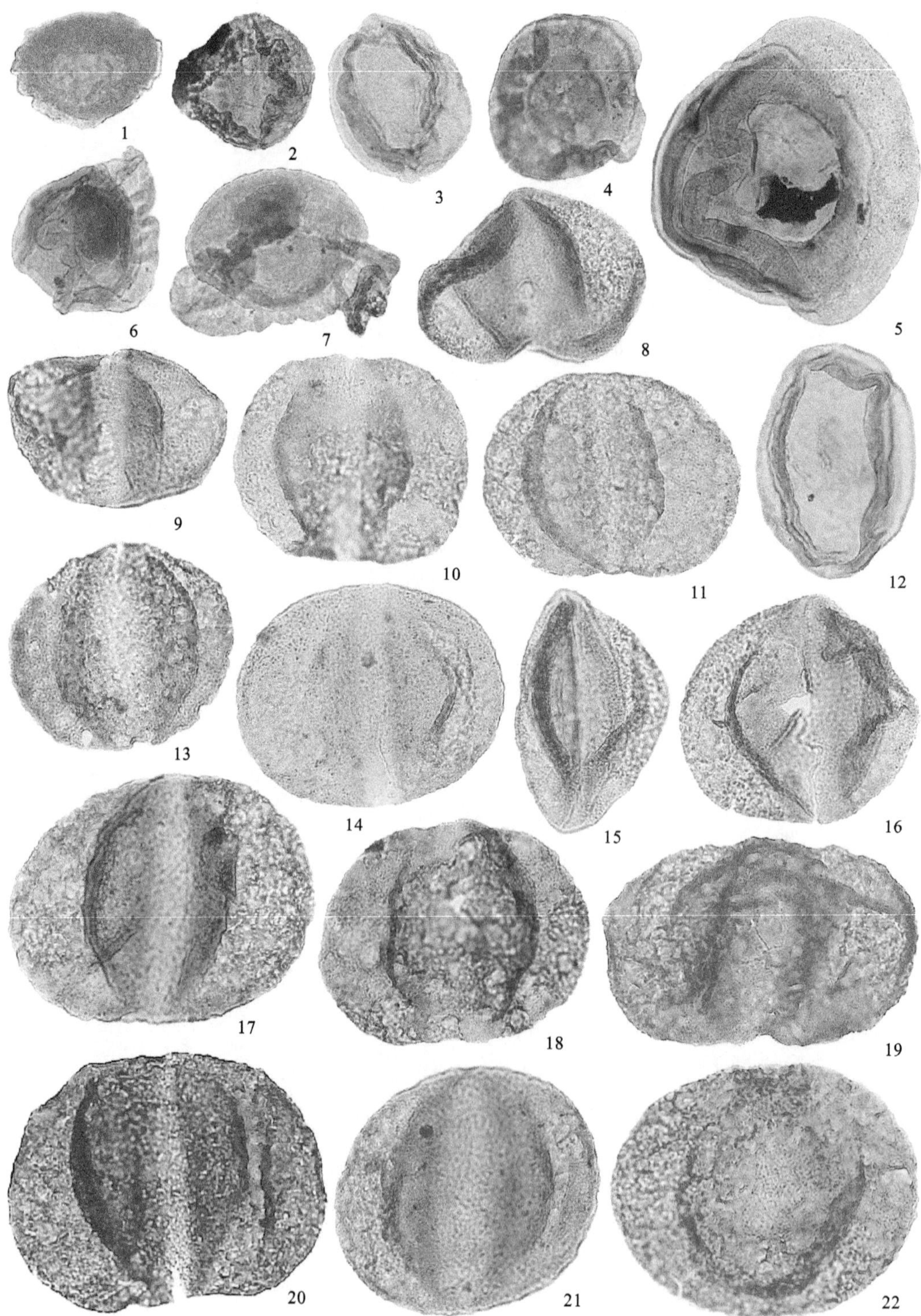

图版58

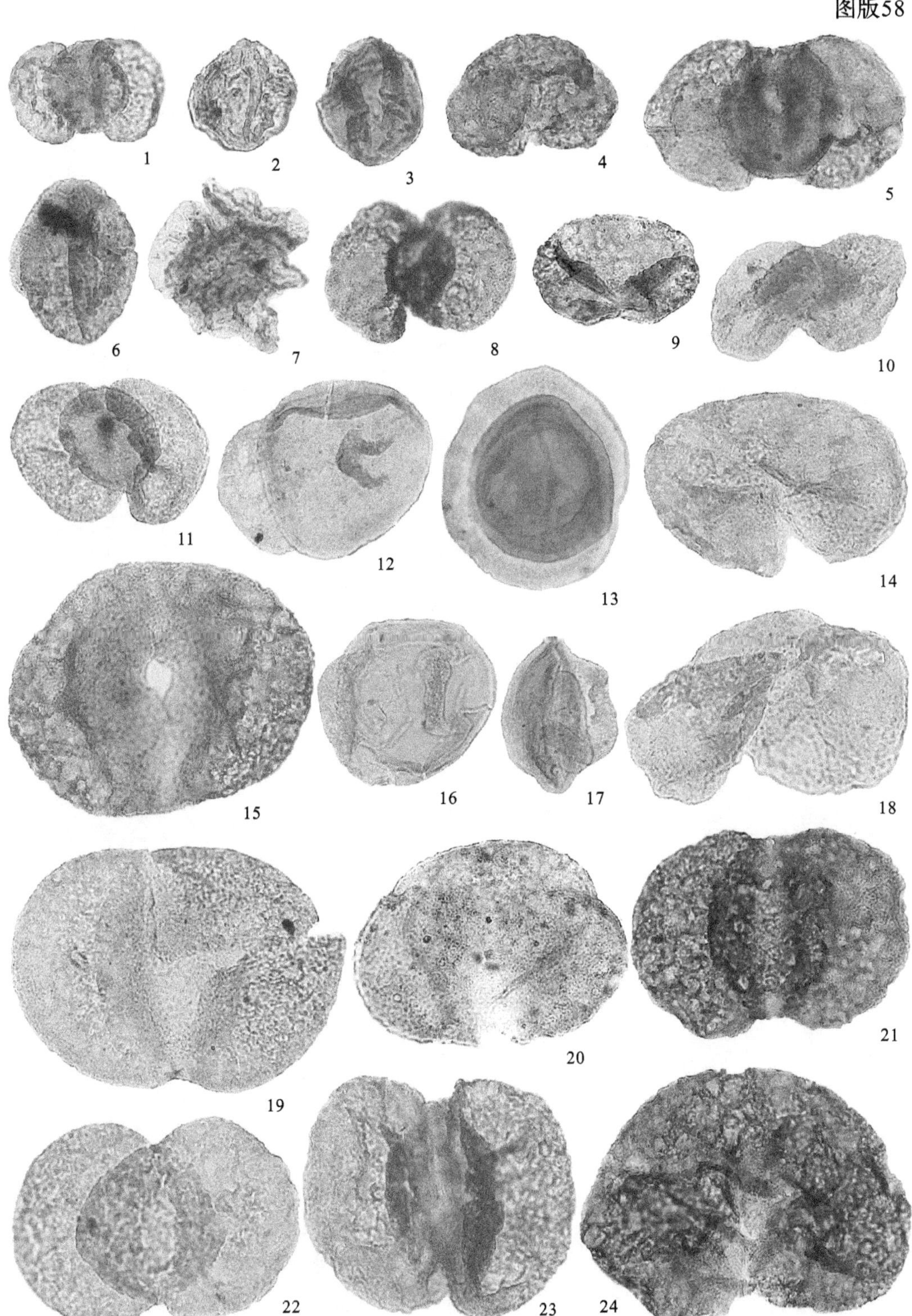

图版59

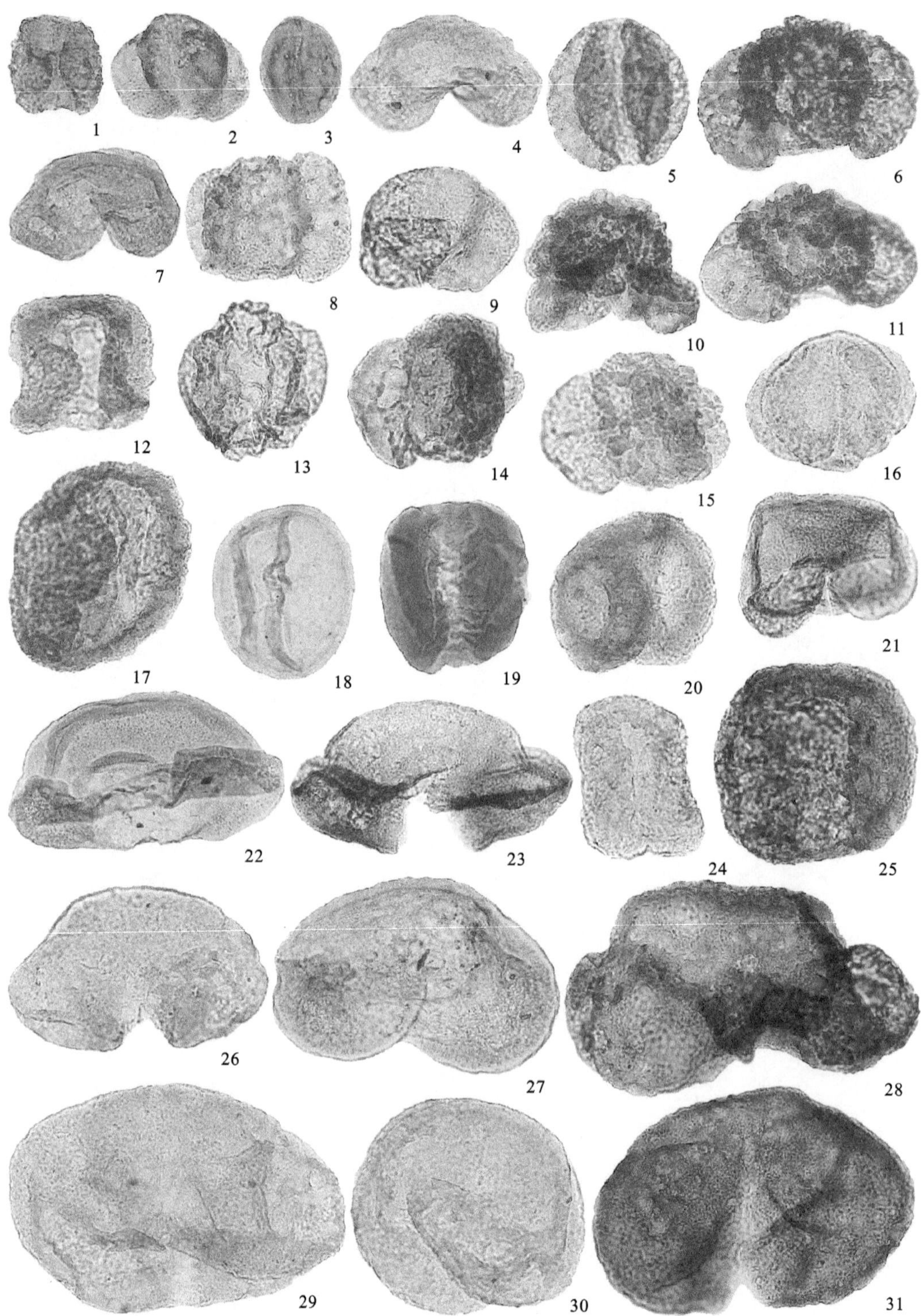
1
2
3
4
5
6
7
8
9
10
11
12
13
14
15
16
17
18
19
20
21
22
23
24
25
26
27
28
29
30
31

图版60

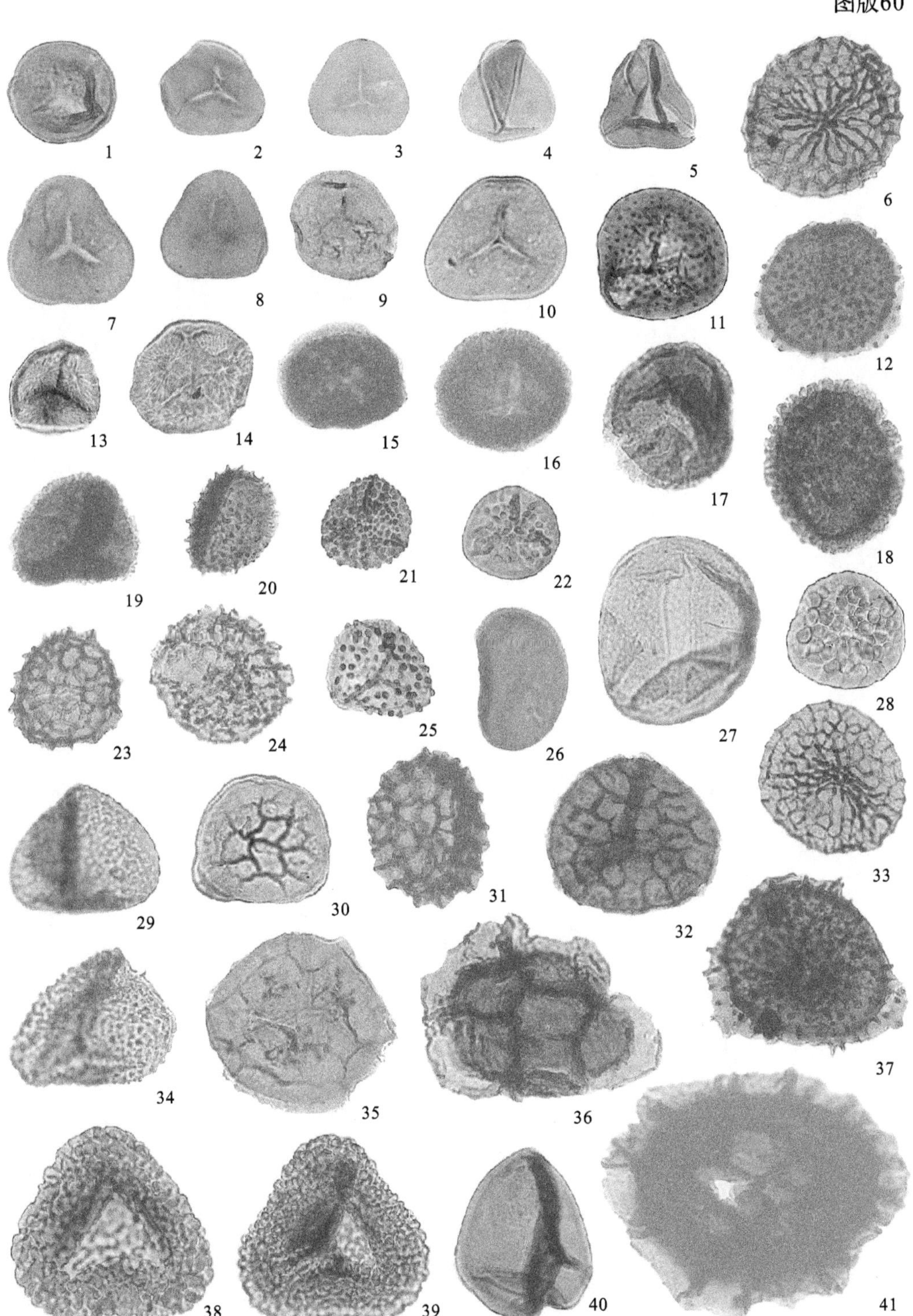
1
2
3
4
5
6
7
8
9
10
11
12
13
14
15
16
17
18
19
20
21
22
23
24
25
26
27
28
29
30
31
32
33
34
35
36
37
38
39
40
41

图版61

图版62

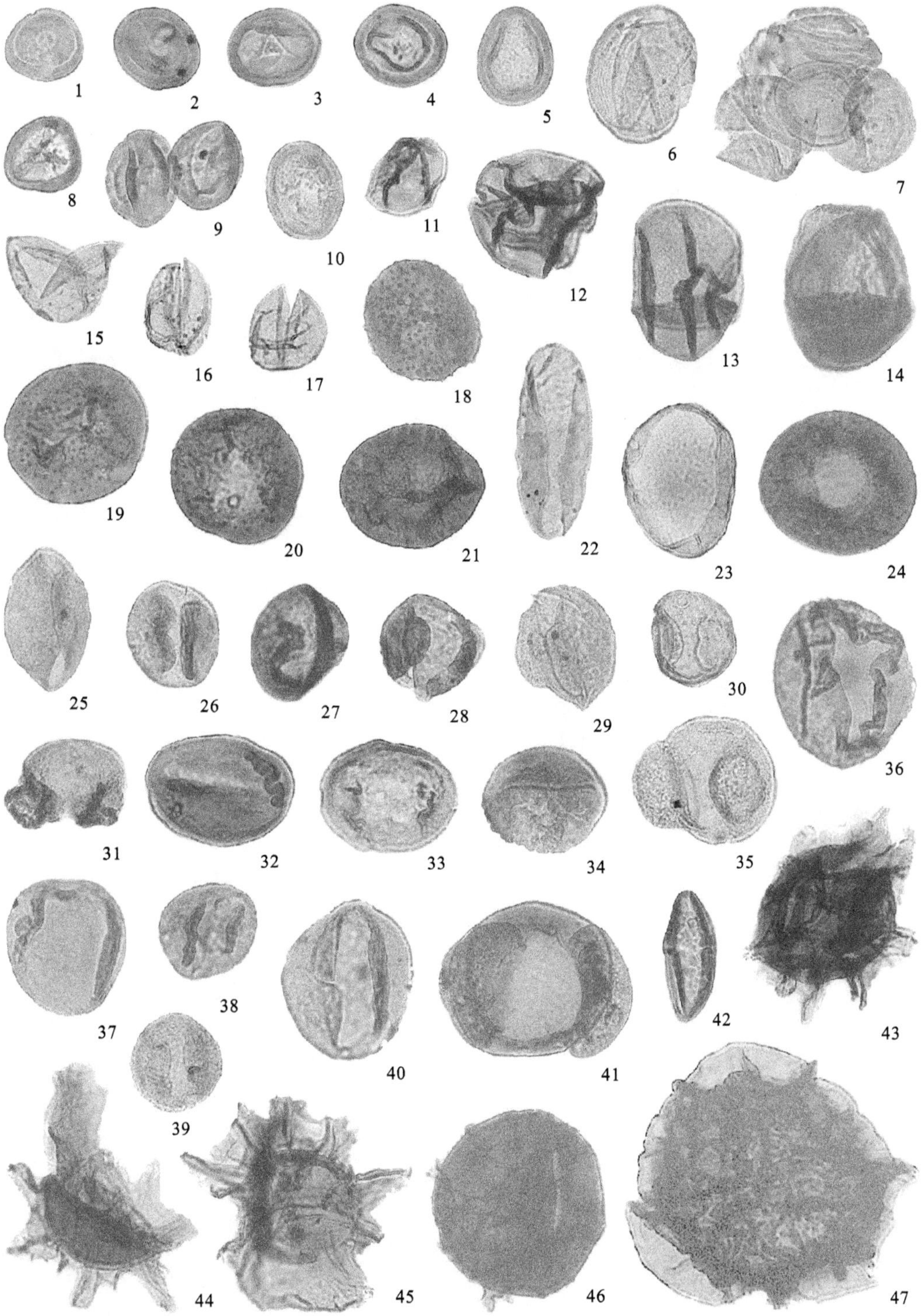

1 2 3 4 5 6 7 8 9 10 11 12 13 14 15 16 17 18 19 20 21 22 23 24 25 26 27 28 29 30 31 32 33 34 35 36 37 38 39 40 41 42 43 44 45 46 47

图版63

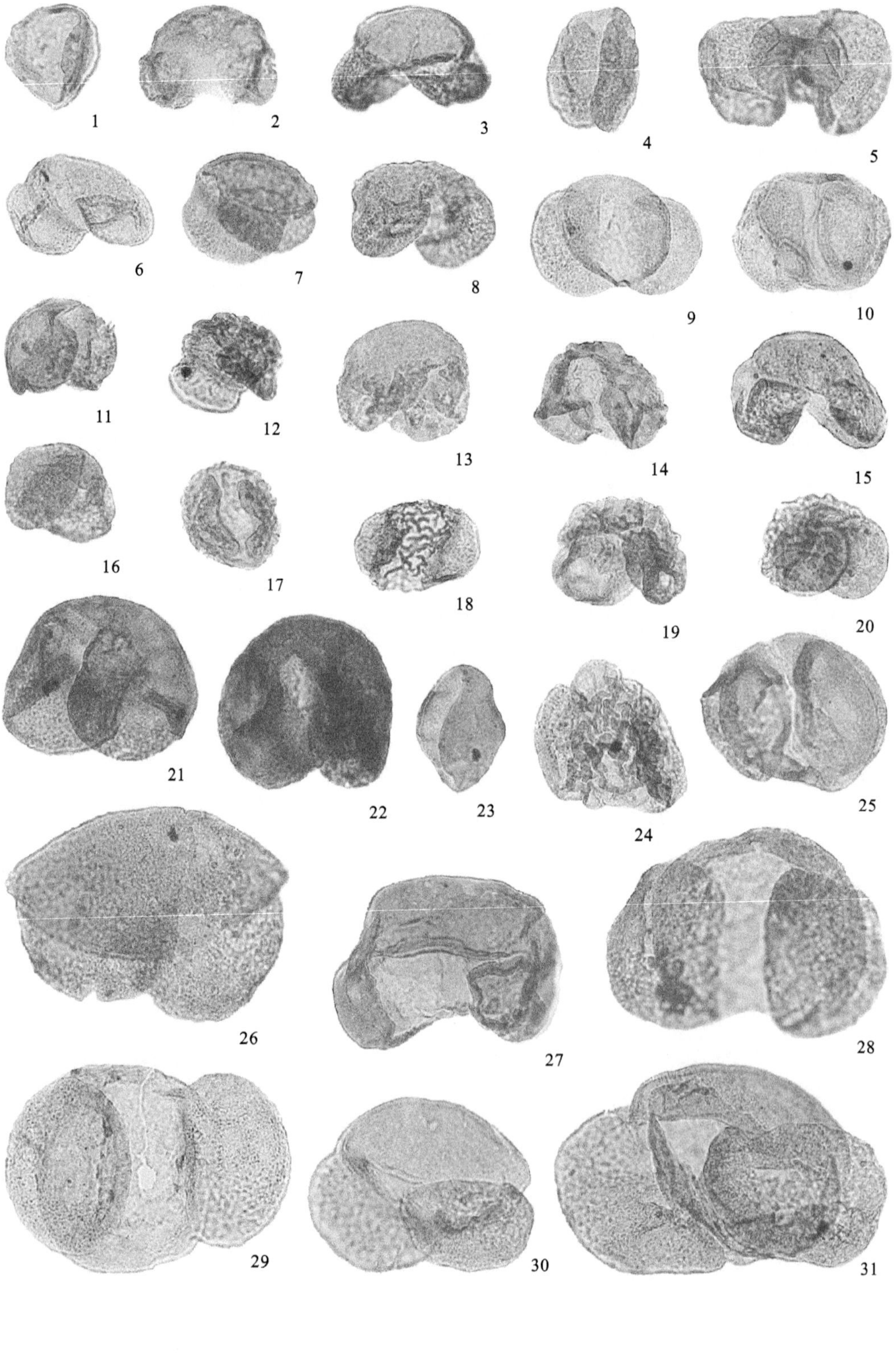

1 2 3 4 5

6 7 8 9 10

11 12 13 14 15

16 17 18 19 20

21 22 23 24 25

26 27 28

29 30 31

图版64

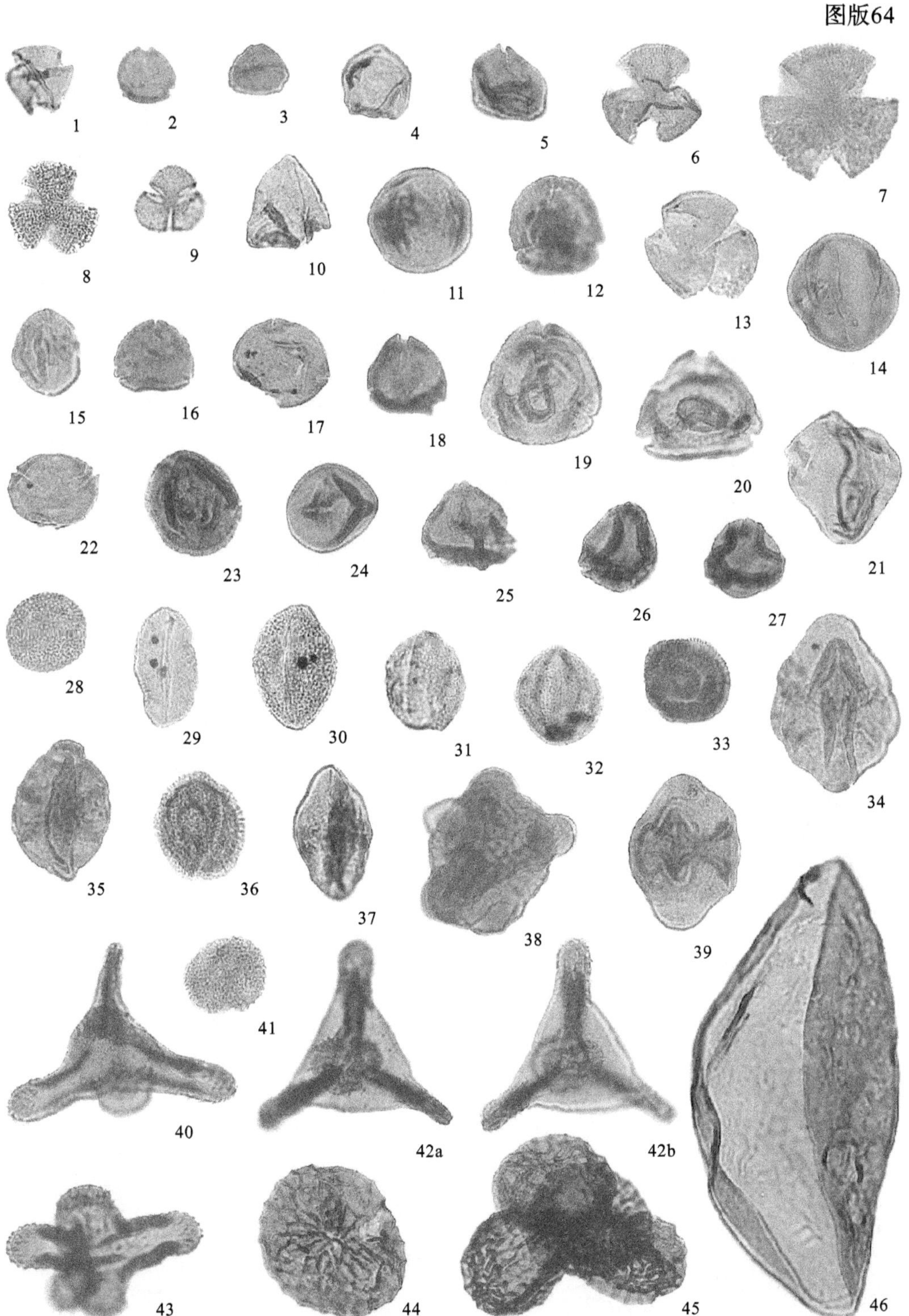
1
2
3
4
5
6
7
8
9
10
11
12
13
14
15
16
17
18
19
20
21
22
23
24
25
26
27
28
29
30
31
32
33
34
35
36
37
38
39
40
41
42a
42b
43
44
45
46

图版65

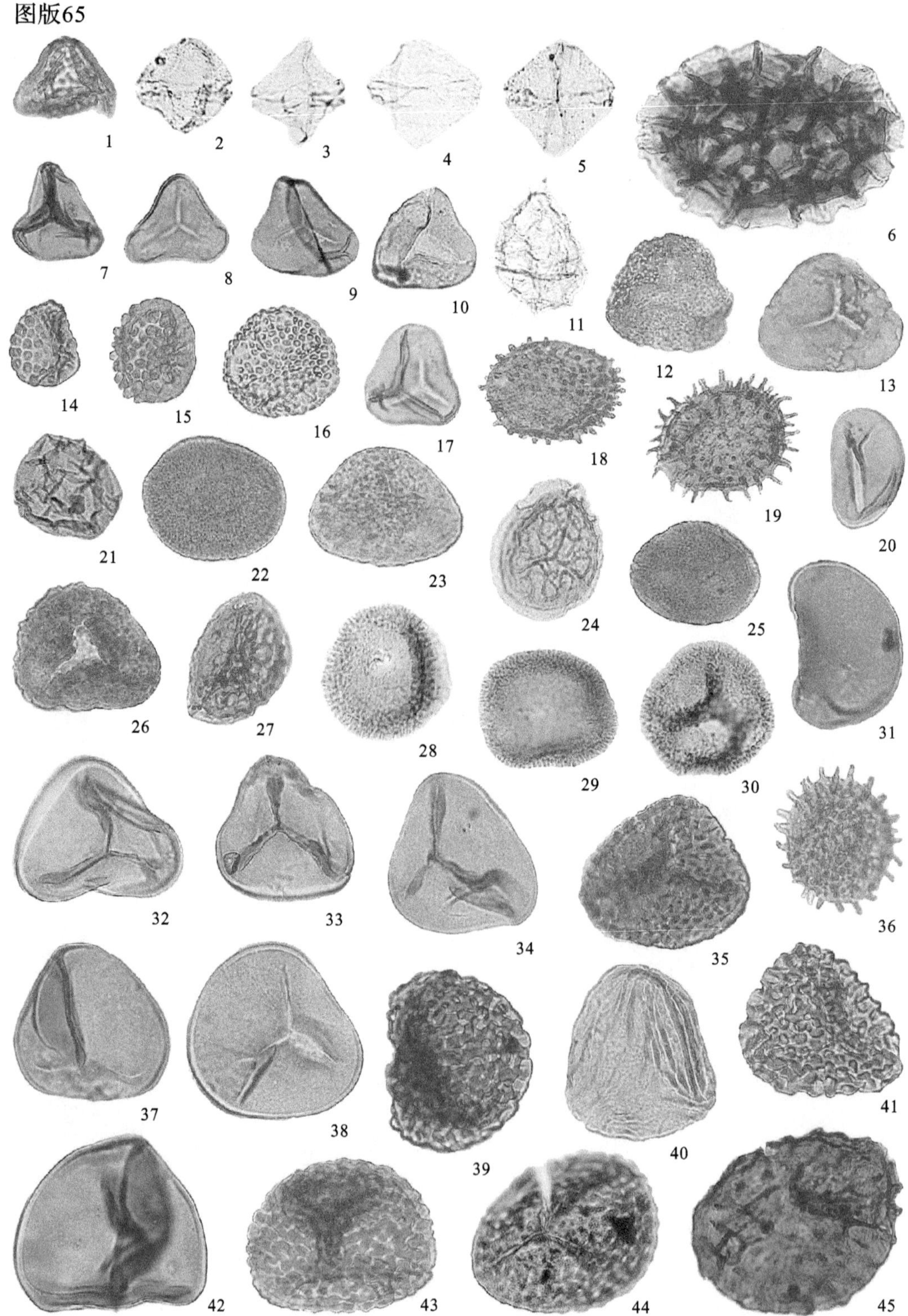
1
2
3
4
5
6
7
8
9
10
11
12
13
14
15
16
17
18
19
20
21
22
23
24
25
26
27
28
29
30
31
32
33
34
35
36
37
38
39
40
41
42
43
44
45

图版66

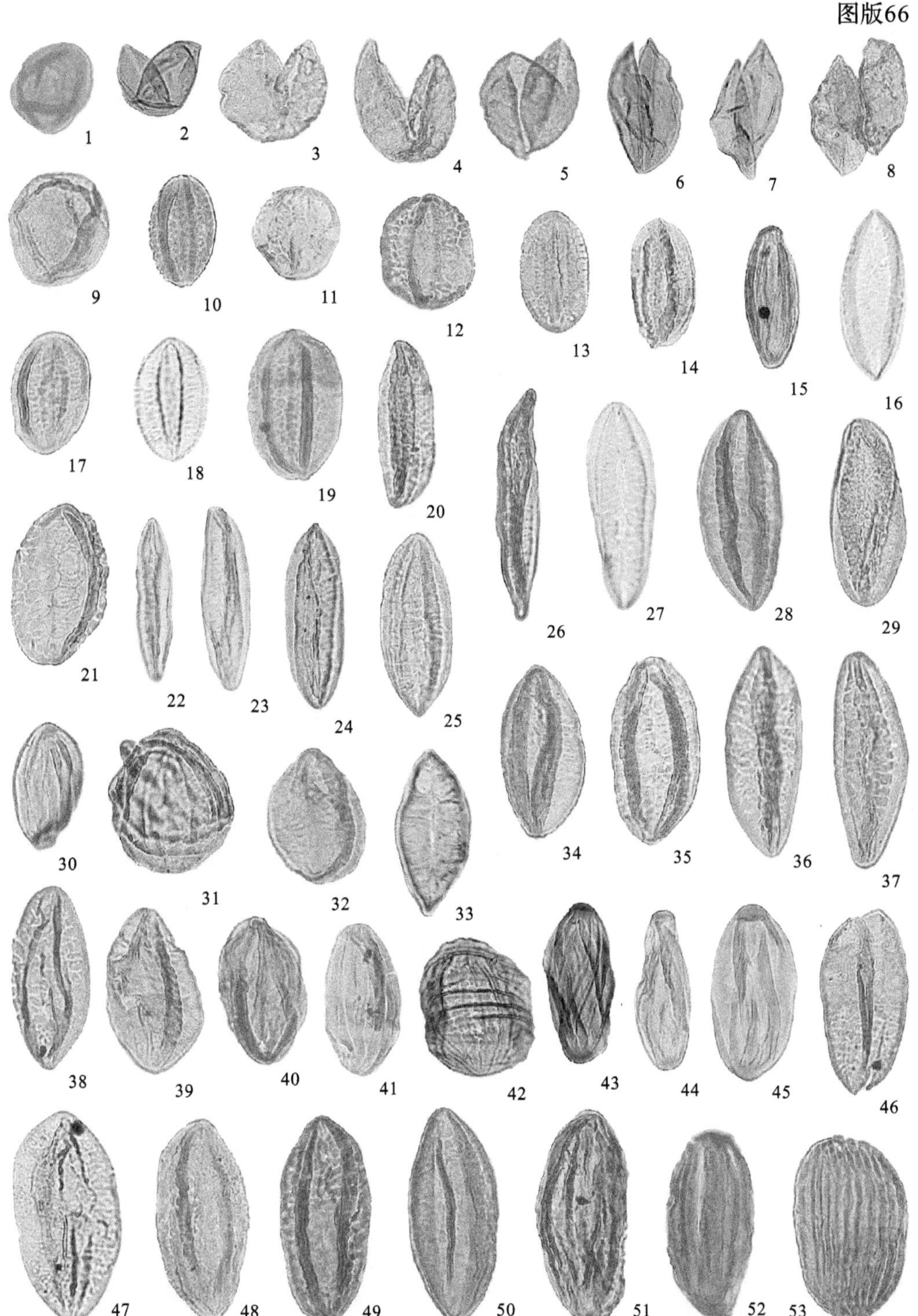
1
2
3
4
5
6
7
8
9
10
11
12
13
14
15
16
17
18
19
20
21
22
23
24
25
26
27
28
29
30
31
32
33
34
35
36
37
38
39
40
41
42
43
44
45
46
47
48
49
50
51
52
53

图版67

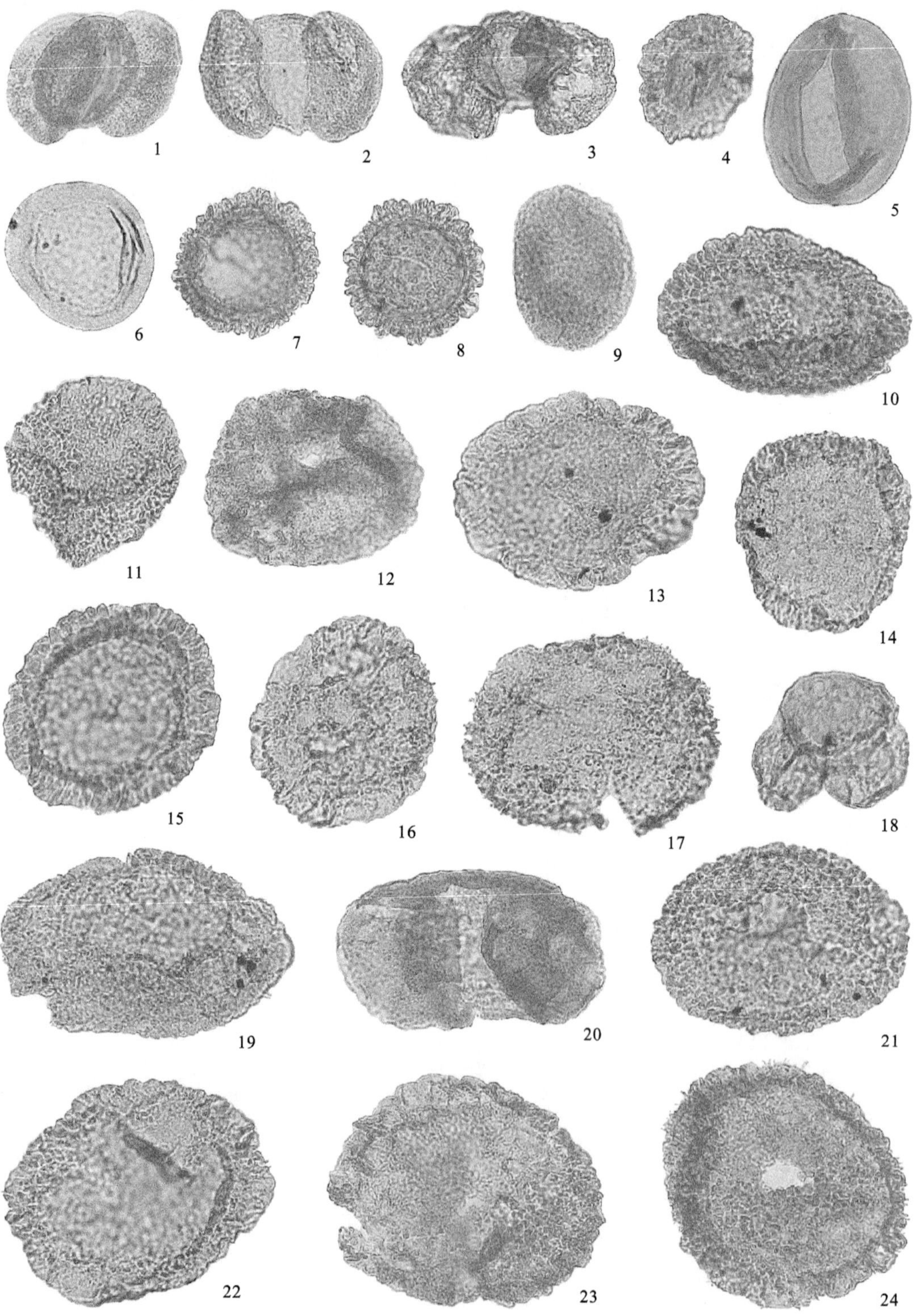

图版68

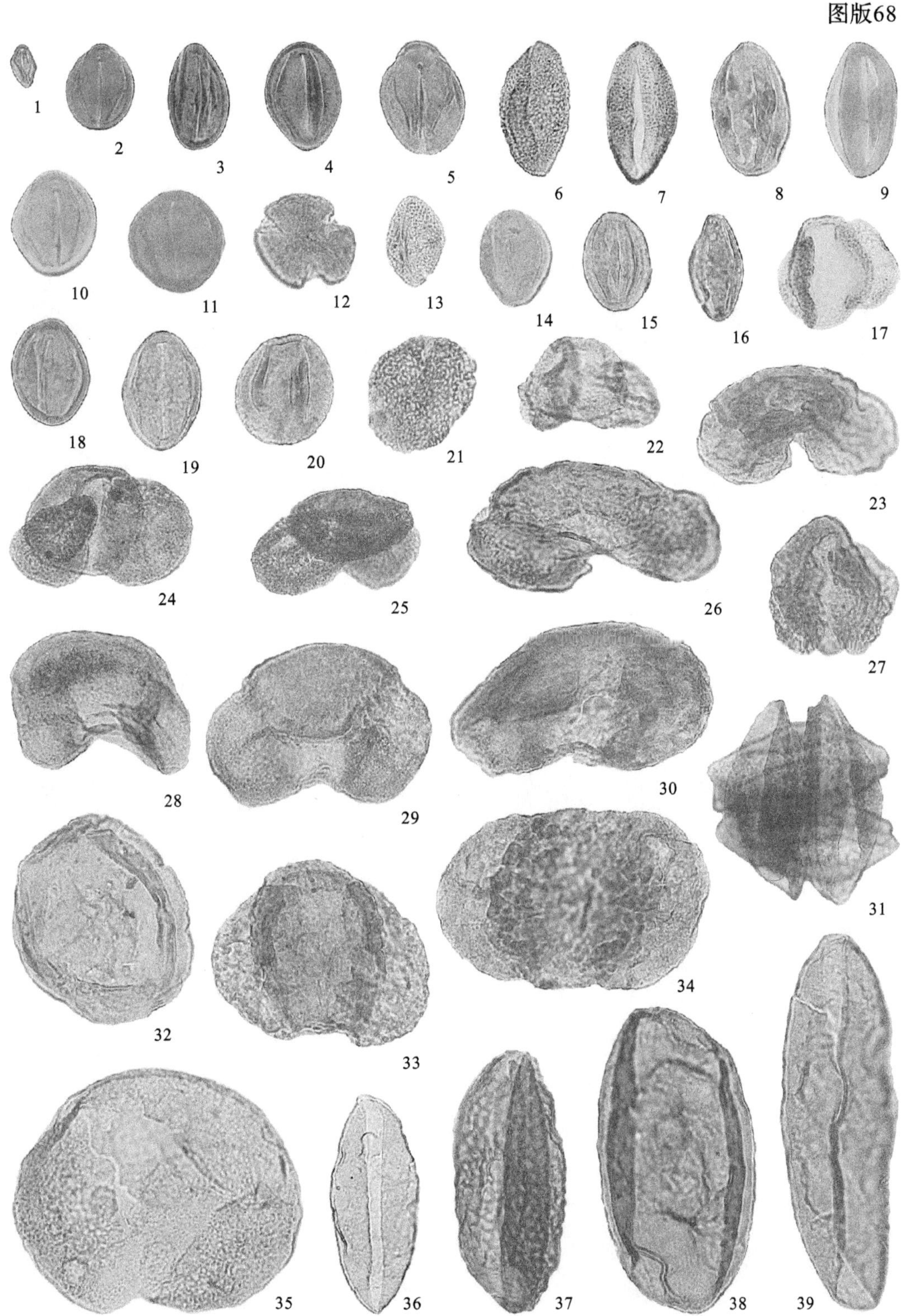
1
2
3
4
5
6
7
8
9
10
11
12
13
14
15
16
17
18
19
20
21
22
23
24
25
26
27
28
29
30
31
32
33
34
35
36
37
38
39

图版69

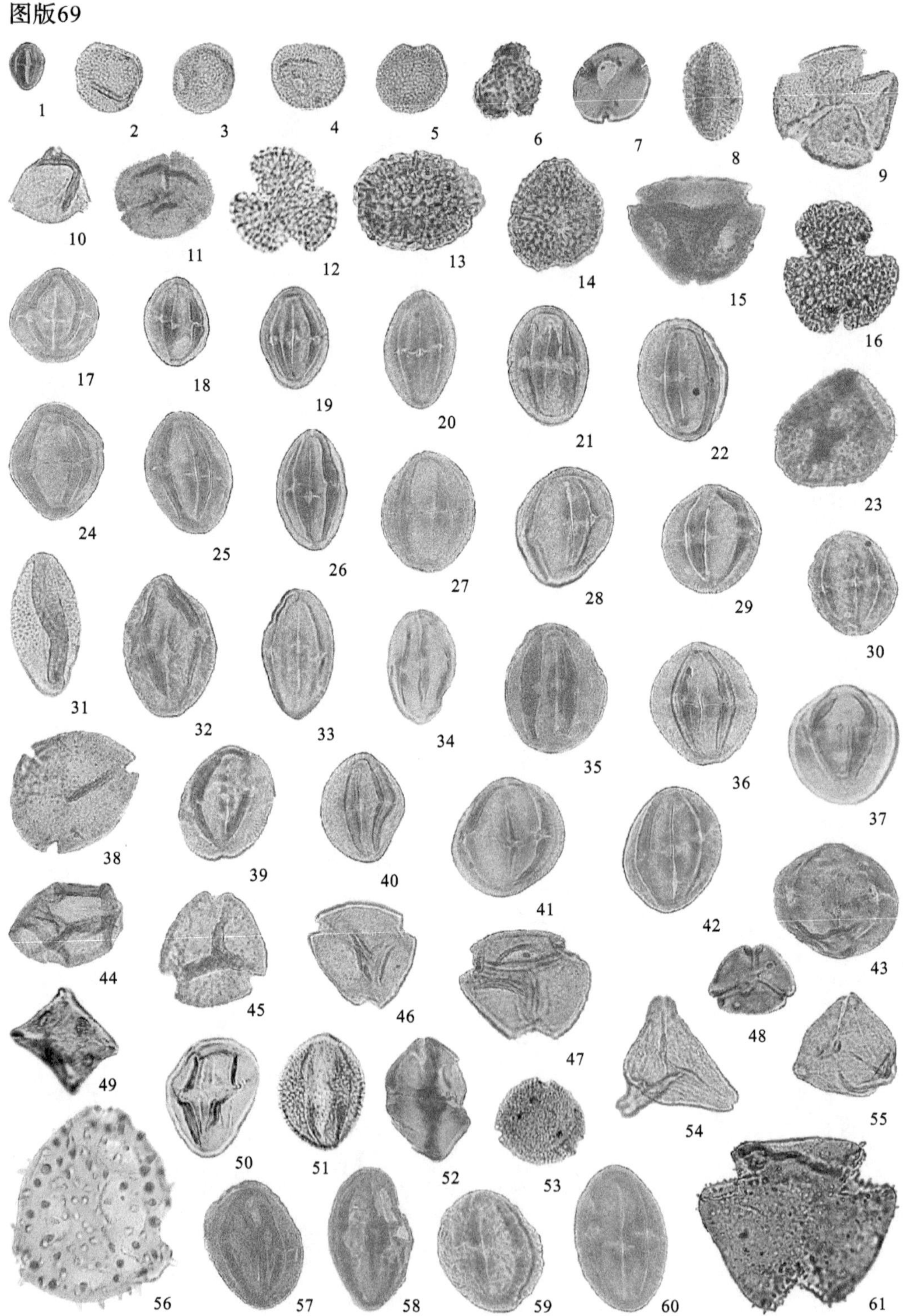

图版70

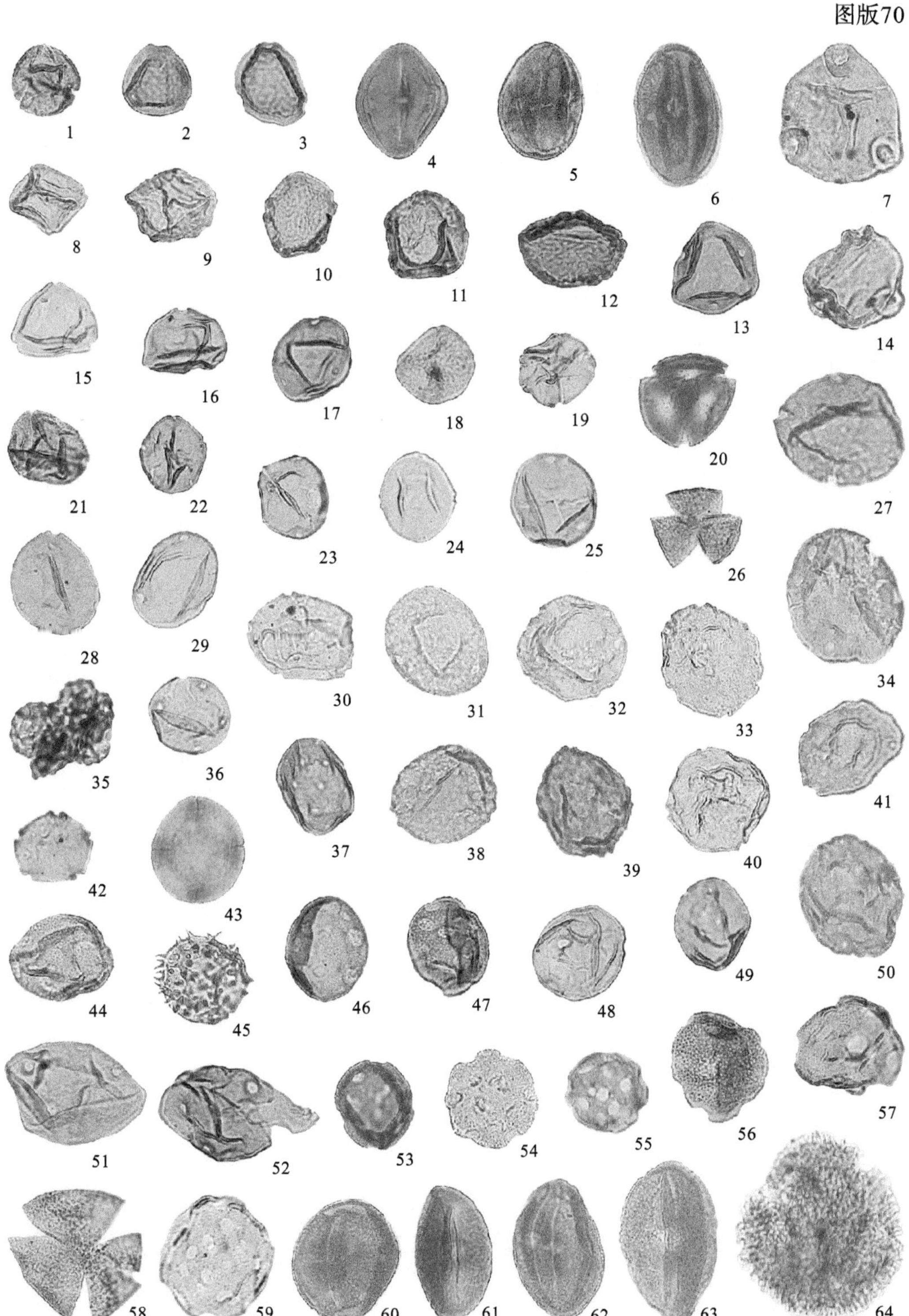
1
2
3
4
5
6
7
8
9
10
11
12
13
14
15
16
17
18
19
20
21
22
23
24
25
26
27
28
29
30
31
32
33
34
35
36
37
38
39
40
41
42
43
44
45
46
47
48
49
50
51
52
53
54
55
56
57
58
59
60
61
62
63
64

图版71

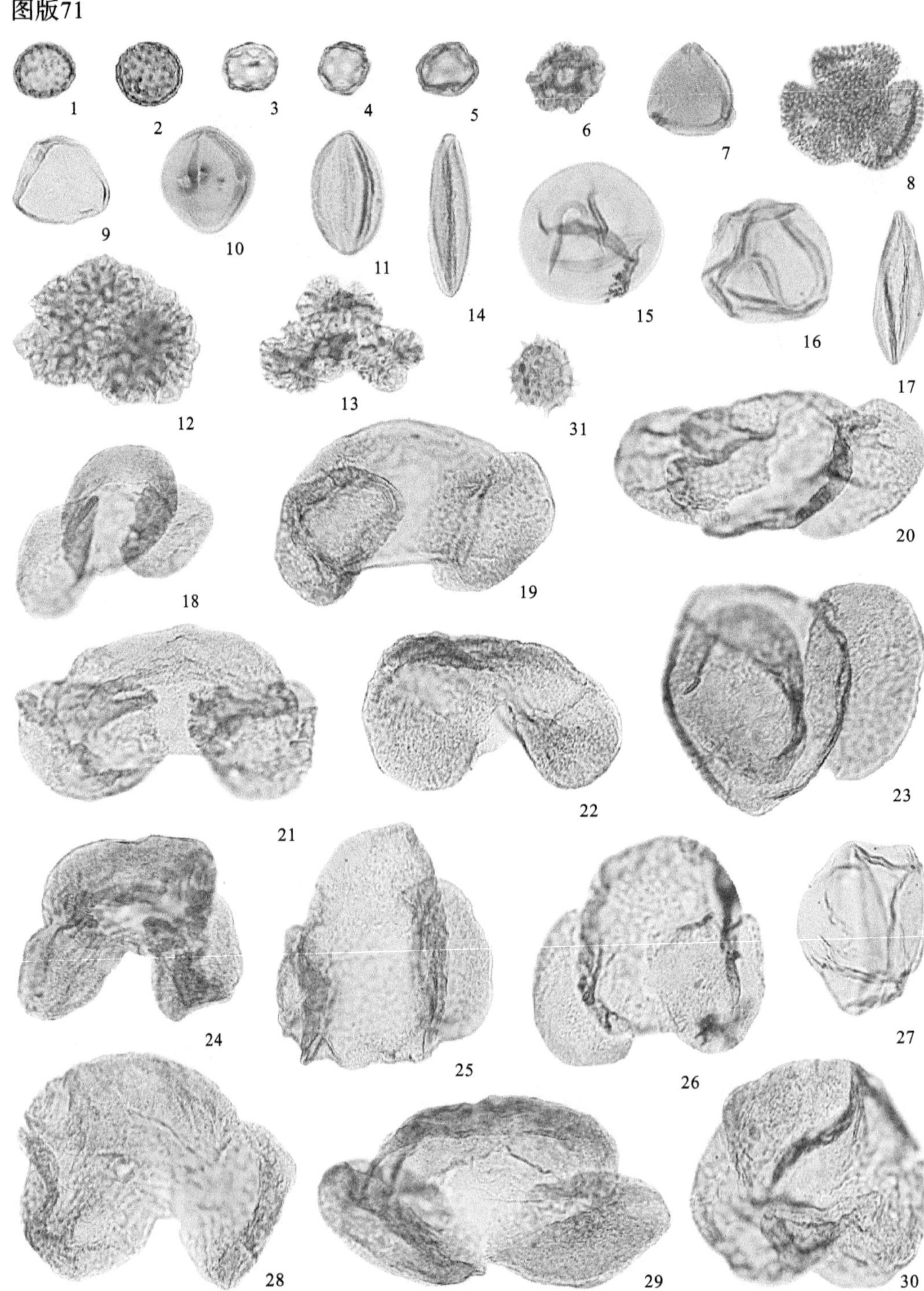
1
2
3
4
5
6
7
8
9
10
11
14
15
16
17
12
13
31
18
19
20
21
22
23
24
25
26
27
28
29
30

图版72

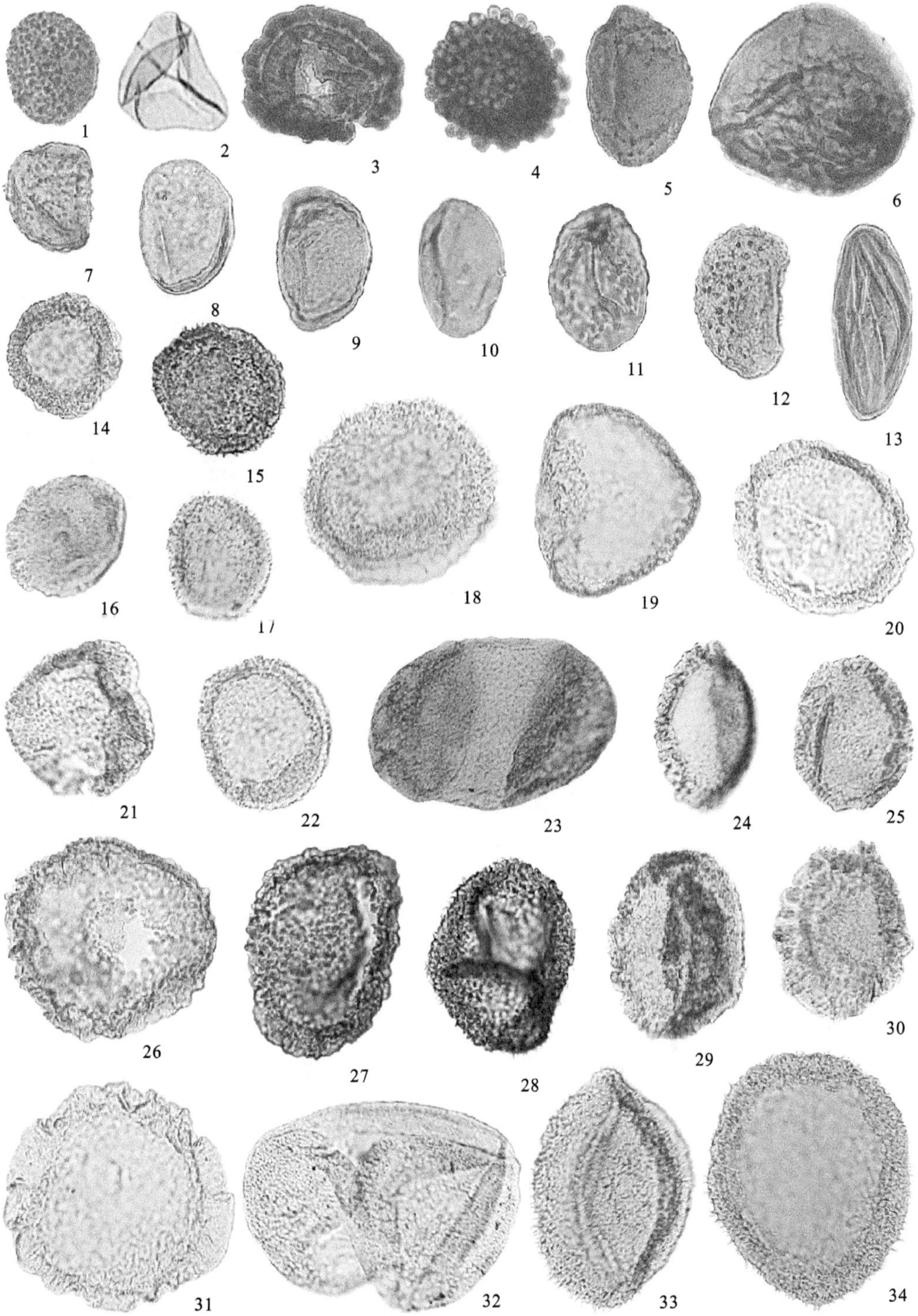

1
2
3
4
5
6
7
8
9
10
11
12
13
14
15
16
17
18
19
20
21
22
23
24
25
26
27
28
29
30
31
32
33
34

图版73

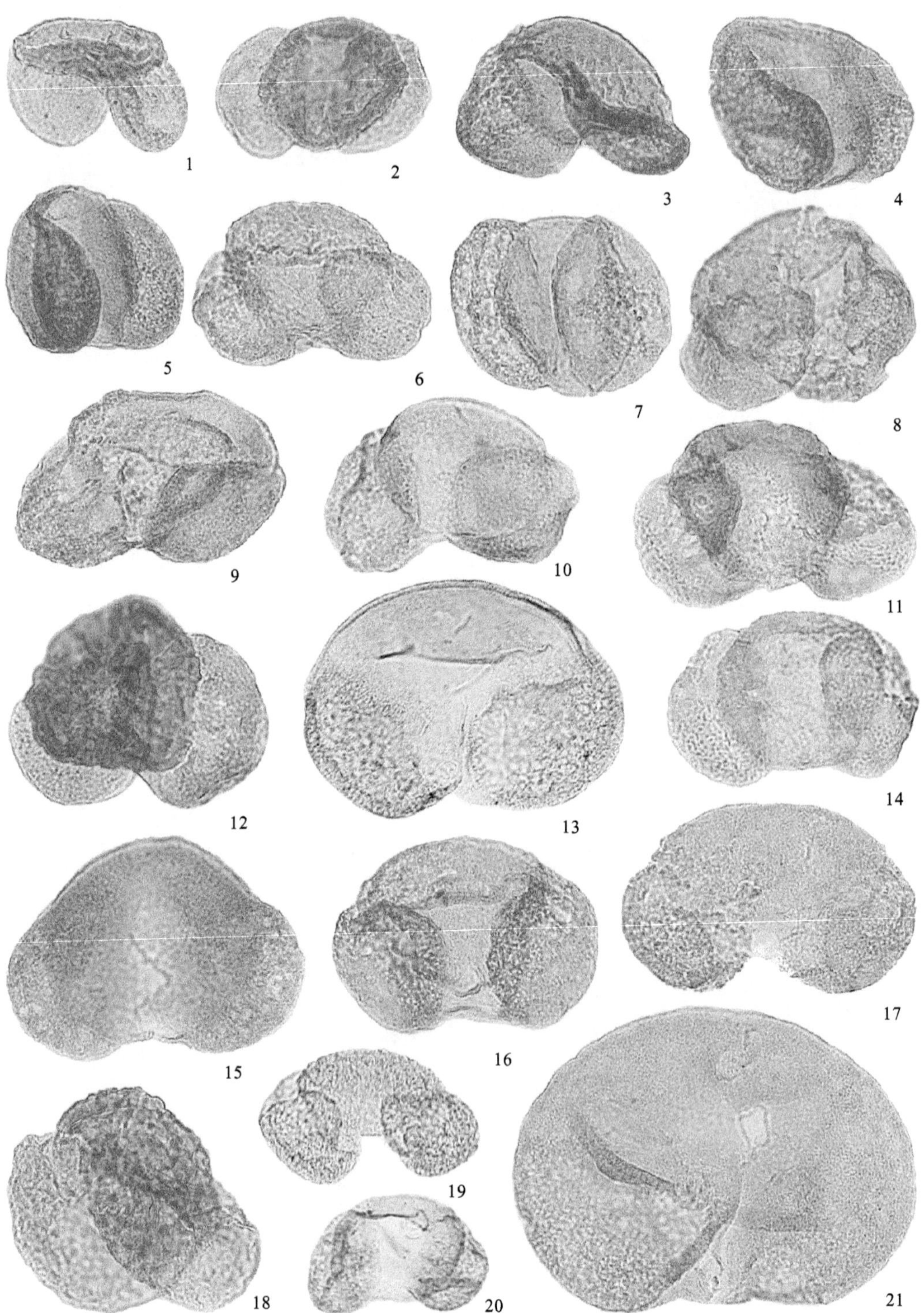

图版74

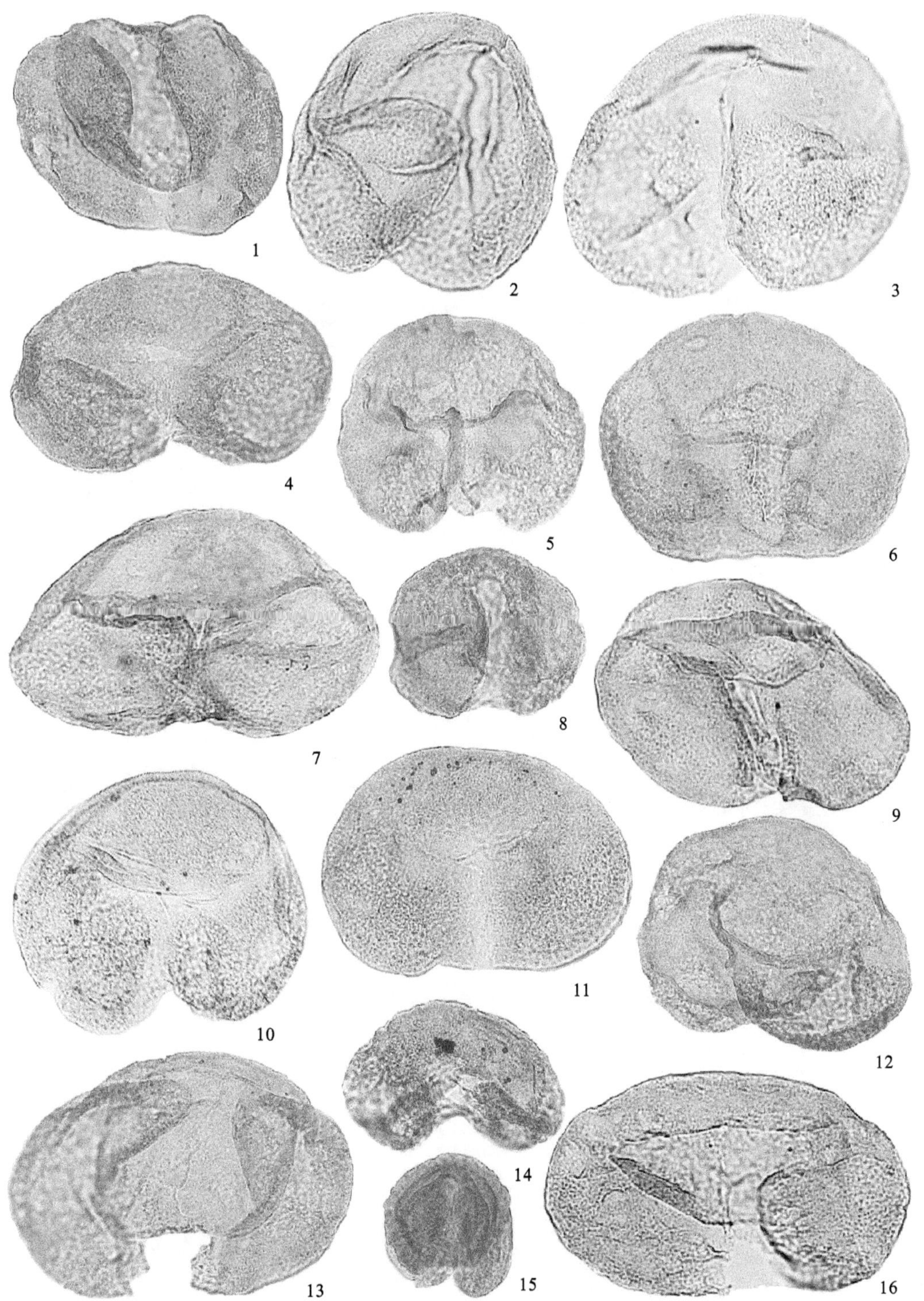

图版75

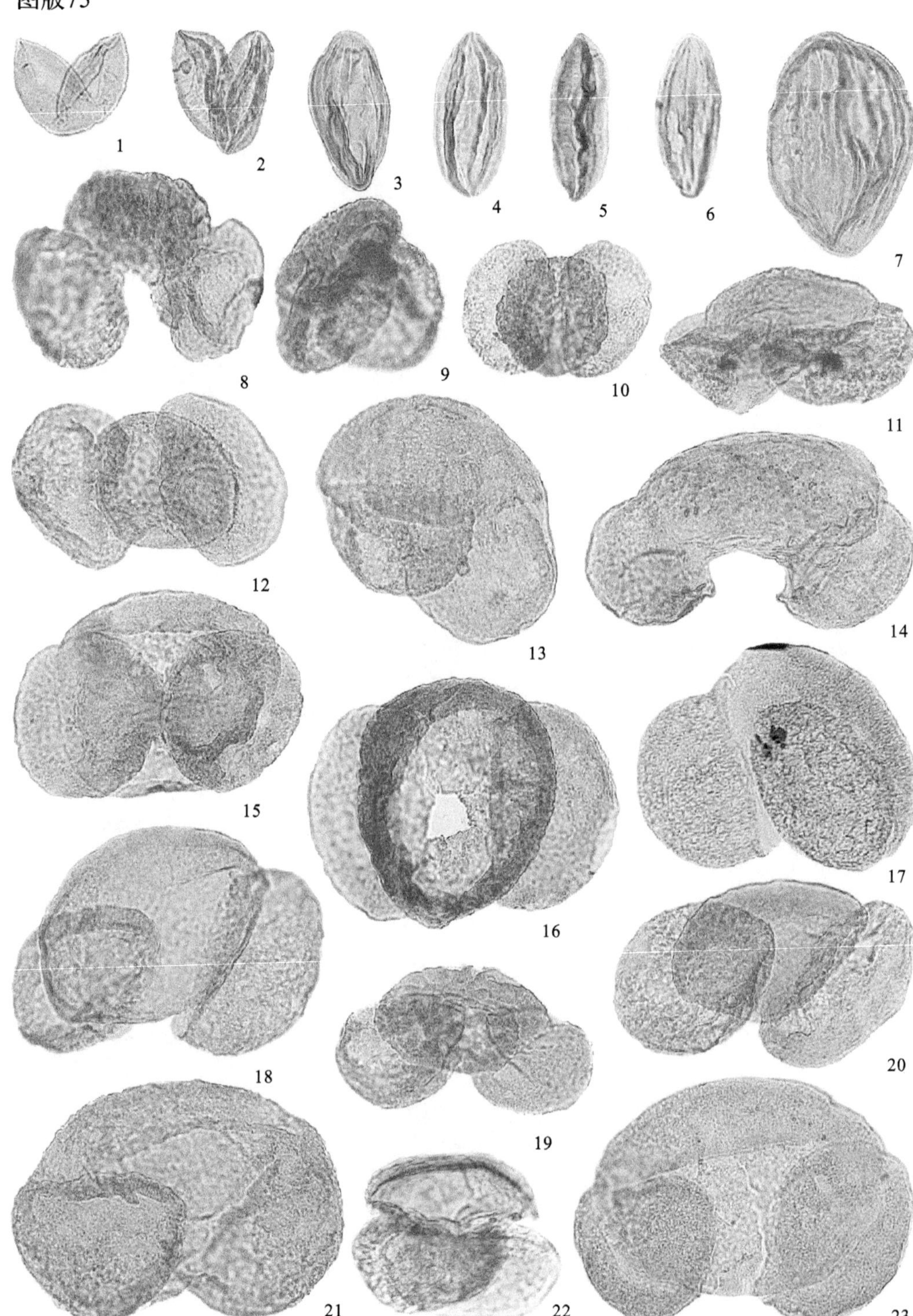

图版76

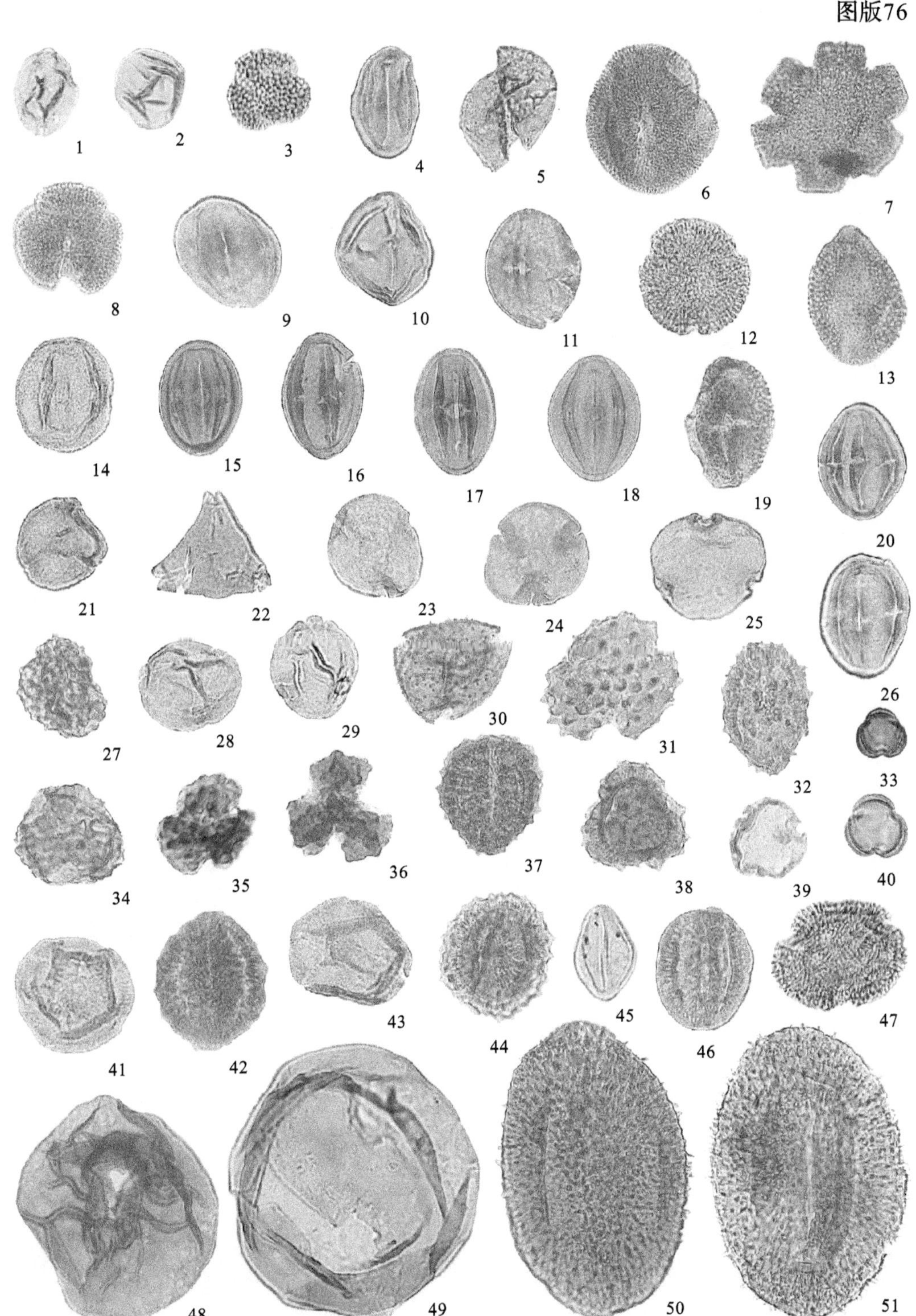
1
2
3
4
5
6
7
8
9
10
11
12
13
14
15
16
17
18
19
20
21
22
23
24
25
26
27
28
29
30
31
32
33
34
35
36
37
38
39
40
41
42
43
44
45
46
47
48
49
50
51

图版77

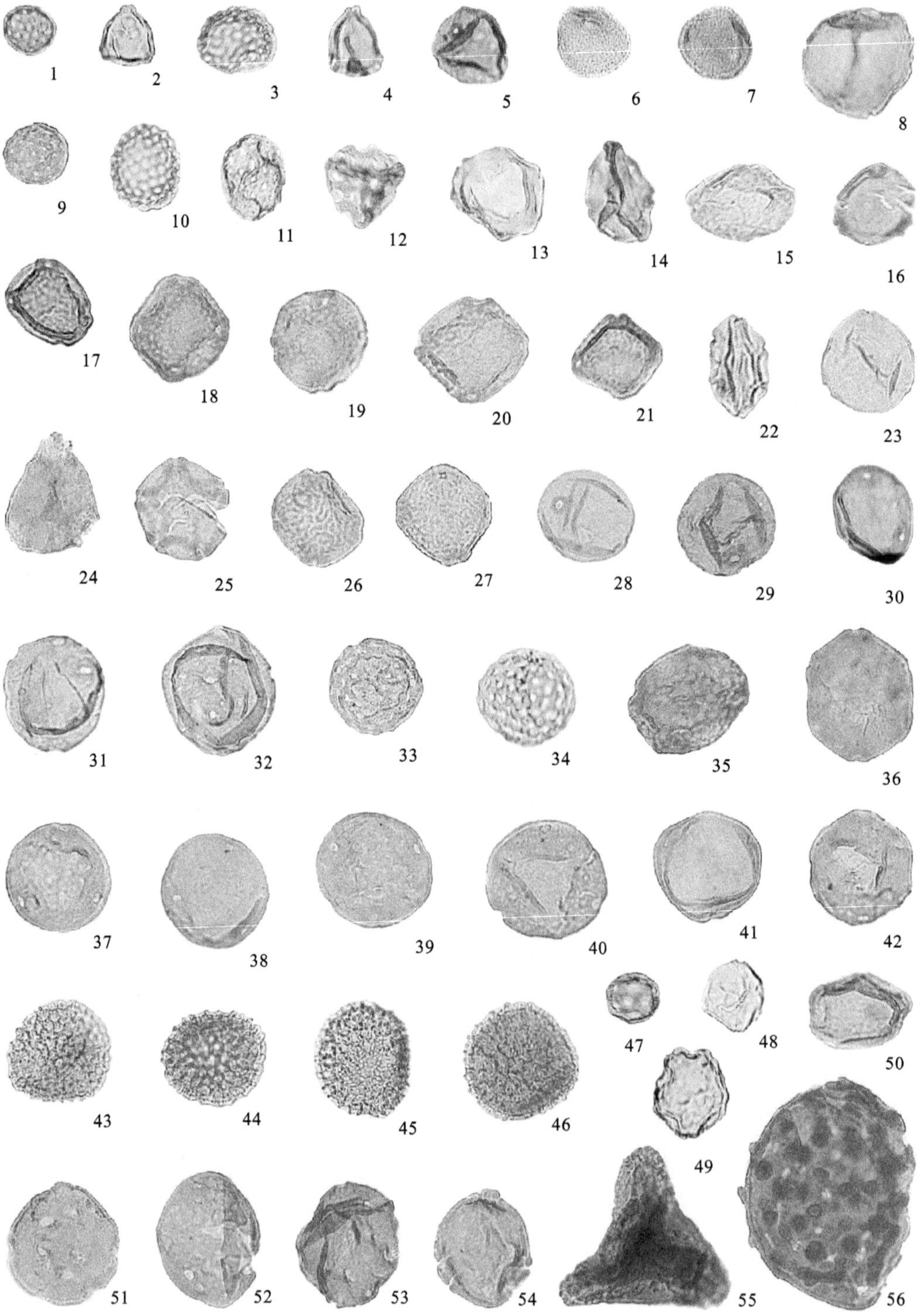

1　2　3　4　5　6　7　8
9　10　11　12　13　14　15　16
17　18　19　20　21　22　23
24　25　26　27　28　29　30
31　32　33　34　35　36
37　38　39　40　41　42
43　44　45　46　47　48　50
49
51　52　53　54　55　56

图版78

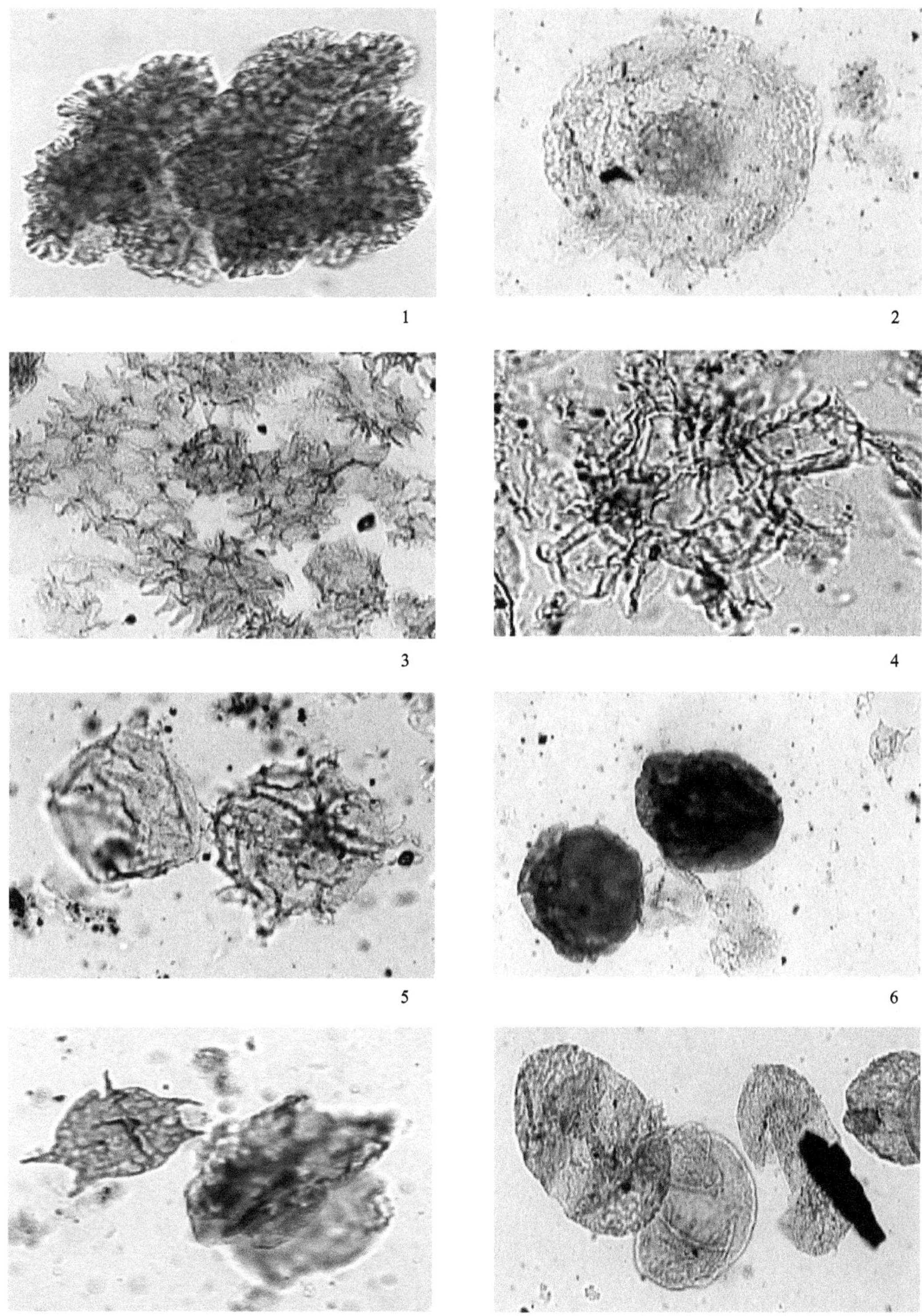

图版79

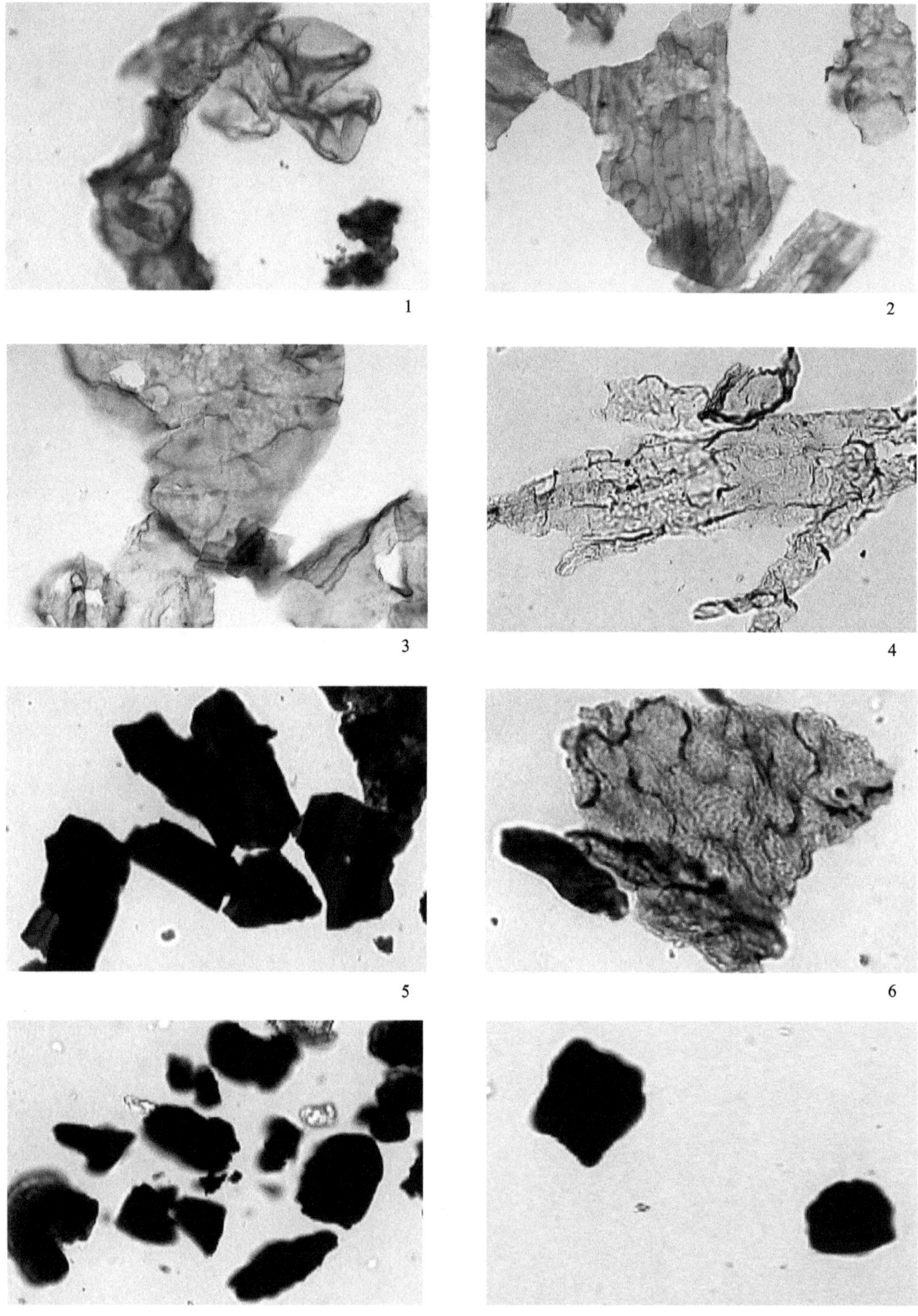